AF546530

Autoren: Ulrich Eberle, Matthias Körber, Friedrich Lauterbach, Matthias Link, Dr. Dieter Postl, Kurt Rebennack, Detlev Röpke, Wolfgang E. Schmidt, Michael Schmitt

Herausgeber: Wolfgang E. Schmidt

Elektrotechnik

Lernsituationen
Energie- und Gebäudetechnik

5. Auflage

Bestellnummer 04033

Die in diesem Produkt gemachten Angaben zu Unternehmen (Namen, Internet- und E-Mail-Adressen, Handelsregistereintragungen, Bankverbindungen, Steuer-, Telefon- und Faxnummern und alle weiteren Angaben) sind i. d. R. fiktiv, d. h., sie stehen in keinem Zusammenhang mit einem real existierenden Unternehmen in der dargestellten oder einer ähnlichen Form. Dies gilt auch für alle Kunden, Lieferanten und sonstigen Geschäftspartner der Unternehmen wie z. B. Kreditinstitute, Versicherungsunternehmen und andere Dienstleistungsunternehmen. Ausschließlich zum Zwecke der Authentizität werden die Namen real existierender Unternehmen und z. B. im Fall von Kreditinstituten auch deren IBANs und BICs verwendet.

Die in diesem Werk aufgeführten Internetadressen sind auf dem Stand zum Zeitpunkt der Drucklegung. Die ständige Aktualität der Adressen kann vonseiten des Verlages nicht gewährleistet werden. Darüber hinaus übernimmt der Verlag keine Verantwortung für die Inhalte dieser Seiten.

service@bv-1.de
www.bildungsverlag1.de

Bildungsverlag EINS GmbH
Ettore-Bugatti-Straße 6–14, 51149 Köln

ISBN 978-3-427-**04033**-0

westermann GRUPPE

Vorwort

Im Mittelpunkt moderner beruflicher Bildung steht das lernende und lehrende Miteinander von Meister, Gesellen und Auszubildenden im Betrieb sowie Lehrern und Auszubildenden in den beruflichen Schulen. In diesem Zusammenwirken liegt der Kern des dualen Bildungssystems mit seinem ganzheitlichen, an der Praxis orientierten Bildungsansatz.

Der betriebliche Arbeitsauftrag und das damit verbundene Lernfeld sind in diesem Buch das tragende Gerüst. Alle erforderlichen Fachkenntnisse, Arbeitstechniken und Handgriffe werden anschaulich vermittelt. Darüber hinaus wird besonderer Wert gelegt auf die geltenden Vorschriften und Sicherheitsregeln sowie erforderlichen Qualitätsnachweise und Dokumentationen.

Didaktische Bezugspunkte sind typische „Lernsituationen", die für die Berufsausübung von Bedeutung sind: Anhand von konkreten Kundenaufträgen wird – ausgehend von den Wünschen des Kunden – der gesamte Prozess der Auftragsabwicklung bis hin zur Auftragsübergabe Schritt für Schritt erarbeitet.

Jedem Praxisteil für Werkstatt und Baustelle folgt ein Abschnitt Basiswissen, in welchem die praktischen Qualifikationen vertieft und die fachlichen Hintergründe beleuchtet werden. Übungsaufgaben und Fragen festigen die erworbenen Kenntnisse, unterstützen die Prüfungsvorbereitung und fördern sowohl den Wissenstransfer als auch die Kreativität der Auszubildenden. Der gezielten Prüfungsvorbereitung dient das Buch „Prüfungssituationen Energie- und Gebäudetechnik", das praxistypische Aufgaben enthält.

Neben der Berücksichtigung der aktuellen Normung sind in der 5. Auflage neu:
- **energieeffiziente Beleuchtungstechnik mittels LED-Leuchten**
- **neueste Technologien für das „intelligente Haus"**
- **das Internet-Protokoll IPv6**
- **der neue Mobilfunkstandard LTE**
- **der erweiterte Funktionsumfang der Kleinsteuerung LOGO!Soft Comfort V7**
- **Drehzahlsteuerung mittels Frequenzumrichter**
- **Energieverbrauchskennzeichnung sowie die neuen Energieeffizienzlabel für Hausgeräte, Leuchten und TV-Geräte**

Das Buch ist nicht nur für die Ausbildung, sondern auch für den Berufsalltag des Elektronikers bestens geeignet.

Über Ihre Anregungen, Hinweise und Verbesserungsvorschläge freuen sich Verlag und Autoren.

Die Verfasser

Inhaltsverzeichnis

Empfehlung für die Lernfelder

Empfehlung für die Lernfelder
1 2 3 4 5 6 7 8 9 10 11 12 13

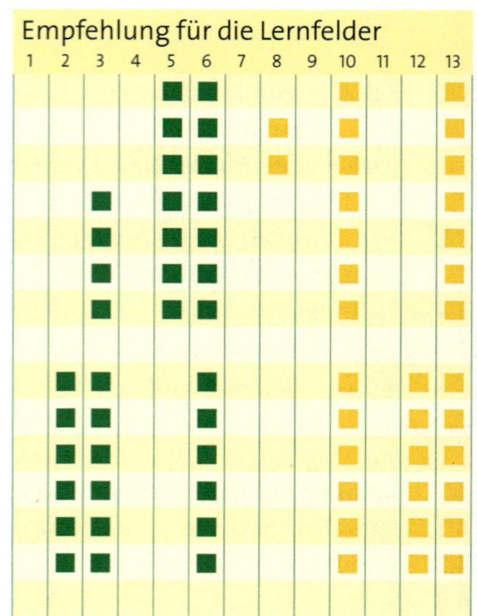

■ = für alle Fachrichtungen
■ = speziell Fachrichtung „Energie- und Gebäudetechnik“
■ = speziell Fachrichtung „Informations- und Telekommunikationstechnik“

1 Arbeitswelt des Elektronikers und der Elektronikerin in handwerklichen und industriellen Berufen

1.1 Ausbildung und Lehre in einem anerkannten Ausbildungsberuf

- **Das duale Berufsbildungssystem**
- **Berufliche Erstausbildung**
- **Schlüsselqualifikationen**
- **Ausbildungsberufe**
- **Der Ausbildungsbetrieb**
- **Ausbildungsverantwortung, -ergebnis und -erfolg**

Das deutsche Berufsbildungssystem gilt weltweit als vorbildlich. Grund hierfür sind die hohe Qualität, Wirksamkeit (Effizienz) und Vergleichbarkeit der Abschlüsse. Elektroniker erfüllen stets dieselben Ansprüche in beruflicher Qualität, gleichgültig, in welchem Bundesland ihre Prüfungen abgelegt wurden.
Verantwortlich hierfür sind die Ausbildungsordnungen. Sie gelten bundesweit und werden von den Tarifpartnern, den Bundesministerien für Wirtschaft und Arbeit sowie Bildung und Forschung erarbeitet, danach in Kraft gesetzt. Anschließend werden sie von den Ländern in Bildungs- und Lehrpläne (für die Ausbildung an den Beruflichen Schulen) umgesetzt (Abb. 1).
Innerhalb der Länder sind die Handwerkskammern und die Industrie- und Handelskammern „Zuständige Stellen". Sie haben den Auftrag, die Umsetzung der Ausbildungsordnung zu kontrollieren und die Prüfungen zu organisieren. Diese Zuständigen Stellen führen auch die Listen der Auszubildenden, die „Rollen". Sie regeln die Vertragsabschlüsse zwischen Ausbildungsbetrieb und Lehrling, sorgen für Zwischen- und Abschlussprüfungen und alle Angelegenheiten, die den betrieblichen Ausbildungsbereich betref-

Abb. 1 Das System der anerkannten Ausbildungsordnungen in Deutschland (Duale Berufsausbildung)

fen. Manche der genannten Aufgaben nehmen – im Auftrag der Handwerkskammern – die Innungen (z. B. die Elektroinnungen) wahr.
Der Betrieb ist für die Ausbildung als Ganzes verantwortlich. Er ist Vertragspartner des Auszubildenden (Lehrlings) beziehungsweise dessen Erziehungsberechtigten (Eltern).
Die zweite für die Ausbildung mitverantwortliche Einrichtung neben dem Betrieb ist die Berufliche Schule. Sie untersteht der Führung durch das Kultusministerium des entsprechenden Bundeslandes (die Kulturhoheit liegt in Deutschland bei den Bundesländern, nicht beim Bund). An den Beruflichen Schulen wird neben allgemeinbildenden Fächern auch die Fachtheorie vermittelt. Alle Auszubildenden, die einen Ausbildungsvertrag abschließen, haben einen Anspruch auf Aufnahme und Ausbildung an einer Beruflichen Schule. Die Abschlussprüfungen an den Schulen werden in einigen Bundesländern mit den Kammern abgestimmt, in anderen sind sie völlig unabhängig von den Kammern.
Das deutsche Berufsbildungssystem kennt somit zwei Verantwortliche, deren Aufgaben sich ergänzen und durchdringen. Es heißt „Duales Ausbildungssystem“ (denn es wird in der Regel an zwei Ausbildungsorten ausgeführt) und ist in Deutschland seit der Gründung der Beruflichen Schulen eingeführt und weiterentwickelt worden. Die duale Berufsausbildung in Deutschland ist bewährt und weltweit anerkannt. Viele Länder mühen sich, ein ähnliches Ausbildungssystem einzuführen.

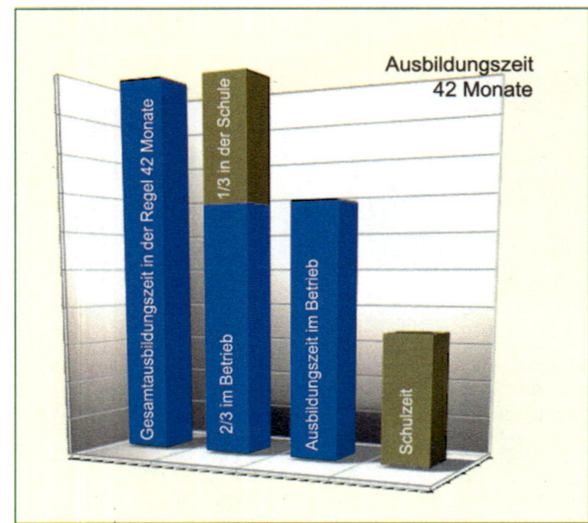

Abb. 1 Duales Ausbildungssystem, zeitliche Anteile der Ausbildung in Betrieb und Schule

1.1.1 Erstausbildung (Lehre)

Die Ausbildungszeit (Lehrzeit) dauert in der Regel 3 bis 3½ Jahre und wird „dual“ durchgeführt. Der Lehrbetrieb ist für die Gesamtausbildung verantwortlich. Er vermittelt überwiegend die fachpraktischen Ausbildungsziele. In ihm nimmt der Auszubildende (Lehrling) in der Regel erstmals unmittelbar an einem Arbeits- und Produktionsprozess teil. Er bindet sich in die Sozialstruktur des Unternehmens ein. Er nimmt die enge Verbindung zwischen fachlicher Qualifikation, menschlicher Kontaktnahme und wirtschaftlicher Verflechtung des Betriebes in die Gesellschaft hautnah wahr. Der Auszubildende wächst in eine eigene Verantwortlichkeit hinein.
Die Berufliche Schule vermittelt hierzu die Kenntnis der gesetzlichen, gesellschaftlichen, wirtschaftlichen und kulturell-religiösen Regeln sowie die fachtheoretischen Ausbildungsziele. Hier erkennt der Lehrling, dass die fachpraktische Erfahrung nicht nur mit der Theorie des gewählten Berufsfaches verbunden ist. Fachpraxis hängt eng mit sozialer Erfahrung, allgemeiner Bildung, Lernstrategien, Arbeitsmethoden und vielem anderen zusammen.
Dieses Verbinden mehrerer Erfahrungsbereiche an mehreren Lernorten kann und soll dazu beitragen, dass der junge Mensch beginnt, besondere Qualifikationen, so genannte Schlüsselqualifikationen zu erwerben. Sie sind gewissermaßen der Schlüssel, der den Zugang zu anderen Lebensbereichen und weiteren Berufen aufschließen kann.
Die Aufteilung der Lehrzeit zwischen Ausbildungsbetrieb und Berufsschule schwankt stark. Sie soll jedoch in der Regel zwischen ¾ bis ⅔ Betriebszeit und ¼ bis ⅓ Schulzeit betragen (Abb. 1). Auch hier gibt es bezüglich der Ausbildungsdauer Unterschiede von Land zu Land. So werden z. B. vom Handwerk häufig 1-jährige Berufsfachschulen bevorzugt, die als Vollzeitschulen im 1. Ausbildungsjahr die Grundlagen für den Eintritt in den Beruf legen.

Schlüsselqualifikationen

Das Durchlaufen einer vollständigen, abgeschlossenen Erstausbildung in möglichst jungen Jahren (15. bis 20. Lebensjahr) gilt zu Recht als prägend für das weitere Berufsleben. In dieser Zeit werden Schlüsselqualifikationen am ehesten und schnellsten erworben. Selbst im ungünstigsten Fall werden zumindest die wichtigsten Grundlagen vermittelt.

Unter diesen Schlüsselqualifikationen verstehen wir Arbeitshaltungen und Arbeitstugenden, wie z. B. Pünktlichkeit, Genauigkeit, Fleiß, Ordnungssinn, Kritikfähigkeit, aber auch Einstellungen wie Freude an der Arbeit, Fortbildungsbereitschaft, fachliche Neugier, Freundlichkeit, das selbstständige Aneignen von Lernstrategien, Zielstrebigkeit, Selbstdisziplin und Ähnliches. Diese Eigenschaften sind auch in allen anderen Lebensbereichen nötig, nützlich und teils unerlässlich (Abb. 1).

Merke:
Der Erwerb von Kompetenzen und Qualifikationen, besonders von Schlüsselqualifikationen ist ein langer, arbeitsreicher Prozess. Er dauert weit über die Lehrzeit hinaus an. Bei Menschen, die immer auf dem neuesten Stand ihres Berufes sein wollen, dauert er bis zum Renteneintritt.

- Je stärker diese Tugenden ausgeprägt sind, umso größer ist überhaupt erst die Möglichkeit einen Beruf zu erlernen!
- Menschen mit abgeschlossenen Berufsausbildungen werden weit weniger häufig arbeitslos als solche, die sich keiner Ausbildung unterzogen haben.
- alle Unternehmen achten bei der Auswahl der Bewerber auf Schlüsselqualifikationen, die sie bereits mitbringen und möglichst auch nachweisen können.

Schlüsselqualifikationen gehen besonders gut in jungen Jahren „in Fleisch und Blut" über. Unsere Sprichworte wissen das: „Was Hänschen nicht lernt, lernt Hans nimmermehr" oder „Was ein Häkchen werden will, krümmt sich beizeiten".

Wichtige berufliche Schlüsselqualifikationen sind heute:

- Methodenkompetenz (Fähigkeit, das richtige Verfahren für die Durchführung einer Aufgabe auszuwählen oder zu finden)

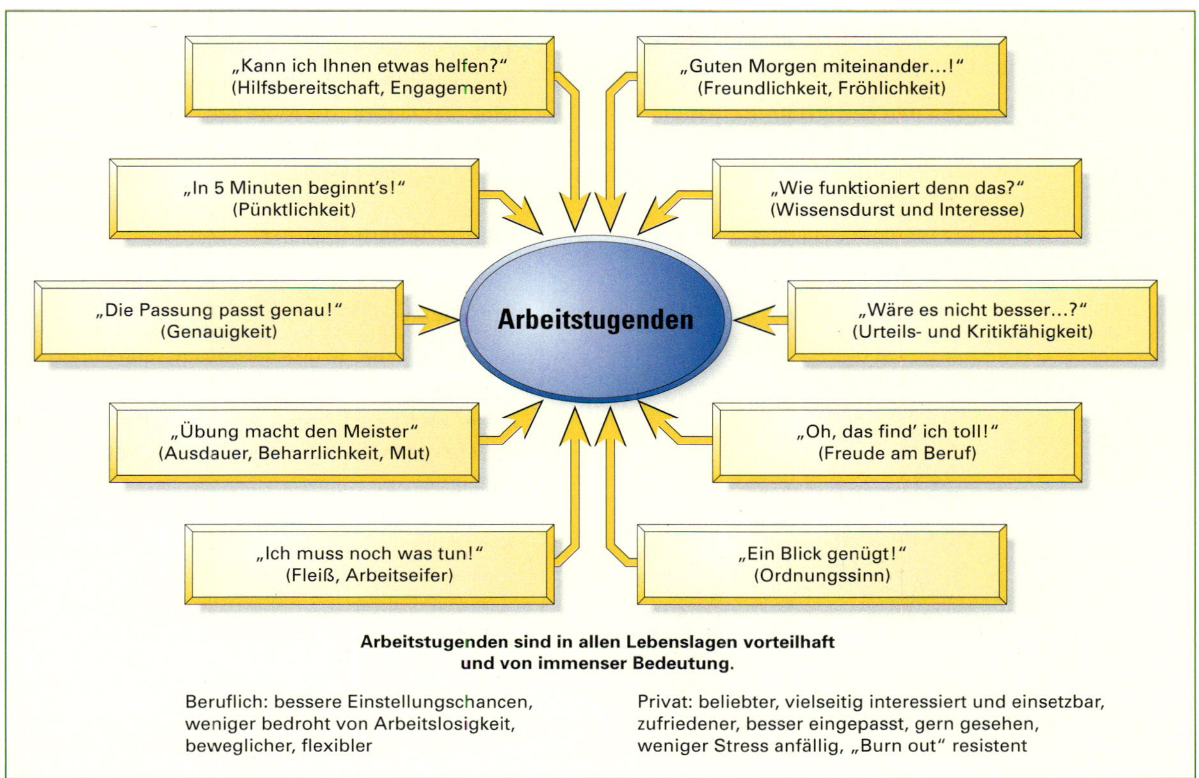

Abb. 1 Arbeitstugenden sind Schlüsselqualifikationen und Grundlagen allgemeiner Kompetenz

- Sozialkompetenz (Fähigkeit, sich in der Gesellschaft von Menschen und Menschengruppen, Teams und im öffentlichen Leben zurechtzufinden)
- Fachkompetenz

Diese drei Kompetenzen durchdringen sich und werden unter dem Begriff „Handlungskompetenz" zusammengefasst. Je stärker diese Kompetenzen bei einem Menschen ausgeprägt sind, umso größer ist seine Fähigkeit, „etwas zu können", anders ausgedrückt: „einen Beruf umfassend zu beherrschen" (Abb. 1 und 1 ⊳ 13). Fehlt eine dieser Kompetenzen, wird der Beruf nur unvollkommen oder eingeschränkt ausgeübt werden können. Daher ist die Aneignung von „Handlungskompetenz" bereits während der Lehrzeit besonders wichtig und spielt bei einer künftigen Übernahme als Fachkraft nach der Ausbildung eine immer bedeutendere Rolle. Die volle Kompetenz wird erst im Laufe des Berufslebens umfassend erreicht werden können.

Aus Abb. 2 ⊳ 13 wird zudem erkennbar: Ändern sich die fachlichen Inhalte eines Berufes, bleibt die Basis und das Wesentliche aus Sozial- und Methodenkompetenz dennoch erhalten. Die Unterschiede von Beruf zu Beruf liegen somit überwiegend in der fachlichen Komponente.

Fachwissen und Fertigkeiten, die heute unerlässlich sind, sind morgen mitunter veraltet, werden nicht mehr benötigt und auch nicht mehr nachgefragt. Der Lehrling und Auszubildende muss sich heute weniger die Frage stellen „Was soll ich lernen?" als vielmehr die Frage „Wie muss ich lernen, um mir die aktuellen und künftig neuen beruflichen Qualifikationen schnell, sicher und umfassend anzueignen?"
Grundlage für berufliche Flexibilität sind Sozial- und Methodenkompetenz. Lebenslanges Lernen durch Fort- und Weiterbildung kann ohne Arbeitstugenden und Schlüsselqualifikationen nicht gelingen. Darum ist die Lehrzeit mit ihrem Einüben von Arbeitshaltungen, Arbeitstugenden und Kompetenzen so überaus wichtig für das gesamte Berufsleben.

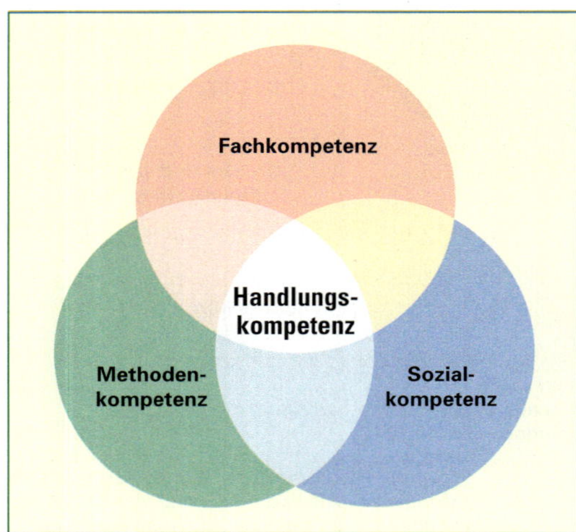

Abb. 1 Handlungskompetenz als Schnittmenge von Sozial-, Methoden- und Fachkompetenz

Fachkompetenz

Aufgabe und Inhalt dieses Buches ist es, den Auszubildenden die nötige fachliche Kompetenz der Berufe „Elektroniker(in) für Energie- und Gebäudetechnik" und „Elektroniker(in) für Informations- und Telekommunikationstechnik" und die verwandten Berufe nahe zu bringen.
Die Fachkompetenz ist der Sammelbegriff für die Praxis des Berufs, seine Theorie, das Begleitwissen aus der Werkstoff- und Materialkunde, das Wissen und die Fertigkeiten bei Arbeiten auf der Baustelle oder bei Reparaturen sowie die daraus erwachsenden Verhaltensweisen. Dazu gehört auch die Fähigkeit, einen Hausanschlusskasten zu setzen, zu verdrahten, die richtige Auswahl der Kabel für eine Installation, die Montage eines Blitzschutzes oder Fundamenterders. Das Fach in seiner vollen Breite ist angesprochen.

Methodenkompetenz

Sie fragt nach dem Weg zur Lösung einer Aufgabe. Entscheidend sind hierbei:

- die fachliche Lösung selbst mit allen Zwischenstufen und Umwegen
- die Methoden, etwas neu zu erarbeiten (möglichst aus bereits gesichertem Kennen und Können)
- die richtigen Lernstrategien anzuwenden
- geeignete Experimente auszuwählen, um etwas zu versuchen und „auszuprobieren"
- die Verfahren zu beherrschen, wie etwas gemerkt, geprüft, verbessert werden kann.

Sozialkompetenz

Sie stellt die Summe der Verhaltensweisen dar, die auf die Gemeinschaft am Arbeitsplatz, im beruflichen Wirkungskreis und in der Lebensum-

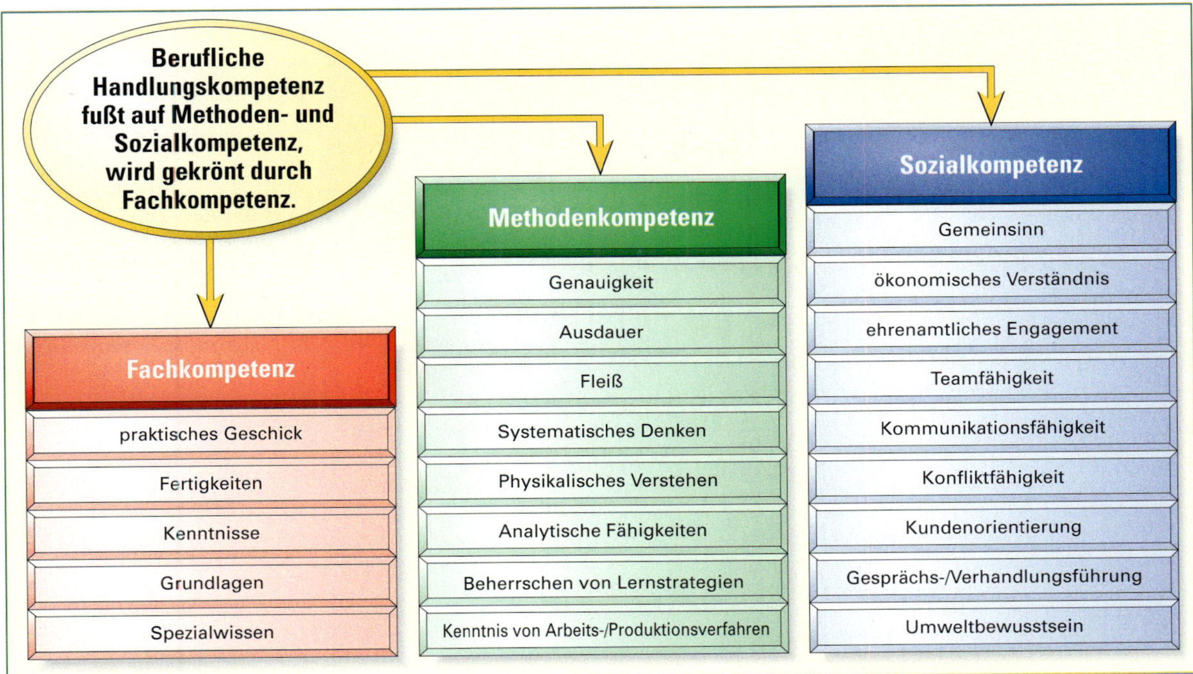

Abb. 1 Handlungskompetenz

gebung ausgerichtet sind. Dazu gehört die Fähigkeit, mit Arbeitskollegen im Team zu arbeiten, Konflikte zu lösen und zu bereinigen, anderen zu helfen, sich um die Betriebskunden zu kümmern, dem Büropersonal freundlich gegenüberzutreten und Interesse an den Mitarbeitern im Betrieb zu gewinnen. Diese Kompetenz hat besonders das Klima am Arbeitsplatz und im Beruf im Blick und ist eng mit den Arbeitstugenden verknüpft.

1.1.2 Die Ausbildungsberufe in der Elektrotechnik

Die Abb. 1 ▷ 14 zeigt in einer Übersicht die Berufe der Elektrotechnik.

Die in diesem Buch angesprochenen Berufsausbildungsgänge sind farbig hinterlegt. Das Handwerk wird in Zukunft Elektroniker ausbilden, die sich in drei Fachrichtungen aufteilen. Die Industrie bildet Elektroniker mit drei ähnlichen Schwerpunkten aus. Hinzu kommen noch jeweils zwei Einzelberufe. Die Elektroniker des Handwerks und der Industrie werden letztlich ähnliche Arbeiten zu erbringen haben. Der Unterschied drückt sich weniger in den Fachkompetenzen als vielmehr im Einsatz unterschiedlicher Geräte, Verfahren und Methoden aus. Die Ausbildung kann dem Lernenden insofern ganz andersartig erscheinen.

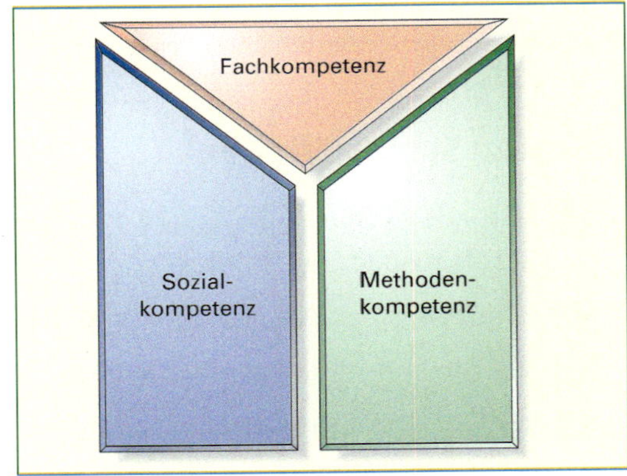

Abb. 2 Sozial- und Methodenkompetenz als Basis für mehrere Berufe

Merke:
Sozial- und Methodenkompetenz sind die tragfähige Basis für verschiedene Fachkompetenzen. Ohne Sozial- und Methodenkompetenz findet eine noch so große Fachkompetenz keinen Halt!

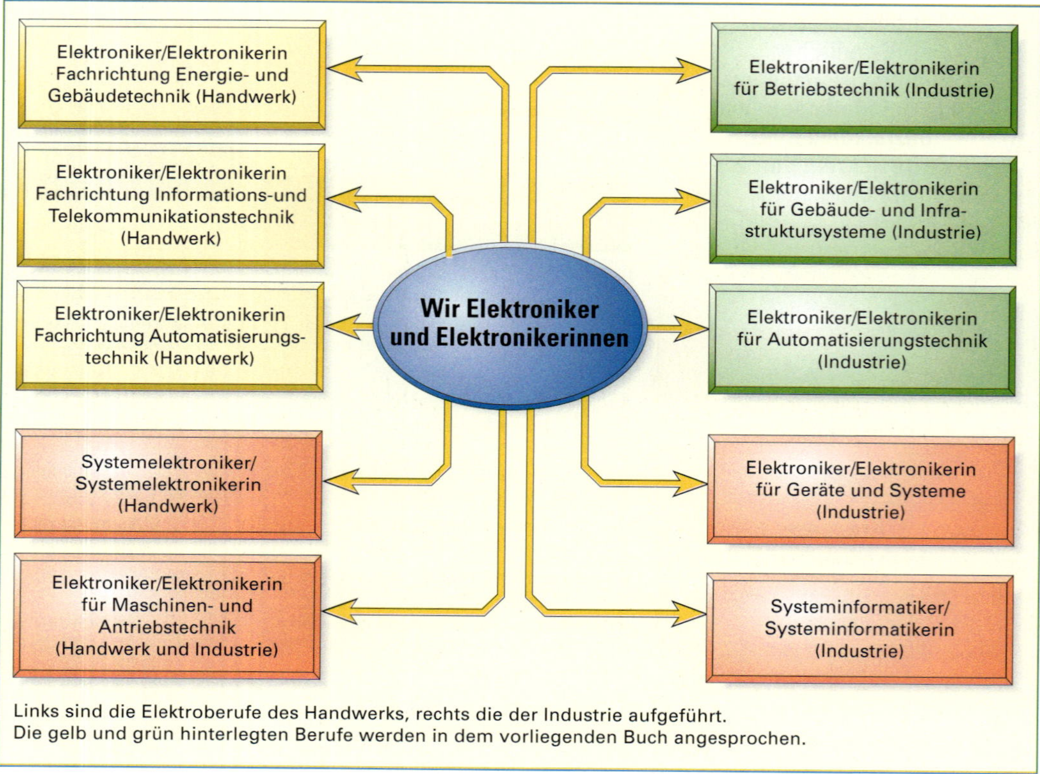

Abb. 1 Übersicht über die elektrotechnischen Ausbildungsberufe

Prüfen Sie Ihr Wissen:

1. Nennen Sie die wichtigsten Schlüsselqualifikationen, die zu einer modernen Berufsausbildung gehören.
2. Erläutern Sie die verschiedenen Kompetenzen an Beispielen.
3. Warum nennt man die erwünschten Kompetenzen Schlüsselqualifikationen?
4. Warum sind rein fachliche Qualitäten für die meisten beruflichen Aufgaben nicht mehr ausreichend?
5. Welche Anforderungen stellen Personalbüros bei der Einstellung an Gesellen und Facharbeiter?
6. Stellen Sie die Zuständigkeiten von Bund, Ländern, Kammern, Betrieb und Schule in Bezug auf den Auszubildenden grafisch dar.
7. Welche besonderen Vorteile besitzt die duale Ausbildung gegenüber einer rein schulischen?
8. Erstellen Sie ein Schaubild über die Zusammenhänge von Arbeitstugenden, Kompetenzen und Schlüsselqualifikation in Ihrem Beruf und Betrieb.
9. Begründen Sie, warum ohne die Basis der Methoden- und Sozialkompetenz die reine Fachkompetenz im Berufsleben weniger erfolgreich ist.

1.1.3 Der Ausbildungsbetrieb

Jeder Ausbildungsbetrieb hat ein selbst gewähltes Aufgabengebiet und Betriebsziel. Der Elektroinstallationsbetrieb z. B. erstellt und wartet, repariert und ergänzt elektrische Anlagen in Wohnhäusern, Fabrikgebäuden, in Banken, Krankenhäusern und Schulen. Die Ausbildung von künftigen Mitarbeitern ist ein zusätzliches Ziel. Doch auch ohne das Ausbilden von Nachwuchskräften kann ein Betrieb seine Ziele grundsätzlich erreichen.

Ein Ausbildungsbetrieb hat in der Regel wirtschaftliche Ziele. Überwiegend sind diese Betriebe Dienstleister. Die Ausbildung ist in ihnen eine Nebenaufgabe.

Das hat den Vorteil, dass der Auszubildende bereits in seiner Lehrzeit alle Verfahren und betrieblichen Arbeiten kennen lernen kann, die er später bei seiner Arbeit als Geselle oder Facharbeiter und Mitarbeiter des Betriebes benötigt. Die Übernahme von Ausbildungsaufgaben ist also eine Zugabe des Betriebes an seine Mitarbeiter. Gerade die mittelständischen Betriebe in Deutschland haben ein besonderes Interesse, ihre künftigen Mitarbeiter in eigener Verantwortung auszubilden. Das kostet zwar viel Geld und stellt einen hohen Aufwand dar, schafft aber einen gut qualifizierten Nachwuchs im eigenen Haus. Aus dem Kreis der Auszubildenden können später neue Mitarbeiter ausgewählt werden. Diese kennen dann bereits den Betrieb, und es entfallen lange, manchmal sehr lange Einarbeitungszeiten (Abb. 1).

Aus einer Zusammenstellung der Aufgaben eines Betriebes lässt sich die typische Betriebsstruktur leicht ableiten. Ein Elektroinstallationsbetrieb:

- baut, erstellt, repariert, ergänzt, installiert usw. Er hat also eine Produktion, eine Werkstatt, eine gewerblich, technische Abteilung.
- kauft, verkauft, verhandelt, erstellt Angebote, bezahlt, nimmt Geld ein, bucht, rechnet ab, zahlt Steuern usw. Er braucht also auch eine kaufmännische Abteilung.
- stellt ein, entlässt Mitarbeiter, teilt Arbeit ein, kontrolliert sie usw. Er braucht also eine Personalabteilung.
- bildet aus, plant Weiterbildung, hält seine Mitarbeiter auf neuestem beruflichen Stand. Er hat also einen Verantwortlichen für Aus- und Weiterbildung (meist den Meister selbst).

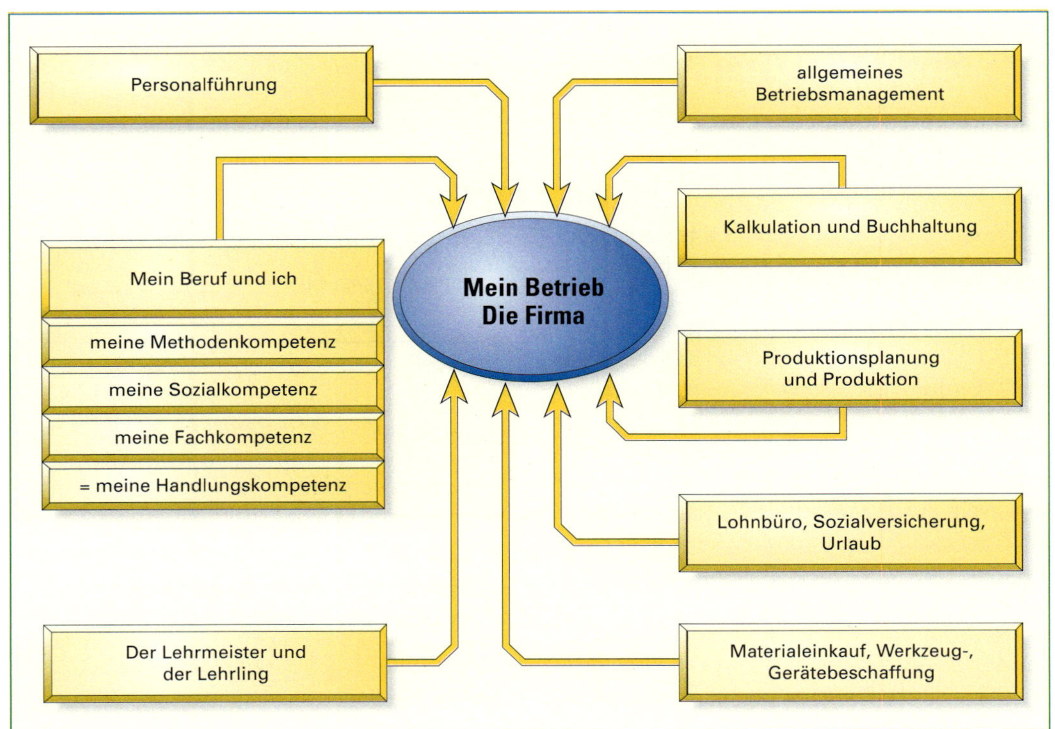

Abb. 1 Aufgabenteilung in einem Dienstleistungs- und Handwerksbetrieb

Im Betrieb müssen unterschiedlichste Arbeiten verrichtet werden, um die Betriebsziele zu erreichen.
In Kleinbetrieben sind gelegentlich alle diese „Abteilungen“ in der Hand eines Meisters und seiner verantwortlichen Mitarbeiter im Büro. In größeren Betrieben sind die Aufgabenbereiche meist getrennten Abteilungen zugeordnet.

Der Auszubildende steht wie jeder neu beginnende Mitarbeiter zu Anfang seiner Tätigkeit unbekannten Arbeitskollegen und Menschen gegenüber. Zu diesen muss er in Kontakt treten, mit ihnen zurechtkommen und sich auf viele neue Verbindungen einlassen.
Er braucht die Kollegen zur Erfüllung seiner Aufgaben, muss sich mit ihnen austauschen und abstimmen. Für den Neuankömmling besteht die Verpflichtung, sich als Glied in diese Kette und in das Geflecht einzufügen. Das setzt von seiner Seite Offenheit und Kontaktfähigkeit voraus.
Es bildet ihn in der Fähigkeit, im Team zu arbeiten und sich den gemeinschaftlichen, betrieblichen Notwendigkeiten aufzuschließen. Das erwünschte Ergebnis ist letztlich die unverzichtbare Schlüsselqualifikation „Sozialkompetenz“.

1.1.4 Verantwortung für die Ausbildung

Lehrling – Ausbildungsbetrieb – Berufliche Schule

Die Natur hat die Menschen mit unterschiedlichen Begabungen und Eigenschaften ausgestattet. Diese Begabungen bzw. Talente müssen von den „Begabten“ mit Ausdauer, Anstrengung und Fleiß entwickelt werden. Sonst verkümmern sie und gehen so der Einzelperson und der Gesellschaft verloren. Die Familie, die Gemeinschaft am Ort, Gemeinden, Länder und der Bund sind aber auf die Mitarbeit all dieser begabten Menschen angewiesen, weil sonst der komplizierten modernen Welt etwas Wesentliches, ganz Wichtiges fehlt! Nur, wenn sich möglichst alle Menschen in das Gemeinschaftsleben einbringen, wird wirklich erreicht, was erreichbar ist.
Die Natur und die Gesellschaft (auch die Religionen) verlangen von jedem, seine Begabungen und Talente in die vielfältigen Aufgaben menschlicher Gemeinschaften einzubringen.
Jeder ist verpflichtet, seine Begabungen zu erforschen, zu finden, zu prägen, zu formen, weiterzuentwickeln und stetig an sich zu arbeiten.
Jeder ist für Natur und Gesellschaft, für seine Familien-, Arbeits- und Berufswelt verantwortlich. Kurz: „Man muss Talente als Aufgaben verstehen“ (Curt Goetz).
Die Wissenschaft von der Gesellschaft (Soziologie) weiß, dass die Zusammenarbeit aller Menschen einer Gruppe die Grundlage für die Existenz der Gruppe selbst ist. Teamwork ist mitverantwortlich für Wohlstand, gute Versorgung und Lebensqualität der Gesellschaft als Ganzes. Niemand darf sich dieser Mitverantwortung entziehen, ohne selbst die Solidarität der anderen zu verspielen. Solidarität kann nur auf Gegenseitigkeit beruhen und ist nur in Gegenseitigkeit durchzuhalten (solide bedeutet fest, haltbar, zuverlässig; Solidarität heißt Zusammengehörigkeitsgefühl, Gemeinschaftssinn).

Dieser Hintergrund lässt deutlich werden, dass jeder zuerst selbst die Verantwortung für seine Ausbildung trägt. So darf auch der Begriff „Auszubildender“ nicht falsch gedeutet werden: Er bedeutet nicht, dass der „Auszubildende“ passiv, also überwiegend von seinem Umfeld ausgebildet wird.
Im Gegenteil, der Auszubildende muss sich selbst aktiv ausbilden lassen wollen, das heißt lernen, eine Lehre und Ausbildung aktiv zu betreiben, sich selbst bemühen und an sich selbst arbeiten.
Der Lehrling muss selbst aufgeschlossen, pünktlich, willig, fleißig, diszipliniert, ordentlich sein wollen. Das Wollen spielt eine bedeutende Rolle, um wirklich richtig zu lernen, seine Begabungen zu entdecken und zu fördern. Das kann kein Ausbilder für den „Azubi“ tun.

> ***Merke:***
> *Am Anfang jeder Ausbildung und Lehre steht der Lern- und Arbeitswille des Auszubildenden. Der Ausbilder kann nur Hilfen geben und Entwickler und Förderer sein.*

Verantwortlich für die Ausbildung und deren Erfolg sind somit:

- **Der Lehrling oder Auszubildende selbst.** Er ist sich und seinem Lebensumfeld verpflichtet, er trägt Eigenverantwortung. In seinen Tätigkeiten, Leistungen, Ergebnissen und der Qualität seines Arbeitens ist er auch seinem Meister, seinen Kollegen und dem Kunden gegenüber verantwortlich.

- **Der Betrieb bzw. dessen Lehrmeister und die mit der Ausbildung Beauftragten.** Der Betrieb hat sich vertraglich verpflichtet, die Ausbildung zu übernehmen, und ist dem Lehrling und der Kammer gegenüber verantwortlich und Rechenschaft schuldig.

Merke:
Weltweit belegen Erfahrungen, dass nur durch die Kombination von betrieblicher Ausbildung und der Ausbildung an beruflichen Schulen, also einer DUALEN AUSBILDUNG, eine optimale Erstausbildung auf neuestem Stand und unter Einschluss von Schlüsselqualifikationen erfolgen kann. Daraus erklärt sich der hohe Wert unserer Berufsausbildung und die hohe, weltweite Wertschätzung unserer Gesellen, Facharbeiter und Meister.

- **Die Berufliche Schule und die Lehrer an der Schule.** Sie haben Kraft Gesetzes die Aufgabe, die Lerninhalte entsprechend den Lehrplänen zu vermitteln. Sie sind dem Auszubildenden, dem Betrieb, dem Land und der Gesellschaft gegenüber verantwortlich und Rechenschaft schuldig.

Ausbildungsergebnis, Ausbildungserfolg

Ziel jeder Ausbildung ist es, ein qualifizierter Facharbeiter oder Geselle in einem anerkannten Ausbildungsberuf zu werden. Dies muss am Ende der Ausbildungszeit in einer Prüfung nachgewiesen werden. Die Abschlussprüfung stellt das Ergebnis von mehreren Jahren Arbeit und Mühe dar und ist dennoch immer nur eine Momentaufnahme des wirklichen Könnens und der Qualifikation des Prüflings. Es ist daher sinnlos, alles Lernen auf die letzten Monate vor der Prüfung zu verlagern. Abb. 1 nennt die Anforderungen, die ein „Fachmann" heute erfüllen muss. Das Beziehungsge-

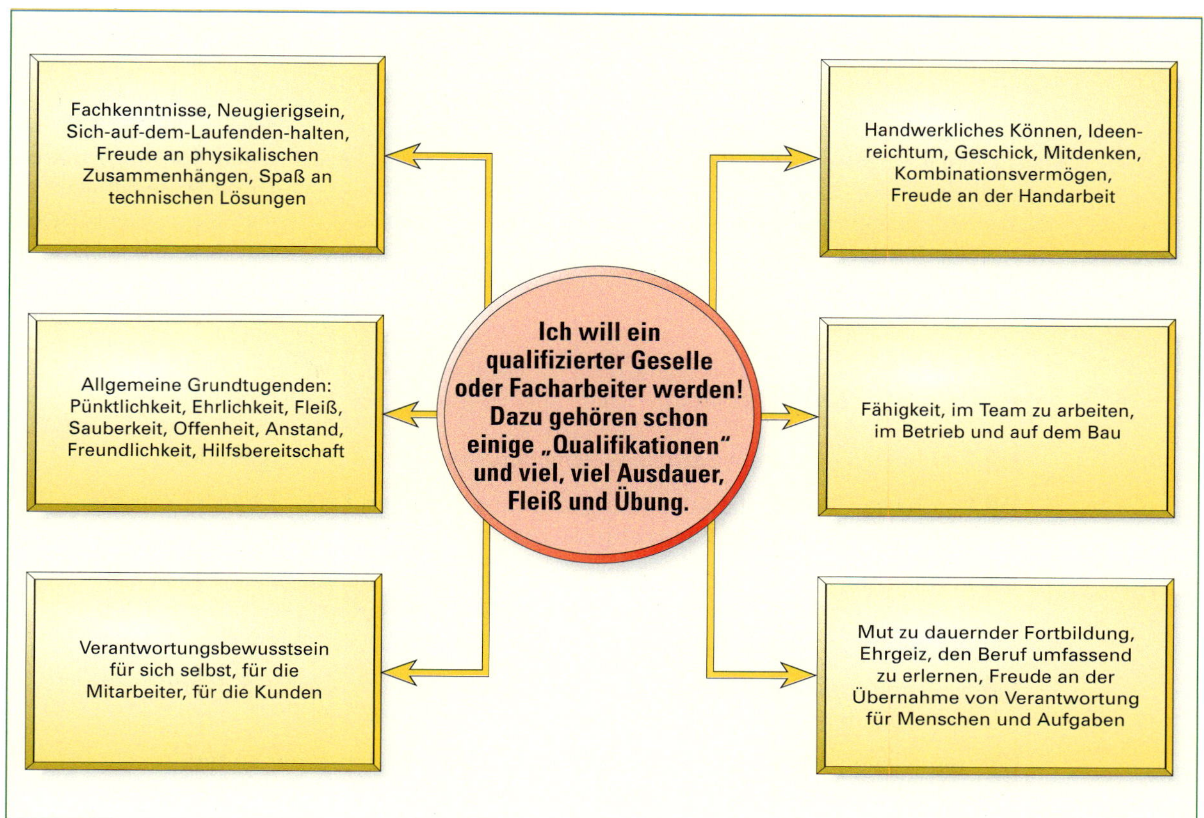

Abb. 1 Anforderungen an einen qualifizierten Gesellen bzw. Facharbeiter

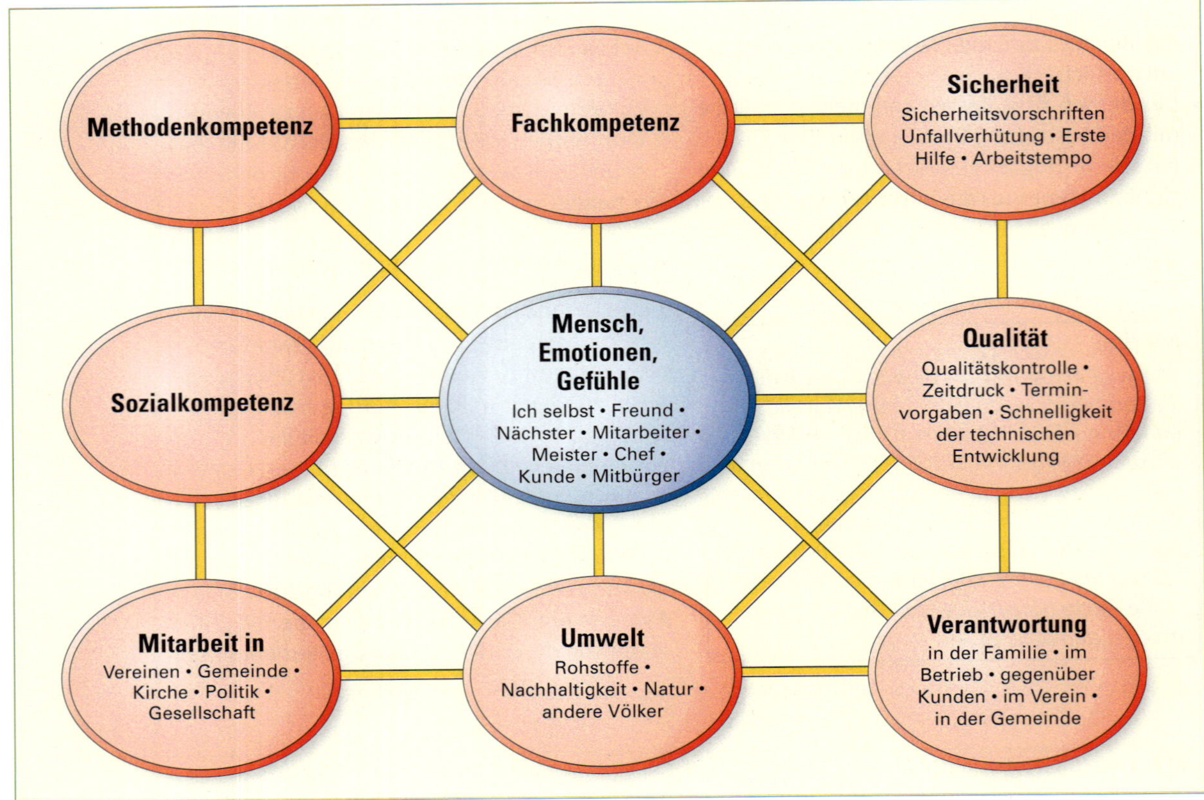

Abb. 1 Beziehungsgeflecht im Betrieb

flecht, in das eine Person beruflich eingebunden ist, stellt die Grafik (Abb. 1) dar. Versuchen Sie sich Ihre eigene Situation anhand dieser Grafik zu verdeutlichen. Das Bild macht auch deutlich, dass jeder Einzelne in der Gesellschaft seinen besonderen Platz hat, dass er individuell wichtig ist. Andererseits entstehen durch diese vielfältigen Verknüpfungen auch Konflikte, die in jeder betrieblichen Gemeinschaft auftauchen und gelöst werden müssen.

Prüfen Sie Ihr Wissen:

1. Erkunden Sie in Ihrem Betrieb: Welche Berufe werden dort ausgebildet?
2. Beschaffen Sie sich die Ausbildungsordnung Ihres Berufes (z. B. bei der Kammer, zu der Sie gehören) und den Lehrplan der Schule.
3. Vergleichen Sie die Ausbildungsdauer der verschiedenen Berufe, die in Ihrem Betrieb ausgebildet werden, und notieren Sie die wichtigsten Schwerpunkte der jeweiligen Ausbildungen (technisch, kaufmännisch, pflegerisch).
4. Welche Zwischenprüfungen bzw. Abschlussprüfungen müssen Sie und Ihre Arbeitskollegen ablegen? Welche Prüfungstermine sind üblich?
5. Vergleichen Sie die Orte der Ausbildung bei sich mit denen der anderen Auszubildenden in Ihrem Betrieb und in der Klasse an der beruflichen Schule (Betrieb, Baustelle, Büro, Schule, überbetriebliche Ausbildungsstelle).

6 Beschreiben Sie die Betriebsziele Ihres Lehrbetriebes (Produktion, Service, Neuinstallation, Reparatur, auch Solartechnik, herkömmliche Installation usw.).

7 Erläutern Sie die Verantwortlichkeiten der an der Ausbildung Beteiligten mit Beispielen aus Ihrem Arbeitsumfeld.

8 Erläutern Sie Ihre Verantwortung gegenüber dem Kunden für seine körperliche Sicherheit.

9 Warum tragen Sie Verantwortung für die politischen Zustände in Gemeinde, Land und Bund? Wie können Sie diese Verantwortung wahrnehmen?

10 Warum hat Ihr Meister einen Anspruch darauf, dass Sie die Unfallverhütungsvorschriften einhalten?

11 Wie kann die Schule ihrer Verantwortung genügen, dass Sie Methoden- und Sozialkompetenz einüben?

12 Warum kann es Ihren Kollegen nicht gleichgültig sein, wenn Sie unpünktlich sind?

13 Erläutern Sie an einem Werkzeugkoffer des Betriebes, weshalb der Satz „Was nichts kostet, ist nichts wert" manchmal gilt. Welche Aufgabe kommt Ihnen zu, und was tun Sie, damit dieser Satz nicht zu gelten braucht? Nennen Sie einige Situationen als Beispiele.

14 Erläutern Sie an Beispielen mögliche Schwierigkeiten, die aus der engen Verflechtung der Mitarbeiter eines Betriebes entstehen können.

15 Worin sehen Sie Möglichkeiten, aktiv für die Umweltschonung einzutreten, ohne Ihre betrieblichen Verpflichtungen zu verletzen?

16 Welcher Zusammenhang besteht zwischen „schlampigem" Umgang mit Werkzeugen und Messgeräten und der Sicherheit Ihres Arbeitsplatzes?

17 Warum steht die Zufriedenheit des Kunden mit Ihrer Arbeit an erster Stelle zur Erhaltung Ihres Arbeitsplatzes?

1.2 Der Arbeitsplatz des Elektronikers

- **Einrichtung und Ausstattung der Werkstatt**
- **Vorschriften und Normen**
- **Werkzeuge und Messgeräte**
- **Sicherheitsregeln**
- **Erste-Hilfe-Leistung**
- **Werkzeuge und Maschinen auf der Baustelle**
- **Brandschutz**
- **Baustromversorgung**

Das Tätigkeitsfeld des Elektronikers umfasst nicht nur die Neuerstellung von elektrotechnischen Anlagen, sondern auch die Instandhaltung, Wartung, Reparatur und Prüfung von Anlagen und Betriebsmitteln.

In den folgenden beiden Abschnitten werden die grundlegend benötigten Einrichtungsgegenstände sowie Messgeräte und Werkzeuge für Werkstattarbeitsplatz und Baustellenarbeitsplatz aufgegliedert.

Abb. 1
GS-Zeichen

Abb. 2
CE-Kennzeichnung

1.2.1 Arbeitssicherheitsvorschriften

Vorschriften und Bestimmungen, die in der Werkstatt beachtet und eingehalten werden müssen:

ArbSchG Arbeitsschutzgesetz
Das Arbeitsschutzgesetz wurde am 07.08.1996 erlassen. Es dient der Verbesserung der Sicherheit und des Gesundheitsschutzes der Beschäftigten bei der Arbeit.
Nach den Maßgaben dieses Gesetzes müssen alle Arbeitsplätze einer Gefährdungsanalyse unterzogen werden.

BG ETEM Energie Textil Elektro
Die Berufsgenossenschaften erlassen BG-Vorschriften (BGV), die für Betriebe verbindlich sind. Sie definieren Sicherheitsanforderungen an:

- die betrieblichen Einrichtungen und Arbeitsverfahren
- die Verhaltensweisen
- die Arbeitsschutzorganisation.

UVV Unfallverhütungsvorschriften
Die Unfallverhütungsvorschriften (UVV) werden unter der Leitung der fachlich zuständigen Berufsgenossenschaft (BGFE) mit der Zentralstelle für Unfallverhütung und Arbeitsmedizin erarbeitet.

> ***Merke:***
> *Nach den ZVEH-Richtlinien müssen mindestens folgende Vorschriften im Betrieb vorhanden sein:*
> - *VDE-Auswahlordner für das Elektrotechnikerhandwerk mit gültigen Vorschriften und Ergänzungsabonnement*
> - *Technische Anschlussbedingungen (TAB) für den Anschluss an das Niederspannungsnetz der Energieversorgungsunternehmen (EVU) bzw. Versorgungsnetzbetreiber (VNB)*
> - *„Normen-Handbuch Elektrotechniker-Handwerk" vom Beuth-Verlag GmbH, 10787 Berlin; auch vom VDE-Verlag Berlin zu beziehen*

GSG Gerätesicherheitsgesetz
Das Gerätesicherheitsgesetz beinhaltet alle technischen Arbeitsmittel des privaten und beruflichen Bereiches. Für die Einrichtung des Werkstattarbeitsplatzes zählt hierzu z. B. eine Tischbohrmaschine oder ein Schraubstock (Abb. 1).

CE Communaute Européenne (Europäische Union)
In den Ländern der europäischen Union müssen seit dem 1. Januar 1995 alle in Verkehr gebrachten und in Betrieb genommenen Maschinen den Europäischen Maschinenrichtlinien entsprechen und die CE-Kennzeichnung tragen (Abb. 2).

DIN VDE Deutsches Institut für Normung – Verband der Elektrotechnik Elektronik Informationstechnik e. V.
Sicherheitsbestimmungen für elektrische Betriebsmittel und das Errichten elektrischer Anlagen dienen der Verhütung von Unfällen durch elektrischen Strom. Hersteller von elektrischen Betriebsmitteln, Werkzeugen, Spielzeugen, Haushaltsgeräten sowie die Errichter elektrischer Anlagen haben beim

- Errichten
- Instandsetzen
- Warten von Anlagen

Gesetze, Vorschriften und Bestimmungen zu beachten.

ZVEH Zentralverband der Deutschen Elektro- und Informationstechnischen Handwerke

DKE Deutsche Kommission Elektrotechnik Elektronik Informationstechnik im DIN und VDE

1.2.2 Bauliche Anforderungen an den Werkstattraum

Als Werkstatt dient ein beheizter, trockener und belüftbarer Raum, der den berufsgenossenschaftlichen Bestimmungen entspricht.
Die Grundfläche des Raumes sollte möglichst größer als 20 m² sein. Ein oder zwei Fenster für Tageslichteinstrahlung sind wünschenswert.

1.2.3 Beleuchtung und Elektroinstallation in der Werkstatt

Die wichtigste deutsche Norm zur künstlichen Beleuchtung ist die Norm DIN EN 12 665 „Licht und Beleuchtung“. Sie enthält Tabellen, in der für bestimmte Raumarten die erforderliche Nennbeleuchtungsstärke, die Farbwiedergabeeigenschaft und die Lichtfarbe von Leuchtmitteln angegeben werden.
Eine den Arbeitsbedingungen angepasste Beleuchtung ist eine Grundvoraussetzung für die Verhütung von Unfällen.

Daher hat der Gesetzgeber die Beleuchtung von Arbeitsstätten in die Arbeitsstättenverordnung (ArbStättV) einbezogen und hierzu eine spezielle Arbeitsstättenrichtlinie ASR A 3.4 „Beleuchtung – Technische Regeln für Arbeitsstätten“ (April 2011) erlassen. Nach dieser Rechtsverordnung ist die Beleuchtung gemäß DIN EN 12 665 auszuführen und zu betreiben.

Die ArbStättV ist für den gewerblichen Bereich, das heißt für Betriebe, die der Gewerbeordnung unterliegen, geltendes Recht (Arbeitsschutzrecht).

Für eine Reparaturwerkstatt für Maschinen und Apparate werden folgende Werte angegeben:

- Nennbeleuchtungsstärke = 500 Lux
- Farbwiedergabeeigenschaft = 2
- Lichtfarbe der Leuchtmittel = Warmweiß oder Neutralweiß

Bei der Auswahl der Leuchten wird zwischen Innenleuchten, Außenleuchten und Industrieleuchten unterschieden. Für eine Werkstatt im Handwerks- und Industriebereich werden Industrieleuchten verwendet. Die Schutzart der Leuchte sollte mindestens IP54 betragen, wegen eventuell auftretenden Staubes.

Die erforderliche Lampenzahl wird nach Auswahl der Leuchte mittels Formeln und Tabellen aus dem Tabellenbuch für Elektrotechnik oder einem Berechnungsprogramm (wird von vielen Leuchtenherstellern zur Verfügung gestellt) ermittelt.

Die Aufteilung der Leuchten im Raum wird so vorgenommen, dass sich im Raum eine gleichmäßige Ausleuchtung ergibt. Ein wichtiger Faktor bei der Beleuchtungsplanung sind auch die Energiekosten. Dies sollte bei der Auswahl der Leuchten und des Leuchtmittels mit berücksichtigt werden.

Bei der Installation der Werkstatt sind die DIN- und VDE-Vorschriften sowie die Vorschriften der Berufsgenossenschaft zu berücksichtigen.
Die Installation in der Werkstatt kann als Aufputz-Installation in der Schutzart IP 54 durchgeführt werden. Die Stromkreisaufteilung ergibt sich aus der Zahl der erforderlichen Anschlüsse für Maschinen und Verbraucher.

An der Werkbank sollten mindestens 6 Schutzkontaktsteckdosen, in 2 Stromkreise aufgeteilt, vorhanden sein. Jeweils 1 CEE-Steckdose 16 A sowie eine CEE-Steckdose 32 A für Drehstromverbraucher. Ein Festanschluss für die ortsfeste Prüftafel muss installiert werden.

Abb. 1 Ständerbohrmaschine

1.2.4 Notwendige Einrichtungen

Nach den ZVEH-Richtlinien sind folgende Einrichtungen und stationäre Werkzeuge mindestens erforderlich:

- Werkbank mit einem fest angebrachten Schraubstock
- Ständerbohrmaschine mit 13 mm Bohrfutter und Maschinenschraubstock (Abb. 1)
- Schleifmaschine mit getrennten Schleifscheiben (eine Scheibe für Hartmetall) und Schutzbrille für Augenschutz (Abb. 2)
- ortsfeste Prüftafel nach DIN VDE 0104

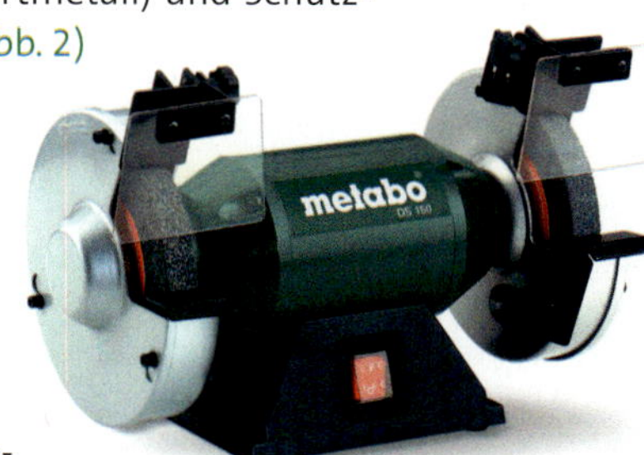

Abb. 2 Schleifmaschine

Für die Übersichtlichkeit und griffbereite Lagerung von benötigten Kleinteilen empfehlen wir die Verwendung von Ablageschalen und Schubladenmagazinen (Abb. 1 ⊳ 23).

Praxistipp

Die Schutzarten von Betriebsmitteln setzen sich aus den Buchstaben IP, zwei Ziffern und Zusatzbuchstaben zusammen:

- *IP: Abkürzung für International Protection (engl., Internationaler Schutz)*
- *erste Ziffer: Berührungs- und Fremdkörperschutz, IP5X = Staubablagerung bei Staubanfall*
- *zweite Ziffer: Wasserschutz, IPX4 = Spritzwasser für z. B. dauernd feuchte Umgebung*

1.2.5 Werkzeuge in der Werkstatt

Für eine fachgerechte und saubere Reparatur eines Verbrauchers oder die Erstellung einer elektrotechnischen Anlage ist einwandfreies, normgerechtes und modernes Spezialwerkzeug eine der wichtigsten Voraussetzungen. Eine übersichtliche, griffbereite Aufbewahrung der Werkzeuge ist mindestens genauso wichtig wie die richtige Anwendung und Handhabung der Werkzeuge. In der Werkstatt empfiehlt sich die Lagerung der Werkzeuge dergestalt, dass sie möglichst unmittelbar griffbereit sind. Seltener benötigte Handwerkzeuge können dabei in Schubladen gelagert werden, während die häufig eingesetzten Werkzeuge am besten in direktem Zugriff an Wandhalterungen oder in speziellen Ablageschalen aufbewahrt werden.

Eine praktische Alternative ist die in Abb. 1▷23 gezeigte „Werkzeuginsel". Mittels eines umfangreichen Systems an Haken, Halterungen und Ablageschalen bietet sie für zahlreiche Werkzeuge und Kleinmaterialien Stauraum und kann entsprechend den Anwenderbedürfnissen flexibel in der Werkstatt eingesetzt werden. Dank der Fahrrollen ist sie schnell z. B. von der Werkbank an zu montierenden Schaltschrank versetzt. Bei dem abgebildeten Beispiel einer fahrbaren „Werkzeuginsel" können vorteilhaft Aufbewahrungssysteme wie Schubladenmagazine oder eingehängte Lagerschalen integriert werden. So lassen sich gängige Verbrauchsmaterialien wie Schrauben, Kabelschuhe und Kabelbinder in unmittelbarer Arbeitsplatznähe gut sortiert lagern, ebenso wie weiteres Zubehör, z. B. technische Sprays wie Reiniger oder Kontaktöl, Körperschutzausrüstungen wie Schutzbrille und Gehörschutz und diverse Mess- und Testgeräte.

Die Werkzeugbestückung der abgebildeten „Werkzeuginsel" ist ein Vorschlag für eine Grund-

Achtung: *Alle Stromkreise außer den Beleuchtungsstromkreisen müssen über eine Not-Aus-Einrichtung geführt werden, damit im Fehlerfall die gesamte Anlage spannungsfrei geschaltet werden kann. Die Steckdosenstromkreise sind über einen Fehlerstromschutzschalter zu führen ($I_{\Delta N}$ = 30 mA).*

- *Werkzeuge für die Elektrotechnik müssen vor jedem Einsatz durch den Benutzer auf Beschädigungen und Funktionsbeeinträchtigungen untersucht werden!*
- *Nur geprüftes und funktionsfähiges Werkzeug darf für das Arbeiten verwendet werden!*
- *Erkennbare Schäden am Werkzeug müssen sofort beseitigt oder dem Vorgesetzten gemeldet werden. Schadhaftes Werkzeug muss ausgetauscht werden!*

Legende zu Abb. 1▷23

1. technische Sprays wie Reiniger oder Kontaktöl
2. Körperschutzausrüstungen wie Schutzbrille und Gehörschutz
3. diverse Mess- und Testgeräte, z.B. zweipoliger Spannungsprüfer
4. verschiedene Kleinteile im Schubladenmagazin
5. Schlitz-, Kreuzschlitz- und TORX®-Schraubendreher in diversen Größen
6. Innensechskant-(Inbus-)-Schlüsselsatz mit Schlüsselweiten 1,5 mm bis 10 mm
7. Gabel-Ring-Schlüsselsatz mit Schlüsselweiten 8 bis 17 mm
8. Universal-Schaltschrankschlüssel
9. Telefonzangen (Spitzzangen) gerade und gebogen, jeweils Länge 200 mm
10. Kombinationszange 185 mm
11. Wasserpumpenzange 250 mm
12. Kraft-Seitenschneider 200 mm
13. Elektronik-Seitenschneider 120 mm
14. Werkstatt-Pinzette
15. Einhand-Kabelschere für Kabel und Leiter bis 25 mm Durchmesser
16. Vielzweckschere 190 mm für Blech, Kunststoff, Pappe
17. Automatische Abisolierzange für Flach- und Rundkabel bis 10 mm Durchmesser
18. Sicherheits-Schlosserhammer 300 g
19. Spiralbohrersatz, mindestens bis 13 mm Durchmesser
20. Gliedermaßstab aus Kunststoff, 2 Meter
21. Phasenprüfer
22. Klein-Werkzeuge wie Steckschlüsseleinsätze und Ratschen, Schraub-Bits, 23 Stufenbohrer in Ablageschalen oder Schubladen-Magazin
23. Taschensäge (PUK-Säge) 150 mm
24. Dosenabmanteler und -abisolierer für NYM-Kabel und ähnliche
25. Koaxialkabel-Abmanteler und -abisolierer für SAT-TV-Kabel, RG-Kabel
26. Anlegewerkzeug für LSA-Schneidklemmen (CAT 5-Dosen, Patchpanel)
27. Lötkolben und Zubehör
28. Kabelmesser für Rundkabel
29. Presswerkzeug (Crimpzange) für isolierte und nicht isolierte Kabelschuhe und Aderendhülsen
30. Presswerkzeug für Rohrkabelschuhe
31. Messschieber 150 mm
32. Wasserwaage 400 mm
33. Lochsägen inkl. Aufnahmen in gängigen Größen
34. Schraublocher, Lötmaterial, Gewindeschneider und andere Kleinwerkzeuge in Ablageschalen oder Transportkoffer

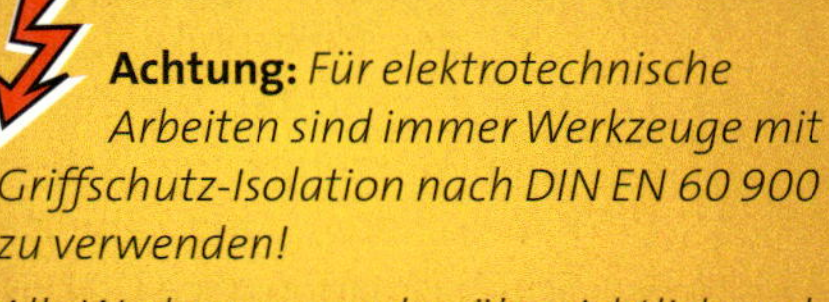

Achtung: *Für elektrotechnische Arbeiten sind immer Werkzeuge mit Griffschutz-Isolation nach DIN EN 60 900 zu verwenden!*

Alle Werkzeuge werden übersichtlich und griffbereit aufbewahrt!

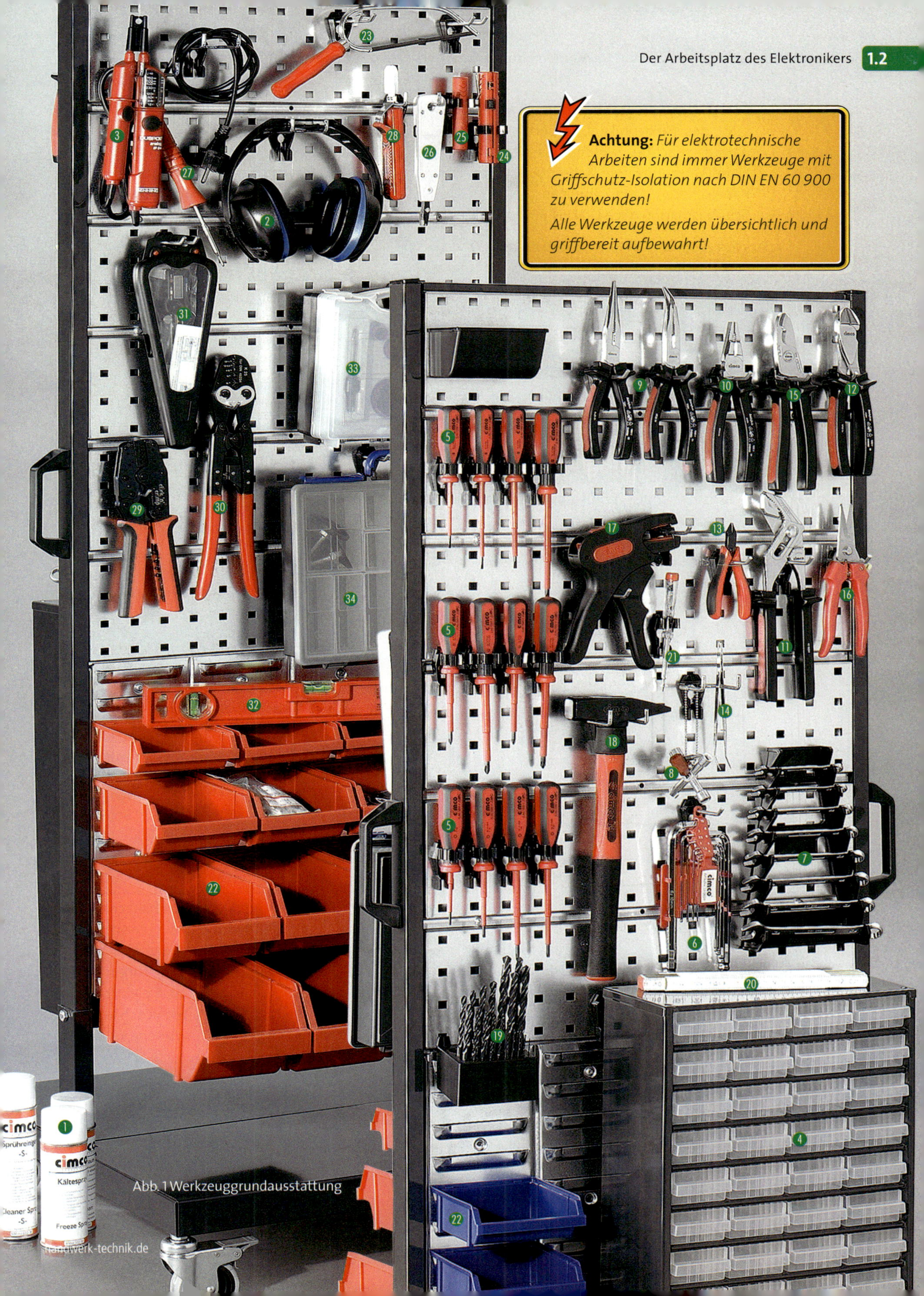

Abb. 1 Werkzeuggrundausstattung

ausstattung an Handwerkzeugen in der Werkstatt des Elektronikers. Dabei sollte beim Kauf darauf geachtet werden, dass alle wichtigen Handwerkzeuge wie Schraubendreher, Zangen, Kabelscheren und ähnliches eine 1000-Volt-Schutzisolation nach DIN EN 60900 haben.

Werkzeug für elektronische Arbeiten:

- Lötstation mit stufenloser Temperatureinstellung und Dauerlötspitze
- antistatische Entlötsaugpumpe mit austauschbarer Teflonspitze
- EGB/ESD-Tischmattenset mit Handgelenkband
- 6-tlg. Schlitz-/Kreuzschlitz-Elektronikerschraubendrehersatz, Inhalt: Schlitz-Schraubendreher: 2,5/3,0/3,5/4 mm und Kreuzschlitz-Schraubendreher: PH0/PH1
- 8-tlg. Elektronikzangenset mit Seitenschneider, Vornschneider, Kombizange, Spitzzange, Spitzzange gebogen, Rundzange, Flachzange sowie Nadelzange
- Pinzette mit abgebogenen Spitzen
- Lupenleuchte für Tisch- oder Wandbefestigung

1.2.6 Messgeräte in der Werkstatt

In der Werkstatt sind die nachfolgenden Messgeräte erforderlich:

- Zweipoliger Spannungsprüfer nach DIN EN 61243-3 (VDE 0682-401),
- Spannungsmesser nach DIN EN 61010-1 (VDE 0411-1),
- Strommesser nach DIN EN 61010-1 (VDE 0411-1),
- Isolations-Messgerät nach DIN EN 61557-2 (VDE 0413-2),
- Schleifenwiderstands-Messgerät nach DIN EN 61557-3 (VDE 0413-3),
- Widerstands-Messgerät nach DIN EN 61557-4 (VDE 0413-4),
- Messgerät zum Prüfen der Wirksamkeit der Fehlerstrom-Schutzeinrichtungen (RCD) nach DIN EN 61557-6 (VDE 0413-6),
- Drehfeld-Richtungsanzeiger nach DIN EN 61557-7 (VDE 0413-7),
- Prüf-und Messeinrichtungen zum Prüfen der elektrischen Sicherheit von Geräten „Prüfeinrichtungen für Prüfungen nach Instandsetzung, Änderung oder für Wiederholungsprüfungen" nach DIN VDE 0404-2 (VDE 0404-2).

Die Tabellen 1 und 1▷25 beinhalten Auszüge aus der berufsgenossenschaftlichen Vorschrift A3 für die Wiederholungsprüfungen von ortsveränderlichen und ortsfesten elektrischen Anlagen und Betriebsmitteln. Die Prüfungsfristen müssen

Praxistipp
Kombinationsmessgeräte nach DIN EN 61557-10 (VDE0413-13), die mehrere Messungen ermöglichen, sind zulässig.

Abb. 1 - Prüfplaketten für Werkzeuge und Betriebsmittel

Anlage/Betriebsmittel	Prüffrist/Richt- und Maximalwerte	Art der Prüfung	Prüfer
• ortsveränderliche elektrische Betriebsmittel (soweit benutzt) • Verlängerungs- und Geräteanschlussleitungen mit Steckvorrichtungen • Anschlussleitungen mit Stecker • bewegliche Leitungen mit Stecker und Festanschluss	Richtwert: 6 Monate, auf Baustellen 3 Monate. Wird bei den Prüfungen eine Fehlerquote <2 % erreicht, kann die Prüffrist entsprechend verlängert werden. Maximalwert: auf Baustellen, in Fertigungsstätten und Werkstätten oder unter ähnlichen Bedingungen ein Jahr, in Büros oder unter ähnlichen Bedingungen zwei Jahre	auf ordnungsgemäßen Zustand	Elektrofachkraft, bei Verwendung geeigneter Mess- und Prüfgeräte auch elektrotechnisch unterwiesene Person

Tabelle 1 Wiederholungsprüfungen ortsveränderlicher elektrischer Betriebsmittel (Auszug aus der Unfallverhütungsvorschrift BGV A3 der BG ETEM)

Anlage/Betriebsmittel	Prüffrist	Art der Prüfung	Prüfer
elektrische Anlagen und ortsfeste Betriebsmittel	4 Jahre	auf ordnungsgemäßen Zustand	Elektrofachkraft
elektrische Anlagen und ortsfeste elektrische Betriebsmittel in „Betriebsstätten, Räumen und Anlagen besonderer Art“ (DIN VDE 0100 Teil 700)	1 Jahr	auf ordnungsgemäßen Zustand	Elektrofachkraft
Schutzmaßnahmen mit Fehlerstrom-Schutzeinrichtungen in nicht stationären Anlagen	1 Monat	auf Wirksamkeit	Elektrofachkraft oder elektrotechnisch unterwiesene Person bei Verwendung geeigneter Mess- und Prüfgeräte
Fehlerstrom-, Differenzstrom- und Fehlerspannungs-Schutzschalter • in stationären Anlagen • in nicht stationären Anlagen	 6 Monate arbeitstäglich	auf einwandfreie Funktion durch Betätigen der Prüfeinrichtung	Benutzer

Tabelle 1 Wiederholungsprüfungen ortsfester elektrischer Anlagen und Betriebsmittel (Auszug aus der Unfallverhütungsvorschrift BGV A3 der BG ETE)

zwingend eingehalten werden. Diese Vorschrift gilt für Betriebe, Werkstätten und Labors! Um die terminliche Einhaltung der Prüfungen zu gewährleisten, gibt es im Fachhandel von verschiedenen Herstellern für Sicherheitsartikel Prüfplaketten nach BGV A3, die auf die geprüften Werkzeuge aufgeklebt werden. Auf der Prüfplakette ist dann der nächste Prüftermin sichtbar (Abb. 1 ▷ 24).

Ortsfeste Werkstattprüftafel nach DIN VDE 0104

Von den Elektroinnungen und vom ZVEH wird eine ortsfeste Werkstattprüftafel (Abb. 1) als Ausrüstung der Werkstatt für Elektrobetriebe zwingend vorgeschrieben. Sie ist zum Messen und Prüfen von elektrischen Geräten durch Elektrofachkräfte nach Instandsetzung oder Änderung gemäß DIN VDE 0701 sowie für wiederkehrende Prüfungen gemäß DIN VDE 0702 bestimmt (Tabelle 1 ▷ 26). Entsprechend diesen Vorschriften müssen der Schutzleiterwiderstand, der Isolationswiderstand, der Differenz- und Berührungsstrom, der Ersatz-Ableitstrom und bei Büromaschinen die Spannungsfreiheit berührbarer leitfähiger Teile des Benutzerbereiches gemessen werden.

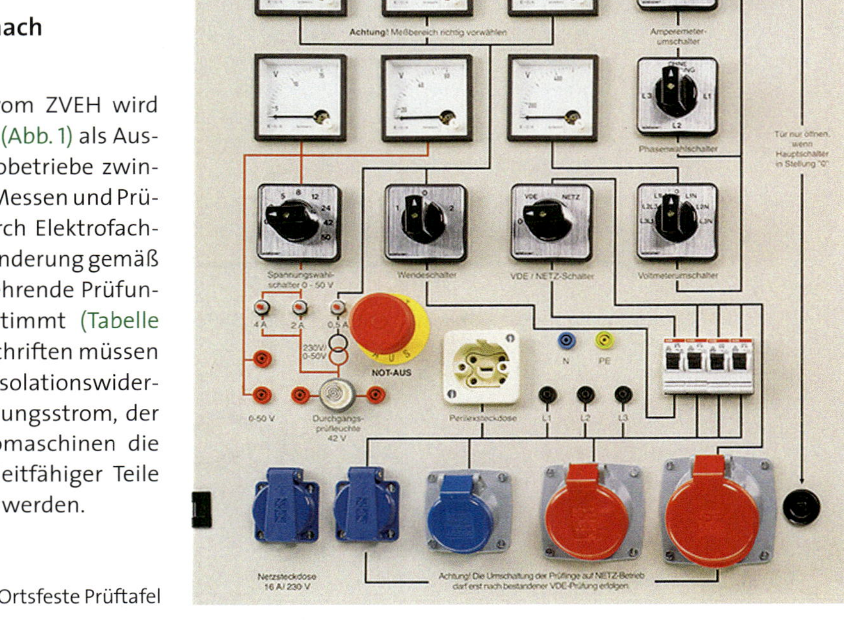

Abb. 1 Ortsfeste Prüftafel

Messung nach DIN VDE 0701 Teil 1	Messung nach DIN VDE 0701 Teil 240	Messung nach DIN VDE 0702	Messung der Betriebsgrößen
• Schutzleiterwiderstand • Isolationswiderstand • Ersatz-Ableitstrom	• Berühr- bzw. Ableitstrom	• Differenzstrom	• Netzspannung L1, L2 oder L3 gegen N • Verbraucherstrom in L1, L2 oder L3 sowie durch Messen und Prüfen mit Schutzkleinspannung

Tabelle 1 Prüfen der elektrischen Sicherheit elektrischer Betriebsmittel

1.2.7 Arbeitssicherheit und richtiges Verhalten bei der Arbeit und im Betrieb

§ 4 Persönliche Schutzausrüstung

(1) Ist es durch betriebstechnische Maßnahmen nicht ausgeschlossen, dass die Versicherten Unfall- oder Gesundheitsgefahren ausgesetzt sind, so hat der Unternehmer geeignete persönliche Schutzausrüstungen zur Verfügung zu stellen und diese in ordnungsgemäßem Zustand zu halten.

(2) Der Unternehmer hat insbesondere zur Verfügung zu stellen:

1. Kopfschutz, wenn mit Kopfverletzungen durch Anstoßen, durch pendelnde, herabfallende, umfallende oder wegfliegende Gegenstände oder durch lose hängende Haare zu rechnen ist;
2. Fußschutz, wenn mit Fußverletzungen durch Stoßen, Einklemmen, umfallende, herabfallende oder abrollende Gegenstände, durch Hineintreten in spitze und scharfe Gegenstände oder durch heiße Stoffe, heiße oder ätzende Flüssigkeiten zu rechnen ist;
3. Augen- oder Gesichtsschutz, wenn mit Augen- oder Gesichtsverletzungen durch wegfliegende Teile, Verspritzen von Flüssigkeiten oder durch gefährliche Strahlung zu rechnen ist;
4. Atemschutz, wenn Versicherte gesundheitsschädlichen, insbesondere giftigen, ätzenden oder reizenden Gasen, Dämpfen, Nebeln oder Stäuben ausgesetzt sein können oder wenn Sauerstoffmangel auftreten kann;
5. Körperschutz, wenn mit oder in der Nähe von Stoffen gearbeitet wird, die zu Hautverletzungen führen oder durch die Haut in den menschlichen Körper eindringen können, sowie bei Gefahr von Verbrennungen, Verätzungen, Verbrühungen, Unterkühlungen, elektrischen Durchströmungen, Stich- oder Schnittverletzungen.

(3) Die Vorschriften über die ärztlichen Vorsorgeuntersuchungen sind unabhängig davon anzuwenden, ob persönliche Schutzausrüstungen benutzt werden.

Die nachfolgenden Abbildungen zeigen Beispiele für die persönliche Schutzausrüstung.

Arbeitsschutzhelm

Leichte Schutzbrille

Sicherheitsschuhe

Sicherheitskennzeichen am Arbeitsplatz

Unternehmen sind nach den UVV verpflichtet, am Arbeitsplatz durch Sicherheitszeichen auf eventuelle Gefahren und Verbote hinzuweisen. Vorhandene Sicherheitseinrichtungen sind ebenfalls durch Zeichen kenntlich zu machen. Die berufsgenossenschaftliche Vorschrift BGV A8 enthält Sicherheitszeichen, die in folgende Gruppen unterteilt sind:

Verbotszeichen

Das Verbotszeichen ist ein Sicherheitszeichen, das ein Verhalten, durch das eine Gefahr entstehen kann, untersagt.

Nicht schalten

Betreten dieser Fläche verboten

Kein Trinkwasser

Gebotszeichen

Das Gebotszeichen ist ein Sicherheitszeichen, das ein bestimmtes Verhalten vorschreibt.

Augenschutz benutzen

Schutzhelm benutzen

Schutzhandschuhe benutzen

Warnzeichen

Das Warnzeichen ist ein Sicherheitszeichen, das vor einem Risiko oder einer Gefahr warnt.

Warnung vor Gefahren durch Batterien

Warnung vor einer Gefahrenstelle

Warnung vor Kälte

Rettungszeichen

Das Rettungszeichen ist ein Sicherheitszeichen, das den Rettungsweg oder Notausgang, den Weg zu einer Ersten-Hilfe-Einrichtung oder diese Einrichtung selbst kennzeichnet.

Notruftelefon

Notdusche

Krankentrage

Brandschutzzeichen

Das Brandschutzzeichen ist ein Sicherheitszeichen, das Standorte von Feuermelde- und Feuerlöscheinrichtungen kennzeichnet.

Löschschlauch

Leiter

Brandmeldetelefon

1.2.8 Sicherheitsregeln und Erste Hilfe bei Notfällen

Vorschriften nach der BGV A1

- Jeder Unternehmer muss dafür sorgen, dass die zur Leistung der Ersten Hilfe notwendigen Einrichtungen, Hilfsmittel und Ersthelfer zur Verfügung stehen.
- Der Unternehmer hat unter Berücksichtigung der betrieblichen Verhältnisse durch Meldeeinrichtungen und organisatorische Maßnahmen dafür zu sorgen, dass unverzüglich die notwendige Hilfe herbeigerufen und an den Einsatzort geleitet werden kann.
- Der Unternehmer hat dafür Sorge zu tragen, dass genügend Ersthelfer zur Verfügung stehen. Erforderlichenfalls muss er sie ausbilden lassen.
  Bei bis zu 20 an einer Arbeitsstelle anwesenden Versicherten muss ein Ersthelfer, bei mehr als 20 anwesenden Versicherten müssen 10 % der Versicherten als Ersthelfer ausgebildet sein.
- Der Unternehmer hat dafür zu sorgen, dass das Erste-Hilfe-Material jederzeit schnell erreichbar und leicht zugänglich in geeigneten Behältnissen, gegen schädigende Einflüsse geschützt und in ausreichender Menge bereitgehalten sowie rechtzeitig ergänzt und erneuert wird.
- Der Unternehmer hat dafür zu sorgen, dass die Versicherten vor Aufnahme ihrer Beschäftigung und danach mindestens einmal jährlich über das Verhalten bei Unfällen unterwiesen werden.
- Der Unternehmer hat dafür zu sorgen, dass den Versicherten durch berufsgenossenschaftliche Aushänge oder in anderer geeigneter Form Hinweise über die Erste Hilfe und Angaben über Notruf, Erste-Hilfe- und Rettungseinrichtungen, über das Erste-Hilfe-Personal sowie über herbeizuziehende Ärzte und Krankenhäuser gegeben werden.
- Der Unternehmer hat dafür zu sorgen, dass die Erste-Hilfe-Einrichtungen sowie die Aufbewahrungsorte von Erste-Hilfe-Material, Rettungsgeräte und Rettungstransportmittel durch die jeweiligen Rettungszeichen gekennzeichnet werden. (Für die Kennzeichnung siehe UVV „Sicherheits- und Gesundheitsschutzkennzeichnung am Arbeitsplatz“ BGV A8)
- Der Unternehmer hat dafür zu sorgen, dass Versicherte unverzüglich
  - einem Arzt vorgestellt werden, sofern Art und Umfang der Verletzung eine ärztliche Versorgung angezeigt erscheinen lassen.
  - einem Durchgangsarzt vorgestellt werden, wenn die Verletzung zur Arbeitsunfähigkeit führt oder die Behandlungsbedürftigkeit voraussichtlich länger als eine Woche beträgt.
  - bei einer schweren Verletzung einem der von den Berufsgenossenschaften bezeichneten Krankenhäuser zugeführt werden
  - bei Vorliegen einer Augen- oder Hals-Nasen-Ohrenverletzung dem nächsterreichbaren Arzt des entsprechenden Fachgebietes zugeführt werden, es sei denn, dass sich die Vorstellung durch eine erste ärztliche Hilfe erübrigt hat.

Aufzeichnungen der Erste-Hilfe-Leistungen

- Alle Erste-Hilfe-Leistungen sind aufzuzeichnen und mindestens fünf Jahre aufzubewahren. Folgende Angaben müssen in den Aufzeichnungen enthalten sein:
  - Namen des Verunfallten und der Zeugen
  - Namen derer, die Erste Hilfe geleistet haben
  - Zeit und Ort des Unfallgeschehens
  - Unfallhergang
  - Art und Weise der Erste-Hilfe-Maßnahmen

Diese Aufzeichnungen können z. B. in einem Verbandbuch eingetragen werden.

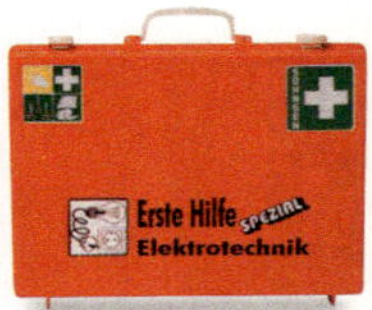

Abb. 1 Verbandkoffer für die Elektrotechnik, tragbar

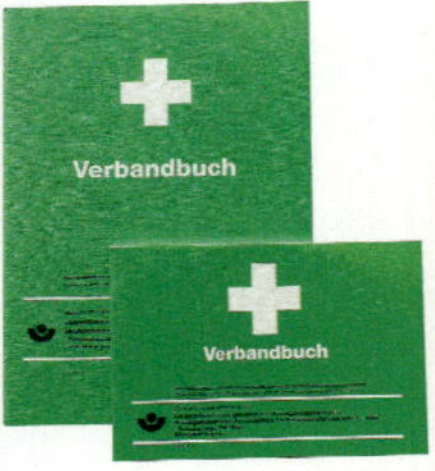

Abb. 2 - Verbandbuch

Abb. 3 Erste-Hilfe-Verbandschrank

Die fünf Sicherheitsregeln nach DIN VDE 0105

Bei Arbeiten an elektrischen Anlagen muss vor Arbeitsbeginn die gesamte Anlage spannungsfrei geschaltet und gesichert werden. Dies erfolgt nach den fünf Sicherheitsregeln, und zwar in festgelegter Reihenfolge:

1 Freischalten!

Was versteht man unter „Freischalten"?
Die Teile der Anlage, an denen gearbeitet werden soll, werden allpolig von sämtlichen nicht geerdeten Leitern abgeschaltet oder abgetrennt. Dies bedeutet, dass alle Leitungen, die Spannung an eine Arbeitsstelle heranführen, abgeschaltet oder abgetrennt werden müssen.

2 Gegen Wiedereinschalten sichern!

Was versteht man unter „gegen Wiedereinschalten sichern"?
Betriebsmittel wie Schalter, mit denen freigeschaltet wurde, gegen Wiedereinschalten zu sichern, z. B. durch ein Vorhängeschloss. Für die Dauer der Arbeit sind an den Betriebsmitteln, mit denen freigeschaltet wurde, Verbotsschilder „Nicht schalten! Es wird gearbeitet" anzubringen.

3 Spannungsfreiheit feststellen!

Was versteht man unter „Spannungsfreiheit feststellen"?
Die Spannungsfreiheit mit vorgeschriebenem zweipoligem Spannungsprüfer oder Messinstrument an der Abschaltstelle sowie an der Arbeitsstelle allpolig prüfen. Dies darf nur von einer Fachkraft oder einer elektrotechnisch unterwiesenen Person durchgeführt werden.

4 Erden und kurzschließen!

Was versteht man unter „erden und kurzschließen"?
An der Abschaltstelle müssen Teile, an denen gearbeitet werden soll, vor Beginn der Arbeiten zuerst geerdet und dann kurzgeschlossen werden.

Warum muss zuerst geerdet und dann kurzgeschlossen werden?
Wird bei anstehender Spannung die Erdung zuerst vorgenommen, so wird beim Kurzschließen die Spannung nahezu gefahrlos gegen Erde abgeleitet.

5 Benachbarte, unter Spannung stehende Teile abdecken oder abschranken!

Was versteht man unter „abdecken oder abschranken"?
Das Anbringen von Abdeckungen aus Gummi oder Kunststoff, um das direkte oder indirekte Berühren zu verhindern. Abschrankungen sind z. B. Gitter, Stangen oder Platten.

Das Aufheben der fünf Sicherheitsregeln erfolgt in umgekehrter Reihenfolge!

SICHERN

ENTSICHERN

ARBEITEN

Merkblatt für die Arbeitssicherheit

Achtung:
Sicherheit zuerst!!!

Nur wer die zu seiner Sicherheit erlassenen Unfallverhütungsvorschriften (UVV) der Berufsgenossenschaften, die VDE-Bestimmungen und nicht zuletzt die fünf Sicherheitsregeln bei Arbeiten an elektrischen Anlagen befolgt, arbeitet unfallsicher.

Achtung:
Die Gesundheit ist nicht alles, aber ohne Gesundheit ist alles nichts!

Einige Grundregeln für die Sicherheit am und um den Arbeitsplatz

- Verkehrswege freihalten! Damit wird die Sturz- und Stolpergefahr eingeschränkt.
- Mängel an Maschinen, Werkzeugen, Leitern und allen anderen Arbeitsgeräten sofort dem Vorgesetzten melden! Der Nächste erleidet vielleicht einen Unfall, bevor er den Fehler bemerkt.
- Niemals Schutzvorrichtungen und Sicherheitseinrichtungen entfernen oder überbrücken! Sonst ist die Arbeitssicherheit an den Maschinen oder technischen Einrichtungen nicht mehr gewährleistet!
- Bei allen Arbeiten, bei denen dies vorgeschrieben oder erforderlich ist, stets persönliche Schutzausrüstung benutzen! Schutzbrillen, Schutzhelme, Sicherheitsschuhe usw. haben schon viele Personen vor ernsten Verletzungen bewahrt!
- Niemals an Maschinen hantieren, deren Bedienung nicht bekannt ist! An jeder Maschine muss man angelernt oder unterwiesen werden.
- Der Arbeitsplatz ist kein Spielplatz! Jeder ist manchmal zu Spiel und Scherz aufgelegt. Das ist verständlich. Am Arbeitsplatz aber kann es zu folgenschweren Unfällen führen, wenn jemand seinem Spieltrieb nachgibt und die nötige Sorgfalt außer Acht lässt.
- Beim Arbeiten an Maschinen stets eng anliegende Arbeitsbekleidung tragen! Weite Kleidung, lose Bänder oder Ketten, lange Haare werden leicht von umlaufenden Maschinenteilen erfasst.
- UVV und Regeln für Arbeitssicherheit und VDE-Vorschriften stets genau beachten und befolgen! Die „Allgemeinen Vorschriften zur UVV" besagen: Jeder ist verpflichtet, sich über die Vorschriften und Anweisungen zu informieren!

Bei Unfällen durch elektrischen Strom sind als erstes folgende Maßnahmen zu treffen:

- Sofortige Stromunterbrechung durch:
  - Betätigen der Not-Aus-Einrichtung
  - durch Ausschalten
  - durch Ziehen des Netzsteckers
  - durch Herausnehmen oder Abschalten der Sicherung
- Sind diese Maßnahmen nicht sofort möglich, müssen Verunglückte durch nicht leitende Gegenstände von den unter Spannung stehenden Teilen getrennt oder an den Kleidern weggezogen werden. Der Helfer muss sich dabei isoliert aufstellen, beispielsweise auf ein trockenes Brett, auf trockene Kleider oder auf dicke Zeitungen. Er darf dabei sonst nichts berühren.
- Notruf absetzen an die Rettungsleitzentrale
- Bis zum Eintreffen des Arztes müssen Erste-Hilfe-Maßnahmen durchgeführt werden:
  - sofortige Verbringung in die Ruhelage
  - Kontrolle von Atmung und Puls
  - Atemspende bei Atemstillstand
  - Herz-Lungen-Wiederbelebung bei Kreislaufstillstand
  - stabile Seitenlage bei Bewusstlosigkeit und vorhandener Atmung
  - keimfreie Bedeckung von eventuellen Brandwunden

1.2.9 Werkzeuge und Maschinen für die Baustelle

Auf Baustellen werden hohe Anforderungen an Material, Werkzeug und Betriebsmittel gestellt. Staub, Schmutz, extreme Temperaturbedingungen sowie Feuchtigkeit sind auf der Baustelle an der Tagesordnung. In den UVV und DIN VDE finden sich für den Baustellenbereich verschiedene Vorschriften, die es zu beachten und anzuwenden gilt.

Werkzeugtasche für elektrotechnische Arbeiten

Im Abschnitt *Werkzeuge in der Werkstatt* wurde die Grundausstattung des Elektronikers der Energie- und Gebäudetechnik für elektrotechnische Arbeiten beschrieben. Dieses Werkzeug wird auch auf den Baustellen benötigt. Für den Transport und die Aufbewahrung bietet der Fachhandel Koffer und Werkzeugtaschen, in denen das Werkzeug übersichtlich und griffbereit auf die Baustelle gebracht werden kann (Abb. 2 und 3).

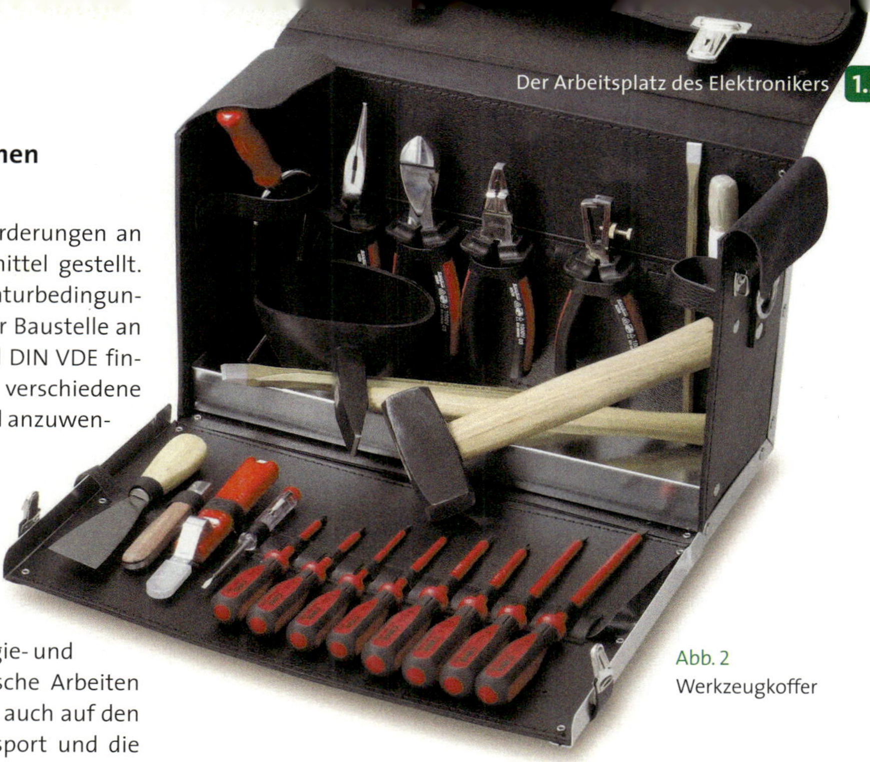

Abb. 2
Werkzeugkoffer

Abb. 3
Gürteltasche

Maschinen für die Herstellung von Durchbrüchen, Wand- und Bodenschlitzen

Für die unter Putz Verlegung von Kabeln und Leitungen sowie das Erstellen von Durchbrüchen für die Leitungsverlegung werden u. a. Mauernutfräsen und Meißelhämmer benötigt (Abb. 1, 4 und 5).

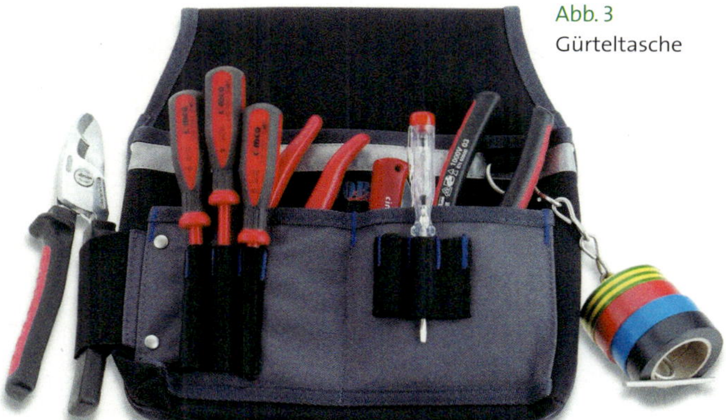

Abb. 1 Mauernutfräse

Abb. 4
Spitz-, Flach- und Breitmeißel

Abb. 5 Meißelhammer

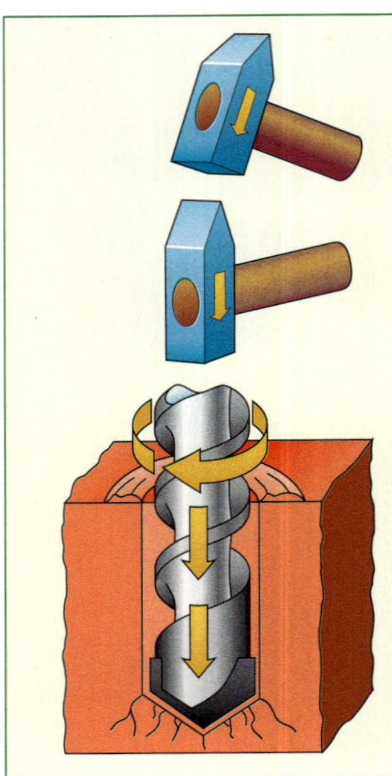

- Bohrhämmer sind Spezialisten zum Bohren in Beton und anderen Wandbaustoffen.
- Die meisten Bohrhämmer sind mit oder ohne Schlag einsetzbar.
- Die Rotationsgeschwindigkeit ist relativ gering.
- Durch die niedrige Schlagzahl ergibt sich ein angenehmes Geräusch.
- Die hohe Einschlagenergie sorgt für einen hohen Arbeitsfortschritt in hartem Gestein.
- Das entkoppelte Hammerwerk erfordert nur eine geringe Andruckkraft und arbeitet vibrationsarm.

Abb. 1 Das Bohrhämmern

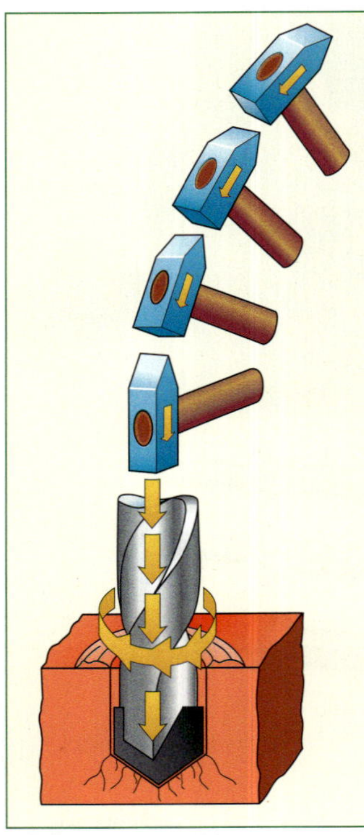

- Schlagbohrmaschinen sind universell einsetzbar (vorteilhaft in Holz und Metall).
- Sie arbeiten mit und ohne Schlag.
- Die Einzelschlagenergie ist gering und damit auch der Arbeitsfortschritt.
- Die hohe Schlagzahl und Rotationsgeschwindigkeit sorgen für ein unangenehmes Geräusch und hohe Vibration.
- Der Bohrfortschritt ist unmittelbar von der Andruckkraft des Anwenders abhängig.

Abb. 2 Das Schlagbohren

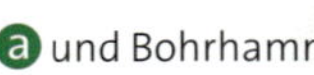
Abb. 3 Schlagbohrmaschine ⓐ und Bohrhammer ⓑ

Befestigungswerkzeug

Bei der auf Putz Installation von Kabeln, Leitungen und Betriebsmitteln benötigt der Fachmann geeignetes Befestigungswerkzeug.

Bohren: Für das Bohren von Dübellöchern werden Bohrmaschinen verwendet. Bei Bohrmaschinen unterscheidet man zwei verschiedene mechanische Verfahren (Abb. 1 bis 3).

Schrauben: Auf der Baustelle werden überwiegend Akku-Schrauber verwendet (Abb. 4). Folgende Dinge sind zu beachten:

- Ein vollgeladener Wechselakku sollte vorhanden sein.
- Der Akku-Schrauber sollte eine Drehmomenteinstellung haben.
- Spannbereich des Schnellspann-Bohrfutters mindestens 2 bis 13 mm
- ergonomischer Handgriff für ermüdungsfreies Arbeiten

Abb. 4 Akkubohrer/-schrauber

Kleben: Für das Verkleben werden Heißklebepistolen angeboten. Die Schmelztemperatur der Heißklebepatronen liegt zwischen 130 und 200 °C (Abb. 1).

Abb. 1 Heißklebepistole

Bolzensetzwerkzeug (Schussapparat)

In geeigneten Bauteilen oder Werkstoffen dürfen Setzbolzen mit Schussapparaten eingetrieben werden (Abb. 2). Als geeignete Werkstoffe gelten z. B.:

- Beton (DIN 1045), Druckfestigkeitsklassen C8/10 bis C100/115
- Leichtmetall
- Baustahl, Stahlguss
- Vollsteinmauerwerk

Abb. 2 Bolzensetzwerkzeug

Achtung: *Schussapparate dürfen nur eingesetzt werden, wenn folgende Angaben deutlich erkennbar und dauerhaft angebracht sind:*

- *Zulassungszeichen*
- *Name des Herstellers/Lieferanten (bei Schussapparaten aus dem Ausland Name des Importeurs)*
- *Typenbezeichnung*
- *Bezeichnung der vorgeschriebenen Munition*
- *Fabrikationsnummer*

*Die **Sorgfaltspflicht des Unternehmers** gewährleistet, dass*

- *dem Schussapparat eine deutschsprachige Bedienungsanleitung des Herstellers beiliegt,*
- *die zur Instandhaltung und Störungsbeseitigung benötigten Werkzeuge und Hilfsmittel vorhanden sind,*
- *Schussapparate nur solchen Personen zur Verwendung zu überlassen sind, bei denen er sich überzeugt hat, dass sie mit der Handhabung und dem Einsatz vertraut sind, die auftretenden Gefahren kennen und die Arbeiten mit dem Schussapparat zuverlässig ausführen,*
- *Personen unter 18 Jahren nicht mit Schussapparaten arbeiten,*
- *Schussapparate nach Bedienungsanleitung gewartet werden,*
- *die Geräte in regelmäßigen Abständen überprüft werden (BGV D9 Arbeiten mit Schussapparaten und D10 Tragbare Eintreibgeräte).*

Leitern und Gerüste

Ein sehr großer Anteil der Installations-, Verlegungs- oder Wartungsarbeiten erfolgt nicht auf dem Boden, sondern auf erhöhten Standorten. Hierfür müssen Hilfsmittel in Anspruch genommen werden, mit denen die normale Standfläche erhöht werden kann. Die Arbeiten auf erhöhten Standorten sind mit erheblicher Gefahr verbunden. Innerhalb eines Jahres liegt die Zahl der gemeldeten Unfälle, verursacht durch Leitern, bei über 40.000. Hierin sind auch tödliche Unfälle enthalten. Aus diesem Grund sind nachfolgende Vorschriften im Umgang mit erhöhten Standorten zu beachten:

- BGV A1 Allgemeine Vorschriften
- BGV C22 Bauarbeiten

Abb. 1 Eine mit Stricken verlängerte Holzleiter

Abb. 2 Ein aus herumliegenden Teilen zusammengebautes Arbeitsgerüst

Abb. 4 Leiter mit Lastenaufzug

Abb. 5 Fahrbares Arbeitsgerüst

Achtung: *Kisten, Fässer, Hocker, Stühle und ähnliche Gegenstände dürfen weder einzeln noch in irgendeiner Zusammenstellung als Ersatz für Leitern oder Gerüste dienen! Defekte Leitern oder Gerüste dürfen nicht benutzt werden.*
Vor jedem Gebrauch sind Leitern oder Gerüste auf Schäden zu überprüfen! Der Unternehmer muss dafür sorgen, dass die betriebseigenen Leitern oder Gerüste in regelmäßigen Abständen auf die Sicherheit und Funktion überprüft werden!
Gerüste müssen ab 2 m Höhe und fahrbare Gerüste ab 1 m Höhe einen Seitenschutz haben (Absturzsicherung)!

- BGV D36 Leitern und Tritte
- DIN 4420 Arbeits- und Schutzgerüste

Die in den Abb. 1 und 2 gezeigten Konstruktionen sind **unzulässig** und **lebensgefährlich!**

Leitern und Gerüste müssen den Vorschriften entsprechen und dürfen nur in vorgesehener Weise verwendet werden (Abb. 3). Die Leitern werden nach ihren Ausführungen unterteilt:
- Anlegeleiter
- Stehleiter
- Mehrzweckleiter
- Podestleiter

Werden für elektrotechnische Arbeiten Gerüste eingesetzt, so sind dies in den meisten Fällen fahrbare Standgerüste oder Arbeitsbühnen.

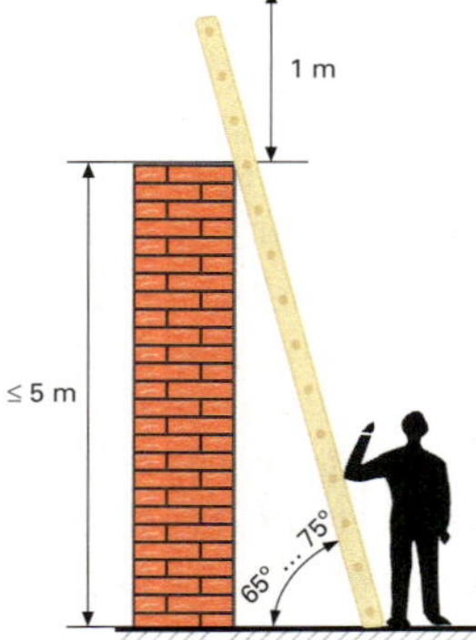

Abb. 3
Anlegeleiter sicher aufstellen: Wenn die Füße an der Leiter stehen und der ausgestreckte Ellbogen die Leiter berührt, stimmt der Anstellwinkel!

Beide Gerüstarten müssen der DIN 4420 entsprechen und nach der Bedienungsanleitung aufgebaut und verwendet werden (Abb. 4 und 5).

Baulicher Brandschutz auf der Baustelle

Der Brandschutz auf der Baustelle ist ein wichtiger Faktor. Brandschutz steht als Überbegriff für alle geeigneten Maßnahmen, um Feuer in Gebäuden vorzubeugen und zu verhindern. In den **Landesbauordnungen** der jeweiligen Bundesländern sind die erforderlichen Maßnahmen geregelt.

Die Gebäudeart und die Nutzung des Gebäudes haben einen Einfluss auf die Anforderungen an die baulichen Maßnahmen zur Sicherstellung des Brandschutzes im Gebäude.
Zwischen Wohnungen werden feuerbeständige Wände in der Landesbauordnung gefordert.
Größere Gebäude werden in Brandabschnitte unterteilt. Zwischen den Brandabschnitten ist eine Brandwand erforderlich.

Merke:
Bauteile werden nach dem Brandverhalten in die Feuerwiderstandsklassen F30, F60 und F90 eingeteilt. Die Ziffer nach dem F ist die Feuerwiderstandsdauer in Minuten.

Geschossdecken sind mindestens feuerhemmend, meist aber feuerbeständig herzustellen. Bauteile werden je nach Brandverhalten in Feuerwiderstandsklassen eingeteilt (Tabelle 1). Bei der Elektroinstallation in Gebäuden führt der Kabel- und Leitungsweg zwangsweise auch durch Geschossdecken, feuerbeständige Wände und Brandabschnitte. Um die ursprünglich geforderte Feuerwiderstandsklasse an solchen Berührungspunkten wieder herzustellen, müssen zugelassene Brandschotts eingebaut werden. Verschiedene Hersteller bieten eine Vielzahl von Brandschottsystemen an, die für diese Zwecke verwendet werden können (Abb. 1 bis 4).

Feuerwiderstandsklasseneinteilung für Sonderbauteile	
Verglasung	G30 ... G120
nicht tragende Außenwand	W30 ... W180
Brandschutzklappen	K30 ... K90
Rohrabschottungen	R30 ... R120
Feuerschutztüren, Tore	T30 ... T180
Lüftungsleitungen	L30 ... L120
Kabelabschottungen	S30 ... S180
Elektrokabelkanäle	E30 ... E90

Tabelle 1 Feuerwiderstandsklassen

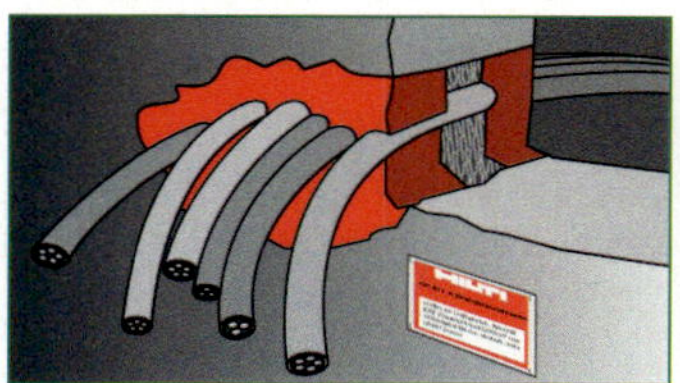

Abb. 1 Beispiele für die Abschottung einer Leitungskabelrinne mit einer Brandwand

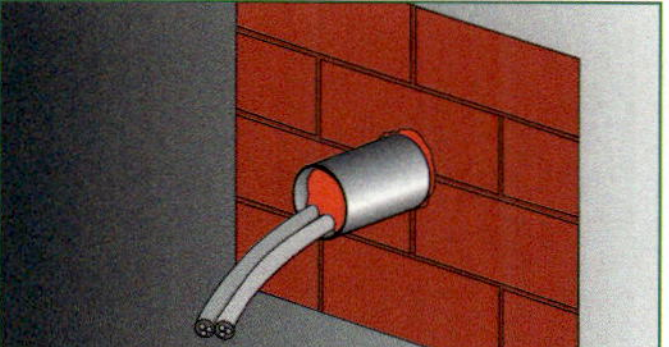

Abb. 2 Brandschottung eines Elektroinstallationsrohres

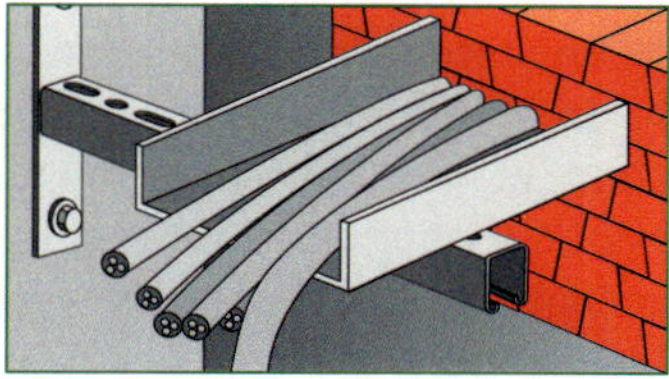

Abb. 3 Brandschottung einer Elektrokabelrinne

Abb. 4 Brandschutzstopfen

1.2.10 Einrichten einer Baustromversorgung

Nachfolgend soll die Größe einer Baustromverteilung unter Beachtung der VDE-Vorschriften bestimmt werden.

Die Betriebsmittel und elektrischen Werkzeuge auf Baustellen müssen von besonderen Speisepunkten aus versorgt werden. Als Speisepunkte bezeichnet man die Schnittstelle zwischen Versorgungsnetz und der elektrischen Anlage der Baustelle.

Gemäß BGI 608, Informationen der Berufsgenossenschaft der Feinmechanik und Elektrotechnik *„Auswahl und Betrieb elektrischer Anlagen und Betriebsmittel auf Baustellen"* gelten als Speisepunkte für die elektrische Versorgung von Anlagen und Betriebsmitteln auf Bau- und Montagestellen unter anderen Baustromverteiler nach VDE 0660, Teil 501. Für kleinere Baustellen sind als Speisepunkte auch

- Kleinstbaustromverteiler
- Schutzverteiler für Baustellen
- ortveränderliche Schutzeinrichtungen

zulässig. Zu berücksichtigen ist auch VDE 0100 Teil 704 und die Bestimmungen der zuständigen Versorgungsnetzbetreiber. Abb. 1 ⊳ 28 zeigt Beispiele für kleine und mittlere Baustellen.

Kundenauftrag:

Die Firma ElektroTeam erhält von dem Bauherren den Auftrag, eine elektrische Baustellenversorgung einzurichten. Diese Baustellenversorgung ist nur zeitlich begrenzt und wird nach Fertigstellung des Gebäudes wieder abgebaut. Mit dem Bauherren muss nun geklärt werden, welche Betriebsmittel angeschlossen werden:

- 1 Baukran mit einem CEE-Stecker von $I = 32$ A
- 1 Betonmischer mit einem CEE-Stecker von $I = 16$ A
- 5 handgeführte Geräte mit einem Schutzkontakt-Stecker

Aus der Tabelle 1 ⊳ 37 wird der Anschluss-Verteilerschrank mit Zählerplatz und Steckdosen mit der Nr. „AV 1" ausgesucht. Die Anschlusssicherung

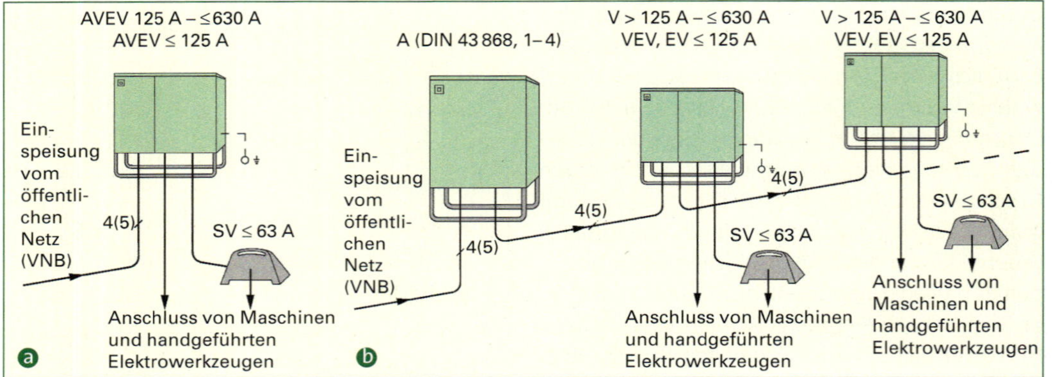

Abb. 1 Kleine ⓐ und mittlere ⓑ Baustelle

hat einen Nennstrom von I = 80 A, bei der vorgeschalteten Sicherung am Übergabepunkt des Versorgungsunternehmens ist mit einem Nennstrom von I = 100 A zu rechnen, es muss deshalb eine Zuleitung der Bezeichnung H07RN-F4 G 35 verlegt werden (Abb. 2 ▷ 38).

Die Elektrofirma führt alle Arbeiten außer dem Anschließen der Leitung am Übergabepunkt des Energieversorgers aus, dieser Anschluss wird vom VNB (z. B. Stadtwerke) ausgeführt.

Der Baustromverteiler muss verschiedene VDE-Vorschriften erfüllen:

- Er muss eine Hauptschalter zum Trennen der Einspeisung haben.
- Der Ausschalter muss in der Aus-Stellung abschließbar sein.
- Die Stromkreise müssen Überstromschutzeinrichtungen haben.

Merke:

Bei der sach- und kostengerechten Planung von Stromversorgungsanlagen muss eine Vielzahl von baustellenspezifischen Kriterien wie z. B. Größe der Baustelle, Anzahl, Art, Leistungsbedarf und Standort der vorgesehenen Maschinen und Einrichtungen, die aufgrund der Entfernung zwischen den einzelnen Gewerken erforderlichen Leitungslängen und die sich daraus ergebenden Leitungsverlusten usw. berücksichtigt werden. Die Ermittlung der Gesamtleistung für die Baustelle, die Auswahl der richtigen Verteiler und sonstiger Betriebsmittel, die Abstimmung der Anschlussbedingungen mit dem örtlichen Versorgungsnetzbetreiber und nicht zuletzt die vorschriftengerechte Installation aller Anlagenbereiche, ist nur von den dafür autorisierten Fachkräften durchzuführen.

Merke:

- *Eine Baustelle ist ein Bereich, in dem Bauarbeiten unter erhöhter Anforderung an Betriebsmittel und Anlagen ausgeführt werden.*
- *Eine kleine Baustelle ist ein Bereich, in dem elektrische Betriebmittel nur einzeln benutzt werden oder die durchgeführten Bauarbeiten nur in geringen Umfang stattfinden.*
- *Steckvorrichtungen in ortsfesten Anlagen dürfen nicht als Speisepunkt verwendet werden.*
- *Die kundeneigene Anschlussleitung vor der Messeinrichtung darf max. 30 m betragen und keine lösbare Zwischenverbindung enthalten.*
- *Zugelassene Speisepunkte auf Baustellen (Auszug aus den berufsgenossenschaftlichen Informationen BGI 608):*
  - *Baustromverteiler nach DIN VDE 660 Teil 501*
  - *Baustromverteiler nach VDE 0612 unter Berücksichtigung von Absatz 4 und 8 der BGI 608*
  - *besondere, der Baustellenanlage zugeordnete Abzweige ortsfester Anlagen einschließlich zugehöriger, entsprechend gekennzeichneter Steckvorrichtungen*
  - *Ersatzstromerzeuger nach DIN VDE 0100 Teil 551*
  - *Transformatoren mit getrennten Wicklungen*

AVEV 63/6321 (mit Untergestell)

Baustromverteiler Serie EN 2000

nach EN 60439-4: 2000-5 (DIN VDE 0660 Teil 501: 2000-5); DIN 43868 sowie Information BGI 608 der Berufsgenossenschaften.

Gehäuse-formen	Breite × Höhe × Tiefe	Gehäuse-formen	Breite × Höhe × Tiefe
AV1	710 × 990 × 335 mm	V3	710 × 990 × 335 mm
AV2	810 × 990 × 335 mm	V4	1060 × 1000 × 425 mm
AV3	1170 × 1330 × 425 mm	V81	500 × 600 × 330 mm
AV82	660 × 880 × 425 mm	V82	520 × 880 × 425 mm
V1	610 × 770 × 325 mm	A1	490 × 1080 × 280 mm
V2	710 × 880 × 425 mm	A3	720 × 1320 × 425 mm

Anschlussschrank mit Untergestell, Zählerplatz ohne Steckdosen

Gehäuse-formen	Anschluss-wert 400 V in kVA	Anschluss-sicherung in A	Abgänge: Hauptsicherung	Wandler-platz	Zähler-platz
A1	55	100/NH 00	Lasttrennschalter mit Sicherungen Größe NH 00, 80 A	–	1
A3	173	400/NH 2	Lasttrennschalter mit Sicherungen Größe NH 1, 250 A	1	1

Anschluss-Verteiler-Endverteiler-Schränke mit Untergestell, Zählerplatz und Steckdosen

Ge-häuse-formen	An-schluss-wert 400 V	Anschluss-sicherung	Haupt-schal-ter	Haupt-siche-rung	FI-Schutz-schalter		Steckdosen, gesichert				
							Schutz-kontakt	CEE-Steckdosen 3 P + N + PE 400 V, 6 h			
	kVA	A	A	A	0,5 A	0,03 A	16 A	16 A	32 A	63 A	125 A
AV 82	44	80/NH 00	80	63/E 33	–	63 –	3	2	1	–	–
AV 1	44	80/NH 00	80	63/E 33	–	63 40	6	2	1	–	–
AV 82	44	80/NH 00	80	63/E 33	–	63 –	2	2	1	1	–
AV 1	44	80/NH 00	80	63/E 33	63	63 40	3	2	1	1	–
AV 2	44	80/NH 00	80	63/E 33	–	2 × 63	6	3	1	1	–
AV 3	173	400/NH 2	Lasttrennschalter mit Sicherungen Größe NH 1, 250 A		125 2 × 63	63 40	6	2	2	2	1

Verteiler-Endverteiler-Schränke mit Untergestell und Steckdosen

Ge-häuse-formen	An-schluss-wert 400 V	Haupt-schalter	Haupt-sicherung	FI-Schutz-schalter		Steckdosen, gesichert				
						Schutz-kontakt	CEE-Steckdosen 3 P + N + PE 400 V, 6 h			
	kVA	A	A	0,5 A	0,03 A	16 A	16 A	32 A	63 A	125 A
V 81	24	63	32/E 33	–	40 –	3	1	1	–	–
V 1	44	80	63/NH 00	–	63 40	6	2	1	–	–
V 82	44	80	63/E 33	–	63 –	2	2	1	1	–
V 2	55	Lasttrennschalter mit Sicherungen Größe NH 00		63	63 40	6	2	2	1	–
V 3	111	Lasttrennschalter mit Sicherungen Größe NH 1, 250 A		125	63 40	6	2	2	2	–
V 4	173	Lasttrennschalter mit Sicherungen Größe NH 1, 250 A		125 2 × 63	2 × 63 40	6	3	3	2	1

Tabelle 1 Baustromverteiler

1. plombierbare Anschluss-Sicherung (zum Anschluss der Zuleitung vom VNB)
2. Zählerplatz nach DIN 43868 zum Einbau der Messeinrichtung des Versorgungsnetzbetreibers
3. Hauptschalter in Null-Stellung abschließbar
4. Hauptsicherung
5. FI-Schutzschalter (RCD)
6. Steckvorrichtungsabsicherung mit Schmelzsicherungen
7. Steckvorrichtungsabsicherung mit Leitungsschutzschaltern
8. CEE-Steckvorrichtungen
9. Schutzkontakt-Steckvorrichtungen
10. Ringschraube für den Transport

Abb. 1 Anschluss-Verteilerschrank

Praxistipp:

- *Bei allen Baustromverteilern ist darauf zu achten, welche Art von Betriebsmitteln daran angeschlossen werden sollen.*
- *Der Fehlerstromschutzschalter (RCD) in Baustromverteilerschränken muss für einen Temperaturbereich bis –25 °C zugelassen sein.*
- *Der Nennfehlerstrom der FI-Schutzschalter ist für Steckvorrichtungen bis einschließlich 32 A, mit 30 mA vorgeschrieben, für Steckvorrichtungen über 63 A kann ein Fehlernennstrom bis 500 mA verwendet werden.*
- *Als Schutzmaßnahme für frequenzgesteuerte Antriebe sind nur allstromsensitive FI-Schutzschalter Typ B zu verwenden. Unbedingt BGI 608, Abschn. 3.2.3.6 beachten!*
- *Die Funktion der FI-Schutzschalter ist arbeitstäglich mittels der Prüftaste und mindestens einmal im Monat durch Messen des Auslösestromes und der dabei auftretenden höchsten Berührungsspannung nachzuweisen. (siehe BGI 608-6)*
- *Sind mehrere Baustellenverteiler mit RCD zusammengeschaltet, ist auf Selektivität zu achten. Bei Verwendung von allstromsensitiven FI-Schutzschaltern sind die Angaben des FI-Schutzschalter-Herstellers zu beachten.*
- *Alle Drehstromsteckvorrichtungen sind auf ein Rechts-Drehfeld zu kontrollieren.*
- *Die Anschlussleitungen sind sorgfältig zu verlegen, um mechanische Beschädigungen zu vermeiden. Die Erdleitung muss besonders sorgfältig verlegt werden und der Erdungswiderstand muss genau gemessen werden.*
- *Beim Anschluss ist die in der Zuleitung vorliegende Netzform zu beachten.*

- Bei Steckvorrichtungen bis einschließlich 32 A Nennstrom müssen FI-Schutzschalter mit einem Fehlernennstrom von max. 30 mA vorgeschaltet sein.

Die Zuleitung hat die drei Außenleiter L1, L2, L3 und den PEN-Leiter. Im Baustromverteiler werden bei kleineren Querschnitten (bis 10 mm²) der PEN-Leiter in einen PE- und einen N-Leiter aufgetrennt, es ist somit die Netzform TN-C-S vorhanden (Abb. 1 ▷ 39). Vor der Übergabe an den Kunden muss eine Isolationsmessung und die Prüfung der RCD-Schutzschalter durchgeführt werden.

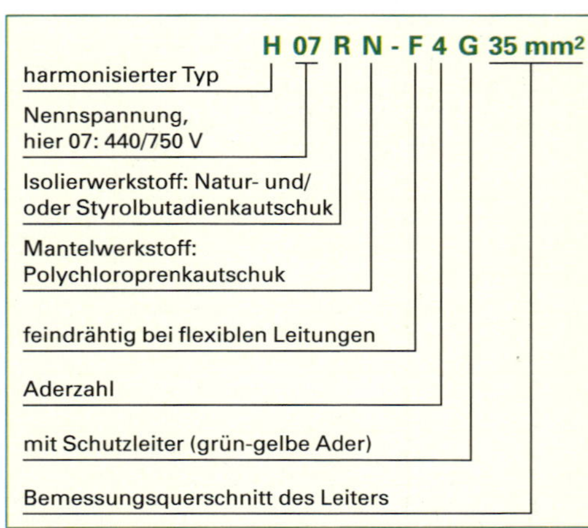

Abb. 2 Zuleitung mit der Bezeichnung H07RN-F4G35

Netzsysteme

DIN VDE 0100 Teil 300/1996-09
DIN VDE 0100 Teil 410/1997-01

Kenngrößen:

- Art und Kennzahl der aktiven Leiter
- Art der Erdverbindungen

Bedeutung der Kurzzeichen für übliche Drehstromnetze

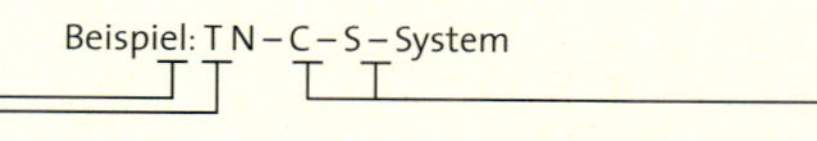

Erdungsverhältnis der Stromquelle

T: direkte Erdung eines Punktes

I: entweder Isolierung aller aktiven Teile von Erde oder Verbindung eines Punktes über Impedanz

Erdungsverhältnis der Körper der elektrischen Anlage

T: Körper direkt geerdet, unabhängig von der etwa bestehenden Erdung eines Punktes der Stromquelle

N: Körper direkt mit dem Betriebserder verbunden (in Wechselstromnetzen ist der geerdete Punkt im Allgemeinen der Sternpunkt)

Anordung des Neutralleiters und des Schutzleiters (TN-System)

S: Neutralleiter- und Schutzleiterfunktion durch getrennte Leiter

C: Neutralleiter- und Schutzleiterfunktion kombiniert in einem Leiter (PEN-Leiter)

Schutzmaßnahmen im Drehstromnetz

TN-S-System mit Überstrom-Schutzeinrichtung und getrennten Neutralleiter und Schutzleiter im gesamten Netz

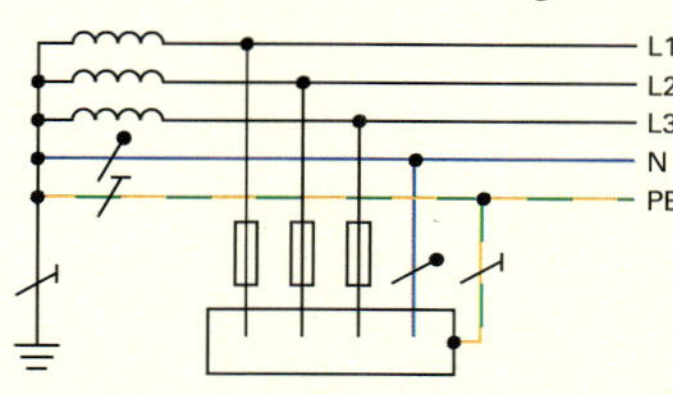

TN-C-System mit Überstrom-Schutzeinrichtung, Neutralleiter- und Schutzleiterfunktionen im gesamten Netz im PEN-Leiter zusammengefasst

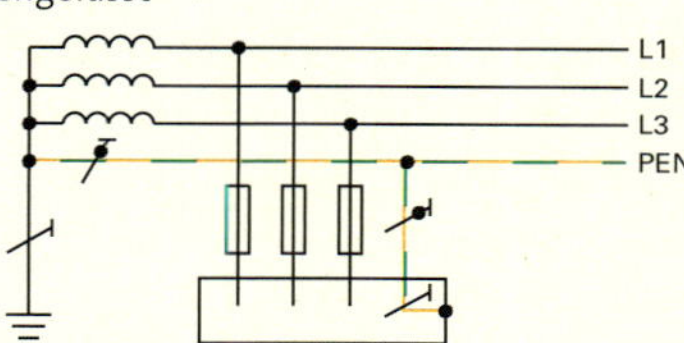

TN-C-S-System mit Überstrom-Schutzeinrichtung, Neutralleiter- und Schutzleiterfunktionen in einem Teil des Netzes im PEN-Leiter zusammengefasst

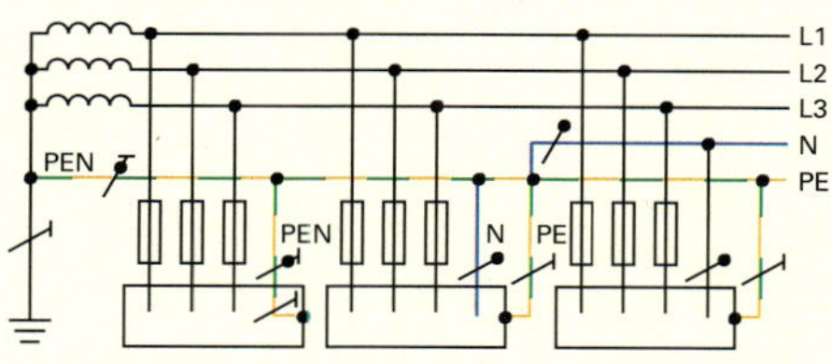

TN-System mit Fehlerstrom-Schutzeinrichtung

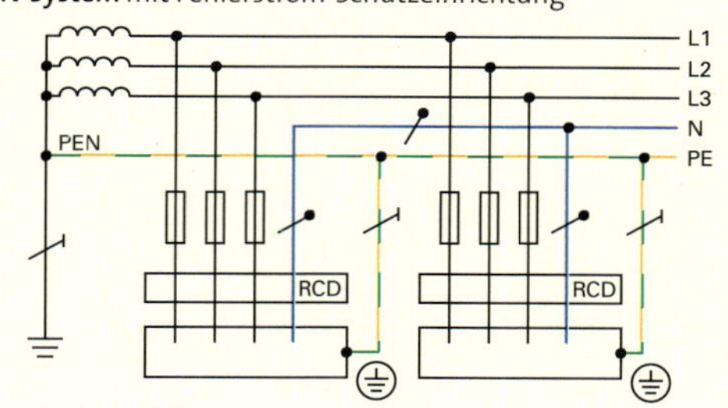

TT-System mit Fehlerstrom-Schutzeinrichtung

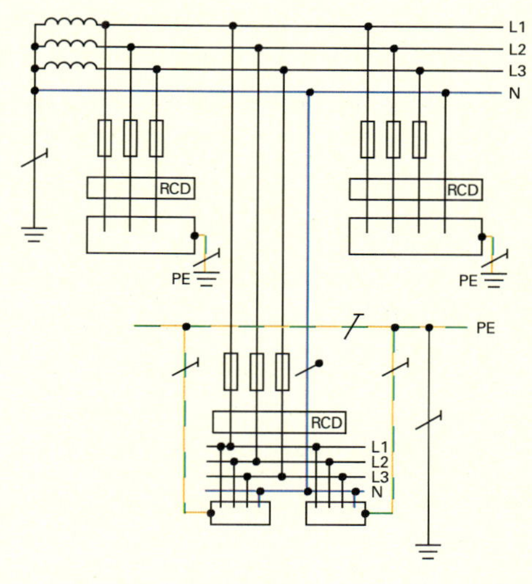

IT-System mit Isolationsüberwachungseinrichtung

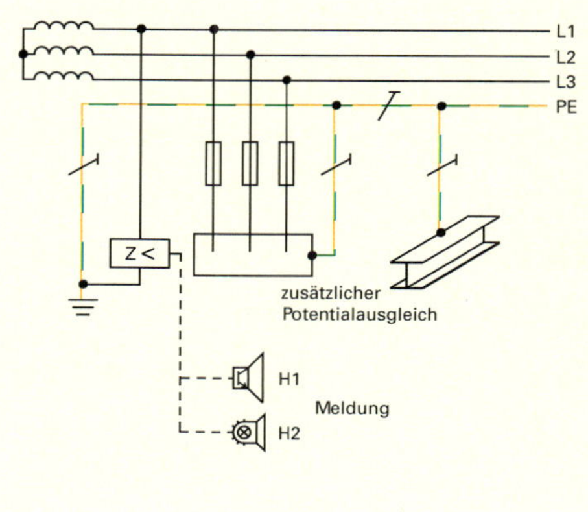

Abb. 1
Netzsysteme

Prüfen Sie Ihr Wissen:

1 Welche Vorschriften und Bestimmungen müssen im Werkstattbereich eingehalten werden?

2 Welche Vorschriften müssen nach den ZVEH-Richtlinien in jedem Betrieb mindestens vorhanden sein?

3 Erklären Sie die Abkürzungen DIN und VDE!

4 Wodurch wird die Schutzart von Leuchten angegeben?

5 Gibt es für eine Werkstatt Vorgaben für die Nennbeleuchtungsstärke oder ist diese frei ausführbar?

6 Muss in einer Werkstatt eine Not-Aus-Einrichtung vorhanden sein? Wenn ja, warum?

7 Welche stationären Werkzeuge sind in der Werkstatt nach den ZVEH-Richtlinien mindestens erforderlich?

8 Wie verhalten Sie sich bei der Verwendung von Werkzeug, an dem Sie vor Beginn der Arbeit eine Beschädigung feststellen?

9 In welchem Zeitabstand müssen ortsveränderliche elektrische Betriebsmittel mindestens überprüft werden?

10 In welchem Zeitabstand müssen Verlängerungs- und Geräteanschlussleitungen mindestens überprüft werden?

11 Welche Messgeräte müssen in der Elektrowerkstatt mindestens vorhanden sein?

12 In welchem Zeitabstand müssen elektrische Anlagen und ortsfeste Betriebsmittel mindestens überprüft werden?

13 In welchem Zeitabstand müssen die Schutzmaßnahmen mit FI-Schutzeinrichtung mindestens überprüft werden?

14 Welche persönlichen Schutzausrüstungen bei der Arbeit und im Betrieb sind Ihnen bekannt?

15 Nennen Sie die fünf Gruppen, in denen die Sicherheitszeichen nach der berufsgenossenschaftlichen Vorschrift unterteilt sind!

16 Mit welcher Farbe sind die Gebotszeichen hinterlegt?

17 Mit welcher Farbe sind die Warnzeichen hinterlegt?

18 Welche Bedeutung hat der Begriff „Warnzeichen"?

19 Nennen Sie einige Grundregeln für die Sicherheit am und um den Arbeitsplatz!

20 Nennen Sie die fünf Sicherheitsregeln!

21 Was versteht man unter „Spannungsfreiheit feststellen"?

22 Was versteht man unter „Freischalten"?

23 Wie viele Ersthelfer müssen an einem Betrieb mit 19 Versicherten ausgebildet sein?

24 Müssen Erste-Hilfe-Leistungen in einem Betrieb vermerkt werden? Wenn ja, wo?

25 Welche Maßnahmen sind bei einem Unfall durch elektrischen Strom als Erstes zu treffen?

26 Darf auf der Baustelle mit jeder beliebigen Maschine gearbeitet werden?

27 Welche Punkte sollten bei der Benutzung von Akkuschraubern beachtet werden?

28 Unter welchen Bedingungen dürfen Schussapparate eingesetzt werden?

29 Welche Verpflichtungen hat der Unternehmer im Umgang mit Schussapparaten?

30 Darf eine beschädigte Leiter für Arbeiten verwendet werden?

31 Wie viel Grad beträgt der richtige Anstellwinkel für eine Sprossenanlegeleiter?

32 Ab welcher Höhe müssen Gerüste einen Seitenschutz haben?

33 In welcher Bauordnung finden sich erforderliche Maßnahmen zum Brandschutz auf der Baustelle?

34 Was bedeutet die Feuerwiderstandsklasse F60?

35 Was bedeutet die Feuerwiderstandsklasse G60, und für welche Bauteile gilt sie?

36 Was bedeutet der Begriff Baustelle?

37 Welche zugelassenen Speisepunkte für Baustellen sind Ihnen bekannt?

38 Wie lang darf die kundeneigene Anschlussleitung vor der Messeinrichtung maximal sein?

39 Welche Bedingungen muss ein vorschriftsmäßiger FI-Schutzschalter für den Baustellenverteilerschrank erfüllen?

1.3 Der Betrieb erhält einen Arbeitsauftrag

- **Vom Arbeitsauftrag zur Ausführung**
- **Qualitätsanforderungen**
- **Betriebssicherheit, Abnahme, Haftung**

Geschäfte und Aufträge kommen stets nur dann zu Stande, wenn es jemanden gibt, der einen Bedarf an einem Produkt oder einer Dienstleistung hat, und einen anderen, der diesen Bedarf befriedigen kann.

Damit der Betrieb seine Mitarbeiter beschäftigen kann, muss die Betriebsleitung, der Meister oder der Betriebsinhaber Kunden suchen, finden und auf deren Nachfrage bedarfsgerecht antworten können. Das ist ein weites Feld mit vielen Besonderheiten und das Arbeitsgebiet der Kaufleute. Dennoch ist es wichtig, dass jeder Mitarbeiter – Lehrling, Geselle und Meister – weiß, nach welchen Gesetzen Angebot und Nachfrage auf den Markt einwirken und wie sie sich auf Beruf und Geschäft auswirken. Nur dann ist die Einzelperson in der Lage, ihren Standort, ihre Stellung im betrieblichen Zusammenspiel richtig einzuordnen und ihren Beitrag zum Funktionieren des Betriebes zu leisten. Die Beschaffung von Arbeitsaufträgen ist für jeden Mitarbeiter von Bedeutung. Ohne genügend Aufträge ist jeder Arbeitsplatz in Gefahr.

Der Mitarbeiter muss also sein Bestes geben, dass Aufträge eingehen, d. h., seine Arbeiten zuverlässig und qualitativ einwandfrei ausführen, damit es so gelingt, den Betrieb am Laufen zu halten und danach weitere, neue Aufträge erteilt zu bekommen.

1.3.1 Einzelne Schritte zum Arbeitsauftrag

Es erfordert viel Mühe und Zeit, bis der Elektroniker auf der Baustelle seine Arbeit beginnen kann. Die zahlreichen vorausgehenden Schritte sind im Folgenden zusammengefasst.

Aufgabe:

Versuchen Sie, die einzelnen Schritte durch kleine Gedankenspiele und eigene Erfahrungen mit Leben zu erfüllen!

1 Ein Bauherr sucht für eine Installationsarbeit einen Dienstleister, in diesem Fall einen Elektroniker, der diese Arbeit ausführen kann.

2 Er fragt in seiner Bekanntschaft, sieht in Telefonbüchern nach, ruft an oder schreibt die gewünschte Arbeit aus (Ausschreibung). Letzteres lohnt sich wegen der Kosten für Inserate nur bei größeren Aufträgen.

3 Die Arbeit muss genau beschrieben werden, damit sie auch genau ausgeführt werden kann. Sind mehrere Betriebe interessiert, wird oft ein „Leistungsverzeichnis" angelegt, das die Betriebe bearbeiten und mit Preisen versehen müssen, um für den Kunden einen Vergleich der Angebote zu ermöglichen. Oft sind erste Kundengespräche nötig, um Klarheit über Umfang und Qualität der gewünschten Arbeit zu erhalten.

4 In der Kalkulation des Angebotes darf nichts fehlen! Ist der Auftrag einmal kalkuliert, die Planung durchgesprochen und der Preis fest vereinbart, kann meist nur noch wenig geändert werden. Das heißt: Eine präzise Planung ist die Voraussetzung für ein Preisangebot, das alle Ansprüche erfüllt, die Kosten deckt und einen Gewinn erwirtschaftet.
So sind z. B. folgende Fragen vorab zu beantworten: Welche Zeit brauchen die Mitarbeiter, was kostet das Material, welche Werkzeuge sind vorzusehen, was kostet der Transport von Material und Personen, welche Zeit muss für Messen, Prüfen und Abnahme der fertigen Arbeit vorgesehen werden usw. Immer wichtiger werden in der Kalkulation auch die Kosten für die umweltgerechte Entsorgung bzw. die Wiederverwertung von Rest- und Verpackungsmaterial, ausgebauten Teilen und Geräten. Der Fachmann muss erkennen, welche Materialien Schadstoffe enthalten. Solche Materialien müssen gesondert entsorgt werden, dadurch entstehen teilweise erhebliche Mehrkosten.

5 Nach erfolgter Abgabe (Submission) eines Angebotes durch den Betrieb vergleicht der Kunde die Preise, die angebotene Qualität, das ausgewählte Material, die Termingestaltung usw. mit seinen Wünschen und den Referenzen (= Äußerungen oder Urteil anderer Personen über Arbeit und Qualität des Anbieters), die der Betrieb genannt hat. Er erteilt den Auftrag an den Anbieter, der seinen Kundenwünschen und seinen Kostenvorstellungen am nächsten kommt. (Es kommt zu einem Werkvertrag.) Alle, die nicht bei der Auftragsvergabe zum Zuge gekommen sind, haben die bisherige Arbeit – die oft viel Zeit in Anspruch nimmt – in der Regel umsonst und vergeblich verrichtet. Sie können sich sicher vorstellen, welche Gründe zu einem Auftrag führen, welche ihn verhindern: Nennen Sie solche möglichen Gründe. Beziehen Sie die Qualität der Arbeit, die Mitarbeiter des Betriebes, auch des Büros, in Ihre Überlegungen mit ein (Abb. 1 ▷ 43).

1.3.2 Behandlung des Auftrages im Betrieb nach der Auftragsvergabe

1 Nach der Auftragsvergabe beginnt die Arbeitsvorbereitung im Betrieb für die Durchführung des Auftrages. Zur Sicherstellung der Qualität der ausgeführten Arbeit muss der Betrieb über ein Qualitätsmanagement verfügen. Hierzu gehören:

- das Erstellen der Pläne und Zeichnungen
- das Einarbeiten und Kontrollieren der einschlägigen Bestimmungen
- die Terminplanung
- die Materialbestellung
- die Planung der Arbeitszeit der Mitarbeiter
- die Einteilung der ausführenden Personen
- die Bereitstellung oder Ergänzung der Werkzeuge
- gegebenenfalls die Prüfung der für den Einbau vorgesehenen Produkte
- das Erstellen von Nachweisdokumenten und Listen für eine Prozessdokumentation
- die Planung des gesamten Qualitätsmanagements usw.

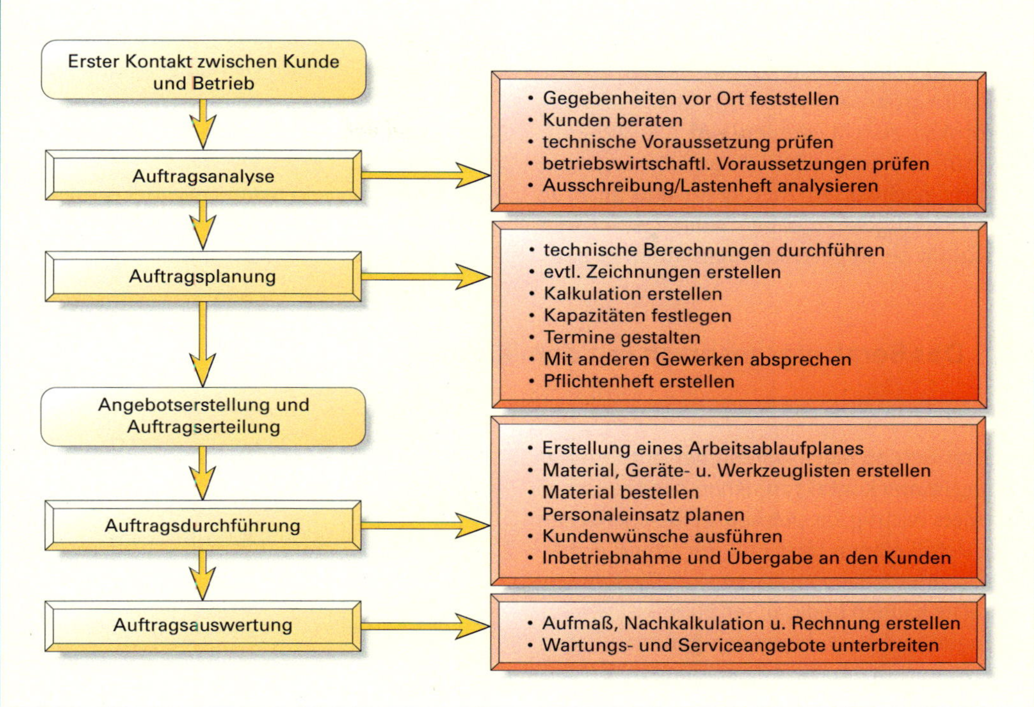

Abb. 1 Struktur eines Kundenauftrags

2 Neben der Vorbereitung der Auftragsausführung sind in der Regel Kundengespräche nötig. Inhalte solcher Gespräche können z. B. sein:

- Sonderwünsche des Kunden
- Lage von Schaltelementen
- neue Entwicklungen auf dem Gerätemarkt
- Unterschiede in der Ausstattungsqualität einzelner Bereiche
- neue Ideen des Kunden
- zusätzliche oder besondere Baumaßnahmen

3 Unmittelbar vor Beginn der Arbeiten muss eine Besichtigung der Baustelle durch alle Verantwortlichen und die Ausführenden stattfinden, um letzte Unklarheiten zu beseitigen. Spätere Nachbesserungen sind viel teurer als eine genaue Unterrichtung und Absprache vor Beginn der Ausführung der Arbeit.

1.3.3 Qualitätsanforderungen, Betriebssicherheit, Abnahme, Nachweisdokumente, Produkthaftung

Während der Arbeiten auf der Baustelle ist vor allem das Können des Elektronikers, des Meisters, Gesellen, Facharbeiters, Lehrlings gefordert. Arbeiten sie qualitätsbewusst, exakt, pünktlich und normgerecht, ist bei genauer Kalkulation auch ein Gewinn zu erzielen und die Chance auf eine Weiterempfehlung an andere Interessenten und potentielle Kunden gut.

Ist die Arbeit mangelhaft, entstehen zusätzliche, meist hohe Kosten durch Nacharbeiten, Verbesserungen, Änderungen, Gewährleistungen.

Der Betrieb, der Unternehmer und das Unternehmen und die Arbeitsplätze geraten in Gefahr. Der Betriebsleiter – er ist immer der Vertragspartner des Kunden – und vor allem der Kunde haben einen Anspruch auf ordentliche, qualitätsgerechte Arbeit durch die Ausführenden und die Lieferanten der Materialien. Im Besonderen können sie erwarten:

- die Produkterstellung entsprechend den angebotenen Qualitätsangaben und den gültigen Qualitätsanforderungen
- die Gewährleistung von Funktionstüchtigkeit und Betriebssicherheit
- die Übergabe des Gesamtwerkes mit Prüfunterlagen und Abnahmeprotokollen, gegebenenfalls Nachweisdokumenten (TÜV, GS, sonstige Zertifikate, Nachkalkulation)

Abgeschlossen wird der Auftrag mit der Messung und Prüfung sowie der Übergabe der vollendeten Arbeit durch den Meister an den Kunden. Hierüber sollte grundsätzlich ein schriftliches Abnahmeprotokoll erstellt werden, um alle wesentlichen Prüf- und Kontrollinhalte und ihre Ergebnisse später nachweisen zu können und auch als Referenz verfügbar zu haben. Nur so ist letztlich die Qualität der abgeschlossenen Arbeit zu beurteilen. Zudem können nur mit solchen Papieren Gewährleistungen bzw. Nachbesserungen verlangt, begründet oder auch abgewehrt werden. Diese Übergabeprotokolle sind für beide Seiten, den Auftragnehmer und den Auftraggeber, gleichermaßen wichtig und hilfreich und sollten daher auch von beiden Seiten unterzeichnet werden.

Die Abb. 1▷43 fasst die vorangegangenen Ausführungen übersichtlich zusammen.

1.4 Das Beratungsgespräch mit dem Kunden

- **Kunden freundlich und kompetent beraten**

Ein guter Betrieb hält während der Auftragsausführung immer Kontakt zu seinen Kunden. Das ist besonders wichtig, da sich keine Baustelle bis ins letzte Detail planen lässt und im Verlauf der Arbeiten immer Fragen zu klären sind. Die Kundengespräche können und müssen zum Teil auch von Lehrlingen und Auszubildenden geführt werden. Das erweitert den Lernerfolg der jungen Fachleute, befördert ihre Sozialkompetenz und vermittelt die Fähigkeit, mit Kunden und Auftraggebern richtig und am Auftrag orientiert umzugehen. Bei Lehrlingen und Auszubildenden kann es dabei lediglich um Nachfragen nach Teilen des Auftrages, nach Wünschen des Kunden, Besonderheiten im Ablauf und ähnliche Dinge gehen. Kosten betreffende und wichtige Belange des Auftrages müssen den Vertragspartnern, das heißt, dem Auftragnehmer und dem Kunden vorbehalten bleiben. Dennoch ist es notwendig, als Lehrling und Geselle über die Bedeutung solcher Kundengespräche Klarheit zu haben und persönliche Erfahrungen zu machen.

1.4.1 Ziele von Kundengesprächen

Das oberste Ziel all dieser Gespräche ist die Zufriedenheit des Kunden. Er soll und will wissen,

- was gerade auf seinem Bau passiert, wie lange ein bestimmter Abschnitt noch dauert.
- wie die Mitarbeiter vor Ort ein Problem lösen, warum heute mehr, morgen weniger Personen anwesend sind, wer letztlich die Anlage abnehmen wird.
- dass auch andere Lösungen möglich sind, die diese und jene Vor- und Nachteile haben, bei deren Anwendung mit einer Verbilligung oder Verteuerung gerechnet werden muss.
- warum und wann Messungen nötig sind, wie groß die Sicherheit der Installation, des Gerätes, der Anlage ist.
- und alles andere, was mit seinem Geldbeutel zusammenhängt und ihn daher bewegt.

Ein weiteres Ziel ist die positive Weiterempfehlung des Betriebes an Bekannte, andere Auftraggeber. Ein empfehlender Hinweis des Kunden an Interessenten ist eine hervorragende Werbung und dient allen Betriebsangehörigen. Sie kommt erst dann zu Stande, wenn der Bauherr die ausgeführte Arbeit oder erbrachte Leistung sieht, versteht und anerkennt. Das kann sich beziehen auf:

- die Qualität und Vollständigkeit der ausgeführten Arbeit, Sauberkeit der Baustelle, Pflege der Werkzeuge, Verschlossenhalten der Materialien (Verhinderung von Diebstahl)
- das Mitdenken hinsichtlich der Funktionalität der Installation, das Empfehlen anderer Lösungen
- das Anbieten von Verbesserungen im Zuge der Durchführung der Arbeiten

Merke:
Die Arbeit, an der ein Kunde ein besonderes Interesse hat, macht auch den Ausführenden mehr Freude und besitzt daher oft eine höhere Wertigkeit. Ebenso ist es für den Kunden beruhigend, wenn er spürt, dass die Mitarbeiter des Betriebes mitdenken, genau wissen, was in ihrem Beruf aktuell ist und freimütig über den Sachstand bei ihrer Arbeit berichten. Das „kleine" Kundengespräch vor Ort schafft ein gutes Klima zwischen Kunden und Auftragnehmer, stellt die Kundschaft zufrieden und ist somit ein Baustein für den Erfolg des Unternehmens.

- die Stetigkeit der Mitarbeiter auf der Baustelle (und damit eine stärkere Identifikation mit der ausgeführten Arbeit)

1.4.2 Tipps fürs Kundengespräch

Beim Gespräch mit dem Kunden ist zu beachten:

- Der Kunde muss ein Gespräch wollen, er darf nicht „überfallen" werden. Der Mitarbeiter kann aber auf etwas aufmerksam machen, das ihm bei seiner Arbeit aufgefallen ist.
- Die Information hat zurückhaltend, knapp und genau zu sein, und die Reaktion des Kunden ist abzuwarten. Dabei wird erkennbar, ob ein Gespräch gewünscht ist oder nicht. Auch die weitere Abwicklung muss seitens des Auftragnehmers informativ und sachlich bleiben. Der Auftragnehmer muss unmittelbar auf die Fragen und das Interesse des Kunden eingehen.
- Das weitere Gespräch hat die Distanz zwischen Auftragnehmer und Kunden zu wahren und muss in seiner Grundrichtung stets vom Kunden bestimmbar bleiben.
- Der Mitarbeiter benötigt ein gefestigtes Wissen über seine Arbeiten, seinen gesamten Auftrag, die neuesten Entwicklungen auf dem Fach- und Gerätemarkt und eine klare Vorstellung über die noch benötigte Zeit.

Das führt zu spezifischen Anforderungen an den Mitarbeiter, der das Kundengespräch führt:

- Er muss sich auskennen in seinem Beruf und auf dem Laufenden sein. Das erfordert eine stete Fortbildung über die im Betrieb verwendeten Materialien, Geräte und Schaltelemente.
- Er muss sich verständlich ausdrücken können, keine Sprechblasen von sich geben und höflich und zurückhaltend sein, andernfalls ist das Gespräch für den Kunden nicht annehmbar.
- Er muss dem Kunden vermitteln können, dass das Gespräch der besseren Auftragserfüllung dient, also im Sinne des Kunden geführt wird. Falls der Kunde eine Erweiterung oder Veränderung im Lieferumfang wünscht, ist das zwar recht, aber nicht das Hauptziel. Dies allerdings ist dann die Aufgabe des Meisters oder Auftragnehmers; nicht des Lehrlings oder Gesellen. Ein cleverer Lehrling kann dennoch manches anstoßen und damit auch im Betrieb „punkten".

1.4.3 Abschluss eines Kundengespräches

Gespräche auf der Baustelle dauern meist nicht lang. Sie beschränken sich auf kurze Hinweise und Fragen über Lage oder Bedienung einzelner Schalter, Geräte oder Maschinen; auf Neuerungen, die das Leben des Kunden erleichtern, bequemer machen können und problemlos zu verwirklichen sind.

Es empfiehlt sich, den Kunden solchen kurzen Gesprächen über das bereits Geschehene zu informieren, gegebenenfalls das eine oder andere zu zeigen, auf Schwierigkeiten einzugehen, die anstehende Arbeit kurz zu skizzieren und Freude über das Kundeninteresse an der geleisteten Arbeit zu zeigen.

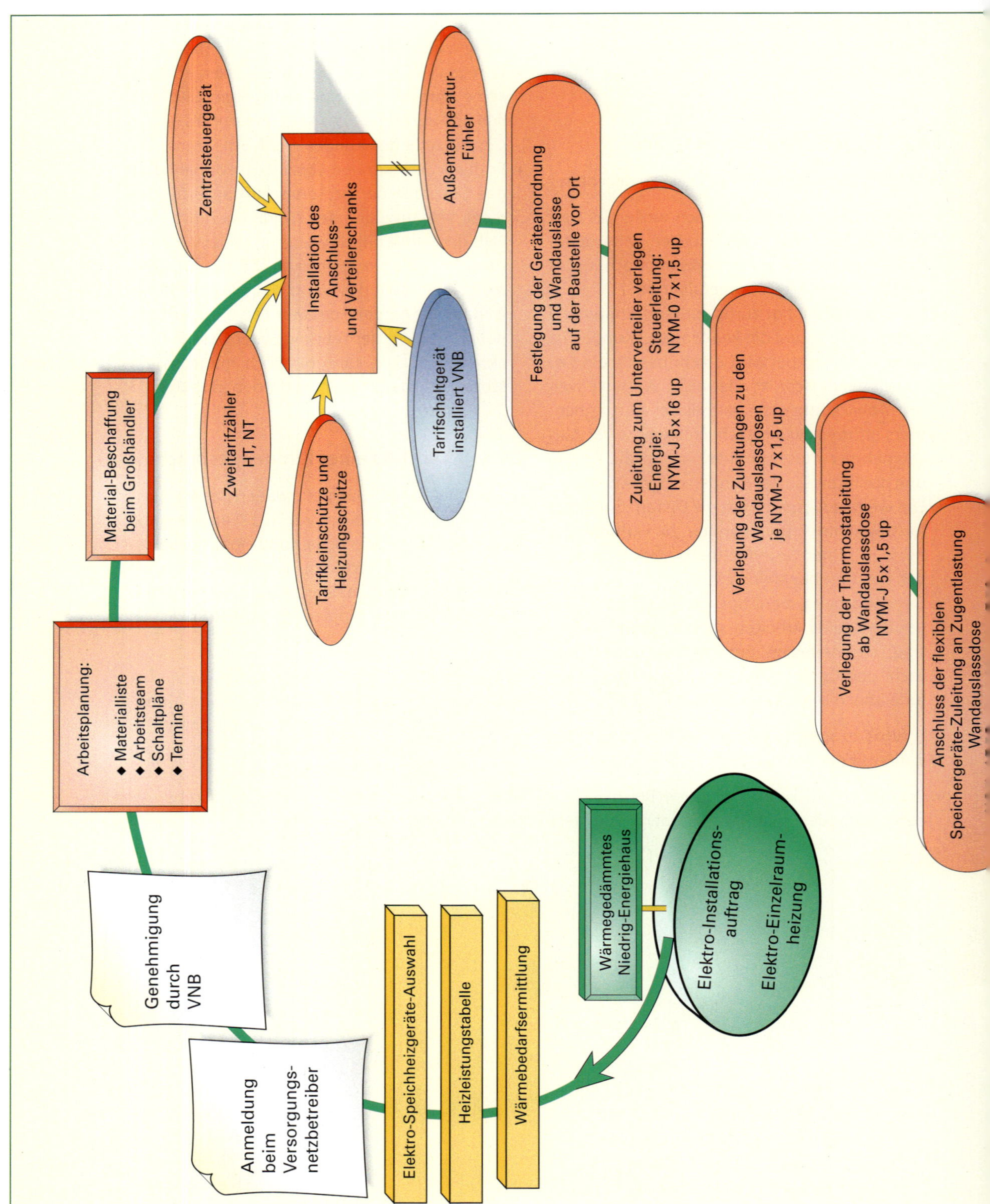

Abb. 1 Geschäftsprozess des Auftrags „Einzelraumheizung mit Elektro-Speicherheizgeräten", rot gekennzeichnet sind die Arbeitstätigkeiten des Elektronikers

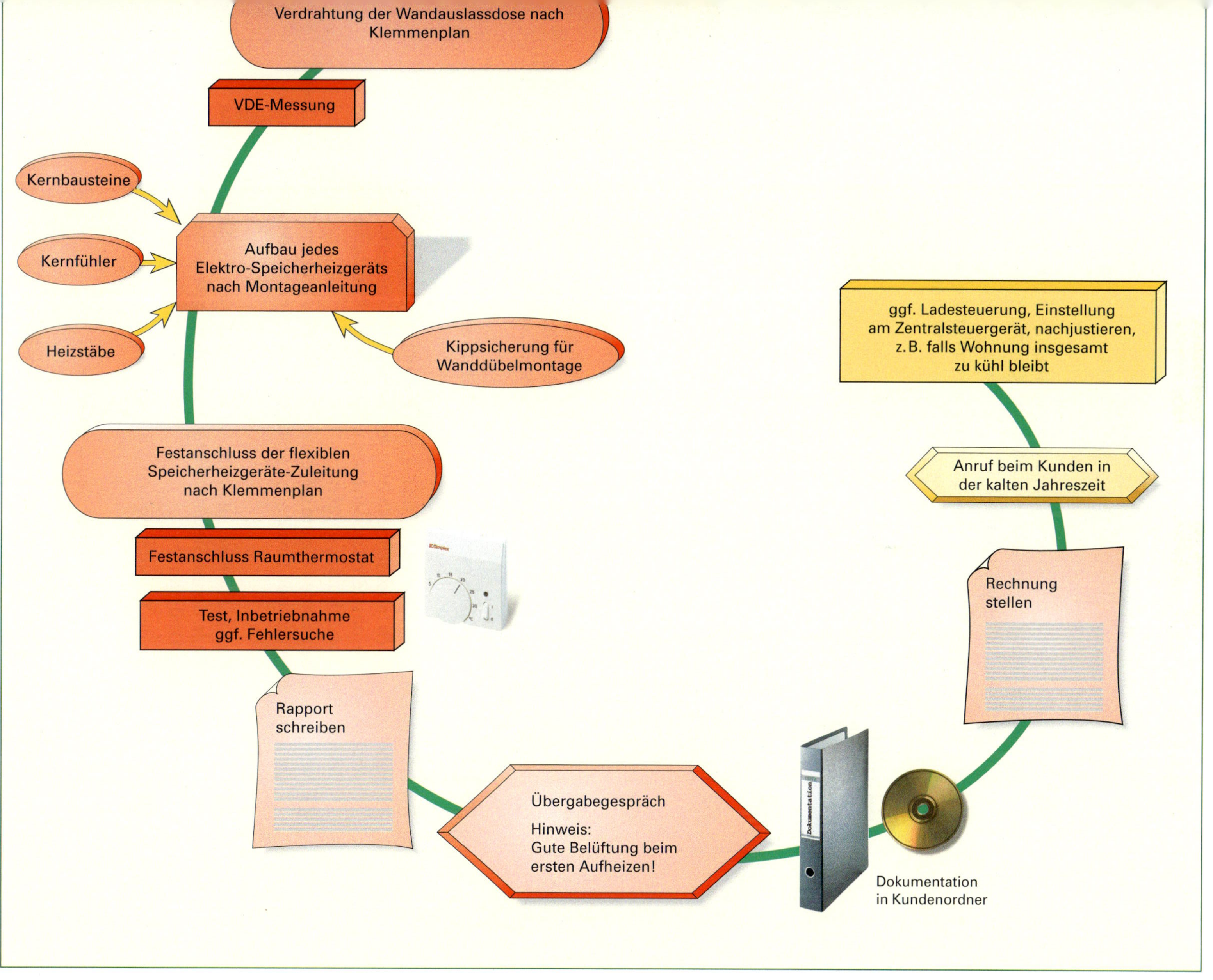
Verdrahtung der Wandauslassdose nach Klemmenplan
VDE-Messung
Kernbausteine
Kernfühler
Heizstäbe
Aufbau jedes Elektro-Speicherheizgeräts nach Montageanleitung
Kippsicherung für Wanddübelmontage
Festanschluss der flexiblen Speicherheizgeräte-Zuleitung nach Klemmenplan
Festanschluss Raumthermostat
Test, Inbetriebnahme ggf. Fehlersuche
Rapport schreiben
Übergabegespräch
Hinweis: Gute Belüftung beim ersten Aufheizen!
Dokumentation in Kundenordner
Rechnung stellen
Anruf beim Kunden in der kalten Jahreszeit
ggf. Ladesteuerung, Einstellung am Zentralsteuergerät, nachjustieren, z. B. falls Wohnung insgesamt zu kühl bleibt

Prüfen Sie Ihr Wissen:

1 Erläutern Sie die Aussage „Angebot und Nachfrage bestimmen den Preis". Nennen Sie Beispiele, wo Sie eine Bestätigung der Regel sehen! Gibt es auch Fälle, in denen diese Regel nicht stimmt? Nennen Sie Beispiele!

2 Beschreiben Sie die Struktur eines Kundenauftrags, vom ersten Kundenkontakt bis zum Abschluss der Maßnahme. Nennen Sie auch einige wichtige Unterpunkte bei den einzelnen Strukturelementen!

3 Was ist eine Ausschreibung? Warum ist sie für den Interessenten wie für den dienstleistenden Betrieb von großer Wichtigkeit und grundsätzlicher – auch ökonomischer – Bedeutung?

4 Welcher Zusammenhang besteht zwischen einem günstigen Angebot eines Betriebes und dem Fleiß, der Pünktlichkeit und dem Verantwortungsbewusstsein der Mitarbeiter im Betrieb. Welche Folgen hat es, wenn diese Zusammenhänge nicht erkannt werden?

5 Stellen Sie in einer Prüfliste dar, welche Aufgaben der Meister (Verantwortliche) abarbeiten muss, wenn er einen Auftrag erhalten hat!

6 Welche Möglichkeiten zur Abhilfe hat ein Betrieb, der einen Auftrag zu einem festgesetzten Termin ausgeführt haben muss, ihm aber plötzlich zwei Arbeitskräfte fehlen?

7 Begründen Sie, weshalb mittelfristig die geringere Qualität einer abgelieferten Arbeit weder Kosten mindern noch Arbeit sichern kann.

8 Die Übergabe einer fertig gestellten Arbeit durch den Meister an den Kunden stellt einen Teil des Gesamtauftrags dar. Begründen Sie, weshalb gerade dieser Punkt langfristig schwerwiegende Folgen haben kann – für den Betrieb wie auch für den Kunden.

9 Stellen Sie mittels Rollenspieles ein Kundenberatungsgespräch dar und begründen Sie anschließend ihre Vorgehensweise.

10 Ein Kunde auf der Baustelle bittet Sie, ihm ein Bolzensetzgerät auszuleihen. Er behauptet: „Ich muss schnell etwas fest schießen!" Wie verhalten Sie sich? Wie erklären Sie das dem Kunden? Nennen Sie die wichtigsten Regeln für die Verwendung von Schussapparaten!

11 Nennen und begründen Sie die geltenden Vorschriften und Empfehlungen über die Ausbildung und den Einsatz von Ersthelfern in kleinen und mittleren Betrieben.

12 Nennen Sie Organisationen, die Ersthelfer ausbilden. Nennen Sie persönliche Lebensbereiche, in denen Sie eine solche Ausbildung nachweisen und gelegentlich auch anwenden müssen!

13 Beschreiben Sie die Einbindung und die Beeinflussung Ihres Betriebes und Ihrer Berufsausbildung durch:

a) Öffentliche Stellen in Bund, Land, Gemeinde,
b) Kammern, Kreishandwerkerschaft, Innungen,
c) Berufsverbände (Zentralverband, Landesverband),
d) Gewerkschaften,
e) Arbeitsmarkt.

2 Das *Gelbe Haus* – Neuinstallation und Modernisierung eines Mehrfamilienhauses

1 Neuinstallation einer Wohnung
2 Neuinstallation des Treppenhauses
3 Änderung und Erweiterung einer bestehenden Wohnungsinstallation
4 Installation des Kellers
5 Neuinstallation einer Wohnung mit gehobener Ausstattung (Abschn. 2.7)
6 Installation einer Photovoltaikanlage (Abschn. 4.4)

Abb. 1 Vorder- und Rückseite des *Gelben Hauses* sowie Einteilung der Installationsaufträge

Haupteinsatzbereiche der Elektroniker sind die Neuinstallation und die Modernisierung von Elektroanlagen in Mehrfamilienhäusern bzw. Wohnungen. In den folgenden Abschnitten werden alle für die Elektroinstallationen notwendigen Planungsarbeiten und Theorieinhalte sowie arbeitsvorbereitende Maßnahmen behandelt. Die Vorgehensweise bei der Installation des *Gelben Hauses* orientiert sich an typischen Arbeiten von Auszubildenden. Alle Installationen erfolgen an Beispielen und erschließen dem angehenden Elektroniker Schritt für Schritt die notwendigen Inhalte.

Der nachfolgende vorgestellte Auftrag bedeutet für die Elektroniker eine große Herausforderung. Denn eine fachgerechte Elektroinstallation erfordert von ihnen erhebliches handwerkliches Geschick, Qualitätsbewusstsein und Fachwissen. Weiterhin ist die vernünftige Zusammenarbeit mit anderen Berufsgruppen zur Fertigstellung des gesamten Hauses eine notwendige Voraussetzung.

Kundenauftrag:

Das *Gelbe Haus* ist ein 5-stöckiges Mehrfamilienhaus aus dem Jahr 1910. Im Zuge der Modernisierung sind Neuinstallationen sowie Änderungen und Erweiterungen von bestehenden Elektroinstallationen notwendig. Auf jedem Stockwerk befinden sich 1 bis 2 Wohnungen. Im obersten Stockwerk entsteht über die ganze Etage eine Luxuswohnung. Ferner sollen das Dach, das Treppenhaus und der Keller installiert werden. Alle Elektroinstallationen des Hauses (Gerätestromkreise, Licht- und Steckdosenstromkreise) sind nach DIN zu planen und auszuführen. Da Aufträge wie das *Gelbe Haus* zunächst sehr unübersichtlich sind, wird die gesamte Elektroinstallation in kleine überschaubare Teilaufträge zerlegt, die dann von den Installationsteams getrennt bearbeitet werden können.

Es ergeben sich folgende Teilaufträge:

- **Neuinstallation einer Wohnung**
- **Neuinstallation des Treppenhauses**
- **Änderung und Erweiterung einer bestehenden Wohnungsinstallation**
- **Installation des Kellers**
- **Neuinstallation einer Wohnung mit gehobener Ausstattung**
- **Installation einer Photovoltaikanlage**

Die Planung und Ausführung dieser sechs Teilaufträge (Abb. 1 ▷ 49) werden in den nachfolgenden Abschnitten ausführlich dargestellt.

2.1 Neuinstallation einer Wohnung

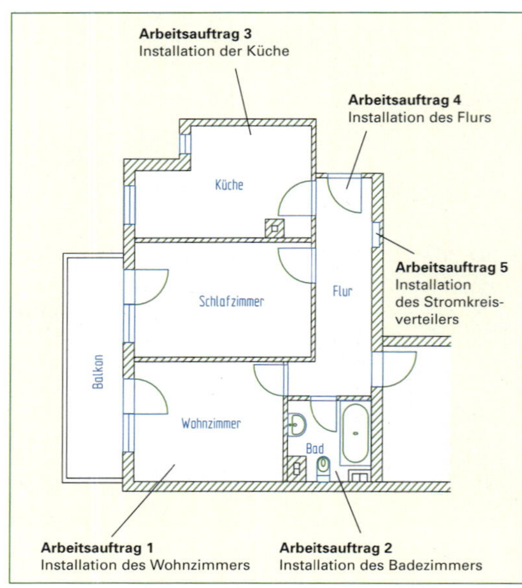

Abb. 1 Grundriss der zu installierenden Wohnung

- **Installation des Wohnzimmers, des Badezimmers, der Küche und des Flurs**
- **Installation des Stromkreisverteilers**
- **Auftragsübergabe an den Kunden mit Abnahme**

Achtung:
Die fünf Sicherheitsregeln müssen in vorgeschriebener Reihenfolge durchgeführt werden. Auszubildende dürfen nie unter elektrischer Spannung arbeiten!

Damit die Elektroinstallation der Wohnung möglichst einfach und übersichtlich bleibt, werden zunächst nur die Licht- und Steckdosenstromkreise geplant. Die Installation der Sprechanlage, Telefon- und Antennenanlage werden in weiteren Arbeitsaufträgen gesondert behandelt.

Baupläne als Vorgabe und Planungsgrundlage

Die Abb. 1 zeigt den Grundriss der zu installierenden Wohnung. Der Grundriss ist eine häufige Darstellungsart von Baukörpern und zeigt in diesem Fall alle Räumlichkeiten in der Draufsicht. Die Wände der Wohnung sind gemauert, die Decke besteht aus Fertigbeton.

Bevor jedoch mit den Installationsarbeiten begonnen werden kann, sind Kenntnisse über die wichtigsten Sicherheitsvorkehrungen notwendig. Für sämtliche Arbeiten an elektrischen Anlagen gelten sehr strenge Regeln. Jeder Mitarbeiter muss zu seiner eigenen und zur Sicherheit anderer Beschäftigter diese Vorschriften genau einhalten. Für den Elektroniker gelten bestimmte Vorschriften und Normen.

Die Unfallverhütungsvorschriften mit der Bezeichnung „Elektrische Anlagen und Betriebsmittel (TRBS 2131)“ wird von der Berufsgenossenschaft der Feinmechanik und Elektrotechnik herausgegeben. Sie ist für alle im Betrieb tätigen Personen verbindlich. Neben anderen Vorschriften enthält sie die für den Facharbeiter sehr wichtigen fünf Sicherheitsregeln (▷ Seite 29, 52).

2.1.1 Installation des Wohnzimmers

- **Ermittlung der Installationsqualität**
- **Ausstattung des Wohnzimmers mit Licht- und Steckdosenstromkreisen**
- **Ermittlung der Installationszonen**
- **Ermittlung der notwendigen Leitungen und deren Verlegeart**

Ein Bauplan mit eingezeichneten Betriebsmitteln wird Installationsplan genannt. Die Abb. 1 zeigt den Installationsplan des Wohnzimmers. In dieser Darstellung sind die Anzahl und die Anordnung aller zu installierenden Betriebsmittel in Form von Schaltzeichen zu erkennen. Der Installationsplan bildet die Grundlage der Absprache zwischen dem Kunden und dem Elektroniker.

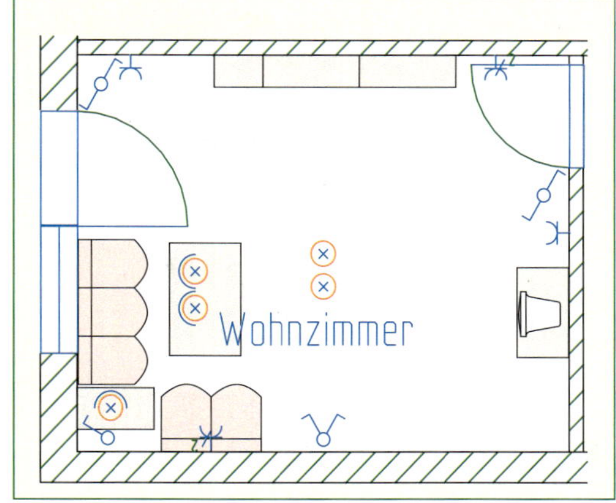

Abb. 1 Installationsplan des Wohnzimmers

Kundenauftrag:

Der Raum wird zentral von einer 2-flammigen Deckenleuchte erhellt, diese ist von zwei Stellen aus schaltbar. Die Sitzgruppe soll von zwei Strahlern beleuchtet werden, die jeweils getrennt schaltbar sind. In einer Raumecke soll eine Pflanzenleuchte einschaltbar sein. An jeder Zimmertür soll eine Steckdose installiert werden. Darüber hinaus sollen an der Sitzgruppe und an der Schrankwand jeweils Doppelsteckdosen installiert werden.

Praxistipp:
Die vorgeschriebenen ***Rohrnetze*** *für Informations-, Rundfunk- und Kommunikationsanlagen ermöglichen eine zukunftstaugliche Elektroinstallation.*

Qualität und Umfang der Elektroinstallation

Die Umsetzung von Energieeffizienzmaßnahmen und die Berücksichtigung der Gebäudesystemtechnik sind in den abgebildeten Planungstabellen (Tabelle 1 ⊳ 52) aufgeführt. Diese Tabellen gelten für Ein- und Mehrfamilienhäuser sowie für Wirtschaftsgebäude, die nicht nur Wohnzwecken dienen.

Eine Übersicht von den Ausstattungswerten liefert die Tabelle 1. **Die zu installierende** Wohnung soll laut Kundenwunsch nach Ausstattungswert 1 (Tabelle 1 ⊳ 52) installiert werden. Danach muss das Wohnzimmer wie folgt ausgestattet werden:

- 4 Steckdosen und 2 Beleuchtungsauslässe
- 1 Telefon- bzw. Datenauslass, dazu 1 Steckdose
- 2 Radio-, TV-, Datenanschlüsse, dazu 6 Steckdosen

Für das Wohnzimmer wird ein Stromkreis vorgesehen.

Ausstattungswert	Kennzeichnung	Qualität
1	★	Mindestausstattung gemäß DIN 18015-2
2	★★	Standardausstattung
3	★★★	Komfortausstattung
1 plus	★ *plus*	Mindestausstattung gemäß DIN 18015-2 und Vorbereitung für Gebäudesystemtechnik gemäß DIN 18015-4
2 plus	★★ *plus*	Standardausstattung und mindestens ein Funktionsbereich gemäß DIN 18015-4
3 plus	★★★ *plus*	Komfortausstattung und mindestens zwei Funktionsbereiche gemäß DIN 18015-4

Tabelle 1 Ausstattungswerte

Ausstattungswert		Küche [a) b)]	Kochnische [b)]	Bad	WC-Raum	Hausarbeitsraum [b)]	Wohnzimmer [a)] bis 20 m²	Wohnzimmer [a)] über 20 m²	Esszimmer	je Schlaf-, Kinder-, Gäste-, Arbeitszimmer, Büro [b)] bis 20 m²	je Schlaf-, Kinder-, Gäste-, Arbeitszimmer, Büro [b)] über 20 m²	Flur bis 3 m	Flur über 3 m	Freisitz	Abstellraum	Hobbyraum	Zur Wohnung geh. Keller-/Bodenraum, Garage	Keller-/Bodengang, je 6 m Ganglänge
★	**Anzahl der Steckdosen, Beleuchtungs- und Kommunikationsanschlüsse ★**																	
★	Steckdosen allgemein	5	3	2[e)]	1	3	4	5	3	4	5	1	1	1	1	3	1	1
★	Beleuchtungsanschlüsse	2	1	2	1	1	2	3	1	1	2	1	2[g)]	1	1	1	1	1
★	Telefon-/Datenanschluss (IuK)						1		1	1		1						
★	Steckdosen für Telefon/Daten						1		1	1		1						
★	Radio-/TV-/Datenanschluss (RuK)	1					2		1	1								
★	Steckdosen für Radio/TV/Daten	3					6		3	3								
★	Kühlgerät, Gefriergerät	2	1															
★	Dunstabzug	1																
★	Anschluss für Lüfter[c)]			1	1													
★	Rollladenantriebe	Anschlüsse entsprechend der Anzahl der Antriebe																
★★	**Anzahl der Steckdosen, Beleuchtungs- und Kommunikationsanschlüsse ★★**																	
★★	Steckdosen allgemein	10	4	4[e)]	2	8	8	11	5	8	11	2	3	2	2	6	2	1
★★	Beleuchtungsanschlüsse	3	2	3	1	2	2	3	1	2	3	2	2[g)]	2	1	2	1	1
★★	Telefon-/Datenanschluss (IuK)	1				1	1	2	1	1	2	1		1		1		
★★	Steckdosen für Telefon/Daten	2				2	2	4	2	2	4	2		2		2		
★★	Radio-/TV-/Datenanschluss (RuK)	1				1	2	3	1	1				1		1		
★★	Steckdosen für Radio/TV/Daten	3				3	6	9	3	3				3		3		
★★	Kühlgerät, Gefriergerät	2	1															
★★	Dunstabzug	1																
★★	Anschluss für Lüfter[c)]			1	1													
★★	Rollladenantriebe	Anschlüsse entsprechend der Anzahl der Antriebe																
★★	**Beleuchtungs- und Steckdosenstromkreise ★★**																	
★★		1		1		1	1	2	1	1	2			1		1	1	
★★★	**Anzahl der Steckdosen, Beleuchtungs- und Kommunikationsanschlüsse ★★★**																	
★★★	Steckdosen allgemein	12	4	5[e)]	2	10	10	13	7	10	13	3	4	3	2	8	2	1
★★★	Beleuchtungsanschlüsse	3	2	3	2	3	3	4	2	3	4	2	2[g)]	2	1	2	1	1
★★★	Telefon-/Datenanschluss (IuK)	1		1		1	1	2	1	1	2	1		1		1		
★★★	Steckdosen für Telefon/Daten	2		2		2	2	4	2	2	4	2		2		2		
★★★	Radio-/TV-/Datenanschluss (RuK)	1		1		1	2	3	1	2				1		1		
★★★	Steckdosen für Radio/TV/Daten	3		3		3	6	9	3	6				3		3		
★★★	Kühlgerät, Gefriergerät	2	1															
★★★	Dunstabzug	1																
★★★	Anschluss für Lüfter[c)]			1	1													
★★★	Rollladenantriebe	Anschlüsse entsprechend der Anzahl der Antriebe																
★★★	**Beleuchtungs- und Steckdosenstromkreise ★★★**																	
★★★		1		1		1	1	2	1	1	2	1		1		1	1	

Beleuchtungs- und Steckdosenstromkreise ★

Wohnfläche der Wohnung in m²	Anzahl Stromkreise
bis 50	3
über 50 bis 75	4
über 75 bis 100	5
über 100 bis 125	6
über 125	7

Ausstattungswert	Anschlüsse für besondere Verbrauchsmittel mit eigenem Stromkreis	Stromkreisverteiler	Gebäudekommunikation
★	Elektroherd, Mikrowellengerät, Geschirrspülmaschine, Waschmaschine [f)], Wäschetrockner, Bügelstation, Warmwassergerät[d)], Heizgerät[d)]	in Mehrraumwohnungen mind. vierreihige, in Einraumwohnungen mind. dreireihige Stromkreisverteiler	Klingel oder Gong, Türöffner und Gegensprechanlage
★★	Elektroherd, Backofen, Dampfgarer, Mikrowellengerät, Geschirrspülmaschine, Waschmaschine[f)], Wäschetrockner, Bügelstation, Warmwassergerät[d)], Saunaheizgerät, Whirlpool, Heizgerät[d)]	in Mehrraumwohnungen mind. vierreihige, in Einraumwohnungen mind. dreireihige Stromkreisverteiler	Klingel oder Gong, Türöffner und Gegensprechanlage mit mehreren Wohnungssprechstellen
★★★	Elektroherd, Backofen, Dampfgarer, Mikrowellengerät, Geschirrspülmaschine, Waschmaschine [f)], Wäschetrockner, Bügelstation, Warmwassergerät[d)], Saunaheizgerät, Whirlpool, Heizgerät[d)]	in Mehrraumwohnungen mind. vierreihige, in Einraumwohnungen mind. dreireihige Stromkreisverteiler	Klingel oder Gong, Türöffner und Gegensprechanlage mit mehreren Wohnungssprechstellen, Video-Türstationen, Gefahrenmeldeanlagen

a) In Räumen mit Essecke ist die Anzahl der Anschlüsse und Steckdosen um jeweils 1 zu erhöhen.
b) Die den Bettplätzen und den Arbeitsflächen von Küchen, Kochnischen und Hausarbeitsräumen zugeordneten Steckdosen sind mindestens als Zweifach-Steckdose vorzusehen.
Sie zählen jedoch in der Tabelle als jeweils nur eine Steckdose.
c) Sofern eine Einzellüftung vorgesehen ist. Bei fensterlosen Bädern oder WC-Räumen ist die Schaltung über die Allgemeinbeleuchtung mit Nachlauf vorzusehen.
d) Sofern die Heizung/Warmwasserversorgung nicht auf andere Weise erfolgt.
e) Davon ist eine Steckdose in Kombination mit der Waschtischleuchte zulässig.
f) In einer Wohnung nur jeweils einmal erforderlich.
g) Von mindestens zwei Stellen schaltbar.

Tabelle 1 Ausstattungswerte zur Planung und Modernisierung von Elektroinstallationen (Quelle: HEA)

Gefordert ist die Vorbereitung für die Anwendung aller Funktionsbereiche durch Installieren von entsprechenden BUS-Leitungen oder entsprechenden Installationsrohren zur nachträglichen Installation von BUS-Leitungen sowie die Auswahl eines Stromkreisverteilers mit entsprechendem Reserveplatz

Ausstattungswert		Küche	Kochnische	Bad	WC-Raum	Hausarbeitsraum	Wohnzimmer bis 20 m²	Wohnzimmer über 20 m²	Esszimmer	je Schlaf-, Kinder-, Gäste-, Arbeitszimmer, Büro bis 20 m²	je Schlaf-, Kinder-, Gäste-, Arbeitszimmer, Büro über 20 m²	Flur bis 3 m	Flur über 3 m	Freisitz	Abstellraum	Hobbyraum	zur Wohnung geh. Keller-/Bodenraum	Keller-/Bodengang je 6 m Ganglänge
★plus	**Funktionsbereich: Schalten/Dimmen (bezogen auf die Anzahl der Beleuchtungsanschlüsse) ★**																	
	Schalten [h]	2	1	1	1	1	2	3	1	1	2	1	2	1	1	1	1	1
	Status Schalten	2	1	2	1	2	2	3	1	1	2	1	2	1	1	1	1	1
	Dimmen [h]						2	3	1	1	2							
	Status Dimmen						2	3	1	1	2							
	Sperren																	
	Szene																	
	Bewegungsmeldung											1						
	Anwesenheitserkennung [m] (Präsenzmeldung)	1		1	1	1	1		1	1						1		
★★plus (und die Umsetzung mindestens eines Funktionsbereiches.)	**Funktionsbereich: Schalten/Dimmen (bezogen auf die Anzahl der Beleuchtungsanschlüsse) ★★**																	
	Schalten [h]	3	2	3	1	2	2	3	1	2	3	2		2	1	2	1	1
	Status Schalten	3	2	3	1	2	2	3	1	2	3	2		2	1	2	1	1
	Dimmen [h]						2	3	1	2	3							
	Status Dimmen						2	3	1	2	3							
	Sperren																	
	Szene						1	2		1								
	Bewegungsmeldung											1						
	Anwesenheitserkennung [m] (Präsenzmeldung)	1		1	1	1	1		1	1						1		
★★★plus (und die Umsetzung mindestens zwei der Funktionsbereiche.)	**Funktionsbereich: Schalten/Dimmen (bezogen auf die Anzahl der Beleuchtungsanschlüsse) ★★★**																	
	Schalten [h]	3	2	3	2	3	3	4	2	3	4	2		2	1	2	1	1
	Status Schalten	3	2	3	2	3	3	4	2	3	4	2		2	1	2	1	1
	Dimmen [h]						3	4	2	3	4							
	Status Dimmen						3	4	2	3	4							
	Sperren																	
	Szene						2	4		2								
	Bewegungsmeldung											1						
	Anwesenheitserkennung [m] (Präsenzmeldung)	1		1	1	1	1		1	1						1		1
Funktionsbereiche zur Auswahl bei allen Ausstattungswerten	**Funktionsbereich: Schaltbare Steckdosen/geschaltete Geräte/Energiemanagement** (in jedem Fall erforderlich, wenn Maßnahmen zur Energieeffizienzsteigerung umgesetzt werden sollen)																	
	Warmwassergerät	1		1	1													
	Heizgerät			1														
	Waschmaschine			1		1												
	Geschirrspülmaschine																	
	Wäschetrockner			1		1												
	Gefriergerät	1				1												
	Funktionsbereich: Sonnenschutz																	
	Auf/ab fahren, Stopp [l]	1		1	1	1	1		1	1								
	Position anfahren	1[n]		1[n]		1[n]	1		1	1								
	Status Position	1		1	1	1	1		1	1								
	Sperren	1		1	1	1	1		1	1								
	Szene						1		1	1								
	Funktionsbereich: Heizen, Lüften, Kühlen																	
	Raumtemperaturregler	1		1	1	1	1		1	1						1		
	Ventilstellantrieb (je Heiz-/Kühlkreis)	1		1	1	1	1		1	1						1		
	bedarfsgesteuerte Lüftung (CO_2/Feuchte-Sensor)	1		1	1	1	1		1	1						1		
	Anwesenheitserkennung [m] (Präsenzmeldung)	1		1	1	1	1		1	1		1[n]				1		1
	Fensterkontakte [k]	je Fenster / Fassade vorzusehen																
	Funktionsbereich: Sicherheit																	
	Fensterkontakte [l]	je Fenster / Fassade vorzusehen																
	Brandmeldung	1				1	1		1	1						1		
	Anwesenheitssimulation	1		1	1	1	1		1	1						1		
	Anwesenheitserkennung [m] (Präsenzmeldung)	1		1	1	1	1		1	1				1[n]			1	
	Bewegungsmeldung	1		1	1	1	1		1	1						1		

h) je Raumzugang
k) Nur einmal für Funktionsbereich Heizen, Lüften, Kühlen und Funktionsbereich Sicherheit notwendig.
l) Je Fenster mit Sonnenschutz.
m) Nur einmal je Raum für alle Funktionsbereiche erforderlich
n) nicht bei 1 Stern und 2 Stern

Tabelle 1 Ausstattungswerte „plus" zur Planung und Modernisierung von Elektroinstallationen

Betriebsmittelkennzeichnung		Schaltzeichen	Kontaktschaltplan
Ausschalter	Q		
Wechselschalter	Q		
Serienschalter	Q		
Steckdose einfach	x		
Steckdose doppelt	x		
Pflanzenleuchte	E		
Deckenleuchte	E	××	

Tabelle 1 Verwendete Betriebsmittel im Wohnzimmer

Installationsschaltungen

Für die Vorplanung der Installation des Wohnzimmers ist eine genaue Kenntnis über die zu installierenden Lampenschaltungen notwendig. Nach dem Installationsplan sind drei Lampenschaltungen vorgesehen.

Das Wohnzimmer wird mit folgenden Lampenschaltungen ausgestattet:

- Ausschaltung mit Steckdose
- Serienschaltung
- Wechselschaltung mit Steckdosen

Die Darstellung der Installationsschaltungen kann in 4 unterschiedlichen Formen erfolgen.

- **Installationsplan:** Zeigt die Anordnung der Betriebsmittel im Grundriss. Von großer praktischer Bedeutung.
- **Übersichtsschaltplan:** Zeigt die Zusammenschaltung der Betriebsmittel und die notwendige Adernanzahl für die Betriebsmittel. Von großer praktischer Bedeutung.

Die Installationspläne und Übersichtsschaltpläne zeigen die Lage und die Anordnung der Betriebsmittel. Sie sagen aber nichts über die Verschaltung der Betriebsmittel aus. Um die Funktion einer Schaltung zu verstehen, sind deshalb alle Verbindungen der Stromkreise erforderlich. Diese werden Stromlaufpläne genannt. Es werden zwei Stromlaufpläne unterschieden.

- **Stromlaufplan in aufgelöster Darstellung:** In dieser Darstellung ist die Funktion der Schaltung leicht zu verstehen. Keine praktische Bedeutung.
- **Stromlaufplan in zusammenhängender Darstellung:** Zeigt die endgültige Verdrahtung der Betriebsmittel und die Adernanzahl der Leitungen. An ihm muss der Installateur die Funktionsfähigkeit der fertigen Schaltung nachprüfen.

Ausschaltung mit Steckdose

Eine oder mehrere Leuchten können ein- und ausgeschaltet werden. Abb. 1 ▷ 55 zeigt eine Ausschaltung mit Steckdose und Abb. 2 ▷ 55 die Spannungsverhältnisse und Gefahren bei der Ausschaltung.

Serienschaltung

Als Serienschaltung oder Doppelausschaltung bezeichnet man Beleuchtungsschaltungen, bei denen mehrere (meist zwei) Lampen in einer Leuchte getrennt geschaltet werden können. Abb. 1 ▷ 56 zeigt diese Schaltung.

Wechselschaltung

Will man Leuchten von zwei Stellen aus, z. B. von zwei Türen eines Zimmers, schalten, so werden Wechselschaltungen nötig. Der Außenleiter L1 wird über Q1, über die korrespondierenden Leitungen und Q2 zur Leuchte E1 geschaltet. Ändert man die Schalterstellung von Q1 oder Q2, ändert sich auch der Betriebszustand der Leuchte E1. Abb. 2 ▷ 56 zeigt diese Schaltung. Der Stromlaufplan in Abb. 2 ▷ 56 zeigt, dass die Lampe auf der Seite des Neutralleiters installiert ist, um zu gewährleisten, dass im ausgeschalteten Zustand keine Spannung an der Lampe anliegt. Die in Abb. 1 ▷ 57 dargestellte Schaltung ist verboten.

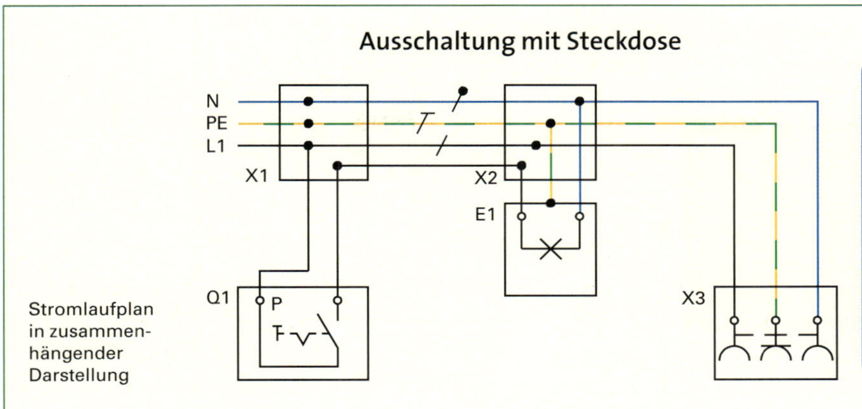

Ausschaltung mit Steckdose
N
PE
L1
X1
X2
E1
Q1
P
X3
Stromlaufplan
in zusammen-
hängender
Darstellung

> ***Praxistipp:***
> *Bei einer Leitung darf die blaue Ader als geschalteter Außenleiter verwendet werden, wenn eine Verwechslung ausgeschlossen und kein Neutralleiter vorhanden ist (z. B. 3-adrige Leitung zu einem Ausschalter; VDE 0100 Teil 510).*

X1
X2
4
2
3
3
E1
Q1
X3
Übersichtsschaltplan
Ausschaltung mit Steckdose
L1
Q1
X3
E1
N
PE
Stromlaufplan
in aufgelöster Darstellung

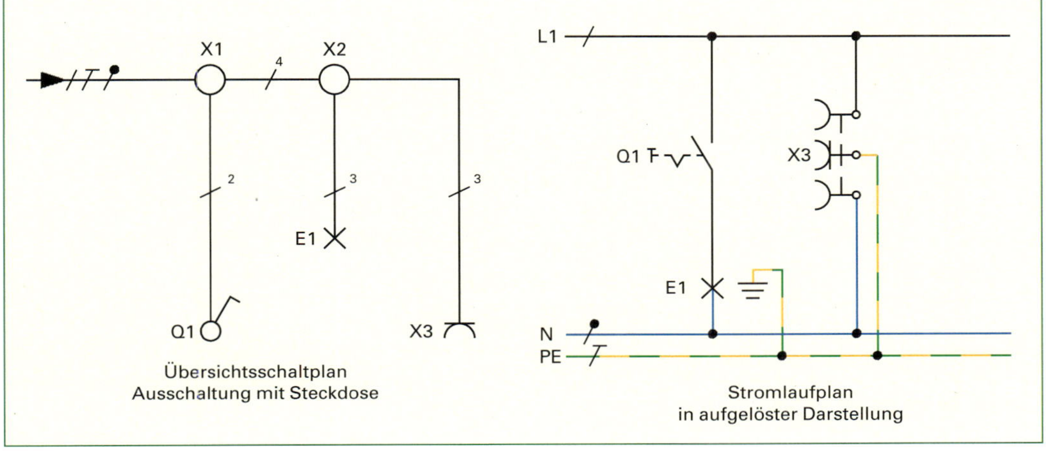

Abb. 1 Ausschaltung mit Steckdose

Richtige Schaltung
L1
Q1
E1
V
U = 0V
N
PE
Bei offenem Schalter ist der Stromkreis
hinter dem Schalter spannungsfrei.
Fehlerhafte Schaltung
L1
E1
Q1
V
U = 230V
N
PE

> **Achtung:**
> *Auch bei offenem Schalter steht die Lampenleitung und die Lampenfassung unter voller Netzspannung!*
> ***Nicht den Neutralleiter schalten!***

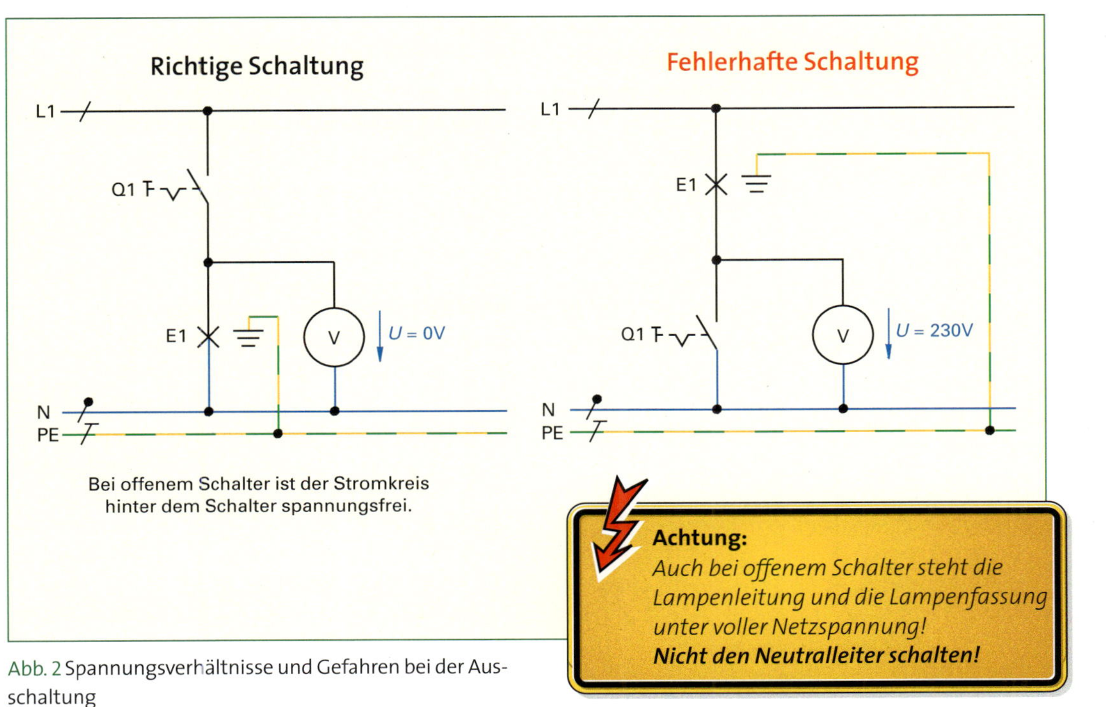

Abb. 2 Spannungsverhältnisse und Gefahren bei der Ausschaltung

Achtung:
Die Leitung von der Abzweigdose X1 zum Serienschalter Q1 muss mindestens 4 Adern haben, da die grün-gelbe Ader nur für Schutzmaßnahmen verwendet werden darf!

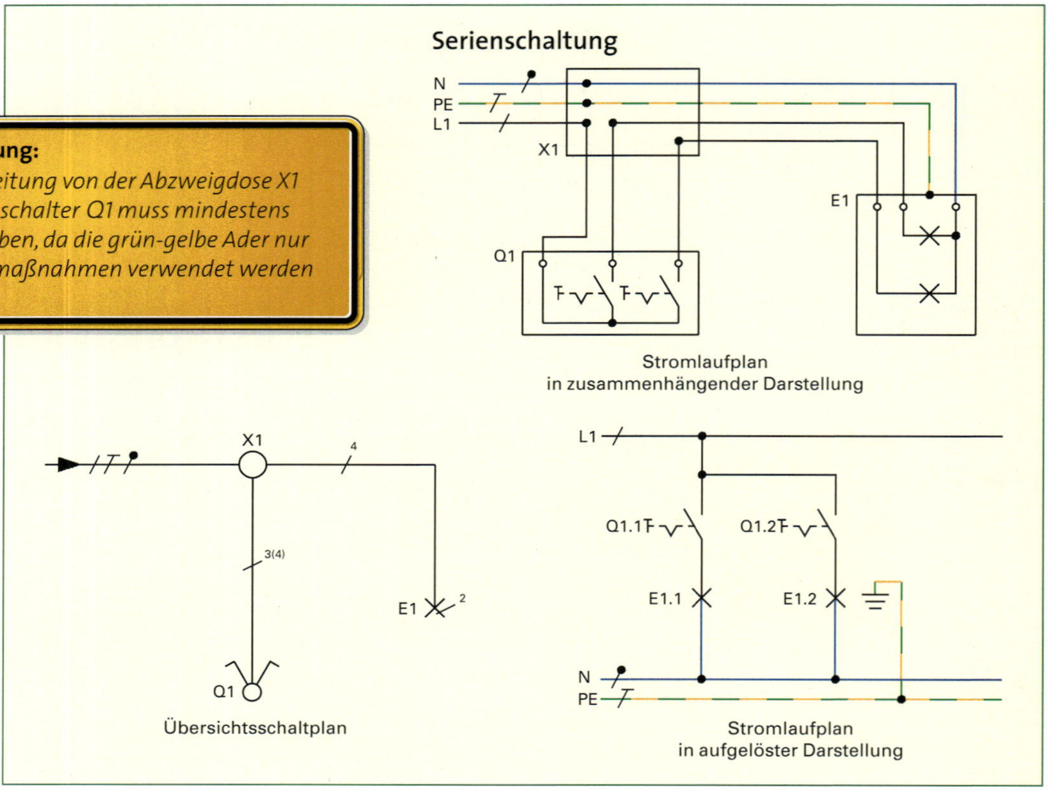

Serienschaltung
N
PE
L1
X1
E1
Q1
Stromlaufplan
in zusammenhängender Darstellung
X1
4
3(4)
E1
2
Q1
Übersichtsschaltplan
L1
Q1.1
Q1.2
E1.1
E1.2
N
PE
Stromlaufplan
in aufgelöster Darstellung

Abb. 1 Serienschaltung

Wechselschaltung
PE
N
L1
X1
X2
E1
Q1
Q2
Stromlaufplan in zusammenhängender Darstellung
X1
4
X2
3
3
3
E1
Q1
Q2
Übersichtsschaltplan
L1
Q1
Q2
E1
N
PE
Stromlaufplan
in aufgelöster Darstellung

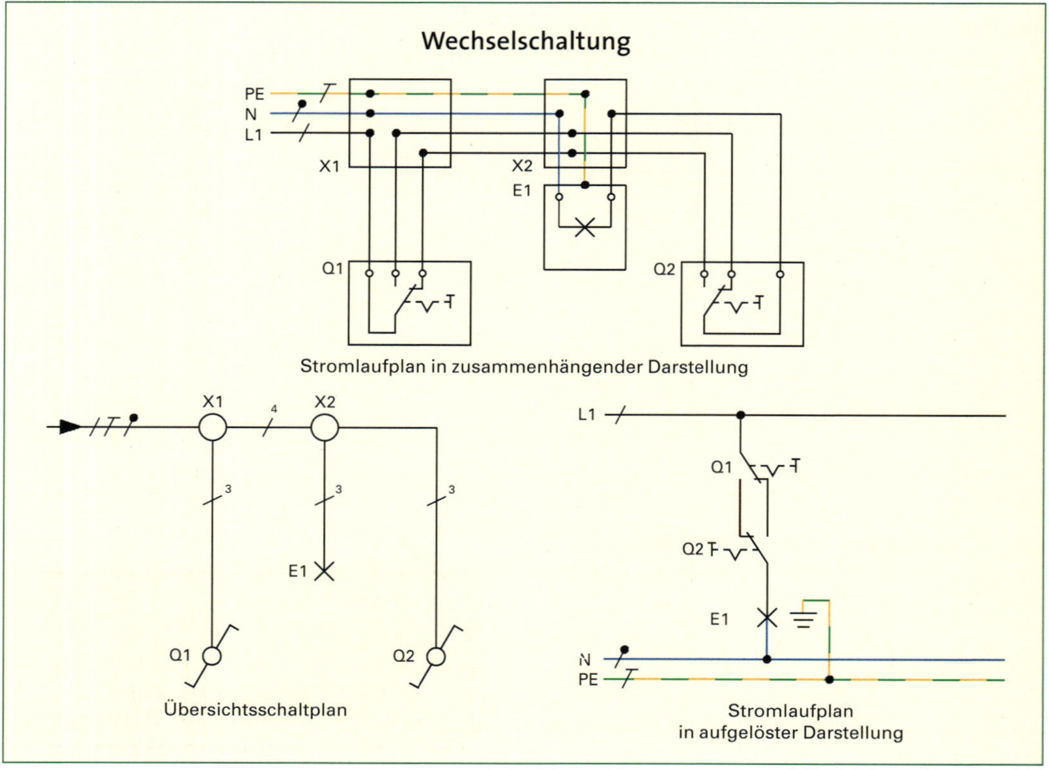

Abb. 2 Wechselschaltung

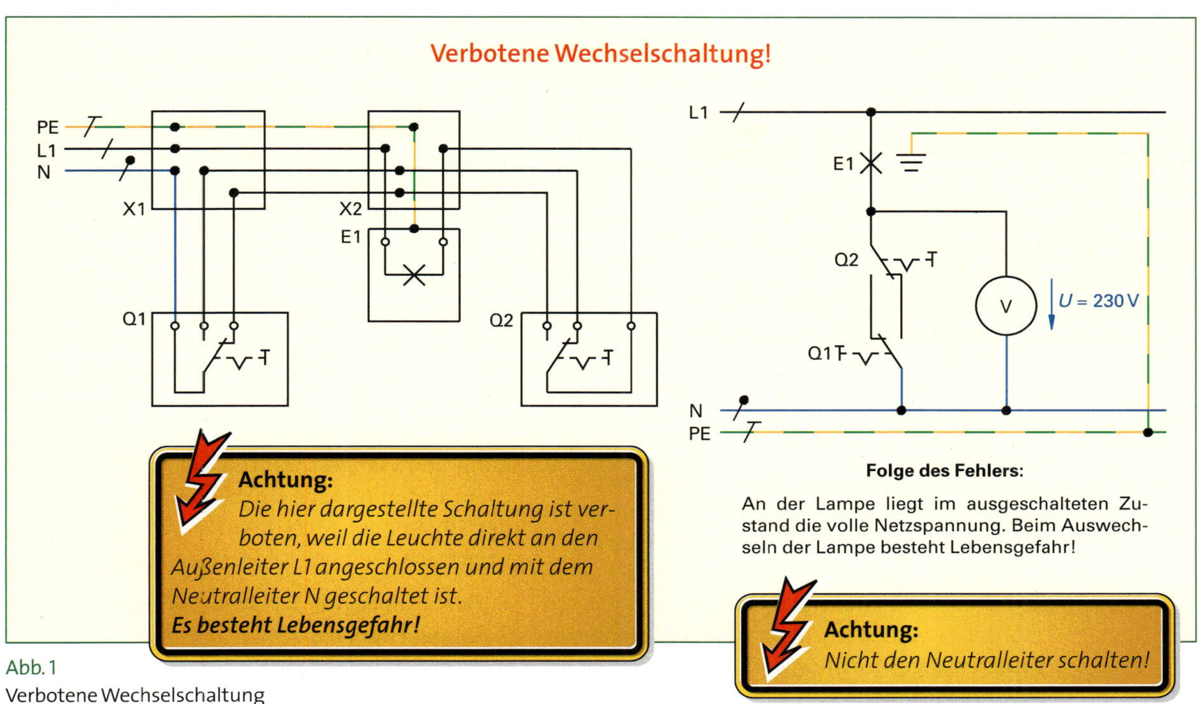

Abb. 1
Verbotene Wechselschaltung

Sparwechselschaltung

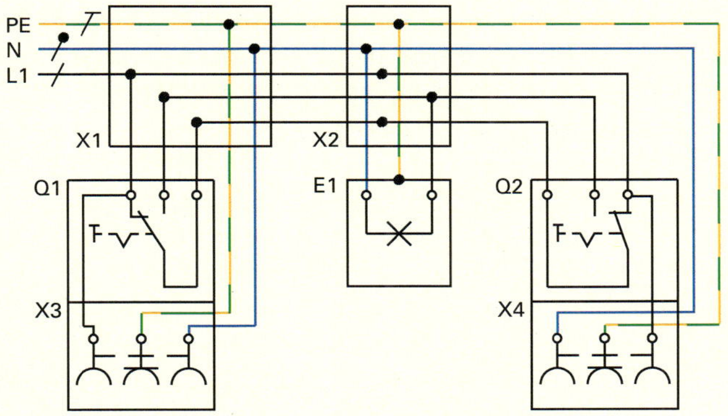

Stromlaufplan in zusammenhängender Darstellung

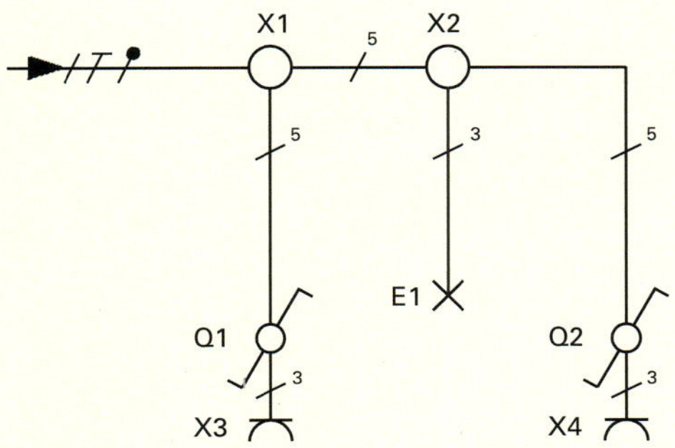

Übersichtsschaltplan

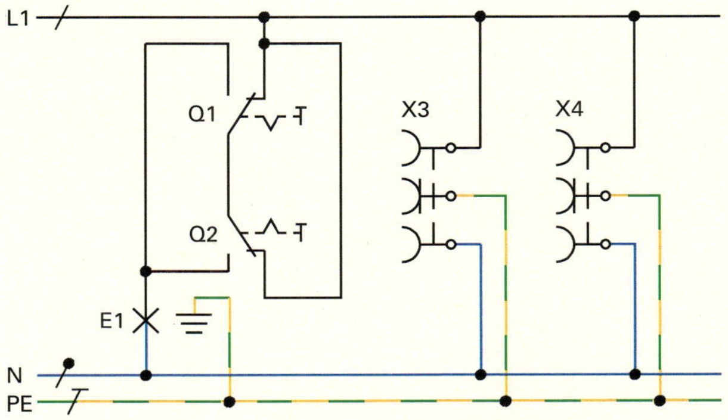

Stromlaufplan in aufgelöster Darstellung

Abb. 2 Sparwechselschaltung

Sparwechselschaltung

Laut Kundenwunsch ist unter jedem Wechselschalter eine Steckdose zu installieren. Diese Schaltung ist daher für das Wohnzimmer vorgesehen. Eine Wechselschaltung mit Erweiterungsmöglichkeiten für Steckdosen nennt man „Sparwechselschaltung“ (Abb. 2 ⊳ 57).

Der Außenleiter L1 und der Schaltdraht sind an beiden Schaltern Q1 und Q2 angeschlossen. An jedem Wechselschalter steht die Außenleiterspannung von 230 V zur Verfügung. Somit kann an jedem Wechselschalter eine Steckdose angeschlossen werden. Die Sparwechselschaltung hat im Unterschied zur Wechselschaltung nur eine korrespondierende Leitung. Bei der Sparwechselschaltung wird eine Ader „aufgespart“, wenn unter den Schaltern Steckdosen installiert werden.

Sobald der Elektroniker Kenntnis über die erforderlichen Installationsschaltungen und die Anzahl der gewünschten Steckdosen hat, können die Vorbereitungen für die eigentlichen Installationsarbeiten beginnen.

Installationszonen

Die Verlegung der Leitungen und der Einbau von Schalter- und Abzweigdosen darf nicht willkürlich erfolgen, beides muss unter Berücksichtigung von Installationszonen durchgeführt werden.

Eine Installationszone ist ein Bereich, in dem die nicht sichtbar verlegten elektrischen Kabel und Leitungen sowie Installationsgeräte, z. B. Schalter, Steckdosen, Taster und Dimmer, angeordnet werden sollen. Installationszonen haben den Zweck, in Wänden die nicht sichtbare Verlegung von elektrischen Kabeln und Leitungen auf ganz bestimmte Bereiche zu beschränken. Dies gilt nicht für Verlegung in Fußböden und Decken. Abb. 1 zeigt die Installationszonen und Vorzugsmaße für Räume an Wänden.

Dadurch soll die Gefahr einer Beschädigung vermindert werden, die sich durch eine spätere Montage, z. B. von Wasserleitung oder Befestigung von Hängeschränken, Bildern und Ähnlichem an den Wänden ergeben. Für die Installation der Schalter und Steckdosen im Wohnzimmer ergeben sich demnach folgende Vorzugsmaße:

- Vorzugshöhe für Schalter: 105 cm Oberkante fertiger Fußboden (OKFF)
- Vorzugshöhe für Steckdosen: 30 cm OKFF
- Vorzugshöhe von Abzweigdosen: 30 cm von der Decke

Ist sich der Elektroniker über die notwendigen Betriebsmittel sowie über die Leitungsführung im Wohnzimmer im Klaren, können die Leitungen verlegt werden.

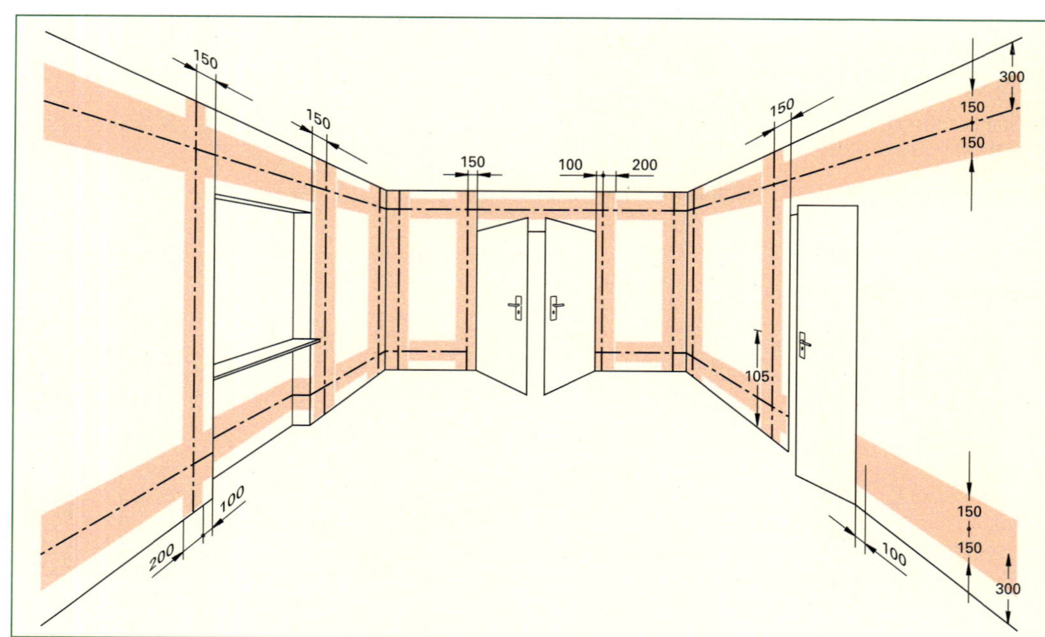

Abb. 1 Installationszonen und Vorzugsmaße (in cm)

Verlegearten von Kabeln und Leitungen

Tabelle 1 zeigt mögliche Verlegearten von Kabeln und Leitungen nach DIN VDE 0298. Dabei sind die unterschiedlichen Verlegearten in die Gruppen A1, A2, B1, B2, C und E eingeteilt. Im Wohnzimmer (Abb. 1 ▷ 51) ist aufgrund der gemauerten Wände und der aus Fertigbeton bestehenden Decke die Verlegeart C vorgesehen. Die Verlegeart C umfasst unter anderem die Verlegung mehradriger Leitungen im und unter Putz.

Verlegung der Leitungen in den Wänden

Die Verlegung der Leitungen in den Wänden erfolgt unter Putz, also nach Fertigstellung des Rohbaus vor Beginn der Putzarbeiten.
Alle im Wohnzimmer zu verlegenden Leitungen ändern ihre Lage nach der Verlegung nicht mehr. Leitungen für die feste Verlegung haben ein- oder mehrdrähtige Adern. Leitungen zum Anschluss ortsveränderlicher Betriebsmittel (z. B. Bügeleisen) haben feindrähtige Adern. Die einzelnen Adern von isolierten Leitungen sind durch Farben gekennzeichnet (Tabelle 2).
Befinden sich in einer Leitung mehr als fünf Einzeladern, dann sind die Adern schwarz gekennzeichnet und mit einem Zahlenaufdruck versehen.

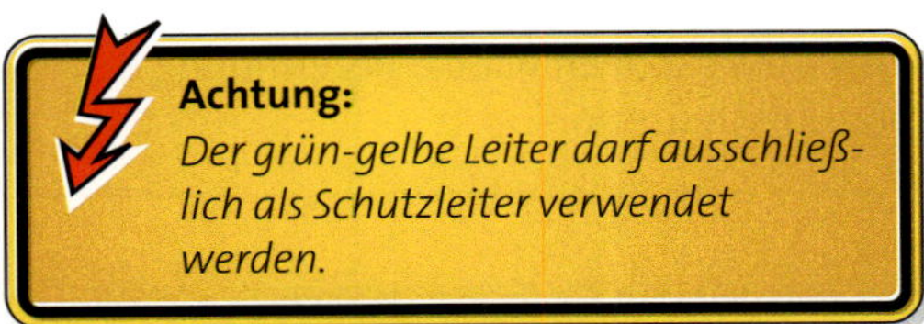

Verlegeart	Skizze	Bedeutung
A1		Aderleitungen oder eindrige Kabel/Mantelleitungen im Elektroinstallationsrohr in einer wärmegedämmten Wand
A2		mehradrige Kabel/Mantelleitungen in Elektroinstallationsrohren oder direkt verlegt in einer wärmegedämmten Wand
B1		Aderleitung, einadrige Kabel oder einadrige Mantelleitungen in Elektroinstallationsrohren oder Kanälen
B2		mehradrige Kabel oder mehradrige Mantelleitungen in Elektroinstallationsrohren oder Kanälen auf oder in einer Wand
C		ein- oder mehradrige Kabel/Mantelleitungen bzw. Stegleitungen direkt auf oder in Wänden/Decken oder in Kabelwannen
E	d; $\geq 0{,}3\ d$	mehradrige Kabel/Mantelleitungen, Mindestabstand $0{,}3 \times d$ zur Wand frei in Luft, an Tragseilen sowie auf Kabelpritschen und -konsolen

Tabelle 1 Verlegearten nach DIN VDE 0298 Teil 4 (auszugsweise)

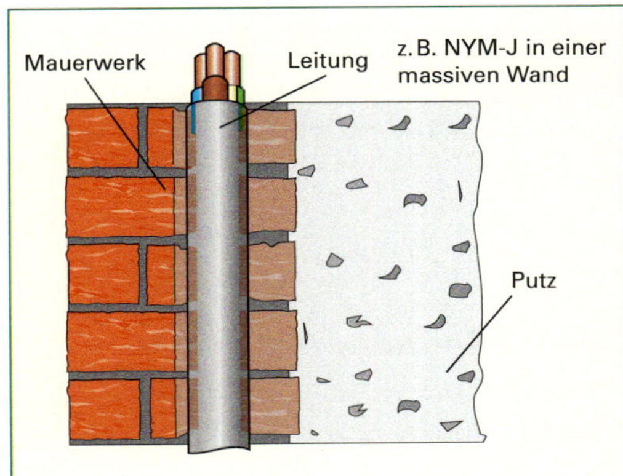

Abb. 1 Verlegung unter Putz (Verlegeart C)

Aderanzahl	2	3	4	5
Mit Schutzleiter				
Ohne Schutzleiter				

Tabelle 2 Farbkennzeichnungen der Adern für feste und flexible Verlegung nach DIN VDE 0293 Teil 308

Kurz-zeichen	Bedeutung	Beispiele
A	Ader	N4GA
B	Bleimantel	NYBUY
C	Abschirmung	NSHCÖU
F	Flachleitung (Stegleitung)	NYIF
FA	Fassungsader	NYFA
FF	feinstdrähtig	NSLFFÖU
G	Gummiisolierung	N4GA
H	Hochfrequenzschutz	NHYRUZY
I	Stegleitung (Imputzleitung)	NYIF
J	Leitung mit grün-gelbem Schutz-leiter	NYM-J
L	Leuchtröhrenleitung	NYLRZY
M	Mantelleitung	NYM
N	genormte Leitung	NYY
O	Leitung ohne grün-gelben Schutzleiter	NYM-O
Ö	ölfest	NSSHÖU
PL	Pendelleitung	NPL
R	Rohrdraht	NHYRUZY
S	Sonderleitung	NXGAÖU
T	Leitungstrosse	NTM
U	Umhüllung unbrennbar (herab-gesetzte Brennbarkeit)	NHYRUZY NSSHÖU
W	wärmebeständige Leitung	NYFAW
Y	Kunststoffisolierung Kunststoffmantel	NYIF NYY
Z	Zinkmantel	NYRUZY

Tabelle 1 Buchstaben-Kurzzeichen für nicht harmonisierte Starkstromleitungen (Auswahl)

Praxistipp:

- *Die Leitungsführung an den Wänden muss dabei ausschließlich senkrecht und waagrecht erfolgen, so dass an den äußerlich sichtbaren Schaltern, Steckdosen usw. die Lage der Leitungen erkennbar ist.*
- *Für die Installation der Schalter und Steckdosen an den Zimmertüren muss der Elektroniker wissen, in welche Richtungen die später eingebauten Türen geöffnet werden, da sich sonst unter Umständen der Schalter bzw. die Steckdose hinter einer Zimmertür befindet und somit nicht mehr zugänglich ist. Der Türanschlag geht aus dem Grundriss hervor.*
- *Sind im zu installierenden Zimmer bzw. in der Wohnung abgehängte Decken vorgesehen, sind die Abzweigdosen entsprechend tiefer zu setzen, damit sie auch bei abgehängten Decken noch zugänglich sind.*

Der Aufbau einer Leitung wird durch eine Kurzbezeichnung angegeben. Diese Kurzbezeichnung ist aus einer Kombination von Buchstaben und Ziffern aufgebaut. Jedes Zeichen steht für eine Eigenschaft der Leitung. Tabelle 1 zeigt die Buchstaben-Kurzzeichen für isolierte Starkstromleitungen. Schauen wir uns die Leitungsbezeichnungen etwas genauer an. Für einen Steckdosenstromkreis wird die Leitung mit der Bezeichnung NYM-J 3×1,5 mm² verwendet. Mit Hilfe der Tabelle 1 und Abb. 1 können wir die Bezeichnung der Leitung entschlüsseln.

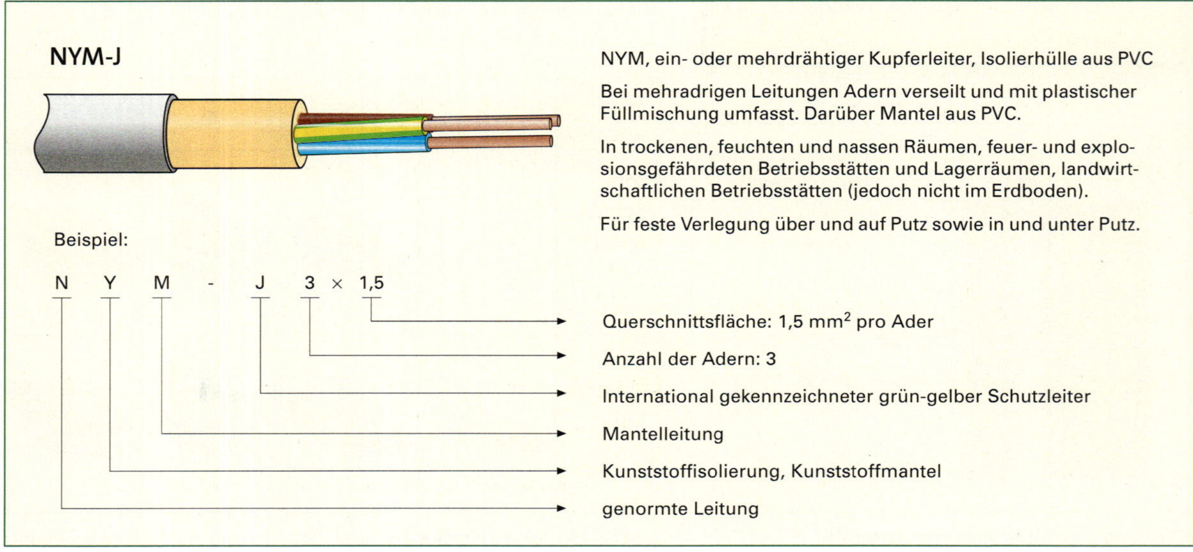

Abb. 1 Mantelleitung NYM-J mit Entschlüsselung

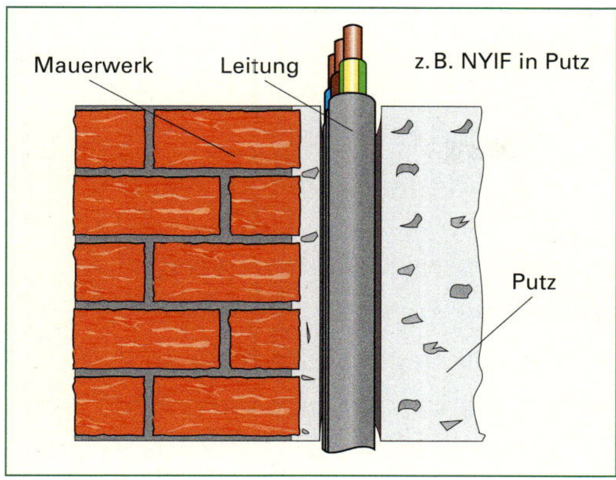

Abb. 1 Verlegung in Putz (Verlegeart C)

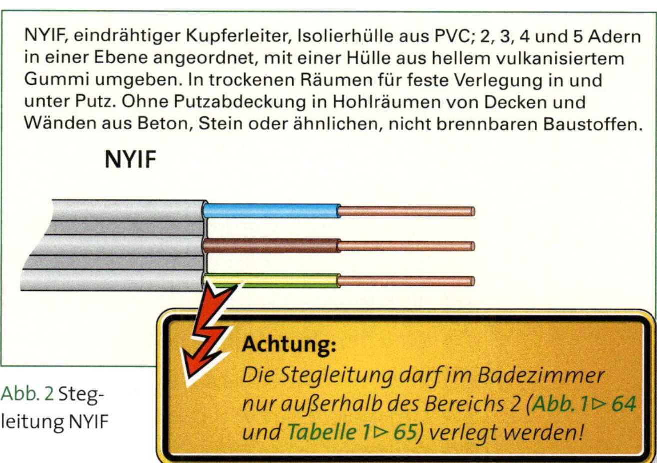

Abb. 2 Stegleitung NYIF

Achtung:
Die Stegleitung darf im Badezimmer nur außerhalb des Bereichs 2 (Abb. 1 ▷ 64 und Tabelle 1 ▷ 65) verlegt werden!

Verlegung der Leitungen in der Decke

Aufgrund der Betondecke werden dort die Leitungen in Putz verlegt (Abb. 1). Diese Verlegeart findet vor allem Anwendung in Gebäudeteilen aus Beton, die aus statischen Gründen kein Ausstemmen von Leitungsschlitzen zulassen. Um die Putzstärke gering zu halten, wird hauptsächlich Stegleitung (NYIF) verwendet. Stegleitung darf nur in trockenen Räumen in Putz oder unter Putz verlegt werden (Abb. 2).

Querschnitt der zu verlegenden Leitungen

Je nach Einsatz der Leitung ist ein Mindestquerschnitt der einzelnen Leiter vorgeschrieben. Der Querschnitt der Leiter richtet sich unter anderem nach der Stromstärke, Verlegeart und der Leiterlänge. Tabelle 1 zeigt den Zusammenhang zwischen Anwendung und Mindestquerschnitt von Kupferleitern. Für die Licht- und Steckdosenstromkreise werden Kupferleiter mit einem Querschnitt von $q = 1{,}5\ \text{mm}^2$ je Ader verwendet. Abb. 3 zeigt den Arbeitsablauf.

Verwendung	Leiterquerschnittsfl. q in mm²
feste, geschützte Verlegung	1,5
Leitungen in Schaltanlagen und Verteilern	
• bis 2,5 A	0,5
• über 2,5 A bis 16 A	0,75
• über 16 A	1,0
Bewegliche Anschlussleitungen	
• leichte Handgeräte $I_N = 1\ \text{A}$ und $l = 2\ \text{m}$	0,1
• Geräte bis $I_N = 2{,}5\ \text{A}$ und $l = 2\ \text{m}$	0,5
• Geräte bis $I_N = 10\ \text{A}$	0,75
• Geräte über $I_N = 10\ \text{A}$	1,0

Tabelle 1 Mindestquerschnitt von Kupferleitern

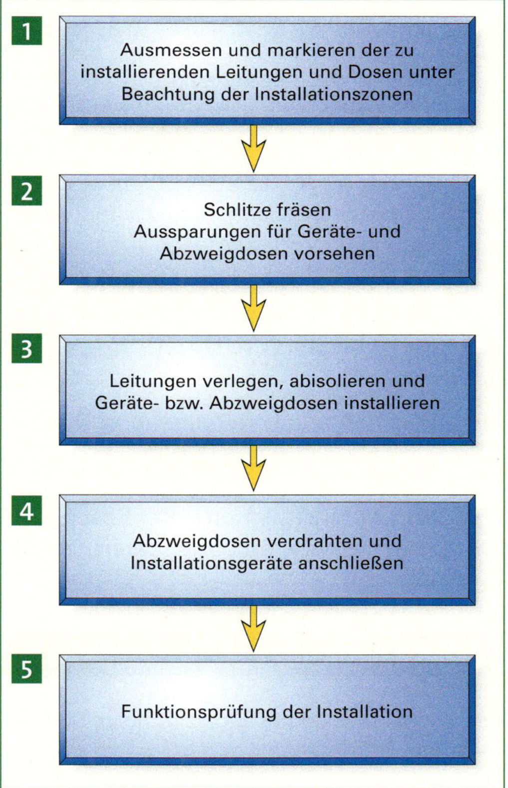

Abb. 3 Ablauf der Installationsarbeiten

Prüfen Sie Ihr Wissen:

1 Nennen Sie mindestens 3 Forderungen an elektrische Leitungen!

2 Nennen Sie mindestens 2 Einflussfaktoren auf die Strombelastbarkeit von Leitungen!

3 Welche Adernfarben werden bei Leitungen in der Energietechnik verwendet?

4 Welche Farbe darf nicht für Strom führende Leitungen verwendet werden?

5 Nennen Sie 2 Leitungsarten, die unter bzw. im Putz verlegt werden dürfen!

6 Welcher Unterschied besteht zwischen der Verlegeart im Putz und unter Putz?

7 Welche Möglichkeit zur Befestigung von Stegleitungen gibt es?

8 Um welche Art von Leitung handelt es sich bei der Kennzeichnung NYIF?

9 Erklären Sie die Leitungsbezeichnung NYM-J 5 x 2,5.

10 Begründen Sie, warum Leitungen grundsätzlich ausschließlich waagrecht und senkrecht von Schaltern und Abzweigdosen aus geführt werden sollen.

11 Warum und unter welchen Voraussetzungen können sich unvorhersehbare Folgen ergeben, wenn eine Leitung auf Dauer mit einem zu hohen Stromfluss belastet wird?

12 Warum ist die Einhaltung der durch Normen vorgeschriebenen Stromdichte von der Verlegungsart und von der Kabelart, die verwendet wurde, abhängig? Begründen Sie Ihre Antwort.

13 Die Installationszonen sollen bei der Verlegung von Leitungen, Schalterdosen und Schaltelementen berücksichtigt werden. Welche Gründe haben diese Forderungen?

14 Warum sollten Sie wissen, in welcher Drehrichtung sich eine Türe öffnet, bevor Sie die Schalterdose im Innen- und Außenraum setzen?

15 Nennen Sie die Vorzugsmaße für Schalter und Steckdosen über Oberkankte Fertigfußboden (OKFF). Warum halten Sie sich in der Regel daran?

16 Gibt es einen sinnvollen Grund, weshalb Sie sich an die Vorgabe für den Vorzugsabstand der Verteilerdosen von der Decke halten? Wie groß ist dieser Vorzugsabstand?

17 Warum handeln Sie verantwortungslos und höchst gefährlich, wenn Sie bei einer Installationsschaltung den Außenleiter L1 an die Lampe anschließen und den Neutralleiter N schalten?

2.1.2 Installation des Badezimmers

- **Badezimmerinstallation unter Beachtung der besonderen Schutzbereiche und Vorschriften**

Kundenauftrag:

Der Kunde möchte im Badezimmer einen beleuchtbaren Spiegelschrank mit zwei integrierten Steckdosen. Die Leuchte soll am Spiegelschrank geschaltet werden. Als Deckenleuchte werden in der Decke eingebaute Halogenstrahler verwendet, die der Kunde jedoch selbst einbaut und anschließt. Eine Steckdose ist in der Kaminecke für die Waschmaschine zu installieren. Es wird eine Stahlbadewanne eingebaut. Die Warmwasserversorgung erfolgt über eine Gastherme.

Die höchsten Sicherheitsanforderungen bei einer Wohnungsinstallation werden ans Badezimmer gestellt. Hier ist im Fehlerfall die größte Gefährdung. Der Grund liegt darin, dass der Mensch im Badezimmer gegenüber anderen Räumen „gut geerdet“ ist und deshalb bei einer Fehlerspan-

Trockene Räume	Feuchte Räume	Nasse Räume
In der Regel tritt kein Kondenswasser auf. Die Luft ist nicht mit Feuchtigkeit gesättigt.	Die Sicherheit der Betriebsmittel wird durch Feuchtigkeit, Kondenswasser und chemische Einflüsse beeinträchtigt.	Wie feuchte Räume, aber zusätzlich Spritz- oder Strahlwasser
Beispiele: Wohnräume, Küchen, Baderäume	Beispiele: Großküchen, unbeheizte Keller, Bier- und Weinkeller, Gewächshäuser, Duschecken, galvanische Betriebe	

Tabelle 1 Trockene, feuchte und nasse Räume nach VDE-Bestimmungen

Achtung:
Ein Badezimmer ist nach VDE kein feuchter oder nasser Raum!

nung von U = 230 Volt ein hoher Fehlerstrom ($I >$ 50 mA) zu Stande kommen kann.
Nach Ausstattungsqualität 1 sind erforderlich: 3 Steckdosen und 2 Leuchten (Abb. 3 ▷ 64). Vor der Installation von Einbaudosen für die Betriebsmittel (Steckdosen und der Gastherme) in dem Badezimmer sind die Schutzbereiche zu beachten (Abb. 1 ▷ 64, Tabelle 1 ▷ 65 und Abb. 1 ▷ 68).

Vorschriften, die bei der Badezimmerinstallation zu beachten sind:

Alle leitfähigen Teile, die ins Bad führen (z. B. die metallene Kalt- und Warmwasserleitung sowie die Heizungs- und Gasleitung), sind mit einer örtlichen Potentialausgleichsleitung von 4 mm² Cu (bei mechanisch ausreichendem Schutz 2,5 mm² Cu) miteinander und mit der Potentialausgleichsschiene (PE-Schiene) im Verteiler zu verbinden (Abb. 1 ▷ 65). Für die Stahlbadewanne selbst ist jedoch kein Potentialausgleich mehr erforderlich!
Begründung: Durch den Potentialausgleich der Leitungen, die in das Badezimmer führen, soll ein **„Einschleppen"** von Spannung verhindert werden. Besonders im Badezimmer ist darauf zu achten, dass die Mantelleitungen NYM senkrecht bzw. waagrecht in den Installationszonen verlegt werden, um den Leitungsweg später gut verfolgen zu können. Im Badezimmer wird eine Fehlerstrom-Schutzeinrichtung (FI-Schutzschalter, auch RCD **R***esidual* **C***urrent* **D***evices*, Differenz-Strom-Schutzgerät genannt) mit $I_{\Delta N}$ = 30 mA verwendet. Das Badezimmer erhält einen eigenen Stromkreis. Alternativ wäre Schutztrennung oder Schutzkleinspannung möglich. Ist aber hier nicht sinnvoll, da wesentlich teurer.

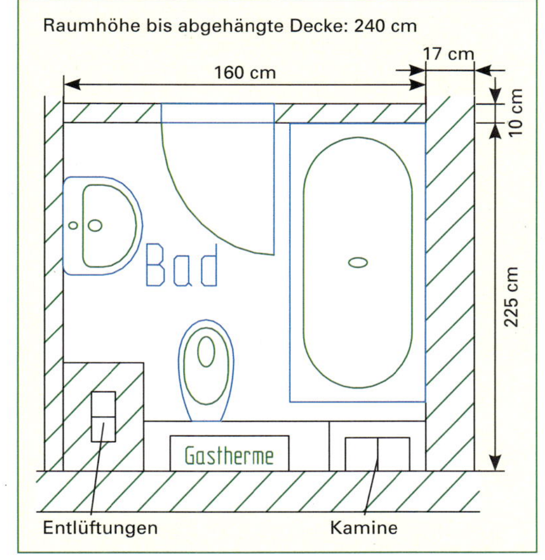

Abb. 1 Grundriss des Badezimmers mit elektrischen Geräten und Sanitärinstallation

Alle Installationen sind mit dem Architekten bzw. Kunden abzusprechen. Wegen der geringen Grundfläche ist keine Duschkabine vorgesehen. Zudem ergeben sich folgende Arbeiten:

- In der Kaminecke ist eine Steckdose für die Waschmaschine (ohne Klappdeckel) einzubauen (außerhalb von Schutzbereich 2).
- Die Beleuchtung erfolgt über Halogenleuchten, verteilt in der abgehängten Decke (5 × 20 Watt mit elektronischem Transformator).
- Der Spiegelschrank enthält neben der schaltbaren Leuchte noch zwei Steckdosen, sodass keine weiteren Steckdosen vorgesehen werden müssen. Zum besseren Anschließen des Spiegelschrankes wird in der Wand eine Auslassdose installiert.

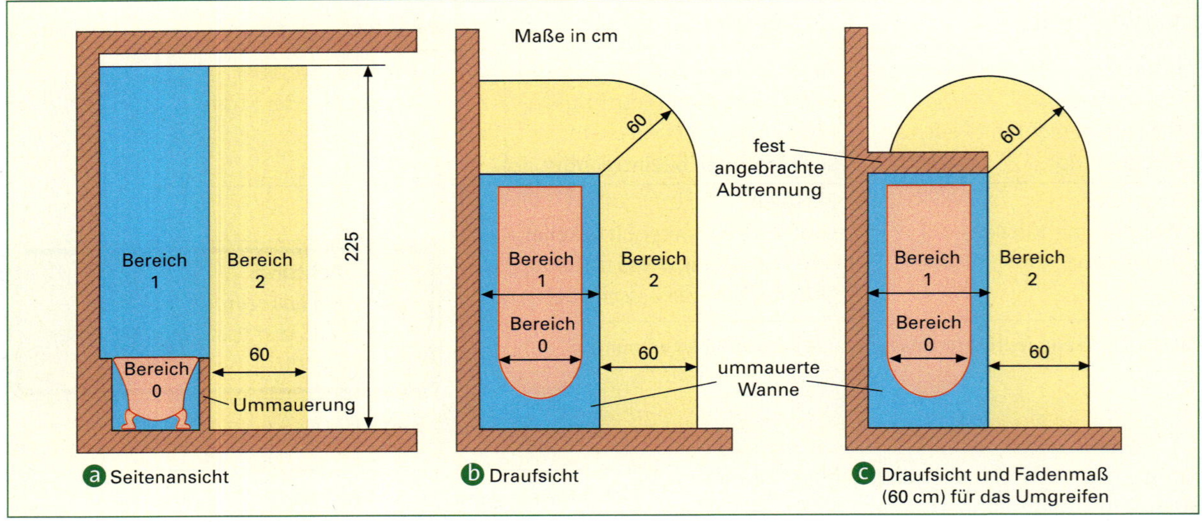

Abb. 1 Schutzbereiche der Badewanne (DIN VDE 0100 Teil 701)

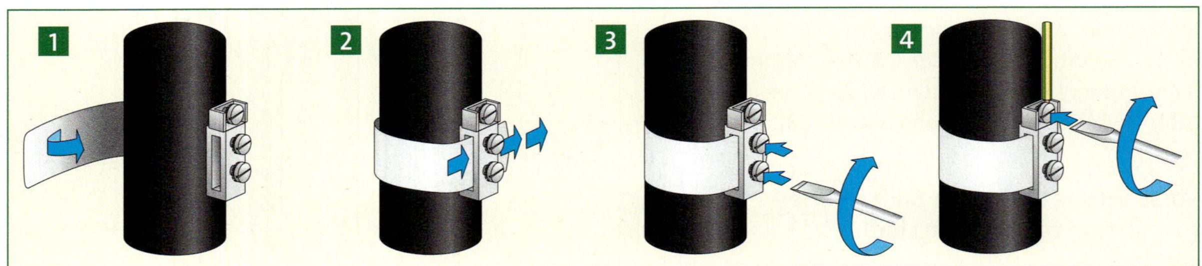

Abb. 2 Befestigung der Banderdungsschelle an der Heizungs- bzw. Gasleitung (nur wenn die Rohre aus Metall sind)

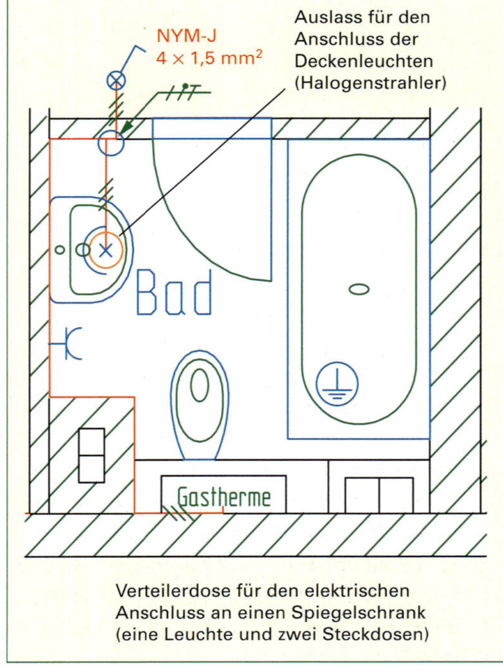

Abb. 3 Installationsplan für das Bad

Merke:
Sind im Badezimmer die Zu- und Abwasserleitungen aus Kunststoff, dann sind nur die Heizungsleitungen und die Gasleitung (Metallrohre) mit der Potentialausgleichsleitung zu verbinden. Bei fest installierten elektrischen Betriebsmitteln im Bereich 1 (z. B. Wassererwärmer) müssen die elektrischen Zuleitungen senkrecht bzw. waagrecht installiert werden.

- Der Lichtschalter (mit Kontrollfunktion) und die Abzweigdose werden außerhalb des Bades im Flur angebracht. Sie wäre jedoch auch im Badezimmer, außerhalb von Schutzbereich 2, möglich.
- Die Gastherme (Warmwasser und Heizung) befindet sich im Schutzbereich 2. Das elektrische Betriebsmittel muss deshalb die Schutzart IP X4 haben und fest angeschlossen werden.

Bereich	Erlaubte Betriebsmittel	Leitungen
übriges Bad	Steckdosenstromkreise meist mit Fehlerstrom-Schutzeinrichtung	NYY NYM NYIF
2	Leuchten, ortsfeste Wassererwärmer, ortsfeste Ablaufgeräte, Geräte mit Schutzkleinspannung	NYAF NYY NYM H07V-U in Kunststoffrohren
1	ortsfeste Wassererwärmer ortsfeste Abluftgeräte	
0	möglichst keine	

Tabelle 1 Erlaubte Leitungen in den verschiedenen Bereichen

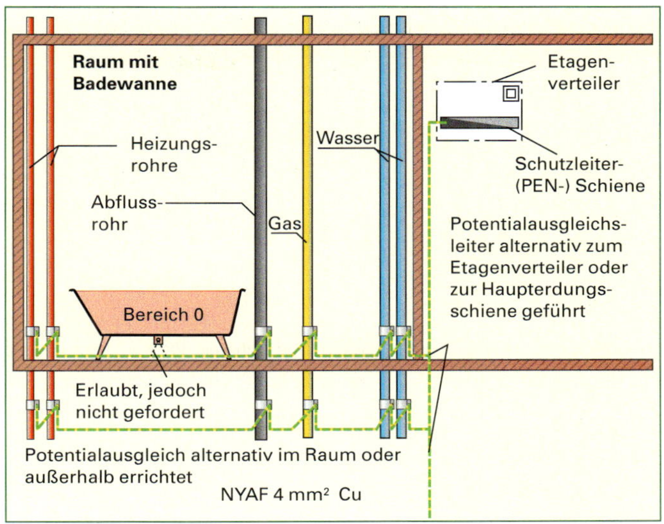

Abb. 1 Zusätzlicher (örtlicher) Potentialausgleich in Räumen mit Badewanne oder Dusche

> **Merke:**
> *Die Kaminsteine dürfen nicht beschädigt werden!*

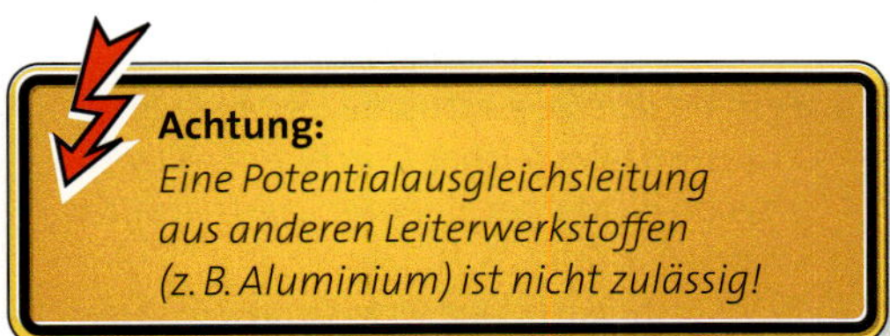

Achtung:
Eine Potentialausgleichsleitung aus anderen Leiterwerkstoffen (z. B. Aluminium) ist nicht zulässig!

Schutzarten, z. B. IP 44

Die *1. Kennziffer* gibt den Schutz gegen das Eindringen von Fremdkörpern und Staub an, die *2. Kennziffer* den Schutz gegen das Eindringen von Wasser. Wird kein Schutz gegen Schmutz vorgeschrieben, wird statt der Ziffer der Buchstabe X verwendet, z. B.:

- IP X0 kein Schutz
- IP X4 Schutz gegen Spritzwasser aus allen Richtungen
- IP X5 Schutz gegen Strahlwasser aus allen Richtungen
- IP X7 Schutz gegen Eintauchen in Wasser ohne Druck (Tabelle 1 ▷ 67).

Der Kunde möchte über der Badewanne in einer Höhe von 2 m eine Wandleuchte installieren. Dabei sind folgende Vorschriften zu beachten:

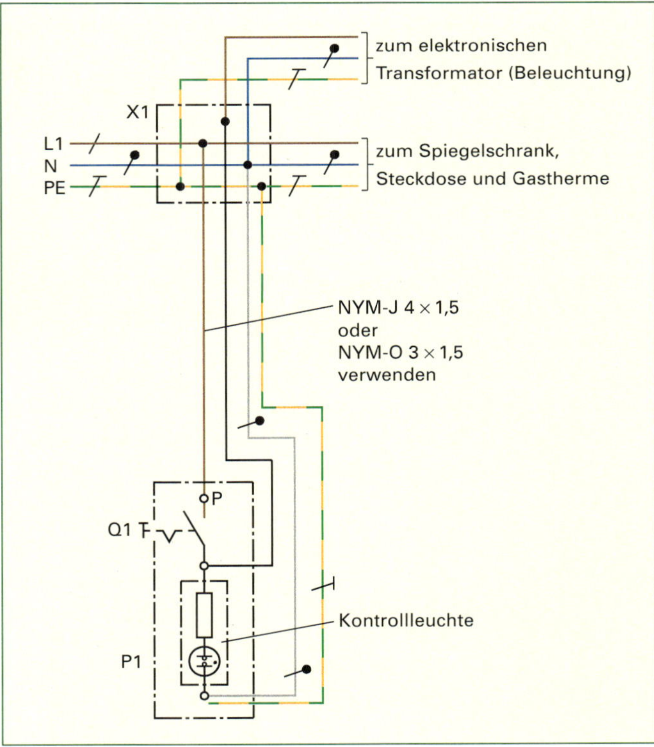

Abb. 2 Stromlaufplan der Badezimmerinstallation in zusammenhängender Darstellung

Im Bereich 1 sind Leuchten nicht erlaubt – es sei denn, sie werden mit Kleinspannung (SELV oder PELV) mit $U_{AC} \leq 25$ V oder $U_{DC} \leq 60$ V betrieben. Das Netzgerät für die Kleinspannung darf allerdings nicht in den Bereichen 0 oder 1 sein.

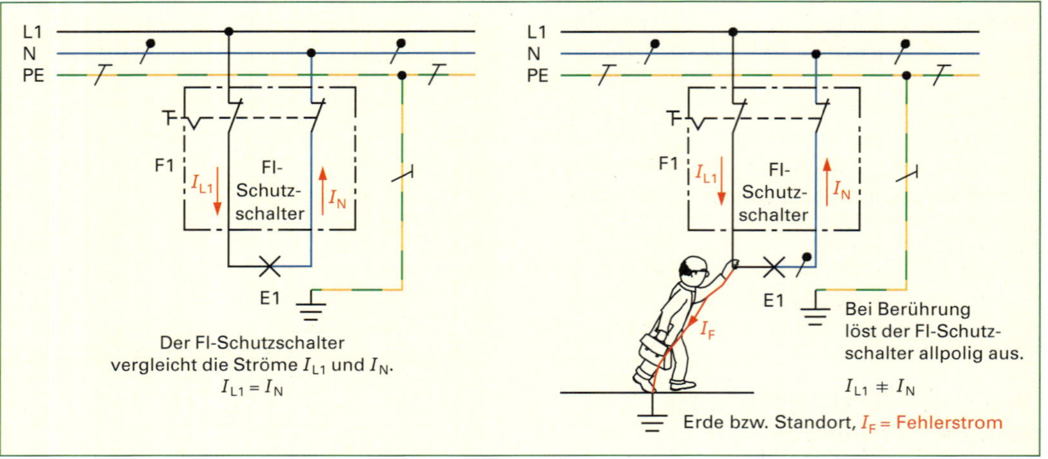

Abb. 1 Auslösen des FI-Schutzschalters

Die gewählte Gastherme hat die Schutzart IP 44, das bedeutet:

IP: **I***nternational* **P***rotection*
engl. Internationale Schutzart

1. Kennziffer:
Schutz gegen das Eindringen von Fremdkörpern $d > 1$ mm
2. Kennziffer:
Schutz gegen Spritzwasser aus allen Richtungen (Tabelle 1 ▷ 67).

- Beim Installieren der Schalterdose ist auf den richtigen Einbauort (gegenüber dem Türanschlag [Abb. 1 ▷ 63]) zu achten.
- Die Adernzahl von der Abzweigdose zum Schalter darf eine 3-adrige Leitung sein, wenn in der Leitung kein Schutzleiter vorhanden ist (NYM-O 3 × 1,5 mm²). Sonst ist NYM-J 4 × 1,5 mm² zu verlegen.

Die verschiedenen Schutzbereiche wurden geschaffen, um den Menschen vor gefährlich hohen Körperströmen zu schützen. Durch Abstand von mindestens 60 cm von Badewannenkante zur Steckdose soll der Schutz erreicht werden. Auch die Höhe von 2,25 m soll verhindern, dass ein Mensch elektrische Betriebsmittel (z. B. Leuchten) berühren kann (Schutz durch Abstand). Bei ortsfesten Betriebsmitteln (z. B. Wassererwärmer) ist eine Gefährdung (z. B. durch Leitungsbruch) gering, deshalb dürfen solche elektrische Geräte im Schutzbereich 1 **fest** installiert werden (Abb. 1 ▷ 64 und 1 ▷ 68).

Merke:

- *Steckdosen und Schalter müssen 60 cm von der Badewannenkante entfernt (außerhalb von Schutzbereich 2) liegen.*
- *Für das Bad ist meist ein* ***FI-Schutzschalter*** *zu installieren ($I_{\Delta N} \leq 30$ mA) (Abb. 1).*
- *Es ist ein Potentialausgleich durchzuführen!*
- *Im Schutzbereich 1 oder 2 dürfen nur fest installierte Elektrogeräte, z. B. Heizstrahler, Warmwasserspeicher usw., installiert werden.*
- ***Fest*** *installierte elektrische Geräte (z. B. Warmwasserspeicher, Durchlauferhitzer) werden* ***nicht*** *über einen FI-Schutzschalter angeschlossen.*
- *Beim Installieren der Schalterdosen ist auf den richtigen Einbauort gegenüber dem Türanschlag (siehe Bauplan) zu achten.*
- ***Der Bereich 0*** *stellt das Innere der Bade- oder Duschwanne dar. Es sind hier nur Betriebsmittel mit Schutzkleinspannung zugelassen, z. B.: Beleuchtung.*
- ***Der Bereich 1*** *stellt den Raum über und unter der Bade- oder Duschwanne dar. Hier sind nur fest installierte Betriebsmittel erlaubt, z. B.: Elektrowarmwasserbereiter, Whirlpooleinrichtungen.*
- ***Der Bereich 2*** *stellt den Spritzbereich um die Bade- oder Duschwanne dar. Erlaubt ist die Installation von Betriebsmitteln wie im Bereich 1. Steckdosen oder Schalter dürfen auch hier nicht installiert werden. Eine Ausnahme darf gemacht werden, wenn die Steckdose über einen Trenntransformator betrieben wird. Außerhalb von Bereich 2 bestehen keine besonderen Einschränkungen für die Elektroinstallation (außer RCD).*

Tod in der Badewanne

Frankfurt. Eine Frau wird am Samstagabend in der Frankfurter Straße in einem älteren Haus durch einen elektrischen Strom in der Badewanne getötet. Wie ein Polizeisprecher berichtet, ergaben die Ermittlungen, dass die Frau in der Badewanne saß und den Wasserhahn berührte. Dabei wurde die 45-jährige Frau von einem tödlichen Stromstoß getroffen.
Die Staatsanwaltschaft hat die Ermittlungen aufgenommen.

Wie ist der tödliche Unfall in der Badewanne zu erklären?

Nach Untersuchungen von Sachverständigen passierte der Unfall folgendermaßen: Durch eine beschädigte elektrische Leitung hatte die **nicht** mit dem Potentialausgleich verbundene Wasserleitung eine Spannung von $U \approx 150$ V gegen die mit dem Potentialausgleich verbundene Badewanne. Beim Berühren des Wasserhahns und der Badewanne kam es dann zu dem tödlichen Fehlerstrom I_F.

Berechnung des Fehlerstromes I_F (Abb. 1):

$$I_F = \frac{U_B}{R_M} = \frac{150\,\text{V}}{1000\,\Omega} = 0{,}15\,\text{A} = 150\,\text{mA}$$

I_F Fehlerstrom
U_B Berührungsspannung
R_M Widerstand des menschlichen Körpers etwa 1000 Ω

Bereits eine Stromstärke von $I_F = 50$ mA und einer Stromflusszeit von über $t > 200$ ms kann schon tödlich sein! Ein **FI-Schutzschalter** hätte den tödlichen Unfall sehr wahrscheinlich verhindern können!

Bereich	Schutzart und Schutzartzeichen			
	bei häufiger Nässebildung durch Betauung in öffentlichen Bädern und Sportanlagen		bei seltener Nässebildung durch Betauung im Wohnbereich	
0	IP X7	💧 💧	IP X7	💧 💧
1	IP X5	△△	IP X4	△[1]
2	IP X5	△△	IP X4	△

△ spritzwassergeschützt, siehe 2. Kennziffer 4
△△ strahlwassergeschützt, siehe 2. Kennziffer 5
💧 💧 wasserdicht, Schutz gegen Eindringen von Wasser ohne Druck, siehe Kennziffer 7

[1] Bei Auftreten von Strahlwasser IP X5

Tabelle 1 Wasserschutz von Betriebsmitteln in Räumen mit Badewanne oder Dusche

Achtung:
Der Kundenwunsch, eine Steckdose in direkter Nähe der Badewanne (Bereich 2) für die Waschmaschine zu installieren, darf nicht ausgeführt werden!
Der Kunde muss über die Gefahr und das Verbot genau unterrichtet werden! Die Steckdose ist außerhalb dieses Bereiches zu installieren.

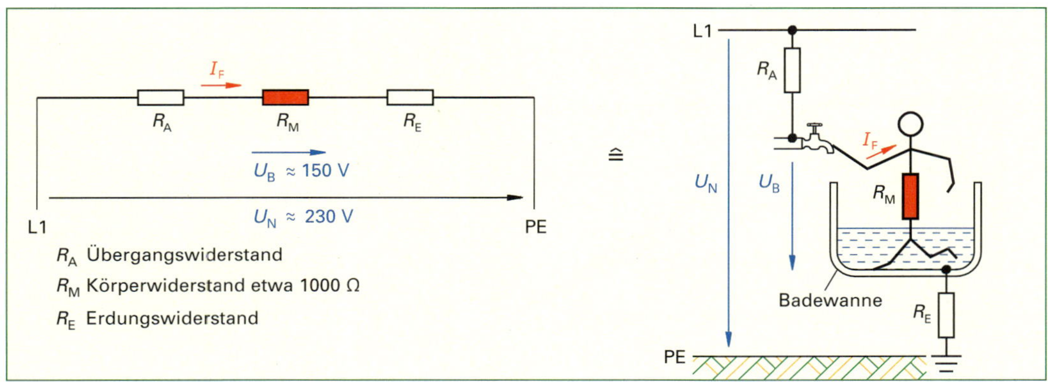

Abb. 1 Fehlerhafter Stromkreis (vereinfacht)

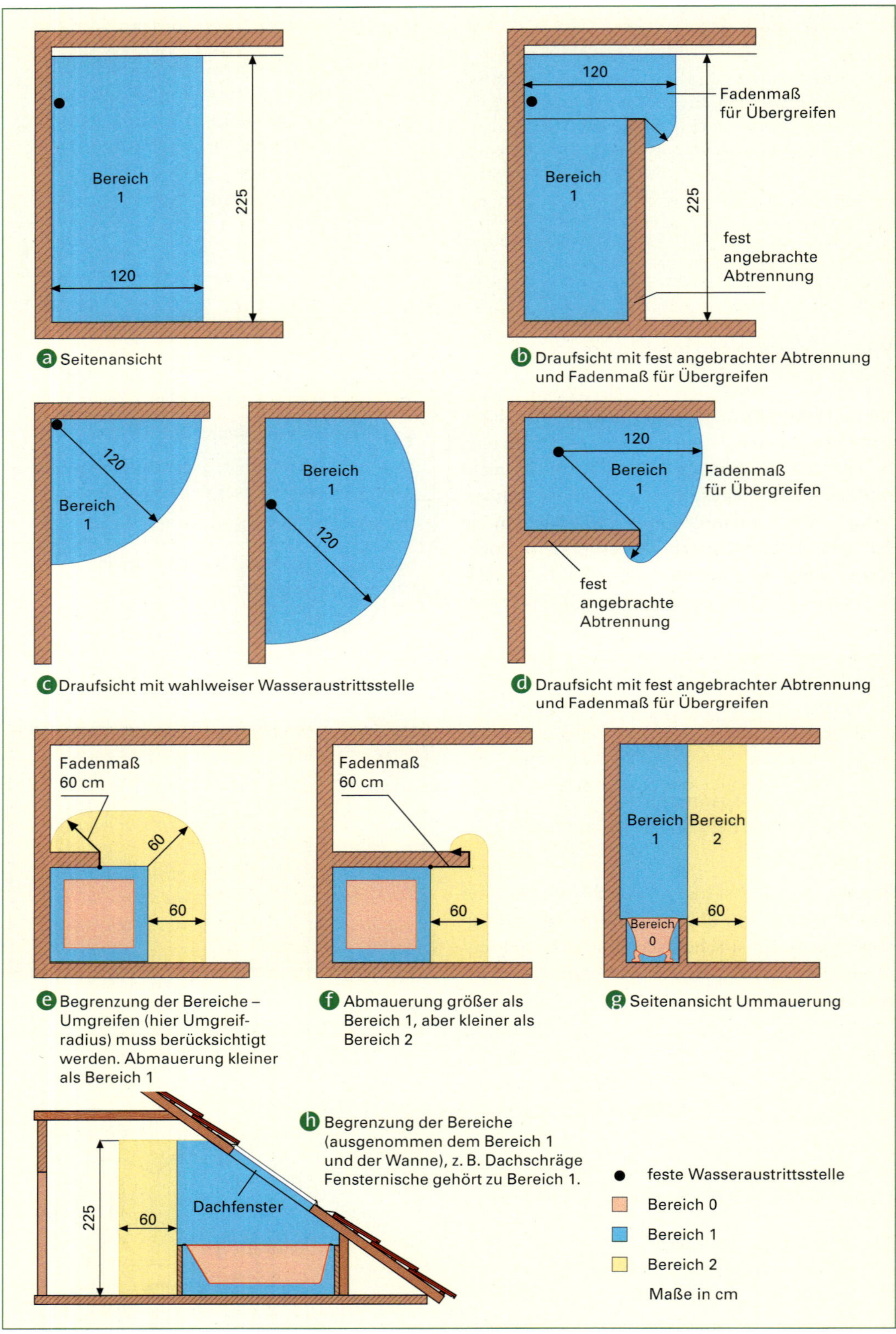

Abb. 1 Schutzbereiche in Baderäumen (nach DIN VDE 701); a–d: Schutzbereiche in Räumen mit Dusche *ohne* Wanne. Bereich 0 ist nicht festgelegt! e–g: Schutzbereiche in Räumen mit Dusche oder Badewanne

Basiswissen Elektrotechnik I

Der einfache elektrische Stromkreis

Nachfolgend werden alle wichtigen elektrischen Größen und deren Zusammenhänge erläutert.

Bei den Installationsarbeiten im Wohnzimmer wurde unter anderem eine Ausschaltung zum Ein- und Ausschalten der Zimmerbeleuchtung eingesetzt. Die Ausschaltung soll am Beispiel einer Schreibtischlampe, die über einen Schalter an eine Steckdose angeschlossen ist, etwas näher untersucht werden.
Wird der Schalter der Schreibtischlampe (Abb. 1) geschlossen, leuchtet die Halogenglühlampe. Die Halogenglühlampe wird durch das Schließen des Schalters mit der Energiequelle verbunden, es entsteht ein geschlossener Stromkreis. Die Halogenglühlampe leuchtet nur dann, wenn „Strom fließt".

> ***Merke:***
> - *Damit ein elektrischer Strom fließen kann, muss der Stromkreis geschlossen sein.*
> - *Der Schaltplan zeigt nur die Funktion der Schaltung und der verwendeten Betriebsmittel, nicht aber deren technische Ausführung.*

Elektrische Betriebsmittel, wie z. B. Halogenglühlampen, wandeln elektrische Energie in andere Energieformen wie Licht und Wärme um. Solche Betriebsmittel werden als „Energiewandler" oder „Verbraucher" bezeichnet. Soll ein einfacher Stromkreis aufgebaut werden, sind dazu mindestens folgende Betriebsmittel notwendig:

- Energiequelle
- Hin- und Rückleiter
- Schalter
- Verbraucher

Stromkreise werden übersichtlich in Schaltplänen dargestellt. Dabei werden alle im Stromkreis verwendeten Betriebsmittel durch genormte Schaltzeichen abgebildet. Durch die Verschaltung der Schaltzeichen entsteht ein übersichtlicher Schaltplan (Abb. 2).

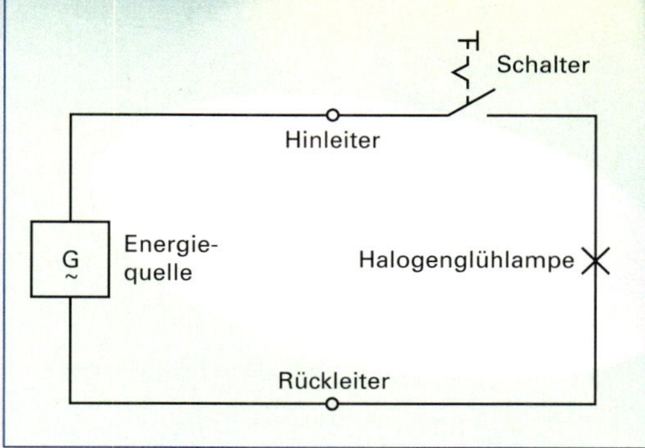

Abb. 2 Schaltplan des einfachen Stromkreises

Abb. 1 Verbraucher: Schreibtischlampe

Die elektrische Spannung

Sie wissen, dass an einer Steckdose 230 V anliegen. Der Verteilungsnetzbetreiber (VNB) stellt eine Spannung von 230 V zur Verfügung. Die elektrischen Betriebsmittel im Haushalt sind somit für 230 V ausgelegt.
Schauen Sie sich den einfachen Stromkreis in Abb. 2 an. Damit die Halogenglühlampe leuchten kann, muss elektrische Energie von der Spannungsquelle (Steckdose) zum Verbraucher transportiert werden (Abb. 3).

Abb. 3 Energiequelle: Steckdose

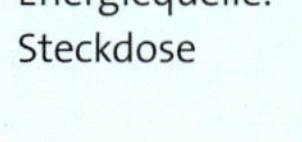

❶ Halogenglühlampe
❷ Schalter
❸ Hin- und Rückleiter

Was versteht man unter einer elektrischen Spannung?

Der Plus- und der Minuspol einer Spannungsquelle (Abb. 2 ▷ 70) deuten an, dass an ihnen jeweils unterschiedliche Ladungen vorhanden sind. Das heißt, sie müssen voneinander getrennt worden sein. Sollen Ladungen voneinander getrennt werden, muss Arbeit (z. B. durch Reibung) verrichtet werden.
Durch Reibung entsteht ein Elektronenmangel (Pluspol) und ein Elektronenüberschuss (Minuspol). Die aufgewendete Arbeit steht als elektrische Spannung bei Bedarf bereit, da die Ladungsträger das Bestreben haben, sich auszugleichen. Zwischen den beiden Polen herrscht eine elektrische Spannung.

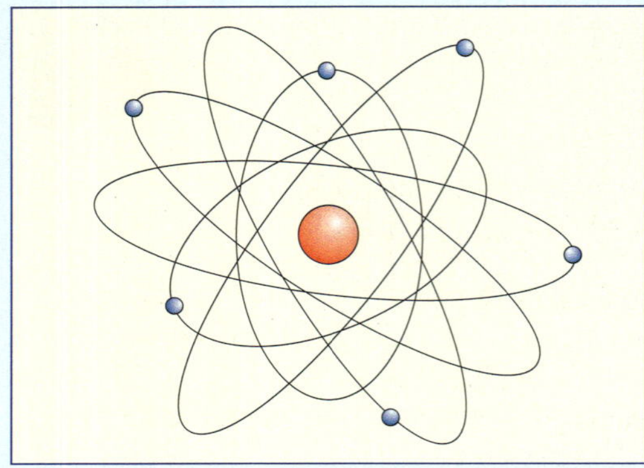
Abb. 1 Atommodell nach Bohr

Atome setzen sich aus einem Kern und einer Hülle zusammen. Der Kern besteht aus Protonen und Neutronen. Die Elektronen bewegen sich auf elliptischen Bahnen in einem bestimmten Abstand um den Atomkern. Sie bilden die Hülle. Zwischen den positiven Protonen und den negativen Elektronen besteht eine Anziehungskraft, die die Atome zusammen hält. Die Elektronen auf der äußeren Bahn können auf Grund der geringeren Anziehungskraft die Hülle verlassen. Diese Elektronen stehen für den Stromfluss zur Verfügung. Man nennt sie Valenzelektronen (Abb. 1).

Alessandro Volta – 1745–1827
Die Einheit Volt wurde nach dem italienischen Physiker Alessandro Volta benannt.
Er entwickelte das erste galvanische Element. Diese Spannungsquelle arbeitete auf chemischer Basis.

Merke:
Das Bestreben unterschiedlicher Ladungen, sich auszugleichen, bezeichnet man als elektrische Spannung.
Formelzeichen: *U*, Einheit: V (Volt)

Welche Spannungsquellen kann man unterscheiden?

Es gibt grundsätzlich zwei Arten von Spannungsquellen:

Gleichspannungsquellen

Gleichspannungsquellen geben immer am selben Pol dieselbe Ladungsart ab.

Bezeichnung der Anschlüsse:

- Pluspol
- Minuspol

Beispiele: Akkumulator, Netzgerät (Abb. 2)

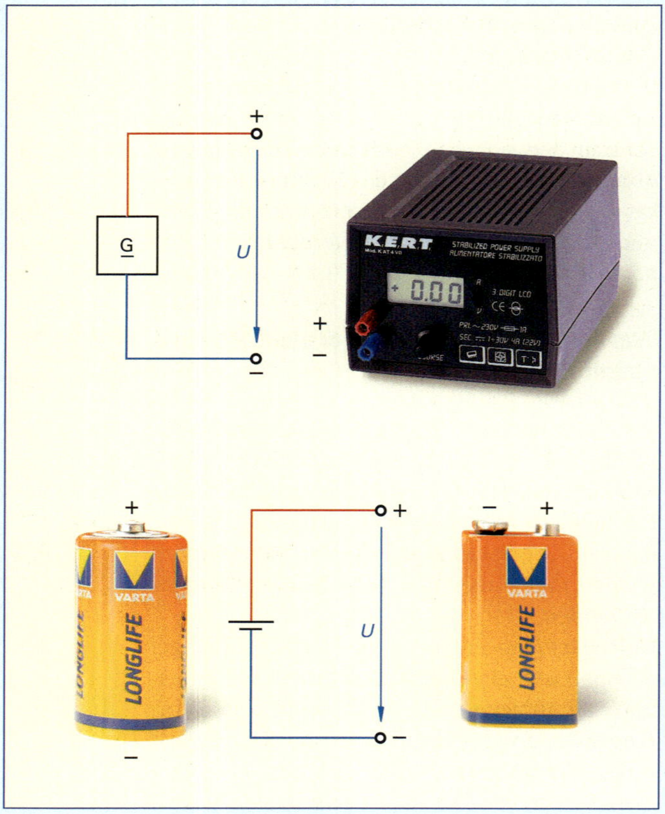

Abb. 2 Gleichspannungsquellen mit Schaltzeichen

Wechselspannungsquellen

Wechselspannungsquellen ändern die Polarität der Anschlüsse periodisch. Dieser periodische Wechsel kann mehrfach in der Sekunde geschehen. Bei der Wechselspannung unserer Energieversorgung wechselt die Polarität 100 Mal in der Sekunde (zwei Wechsel je Schwingung). In einer Sekunde treten 50 volle Schwingungen auf. Die Wechselspannung hat eine Frequenz von 50 Hz.
Bezeichnung der Anschlüsse:

- L1 (Außenleiter)
- N (Neutralleiter)

Beispiel: Generator, Dynamo (Abb. 1 ⊳ 71)

Abb. 1 Wechselspannungsquelle Dynamo

Da Kupfer über sehr viele freie Elektronen verfügt, ist Kupfer ein guter elektrischer Leiterwerkstoff.

Was versteht man unter elektrischem Strom?

Werden eine Spannungsquelle und ein Verbraucher über Leitungen miteinander verbunden, führen die freien Elektronen im Leiter gerichtete Bewegungen aus, da die Ladungsträger ein Ausgleichsbestreben haben.

Merke:

- *Spannungsquellen stellen elektrische Energie zur Verfügung.*
- *Spannung wird durch Ladungstrennung erzeugt.*
- *Spannung kann nur zwischen zwei Polen auftreten.*
- *Spannung kann als Pfeil vom Pluspol zum Minuspol bei Gleichspannungsquellen dargestellt werden.*
- *Die Einheit der elektrischen Spannung ist das Volt (V).*

André Marie Ampère – 1775–1836

Die Einheit Ampère wurde nach dem französischen Mathematiker und Physiker André Marie Ampère benannt.
Er stellte fest, dass fließende Elektronen die Ursache des Magnetismus sind. Er prägte auch die Begriffe Strom und Spannung.

Der elektrische Strom

Damit die elektrische Energie von der Spannungsquelle zum Verbraucher gelangt, muss sie transportiert werden. Der Energietransport geschieht in der Regel über isolierte Kupferdrähte (Abb. 2).

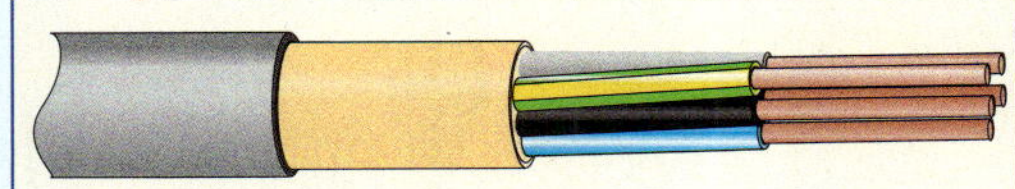

Abb. 2 Abisolierte Mantelleitung NYM-J 5 x 1,5 mm²

In welche Richtung fließt der elektrische Strom?

Im vorigen Jahrhundert kannte man die Zusammenhänge im Stromkreis noch nicht genau. Es wurde festgelegt, dass der Strom vom Pluspol zum Minuspol fließt. Diese Stromrichtung wird als technische Stromrichtung bezeichnet. Im Laufe der Zeit wurde festgestellt, dass die Elektronen eine negative Ladung besitzen und der Strom eigentlich vom Minuspol zum Pluspol fließt. Diese Stromrichtung bezeichnet man als physikalische Stromrichtung (Abb. 3).

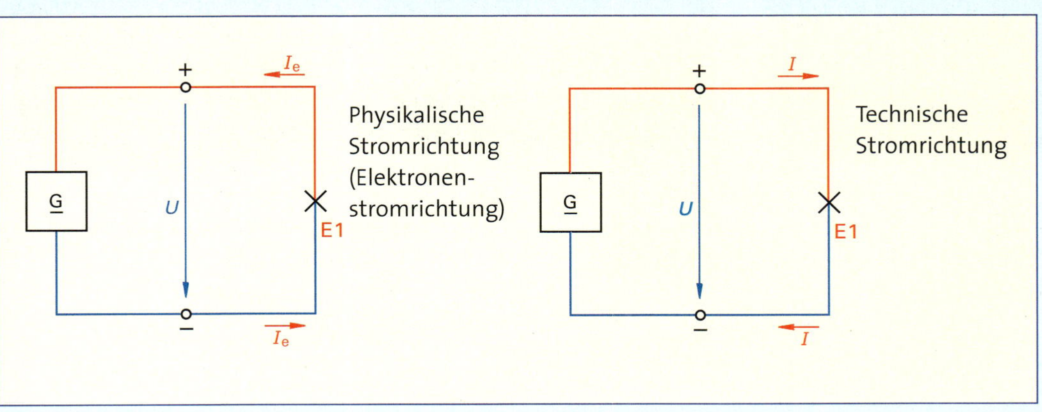

Abb. 3 Technische und physikalische Stromrichtung

Merke:
- *Die gerichtete Bewegung von Elektronen wird als elektrischer Strom bezeichnet.*
- *In der Praxis wird mit der technischen Stromrichtung gearbeitet. (Der Strom fließt von Plus nach Minus.)*
- *Der Strom kann im Schaltplan als Pfeil vom Plus- zum Minuspol parallel zum Leiter dargestellt werden.*
- *Die Stromstärke **I** wird in Ampère (A) gemessen.*

Messen von Spannung und Strom

In der Praxis werden Messgeräte eingesetzt, die mehrere elektrische Größen, wie z. B. Strom und Spannung, messen können. Solche Messgeräte werden als Vielfachmessgeräte bezeichnet (Abb. 1). Für die Messung von Strom und Spannung werden Messgeräte mit Ziffernanzeige (digitale Messgeräte) oder Messgeräte mit Zeigeranzeige (analoge Messgeräte) eingesetzt. Im Folgenden soll die Stromstärke und die Spannung, die an der Glühlampe anliegt, gemessen werden.

Messung der Stromstärke

Will man die Stärke eines elektrischen Stromes messen, müssen die Ladungsträger durch das Messgerät fließen. Dazu ist das Auftrennen der Leitung notwendig. Das Strommessgerät liegt also in „Reihe" mit dem Verbraucher und der Spannungsquelle. Zur Darstellung der Strommessung wird das Strommessgerät mit dem genormten Schaltzeichen in „Reihe" in den Schaltplan eingezeichnet (Abb. 1 ▷ 73).

Messung der Spannung

Will man die Größe einer elektrischen Spannung messen, werden beide Anschlüsse des Spannungsmessers mit den zwei Polen der Spannungsquelle

❶ Messbereichsschalter
❷ Gleichstrom-Messbereich
❸ Wechselstrom-Messbereich
❹ Gleichspannungsmessbereich
❺ Wechselspannungsmessbereich
❻ Widerstandsmessbereich
❼ Strom in A
❽ Strom in mA/µA
❾ Spannung in V
❿ Widerstand in Ω
⓫ Frequenz in Hz
⓬ Frequenzmessbereich
⓭ Widerstandsmessbereich
⓮ Gleich-/Wechselspannungsmessbereich in V
⓯ Gleich-/Wechselstrom-Messbereich in A/mA
⓰ LCD-Display
⓱ Gummi-Schutzrahmen
⓲ Voltsensor
⓳ Temperatur in °C oder °F
⓴ Temperatur

Abb. 1 Vielfachmessgeräte, analog ⓐ, digital ⓑ und digital mit automatischer Messbereichswahl ⓒ

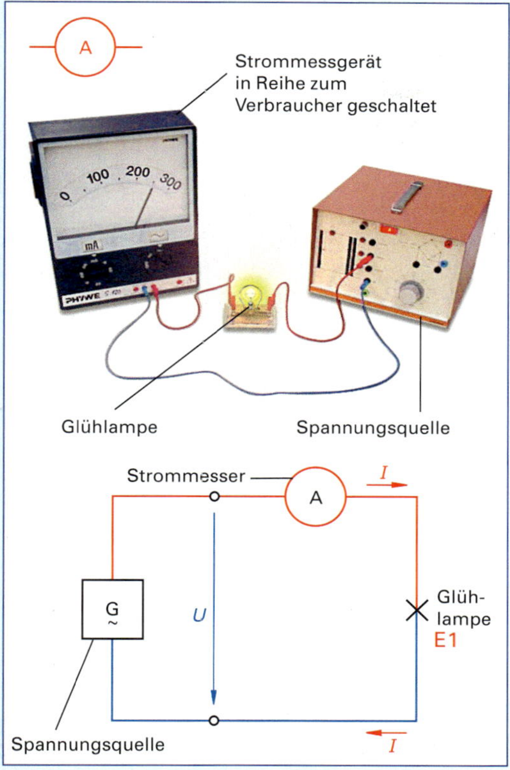

Abb. 1 Wechselstrommessung

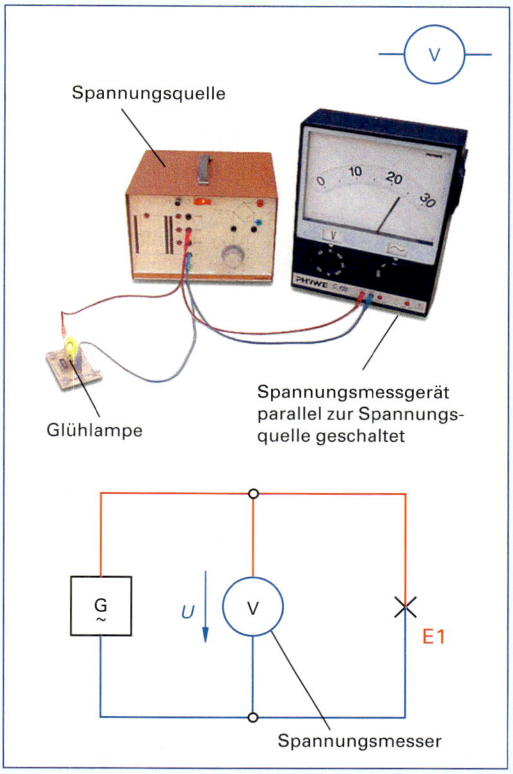

V
Spannungsquelle
PHYWE
Spannungsmessgerät parallel zur Spannungsquelle geschaltet
Glühlampe
G ~
U
V
E1
Spannungsmesser

Abb. 2 Wechselspannungsmessung

> ***Praxistipp:***
> *Ein praktikables (aber nicht genaues) Spannungsmessgerät ist der „Duspol". Durch Parallelschalten des Duspols zum Messobjekt (z. B. Spannungsquelle, Verbraucher) kann durch Knopfdruck die Größe der Spannung auf der Messskala abgelesen werden (Abb. 3 und 4).*

Abb. 3 Spannungsmessung mit dem Spannungsprüfer

verbunden. Das Spannungsmessgerät liegt also „parallel" zur Spannungsquelle. Zur Darstellung der Spannungsmessung im Schaltplan wird der Spannungsmesser mit dem genormten Schaltzeichen parallel in den Schaltplan eingezeichnet (Abb. 2).

1. Drehfeldprüfung
2. Messstellenbeleuchtung
3. Messbereich
4. LCD-Display mit Hintergrundbeleuchtung
5. Messwertanzeige
6. Polaritätsprüfung bei Gleichspannung
7. Lastzuschaltung über Drucktaster
8. Vibrationsalarm zur sicheren Spannungserkennung
9. schlagfestes, staub- und spritzwassergeschütztes Gehäuse (Schutzart IP 64)

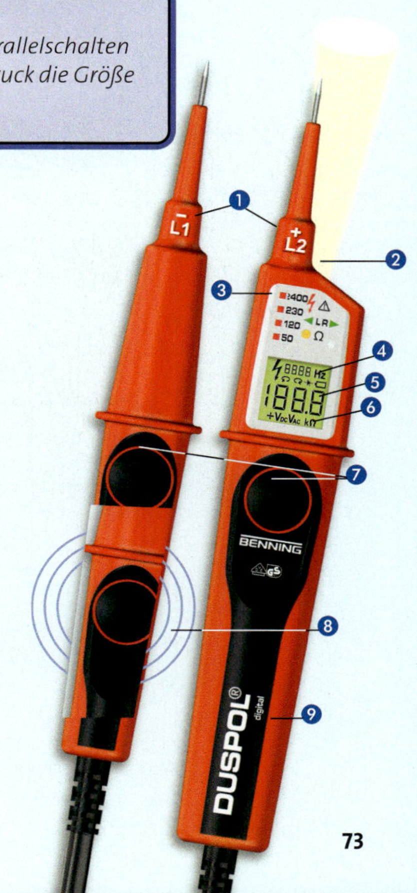

Abb. 4 Spannungsmesser

Abb. 1 zeigt die Vorgehensweise bei der Messung von Stromstärke und Spannung mit Vielfachmessgeräten.

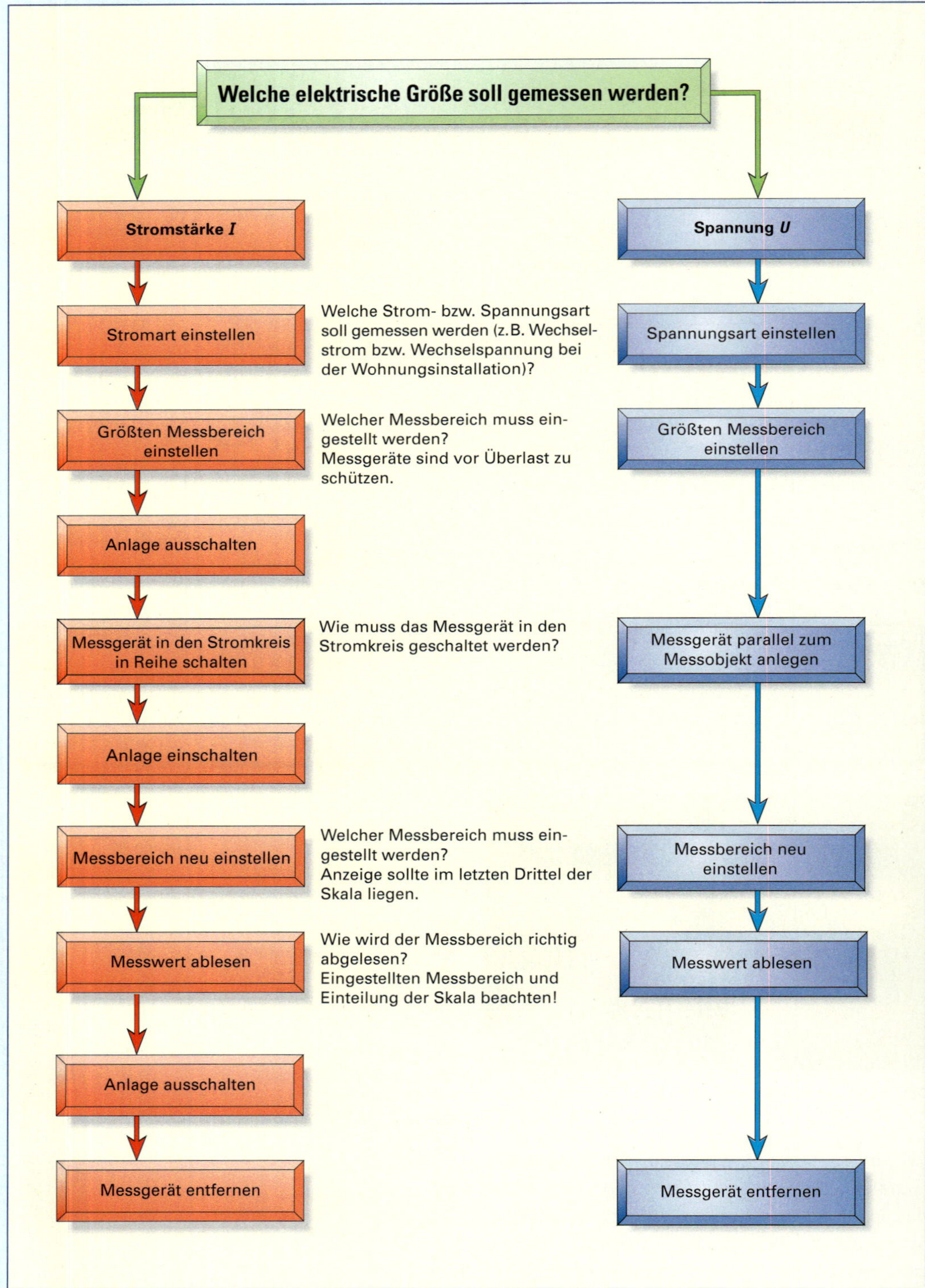

Abb. 1 Vorgehensweise bei der Messung von Stromstärke und Spannung mit Vielfachmessgeräten

Der elektrische Widerstand

Wie Sie bereits wissen, leuchtet die Schreibtischlampe, wenn der Stromkreis geschlossen ist und die Lampe an 230 V anliegt. Von der angelegten Spannung werden die freien Elektronen durch die Leitungen und durch die Lampe getrieben. Eine ungestörte Bewegung der Elektronen ist allerdings nicht immer möglich. Die Atome des Materials sind den Elektronen dabei im Weg, und es kommt zu Behinderungen.

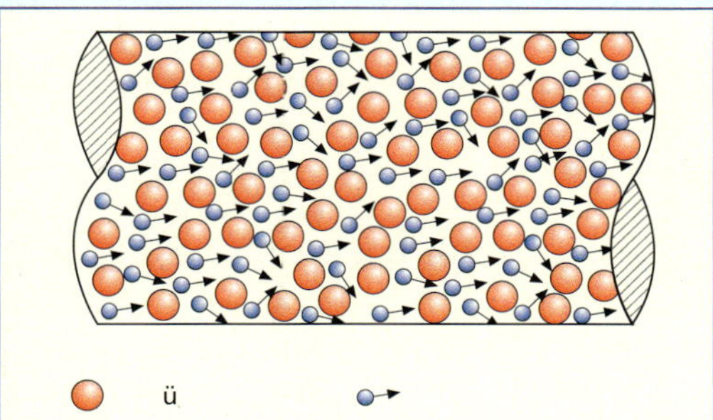

Abb. 1 Widerstandswirkung durch den Zusammenstoß mit Atomen

Der Leiterwerkstoff setzt den Elektronen einen Widerstand entgegen, und die Leitung erwärmt sich. Besonders deutlich wird die Erwärmung durch das Leuchten der Glühlampe (Abb. 1).
Spricht man in der Praxis von einem Widerstand, so kann man entweder das Bauteil als Widerstand bezeichnen oder auch die Widerstandswirkung einer Leitung so benennen. Daher sollte man bei Widerstandswirkungen die Bezeichnung Widerstandswert, bei Bauteilen die Bezeichnung Widerstand verwenden.

Georg Simon Ohm – 1789–1854
Die Einheit Ohm wurde nach dem deutschen Physiker Georg Simon Ohm benannt.
Ohm fand im Jahre 1826 die Zusammenhänge zwischen Strom, Spannung und Widerstand.

Der elektrische Widerstand gibt an, wie stark ein elektrischer Strom gehemmt wird. Je größer der Widerstandswert eines Leiterwerkstoffes oder Verbrauchers, desto kleiner wird der Strom in der Schaltung. Natürlich kann man auch angeben, wie gut ein Material einen Strom leitet. Man erhält dann den elektrischen Leitwert.

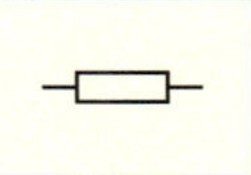

Abb. 2 Schaltzeichen eines Ohm'schen Widerstandes

Zusammenhang von Stromstärke und Spannung im elektrischen Stromkreis

Um den Zusammenhang von Stromstärke und Spannung zu untersuchen, schauen wir uns den einfachen elektrischen Stromkreis etwas genauer an. Als Energiequelle verwenden wir eine einstellbare Gleichspannungsquelle, und die Glühlampe wird durch einen Widerstand *R* ersetzt. Zusätzlich werden die Stromstärke *I* und die Spannung *U* im Stromkreis gemessen.

Merke:

- *Die Behinderung der Elektronen wird als elektrischer Widerstand bezeichnet.*

  Formelzeichen: *R*, Einheit Ω (Ohm)

- *Der Buchstabe Ω stammt aus dem griechischen Alphabet und heißt Omega (großes O)*
- *Der elektrische Leitwert gibt an, wie gut ein elektrischer Strom geleitet wird.*

  Formelzeichen: *G*, Einheit: S (Siemens)

- *Der elektrische Leitwert und der elektrische Widerstandswert verhalten sich umgekehrt proportional (Kehrwert).*

  $$G = \frac{1}{R}, R = \frac{1}{G}$$

- *Das bedeutet: großer Widerstandswert → kleiner Leitwert → kleiner Strom*
  kleiner Widerstandswert → großer Leitwert → großer Strom

Vorgehensweise bei der Durchführung des Experimentes:

1. Messschaltung zeichnen.
2. Messschaltung aufbauen und kontollieren: Bauen Sie die Messschaltung nach Abb. 1 auf, und kontrollieren Sie die Schaltung sowie die eingestellten Messbereiche der Messgeräte.
3. Spannung in gleichen Schritten erhöhen und die Stromstärke messen:
   Erhöhen Sie die Spannung in 2-V-Schritten von 0 bis 10 V.
4. Messwerte in eine Tabelle eintragen (Tabelle 1).
5. Messergebnisse:
   Die aufgenommenen Messwerte zeigen, dass mit steigender Spannung U auch die Stromstärke I steigt. Aus den Messwerten erkennen wir die folgende Abhängigkeit.

Ergebnis der Messungen:

Die Stromstärke I erhöht sich im gleichen Verhältnis wie die Spannung U, wenn der Widerstand R gleich bleibt. Die Stromstärke I steigt proportional zur Spannung U.

Es gilt: $I \sim U$

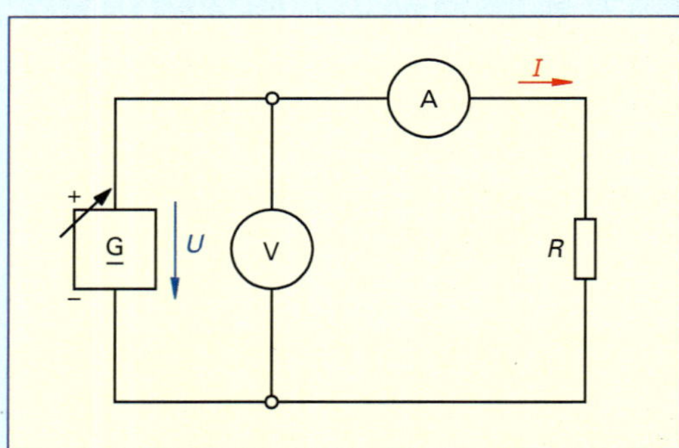

Abb. 1 Strom- und Spannungsmessung in einem Stromkreis

Spannung U in V	Strom I in A
0,0	0,0
2,0	0,2
4,0	0,4
6,0	0,6
8,0	0,8
10,0	1,0

Tabelle 1 Messwerte von Spannung und Strom

Eine andere Möglichkeit der Interpretation der Messergebnisse ist die grafische Darstellung. Dabei werden die Werte aus der Messtabelle in ein Diagramm eingetragen.

Vorgehensweise beim Erstellen des Diagramms:

1. Achsenkreuz zeichnen.
2. Geeigneten Maßstab festlegen (z. B. 1 V ≙ 1 cm, 0,1 A ≙ 1 cm).
3. Stromstärke I als abhängige Größe an der senkrechten Achse auftragen.
4. Spannung U als einstellbare Größe an der waagrechten Achse auftragen.
5. Messwerte in das Diagramm eintragen.

Sind alle Messwerte aus der Tabelle in das Diagramm eingetragen, ergeben sich sechs Kreuzungspunkte. Verbindet man die Kreuzungspunkte, ergibt sich eine Verbindungslinie durch den Nullpunkt. Diese Darstellung verdeutlicht den Anstieg der Stromstärke, wenn die Spannung erhöht wird. Das Strom-Spannungsdiagramm zeigt eine Gerade durch den Ursprung. Diese Gerade wird als Widerstandskennlinie bezeichnet.

Es gilt: $I \sim U$

Durch die Darstellung der Widerstandskennlinie wird es möglich, Zwischenwerte, die nicht gemessen wurden abzulesen.

Vorgehensweise zum Ablesen von Größenwerten aus der Kennlinie:

Es soll die Stromstärke I, die bei einer eingestellten Spannung U = 7 V in der Schaltung fließt aus der Kennlinie bestimmt werden.

1. Spannung U = 7 V auf der Spannungsachse markieren.
2. Senkrechte Linie bis zur Widerstandskennlinie ziehen.
3. Vom Schnittpunkt eine waagrechte Linie bis zur Stromachse ziehen.
4. Stromstärke von 0,7 A ablesen (Abb. 1 ▷ 77).

Eine weitere Möglichkeit der Deutung der Messergebnisse ist die mathematische Darstellung. Bildet man das Verhältnis der Spannung U durch den Strom I der einzelnen Messpunkte, ergibt sich immer ein konstanter Wert.

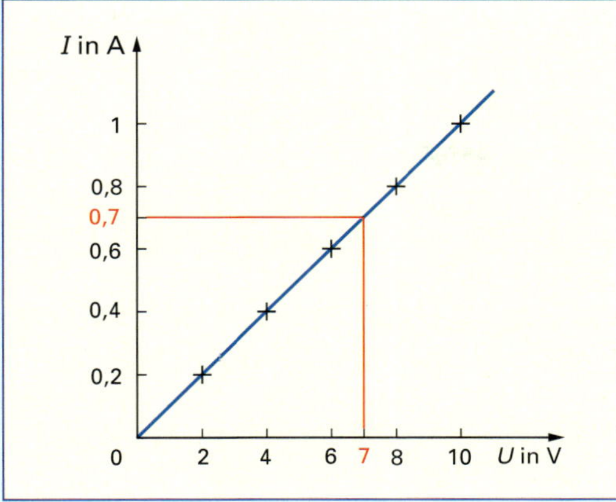

Abb. 1 Strom-Spannungsdiagramm für einen konstanten Widerstand

$$\frac{U}{I} = \frac{2\,\text{V}}{0{,}2\,\text{A}} = \frac{4\,\text{V}}{0{,}4\,\text{A}} = \frac{8\,\text{V}}{0{,}8\,\text{A}} = 10\,\Omega$$

Das Ergebnis der Berechnung

$$\frac{U}{I}$$

bezeichnet man als elektrischen Widerstand R und lässt sich in einer Formel ausdrücken:

$$R = \frac{U}{I} \quad [R] = \frac{\text{V}}{\text{A}} = \Omega \text{ (Ohm)}$$

Diese mathematische Gleichung wird als Ohm'sches Gesetz bezeichnet. Sind zwei der drei Größen Strom, Spannung und Widerstand bekannt, so kann man die dritte Größe berechnen.

Merke:

- *Die Stromstärke I in einer Schaltung ist bei einem konstanten Widerstand von der eingestellten Spannung U abhängig.*
- *Die Stromstärke I und die Spannung U sind an einem konstanten Widerstand zueinander proportional ($I \sim U$).*

Spannungsverdopplung → Stromverdopplung; Spannungsverdreifachung → Stromverdreifachung usw.

- *Steigt der Strom im gleichen Verhältnis wie die Spannung, bezeichnet man dies als Ohm'sches Widerstandsverhalten.*
- *Der rechnerische Zusammenhang*

$$I = \frac{U}{R}$$

*wird als **Ohm'sches Gesetz** bezeichnet.*

Der Leitungswiderstand

Um die Installationsarbeiten in der Wohnung durchführen zu können, benötigt der Elektroniker eine Baustellenbeleuchtung (Abb. 1 ▷ 78). Eine Halogenleuchte wird über eine Leitungstrommel an einen Baustromverteiler angeschlossen. Die Entfernung zwischen der Spannungsquelle und der Leuchte beträgt 100 m. Die Halogenleuchte funktioniert einwandfrei. An die gleiche Leitungstrommel schließen auch andere Handwerker auf der Baustelle Betriebsmittel an. Ergebnis: Die Halogenleuchte leuchtet deutlich schwächer als vorher! Worauf ist dieser Fehler zurückzuführen?

Vorgehensweise zur Behebung des Fehlers:

Die Spannungsmessungen in der Anlage ergeben folgende Werte:

a) Spannung am Baustromverteiler: $U_A = 230\,\text{V}$

b) Spannung am Ende der Leitungstrommel:
- ohne Halogenleuchte: $U_E = 230\,\text{V}$
- mit Halogenleuchte: $U_E = 220{,}4\,\text{V}$
- mit Halogenleuchte und anderen Werkzeugen: $U_E = 197{,}8\,\text{V}$

Erkenntnis: Je mehr Verbraucher an die Leitungstrommel angeschlossen werden, desto mehr Spannung geht auf der Leitung „verloren", so dass die Halogenleuchte nicht mehr mit ihrer notwendigen Betriebsspannung versorgt wird.

Ersatzschaltbild: Wir überführen die Spannungsversorgung der Verbraucher über eine Leitungstrommel in ein elektrisches Ersatzschaltbild.

Die Ersatzschaltung (Abb. 2 ▷ 78) ist eine Reihenschaltung aus den Widerständen der Leitung und eines Verbrauchers. Zur Untersuchung der Schaltung wenden wir die Gesetze der Reihenschaltung an. Der Leitungswiderstand der Hinleitung R_{L1} und der Rückleitung R_{L2} lassen sich zu einem Leitungswiderstand R_{Ltg} zusammenfassen.

$$R_{Ltg} = R_{L1} + R_{L2}$$

Abb. 1 Baustromverteiler mit angeschlossener Leitungstrommel und Baustellenbeleuchtung

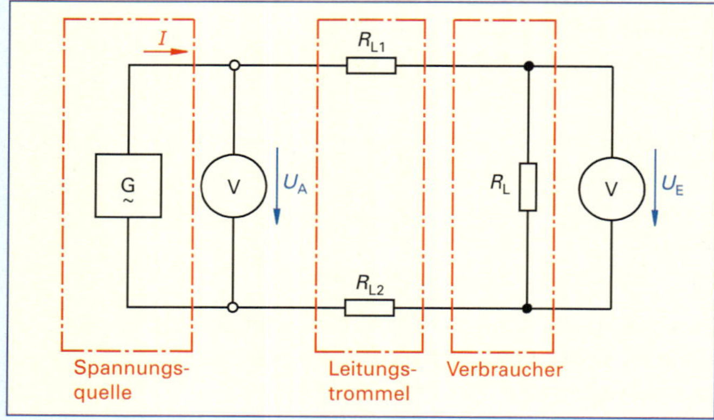

Abb. 2 Ersatzschaltbild (Baustromverteiler, Leitungstrommel und Lampe)

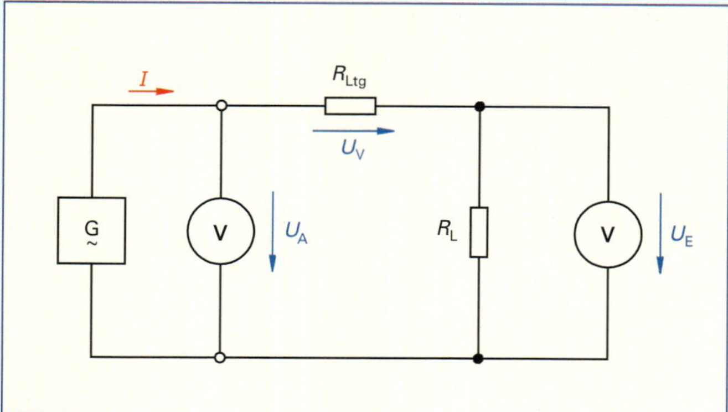

Abb. 3 Spannungsfall auf der Leitungstrommel

Aus dem Ersatzschaltbild ergibt sich ein Spannungsfall auf der Leitung:

$$U_V = U_A - U_E = 230\ \text{V} - 197{,}8\ \text{V} = 32{,}2\ \text{V}$$

U_V Spannungsfall auf der Leitung
U_A Spannung am Anfang der Leitung
U_E Spannung am Ende der Leitung

Werden die Spannungsfälle auf den Leitungen zu groß, ist die einwandfreie Funktion der Betriebsmittel beeinträchtigt. Aus diesem Grund müssen Grenzwerte nach Technischen Anschlussbedingungen (TAB) eingehalten werden.

Merke:

- *Wird eine Leitung von einem Strom I durchflossen, tritt auf der Leitung ein Spannungsfall auf.*
- *Der Spannungsfall wird durch den Leitungswiderstand verursacht.*
- *Durch den Spannungsfall auf der Leitung wird die Spannung an den angeschlossenen Betriebsmitteln kleiner, und deren Funktion kann beeinträchtigt werden.*

Von welchen Größen hängt der Leiterwiderstand ab?

Wie Sie aus der Praxis wissen, kommen Leitungen mit unterschiedlichen Längen, mit unterschiedlichen Querschnitten und aus unterschiedlichem Material vor. Von diesen Größen ist der Widerstand der Leitung abhängig. Im Folgenden werden die Abhängigkeiten des Leiterwiderstandes experimentell ermittelt.

Abhängigkeit des Leiterwiderstandes von der Leiterlänge *l*

Vorgehensweise: Es wird der Widerstand einer Kupferleitung bei gleichem Querschnitt, aber unterschiedlichen Längen bestimmt. Dabei wird der Widerstand der Leitung über das Ohm'sche Gesetz durch eine Strom- und Spannungsmessung bestimmt (Abb. 3).

$$U_V = U_A - U_E$$

$$R_{Ltg} = \frac{U_V}{I}$$

Leitungs-länge l in m	Leiter-querschnitt q in mm²	Material	Spannungs-fall U_V in V	Stromstärke I in A	Leitungs-widerstand R_{Ltg} in Ω
100	1,5	Kupfer	5,10	4,20	1,20
200	1,5	Kupfer	9,56	4,10	2,30
400	1,5	Kupfer	18,73	3,90	4,70

Tabelle 1 Abhängigkeit Leitungswiderstand von Leitungslänge

Leiter-querschnitt q in mm²	Leitungs-länge l in m	Material	Spannungs-fall U_V in V	Stromstärke I in A	Leitungs-widerstand R_{Ltg} in Ω
1,5	200	Kupfer	9,43	4,16	2,30
2,5	200	Kupfer	6,00	4,23	1,40
4,0	200	Kupfer	3,90	4,26	0,90

Tabelle 2 Abhängigkeit Leitungswiderstand von Leiterquerschnitt

Material	Leiterlänge l in m	Leiter-querschnitt q in mm²	Spannungs-fall U_V in V	Stromstärke I in A	Leitungs-widerstand R_{Ltg} in Ω
Kupfer	200	2,5	6,00	4,23	1,40
Aluminium	200	2,5	9,15	4,16	2,20

Tabelle 3 Abhängigkeit Leitungswiderstand von Leitermaterial

Erkenntnis: Die Messungen in der Tabelle 1 zeigen, dass sich mit zunehmender Leiterlänge der Widerstand der Leitung vergrößert. Der Leiterwiderstand verdoppelt sich, wenn die Leiterlänge verdoppelt wird.

Abhängigkeit des Leiterwiderstandes vom Leiterquerschnitt q

Vorgehensweise: Es wird der Widerstand einer Kupferleitung bei gleicher Länge, aber unterschiedlichen Querschnitten bestimmt.

Erkenntnis: Die Messungen in der Tabelle 2 zeigen, dass mit zunehmendem Leiterquerschnitt der Widerstand der Leitung kleiner wird.

Abhängigkeit des Leiterwiderstandes vom Leitermaterial ϱ

Vorgehensweise: Es wird der Widerstand eines Kupfer- und Aluminiumleiters bei gleicher Länge und gleichem Querschnitt bestimmt.

Erkenntnis: Die Messungen in der Tabelle 3 zeigen, dass der Kupferleiter einen kleineren Widerstand als der Aluminiumleiter besitzt. Die Materialeigenschaft wird durch den spezifischen elektrischen Widerstand ϱ (Rho) ausgedrückt.

Zur Beschreibung der Materialeigenschaften kann auch der Kehrwert des spezifischen elektrischen Widerstandes verwendet werden. Dieser Kehrwert wird als elektrische Leitfähigkeit κ (Kappa) bezeichnet. Damit ergeben sich folgende Beziehungen:

$$\varrho = \frac{1}{\kappa} \quad R_{Ltg} \sim \frac{1}{\kappa}$$

Der spezifische elektrische Widerstand ϱ hat die Einheit:

$$\frac{\Omega \cdot mm^2}{m}$$

Daraus ergibt sich für die elektrische Leitfähigkeit κ die Einheit:

$$\frac{m}{\Omega \cdot mm^2}$$

Fassen wir die Abhängigkeiten des Leiterwiderstandes zu einer Gleichung zusammen, dann erhält man:

$$\boxed{R_{Ltg} = \frac{\varrho \cdot l}{q}}$$

Mit $\varrho = \frac{1}{\kappa}$ ergibt sich:

$$\boxed{R_{Ltg} = \frac{l}{\kappa \cdot q}}$$

Nach diesen Überlegungen kann der Widerstand der Leitungstrommel sowie der Spannungsfall auf der Leitung berechnet werden.

Merke:

- *Je größer die Leiterlänge, desto größer der Leiterwiderstand.*
- *Der Leiterwiderstand und die Leiterlänge verhalten sich proportional:*

  $\boxed{R_{Ltg} \sim l}$
- *Je größer der Leiterquerschnitt, desto geringer der Leiterwiderstand.*
- *Der Leiterwiderstand und der Leiterquerschnitt verhalten sich umgekehrt proportional:*

  $\boxed{R_{Ltg} \sim \frac{1}{q}}$
- *Die Größe des Leiterwiderstandes ist abhängig vom verwendeten Material der Leitung:*

  R_{Ltg} *ist abhängig vom Material.*
- *Der spezifische elektrische Leiterwiderstand ϱ ist der Widerstand eines Leiters von 1 m Länge und 1 mm² Querschnitt bei 20 °C.*

Widerstand der Leitungstrommel

Die Entfernung vom Baustromverteiler bis in die Wohnung beträgt 100 m. Da der Strom nur in einem geschlossenen Stromkreis fließen kann, sind Hin- und Rückleiter erforderlich.
Somit ist die Leiterlänge l_{ges} = 200 m. Das Material des Leiters ist Kupfer (Tabelle 1 ▷ 81) und der Querschnitt q = 1,5 mm².

$$R_{Ltg} = \frac{l_{ges}}{\kappa \cdot q} = \frac{2 \cdot l}{\kappa \cdot q} = \frac{2 \cdot 100\,m}{\frac{56m}{\Omega \cdot mm^2} \cdot 1{,}5\,mm^2}$$

$$R_{Ltg} \underline{\underline{= 2{,}3\,\Omega}}$$

Spannungsfall auf der Leitung

Wird kein Verbraucher an die Leitungstrommel angeschlossen, fließt kein Strom, und es kann kein Spannungsfall auf der Leitung entstehen.

Erkenntnis: Am Ende der Leitung liegt eine Spannung von U_E = 230 V an.

Wird nur die Halogenleuchte betrieben, wird ein Strom I = 4,16 A in der Leitung gemessen. Damit ergibt sich ein Spannungsabfall auf der Leitung von:

$$U_V = I \cdot R_{Ltg} = 4{,}16\,A \cdot 2{,}3\,\Omega = 9{,}56\,V$$

Am Ende der Leitung werden nur noch

$$U_E = U_A - U_V = 230\,V - 9{,}56\,V = \underline{\underline{220{,}4\,V}}$$

gemessen.

Erkenntnis: Die Halogenleuchte wird nur noch mit einer Spannung U = 220,4 V versorgt. Die Halogenleuchte leuchtet schwächer!

Werden die Halogenleuchte und die elektrischen Werkzeuge der anderen Handwerker mit der Leitungstrommel betrieben, wird ein Strom I = 14 A in der Leitung gemessen. Damit ergibt sich ein Spannungsfall auf der Leitung von:

$$U_V = I \cdot R_{Ltg} = 14\,A \cdot 2{,}3\,\Omega = 32{,}2\,V$$

Am Ende der Leitung werden nur noch

$$U_E = U_A - U_V = 230\,V - 32{,}2\,V = \underline{\underline{197{,}8\,V}}$$

gemessen.

Erkenntnis: Die Halogenleuchte und die übrigen Werkzeuge werden nur noch mit einer Spannung von U = 197,8 V versorgt.

Merke:

- *Der Leitungswiderstand R_{Ltg} hängt ab von:*
  - *der Leiterlänge l.*
  - *dem Leiterquerschnitt q und*
  - *dem Leitermaterial.*
- *Der Widerstand eines Leiters wird größer,*
  - *wenn die Leiterlänge und*
  - *der spezifische elektrische Widerstand größer werden.*
- *Der Widerstand eines Leiters wird kleiner, wenn der Leiterquerschnitt größer wird.*

Beispiele:

Es soll die Verlustleistung, die auf der Leitungstrommel durch die angeschlossenen Verbraucher entsteht, berechnet werden. Dazu werden drei Fälle unterschieden:

1. Fall:
Es sind keine Verbraucher an der Leitungstrommel angeschlossen. Da der Stromkreis nicht geschlossen ist, fließt kein Strom:

$$I = 0\,\text{A}$$

Fließt kein Strom im Stromkreis, entsteht kein Spannungsfall auf der Leitung:

$$U_V = 0\,\text{V}$$

Verlustleistung: $P = U \cdot I \cdot \cos\varphi \quad \cos\varphi = 1$

$$P_V = I \cdot U_V = 0\,\text{A} \cdot 0\,\text{V} = \underline{\underline{0\,\text{W}}}$$

Erkenntnis: Es tritt keine Verlustleistung an der Leitungstrommel auf!

2. Fall:
An der Leitungstrommel ist nur die Halogenleuchte ($P_L = 1000\,\text{W}$) angeschlossen. Es fließt ein Strom $I = 4{,}16\,\text{A}$.

Der Spannungsfall auf der Leitung beträgt:

$$U_V = U - U_E = 230\,\text{V} - 220{,}4\,\text{V} = 9{,}6\,\text{V}$$

Verlustleistung:

$$P_V = I \cdot U_V = 4{,}16\,\text{A} \cdot 9{,}6\,\text{V} = \underline{\underline{39{,}9\,\text{W}}}$$

Erkenntnis: Auf der Leitungstrommel wird eine Leistung $P_V = 39{,}9\,\text{W}$ umgesetzt.

3. Fall:
An der Leitungstrommel sind die Halogenlampe und andere Werkzeuge angeschlossen.
Es fließt ein Strom $I = 14\,\text{A}$.

Der Spannungsfall auf der Leitung beträgt:

$$U_V = U_A - U_E = 230\,\text{V} - 197{,}8\,\text{V} = 32{,}2\,\text{V}$$

Verlustleistung:

$$P_V = I \cdot U_V = 14\,\text{A} \cdot 32{,}2\,\text{V} = \underline{\underline{450{,}8\,\text{W}}}$$

Erkenntnis: Auf der Leitungstrommel wird eine Leistung $P_V = 450{,}8\,\text{W}$ umgesetzt! Die Leitung der Trommel wird erwärmt!

Werkstoff	Spezifischer elektrischer Widerstand ϱ in $\frac{\Omega \cdot mm^2}{m}$	Elektrische Leitfähigkeit κ in $\frac{m}{\Omega \cdot mm^2}$
Kupfer	0,018	56,0
Gold	0,022	45,7
Aluminium	0,028	36,0
Messing	0,070	14,3
Eisen	0,100	10,0
Silber	0,016	62,5
Kohle	66,660	0,015

Tabelle 1 Spezifische elektrische Widerstände und elektrische Leitfähigkeiten von Werkstoffen bei 20 °C

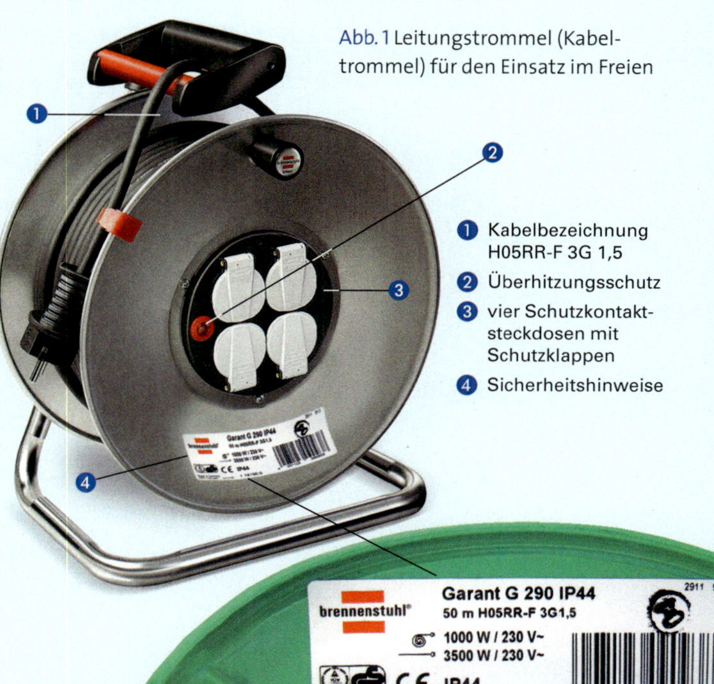

Abb. 1 Leitungstrommel (Kabeltrommel) für den Einsatz im Freien

Praxistipp:

Die Leitungstrommel muss immer im ausgerollten Zustand verwendet werden, auch wenn nur wenige Meter Leitung benötigt werden. Grund ist die hohe Erwärmung der Leitung.
In der Praxis kommen Leitungstrommeln mit Thermoschutzschalter zum Einsatz, die bei zu hoher Erwärmung abschalten und den Stromkreis unterbrechen.

Prüfen Sie Ihr Wissen:

1 An der Schreibtischlampe ($U = 230\,V$) wird ein Strom $I = 0{,}2\,A$ gemessen. Wie groß ist der Widerstand der Glühlampe?

2 In einem Stromkreis mit einem Widerstand $R = 20\,\Omega$ wird eine Stromstärke von 2,5 A gemessen. Wie groß ist die Spannung am Widerstand?

3 Ein Netzgerät zur Versorgung einer elektronischen Schaltung liefert eine Ausgangsspannung von 20 V. Der Widerstand der elektronischen Schaltung beträgt 175 Ω. Wie groß ist die Stromstärke?

4 Welche elektrischen Betriebsmittel müssen in einem Stromkreis mindestens vorhanden sein?

5 Nennen Sie die Einheit und das Formelzeichen der elektrischen Spannung!

6 Nennen Sie die Einheit und das Formelzeichen des elektrischen Stromes!

7 Welche Ladungsträger führen den elektrischen Strom in Metallen?

8 Wie ist die technische Stromrichtung festgelegt?

9 Erklären Sie die Vorgehensweise bei der Messung der elektrischen Spannung!

10 Wie müssen Spannungsmesser in den Stromkreis geschaltet werden?

11 Erklären Sie die Vorgehensweise bei der Messung des elektrischen Stromes!

12 Wie müssen Strommessgeräte in den Stromkreis geschaltet werden?

13 Nennen Sie die Einheit und das Formelzeichen des elektrischen Widerstandes!

14 Erklären Sie den Zusammenhang von Strom und Spannung an einem ohmschen Widerstand!

15 Von welchen Größen ist der Leitungswiderstand abhängig?

16 Wie verändert sich der Widerstand einer Leitung, wenn sich die Länge verdoppelt und sich der Querschnitt halbiert?

17 Nach VDE muss der Isolationswiderstand bei Neuinstallation gemessen werden. Bei einer Messspannung von $U = 500\,V$ betrug der Widerstand $R_{iso} = 50\,M\Omega$. Wie groß war bei dieser Messung die Stromstärke?

18 Beim Starten eines Autos fließt bei einer Spannung von $U = 10\,V$ eine Stromstärke von $I = 280\,A$. Wie groß ist der Anlasswiderstand R (in mΩ)?

2.1.3 Installation der Küche

- **Einteilung einer Küche nach Arbeitszentren**
- **Veränderte Situation der Installationszonen in einer Küche**
- **Anfertigung eines erweiterten Stromkreisverteilerplanes**
- **Anfertigung eines Installationsplanes**

Welche auftragsbezogenen und welche fachlichen Inhalte sind zur Bearbeitung dieses Auftrages notwendig (Abb. 1)?

Planung der Küche

Moderne Küchenplanungsprogramme zeigen die Küche in isometrischer, d. h. räumlicher Darstellung, um dem Kunden und der Kundin eine Vorstellung der fertigen Küche (Abb. 1 ⊳ 84) im Raum zu vermitteln. Für den Elektroniker ist diese Darstellung nicht hilfreich, weil darin eine maßstäbliche Zuordnung der Küchenelemente, und damit der Betriebsmittel, nicht möglich ist.
Eine sachgerechte, notwendige Installation könnte in solchen Darstellungen nur ungenügend geplant werden. Bevor also mit der Kücheninstallation begonnen werden kann, muss vom Architekten der Grundriss bzw. vom Küchenplaner ein Anordnungsplan der Küche vorliegen, in dem die Schaltzeichen und die Symbole der Elektrogeräte dargestellt sind. Abb. 2 ⊳ 84 zeigt diese Küchenanordnung.
Die Bedeutung der Schaltzeichen wird aus Abb. 1 ⊳ 85 ersichtlich. Die Waschmaschine und der Wäschetrockner werden im Hauswirtschaftsraum im Keller des Hauses untergebracht (siehe Abschnitt 2.4.4).

Kundenauftrag:

Der Kunde wünscht folgende Ausstattung:

- 1 Elektroherd mit Dunstabzugshaube
- 1 Geschirrspülmaschine
- 1 Gefrierschrank
- 1 Kühlschrank
- 1 5l-Warmwasserspeicher
- 1 zweiflammige Leuchtstoff-Deckenleuchte, von der Tür aus schaltbar
- 1 Schalter-Steckdosenkombination
- 3 Arbeitsplatzleuchten
- 2 Doppelsteckdosen und zwei Einzelsteckdosen entlang der Arbeitsplatte.

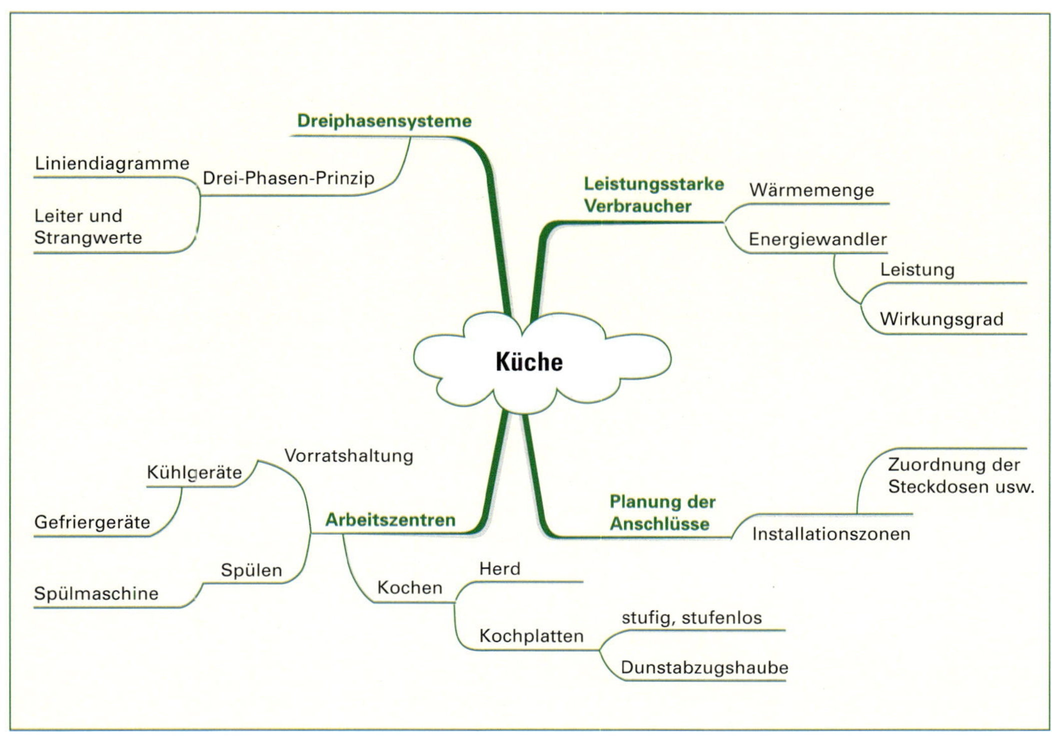

Abb. 1 Mindmap zur Küchenplanung

Abb. 1 Die Küche in räumlicher Darstellung

1. Dunstabzugshaube
2. Kochfeld
3. Mikrowellenherd
4. Backofen
5. Kühlschrank
6. Warmwasserspeicher als Untertischgerät
7. Spülmaschine

Die Lage der Geräte in der Küche ist im Grundriss (Abb. 2) dargestellt. Auch zusätzliche Betriebsmittel wie z. B. Steckdosen über der Arbeitsplatte sind hier eingetragen.

Für die Installationshöhe der Betriebsmittel sind die vorgeschriebenen Installationszonen für trockene Räume zu berücksichtigen. Für die Küche ergibt sich eine veränderte Situation hinsichtlich der Installationszonen, hier speziell für die Dunstabzugshaube, bei der ein Anschluss in 145 cm **O**ber**k**ante des **f**ertigen **F**ußbodens (OKFF) vorgesehen ist. Vielerorts werden zwei getrennte Geräte für Kühlen und Gefrieren Platz sparend übereinander gestellt, so dass auch hier Anschlüsse in Abweichung an die Installationszonen nach DIN 18015, Teil 3 realisiert werden müssen.

Da im Küchenbereich Endgeräte mit hoher Leistung (z. B. Elektroherd, Backofen, Geschirrspülmaschine oder Heißwassergeräte) Verwendung finden, sind mehrere Stromkreise erforderlich. Dazu ist es notwendig, einen Stromkreisverteilerplan zu erstellen. Laut Ausstattungsqualität 1 sind mindestens drei Gerätestromkreise nötig. Weiter existiert ein Steckdosen- und Lichtstromkreis. Abb. 1 ⊳ 85 zeigt einen solchen Stromkreisverteilerplan. Darin sind die notwendigen Leitungsschutzschalter der Unterverteilung eingezeichnet. Abb. 2 ⊳ 85 zeigt eine Herdanschlussdose.

Die bisherigen Planschritte geben Aufschluss darüber, wo die Betriebsmittel räumlich untergebracht werden. Ebenso wird klar, welches Betriebsmittel einem bestimmten Stromkreis zugeordnet ist. Aber welcher Leitungstyp einschließlich Adernzahl muss verlegt werden? Hierzu dient dem Elektroniker der Installationsplan oder auch Übersichtsschaltplan. Abb. 3 ⊳ 85 zeigt den Installationsplan der Küche mit den Schaltzeichen für die Installationstechnik nach DIN EN 60 617-11.

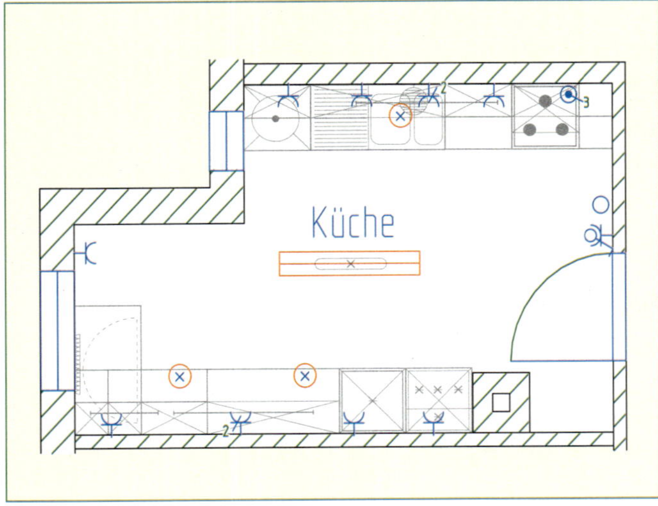

Abb. 2 Installationsplan der Küche

Um die räumliche Anordnung wiederzugeben, ist der Grundriss der Küche aus Abb. 2 ▷ 84 verwendet worden. In dieser Abbildung ist der ganze Umfang der Elektroinstallation zu erkennen.

Installationsumfang der Küche als Übersicht

- 1 Ausschaltung für die Deckenleuchte mit einer Schalter-Steckdosen-Kombination
- 3 Arbeitsplatzleuchten in Ausschaltung
- 1 Steckdose (Kühlschrank)
- 1 Steckdose (Gefrierschrank)
- 1 Steckdose (Dunstabzugshaube)
- 2 Einzelsteckdosen
- 2 Doppelsteckdosen
- 1 Anschlussdose (Elektroherd)
- 1 Steckdose (Spülmaschine)
- 1 Steckdose (Warmwasserspeicher)

Auch hier gilt – wie in den übrigen Räumen der Wohnung – Verlegeart C für die Verlegung der mehradrigen Leitung NYM-J und für die Stegleitung NYIF an der Decke in Putz.

Für die Licht- und Steckdosenstromkreise wird ein Querschnitt q = 1,5 mm² je Ader, für die 5-adrige Mantelleitung der Herdanschlussdose ein Querschnitt q = 2,5 mm² je Ader verwendet. Der Arbeitsablauf für die tatsächliche Installation vor Ort geschieht in gleicher Weise, wie im Abschnitt 2.1.1 zur Wohnzimmerinstallation beschrieben.

Arbeitszentren in der Küche

Um ein rationelles Arbeiten zu ermöglichen, ist die Küche in vier Arbeitszentren aufgeteilt:

- Kochen (Herd und Dunstabzug)
- Spülen (Geschirrspüler und Warmwasserspeicher)
- Vorrathalten (Kühlschrank und Tiefkühltruhe)
- Vorbereiten (Arbeitsplatte, Beleuchtung, Steckdosen).

Die Tiefe der Einrichtungsteile ist in der Regel 60 cm, die Breite liegt für Standardelektrogeräte, wie z. B. Herd oder Spülmaschine, ebenfalls bei 60 cm. Für die Planung der Lage der Betriebsmittel (z. B. Steckdosen) ist dies von Bedeutung.

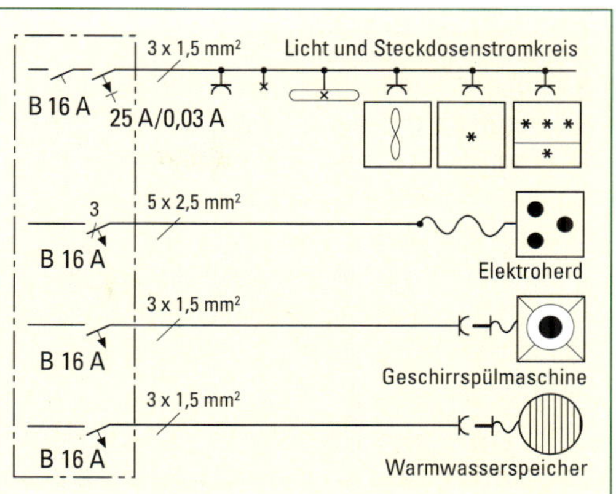

Abb. 1 Stromkreisverteilerplan für die Küche

Abb. 2 Herdanschluss (ohne Abdeckung)

1 Schutzleiter PE
2 Neutralleiter N
3 Außenleiter L1
4 Außenleiter L2
5 Außenleiter L3
6 Zugentlastung für Herdanschlussleitung (H05VV-F 5 × 2,5 mm²)
7 Hohlwanddose

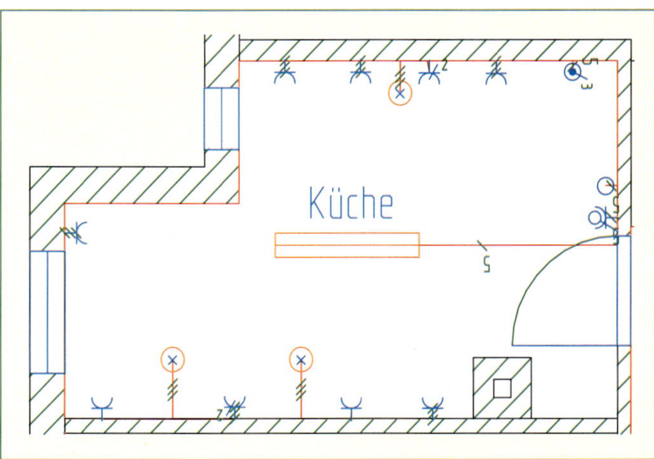

Abb. 3 Installationsplan der Küche ohne Leitungsführung

2.1.4 Installation des Flurs

- **Installation eines einfachen Flurs/Diele mittels einer Kreuzschaltung.**
- **Veränderte Situation bei der Schaltung von Beleuchtungskörpern von mehr als zwei Schaltstellen aus**
- **Einfache Erweiterung einer bestehenden Installation mit einer zusätzlichen Steckdose**
- **Funktion und Bedeutung einer Stromstoßschaltung**
- **Funktion einer einfachen Hausklingelanlage**

Kundenauftrag:

Der Kunde wünscht:
- 1 Deckenleuchte (Halogenseilsystem)
- 3 Schaltstellen, eine davon ist mit einer zusätzlichen nicht geschalteten Steckdose (z. B. zum Anschluss eines Staubsaugers) versehen.
- 1 Hausklingelanlage mit einer Klingel und einem Klingeltaster (treppenhausseitig)
- 1 Telefondose mit Steckdose (zum Anschluss eines Anrufbeantworters oder eines Faxgerätes), auf die Installation dieser Komponenten wird jedoch später eingegangen werden.

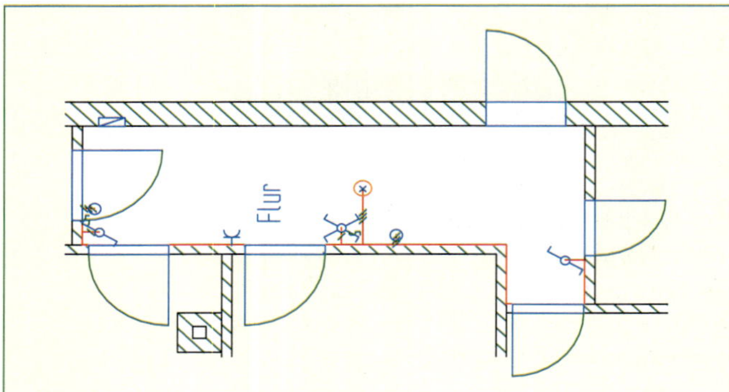

Abb. 1 Installationsplan des Flures

Betriebsmittel	Schaltzeichen	Kontaktplan
Kreuzschalter		
Taster		
TAE-Dose		

Abb. 2 Verwendete Betriebsmittel im Flur

Abb. 1 zeigt den Grundriss des Flurs mit den entsprechenden Betriebsmitteln. Abb. 2 zeigt eine Übersicht der verwendeten Betriebsmittel mit den Schaltzeichen und dem jeweiligen Kontaktplan nach DIN EN 60 617-11. Um der Ausstattungsqualität 1 gerecht zu werden, sind mindestens eine Steckdose und ein Auslass für die Beleuchtung gefordert.

Installationsschaltungen

Die hier vorliegende Lampenschaltung weist eine Besonderheit auf: Die Lampe soll von mehr als zwei Schaltstellen aus geschaltet werden. In diesem Fall wird die Kreuzschaltung angewandt. Es soll zunächst nur die Kreuzschaltung ohne die zusätzliche Steckdose betrachtet werden. An den Abb. 3 und Abb. 1 ▷ 87 ist zu erkennen, dass bei jedem Betätigen der drei installierten Schalter die Beleuchtung ein- bzw. ausgeschaltet wird.
Im Kreuzschalter polen die beiden Umschalter die zugehörigen Umschaltkontakte um, d. h., sie wer-

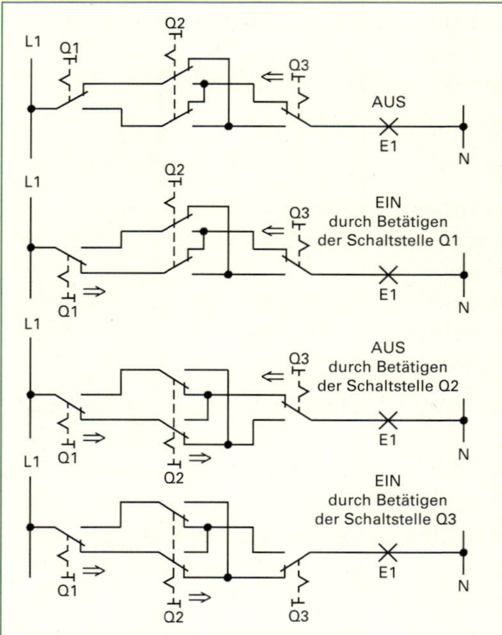

Abb. 3 Stromlaufplan der Kreuzschaltung in aufgelöster Darstellung

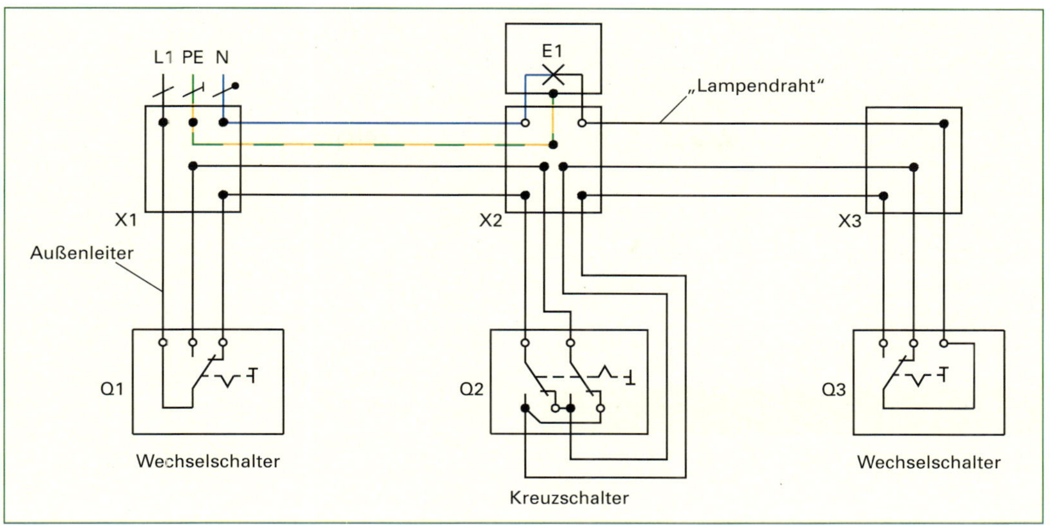

Abb. 1 Verbindungsplan der Kreuzschaltung in zusammenhängender Darstellung

Aufgabe:

Erweiterung der Flurinstallation mit Steckdosen

Zusätzlich zur Kreuzschaltung wird eine nicht geschaltete Steckdose am Wechselschalter benötigt. Weiterhin soll eine Steckdose neben der Telefondose installiert werden. Zeichnen Sie hierfür den Stromlaufplan in aufgelöster Darstellung, sowie den erforderlichen Installationsplan!

Stromstoßschaltung statt Kreuzschaltung

Aus dem Grundriss des Flurs (Abb. 1 ▷ 86) wird deutlich, dass man beim Verlassen des Schlafzimmers oder des Wohnzimmers zum Schalten der Deckenleuchte immer bis zum nächsten Wechselschalter, am Bad, gelangen muss. Dies ist beispielsweise nachts sehr ungünstig. Eine Erweiterung mit zwei zusätzlichen Kreuzschaltern wäre möglich, jedoch werden bei Bedarf von mehr als drei Schaltstellen meist Schaltungen mit Stromstoßschaltern verwendet.

den „über Kreuz" verbunden. Zu jeder Kreuzschaltung gehören jeweils zwei Wechselschalter, die direkt an einem Außenleiter und über die Lampe am Nullleiter liegen. Die dazwischen liegenden Schalter müssen Kreuzschalter (Abb. 3 ▷ 86) sein. Die Installationshöhe der Betriebsmittel von der OKFF sind den vorgeschriebenen Installationszonen zu entnehmen.

Auswahl und Verlegearten von Kabeln und Leitungen

Auch hier gilt Verlegeart C. Für die Verlegung mehradriger Leitungen NYM-J, für die Stegleitung NYIF an der Decke in Putz; für Licht- und Steckdosenstromkreise sind jeweils ein Querschnitt $q = 1{,}5\ \text{mm}^2$ je Ader vorgesehen.

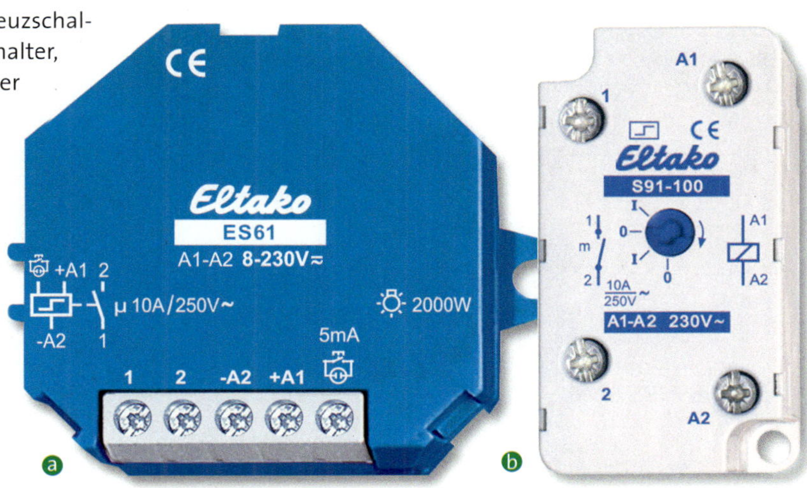

Abb. 2 ⓐ Elektronischer, ⓑ mechanischer Stromstoßschalter für die Abzweigdose oder Aufputzmontage; Steuerspannung $U = 230\ \text{V}$

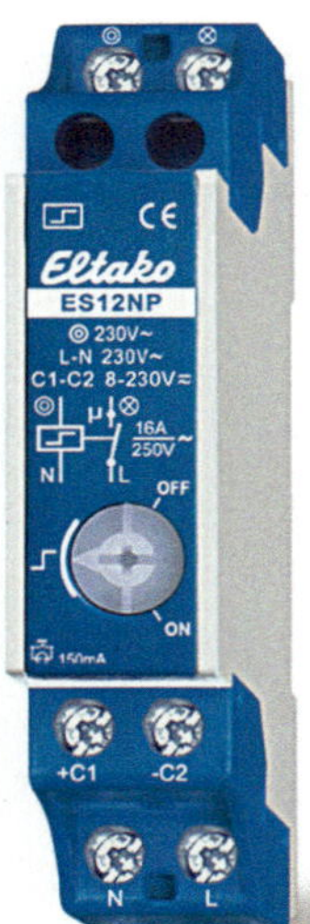

Der Vorteil liegt überwiegend in den Kosten; denn zusätzliche Kreuzschalter sind teuer, und bei der Ausführung mit Stromstoßschaltern werden an den Schaltstellen lediglich Taster benötigt. Der Stromstoßschalter selbst sitzt in der Unterverteilung.

Abb. 1 Stromstoßschalter: Reiheneinbaugerät für die Montage auf Tragschiene

Betriebsmittel	Schaltzeichen
Stromstoßschalter	

Abb. 2 Anschlussbild des Stromstoßschalters

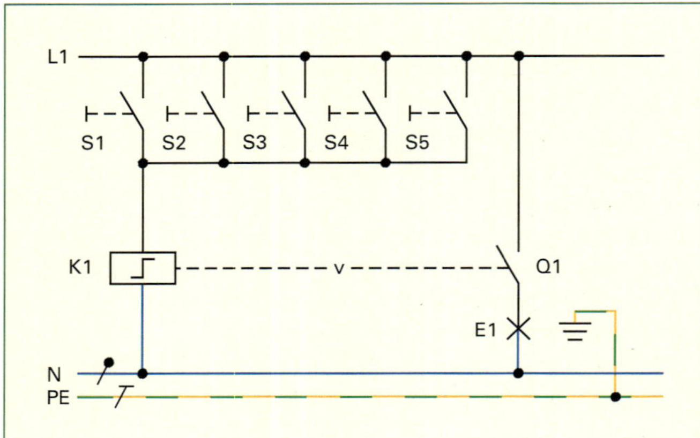

Abb. 3 Stromlaufplan einer Stromstoßschaltung in aufgelöster Darstellung mit fünf Schaltstellen

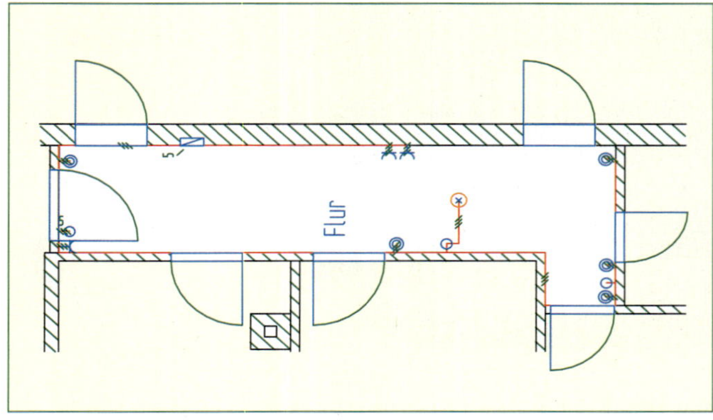

Abb. 4 Installationsplan einer Stromstoßschaltung mit fünf Schaltstellen

Aufbau und Wirkungsweise eines Stromstoßschalters

Stromstoßschalter sind elektromagnetisch betätigte Schalter. Sie ändern mit jedem Stromimpuls durch ihre Erregerspule ihren Schaltzustand. Der Steuerstromkreis und der Hauptstromkreis (Lastkreis) sind elektrisch getrennt.

Die Spulenspannung beträgt meist 230 V Wechselspannung (AC). In Abb. 1 ist die Bauform, in Abb. 2 ist das Schaltzeichen dargestellt.

Dem genannten Vorteil des einfacheren Verdrahtungsaufwandes einer Stromstoßschaltung steht der Nachteil gegenüber, dass das Klicken eines Stromstoßrelais unter Umständen als störend empfunden werden könnte.

In solchen Fällen sind elektronische Stromstoßschalter sinnvoll, diese benötigen jedoch eine ständige Stromversorgung für die Elektronik.

Taster mit Glimmlampe

Es ist üblich, dass man in Räumen, wie z. B. in Fluren oder auch Treppenhäusern, Taster oder Schalter verwendet, die so genannte Glimmlampen beinhalten. Dadurch ist es möglich, bei

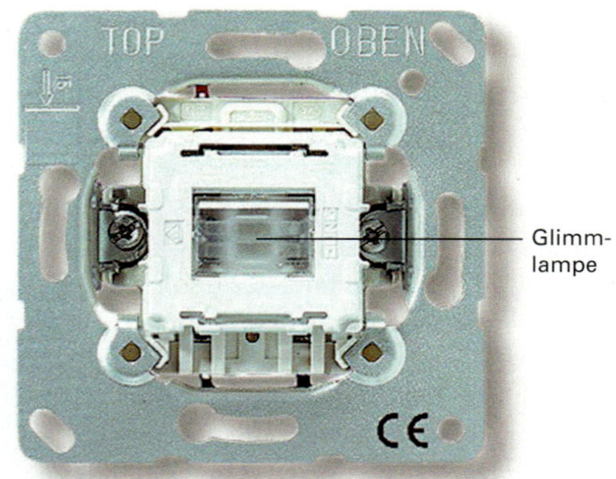

Abb. 5 Taster mit Glimmlampe ohne Rahmen und Wippe

> ***Praxistipp:***
> *Bei Einsatz mehrerer Glimmlampen kann der Lampenstrom zur Fehlfunktion des Stromstoßschalters führen.*
> *Abhilfe: Der Spule einen Kondensator 230 V/1 µF pro 10 mA Glimmlampenstrom parallel schalten. Oder Glimmlampe an N-Leiter anschließen.*

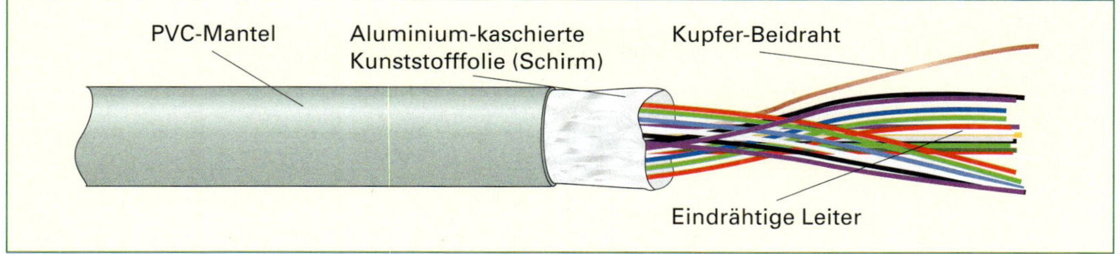

Abb. 1 Leitung J-Y(St) Yn × 0,6

Dunkelheit oder mäßigem Licht entsprechende Betätigungselemente sicher und schnell zu finden. Abb. 5 ⊳ 88 zeigt einen solchen Taster mit Glimmlampe.

Einfache Hausklingelanlage

Abb. 2 zeigt den Schaltplan einer einfachen Hausklingelanlage, Tabelle 1 die Anschlussbilder der Betriebsmittel. Da die Klingelanlage mit einer Wechsel-Kleinspannung von 6 V betrieben wird, muss in der Unterverteilung ein Transformator zur Reduzierung der Spannung von 230 V AC auf 6 V AC eingebaut werden. Die niedrigere Betriebsspannung auf der Kleinspannungsseite des Transformators (Trafos) macht die Auswahl einer Leitung anderen Typs notwendig. Hier soll die Leitung vom Typ J-Y(St) Y2×0,6 verwendet werden. Dies bedeutet, dass in dieser Leitung zwei Adern mit einem Durchmesser von 0,6 mm verwendet werden. Abb. 1 zeigt eine mehradrige Leitung des genannten Typs.

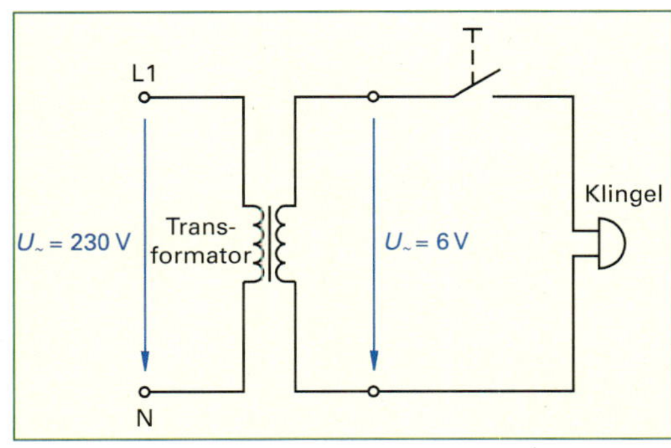

Abb. 2 Einfache Hausklingelanlage

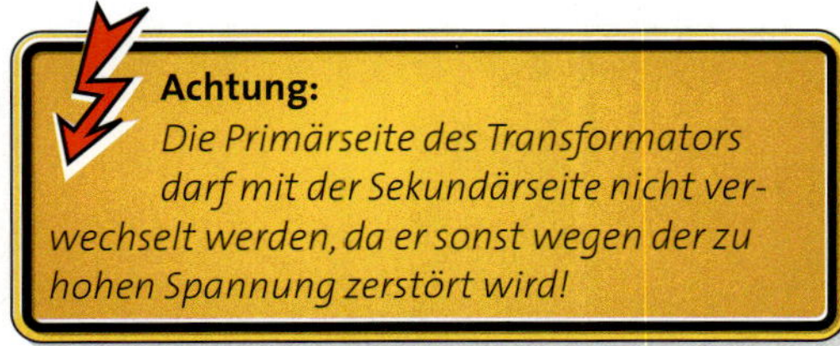

Betriebsmittel	Schaltzeichen
Wecker/Klingel	
Transformator	

Tabelle 1 Anschlussbilder der Betriebsmittel

2.1.5 Installation des Stromkreisverteilers

- **Aufbau eines Stromkreisverteilers**
- **Auswahlkriterien für Leitungsschutzschalter und Leiterquerschnitte**
- **Gesichtspunkte bei der Aufteilung in einzelne Stromkreise**

In der Wohnung wird an einer zentralen Stelle (Flur) (Abb. 3) ein zweireihiger Unterputz-Stromkreisverteiler (in Abhängigkeit vom örtlichen Verteilungsnetzbetreiber) in einer Höhe von etwa 1,8 m (zwischen Oberkante Unterverteiler und Fußboden) installiert. Dieser hat die Aufgabe, die einzelnen Stromkreise gleichmäßig auf die Außenleiter (L1, L2 und L3) zu verteilen und entsprechend den Leiterquerschnitten abzusichern.

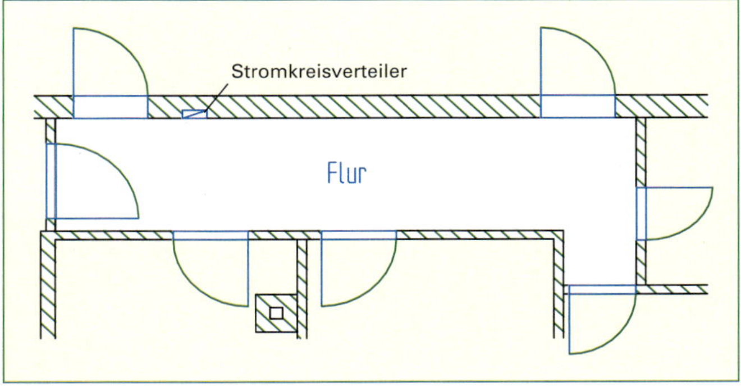

Abb. 3 Grundriss Flur mit Stromkreisverteiler

3-reihiger Unterputz-Stromkreisverteiler

Leitungsschutz (LS)-schalter

1. Mauerkasten mit herausnehmbarem Leitungseinführungsschieber
2. Blendrahmen und Stahlblechtür
3. Geräteträger mit 3 Hutschienen für 3×12 Sicherungsautomaten
4. Abdeckung
5. N-Schiene
6. für FI-Schutzschalter (getrennte N-Schiene)
7. PE-Schiene
8. Stromstoßschalter
9. Sicherungsautomat, 1-polig, 10×
10. FI-Schutzschalter 25 A I_{AN} = 30 mA, 4×
11. Drehstromphasenschiene mit Endkappen
12. ausgangsseitiger Anschluss (zum Verbraucher)
13. magnetischer Schnellauslöser (unverzögert durch Spule)
14. Schlaganker
15. mechanische Schalter (mit Anzeige des Schaltzustandes)
16. Schaltwerk
17. beweglicher Schaltkontakt
18. thermischer Auslöser (verzögert durch Bimetall)
19. eingangsseitiger Anschluss (Zuleitung)
20. Einstellung der Auslösecharakteristik, z. B. „B"-Automat
21. Montage an Hutschiene
22. fester Schaltkontakt
23. Funkenlöschkammer
24. Bemessungsschaltvermögen in A (6000 A)
25. Energiebegrenzungsklasse (3)
26. Bemessungsspannung 230/400 V
27. Auslösecharakteristik (B)
28. Bemessungsstrom (Nennstrom) in A (16 A)
29. Überspannungsableiter

Abb. 1 Stromkreisverteiler mit Leitungsschutzschaltern, Überspannungsableiter und FI-Schutzschaltern

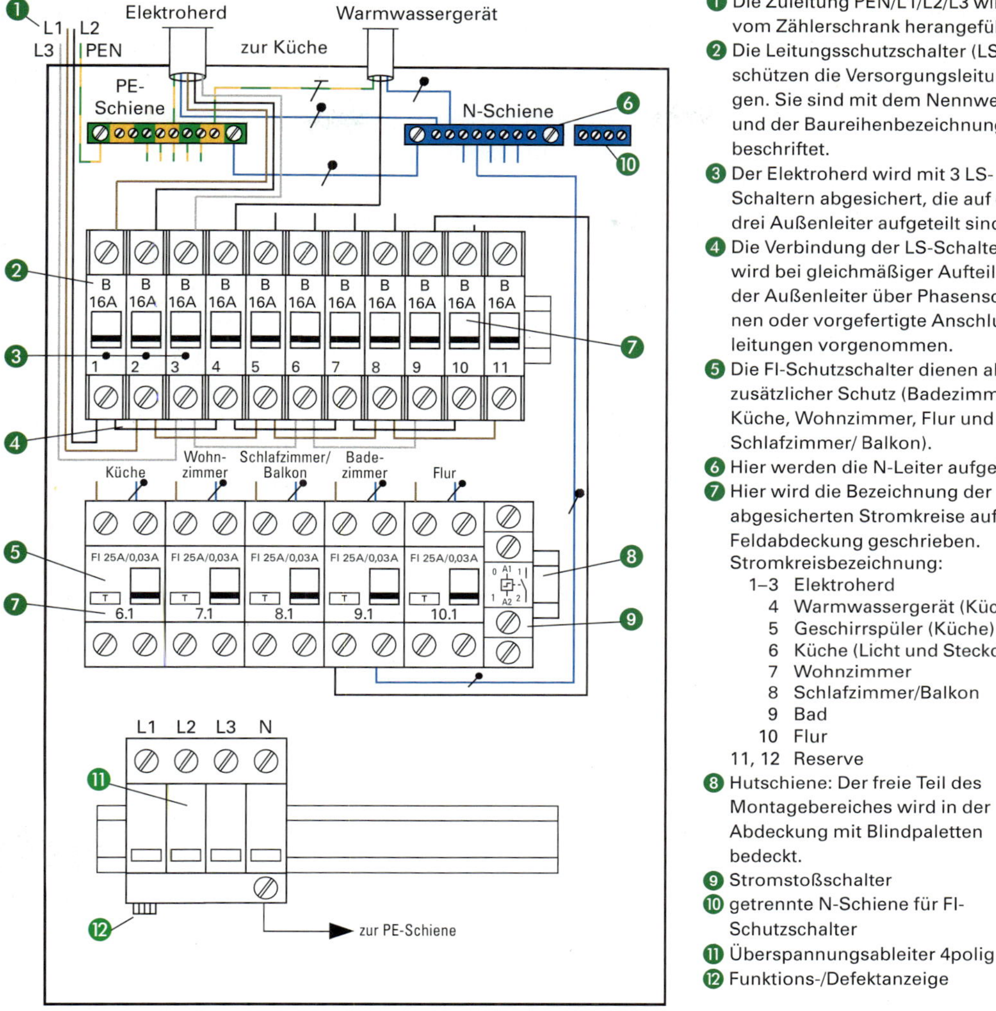

❶ Die Zuleitung PEN/L1/L2/L3 wird vom Zählerschrank herangeführt.
❷ Die Leitungsschutzschalter (LS) schützen die Versorgungsleitungen. Sie sind mit dem Nennwert und der Baureihenbezeichnung beschriftet.
❸ Der Elektroherd wird mit 3 LS-Schaltern abgesichert, die auf die drei Außenleiter aufgeteilt sind.
❹ Die Verbindung der LS-Schalter wird bei gleichmäßiger Aufteilung der Außenleiter über Phasenschienen oder vorgefertigte Anschlussleitungen vorgenommen.
❺ Die FI-Schutzschalter dienen als zusätzlicher Schutz (Badezimmer, Küche, Wohnzimmer, Flur und Schlafzimmer/ Balkon).
❻ Hier werden die N-Leiter aufgelegt.
❼ Hier wird die Bezeichnung der abgesicherten Stromkreise auf die Feldabdeckung geschrieben.
Stromkreisbezeichnung:
1–3 Elektroherd
4 Warmwassergerät (Küche)
5 Geschirrspüler (Küche)
6 Küche (Licht und Steckdose)
7 Wohnzimmer
8 Schlafzimmer/Balkon
9 Bad
10 Flur
11, 12 Reserve
❽ Hutschiene: Der freie Teil des Montagebereiches wird in der Abdeckung mit Blindpaletten bedeckt.
❾ Stromstoßschalter
❿ getrennte N-Schiene für FI-Schutzschalter
⓫ Überspannungsableiter 4polig
⓬ Funktions-/Defektanzeige

Abb. 1 Stromkreisverteiler dreireihig (Innenaufbau; elektrische Verdrahtung nur teilweise)

Außerdem kann er noch weitere elektrische Geräte wie Klingeltransformator, Reparatursteckdose oder Tarifschaltgeräte aufnehmen (Abb. 1 und Abb. 1 ⊳ 90).

Die Installation der Wohnung erfolgt in dem Ausstattungswert „1“.

Die Montage bzw. Demontage der elektrischen Geräte geschieht durch Aufschnappen bzw. Lösen auf der Hutschiene (Abb. 1 und Abb. 2 ⊳ 92) und Verdrahtung (Abb. 3 und Abb. 4 ⊳ 92).

Die Leitungsschutzschalter (LS-Schalter) werden dicht nebeneinander auf der Hutschiene angeordnet. Es können pro Reihe 12 LS-Schalter untergebracht werden. Um die gleichmäßige Aufteilung der drei Phasen zu erleichtern, werden Drehstrom-Phasenschienen verwendet. Die Drehstrom-Phasenschienen sind isolierte Kupferschienen mit exakten Klemmabständen zum Anschließen an die Sicherungsautomaten (Abb. 1 ⊳ 90). Statt der Drehstrom-Phasenschienen wären auch flexible Verbindungsleitungen möglich.

Die LS-Schalter haben eine sofortige (**magnetische**) Auslösung und eine stromabhängige, Wärme verursachende (**thermische**) Auslösung. Um den verschiedenen Anwendungen (z. B. Motoren, Heizung, Licht) gerecht zu werden, haben die

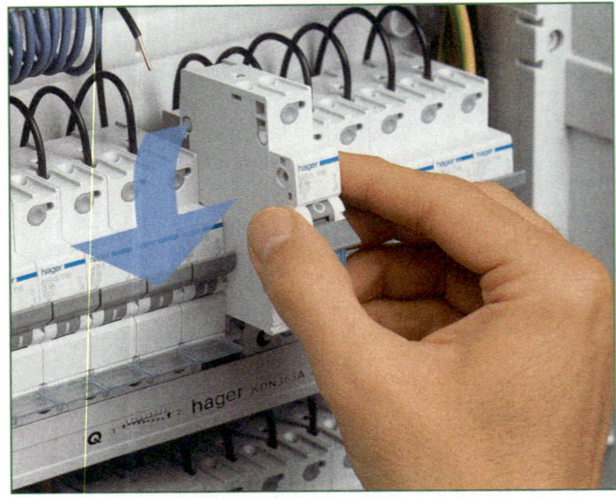

Abb. 1 LS-Schalter aufrasten bzw. aufschnappen

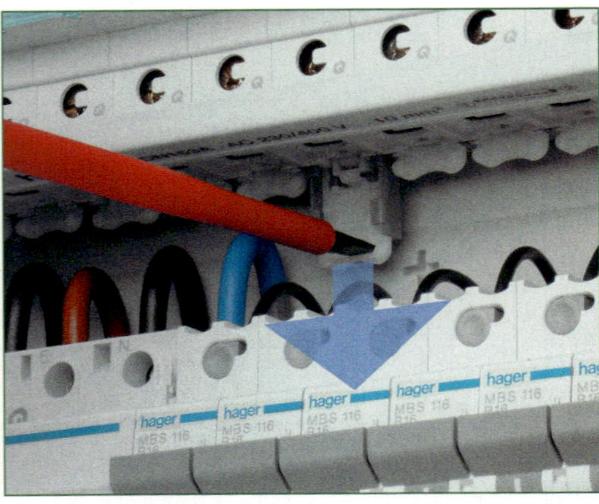

Abb. 2 LS-Schalter lösen

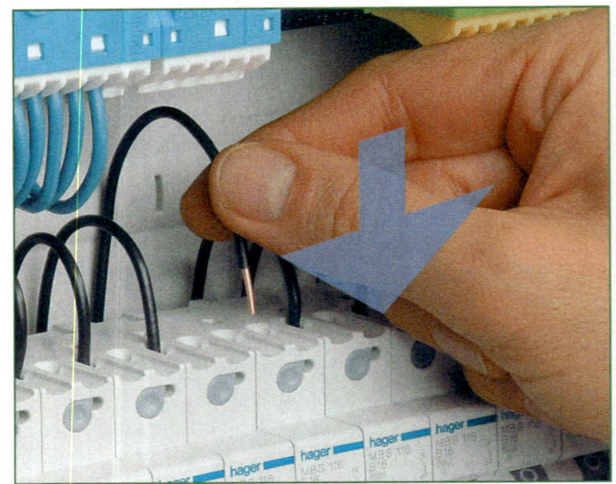

Abb. 3 Schnelles Verdrahten; die Adern werden eingesteckt

Abb. 4 Lösen der Adern durch Entriegelungsmechanismus

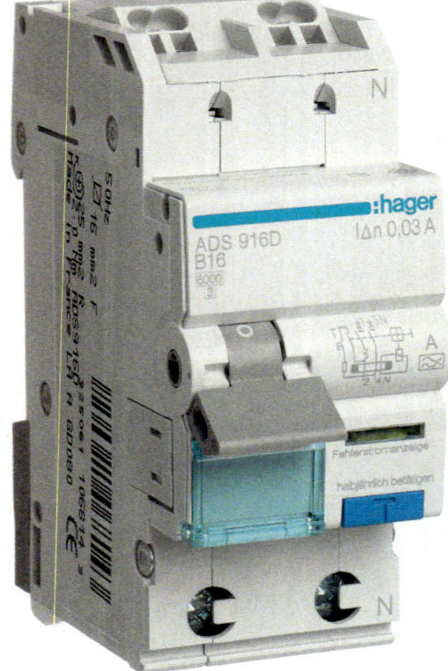

Abb. 5 LS-Schalter mit FI-Schutzschalter kombiniert

	Unverzögertes Auslösen	Anwendungen
Z	$2 \dots 3 \cdot I_N$	• Überstromschutz von Leitungen in Steuerstromkreisen ohne Stromspitzen, in Stromkreisen mit Spannungswandlern • Schutz von Halbleiterbauelementen
B C	$3 \dots 5 \cdot I_N$ $5 \dots 10 \cdot I_N$	• Hausinstallation • In Anhängigkeit von der zulässigen Strombelastbarkeit (z. B. Beleuchtung)
K	$8 \dots 14 \cdot I_N$	• In Stromkreisen mit hohen Stromspitzen durch Induktivitäten und Kapazitäten (z. B. Motoren) • Elektromagnetischer Auslöser erlaubt hohe Einschaltstromspitzen

Tabelle 1 Auslösecharakteristiken von Leitungsschutzschaltern (LS-Schalter)

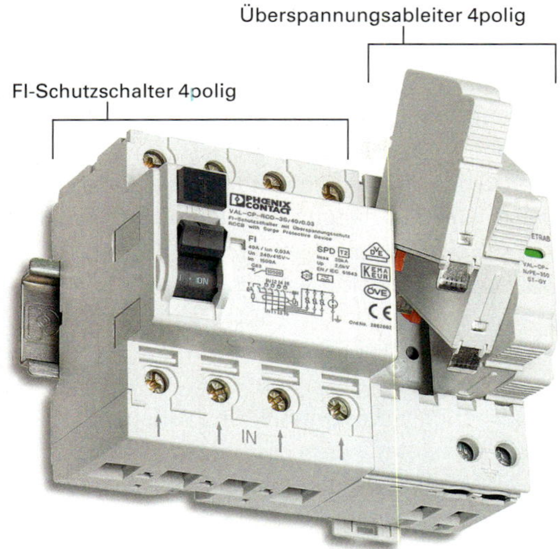

Abb. 1 FI-Schutzschalter mit Überspannungsschutz kombiniert

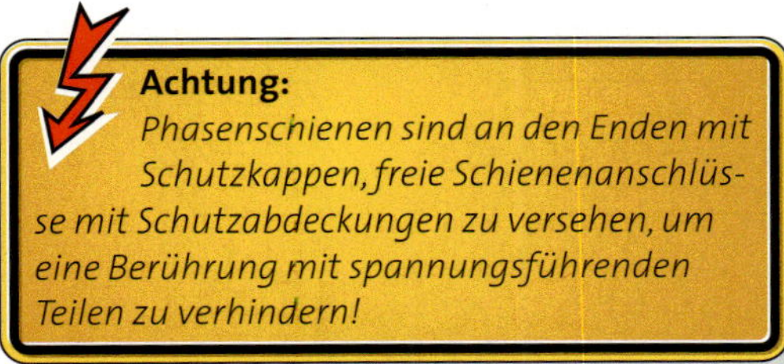

Achtung:
Phasenschienen sind an den Enden mit Schutzkappen, freie Schienenanschlüsse mit Schutzabdeckungen zu versehen, um eine Berührung mit spannungsführenden Teilen zu verhindern!

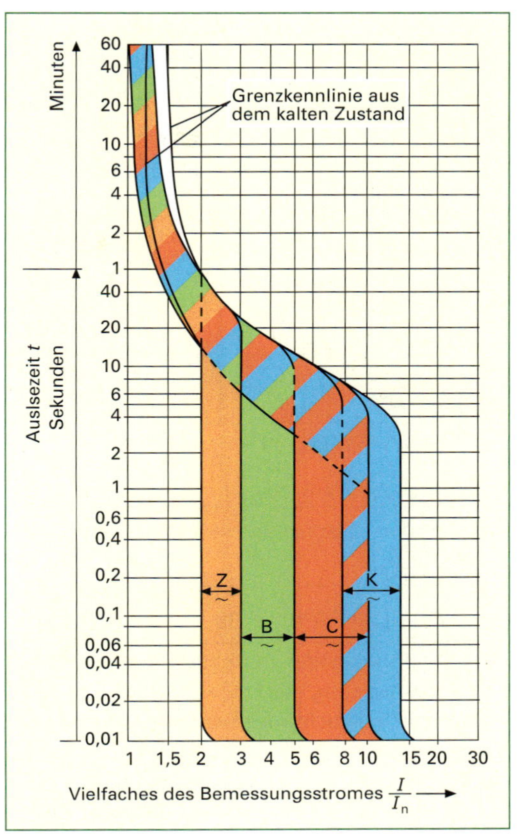

Abb. 2 Auslösekennlinien

LS-Schalter unterschiedliche Auslösecharakteristiken (z. B. B, C, K und Z). In Wohnungen werden meist LS-Schalter mit der Auslösecharakteristik „B“ verwendet (Tabelle 1 ▷ 92 und Abb. 2).

Beim Anschließen an den Fehlerstromschutzschalter (FI-Schutzschalter) ist darauf zu achten, dass der Außenleiter und der N-Leiter der Leitung, die z. B. zum Bad führen, angeschlossen werden (Klemme 4;N Abb. 3). Erst **nach** dem FI-Schutzschalter darf der N-Leiter an die allgemeine N-Schiene angeschlossen werden (Klemme 3;N Abb. 3). Bei mehreren elektrischen Leitungen, die über einen FI-Schutzschalter überwacht werden, wird eine separate N-Schiene verwendet (Abb. 1 ▷ 90).

FI-Schutzschalter (RCD)

Die Stromstärke zum Verbraucher und die zurückfließende Stromstärke werden miteinander verglichen. Sind beide Ströme **nicht** gleich groß, dann unterbricht der FI-Schutzschalter den Stromkreis. Je nach Anwendung gibt es verschiedene maximale Fehlerströme (exakt: Bemessungsdifferenzstrom $I_{\Delta N}$) und Nennströme (I_N) (bei Personenschutz $I_{\Delta N}$ = 30 mA, bei Brandschutz $I_{\Delta N}$ = 300 mA) (Abb. 2 ▷ 94).

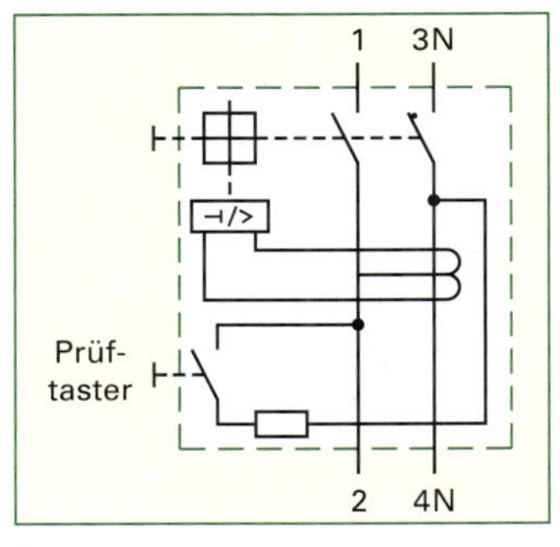

Abb. 3 Anschluss eines FI-Schutzschalters 2-polig

Praxistipp:
Die Prüftaste am FI-Schutzschalter ist bei Baustromverteilern arbeitstäglich zu betätigen.

Nennstrom I_N in A	Maximaler Fehlerstrom $I_{\Delta N}$ in mA	Nennspannung U_N in V	Anzahl der Schaltglieder Polzahl	Maximaler Erdungswiderstand in Ω	
				bei 25 V	bei 50 V
16	10	230	2	2500	5000
25	30	230 400	2 4	833	1660
40	300	230 400	2 4	83	166
63	500	230 400	2 4	50	100
Auslösezeit: bei $1 \cdot I_{\Delta N}$ $t \leq 0{,}2$ s; bei $5 \cdot I_{\Delta N}$ $\leq 0{,}04$ s Schutzart: IP 30 Kurzschlussfestigkeit: Schmelzsicherung 63 A gL.					

Tabelle 1 Auszug aus einem Datenblatt für Fehlerstromschutzschalter

Bei dieser Wohnung werden zweipolige FI-Schutzschalter mit I_N = 25 A und einem maximalen Nennfehlerstrom von $I_{\Delta N}$ = 30 mA verwendet. Weitere Daten auf dem Typenschild des FI-Schutzschalters (Abb. 2 ⊳ 95 und Tabelle 1).

In Stromkreisverteilern werden meist LS-Schalter verwendet. Sie haben gegenüber Schmelzsicherungen den Vorteil, dass sie nach dem Auslösen wieder eingeschaltet werden können. Der Nennstrom der Überstromschutzorgane bei dieser Wohnung beträgt unter Beachtung:

- der Umgebungstemperatur ϑ = 30 °C
- der Verlegeart (Mantelleitung Verlegeart *C*)
- der belasteten Adern (zwei, da Wechselstrom)
- des Nennstroms I_N = 16 A (maximal zulässige Strombelastbarkeit der Leitung: I_Z = 19,5 A), q = 1,5 mm² (Tabelle 1 ⊳ 129)

Typ	Symbol	Erklärungen/Anwendung
AC	~	Nur bei reinen Wechselfehlerströmen geeignet, z.B. Heizung (darf in Deutschland in Neuanlagen nicht mehr verwendet werden).
A		Für pulsierende Gleich- und Wechselfehlerströme verwendbar, z.B. Gleichrichterschaltungen.
F		Auslösung wie bei Typ A, jedoch zusätzlich bei Fehlerströmen unterschiedlicher Frequenzen und Überlagerung von pulsierenden Gleichfehlerströmen mit glatten Gleichfehlerströmen.
B		Auslösung wie bei Typ F, jedoch zusätzlich bei Wechselfehlerströmen bis 1000 Hz und Überlagerung von Wechselfehlerströmen, z.B. Wechselrichteranlagen.
B+	kHz	Auslösung wie bei Typ B, jedoch zusätzlich bei Wechselströmen bis zu 20 kHz.

Tabelle 2 Einteilung der FI-Schutzschalter

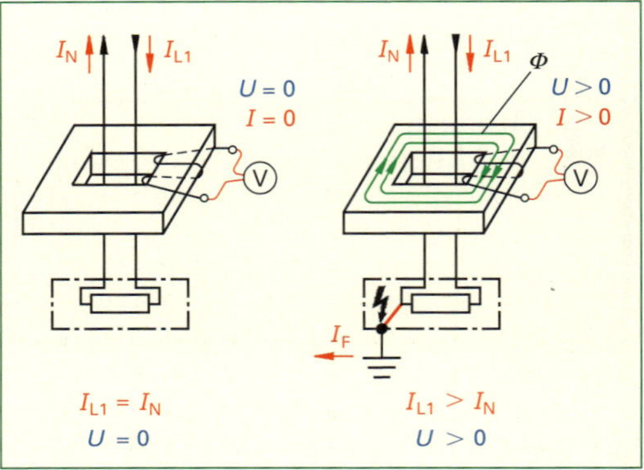

Abb. 2 Funktion des FI-Schutzschalters

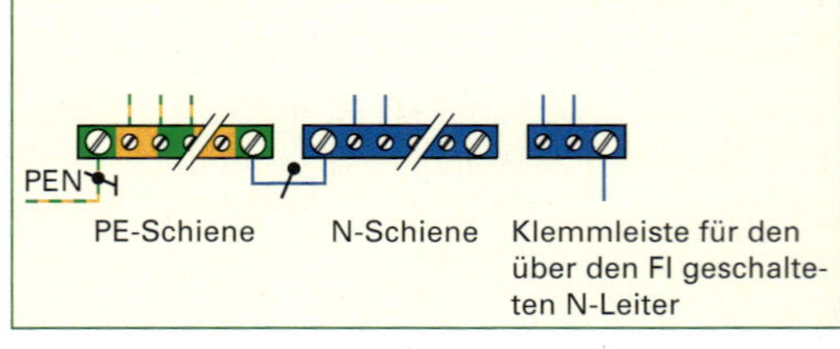

Abb. 3 PEN-Leiterauftrennung

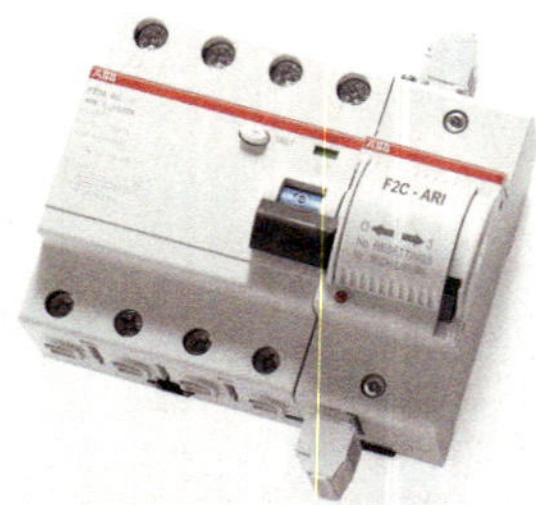

Abb. 4 FI-Schutzschalter

Achtung:
Häufiger Fehler beim Anschluss eines FI-Schutzschalters: Der N-Leiter von der Zuleitung (z. B. zum Badezimmer) wird ***nicht*** *an den FI-Schutzschalter angeschlossen. Sobald nun ein elektrischer Verbraucher im Badezimmer eingeschaltet wird, löst der FI-Schutzschalter aus.*

Der maximal zulässige Spannungsfall auf der Leitung wird hier nicht kontrolliert bzw. berücksichtigt. Bei der Zuleitung zum Elektroherd werden wegen der möglichen hohen Anschlussleistung Leitungsschutzschalter mit I_N = 20 A verwendet. Es ergibt sich damit ein Leiterquerschnitt von A = 2,5 mm² (drei belastete Adern, da

Praxistipp:

Bei einer Leiterquerschnittsfläche von 1,5 mm² (I_N = 16 A Wechselstrom) darf die Leitungslänge maximal 17 m betragen. Der Spannungsfall hat dann den zulässigen Wert von 3 %. Bei Drehstrom sind es 34 m Leitungslänge. Bei einer größeren Leitungslänge ist ein höherer Leiterquerschnitt zu wählen.

Merke:

- *Jeden Monat sollte eine Funktionsprüfung des FI-Schutzschalters durch Betätigen der Taste „T" durchgeführt werden, auf Baustellen täglich. Eine wesentlich bessere Funktionsprüfung stellt die Simulation eines Fehlerstromes vor Ort (hier im Badezimmer) dar. Mit einem niederohmigen Spannungsmesser (Innenwiderstand des Spannungsmessers $R_{iv} \leq$ Nennspannung/maximaler Nennfehlerstrom $R_{iv} \leq$ 230 V/30 mA $\leq$ 7660 Ω, z. B. 2-poliger Spannungsprüfer „Duspol") wird zwischen der Phase und dem Schutzleiter die Spannung gemessen. Der gemessene Strom ist dann größer als 30 mA, und der FI-Schutzschalter muss auslösen. Dies ist nur vom Fachmann durchzuführen!*
- *Ein „B"-Automat löst etwa beim 5-fachen Nennstrom innerhalb von 0,4 Sekunden aus. Ein „C"-Automat dagegen erst beim etwa 10-fachen Nennstrom.*
- *Bei Wechselstromsteckdosen, die von Laien benutzt werden, sind bei Neuinstallation zusätzlich Fehlerstromschutzschalter (RCD) mit $I_{\Delta N}$ = 30 mA vorgeschrieben. Ein Fehlerstromschutzschalter kann dabei mehrere Endstromkreise überwachen. Damit es aber nicht zu unerwünschten Abschaltungen kommt, ist es ratsam, für jeden Endstromkreis einen Fehlerstromschutzschalter zu verwenden. Sind den Steckdosen nur bestimmte Betriebsmittel zugeordnet (z. B. Kühlschrank, Geschirrspülmaschine), muss kein Fehlerstromschutzschalter verwendet werden.*

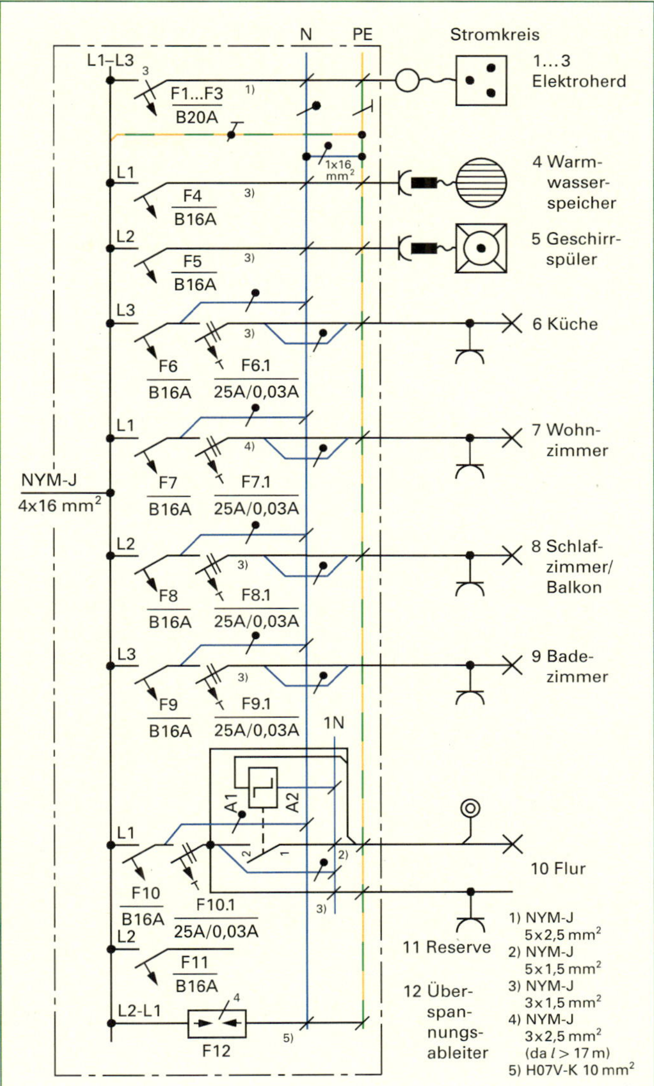

Abb. 1 Übersichtsschaltplan des Stromkreisverteilers, 2-polig mit Überspannungsableiter

❶ Anschluss zum LS-Schalter
❷ zur Überwachung von Wechsel- und pulsierenden Gleichströmen geeignet
❸ Prüftaste
❹ Kurzschlussfestigkeit 6000 A
❺ VDE-Zeichen
❻ verwendbar bis –25 °C
❼ Stromstoßfestigkeit bis 1500 A
❽ Anschluss zum Verbraucher
❾ Anschluss zur N-Schiene
❿ Bemessungsdifferenzstrom (Fehlerstrom) $I_{\Delta N}$ = 0,03 A
⓫ Bemessungstrom von 25 A
⓬ mechanischer Schalter

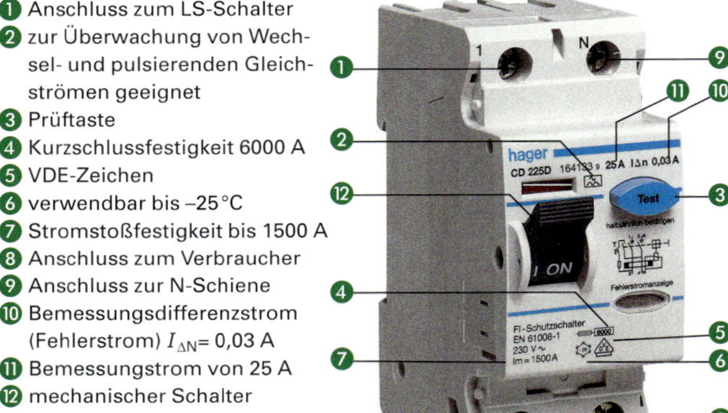

Abb. 2 FI-Schutzschalter

Isolierwerkstoff	ϑ_B in °C	Umrechnungsfaktoren bei ϑ_u in °C									
		10	15	20	25	30	35	40	45	50	60
Natur- und synthetischer Kautschuk	60	1,29	1,22	1,15	1,08	1,0	0,91	0,82	0,71	0,58	–
Polyvinylchlorid	70	1,22	1,17	1,12	1,06	1,0	0,94	0,87	0,79	0,71	0,5
Ethylenpropylenkautschuk	80	1,18	1,14	1,10	1,05	1,0	0,95	0,89	0,84	0,77	0,63

Tabelle 1 Umrechnungsfaktoren für andere Umgebungstemperaturen

Dreiphasenwechselstrom, Verlegeart C, Tabellenwert I_Z = 24 A ergibt einen Leiterquerschnitt von A = 2,5 mm²). Die Umgebungstemperatur wird mit 30 °C angenommen (Tabelle 1 und Tabelle 1 ⊳ 129). Damit könnte ein Elektroherd mit einer maximalen Anschlussleistung von P = 14 kW angeschlossen werden. Die Zuleitung zum Stromkreisverteiler besteht aus 4·16 mm² (L1, L2, L3 und dem PEN-Leiter). Bei Leiterquerschnitten von $A \geq 10\,mm^2$ dürfen der N-Leiter und der PE-Leiter gemeinsam verlegt werden (PEN-Leiter). Im Stromkreisverteiler muss in den PE-Leiter und N-Leiter **aufgeteilt** werden, weil die Leiterquerschnitte ab hier $A < 10\,mm^2$ sind (Abb. 1 ⊳ 90 Abb. 1 ⊳ 91).
Die Aufteilung in die einzelnen Stromkreise geschieht nach verschiedenen Gesichtspunkten:

- **Nach Räumen**
  Das Schlafzimmer, der Flur sowie das Wohnzimmer erhalten jeweils nur einen Stromkreis, da in diesen Räumen nur mit einer geringen Leistung bzw. Stromstärke (I < 16 A) zu rechnen ist.
- **Bei besonderer Gefährdung**
  Das Badezimmer erhält einen eigenen Stromkreis mit FI-Schutzschalter.
- **Bei hohen Anschlussleistungen**
  In der Küche sind elektrische Geräte mit hoher Anschlussleistung zu erwarten. Deshalb wird hier in mehrere Stromkreise aufgeteilt:
  - Elektroherd
  - Warmwasserspeicher
  - Geschirrspülmaschine
  - Steckdosen und Beleuchtung

Wegen der möglichen besonders hohen Anschlussleistung des Elektroherdes (bis P = 14 kW) und der damit verbundenen hohen Stromstärke wird dieser in der Regel an Dreiphasenwechselstrom angeschlossen. Alle anderen Stromkreise werden in der Wohnung an Einphasenwechselstrom angeschlossen.

2.1.6 Auftragsübergabe an den Kunden mit Überprüfung der Elektroinstallation

- **Prüfung der Elektroinstallation**
- **Besichtigung, Erprobung und Messung**

Zur **Besichtigung** gehört die Kontrolle der fachgerechten Installation, z. B. Leitungsverlegung, Leiterquerschnitt, Sicherungsautomaten, Klemmstellen, und die Prüfung, ob alle Schutzleiter sowie der Potentialausgleichsleiter mit der PE-Schiene verbunden sind. Bei der Wohnungsinstallation wurde festgestellt, dass in der Küche der Schutzleiter (Farbe grün-gelb) als geschaltete Phase (Lampendraht, vom Schalter zur Abzweigdose) verwendet wurde! Dies musste geändert werden, denn der Schutzleiter darf nur für Schutzaufgaben verwendet werden.

Die **Erprobung** umfasst im Wesentlichen die Funktionsprüfung der Installationsschaltungen und die Prüfung des FI-Schutzschalters durch die Prüftaste. Bei der Funktionsprüfung wurden zwei Fehler festgestellt:

- Bei der Wechselschaltung im Kinderzimmer konnte zwar an der Tür zum Flur das Licht ein- und ausgeschaltet werden, an der Balkontür aber nicht!
  Der Schaltungsfehler wurde am Wechselschalter dadurch behoben, dass der Außenleiter L1 an der Klemme „P“ und die korrespondierende Ader an der Klemme „1“ angeschlossen wurde (Abb. 1 ⊳ 97).
- In der Küche wurde die Steckdose für den Kühlschrank über den Schalter Q1 geschaltet (Abb. 2 ⊳ 97)!

Dieser Fehler wurde behoben, indem der Netzleiter L1 direkt mit der Steckdosenleitung in der Abzweigdose verklemmt wurde.

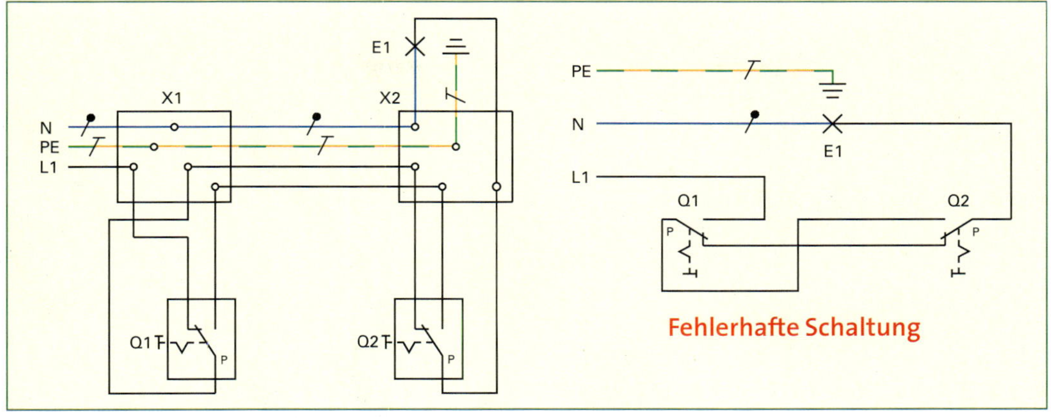

Abb. 1 Schaltungsfehler bei der Wechselschaltung

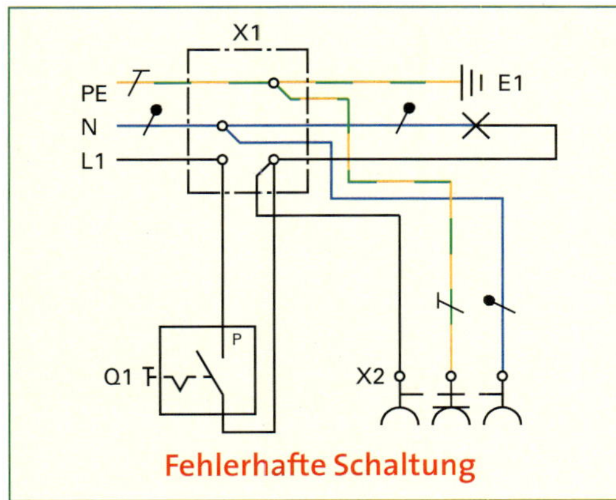

Abb. 2 Schaltungsfehler in der Abzweigdose

Hier werden nur die drei wichtigsten Messungen dargestellt. Die **erste Messung** soll verdeckte Fehler aufspüren, z. B. schadhafte bzw. beschädigte Isolationen an Leitungen, die unter Putz liegen. Dies wird mit der **Isolationsmessung** festgestellt. Die **zweite Messung** soll feststellen, ob im Fehlerfall der notwendige hohe Kurzschlussstrom erreicht wird, damit innerhalb von maximal $t \leq 0{,}4$ s der vorgeschaltete Sicherungsautomat auslöst. Die Messung der **Schleifenimpedanz** (Schleifenwiderstand) gibt hierüber Auskunft. Die **dritte Messung** soll die **Fehlerstromschutzeinrichtung** überprüfen.

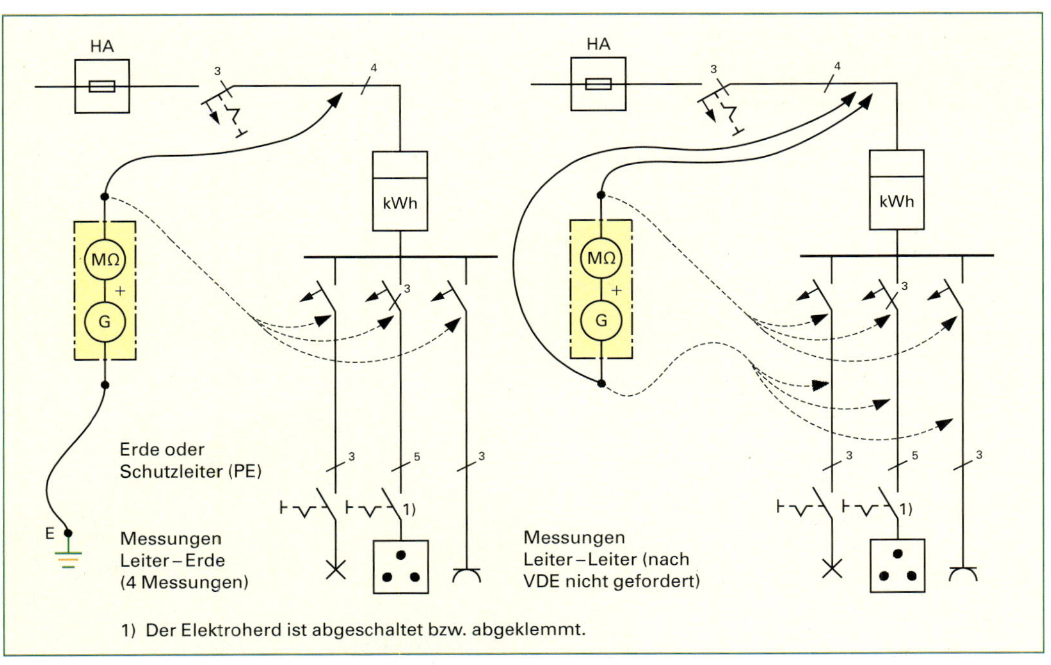

Abb. 3 Isolationsprüfung bei freigeschalteten Verbrauchern und abgeschaltetem Netz

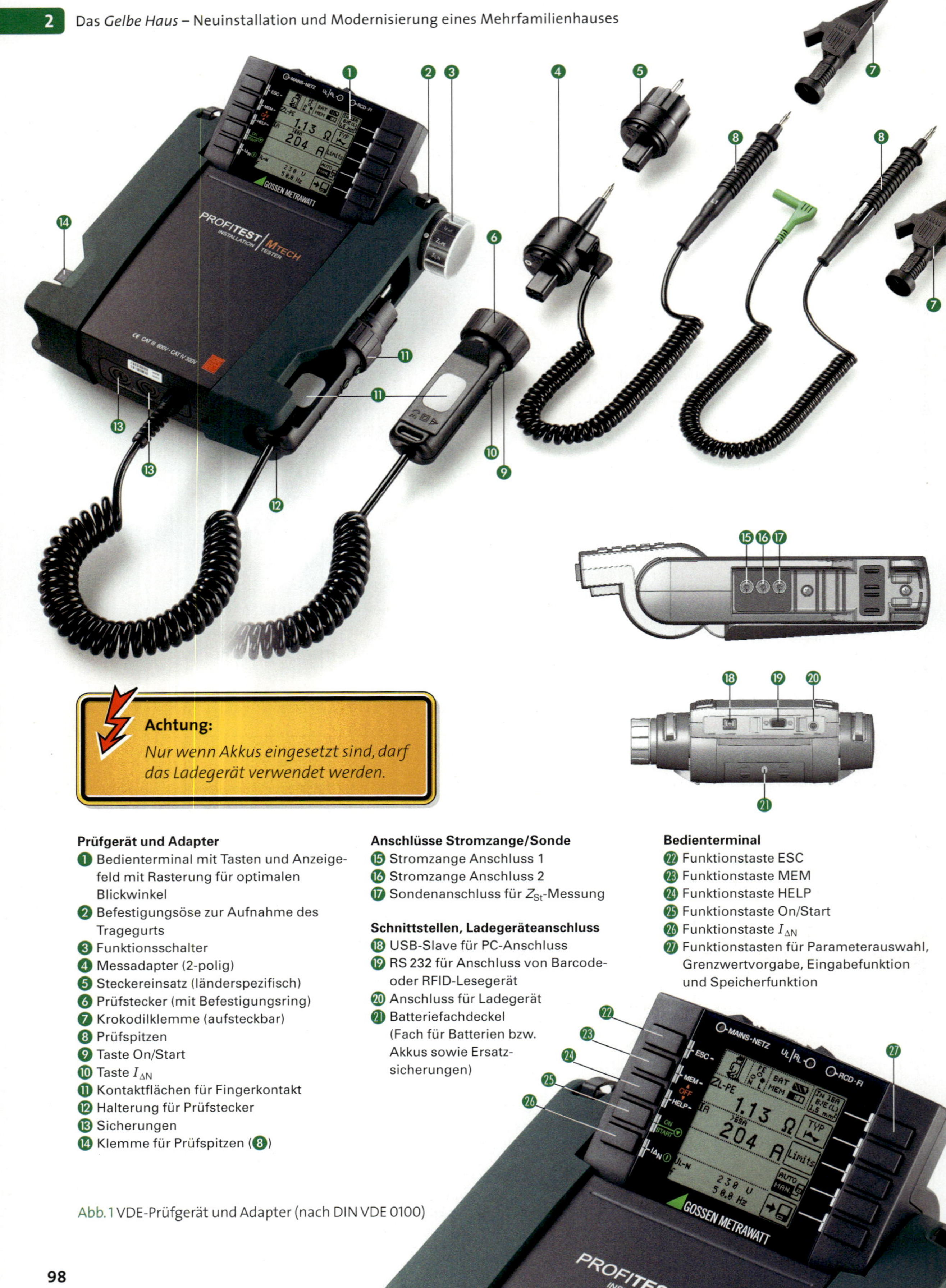

Achtung:

Nur wenn Akkus eingesetzt sind, darf das Ladegerät verwendet werden.

Prüfgerät und Adapter

1. Bedienterminal mit Tasten und Anzeigefeld mit Rasterung für optimalen Blickwinkel
2. Befestigungsöse zur Aufnahme des Tragegurts
3. Funktionsschalter
4. Messadapter (2-polig)
5. Steckereinsatz (länderspezifisch)
6. Prüfstecker (mit Befestigungsring)
7. Krokodilklemme (aufsteckbar)
8. Prüfspitzen
9. Taste On/Start
10. Taste $I_{\Delta N}$
11. Kontaktflächen für Fingerkontakt
12. Halterung für Prüfstecker
13. Sicherungen
14. Klemme für Prüfspitzen (8)

Anschlüsse Stromzange/Sonde

15. Stromzange Anschluss 1
16. Stromzange Anschluss 2
17. Sondenanschluss für Z_{St}-Messung

Schnittstellen, Ladegeräteanschluss

18. USB-Slave für PC-Anschluss
19. RS 232 für Anschluss von Barcode- oder RFID-Lesegerät
20. Anschluss für Ladegerät
21. Batteriefachdeckel (Fach für Batterien bzw. Akkus sowie Ersatzsicherungen)

Bedienterminal

22. Funktionstaste ESC
23. Funktionstaste MEM
24. Funktionstaste HELP
25. Funktionstaste On/Start
26. Funktionstaste $I_{\Delta N}$
27. Funktionstasten für Parameterauswahl, Grenzwertvorgabe, Eingabefunktion und Speicherfunktion

Abb. 1 VDE-Prüfgerät und Adapter (nach DIN VDE 0100)

1 Messung des Isolationswiderstandes

Der Isolationswiderstand wird nach DIN VDE 0100 Teil 600 mit einem speziellen Messgerät bestimmt. Das Messgerät zeigt bei sämtlichen Messungen einen Wert an, der wesentlich über 1 MΩ liegt. Damit ist die Anlage bei dieser Messung in Ordnung (Abb. 3 ⊳ 97).

Praxistipp:

- *Alle elektrischen Geräte müssen abgeschaltet sein. Sonst wird der Widerstand des elektrischen Gerätes gemessen! Außerdem kann die hohe Messgleichspannung von U = 500 V das Gerät zerstören.*
- *Die gesamte Anlage muss spannungsfrei sein (Sicherungen zu Unterverteilungen entfernen).*
- *Sind Überspannungs-Schutzeinrichtungen vorhanden (z. B. in der Hauptleitung), dann sind diese vor der Messung abzuklemmen.*
- *Um den Aufwand zu reduzieren, dürfen die aktiven Leiter (L1, L2, L3 und N) miteinander verbunden und gegen den Schutzleiter gemessen werden. Hierbei muss der Isolationswiderstand (bei $U_N \leq 500$ V) bei der Messung mindestens $R_{Iso} \geq 1$ MΩ betragen (z. B. trockene Räume). Bei SELV-/PELV-Anlagen ist $R_{Iso} \geq 0{,}5$ MΩ. Wenn der Mindestisolationswiderstand nicht erreicht wird, sind die einzelnen Phasen und der N-Leiter gegen den Schutzleiter zu messen, um den Fehler feststellen zu können.*

Abb. 1 Isolationsmessung

2 Messung der Schleifenimpedanz

In der Unterverteilung sind Sicherungsautomaten von $I_N = 16$ A und der Auslösecharakteristik „B" eingesetzt. Damit die Automaten im Fehlerfall innerhalb von $t \leq 0{,}4$ s auslösen, muss etwa der 5-fache Nennstrom fließen. Nach dem ohmschen Gesetz lässt sich damit die maximale Schleifenimpedanz (Schleifenwiderstand) berechnen:

$$Z_{Sch'} = \frac{U}{I_A} = \frac{U}{5 \cdot I_N} = \frac{230\,\text{V}}{5 \cdot 16\,\text{A}} = \frac{230\,\text{V}}{80\,\text{A}} = 2{,}88\,\Omega$$

$$Z_{Sch} = Z_{Sch'} - 0{,}3 \cdot Z_{Sch'} = 2{,}88\,\Omega - 0{,}86\,\Omega = \underline{2{,}02\,\Omega}$$

I_A = Abschaltstrom

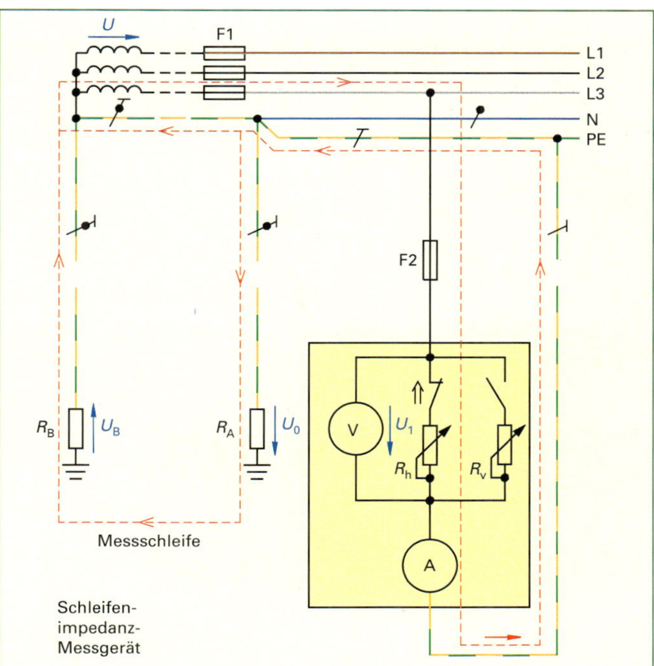

Abb. 2 Prinzipschaltung zur Messung der Schleifenimpedanz nach DIN VDE 0100 Teil 610

Praxistipp:

- *Es wird bei der Steckdose die Schleifenimpedanz gemessen, die am weitesten von der Unterverteilung entfernt und wo kein RCD vorhanden ist. Man erhält damit den größten Widerstand. Im Gelben Haus ist dies in der Küche der Fall. Achtung, die Anlage steht unter Spannung!*
- *Das Messgerät wird an die Steckdose angeschlossen*
- *Das Messgerät zeigt auf dem Display nach kurzer Zeit folgende Werte an:*
  Z_{Sch} gemessen = 1,13 Ω, I_A = 204 A (Abb. 1 ⊳ 98).
  Der Wert ist kleiner als der maximal zulässige Widerstand: Z_{Sch} gemessen = 1,13 Ω < 2,02 Ω.

Achtung:
Bei Untersuchungen wurde festgestellt, dass sich in Räumen mit Bade- oder Duschwannen tödliche Unfälle häuften – trotz intakter Schutzmaßnahmen in der Installation und fehlerloser Geräte. Es handelte sich dabei um das Eintauchen von Haushaltgeräten, wie z. B. Föhn, Heizlüfter, Geräte der Unterhaltungselektronik, in die mit Wasser gefüllte Badewanne. Der dann auftretende Fehlerstrom reicht im Allgemeinen nicht zur Abschaltung der vorgeschalteten Abschaltorgane aus.
Um auch bei dieser außergewöhnlichen Konstellation einen möglichst guten Schutz zu gewährleisten, wird für neu zu errichtende elektrische Anlagen in Räumen mit Badewanne oder Dusche festgelegt, dass grundsätzlich ein zusätzlicher Schutz (z. B. durch einen FI-Schutzschalter) notwendig ist (DIN VDE 0100 Teil 701).
Aber nicht nur im Badezimmer ist der FI-Schutzschalter vorgeschrieben. Auch für Steckdosenstromkreise muss der FI-Schutzschalter mit wenigen Ausnahmen verwendet werden (DIN VDE 0100 Teil 410).

Praxistipp:
Zu einer ordnungsgemäßen Übergabe an den Kunden gehört auch, dass die Abfälle fachgerecht getrennt und entsprechend entsorgt werden. Dies gehört zur Auftragserfüllung und hinterlässt beim Kunden einen guten Eindruck! Die Trennung sollte erfolgen nach Bauschutt (Steine, Verputz), Kunststoffen (Isolierung der Leitungsreste), Metallen (Kupfer) und Papier (Verpackung).

Merke:
Bei jeder Elektroinstallation ist vor der Übergabe an den Kunden die gesamte Anlage zu überprüfen und ein Prüfprotokoll zu erstellen. Diese Prüfung umfasst: Besichtigung, Erprobung und Messung (Abb. 1 und 2).

Nachweis über die Prüfung elektrischer Anlagen Blatt 1 von 1

① Prüfprotokoll Nr. 1 — Auftrag Nr. 1217

② Auftraggeber: Kurt Rütgers, Steinmetzstraße, 68133 Mannheim — Fachbetrieb für Gebäudetechnik (Auftragnehmer): ElektroTeam

Anlage: 2. OG — Netzspannung 230/400 V — ③ Netzsystem: TN ☒ TT ☐ IT ☐

Zuständiger VNB: Neon AG — Zähler-Nr. 39017753 — Zählerstand: 12 475,0

Prüfung: DIN VDE 0100 Teil 610 ☒ DIN VDE 0105 ☐ BGV A3 ☐ E-CHECK ☐ Sonstige: ☐

Anlaß: Neuanlage ☐ Instandsetzung ☐ Erweiterung ☒ Änderung ☐ Wiederholungsprüfung ☐

Besichtigung: Schutz gegen direktes Berühren ☒, Brandschottungen ☒, Leiter (Strombelastbarkeit / Spannungsfall) ☒, Erdungs- u. Potenzialausgl.-Leiter ☒, Schutz- u. Überwachungseinrichtungen ☒, Trenn- und Schalteinrichtungen ☒, Auswahl Betriebsmittel (äuß. Einflüsse) ☒, Kennzeichnung Neutral- / Schutzleiter ☒, Schaltungsunterl., Warnhinweise ☒, Kennzeichnung ☒, Sicherheitsanforderungen ☒, Einhaltung der Errichtungsnormen ☒, Zugänglichkeit ☒, Gebäudesystemtechnik: Anordnung der Buskomponenten ☒, Leitungsverlegung/ Leitungslängen ☒, Zielbezeichnungen ☒, Dokumentation ☐

Bemerkungen:

Erprobung: Funktion der el. Anlage ☒, Funktion der Schutzeinrichtungen ☒, Funktion der Gebäudesystemtechnik ☒, Drehrichtung der Motoren ☐, Rechtsdrehfeld der Steckdosen ☐

④ Übergabebericht ☒ Bestandsaufnahme ☐

Anlagenteil / Raum — Stromkreis-Nr. 3 — Leuchten-/ auslass — Steckdosen — Schalter/ Taster

⑤ Messung: Durchgäng. Schutzleiter ☒ Haupt-/ zus. Potenzialausgl. ☒ Erdungsw. R_E = 0,6 Ω Isolationsw. Busleit. R_{iso} = MΩ

Stromkreis	Leitung/ Kabel Kurzzeichen	Aderzahl	A [mm²]	Isolationswiderstand R_{iso} [MΩ]	Überstromschutzeinrichtung Charakteristik	I_n [A]	Z_S [Ω] / I_K [A]*	Fehlerstrom-Schutzeinrichtung (RCD) I_n [A]	$I_{\Delta n}$ [mA]	U_B [V] (≤ U_L)	Ausl.-Zeit t_A [ms]	I_Δ [mA] (≤ $I_{\Delta n}$)
Hauptltg.	NYM	4	16	85,3	gL	50						
E-Herd	NYM	5	2,5	83,4	B	16	255					
Warmwsp.	NYM	3	1,5	86,6	B	16	229					
Gesch-sp.	NYM	3	1,5	87,5	B	16	230					
Küche	NYM	3	1,5	90,4	B	16	229					
Wohnzim.	NYM	3	1,5	81,5	B	16	229					
Schlafzim.	NYM	3	1,5	80,6	B	16	229					
Bad	NYM	3	1,5	84,5	B	16	229	16	30	0,02	23	24,7
Flur	NYM	3	1,5	85,4	B	16	230					

Verwendete Messgeräte nach DIN VDE: Fabrikat Metrawatt, Typ Profi Test 01ros

⑥ Nächster Prüftermin: 27.3.2014 — ☒ Prüfplakette im Verteiler eingeklebt am 27.3.2009

Die elektrische Anlage entspricht den anerkannten Regeln der Elektrotechnik und ist mängelfrei ☒ ja ☐ nein — ☒ Gemäß Übergabebericht funktionsfähig übernommen ☐ Gemäß sichtbarer Bestandsaufnahme geprüft

Mannheim, den 27.3.2009 (Ort, Datum) — Schimper (⑦ Unterschrift Prüfer) | Mannheim, den 27.3.2009 — Meister Strom (⑧ Unterschrift Verantwortlicher zur Kenntnis) | Mannheim, den 27.3.2009 — Rütgers

Abb. 2 Formblatt zur Besichtigung, Erprobung und Messung (Auszug)

Von $Z_{Sch'}$ müssen wegen des Messverfahrens 30 % abgezogen werden. Die Schleifenimpedanz darf also maximal $Z_{Sch} \leq 2{,}02\ \Omega$ betragen. (Abb. 2 ⊳ 99, Abb. 1 ⊳ 98)

3 Überprüfung der Fehlerstrom-Schutzeinrichtung

a) Die Funktion des FI-Schutzschalters (RCD) wird durch Drücken der Prüftaste (Abb. 2 ⊳ 95) überprüft. Siehe hierzu auch Tabelle 1, S. 94
b) Bei jedem Stromkreis, der mit einem FI-Schutzschalter überwacht wird, muss mit dem Universalmessgerät (Abb. 1 ⊳ 98) die im Fehlerfall auftretende Berührungsspannung ($U_B \leq 50$ V) und die Auslösezeit ($t \leq 0{,}4$ s) gemessen werden. Gemessen wurden Berührungsspannungen von $U_B \approx 1$ V und Auslösezeiten von $t \approx$ 25 ms. Der Auslösefehlerstrom betrug dabei $I_{\Delta N} \approx$ 22 mA. Die Elektroinstallation kann nun dem Kunden übergeben werden.

Abb. 1 Messung mit dem Schleifenimpedanzmessgerät

2.1.7 Installation des Schlafzimmers und des Balkons

Aufgabe:

Für Schlafzimmer und Balkon soll die Installation geplant werden!

Der vorliegende Grundriss (Abb. 1) gibt Aufschluss darüber, welche Betriebsmittel im Schlafzimmer und auf dem Balkon Verwendung finden. Die Zuleitung zu der Abzweigdose ist vorhanden. Im Schlafzimmer soll eine Kreuzschaltung, auf dem Balkon eine Ausschaltung und zwei abschaltbare Steckdosen installiert werden.

1 Entnehmen Sie dem Grundriss die Art und Anzahl der verschiedenen Betriebsmittel!

2 Zeichnen Sie den Stromlaufplan in zusammenhängender Darstellung.

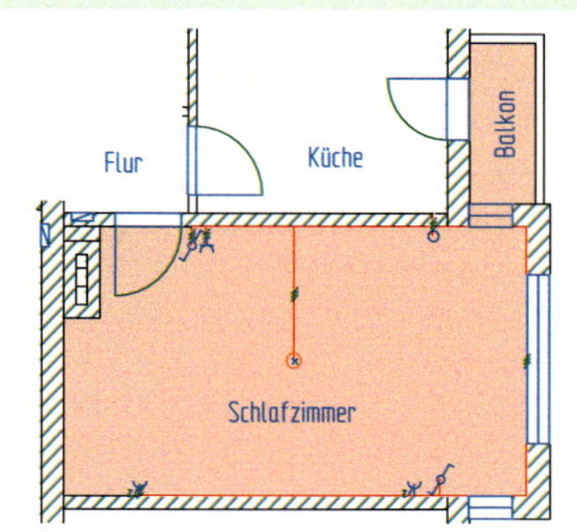

Abb. 1 Grundriss des Schlafzimmers und des Balkons mit Betriebsmitteln

Prüfen Sie Ihr Wissen:

1 Wie kann die Funktion eines FI-Schutzschalters geprüft werden?

2 Wie hoch ist nach der Tabelle 1 ▷ 129 der Leiterquerschnitt einer Leitung, die mit 16 A Wechselstrom belastet wird, wenn die Verlegeart B2 (Rohre im Mauerwerk) gewählt wird?

3 Warum reicht der auftretende Fehlerstrom beim Eintauchen eines Föhns in eine mit Wasser gefüllte Badewanne nicht zur Abschaltung der vorgeschalteten Sicherung aus?

4 In einer Küche wird beim Betreiben von mehreren Elektrogeräten ständig der Leitungsschutzschalter ausgelöst. Nennen Sie mögliche Ursachen! Was kann getan werden, um das Auslösen des Leitungsschutzschalters zu verhindern?

5 Der Kunde möchte im Schlafzimmer ein elektrisches Gerät mit P = 3,5 kW (Heizung) nachträglich einbauen. Welche Konsequenzen hat dies für die Elektroinstallation?

6 Ein Elektriker berührt in der Unterverteilung eine unter Spannung stehende Leitung, ohne eine Stromeinwirkung zu bemerken. Wie ist dies zu erklären?

7 Wie wirkt sich die Strombelastbarkeit auf Leitungen aus, wenn sich die Umgebungstemperatur (z. B. Kühlhaus) verringert?

8 Eine Leitung mit einer Querschnittsfläche von 1,5 mm^2 darf mit 16 A abgesichert werden. Bei gleichen Bedingungen darf bei 2,5 mm^2 die Leitung mit 20 A abgesichert werden. Obwohl sich die Querschnittsfläche um 66 % erhöht hat, darf nur ein um 25 % höherer Strom fließen. Begründen Sie, warum!

9 Welche Faktoren beeinflussen die zulässige Strombelastbarkeit bei einer Leitung?

10 Nennen Sie mögliche Ursachen für einen zu geringen Isolationswiderstand!

11 Welche Gefahr stellt eine zu hohe Schleifenimpedanz dar? Wie kann diese Gefahr beseitigt werden?

12 Löst der FI-Schutzschalter bei einem Kurzschluss (Phase-N) aus?

13 Die Waschmaschine löst sofort nach dem Anschließen an die Steckdose im Bad den FI-Schutzschalter aus. Nennen Sie mögliche Ursachen!

14 Ein Kunde kommt zu Ihnen und hat folgendes Problem:
Im Bad wurde ein Durchlauferhitzer mit P = 21 kW neu installiert. Als Zuleitung wurde eine neue Leitung (NYM-J 4 x 2,5 mm^2) verlegt. Die Absicherung wurde mit Leitungsschutzschaltern B 3 x 16 A durchgeführt. Beim Duschen lösen nun die Leitungsschutzschalter aus. Machen Sie dem Kunden einen Vorschlag, wie das Problem zu lösen ist. Ein anderer „Elektriker" hat das Problem dadurch gelöst, dass er NEOZED-Sicherungen 3 x 32 A eingebaut hat. Was halten Sie von der Maßnahme? Was ist zu befürchten?

15 Als Brandursache wurde vom Sachverständigen ein elektrischer Kurzschluss festgestellt. Wie kann ein Kurzschluss zu einem Brand führen?

16 Bei der Isolationsmessung wurde zwischen Phase und N-Leiter ein Widerstand R_{ISO} = 0,5 kΩ gemessen. Beurteilen Sie den Wert!

17 Bei einem Mikrowellenherd löst der Leitungsschutzschalter (B 16 A) manchmal aus. Der Auszubildende schlägt vor, einen Leitungsschutzschalter C 16 A zu verwenden. Ist dies ohne weiteres möglich? Es wird kein RCD-Schalter verwendet.

18 Wodurch können im öffentlichen Energienetz Überspannungen auftreten? Welche Folgen können Überspannungen auf Elektrogeräte haben, wenn kein Überspannungsschutz vorhanden ist?

19 Welche Informationen lassen sich aus den mit Pfeil gekennzeichneten Angaben entnehmen?

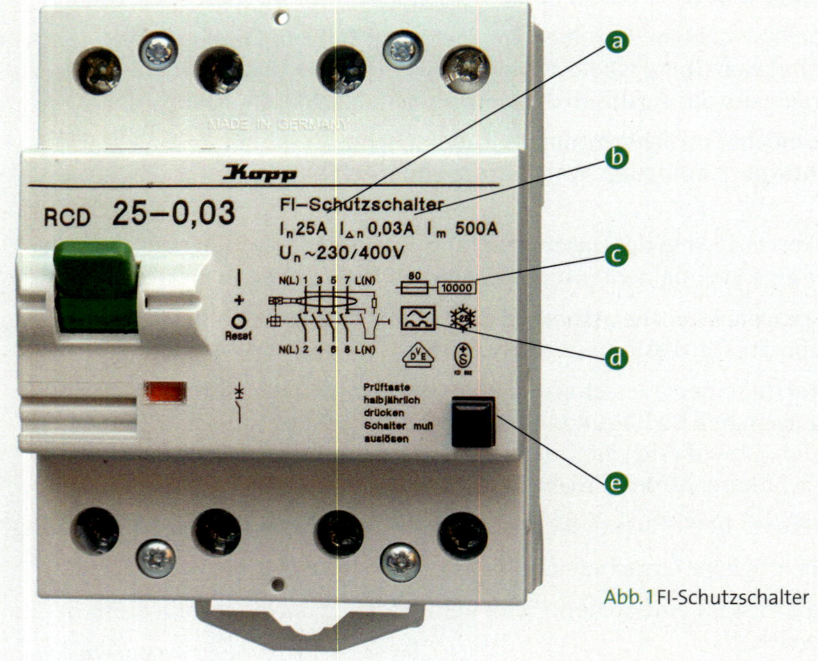

Abb. 1 FI-Schutzschalter

Basiswissen Elektrotechnik II

Elektrische Leistung sowie Arbeit, Widerstand und Leistung

Auf dem Typenschild (Abb. 1) eines Wasserkochers stehen neben der Spannungsangabe von 230 V~ noch weitere Daten, wie z. B. die Angabe 3000 W. Auch wird bei Maschinen der Leistungsfaktor $\cos \varphi$ angegeben.

Die Angabe 3000 W beschreibt die Leistung *P* (engl. *power*) eines Verbrauchers in Watt.

Was verstehen wir unter Leistung?

Es ist zu vermuten, dass die Halogenglühlampen mit höherer Leistung auch einen höheren Strom aufnehmen, da die Betriebsspannung von 230 V allen gleich ist. Um dies zu untersuchen, wird eine Versuchsschaltung, wie in Abb. 3 dargestellt, aufgebaut. Dabei werden die Halogenglühlampen nacheinander angeschlossen und Messwerte nach Tabelle 1 ermittelt.

P in W gegeben	*I* in A gemessen	$P = U \cdot I \cdot \cos \varphi$ berechnet
40	0,173	39,8
60	0,260	59,8
100	0,432	99,4

Tabelle 1 Messwerte bei $U = 230\,\text{V}$ und $\cos \varphi = 1$

Wenn man die konstante Betriebsspannung von $U = 230\,\text{V}$ mit den jeweiligen Stromwerten multipliziert, so ergeben sich in etwa die auf den Glühlampen angegebenen Leistungen.

Merke:

Die elektrische Leistung P im Wechselstromkreis ist das Produkt aus Spannung U, Stromstärke I und Leistungsfaktor $\cos \varphi$

$P = U \cdot I \cdot \cos \varphi$

Die Einheit der Leistung ist Watt.

1 V · 1 A = 1 VA = 1 W

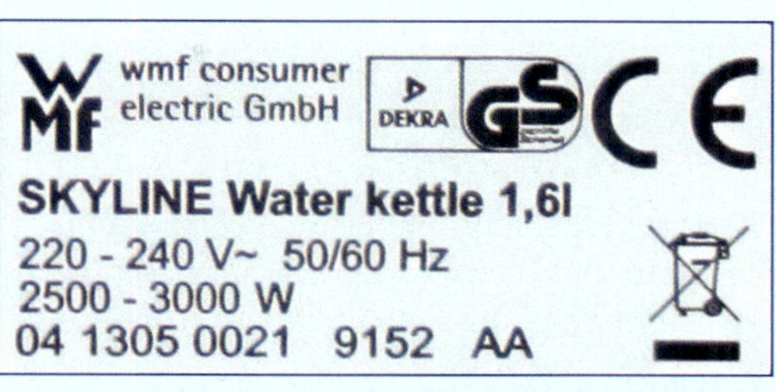

Abb. 1 Typenschild eines Haushaltswasserkochers

Abb. 2 Leistungsschild einer Handbohrmaschine

Was ist elektrische Arbeit?

Aus den vorangegangenen Abschnitten wissen wir, dass zur Erzeugung eines Stromflusses in einem Stromkreis Energie benötigt wird. Diese elektrische Energie steht uns in Form einer Spannung, z. B. an einer Steckdose, zur Verfügung. Schließen wir einen Wasserkocher an eine Spannung an, so wird elektrische Arbeit verrichtet. Das Wasser im Kocher erwärmt sich durch die Energiezufuhr. Es findet ein Energiewandlungsprozess von elektrischer Energie in Wärmeenergie statt.

Merke:

Arbeit ist Energieumwandlung.

Es ist leicht zu verstehen, dass ein Gerät mit höherer Leistung in der Lage ist, die Energie schneller zu wandeln, und dass die verrichtete Arbeit *W* (engl. *work*) umso größer wird, je länger die entsprechende Leistung aufgebracht wird.

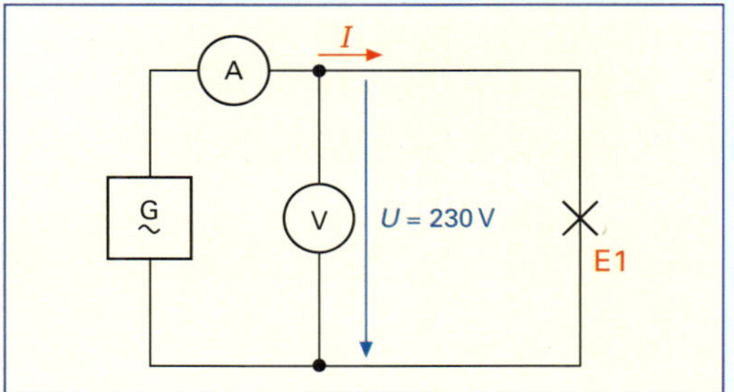

Abb. 3 Messschaltung zur Ermittlung des Zusammenhanges zwischen Leistung und Strom

Arbeit $W \sim$ Leistung P
Arbeit $W \sim$ Zeit t

$$W = P \cdot t$$

Die Einheit der Arbeit W ergibt sich zu W·s (Watt·Sekunde)

$$1\,W \cdot 1\,s = 1\,Ws = 1\,J$$

James Watt – 1736–1819

Britischer Ingenieur und Erfinder. Entwickelte die erste direkt wirkende Dampfmaschine. Nach ihm wird die Einheit der Leistung benannt.

In der Praxis wird die elektrische Arbeit in kWh (Kilowattstunden) gemessen.

$$1\,kWh = 1000\,W \cdot 3600\,s$$
$$1\,kWh = 3\,600\,000\,Ws$$

Elektrische Arbeit wird mit einem „Stromzähler" (eigentlich Arbeitszähler) gemessen (Abb. 1).

Abb. 1
Drehstromzähler

Merke:
- *Die Arbeit W ist das Produkt aus der Leistung P mal der Zeit t.*
- *Die Einheit der Arbeit W ist die Wattsekunde Ws oder auch die Kilowattstunde kWh.*

Prüfen Sie Ihr Wissen:

1. Erklären Sie den Unterschied zwischen Leistung und Arbeit!
2. Wie kann man elektrische Leistung messen?
3. Die Glühlampe einer Deckenleuchte trägt die Aufschrift 230 V/75 W. Berechnen Sie die Stromstärke der Lampe!
4. Berechnen Sie, wie viel Arbeit in kWh eine elektrische Kochplatte mit 1150 W in 20 min verrichtet!
5. Ein Kunde erhält eine Jahresabrechnung seines Stromanbieters, die einen Betrag ohne Grundgebühr von 872,52 € ausweist. Der Energiepreis je kWh beträgt 16 Cent (einschl. Strom- und Umsatzsteuer). Berechnen Sie die durchschnittliche Jahresleistung (365 Tage)!

Widerstand und Leistung

Mit der Kochplatte wandeln wir elektrische Energie in Wärme um. Im Innern einer Kochplatte befinden sich drei Heizdrähte, die wir als Widerstände betrachten können. Es sind die Betriebsmittel R_1, R_2 und R_3 (Abb. 1 ⊳ 105 und 2 ⊳ 105).

Welche Größen bestimmen die Leistung einer Kochplatte?

- Ist die Platte eingeschaltet, liegt an ihr die konstante Spannung $U = 230\,V$.
- Je nach Schalterstellung sind verschiedene Widerstände R zugeschaltet.
- Die Größe der Widerstände bestimmt den Strom I.
- Jede Schalterstellung bewirkt eine andere Leistung P.

Tabelle 1 ⊳ 105 zeigt Messwerte einer Kochplatte mit 7 Schaltstufen (0 bis 6) und ihren entsprechenden Leistungen, die der Hersteller angibt.

Wenn wir den aufgenommenen Strom und die konstante Spannung messen, können wir mit Hilfe des ohmschen Gesetzes den jeweiligen Widerstand R berechnen.

Abb. 1 Messungen an einer elektrischen Kochplatte

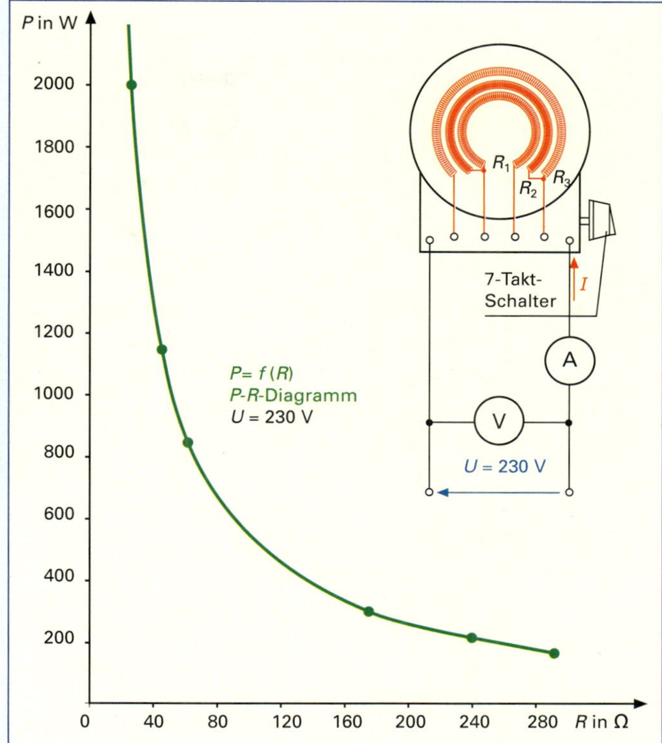

Abb. 2 Elektrische Leistung an einer Kochplatte in Abhängigkeit vom Widerstand, bei konstanter Spannung; $P = f(R)$

Welcher Zusammenhang besteht zwischen Leistung und Widerstand?

Beispiel für Schaltstufe 2:

$$R = \frac{U}{I}$$

$$R = \frac{230\,\text{V}}{0{,}96\,\text{A}}$$

$$R = 239{,}5\,\Omega \approx 240\,\Omega$$

Entsprechend ergibt sich für die Schaltstufe 5 ein Widerstand von $R = 46\ \Omega$. Wenn bei konstanter Spannung der Widerstand R sinkt, steigt der Strom I und damit die Leistung P. Anschaulich lässt sich ein solcher Wirkungszusammenhang durch eine Wirkungskette beschreiben:

$R \uparrow I \downarrow P \downarrow$

oder auch

$R \downarrow I \uparrow P \uparrow$

Um den Zusammenhang von Widerstand und Leistung bildlich darzustellen, zeichnen wir ein Diagramm der Leistung in Abhängigkeit des Widerstandes (Abb. 2).

- Die Leistung ist umso größer, je kleiner der Widerstand ist.
- Die Leistung ist umso kleiner, je größer der Widerstand ist.

Leistung und Widerstand sind also umgekehrt proportional.

$P \sim \frac{1}{R}$ (lies: P ist proportional zu Eins durch R)

Um für diesen umgekehrt proportionalen Zusammenhang eine Formel zu finden, muss ein Proportionalitätsfaktor, also eine weitere Größe hinzukommen. Es ist zu vermuten, dass es der Strom oder die Spannung sein müssen, da diese Größen für die Leistung bestimmend sind.

	Schaltstufen						
	0	6	5	4	3	2	1
P in W	0	2000	1150	850	300	220	175
I in A	0	8,7	5	3,7	1,3	0,96	0,76
R in Ω	∞	26,5	46	62,2	176	240	302

Ermitteln des Proportionalitätsfaktors

Um die fehlende Größe mit ihrer Einheit zu ermitteln, bedienen wir uns schon bekannter Zusammenhänge:

- für die Leistung $P = U \cdot I$ ($\cos \varphi = 1$)
- und das ohmsche Gesetz in der Form

$$I = \frac{U}{R}$$

Wir setzen das ohmsche Gesetz in die Formel zur Leistungsberechnung ein:

$$P = U \cdot \frac{U}{R}$$

Für die Leistung erhalten wir dann die Formel:

$$\boxed{P = \frac{U^2}{R}}$$

Die Leistung hängt vom Quadrat der Spannung ab. Diese Aussage lässt sich folgendermaßen interpretieren: Wenn der Widerstand konstant bleibt und die Spannung sich verdoppelt, dann vervierfacht sich die Leistung!

Ersetzen wir die Spannung mit dem ohmschen Gesetz in der Form $U = I \cdot R$ und setzen dies in obige Formel ein, so ergibt sich:

$$P = \frac{U^2}{R} = \frac{(I \cdot R) \cdot (I \cdot R)}{R} = \frac{I^2 \cdot R^2}{R}$$

Der Widerstand R lässt sich im Nenner herauskürzen, und so verbleibt:

$$\boxed{P = I^2 \cdot R} \; (\cos \varphi = 1)$$

Die Leistung hängt vom Quadrat des Stromes ab. Wenn der Widerstand konstant bleibt und sich der Strom verdoppelt, dann vervierfacht sich die Leistung.

Merke:

- *Wenn bei konstanter Spannung der Widerstand in einem Stromkreis verkleinert wird, erhöht sich die Leistung.*
- *Wenn bei konstanter Spannung der Widerstand in einem Stromkreis vergrößert wird, sinkt die Leistung.*
- *Wenn der Widerstand konstant bleibt, gibt es zwischen der Leistung und der Spannung, einen quadratischen Zusammenhang.*
- *Wenn der Widerstand konstant bleibt, gibt es zwischen der Leistung und dem Strom einen quadratischen Zusammenhang.*

Leistungsmessung

Bei einer elektrischen Kochplatte kann die Leistung mit Hilfe der Schalterstellung gewählt werden. Um diese Leistung messen zu können, müssen die Größen Spannung U und Strom I gemessen werden. Die Leistung kann dann mit der Formel $P = U \cdot I$ berechnet werden. Abb. 1 zeigt einen möglichen Messaufbau.

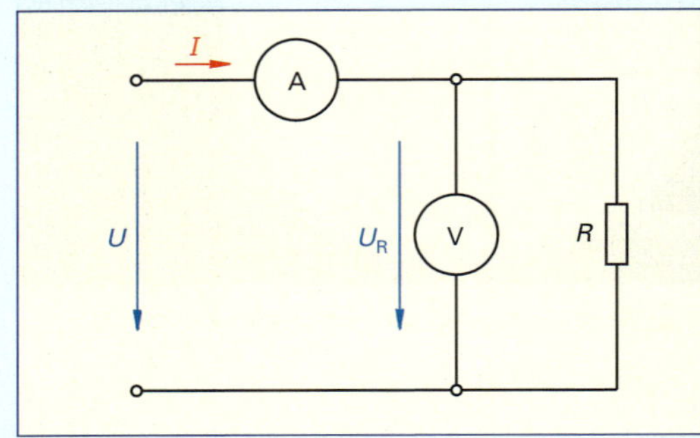

Abb. 1 Leistungsmessung mit Strom- und Spannungsmesser

Es gibt Messgeräte, die direkt die Leistung messen können (Abb. 2). Betrachten wir das Schaltzeichen des Leistungsmessers, so können wir zwei Pfade erkennen. Abb. 2 ▷ 107 zeigt die beiden Pfade. Der Strompfad wird stets wie ein Strommesser, der Spannungspfad wie ein Spannungsmesser angeschlossen. Das Gerät rechnet intern die Leistung aus dem Produkt von Strom und Spannung aus. Ein Leistungsmessgerät hat daher vier Anschlüsse. In der Praxis gibt es auch Messgeräte mit drei Anschlüssen, weil bereits zwei Anschlüsse miteinander verbunden sind.

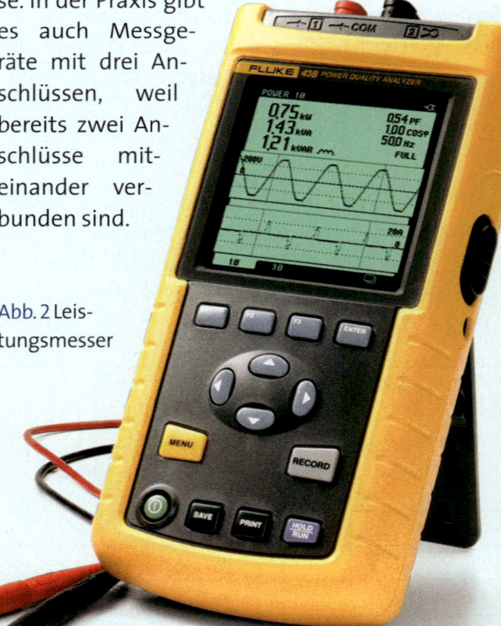

Abb. 2 Leistungsmesser

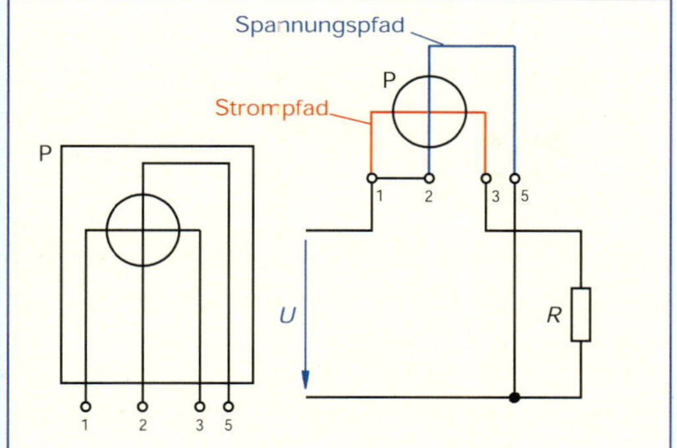

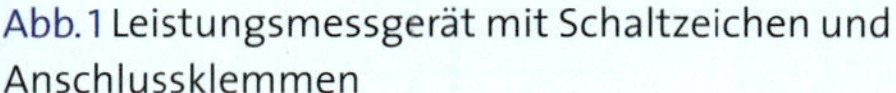

Abb. 1 Leistungsmessgerät mit Schaltzeichen und Anschlussklemmen

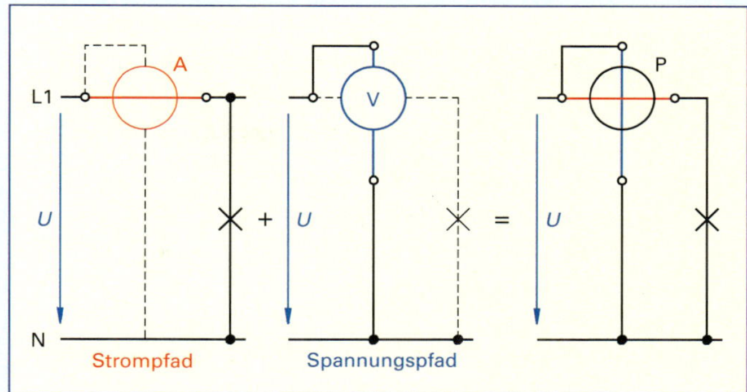

Abb. 2 Leistungsmesser mit Strom- und Spannungspfad

Prüfen Sie Ihr Wissen:

1 Welche Größen bestimmen die Leistung einer Kochplatte?

2 Wenn die in Abb. 1 ▷ 105 gezeigte Kochplatte von der einen in die andere Stufe umgeschaltet wird – welche Größen ändern sich, welche bleiben konstant?

3 Eine Glühlampe ist an 230 V angeschlossen und besitzt eine Leistung von 150 W. Wie groß ist ihr Widerstand?

4 Ein Heizgerät von 2 kW wird an 230 V betrieben. Wie groß ist die Stromstärke?

5 Wie ändert sich bei konstanter Spannung die Leistung in einem Stromkreis, wenn der Widerstand eines Verbrauchers a) halbiert bzw. b) verdoppelt wird?

Schaltung von Widerständen

Wenn wir mit dem Spannungsmesser an einem Lampenauslass oder einer Steckdose messen, stellen wir fest, dass eine Spannung von 230 V anliegt, gleichgültig in welchem Raum oder in welchem Stockwerk eines Gebäudes wir uns befinden. Wie kann es sein, dass wir immer die gleiche Spannung messen?

Parallelschaltung

Schließt man nun Verbraucher, z. B. Lampen, oder elektrische Geräte, z. B. Haushaltsgeräte, an, so liegen diese an einer Art „Spannungsschiene“, wie in Abb. 3 und Abb. 4 dargestellt.

Für die Parallelschaltung gibt es demnach eine gemeinsame Größe: die Spannung *U*.

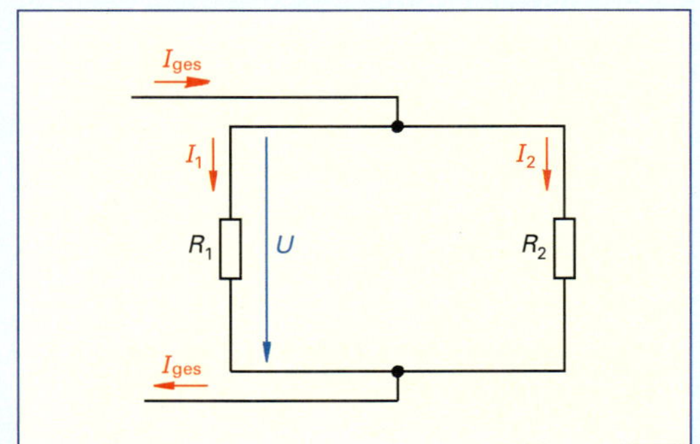

Abb. 3 Die Parallelschaltung

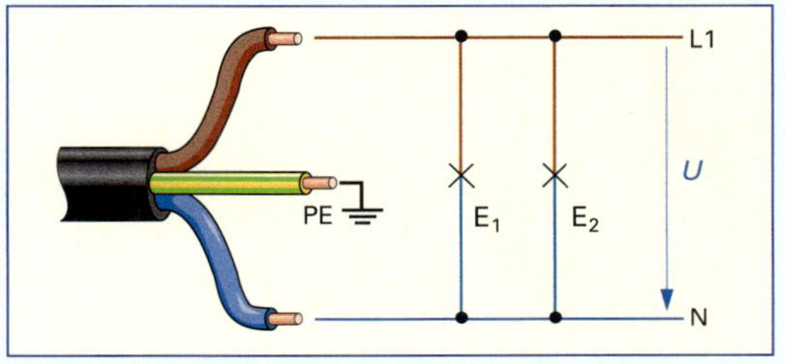

Abb. 4 Anschluss elektrischer Geräte

Der Gesamtstrom I_{ges} verzweigt sich in den Strom I_1 und den Strom I_2. Da der Strom, der in einen Stromkreis hineinfließt, auch wieder herausfließen muss, gilt das 1. Kirchhoff'sche Gesetz:

> 1. Kirchhoff'sches Gesetz
> $I_{ges} = I_1 + I_2 + ... + I_n$

Reihenschaltung

Aus den Vorüberlegungen ist zu ersehen, dass es bei der Reihenschaltung eine gemeinsame Größe gibt, den Strom I. Die gesamte Spannung U_{ges} an einer Reihenschaltung teilt sich auf die einzelnen Verbraucher auf. Durch Addieren der Einzelspannungen U_n kann die Gesamtspannung errechnet werden (Abb. 1 und Abb. 2).

> 2. Kirchhoff'sches Gesetz
> $U_{ges} = U_1 + U_2 + ... + U_n$

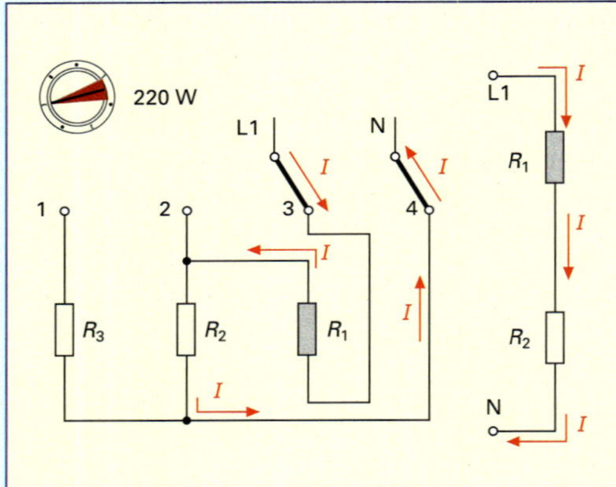

Abb. 1 Widerstandschaltung einer Kochplatte

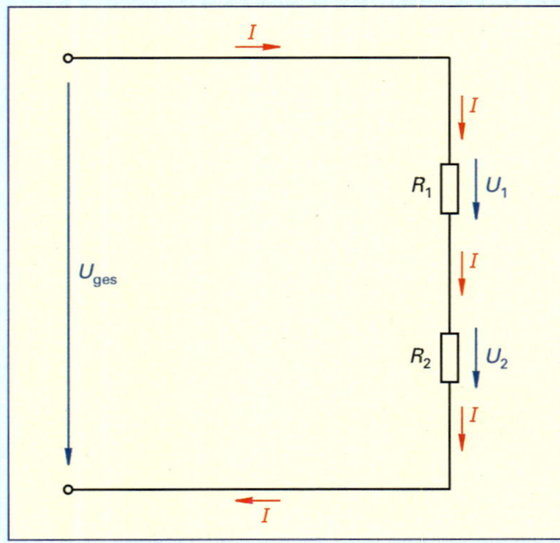

Abb. 2 Reihenschaltung

Gesamtwiderstände

Wie kann man aus den Einzelwiderständen nun den wirksamen Gesamtwiderstand bestimmen?

Parallelschaltung

Betrachten wir zunächst den bekannten Sachverhalt der verzweigten Ströme (Abb. 3):

$$I_{ges} = I_1 + I_2 + ... + I_n$$

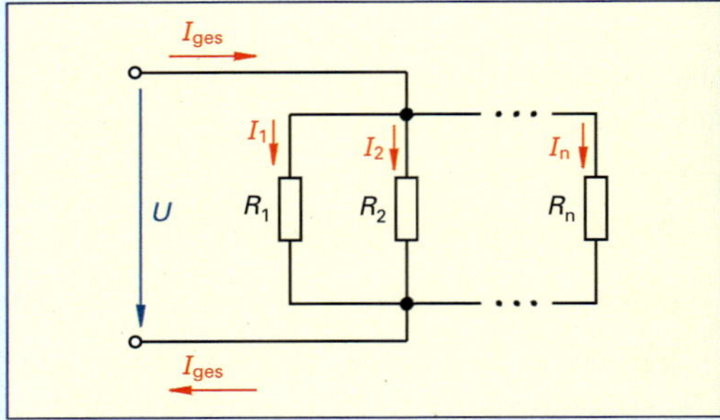

Abb. 3 Parallelschaltung von Widerständen

Wir berechnen die einzelnen Stromstärken mit der Spannung und den Einzelwiderständen:

$$I_{ges} = \frac{U}{R_{ges}}; I_1 = \frac{U}{R_1};$$

$$I_2 = \frac{U}{R_2}; ... I_n = \frac{U}{R_n};$$

Wir benutzen das 1. Kirchhoff'sche Gesetz:

$$I_{ges} = \frac{U}{R_{ges}} = \frac{U}{R_1} + \frac{U}{R_2} + ... + \frac{U}{R_n}$$

Wir teilen durch die gemeinsame Größe Spannung U:

$$\boxed{\frac{1}{R_{ges}} = \frac{1}{R_1} + \frac{1}{R_2} + ... + \frac{1}{R_n}}$$

Die Kehrwerte der Widerstände können durch den so genannten Leitwert G ersetzt werden.

$$G_{ges} = \frac{1}{R_{ges}} \text{ und somit}$$

$$\boxed{G_{ges} = G_1 + G_2 + G_3 + ... + G_n}$$

Sind zwei Widerstände parallel geschaltet, gilt:

$$\frac{1}{R_{ges}} = \frac{1}{R_1} + \frac{1}{R_2}$$

Auf den Hauptnenner gebracht:

$$\frac{1}{R_{ges}} = \frac{R_2}{R_1 \cdot R_2} + \frac{R_1}{R_1 \cdot R_2} = \frac{R_1 + R_2}{R_1 \cdot R_2}$$

$$\boxed{R_{ges} = \frac{R_1 \cdot R_2}{R_1 + R_2}} \quad \frac{\text{Produkt}}{\text{Summe}}$$

Reihenschaltung

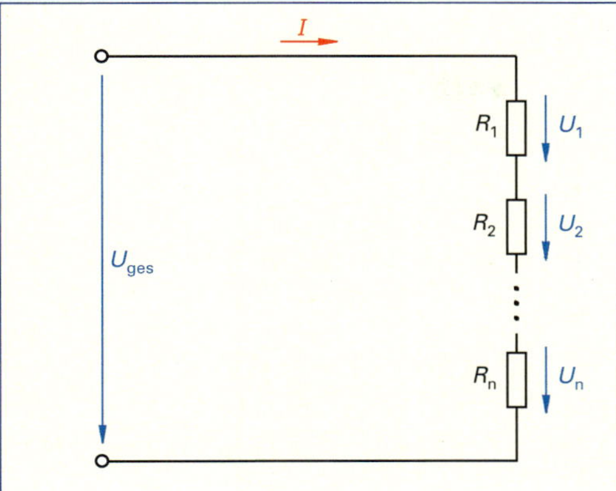

Abb. 1 Reihenschaltung von Widerständen

Betrachten wir zunächst den bekannten Sachverhalt der Spannungsaufteilung (Abb. 1):

$$U_{ges} = U_1 + U_2 + ... + U_n$$

Wir berechnen die einzelnen Spannungen mit dem Strom und den Einzelwiderständen:

$$U_{ges} = I \cdot R_{ges}; \; U_1 = I \cdot R_1;$$
$$U_2 = I \cdot R_2; \; ... \; U_n = I \cdot R_n$$

Wir benutzen das 2. Kirchhoff'sche Gesetz:

$$I \cdot R_{ges} = I \cdot R_1 + I \cdot R_2 + ... + I \cdot R_n$$

Wir teilen durch die gemeinsame Größe der Stromstärke I:

$$R_{ges} = R_1 + R_2 + ... + R_n$$

Praxistipp:

In der niedrigsten Leistungsstufe (Schaltstufe 1) liegen die Widerstände der Kochplatte alle in Reihe. In dieser Schalterstellung kann man die 7-Takt-Kochplatte auf Vorhandensein eines Leiterbruches prüfen. Bei Leiterbruch kann sich die Kochplatte nicht erwärmen.

Merke:

Parallelschaltung:

- *Widerstände sind immer dann zueinander parallel geschaltet, wenn sie an der gleichen Spannung liegen.*
- *Bei der Parallelschaltung ist die Gesamtstromstärke I_{ges} gleich der Summe der Einzelstromstärken I_n.*
- *Bei der Parallelschaltung ist der Gesamtwiderstand R_{ges} stets kleiner als der kleinste Einzelwiderstand R_n*
- *Bei der Parallelschaltung lässt sich der Kehrwert des Gesamtwiderstandes durch die Summe der Kehrwerte der Einzelwiderstände errechnen.*
- *Bei der Parallelschaltung ergibt sich der Gesamtleitwert aus der Summe der Einzelleitwerte.*

Reihenschaltung:

- *In der Reihenschaltung fließt durch alle Widerstände derselbe Strom.*
- *Bei der Reihenschaltung ist die Gesamtspannung U_{ges} gleich der Summe der Einzelspannungen U_n.*
- *Bei der Reihenschaltung ist der gesamte Widerstand R_{ges} stets größer als der kleinste Einzelwiderstand.*
- *Bei der Reihenschaltung von Widerständen lässt sich der Gesamtwiderstand durch die Summe der Einzelwiderstände ermitteln.*

Prüfen Sie Ihr Wissen:

1 Wie ändert sich der Gesamtstrom, wenn ein weiterer Widerstand zu anderen Widerständen parallelgeschaltet wird?

2 Nennen Sie Beispiele von parallelgeschalteten Widerständen (Verbrauchern)!

3 Vier Widerstände: $R_1 = 12\,\Omega$, $R_2 = 22\,\Omega$, $R_3 = 56\,\Omega$ und $R_4 = 120\,\Omega$ sind parallelgeschaltet und liegen an einer Spannung von 230 V.
Bestimmen Sie die Teilströme! Wie groß ist der Gesamtstrom?

4 Zwei Widerstände sind parallelgeschaltet, ein Widerstand wird vergrößert. Welche Größen verändern sich in welcher Weise und welche ändern sich nicht?

5 Zwei Widerstände sind in Reihe geschaltet, ein Widerstand wird verkleinert. Welche Größen verändern sich in welcher Weise? Welche ändern sich nicht?

Grundgrößen des Wechselstromes

Wir messen mit einem Oszilloskop an einer Steckdose den Spannungsverlauf über die Zeit. Es ergibt sich der in Abb. 1 dargestellte sinusförmige Verlauf. Ein Oszilloskop ist in der Lage, zeitabhängige Größen darzustellen, um ihren Verlauf über die Zeit zu erkennen.

Heinrich Hertz – 1857–1894

deutscher Physiker; wies 1886 langwellige elektromagnetische Wellen (Rundfunkwellen) nach. Seine Versuche waren grundlegend für die Radiotechnik. Nach ihm benannt ist die Einheit der Frequenz.

Zu jedem Zeitpunkt ist ein anderer Spannungswert abzulesen, der Augenblickswert ❶ oder auch Momentanwert genannt wird. Dieser wird mit dem Kleinbuchstaben *u* bezeichnet. Veränderliche Größen werden in der Wechselstromtechnik grundsätzlich mit Kleinbuchstaben bezeichnet! Wenn der größte Spannungswert erreicht ist, wird dieser als Maximalwert $\hat{u}$ ❷ oder auch Scheitelwert bezeichnet. Das gilt auch beim negativen Maximum.
Die Stellen, an denen die Spannungskurve die Zeitachse durchläuft, nennt man Nulldurchgang ❸. Beim dritten Nulldurchgang beginnt der Verlauf der Sinuskurve wieder von neuem. Die Zeitspanne für einen Durchlauf wird als Periodendauer *T* ❹ bezeichnet. Die Wechselspannung im Hausnetz hat eine Periodendauer von 20 ms, d. h. alle 20 ms beginnt die Schwingung aufs Neue.

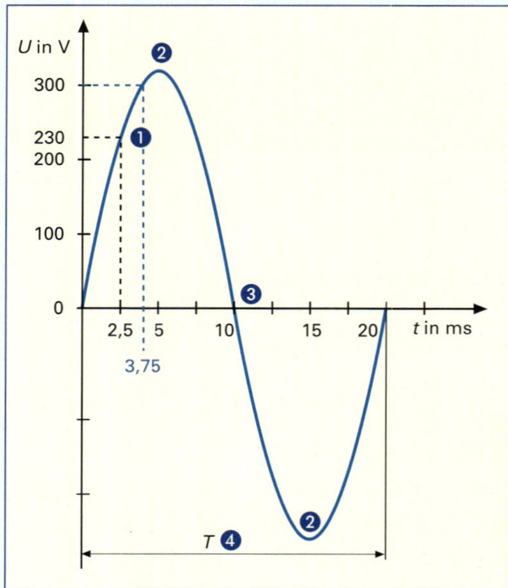

Abb. 1 Sinusförmiger Spannungsverlauf

Dies bedeutet z. B.:

$$\frac{2\ \text{Perioden}}{40\ \text{ms}} = \frac{50\ \text{Perioden}}{1\ \text{s}}$$

50 Perioden laufen in einer Sekunde ab. Dividiert man die Anzahl der Perioden durch die dafür benötigte Zeit, so nennt man dies die Frequenz der Wechselspannung.

$$\text{Frequenz} = \frac{\text{Anzahl der Perioden}}{\text{benötigte Zeit}}$$

Für den Betrachtungszeitraum einer Periode ergibt sich dann:

$$\text{Frequenz} = \frac{\text{eine Periode}}{\text{Periodendauer}}$$

$$\boxed{f = \frac{1}{T}}$$

Die Einheit der Frequenz ist:

$$1\ \text{Hz} = \frac{1}{\text{s}} = \text{s}^{-1}$$

Hz steht für die Einheit Hertz.

Aus Abb. 1 lassen sich nun verschiedene Werte ablesen. Augenblickswerte der Spannung:

$t_1 = 2{,}50$ ms $u = 230$ V
$t_2 = 3{,}75$ ms $u = 300$ V

Maximalwerte der Spannung:

$t_3 = 5{,}00$ ms $\hat{u} = 325$ V
$t_4 = 15{,}00$ ms $\hat{u} = -325$ V

Periodendauer:

0 bis 20 ms $T = 20$ ms

Frequenz:

$$f = \frac{1}{T} = \frac{1}{20\ \text{ms}} = \frac{1}{0{,}02\ \text{s}} = 50\,\frac{1}{\text{s}} = 50\ \text{Hz}$$

Merke:
- *Die Wechselspannung im Hausnetz ändert sinusförmig ihre Größe und ihre Richtung.*
- *Der Maximalwert $\hat{u}$ ist der größtmögliche Wert einer Sinusspannung.*

Merke:

- *Der Augenblickswert u ist der Wert des momentanen Betrachtungsaugenblicks.*
- *Die Periodendauer T ist die Zeit, die während einer Schwingung vergeht.*
- *Die Frequenz f gibt an, wie viele Perioden in einer Sekunde ablaufen. Sie wird in Hz gemessen.*

Prüfen Sie Ihr Wissen:

1 Der Deutschen Bahn steht eine Frequenz von 16 2/3 Hz zur Verfügung. Berechnen Sie die Periodendauer!

2 Wie viele Millisekunden nach dem ersten Nulldurchgang ist bei einer sinusförmigen Spannung der Maximalwert erreicht, wenn die Frequenz 60 Hz beträgt (z. B. in den USA)?

Der Widerstand *R* im Wechselstromkreis

Wir wählen einen in Spannung und Frequenz veränderlichen Generator, bauen die Messschaltung aus Abb. 1 auf und messen dabei die Stromstärke I (alle Werte sind Effektivwerte) (Tabellen 1 und 2). Die Messergebnisse in diesen Tabellen zeigen:

- Die Stromstärke steigt proportional mit der Spannung.
- Eine Veränderung der Frequenz hat keinen Einfluss auf die Stromstärke.

Aus den Größen der Spannung U und der Stromstärke I errechnen wir jeweils den Widerstand R, der auch konstant ist.

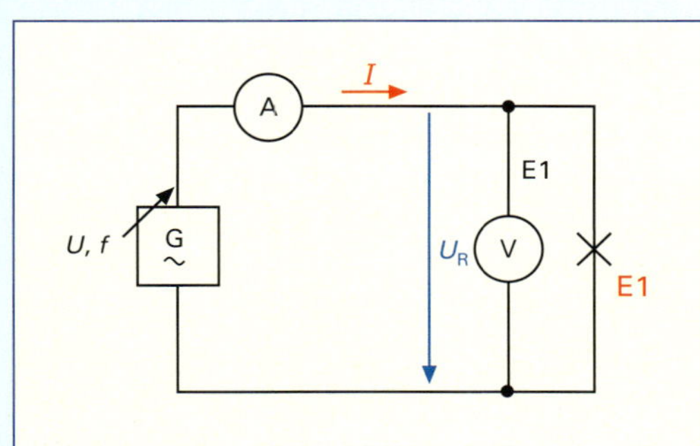

Abb. 1 Messschaltung

Zeitlicher Verlauf von Spannung und Stromstärke

Welchen zeitlichen Verlauf haben Spannung und Stromstärke am Widerstand *R*?

Die Spannung des Haushaltsnetzes hat einen sinusförmigen Verlauf. Wenn die sinusförmige Spannung und die dazugehörige Stromstärke proportional sind, muss auch die Stromstärke sinusförmig verlaufen.

Um den Spannungsverlauf darzustellen, verwenden wir ein Oszilloskop. Übertragen wir nun den Verlauf der Spannung maßstabsgerecht in ein Liniendiagramm, so lässt sich mit Hilfe des ohmschen Gesetzes die Stromstärke zu jedem Zeitpunkt berechnen. Es entsteht der in Abb. 2 dargestellte Verlauf von Spannung und Stromstärke am Widerstand *R*.

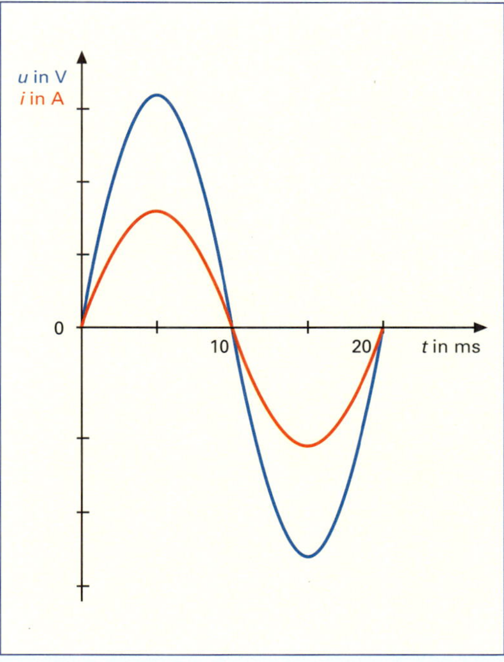

Abb. 2 Liniendiagramm von Spannung und Stromstärke am Widerstand *R*

U in V	I in A	R in Ω
10	0,019	529
20	0,038	529
30	0,057	529
40	0,076	529

Tabelle 1 Messwerte bei f = 50 Hz
f = konstant

f in Hz	I in A	R in Ω
0	0,076	529
100	0,076	529
1 000	0,076	529
10 000	0,076	529

Tabelle 2 Messwerte bei U = 40 V
U = konstant

Man erkennt, dass beide Verläufe zur selben Zeit den Nulldurchgang passieren und zur selben Zeit ihre positiven und negativen Maximalwerte erreichen. Man sagt: Die beiden elektrischen Größen sind zeitgleich, d. h., sie sind in Phase (in anderem Zusammenhang spricht man auch von synchronem Verlauf).

Merke:
- *Auch im Wechselstromkreis gilt das Ohm'sche Gesetz.*
- *Der Widerstandswert R ist unabhängig von der Spannung U und von der Frequenz f.*
- *An einem Widerstand R im Wechselstromkreis sind die Spannung u und die Stromstärke i in Phase.*

Die Leistung am Widerstand *R* im Wechselstromkreis

Muss beim Anschließen einer Halogenglühlampe darauf geachtet werden, ob sie an Gleich- oder an Wechselspannung angeschlossen wird?
Wenn wir nach der Schaltung in Abb. 1 ▷ 111 eine Halogenglühlampe mit 60 W an 230 V Gleichspannung DC anschließen würden und dieselbe Lampe an 230 V Wechselspannung AC, würden wir feststellen, dass sie beide Male gleich hell leuchtet. Dies bedeutet, dass beide Leistungen gleich groß sind.

Die Messung ergibt:

$U = 230\,\text{V}; I = 261\,\text{mA}$

$P = U \cdot I$

$P = 230\,\text{V} \cdot 261\,\text{mA}$

$P = 60\,\text{W}$

Der Effekt der Werte ist also im Gleich- wie im Wechselstromkreis der gleiche, weshalb sie auch Effektivwerte heißen. Diese werden, wie in der Gleichstromtechnik, mit Großbuchstaben bezeichnet.

Es bedeuten:

P Effektivwert der Leistung in W
U Effektivwert der Spannung in V
I Effektivwert der Stromstärke in A

p Augenblickswert der Leistung in W
u Augenblickswert der Spannung in V
i Augenblickswert der Stromstärke in A

Der Effektivwert ist somit während der gesamten Messung der gleiche, obwohl sich die Augenblickswerte der sinusförmigen Spannung zu jedem Zeitpunkt ändern. Es ist also ein quadratischer Mittelwert. Bezieht man den Maximalwert der Spannung 325 V auf den Effektivwert, ergibt sich folgender Faktor:

$$\frac{\hat{u}}{u} = \frac{325\,\text{V}}{230\,\text{V}} = 1{,}413$$

Würde man genauer messen, würde sich die Zahl 1,414 ... = $\sqrt{2}$ ergeben.

Damit gelten folgende Zusammenhänge:

$$\hat{u} = \sqrt{2} \cdot U$$
$$\hat{\imath} = \sqrt{2} \cdot I$$
$$U = \frac{1}{\sqrt{2}} \cdot \hat{u}$$
$$I = \frac{1}{\sqrt{2}} \cdot \hat{\imath} \text{ mit } \frac{1}{\sqrt{2}} = 0{,}707$$

Wie lässt sich die Leistungskurve ermitteln?

Wir berechnen mit der Leistungsformel $p = u \cdot i$ für jeden Zeitpunkt den Augenblickswert der Leistung und tragen diese in ein Diagramm ein (Abb. 1).

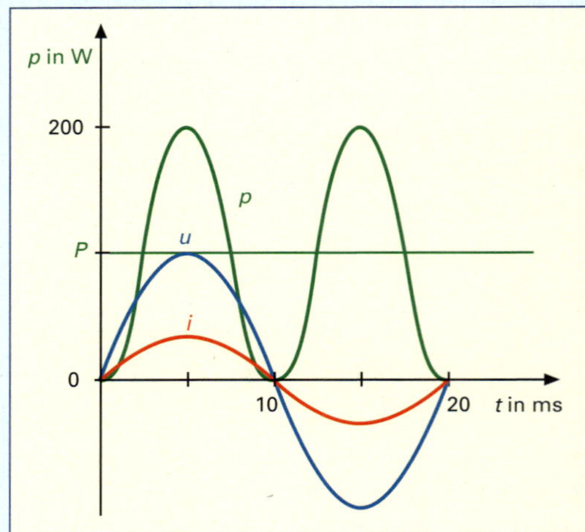

Abb. 1 Liniendiagramm der Leistung *P* an der Halogenglühlampe ($\cos \varphi = 1$)

Man erkennt, dass alle Augenblickswerte der Leistung positiv sind. Dies ist auch logisch, denn würde eine negative Leistung existieren, gäbe die hier betrachtete Halogenglühlampe Leistung an die Quelle zurück. Bei der Berechnung der Leistung werden auch jeweils positive oder negative Werte von Spannung und Stromstärke miteinander multipliziert, so dass mathematisch immer ein positives Ergebnis entsteht.

Der Widerstand R entnimmt folglich der Quelle Leistung. Die an einer Glühlampe angegebene Leistung entspricht dem Mittelwert der Leistungskurve in Abb. 1▷ 110. Und eben diese Leistung würde die Lampe auch einer Gleichspannungsquelle entnehmen.

Wie kann der Effektivwert der Leistung berechnet werden?

Ausgehend von dem Mittelwert der Leistungskurve p gilt:

$$p = \frac{\hat{p}}{2}; \qquad p = \hat{u} \cdot \hat{\imath}$$

$$p = \frac{\hat{u} \cdot \hat{\imath}}{2}; \qquad 2 = \sqrt{2} \cdot \sqrt{2}$$

$$p = \frac{\hat{u} \cdot \hat{\imath}}{\sqrt{2} \cdot \sqrt{2}}; \qquad \hat{u} = \sqrt{2} \cdot U \quad \hat{\imath} = \sqrt{2} \cdot I$$

$$p = \frac{\sqrt{2} \cdot U \cdot \sqrt{2} \cdot I}{\sqrt{2} \cdot \sqrt{2}}$$

$$\boxed{P = U \cdot I} \quad (\text{bei } \cos\varphi = 1)$$

Bei einem beliebigen Elektrogerät (z. B. Staubsauger) berechnet sich die Leistung:

$$\boxed{P = U \cdot I \cdot \cos\varphi}$$

Prüfen Sie Ihr Wissen:

1 Leiten Sie den Effektivwert eines sinusförmigen Wechselstromes von seinem Maximalwert ab!

2 Erklären Sie, warum der Effektivwert der Leistung die Hälfte ihres Maximalwertes ist!

3 Für einen sinusförmigen Strom von $I = 16$ A, $f = 50$ Hz ist der Maximalwert zu berechnen!

4 Mit welchem Messgerät können Maximalwerte von Spannungen gemessen werden?

5 Ein Verbraucher mit einer Leistung von 55 W bei einer Spannung von 24 V DC soll an einer gleichgroßen Wechselspannung betrieben werden. Berechnen Sie dazu $\hat{\imath}$ und I!

Merke:
- *Ein Widerstand R, der einer Wechselspannungsquelle ausschließlich eine positive Leistung entnimmt, wird als Wirkwiderstand R bezeichnet.*
- *Effektivwerte von Wechselstromgrößen haben die gleiche Wirkung wie Gleichstromwerte derselben Größe.*
- *Bei sinusförmigen Größen ist der Maximalwert um den Faktor $\sqrt{2}$ größer als der Effektivwert*
- *Analoge und digitale Messgeräte zeigen in der Regel den Effektivwert der gemessenen Größe an.*

Messung der elektrischen Arbeit mit dem Arbeitszähler

Die vom VNB bereitgestellte elektrische Arbeit wird mit dem Arbeitszähler gemessen. Auf dem Leistungsschild des Zählers sind einige wichtige Kenndaten aufgedruckt. Abb. 1 zeigt das Leistungsschild eines Drehstromzählers.

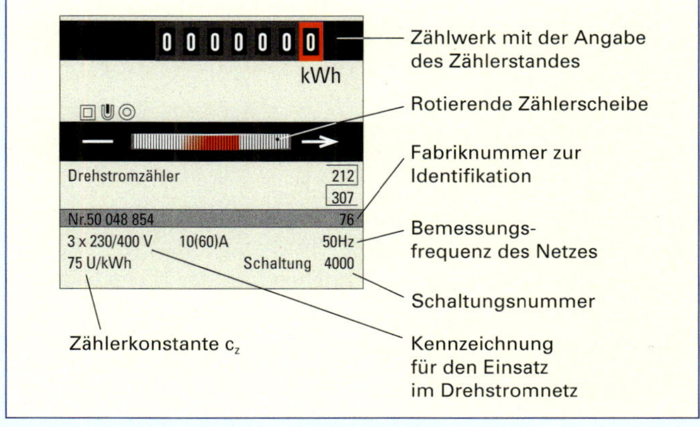

Abb. 1 Leistungsschild eines Drehstromzählers

Bedeutung der Zählerkonstante

Auf dem Leistungsschild erkennen wir unter anderem die Zählerkonstante, sie gibt die Umdrehungen der Zählerscheibe je Kilowattstunde an:

n = Anzahl der Umdrehungen
W = Arbeit in kWh
c_z = Zählerkonstante in $\frac{\text{Umdrehungen}}{\text{kWh}}$

Es ist möglich, mit Hilfe der Zählerkonstanten die Leistung eines Verbrauchers zu berechnen.

Beispiel:
Eine Kaffeemaschine ist in Betrieb. Die Zählerscheibe wird drei Minuten lang beobachtet, dabei werden 4 Umdrehungen gezählt.

Die Zählerkonstante beträgt

$$c_z = 75\ \frac{\text{Umdrehungen}}{\text{kWh}}.$$

Geg.: $n = 4$; $t = 3$ min;

$$c_z = 75\ \frac{\text{Umdrehungen}}{\text{kWh}}$$

Ges.: Leistung P

$$c_z = \frac{n}{W}$$
$$W = P \cdot t$$
$$c_z = \frac{n}{P \cdot t}$$
$$P = \frac{n}{c_z \cdot t} \text{ nach } P \text{ aufgelöst:}$$
$$P = \frac{4}{\frac{75}{\text{kWh}} \cdot \frac{3\ \text{min}}{\frac{60\ \text{min}}{\text{h}}}}$$
$$\underline{P = 1{,}06\ \text{kW}}$$

Die Kaffeemaschine hat eine Leistung von

$P = 1{,}06$ kW.

Welche Bedeutung hat die Schaltungsnummer 4000?

Die Schaltungsnummer eines Zählers gibt an, um welche Art des Zählers es sich handelt und mit welchen Zusatzeinrichtungen der Zähler bestückt ist. Die in Tabelle 1 dargestellte Übersicht zeigt die Bedeutung der Ziffern.

Ziffern	Grundart	Zusatzeinrichtung	Anschluss	Schaltung der Zusatzeinrichtung
0	–	keine	direkt	kein Anschluss
1	einphasig (L/N)	Zweitarif	Stromwandler	einpoliger innerer Anschluss (Klemme 13, 14)
2	zweiphasig (L1/L2)	Maximum	Strom- und Spannungswandler	äußerer Anschluss (Klemme 13, 15, oder 14, 16)
3	dreiphasig (L1/L2/L3)	Zweitarif und Maximum	–	Maximalauslöser in Öffnerschaltung
4	dreiphasig (L1/L2/L3/N)	Maximum mit elektrischer Rückstellung	–	Maximalauslöser in Schließerschaltung

Tabelle 1 Bedeutung der Ziffern von Schaltungsnummern

Zählerart	einphasig L/N	dreiphasig L1/L2/L3/N
Wirkverbrauch	1300	4000
Wirkverbrauch mit Stromwandler	1010	4010

Tabelle 2 Wichtige Nummern von Zählerschaltungen

Wie wird der Preis für die genutzte Energie ermittelt?

Der Arbeitszähler misst, wie viele Kilowattstunden Arbeit verrichtet wurden, also wie viel Energie umgewandelt wurde. Diese Zahl wird mit dem Arbeitspreis des jeweiligen Stromanbieters multipliziert. Der Arbeitspreis ist folglich verbrauchsabhängig. Darüberhinaus gibt es einen zeitabhängigen Grundpreis.

Wie funktioniert ein Zähler?

Um die prinzipielle Funktionsweise eines Zählers darzustellen, wird der Einphasen-Wechselstromzähler herangezogen (Abb. 1 ▷ 115).
Der Zähler besitzt eine Stromspule, die vom Verbraucherstrom durchflossen wird, sowie eine

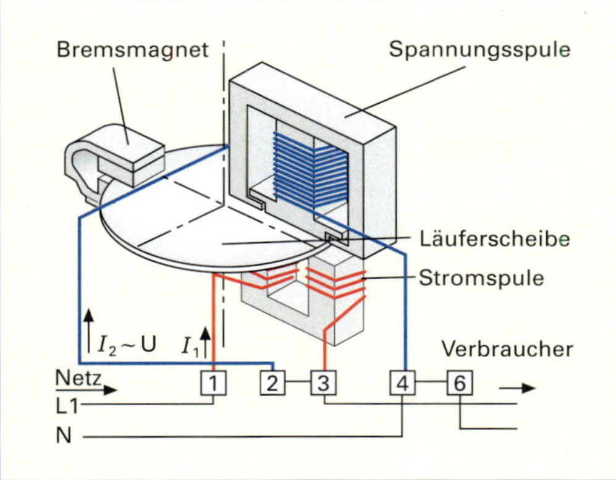

Abb. 1 Induktionszähler mit Scheibenmesswerk (Wechselstromzähler)

Spannungsspule, die an der Verbraucherspannung anliegt. Zwischen der Spulenanordnung sitzt die Zählerscheibe, die in eine Drehbewegung versetzt wird. Voraussetzung für das Entstehen einer Drehbewegung ist eine Phasenverschiebung um 90° zwischen den beiden Magnetfeldern der Spulen. Diese Phasenverschiebung wird durch den Anschluss eines Wirkwiderstandes (Verbraucher) erreicht. In der aus Aluminium bestehenden Zählerscheibe werden abwechselnd Wirbelströme induziert. Diese verursachen ein Magnetfeld in der Scheibe, das ein Drehmoment hervorruft. Die Scheibe dreht sich. Zu jedem Wert der Wirkleistung gehört eine bestimmte Umdrehungsgeschwindigkeit. Die Zahl der Umdrehungen der Zählerscheibe ist ein Maß für die verrichtete elektrische Arbeit. Der an der Scheibe montierte Bremsmagnet verhindert ein Nachlaufen der Scheibe und sorgt für eine konstante Drehbewegung.

Merke:
- *Der Zähler misst die elektrische Arbeit.*
- *Die Zählerkonstante c_z misst die Umdrehungen der Zählerscheibe pro Kilowattstunde.*
- *Die Schaltungsnummer gibt die Art und Zusatzeinrichtungen eines Zählers an.*
- *Der Arbeitspreis ist der Preis, der für eine Kilowattstunde bezahlt werden muss.*
- *Der Grundpreis ist der Preis, der monatlich für die Nutzung der Anlage bezahlt werden muss.*

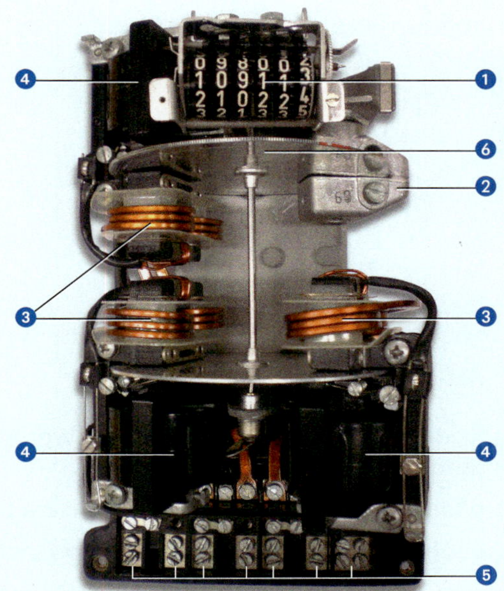

Abb. 2 Drehstromzähler

Welchen Querschnitt muss die Hauptleitung haben?

Die Hauptleitung verläuft vom Hausanschlusskasten (HAK) zum Hauptverteiler bzw. zum Zähler. Wie wird nun der Querschnitt dieser Leitung berechnet?

Der Querschnitt hängt von folgenden Faktoren ab:
- von der Bemessungsstromstärke des nächsten vorgeschalteten Überstrom-Schutzorgans
- vom zulässigen Spannungsfall (Tabelle 1).

$\Delta u_{\%}$ nach TAB:		
0,5 %	bis	100 kVA
1 %	über	100 kVA bis 250 kVA
1,25 %	über	250 kVA bis 400 kVA
1,5 %	über	400 kVA

Tabelle 1 Zulässiger Spannungsfall

Beispiel: In einem HAK eines Einfamilien-Wohnhauses wurden vom VNB Sicherungen mit einer Bemessungsstromstärke von I = 63 A eingebaut. Die Leitungslänge vom HAK bis zum Zählerplatz beträgt 16 m. Wie groß ist der Querschnitt?

Geg.: U = 400 V; I = 63 A; l = 16 m;

Annahme: $\cos \varphi = 1$

$\varrho = 0{,}0178 \frac{\Omega\,\text{mm}^2}{\text{m}}$; spezifischer elektrischer Widerstand von Kupfer

Ges.: Querschnitt q der Drehstromleitung

$S = \sqrt{3} \cdot U \cdot I = \sqrt{3} \cdot 400\,\text{V} \cdot 63\,\text{A} = 43{,}64$ kVA

$\Rightarrow \Delta u_{\%} \leq 0{,}5\,\%$ (Tabelle 1 ▷ 115)

$$\Delta U = \frac{\Delta u_{\%}}{100\,\%} \cdot U$$

$$\Delta U = \frac{0{,}5\,\%}{100\,\%} \cdot 400\,\text{V} = 0{,}005 \cdot 400\,\text{V} = 2\,\text{V}$$

$$q = \frac{\sqrt{3} \cdot I \cdot l \cdot \cos\varphi \cdot \varrho}{\Delta U}$$

$$= \frac{\sqrt{3} \cdot 63\,\text{A} \cdot 16\,\text{m} \cdot 1 \cdot 0{,}0178\,\frac{\Omega\,\text{mm}^2}{\text{m}}}{2\,\text{V}}$$

$$q = 15{,}53\,\text{mm}^2$$

Der gewählte Normquerschnitt q beträgt $4 \times 16\,\text{mm}^2$.

Prüfen Sie Ihr Wissen:

1 Erläutern Sie die Begriffe Arbeit und Leistung. Worin liegt der Unterschied zwischen diesen beiden Größen?

2 Welche Größen müssen gemessen werden, um die elektrische Leistung zu bestimmen?

3 Welche Größen bestimmen die elektrische Arbeit, welche Messgeräte benötigen Sie?

4 Welche Aufgabe übernimmt ein „Stromzähler"? Beschreiben Sie seinen Aufbau in Stichworten.

5 Sie bekommen eine „Stromrechnung". Welche Angaben müssen enthalten sein? Was genau bezahlen Sie eigentlich?

6 Um welchen Faktor verändert sich die zu bezahlende elektrische Arbeit, wenn bei gleichbleibender Netzspannung der Widerstand des Gerätes auf die Hälfte absinkt?

7 Eine Herdplatte mit einer Leistung von 1500 W wird 150 Minuten betrieben. Wie viel kostet Sie der Betrieb, wenn der Tarif des VNB 23 ct/kWh ist?

8 Die Netzwechselspannung eines Versorgungnetzes in Deutschland beträgt in der Regel 230/400 V. Nennen Sie die wichtigsten Beschreibungsdaten einer sinusförmigen Spannung in unseren Netzen.

9 Warum ist die Angabe der Effektivwerte in einem Wechselstromnetz sinnvoll?

10 Welcher Zusammenhang besteht zwischen Spannung, Leistung und Widerstand im Wechselstromnetz? Gibt es einen Unterschied zum Gleichstromnetz? Wenn ja, welcher?

11 Beschreiben Sie den Aufbau und die Wirkungsweise eines Einphasen-Wechselstromzählers. Skizzieren Sie sein Anschlussschema.

11 Auf einem Drehstromzähler stehen die Ziffern „4010". Welche Bedeutung hat diese Angabe?

13 Welche Vorteile bieten Drehstromzähler gegenüber einem Wechselstromzähler?

14 Die Zählerscheibe eines Drehstromzählers $\left(c_z = \frac{600\,\text{Umdr.}}{\text{kWh}}\right)$ dreht sich 36-mal in 12 Minuten. Wie hoch sind die elektrische Arbeit und die Leistung des Elektrogerätes?

15 Wie lässt sich der abgebildetete Schaden vermeiden?

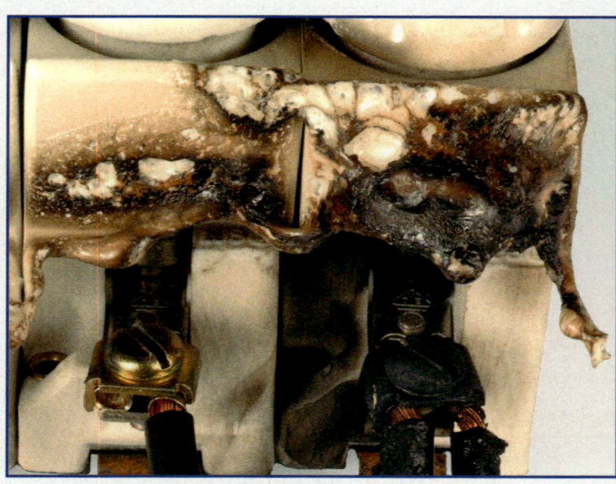

Abb. 1 Schadensfall im Stromkreisverteiler

2.2 Neuinstallation des Treppenhauses

Installation der Treppenhausbeleuchtung unter Beachtung der Vorschriften

Kundenauftrag:

Das Treppenhaus mit fünf Stockwerken wird neu verputzt. Vorher soll auch die Beleuchtung neu installiert werden (Abb. 1). Sie wird mit Lichttastern (wie beim Stromstoßschalter) eingeschaltet und soll sich nach 3 Minuten wieder selbsttätig ausschalten. Dafür wird ein **Treppenlichtzeitschalter** – ein sogenannter Treppenhausautomat – verwendet (Abb. 1 ⊳ 120).
Weiterhin möchte der Kunde eine Steckdose im Erdgeschoss für Reparaturarbeiten. Vor der Haustür soll zusätzlich noch eine Leuchte installiert werden (Abb. 1 und 2 ⊳ 119).

2.2.1 Installation der Beleuchtung im Treppenhaus

Besonderheiten bei der Treppenhausbeleuchtung:

- Beleuchtungsanlagen in Treppenhäusern sind mit einer Abschaltautomatik (die Zeit muss einstellbar sein) auszustatten.
- Die Beleuchtungsanlage muss zur Vermeidung von plötzlicher Dunkelheit mit einer Warnfunktion, z. B. Impuls-Vorwarnung oder Abdimmen, ausgestattet sein.
- Damit die Taster bei Dunkelheit besser gefunden werden können, müssen an den Tasten Orientierungslichter eingebaut werden.
- Zugangs- und Eingangsbereich (Haustür) sind ausreichend zu beleuchten. Ist dies nicht ständig sichergestellt, muss z. B. ein Bewegungsmelder installiert werden.
- Die Installation kann in der so genannten 3- oder 4-Draht-Technik ausgeführt werden (Abb. 1 ⊳ 118).

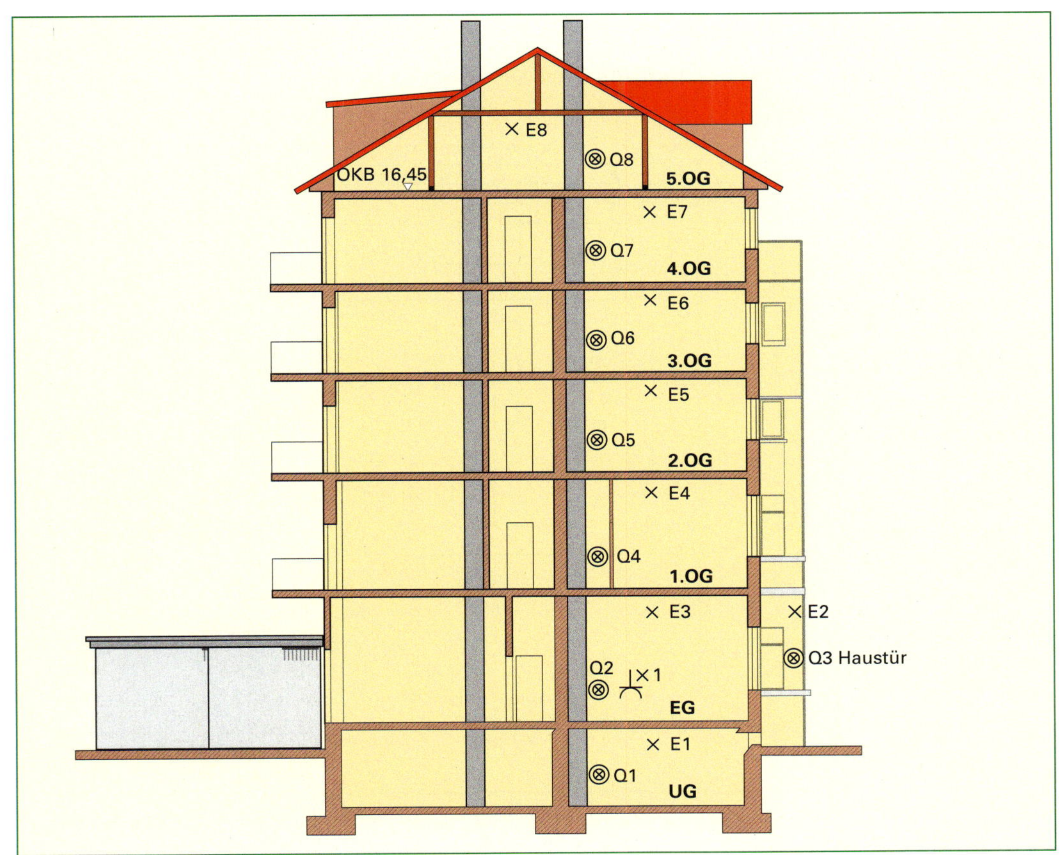

Abb. 1 Darstellung des Treppenhauses im Schnitt mit Elektroinstallationsplan ohne Leitungsführung

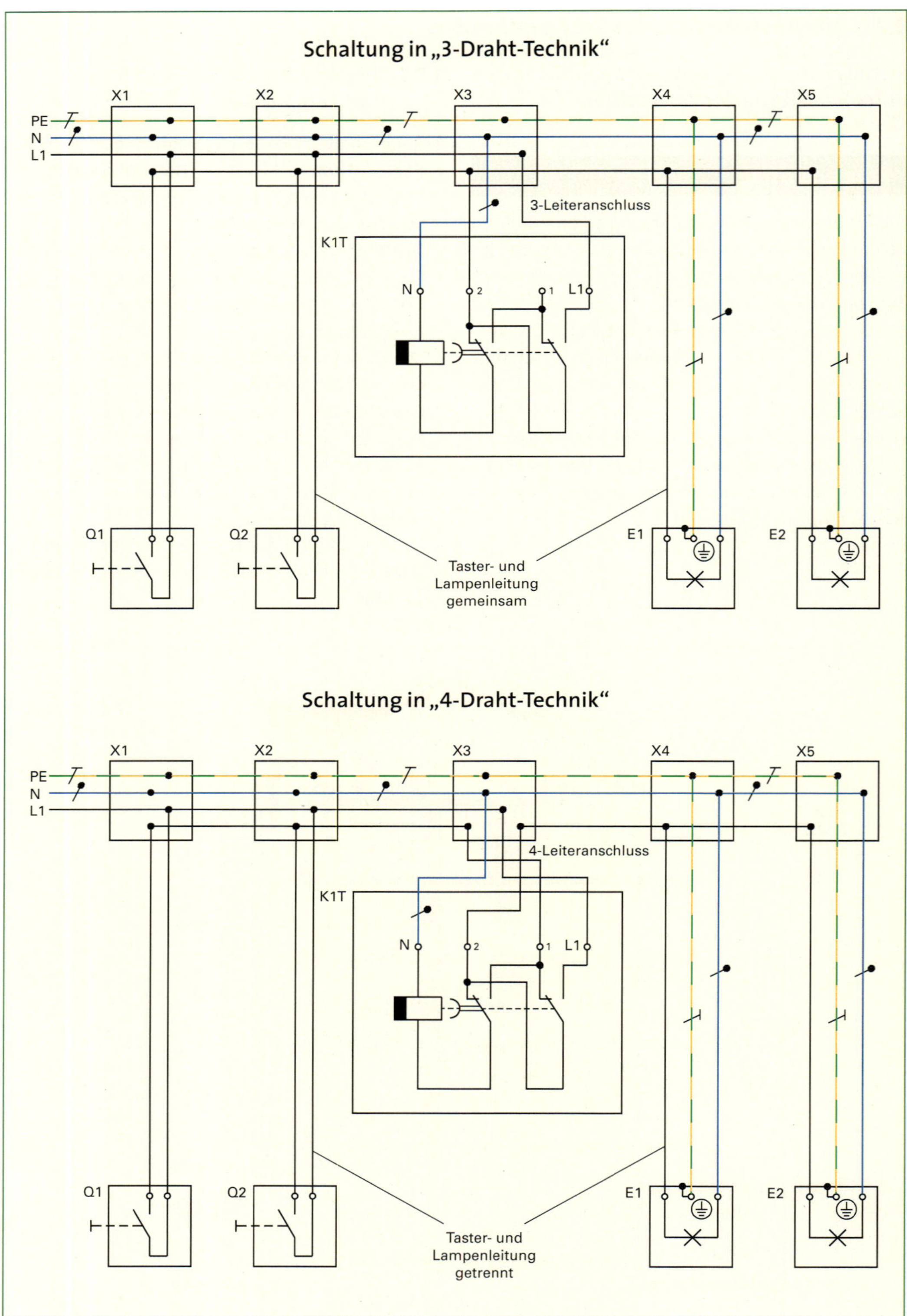

Abb. 1 Treppenhausschaltung mit 3- oder 4-Draht-Technik. Beim 3-Leiteranschluss werden die Leitungen von den Tastern und die Lampenleitung gemeinsam verwendet. Bei 4-Leiteranschluss sind die Leitungen getrennt. Es wird bei dieser Installation der 4-Leiteranschluss verwendet (gezeichnet ohne Orientierungslichter).

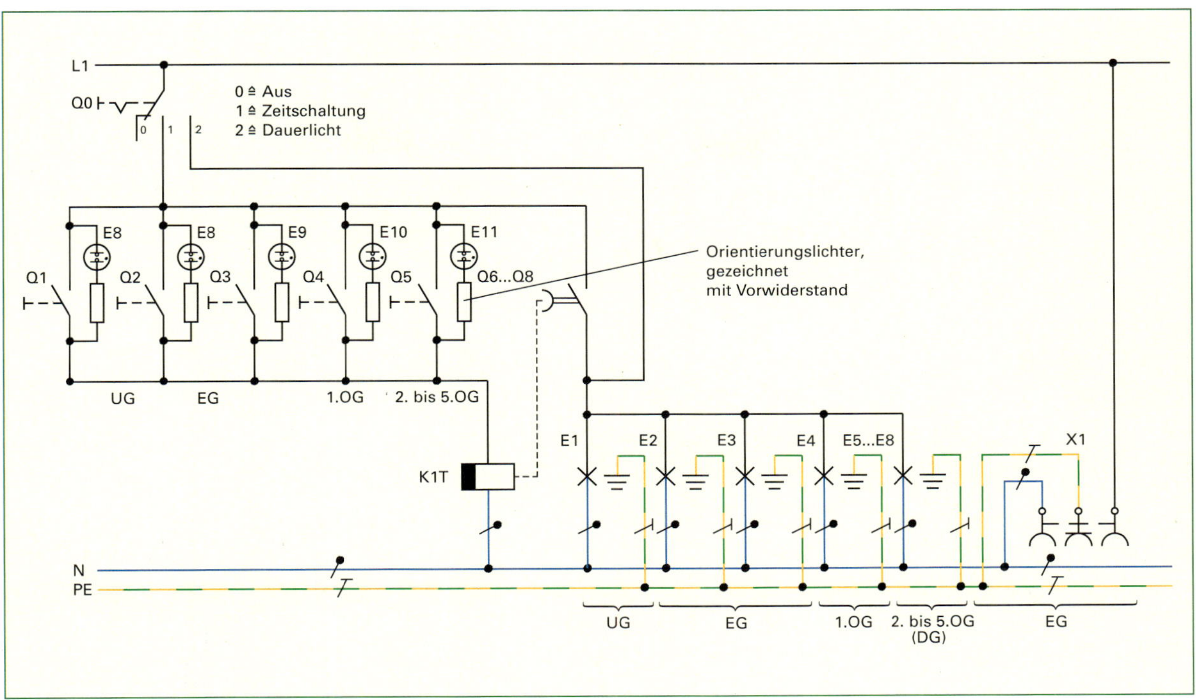

Abb. 1 Stromlaufplan der Treppenhausbeleuchtung mit Steckdose in aufgelöster Darstellung

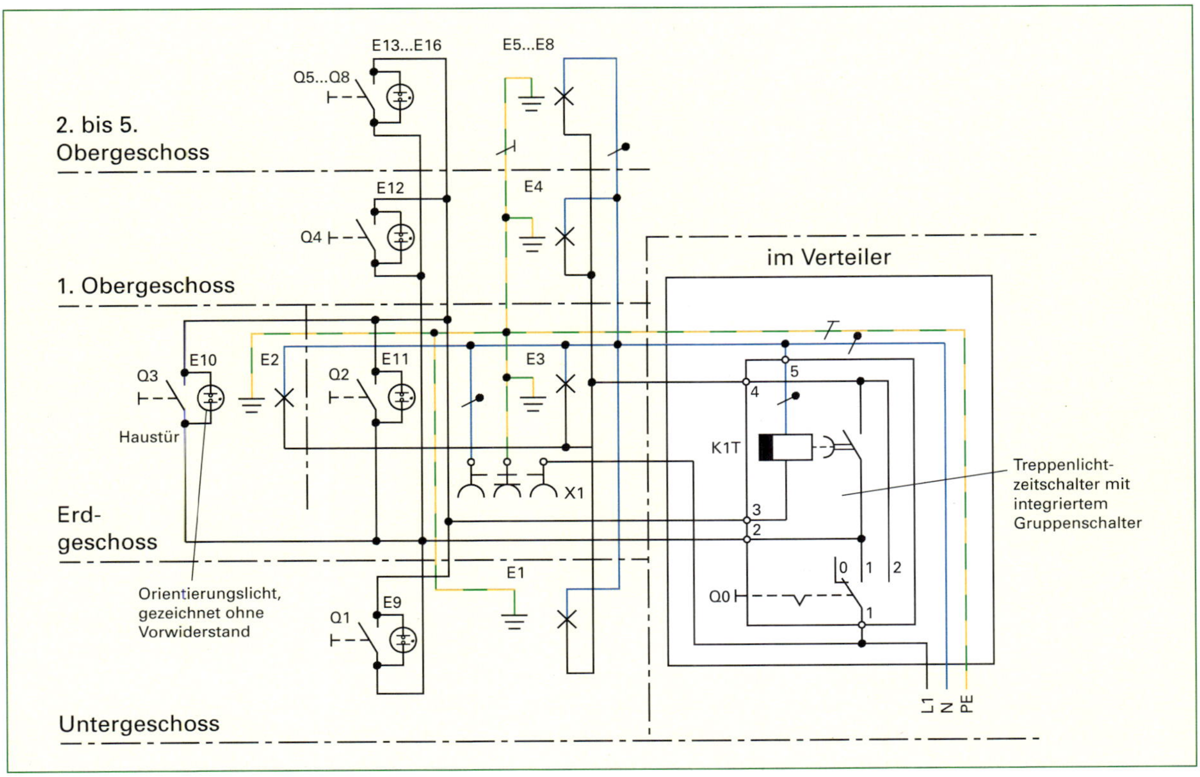

E13...E16
E5...E8
Q5...Q8
2. bis 5. Obergeschoss
E12
E4
Q4
im Verteiler
1. Obergeschoss
E10
E2
Q2
E11
E3
Q3
Haustür
4
5
K1T
Treppenlicht-zeitschalter mit integriertem Gruppenschalter
X1
Erd-geschoss
3
2
Orientierungslicht, gezeichnet ohne Vorwiderstand
E1
0
1
2
Q0
1
E9
Q1
L1
N
PE
Untergeschoss

Abb. 2 Stromlaufplan der Treppenhausbeleuchtung (ohne Abzweigdosen) in zusammenhängender Darstellung

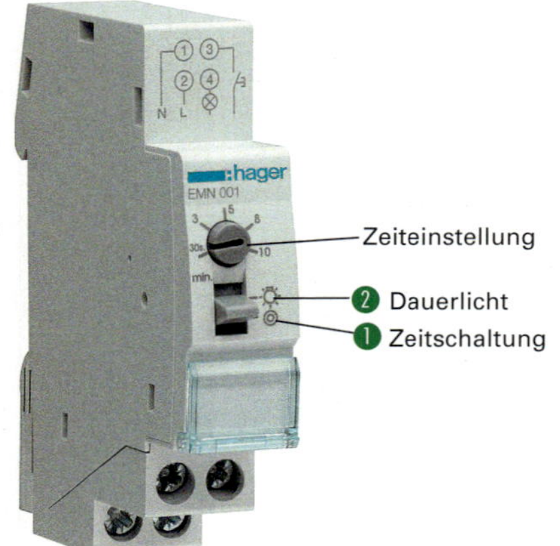

Abb. 1 Sicherheits-Treppenlichtzeitschalter nach DIN 1801 mit Ausschaltvorwarnung, 3-und 4-Draht-Anschluss, Einstellbereich: 2 min bis 10 min, Schaltleistung: 16 (10) A / 250 V AC, DIN-Schienenmontage, Aufbaumontage mit Zubehör möglich.

- Der Treppenhausautomat (Abb. 1) hat zudem häufig einen eingebauten Gruppenschalter:
  – Stellung ❶: Zeitschaltung (30 sec – 10 min)
  – Stellung ❷: Dauerlicht

Der Treppenhausautomat ist im Schaltschrank (Keller) untergebracht. Dank der Straßenbeleuchtung ist der Hauseingang ausreichend beleuchtet. Eine Dämmerungsschaltung ist deshalb nicht notwenig.

Praxistipp:

Werden mehr als 25 Taster mit Orientierungslicht (je Orientierungslicht fließt ein Strom von $I \approx 1$ mA) verwendet, dann kann der Strom durch den Treppenhausautomaten so hoch werden, dass der Ansprechstrom vom Zeitglied erreicht wird und damit ständig eingeschaltet ist. In diesem Fall ist die Glimmlampenlast zu hoch. Es müssen die Orientierungslichter an der Phase und am N-Leiter angeschlossen werden. Besonders bei 4-Leiteranschluss ist dies zu beachten!

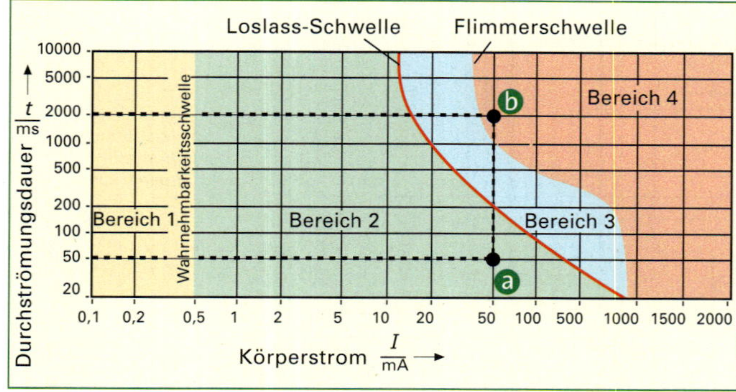

Abb. 2 Gefährdung in Abhängigkeit von Zeit und Stromstärke bei Wechselstrom bei 50 Hz von Hand zu Hand oder linke Hand zu Fuß nach DIN VDE 0140 Teil 479

Aufgabe:

Fehlersuche:
Aus Versehen wird statt eines Tasters ein Ausschalter verwendet. Welche Folgen hat dies für die Funktion der Schaltung und den Treppenhausautomaten?

2.2.2 Gefahren der Elektrizität

In Deutschland sterben jährlich etwa 70 Menschen an Unfällen, die durch elektrischen Strom verursacht werden. Davon sind etwa die Hälfte Elektrofachkräfte, also Menschen, die über Fachausbildung, Kenntnis und Erfahrung verfügen sollten.

Tod auf dem Campingplatz

Heidelberg. Auf dem Campingplatz im Ortsteil Neuenheim ist am Freitag ein Vater im Alter von 40 Jahren getötet und sein 14-jähriger Sohn durch Verbrennungen schwer verletzt worden. Die Ehefrau wurde nicht verletzt. Nach ersten Ermittlungen der Polizei hatte der Mann für ein Funkgerät eine 7 Meter hohe Antenne montieren wollen und ist dabei wohl mit der Hochspannungsleitung in Berührung gekommen.

Bei einem solchen Unfall – elektrischer Strom fließt durch den Körper – kann es zu Verbrennungen (z. B. der Haut), zu Vergiftungen (bei Gleichstrom wird z. B. das Blut zersetzt), zu Krankheiten (z. B. Herzkrankheit) und zum Tod (Herzkammerflimmern) kommen.
Jeder Unfall durch elektrischen Strom ist gefährlich! Nach dem Unfall sollte grundsätzlich eine Untersuchung durch einen Arzt erfolgen. Anhand der Unfallstatistik wird das Gefährdungspotential in 4 Bereiche eingeteilt (Abb. 2):

Bereich 1:
Eine Stromstärke unter 0,5 mA wird von Menschen nicht wahrgenommen.

Bereich 2:
Man verspürt ein leichtes Kribbeln, es besteht jedoch auch bei längerer Dauer keine Gefährdung.

Bereich 3:
Es treten Muskelkrämpfe auf; ein Loslassen wird schwierig, Unregelmäßigkeiten beim Herzschlag, Verbrennungen.

Bereich 4:
Hier treten so hohe Ströme auf, dass es selbst bei kurzer Einwirkungsdauer zu Herzkammerflimmern und zum Herzstillstand kommen kann, auch innere Verbrennungen sind möglich.

Beispiel:
Eine Stromstärke von $I = 50$ mA ist bei einer Einwirkungsdauer von $t = 50$ ms nicht lebensgefährlich ⓐ. Eine Einwirkungsdauer von $t = 2$ s kann jedoch tödlich sein ⓑ (Abb. 2 ⊳ 120)!
Bei einem angenommenen Körperwiderstand von $R_K = 1000\,\Omega$ kann über das Ohm'sche Gesetz die maximal zulässige Berührungsspannung U_B errechnet werden:

$$U_B = I_{max} \cdot R_K$$
$$= 50\,\text{mA} \cdot 1000\,\Omega$$
$$\mathbf{U_B = 50\,V \text{ bei Wechselspannung } (50\,Hz)}$$

Da Gleichströme nicht so gefährlich sind (Herzkammerflimmern erst bei höheren Spannungen), beträgt die maximal zulässige Berührungsspannung **U_B = 120 V bei Gleichspannung**.
Für die Gefährdung von Mensch und Tier spielt aber nicht nur die **Stromstärke** und die **Einwirkungsdauer** eine Rolle, sondern auch der **Stromweg** (über das Herz), das **Alter** (Kinder oder ältere Menschen sind besonders gefährdet), der **Gesundheitszustand** (vor allem herzkranke Menschen sind gefährdet), die **Stromart** (Wechselstrom von $f = 50$ Hz ist besonders gefährlich) und der **Zeitpunkt** vom Herzschlag (besonders gefährlich in der vulnerablen Phase).

Merke:
- *Die maximal zulässige Berührungsspannung bei Wechselspannung beträgt $U_B = 50$ V und bei Gleichspannung $U_B = 120$ V.*
- *Wechselströme ($f = 50$ Hz) mit $I > 50$ mA können bei einer Einwirkungsdauer von mehr als einer Sekunde zum Tode führen. Ursache für die Gefährdung ist die Stromstärke und nicht die Spannung!*

Praxistipp:
Besuchen Sie in regelmäßigen Zeitabständen (2 bis 5 Jahre) einen Lehrgang in „Erster Hilfe" bei den Rettungsorganisationen. Es macht Sie und Ihre Kollegen bei Eintritt eines Unfalls handlungssicherer.

2.2.3 Erste Hilfe bei Verletzungen durch elektrischen Strom

Das Überleben eines Verletzten hängt häufig davon ab, dass schnell und in der richtigen Reihenfolge geholfen wird. Die nachfolgende Übersicht erläutert die Vorgehensweise beim Auffinden einer verletzten Person (Abb. 1).

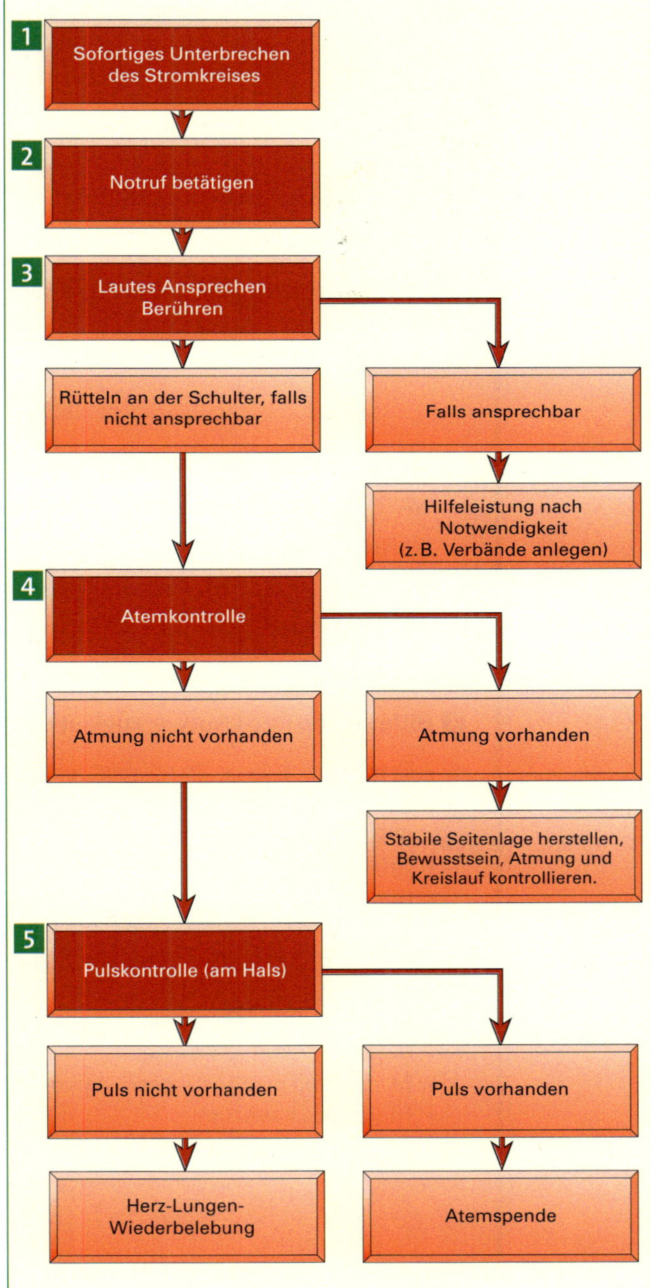

Abb. 1 Vorgehensweise beim Auffinden einer verletzten Person

Vorgehensweise und Hilfeleistung bei Verletzungen durch elektrischen Strom

1 Sofortiges Unterbrechen des Stromkreises!

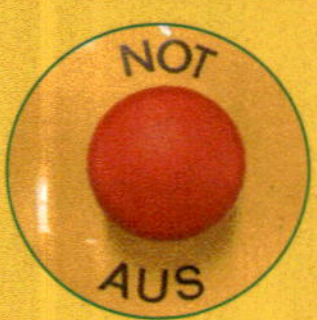

Dies kann geschehen durch Sicherungen herausnehmen, Stecker ziehen usw. Kann der Stromkreis nicht unterbrochen werden, muss der Verunglückte durch einen nicht leitenden Gegenstand (z. B. Holzlatte) von der Spannung getrennt werden. Der unter Spannung stehende Verletzte darf nicht mit bloßen Händen berührt werden!

Rettungsmaßnahmen durchführen!

2 Notruf betätigen!

Sofort telefonisch einen Notarzt verständigen.

Notruf

WO?	Genaue Beschreibung des Unfallorts
WAS?	Genaue Beschreibung das Notfalls
WANN?	Zeitpunkt des Unfalls
WIE VIELE?	Anzahl der Hilfsbedürftigen
WARTEN?	für eventuelle Rückfragen

Notrufnummern:

* Polizei:	110
* Feuerwehr:	112
** Rettungsdienst:	19222

* Auch über Handy ohne Vorwahl erreichbar
** Vom Handy aus mit beliebiger Vorwahl oder über 110 sofort erreichbar

3 Hilfe leisten nach Notwendigkeit!

- Eventuelle äußere Brandverletzungen (z. B. Brandmarken durch elektrischen Strom) keimfrei bedecken, damit keine Krankheitserreger in die Wunde eindringen können. Die notwendigen Verbandsmittel findet man in jedem Erste-Hilfe-Koffer.
- Person warm halten, z. B. mit einer Decke. Brandwunden dürfen nicht mit der Decke in Berührung kommen, da sonst starke Schmerzen verursacht werden.
- Verletzten beruhigen und mit ihm reden.

4 Atem kontrollieren!

- Hören des Atemgeräusches
- Beobachten der Brustkorbbewegung
- Fühlen des Atemzugs

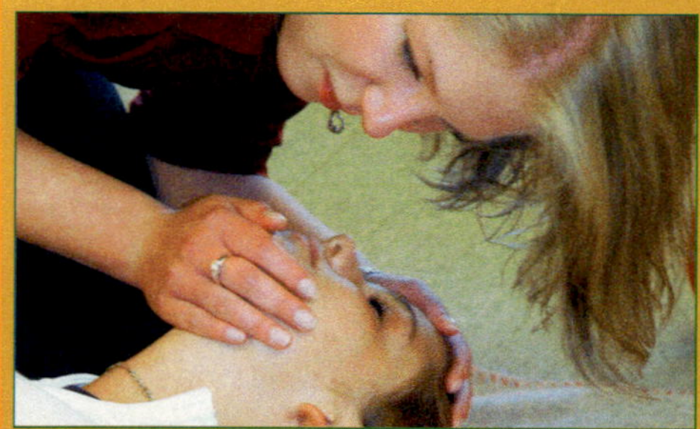

5 Stabile Seitenlage herstellen!

Seitlich an den Bewusstlosen herantreten, in Hüftnähe anheben und stabile Seitenlage herstellen. Bei Bewusstlosigkeit und intakter Atmung erreicht man mit der stabilen Seitenlage durch ein Überstrecken des Kopfes das Freihalten der Atemwege. Flüssigkeiten wie Blut, Schleim oder Erbrochenes, die sich in Mund und Rachen befinden, können so nach außen gelangen. Freie Atemwege schützen die verletzte Person vor Ersticken.

Schritt 1: Den Arm des Bewusstlosen gestreckt so weit wie möglich unter dessen Körper schieben.

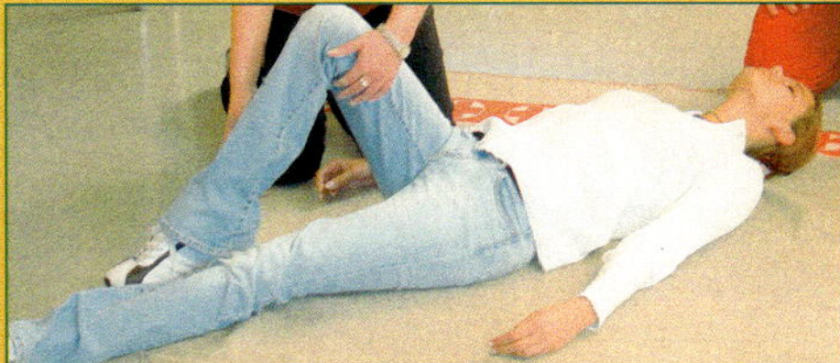

Schritt 2: Das nahe Bein des Bewusstlosen beugen und den Fuß an das Gesäß stellen.

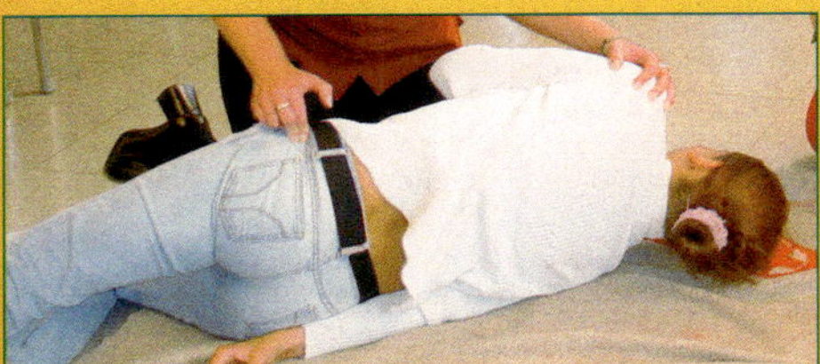

Schritt 3: Schulter und Hüfte der fernen Seite fassen. Den Bewusstlosen behutsam zu sich heranziehen und mit dem Bein stützen, damit er nicht in die Bauchlage gerät.

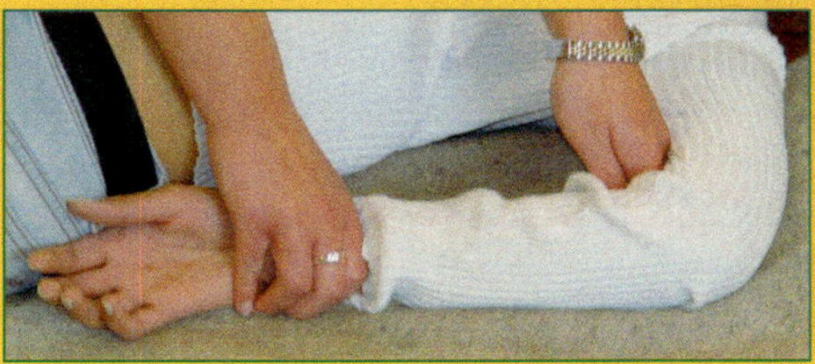

Schritt 4: Den Arm, welcher unter dem Körper des Bewusstlosen liegt, vorsichtig am Ellenbogen etwas nach hinten hervorziehen.

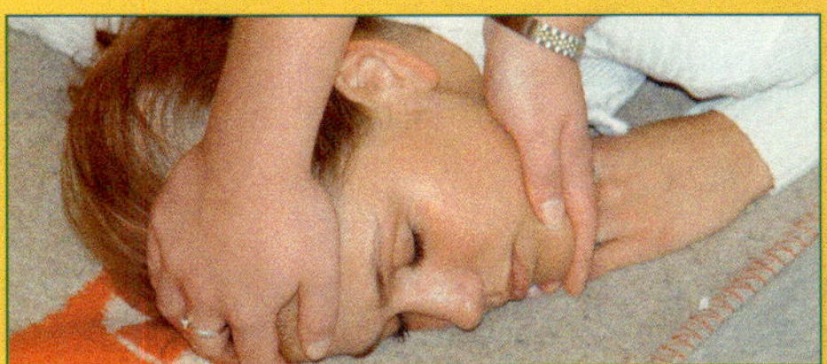

Schritt 5: Den Kopf des Bewusstlosen in den Nacken überstrecken und das Gesicht etwas erdwärts drehen – der Mund muss der tiefste Punkt des Kopfes sein, damit eventuelle Flüssigkeiten, z. B. Erbrochenes, ablaufen können.

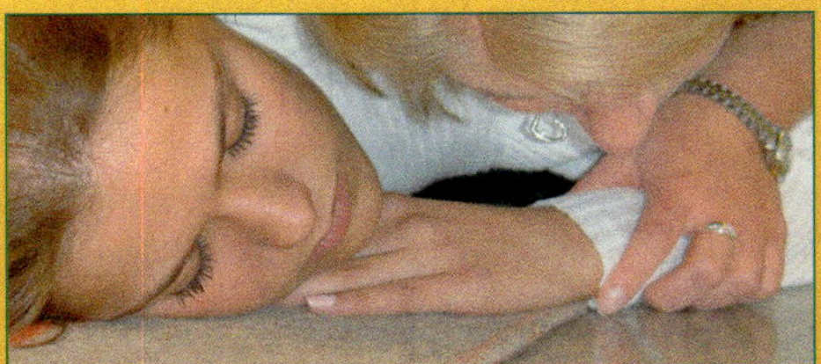

Schritt 6: Seine Finger unter die Wange schieben und darauf achten, dass der Mund geöffnet ist. Atemkontrolle!

6 Atemspende und Herz-Lungen-Wiederbelebung durchführen!

Diese Maßnahmen sind nur von ausgebildeten Helfern durchführbar, z. B. nach Absolvieren eines Erste-Hilfe-Kurses.

2.3 Änderung und Erweiterung einer bestehenden Wohnungsinstallation

Ein Schwerpunkt der allgemeinen Installationsarbeiten liegt bei der Modernisierung von Wohnungen. Ein Grundsatz bei Renovierungs-, Modernisierungs- und Reparaturarbeiten ist es, den Elektroniker rechtzeitig hinzuzuziehen. Der Planung und Erweiterung einer bestehenden Installation geht eine genaue Bestandsaufnahme voraus. Dann muss festgelegt werden, ob die bestehende Anlage ergänzt bzw. erweitert werden kann, oder ob eine Neuinstallation notwendig ist. Die Bearbeitung wird anhand einzelner Auftragsphasen (Abb. 1) an ausgewählten Beispielen gezeigt.

2.3.1 Erkundung der Baustelle

In der ersten Phase der Auftragsbearbeitung erfolgt die Erkundung der Baustelle.

- Erfassung der Kundenwünsche
- Besichtigung der Räumlichkeiten
- Anfertigen von Raumskizzen und Grundrissen

Kundenauftrag:

In einer ersten Begehung der Baustelle mit dem Kunden wird der Umfang der durchzuführenden Arbeiten deutlich.

Eine Zweizimmerwohnung im 3. OG des *Gelben Hauses* soll durch einen Wanddurchbruch mit einer weiteren Wohnung auf gleichem Geschoss erweitert werden. Nach der Begehung kann der Grundriss der beiden Wohnungen erstellt werden. Die Abb. 1⊳125 zeigt den Grundriss der „alten“ und „neuen“ Wohnung.

Es ergeben sich folgende Installationsarbeiten in der „neuen“ Wohnung:

- Neuinstallation aller Licht- und Steckdosenstromkreise
- Installation einer Drehstromversorgung für einen Durchlauferhitzer im Bad
- Installation eines Gerätestromkreises für eine Waschmaschine im Bad
- Erweiterung des Stromkeisverteilers

2.3.2 Analyse der bestehenden Installationen

Um einen Überblick über die bestehende Installation zu erhalten, erfolgt in der zweiten Phase der Auftragsbearbeitung die Analyse der vorhandenen Elektroinstallationen.

- Installationsschaltungen vollständig ermitteln
- Vorhandene Schaltungen auf Funktion prüfen
- Leitungswege verfolgen

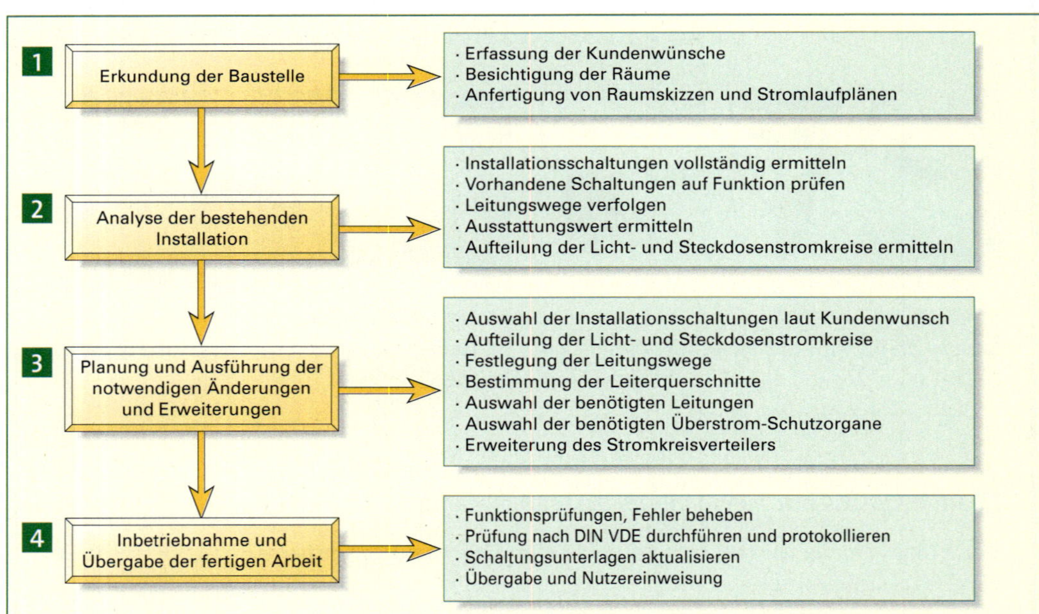

Abb. 1 Vorgehensweise bei der Auftragsbearbeitung

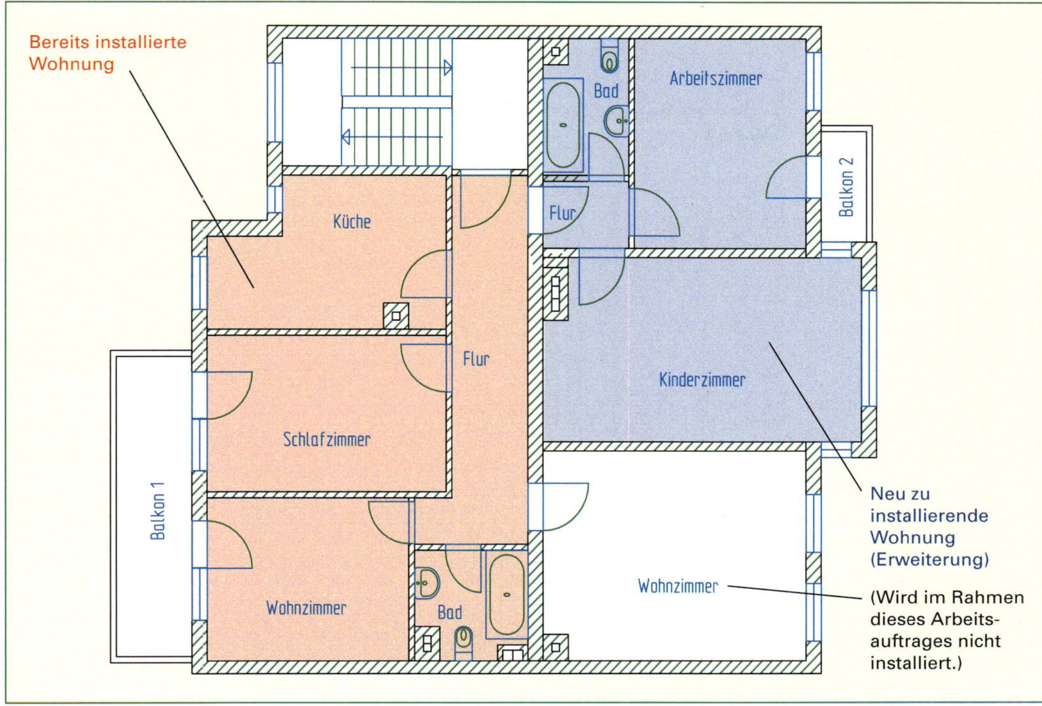

Abb. 1 Grundriss der gesamten Wohnung

- Zusammenhang zwischen Haupt- und Unterverteilung herstellen
- Aufteilung der Licht- und Steckdosenstromkreise ermitteln
- Ausstattungswert ermitteln

So ergeben sich folgende Stromkreise in den einzelnen Räumen:

Küche

Beleuchtungsauslässe, Allgemeinbeleuchtung und die 9 Steckdosen werden aus einem Stromkreis versorgt.

1 Licht- und Steckdosenstromkreis mit 9 Steckdosen
1 Auslass für Allgemeinbeleuchtung
3 Auslässe für die Arbeitsplatzbeleuchtung
1 Drehstromanschluss für den Elektroherd
1 Gerätestromkreis für den Backofen
1 Gerätestromkreis für die Geschirrspülmaschine

Bad

Die Beleuchtungsauslässe und die 6 Steckdosen für das Bad und den Balkon 1 werden aus einem Stromkreis versorgt, der mit einem RCD-Schalter ≤ 0,03 A geschützt ist.

1 Licht- und Steckdosenstromkreis mit 4 Steckdosen
2 Auslässe für die Spiegelleuchte

Balkon 1

1 Licht- und Steckdosenstromkreise mit 2 abschaltbaren Steckdosen
1 Auslass für die Außenleuchte

Schlafzimmer und Flur

Da im Schlafzimmer und im Flur keine Geräte mit großer Leistung über Steckdosen angeschlossen werden, ist kein eigener Stromkreis vorgesehen. Die Beleuchtungsauslässe und die Steckdosen werden stattdessen an einen gemeinsamen Stromkreis für Schlafzimmer und Flur angeschlossen.

1 Licht- und Steckdosenstromkreis mit 8 Steckdosen
1 Auslass für die Zimmerbeleuchtung
2 Auslässe für die Nachttischbeleuchtung

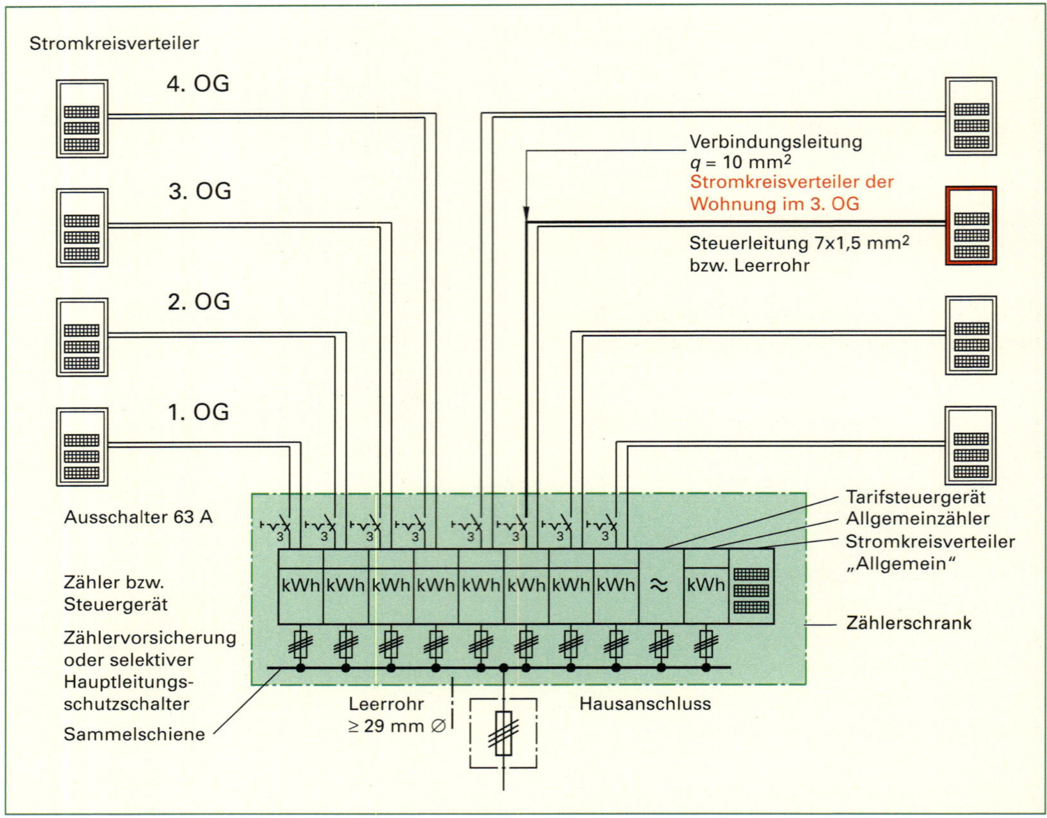

Abb. 1 Zentrale Zähleranordnung in einem Mehrfamilienhaus

Merke:
Die Verbindungsleitung vom Zählerplatz zum Stromkreisverteiler muss für eine Belastung von 63 A ausgelegt sein. Darum ergibt sich der Mindestquerschnitt von $q = 10\ mm^2$.

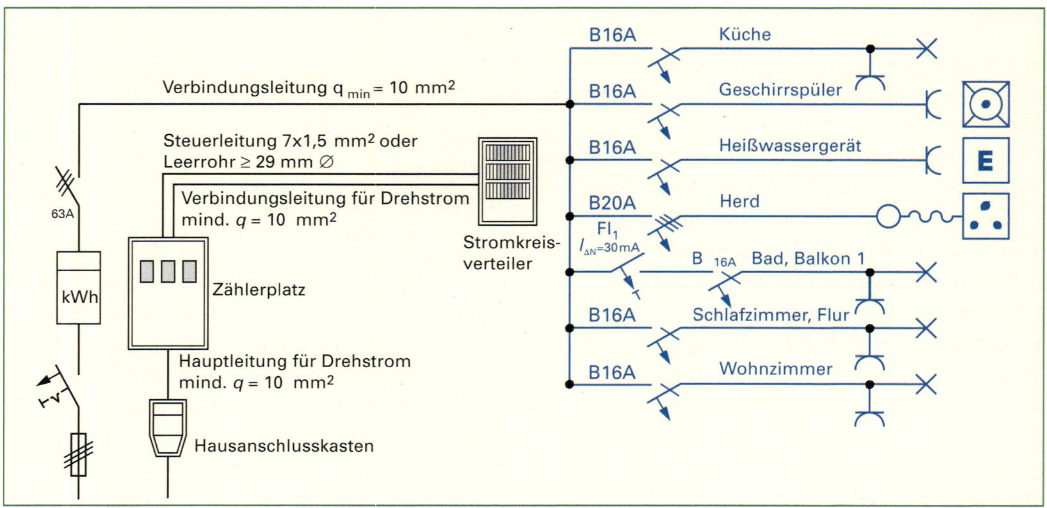

Abb. 2 Stromkreisverteiler der **bestehenden** Installation

Wohnzimmer

1 Licht- und Steckdosenstromkreise mit 9 Steckdosen
3 Leerdosen für Steckdosen
1 Auslass für Fensterleuchten
1 Auslass für Deckenleuchten
3 Leerdosen für Deckenleuchtenauslässe

Zusammenfassung der Elektroinstallationen in der bereits installierten Wohnung:

- 4 Licht- und Steckdosenstromkreise
- 1 Drehstromanschluss für den Elektroherd
- 2 Gerätestromkreise für ein Heizwassergerät und eine Geschirrspülmaschine
- Alle Installationen sind in der Verlegeart C durchgeführt.
- Die vorhandene Klingel- und Sprechanlage ist voll funktionsfähig.
- Die Wohnung ist nach dem Ausstattungswert 2 installiert.
- Der Stromkreisverteiler ist entsprechend dem Ausstattungswert 3-reihig ausgeführt.

Die Abb. 1 ▷ 126 und Abb. 2 ▷ 126 zeigt den Zusammenhang zwischen Haupt- und Unterverteilung.

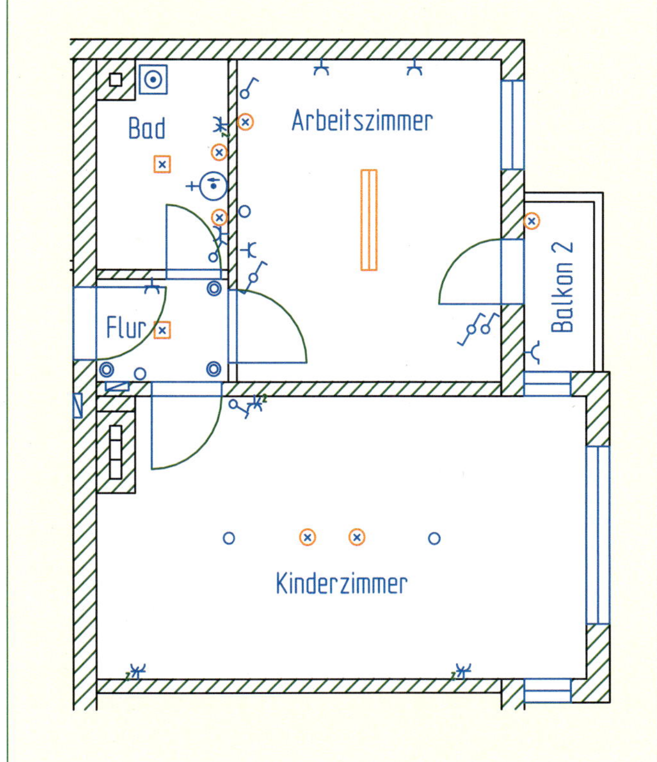

Abb. 1 Installationsplan der neu zu installierenden Wohnung

2.3.3 Planung und Ausführung der notwendigen Änderungen und Erweiterungen

In der dritten Phase der Auftragsbearbeitung müssen die notwendigen Arbeitsschritte geplant und durchgeführt werden. Dabei ergeben sich die folgenden Planungsaufgaben:

- Auswahl der Installationsschaltungen laut Kundenwunsch
- Aufteilung der Licht- und Steckdosenstromkreise
- Festlegung der Leitungswege
- Bestimmung der Leiterquerschnitte in Abhängigkeit der Verlegeart
- Auswahl der benötigten Leitungen
- Auswahl der Überstrom-Schutzorgane
- Erweiterung des Stromkreisverteilers

In den folgenden Abschnitten werden exemplarisch die wichtigsten Planungsarbeiten durchgeführt.

Aufteilung der Licht- und Steckdosenstromkreise

Aufgrund der Erweiterungen sind folgende Räume zu installieren (Abb. 1 ▷ 125).
Die Kriterien zur Aufteilung der einzelnen Stromkreise finden Sie im Abschnitt 2.1.5 *Stromkreisverteiler*.

Kinderzimmer

1 Licht- und Steckdosenstromkreis mit:
6 Steckdosen
1 Auslass für die Deckenleuchte
2 Leerdosen für Deckenleuchten
1 Auslass für die Wandleuchte
1 FI-Schutzschalter, 2polig

Arbeitszimmer und Flur

1 Licht- und Steckdosenstromkreis mit:
8 Steckdosen
2 Auslässe für die Deckenbeleuchtung
1 Auslass für die Wandbeleuchtung
1 FI-Schutzschalter, 2polig

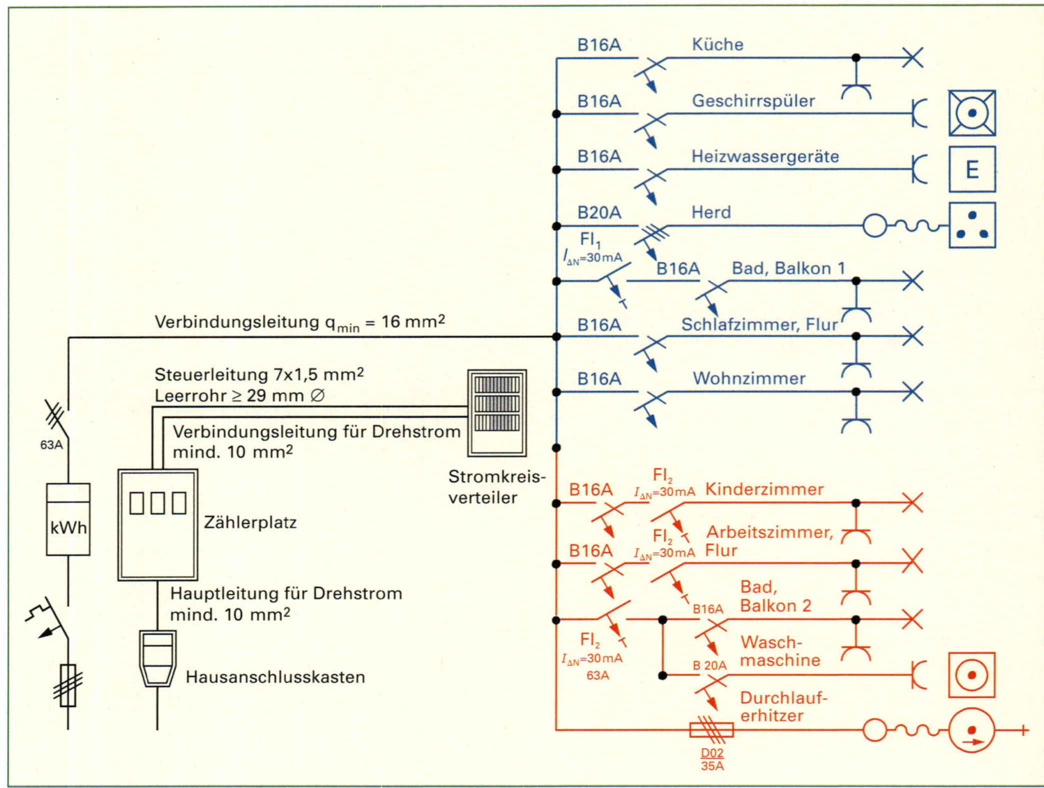

Abb. 1 Übersichtsschaltplan des Stromkreisverteilers der gesamten Wohnung

Bad und Balkon 2

Die Beleuchtungsauslässe und die Steckdosen werden aus einem Stromkreis versorgt.

1 Licht- und Steckdosenstromkreis mit:
4 Steckdosen
1 Auslass für Deckenbeleuchtung
2 Auslässe für Spiegelleuchten
1 Auslass für die Außenbeleuchtung auf dem Balkon
1 abschaltbare Steckdose auf dem Balkon
1 Gerätestromkreis für eine Waschmaschine
1 Drehstromanschluss für einen Durchlauferhitzer
1 FI-Schutzschalter, 2polig

Zusammengefasst ergeben sich:

- 3 Licht- und Steckdosenstromkreise
- 1 Gerätestromkreis für eine Waschmaschine
- 1 Drehstromanschluss für einen Durchlauferhitzer (Abb. 1)

1 FI-Schutzschalter, 2polig $I_{\Delta N}$ = 30 mA

Bestimmung der Leiterquerschnitte und Überstrom-Schutzorgane

Jeder elektrische Leiter erwärmt sich, wenn er vom Strom durchflossen wird. Dabei darf die den Leiter umgebende Isolierung keinen Schaden erleiden. Die Betriebstemperatur für das am häufigsten verwendete Isoliermaterial PVC liegt bei einer Umgebungstemperatur von 30 °C und einer zulässigen Betriebstemperatur von 70 °C. Den Leitern sind höchstzulässige Werte ihrer Strombelastbarkeit zuzuordnen. Diese Zuordnung muss die Verlegeart berücksichtigen, da diese ganz wesentlich die Wärmeabfuhr beeinflusst. Der Zusammenhang zwischen der Verlegeart und der Strombelastbarkeit kann nach DIN VDE 0298 Teil 4 in Form einer Tabelle beschrieben werden (Tabelle 1 ▷ 129).

Aufgabe:

Ermitteln Sie aus dem Installationsschaltplan (Abb. 1 ▷ 127) die vom Kunden gewünschten Lampenschaltungen.

	❶ Verlegearten					Betriebstemperatur am Leiter 70 °C (PVC) Umgebungstemperatur 30 °C	
	A1	**A2**	**B1**	**B2**	**C**	**E**	**F**
Verlegung	in wärmegedämmten Wänden im Elektroinstallationsrohr oder -kanal bzw. mehradrige auch direkt		auf oder in Wänden oder in Kanälen für Unterflurverlegung; im Elektroinstallationsrohr oder -kanal		direkt auf oder in Wänden/ Decken oder in Kabelwannen	frei in Luft, an Tragseilen sowie auf Kabelpritschen und -konsolen	
Art der Kabel	Aderleitungen oder einadrige Kabel/Mantelleitungen	mehradrige Kabel/Mantelleitungen	Aderleitungen oder einadrige Kabel/Mantelleitungen	mehradrige Kabel/Mantelleitungen	ein- oder mehradrige Kabel/Mantelleitungen bzw. Stegleitungen	mehradrige Kabel/Mantelleitungen; Mindestabstand 0,3 × *d* zur Wand	einadrige Kabel/Mantelleitungen mit Berührung; Mindestabstand 1 × *d* zur Wand
Beispiele						*d* ≥0,3 *d*	oder *d* ≥*d* ≥*d*

❸ *q* in mm²	❷ Anzahl der belasteten Adern														
	A1: 2	A1: 3	A2: 2	A2: 3	B1: 2	B1: 3	B2: 2	B2: 3	C: 2	C: 3	E: 2	E: 3	F: 2	F: 3	F: 3
	❹ Strombelastbarkeit I_Z in A														
1,5	15,5	13,5	15,5	13	17,5	15,5	16,5	15	19,5	17,5	22	18,5	–	–	–
2,5	19,5	18	18,5	17,5	24	21	23	20	27	24	30	25	–	–	–
4	26	24	25	23	32	28	30	27	36	32	40	34	–	–	–
6	34	31	32	29	41	36	38	34	46	41	51	43	–	–	–
10	46	42	43	39	57	50	52	46	63	57	70	60	–	–	–
16	61	56	57	52	76	68	69	62	85	76	94	80	–	–	–
25	80	73	75	68	101	89	90	80	112	96	119	101	131	114	110
35	99	89	92	83	125	110	111	99	138	119	148	126	162	143	137
50	119	108	110	99	151	134	133	118	168	144	180	153	196	174	167
70	151	136	139	125	192	171	168	149	213	184	232	196	251	225	216

Tabelle 1 Strombelastbarkeit von Kabeln und Leitungen für feste Verlegung in Gebäuden nach DIN VDE 0298 Teil 4

In der Tabelle 1 wird der Zusammenhang zwischen

- Verlegeart ❶
- Anzahl der belasteten Adern ❷
- Leiterquerschnitt q ❸ und
- Strombelastbarkeit I_Z ❹

hergestellt. Jeder Leiter besitzt einen Widerstand. Dadurch ergibt sich auf jeder Leitung ein Spannungsfall, sodass die Spannung am Verbraucher verringert wird. Die Differenz zwischen Eingangsspannung U_1 und der Ausgangsspannung U_2 lässt sich in Prozent Δu % ausdrücken.

$$\Delta u\,\% = \frac{U_1 - U_2}{U_1} \cdot 100\,\%$$

Vom VNB (**V**erteilungs**n**etz**b**etreiber) sind Grenzwerte für den maximal zulässigen Spannungsfall auf einer Leitung vorgeschrieben. Die allgemeinen Bedingungen für die Versorgung von Tarifkunden legen zwischen Hausanschlusskasten

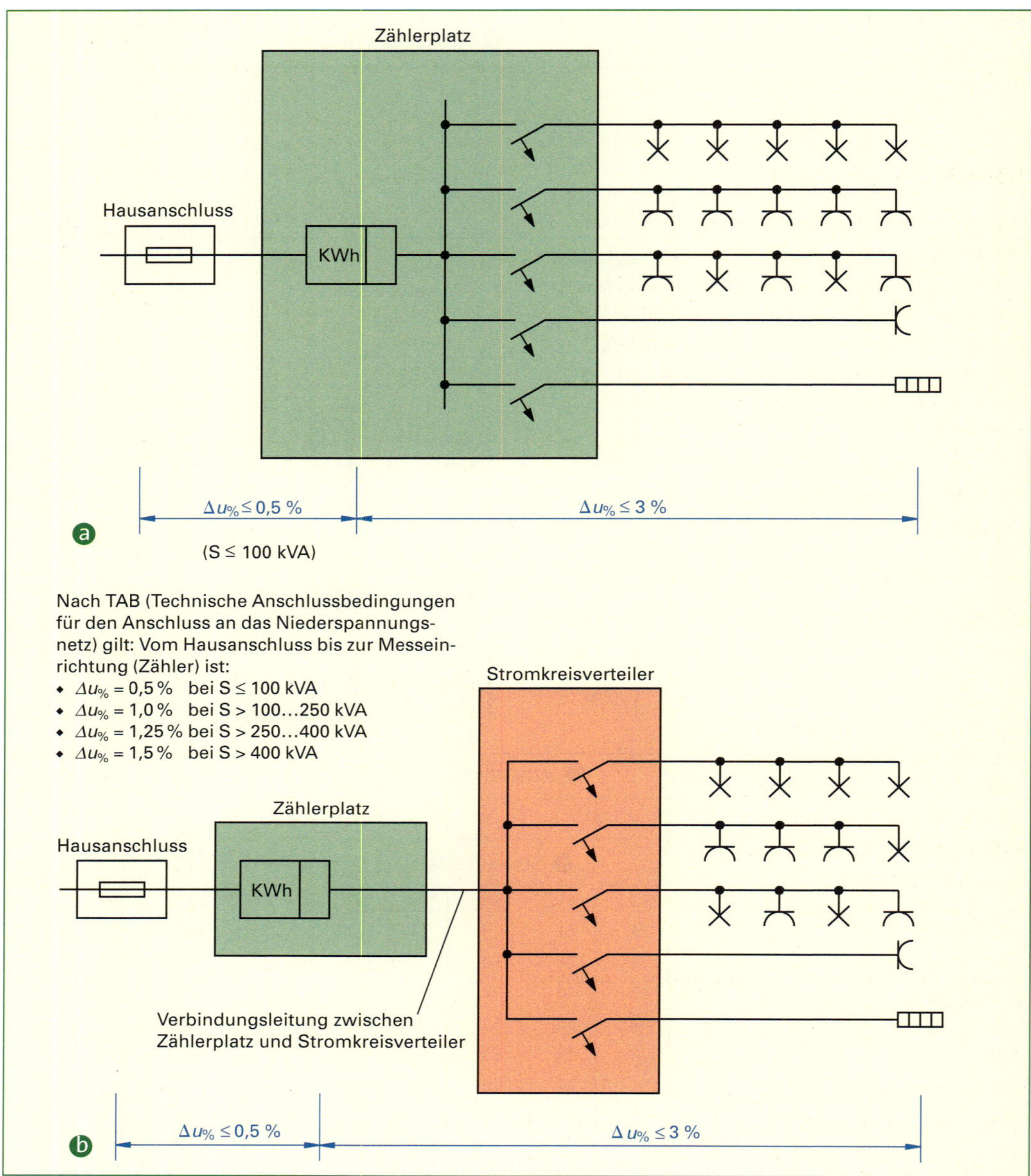

Abb. 1 Stromkreisverteiler im Zählerschrank integriert ⓐ und getrennt ⓑ angeordnet

und Zähler einen Spannungsfall Δu von höchstens 0,5 % fest. Je nach Anordnung des Zählers ergeben sich zwei unterschiedliche Zuordnungen:

- Der Zählerplatz beinhaltet den Stromkreisverteiler. Diese Anordnung ist häufig in Einfamilienhäusern anzutreffen. Dabei darf der Spannungsfall zwischen Stromkreisverteiler und dem entferntesten Verbraucher den Wert Δu = 3 % nicht überschreiten (Abb. 1a).
- Der Zählerplatz befindet sich an zentraler Stelle im Gebäude. Diese Anordnung ist häufig in Mehrfamilienhäusern anzutreffen. Der zulässige Spannungsfall von 3 % schließt hier die Verbindungsleitung zwischen Zähler und Stromkreisverteiler ein (Abb. 1b).

Licht- und Steckdosenstromkreise

Leiterquerschnitt

Die Verlegeart aller Licht- und Steckdosenstromkreise erfolgt in der Verlegeart C (Verlegung auf und im Mauerwerk bzw. Beton). Die Strombelastbarkeit für zwei belastete Adern in der Verlegeart C beträgt I_Z = 19,5 A. Daraus ergibt sich ein Leiterquerschnitt q = 1,5 mm² (Tabelle 1 ▷ 129).

Überstrom-Schutzorgane

Ausgehend von den ermittelten Werten der Strombelastbarkeit I_Z = 19,5 A lässt sich die Bemessungsstromstärke der vorgeschalteten Überstrom-Schutzorgane bestimmen. Dabei muss die Bemessungsstromstärke I_N bei Leitungsschutz-Schaltern gleich oder kleiner dem ermittelten Wert von I_Z sein.

$$I_N \leq I_Z$$

Für die Bemessungsstromstärken der Überstrom-Schutzorgane bedeutet das:

$$I_N = 16\ \text{A} \leq I_Z = 19{,}5\ \text{A}$$

Für die Licht- und Steckdosenstromkreise sind folgende Leitungen und Überstrom-Schutzorgane notwendig:

- Leitungstyp: NYM-J 3 × 1,5 mm²
- Leiterquerschnitt: q = 1,5 mm²
- Überstrom-Schutzorgane: Leitungsschutz-Schalter (LS-Schalter)
- Bemessungsstromstärke I_N = 16 A, Auslösecharakteristik: B

Praxistipp:

Da die Verbraucher der Installation in der Regel nur für 16 A gebaut sind, werden die Licht- und Steckdosenstromkreise mit Leitungsschutz-Schalter I_N = 16 A eingebaut, obwohl die Leitungen eigentlich höher belastet werden dürften. Das fördert die Betriebssicherheit.

Merke:

- *Die Strombelastbarkeit einer Leitung ist von der Verlegeart, der Anzahl der belasteten Adern und der Umgebungstemperatur abhängig.*
- *Die Bemessungsstromstärke der vorgeschalteten Schutzeinrichtung muss kleiner oder gleich der ermittelten Strombelastbarkeit der Leitung sein.*

Stromkreise für Wechsel- und Drehstrom

Wechselstromanschluss für die Waschmaschine

Die benötigte Zuleitung für die Waschmaschine im Bad soll berechnet werden. Die Leitungslänge vom Stromkreisverteiler bis ins Bad beträgt 20 m. Es wird Mantelleitung NYM-J in der Verlegeart C verlegt. Die Anschlussleistung der Waschmaschine beträgt P = 2700 W bei U = 230 V.

Gleichung für den Spannungsfall bei Wechselstromleitungen:

$$\Delta U = \frac{2 \cdot l \cdot I \cdot \cos\varphi}{q \cdot \kappa}$$

Nach Umstellung der Gleichung folgt für den Leiterquerschnitt q:

$$q = \frac{2 \cdot l \cdot I \cdot \cos\varphi}{\kappa \cdot \Delta U}$$

Beispiel:

- Leiterquerschnitt:

Strom in der Zuleitung der Waschmaschine für $\cos\varphi = 1$:

$$I = \frac{P}{U \cdot \cos\varphi}$$

$$I = \frac{2700\ \text{W}}{230\ \text{V} \cdot 1}$$

$$I = \underline{\underline{11{,}74\ \text{A}}}$$

Maximal zulässiger Spannungsfall:

$$\Delta U = U \frac{\Delta u\,\%}{100\,\%} = 230\ \text{V} \cdot \frac{3\,\%}{100\,\%}$$

$$\Delta U = 230\ \text{V} \cdot 0{,}03$$

$$\Delta U = \underline{\underline{\mathbf{6{,}9\ V}}}$$

Damit ergibt sich für den Leiterquerschnitt für $\cos\varphi = 1$:

$$q = \frac{2 \cdot l \cdot I \cdot \cos\varphi}{\kappa \cdot \Delta U}$$

$$q = \frac{2 \cdot 20\ \text{m} \cdot 11{,}74\ \text{A} \cdot 1}{56\ \text{m}/\Omega \cdot \text{mm}^2 \cdot 6{,}9\ \text{V}} = \underline{\underline{\mathbf{1{,}21\ mm^2}}}$$

Es ist ein Querschnitt von q = 1,5 mm² zu verlegen.

- Überstrom-Schutzorgane:

In der Verlegeart C beträgt die Strombelastbarkeit für 2 belastete Adern I_Z = 19,5 A (Tabelle 1 ▷ 129). Damit ergibt sich für die Bemessungsstromstärke des Überstrom-Schutzorgans I_N = 16 A.

- Maximale Leitungslänge:

Die maximale Leitungslänge, bei der der zu Grunde gelegte Spannungsfall nicht überschritten wird, berechnet sich mit der Gleichung:

$$l = \frac{\Delta U \cdot q}{2 \cdot \varrho \cdot I \cdot \cos\varphi}$$

$$l = \frac{6{,}9\ \text{V} \cdot 1{,}5\ \text{mm}^2}{2 \cdot 0{,}0178\ \frac{\Omega\ \text{mm}^2}{\text{m}} \cdot 16\ \text{A} \cdot 1}$$

$$l = \underline{\underline{\mathbf{18{,}17\ m}}}$$

Die maximal zulässige Leitungslänge beträgt 18,17 m! Für die Installation sind aber 20,00 m notwendig. Damit der Spannungsfall den zulässigen Wert nicht überschreitet, muss der Querschnitt der Leitung auf $q = 2{,}5\ \text{mm}^2$ erhöht werden!

Zum Anschluss der Waschmaschine sind die folgende Leitung und folgendes Überstrom-Schutzorgan notwendig:

- Leitungstyp: NYM-J 3 × 2,5 mm²
- Leiterquerschnitt: $q = 2{,}5\ \text{mm}^2$
- Überstrom-Schutzorgan: LS-Schalter
- Bemessungsstromstärke $I_N = 20$ A, Auslösecharakteristik: B

Drehstromanschluss für den Durchlauferhitzer

Für den im Bad zu installierenden Durchlauferhitzer wollen wir die notwendigen Leitungsdaten und die erforderlichen Leitungsschutzschalter bestimmen. Der Durchlauferhitzer hat eine Anschlussleistung von $P = 21$ kW. Die Leitungslänge vom Stromkreisverteiler bis ins Bad beträgt ebenfalls 20 m und soll mit Mantelleitung NYM-J in der Verlegeart C verlegt werden ($\cos\varphi = 1$).

Gleichung für den Spannungsfall bei Drehstromleitungen:

$$\Delta U = \frac{\sqrt{3} \cdot l \cdot I \cdot \cos\varphi}{\kappa \cdot q}$$

Nach Umstellung der Gleichung folgt für den Leiterquerschnitt q

$$q = \frac{\sqrt{3} \cdot l \cdot I \cdot \cos\varphi}{\kappa \cdot \Delta U}$$

Beispiel:

- Leiterquerschnitt:

Strom in der Zuleitung des Durchlauferhitzers:

$$I = \frac{P}{\sqrt{3} \cdot U \cdot \cos\varphi}$$

$$I = \frac{21000\ \text{W}}{\sqrt{3} \cdot 400\ \text{V} \cdot 1} = \underline{\underline{\mathbf{30{,}31\ A}}}$$

Maximal zulässiger Spannungsfall:

$$\Delta U = U\ \frac{\Delta u\,\%}{100\,\%} = 400\ \text{V} \cdot \frac{3\,\%}{100\,\%}$$

$$\Delta U = 400\ \text{V} \cdot 0{,}03$$

$$\Delta U = \underline{\underline{\mathbf{12\ V}}}$$

Damit ergibt sich für den Leiterquerschnitt für $\cos\varphi = 1$:

$$q = \frac{\sqrt{3} \cdot l \cdot I \cdot \cos\varphi}{\kappa \cdot \Delta U}$$

$$q = \frac{\sqrt{3} \cdot 20\ \text{m} \cdot 30{,}31\ \text{A} \cdot 1}{\frac{56\ \text{m} \cdot 12\ \text{V}}{\Omega \cdot \text{mm}^2}} = \underline{\underline{\mathbf{1{,}56\ mm^2}}}$$

Diese Betrachtung lässt einen Querschnitt von $q = 2{,}5\ \text{mm}^2$ als ausreichend erscheinen. Nach Tabelle 1 ▷ 129 muss der Leiterquerschnitt für 3 belastete Adern und Verlegeart C jedoch $q = 4\ \text{mm}^2$ betragen.

- Überstrom-Schutzorgane:

In der Verlegeart C beträgt der Strombelastbarkeit für 3 belastete Adern.
$I_Z = 32$ A. Damit ergibt sich für die Bemessungsstromstärke für das Überstrom-Schutzorgan: $I_N = 35$ A.

- Maximale Leitungslänge:

Die maximale Leitungslänge, bei der zulässige Spannungsfall nicht überschritten wird, berechnet sich mit der Gleichung:

$$l = \frac{\Delta U \cdot q \cdot \kappa}{\sqrt{3} \cdot I \cdot \cos\varphi}$$

$$l = \frac{4\ \text{mm}^2 \cdot 56\ \text{m}/\Omega\ \text{mm}^2 \cdot 12\ \text{V}}{\sqrt{3} \cdot 35\ \text{A} \cdot 1}$$

$$l = \underline{\underline{\mathbf{44{,}34\ m}}}$$

Die maximale zulässige Leitungslänge beträgt $l = 44{,}34$ m. Für die Installation sind nur 20 m notwendig. In der Tabelle 1 ▷ 133 sind die Gleichungen zur Berechnung der Leitungen zusammengestellt.

Auswahl der notwendigen Überstrom-Schutzorgane für Geräte mit und ohne Drehstrom

Für Stromkreise mit großen Leistungen werden Leitungsschutzsicherungen (Schmelzsicherungen) nach DIN VDE 0636 verwendet. Folgende Schmelzsicherungen werden unterschieden (Abb. 1 und Tabelle 1 ▷ 134).

Bei Schmelzsicherungen wird die Stromzufuhr bei Kurzschluss bzw. Überlastung durch Abschmelzen eines Schmelzdrahtes unterbrochen. Das Durchbrennen erfolgt beim Kurzschluss mit relativ hohem Strom sehr schnell, bei geringer Überlastung jedoch langsam.

Es gibt zwei Bauarten: Schraub- und Stecksysteme. Zu den Schraubsystemen gehören die

	Gleichstromleitungen	Wechselstromleitungen	Drehstromleitungen
Wirkleistungen	$P = U \cdot I$	$P = U \cdot I \cdot \cos\varphi$	$P = \sqrt{3} \cdot U \cdot I \cdot \cos\varphi$
Spannungsfall	$\Delta U = \frac{2 \cdot l \cdot I}{\kappa \cdot q}$	$\Delta U = \frac{2 \cdot l \cdot I \cdot \cos\varphi}{\kappa \cdot q}$	$\Delta U = \frac{\sqrt{3} \cdot l \cdot I \cdot \cos\varphi}{\kappa \cdot q}$
Leistungsverlust	$P_V = \frac{2 \cdot l \cdot I^2}{\kappa \cdot q}$		$P_V = \frac{3 \cdot l \cdot I^2}{\kappa \cdot q}$
Prozentuale Angabe	$\Delta u_{\%} = \frac{\Delta U}{U} \cdot 100\%;\ \Delta U = U_A - U_E$		

Tabelle 1 Gleichungen zur Leitungsberechnung

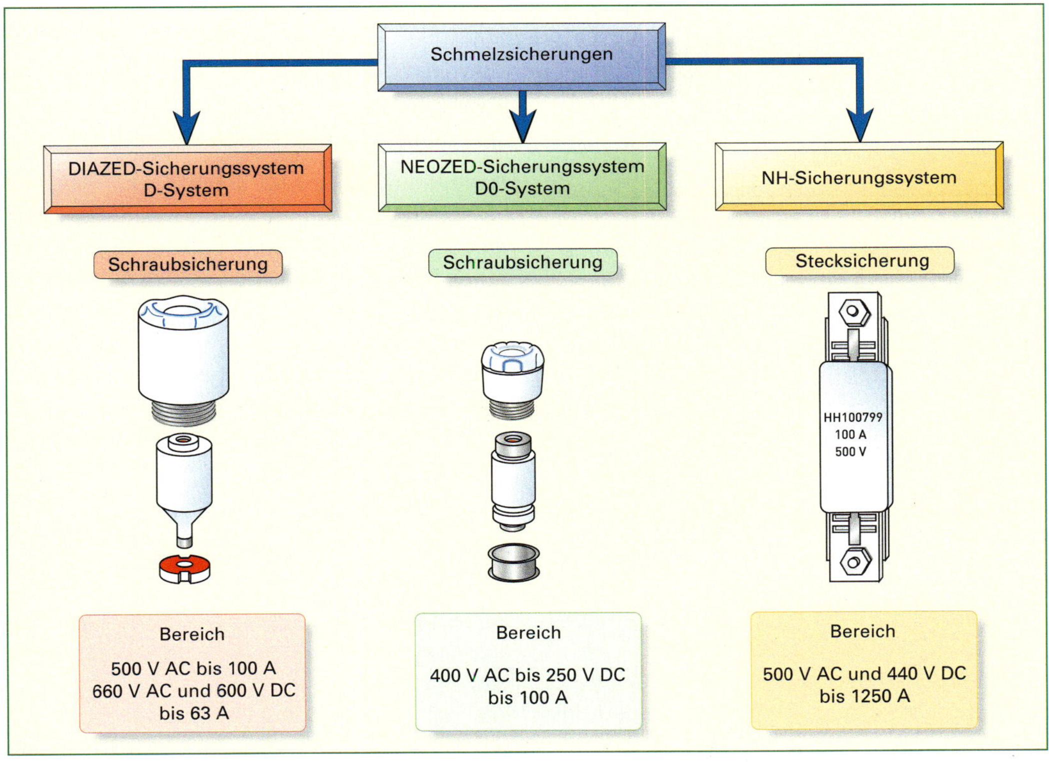

Abb. 1 Bauarten von Schmelzsicherungen

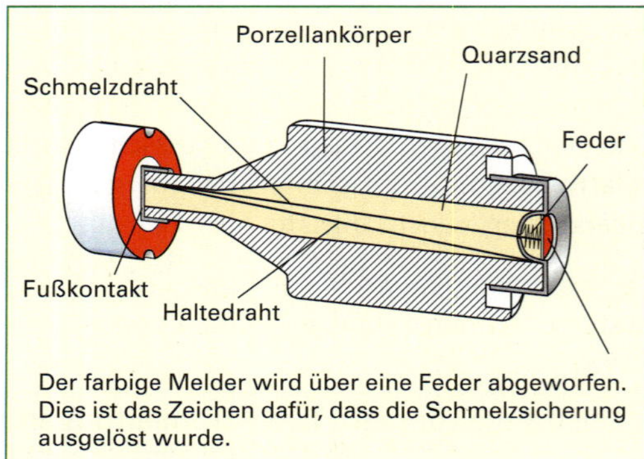

Abb. 1 Aufbau einer Schmelzsicherung

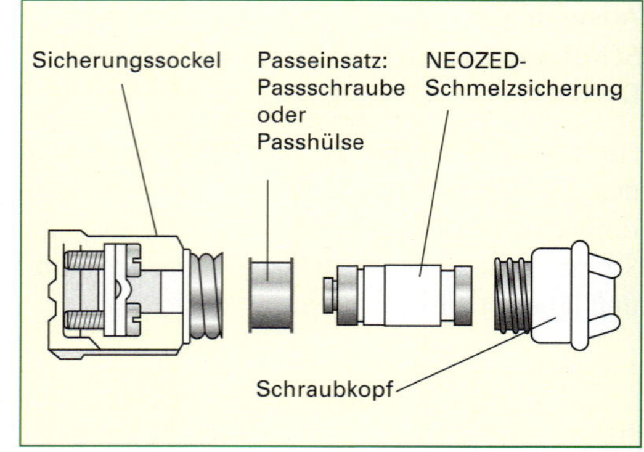

Abb. 2 Aufbau eines NEOZED-Sicherungssystems

I_N in A	Farbe		I_N Sockel	Gewinde NEOZED	Gewinde DIAZED
2	rosa		25 A	D 01 (E 14)	D II (E 27)
4	braun				
6	grün				
10	rot				
16	grau				
20	blau			D 02 (E 18)	
25	gelb				
35	schwarz		63 A		D III (E 33)
50	weiß				
63	kupfer				

Tabelle 1 Kennzeichnung von DIAZED- und NEOZED-Sicherungssystemen

Merke:
- *Der Schmelzdraht in einer Schmelzsicherung ist für eine bestimmte Strombelastung ausgelegt und schmilzt bei Überlastung durch.*
- *Schraubsicherungen bis 63 A dürfen von jeder Person unter Last gewechselt werden.*
- *Schmelzsicherungen dürfen nicht repariert oder gar überbrückt werden.*
- *Die Schmelzsicherungen müssen nach dem Ansprechen durch neue ersetzt werden.*

NEOZED-Sicherungssysteme (D0-Systeme) sowie die DIAZED-Sicherungssysteme (D-Systeme, ältere Bauart). Die D0-Systeme zeichnen sich durch eine kleine, platzsparende Bauform aus.
In beiden Bauarten wird über die Passhülse (NEOZED) oder Passschraube (DIAZED) verhindert, dass ein Sicherungseinsatz in einen falschen Sicherungssockel eingesetzt wird (Abb. 2).

Der Fußkontakt der Sicherung hat dazu je nach Bemessungsstromstärke einen unterschiedlichen Durchmesser. Die Bemessungsstromstärken von Schmelzsicherungen sind durch die Farben des Melders und die Farbe auf dem Passeinsatz gekennzeichnet (Tabelle 1).
Die Bemessungsstromstärken für beide Bauarten reicht von $I_N = 2$ A bis $I_N = 100$ A. Die Bemessungsspannung beträgt bei:

- DIAZED-Systemen 500 V AC (500 V DC)
- NEOZED-Systemen 400 V AC (250 V DC)

Schmelzsicherungen werden wie folgt unterschieden:

- Bauart (Abb. 1 ▷ 133)
- Betriebsklasse zur Beschreibung des Auslöseverhaltens einer Schmelzsicherung

Die Betriebsklasse wird durch die Kombination zweier Buchstaben gekennzeichnet. Der erste gibt die Funktionsklasse, der zweite das zu schützende Objekt an. Betrachten wir den Aufdruck auf einem NEOZED-Sicherungseinsatz (Tabelle 1 und Tabelle 1 ▷ 135).

Bedeutung der Funktionsklasse

Sicherungseinsätze der **Funktionsklasse g** können mindestens Ströme bis zur angegebenen Bemessungsstromstärke dauernd führen. Sie sind für Überlast- und Kurzschlussschutz geeignet.
Sicherungen der **Funktionsklasse a** können Ströme oberhalb eines bestimmten Vielfachen der Bemessungsstromstärke bis zum Bemessungsausschaltstrom schalten. Sie schützen nur gegen Kurzschluss.
Wie schnell der Schmelzdraht der Sicherung schmilzt, zeigt Abb. 2 ▷ 135. Die Schmelzsicherung arbeitet mit einer herstellerbedingten Toleranz.

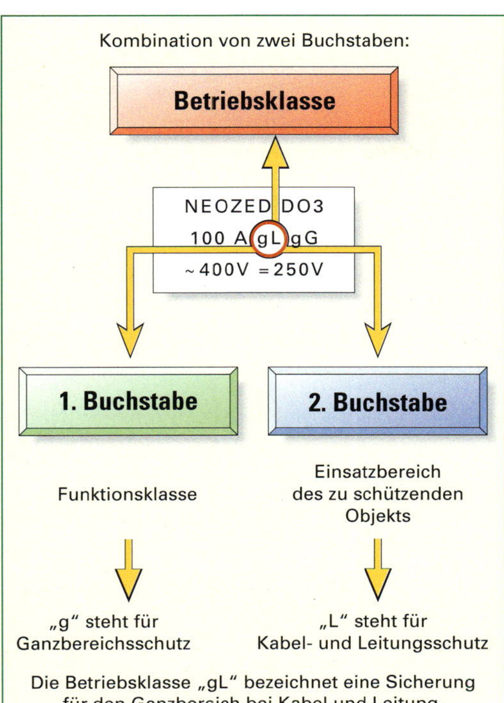

Abb. 1 Aufdruck NEOZED-Sicherungseinsatz

Funktions-klasse	Betriebs-klasse	Schutz von:
g = Ganzbereichs-schutz	gL gTr gR gB	Kabeln und **L**eitungen **Tr**ansformatoren Halbleitern **B**ergbauanlagen
a = Teilbereichsschutz	aM aR	Schaltgeräten und **M**otoren Halbleitern

Tabelle 1 Funktions- und Betriebsklassen von Niederspannungs-sicherungen

Erst beim Überschreiten der unteren Kennlinie des Toleranzbandes darf die Sicherung ansprechen, d.h. abschmelzen. Beim Erreichen der oberen (rechten) Kennlinie muss die Schmelzsicherung ansprechen. Bei einer Auslösedauer von 2 s und einer Schmelzsicherung von 4 A bedeutet dies, dass zum Auslösen eine Stromstärke von mindestens 10 A ❶ und maximal 20 A ❷ notwendig ist (Abb. 2).

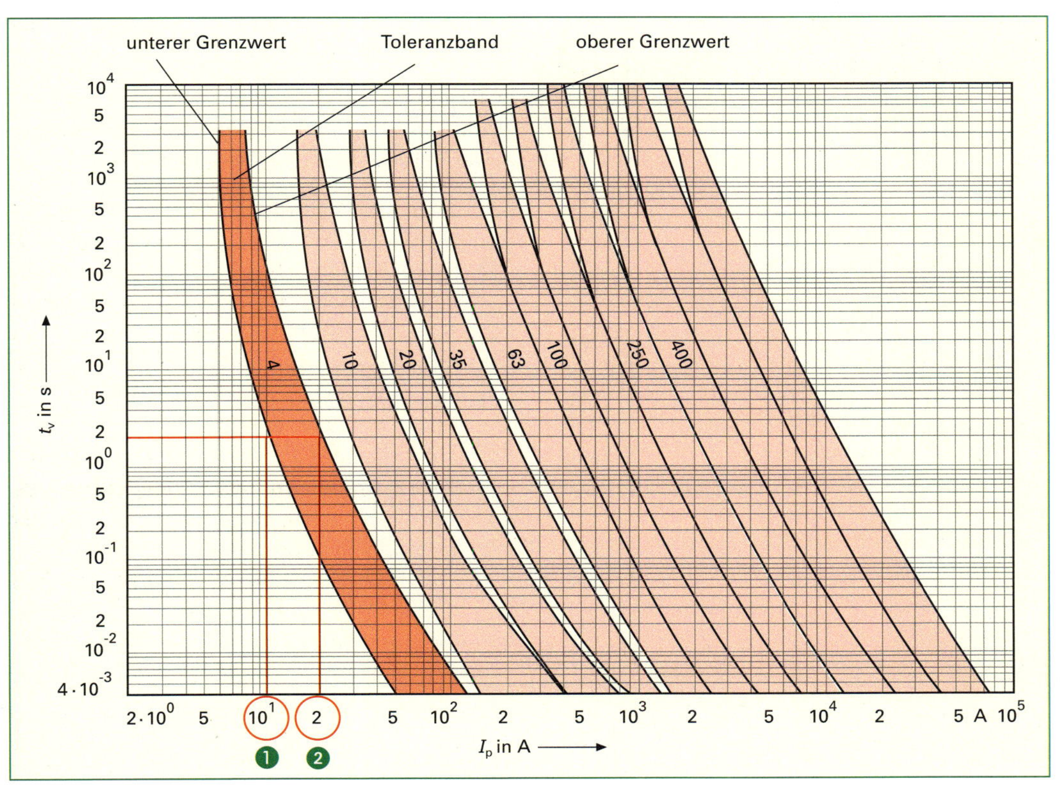

Abb. 2 Auslösecharakteristik von Schmelzsicherungen der Betriebsklasse gL

Zum Anschluss des Durchlauferhitzers sind Leitung und Überstrom-Schutzorgan wie folgt zu wählen:

- Leitungstyp: NYM-J 5 × 4 mm^2
- Leiterquerschnitt: $q = 4\,mm^2$
- Überstrom-Schutzorgan: NEOZED-Schmelzsicherung mit der Betriebsklasse gL
- Bemessungsstromstärke $I_N = 35\,A$

Erweiterung des Stromkreisverteilers

Aufgrund des bereits vorhandenen Stromkreisverteilers in der „alten" Wohnung können jetzt die notwendigen Erweiterungen vorgenommen werden. Der Stromkreisverteiler verfügt entsprechend dem Ausstattungswert 2 über drei „Reihen", auf denen die neuen Reiheneinbaugeräte (REG) montiert werden können (Abb. 1 und Abb. 2). In jeder Reihe des Stromkreisverteilers können maximal 12 REG (Reiheneinbaugeräte) mit je einer Breite von 17,5 mm montiert werden.

Wie werden die abgehenden Leitungen der neuen Stromkreise angeschlossen?

- Die Zuleitungen der Stromkreise werden in die vorhandenen Einführungen des Verteilers geführt und abgemantelt (Abb. 1 ⊳ 90 und Abb. 1 ⊳ 91).
- Die Schutzleiter (PE) und Neutralleiter (N) der einzelnen Leitungsabgänge werden an die vorgesehenen Klemmleisten im oberen Teil des Verteilers angeschlossen (Abb. 1 ⊳ 90 und Abb. 1 ⊳ 91).

Abb. 1 Stromkreisverteiler

N°	Bezeichnung/ Designation	N° PEN	N° L1,L2,L3	mm^2
1	E-Herd			
2	E-Herd			
3	E-Herd			
4	Geschirrspüler			
5	Küche			
6	Wohn- und Ess-Zimmer			
7	Flur/Kinder-Zi.			
8	Schlafzimmer			
9	Kinder-Zi./Keller			
10	Büro/Keller			
11	Bad			
12	Steckdosen Balkon, Dusche, Keller			
13	Hauptschalter			
14	Hauptschalter			
20	Relais/Licht/Flur			
22	FI-Schutzschalter			
23	FI-Schutzschalter			

Abb. 2 Beschriftete Stromkreise im Verteiler

Praxistipps:

- *N-Leiter und PE eines Stromkreises auf die gleiche Klemmnummern der Klemmleiste im oberen Teil des Verteilers legen. Dies erleichtert das Arbeiten beim Prüfen und Reparieren.*
- *Die Schrauben der Anschlüsse fest andrehen. Dadurch werden hohe Übergangswiderstände an den Klemmen vermieden.*
- *Die offenen Reserveplätze werden mit Hilfe von Abdeckungen gegen indirektes Berühren geschützt.*
- *Damit ein Stromkreis schnell abgeschaltet werden kann, sind alle Betriebsmittel des Verteilers zu kennzeichnen. Die Beschriftung der Betriebsmittel (Überstrom-Schutzorgane) erfolgt mit Hilfe von Nummern auf der Abdeckung des Stromkreisverteilers. Jede Nummer benennt den zugehörigen Raum. Alle Kennzeichnungen müssen auf Dauer gut lesbar sein.*

Aufgaben:

Ausgehend von den vorangegangenen Abschnitten ist es jetzt Ihre Aufgabe, die Durchführung des Arbeitsauftrages zu organisieren und die Reihenfolge der einzelnen Arbeitsschritte festzulegen. Tipp: Legen Sie sich dazu jeweils eine Tabelle an!

1 Welche Werkzeuge, Arbeitsmittel usw. sind für die Auftragsdurchführung bereitzustellen?

2 Legen Sie die einzelnen Schritte Ihres Vorgehens in einem Arbeitsablaufplan fest. Schätzen Sie – realistisch – die Arbeitszeit für die einzelnen Arbeitsschritte ein!

3 Erstellen Sie eine Materialliste für die notwendigen Leitungen, Steckdosen, Schalter, Klemmen, Sicherungen, Befestigungsmittel usw.

4 Ermitteln Sie für eine Auslösedauer von 5 s die mindestens zum Auslösen der Sicherung notwendige Stromstärke sowie die maximale zum Auslösen notwendige Stromstärke für eine 35 A gL-Schmelzsicherung.

- Die Außenleiter der abgehenden Leitungen werden direkt an den Überstromschutzorganen angeschlossen.

Weitere Einzelheiten zur Installation von Stromkreisverteilern finden Sie im Abschnitt 2.1.5.

2.3.4 Inbetriebnahme und Übergabe der fertigen Arbeit

Sie werden feststellen, dass Sie bei der Ausführung der Installationsarbeiten nicht alle Planungen verwirklichen können und dass Sie häufig nach anderen Lösungsmöglichkeiten suchen müssen. Halten Sie Abweichungen von der Planung fest, damit sie in die abschließende Dokumentation eingearbeitet werden können.

Neu errichtete elektrische Anlagen müssen nach Fertigstellung abgenommen und auf ihre Sicherheit überprüft werden. Diese Prüfungen werden nach:

- UVV „Elektrische Anlagen und Betriebsmittel" (TRBS 2131) und
- DIN VDE 0100 Teil 600 durchgeführt.

Für alle vom Elektroniker durchgeführten Prüfungen sind Prüfprotokolle anzufertigen. Die notwendigen Messungen dürfen nur mit Messgeräten, die nach DIN bzw. DIN VDE genormt sind, vorgenommen werden. Es sind die in Abb. 1 aufgeführten Prüfungen durchzuführen. Die Vor-

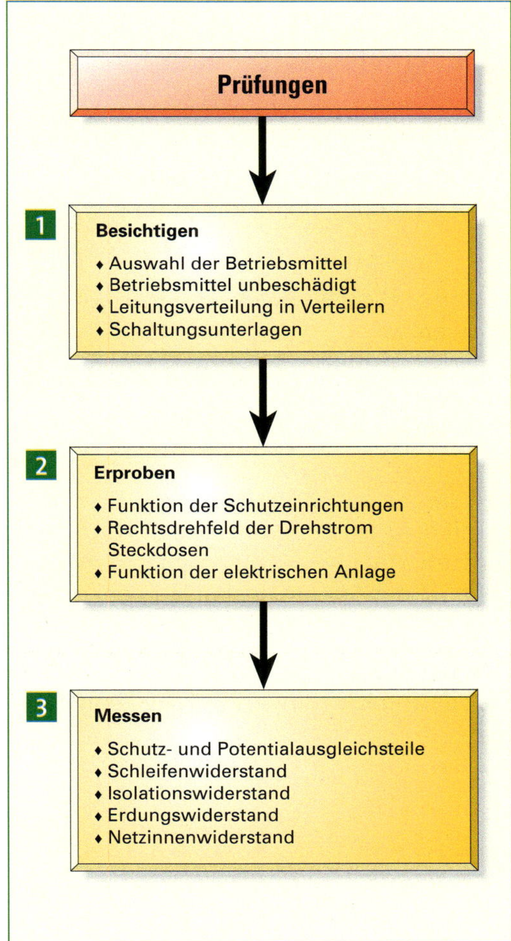

Abb. 1 Prüfungen

gehensweise der einzelnen Prüfungen und die entsprechenden Messgeräte finden Sie in Abschnitt 2.1.6.

Zusammenfassung der Prüfungen in Verbraucheranlagen nach DIN VDE 0100 Teil 600

- Messung des Isolationswiderstandes zwischen allen Außenleitern, dem Neutralleiter und dem Schutzleiter
- Prüfung der Phasenfolge und der Spannungsmessung gegen Erde
- Messung des Widerstandes zwischen Neutralleiter und Schutzleiter
- Messung des Widerstandes des Hauptpotenzialausgleichsleiters
- speziell im TN-Netz durchzuführende Messungen:
  - Messung des Schleifenwiderstandes
  - Prüfung der FI-Schutzeinrichtung
- speziell im TT-Netz durchzuführende Messungen:
  - Messung des Erdungswiderstandes
  - Prüfung der FI-Schutzeinrichtung

Sie haben die Installationsarbeiten abgeschlossen und wollen jetzt überprüfen, ob die Installation allen Anforderungen entspricht. In den VDE-Richtlinien sind die Bestimmungen für diese Prüfungen festgelegt. Wenn Sie sämtliche Prüfungen durchgeführt und protokolliert haben, wird die Arbeit mit allen Prüfprotokollen und geänderten Schaltungsunterlagen dem Kunden übergeben. Danach sollte der Kunde in die Anlage eingewiesen werden und auf Besonderheiten aufmerksam gemacht werden. Beschaffen Sie sich ein Exemplar eines in Ihrer Region gültigen Protokoll- und Übergabeformulars!

Prüfen Sie Ihr Wissen:

1 Welche Prüfungen müssen nach VDE 0100 Teil 600 in einem TN-Netz durchgeführt werden?

2 In welcher Reihenfolge sind diese Prüfungen durchzuführen?

3 Beschreiben Sie die Vorgehensweise für die Messung des Schleifenwiderstandes!

4 Warum sollte der Schleifenwiderstand an der entferntesten Stelle im Stromkreis gemessen werden?

5 Beschreiben Sie die Vorgehensweise für die Messung des Isolationswiderstandes!

6 Beschreiben Sie die Vorgehensweise zur allgemeinen Bestimmung des Leiterquerschnitts!

7 Berechnen Sie den Spannungfall auf der 17 m lange Zuleitung eines Durchlauferhitzers mit einer Leistung von $P = 21$ kW, der mit einer Leitung NYM-J 4×4 mm^2 angeschlossen wird und mit einer Schmelzsicherung von $I_n = 35$ A abgesichert ist. Vergleichen Sie den Spannungsfall mit dem maximal zulässigen Spannungsfall auf einer Leitung. Wird der maximale Spannungfall überschritten?

8 Wie hätte der Unfall verhindert werden können?

Kabelbrand Ursache für Buskatastrophe

Die Buskatastrophe auf der A2 nahe Hannover mit 20 Toten ist nach einem Bericht der „Bild am Sonntag" durch einen Kabelbrand unterhalb des WC verursacht worden. Menschliches Versagen, zum Beispiel eine brennende Zigarette, sei demnach als Auslöser für das explosionsartige Feuer Anfang November auszuschließen. Die Reibung von zwei aufeinanderliegenden Kabelsträngen unterhalb des WC hat der Zeitung zufolge das schwerste Busunglück in Deutschland seit 16 Jahren ausgelöst. Ein Autofahrer gab bei der Polizei an, bereits vier Kilometer vor der Unfallstelle Qualm unter dem Bus bemerkt zu haben, wie es in dem Bericht heißt.

2.4 Installation des Kellers

2.4.1 Energieverteilung

- **Auswahl des Raumes zur Zählerinstallation**
- **Installation eines Hausanschlusskastens**
- **Installation der Hauptpotentialausgleichs-schiene**
- **Installation und Anschluss eines Arbeitszählers**

Kundenauftrag:

Da an Installation und Auswahl eines Zählers und eines geeigneten Zählerplatzes ganz bestimmte Forderungen geknüpft sind, kann der Kunde auf die Gestaltung der Zählerinstallation nur wenig Einfluss nehmen. Abb. 1 zeigt den Grundrissplan des Kellergeschosses mit Hausanschlussraum.

Zählerplatz

Geeignet für den Zählerplatz sind: leicht und jederzeit zugängliche Räume, z. B. besondere Zählerräume, Hausanschlussräume, Flure und Treppenhäuser (jedoch nicht über Stufen). Der Raum darf nicht für andere Zwecke genutzt werden.

Die elektrische Energie vom VNB wird über den Hauptverteiler ins Wohnhaus verteilt. Abb. 1 ▷ 140 zeigt die Verteilung in einem anderen, bereits bestehenden Hausanschlussraum, in dem auch die Versorgungsleitungen sowie die Verteilungseinrichtungen, z. B. für Wasser, Gas und Telefon, untergebracht sein können. In Wohnhäusern sind folgende Einrichtungen zur elektrischen Verteilung vorhanden:

- Hausanschlusskasten (HAK)
- Hauptpotentialausgleich
- Hauptverteiler mit Arbeitszähler

Hausanschlusskasten

Der Hausanschlusskasten (HAK) in Abb. 1 ▷ 140 ist Teil der Anlage des VNB, er ist der Übergabepunkt zum Kunden. Im HAK sind die Anschlüsse frei zugänglich, der Strom könnte dort also „ungezählt" entnommen werden. Deshalb muss man jeden HAK verplomben. Ein Entfernen der Plombe durch Unbefugte ist verboten!

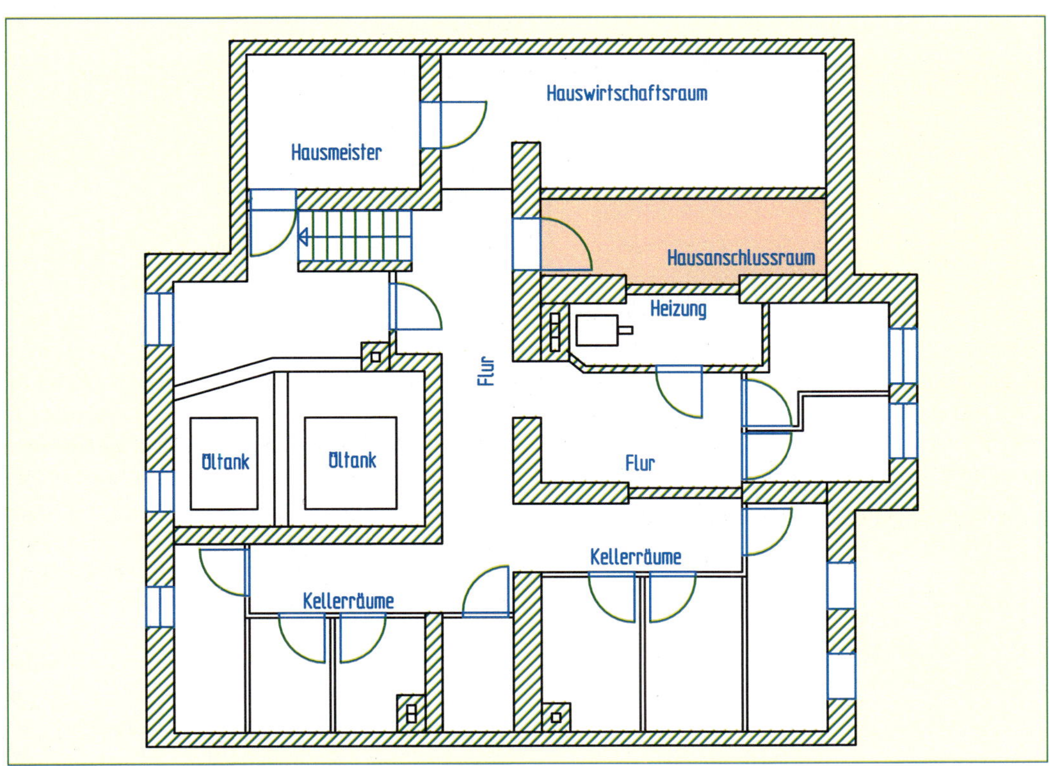

Abb. 1 Grundrissplan des Kellergeschosses mit Hausanschlussraum

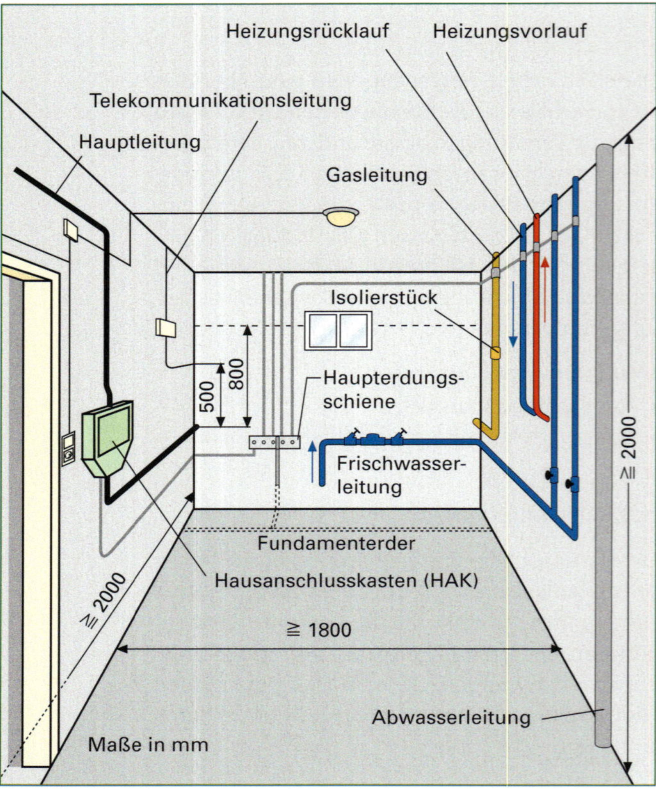

Abb. 1 Hausanschlussraum

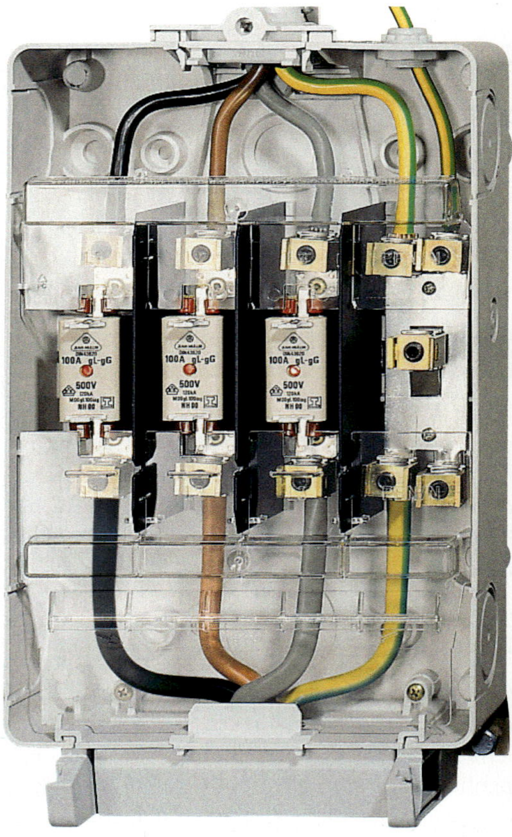

Abb. 2 Hausanschlusskasten (Je nach VNB können sich die Leiterfarben unterscheiden.)

Merke:
- *Die Anforderungen an einen Hausanschlussraum hinsichtlich Größe und Ausstattung sind in der DIN 18012 festgelegt.*
- *Im Hausanschlussraum befinden sich alle zur Verteilung der elektrischen Energie notwendigen Einrichtungen.*
- *Weisen Gebäude mehr als zwei Wohneinheiten auf, muss ein Hausanschlussraum vorhanden sein.*

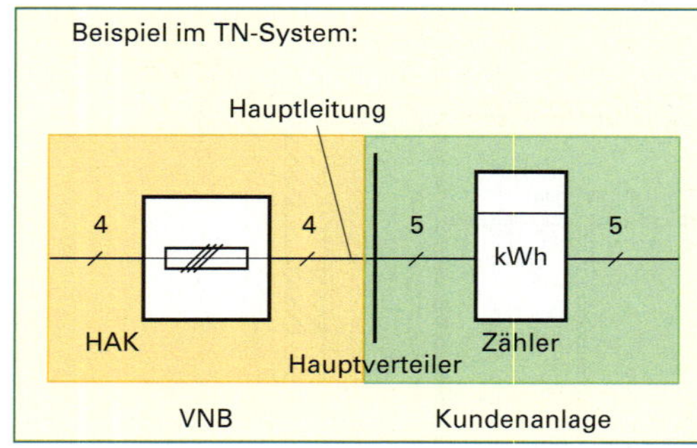

Abb. 3 Schematische Darstellung der Hauptverteilung

Wohnungstyp	Elektrische Warmwasserbereitung	
	mit	ohne
Einfamilien-Haus	63 A	63 A
2 Wohnungen	80 A	63 A
3 Wohnungen	100 A	63 A

Tabelle 1 Mindestabsicherung der Hauptleitung

Wie in Abb. 2 zu erkennen, befinden sich im Hausanschlusskasten (HAK) drei Sicherungen vom Typ NH (Niederspannungs-Hochleistungssicherung). Diese sind als Lasttrenner ausgeführt; damit ist es möglich, die gesamte Anlage auch unter Belastung freizuschalten. Der Querschnitt der Zuleitung und die Bemessungsstromstärke der Sicherungen werden vom VNB festgelegt.

Vom VNB wird in Wohnhäusern Dreiphasenwechselspannung 400/230 V mit einer Frequenz von 50 Hz eingespeist. Die vom HAK geführte Hauptleitung zum Zähler kann in Kellerräumen auf Putz verlegt werden. In leicht zugänglichen Räumen darf die Hauptleitung unter Putz oder in Rohren bzw. Kanälen verlegt werden. Die Hauptleitung darf nicht in einem gemeinsamen Schacht mit anderen Versorgungsleitungen (z. B. Gas, Wasser) geführt werden. Die Tabelle 1 ▷ 140 zeigt die vorgeschriebene Mindestabsicherung der Hauptleitung.

Schutzpotentialausgleich

Durch Isolations- oder Schaltungsfehler können zwischen Metallteilen von Einrichtungen, die nicht zur elektrischen Anlage gehören, gefährlich hohe Spannungen entstehen. Um solche gefährlichen Zustände zu verhindern, müssen alle Anlagen aus Metall miteinander verbunden werden. Der Schutzpotentialausgleich über die Haupterdungsschiene stellt die zentrale Verbindungsstelle dar, wie in Abb. 1 gezeigt. Verbindungsstellen sind:

- Hauptpotentialausgleichsleitung vom VNB (PEN-Leiter im TN-C-Netz)
- Fundamenterder
- Verbindungen zu fremden leitfähigen Teilen

Der Anschluss des Schutzleiters mit der Potentialausgleichsschiene kann entweder direkt vom HAK erfolgen oder an der Hauptverteilung hergestellt werden. Der zu verlegende Querschnitt des Schutzleiters an der Haupterdungsschiene richtet sich nach dem größten Querschnitt der Installation. Alle Leitungen haben grün-gelbe Adernkennzeichnung.
Die Rohrsysteme der nicht elektrischen Installation, wie z. B. Gas, Wasser, Heizung, müssen an die Potentialausgleichsschiene mit angeschlossen werden. Metallrohre können über einen Leiter

Merke:
- *Der HAK wird seitens des VNB oder durch einen Beauftragten Elektroniker installiert und verplombt.*
- *Der HAK bildet den Übergabepunkt vom VNB zur Hausverteilung.*
- *Als Hauptleitung bezeichnet man die Verbindung zwischen HAK und Hauptverteiler bzw. Zähler.*
- *Die Haupterdungsschiene verbindet den PEN-Leiter des VNB-Netzes mit dem Fundamenterder und den leitfähigen Rohrsystemen der übrigen Versorgungsbereiche.*

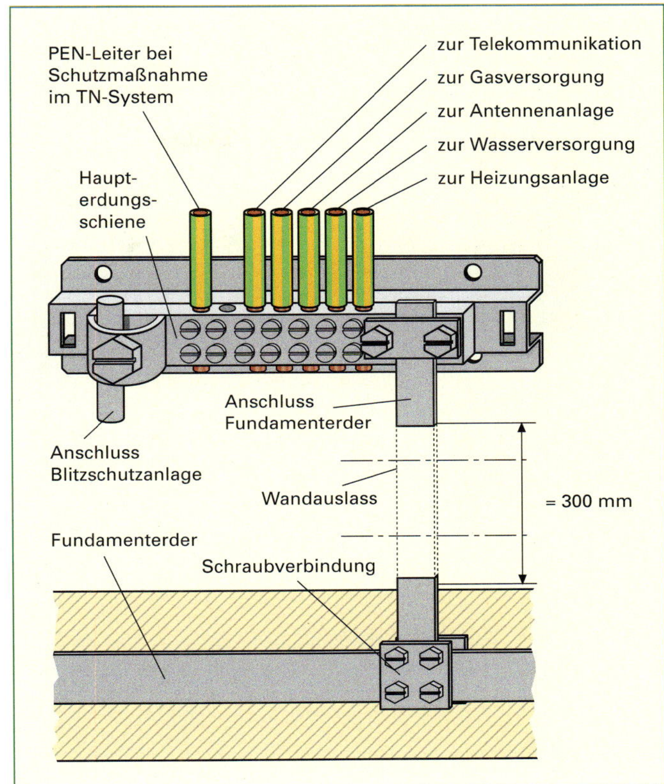

Abb. 1 Haupterdungsschiene mit Fundamenterder

miteinander verbunden werden. (Abwasserrohre sind ungeeignet, wenn sie mit Dichtringen miteinander verbunden sind.) Als Erder sind Metallrohre nicht zulässig. Gasleitungen müssen vor dem Isolierstück geerdet werden (Abb. 1 ▷ 140).

Zähler

Die vom VNB bereitgestellte elektrische Energie wird mit Hilfe eines Zählers gemessen. Der Zähler ist ein Gerät zum Messen von elektrischer Arbeit. Elektrizitätszähler fallen als Messgeräte unter das Eichgesetz und unterliegen somit der Aufsicht des Gesetzgebers. Sie müssen vor jeglichen Umwelteinflüssen wie

- Feuchtigkeit
- Verschmutzung
- mechanischer Beschädigung,

die ihre Messfunktion beeinträchtigung könnten, geschützt werden. Außerdem muss die Messeinrichtung jederzeit untersucht und abgelesen werden können. Aus diesem Grunde werden Zähler, z. B. im Hausanschlussraum, in besonderen

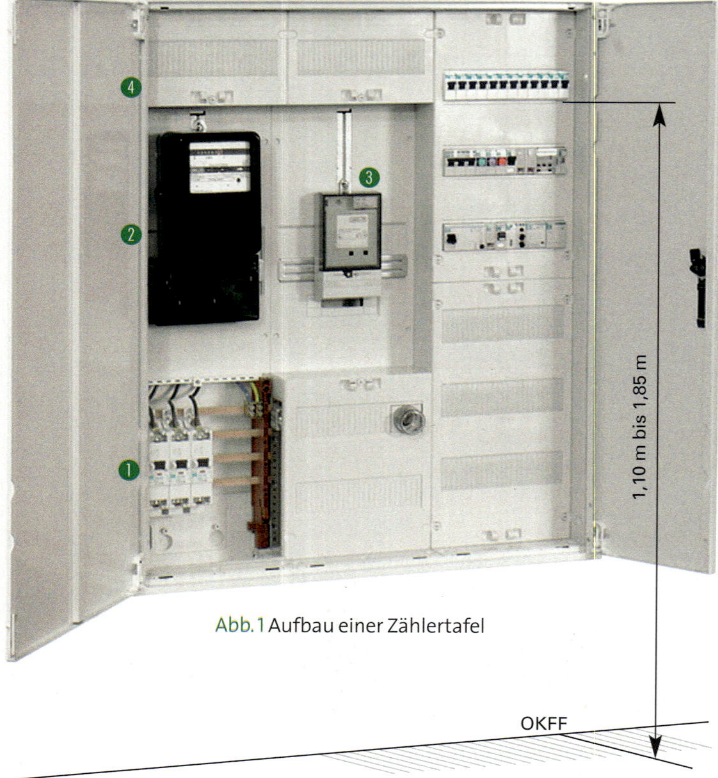

Abb. 1 Aufbau einer Zählertafel

Zählerschränken nach DIN 43870 eingebaut und angeschlossen. Alle deutschen Energieversorgungsuternehmen sind mit den unterschiedlichen technischen Anschlussbedingungen nach TAB 2007 erfasst. Die Plätze für den Zähler und andere Messeinrichtungen (z. B. Rundsteuerempfänger, Tarifschaltgeräte, s. u.) sind so zu kennzeichnen, dass eindeutig erkennbar ist, zu welcher Wohnung sie gehören. Dies ist besonders wichtig in Mehrfamilienhäusern. Abb. 1 zeigt den Aufbau einer Zählertafel. Die Anschlussräume sind gegliedert in:

❶ Unterer Anschlussraum

In diesem Bereich sind Betriebsmittel (z. B. Klemmen, Sicherungen, Sammelschienen) untergebracht, die eine Abzweigung der Hauptleitung zu den Zählern oder anderen Messeinrichtungen ermöglichen. Dieser Bereich ist verplombt.

❷ Mittlerer Anschlussraum

Dieser Bereich stellt das Zählerfeld dar, in dem der Zähler montiert ist. Das Anschlussklemmenfeld des Zählers ist ebenfalls abgedeckt und verplombt. In Mehrfamilienhäusern können auch zwei Zähler übereinander in zweistöckiger Zähleranordnung montiert sein. Als Zähleranschlussleitungen sind flexible Leitungen H07V-K mit einem Querschnitt von 10 mm² zu verwenden. Der mittlere Anschlussraum kann auch besondere Messeinrichtungen aufnehmen. Dies können sein:

- Zweitarifzähler
- Tarifschaltuhr
- Rundsteuergeräte

Man nennt dieses Feld **TSG-Feld (Tarifschaltgeräte-Feld)**, da es andere Abmessungen hat als das normale Zählerfeld.

❸ Zähler

Dieser Zähler besteht aus zwei Zählwerken in einem Gehäuse. Ein Zählwerk für den hohen Tarif (HT) und ein Zählwerk für den niedrigen Tarif (NT). Damit zu den entsprechenden Tarifzeiten umgeschaltet werden kann, muss eine Zusatzeinrichtung, z. B. eine Tarifschaltuhr, die Zählwerke umschalten. Dies kann auch mithilfe eines Rundsteuergerätes erfolgen. Die Umschaltung des Zweitarifzählers geschieht dann zentral vom VNB über ein hochfrequentes Schaltsignal auf der Hauptleitung.

Alternativ zum mechanischen Zähler muss dem Kunden seit 2010 ein elektronischer Zähler angeboten werden. Dieser „intelligente" Zähler hat für den Kunden mehrere Vorteile (Abb. 1 ▷ 143):

- exakte Informationen über einen Internetzugang vom Tages-, Monats- und Jahresenergieverbrauch (grafische Darstellung)
- Einsparung durch aktive Verbrauchsverlagerung in den NT-Bereich
- Anzeige der aktuellen Leistung
- Alarmfunktionen per SMS zukünftig möglich

❹ Oberer Anschlussraum

Im oberen Bereich befinden sich die Überstrom-Schutzeinrichtungen für den Stromkreisverteiler. Hier dürfen auch ausnahmsweise Überstrom-Schutzeinrichtungen bis 63 A, Ausschalter, Treppenhausautomaten, Klingeltransformatoren oder Überstrom-Schutzeinrichtungen, z. B. für die Kellerbeleuchtung, montiert werden. Abb. 1 ▷ 146 zeigt das Anschlussfeld und die Verdrahtung eines Zählers für Drehstrom. Es wurde ein TN-C-Netz vorausgesetzt. Die Leitungen am Zähleranschlussfeld sind flexible Einzeladern H07V-K 10 mm².

kWh
1.8.0
32380
SIEMENS TD-3511
Ein/Menü
744 000 084

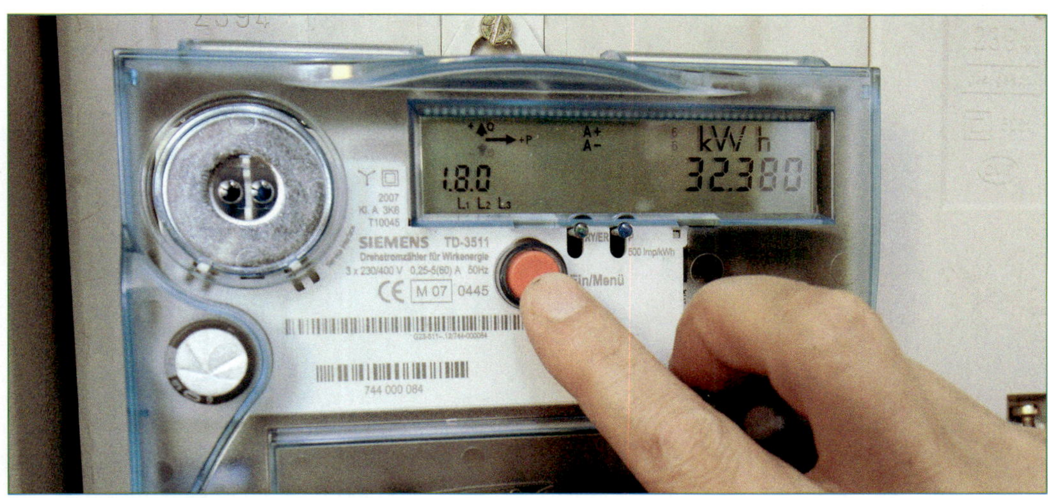

Abb. 1 Elektronischer Drehstromzähler

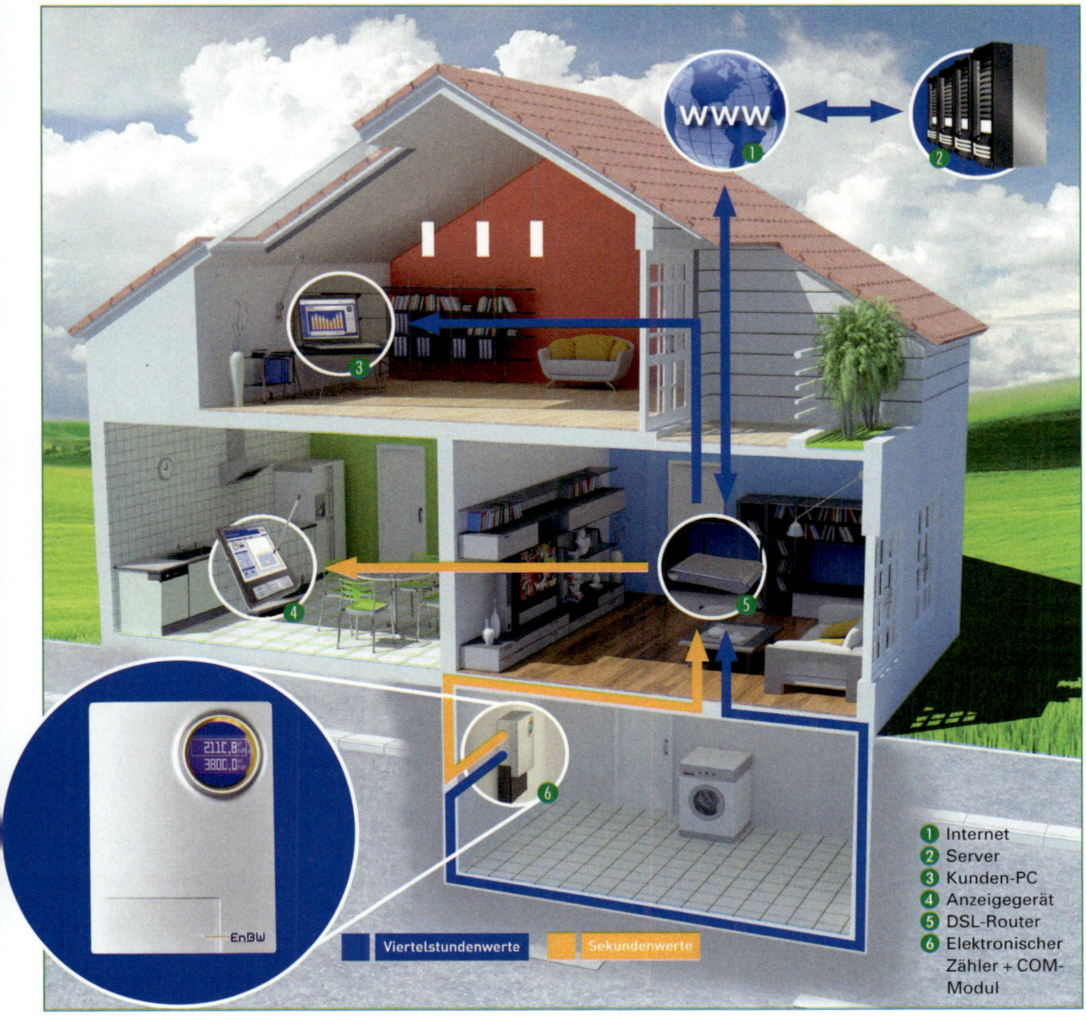

WWW
Viertelstundenwerte
Sekundenwerte
EnBW
1 Internet
2 Server
3 Kunden-PC
4 Anzeigegerät
5 DSL-Router
6 Elektronischer Zähler + COM-Modul

Abb. 2 Vernetzung des „intelligenten" Zählers (Smart Metering)

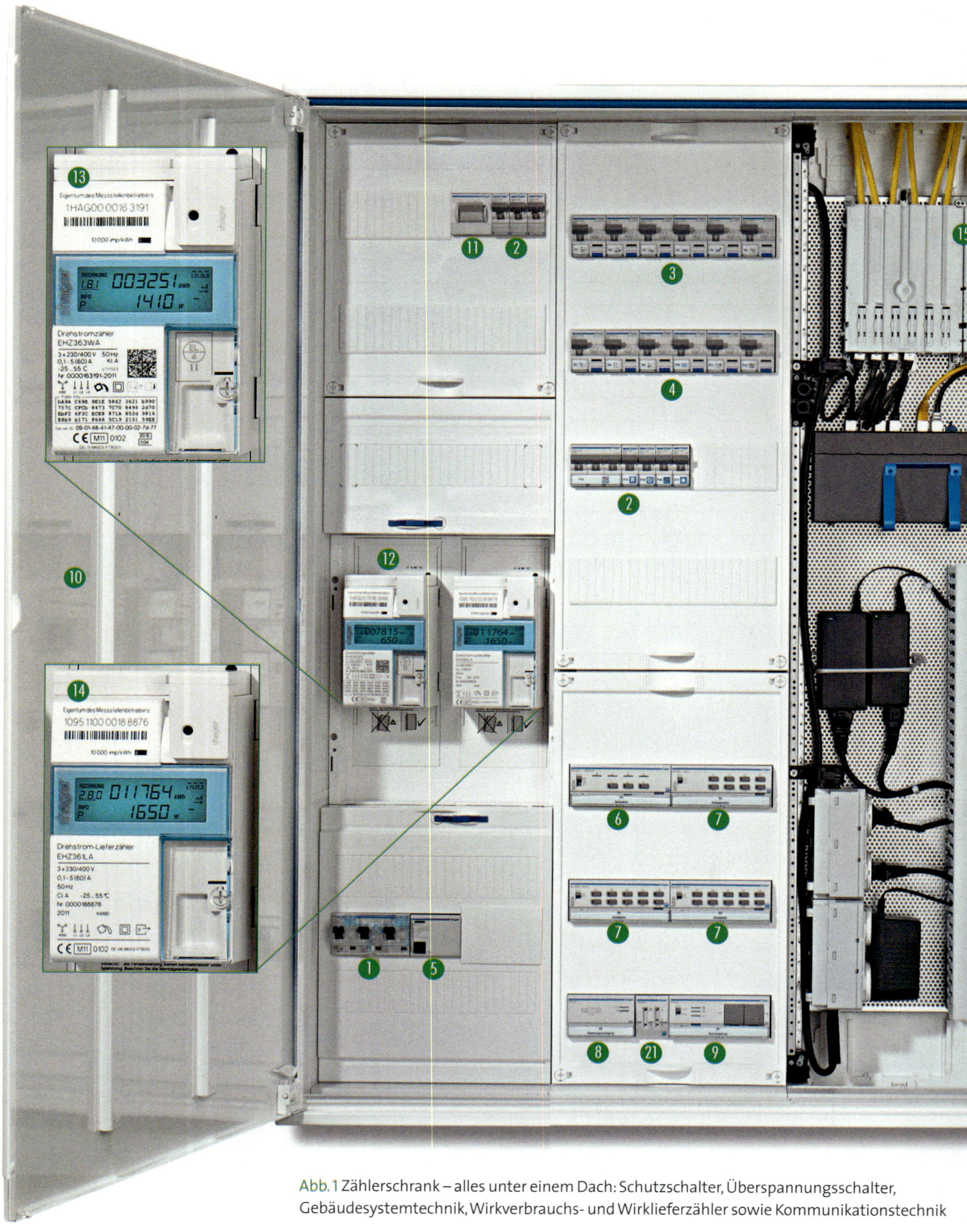

Abb. 1 Zählerschrank – alles unter einem Dach: Schutzschalter, Überspannungsschalter, Gebäudesystemtechnik, Wirkverbrauchs- und Wirklieferzähler sowie Kommunikationstechnik

1. **SLS-Schalter** Hauptschutzschalter für die gesamte Elektroinstallation, kann manuell ein- und ausgeschaltet werden.
2. **LS-Schalter** schaltet den Stromfluss selbsttätig ab, wenn die Stromstärke in der Leitung zu hoch ist.
3. **FI-Schutzschalter** schaltet den Stromfluss bei Fehlerströmen ab und schützt vor gefährlichen Berührungsspannungen.
4. **FI-/LS-Schalter** kombiniert die Funktion eines LS-Schalters mit der eines FI-Schalters in einem Gerät.
5. **Überspannungsschutz** 3-stufig, schützt vor Überspannungen, z.B. durch Blitzeinschlag.

6. **KNX-Dimmer-Modul** ist die funktionelle Basis für das bedarfsgerechte Dimmen der Beleuchtung in den Wohnräumen.
7. **KNX-Schaltausgang** (4-, 6-, 8- oder 10-fach) dienen zum Schalten und Steuern der angeschlossenen Verbraucher. Ein 8-fach-Ausgang kann z.B. die Jalousiemotoren einer kompletten Fensterfront schalten.
8. **KNX-Stromversorgung** Die Busspannungsversorgung mit integrierter Drossel versorgt den KNX-Bus mit einer konstanten Gleichspannung.
9. **KNX-Server** über den Server können sämtliche Daten der Gebäudeautomatisation auf jedem angeschlossenen Endgerät (PC, Notebook, Smartphone etc.) abgerufen werden.

10. **Zählerschrank** mit modularem Innenausbausystem, besteht aus einem verwindungssteifen Stahlkorpus, der innen mit einer Schutzisolierung ausgekleidet ist.
11. **Hauptschalter 63A** Ausschalter für Stromstärken bis 63 Ampere. Bei Wartungsarbeiten trennt er Netz und Photovoltaikeinspeisung.
12. **Funkaufsatz** für die Datenübermittlung vom und zum elektronischen Haushaltszähler (für hausinterne Energiekontrolle sowie Fernauslesung).
13. **Wirkverbrauchszähler** ist der „normale" Basiszähler – er misst die Energiemenge, die aus dem öffentlichen Stromnetz bzw. vom Stromanbieter bezogen wird.
14. **Wirklieferzähler** messen nicht die eingehende, sondern die ausgehende Energie – also die Menge an Energie, die im Haushalt erzeugt wird (z.B. über eine Solaranlage oder über ein Mini-Blockheizkraftwerk) und ins öffentliche Stromnetz eingespeist wird. Alternativ zur Kombination Wirkverbrauchszähler plus Wirklieferzähler können auch sogenannte Zweirichtungszähler eingesetzt werden, die den Energiefluss in beide Richtungen messen.

15. **Patchfeld (RJ45 und Koax)** dient zur Verteilung der einzelnen Anschlüsse über die strukturierte Verkabelung eines Netzwerks: Hier werden die Leitungen, die zu den Datendosen in den einzelnen Räumen führen, verdrahtet.
16. **Telefonanschluss mit Splitter** Telefonanbieter senden ein gemischtes Signal, das aus Telefonie- und aus DSL-Daten besteht. Ein Splitter teilt das Signal auf und leitet es weiter.
17. **Netzwerk-Switch** sorgt für die Verbindung zwischen Servern, Storage-Geräten (Festplatten) und Endgeräten (wie PCs und Notebooks). Ein Switch hat also die Aufgabe, den reibungslosen Betrieb einer Hausvernetzung sicherzustellen.
18. **TV-Breitband- oder Satelliten-Verteiler (BK-/Sat-Verteiler)** teilt die Hauptleitung für den TV- und Hörfunk-Empfang und leitet die Signale über Koaxialleitungen in die einzelnen Wohnräume weiter.
19. **DSL-Router** steuern die Verbindungen zwischen dem Hausnetz und dem Internet. Das DSL-Modem funktioniert dabei als „Datenwandler" zwischen dem DSL-Netz der Telekommunikationsgesellschaft und dem heimischen Netz.
20. **Netzwerk-Server** dienen als zentrale Speicher für sämtliche digitalen Daten. Über ein Netzwerk-Switch können die Daten – z.B. Bilder, Videos, Musik und Dokumente – im ganzen Haus abgerufen werden.
21. **IP/KNX-Router** dienen dazu, die KNX-Linien unter Nutzung des Internet Protokolls (IP) zu verbinden. Er ermöglicht also die Kommunikation von KNX-Geräten mit PCs oder anderen Datenverarbeitungsgeräten.
22. **Multimedia-Komplettfeld** dient als Träger für sämtliche Multimedia-Komponenten – so wird der Zählerschrank zur Multimediazentrale für das intelligente Haus.

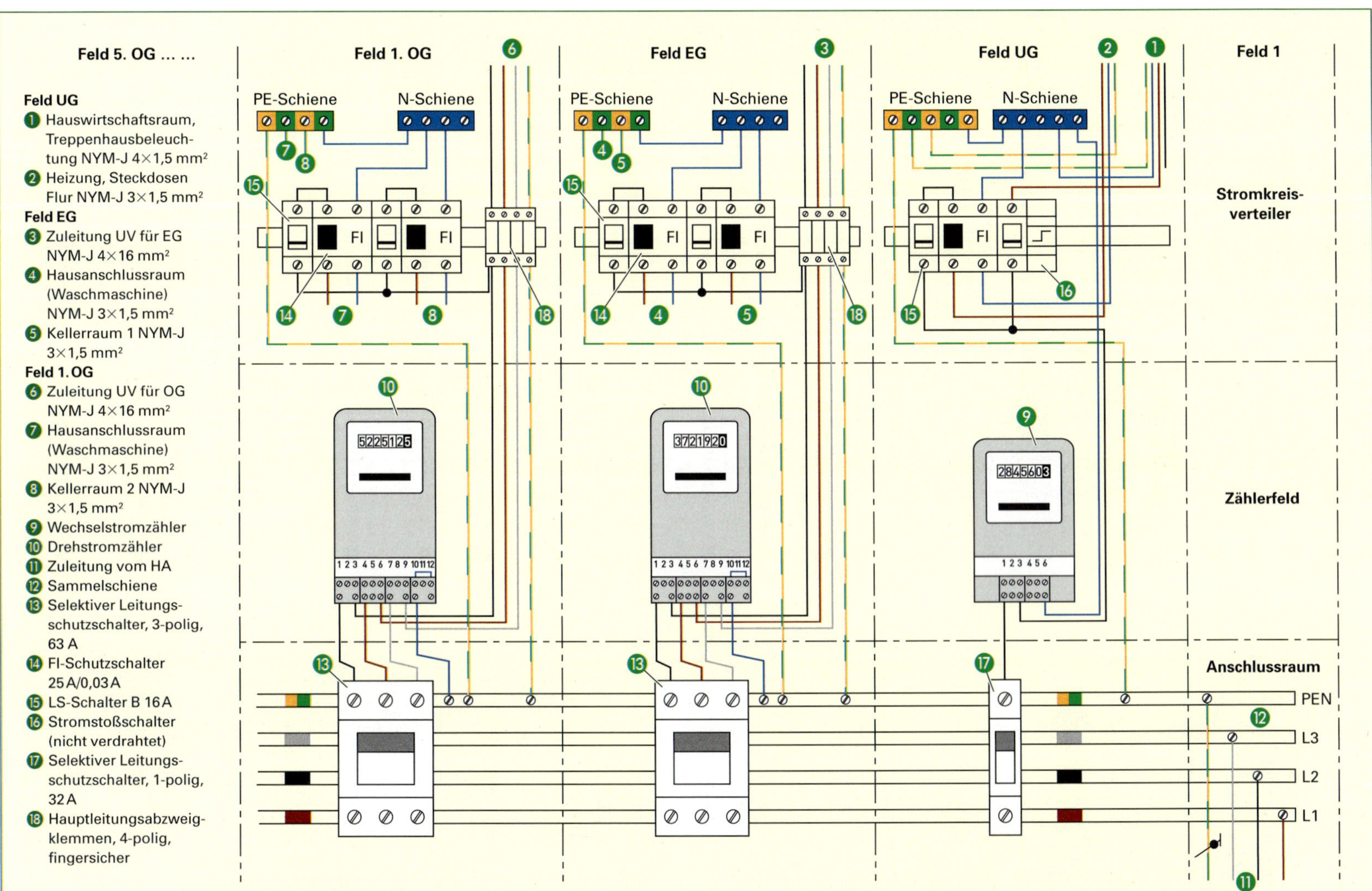

Abb. 1 Verdrahtung des Zählerschrankes

2.4.2 Installation in feuchten und nassen Räumen

- **Auswahl eines Kellerraumes zur Installation eines Hauswirtschaftsraumes**
- **Installation des Hauswirtschaftsraumes**

Im Kellergeschoss des Wohnhauses wird ein Hauswirtschaftsraum eingerichtet (Abb. 1). Dieser zählt zu feuchten bzw. nassen Räumen, bei denen besondere Betriebsmittel eingesetzt werden müssen. Die Gefährdung des Menschen ist hier höher als in trockenen Räumen. Feuchte oder nasse Räume sind:

- Hauswirtschaftsräume
- Kellerräume, die unbelüftet oder ungeheizt sind
- Kühlräume
- Großküchen
- Räume mit Fußböden und Wänden, die zur Reinigung abgespritzt werden

Badezimmer oder Duschen gehören nicht zu den Feuchträumen, da für sie besondere Normen gelten. Ebenso gelten Küchen nicht als feuchte Räume, da dort nur zeitweise Feuchtigkeit entsteht.

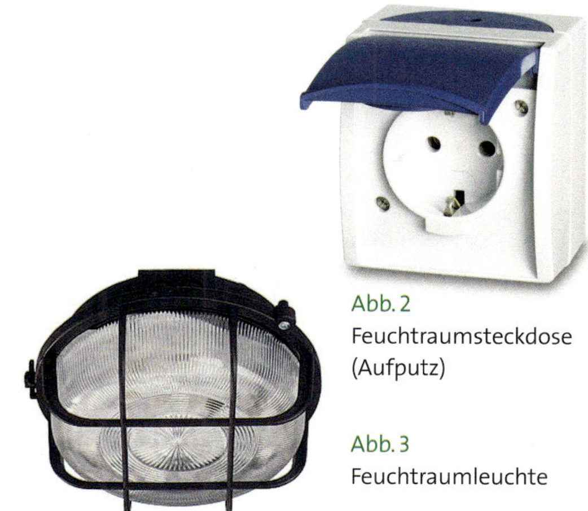

Abb. 2 Feuchtraumsteckdose (Aufputz)

Abb. 3 Feuchtraumleuchte

Für den Wasserschutz müssen spezifische Schutzarten beachtet werden. Tabelle 1 ▷ 148 zeigt die Mindestschutzarten für feuchte und nasse Räume unterschiedlicher Art. Nach DIN VDE 0100 Teil 737 sind für feuchte und nasse Räume keine besonderen Schutzmaßnahmen erforderlich. Bei Räumen, die zu Reinigungszwecken abgespritzt werden, ist eine wesentlich höhere Schutzart notwendig. Abb. 2 und 3 zeigen eine Steckdose und eine Leuchte für feuchte und nasse Räume in Aufputzversion.

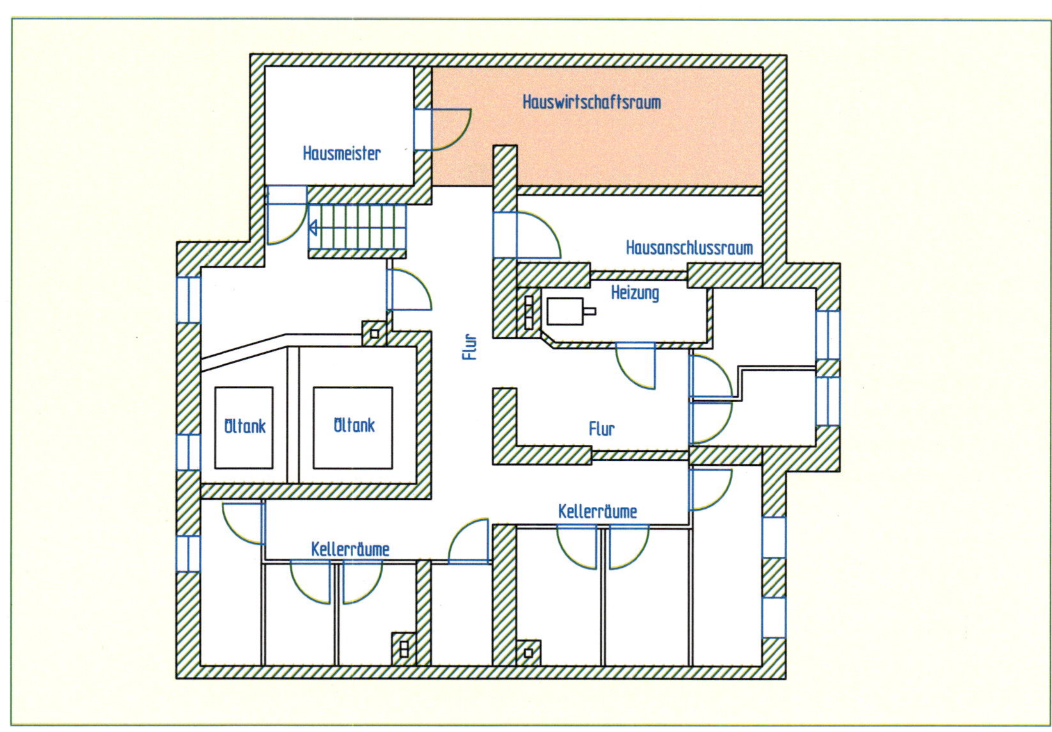

Abb. 1 Grundrissplan des Kellergeschosses mit Hauswirtschaftsraum

Mindest-schutzart	Schutz gegen:
IPX 1	senkrecht tropfendes Wasser
IPX 4	Spritzwasser aus jeder Richtung – jedoch nicht, wenn der Strahl direkt auf das Betriebsmittel gerichtet wird
IPX 5	einen direkt auf das Betriebsmittel treffenden Wasserstrahl

Tabelle 1 Schutzarten in feuchten und nassen Räumen

> ***Merke:***
> *Bei feuchten und nassen Räumen ist für den Wasserschutz der Betriebsmittel mindestens Schutzart IPX1 erforderlich.*

2.4.3 Installation in Hohlwänden

Hohlwand-Installation in einem Kellerraum

Die Kellerräume für die Mieter des *Gelben Hauses* werden wie abgebildet aufgeteilt (Abb. 1 ▷ 147). Dies geschieht mit Hilfe einer Rahmenkonstruktion aus Metall, die mit Gipskarton beplankt ist. Nach DIN VDE 0606 müssen für die Elektroinstallation spezielle Geräte- bzw. Verbindungsdosen verwendet werden. Diese tragen alle das Prüfzeichen. Abb. 1 zeigt eine Hohlwand-Installation mit Schnellmontage-Gerätedosen. Bei der Installation sind folgende Hinweise zu beachten:

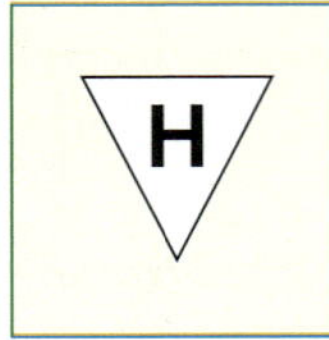

Prüfzeichen

- Der Durchmesser des Dosenbohrers muss dem Durchmesser der Gerätedose entsprechen.
- Die Steckdosen und Schalter dürfen nicht mit Krallen befestigt werden.
- Die Leitungen (z. B. NYM-J) müssen an den Gerätedosen zugentlastet sein.
- Stegleitungen dürfen keine Verwendung finden.

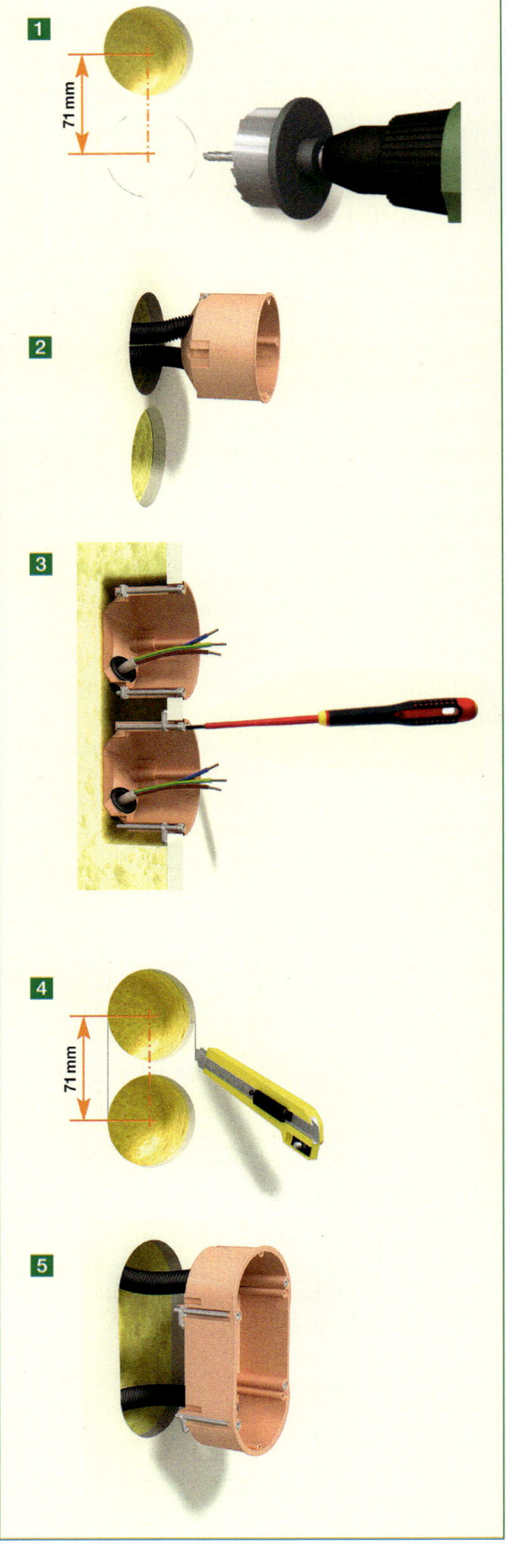

Abb. 1 Hohlwand-Installation

2.4.4 Installation des Hauswirtschaftsraumes

- **Auswahl eines Kellerraumes zur Installation eines Hauswirtschaftsraumes**
- **Installation des Hauswirtschaftsraumes als Aufputz-Installation**
- **Abstimmung mit anderen Gewerken**

Im Kellergeschoss des *Gelben Hauses* wird ein Hauswirtschaftsraum eingerichtet.

Kundenauftrag:

- 3 Schutzkontakt-Steckdosen mit abschließbarer Abdeckung für die Waschmaschinen
- 3 Schutzkontakt-Steckdosen mit abschließbarer Abdeckung für die Trockner
- für Waschmaschine und Trockner jeweils eine Doppelsteckdose je Wohneinheit
- 1 Feuchtraum-Leuchtstofflampe
- alle Steckdosen einzeln abgesichert
- abschließbarer Deckel an jeder Steckdose

Der Hauswirtschaftsraum zählt in diesem Falle zu den feuchten bzw. nassen Räumen, auf dessen Besonderheiten bzgl. der Elektroinstallation im Abschnitt 2.4.2 hingewiesen wurde. Abb. 1 zeigt den Grundriss des Kellergeschosses mit dem Installationsplan des Hauswirtschaftsraumes.

Auswahl und Verlegearten von Kabeln und Leitungen

Da der Anblick der Leitungen im Keller unerheblich ist, ist als Installationsart die Aufputz-Installation besonders geeignet. Das Fräsen von Schlitzen entfällt. Dies erspart Arbeitszeit und damit dem Kunden Geld. Außerdem vermeidet man Schmutz und Staub.
Die Verlegung erfolgt im Elektroinstallationsrohr, was der Verlegeart B2 entspricht. Abb. 2 zeigt die Aufputz-Installation im Elektroinstallationskanal und Abb. 3 eine Feuchtraum-Aufputz-Schutzkontakt-Steckdose mit abschließbarem Deckel.
Es sind insgesamt sechs getrennte Stromkreise zu verlegen, wobei der einfacheren Montage wegen die sechs Leitungen in einem Elektroinstallationsrohr bis zum Hauswirtschaftsraum verlegt werden. Dies stellt für die Leitungsverlegung eine besondere Umgebungsbedingung dar. Dazu zählen Installationen:

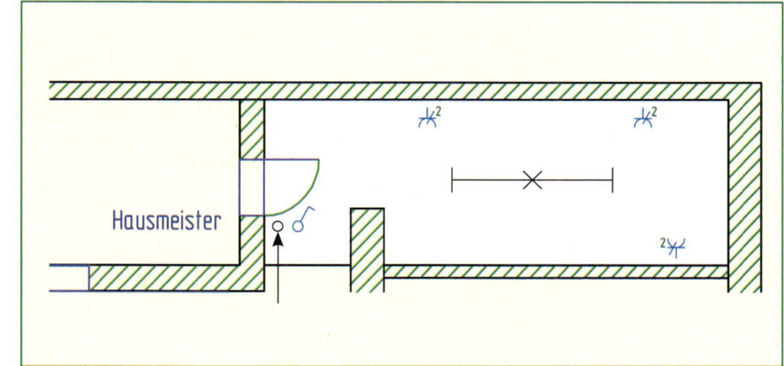

Abb. 1 Installationsplan des Hauswirtschaftsraumes (ohne Leitungen)

- mit gebündelter Leitungsverlegung
- bei Verlegung vieladriger Leitung oder
- bei erhöhter Umgebungstemperatur

Die Strombelastbarkeit I_r aus der Tabelle der Verlegearten (Tabelle 1 ▷ 150) wird durch die Häufung der Leitungen im Elektroinstallationsrohr verringert. Die Faktoren f_1, f_2 und f_3 geben an, wie sich die Veränderung der Leitungsverlegung auf die Belastbarkeit der Leiter auswirken. Die tatsächliche Strombelastbarkeit I_z ermittelt man durch die Multiplikation der Einzelfaktoren.

Abb. 2 Feuchtraum-Aufputz-Schutzkontakt-Steckdose mit abschließbarem Deckel

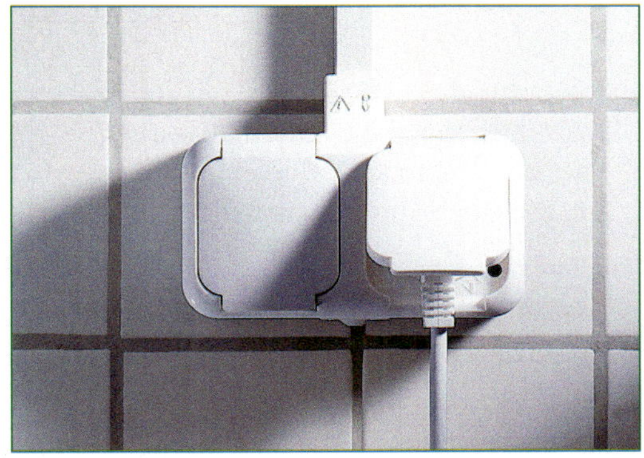
Abb. 3 Aufputz-Installation mit Elektroinstallationskanal

Verlegung	Anzahl der mehradrigen Leitungen mit zwei oder drei belasteten Leitern					
	1	2	3	4	6	9
gebündelt in Elektroinstallationsrohr/-kanal oder direkt auf oder in der Wand	1,0	0,8	0,7	0,65	0,57	0,5
einlagig auf die Wand oder dem Fußboden mit Berührung	1,0	0,85	0,79	0,75	0,72	0,7
in gelochter Kabelwanne mit Berührung (≥ 300 mm; ≥ 20 mm)	1,0	0,88	0,82	0,79	0,76	0,73
auf Kabelpritsche mit Berührung (≥ 300 mm; ≥ 20 mm)	1,0	0,87	0,82	0,8	0,78	0,78

Tabelle 1 Korrekturfaktoren für gehäufte Leitungsverlegung (Faktor f_1)

belastete Leiter	3	5	7	10	14	19	24	40
f_2	1	0,75	0,65	0,55	0,5	0,45	0,4	0,35

Tabelle 2 Korrekturfaktoren für vieladrige Verlegung bis $q = 10\,\text{mm}^2$ (Faktor f_2)

ϑ in °C	10	15	20	25	30	35
f_3	1,15	1,1	1,06	1,0	0,94	0,89
ϑ in °C	40	45	50	55	60	
f_3	0,82	0,75	0,67	0,58	0,47	

Tabelle 3 Korrekturfaktoren für erhöhte Umgebungstemperatur (Faktor f_3)

$$I_Z' = f_1 \cdot f_2 \cdot f_3 \cdot I_Z$$

f_1 Faktor für gehäufte Leitungsverlegung
f_2 Faktor bei Verlegung vieladriger Leitungen
f_3 Faktor für veränderte Umgebungstemperatur
I_Z' tatsächliche Strombelastbarkeit

Tabellen 1 bis 3 beinhalten die Korrekturfaktoren bei verschiedenen Bedingungen (nach DIN VDE 0298 Teil 4).

Beispiel:
In dem Installationsrohr werden sechs dreiadrige Mantelleitungen mit einem Leiterquerschnitt von 1,5 mm² gebündelt. Die Umgebungstemperatur beträgt 20 °C. Gesucht ist die tatsächliche Strombelastbarkeit I_Z'.

Verlegeart B2

Strombelastbarkeit $I_Z = 17{,}5\,\text{A}$ aus Tabelle 1 ▷ 129

f_1 = 0,57 (sechs mehradrige Leitungen)
f_2 = 1 (maximal 3-adrig)
f_3 = 1,06 (gewählte Temperatur: 20 °C)

$$I_Z' = f_1 \cdot f_2 \cdot f_3 \cdot I_Z$$
$$I_Z' = 0{,}57 \cdot 1 \cdot 1{,}06 \cdot 17{,}5\,\text{A}$$
$$I_Z' = 10{,}57\,\text{A}$$

Damit hat sich die Strombelastbarkeit um 40 % gegenüber dem Tabellenwert reduziert. Der LS-Schalter ist so zu bemessen, dass dessen Nennstrom kleiner oder gleich der tatsächlichen Strombelastbarkeit ist. Im vorliegenden Falle ist dann $I_n = 10\,\text{A}$.

Merke:
Die Strombelastbarkeit verringert sich durch gehäufte Verlegung vieladrig belasteter Leitungen und durch eine erhöhte Umgebungstemperatur.

Prüfen Sie Ihr Wissen:

1 Prüfen Sie, ob eine Waschmaschine mit einer Leistung von $P = 2{,}1\,\text{kW}$ an einer einzelnen Leitung mit einer tatsächlichen Strombelastbarkeit von $I_Z' = 10{,}57\,\text{A}$ betrieben werden darf!

2 Wie groß ist die tatsächliche Strombelastbarkeit von vier Mantelleitungen mit einem Leiterquerschnitt $q = 2{,}5\,\text{mm}^2$, die auf einer Kabelpritsche installiert werden?

3 Bei Verlegeart C ergibt sich bei einem Querschnitt von $2{,}5\,\text{mm}^2$ eine Strombelastbarkeit von $I_Z = 29\,\text{A}$. Wie groß ist I_Z' bei einer Temperatur von 35 °C und sechs belasteten Leitern?

2.4.5 Installation von Warmwassergeräten

- **Auswahl der Räumlichkeiten zur Installation von Warmwassergeräten**
- **Auswahl von Warmwassergeräten anhand der Versorgungsart**
- **Installation von Warmwassergeräten in Aufputz-Installation**
- **Abstimmung mit anderen Gewerken**
- **Berechnung der Warmwassermenge und der Kosten bei einmal Duschen**

Im Kellergeschoss des *Gelben Hauses* wird in einem Heizungsraum ein elektrisch beheizter Warmwasserspeicher montiert. Damit soll die zentrale Warmwasserversorgung für eine fünfköpfige Familie gewährleistet werden. Im Hauswirtschaftsraum wird ein elektrisch beheizter Durchlauferhitzer installiert, um damit für eine Gruppe von Zapfstellen die Warmwasserversorgung bereit zu stellen.

Kundenauftrag:

Auswahl, Aufstellung und Anschluss eines 150-l-Warmwasserspeichers und eines Durchlauferhitzers.

Aufstellungsort

Da diese Geräte meist eine hohe Leistung aufweisen, sind sie separat abzusichern und der Leiterquerschnitt ist entsprechend der gesamten Leistung zu berechnen. Wegen der großen Leistungen muss der VNB seine Zustimmung zum Einbau erteilen. Die Aufstellung kann in Badezimmern oder Waschräumen erfolgen. Die Geräte dürfen dort in den Schutzbereichen 1 und 2 installiert werden. Zusätzliche Schalter für die Warmwassergeräte dürfen in diesen Räumen nicht vorhanden sein. Nur die in den Warmwassergeräten eingebauten Schalter sind zugelassen. Abb. 1 zeigt den Grundriss des Kellergeschosses zur Aufstellung der Warmwassergeräte.

Versorgungsarten

Einzelversorgung: Bei der Einzelversorgung versorgt ein Warmwassergerät eine Zapfstelle mit warmem Wasser, dadurch ist nur ein Kaltwasseranschluss notwendig. Durch kurze Rohrleitungen steht ohne Verzögerung warmes Wasser an der Zapfstelle zur Verfügung. Für die Einzelversorgung werden sowohl **offene, drucklose** Geräte (z. B. Kochendwassergeräte, Kleinspeicher, Dusch-

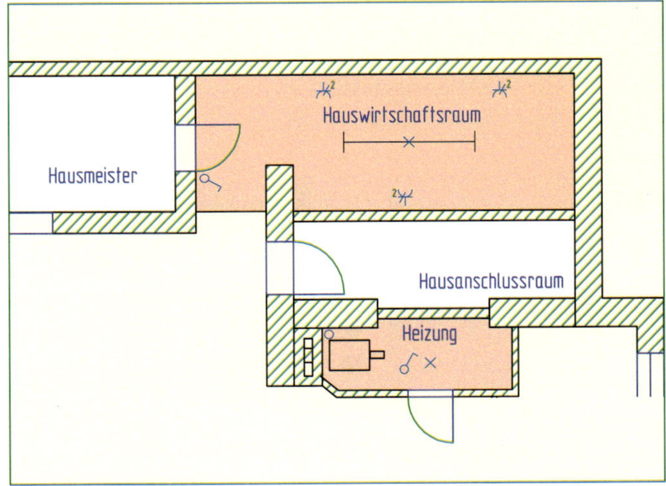

Abb. 1 Installationsplan des Hauswirtschafts- und Heizungsraumes

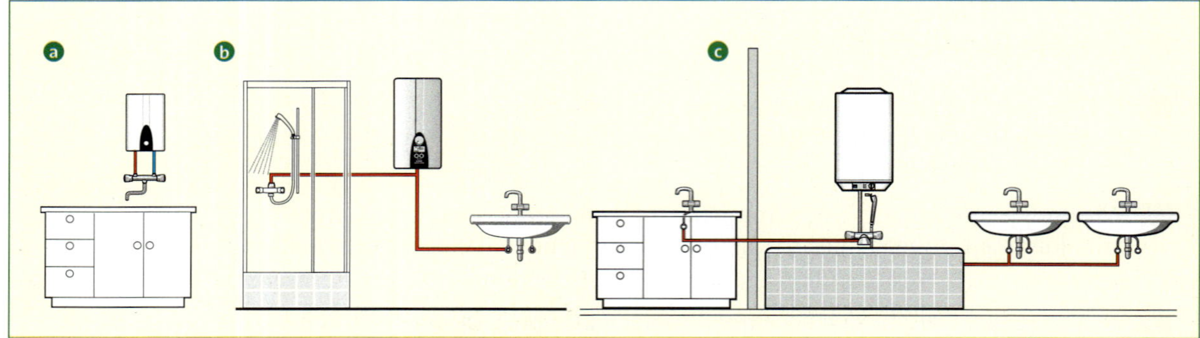

Abb. 1 Einzelversorgung mit Kleinspeicher ⓐ, Gruppenversorgung mit Durchlauferhitzer ⓑ und zentrale Versorgung mit Wandspeicher ⓒ

speicher), als auch **geschlossene, druckfeste** Geräte (z. B. Durchlauferhitzer, Wandspeicher) verwendet.

Gruppenversorgung: Bei der Gruppenversorgung werden mehrere nahe beieinander liegende Zapfstellen mit warmem Wasser versorgt. Dies geschieht durch ein **geschlossenes, druckfestes** Warmwassergerät. Zur Gruppenversorgung laut Abb. 1 werden z. B. druckfeste Kleinspeicher, Wandspeicher oder Durchlauferhitzer verwendet.

Zentrale Versorgung: Alle Entnahmestellen werden von einem geschlossenen, druckfesten Warmwassergerät versorgt. Dieses soll in der Nähe der am häufigsten benutzten Zapfstelle installiert werden.
Für die zentrale Versorgung laut Abb. 1 werden z. B. Durchlauferhitzer, Wandspeicher oder Standspeicher verwendet.

Geräteauswahl

Nachfolgend werden drucklose (offene) und druckfeste (geschlossene) Geräte in Aufbau und Funktion vorgestellt.

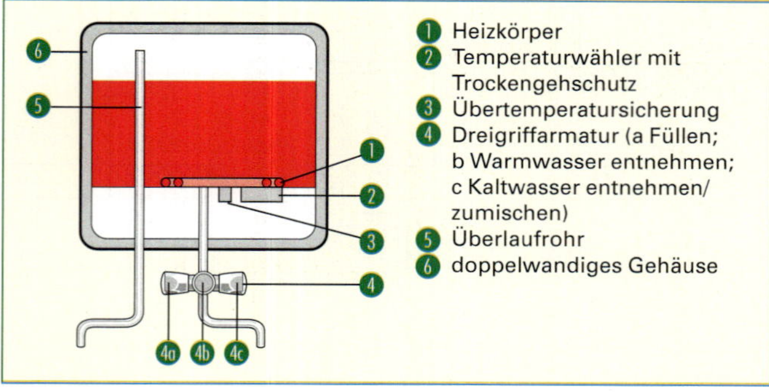

Abb. 2 Kochendwassergerät

Kochendwassergeräte

Abb. 2 zeigt den Aufbau eines Kochendwassergerätes. Kochendwassergeräte gehören zur Gruppe der **offenen, drucklosen** Warmwasserbereiter. Kochendwassergeräte werden überwiegend in Küchen installiert. Diese Geräte dienen der Zubereitung von warmem, heißem oder kochendem Wasser. Die gewünschte Wassertemperatur lässt sich stufenlos einstellen. Kochendwassergeräte haben meistens einen maximalen Wasserinhalt von fünf Litern. Die eingefüllte Wassermenge ist an einer Füllstandsskala abzulesen.
Das Wasser wird durch einen Heizkörper erhitzt, der an der Bodenplatte befestigt ist. Das Kochendwassergerät wird an eine Schutzkontakt-Steckdose angeschlossen. Zum Betrieb benötigt man nur einen Kaltwasseranschluss.
Kochendwassergeräte schalten nach Erreichen der eingestellten Temperatur automatisch ab. Wird das Wasser bis zum Kochpunkt erhitzt, unterscheidet man folgende Verfahren:

- **Intervallautomatik:** Bei Erreichen des Kochpunktes ertönt ein akustisches Signal. Die Heizung schaltet sich in Intervallen ein und aus. Das Wasser wird dadurch auf dem Kochpunkt gehalten. Das Gerät muss dann von Hand ausgeschaltet werden.
- **Fortkochstufe:** Ist der Temperaturwähler in der Stellung „kochen“, muss das Gerät von Hand ausgeschaltet werden. Wird es nicht von Hand ausgeschaltet, heizt es so lange weiter, bis das Wasser völlig verdampft ist.

Drucklose Kleinspeicher in Untertisch- oder Übertischausführung

Abb. 1 ▷ 153 zeigt den Aufbau eines Kleinspeichers in Untertischausführung. Kleinspeicher werden als Untertisch- oder Übertischgeräte angeboten.

Mit einem **offenen (drucklosen)** Speicher kann nur **eine** Zapfstelle mit Warmwasser versorgt werden.
Der Speicher ist mit einer für drucklose Speicher zugelassenen Armatur zu betreiben. Der Behälter des Speichers ist fortwährend mit Wasser gefüllt, steht aber nicht unter Wasserleitungsdruck. Durch die offene Armatur ist das Gerät ständig mit der Umgebungsatmosphäre, also mit Luftdruck, verbunden. Das kalte Wasser, das in den Kleinspeicher strömt, drückt das warme Wasser über das Auslaufrohr zur Armatur. Es darf nur so viel kaltes Wasser in den Speicher fließen, wie Warmwasser durch die Misch-Armatur ausfließen kann. Der Kaltwasserzufluss muss begrenzt werden, ansonsten entsteht Überdruck im Speicher. Die Wassertemperatur im Speicher kann mit einem Temperaturwähler im Bereich von etwa 35 bis 85 °C eingestellt werden.

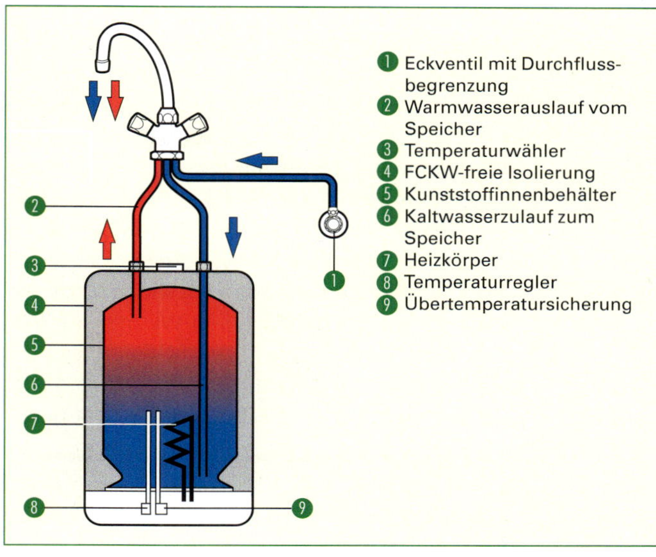

Abb. 1 Kleinspeicher Untertischausführung

Praxistipp:
In der Aufheizphase nimmt das Volumen des warmen Wassers zu. Das Ausdehnungswasser tropft über die Armatur ab. Dies ist eine physikalische Notwendigkeit und bedeutet keinen Defekt der Armatur.

Geschlossene, druckfeste Warmwassergeräte

Hydraulisch geregelte Durchlauferhitzer

Abb. 2 zeigt den Aufbau und das Funktionsschema eines hydraulisch geregelten Durchlauferhitzers. Das Wasser fließt vom Kaltwasseranschluss und dem Wassersieb 1 zum Wassermengenregler 5. Dieser gleicht etwaige Druckschwankungen des Wasserleitungsnetzes aus und hält so den Wasserdurchfluss und damit die Temperaturerhöhung des Warmwassers nahezu konstant.

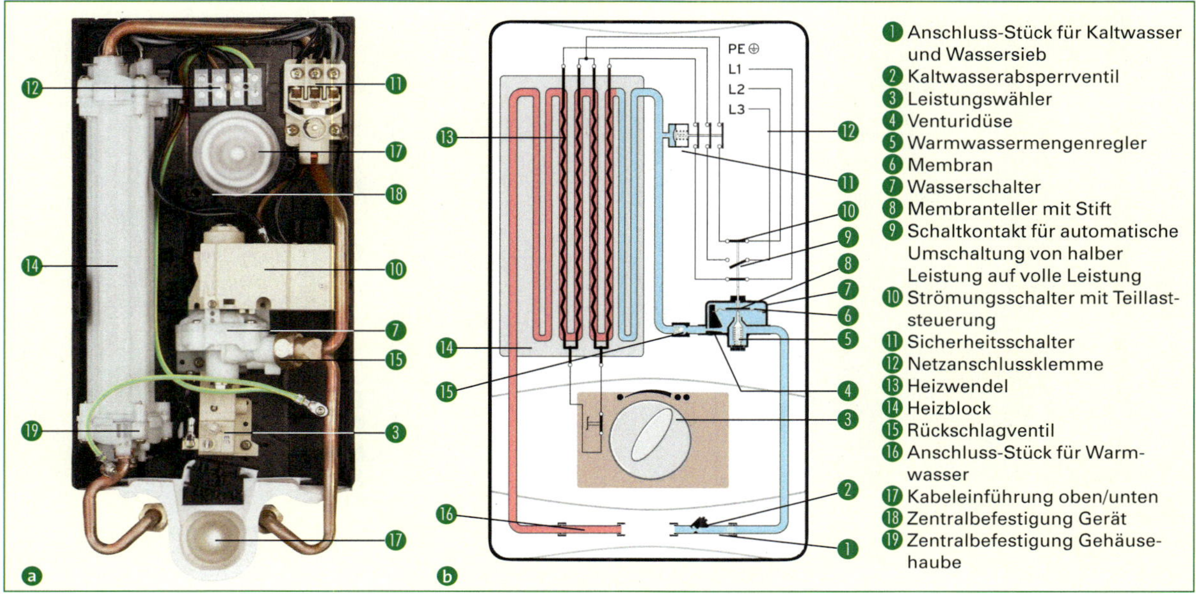

Abb. 2 Aufbau a und Funktionsschema b eines **hydraulisch** geregelten Durchlauferhitzers

Im Wasserschalter ❼ erzeugt das durchfließende Wasser über die Venturidüse ❹ einen Differenzdruck zwischen den Kammern oberhalb und unterhalb der Membran ❻. Durch die Membran wird, in Abhängigkeit von der durchfließenden Wassermenge, der Strömungsschalter ❿ betätigt. Das durchfließende Wasser wird im Heizblock ⓮ unmittelbar an den Heizwendeln ⓭ erwärmt, so dass eine schnelle Aufheizung erreicht wird. Die geringe Masse der Heizwiderstände verhindert eine Speicherung von Wärme in ihnen. Schaltet das Gerät aus, kommt es daher auch kaum zum Auftreten von Nachwärme. Damit wird Verkalken verhindert. Wird an der Misch-Armatur das Warmwasserventil geschlossen, baut sich der Differenzdruck im Wasserschalter ab und der Strömungsschalter trennt den Stromkreis. Sollte diese Abschaltung unterbleiben, kommt es zum Druckaufbau im Heizblock, da das Rückschlagventil ⓯ den Wasserdurchgang vor dem Sicherheitsschalter ⓫ verhindert. Der Überdruck wirkt auf die Membran des Sicherheitsschalters, und die Stromzufuhr zu den Heizwendeln wird sofort allpolig unterbrochen.

Praxistipp:

Bei geringen Wasserdurchflussmengen werden nur drei der vier Heizwendeln ⓬ eingeschaltet, von denen zwei parallel und die dritte in Reihe dazu an zwei Außenleitern anliegen. Somit entsteht nur die halbe Nennleistung am Gerät). Bei größeren Zapfmengen erhöht sich die Fließgeschwindigkeit des Wassers und damit der Differenzdruck im Wasserschalter, sodass auch der dritte Außenleiter zugeschaltet wird. Beschränkt man die Geräteleistung am Leistungswähler auf 2/3 der Nennleistung, so liegen jeweils zwei Heizwendeln in Reihe.

Elektronisch geregelter Durchlauferhitzer

Abb. 1 zeigt den Aufbau und das Funktionsschema eines elektronisch geregelten Durchlauferhitzers. Sobald das Warmwasserventil an der Armatur geöffnet wird, fließt Kaltwasser durch das Wassersieb ❷ zum Flügelrad ❼. Mit diesem Flügelrad wird der Durchfluss ermittelt und dieser Messwert zur Elektronik ❹ weitergeleitet.

Im Heizblock ⓬ wird das Wasser mit Hilfe der elektronisch geregelten Heizwendeln gradgenau beheizt. Um die gewünschte Warmwassertemperatur zu erreichen, wird von der Elektronik in Verbindung mit den Werten der Sensoren für die Ein- und Auslauftemperatur, des Flügelrad-Durchflussmessers ❼ sowie der eingestellten Warmwassertemperatur ❺ die hierfür erforderliche Leistung ermittelt. Die Elektronik versucht immer vorab die voreingestellte Temperatur durch Regelung der elektrischen Leistung zu erreichen. Die

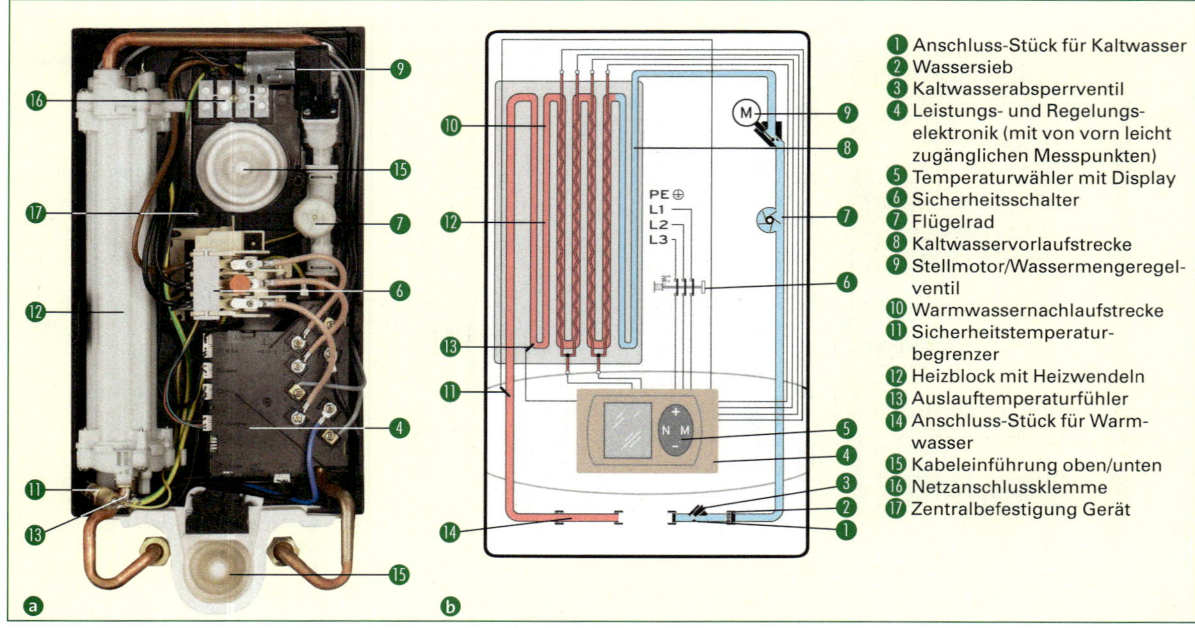

Abb. 1 Aufbau ⓐ und Funktionsschema ⓑ eines **elektronisch** geregelten Durchlauferhitzers

praktisch entnehmbare Wassermenge bei einer bestimmten Warmwassertemperatur ist durch die Anschlussleistung des Gerätes begrenzt. Reicht diese Leistung nicht aus, bewirkt ein weiteres Regelungssystem über den Stellmotor (9) und das Wassermengenregelventil eine Verminderung der Wassermenge. Der Auslauftemperaturfühler (13) liefert der Elektronik den Wert des Regelergebnisses. Ist die Auslauftemperatur zu hoch, schaltet der Sicherheitstemperaturbegrenzer (11) über den Sicherheitsschalter (6) die Spannung sofort allpolig ab. Der Sicherheitsschalter trennt ebenfalls, wenn aufgrund einer Störung oder eines Defektes noch elektrische Leistung an den Heizwendeln anliegt.

Merke:

- *Durchlauferhitzer erwärmen das Wasser beim Durchfließen.*
- *Durchlauferhitzer haben große Bemessungsleistungen.*
- *Durchlauferhitzer werden hydraulisch oder elektronisch geregelt. Die Heizungen schalten sich durch das Öffnen des Warmwasserventils ein.*
- *Durchlauferhitzer sind kaum wärmegedämmt.*

Druckspeicher

Abb. 1 zeigt den Aufbau eines geschlossenen druckfesten und offenen drucklosen Wandspeichers.

Druckspeicher können **eine** oder **mehrere Zapfstellen** mit warmem Wasser versorgen. Der Stahlbehälter steht unter Wasserleitungsdruck (ca. 6 bar). Mit der eingebauten Schutzanode (Opferanode) (11) wird ein Korrosionsschutz erreicht. Diese Geräte sind mit einem Temperaturwähler ausgestattet. Das Wasser kann etwa im Bereich von 35 bis 85 °C erwärmt werden. Um die Energieverluste gering zu halten, ist der Innenbehälter wärmeisoliert.

Die Warmwasserentnahme an der Zapfstelle erfolgt über sogenannte Druckmischbatterien. Wird die Warmwasserentnahmestelle (8) geöffnet, strömt kaltes Wasser in den Speicher und

Praxistipp:

Durchlauferhitzer bis zu 10 kW Bemessungsleistung sind für die Versorgung von nahe beieinanderliegenden Zapfstellen gedacht. Sie werden dann an eigene Stromkreise mit 230 V oder zweiphasig an 400 V angeschlossen. Geräte mit einer Bemessungsleistung >10 kW werden ausschließlich an Dreiphasen-Wechselstrom angeschlossen. Auch hier muss dann eine Genehmigung des VNB vorliegen.

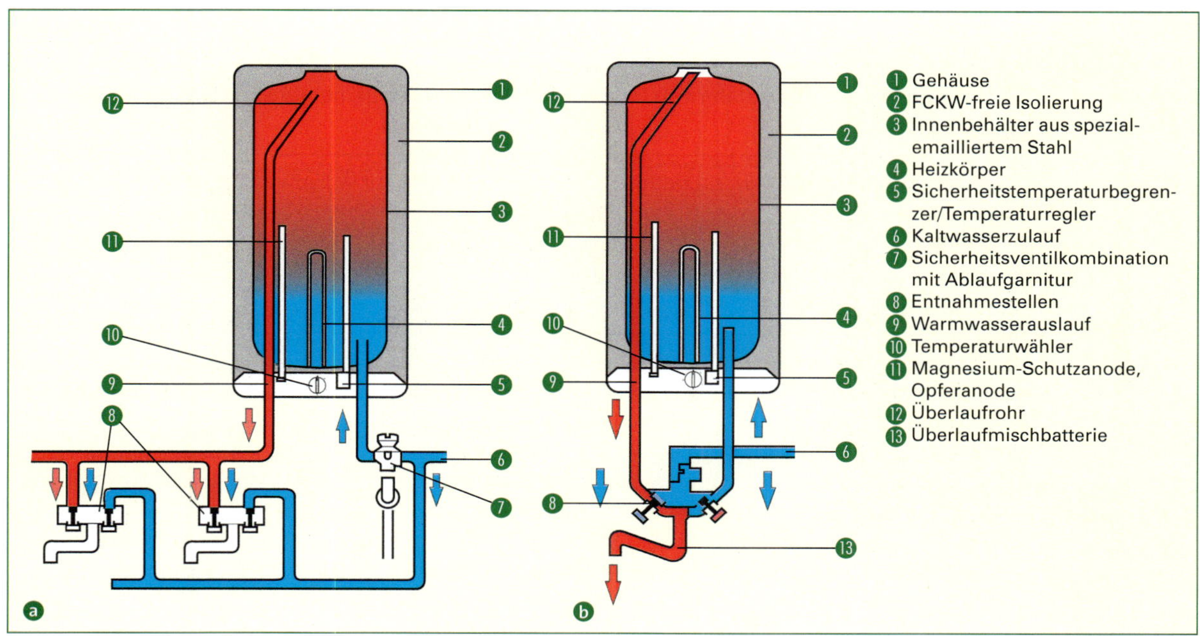

Abb. 1 Aufbau eines geschlossenen druckfesten (a) und offenen drucklosen (b) Wandspeichers

drückt das warme Wasser über das Überlaufrohr ⑫ zur Entnahmestelle.

Standspeicher entsprechen in ihrem Aufbau und ihrer Funktion den geschlossenen, druckfesten Speichern. Standspeicher eignen sich insbesondere für die **zentrale** Warmwasserversorgung eines Einfamilienhauses oder mehrerer Wohnungen. Elektrostandspeicher werden vorzugsweise mit Niedertarifstrom (Nachtstrom) betrieben.

Praxistipp:

- *In Verbindung mit einer Überlaufmischbatterie kann ein Druckspeicher auch als offener (druckloser) Speicher verwendet werden. In diesem Fall kann nur eine Zapfstelle mit warmem Wasser versorgt werden.*
- *Oft ist es zweckmäßig, anstelle eines großen Standspeichers mehrere kleinere Einheiten in Reihe oder parallel zu schalten. Bei geringem Bedarf kann dann der eine oder andere Speicher abgeschaltet werden.*

Merke:

- *Geschlossene Warmwasserspeicher müssen gemäß DIN 1988 mit einer Sicherheitsventilkombination ausgerüstet werden. Der bei der Erwärmung des Wassers entstehende Überdruck (Ausdehnungswasser) wird über diese Sicherheitsventilkombination abgeführt.*
- *Die Geräte werden als elektrische Ein- und Zweikreisausführungen angeboten. Mit den Zweikreisgeräten kann der günstige Niedertarifstrom genutzt werden. Die Geräte sind mit einem elektrischen Festanschluss versehen.*
- *Es sind verschiedene Anschlussleistungen wählbar.*
- *Bei der Installation von Warmwassergeräten mit hoher Anschlussleistung ist zuvor die Genehmigung des VNB einzuholen.*
- *Warmwassergeräte dürfen in den Schutzbereichen 1 und 2 von Badezimmern aufgestellt werden.*
- *Warmwasserspeicher halten die eingestellte Wassertemperatur konstant.*
- *Warmwasserspeicher besitzen eine gute Wärmedämmung.*

	Offene drucklose Warmwassergeräte	**Geschlossene druckfeste Warmwassergeräte**
Merkmale	Der Wasserinhalt steht über der Entnahmearmatur mit der Umgebungsluft in direkter Verbindung.	Der Wasserinhalt und der Behälter stehen unter Wasserleitungsdruck, meist bis 6 bar.
Entnahmestellen	Geräte können nur eine Entnahmestelle versorgen.	Geräte können mehrere Entnahmestellen versorgen.
Ventilanordnung	Beim Öffnen des in der Kaltwasserleitung angeordneten „Warmwasserventils“ wird das im Behälter befindliche warme Wasser durch den offenen Warmwasserauslauf der Armatur herausgedrückt.	Die Ventile zur Warmwasserentnahme befinden sich im Warmwasserauslauf. Kaltes Wasser fließt stets bei Entnahme zu.
Wasseranschluss	Zur Vermeidung eines Unterdruckes im Behälter darf die Warmwasserleitung waagerecht nicht länger als 2 m und senkrecht nicht länger als 1 m sein. Längere Leitungen erfordern ein Belüftungventil.	In der Kaltwasserleitung ist ein Sicherheitsventil bzw. eine Sicherheitsgruppe, bestehend aus Membran-Sicherheitsventil, Absperrventil, Manometerstutzen, Rückflussverhinderer, Prüfventil und Druckminderer, einzubauen.
Elektroinstallation	Geräte unter 15 l Wasserinhalt sind über Steckdose mit 10 A oder 16 A Absicherung anzuschließen; ab 15 l über Festanschluss eines eigenen Stromkreises mit 10 A / 16 A oder 20 A Absicherung; bei einem Anschlusswert über 4,6 kW ist ein Drehstromanschluss erforderlich.	

Tabelle 1 Warmwassergeräte in offener und geschlossener Bauweise

	Kochend-wassergeräte	Durchlauf-erhitzer	Speicher drucklos	Speicher druckfest
Wärme-dämmung	keine	keine	gute	gute
Arten	Wandgeräte	hydraulisch, elektronisch (Durchlauf-speicher)	Unter- und Über-tischspeicher, Wandspeicher	Standspeicher Wandspeicher
Inhalt	5 l	bis 0,5 l, Durchlauf-speicher 10 l bis 100 l	Unter- und Über-tischspeicher 5 l bis 15 l, Wandspeicher 30 l bis 150 l	200 l bis 1000 l
Leistungen	2 kW	18 kW, 21 kW, 24 kW	2 kW, 4 kW, 6 kW	9 kW, 18 kW
Temperaturen	bis 100 °C	bis 85 °C	35, 65, 85 °C	bis 85 °C
Warmes Wasser	nach Ein-schalten be-grenzte Menge	unbegrenzte Menge	begrenzte Menge	begrenzte Menge
Einsatz-bereich	Einzel-versorgung	Gruppen-versorgung	Einzel-versorgung	Zentrale Versorgung

Tabelle 1 Geräte und Anschlussleistungen

Auswahl und Verlegearten der Leitungen

Die Verlegung für den Warmwasserspeicher im Kellergeschoss erfolgt auch hier, wie in Abschnitt 2.4.4, Aufputz im Elektroinstallationsrohr. Das entspricht der Verlegeart B2. Die Verlegung der Leitungen des 5l-Warmwasserspeichers in der Küche ist in Abschnitt 2.1.3 beschrieben. Die Verlegeart zum Anschluss des Durchlauferhitzers finden Sie in Abschnitt 2.3.3.

Abstimmung mit anderen Gewerken

Für den Elektroniker ist es wichtig, dass er sich vor Beginn seiner Installationsarbeiten mit den Gewerken Gas, Wasser, Sanitär abstimmt, damit z. B. die Leitungen für den Kaltwasserzulauf oder den Warmwasserablauf die elektrische Installation nicht behindern.

Beispiel:
Der Kunde will die Aufheizzeit und die Kosten für einmal Duschen aus dem 150 l Warmwasserspeicher wissen! Vom Elektroniker werden folgende Werte ermittelt:

Gegeben:

Speichervolumen für einmal Duschen	V	$= 70\ \text{l}$
= Wassermenge	m_m	$= 70\ \text{kg}$
Duschtemperatur	ϑ_m	$= 35\ °\text{C}$
Kaltwassertemperatur	ϑ_K	$= 12\ °\text{C}$
Warmwassertemperatur	ϑ_W	$= 60\ °\text{C}$
Leistung des Speichers	P_{zu}	$= 6\ \text{kW}$
Wirkungsgrad	η	$= 0{,}95 \triangleq 95\ \%$
abgegebene Leistung	P_{ab}	$= 5{,}7\ \text{kWh}$
Energiepreis des VNB	ρ	$= 0{,}26\ €/\text{kW}$
spezifische Wärmekapazität	c	$= 4{,}19\ \text{kJ/kg} \cdot \text{K}$

Benötigte Warmwassermenge m_W
Zugemischtes Kaltwasser m_k

$m_m \cdot \vartheta_m = m_W \cdot \vartheta_W + m_k \cdot \vartheta_k$

Mit:

$m_K = m_m - m_W$
$m_m \cdot \vartheta_m = m_W \cdot \vartheta_W + m_m \cdot \vartheta_K - m_W \cdot \vartheta_K$
$m_m \cdot \vartheta_m - m_m \cdot \vartheta_K = m_W \cdot \vartheta_W - m_W \cdot \vartheta_K$
$m_m (\vartheta_m - \vartheta_K) = m_W \cdot (\vartheta_W - \vartheta_K)$

$$m_W = \frac{m_m (\vartheta_m - \vartheta_K)}{\vartheta_W - \vartheta_K}$$

$$m_W = \frac{70\ \text{kg}\ (35\ °\text{C} - 12\ °\text{C})}{60\ °\text{C} - 12\ °\text{C}}$$

$m_W = \underline{\underline{33{,}5\ \text{kg}}}$

Benötigte Wärmemenge (Arbeit *W*)

$Q = m_W \cdot c \cdot (\vartheta_W - \vartheta_K)$

$$Q = \frac{33{,}5\ \text{kg} \cdot 4{,}19\ \text{kJ}}{\text{kg} \cdot \text{K}} \cdot (60\ °\text{C} - 12\ °\text{C})$$

$(\Delta \vartheta = 48\ °\text{C} \triangleq 48\ \text{K})$
$Q = 6737\ \text{kJ};$

$W = 6737\ \text{kWs}$

$W = \underline{\underline{1{,}87\ \text{kWh}}}$

Benötigte Zeit *t*

$W = P \cdot t;\ t = \frac{W}{P}$

$$t = \frac{6737\ \text{kWs}}{5{,}7\ \text{kW}}$$

$t = 1182\ \text{s}$

$t = \underline{\underline{19{,}7\ \text{min}}}$

Energiekosten *K*

$K = W \cdot p$

$$K = \frac{1{,}87\ \text{kWh} \cdot 0{,}26\ €}{\text{kWh}}$$

$K = \underline{\underline{0{,}486\ €}}$

Die Aufheizzeit des Speichers dauert 20 Minuten. Einmaliges Duschen kostet 0,486 Euro.

Prüfen Sie Ihr Wissen:

1 Der Kunde möchte das Warmwasser für Küche und Bad (Waschtisch, Dusche und Badewanne) aus dem Warmwasserspeicher beziehen. Welches System ist für ihn das richtige und warum?

2 Berechnen Sie Zeit und Kosten für ein Wannenbad mit dem Wasservolumen von $V = 160\ \text{l}$ und einer Badetemperatur von 35 °C. Die restlichen Werte sind dem obigen Berechnungsbeispiel zu entnehmen!

3 Ein Warmwasserspeicher mit 5 l Speicherinhalt hat am 230 V-Netz eine Nennleistung von 2 kW. In welcher Zeit wird die Wassermenge von 12 °C auf 60 °C aufgeheizt, wenn der Wirkungsgrad 96 % beträgt.

4 Ein 1-Personen-Haushalt braucht im Badezimmer ein Warmwassergerät. Er versorgt damit einen Waschtisch und eine Badewanne. Machen Sie einen Gerätevorschlag, und begründen Sie Ihre Auswahl!

5 Warum wird ein Kochendwassergerät nicht zerstört, wenn das Wasser beim Fortkochen vollständig verdampft?

2.5 Neuinstallation einer Wohnung mit gehobener Ausstattung

2.5.1 Beleuchtungsanlagen

- **Bestimmung der Anzahl der Leuchten in einem Raum**

Kundenauftrag:

Der Kunde möchte, dass der Elektroniker in der abgehängten Decke im Flur Leuchten installiert. Die Art der Leuchten (Glühlampen, Leuchtstofflampen) und das Design bestimmt der Kunde. Die Anzahl der Leuchten und den Einbauort legt der Elektroniker fest (Berechnungen siehe Seite 162)!
Das **Raumwirkungsgradverfahren** ist eine hinreichend genaue Methode, die ohne großen Aufwand zur gesuchten Leuchtenanzahl führt. Zunächst müssen jedoch die lichttechnischen Grundlagen bekannt sein.

Grundlagen der Beleuchtungstechnik

Das menschliche Auge kann nur einen bestimmten Bereich der elektromagnetischen Wellen als „Licht" erkennen (λ = 380 bis 780 nm) (Abb. 1).
Statt der Wellenlänge (λ) kann auch die Frequenz (f) angegeben werden. Der Zusammenhang zwischen Wellenlänge und Frequenz ist:

$$\lambda = \frac{c}{f} \approx \frac{300\,000\ \text{km/s}}{f} \qquad [\lambda] = \text{m}$$

Die wichtigsten lichttechnischen Grundgrößen sind (Tabelle 1):

Größe	Formelzeichen	Einheit
Lichtstrom	Φ	lm (Lumen)
Lichtstärke	I	cd (Candela)
Lichtausbeute	η	lm/W (Lumen je Watt)
Beleuchtungsstärke	E	lx (Lux)
Lichtgeschwindigkeit	c	km/s

Tabelle 1 Lichttechnische Grundgrößen

Lichtstrom Φ

Die von einer Lichtquelle nach allen Seiten **ausgestrahlte Lichtleistung** wird als Lichtstrom bezeichnet.
Beispiele:
Niedervolt Halogenglühlampe P = 50 W Φ = 750 lm
Leuchtstofflampe P = 58 W Φ = 5400 lm

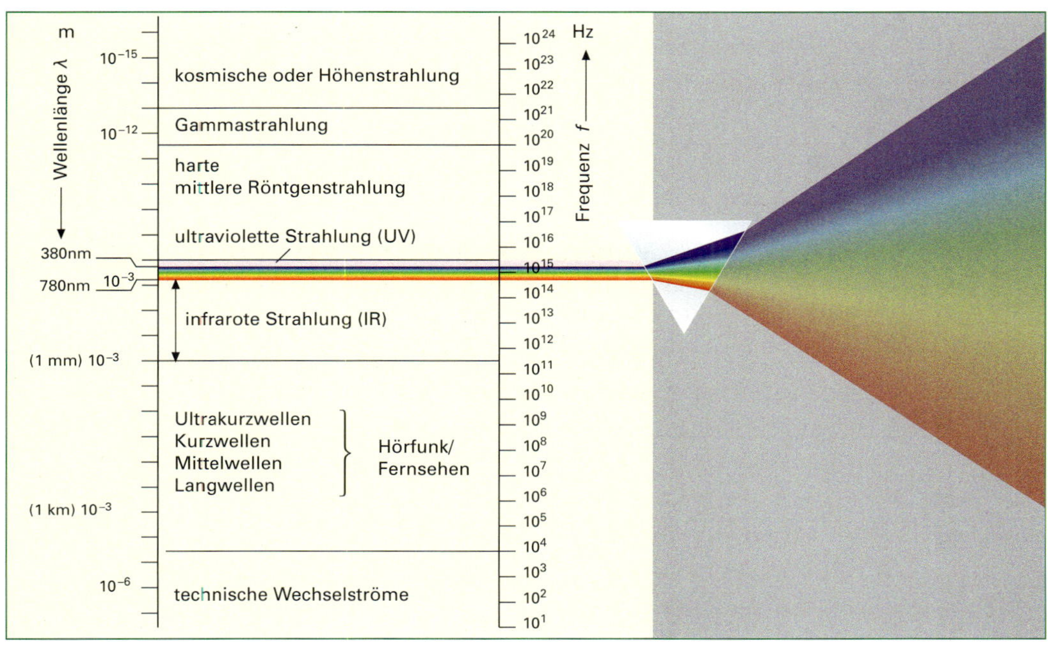

Abb. 1 Sichtbares Licht und Farben

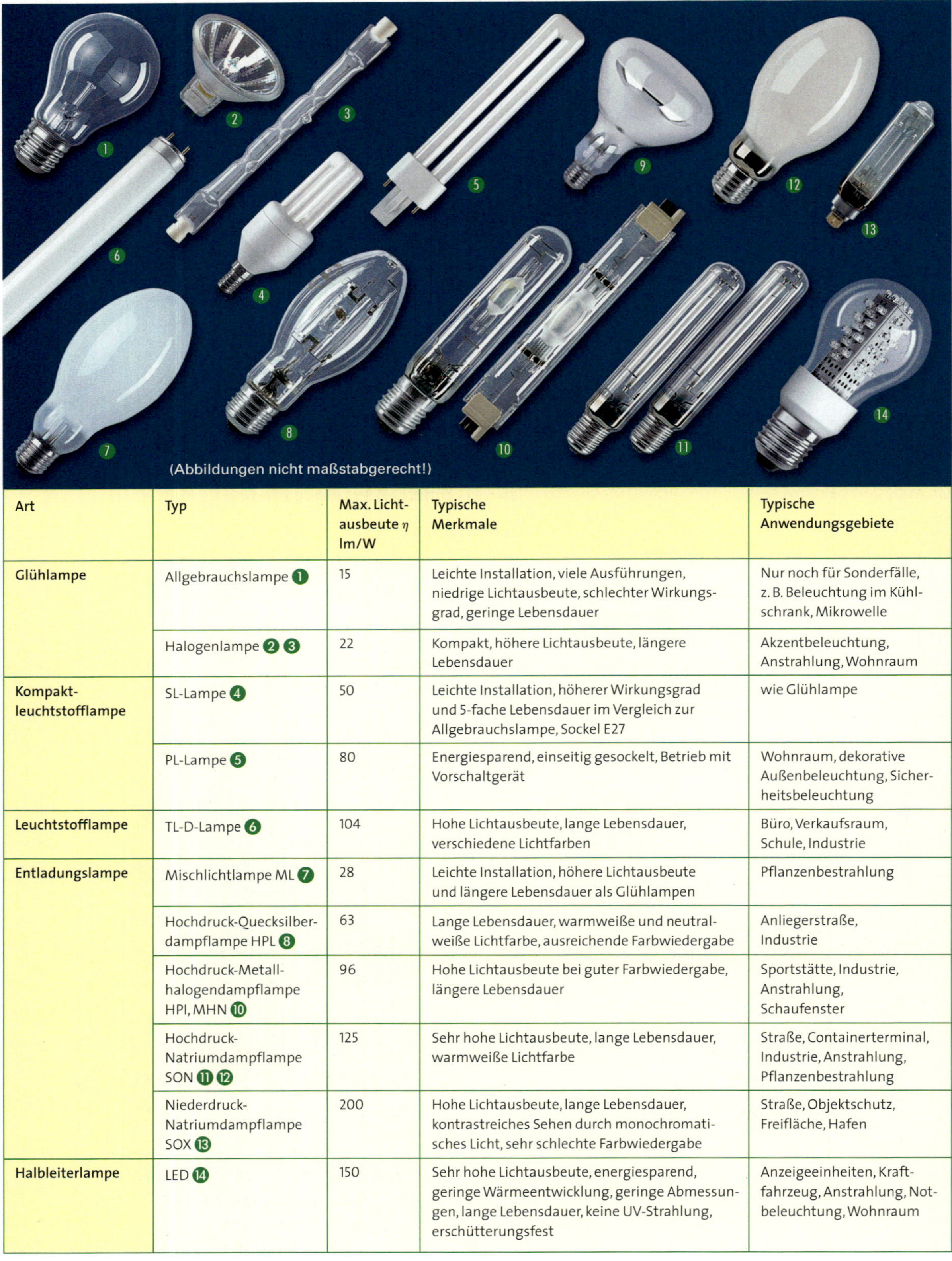

Art	Typ	Max. Lichtausbeute η lm/W	Typische Merkmale	Typische Anwendungsgebiete
Glühlampe	Allgebrauchslampe ❶	15	Leichte Installation, viele Ausführungen, niedrige Lichtausbeute, schlechter Wirkungsgrad, geringe Lebensdauer	Nur noch für Sonderfälle, z. B. Beleuchtung im Kühlschrank, Mikrowelle
	Halogenlampe ❷ ❸	22	Kompakt, höhere Lichtausbeute, längere Lebensdauer	Akzentbeleuchtung, Anstrahlung, Wohnraum
Kompaktleuchtstofflampe	SL-Lampe ❹	50	Leichte Installation, höherer Wirkungsgrad und 5-fache Lebensdauer im Vergleich zur Allgebrauchslampe, Sockel E27	wie Glühlampe
	PL-Lampe ❺	80	Energiesparend, einseitig gesockelt, Betrieb mit Vorschaltgerät	Wohnraum, dekorative Außenbeleuchtung, Sicherheitsbeleuchtung
Leuchtstofflampe	TL-D-Lampe ❻	104	Hohe Lichtausbeute, lange Lebensdauer, verschiedene Lichtfarben	Büro, Verkaufsraum, Schule, Industrie
Entladungslampe	Mischlichtlampe ML ❼	28	Leichte Installation, höhere Lichtausbeute und längere Lebensdauer als Glühlampen	Pflanzenbestrahlung
	Hochdruck-Quecksilberdampflampe HPL ❽	63	Lange Lebensdauer, warmweiße und neutralweiße Lichtfarbe, ausreichende Farbwiedergabe	Anliegerstraße, Industrie
	Hochdruck-Metallhalogendampflampe HPI, MHN ❿	96	Hohe Lichtausbeute bei guter Farbwiedergabe, längere Lebensdauer	Sportstätte, Industrie, Anstrahlung, Schaufenster
	Hochdruck-Natriumdampflampe SON ⓫ ⓬	125	Sehr hohe Lichtausbeute, lange Lebensdauer, warmweiße Lichtfarbe	Straße, Containerterminal, Industrie, Anstrahlung, Pflanzenbestrahlung
	Niederdruck-Natriumdampflampe SOX ⓭	200	Hohe Lichtausbeute, lange Lebensdauer, kontrastreiches Sehen durch monochromatisches Licht, sehr schlechte Farbwiedergabe	Straße, Objektschutz, Freifläche, Hafen
Halbleiterlampe	LED ⓮	150	Sehr hohe Lichtausbeute, energiesparend, geringe Wärmeentwicklung, geringe Abmessungen, lange Lebensdauer, keine UV-Strahlung, erschütterungsfest	Anzeigeeinheiten, Kraftfahrzeug, Anstrahlung, Notbeleuchtung, Wohnraum

Tabelle 1 Elektrische Lampen in der Übersicht

Lichtstärke *I*

Der in eine bestimmte Richtung abgestrahlte Lichtstrom wird als Lichtstärke bezeichnet. Die Lichtstärke ist ein Maß für den **Helligkeitseindruck**, den das Auge von einer Fläche bekommt. Die Lichtstärke erhält man meist durch die Lichtstärkeverteilungskurve LVK (siehe Ermittlung des Raumwirkungsgrades).

Beispiele:

Niedervolt Halogenglühlampe	$P = 50\,\text{W}$	$I = 1100\,\text{cd}$
Leuchtstofflampe	$P = 58\,\text{W}$	$I = 345\,\text{cd}$

Lichtausbeute η

Die Lichtausbeute ist ein Maß für die **Wirtschaftlichkeit** einer Lichtquelle. Sie ist das Verhältnis von abgegebenem Lichtstrom zur aufgenommenen elektrischen Leistung. Die Lichtausbeute ist **kein** Wirkungsgrad, obwohl das gleiche Formelzeichen verwendet wird.

$$\eta = \frac{\Phi}{P} \quad [\eta] = \frac{\text{lm}}{\text{W}}$$

Beispiele:

Niedervolt Halogenglühlampe	$P = 50\,\text{W}$	$\eta = 15\,\frac{\text{lm}}{\text{W}}$
Leuchtstofflampe	$P = 58\,\text{W}$	$\eta = 93{,}10\,\frac{\text{lm}}{\text{W}}$

Beleuchtungsstärke *E*

Die Beleuchtungsstärke gibt an, wie viel **Licht auf eine bestimmte Fläche** auftritt (Tabelle 1).

Um die Anzahl der Leuchten bestimmen zu können, muss zunächst die Art der Lampen festgelegt werden. Bei der Beleuchtung eines Hauses werden unterschiedliche Lampenarten verwendet:

- **Flur:** Kompaktleuchtstofflampen, Niedervolt-Halogenglühlampen
- **Bad:** Halogenglühlampe in der Deckenleuchte, Leuchtstofflampe im Spiegelschrank
- **Küche:** Leuchtstofflampen zur Allgemeinbeleuchtung, Niedervolt-Halogenglühlampen oder Leuchtstofflampen im Arbeitsbereich
- **Wohnzimmer:** Leuchtstofflampen zur Raumbeleuchtung
- **Arbeitszimmer:** LED-Lampen, Halogenglühlampen, Leuchtstofflampen
- **Keller/Treppenhaus:** Energiesparlampen (Leuchtstofflampen)

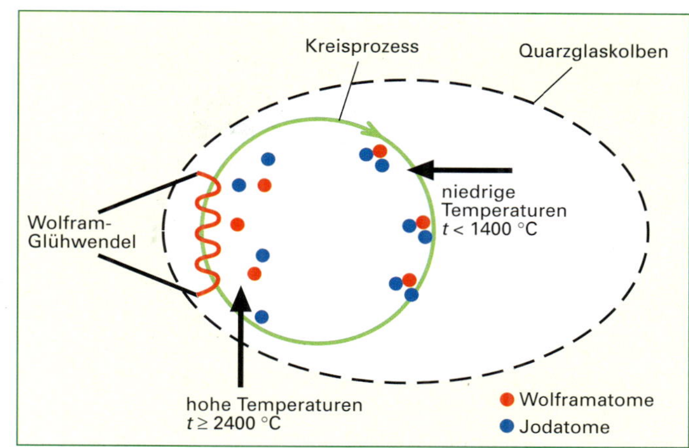

Abb. 1 Kreisprozess einer Halogenglühlampe

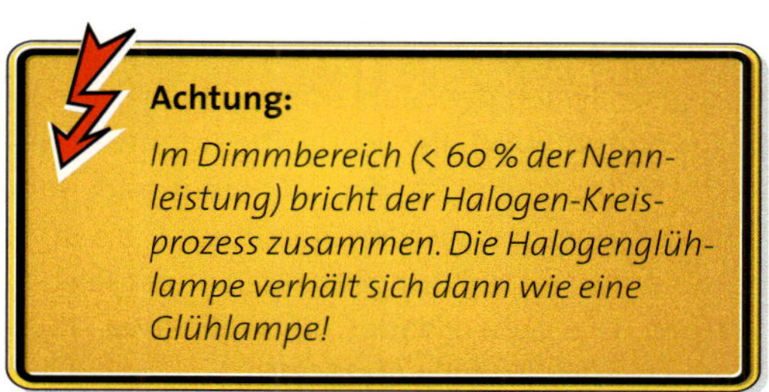

Achtung:

Im Dimmbereich (< 60 % der Nennleistung) bricht der Halogen-Kreisprozess zusammen. Die Halogenglühlampe verhält sich dann wie eine Glühlampe!

E_n in lx	Raumart bzw. Tätigkeit
100	Lagerräume, Ruheräume, Umkleideräume, Treppen, Flure, Toiletten
200	Versand, Speiseräume, Hobelbank, Arbeiten an Bottichen, Schmieden, Walzen, grobe Montagearbeit, Gießen
300	Sitzungs-, Unterrichts-, Verkaufsräume, Waschen, Bügeln, Bäckerei, Metzgerei, Kfz-Reparatur, mittlere Montagearbeit, Schweißen, Schaltwarte, Spulenwickeln, Papier-, Lederherstellung
500	Labor-, Übungsräume, Büros, Küche, Haarpflege, Kfz-Lackiererei, Maschinen-Reparatur, Drechseln, Fräsen in Holz, Radio-, TV- Reparatur, feine Montage-, Maschinen- und elektrische Montagearbeit, Papier-, Lederbearbeitung
750	Zeichnen, Großraumbüro, Kosmetik, Nähen, Anreißen, Messen, Kontrolle, Handdruck, Lederfärben
1000	feine elektrische Montagearbeit, Retuschieren, Lithographie
1500	Uhrenreparatur, Edelsteinbearbeitung, feinste elektronische Montagearbeit, Farbkontrolle

Tabelle 1 Nennbeleuchtungsstärken nach DIN EN 12464 Teil 1

Abb. 1 Niedervolt-Halogenglühlampe für 12 V (Kaltlichtreflektor, Titan-Spezialbeschichtung mit Scheibe, UV-Ex, Sockel GU 5,3)

Leistung P in W	Spannung U in V	Strahlungswinkel	Lichtstrom Φ in lm	Durchmesser d in mm	Einbauhöhe l in mm
20	12	10°	360	51	45
20	12	38°	360	51	45
20	12	60°	360	51	45
35	12	10°	560	51	45
35	12	38°	560	51	45
35	12	60°	560	51	45
50	12	10°	750	51	45
50	12	38°	750	51	45
50	12	60°	750	51	45

Tabelle 1 Ausgewählte Kenndaten für Niedervolt-Halogenglühlampen

Temperaturstrahler

- **Glühlampe**

Das Licht bei der Glühlampe wird durch Erhitzung des Drahtes (meistens Wolframdraht) erreicht. Durch das Füllen der Glühlampe mit einem Edelgas (Krypton) wird die Lichtausbeute etwas verbessert. Trotzdem ist der Wirkungsgrad sehr schlecht, denn es werden nur etwa 5 bis 10 % der Energie in Licht umgewandelt – der Rest in Wärme. Die Lebensdauer beträgt etwa 1000 Brennstunden (Tabelle 1 ▷ 160, 161).

Wegen des schlechten Wirkungsgrades und der geringen Lebensdauer darf die Glühlampe in Europa mit wenigen Ausnahmen (z.B. Beleuchtung für Kühlschränke, Mikrowelle) nicht mehr verkauft werden.

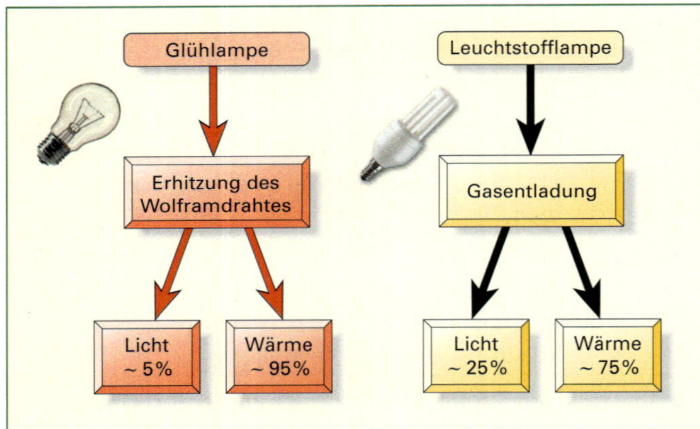

Abb. 2 Vergleich: Glühlampe/Leuchtstofflampe

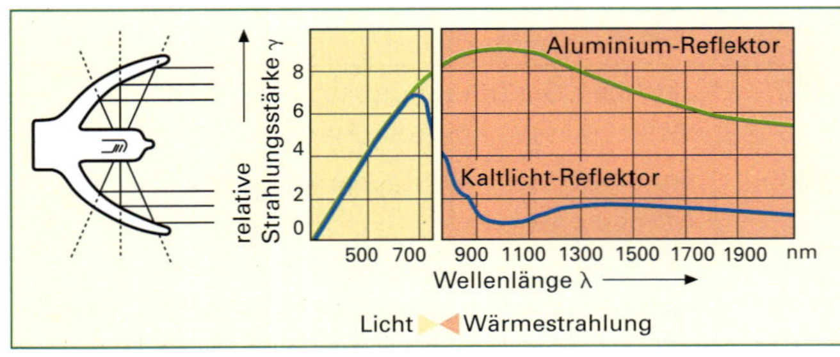

Abb. 3 Kaltlichtreflektor

- **Halogenglühlampe**

Durch das Füllen der Glühlampe mit einem Halogen, z. B. Jod, ist eine höhere Temperatur des Wolframdrahtes möglich. Das Wolfram verdampft zwar, wird aber vom Halogen wieder „eingefangen". Kommt nun die Halogen-Wolfram-Verbindung wieder an den Glühfaden, dann zerfällt sie in Wolfram und Halogen (Kreisprozess). Es kommt daher nicht zu einer Veränderung des Glühfadens. Die Lichtausbeute und Lebensdauer wird höher, etwa 4000 Brennstunden. Eine Kolbenschwärzung tritt ebenfalls nicht ein (Abb. 1 ▷ 161).

Die Bezeichnung Kaltlichtreflektor bedeutet, dass die Lampen einen Reflektor besitzen, der so verspiegelt ist, dass im Wesentlichen nur das sichtbare Licht reflektiert wird. Damit ist die Wärmestrahlung nach vorne wesentlich geringer (Tabelle 1, Abb. 1 bis Abb. 3). Für Halogenglühlampen besteht ein abgestuftes Verkaufsverbot. So dürfen ab September 2016 nur noch Halogenlampen (12 V) bis 15 W verkauft werden.

Praxistipp:
Der Quarzglaskolben darf bei Halogenglühlampen nicht mit den Fingern berührt werden!

Gasentladungslampe (Leuchtstofflampe bzw. Kompaktleuchtstofflampe)

Die Leuchtstofflampen erzeugen das Licht nicht durch Erwärmen eines Glühfadens, sondern durch „Anregung" von Quecksilberatomen. Sie hat dadurch mehrere Vorteile gegenüber der Glühlampe:

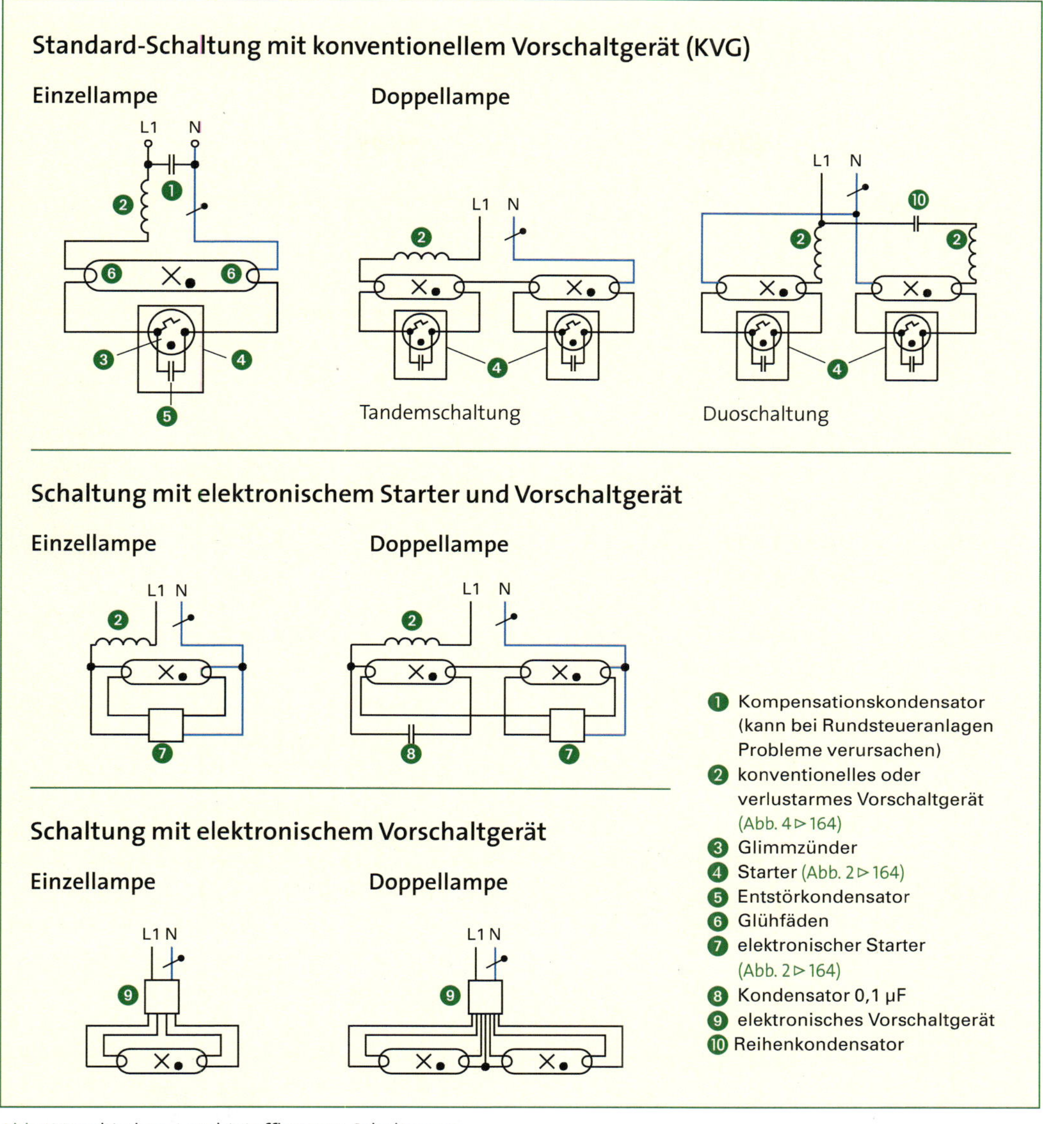

Abb. 1 Verschiedene Leuchtstofflampen-Schaltungen

- höhere Lebensdauer, etwa 7000 Brennstunden
- etwa 7-fache Lichtausbeute
- große Auswahl an Lichtfarben
- geringere Erwärmung der Umgebung

Elektronische Vorschaltgeräte (EVG) bestehen aus:
- Filter gegen HF-Störungen
- Gleichrichter mit Kondensator

Merke:
Gasentladungslampen enthalten Quecksilber und dürfen deshalb nicht mit dem Hausmüll entsorgt werden.

Kennziffer	Lichtfarbe	Anwendungsbeispiel
865	tw (Tageslichtweiß)	Allgemeine Innenbeleuchtung, z. B. Flur
827	ww (Warmweiß)	Wohnung, z. B. Küche
840	nw (Neutralweiß)	Büro, z. B. Arbeitsplatz

Tabelle 1 Leuchtstofflampen haben je nach Beschichtung vom Glaskörper verschiedene Lichtfarben. Der Hersteller (z. B. Osram, Philips) gibt die Lichtfarbe durch Kennziffern an.

- Wechselrichter (25...40 kHz)
- Abschaltautomatik

Elektronische Vorschaltgeräte (EVG) haben folgende **Vorteile**:

- geringe Verluste
- flackerfreier Start
- $\cos\varphi \approx 1$, keine Kompensation nötig
- Gleich- und Wechselstrom-Betrieb möglich
- Dimmen möglich
- Abschaltung bei defekten Lampen
- kein stroboskopischer Effekt
- höhere Lichtausbeute

Nachteilig sind vor allem die hohen Anschaffungskosten.

> ***Praxistipp:***
> *Nur Leuchtstofflampen mit der gleichen Kennziffer verwenden.*

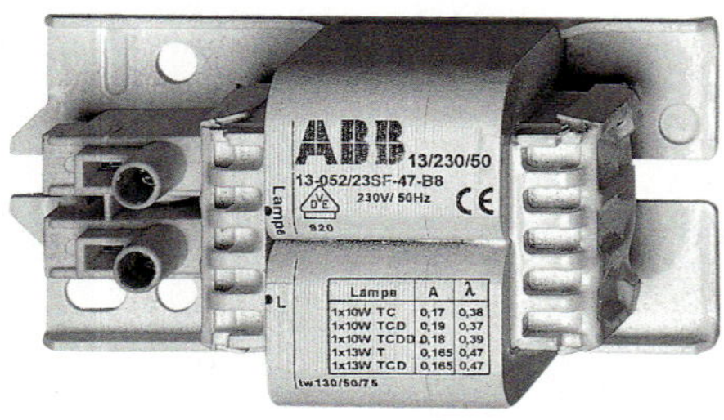

Abb. 1 Verlustarmes Vorschaltgerät für Leuchtstofflampen

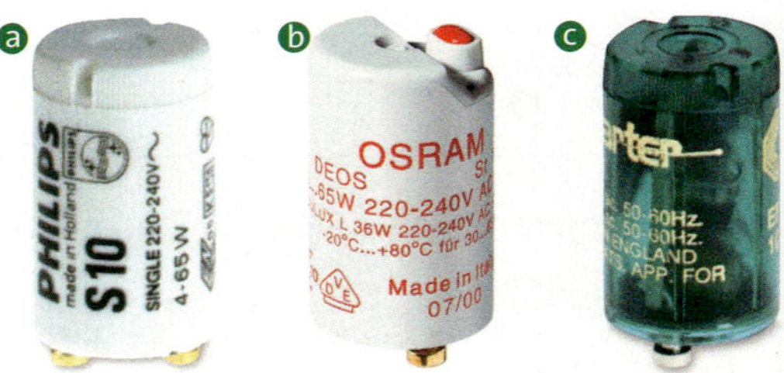

Abb. 2 Universalstarter ⓐ, Sicherheitsstarter ⓑ und elektronischer Starter ⓒ im selbstverlöschenden Isolierstoffgehäuse

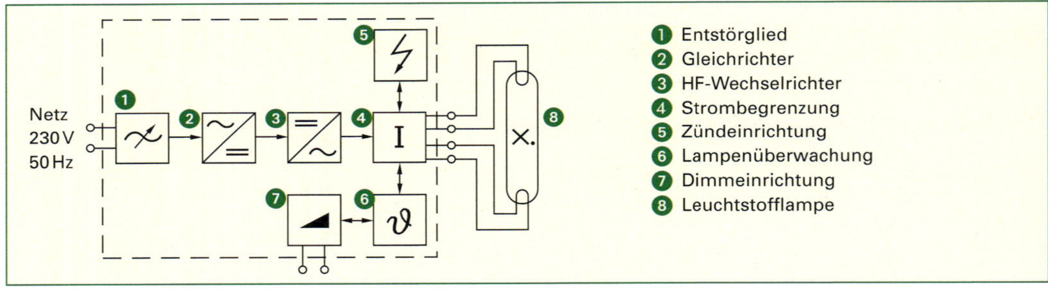

Abb. 3 Blockschaltbild eines elektronischen Vorschaltgerätes

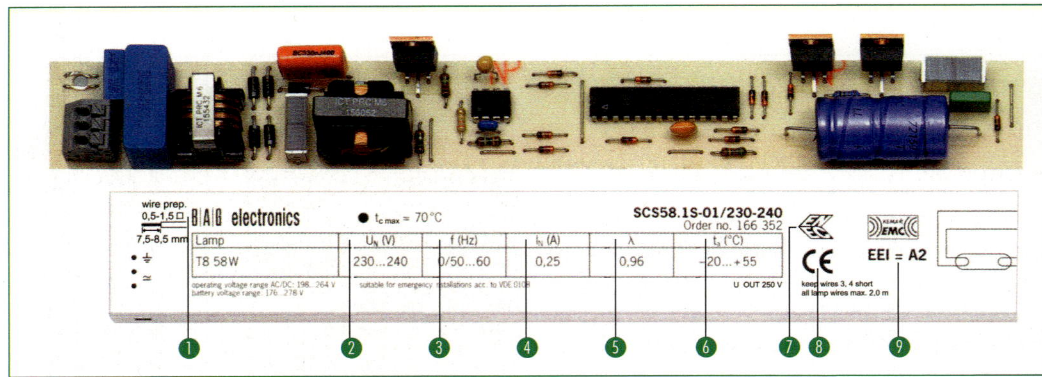

Abb. 4 Elektronisches Vorschaltgerät: Qualitätskriterien

❶ gefertigt nach ISO 9001
❷ Eingangsspannung 230 V/240 V ±10%
❸ Netzbetriebsfrequenz 50 Hz bis 60 Hz
❹ geeignet für 220 V Gleichspannung für die Notbeleuchtung
❺ hoher Leistungsfaktor, daher keine Kompensation erforderlich
❻ Lampenzündung auch bei Tieftemperaturen bis -20°C
❼ ENEC-Zeichen, geprüft nach EN 61347 und EN 60929, sowie EMV-Zeichen, das die Konformität mit den Normen für die Elektromagnetische Verträglichkeit EN 55015, EN 61000 und EN 61547 zum Ausruck bringt
❽ CE-Kennzeichnung
❾ Angabe der Energie-Effizienz-Klasse EEI, z. B. A2

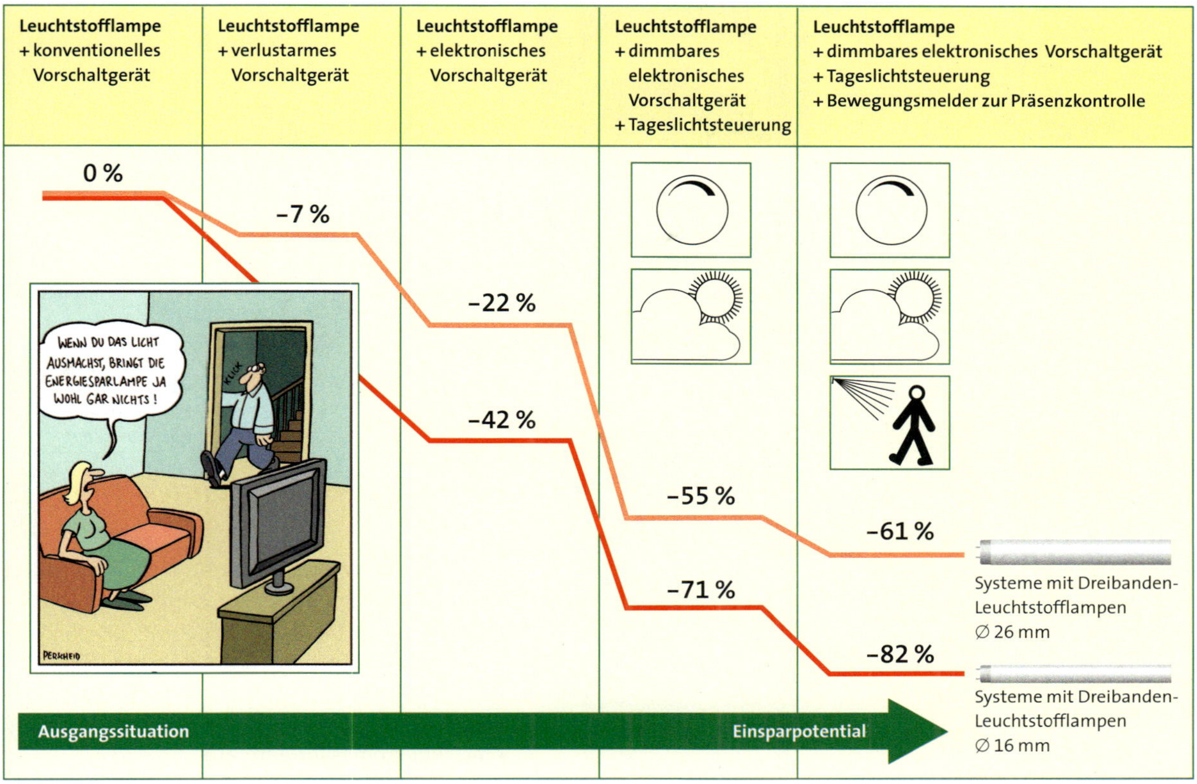

Leuchtstofflampe + konventionelles Vorschaltgerät	Leuchtstofflampe + verlustarmes Vorschaltgerät	Leuchtstofflampe + elektronisches Vorschaltgerät	Leuchtstofflampe + dimmbares elektronisches Vorschaltgerät + Tageslichtsteuerung	Leuchtstofflampe + dimmbares elektronisches Vorschaltgerät + Tageslichtsteuerung + Bewegungsmelder zur Präsenzkontrolle
0 %	-7 %	-22 %	-55 %	-61 %
0 %		-42 %	-71 %	-82 %

WENN DU DAS LICHT AUSMACHST, BRINGT DIE ENERGIESPARLAMPE JA WOHL GAR NICHTS!

KLICK

PERSCHEID

Systeme mit Dreibanden-Leuchtstofflampen ∅ 26 mm

Systeme mit Dreibanden-Leuchtstofflampen ∅ 16 mm

Ausgangssituation → Einsparpotential

Abb. 1 Energieeinsparung mit moderner Beleuchtung

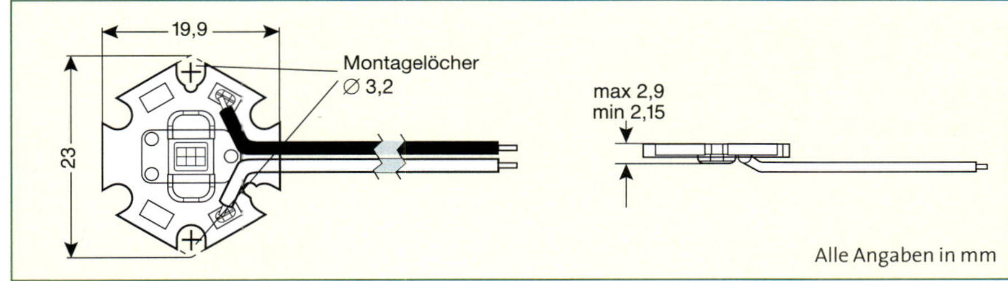

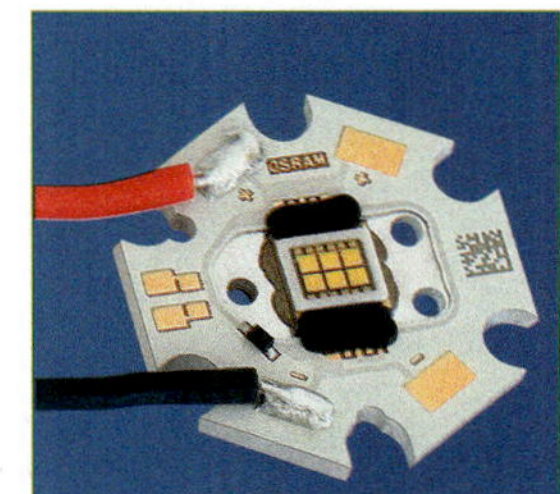

Abb. 2 LED-Modul

Leuchtdioden (Lumineszenzdioden)

Die Leuchtdiode (LED = **L**ight **E**mitting **D**iode) besteht aus dotiertem Halbleitermaterial und ist im Prinzip eine Gleichrichterdiode. Wenn die Diode in Durchlaufrichtung betrieben wird, so wird Energie frei, die durch die sehr dünne Sperrschicht in Form von Strahlung (Licht) frei wird (Abb. 1 und 2 ▷ 166). Es tritt somit weder eine Gasentladung noch eine Erhitzung eines Glühfadens auf. Je nach Halbleitermaterial und Dotierung erhält man rotes, gelbes, grünes oder blaues Licht (Abb. 3 ▷ 166). Mit einem speziellen Leuchtstoff umhüllte LEDs erzeugen auch weißes Licht.

Abb. 3 LED-Modul eingesetzt in einer Schreibtischleuchte

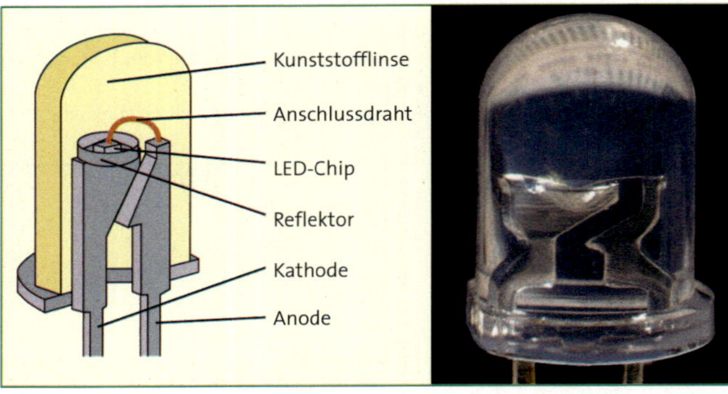

Abb. 1 Aufbau einer LED

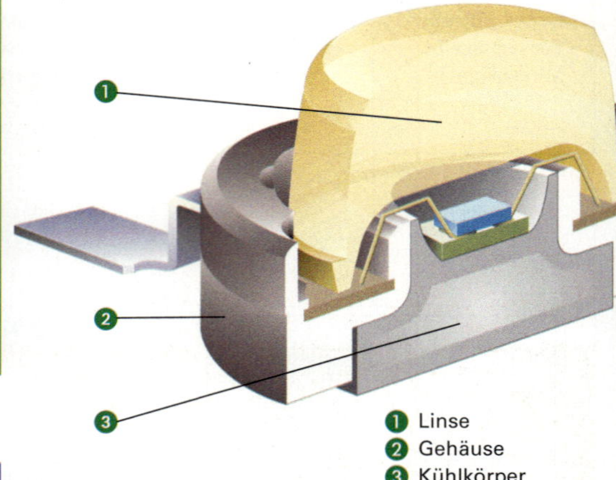

Abb. 2 Aufbau einer Hochleistungs LED ($P = 20\,W$)

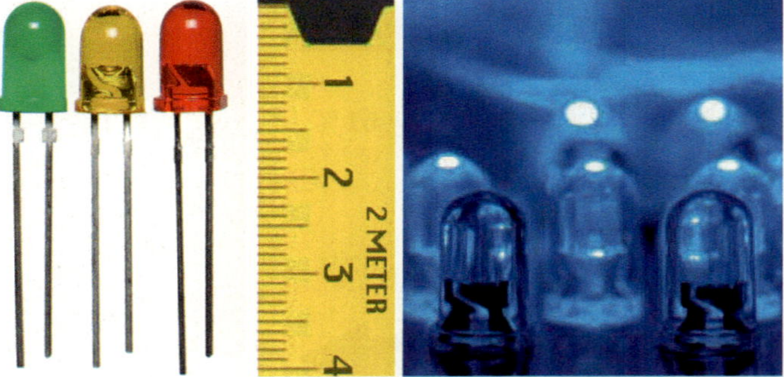

Abb. 3 LED kleiner Leistung (P < 1 W) mit verschiedenem Halbleitermaterial

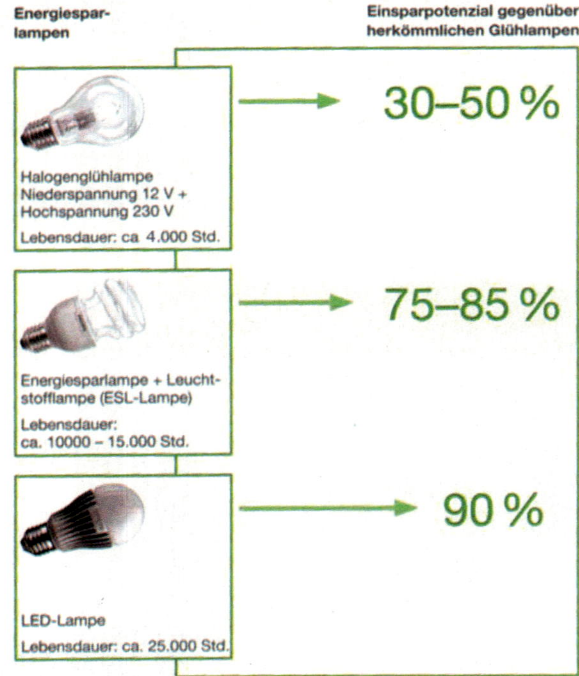

Abb. 4 Einsparmodell Leuchtmittel

LED mit kleiner Leistungsaufnahme ($P \leq 1$ Watt Typ T) haben keine speziellen Kühlkörper (Abb. 1). LED mit einer Leistungsaufnahme bis $P = 20$ W haben einen Kühlkörper (Abb. 2).

Vorteile:

- geringe Abmessungen
- wartungsfrei
- äußerst stoßfest
- hohe Lichtausbeute
- sehr lange Lebensdauer (bis 100 000 h)
- keine UV-Strahlung

Nachteile:

- geringe Einzelleistung
- Strombegrenzung notwendig
- schlechte Farbwiedergabe
- Gleichspannung erforderlich
- der Lichtstrom nimmt langsam ab

Der Kunde entscheidet sich aufgrund des Designs und der Kosten für die Niedervolt-Halogenleuchte Serie Reggiani „Bijou“ (Abb. 1 ▷ 174).
Es soll eine möglichst gleichmäßige Lichtverteilung erreicht werden, deshalb werden aus der Tabelle die Niedervolt-Halogenglühlampen mit einer Leistung von $P = 20\,W$, $\Phi = 360$ lm und einem großen Ausstrahlungswinkel verwendet (60°) (Tabelle 1 ▷ 162). Es ergibt sich damit eine Lichtstärkeverteilungskurve A2 „direkt, tiefstrahlend“ (Tabelle 1 ▷ 169).

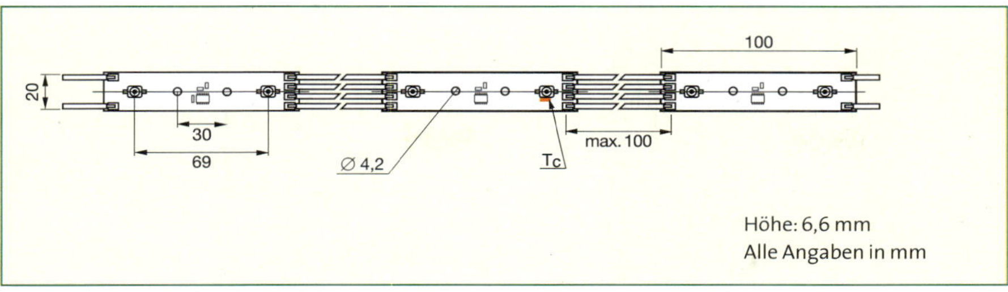

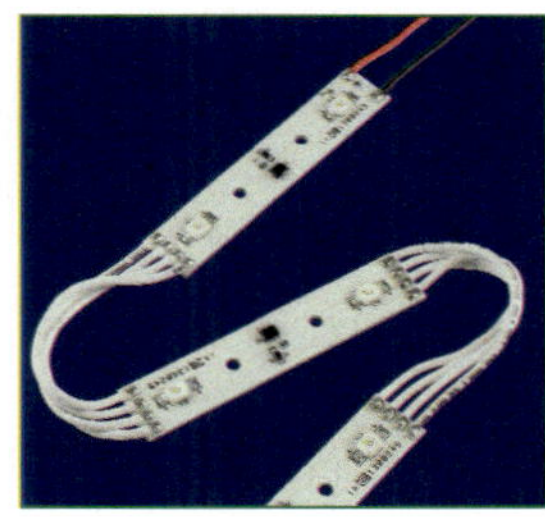

Abb. 1 LED-Leuchtschrift

Abb. 2 LED-Beleuchtung in einer Cafébar

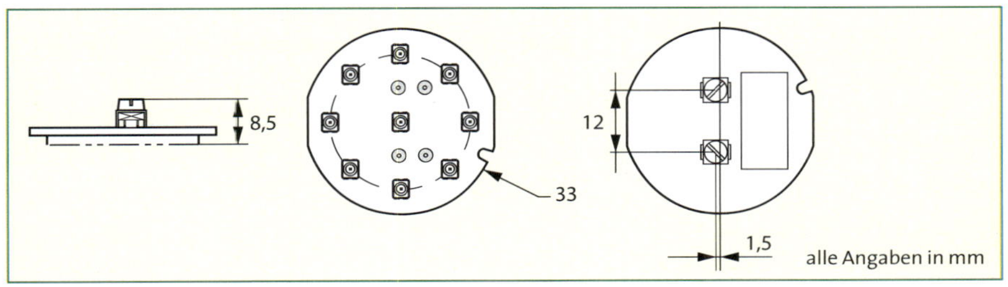

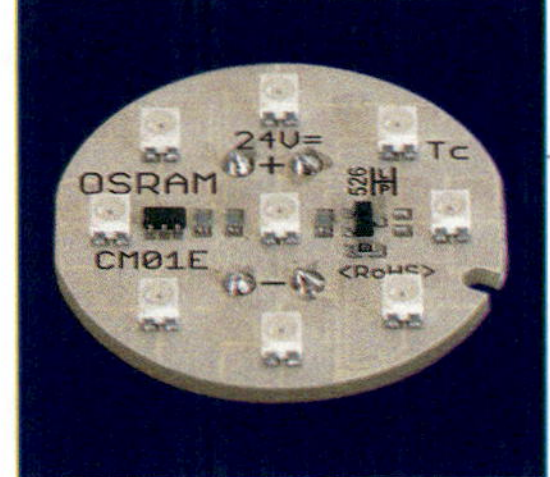

Abb. 3 LED-Allgemeinbeleuchtung

Berechnung der Anzahl der Leuchten

Für die Innenraumbeleuchtung wird nach dem Raumwirkungsgradverfahren folgende Formel verwendet:

$$n = \frac{E \cdot A}{\Phi_{LA} \cdot \eta_{LB} \cdot \eta_R \cdot WF} \quad [n] = 1$$

n Anzahl der Lampen

E mittlere Beleuchtungsstärke (nach Tabelle 1 ⊳ 161) **E = 100 lx** für den Flur

A Raumfläche mit $a = 1{,}3$ m und $b = 6{,}5$ m (siehe Lageplan Flur (Abb. 1)). Damit ergibt sich:
$A = a \cdot b = 1{,}3 \text{ m} \cdot 6{,}5 \text{ m}$
$= 8{,}45 \text{ m}^2$.

WF Der Wartungsfaktor setzt sich zusammen aus:
- **L**ampen**li**chtstrom-**W**artungs**f**aktor *LLiWF*. Dieser Wert berücksichtigt die Minderung des Lampenlichtstroms durch Alterung.
- **L**ampen**a**usfall-**W**artungs**f**aktor *LAWF*. Mit diesem Wert wird die Ausfallwahrscheinlichkeit einer Lampe berücksichtigt.
- **L**euchten-**W**artungs**f**aktor *LWF*. Dieser Faktor berücksichtigt die Verschmutzung der Leuchten und damit die Verminderung der Beleuchtungsstärke.
- **R**aum-**W**artungs**f**aktor *RWF*. Eine Verschmutzung von Decke, Wänden und Fußboden führt zu einer Verminderung der Reflexion und damit der Beleuchtungsstärke.

In Wohnungen und Büros wird $WF = 0{,}8$ angenommen. In Werkstätten wird mit $WF = 0{,}7$, bei stärkerer Verschmutzung mit 0,5 gerechnet.

Φ_{LA} Lichtstrom einer Lampe, gewählt nach Tabelle 1 ⊳ 162: $\Phi_{LA} = 360$ lm

η_{LB} Beim Leuchtenbetriebswirkungsgrad wird der Aufbau der Leuchte berücksichtigt. Er wird aus Firmenunterlagen ermittelt. Nach Absprache mit dem Kunden werden Deckeneinbauleuchten verwendet. Es ergibt sich damit einen Leuchtenbetriebswirkungsgrad nach Tabelle 1 von $\eta_{LB} = 0{,}7$.

η_R Beim Raumwirkungsgrad wird die Reflexion der Wände, Decke und des Fußbodens bei der Lichtberechnung berücksichtigt. Im Flur wird die Decke mit Holz (hell) verkleidet. Die Wände erhalten eine Rauhfasertapete und werden gelb gestrichen. Der Fußboden wird mit hellem Teppich ausgelegt. Es ergeben sich nach Tabelle 1 ⊳ 171 folgende Reflexionsgrade (allerdings muss z. B. bei der Decke ein Wert von 0,8; 0,5 oder 0,3 ausgewählt werden).

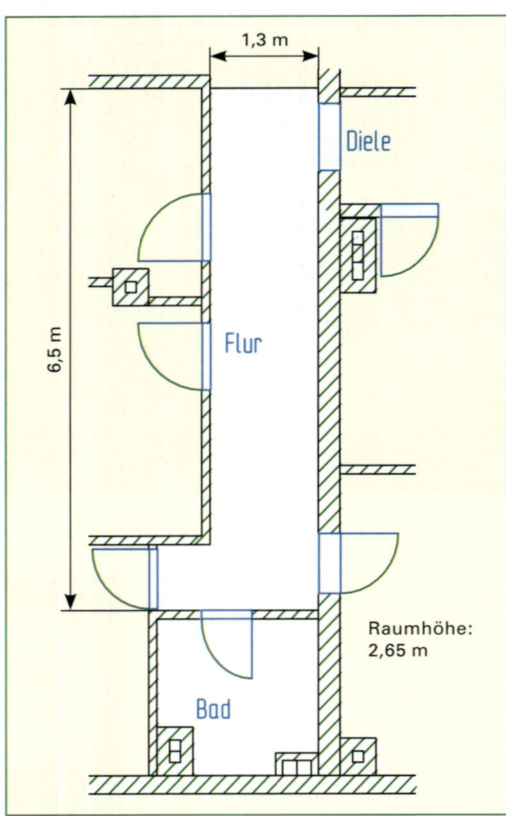

Abb. 1 Lageplan Flur

Leuchtenbauart	Leuchtenbetriebswirkungsgrad η_{LB}
Für freistrahlende Leuchten	~ 0,9
Für offene Reflektor-, LED- oder Deckeneinbauleuchten	~ 0,7
Für Reflektor- oder Deckeneinbauleuchten mit Rastern	~ 0,6
Für Decken-Aufbauleuchten mit Kunststoffglas-Abdeckung	~ 0,6
Für Decken-Einbauleuchten mit Kunststoffglas-Abdeckung	~ 0,5

Tabelle 1 Leuchtenbetriebswirkungsgrad

Tabelle 1
Ermittlung des Raumwirkungsgrades

Lichtstärkeverteilungskurven (LVK) (bei 1000 lm)	Reflexionsgrade ϱ									
	Decke	0,8				0,5				0,3
	Wände	0,5		0,3		0,5		0,3		0,3
	Boden	0,3	0,1	0,3	0,1	0,3	0,1	0,3	0,1	0,1
direkt stark gerichtet A1	Raumindex k	Raumwirkungsgrad η_R in %								
	0,6	61	58	54	52	59	57	53	51	51
	1,0	80	75	73	69	76	73	70	58	67
	1,5	95	86	88	82	90	84	84	80	79
	2,0	102	91	96	87	95	89	91	86	84
	3,0	111	97	106	95	103	95	99	92	91
	5,0	119	102	115	100	109	98	106	97	96
direkt tiefstrahlend A2	Raumindex *k*	Raumwirkungsgrad η_R in %								
	0,6	52	49	43	42	49	48	42	41	41
	1,0	73	67	64	60	69	65	61	59	58
	1,5	89	81	81	75	83	78	77	73	72
	2,0	97	86	89	81	90	83	84	79	78
	3,0	107	94	101	90	99	91	94	88	86
	5,0	116	100	111	97	106	96	102	94	93
vorwiegend direkt; breitstrahlend B3	Raumindex *k*	Raumwirkungsgrad η_R in %								
	0,6	41	39	31	30	37	35	29	28	27
	1,0	59	55	49	46	52	50	44	43	41
	1,5	74	67	64	60	66	61	58	55	52
	2,0	83	74	73	67	73	68	66	62	59
	3,0	95	83	87	77	83	76	77	71	68
	5,0	106	91	99	86	91	83	87	80	76
gleichförmig; allseitig strahlend C4	Raumindex *k*	Raumwirkungsgrad η_R in %								
	0,6	36	34	27	26	29	28	23	22	19
	1,0	52	48	43	40	41	39	35	33	29
	1,5	65	59	56	52	52	49	45	43	38
	2,0	74	66	65	59	58	54	52	49	43
	3,0	84	74	77	68	66	61	61	57	50
	5,0	94	81	88	77	74	67	70	64	56
indirekt; hochstrahlend E2	Raumindex *k*	Raumwirkungsgrad η_R in %								
	0,6	15	15	9	10	11	12	6	8	5
	1,0	28	27	20	19	18	19	13	13	8
	1,5	41	39	31	30	26	25	20	19	13
	2,0	51	48	41	40	32	30	26	25	16
	3,0	65	58	55	52	39	37	34	32	20
	5,0	77	68	70	63	45	43	42	39	24

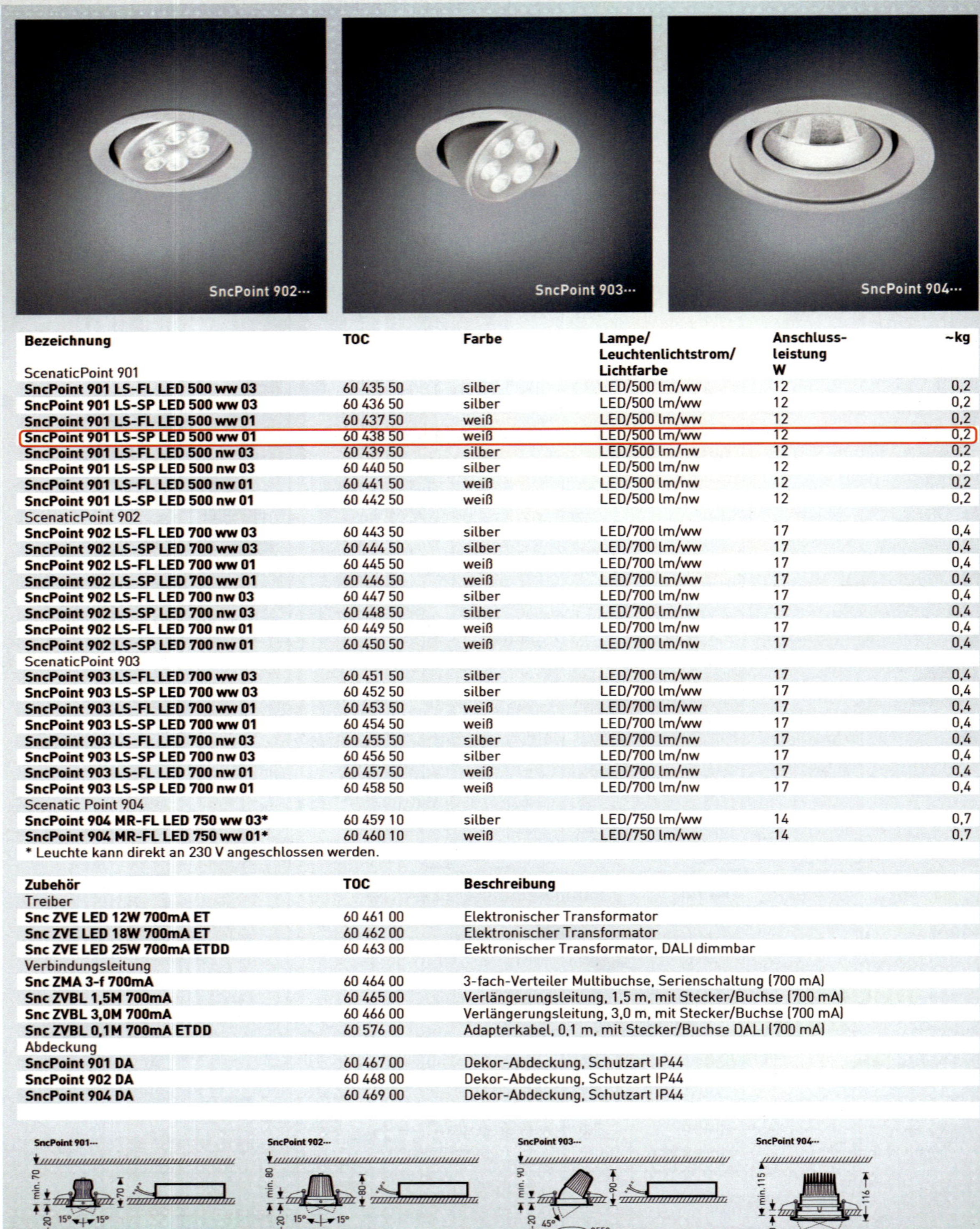

SncPoint 902··· SncPoint 903··· SncPoint 904···

Bezeichnung	TOC	Farbe	Lampe/ Leuchtenlichtstrom/ Lichtfarbe	Anschluss-leistung W	~kg
ScenaticPoint 901					
SncPoint 901 LS-FL LED 500 ww 03	60 435 50	silber	LED/500 lm/ww	12	0,2
SncPoint 901 LS-SP LED 500 ww 03	60 436 50	silber	LED/500 lm/ww	12	0,2
SncPoint 901 LS-FL LED 500 ww 01	60 437 50	weiß	LED/500 lm/ww	12	0,2
SncPoint 901 LS-SP LED 500 ww 01	60 438 50	weiß	LED/500 lm/ww	12	0,2
SncPoint 901 LS-FL LED 500 nw 03	60 439 50	silber	LED/500 lm/nw	12	0,2
SncPoint 901 LS-SP LED 500 nw 03	60 440 50	silber	LED/500 lm/nw	12	0,2
SncPoint 901 LS-FL LED 500 nw 01	60 441 50	weiß	LED/500 lm/nw	12	0,2
SncPoint 901 LS-SP LED 500 nw 01	60 442 50	weiß	LED/500 lm/nw	12	0,2
ScenaticPoint 902					
SncPoint 902 LS-FL LED 700 ww 03	60 443 50	silber	LED/700 lm/ww	17	0,4
SncPoint 902 LS-SP LED 700 ww 03	60 444 50	silber	LED/700 lm/ww	17	0,4
SncPoint 902 LS-FL LED 700 ww 01	60 445 50	weiß	LED/700 lm/ww	17	0,4
SncPoint 902 LS-SP LED 700 ww 01	60 446 50	weiß	LED/700 lm/ww	17	0,4
SncPoint 902 LS-FL LED 700 nw 03	60 447 50	silber	LED/700 lm/nw	17	0,4
SncPoint 902 LS-SP LED 700 nw 03	60 448 50	silber	LED/700 lm/nw	17	0,4
SncPoint 902 LS-FL LED 700 nw 01	60 449 50	weiß	LED/700 lm/nw	17	0,4
SncPoint 902 LS-SP LED 700 nw 01	60 450 50	weiß	LED/700 lm/nw	17	0,4
ScenaticPoint 903					
SncPoint 903 LS-FL LED 700 ww 03	60 451 50	silber	LED/700 lm/ww	17	0,4
SncPoint 903 LS-SP LED 700 ww 03	60 452 50	silber	LED/700 lm/ww	17	0,4
SncPoint 903 LS-FL LED 700 ww 01	60 453 50	weiß	LED/700 lm/ww	17	0,4
SncPoint 903 LS-SP LED 700 ww 01	60 454 50	weiß	LED/700 lm/ww	17	0,4
SncPoint 903 LS-FL LED 700 nw 03	60 455 50	silber	LED/700 lm/nw	17	0,4
SncPoint 903 LS-SP LED 700 nw 03	60 456 50	silber	LED/700 lm/nw	17	0,4
SncPoint 903 LS-FL LED 700 nw 01	60 457 50	weiß	LED/700 lm/nw	17	0,4
SncPoint 903 LS-SP LED 700 nw 01	60 458 50	weiß	LED/700 lm/nw	17	0,4
Scenatic Point 904					
SncPoint 904 MR-FL LED 750 ww 03*	60 459 10	silber	LED/750 lm/ww	14	0,7
SncPoint 904 MR-FL LED 750 ww 01*	60 460 10	weiß	LED/750 lm/ww	14	0,7

* Leuchte kann direkt an 230 V angeschlossen werden.

Zubehör	TOC	Beschreibung
Treiber		
Snc ZVE LED 12W 700mA ET	60 461 00	Elektronischer Transformator
Snc ZVE LED 18W 700mA ET	60 462 00	Elektronischer Transformator
Snc ZVE LED 25W 700mA ETDD	60 463 00	Eektronischer Transformator, DALI dimmbar
Verbindungsleitung		
Snc ZMA 3-f 700mA	60 464 00	3-fach-Verteiler Multibuchse, Serienschaltung (700 mA)
Snc ZVBL 1,5M 700mA	60 465 00	Verlängerungsleitung, 1,5 m, mit Stecker/Buchse (700 mA)
Snc ZVBL 3,0M 700mA	60 466 00	Verlängerungsleitung, 3,0 m, mit Stecker/Buchse (700 mA)
Snc ZVBL 0,1M 700mA ETDD	60 576 00	Adapterkabel, 0,1 m, mit Stecker/Buchse DALI (700 mA)
Abdeckung		
SncPoint 901 DA	60 467 00	Dekor-Abdeckung, Schutzart IP44
SncPoint 902 DA	60 468 00	Dekor-Abdeckung, Schutzart IP44
SncPoint 904 DA	60 469 00	Dekor-Abdeckung, Schutzart IP44

SncPoint 901··· SncPoint 902··· SncPoint 903··· SncPoint 904···

Abb. 1 Auswahl von LED-Leuchten (Auszug aus einem Firmenkatalog)

Farbe	Reflexionsgrad ϱ
Wandfarbe:	
Gelb	0,4 – 0,6
Grün	0,15 – 0,55
Blau	0,1 – 0,5
Rot	0,1 – 0,5
Braun	0,1 – 0,4
Grau	0,15 – 0,6
Schwarz	0,05 – 0,11
Weiß	0,7 – 0,8
gebrochenes Weiß	0,6 – 0,65
Sichtbeton:	
je nach Ausführung	0,25 – 0,45
Sichtmauerwerk:	
rote Ziegel	0,15 – 0,3
gelbe Ziegel	0,3 – 0,45
Kalksandstein	0,5 – 0,55
Holzflächen:	
dunkel	0,1 – 0,2
mittel	0,2 – 0,3
hell	0,4 – 0,5
Bodenbeläge:	
dunkel	0,1 – 0,15
mittel	0,15 – 0,25
hell	0,25 – 0,4
Fenster:	0,05 – 0,1

Tabelle 1 Reflexionsgrade

Gewählt werden aus Tabelle 1:

ϱ **Decke = 0,5** Holz, hell
ϱ **Wände = 0,5** gelb
ϱ **Fußboden = 0,3** heller Belag

Zur Ermittlung des Raumwirkungsgrades ist noch die Ermittlung des Raumindex k erforderlich. Bei direkter Beleuchtung (Licht wird nach unten abgestrahlt) wird der Raumindex *k* nach folgender Formel für direkte Beleuchtung ermittelt:

$$k = \frac{A}{(a+b)\cdot h} \qquad [k] = \left[\frac{\text{m}^2}{\text{m}^2}\right] = 1$$

A Raumfläche = 8,45 m²
a,b Länge bzw. Breite des Raumes. $a = 1{,}3$ m, $b = 6{,}5$ m
h Höhe der Leuchten über Arbeitshöhe. Die Arbeitshöhe beträgt 0,85 m über dem Fußboden. Die Höhe der abgehängten Decke zum Fußboden beträgt 2,65 m.

Damit ergibt sich eine Höhe von
$h = 2{,}65\ \text{m} - 0{,}85\ \text{m} = 1{,}8\ \text{m}$

$$k = \frac{8{,}45\ \text{m}^2}{(1{,}3\ \text{m} + 6{,}5\ \text{m})\cdot 1{,}8\ \text{m}} = \underline{\underline{0{,}60}}$$

Aus der Tabelle 1 ▷ 169 lässt sich der Raumwirkungsgrad mit $\eta_R = 49\ \% = 0{,}49$ ermitteln.
Nun kann die Anzahl der Lampen nach obiger Formel berechnet werden:

$$n = \frac{100\ \text{lx}\cdot 8{,}45\ \text{m}^2}{360\ \text{lm}\cdot 0{,}7\cdot 0{,}49\cdot 0{,}8} = 8{,}55$$

Überprüfung der Einheiten:

$$[n] = \left[\frac{\text{lx}\cdot\text{m}^2}{\text{lm}}\right] = \left[\frac{\frac{\text{lm}}{\text{m}^2}\cdot\text{m}^2}{\text{lm}}\right] = 1$$

Gewählt werden **9 Leuchten**. Diese werden gleichmäßig im Flur angeordnet (Abb. 2 ▷ 171). Es werden zwei elektronische Vorschaltgeräte für Niedervoltlampen (12 V) mit einer Leistung von je $P_{max} = 105$ W verwendet. Elektronische Vorschaltgeräte (Transformatoren mit Wechselrichter) haben gegenüber Transformatoren folgende Vorteile: geringere Baugröße, geringeres Gewicht, geringere Verluste und kein Netzbrummen. Deshalb werden sie hier verwendet (Abb. 1 und 1 ▷ 173).

9 Halogenlampen haben zusammen eine Leistung von $P = 9\cdot 20\ \text{W} = 180$ W. Die beiden elektronischen Vorschaltgeräte haben zusammen eine Leistung von $P_{max} = 2\cdot 105\ \text{W} = 210$ W.
Die elektronischen Vorschaltgeräte können zwischen der Holzdecke und der Decke untergebracht werden. Zur Revision werden sie durch die Leuchtenöffnung geführt (Abb. 2 ▷ 173).

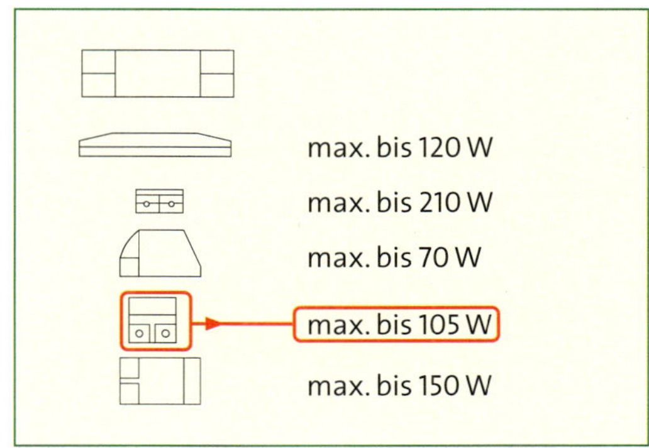

Abb. 1 Bauformen von elektronischen Vorschaltgeräten (EVG)

Abb. 1 Ausleuchtung eines Klassenzimmers mit LED-Leuchten

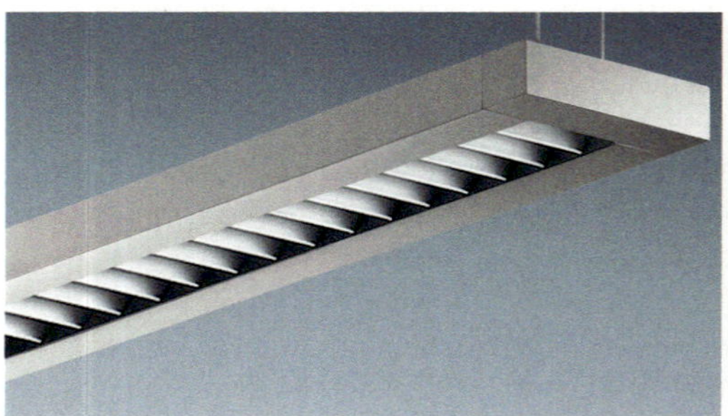

Abb. 2 Einzelne LED-Leuchte

Abb. 3 LED-Einbaustrahler

Alternativ kann der Flur auch mit LED-Einbaustrahlern ausgestattet werden. Dazu wird der Einbaustrahler „Snc Point 901" verwendet (Abb. 1 ▷ 170). Bei gleichen Bedingungen wie bei den Halogenleuchten, jedoch ein Lichtstrom Φ_{CA} = 500 lm bei einer Leistung von P = 12 W ergibt sich (Formel von S. 160)

$$n = \frac{E \cdot A}{\Phi_{LA} \cdot \eta_{LB} \cdot \eta_{R} \cdot WF}$$

$$= \frac{100\ \text{lx} \cdot 8{,}45\ \text{m}^2}{500\ \text{lm} \cdot 0{,}7 \cdot 0{,}49 \cdot 0{,}8} = 6{,}16$$

Gewählt werden 7 LED-Einbauleuchten.
Es ergibt sich damit eine Leistungsersparnis (Energieeinsparung) gegenüber den Halogenleuchten von $\Delta P = P_{Halo} - P_{LED} = 9 \cdot 20\ \text{W} - 7 \cdot 12\ \text{W} = 96\ \text{W}$. Dies ist eine Leistungsreduzierung von $\Delta p_{\%}$ = 53 % (gerechnet jeweils ohne Transformatorverluste). Der Anschaffungspreis der LED-Leuchten ist jedoch aktuell höher als bei den Halogenleuchten.

Praxistipp:
LED-Leuchten können Leuchtstofflampen ersetzen. Vom Aussehen her sind die LED-Leuchten von konventionellen Leuchten nicht mehr zu unterscheiden, die einzelnen Lichtpunkte sind nicht mehr sichtbar. Die Energieersparnis ist erheblich.

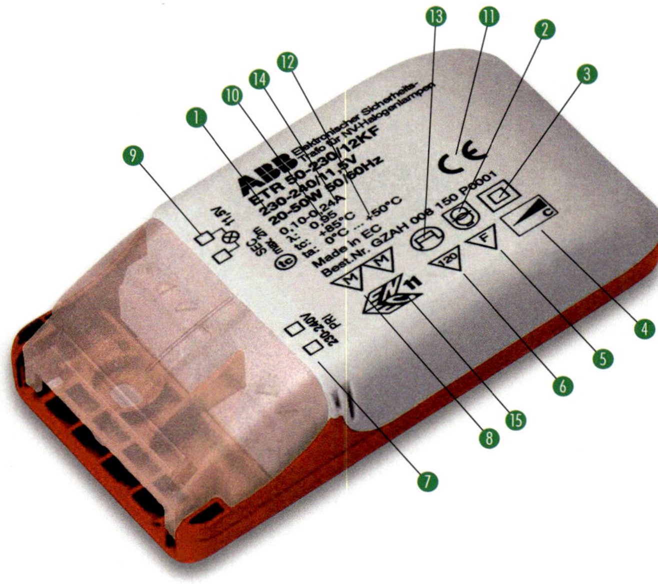

1. Leistungsbereich von 20 bis 50 W
2. gekapselter Sicherheitstransformator
3. schutzisoliert (Schutzklasse II)
4. dimmbar
5. gekapselter Sicherheitstransformator, kurzschlussfest, gegen Überspannung und Überhitzung geschützt
6. Gerät wird im Fehlerfall nicht zu heiß (maximale Gehäusetemperatur ϑ = 120 °C)
7. Primärseite, U = 230–240 V
8. Montage auf brennbaren Stoffen möglich
9. Sekundärseite, U = 11,5 V
10. Leistungsfaktor λ bzw. cos φ = 0,95
11. Bauteil stimmt mit den EU-Richtlinien überein
12. Umgebungstemperatur von ϑ = 0 °C bis ϑ = +50 °C
13. Gerät wird im Fehlerfall nicht zu heiß
14. Nennstrom von I = 0,1 A bis I = 0,34 A (Primärseite)
15. Europäisches Prüfzeichen, 11 für Österreich

Abb. 1 Elektronische Vorschaltgeräte (elektronische Transformatoren)

Diele

Flur

Bad

1. Elektronisches Vorschaltgerät P = 105 W

2. Elektronisches Vorschaltgerät P = 105 W

1 Standort des elektronischen Vorschaltgerätes

Abb. 2 Leuchtenanordnung im Flur

Lampennennleistung in W	Lampennennstrom in A	Maximale Leitungslänge bei 12 V und 1 % Spannungsfall bei Cu-Nennquerschnitt	
		1,5 mm² in m	2,5 mm² in m
20	1,7	3,0	3,5
50	4,2	1,2	2,0
100	8,4	0,6	1,0
150	12,6	0,4	0,7
200	16,8	–	0,5

Tabelle 1 Leitungslängen für Halogenlampen

Praxistipp:

Niedervolt-Halogenlampen erfordern einen Transformator, der die Netzspannung (U = 230 V) auf meist $U \approx$ 12 V reduziert. Wegen der kleinen Spannung ist ein relativ hoher Strom ($I = \frac{P}{U}$) erforderlich. Um hohe Spannungsfälle zu vermeiden, müssen deshalb die maximalen Leitungslängen beachtet werden. Es werden hier Leitungen mit einem Nennquerschnitt von A = 1,5 mm² verlegt. Im Flur beträgt die maximale Leitungslänge bei sternförmiger Leitungsverlegung etwa 1,3 m (möglich wären 3 m) (Tabelle 1).

Abb. 3 Halogeneinbauleuchte

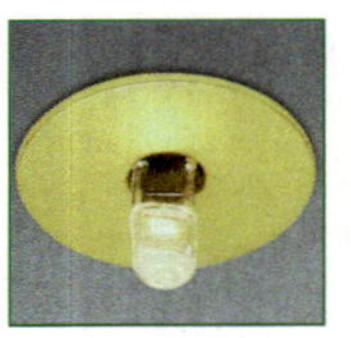

Deckeneinbau-Downlights, Serie Reggiani „Niedervolt“
IP 20, Schutzklasse III, Gehäuse Aluminium-Druckguss

DA 33, D 40, H 20 mm
für Niedervolt-Halogenlampe QT9, G4/12 V/20 W
chrom, glänzend, weiß

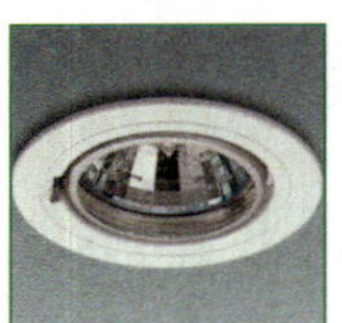

Deckeneinbau-Downlights, Serie Reggiani „Niedervolt“
IP 44, Schutzklasse III, Gehäuse Aluminium-Druckguss; Sicherheitsglasscheibe UV-teilabsorbierend, Polyblok-System

DA 86, D 101, H 70 mm
für Kaltlichtreflektorlampe QR-CB51, GU5, 3/12 V/50 W
messing, glänzend, weiß

Deckeneinbau-Downlights, Serie Reggiani „Niedervolt“
IP 23, Schutzklasse III, Gehäuse Aluminium-Druckguss, ringförmiges Ventilationssystem, Sicherheitsglasscheibe UV- teilabsorbierend, Polyblok-System

DA 73, D 81, H 62 mm für Kaltlichtreflektorlampe QR-CB51, GU5, 3/12 V/50 W
chrom, glänzend, weiß

Deckeneinbau-Downlights, Serie Reggiani „Niedervolt“
Schutzklasse III, Gehäuse Aluminium-Druckguss, Sicherheitsglasscheibe UV-teilabsorbierend, Polyblok-System oder Federring-Befestigung

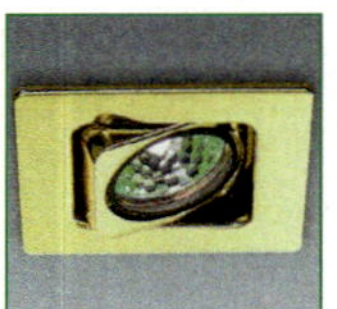

IP 40, Polyblok-System
DA 90, L 100, B 100, H 60 mm,
± 32° schwenkbar
für Kaltlichtreflektorlampe
QR-CB51, GU, 3/12 V/50 W
messing, glänzend, weiß

IP 20, Polyblok-System
DA 110, D 121, H 48 mm
356° dreh- und 23° schwenkbar
für Kaltlichtreflektorlampe
QR-CB51, GU, 3/12 V/50 W
messing, glänzend, weiß

IP 23, Federring-Befestigung,
ringförmiges Ventilationssystem
DA 98, D 97, H 55 mm,
± 28° schwenkbar
für Kaltlichtreflektorlampe
QR-CB51, GU, 3/12 V/50 W
chrom, glänzend, weiß

Deckeneinbau-Downlights, Serie Reggiani „Bijou“
IP 43, Schutzklasse III, Gehäuse massiv Messing (Diamantschliff), mit Sicherheitsglasscheibe UV-teilabsorbierend, Federring-Befestigung

DA 82, D 95, H 46 mm,
± 28° schwenkbar
für Kaltlichtreflektorlampe
QR-CB51, GU, 3/12 V/50 W
chrom, glänzend, weiß

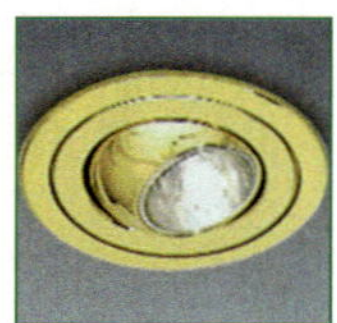

DA 65, D 75, H 60 mm
für Kaltlichtreflektorlampe
QR-CB51, GU, 3/12 V/50 W
chrom, glänzend, weiß

LED-Deckeneinbauleuchte, Serie „Coinlight“

IP 40, D 51, H 30 mm
warm-weiß
24 V DC, 12 W
±38° schwenkbar

Abb. 1 Auswahl von Halogenleuchten (Auszug aus einem Firmenkatalog)

2.5.2 Netzfreischaltung

- **Ein Raum wird zeitweise von der Netzspannung abgeschaltet.**

Kundenauftrag:

Der Kunde wünscht wegen eventueller gesundheitlicher Beeinträchtigungen, dass das Schlafzimmer automatisch von der Netzspannung abgeschaltet wird, wenn keine elektrischen Verbraucher genutzt werden.

Wenn ein elektrischer Verbraucher an Spannung liegt, dann sind zwei Felder vorhanden (Abb. 1):

- Elektrisches Feld → Ursache → **elektrische Spannung**
- Magnetisches Feld → Ursache → **elektrischer Strom**

Gesundheitliche Auswirkungen durch elektrische und magnetische Felder lassen sich bis heute bei einer Netzspannung von $U = 230\,\text{V}$ nicht nachweisen. Sehr hohe magnetische und elektrische Felder, wie sie in Hochspannungsanlagen vorkommen können, sind allerdings gesundheitsschädlich! Die Stärke des elektrischen Feldes hängt von der Höhe der Spannung, das magnetische Feld von der Höhe des Stromes ab. Mit dem Abstand zu den Feldern nimmt auch deren Größe ab. Eine wirksame Möglichkeit, diese Felder wesentlich zu reduzieren, ist der Einbau von Netzfreischaltern innerhalb der Wohnung, z. B. im Schlafzimmer oder im Kinderzimmer, wo nicht ständig elektrische Verbraucher eingeschaltet sind. Ist kein elektrischer Verbraucher eingeschaltet, dann ist auch kein magnetisches Feld vorhanden (es fließt kein elektrischer Strom). Auch wenn die gesundheitlichen Folgen bei Netzspannung umstritten sind, wird der Wunsch des Kunden respektiert!

Funktionsprinzip und Anschluss

Der Netzfreischalter (auch Netzabkoppler oder Feldfreischalter genannt) wird auf eine Tragschiene (Hutschiene) montiert und sollte deshalb in der Unterverteilung eingebaut werden. Der freizuschaltende Raum benötigt eine eigene Zuleitung. Wenn ein elektrischer Verbraucher angeschlossen wird, erkennt dies der Netzfreischalter durch die Widerstandsabnahme bzw. Stromerhöhung und schaltet wie ein Schalter die Netzspannung zu. Wenn nun der Strom unter eine bestimmte Schaltschwelle fällt (je nach Gerät beträgt der Strom 5 bis 10 mA), wird der Außenleiter (aktiver Leiter) nach kurzer Verzögerungszeit vom Netz abgeschaltet.

Auch wenn der aktive Leiter vom Netz getrennt ist, muss eine Überwachungsspannung (zwischen 2,5 V und 230 V Gleichspannung, je nach Anbieter) prüfen, ob wieder ein Verbraucher zugeschaltet wird (Abb. 1 bis 3 ⊳ 176 und Tabelle 1 ⊳ 177).

Bei einer Gleichspannung handelt es sich um ein statisches Feld. Bei einer Wechselspannung entsteht dagegen ein wechselndes Feld. Die biologische Wirkung von statischen Feldern ist sehr wahrscheinlich geringer als bei wechselnden Feldern. Statische Felder kommen in der Natur vor (z. B. das Magnetfeld der Erde, elektrisches Feld bei Gewitter). Auch in abgeschaltetem Zustand ist also eine Überwachungsspannung und damit ein elektrisches Feld vorhanden. Bei „selbstlernenden" Netzfreischaltern kann der Einschaltstrom eingestellt werden. Der Stromkreis wird nur einpolig vom Netz abgeschaltet. Der Neutralleiter (N-Leiter) und der Schutzleiter (PE-Leiter) werden nicht abgeschaltet, um einen Antenneneffekt zu verhindern.

Merke:
Netzfreischalter schalten eine überwachte Netzspannung nach der Abschaltung eines angeschlossenen Verbrauchers ab. Damit werden störende elektrische und magnetische Felder vermieden.

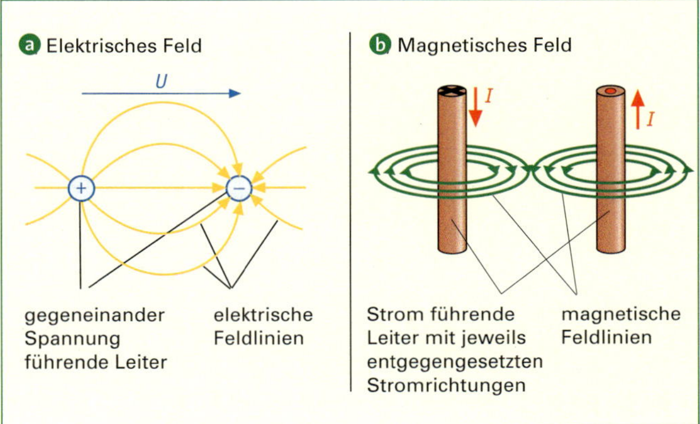

Abb. 1 Elektrische und magnetische Felder

Praxistipp:
Wird ein Netzfreischalter verwendet, dann werden elektronische Tast- und Drehdimmer häufig nicht als Verbraucher erkannt und können deshalb nicht verwendet werden. Es dürfen auch keine elektrischen Geräte in dem Raum angeschlossen werden, die ständig Netzspannung benötigen, wie z. B. Uhren, Radiowecker. Es ist empfehlenswert, in diesem Raum nur abgeschirmte PVC-Mantelleitungen, z. B. NYM (ST)-J 3 × 1,5 mm², zu verwenden.

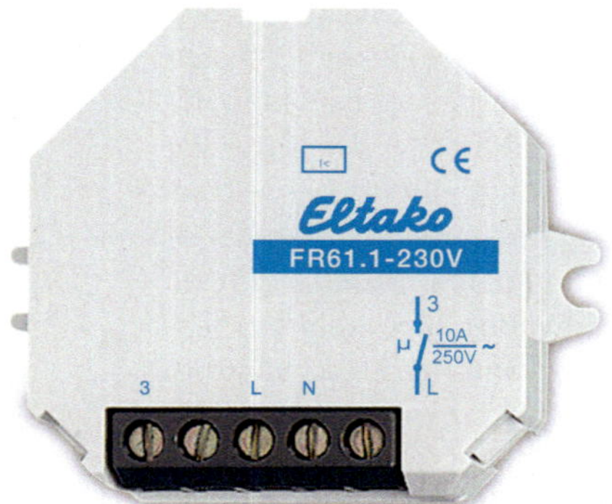

Abb. 1 Netzfreischalter für die Abzweigdose

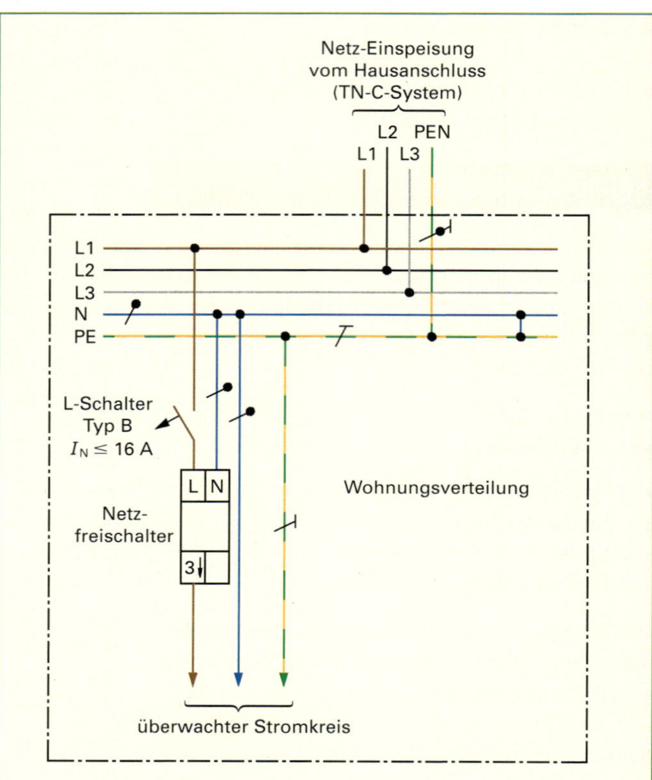

Abb. 2 Stromkreis mit Netzfreischalter

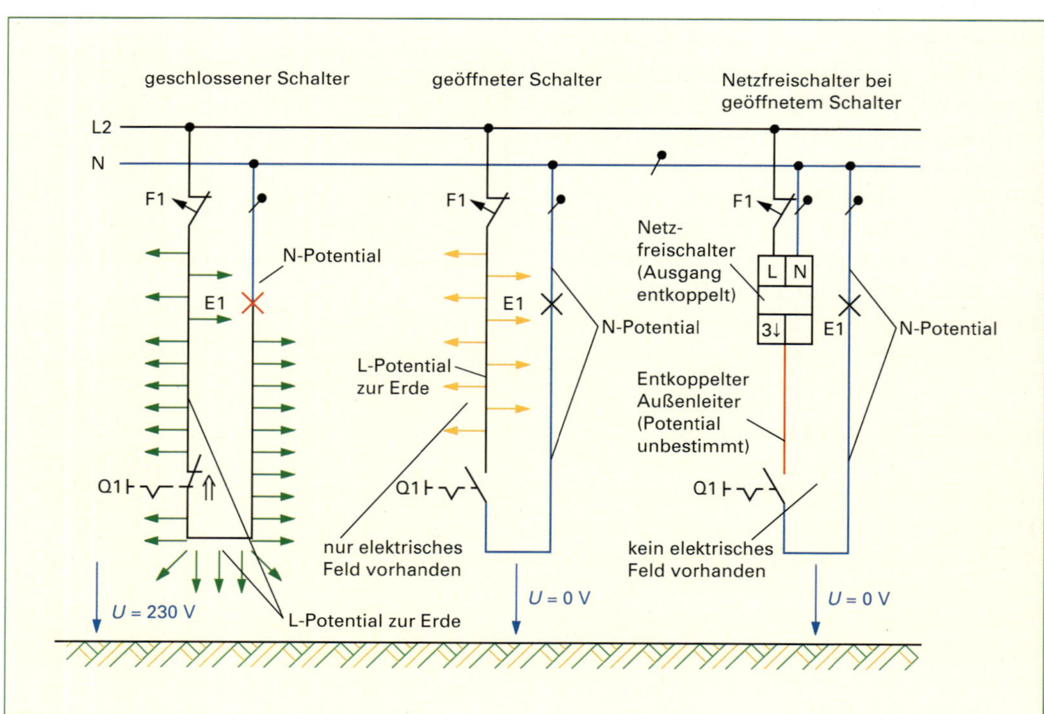

Abb. 3 Schaltung ohne und mit Netzfreischalter

Anbieter	Artikel-Bezeichnung	Bemessungs-spannung (AC) in V	Bemessungs-strom (größte zulässige Vor-sicherung) in A	Überwachungs-spannung (DC) in V	Merkmale
❶ Eltako GmbH Schaltgeräte www.eltako.de	FR 12.1	250	16	5...320 (einstellbar)	selbstlernend, für Verbraucher bis 200 mA
❷ Schalk-Steuerungstechnik GmbH www.schalk.de	NFA 62	230	16	2,5	Schaltschwellen 5 mA bis 220 mA einstellbar
❸ Gigahertz Solutions GmbH www.gigahertz-solutions.de	comfort 7	230	16	230	VDE-zertifiziert als elektronischer Schalter

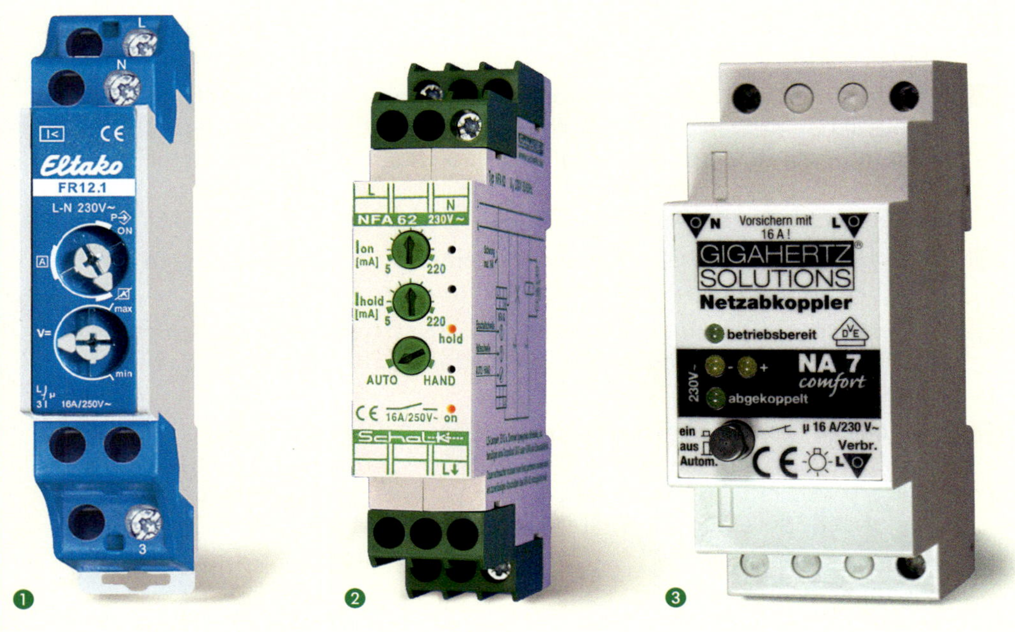

Tabelle 1 Anbieter von Netzfreischaltern für die Unterverteilung

Achtung:
Der Netzfreischalter schaltet oder koppelt zwar den Außenleiter vom Netz ab, im Sinne der Sicherheitsregeln ist dies jedoch kein Freischalten! Dies bedeutet, dass der entkoppelte Außenleiter noch als unter Spannung stehend gilt. Wenn bei der Spannungsprüfung ein Messgerät verwendet wird, welches den Einschaltstrom unterschreitet, dann wird je nach verwendetem Netzfreischalter keine oder nur eine geringe Spannung angezeigt. Berührt jedoch ein Mensch den entkoppelten Außenleiter, dann kann aufgrund des geringen Körperwiderstandes der Einschaltstrom des Netzfreischalters überschritten werden, und der Außenleiter wird wieder zugeschaltet! Es besteht dann Lebensgefahr! Deshalb erhalten nur die Geräte das VDE-Zeichen, die mit einer Überwachungsspannung von U=230 V arbeiten.

Prüfen Sie Ihr Wissen:

1 Der Kunde will im Flur an einer Stelle eine Halogenglühlampe mit P = 35 W verwenden (Beleuchtung für die Garderobe). An welcher Stelle darf er dies tun, ohne das EVG zu überlasten (siehe Abb. 2 ⊳ 165)?

2 Warum darf die Glühfadentemperatur bei einer Halogenglühlampe höher sein als bei einer Glühlampe?

3 Der Kunde kann sich zwischen einer Leuchte mit Glühlampe und einer Leuchte mit Leuchtstofflampe nicht entscheiden. Versuchen Sie den Kunden von den Vorteilen der Leuchte mit Leuchtstofflampe zu überzeugen, auch wenn der Preis bei ihr höher ist.

4 Eine Werkstatt mit elektrischen Maschinen soll mit Leuchtstofflampen beleuchtet werden. Warum sollte hier als Vorschaltgerät ein EVG verwendet werden?

5 Bei einer eingeschalteten Leuchtstofflampenschaltung mit Drosselspule glühen ständig die Elektroden der Leuchtstofflampe. Welches Bauteil ist defekt (Begründung)? Bei einer anderen Schaltung flackert ständig die Leuchtstofflampe (Leuchtstofflampe zündet und geht sofort wieder aus). Welches Bauteil ist defekt und begründen Sie Ihre Antwort?

6 Ein Kunde ist sich unsicher, ob er einen Netzfreischalter einbauen lassen soll. Versuchen Sie ihn durch Argumente zu informieren.

7 Der Elektriker prüft in einem Raum mit einem Netzfreischalter die Spannungsfreiheit. Welche Gefahr besteht für den Elektriker, auch wenn keine Spannung gemessen wird?

8 Ein Kunde ist besorgt wegen elektrischer Felder. Er fragt deshalb den Elektrofachmann, von welchem elektrischen Gerät die höchste Gefahr ausgeht. Dazu zählt er Batteriewecker, Fön und Leseleuchte auf. Welches dieser elektrischen Geräte stellt für den Menschen die größte Belastung dar?

9 Mit einem Spannungsmesser (R_i = 100 kΩ) wird in einem Raum mit einem Netzfreischalter (Netzspannung U = 230 V, Überwachungsspannung 40 V, Schaltschwelle I = 5 mA) die Spannung gemessen. Es ist kein Verbraucher eingeschaltet. Wie hoch ist der Messstrom? Wird die Schaltschwelle vom Netzfreischalter erreicht?

10 Auf einem Elektrogerät sind verschiedene Symbole aufgedruckt. Erläutern Sie die Symbole.

a) 

b) 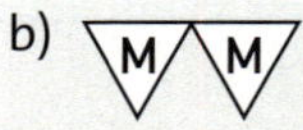

c) 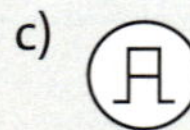

d) 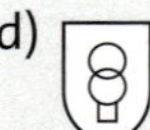

11 Bei der Inbetriebnahme eines Büros ist die Beleuchtungsstärke um 25 % höher als berechnet. Wie ist die zu erklären?

12 Was versteht man unter einem Kaltlichtreflektor?

13 Ist bei der herkömmlichen Leuchtstofflampenschaltung der Starterkontakt bei Betrieb geschlossen oder geöffnet? Bitte begründen!

14 Die Natriumdampflampe hat von allen Lampen die höchste Lichtausbeute. Warum wird sie aber überwiegend zur Beleuchtung von Straßen und von historischen Gebäuden verwendet?

15 Das Licht benötigt von der Sonne bis zur Erde etwa 8 min. Wie weit ist die Erde von der Sonne entfernt?

2.6 Blitz- und Überspannungsschutzanlagen

Pinneberg – Haus nach Blitzschlag nicht mehr bewohnbar

Ein Gebäudeschaden von mehr als 50 000 Euro ist am Donnerstag in Heist entstanden, wo am Heideweg (wie berichtet) ein Blitzeinschlag zu einem Dachstuhlbrand geführt hatte. Als die ersten Feuerwehrleute, alarmiert um 16.30 Uhr, am Einsatzort eintrafen, hatte die 50 Jahre alte Bewohnerin das brennende Einfamilienhaus bereits unverletzt verlassen. Die Flammen hatten sich über die gesamte Breite des Dachstuhls ausgebreitet, nachdem ein Blitz in die Spitze des Giebels gefahren war. Während die Wehren aus Heist, Moorrege, Uetersen und Holm von außen mit fünf C-Rohren löschten, gingen zwei Trupps unter schwerem Atemschutz im verqualmten Gebäude vor. Der ganze Dachbereich und das Obergeschoss wurden in Mitleidenschaft gezogen. Das Haus ist nach Feuerwehrangaben »nicht mehr bewohnbar«.

Blitzschlag im Ehebett

Buchstäblich aus dem Bett gerissen wurde während eines Unwetters ein norwegisches Pärchen: Ein Blitz schlug ins Eisengestell des Ehebetts ein. Die Kissen verhinderten, dass der Blitz weitergeleitet wurde. Das Pärchen blieb unverletzt, entschied sich jedoch dafür, den Rest der Nacht auf der Couch zu verbringen.

Abb. 1 Zeitungsmeldungen über die Folgen von Blitzschlägen

- **Menschenleben, Gebäude und Einrichtungen vor Blitzschlag und dessen Folgen schützen**

Jährlich treffen rund eine Million Blitze das Gebiet der Bundesrepublik Deutschland. Wie der Zeitungsausschnitt verdeutlicht, können durch diese Blitzentladungen Energiemengen freiwerden, die große Schäden an Lebewesen, Gebäuden und Geräten verursachen (Abb. 1).

Kundenauftrag:

Bei den Vorgesprächen zur Modernisierung des *Gelben Hauses* sind die Mitglieder der Wohnungseigentümergemeinschaft (WEG) auf diese Gefahren sowie die Möglichkeiten des Blitz- und Überspannungsschutzes hingewiesen worden. Sie wünschen nun eine Überprüfung der vorhandenen Blitzschutzanlage und eine eventuell notwendige Ergänzung, da in den Wohnungen oder gewerblich genutzten Räumen sowohl informationstechnische (Personalcomputer, Telekommunikationsanlagen usw.) als auch energietechnische Anlagen (Arztpraxis) vorhanden sind, die erfahrungsgemäß sehr empfindlich auf Überspannungen reagieren.

2.6.1 Äußeres Blitzschutzsystem

Unter dem äußeren Blitzschutzsystem versteht man alle Teile eines Blitzschutzsystems (LPS: *Lightning Protection System*) außerhalb des Gebäudes (Abb. 2), die den Blitzstrom auffangen und in das Erdreich ableiten. In der Norm DIN EN 62305-3 findet man Hinweise zu den Anlagenteilen:

- Fangeinrichtung
- Ableitungseinrichtung
- Erdungsanlagen

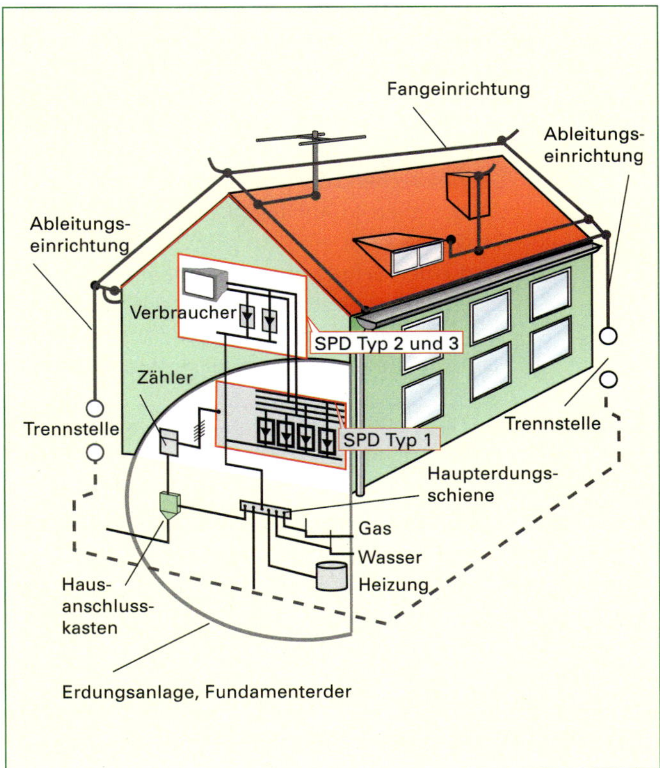

Abb. 2 Äußerer Blitzschutz für ein Wohnhaus

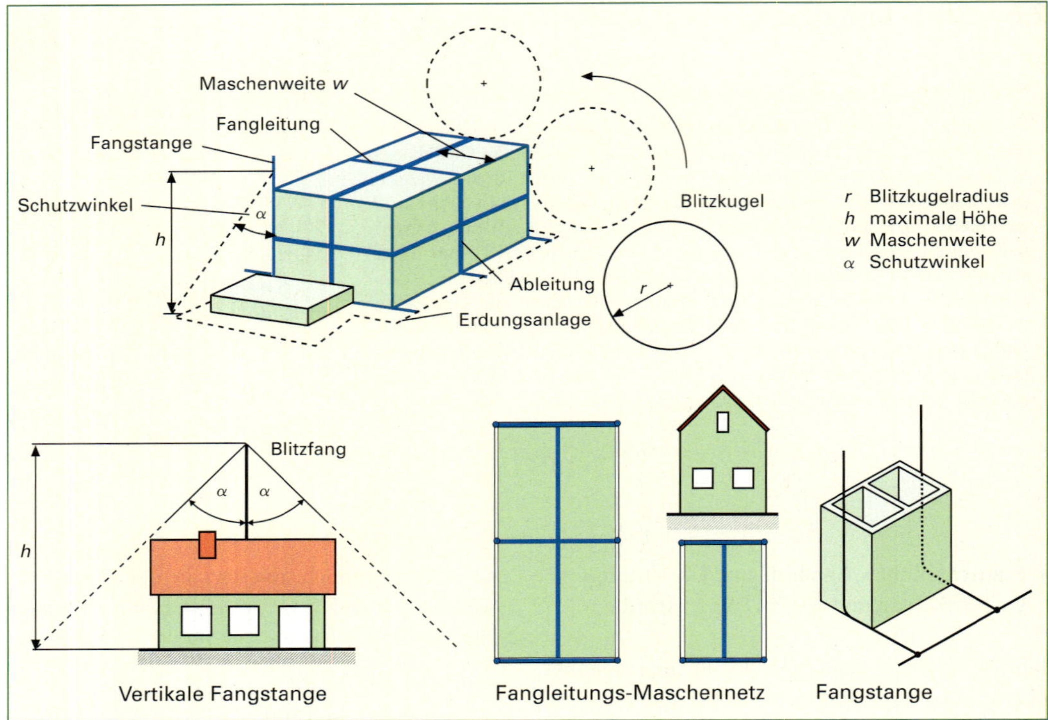

Abb. 1 Schutzbereiche und Arten von Fangeinrichtungen

Fangeinrichtungen

Fangeinrichtungen sind metallene Bauteile, die für den Blitz eine bevorzugte Einschlagstelle bieten. Fangeinrichtungen können aus einem maschenförmigen Fangnetz mit einer Maschengröße entsprechend der gewählten Schutzklasse des LPS bestehen. In Abhängigkeit von der Höhe das Gebäudes kann eine Fangstange oder Fangleitung einen Schutzraum mit einem bestimmten Schutzwinkel erreichen. Bei höheren Gebäuden sind seitliche Blitzschläge bei der Auslegung des Gebäudeblitzschutzes mit zu beachten (Abb. 1).

Verwendung des Leiters	Mindestquerschnitte in mm²		
	Cu	Al	Fe
	(nach DIN EN 62305)		
Fangleitung	50	50	50
Ableitung	50	50	50
Erder	50	–	78
Potentialausgleichsleitung			
– blitzstromtragfähig	16	25	50
– teilblitzstromtragfähig	6	10	16

Tabelle 1 Mindestquerschnitte für massives Rundmaterial

Ableitungseinrichtungen

Die Ableitungseinrichtungen verbinden die Fangeinrichtungen auf möglichst kurzem Weg mit der Erdungsanlage. Ihre Mindestquerschnitte und Werkstoffe entsprechen denen der Fangleitungen (Tabelle 1). Entsprechend dem Gebäudeumfang ist eine bestimmte Anzahl von Ableitungen erforderlich. Jedes Gebäude sollte mindestens zwei Ableitungen haben. Die Ableitungen sollen gleichmäßig auf den Umfang des Gebäudes aufgeteilt werden. Typische Werte des Abstandes zwischen den Ableitungen sind in Tabelle 2 angegeben. Nach DIN EN 62305 unterscheidet man die vier Schutzklassen des LPS I bis IV. Für jede Schutzklasse des LPS ist ein Satz von Maximal- und Minimalwerten der Parameter (Blitzkugelradius, Maschenweite

LPS-Schutzklasse	Typische Abstände der Ableitungen in m
I	10
II	10
III	15
IV	20

Tabelle 2 Typische Abstände von Ableitungen

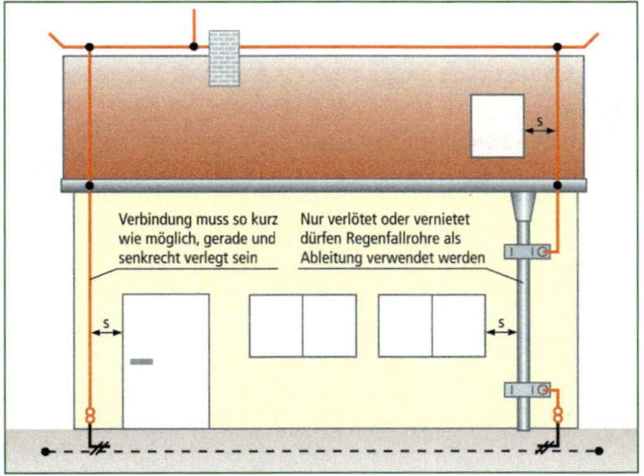

Abb. 1 Einhaltung des Trennungsabstands s

Fangleitung, Blitzstromamplitude, mittlere Blitzstromsteilheit und typische Abstände) des Blitzschutzsystems festgelegt. Die Ableitungen können mit Halterungen an der Außenwand befestigt werden, sie dürfen aber auch unter Putz oder in Beton verlegt werden. Ableitungen aus Aluminium dürfen nur mit PVC-Ummantelung auf oder im Beton verlegt werden. Zu Türen, Fenstern, Belüftungsöffnungen usw. ist ein ausreichender Sicherheitsabstand einzuhalten. Dieser sollte mindestens 0,5 m betragen. Zulässig als Ableitungen sind auch metallische Regenfallrohre, die jedoch alle miteinander verlötet sein müssen. In Stahlbetonbauten können die eingelassenen Stahlbewehrungen, wenn diese miteinander durchgehend verbunden sind, auch als Ableitungen verwendet werden.

Merke:

Zur Messung des Erdungswiderstandes einer Erdungsanlage sollte oberhalb der Erdeinführung eine Trennstelle vorgesehen werden.

Achtung:

Bei der Installation bzw. Überprüfung einer Blitzschutzanlage sind die Abstände von Fangeinrichtungen und Ableitungen sowie von leitfähigen Teilen anderer Anlagen untereinander zu kontrollieren. Aufgrund von Näherungen (zu kleiner Abstand einzelner Teile) könnte der Blitz sonst unter Funkenbildung zwischen diesen Teilen überspringen. Abhilfe kann ein großer Sicherheitsabstand (mindestens 0,5 m zwischen benachbarten Anlagenteilen) sowie die leitfähige Verbindung von Teilen der Blitzschutzanlage mit anderen Anlageteilen schaffen.

Erdungsanlage

Die Erdungsanlage leitet den Blitzstrom gefahrlos ins Erdreich. Für Neubauten sind nach DIN 18014 Fundamenterder (Abb. 2, 1▷182 und 2▷182) vorzusehen.

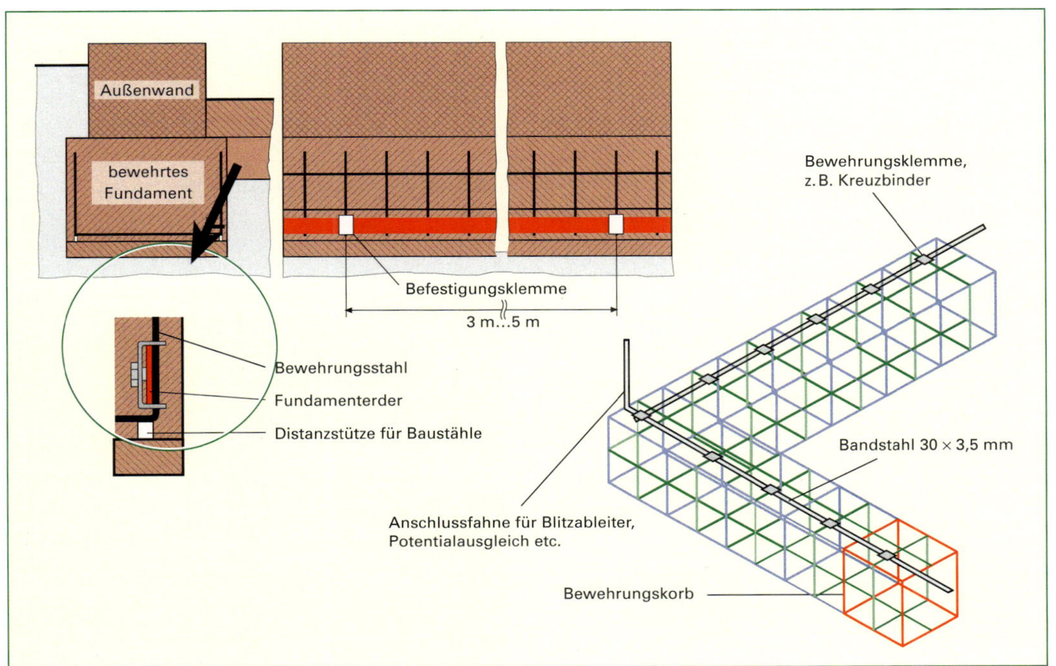

Abb. 2 Fundamenterder in bewehrtem Fundament und auf Bewehrungskorb

Abb. 1 Fundamenterder in unbewehrtem Fundament

Abb. 2 Blitzschutz-Fundamenterder auf Bewehrung mit Anschlussfahne

Fundamenterder können als Blitzschutzerder verwendet werden, wenn sie mit Anschlussfahnen für die Ableitungen versehen sind (Abb. 3).
Ist kein Fundamenterder zugänglich oder vorhanden, muss die Blitzschutzanlage mit einer eigenen Erdungsanlage versehen werden, die als Ringerder- oder für jede Ableitung als Einzelerder (Stab- oder Tiefenerder) ausgeführt sein kann. Diese Erder werden in etwa 0,5 bis 1,0 m Tiefe und im Abstand von etwa 1 m vom Außenfundament um das zu schützende Objekt verlegt und mit den jeweiligen Ableitungen verbunden.

Abb. 4
Blitzschutzkomponenten
1 neu, 2 mit Gebrauchsspuren

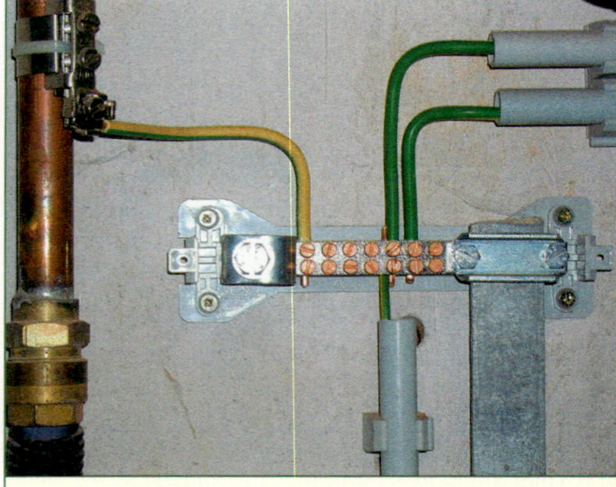

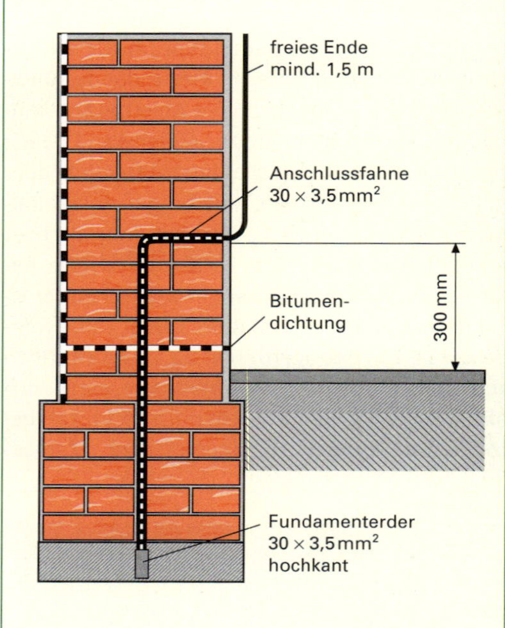

Abb. 3 Anschlussfahne eines Fundamenterders

Achtung:
Im Arbeitsauftrag zur Beurteilung der vorhandenen Blitzschutzanlage ist neben der Messung des Erdungswiderstands und der Widerstände der Fang- und Ableitungen ab der Trennstelle eine Sichtprüfung aller Anlagenteile für den äußeren Blitzschutz obligatorisch. Hier gilt es, die Anzahl der Ableitungen, Abstände und Näherungen, Anschlüsse, Korrosionsschutz und Erdeinführungen zu überprüfen. Über das Ergebnis ist ein Bericht (Prüfprotokoll) anzufertigen!
(vgl. Abb. 4, Abb. 1 bis 3 ▷ 183)

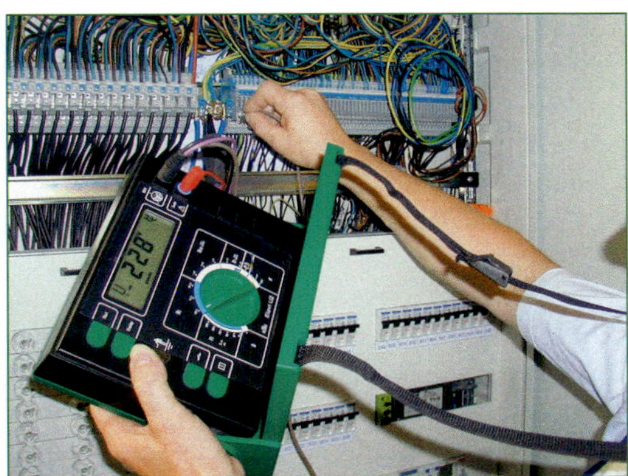

Abb. 1 Erdungsmessung

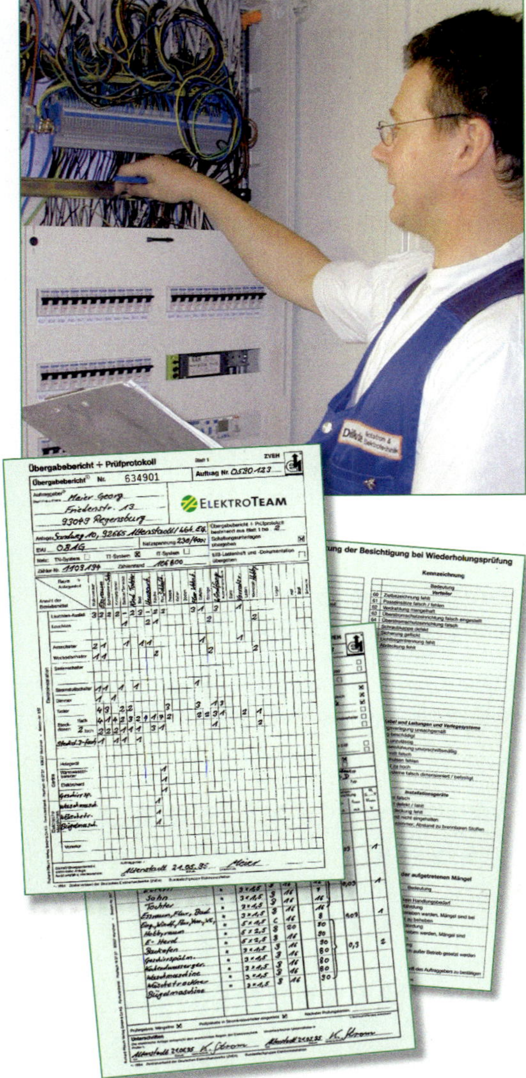

Abb. 2 Prüfer und Prüfprotokolle

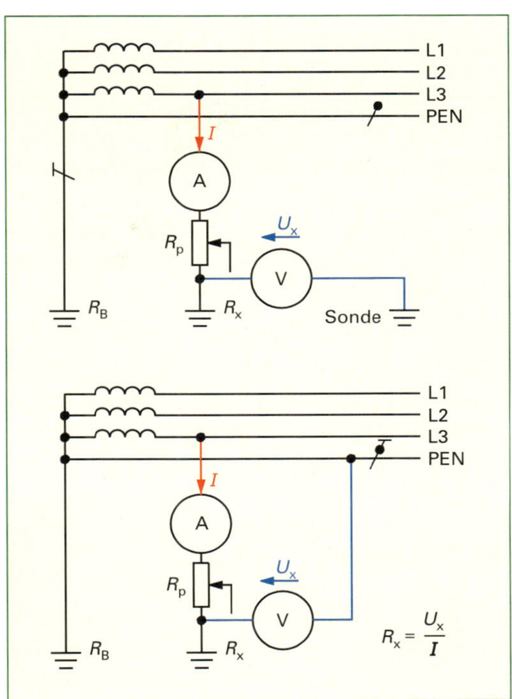

Abb. 3 Messprinzip

2.6.2 Inneres Blitzschutzsystem

Ein äußeres Blitzschutzsystem kann das Gebäude nur vor direkter Blitzeinwirkung schützen, wenn der Blitzeinschlag in das Erdreich abgeleitet wird. Dabei können innerhalb weniger Mikrosekunden Spitzenwerte des Blitzstromes von mehr als 100 kA auftreten. Diese wiederum bewirken starke elektromagnetische Felder, die Überspannungen in elektrischen Anlagen hervorrufen und Geräte zerstören können (Abb. 4).

Abb. 4 Defekte Endstufe durch Überspannungs- oder Blitzschlageinwirkung

Merke:
Der innere Blitzschutz soll Anlagenteile und Installationen innerhalb von Anlagen gegen Auswirkungen des Blitzstromes schützen.

Dieser Schutz kann durch verschiedene Einrichtungen hergestellt werden, die bei der Installation kombiniert werden:

- Blitzschutz-Potentialausgleich
- elektrische Isolierung zwischen Fangeinrichtung oder Ableitung und den baulichen metallenen Installationen einerseits, den metallenen Installationen und den inneren Systemen der baulichen Anlage andererseits

Blitzschutz-Potentialausgleich

Der Blitzschutz-Potentialausgleich stellt eine Erweiterung des Hauptpotentialausgleichs dar. Dabei werden alle metallenen Teile der elektrischen Anlage direkt oder indirekt über besondere Schutzelemente zusammengeführt (Abb. 1).

Für die Potentialausgleichsleitungen sind aufgrund der zu erwartenden Blitzströme wesentlich größere Leiterquerschnitte erforderlich. Diese gehen aus Tabelle 1 ▷ 180 hervor. Alle Potentialausgleichsleitungen werden an der Haupterdungsschiene angeschlossen (Abb. 2). Diese verbindet Schutzleiter, PEN-Leiter und die Erdungsanlage. Aktive Leitungen, die während des Betriebes Spannung führen, werden ebenfalls in den Potentialausgleich einbezogen. Dies wird durch so genannte Blitzstromableiter (SPDs Typ 1) realisiert. Bei Anlagen, die nicht dauerhaft mit der Potentialausgleichsschiene verbunden sein dürfen (z. B. Tankanlagen mit Korrosionsschutz), kommen Trennfunkenstrecken zum Einsatz (Abb. 2 ▷ 185), die aus einer gekapselten Luftfunkenstrecke bestehen. Nach Abklingen des Blitzstromes stellt sich auch hier wieder ein hochohmiger Zustand ein.

BSZ 0
BSZ 1
HES
Starkstrom-kabel 400/230 V
Leittechnik oder EDV-Kabel
Fernmeldekabel
Wasserrohr
Gasrohr
Z
Fundamenterder
Abwasserrohr
Blitzstromableiter für informationstechnisches und energietechnisches System
Trennfunkenstrecke
BSZ: Blitzschutzzone
HES: Haupterdungsschiene

Abb. 1 Blitzschutzpotentialausgleich

Blitzstromableiter (SPD Typ 1)

Diese Schutzeinrichtung zeichnet sich durch eine hohe Blitzstrombelastbarkeit aus. Die Funktion basiert meistens auf einer Funkenstrecke, die den Ableiter kurzzeitig leitfähig macht und so den Blitzstrom schnell abfließen lassen kann. Nach der Ableitung des Blitzstromes und dem Löschen des Netzfolgestromes stellt sich automatisch wieder ein hochohmiger Betriebszustand des Blitzstromableiters ein (Abb. 1 ▷ 185).

Überspannungsableiter für den Einsatz in Elektroverteilern (SPD Typ 2)

In Überspannungsableitern werden zum Schutz elektrischer Anlagen meist Varistoren verwendet.

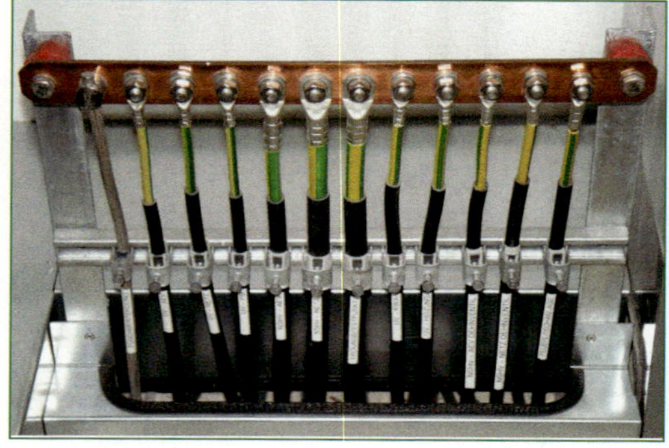

Abb. 2 Haupterdungsschiene

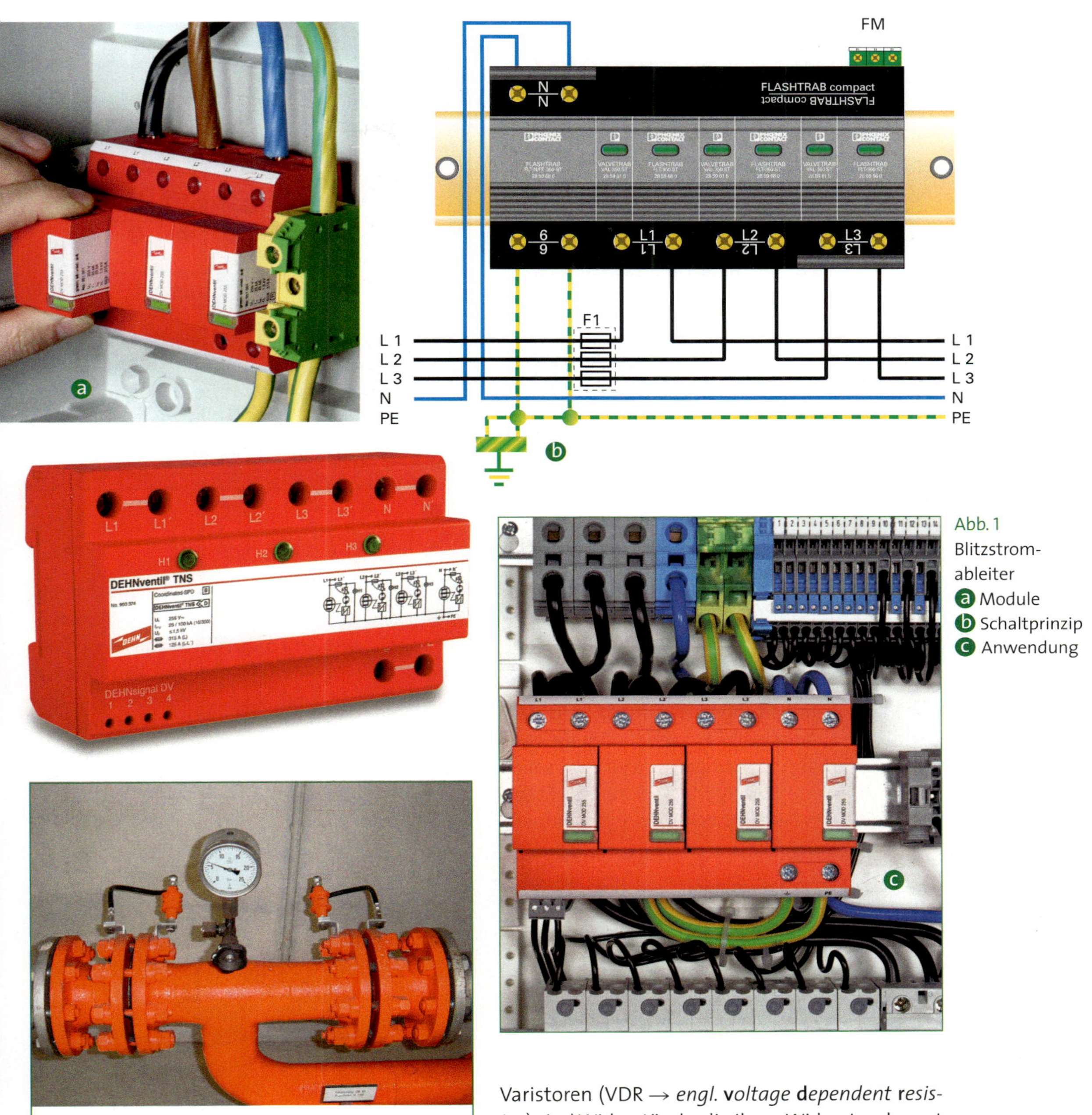

Abb. 1 Blitzstromableiter
a Module
b Schaltprinzip
c Anwendung

Abb. 2 Die Trennfunkenstrecke an einer Rohrleitung (Isolierflansch) dient dem Verbinden/Erden betriebsmäßig getrennter Anlagenteile bei Blitzeinwirkung.

Varistoren (VDR → *engl.* **v**oltage **d**ependent **r**esistor) sind Widerstände, die ihren Widerstandswert in Abhängigkeit der angelegten Spannung verändern. Bei einer bestimmten Spannung, die für die zu schützende Anlage eine Gefährdung darstellt, wird der Varistor schlagartig niederohmig und begrenzt die Überspannung. Dadurch werden nachgeschaltete Anlagenteile geschützt. Nach Aufhebung der Störung stellt sich wieder der hochohmige Zustand ein (Abb. 1 ⊳ 186).

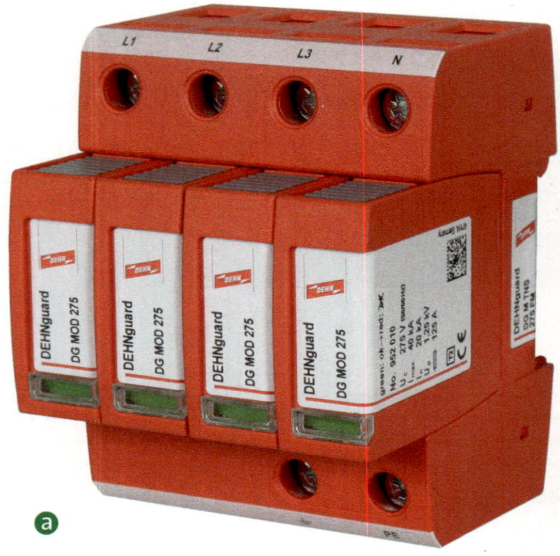

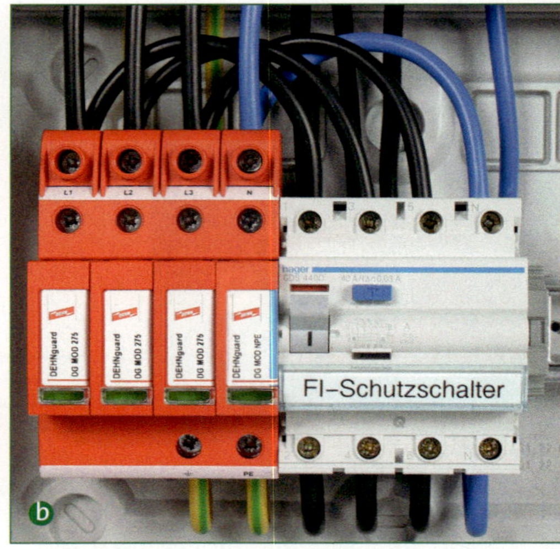

Abb. 1 Überspannungsableiter, Modul ⓐ und Einbau in Verteiler ⓑ

Überspannungsableiter für den Einsatz am oder im Endgerät (SPD Typ 3)

Während SPDs Typ 2 sinnvollerweise in allen Unterverteilungen eingesetzt werden, stellen SPDs Typ 3 Schutzeinrichtungen dar, die ganz speziell bestimmte Anlagenteile oder Geräte vor Überspannungseinwirkungen schützen sollen (Abb. 2). Für Einzelgeräte können Steckdosenleisten in Betracht kommen, die eventuelle Überspannungen über den PE-Leiter zur Erde ableiten. Diese Geräte gibt es in verschiedenen Ausführungen, auch in Kombination mit Überspannungsschutz für daten- (Netzwerk-), kommunikations- (analoge und digitale Fernmelde-) und informationstechnische Leitungen (SAT-, BK- bzw. Antennenleitungen). Für einen wirksamen Überspannungsschutz ist es erforderlich, diese so nahe wie möglich an die zu schützenden Geräte anzu-

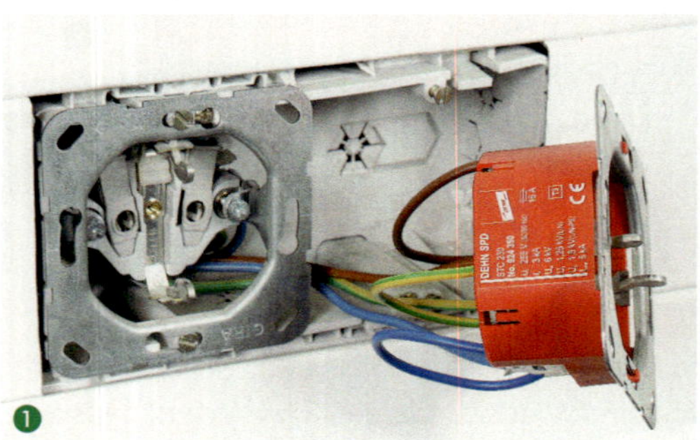

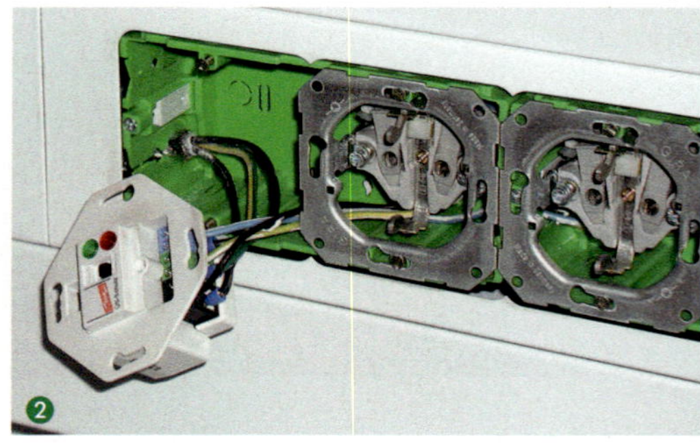

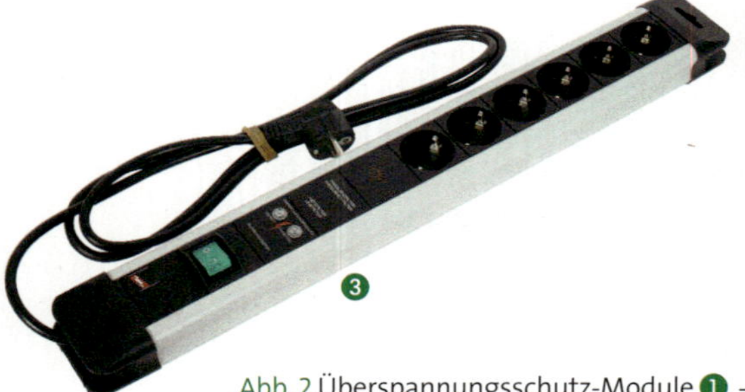

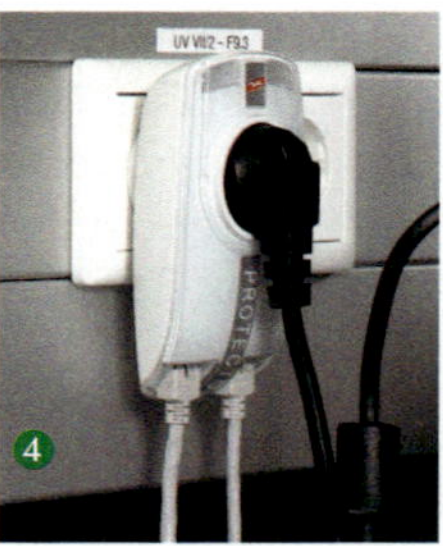

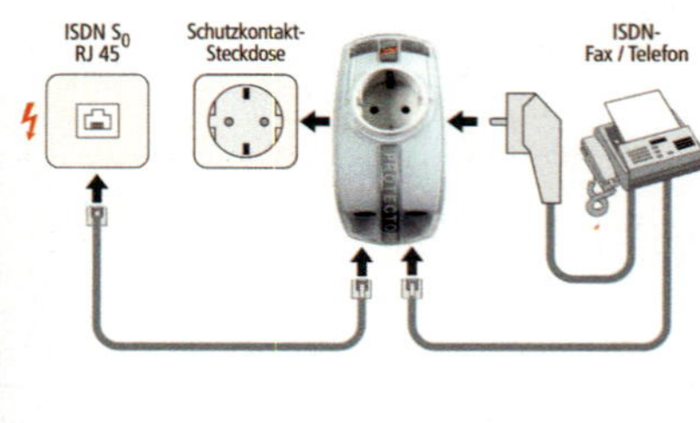

Abb. 2 Überspannungsschutz-Module ❶, -Kontaktsteckdosen ❷, -Steckdosenleisten ❸ sowie -Steckdosengeräte ❹

> **Merke:**
> *Den besten, aber niemals hundertprozentigen Schutz gegen gefährliche Überspannungen erreicht man durch die Kombination von verschiedenen Blitz- und Überspannungsschutzeinrichtungen aller Schutzstufen. Das folgende Bild stellt einen gestaffelten Schutz durch Blitzstrom- und Überspannungsableiter dar (Abb. 1):*

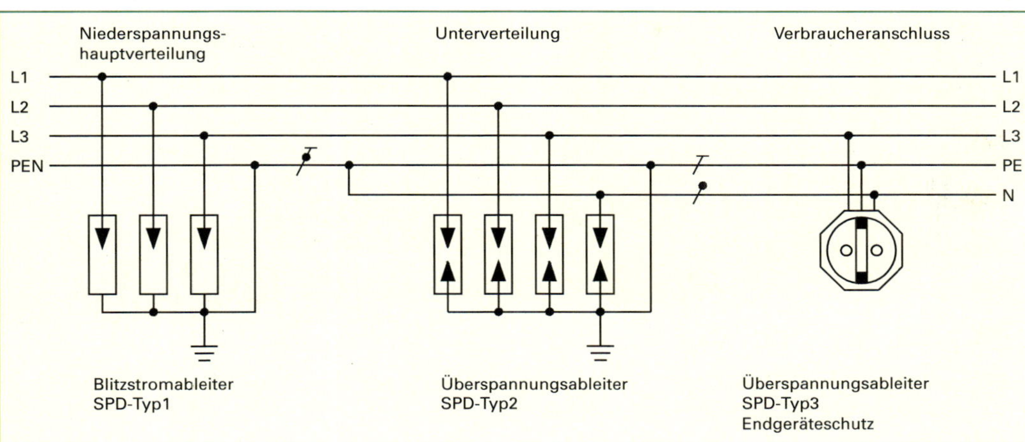

Abb. 1 Kombination und Staffelung von Schutzeinrichtungen

bringen. Sinn machen diese Geräte allerdings nur in Kombination mit anderen vorgeschalteten Schutzeinrichtungen.

In Tabelle 1 sind die wichtigsten Eigenschaften der Schutzeinrichtungen einander gegenübergestellt.

Für die professionelle Abwicklung des Arbeitsauftrags in diesem Abschnitt ist es erforderlich, gemeinsam mit dem Planungsbüro ein Blitzschutzzonenkonzept für den Blitz- und Überspannungsschutz der verschiedenen Wohn- und Ge-

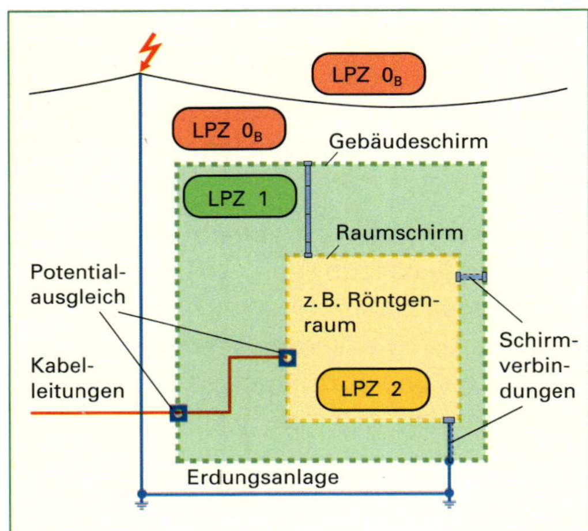

Abb. 2 Blitz- und Überspannungsschutz für den Röntgenraum einer Arztpraxis

5
HAK
Zähler
230/400V
❶ ❷ ❸ ❹

Schutzgerät	Höchste Dauerspannung	Schutzpegel	Ableitvermögen
❶ Blitzstromableiter (SPD Typ 1)	> 253 V	< 2,5 kV	100 kA (10/350 µs)
❷ Überspannungsableiter (SPD Typ 2)	> 253 V	< 1,5 kV	20 kA (8/20 µs)
❸ Schutzkontaktsteckdose (SPD Typ 3)	> 253 V	< 1 kV	6 kA/3 kA
❹ Überspannungsschutz-Modul (SPD Typ 3)	> 253 V	< 1 kV	6 kA/3 kA

Tabelle 1 Daten von Blitz- und Überspannungsschutzeinrichtungen

schäftsräume des *Gelben Hauses* zu entwickeln. Dieses Konzept muss die individuellen Anforderungen der energie- und informationstechnischen Anlagen berücksichtigen und könnte für den Röntgenraum einer Arztpraxis, wie in Abb. 2 aussehen.

Aufgabe:

Entwerfen Sie einen Übersichtsplan für einen gestaffelten Blitz- und Überspannungsschutz der Dachgeschosswohnung. Die Räume verfügen über viele überspannungsempfindliche, nachrichtentechnische Anlagen und Geräte. Aus der Übersicht sollte auch der Blitzschutzpotentialausgleich hervorgehen. Wie gehen Sie bei der Beratung und Installation vor?

Prüfen Sie Ihr Wissen:

1 Wozu dient der äußere Blitzschutz?

2 Welche Teile umfasst der äußere Blitzschutz?

3 Wie werden Fangeinrichtungen in der Praxis realisiert?

4 Was ist bei der Installation von Ableitungen zu beachten?

5 Wie ist bei der Messung des Erdungswiderstandes vorzugehen?

6 Beschreiben Sie eine Erdungsanlage, die mit Ring- oder Einzelerdern (Stab- oder Tiefenerder) realisiert wird!

7 Welche Kontrollen werden in einem Protokoll zur Prüfung von Blitzschutzanlagen festgehalten?

8 Was versteht man unter innerem Blitzschutz, wie wird dieser in der Praxis realisiert?

9 Wodurch unterscheidet sich der Blitzschutzpotentialausgleich vom Hauptpotentialausgleich?

10 Beschreiben Sie den Schutzmechanismus einer Trennfunkenstrecke bei einem UKW-Kreuzdipol mit kombinierter LMK-Rute!

11 Beschreiben Sie die Funktionsweise eines Überspannungsableiters?

12 Von Herstellern der Empfangs- und Verteiltechnik werden Blitzstromableiter angeboten, die sich in Grob- und Feinschutz unterscheiden.
Beschreiben Sie die Merkmale dieser Schutzorgane und geben Sie deren Einbauort mit einer kurzen Begründung an.

13 Auf dem Markt existieren sogenannte Überspannungsschutzstecker bzw. -steckdosenleisten für hochwertige Elektrogeräte usw. Bewerten Sie den Sinn und Einsatz solcher Schutzeinrichtungen!

14 Gegeben ist ein Prüfprotokoll zur Prüfung elektrischer Anlagen (Folgeblatt, Übergabe- und Zustandsbericht sowie Mängelliste und Bewertung).
a) Welche Unterlagen sind Bestandteil der Dokumentation?
b) Erläutern sie den Unterschied zwischen Übergabe- und Zustandsbericht.
c) Weshalb ist die Unterschrift des Auftragnehmers und Auftraggebers von so großer Bedeutung? Welche Fristen gelten ab diesem Stichtag?

2.7 Gebäudesystemtechnik

- VDE-konforme Elektroinstallation der Busleitungen, der Busteilnehmer und des Verteilerkastens
- Inhalte der VDE-Prüfung
- Entwicklung eines KNX-Projektes am Computer

Abb. 1 Erweiterungsbau des finnischen Parlaments; Architekt: Pekka Helin

Um einen einheitlichen offenen Standard in der Gebäudesystemtechnik zu schaffen, wurde 1999 die KNX Association mit Sitz in Brüssel gegründet. Basis war der Zusammenschluss von drei europäischen Vereinigungen zur Förderung von intelligenten Heim- und Gebäudeanwendungen:

- BCI (Frankreich) förderte das Batibus-System.
- European Home System Association (Niederlande) förderte das EHS-System.
- EIB Association (Belgien) förderte das EIB-System.

Die KNX Association wird so lange wie notwendig die Unterstützung der ehemaligen Systeme Batibus, EIB und EHS anbieten. EIB ist zu KNX rückwärts kompatibel. So können die meisten Geräte mit Doppellogo (KNX und EIB) versehen werden.

KNX entwickelte sich rasch zum Erfolgsmodell. Die Anzahl der Mitglieder wuchs von 9 auf derzeit weit über 100 an. Der KNX-Standard wurde im Jahr 2003 von CENELEC unter der Nummer EN 13321-1 als europäische Norm und Ende 2006 unter der Nummer ISO/IEC 14543-3 auch als Weltnorm zugelassen.

Kundenauftrag:

Die Wohnung erstreckt sich über das gesamte vierte Obergeschoss (Abb. 1) und das Dachgeschoss. Das Dachgeschoss soll zu einem späteren Zeitpunkt ausgebaut werden.
Ein besonderer Schaltkomfort, ein hoher Grad an Flexibilität bezüglich der Raumnutzung sowie zu-

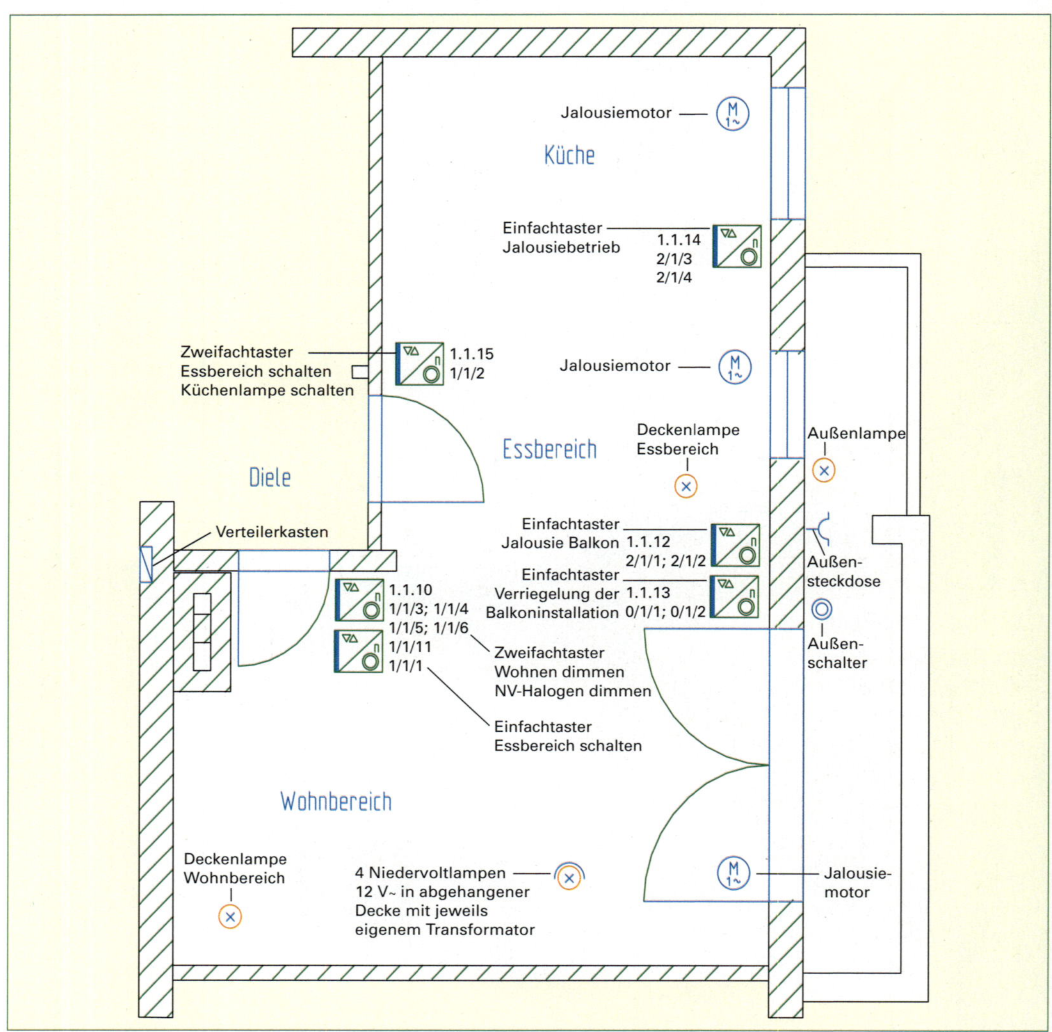

Abb. 1 Wohnzimmer, Essbereich, Küche, Balkon mit den zu installierenden Betriebsmitteln

kunftsorientierte Technik spielen für den Eigentümer eine wichtige Rolle. Daher soll die Elektroinstallation in KNX-Bus-Technik ausgeführt werden. Für das Wohnzimmer hat sich nach einem ausführlichen Kundengespräch und eingehender Planung folgender Installations- und Projektierungswunsch ergeben (Abb. 1, Abb. 1 ⊳ 192).

Da KNX-Komponenten in der Regel nur bis zu einer Temperatur von –5 °C ausgelegt sind, kommt auf dem Balkon ein konventioneller, frostsicherer Außenbereichsschalter zum Einsatz. Für den Fall, dass die Balkonschaltung über den Tastsensor 1.1.13 entriegelt ist, kann der Außenbereichsschalter die Außenlampe schalten. Der Kunde wünscht weiterhin für die Wohnzimmerinstallation eine zentrale Aktorplatzierung im Verteilerkasten im 4. OG.

Die vom Kunden angeführten Gründe hierfür sind:

- zentraler Zugang zu den Schaltelementen
- keine Schaltgeräusche im Wohn- und Essbereich

Tabelle 1 erläutert die Bedeutung der gebräuchlichsten Betriebsmittel.

Symbol	Bedeutung
	Spannungsversorgung
	Drossel
Busankoppler, COM, USB	Datenschnittstelle USB
	Linienkoppler
≥ 1 & t	Logikbaustein
n	Schaltaktor, n ≙ Vielfachheit
n	Jalousieaktor, *n* ≙ Vielfachheit
	Dimmaktor
n U	Binäreingang, *n* ≙ Vielfachheit
n	Tastsensor, *n* ≙ Vielfachheit

Tabelle 1 KNX-Symbole der gebräuchlichsten Betriebsmittel

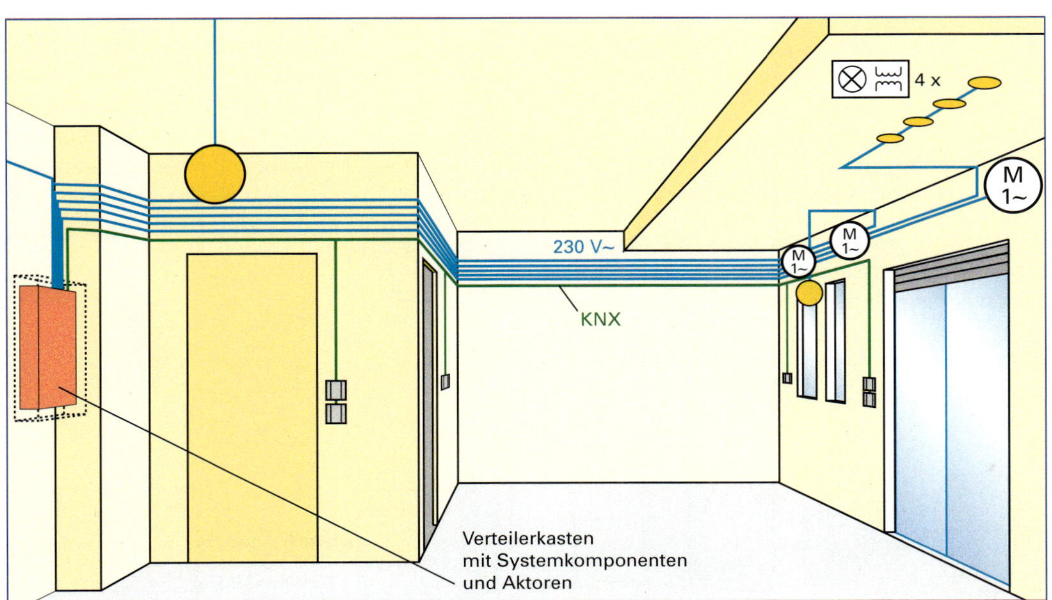

Abb. 1 Wohnzimmer mit zentraler Aktorplatzierung im Verteilerkasten

2.7.1 Eigenschaften, Einsatzbereiche und Betriebsmittel von KNX

Der KNX-Bus besteht aus zwei Adern, welche mit Gleichspannung von 29 V versorgt werden. Die an die Busleitung über Busankoppler angeschlossenen Geräte werden in *Sensoren, Aktoren* und *Systemkomponenten* unterteilt.

- *Sensoren* (Fühler, Aufnehmer) nehmen Beeinflussungen, wie z. B. Tastendruck, Lichtstärkenänderung, wahr und senden daraufhin ein zuvor vereinbartes elektrisches Wechselspannungssignal (Telegramm) auf das Busnetz. Sensoren sind in der Regel nur an das Busnetz angeschlossen.
- *Aktoren* (Ausführende) reagieren auf das Signal mit einer Bestätigung und führen eine ebenfalls vorher vereinbarte Aktion aus (z. B. Schalten, Jalousie auf/ab). Aktoren sind meist auch an das 230/400 V-Netz zur Speisung der Verbrauchsmittel angeschlossen.
- Die *Systemkomponenten* dienen den grundsätzlichen Funktionen des Busnetzes. Hierzu gehören:
  - Spannungsversorgungsgerät zur Erzeugung der DC 29 V Busspannung
  - Drossel zur Übertragung der Steuerspannung vom Spannungsversorgungsgerät auf das Busnetz und zur Signalformung für die Wechselspannungssignale der Telegramme
  - Koppler zum Verbinden einzelner Busabschnitte
  - Schnittstelle zum Anschließen des Programmiergerätes (PC, Notebook, Tablett ...)

Diese Geräte werden über Busankoppler an die Busleitung angeschlossen (Abb. 1). Bei Aktoren, Systemkomponenten und mittlerweile auch bei Sensoren ist der Busankoppler üblicherweise bereits mit eingebaut.

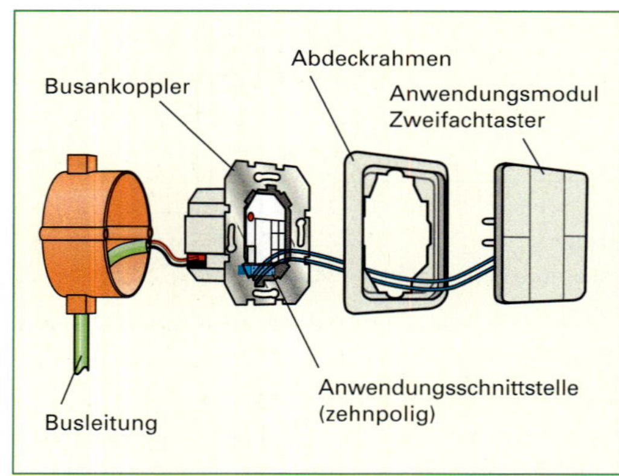

Abb. 1 Aufbau und Anbindung eines Busteilnehmers; Anwendungsmodul Zweifachtaster

Beim KNX handelt es sich um ein *dezentrales Busnetz*. Das heißt, es wird kein zentraler Leitsystemrechner verwendet. Jeder Teilnehmer besitzt eine Intelligenz, die dem richtigen Senden und Empfangen von Informationen dient. Die notwendige Steuerspannung wird über das Busnetz bereitgestellt.

Merke:
- *Ein Busteilnehmer besteht aus*
  - *einem Busankoppler,*
  - *der Anwendungsschnittstelle,*
  - *dem Anwendungsmodul und*
- *Der KNX-Bus besteht aus einem dezentralen, zweiadrigen Busnetz, welches die Teilnehmer mit DC 29 V Spannung versorgt und gleichzeitig die Businformationen mit Hilfe einer überlagerten Wechselspannung übermittelt.*

Zum Vergleich ist in Abb. 1 ▷ 193 oben eine Stromstoßschaltung in herkömmlicher Technologie und in KNX-Technologie dargestellt.

Vom Sensor T_1 wird ein Telegramm mit dem Teilinhalt „1/5/2" gesendet. Alle Busteilnehmer empfangen dieses Telegramm und werten es aus. Nur diejenigen Busteilnehmer reagieren, die auf das Telegramm „1/5/2" programmiert waren (hier ein Schaltaktor mit Busankoppler). Prinzip: Einer sendet, alle „hören" mit, einer oder wenige reagieren (Abb. 2).

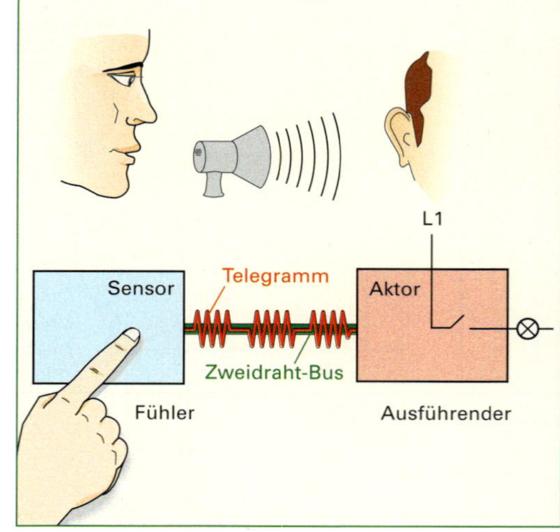

Abb. 2 Prinzip „Senden – Hören"

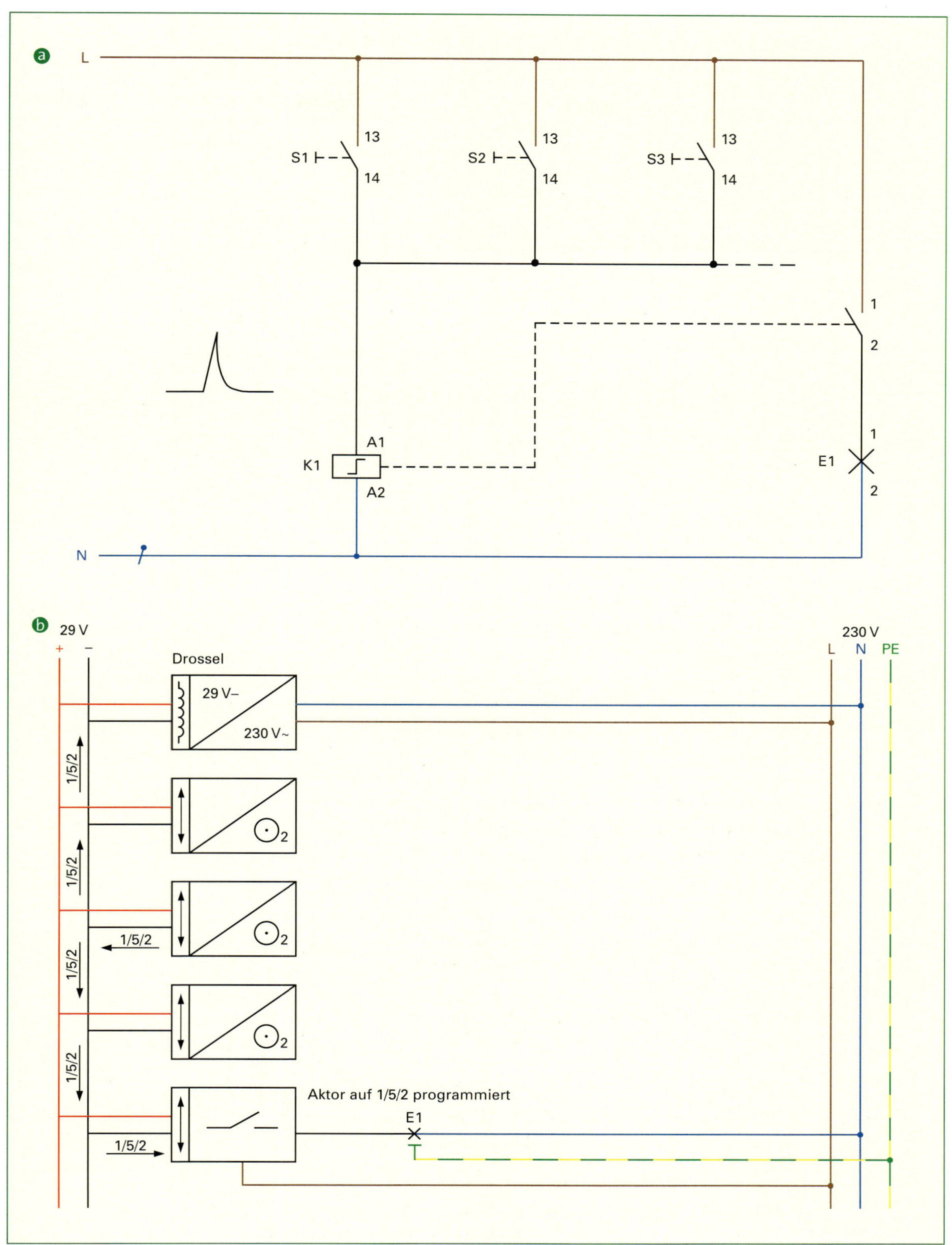

Abb. 1 Stromstoßschaltung in herkömmlicher a und in KNX-Technologie b

> ***Merke:***
> *Bei KNX wird der herkömmliche Schaltvorgang, z. B. das Betätigen des Schalters im Laststromkreis, aufgeteilt in:*
> - *Betätigen eines Sensors im Busnetz DC 29 V*
> - *Senden einer Information*
> - *Auswerten der Information*
> - *Schalten des Aktors im Laststromkreis AC 230 V*

Die zur Ausführung des Auftrags benötigten Materialien, Betriebsmittel und Werkzeuge sind in Tabelle 1 aufgeführt.

2.7.2 Installation der KNX-Anlage

Planen der KNX-Anlage

Um die richtigen Busgeräte zur Erfüllung des Auftrags zu finden, benötigt man die Produktkataloge der entsprechenden Hersteller. Hier findet man die Beschreibungen der Geräte und den Verwendungsmöglichkeiten. Diese werden in Form von kleinen Programmen, die hier grundsätzlich „Applikationen" genannt werden, in den verschiedenen Busteilnehmern hinterlegt. In diesem ersten Arbeitsschritt werden die einzelnen Busteilnehmer mit Nummern versehen. Man spricht hierbei von der physikalischen Adresse. Die physikalische Adresse wird durch drei Zahlenblöcke dargestellt, die jeweils durch Punkte voneinander getrennt sind. Man kann diese Nummer mit einer eindeutigen Postanschrift vergleichen. Jede Adresse darf nur einmal innerhalb einer KNX-Anlage vorhanden sein. Mit Hilfe dieser Nummern kann jeder Teilnehmer gezielt angesprochen werden. Ferner wird über die Gruppenadresse festgelegt, welche einzelnen Busteilnehmer miteinander zusammenwirken sollen. Die Gruppenadresse wird durch drei Zahlenblöcke dargestellt, jedoch werden diese mit Schrägstrichen voneinander getrennt. Eine solche planerische Vorstufe zur Projektierung der KNX-Anlage zeigt Tabelle 1 ⊳ 195.

Installationsmaterial	Werkzeuge	Betriebsmittel
• Mantelleitung NYM-J 3×1,5 • Busleitung (YCYM) für Innenraumverlegung • Markierungsfähnchen zum Kennzeichnen der Busleitung • Verdrahtungsbrücken für KNX-REG • oder zwei Datenschienen mit Abdeckstreifen • Busklemmen • Überspannungsableiterklemme • UP-Dosen (50 mm tief) • Verteilerdosen mit/ohne Trennsteg • Gips zum Fixieren	• Installationsplan • Liste aller Busteilnehmer inkl. der zugewiesenen physikalischen Adressen (Tabelle 1 ⊳ 195) • Werkzeug zum Installieren des Verteilers und der Verkabelung • Laptop • Serielles Schnittstellenkabel • Engineering-Tool-Software (ETS) und Produktdatenbanken der Hersteller der verwendeten KNX-Geräte • Messwerkzeuge zur Überprüfung des Isolationswiderstandes und der Prüfspannung	• 1 Spannungsversorgung mit integrierter Drossel REG für Installationsbus KNX (640 mA) • 1 Datenschnittstelle REG • 2 Datenschienenverbinder REG • 4 Anwendungsmodule Tastsensor einfach • 2 Anwendungsmodule Tastsensor zweifach • 1 Zweifachschaltaktor 6 A REG • 1 Zweifachschaltaktor 16 A REG • 1 Zweifach-Jalousieaktor REG • 1 Universaldimmaktor (2-Kanal) • 6 UP-Busankoppler • handelsüblicher Schalter für den Außenbereich (frostsicher)

Tabelle 1 Materialien, Betriebsmittel und Werkzeuge für KNX- Installation

Die Durchführung des Auftrages umfasst grob zwei Teile:
- Installation der Leitungen und Betriebsmittel
- Projektierung der KNX-Anlage mit Hilfe des Projektierungsprogramms ETS (Engineering-Tool-Software)

Sobald der Installationsplan erstellt ist, werden beide Teile parallel durchgeführt. Die Installation vor Ort und die Projektierung im Büro. Für größere Aufträge, wie z. B. KNX-Installation für ein Bürogebäude mit Kundenhalle, werden Einzelaufträge für Projektierung, Installation der Leitungen/Betriebsmittels und die Bestückung der Haupt- und Unterverteilungen vergeben.

Physikalische Adresse	Busteilnehmer	Einbauort	Applikation	Objekt	Wippe/ Taste/ Kanal	Sendende Gruppenadresse	Empfangende Gruppenadresse	Bemerkungen	
1.1.10	Tastsensor zweifach	Wohnzimmertür	Dimmen	0 1 2 3	Wippe 1 Wippe 2 Wippe 1 Wippe 2	1/1/5 1/1/3 1/1/6 1/1/4		Lampe Wohnzimmer **Schalten** **Dimmen**	NV-Halogen **Schalten** **Dimmen**
1.1.11	Tastsensor einfach	Wohnzimmertür	Schalten	0	Wippe	1/1/1		Lampe Essbereich **Schalten**	
1.1.12	Tastsensor einfach	Balkontür	Jalousie	0 1	Wippe Wippe	2/1/1 2/1/2		Jalousie Balkontür **Kurzzeitbetrieb** **Langzeitbetrieb**	
1.1.13	Tastsensor einfach	Balkontür	Schalten/ Tasten	0 1 2	Taste 1 Taste 2 Status LED	0/1/1 0/1/2		Steckdosen Balkon **EIN** **AUS**	Lampe Balkon **FREI** **GESPERRT**
1.1.14	Tastsensor einfach	Küchenfenster	Jalousie	0 1	Wippe Wippe	2/1/3 2/1/4		Jalousie Küche **Kurzzeitbetrieb** **Langzeitbetrieb**	
1.1.15	Tastsensor zweifach	Küchentür	Schalten	0 1	Wippe 1 Wippe 2	1/1/2		Lampe Essbereich **Schalten** Lampe Küche (später)	
1.1.20	Datenschnittstelle	Verteiler							
1.1.21	Schaltaktor zweifach 6 A	Verteiler	Schalten	0 1 2 3	Kanal 1 Kanal 2 Kanal 1 Kanal 2		1/1/1 1/1/2 0/1/1 1/2/1 0/1/1 0/1/2	Lampe Essbereich **Schalten** **UND-Verknüpfung**	Lampe Balkon **Schalten** **FREI – GESPERRT**
1.1.22	Schaltaktor zweifach 16 A	Verteiler	Schalten	0 1	Kanal 1 Kanal 2		0/1/1 0/1/2	Steckdosen Balkon **EIN / AUS**	
1.1.23	Binäreingang zweifach	Verteiler	Schalten	0 1	Kanal 1 Kanal 2	1/2/1		Außenschalter **steigend: EIN; fallend: AUS**	
1.1.24	Jalousieaktor zweifach	Verteiler	Jalousie	0 1 2 3 4	Kanal 1 Kanal 2 Kanal 1 Kanal 2 Kanal 1/2		2/1/2 2/1/1 2/1/4 2/1/3	Jalousie Balkon **Langzeitbetrieb** **Kurzzeitbetrieb**	Jalousie Küche **Langzeitbetrieb** **Kurzzeitbetrieb**
1.1.25	Universal-Dimmaktor zweifach	Verteiler	Dimmen	0 1 2 3 4 5	Kanal 1 Kanal 2 Kanal 1 Kanal 2 Kanal 1 Kanal 2		1/1/5 1/1/3 1/1/6 1/1/4	Lampe Wohnzimmer **Schalten** **Dimmen**	NV-Halogen **Schalten** **Dimmen**
	Spannungsversorgung mit Drossel	Verteiler						640 mA Es können zwei Buslinien mit Spannung versorgt werden. 4. OG Dachgeschoss später	

Tabelle 1 Liste der Busteilnehmer mit physikalischen Adressen und zugewiesenen Gruppenadressen

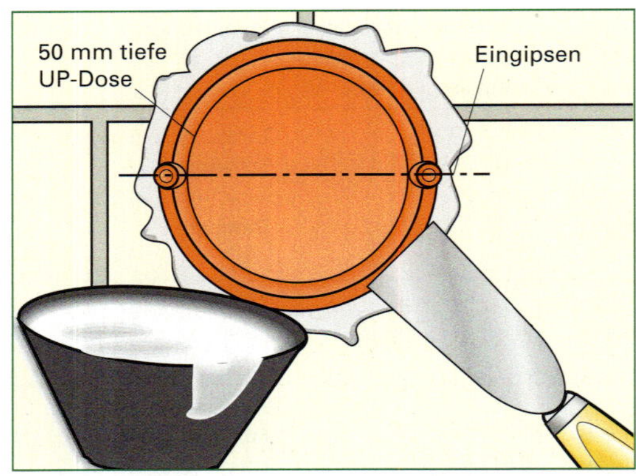

Abb. 1 Beim Eingipsen von UP-Dosen zur Aufnahme von Busankopplern für sichtbare Busteilnehmer ist auf horizontale Ausrichtung zu achten.

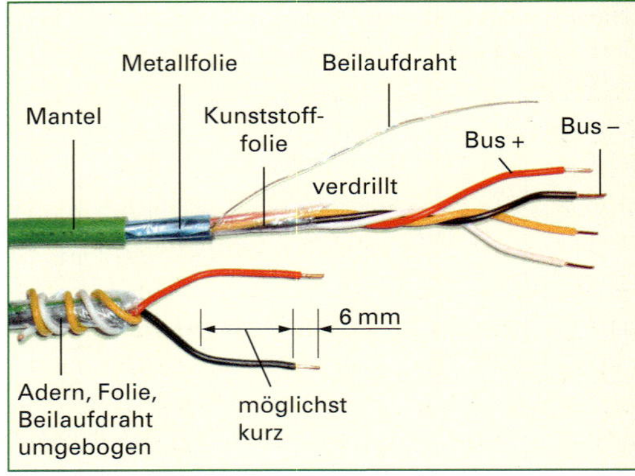

Abb. 2 Busleitungsaufbau

Vorbereitung der KNX-Installation

- **Schlitze fräsen/klopfen und Löcher für Unterputzdosen (UP-Dosen) bohren**

Das Verfahren des Verlegens der Leitungen unter und auf Putz entspricht der herkömmlichen Installationstechnik.

- **Setzen der Unterputzdosen, Verlegen der Busleitungen und Versorgungsleitungen**

Beim Eingipsen der Unterputzdosen für die spätere Aufnahme von sichtbaren Teilnehmern, z. B. Tastern oder Anzeigemodulen, ist auf eine genau waagerechte/senkrechte Ausrichtung der Dosen zu achten (Abb. 1). Der UP-Busankoppler wird später in die 50 mm tiefe UP-Dose eingeschraubt. Ein späteres Ausrichten ist nicht möglich.

Für die KNX-Installation können neben der grünen Busleitung (YCYM) auch Fernmeldeleitungen (I-Y(St)Y 2 x 2 x 0,8) verwendet werden. Diese sind dann jedoch als Busleitung zu kennzeichen.

Die grünen Busleitungen besitzen zwei getrennte Busadernpaare (rot-schwarz, gelb-weiß) (Abb. 2). Beide Adernpaare können mit einer separaten Buslinie belegt werden (siehe hierzu Topologie). Wird die Busleitung nur zur Führung *einer* Buslinie verwendet, so sind die verwendeten Adernfarben über die gesamte Buslinie beizubehalten. Das freie Adernpaar darf nur für weitere SELV-Stromkreise (**S***afety* **E***xtra* **L***ow* **V***oltage*, siehe SELV-Spannung) verwendet werden, z. B. in der Hauskommunikation. In der Regel ist das freie Adernpaar jedoch als Reserve für eine später zu installierende weitere Buslinie vorgesehen. Der Beilaufdraht wird bei Verzweigungen der Busleitung nicht weitergeführt. Für eine erhöhte Stör-

Typ	Aufbau	Verlegung
YCYM 2 × 2 × 0,8	KONNEX-Richtlinie Adern rot (+) schwarz (–) gelb (frei) weiß (frei) Schirmfolie mit Beilaufdraht	Feste Verlegung: trockene, feuchte und nasse Räume; im Freien, wenn vor direkter Sonneneinstrahlung geschützt: Aufputz, Unterputz, in Rohren Biegeradius: > 30 mm bei fester Verlegung > 7 mm für Eingänge in Dosen oder Hohlräumen
J-Y(ST)Y 2 × 2 × 0,8	DIN VDE 0815 Adern rot (+ KNX) schwarz (– KNX) gelb (frei) weiß (frei) Schirmfolie mit Beilaufdraht	Feste Verlegung in Innenräumen; Aufputz in Rohren Biegeradius: > 30 mm bei fester Verlegung > 7 mm für Eingänge in Dosen oder Hohlräumen

Tabelle 1 Zulässige Busleitungen für KNX-Installation

sicherheit sind die Busadern verdrillt. Einen solchen verdrillten Leitungsaufbau nennt man *twisted pair*. Die Starkstromleitungen sind gemäß VDE-Vorschriften innerhalb der Installationszonen zu verlegen. Aufgrund der zentralen Aktorplatzierung muss jeder einzelne Verbraucher (Lampen, Jalousiemotoren, NV-Halogenlampen mit Tronix-Transformator) über eine eigene Leitung mit Spannung versorgt werden. Der Außenschalter ist ebenfalls an die 230-V-Versorgungsspannung anzuschließen. Auch die Busleitungen müssen innerhalb der vorgeschriebenen Installationszonen verlegt werden. Die Kabelführung sollte nicht in der Nähe eines Blitzableiters verlaufen.

Wegen der SELV-Eigenschaften des Busnetzes braucht der KNX nicht gegenüber dem Benutzer isoliert zu werden. Jedoch ist eine sichere Trennung zu anderen Nicht-SELV/PELV-Stromkreisen (**P***rotective* **E***xtra* **L***ow* **V***oltage*) unbedingt zu gewährleisten. Solche Nicht-SELV/PELV-Stromkreise wären z. B. Fernmeldenetz oder 230 V/400-V-Netz. Die Abstände und Verzweigungsmöglichkeiten sind sorgfältig zu beachten (Abb. 1).

Merke:

- *Das Busnetz ist ein SELV-Stromkreis. Aus diesem Grund stellt es für den Menschen bei Berührung keine Gefahr dar.*
- *Für SELV/PELV-Stromkreise gilt: Sind die Busadern geschirmt, bedarf es keines Mindestabstandes.*
- *Für den Fall, dass eine isolierte Busader ohne Schirmung frei liegt, ist ein Mindestabstand von 4 mm zu allen Nicht-SELV/PELV-Stromkreisen zu wahren.*
- *Um den Mindestabstand von 4 mm zu wahren, kann man verwenden und einsetzen:*
  - *Dosen mit Trennsteg*
  - *zwei aufgesteckte UP-Dosen*
  - *einen Isolationsschlauch, dessen Isolationsvermögen dem Abstand von 4 mm entspricht (vergleiche hierzu DIN VDE 0110-1, Basisisolierung).*

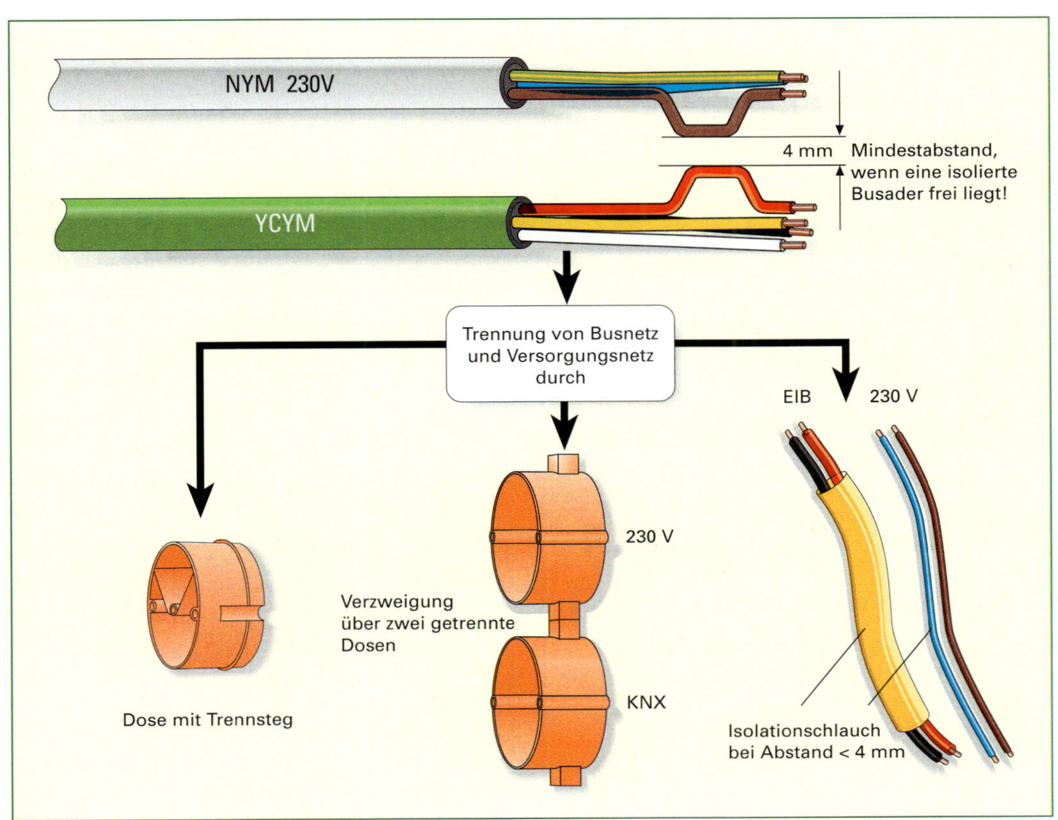

Abb. 1 Mindestabstand einer freien isolierten Busader zu einem anderen Nicht-SELV/PELV-Stromkreis sowie gleichwertige Verzweigungsmöglichkeiten unter Berücksichtigung des Mindestabstandes

Die Verzweigungen und Anschlüsse von Busteilnehmern an die Busleitung erfolgt über Busklemmen. Diese verfügen über einen Verpolungsschutz (optisch durch Farbkennzeichnung; mechanisch durch einen Schwalbenschwanz). Die Busklemme kann bis zu vier Adernpaare miteinander verbinden (Abb. 1).

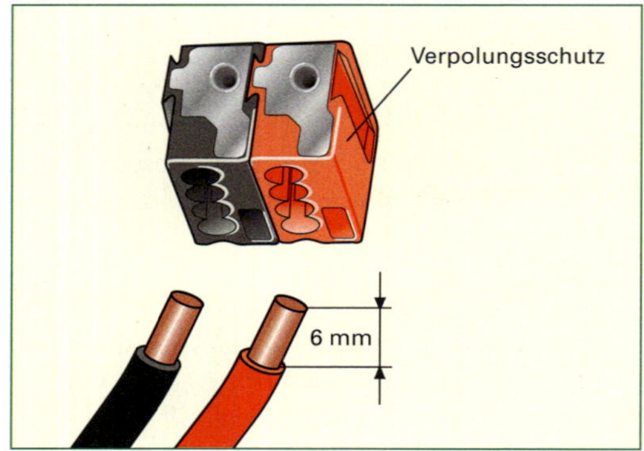

Abb. 1 Busklemme mit Verpolungsschutz

Die Busleitung benötigt keinen Abschlusswiderstand. Um Kurzschlüsse jedoch zu vermeiden, müssen die offenen Leitungsenden mit einer Busklemme abgeschlossen werden. Im Wohnzimmer-/Küchenbereich wird der Bus in Baumstruktur verlegt, und die Busverzweigung erfolgt gemäß (Abb. 2 und Abb. 3) oben.

Merke:

- *Das Busnetz darf linien-, stern- und baumförmig verlegt werden. Ringstrukturen sind verboten!*
- *Busnetz und Versorgungsnetz eng aneinander verlegen.*
- *Nähe zu Blitzableitern meiden.*
- *Den KNX sicher von anderen Netzen trennen!*
- *Busleitungen kennzeichnen.*

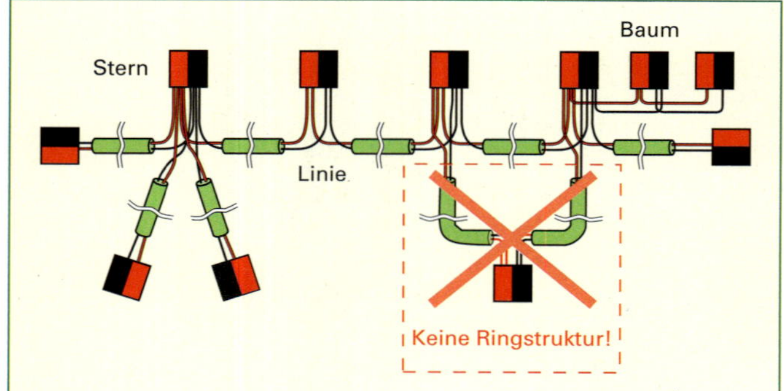

Abb. 2 Busstrukturen Linie, Stern, Baum. Ringstrukturen sind verboten.

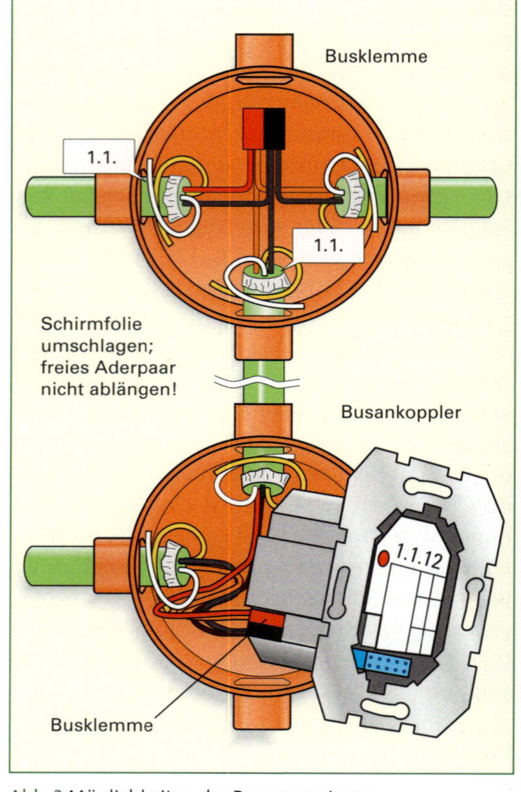

Abb. 3 Möglichkeiten der Busverzweigung

Auf der Busleitung kommt es bei größeren Leitungslängen und Teilnehmerabständen zu Spannungsverlusten und somit zu Unschärfen in den Wechselspannungsimpulsen bei der Informationsübertragung. Um die Funktionsfähigkeit des Installationsbusses garantieren zu können, müssen die in Tabelle 1 angeführten Kabellängen und Abstände in der Spannungsversorgung beachtet werden.

Länge/Abstand	Zulässige Leitungslänge in m
Länge einer Buslinie	≤ 1000
Abstand Spannungsversorgung – Busteilnehmer	≤ 350
Abstand zweier Spannungsversorgungen	≤ 200
Abstand zweier Busteilnehmer	≤ 700

Tabelle 1 Zulässige Leitungslängen und Abstände von Spannungsversorgungen

Wird z. B. eine Linie über einen Linienverstärker verlängert (siehe Topologie), so wird eine zweite Spannungsversorgung mit Drossel innerhalb dieser Linie benötigt. Um Spannungsüberlagerungen zu vermeiden, ist ein Mindestabstand von 200 m Busleitungslänge zwischen den beiden Spannungsversorgungen zu wahren. In der hier dargestellten KNX-Installation werden die geforderten Längen eingehalten.

Achtung!
Es ist verboten:
- *Datenschienen zu kürzen*
- *Datenschienen zu löten*

Bestückung des Unterverteilers

Die Installation der Busleitung im Unterverteiler kann auf unterschiedliche/zweierlei Weise erfolgen:

In der ursprünglichen Version wird eine Datenschiene mit vier Leiterbahnen in die DIN-Hutprofilschiene eingeklebt. Die beiden äußeren Leiterbahnen führen die Spannungsversorgung; die beiden inneren Leiterbahnen führen die Signalspannung (Abb. 1). Mechanisches Kürzen sowie Verlängern durch eventuelles Anlöten ist nicht zulässig. Die verwendeten KNX-Reiheneinbaugeräte kontaktieren die Datenschiene mit Druckstiften (Abb. 2). Nicht überbaute Datenschienen werden mit Abdeckstreifen vor Berührung und Kurzschluss geschützt.

Die Verwendung von Datenschienen ist mitunter jedoch sehr umständlich. Neuere KNX-Reiheneinbaugeräte werden daher ohne die rückseitigen Druckstifte gebaut. Der Busanschluss erfolgt über vorgefertigte Verdrahtungsbrücken mit Busanschlussklemmen. Falls alle Reiheneinbaugeräte ohne Druckstifte ausgeführt sind, kann auf die Datenschiene verzichtet werden (Abb. 3).

Das 230 V/400 V-Energienetz ist weiterhin nach VDE-Richtlinien mit Leistungsschutzschaltern und ggf. mit RCD (beachte DIN VDE 0100 Teil 410) abzusichern. Abb. 1 ▷ 200/201 zeigt die Platzierung der Reiheneinbaugeräte auf den Hutprofilschienen, die Verdrahtung der einzelnen Busteilnehmer untereinander und mit den zu schaltenden Lasten der KNX-Anlage im Bereich Wohnzimmer/Küche/Balkon.

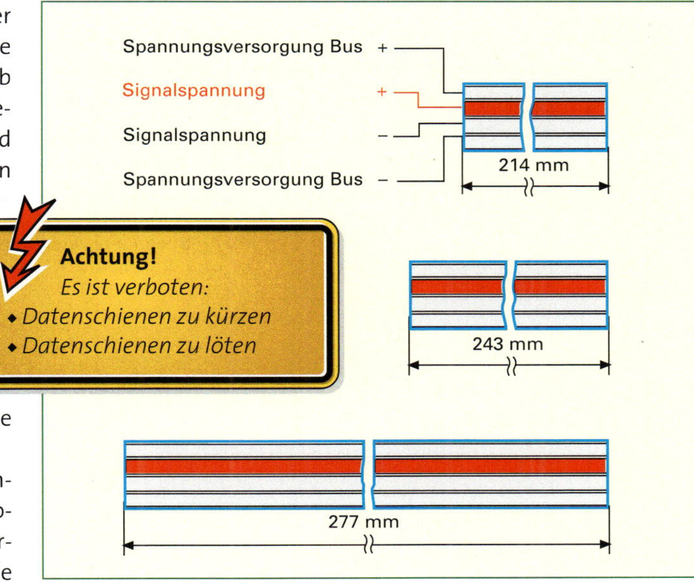

Abb. 1 Datenschienen in genormten Längen

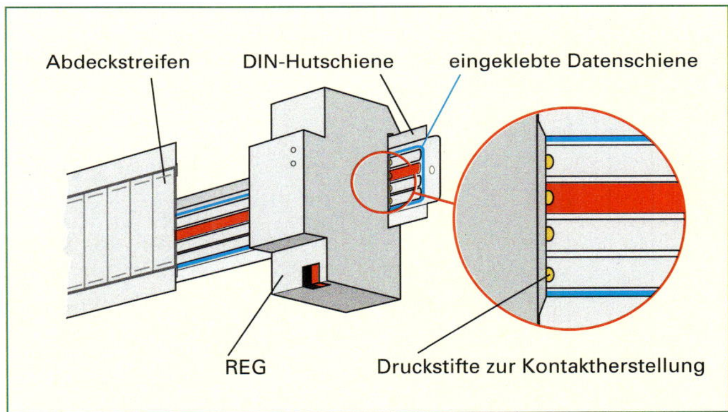

Abb. 2 Auf DIN-Hutprofilschiene eingeschnapptes Reiheneinbaugerät mit rückseitigen Druckstiften zur Kontaktherstellung mit der Datenschiene. Die verwendeten Abdeckstreifen dienen zum Schutz gegen Berührung.

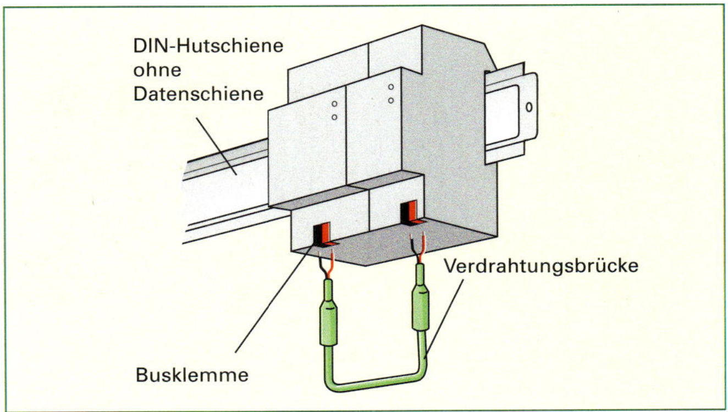

Abb. 3 Reiheneinbaugerät mit Busankopplung über Busklemme und Verdrahtungsbrücke

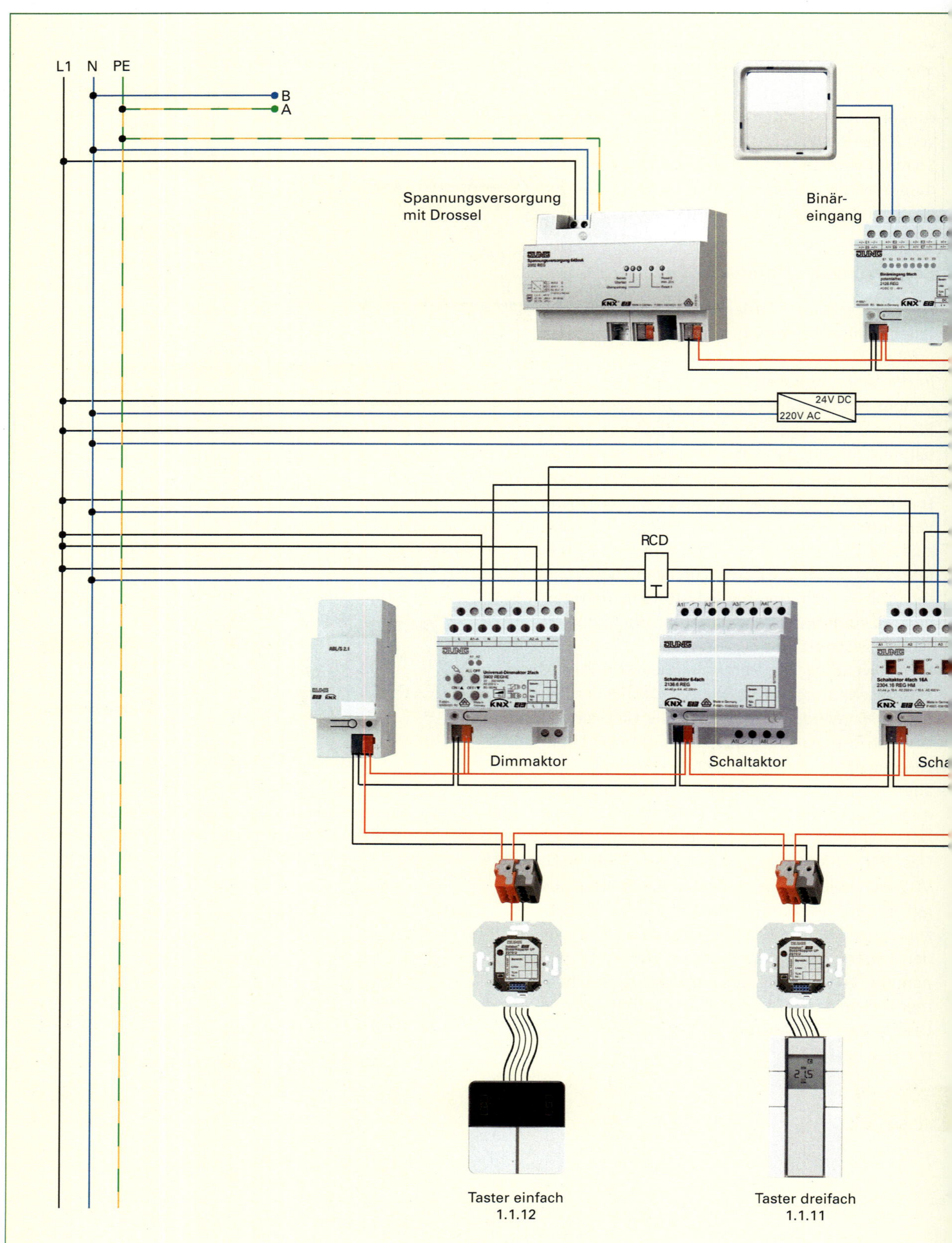

Abb. 1 Übersicht über die gesamte KNX-Anlage im Bereich Wohnzimmer/Küche/Balkon

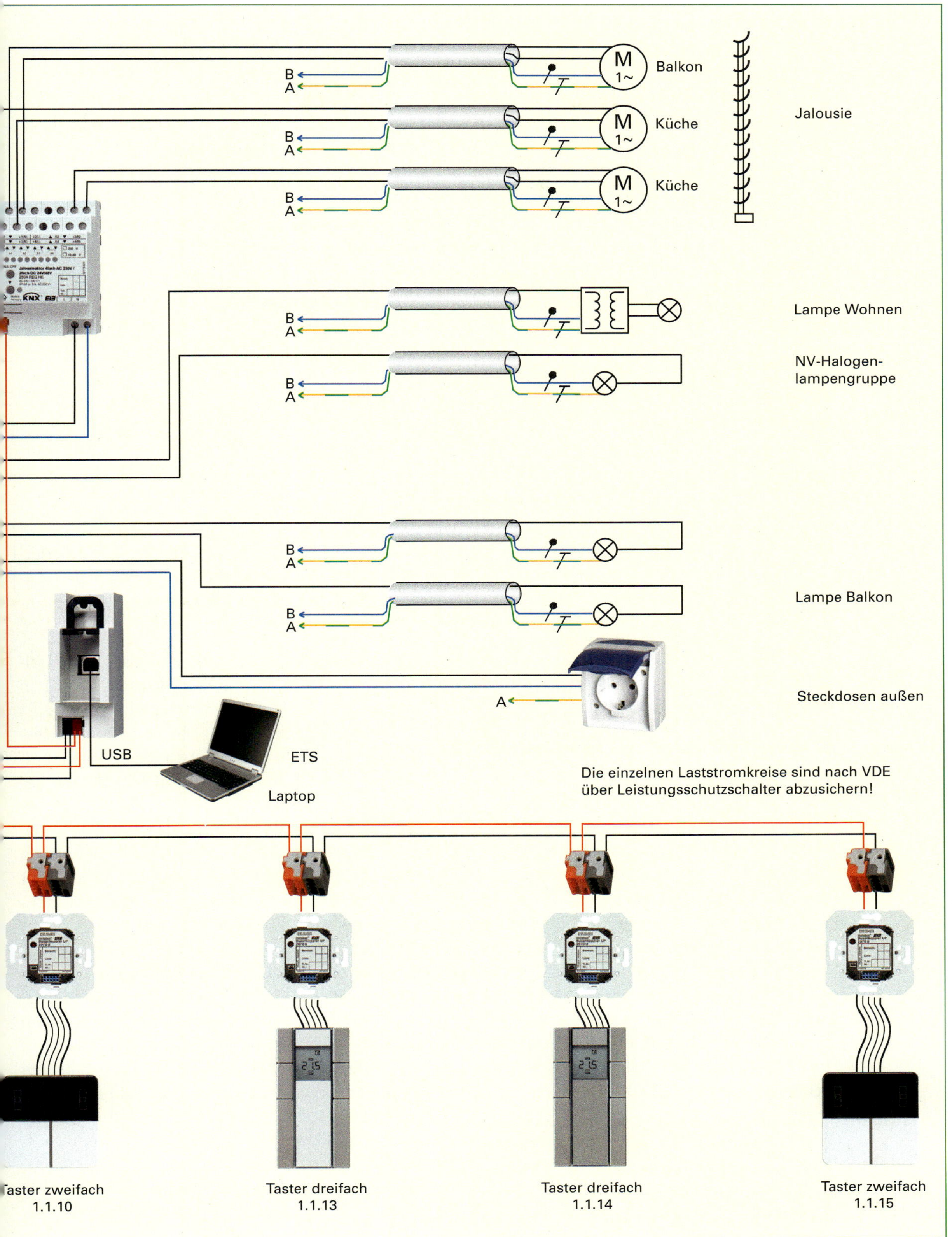

B
A
M
1~
Balkon
Küche
Küche
Jalousie
Lampe Wohnen
NV-Halogen-
lampengruppe
Lampe Balkon
Steckdosen außen
USB
ETS
Laptop
Die einzelnen Laststromkreise sind nach VDE
über Leistungsschutzschalter abzusichern!
Taster zweifach
1.1.10
Taster dreifach
1.1.13
Taster dreifach
1.1.14
Taster zweifach
1.1.15

Merke:
Für die Platzierung der Reiheneinbaugeräte im Verteilerkasten ist zu beachten:
- *Die Spannungsversorgung muss geerdet werden, um statische Aufladungen zu vermeiden. Für SELV-Stromkreise ist jedoch Erdungsfreiheit vorgeschrieben. Darum erfolgt die Erdung über hochohmige Widerstände. Die sichere Trennung zu anderen Netzen muss weiterhin gewährleistet sein.*
- *Es gibt keine besonderen KNX-Verteiler. Zum Einsatz kommen ausschließlich herkömmliche genormte Verteiler.*
- *Zwischen Starkstrom- und Busgeräten muss kein spezieller Abstand eingehalten werden.*
- *Die Busleitung wird bis zur Anschlussstelle mit Mantel geführt.*
- *Busgeräte sollten nicht oberhalb verlustreicher Geräte montiert werden, da sie sich sonst unzulässig stark erwärmen könnten.*
- *Die Bestückung einer Hutprofilschiene mit Datenschiene wird auch durch die Breite der Reiheneinbaugeräte bestimmt. Hierbei wird die Breite in Teileinheiten angegeben (1 TE ~ 18 mm).*
- *Freie Bereiche der Datenschiene müssen mit Abdeckstreifen gegen Berührung (**Kurzschlussgefahr!**) geschützt werden.*
- *Um Datenschienen mit anderen Datenschienen oder den Bus mit einer Datenschiene zu verbinden, müssen Datenschienenverbinder verwendet werden.*

Einbau der Busankoppler

Nach den Gipser- und Malerarbeiten werden die Busleitungen abgemantelt. Die Schirmung und die nicht verwendeten Adern sowie der Beilaufdraht werden nicht entfernt, sondern umgebogen. Die Busadern werden so kurz wie möglich abgelängt, 6 mm abisoliert und in die verpolungssichere Busklemme geklemmt. Diese wird auf die Kontaktstifte des UP-Busankopplers gesteckt. Der Busankoppler wird mit der in der Geräteliste bzw. im Installationsplan zugewiesenen physikalischen Adresse beschriftet.

Merke:
Beim Beschriften ist größte Sorgfalt notwendig, um spätere Fehlprogrammierungen bei Reparaturfällen zu vermeiden.

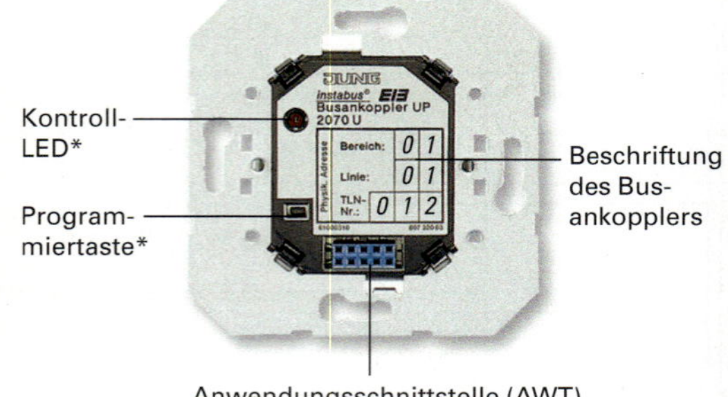

* Drücken der Programmiertaste zur Polaritätsprüfung. Die LED muss rot aufleuchten.

Abb. 1 Busankoppler, Frontplatte mit beschriftetem Adressfeld, hier: Einfachtaster Jalousie/Balkon

Abschließend wird der UP-Busankoppler auf die UP-Dosen geschraubt.

Prüfen der Anlage

Für die VDE-Prüfung ist ein Prüfprotokoll anzufertigen und der Anlagendokumentation beizufügen. Zur Überprüfung ist Folgendes durchzuführen:

1. Leitungslängen überprüfen und auf unzulässige Ringstrukturen achten. Dies geschieht in der Regel mit Hilfe des Installationsplanes. Ist dies nur ungenau möglich, so kann die Messung des Schleifenwiderstandes der entsprechenden Buslinie weitere Informationen liefern.
2. Drücken der Programmiertaste an den Teilnehmergeräten: Die Busverbindung ist richtig gepolt, wenn die Leuchtdiode rot aufleuchtet (Abb. 1). Dieser Schritt wird bereits bei Inbetriebnahme durchgeführt.
3. Sichtprüfung bezüglich der richtigen Kennzeichnung des Busnetzes. Bei Verwendung von komplexeren Installationen mit mehreren Linien, muss eine galvanische Trennung zwischen den Linien gewährleistet sein. Buskabel mit unterschiedlicher Fahnenbeschriftung dürfen nicht direkt miteinander verdrahtet werden (Überbrücken der galvanischen Trennung). Dieser Punkt entfällt, falls es (wie in diesem Auftrag) nur eine Linie gibt.
4. Nach Installation aller Busteilnehmer muss die Busspannung an jedem Busleitungsende mindestens DC 21 V betragen.

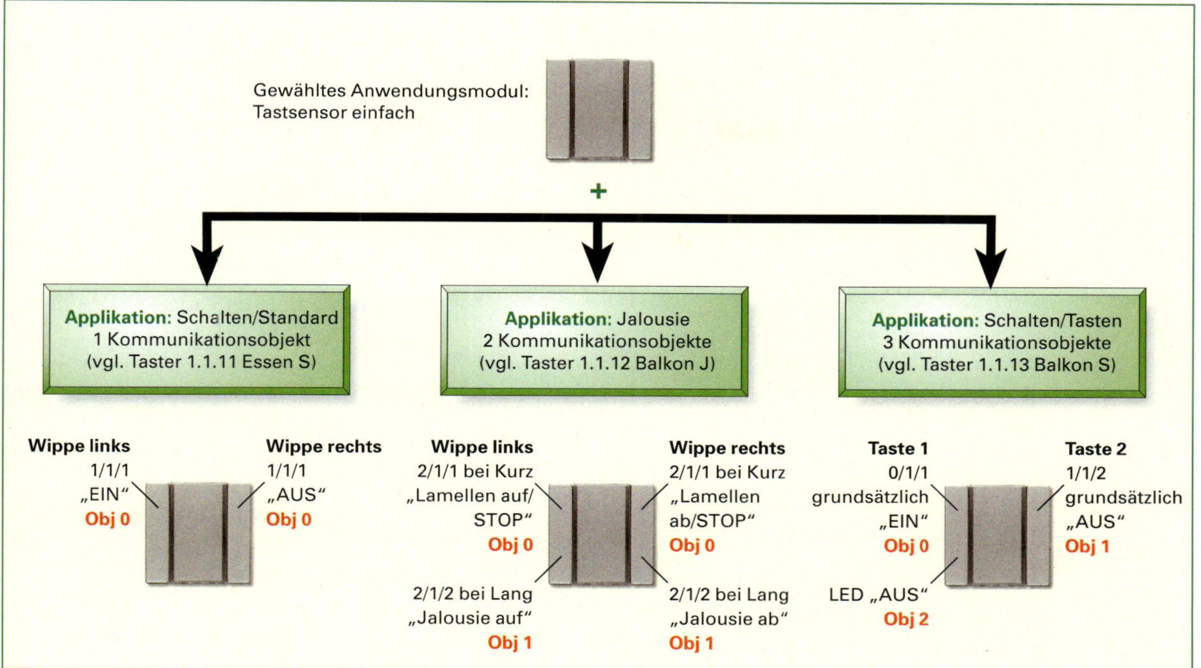

Abb. 1 Einfachtastsensor: Die Applikation bestimmt die Einsatzmöglichkeit.

5 Nach DIN VDE 0100 T610 muss eine Isolationswiderstandsmessung durchgeführt werden. Die Messung erfolgt über einen 250 kΩ-Widerstand an DC 250 V zwischen Buseinzelader und PE. Um die Messung nicht zu verfälschen, müssen alle Überspannungsableiterklemmen (siehe Blitzschutz beim KNX) entfernt werden.

6 Alle Ergebnisse dieser Prüfungen sind zu protokollieren und der Anlagendokumentation beizulegen.

Projektieren mit Hilfe der Engineering-Tool-Software (ETS)

Die einzelnen Busteilnehmer werden mit dem herstellerübergreifenden Standard-Projektions-Programm ETS programmiert. Der Projektierer legt die zukünftige Eigenschaft des Busteilnehmers fest. Hierzu weist er bei der Geräteauswahl jedem Busteilnehmer eine eigene Applikation zu. Diese hängt von dem ausgewählten Anwendungsmodul ab. Für einen Tastsensor (einfach) stehen vom Hersteller aus verschiedene Einsatzmöglichkeiten zur Auswahl (Abb. 1).

Daher muss zu Beginn der Projektierungsphase die Produktdatenbank in die ETS geladen werden. Diese Produktdatenbank besteht aus allen verfügbaren Applikationen für die angebotenen Busteilnehmer. Aus einem einfachen Tastsensor kann somit ein einfacher Schalter oder ein Jalousietaster zur Ansteuerung der Lamellen und der Fahrtrichtung werden. Da die Applikationen die eingehenden Signale des Anwendungsmoduls richtig umsetzen müssen, gilt:

> **Merke:**
> *UP-Busankoppler, Anwendungsmodul und Applikation grundsätzlich von demselben Hersteller wählen.*

Die einzelnen Busteilnehmer, z. B. Tastsensor 1.1.11 und Schaltaktor 1.1.21, sind über Funktionsgruppen, die so genannten Gruppenadressen, miteinander verbunden. Diese werden in den Kommunikationsobjekten (auch kurz Objekte genannt) gespeichert (Abb. 1 ⊳ 204).

Denkmodell: Wenn man die physikalische Adresse als Postanschrift eines Busteilnehmers auffasst, so sind die verschiedenen Objekte eines Busteilnehmers mit jeweils einem amerikanischen Briefkasten zu vergleichen: Es werden Rundbriefe mit entsprechendem Inhalt (Telegramme) empfangen bzw. verschickt. Auf diese Rundbriefe können nur die Gruppenadressenmitglieder reagieren. Wann ein Telegramm versandt wird und wel-

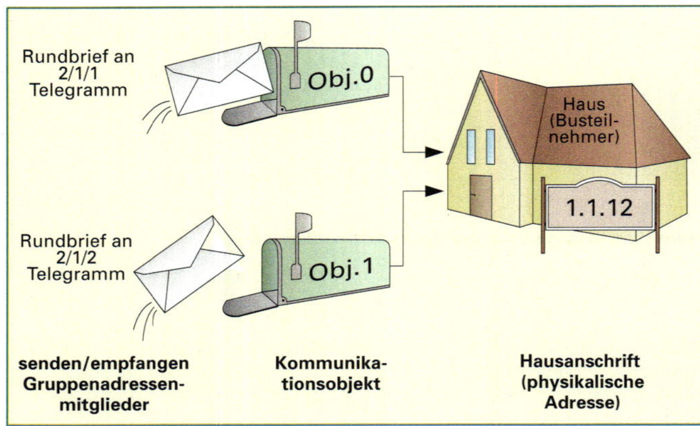

Abb. 1 Denkmodell zum Verständnis von physikalischer Adresse, Gruppenadresse, Kommunikationsobjekt und Telegramm

chen Inhalt es besitzt, ist ausschließlich die betätigte parametrierte Taste bzw. Wippe des Busteilnehmers verantwortlich (Abb. 1 ⊳ 203).

Das Projektieren mit Hilfe der ETS in Einzelschritten:

1. Struktur der Wohnung (bzw. des Gebäudes) nachbilden. Dies wird nur einmal benötigt.
2. Die Räume mit den verwendeten Busteilnehmern bestücken.
3. Definition der Funktionsgruppen, d. h. Festlegen der dreiteiligen Gruppenadressen, z. B. ist das Schalten der Essbereichslampe von der Wohnzimmertür aus eine Funktionsgruppe. Diese erhält eine Gruppenadresse. Mit dieser Gruppenadresse können im Betrieb zwei Telegramminhalte gesendet werden: EIN-AUS. Der Tastsensor merkt sich seinen zuletzt gesendeten Inhalt, z. B. AUS, und sendet bei der nächsten Tastenbetätigung den anderen Inhalt: EIN.

Merke:
In der Regel wird für eine Funktionsgruppe nur eine Gruppenadresse vergeben. EIN und AUS sind verschiedene Telegramminhalte, aber keine eigenständige Funktionsgruppe.

4. Busteilnehmer über Gruppenadressen verbinden.
5. Gegebenenfalls die Busteilnehmer parametrieren (Beispiele hierzu im Profiwissen).

Mit Hilfe des in der ETS vorhandenen Prüfmoduls wird abschließend kontrolliert, ob alle vorab definierten Gruppenadressen tatsächlich vergeben wurden.

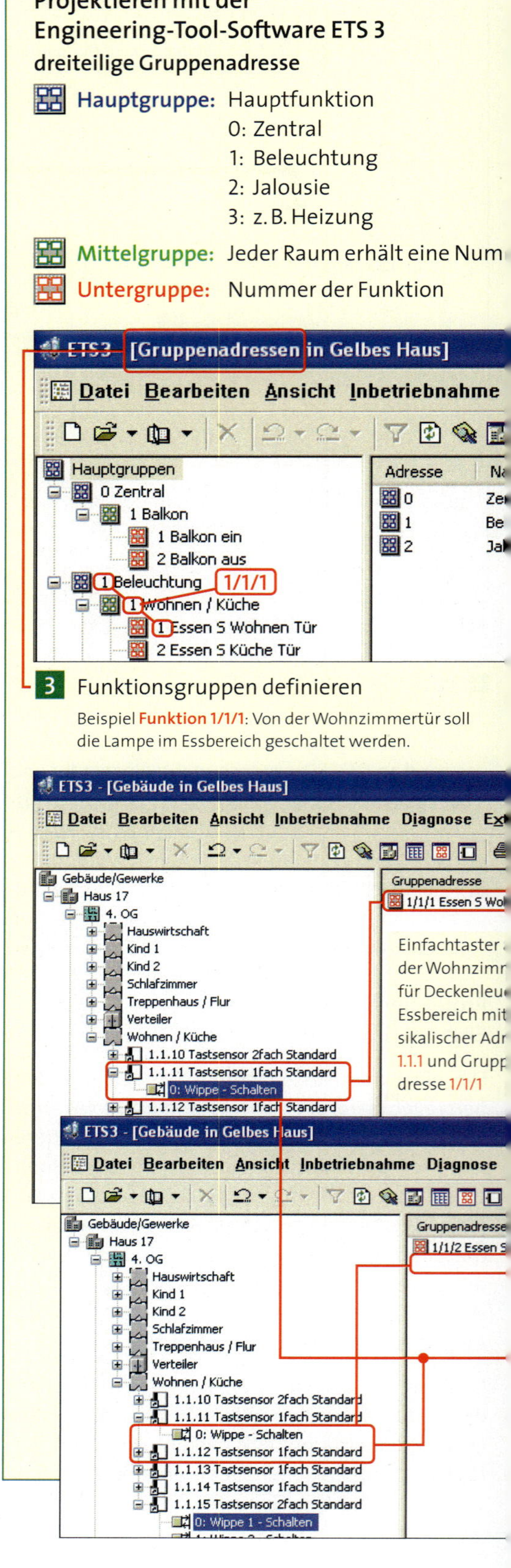

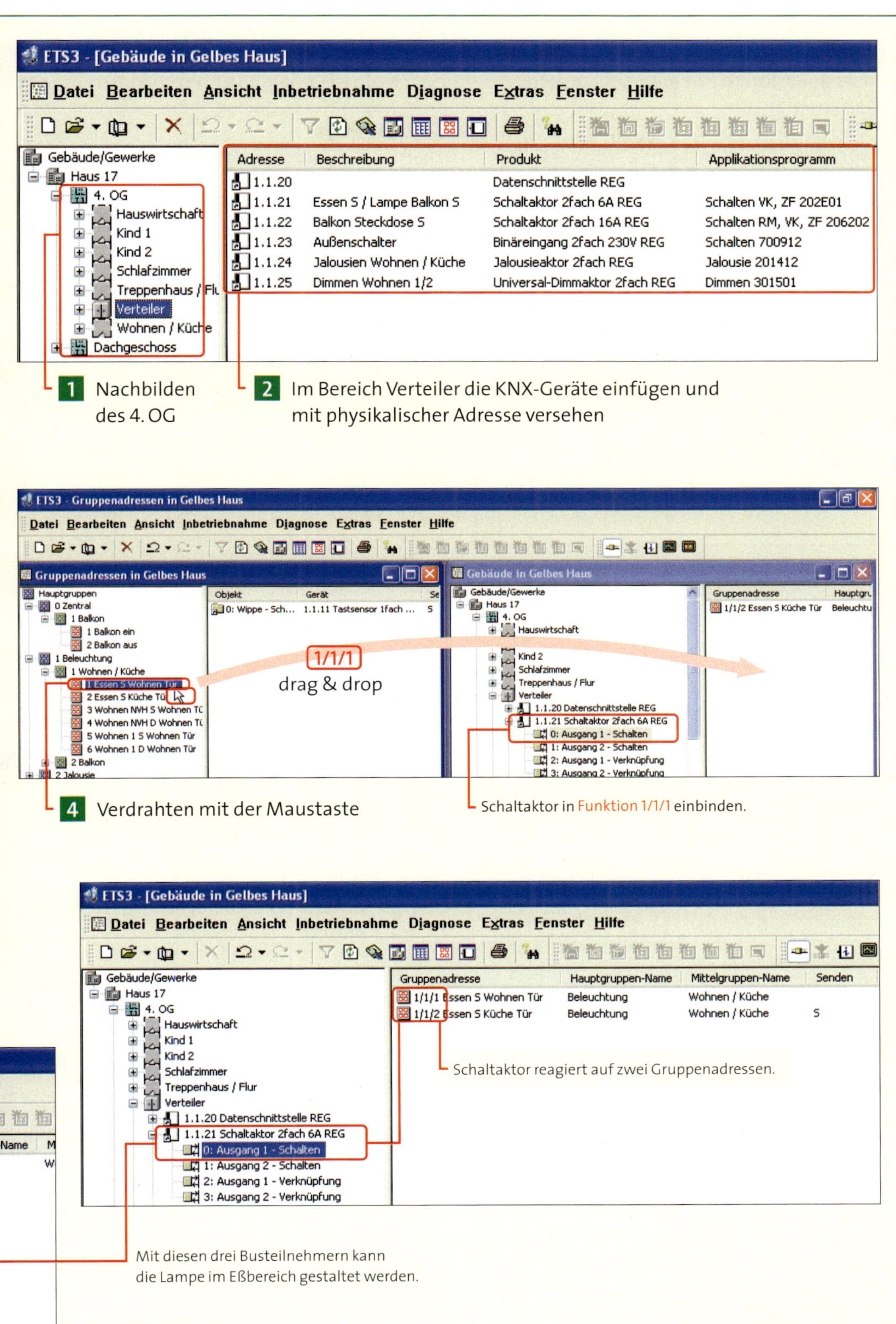

Abb. 1 Projektieren der KNX-Anlage, Lampenschaltung Essbereich

Inbetriebnahme der KNX-Anlage, Übermitteln der physikalischen Adressen und Applikationen auf jeden einzelnen Busankoppler

Die physikalische Adresse wird zusammen mit der Applikation und den zugewiesen Gruppenadressen vom Laptop über die serielle Datenschnittstelle an den einzelnen Busteilnehmer übermittelt. Die ETS liefert hierzu ein entsprechendes Inbetriebnahmemodul.

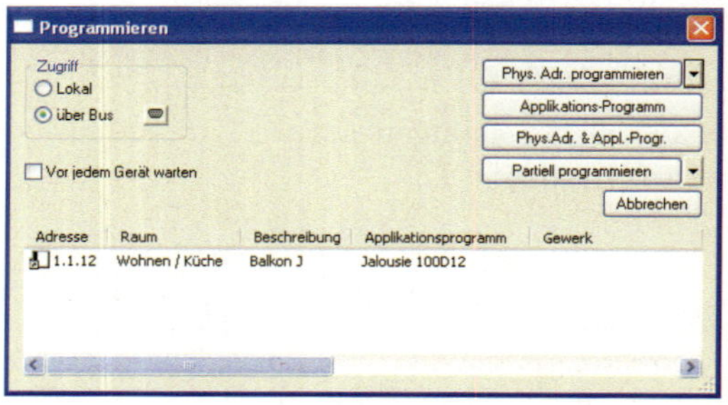

Abb. 1 Programmierungsfenster der ETS eines Busteilnehmers, Tastersensor 1.1.12, Balkon J

Die notwendigen Informationen werden auf den Bus gesendet und stehen bei jedem Busteilnehmer an. Nun wird am UP-Busankoppler des entsprechenden Busteilnehmers die Programmiertaste gedrückt (Abb. 1 und Abb. 2).
Solange die LED rot aufleuchtet, werden die Informationen im Busankoppler gespeichert. Bei Reiheneinbaugeräten ist diese Taste direkt auf dem Gerät angebracht. Die beschriebene Programmierung muss für jeden Busteilnehmer wiederholt werden. In diesem Fall war es möglich nachträglich die physikalische Adresse zu vergeben, da alle Aktoren zentral platziert sind. Bei dezentraler Aktorenplatzierung werden die Aktoren (und dann auch die Sensoren) bereits im Büro mit der physikalischen Adresse und der Applikation versehen.

Abb. 2 Betätigen der Programmiertaste: Der Busankoppler speichert die physikalische Adresse und die Applikation.

Dies ist notwendig, da bei dezentraler Aktorplatzierung die Aktoren nahe am Verbraucher montiert sind (z. B. unter einer abgehängten Decke). An solche Aktoren gelangt man dann nur noch sehr schlecht.

Abschließend werden die jeweils zugehörigen Anwendungsmodule über die Anwendungsschnittstelle mit dem UP-Busankoppler verbunden und montiert.

Merke:

- *Wird während der Übertragungsphase die Programmiertaste eines anderen, falschen Busankopplers betätigt, so wird dieser fälschlicherweise mit der gesendeten physikalischen Adresse und Applikation programmiert.*
- *Wird die physikalische Adresse vor der Installation der Busteilnehmer schon einprogrammiert, so muss der vorab geplante Einbauort des Busteilnehmers genauestens eingehalten werden.*

Testen, Dokumentieren und Sichern des Projekts

Die Installationspläne sowie die Liste aller KNX-Teilnehmer mit ihren zugewiesenen physikalischen Adressen und Gruppenadressen sind zu archivieren. Das erstellte KNX-Projekt ist auf dem Rechner und zwei externen Speichern (CD-ROM, Diskette, Netzlaufwerk) zu sichern.

Übergabe, Rapport und Rechnungsstellung an den Kunden

Abschließend wird die Anlage übergeben. Die einzelnen Funktionen werden demonstriert und zukünftige Erweiterungsmöglichkeiten erläutert. Eventuell wird das Vorgehen zur Erweiterung der KNX-Anlage im Dachgeschoss abgestimmt. Die Ergebnisse der Funktionsprüfungen und die Kundeneinweisung werden protokolliert und von Elektroniker und Kunden gegengezeichnet.
Erst wenn die Abnahme durch den Auftraggeber erfolgt ist, kann die Rechnung gestellt werden. In den meisten Fällen ist es für beide Geschäftspartner wünschenswert, wenn eine Nachkalkulation der Anlage durch den Betrieb durchgeführt wird. Sie gibt Aufschluss über die tatsächlich aufgewendete Arbeitszeit, erleichtert künftige Kalkulationen und stärkt das Vertrauen des Kunden.

Basiswissen Gebäudesystemtechnik

Abb. 1 Aus vielen Einzelsystemen wird ein System mit besserer Steuer- und Regelbarkeit.

Gebäudesystemtechnik

Die moderne Elektroinstallation mit Hilfe der Gebäudesystemtechnik stellt neue Anforderungen an den installierenden Elektroniker. Energiebewusstsein bei gleichzeitig wachsendem Anspruch an Komfort und Sicherheit lässt den Aufwand selbst bei herkömmlicher Elektroinstallation oft sehr groß werden. Eine zeitgemäße Lösung für diese Anforderungen bildet die Gebäudesystemtechnik. Hierbei wird aus vielen einzelnen gewerklichen Teilsystemen ein System für das gesamte Gebäude entwickelt (Abb. 1).

Gleichzeitig lässt sich das Zusammenwirken der einzelnen Teilsysteme bei reduziertem Steuerungs- und Regelungsaufwand optimieren. Beispielsweise ist jetzt das Zusammenspiel von Fensterkontakten, Heizungssteuerung, Beschattungsanlage, Windwächter und Lichtsteuerung ohne größeren Aufwand realisierbar. Die führenden Unternehmen der Elektroinstallationstechnik haben sich unter dem Namen *KNX-Association* zusammengeschlossen. Ihr Ziel ist es, herstellerübergreifende Standards der einzelnen Produkte zu erreichen, um die Kompatibilität europaweit zu erhöhen.

Für den Verbraucher ergibt sich der wesentliche Vorteil, dass aus mehreren zu steuernden und zu regelnden Systemen ein System wird.

Beispiel: Die Beschattung, die Temperaturregelung und die Beleuchtung werden nun zusammen in ein Regel- und Steuersystem zusammengeführt. Alle drei Systeme können nun optimal aufeinander abgestimmt werden.

Aktorenplatzierung

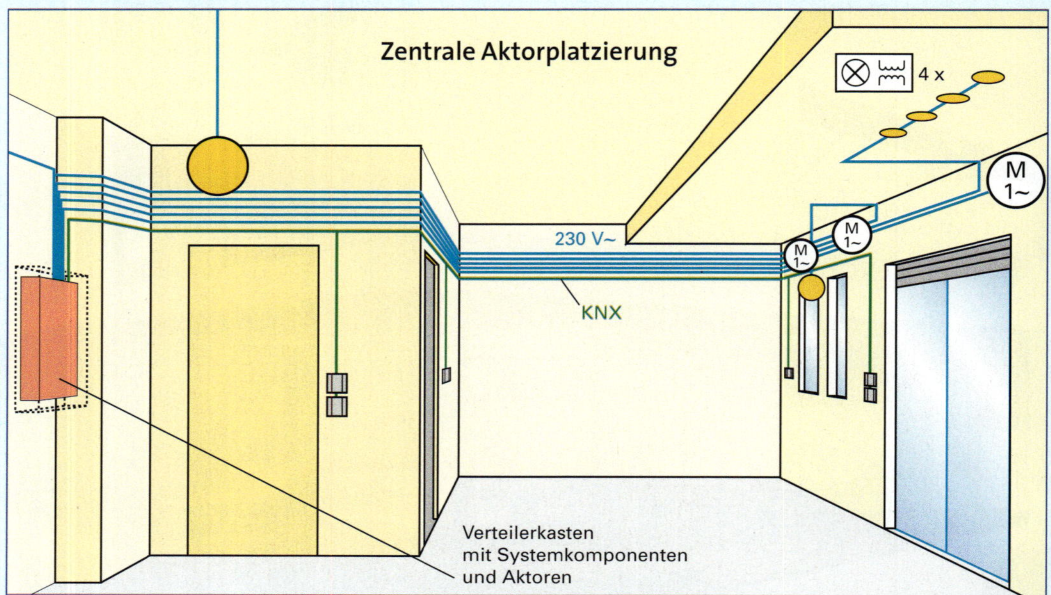

Vorteile:
- Aktoren sind jederzeit frei zugänglich
- Geringer Aufwand für die Businstallation
- Selektiver Leistungsschutz der zu steuernden Last
- Oft preisgünstiger aufgrund größerer Kanalanzahl der Reiheneinbaugeräte
- Geringe Gefahr der Schleifenbildung aus Netzleitung und Busleitung (s. Abschn. *Blitzschutz* ⊳ 224)

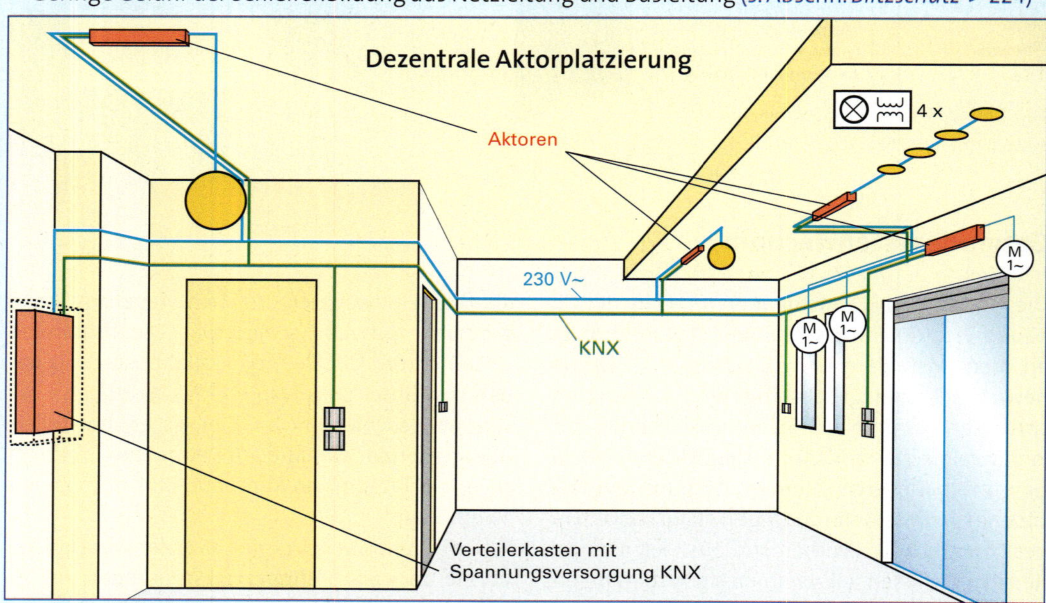

Vorteile:
- Unterverteiler nur für die Spannungsversorgung notwendig
- Geringer Aufwand für die Starkstrominstallation
- Erweiterungen bedürfen unter Umständen nur eines geringen Aufwands

Abb. 1 Zentrale und dezentrale Aktorplatzierung im Vergleich

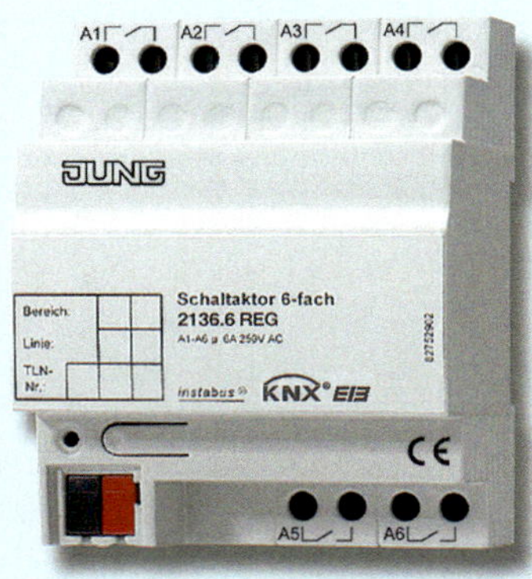

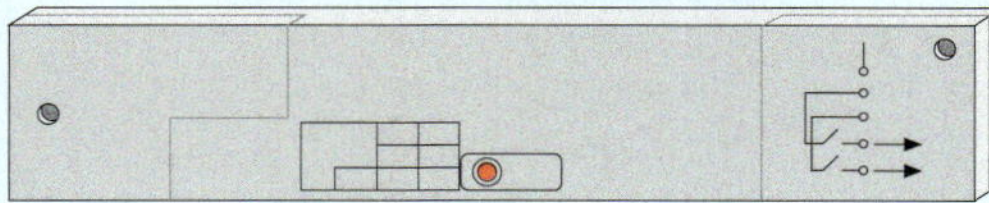

Abb. 1 Schaltaktor als Reiheneinbaugerät (6 Kanäle) und als Einbaugerät (2 Kanäle)

Es zeigt sich, dass die Vorteile der einen Platzierungsart die Nachteile der anderen darstellen (Abb. 1 ⊳ 208). In Einfamilienhäusern hat sich daher eine Mischung aus zentraler und dezentraler Installation als Optimum herausgestellt. Wichtige zentral zu platzierende Aktoren sind in der Regel weiterhin gut erreichbar, und der Verkabelungsaufwand kann in Wohnräumen geringer gehalten werden. Abb. 1 zeigt einen Schaltaktor als Reiheneinbaugerät (REG) und als Einbaugerät für eine Platzierung, z. B. in Kabelkanälen oder abgehängten Decken.

SELV-Spannung

SELV bedeutet **S**afety **E**xtra **L**ow **V**oltage (Sicherheitskleinspannung). Insgesamt gibt es drei Extra-Low-Voltage-Arten: SELV, PELV und FELV (Tabelle 1). SELV-Stromkreise sind erdfrei zu installieren. Man verhindert damit das Einkoppeln von hohen Fehlspannungen über den Schutzleiter. Statische Aufladungen kann ein SELV-Stromkreis nicht vermeiden. Daher wird der KNX hochohmig mit PE verbunden. Ein SELV-Stromkreis muss von anderen Stromkreisen sicher getrennt sein. Im Spannungsversorgungsgerät des KNX wird diese SELV-Spannung aus der Netzspannung 230/400 V mittels eines Transformators erzeugt. Da Primärseite (230 V/400 V) und Sekundärseite (SELV) keine Verbindung besitzen dürfen, ist im Spannungsversorgungsgerät ein Sicherheitstransformator einzubauen. Darüber hinaus wird die sichere Trennung von anderen Netzen gewährleistet durch:

- hochwertige Isolation
- besondere Verzweigungsarten (siehe Auftrag)
- spezielle Klemmen (Busleitungsklemmen können nur in KNX-Buchsen gesteckt werden)

Generell gilt, dass bis zu AC 25 V und DC 60 V kein Schutz gegen direkte Berührung erforderlich ist.

> ***Merke:***
> *SELV-Stromkreise müssen sicher von Stromkreisen mit höherer Spannung getrennt sein. SELV-Stromkreise dürfen nicht geerdet sein.*

	Sicherheits-kleinspannungen	Sicher-heits-trafo	Sichere Tren-nung	Erdung
SELV	**S**afety **E**xtra **L**ow **V**oltage Sicherheitsklein-spannung	Ja	Ja, zu anderen Netzen	Darf nicht vom Anwender geerdet werden
PELV	**P**rotective **E**xtra **L**ow **V**oltage Funktionsklein-spannung mit sicherer Trennung	Ja	Ja, zu anderen Netzen	Erdung auf Masse/PE
FELV	**F**unctional **E**xtra **L**ow **V**oltage Funktionsklein-spannung ohne sichere Trennung	Nein	Nur Basis-isolation not-wendig	Kann geerdet werden

Tabelle 1 Sicherheitskleinspannungen

Der Einsatz von Dimmaktoren im KNX

Zum Dimmen von Leuchtmitteln dürfen nur Schaltdimmaktoren verwendet werden. Es gibt sie in allen drei Bauformen: Reiheneinbaugerät, Einbaugerät und Unterputzgerät.

> ***Merke:***
> *Ein nachträglicher Einbau eines Einbaudimmaktors darf nur vom Hersteller des Leuchtmittels erfolgen.*

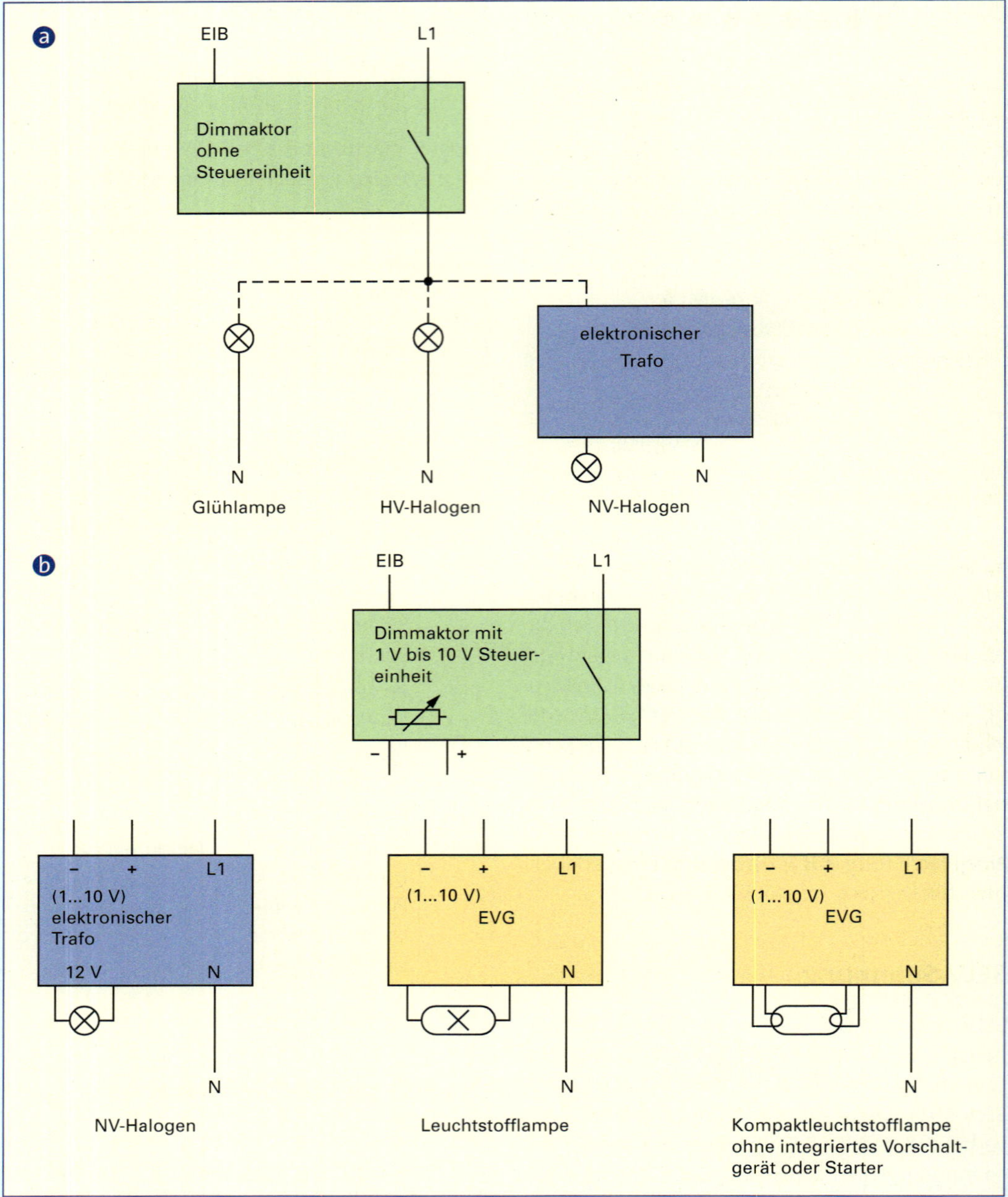

Abb. 1 Verwendung von Schaltdimmaktoren a ohne und b mit 1V- bis 10V-Steuereinheit

Es gibt zwei Arten von Dimmaktoren:

- **Dimmaktoren ohne Steuereinheit (Abb. 1a)**

230-V-Glühlampen und HV-Halogenlampen werden standardmäßig mit Phasenabschnitt gesteuert. NV-Halogenlampen dürfen nur mit einem elektronischen Transformator angeschlossen werden. Gewickelte Transformatoren sind nicht erlaubt. (Alternativ: Dimmaktor mit Phasenanschnitt oder Universaldimmaktor wie im Auftrag verwendet)

- **Dimmaktoren mit 1 V- bis 10 V-Steuereinheit (Abb. 1b)**

Der Dimmaktor ist hier prinzipiell ein einfaches Potentiometer, welches die Steuerspannung zwischen 1 V bis 10 V (minimale und maximale Helligkeit) einstellt. Hierbei ist auf die Polung des Verbrauchers zu achten. Man kann mehrere elektronische Vorschaltgeräte (EVG) parallel an einen Dimmaktor schalten.

Im Auftrag wurde im Gegensatz zu den hier aufgeführten Schaltdimmaktoren ein teuerer Universaldimmaktor verwendet. Dieser hat den Vorteil, dass er seine Last selbst erkennt und sich entsprechend einsetzen lässt. Auch für den Fall, dass zu einem späteren Zeitpunkt ein anderes Leuchtmittel eingesetzt werden sollte, stellt ein Universaldimmer die flexiblere Lösung dar.

Merke:
Bei der Parallelschaltung mehrerer elektronischer Vorschaltgeräte ist darauf zu achten, dass der Summenstrom aller EVGs nicht den Nennstrom des Dimmaktors übersteigt.

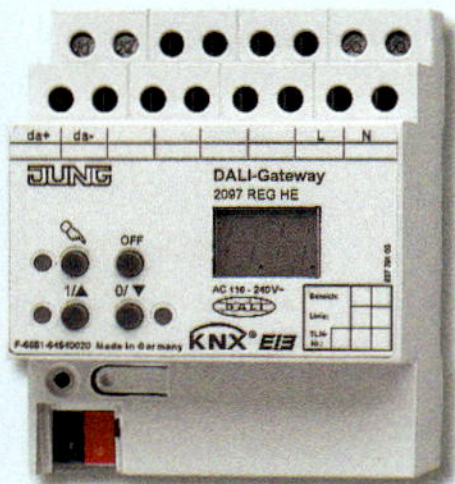

Abb. 1
KNX-DALI-Gateway

Selbstverständlich können auch Entladungslampen mit DALI-EVG (**D**igital **A**dressable **L**ighting **I**nterface) in die KNX-Anlage integriert werden. Dies erfolgt mit einem KNX-DALI-Gateway, das die beiden Systeme verbindet.

Programmierung der Busgeräte für die Dimmschaltungen mit Hilfe der ETS

Abb. 1 zeigt die Funktionen der einzelnen Tasten, welche durch die gewählte Applikation DIMMEN vorgegeben sind.

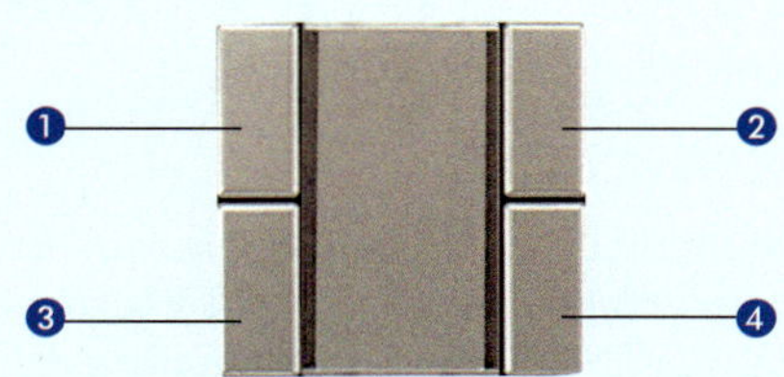

Tasten 1+2: Wippe 1 (Lampe Wohnzimmer)
Tasten 3+4: Wippe 2 (NV-Halogenlampe)
Tasten 1+3: EIN (Dimmen aufwärts Stopp)
Tasten 2+4: AUS (Dimmen abwärts Stopp)

Abb. 2 Tastenbelegung des Tasters (zweifach), jede Taste ist doppelt belegt.

Wird nach längerem Betätigen eine Taste losgelassen, so wird automatisch ein Stopp-Telegramm gesendet. Der Dimmvorgang endet. Die Geschwindigkeit des Dimmens wird beim Dimmaktor eingestellt.

Merke:
Das Dimmen setzt sich aus den Vorgängen „Schalten" und „Dimmen" zusammen. Jeder Vorgang stellt eine selbständige Funktion dar und erhält somit eine eigene Gruppenadresse.

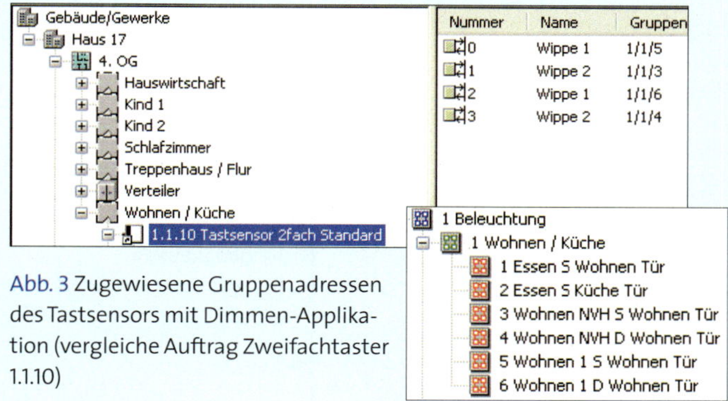

Abb. 3 Zugewiesene Gruppenadressen des Tastsensors mit Dimmen-Applikation (vergleiche Auftrag Zweifachtaster 1.1.10)

Der Universaldimmaktor (zweiter Ausgang – NV-Halogenlampe) wird gemäß Abb. 4 parametriert.

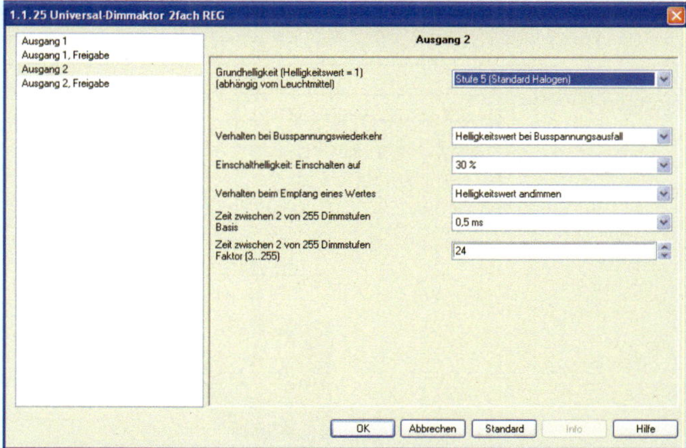

Abb. 4 Parametrierung des Universaldimmaktors

Die Einschalthelligkeit sollte bei mehr als 30 % liegen, damit der Benutzer das erfolgreiche Einschalten sofort erkennen kann. Der Dimmaktor benötigt insgesamt 3,06 Sekunden um von 0 % auf 100 % Helligkeit zu dimmen:

Es gilt:

Zeitbasis · Faktor · Anzahl der Dimmstufen

Also: 0,5 ms · 24 · 255 = 3,06 s

Jalousieaktoren

An den Küchenfenstern sind zwei Jalousien mit zwei baugleichen Motoren auf gleiche Weise zu steuern (siehe Auftrag). Die Lamellenstellung wird über eine kurze Bewegung zweier Zugseile eingestellt, die Auf-/Ab-Fahrt der Jalousie durch eine lange Bewegung derselben Zugseile (Abb. 1).

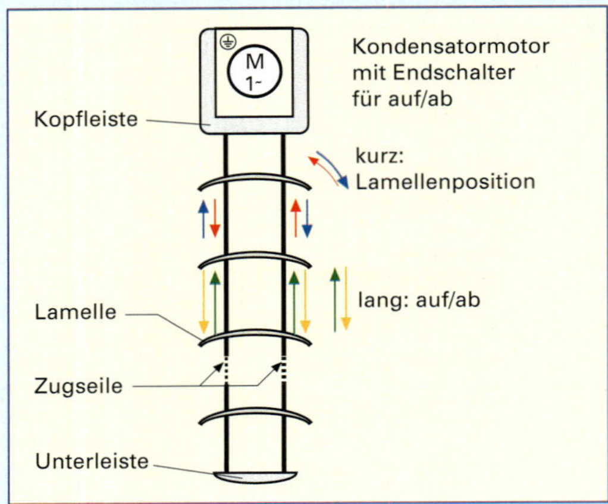

Abb. 1 Zugrichtungen und Lamellenstellung einer Jalousie in Abhängigkeit der Länge des Tastendrucks

Die unterschiedlichen Drehrichtungen des Motors werden durch das Umpolen des Kondensators erreicht. Daher muss ein solcher Motor vier Anschlüsse besitzen.

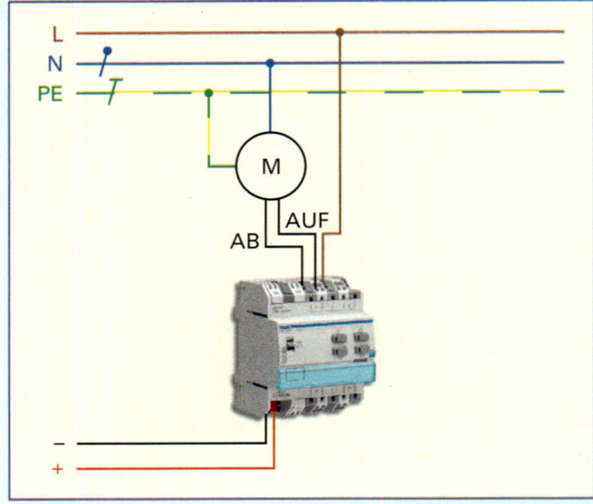

Abb. 2 Klemmenanschlussbelegung des Motors und des Jalousieaktors

Zum Ansteuern der Motoren kommt ein zweikanaliger Jalousieaktor zum Einsatz. Der erste Kanal wird zum Ansteuern der Jalousie an der Balkontür verwendet, der zweite Kanal steht den beiden Jalousien in der Küche zur Verfügung. Im Inneren besitzt dieser Jalousieaktor je Kanal zwei Wechsler zur gegenseitigen Verriegelung der Schaltfunktion. Jeder Kanal besitzt daher zwei Klemmen für die Auf-Bewegung und zwei Klemmen für die Ab-Bewegung. Jeder Motor wird mit einer Auf- und einer Ab-Klemme verdrahtet. Somit ist ein korrekter gleich laufender Betrieb beider Jalousien sichergestellt (Abb. 2).

Werden beide Motoren parallel an einen Jalousieaktor ohne interne Wechsler geklemmt, kommt es zwangsläufig zu einem Fehlerfall: Die Endschalter werden nie gleichzeitig erreicht. Jalousie 1 erreicht z. B. den Endschalter oben und öffnet diesen. Jalousie 2 fährt noch auf. Bei Motor 2 sind noch beide Endschalter geschlossen. Nun erhält der Motor 1 über den Kondensator von Motor 2 einen Rückstrom. Ergebnis: Die Jalousie 1 fährt abwärts, solange Jalousie 2 nicht ebenfalls den Endschalter oben erreicht hat (Abb. 1 ⊳ 213).

Die Parametrierung der Jalousieanlage soll so erfolgen, dass die Lamellen sich ruckfrei in die angesteuerte Position bewegen. Hierzu müssen einige Schaltzeiten berechnet werden, da die Schaltfunktion von der Länge eines Tastendrucks abhängt (Abb. 2 ⊳ 213).

Zur Reduzierung von KNX-Reiheneinbaugeräten ist es bei größeren Anlagen sinnvoll, Rollladen- und Jalousieantriebe mit einer SMI-Schnittstelle (Standard Motor Interface) zu verwenden. Pro Kanal eines Jalousieaktors können somit bis zu vier Motoren gesteuert werden.

Parametrierung des Tasters

Es werden zwei Gruppenadressen vergeben:

- 2/1/3 Lamellenverstellung
- 2/1/4 Fahren der Jalousie

Die Zeit zwischen zwei Schritttelegrammen wird Sendewiederholzeit t_{SW} genannt. Um die Motoren zu schonen, wird ein ruckfreier Betrieb gewünscht. Hierfür muss gelten:

$$t_{SW} < t_{Aktor}$$

Die Erhöhung der Schrittanzahl bis zum Senden des Dauerbetriebtelegramms hat keinen Einfluss auf die vier möglichen Lamellenpositionen, da diese über die t_{Aktor} des Schließers eingestellt werden (Abb. 2 ⊳ 213).

Merke:
Bestimmt die Länge eines Tastendrucks die gesendete Gruppenadresse, so werden physikalische Zustände wie die Lamellenstellung über Zeiten definiert. Die Zeiten selbst beziehen sich wiederum auf eine möglichst kleine Zeitbasis multipliziert mit einem einstellbaren Faktor.

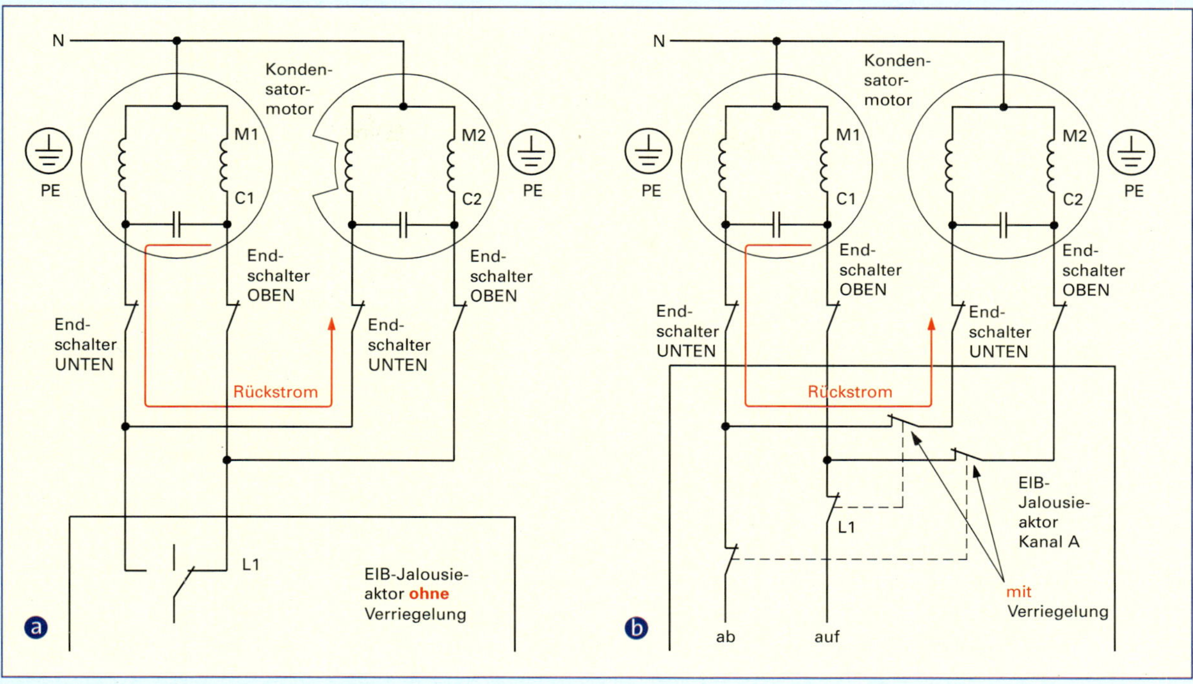

Abb. 1 Verbotener Parallelanschluss zweier Kondensatormotoren an einen Jalousieaktor ohne Wechsler (a) und richtiger Anschluss zweier gleich zu betreibender Kondensatormotoren an einen Jalousieaktor mit integriertem Wechsler (b)

Tastsensor

Ruckfreier Betrieb:

$t_{sw} < t_{Aktor}$
$t_{sw} < 0{,}8$ s
Wähle:
$t_{sw} = 0{,}4$ s ($< 0{,}8$ s)

Anzahl der Schrittprogramme (2/1/3) bis zum Dauerbetriebstelegramm (2/1/4) berechnet sich:

$$\frac{t_{Aktor}}{t_{sw}} = \frac{3{,}2\ \text{s}}{0{,}4\ \text{s}} = 8$$

Jalousieaktor

Vorgabe: Die Lamellen sollen in 4 Schritten von der 0°-Position ⍿ in die 90°-Position -•- wechseln.

Gemessen: Lamellen benötigen 3,2 s von ⍿-Position in -•--Position.

Der Aktor muss für $t_{Aktor} = \frac{3{,}2\ \text{s}}{4} = 0{,}8$ s schließen.
Die Lamellen wechseln um eine Position weiter.

Stelle Zeiten über Zeitbasis und Faktor dar!

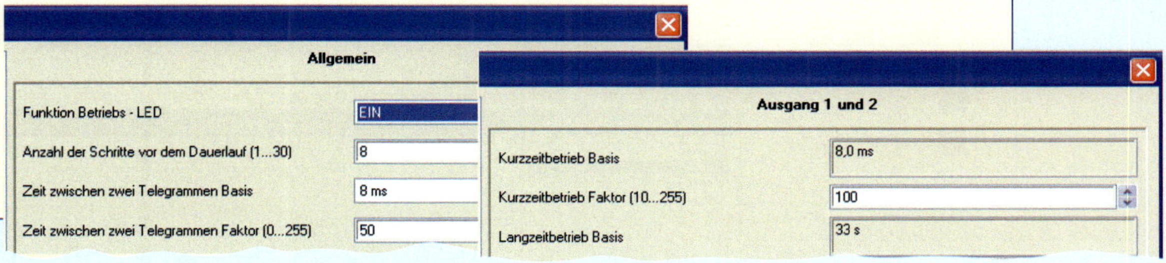

$t_{sw} = 0{,}4\ \text{s} = \text{Basis} \cdot \text{Faktor} = 8\ \text{ms} \cdot 50$

$t_{Aktor} = 0{,}8\ \text{s} = \text{Basis} \cdot \text{Faktor} = 8\ \text{ms} \cdot 100$

Allgemein

Funktion Betriebs - LED	EIN
Anzahl der Schritte vor dem Dauerlauf (1...30)	8
Zeit zwischen zwei Telegrammen Basis	8 ms
Zeit zwischen zwei Telegrammen Faktor (0...255)	50

Ausgang 1 und 2

Kurzzeitbetrieb Basis	8,0 ms
Kurzzeitbetrieb Faktor (10...255)	100
Langzeitbetrieb Basis	33 s

Abb. 2 Ablauf der Parametrierung des Tastsensors und des Schaltaktors

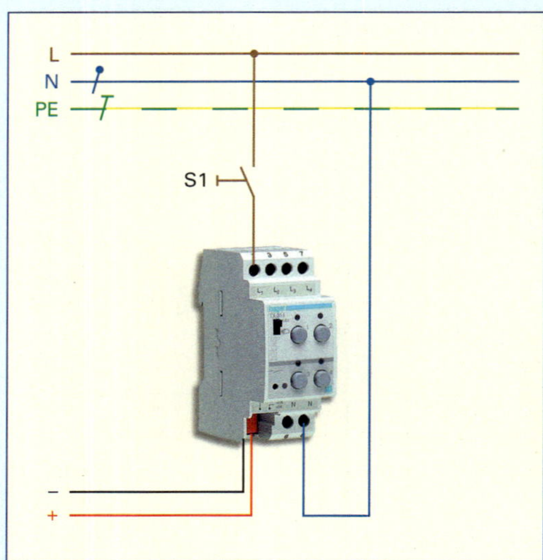

Abb. 1 Binäreingang REG, zweifach

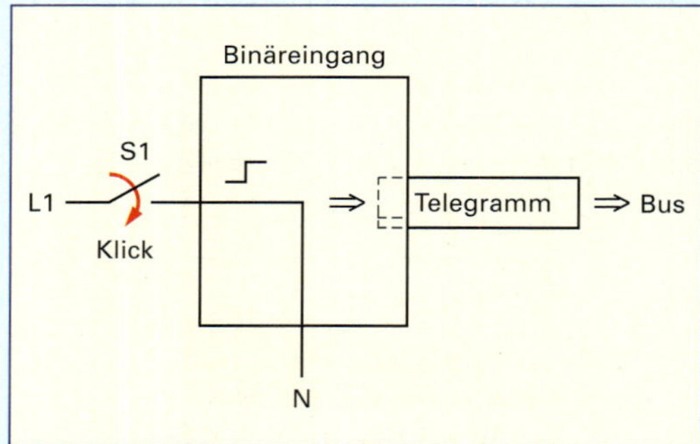

Abb. 2 Binäreingang-Applikation Flankenauswertung: Die Schaltflanken lösen das Senden eines Telegramms aus.

Einbinden von Betriebsmitteln herkömmlicher Technik in das Busnetz

Im Auftrag ist – wegen der Frostsicherheit – auf dem Balkon ein herkömmlicher Außenschalter vorgesehen. Die Lampe wird über einen KNX-Schaltaktor geschaltet. Daher muss der Außenschalter in das KNX-Netz eingebunden werden. Hierfür wird ein Binäreingang eingesetzt (Abb. 1).

> ***Merke:***
> *Ein Binäreingang setzt je nach Bauart 24 V, 230 V und potenzialfreie Schalt- oder Tastsignale in Telegramme um.*

Diese können aufgrund der Aufteilung des Schaltvorgangs (siehe Auftrag) verschieden umfangreiche Inhalte besitzen. Der hier verwendete Binäreingang besitzt zwei voneinander unabhängige Eingänge. Unterschiedliche Außenleiter sind möglich. Für Binäreingänge gibt es zwei grundlegende Applikationen:

- Reine Flankenauswertung (binär [Abb. 1])
- Flanken- und Zustandsauswertung (binär zyklisch)

In Abhängigkeit von der Schaltflanke des Eingangssignals (steigend oder fallend) werden Telegramme mit den Inhalten wie EIN, AUS oder UM gesendet (Abb. 2).

Abb. 3 Der Binäreingang kann über den Flankenauswerteparameter auf den jeweiligen Eingangssignalgeber eingestellt werden.

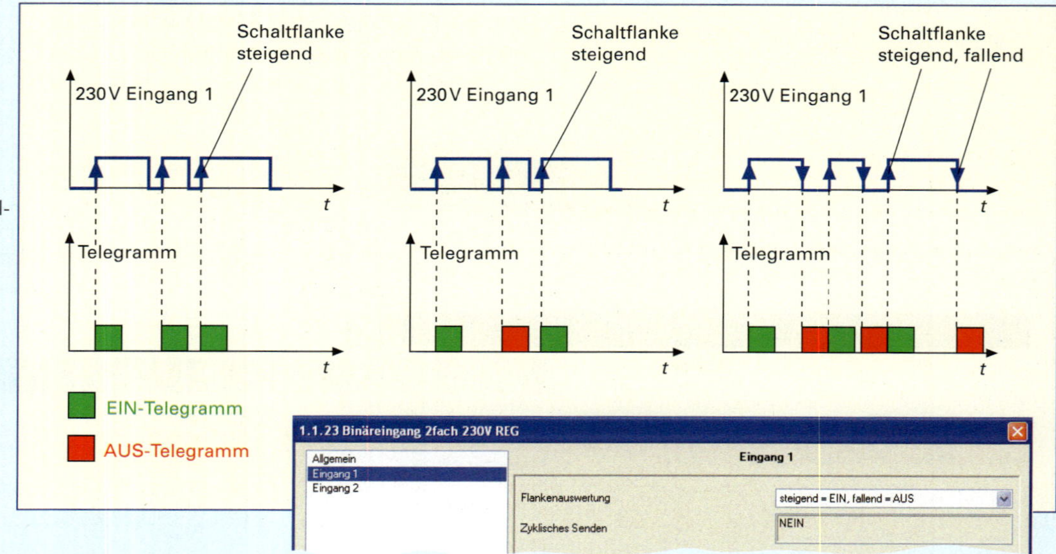

In Abb. 3 ▷ 214 sind Beispiele aufgeführt, wie sich derselbe Binäreingang je nach Parametrierung verhält. Die mittlere Parametrierung wird beim Einsatz von herkömmlichen Tastern verwendet, die rechte Parametrierung beim Einsatz von Schaltern (siehe Auftrag).

Im binär zyklischen Fall wird das ausgehende Telegramm innerhalb einer Telegrammwiederholzeit erneut gesendet. Diese sollte möglichst groß gewählt werden, um den Bus mit häufigen Wiederholungstelegrammen nicht zu blockieren (Abb. 1).

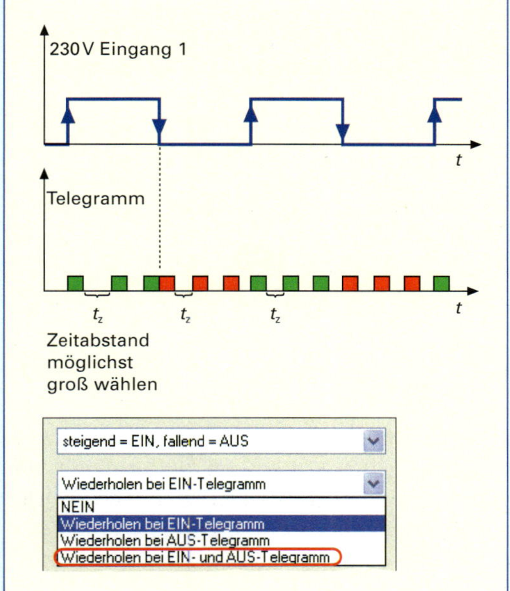

Abb. 1 Binäreingang-Applikation zyklisch „Senden"

Merke:
Bei der reinen Flankenauswertung wird ein Telegramm abhängig von der Schaltflanke gesendet. Bei der Flanken- und Zustandsauswertung bestimmt die Schaltflanke den Inhalt des Telegramms und der Pegelzustand, wann gesendet wird.

Praxistipp:
Taster und Schalter können prellen. Über die Applikation kann daher eine Entprellzeit eingestellt werden, in welcher der Binäreingang auf keine weiteren Eingangssignale reagiert. Hierdurch werden Fehlschaltungen vermieden. Weiterhin kann die Sendehäufigkeit des Binäreingangs über Parameter eingestellt werden.

Erstellen von KNX-Logik-Schaltungen

Die Schaltung zum Verriegeln und Freigeben der Lampenschaltung auf dem Balkon ist eine typische Anwendung für die UND-Verknüpfung:

Der Binäreingang (1.1.23) und der Einfachtaster (1.1.13) steuern über ihre Gruppenadressen den Schaltaktor (1.1.21). Nur wenn beide Busteilnehmer ein EIN-Telegramm senden, schließt der Schaltaktor den Laststromkreis, und die Lampe auf dem Balkon leuchtet. Es werden drei Gruppenadressen vergeben (Abb. 2 und Tabelle 1 ▷ 217).
Im Unterschied zur Lampenschaltung Essbereich wird in diesem Fall das EIN-AUS-Schalten mit zwei Gruppenadressen belegt. Der Schaltaktor darf nur in Abhängigkeit von einer bestimmten Kombination von Objektzuständen am Eingang schalten. Es werden daher beide Objektzustände (Objekt 1 und Objekt 2) über eine UND-Verknüpfung miteinander verbunden.

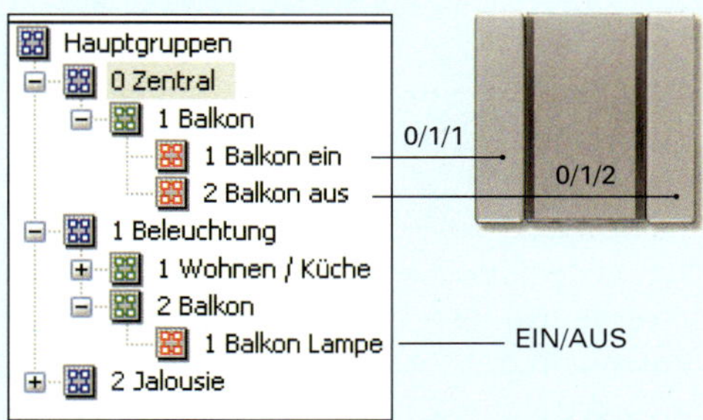

Abb. 2 Gruppenadressen für die Lampenschaltung Balkon

Gemäß der Objektbelegung in Abb. 3 ergibt sich die vollständige Logikschaltung (Abb. 1 ▷ 216). Das Logikgatter ist aufgrund der verwendeten Applikation bereits im Schaltaktor integriert.

Nummer	Name	Gruppenadressen	Funktion
0	Ausgang 1	1/1/2, 1/1/1	Schalten
1	Ausgang 2	0/1/2, 1/2/1	Schalten
2	Ausgang 1		Verknüpfung
3	Ausgang 2	0/1/1, 0/1/2	Verknüpfung

Abb. 3 Objektbelegung 1 und 3 des Zweifachschaltaktors 1.1.21 für die Logikschaltung

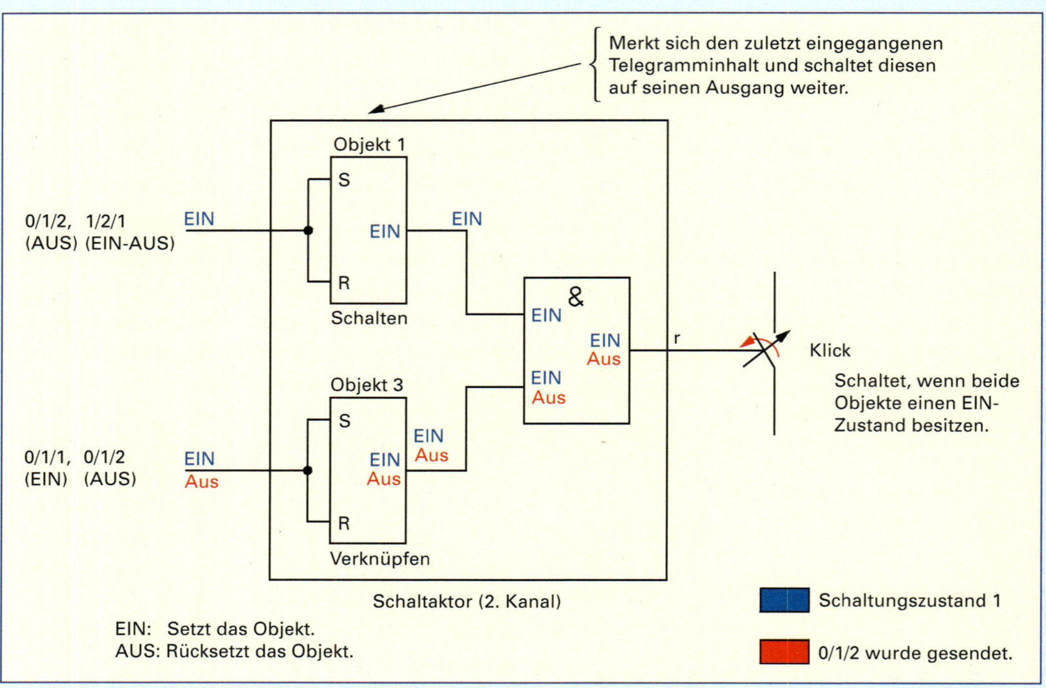

Abb. 1 UND-Verknüpfung des Zweifachaktors, 2. Kanal

Werden komplexere logische Schaltungen benötigt, so werden Verknüpfungsgeräte eingesetzt (Abb. 2).

Verknüpfungsgeräte sind Universalgeräte, d.h., die Anzahl der logischen Verknüpfungen und die Anzahl der Eingänge je Gatter hängen von der gewählten Applikation ab. Hier wurde die 2 × 2-Applikation gewählt, die zwei Gatter mit je zwei Eingängen besitzt. Insgesamt stehen hier sechs verschiedene logische Verknüpfungen je Gatter zur Verfügung (Abb. 3).

In Abhängigkeit vom Ausgangszustand des Gatters, sendet das Verknüpfungsgerät ein Telegramm (EIN oder AUS). Dieser Vorgang stellt eine eigene Funktionsgruppe dar und erhält somit eine eigene Gruppenadresse. Die in Tabelle 1 ▷ 217 aufgeführten Verknüpfungen entstammen dem Gebiet der digitalen Schaltungstechnik. Wie auf vielen anderen technischen Gebieten (SPS, Programmieren) gelangen diese auch beim KNX zum Einsatz.

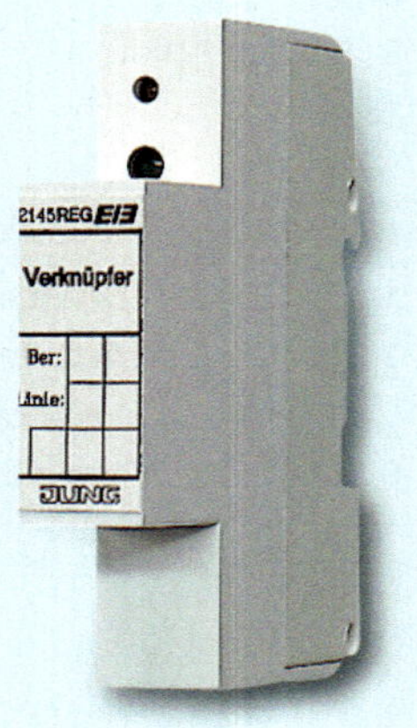

Abb. 2
Verknüpfungsgerät REG

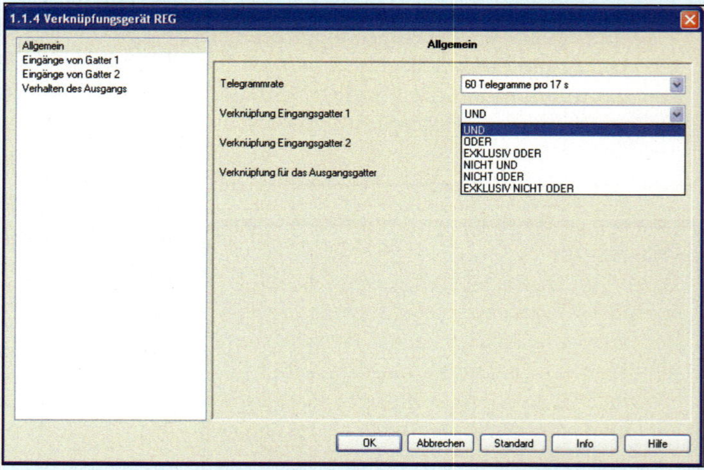

Abb. 3 Parametrierung des ersten Gatters des Verknüpfungsgerätes

Funktion	Schaltzeichen (genormt)	Telegramminhalt	Wahrheitstabelle	Kontaktschema
UND (AND)	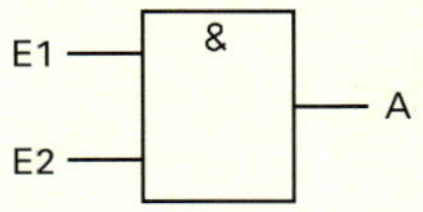 E1, E2 – & – A	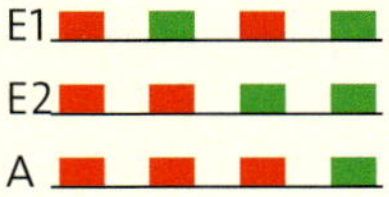 E1 E2 A	E2 E1 A 0 0 0 0 1 0 1 0 0 1 1 1	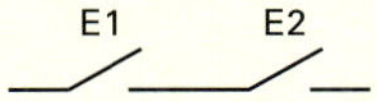 E1 E2
ODER (OR)	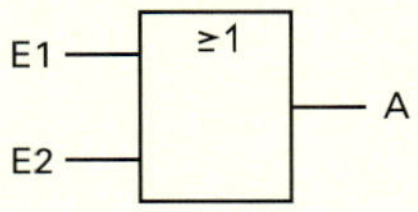 E1, E2 – ≥1 – A	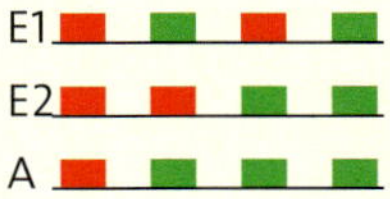 E1 E2 A	E1 E2 A 0 0 0 0 1 1 1 0 1 1 1 1	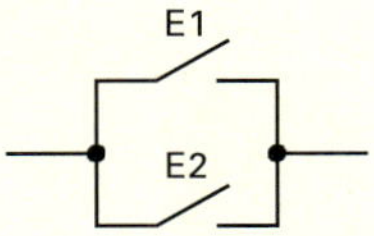 E1 E2
EXKLUSIV ODER (XOR) Ungleich-heit/ Antivalenz	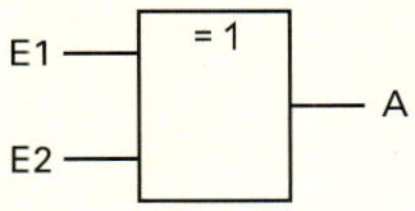 E1, E2 – =1 – A	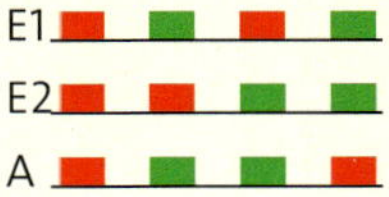 E1 E2 A	E1 E2 A 0 0 0 0 1 1 1 0 1 1 1 0	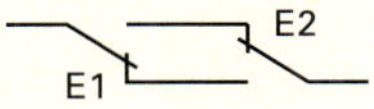 E1 E2
NICHT UND (NAND)	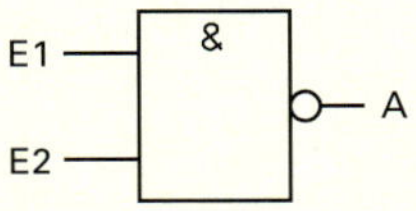 E1, E2 – & –o A	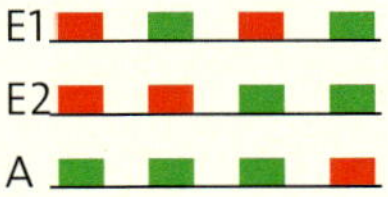 E1 E2 A	E1 E2 A 0 0 1 0 1 1 1 0 1 1 1 0	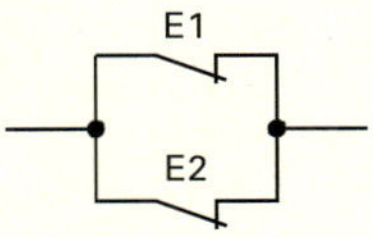 E1 E2
NICHT ODER (NOR)	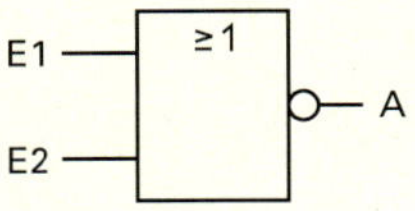 E1, E2 – ≥1 –o A	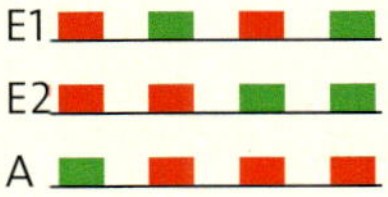 E1 E2 A	E1 E2 A 0 0 1 0 1 0 1 0 0 1 1 0	 E1 E2
EXKLUSIV NICHT ODER Gleichheit/ Äquivalenz (XNOR)	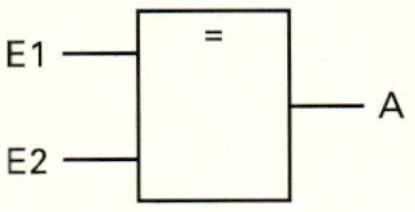 E1, E2 – = – A	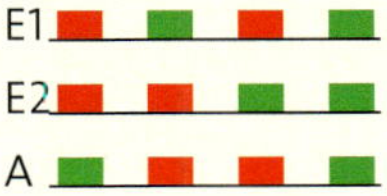 E1 E2 A	E1 E2 A 0 0 1 0 1 0 1 0 0 1 1 1	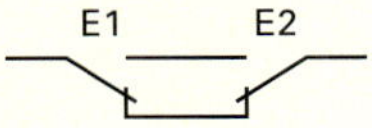 E1 E2

■ (grün) Telegramm mit dem Inhalt „Einschalten" bzw. „Logisch 1"
■ (rot) Telegramm mit dem Inhalt „Ausschalten" bzw. „Logisch 0"

Tabelle 1 Logische Verknüpfungen in verschiedenen Darstellungsformen

Die technische Umsetzung der Datenübertragung beim KNX

Der KNX arbeitet nach dem Prinzip der seriellen Datenübertragung. Die einzelnen Teilinformationen werden nacheinander (in Serie) vom Sender zum Empfänger geschickt (Abb. 1). Dieser speichert die Teilinformationen nacheinander und wertet sie abschließend aus. Da der KNX als SELV-Stromkreis arbeitet, sind zwei Adern notwendig.

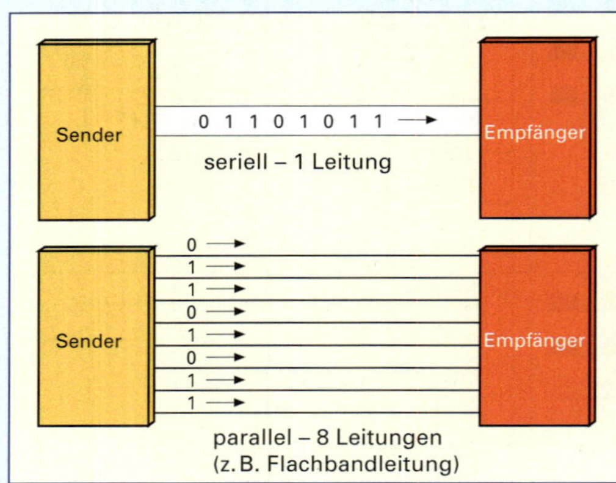

Abb. 1 Vergleich serielle und parallele Datenübertragung

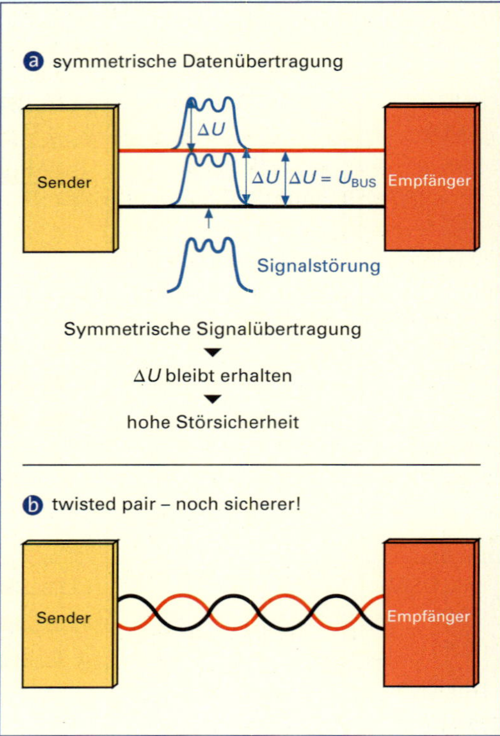

Abb. 2 Symmetrische Datenübertragung, mit eingekoppeltem Störsignal ⓐ. Die Busleitungsbauform entspricht *twisted pair* ⓑ.

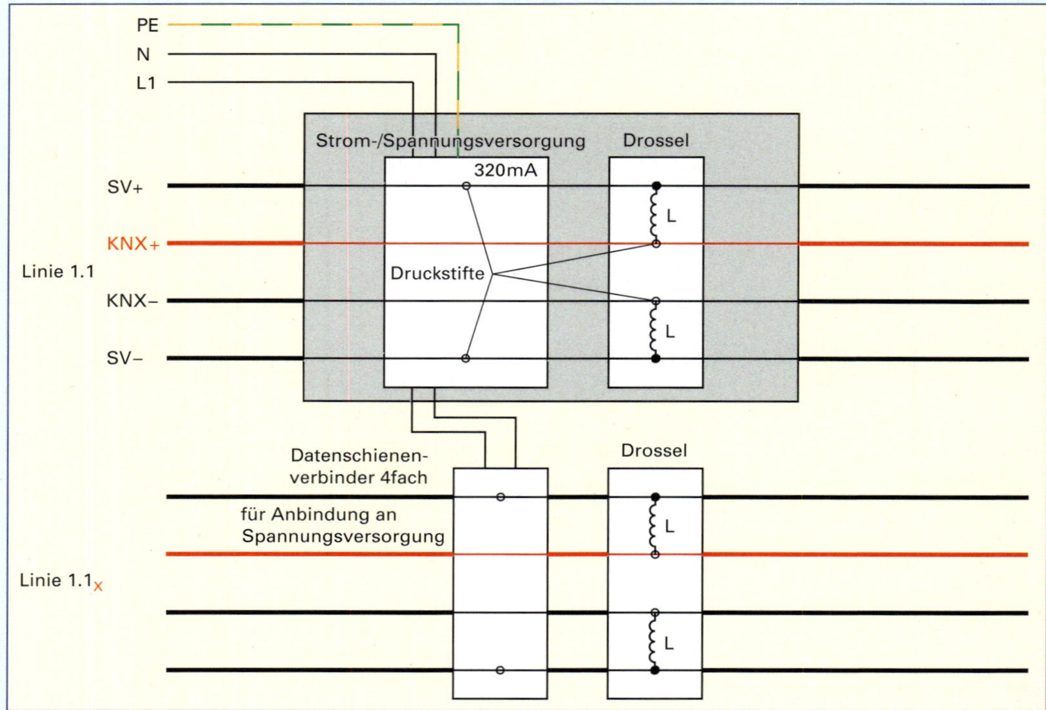

Abb. 3 Spannungsversorgungsgerät mit integrierten Drosseln

Koppelt sich ein Störspannungssignal in die Busleitung ein, so hebt sich das Spannungspotenzial auf beiden Adern. Die Spannungsdifferenz ändert sich nicht. Zudem ist das Adernpaar verdrillt (*twisted pair*) (Abb. 2 ▷ 218). Dadurch werden beide Adern von einer Störeinkopplung gleichermaßen belastet. Die Spannungsdifferenz als auswertbare Busspannung bleibt von der Störung unbeeinflusst. Alle Busteilnehmer erhalten ihre Stromversorgung über die Busleitung. Ein Busteilnehmer besitzt eine maximale Stromaufnahme von 5 mA.

$$\frac{320\,\text{mA}}{5\,\text{mA}} = 64 \text{ Busteilnehmer}$$

Der Bus wird von der Spannungsversorgung über zwei Drosseln (Induktivitäten) mit 29 V DC versorgt (Abb. 3 ▷ 218). Es können zwei galvanisch getrennte Linien mit Spannung und bis zu je 320 mA versorgt werden (siehe Erweiterung einer KNX-Anlage).

Sendet nun ein Teilnehmer ein Signal, so schickt dessen Busankoppler eine Spannungshalbwelle aktiv auf die Busleitungen (Abb. 1).

Die an der Spannungsversorgung integrierte Drossel reagiert nach dem Prinzip der Gegeninduktion mit einer Gegenspannung, um die Spannungsänderung auszugleichen. Die angeschlossenen Busankoppler der einzelnen Busteilnehmer bestehen im Wesentlichen aus drei Teilen (Abb. 2):

- Eingangsschaltung
- Übertragungsmodul
- Mikrocontroller

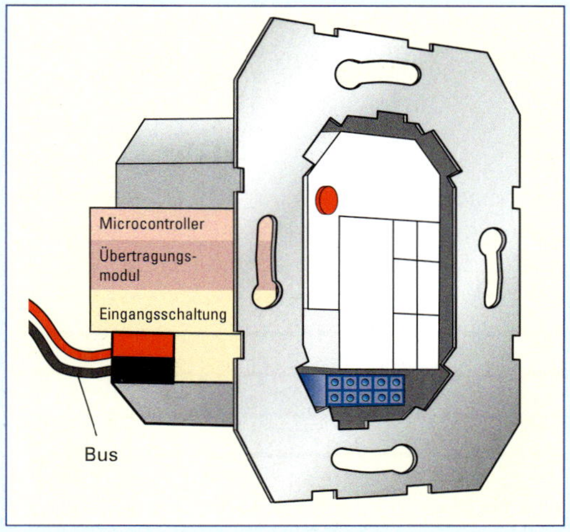

Abb. 2 Busankoppler mit Eingangsschaltung, Übertragungsmodul, Mikrocontroller

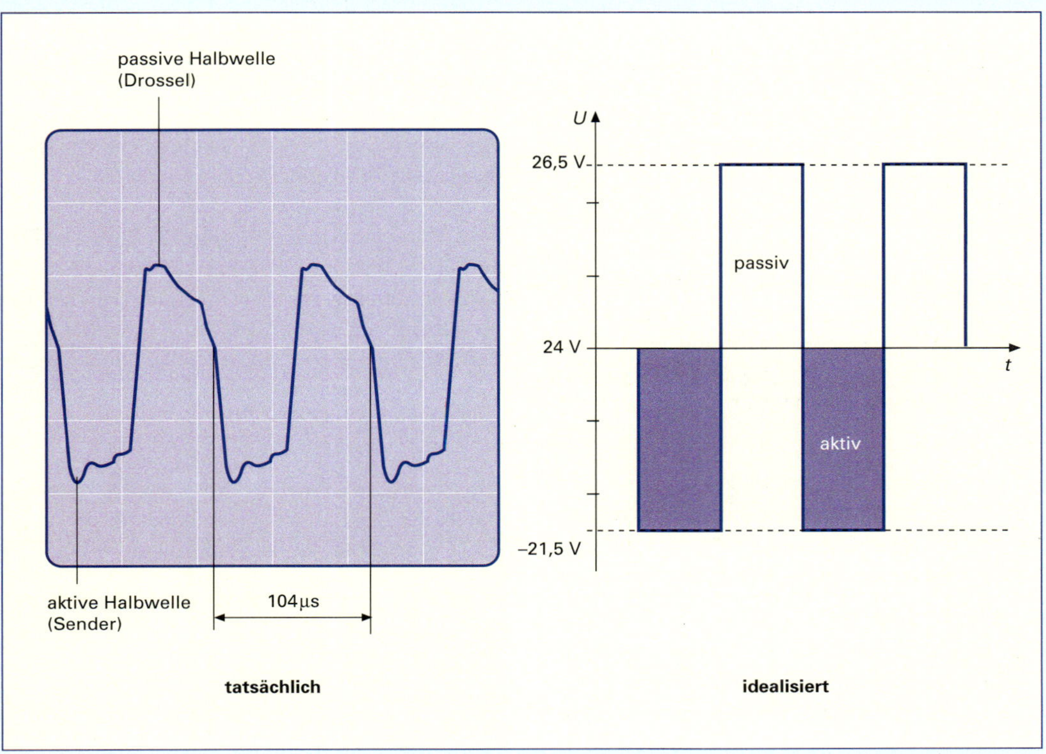

Abb. 1 Aktiv gesendete Signalhalbwelle und gegeninduzierte (passive) Signalhalbwelle auf der +-Ader der Busleitung

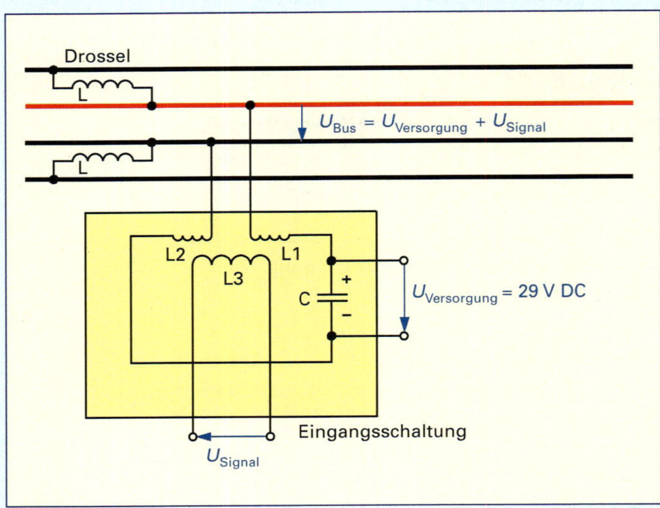

Abb. 1 Eingangsschaltung eines Busankopplers

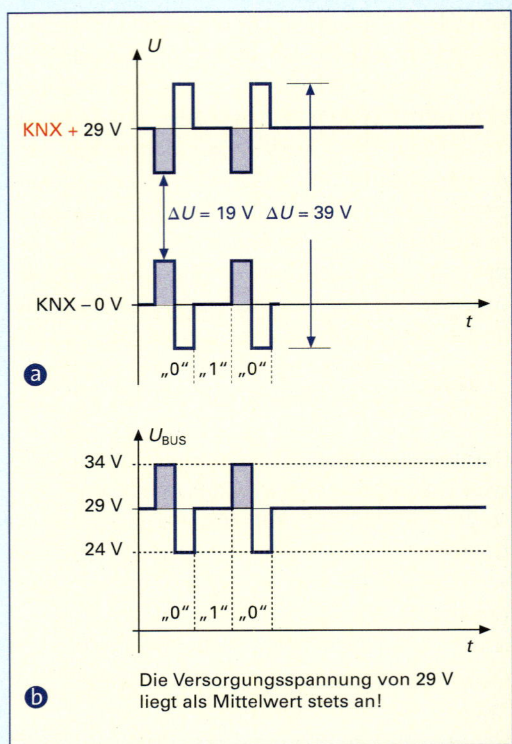

Abb. 2 Gegenphasige Wechselspannungsüberlagerung auf beide Busadern ⓐ und Verlauf der vorhandenen Busspannung bei Übertragung der Signalzustände 0 und 1. Der Signalzustand 0 wird aktiv gesendet ⓑ.

Da alle Teilnehmer in ihrer Eingangsschaltung mit weiteren Spulen ausgestattet sind, ist das Gegenspannungssignal eine verzerrte gegenpolige Halbwelle (Abb. 1 ▷ 219).

Man spricht von der passiven Halbwelle. Beide Halbwellen zusammen bilden eine gepulste Wechselspannung mit einer Schwingungsdauer von 104 µs. Dies entspricht einer Frequenz von 9600 Hz. Diese Wechselspannung wird bei der Signalübertragung der Versorgungsspannung von 29 V DC überlagert (Abb. 2).

Abb. 3 ▷ 218 zeigt, dass das Spannungsversorgungsgerät nur mit den beiden äußeren Leiterbahnen verbunden ist. Ein Kontakt wird erst über die beiden Teildrosseln hergestellt.
Die Teildrosseln haben folgende Funktionen:

- Signalformung (Bilden der passiven Halbwelle)
- Entkopplung von Bus und Spannungsversorgung. Aufgrund des Blindwiderstandes $X_L = 2 \cdot \pi \cdot f \cdot L$ schützen die Teildrosseln das Spannungsversorgungsgerät vor Wechselspannungsanteilen aus der Busleitung.

Die Wechselspannungssignale werden beiden Adern gegenphasig überlagert. Somit verkleinert oder vergrößert sich der auszuwertende Spannungsunterschied ΔU.

Bei der Festlegung der Buseigenschaften einigte man sich während der Entwicklung des KNX, dass bei überlagerter Wechselspannung auf der Busleitung der Signalzustand 0 gesendet wird. Demzufolge entspricht der ständig anliegenden Gleichspannung von 29 V DC der Signalzustand 1 (Abb. 2).

Merke:
- *Die gepulste Wechselspannung schwingt mit einer Frequenz von 9600 Hz.*
- *Die Busspannung kann zwei deutlich voneinander unterscheidbare Spannungszustände $U_{BUS} = \Delta U$ annehmen:*
  - *gemischte Spannung aus Gleich- und Wechselanteil (Signalzustand 0)*
  - *reine Gleichspannung (Signalzustand 1)*

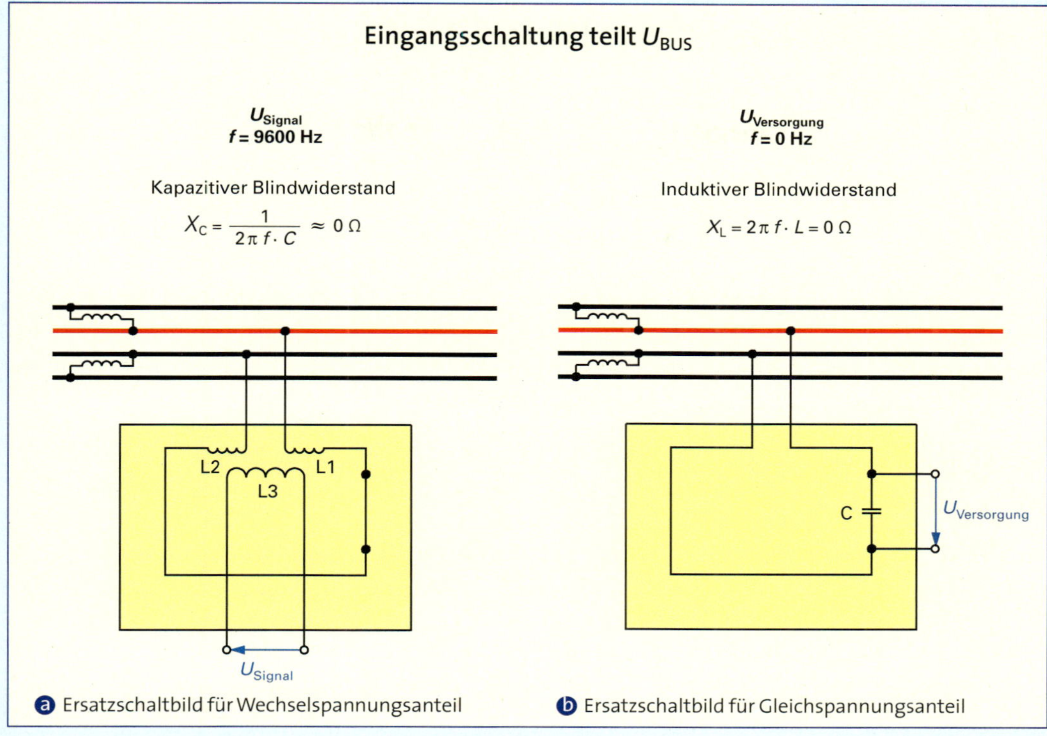

Abb. 1 Ersatzschaltbilder der Eingangsschaltung eines Busankopplers
a für die Auskopplung des Wechselspannungsanteils U_{Signal} mit f = 9600 Hz
b für die Auskopplung des Gleichspannungsanteils $U_{Versorgung}$ mit f = 0 Hz

Die angekoppelten Busteilnehmer erhalten ihre Spannungsversorgung (29 V DC) und empfangen bzw. senden die Signalwechselspannung über die Busleitung. Bei einem empfangenden Busteilnehmer muss die gemischte Spannung

$$U_{BUS} = U_{Versorgung} + U_{Signal}$$

in der Eingangsschaltung der Busankoppler in ihre zwei Anteile aufgeteilt werden (Abb. 1).

Ein Kondensator besitzt einen kapazitiven Blindwiderstand X_C, der abhängig ist von

- der angelegten Frequenz und
- dem eigenen Fassungsvermögen C (engl. *capacity*).

Die Ladungsträger ändern bei hohen Frequenzen oft ihre Fließrichtung, d. h., sie sind stärker in Bewegung. Es fließt ein größerer Strom. Ein im Stromkreis vorhandener Widerstand muss daher für hohe Frequenzen einen kleinen Wert besitzen. Es gilt:

$$X_C \sim \frac{1}{f}$$

Weiterhin gilt: Je größer das Fassungsvermögen des Kondensators, desto mehr Ladungsträger können hin und her fließen, bis ein Lade- bzw. Entladevorgang abgeschlossen ist. Je größer also das Fassungsvermögen des Kondensators ist, umso stärker kann der Ladungsträgerfluss (Strom) sein, und umso geringer fällt dementsprechend der Widerstand X_C aus (Abb. 1 ▷ 222). Es gilt:

$$X_C \sim \frac{1}{C}$$

Zusammengefasst gilt:

$$X_C \sim \frac{1}{f \cdot C}$$

Um die Proportionalitäten in eine Gleichung umwandeln zu dürfen, muss ein Proportionalitätsfaktor eingeführt werden. Es gilt hier

$$X_C = \frac{1}{2 \cdot \pi \cdot f \cdot C}$$

Der induktive Blindwiderstand X_L einer Spule verhält sich – bezogen auf die Frequenz eines Signals – umgekehrt wie der Widerstand eines Kondensators: Mit steigender Frequenz können aufgrund

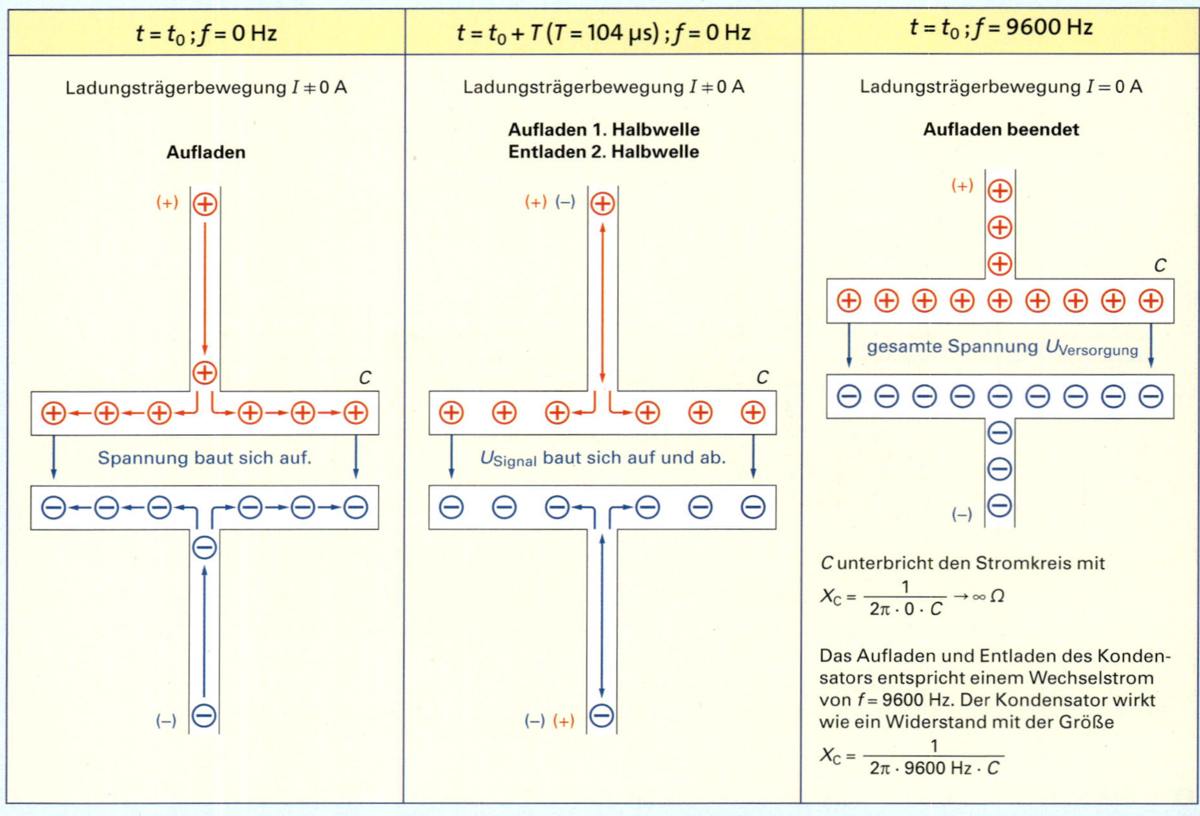

Abb. 1 Verschiedene Ladungszustände am Kondensator für die Frequenz f = 0 Hz und f = 9600 Hz (siehe hierzu auch S. 265 ff.)

der Gegeninduktionsspannung immer weniger Ladungsträger die Spule durchfließen. Folglich steigt X_L mit zunehmender Frequenz an. Es gilt

$$X_L \sim f$$

Ist die Induktivität L einer Spule größer, so kann diese eine größere Gegeninduktionsspannung bei gleich bleibender Frequenz aufbauen. Es gilt:

$$X_L \sim L$$

Fasst man beide Proportionen zusammen und führt wieder den Proportionalitätsfaktor 2p ein, so ergibt sich für den induktiven Widerstand X_L:

$$X_L = 2 \cdot \pi \cdot f \cdot L$$

Man spricht bei X_C und X_L von sogenannten Blindwiderständen. Die Ladungsträgerreibung spielt bei beiden Widerständen keine Rolle. Daher erwärmen sich Blindwiderstände im Wechselstrom kreis im Gegensatz zu Ohm'schen Widerständen (Wirkwiderständen) nicht.

Der Kondensator stellt für den Gleichstromanteil (f = 0 Hz) eine Leitungsunterbrechung dar, d. h., X_C nimmt praktisch einen unendlich großen Wert an. Daher fällt am Kondensator der gesamte Gleichspannungsanteil von 29 V DC ab.

Für den Wechselstromanteil bildet der Kondensator nahezu einen Kurzschluss. Der Wechselstrom wird nur geringfügig gehemmt (siehe auch Abschnitt *Kondensatoren*, Seite 265 ff.). Der Wechselspannungsanteil überträgt aufgrund des Transformatorprinzips das Wechselspannungssignal von den Spulen L1 und L2 auf die Sekundärspule L_3. An dieser kann die Signalspannung abgenommen und über das Übertragungsmodul und den Mikrocontroller weiterverarbeitet werden.

Ist der Busteilnehmer ein Sensor, so wird über die Klemme über L3 die aktive Halbwelle an die Spulen L2 und L1 übertragen. Diese überlagern dann die Signalspannung U_{Signal} der Gleichspannung auf der Busleitung. Zur Information seien hier die Aufgaben und Eigenschaften des Übertragungsmoduls aufgezählt:

- Verpolungsschutz
- Umwandlung der tatsächlich vorhandenen analogen Spannungspegel in schaltlogische Pegel

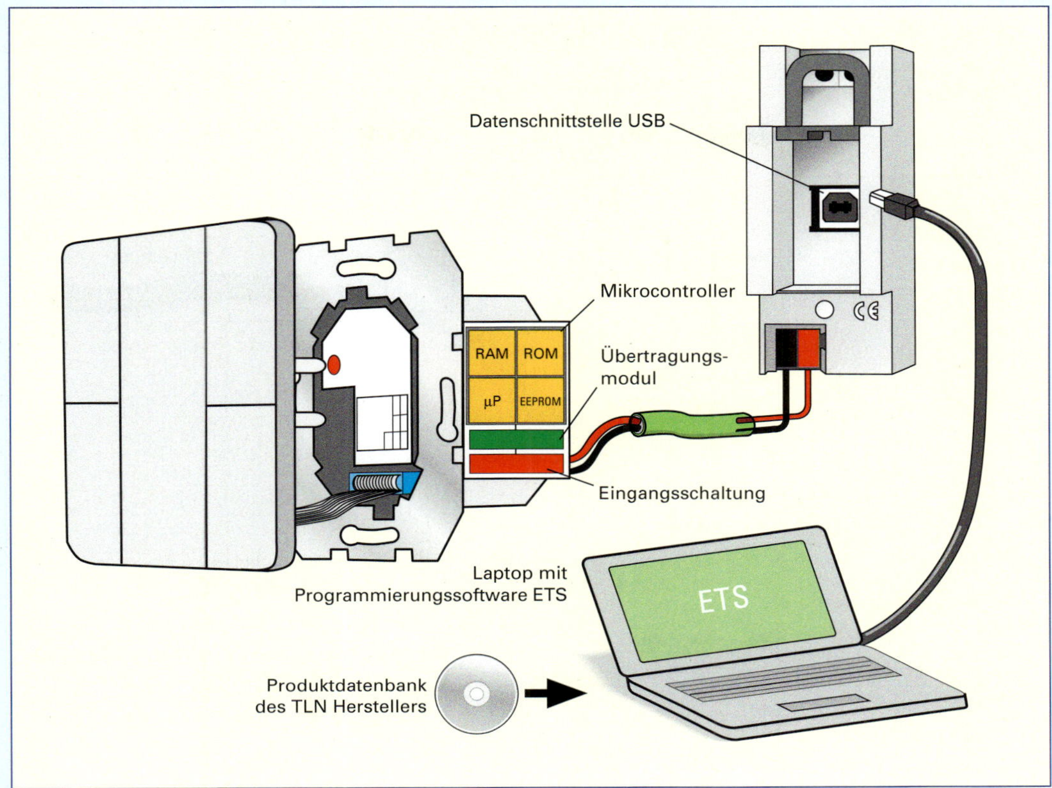

Abb. 1 Grundsätzlicher Aufbau des Busankopplers. Die Applikation wird von einem Laptop über die Datenschnittstelle RS 232 im EEPROM des Mikrocontrollers gespeichert

- Sicherheitsabschaltung bei zu geringer Busspannung (etwa 18 V DC)
- Erzeugung der Betriebsspannung von 5 V DC für die Elektronik des Busankopplers
- Schutzabschaltung bei zu hohen Temperaturen

Der KNX besitzt im Gegensatz zu anderen Gebäudeautomatisierungssystemen keinen Zentralrechner, da der KNX ein dezentrales Bussystem ist. Die steuernde Intelligenz des Systems muss daher auf die Teilnehmer verteilt werden. Dieser Tatsache wird im Mikrocontroller des Busankopplers Rechnung getragen. Der Mikroprozessor (µP) stellt hier die Steuereinheit dar.

Das RAM (**R**andom **A**ccess **M**emory – wechselweise Zugriffsspeicher, kurz: Schreib-Lese-Speicher) speichert Daten, die sich während des Betriebes ändern. Dies sind hauptsächlich Informationen über den momentanen Schaltzustand (Objektspeicher).

Das ROM (**R**ead **O**nly **M**emory – Nur-Lese-Speicher) enthält die unveränderlichen Daten, die zum sicheren Betrieb des Bussystems notwendig sind. Damit das aufgesteckte Anwendungsmodul korrekt funktionieren kann, muss im Busankoppler die hierfür notwendige Applikation gespeichert werden. Die Applikation hängt davon ab, welches Anwendungsmodul zum Einsatz kommt (z. B. Taster, Temperaturregler oder Zustandsanzeige), oder ob z. B. ein Tastsensor zum Schalten oder Jalousieansteuern verwendet werden soll. Die Applikation wird gespeichert im EEPROM (**E**lectrically **E**rasable **P**rogrammable **ROM** – elektronisch löschbarer, programmierbarer Lesespeicher, kurz: wiederprogrammierbarer Festwertspeicher) (Abb. 1).

Merke:
In der gesamten Technik findet sich ein Prinzip immer wieder:
Eingabe – Verarbeitung – Ausgabe,
das EVA-Prinzip.

Das EVA-Prinzip findet man daher auch beim KNX (Abb. 1 ▷ 224). Es lässt sich je nach Art des Busteilnehmers (Sensor – Aktor) oder entsprechendem Anwendungsmodul in beide Richtungen erkennen.

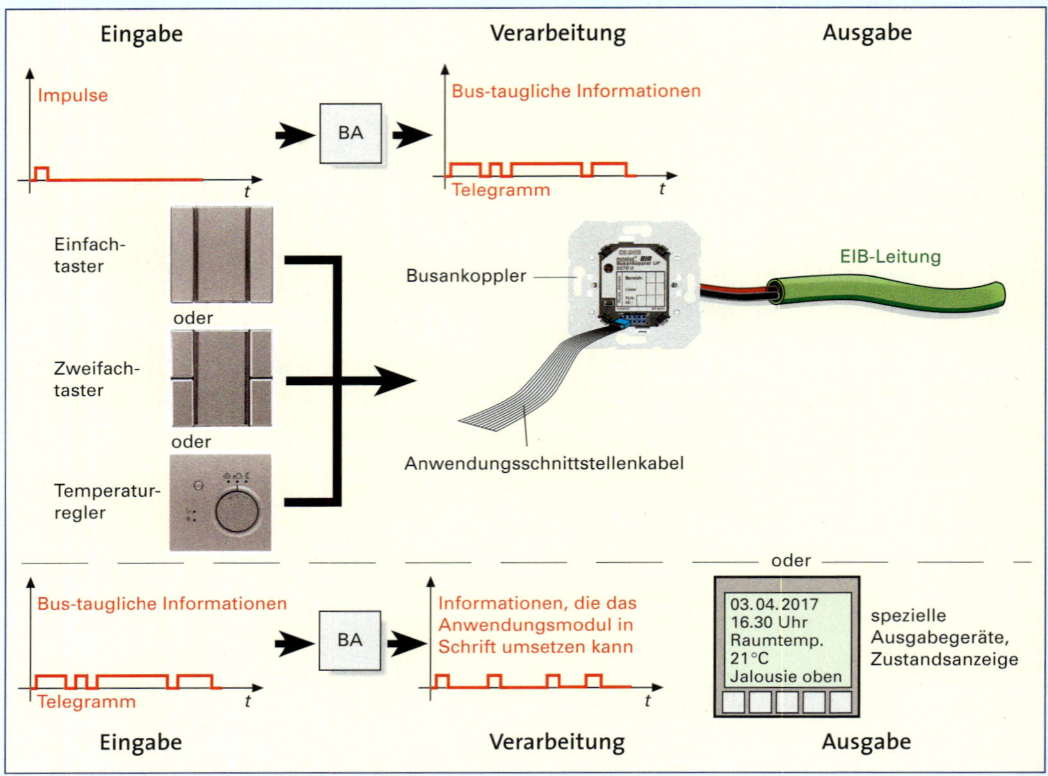

Abb. 1 EVA-Prinzip (Eingabe – Verarbeitung – Ausgabe)

Blitz- und Überspannungsschutz

Nach DIN VDE 0185 Teil 3 ist bei Vorhandensein eines Blitzschutzkonzeptes der Blitzschutzpotentialausgleich für alle aktiven Leiter erforderlich. Der sogenannte Primärschutz erfolgt durch die indirekte Anbindung über Blitzstromableiter (Abb. 2). Um den Primärschutz in KNX-Anlagen sicherzustellen, muss beachtet werden:

- Für das 230/400 V-Netz ist ein Blitzstromableiter mit einem Nennableitstrom von 10 kA (10/350 µs) und einen Schutzpegel von < 4 kV einzusetzen.
- Für eine KNX-Anlage sind Blitzstromableiter für 30 V DC, Nennableiterstrom von 1 kA (10/350 µs) und einem Schutzpegel von < 4 kV einzusetzen. Generell gilt, dass die Schirmung und der Beilaufdraht der Busleitung nicht geerdet werden dürfen.

Selbst wenn an dem Gebäude keine Blitzschutzanlage vorhanden ist, sind bei gebäudeübergreifenden Businstallationen Blitzschutzmaßnahmen anzuraten. Wir unterscheiden zwei Fälle:

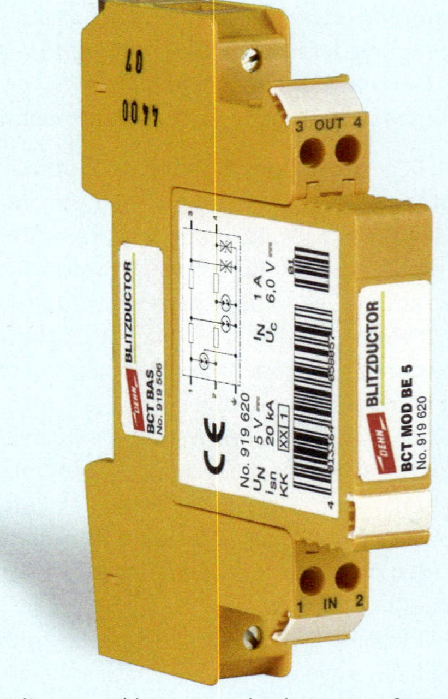

Abb. 2 Blitzstromableiter, Grundeinheit mit aufgestecktem Schutzmodul

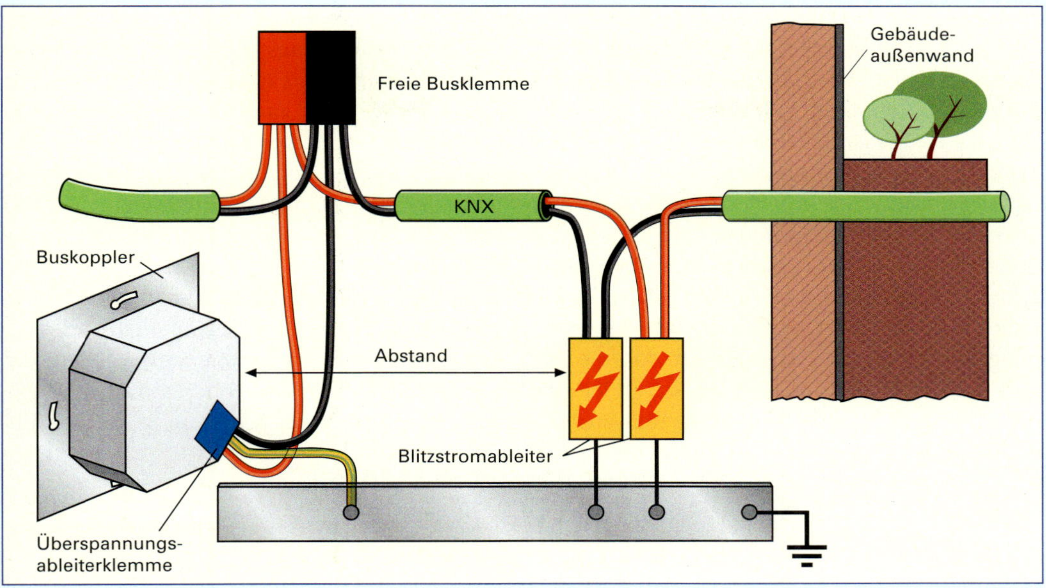

Abb. 1 Blitzschutzmaßnahme bei Gebäudeeintritt einer ungeschützten Busleitung

- Die Busleitung in Abb. 1 wurde ungeschützt durch das Erdreich geführt. Alle verwendeten Busleitungen müssen direkt nach Gebäudeeintritt über Blitzstromableiter mit der Potentialausgleichsschiene verbunden werden. Damit die blaue Überspannungsableiterklemme nicht teilweise die Aufgabe der Blitzstromableiter übernimmt, ist genügend Abstand zwischen den Blitzstromableitern und der Überspannungsklemme vorzusehen.
- Die Busleitung in Abb. 2 tritt über ein beidseitig geerdetes Metallrohr in das Gebäude ein. Es muss kein Blitzstromableiter eingesetzt werden, wenn das verwendete Metallrohr folgende Daten aufweist:
  - 16 mm² Kupfer
  - 25 mm² Aluminium
  - 50 mm² Eisen

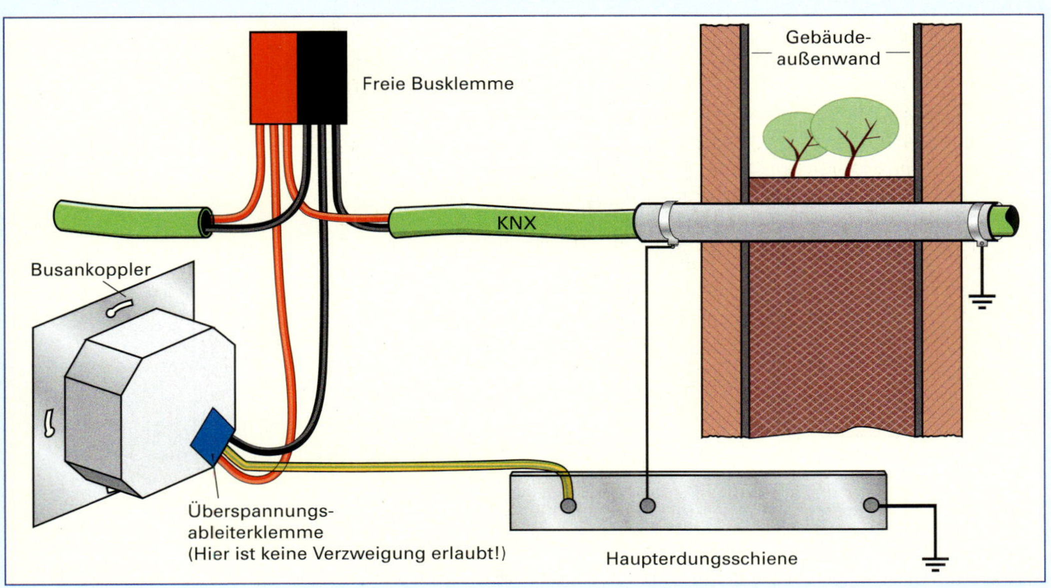

Abb. 2 Blitzschutzmaßnahme bei Gebäudeeintritt einer in einem beidseitig geerdeten Metallrohr verlegten Busleitung

Abb. 1 Vorkonfektionierte Überspannungsableiterklemme

In beiden Fällen muss an dem ersten Busteilnehmer eine fertig vorkonfektionierte blaue Überspannungsableiterklemme verwendet werden (Abb. 1 und Abb. 1 ⊳ 227). Diese ersetzt die Busklemme. Von dieser Überspannungsableiterklemme darf zu keinen weiteren Busteilnehmern verzweigt werden. Daher darf die Busverbindung nur über eine separate Busklemme erfolgen.

Generell sind alle KNX-Geräte auf eine 2-kV-Stoßspannung Ader–Erde und 300-V-Stoßspannung Ader–Ader ausgelegt. Daher ist die Überspannungsableiterklemme so ausgelegt, dass sie bereits bei einer Überspannung von <2 kV leitend wird. Durch ihre Platzierung am ersten Busteilnehmer ist nach Gebäudeeintritt die KNX-Anlage vor Überspannungen von außen geschützt. Die Überspannungsableiterklemme kommt in verschiedenen Fällen zum Einsatz:

- bei Busgeräten mit Anschluss an ein 230/400-V-Netz. Dies ist in der Regel dann erforderlich, wenn die Aktoren dezentral platziert sind, und es hierbei zu Schleifenbildungen, bestehend aus Buskabel und 230/400-V-Netzkabel, kommt.
- bei hochempfindlichen Geräten, die sowohl mit der Busleitung als auch mit dem Versorgungsnetz verbunden sind, z. B. bei Laptopeinbindung oder Visualisierungsgerät. Hier ist auch die Netz-Steckdose direkt gegen Überspannungen zu sichern. Sonst kann es wegen eventueller Schleifen zu Überspannungen und somit zur Zerstörung des Gerätes kommen. Wenn möglich, ist dieser Gefahr bereits durch eine sehr eng zur Netzleitung verlegten Busleitung zu begegnen (Abb. 2):
- bei Linien- bzw. Bereichskoppler (galvanische Trennung, Begrenzung des Gefahrenherdes)
- bei Busteilnehmern an leitenden Wänden bzw. in der Nähe von Wasser- und Gasleitungen
- an Busenden in der Nähe von Blitzstrom führenden Leitern
- an Gebäudegrenzen

Merke:

Generell gilt bei der Busleitungsverlegung: Die Leitungsenden des Busses sollten zu geerdeten Teilen und zu anderen Leitungsenden möglichst große Abstände aufweisen.
Von der äußeren Blitzschutzanlage sowie von anderen möglicherweise von Strom durchflossenen Teilen (Bleche, Antennenerdungen etc.) ist ausreichender Abstand zu halten.

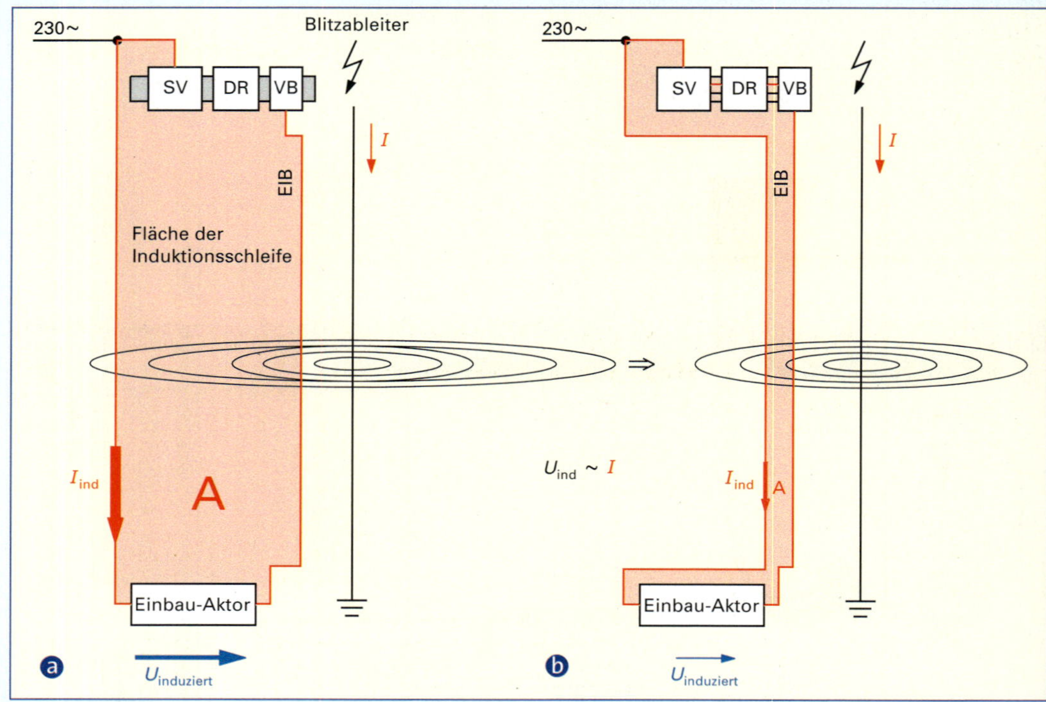

Abb. 2 Gefahr für KNX-Aktor bei Induktionsschleifenbildung ⓐ und Minimierung der Induktionsspannung durch enge Leitungsführung ⓑ

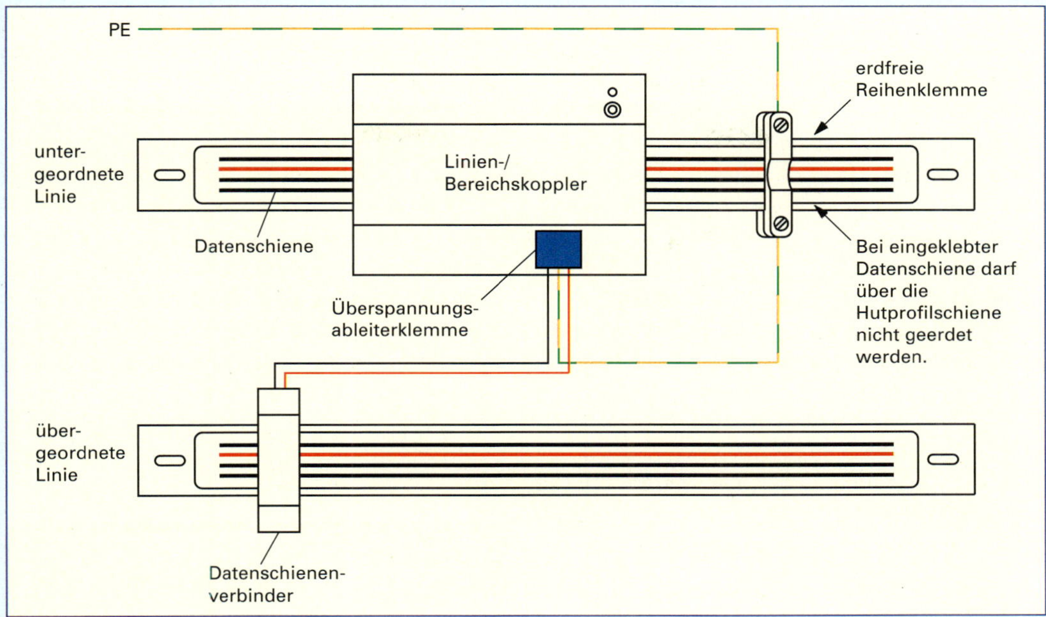

Abb. 1 Überspannungsableiterklemme an einem Bereichskoppler. Die Erdung erfolgt über eine erdfreie Reihenklemme.

Struktur der KNX-Anlage

Während der KNX-Installation und Projektierung wurden an die Busteilnehmer physikalische Adressen vergeben.
Alle Busteilnehmer des 4. Obergeschosses sind zu einer Linie zusammengefasst (Abb. 3).

Merke:
Immer 20 % Reserve einplanen, d. h., nur etwa 50 Teilnehmer je Buslinie planen!

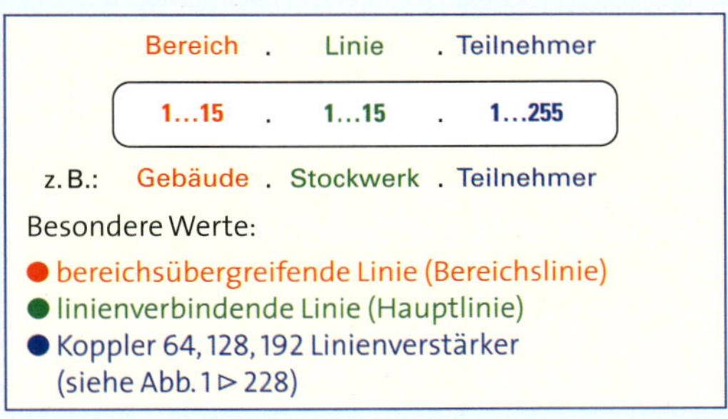

Abb. 2 Physikalische Adresse aus drei Zahlenbereichen, die jeweils durch Punkte getrennt sind. Zur Lokalisierung der Busteilnehmer gibt die physikalische Adresse meist den Einbauort im Gebäude an.

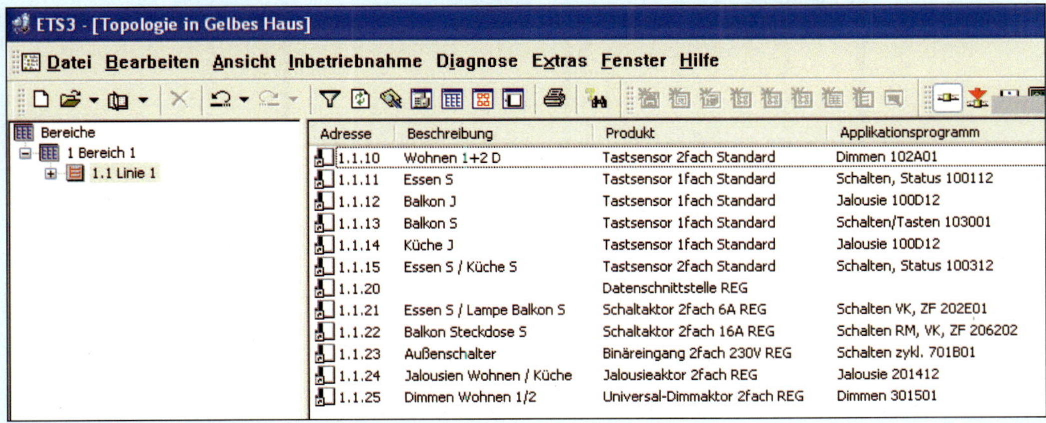

Adresse	Beschreibung	Produkt	Applikationsprogramm
1.1.10	Wohnen 1+2 D	Tastsensor 2fach Standard	Dimmen 102A01
1.1.11	Essen S	Tastsensor 1fach Standard	Schalten, Status 100112
1.1.12	Balkon J	Tastsensor 1fach Standard	Jalousie 100D12
1.1.13	Balkon S	Tastsensor 1fach Standard	Schalten/Tasten 103001
1.1.14	Küche J	Tastsensor 1fach Standard	Jalousie 100D12
1.1.15	Essen S / Küche S	Tastsensor 2fach Standard	Schalten, Status 100312
1.1.20		Datenschnittstelle REG	
1.1.21	Essen S / Lampe Balkon S	Schaltaktor 2fach 6A REG	Schalten VK, ZF 202E01
1.1.22	Balkon Steckdose S	Schaltaktor 2fach 16A REG	Schalten RM, VK, ZF 206202
1.1.23	Außenschalter	Binäreingang 2fach 230V REG	Schalten zykl. 701B01
1.1.24	Jalousien Wohnen / Küche	Jalousieaktor 2fach REG	Jalousie 201412
1.1.25	Dimmen Wohnen 1/2	Universal-Dimmaktor 2fach REG	Dimmen 301501

Abb. 3 Busteilnehmer des Wohnzimmers und Verteilers in einer Buslinie

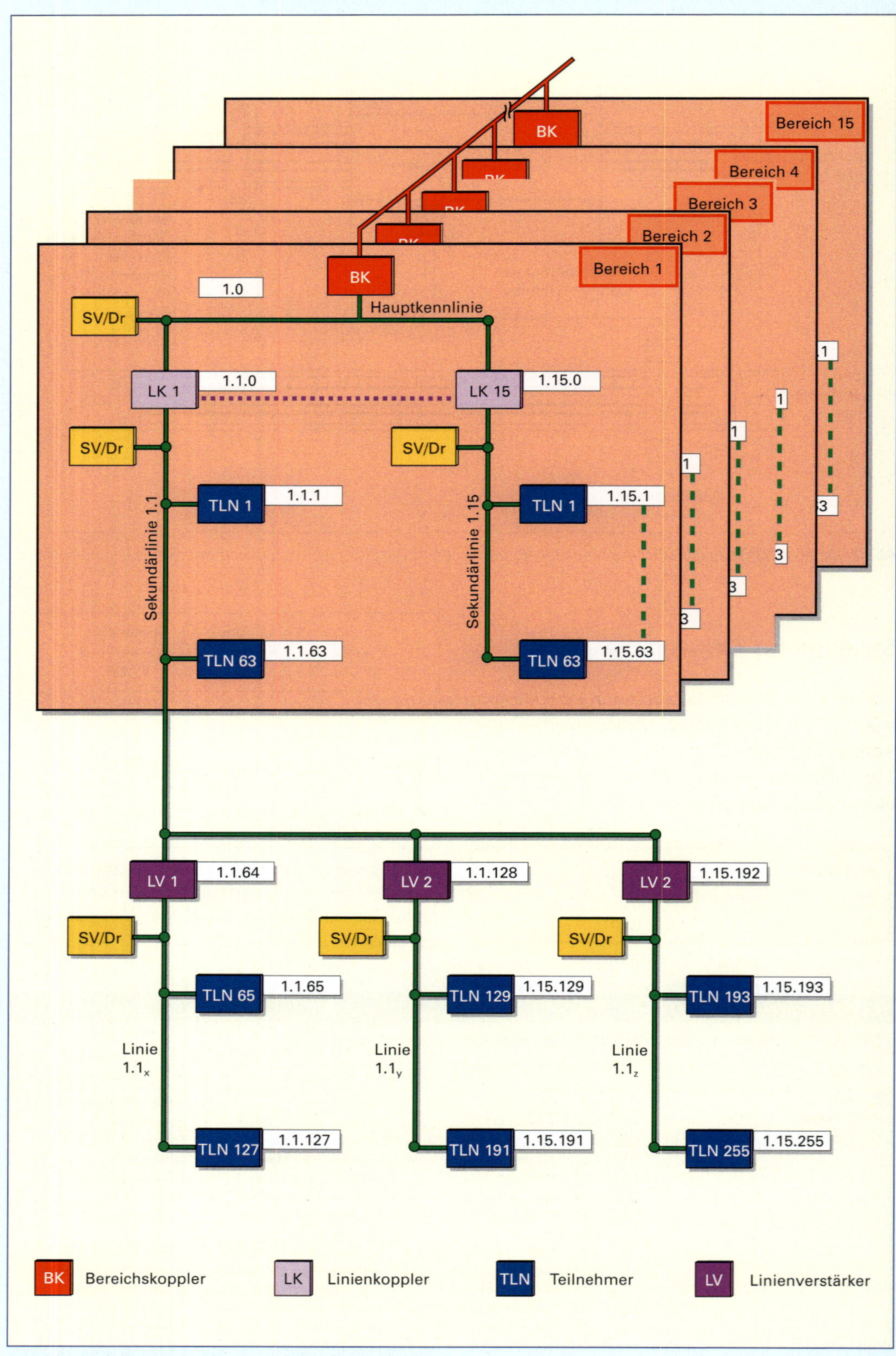

Abb. 1 Größtmögliche Struktur einer KNX-Anlage

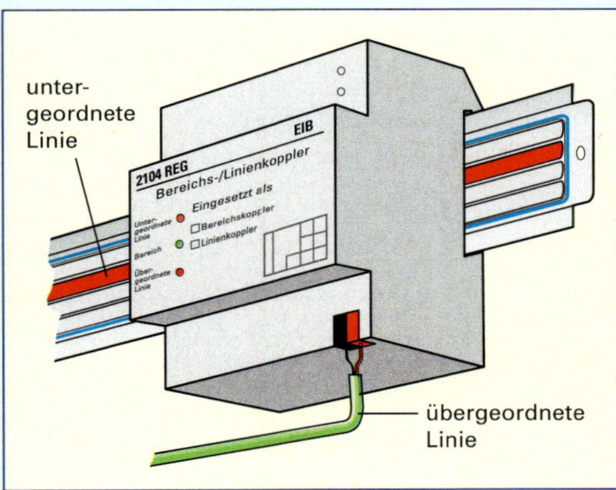

Abb. 1 Linienkoppler (Bereichskoppler) mit Klemmenbelegung

Soll das Dachgeschoss ebenfalls in die Gebäudesystemtechnik integriert werden, übersteigt die Teilnehmerzahl die maximal zulässige Anzahl von 64 Teilnehmern. Daher muss die KNX-Anlage erweitert werden. Dies kann auf zwei Arten erfolgen:

- Man fügt zwei weitere Linien mit Hilfe von Linienkopplern ein (Abb. 1). Eine Linie übernimmt als Hauptlinie die Aufgabe, die Verbindung zwischen den anderen beiden Linien herzustellen. Die Hauptlinie ist hierbei übergeordnet. Durch die Linienkoppler sind die Linien galvanisch voneinander getrennt. Alle Linien benötigen eine eigene Spannungsversorgung mit Drossel. Die Linienkoppler erhalten jeweils die Teilnehmernummer „0“.
- Man verlängert eine Linie mit einem Linienverstärker. Der Linienverstärker ist mit einem Linienkoppler bzw. Bereichskoppler identisch. Durch die Zuordnung einer speziellen Teilnehmernummer wie „64“ (siehe Abb. 2 ▷ 227) wird aus einem Linienkoppler ein Linienverstärker. Als Linienerweiterung dürfen bis zu drei Linien parallel an eine bereits existierende Linie angehängt werden. Somit können bis zu 256 Teilnehmer an eine Linie innerhalb eines Bereiches angebunden werden. Mit einer konsequenten Beschriftung von Busleitungsenden kann ein falsches Verbinden von parallelen Buslinien vermieden werden.

Die zweite Möglichkeit sollte nur aus strukturellen/sachlogischen Gründen oder bei Leitungslängen von über 1000 Metern erfolgen. Bei Großprojekten ist die erste Möglichkeit vorzuziehen. Abschließend zeigt Abb. 1 ▷ 228 die maximal mögliche Bustopologie. An der bereichsübergreifenden Linie bzw. an einer Hauptlinie sollten nur Teilnehmer mit zentralen Funktionen, wie z. B. Windwächter, eingebunden werden.

Merke:
Kopplergeräte (Linien- oder Bereichskoppler) erfüllen drei Aufgaben:
- *Sie geben der Topologie eine Baumstruktur. Hierdurch wird eine größere Übersichtlichkeit erzielt.*
- *Sie trennen die einzelnen Busabschnitte galvanisch. Hierdurch entsteht eine größere Betriebssicherheit.*
- *Sie filtern und blockieren einzelne Telegramme (Filtertabellen), wodurch die Busbelastung mit Telegrammen deutlich verringert wird. Dadurch kommt es zu weniger Telegrammkollisionen.*
- *Für Kopplergeräte wird die Teilnehmernummer 0 vergeben. Die Kopplergeräte sind damit der untergeordneten Linie zugewiesen. Als Linienverstärker erhält ein Koppler die Teilnehmernummern 64, 128 oder 192.*
- *Jede Linie benötigt eine eigene Spannungsversorgung.*
- *Teilnehmer besitzen die Kennziffern 1 bis 63.*

Aufbau eines Telegramms

Die Busleitung kann nur zwei unterschiedliche Spannungszustände annehmen. Es gibt jedoch mehr als nur zwei verschiedene Informationen, die man über den Bus senden möchte. Mit den Befehlen EIN und AUS wären die beiden Signalzustände schon vergeben. Daher müssen alle Informationen durch Kombinationen von 0 und 1 dargestellt werden. Diese Kombinationen sind aufgrund ihres großen Umfangs sehr lang. Da der KNX herstellerübergreifend zu verwenden ist, muss garantiert sein, dass gleiche Informationen, z. B. der Schaltbefehl, durch gleiche Zahlenkombinationen codiert (abgesprochen, abstrakt verschlüsselt) werden. Eine solche „Verabredung“ nennt man Protokoll (vergleiche hierzu andere Protokolle wie TCP/IP für den weltweiten Datentransfer über das Internet).

Merke:
Ein informationstechnischer Platzhalter, der nur die Zustände 0 und 1 annehmen kann, wird Bit genannt.

Dezimalsystem

10

Mit einem Platzhalter lassen sich 10 unterschiedliche Ziffern darstellen: **0 1 2 3 4 5 6 7 8 9**

z. B. 1 6 7_{Dez} ≙

$10^2 = 100$	$10^1 = 10$	$10^0 = 1$
1×	6×	7×

1× + 6× + 7× = $\mathbf{167}_{Dez}$

3 Platzhalter
→ Man kann $10^3 = 1000$ verschiedene Zahlen-Wörter darstellen.

Dualsystem

2

Mit einem Platzhalter lassen sich 2 unterschiedliche Ziffern darstellen: **0 1**

1 1 0 1 1 0 0 0_{Dual} ≙

$2^7 = 128$	$2^6 = 64$	$2^5 = 32$	$2^4 = 16$	$2^3 = 8$	$2^2 = 4$	$2^1 = 2$	$2^0 = 1$
1×	1×	0×	1×	1×	0×	0×	0×

= $\mathbf{216}_{Dez}$

8 Platzhalter
→ Man kann $2^8 = 256$ verschiedene Zahlen-Wörter darstellen.

Hexadezimalsystem

16

Mit einem Platzhalter lassen sich 16 unterschiedliche Ziffern darstellen: **0 1 2 3 4 5 6 7 8 9**
A(≙10) **B**(≙11) **C**(≙12) **D**(≙13) **E**(≙14) **F**(≙15)

z. B. D 8_{Hex} ≙

$16^1 = 16$	$16^0 = 1$
D×	8×

D× + 8× = $13 \cdot 16 + 8 \cdot 1 = \mathbf{216}_{Dez}$

2 Platzhalter
→ Man kann $16^2 = 256$ verschiedene Zahlen-Wörter darstellen.

Tabelle 1 Zahlensysteme

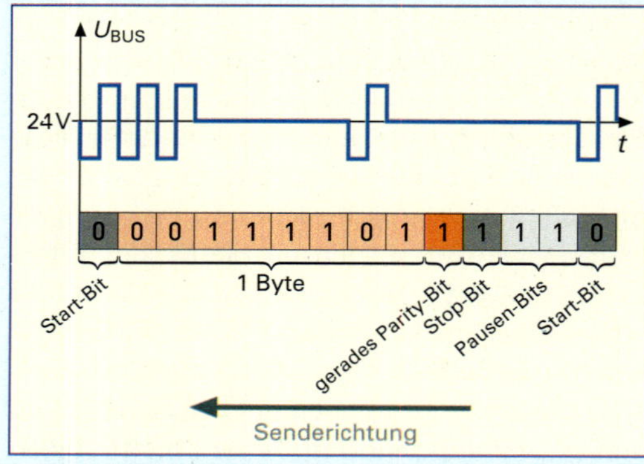

Abb. 1 Übertragung eines Bytes mit den dazugehörenden Steuerbits

Aus Datensicherungsgründen fasst man in der Informationstechnik immer 8 Bit zusammen zu einem so genannten Byte

8 Bit = 1 Byte

Mit einer achtstelligen Bitkombination lassen sich insgesamt $2^8 = 256$ verschiedene Informationen codieren. Eines der zentralen Themen der Informationstechnik ist die Sicherstellung der korrekten Übertragung von Informationen von einem Sender an einen Empfänger (Tabelle 1 und Tabelle 2).

Dezimalzahl	Dualzahl	Hexadezimalzahl
0	0000	0
1	0001	1
2	0010	2
3	0011	3
4	0100	4
5	0101	5
6	0110	6
7	0111	7
8	1000	8
9	1001	9
10	1010	A
11	1011	B
12	1100	C
13	1101	D
14	1110	E
15	1111	F

Tabelle 2 Tabelle zur gegenseitigen Umrechnung der Zahlensysteme

Um ein Byte kontrolliert zu übertragen, braucht man heute in der Regel insgesamt 13 Bit. Das erste Bit ist das so genannte Start-Bit. Es besteht zwangsläufig aus einer 0, da diese aktiv als Wechselspannung gesendet wird. Wurde zuvor keine Information gesendet, so kann jeder Empfänger erkennen, dass von nun an 8 Bit Information einlaufen. Die reine Gleichspannung von 29 V DC wird dann als logische 1 gewertet. Man sagt, der Empfänger wird durch das Start-Bit synchronisiert. Da die Synchronisation nicht über ein gemeinsames Taktsignal erfolgt, spricht man von einer asynchronen Übertragung.
Die Richtigkeit der Datenübertragung wird mit Parity-Bit geprüft (Abb. 1). Es handelt sich hierbei um die so genannte gerade Parität. Mit Hilfe des geraden Parity-Bits wird die Anzahl der 1-Zustände des zu übertragenden Bytes auf eine gerade Anzahl ergänzt.

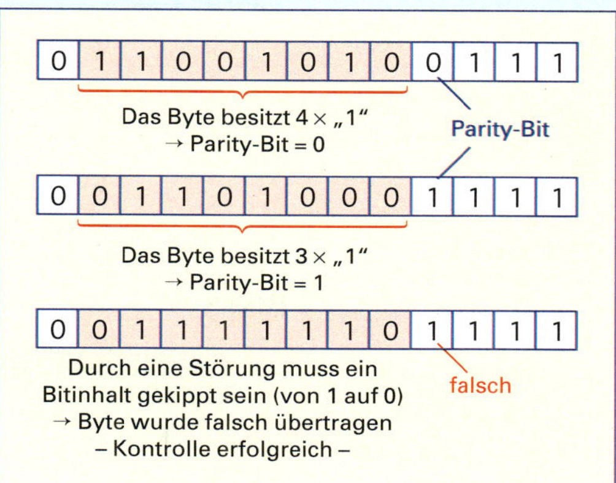

Abb. 1 Prüfen mit Hilfe des Parity-Bits

Merke:

- *Sender und Empfänger müssen kontrollieren können, ob eine Nachricht korrekt gesendet bzw. empfangen wurde.*
- *Bei der asynchronen Datenübertragung erfolgt die Synchronisation über ein Bit. Dieses kann zu jedem beliebigen Zeitpunkt die Synchronisation eines Empfängers bewirken.*
  Bei der synchronen Datenübertragung wird die Synchronisation von Sender und Empfänger über ein gemeinsames Taktsignal gesteuert (siehe Powerline).
- *Das gerade Parity-Bit stellt sicher, dass die Anzahl der 1-Zustände innerhalb des zu übertragenden Bytes und des Parity-Bits gerade ist. Dadurch lassen sich Übertragungsfehler auf Seiten des Empfängers erkennen.*

Ein Stop-Bit beendet die Übertragung des Bytes. Nach weiteren zwei Bit kann ein neues Byte gesendet werden (Abb. 1 ▷ 230). Wie ein Telegramm insgesamt aufgebaut ist, zeigt Tabelle 1 ▷ 232. Hierbei ist zu bedenken, dass das lange Telegramm in einzelne Byte-Pakete unterteilt wird, die dann jeweils kontrolliert werden können. Weiterhin gilt in der Informationstechnik, dass in der Regel 1 Byte (8 Bitstellen) aus Gründen der besseren Lesbarkeit für den Menschen mit Hilfe von nur zwei Platzhaltern dargestellt wird. Ein Platzhalter muss dann aber 16 verschiedene Zustände codieren können. Dies gelingt mit dem Hexadezimalsystem (Abb. 2 und Tabelle 2 ▷ 230).

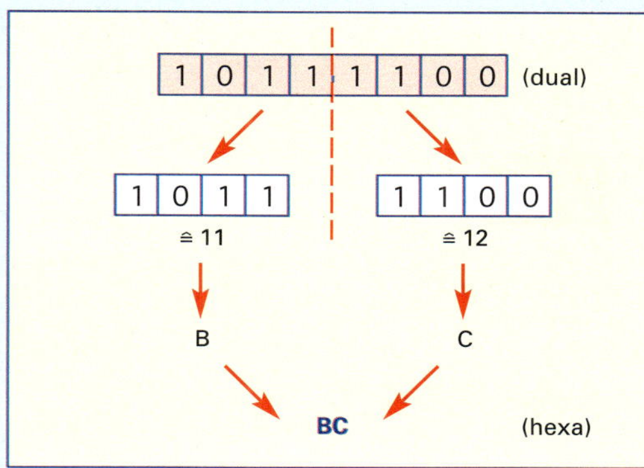

Abb. 2 Beispiel zur Codierung eines Bytes mit dem Hexadezimalcode

Nachdem das Telegramm über den Bus gesendet wurde, übermitteln alle Teilnehmer, die auf die gesendete Gruppenadresse (GA) oder physikalische Adresse (PA) programmiert sind, ein Quittungssignal (Abb. 3).

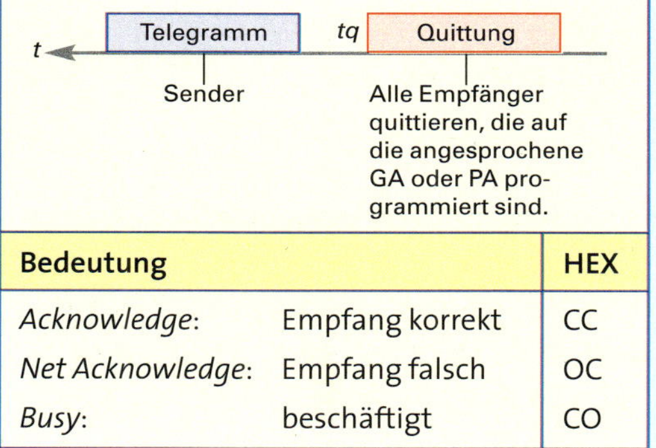

Bedeutung		HEX
Acknowledge:	Empfang korrekt	CC
Net Acknowledge:	Empfang falsch	OC
Busy:	beschäftigt	CO

Abb. 3 Telegramm und Quittungssignal

meldung, wie sie das Telegramm empfangen haben. Somit besitzt auch der Sender eine Kontrollmöglichkeit, ob das Signal korrekt gesendet und empfangen wurde. Für den Fall OC bzw. CO wird das Telegramm bis zu dreimal wiederholt.

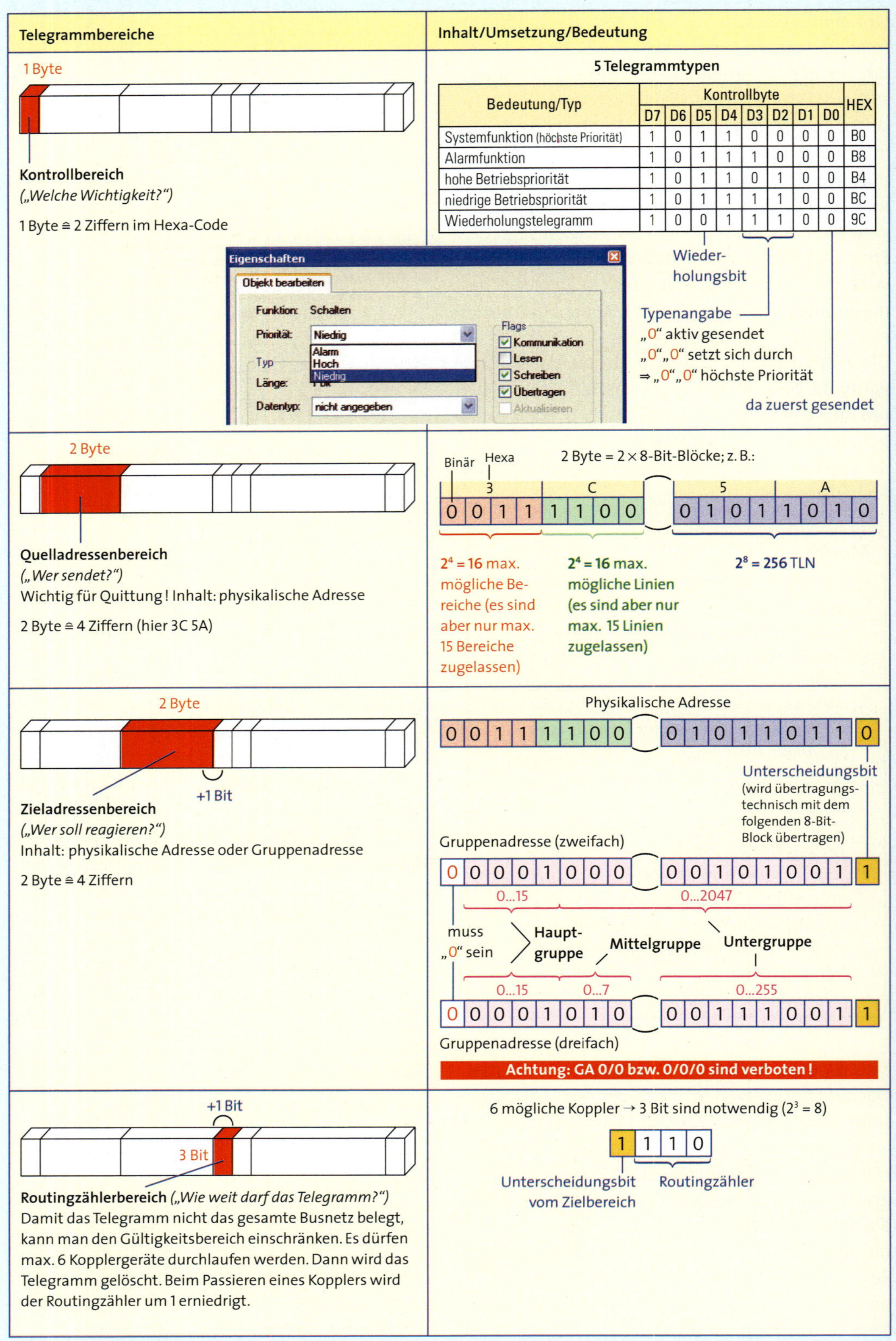

Telegrammbereiche	Inhalt/Umsetzung/Bedeutung
1 Byte **Kontrollbereich** *(„Welche Wichtigkeit?“)* 1 Byte ≙ 2 Ziffern im Hexa-Code	**5 Telegrammtypen** (siehe Tabelle unten)
2 Byte **Quelladressenbereich** *(„Wer sendet?“)* Wichtig für Quittung! Inhalt: physikalische Adresse 2 Byte ≙ 4 Ziffern (hier 3C 5A)	Binär Hexa 2 Byte = 2 × 8-Bit-Blöcke; z. B.: 3 C 5 A 0 0 1 1 1 1 0 0 – 0 1 0 1 1 0 1 0 2^4 = 16 max. mögliche Bereiche (es sind aber nur max. 15 Bereiche zugelassen) 2^4 = 16 max. mögliche Linien (es sind aber nur max. 15 Linien zugelassen) 2^8 = 256 TLN
2 Byte +1 Bit **Zieladressenbereich** *(„Wer soll reagieren?“)* Inhalt: physikalische Adresse oder Gruppenadresse 2 Byte ≙ 4 Ziffern	Physikalische Adresse 0 0 1 1 1 1 0 0 – 0 1 0 1 1 0 1 0 0 Unterscheidungsbit (wird übertragungstechnisch mit dem folgenden 8-Bit-Block übertragen) Gruppenadresse (zweifach) 0 0 0 0 1 0 0 0 – 0 0 1 0 1 0 0 1 1 0...15 0...2047 muss „0“ sein; **Hauptgruppe**; **Mittelgruppe**; **Untergruppe** 0...15 0...7 0...255 0 0 0 0 1 0 1 0 – 0 0 1 1 1 0 0 1 1 Gruppenadresse (dreifach) **Achtung: GA 0/0 bzw. 0/0/0 sind verboten!**
+1 Bit 3 Bit **Routingzählerbereich** *(„Wie weit darf das Telegramm?“)* Damit das Telegramm nicht das gesamte Busnetz belegt, kann man den Gültigkeitsbereich einschränken. Es dürfen max. 6 Kopplergeräte durchlaufen werden. Dann wird das Telegramm gelöscht. Beim Passieren eines Kopplers wird der Routingzähler um 1 erniedrigt.	6 mögliche Koppler → 3 Bit sind notwendig (2^3 = 8) 1 1 1 0 Unterscheidungsbit vom Zielbereich; Routingzähler

5 Telegrammtypen

Bedeutung/Typ	D7	D6	D5	D4	D3	D2	D1	D0	HEX
	Kontrollbyte								
Systemfunktion (höchste Priorität)	1	0	1	1	0	0	0	0	B0
Alarmfunktion	1	0	1	1	1	0	0	0	B8
hohe Betriebspriorität	1	0	1	1	0	1	0	0	B4
niedrige Betriebspriorität	1	0	1	1	1	1	0	0	BC
Wiederholungstelegramm	1	0	0	1	1	1	0	0	9C

Tabelle 1 Aufbau eines KNX-Telegramms

Tabelle 1▷232 (Fortsetzung)

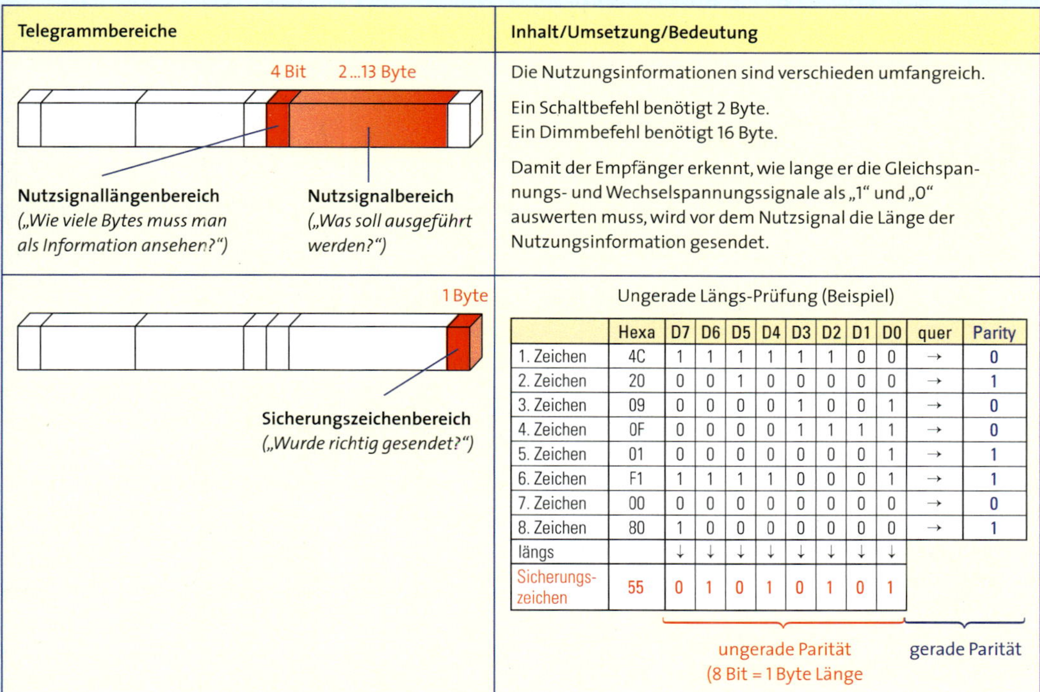

Telegrammbereiche	Inhalt/Umsetzung/Bedeutung
4 Bit 2...13 Byte **Nutzsignallängenbereich** *(„Wie viele Bytes muss man als Information ansehen?“)* **Nutzsignalbereich** *(„Was soll ausgeführt werden?“)*	Die Nutzungsinformationen sind verschieden umfangreich. Ein Schaltbefehl benötigt 2 Byte. Ein Dimmbefehl benötigt 16 Byte. Damit der Empfänger erkennt, wie lange er die Gleichspannungs- und Wechselspannungssignale als „1“ und „0“ auswerten muss, wird vor dem Nutzsignal die Länge der Nutzungsinformation gesendet.
1 Byte **Sicherungszeichenbereich** *(„Wurde richtig gesendet?“)*	Ungerade Längs-Prüfung (Beispiel) (siehe Tabelle unten)

Ungerade Längs-Prüfung (Beispiel)

	Hexa	D7	D6	D5	D4	D3	D2	D1	D0	quer	Parity
1. Zeichen	4C	1	1	1	1	1	1	0	0	→	0
2. Zeichen	20	0	0	1	0	0	0	0	0	→	1
3. Zeichen	09	0	0	0	0	1	0	0	1	→	0
4. Zeichen	0F	0	0	0	0	1	1	1	1	→	0
5. Zeichen	01	0	0	0	0	0	0	0	1	→	1
6. Zeichen	F1	1	1	1	1	0	0	0	1	→	1
7. Zeichen	00	0	0	0	0	0	0	0	0	→	0
8. Zeichen	80	1	0	0	0	0	0	0	0	→	1
längs		↓	↓	↓	↓	↓	↓	↓	↓		
Sicherungszeichen	55	0	1	0	1	0	1	0	1		

ungerade Parität (8 Bit = 1 Byte Länge) — gerade Parität

Für den Fall, dass zwei Telegramme genau zeitgleich gesendet werden, liegt erst dann ein sogenannter Kollisionsfall vor, wenn die Telegramme sich in einem Bit unterscheiden. Für diesen Fall setzt sich das 0-Bit aufgrund des Wechselspannungsanteils auf der Busleitung durch. Das Telegramm mit dem 0-Bit wird weitergesendet. Das zweite Telegramm wird automatisch zu einem späteren Zeitpunkt gesendet. Diese Art der Kollisionsauflösung wird CSMA-CA-Verfahren genannt (*Carrier* **S***ense* **M***ultiple* **A***ccess-Collision* **A***voidance*, deutsch: Buszugriffsverfahren mit Kollisionsauflösung). Da die Spannungssignale bei wachsender Entfernung an Amplitude und Signalschärfe abnehmen, kann ein Kollisionsfall nur bis zu einer Entfernung von 700 m zwischen zwei gleichzeitig sendenden Teilnehmern erfolgen. Daher ist die Entfernung zwischen zwei Busteilnehmern auf 700 m begrenzt.

Integration in bestehende Elektroinstallationen

Um in bestehenden Elektroinstallationen ebenfalls die KNX-Technik anwenden zu können, wurde das KNX-Powerline-Konzept entwickelt (Abb. 1). Somit besteht auch hier die Möglichkeit, verschiedene Gewerke in einem gemeinsamen System zusammenzufassen und optimal aufeinan-

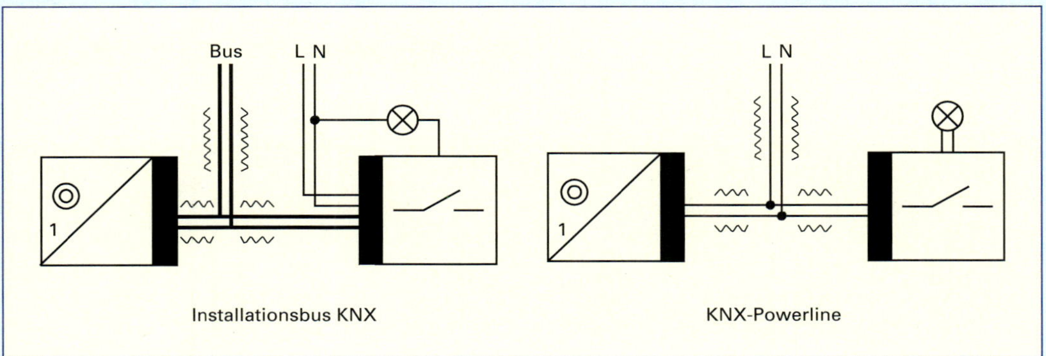

Abb. 1 Installationsbus und Powerline

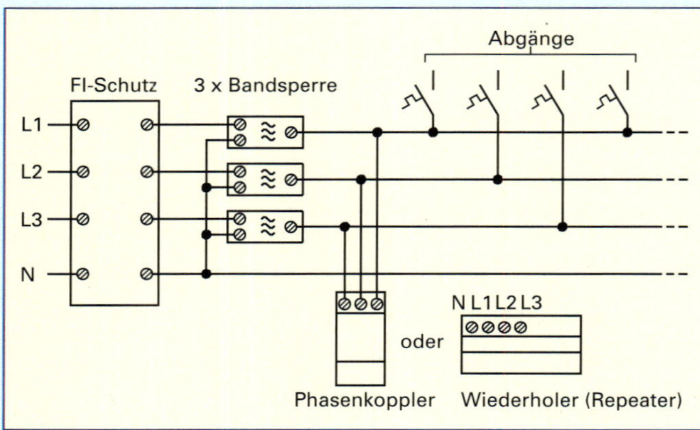

Abb. 1 Powerline am Netz

der abzustimmen. Bis auf die geringere Anzahl von maximal acht möglichen Bereichen ist die Powernet-Technologie mit der Twisted-Pair-Variante identisch. Das neue System wurde so konzipiert, dass z. B. Anwendungsmodule aus dem KNX-Bereich auch hier zum Einsatz kommen können. Ebenfalls ist die ETS für die Powerline-Technologie zum Programmieren der Teilnehmer verwendbar. Auch hier teilen sich die Teilnehmer in Sensoren und Aktoren auf, die vor dem Gebrauch mit einer physikalischen Adresse versehen und einer Gruppenadresse zugeordnet werden.

Der gravierende Unterschied liegt in der Informationsübermittlung und den daraus folgenden Konsequenzen. Weiterhin unterscheiden sich die verwendeten Telegramme in Aufbau und Länge von denen im KNX.

Zur Informationsübertragung wird das bestehende Niederspannungsnetz mit 50 Hz Netzfrequenz verwendet. Es entfällt somit der andernfalls notwendige Stemmaufwand. Die Telegrammübertragung erfolgt zwischen Außenleiter und Neutralleiter. Da die Verbraucher nach 400 V/230 V ausgelegt sind, darf eine Amplitudenmodulation nicht zur Datenübertragung verwendet werden. Daher muss die Frequenz für die Zustände 0 und 1 verändert werden.

Übertragungsprinzipien des Powerline-Konzepts:

- „0“ senden: Überlagerung der Netzfrequenz mit 105 kHz
- „1“ senden: Überlagerung der Netzfrequenz mit 115,2 kHz
- Datenübertragungsrate beträgt 1200 bit/s
- Alle Netzteilnehmer versuchen ständig Bitmuster im Niederspannungsnetz zu erkennen. Über ein Vergleichsverfahren innerhalb des Netzkopplers (entspricht Busankoppler) lässt sich mit einer sehr großen Wahrscheinlichkeit eine tatsächliche „0“ bzw. „1“ herauslesen.
- Spezielle Fehlererkennungsmethoden lassen dann eine sichere Telegrammerkennung zu.

Beim Installationsbus KNX wird für die Synchronisation ein Start-Bit gesendet. Bei Powerline wird der Nulldurchgang der 50 Hz Netzfrequenz verwendet, da diese an allen Teilnehmern anliegt und alle Teilnehmer ständig „mithören“. Daher ist die Powerline-Technik nur in 400 V/230 V-Netzen mit einer Frequenz von 50 Hz ± 0,5 Hz erlaubt.

In der Elektroinstallation werden alle drei Außenleiter zur Energieübertragung innerhalb des Hauses genutzt. Deshalb muss auch ein gesendetes Telegramm auf die drei Außenleiter übertragen werden. Diese Aufgabe übernimmt der Phasenkoppler. Wird ein Telegramm nicht von einem angesprochenen Teilnehmer quittiert, so wiederholt der Wiederholer (Repeater) das gesendete Telegramm. Erfolgt weiterhin keine Quittierung, so wird der sendende Teilnehmer nochmals aufgefordert, sein Telegramm zu senden. Danach wird der Sendevorgang beendet. Die eingezeichneten Bandsperren verhindern, dass die Frequenzmodulation außerhalb der Powerline-Installation andere Verbraucher stört (Abb. 1).

Merke:

- *KNX-Powerline arbeitet frequenzmoduliert.*
- *Ein Einsatz der Powerline-Technik ist nicht gestattet, wenn*
  - *die Netzfrequenztoleranz zu groß ist oder zu starke Spannungsschwankungen vorhanden sind.*
  - *die Telegrammübertragung zwischen Gebäuden eines Straßenzuges erfolgen soll.*
  - *die Übertragung über einen Transformator hinaus geht.*
  - *unzureichend entstörte elektrische Betriebsmittel im Versorgungsnetz vorhanden sind.*

Prüfen Sie Ihr Wissen:

1 Welche Geräte werden zu den Systemkomponenten gezählt?

2 Wird der KNX zentral oder dezentral gesteuert? Begründen Sie Ihre Antwort!

3 Welche Leitungen dürfen beim KNX verwendet werden?

4 Was ist bei der Platzierung der REG im Verteilerschrank zu beachten?

5 An welche Adern des Buskabels wird die Busklemme angeklemmt? Nennen Sie Zuordnung von Farbe und Polarität!

6 Wozu werden Busklemmen benötigt?

7 Nennen Sie Teilprüfungen, die für die VDE-Prüfung der KNX-Installation notwendig sind!

8 Wie und warum muss die Datenschiene an freien Stellen abgedeckt werden?

9 Welche Schalterdosen müssen bei UP-Busankopplern verwendet werden?

10 Welche Leitungslängen sind zu beachten?

11 Welche Mindestspannung muss überall am Bus messbar sein?

12 Informieren Sie sich: Wie verhält sich ein Teilnehmer bei Spannungsausfall am Bus?

13 Wie groß ist die maximale Stromaufnahme eines Busteilnehmers?

14 Aus welchen Teilen setzt sich ein Busendgerät zusammen?

15 Welche Aufgabe besitzt die Drossel an der Spannungsversorgung?

16 Benötigt der Bus einen Abschlusswiderstand? Mit welcher Klemme sollte man den letzten Teilnehmer ankoppeln?

17 Wo sollten möglichst wenige Teilnehmer innerhalb einer komplexen KNX-Installation untergebracht werden?

18 Berechnen Sie die maximal möglich Anzahl an Teilnehmern, die innerhalb einer KNX-Anlage installiert werden können!

19 Welche Aufgaben übernehmen Kopplergeräte?

20 Die Vergabe der physikalischen Adresse richtet sich nach der Platzierung innerhalb der Bustopologie. Vergeben Sie an die eingezeichneten Teilnehmer die entsprechenden fehlenden Ziffern (Abb. 1)!

21 Zwei bereits parametrierte UP-Busankoppler wurden beim Einbau vertauscht. Beschreiben Sie in Ihren Worten mögliche Konsequenzen!

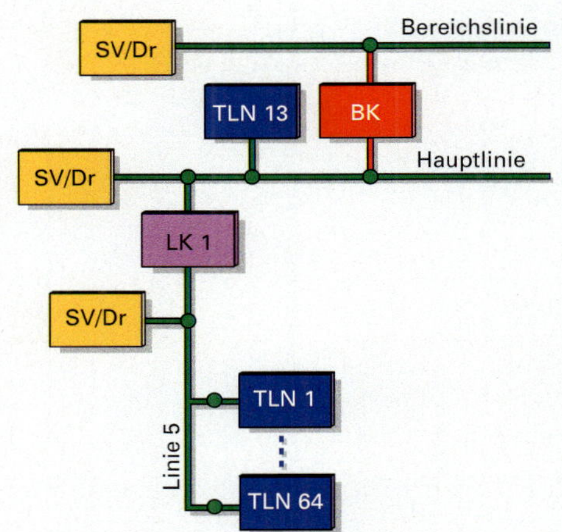

Abb. 1 Bustopologie

22 Was ist bezüglich der zu schaltenden Leistung zu beachten, wenn die entsprechenden Verbraucher über Schaltaktoren geschaltet werden?

23 Verändern Sie die Lamellenansteuerung der Jalousien im Wohnzimmer dahingehend, dass ruckfrei drei bzw. sechs Stufen angefahren werden können!

24 Die Jalousieaktoren und der Binäreingang sollen verbrauchernah (dezentral) platziert werden. Welche Änderungen sind erforderlich? Können hierbei Kosten für den Kunden eingespart werden? Informieren Sie sich über Produktpreise!

25 Ergänzen Sie die Kücheninstallation nach eigenen Ideen. Hierbei soll eine Deckenbeleuchtung sowie das Schalten von Lampen in Hängeschränken möglich sein. Die Beleuchtung im Essbereich soll von der Küchentür aus ansteuerbar sein.

26 Erstellen Sie eine Funktionstabelle für die gesamte KNX-Installation des 4. Obergeschosses. Versetzen Sie sich hierbei in die Rolle des Kunden, und stellen Sie Ihre Kundenwünsche in einer Liste zusammen. Berücksichtigen Sie, dass alle Starkstromleitungen in den Schlafräumen bei Bedarf abgeschaltet werden können. Versuchen Sie diese Funktionen auch in herkömmlicher Installationstechnik zu bewerkstelligen. Stellen Sie die Gesamtkosten der jeweiligen Installationsart einander gegenüber. Wägen Sie ab, welche Installationsart in Hinblick auf die Kosten (bezüglich Sicherheit und Komfort) für den Kunden die bessere ist!

27 Wozu dient die Überspannungsableiterklemme? Warum begrenzt diese die Überspannung auf kleiner als 2 kV?

28 Bei einem Einfamilienhaus ist separat eine Garage gebaut, die in die Elektroinstallation miteinbezogen werden soll. Wie sehen hierzu die notwendigen Blitzschutzmaßnahmen aus?

29 Beschreiben Sie in Ihren eigenen Worten die Unterschiede zwischen der Installationsbus KNX-Technologie und der KNX-Powerline-Technologie!

30 Wie wird bei der KNX-Powerline-Technologie verhindert, dass außerhalb der hausinternen Elektroinstallation die gesendeten Telegramme andere Verbraucher stören können?

31 Führen Sie ein Verkaufsgespräch, in dem Sie den zukünftigen Besitzer eines Einfamilienhauses zu der Installation des KNX überzeugen wollen!

2.8 Ersatzstromversorgungen

- **Beschreibung der verschiedenen Anlagen**
- **Auswahlkriterien der Anlagen**
- **Instandhaltung der Anlagen**

Als Ersatzstromversorgungsanlagen werden Anlagen bezeichnet, die eine elektrische Energieversorgung von Verbraucheranlagen, elektrischen Betriebsmitteln und einzelnen Verbrauchern übernehmen, wenn die normale Stromversorgung ausfällt, abgeschaltet wird oder fehlt.
Enthalten die Verbraucheranlagen Sicherheitseinrichtungen, bei denen es durch Spannungsausfall zu Schaden an Personen und Gebäuden kommen kann, so spricht man von Sicherheitsstromversorgungsanlagen.

2.8.1 Gleichstromanlagen

Unterbrechungsfreie Stromversorgung (USV)

Ursprünglich wurden USV-Anlagen (Abb. 1) in der EDV-Branche eingesetzt. Heute gibt es eine Vielzahl von Anwendungsmöglichkeiten:

- Netzsicherung für Telefonanlagen: Betriebe, die vom Telefonnetz abhängig sind, können ihre Telefonanlage vor Abstürzen und Unbenutzbarkeit sichern.
- Medizinischer Bereich: Absicherung von lebenserhaltenden Geräten, z. B. ein Herz-Lungenautomat.
- Industriebereich: Zur Sicherung des Prozessrechners von Fertigungsstraßen, damit keine Leerlaufzeiten entstehen.

Man unterscheidet drei Arten von USV-Anlagen:

- **Off-Line-/Standby-USV-Anlagen** (Abb. 2)
  Die Versorgung der Verbraucher erfolgt erst bei Netzausfall.
  Vorteil: einfacher Aufbau, geringer Preis
  Nachteil: kurzzeitige Netzschwankungen können ungehindert auf Verbraucher einwirken.
- **Line-Interaktiv-USV-Anlagen** (Abb. 3)
  Weiterentwicklung der Off-Line-USV-Anlage. Durch eine automatische Spannungsanpassung können Unterspannungen ausgeglichen werden. *A*utomatic *V*oltage *R*egulation (AVR) bedeutet automatische Spannungsanpassung.

1. Frontplatte mit Anzeige
2. Leistungsteil mit Lüfterbaugruppe
3. Anschlussklemmen
4. Batterieanschluss

Abb. 1 USV-Anlage im geöffneten Zustand

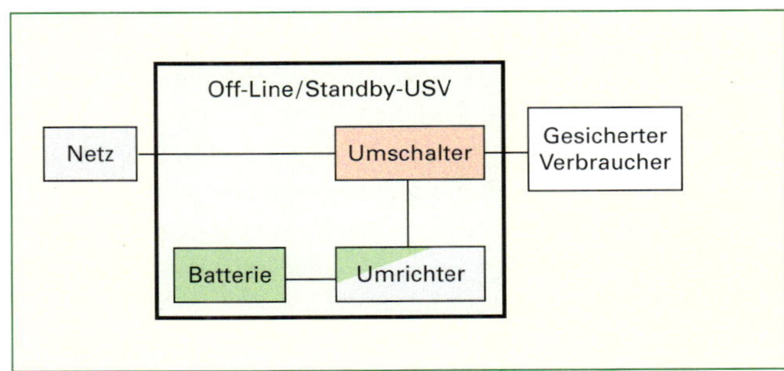

Abb. 2 Blockschaltbild einer Off-Line-USV-Anlage

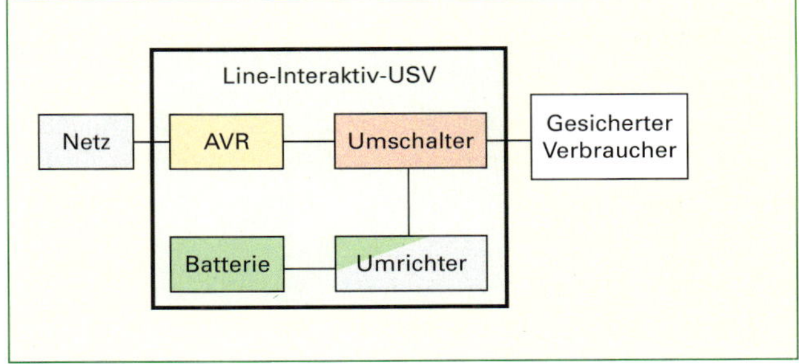

Abb. 3 Blockschaltbild einer Line-Interaktiv-USV-Anlage

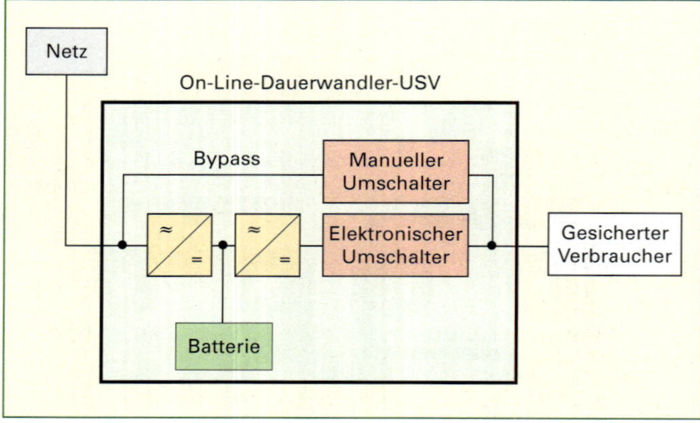

Abb. 1 Blockschaltbild einer On-Line-USV-Anlage

- **On-Line-/Dauerwandler-USV-Anlagen** (Abb. 1)
  Die Versorgung der Verbraucher erfolgt über die USV-Anlage.
  Vorteil: Netzverunreinigungen und Schwankungen werden herausgefiltert.
  Nachteil: Höherer Preis, aufwendigere Elektronik

Die wichtigsten Kriterien für die Auswahl und Bestimmung einer USV-Anlage:

- Art der zu sichernden Verbraucher mit Einschaltströmen
- benötigte Leistung in VA oder Watt (gesamte Leistung der einzelnen Verbraucher)
- erwartete Endleistung mit vorgesehener Reserve
- Verbraucher einphasig oder dreiphasig
- Ein- bzw. Ausschaltrhythmus der Verbraucher
- Wie lange muss die USV bei Ausfall überbrücken (Autonomiezeit)?
- Gibt es Bestandsbatterien, die evtuell verwendet werden können?
- Aufstellungsraum der USV und Belastbarkeit des Bodens (hohes Gewicht)
- Umgebungstemperatur sollte wegen der Betriebsdauer der Batterien 20 °C nicht überschreiten.
- Aufstellungsraum muss eine Belüftung nach Herstellerangaben aufweisen, da durch die Batterien auch Gase in der Anlage entweichen können.

USV-Anlagen gibt es heute in einer breiten Leistungspalette und speziell optimiert für verschiedene Verbraucher.

Für die Wartung der Anlagen sind firmenspezifische Kenntnisse notwendig. Bei den größeren Anlagen wird deshalb schon beim Kauf ein Wartungsvertrag mit der Firma abgeschlossen, so dass die Betriebsbereitschaft und volle Funktion der Anlage immer gewährleistet ist.

Eine On-Line-/Dauerwandler-USV-Anlage funktioniert folgendermaßen:

- **Normalbetrieb:**
  Die kritischen Lasten (Verbraucher) werden über die USV versorgt, die trotz Schwankungen in der Normalnetzversorgung die Parameter Frequenz, Leistung und Spannung in den angegebenen Grenzwerten hält. Die Gleichrichter/Batterieladeeinheit wandelt die Netzwechselspannung in eine stabilisierte und gefilterte Gleichspannung um; diese versorgt den Wechselrichter und sorgt für die Ladeerhaltung der Batterien. Der Wechselrichter erzeugt aus der Gleichspannung eine gefilterte und stabilisierte Wechselspannung, unterbrechungsfrei und mit geringen Verzerrungen. Der Wechselrichter bleibt immer netzsynchron und sorgt dafür, dass z. B. bei Überlast verzögerungsfrei auf das Netz umgeschaltet wird.
- **Netzausfall:**
  Beim Netzausfall wird die von den Verbrauchern geforderte Energie über den Wechselrichter den Batterien entnommen. Die Last wird verzögerungsfrei weiter versorgt. Die USV-Anlage meldet im Regelfall den Netzausfall optisch und akustisch.
- **Netzrückkehr:**
  Nach Rückkehr des Netzes werden die Batterien wieder geladen. Während der Ladephase versorgt der Wechselrichter die Last weiterhin mit konstanter Spannung und Frequenz.

Zusätzliche Sicherheitsstromversorgung (ZSV) für Krankenhäuser und Arztpraxen

Die für die Stromversorgung im Krankenhaus und bestimmten Arztpraxen maßgebliche DIN VDE 0107 Teil 710 schreibt in bestimmten Fällen die Verwendung von batteriegestützten ZSV-Anlagen vor (Abb. 1 ▷ 239). Geht man von den im Krankenhaus vorhandenen lebenswichtigen Bereichen und der damit umfassenden Sicherheit der Stromversorgung aus, so ist klar, dass in den Vorschriften spezielle und anspruchsvolle technische

Abb. 1 ZSV-Anlage nach DIN VDE 0100 Teil 710 im geöffneten Zustand

Anforderungen an die Anlagen gestellt werden. Hierbei unterscheiden sich die ZSV von den USV-Anlagen.

ZSV-Anlagen unterscheiden sich von USV-Anlagen durch:

- Der Gleichrichter ist so ausgelegt, dass die vorgeschriebene Aufladezeit der Batterien innerhalb von 6 Stunden erfolgt.
- Der Wechselrichter bewältigt die Verbrauchernennleistung und die zuverlässige Auslösung der nachgeschalteten Sicherungen im Kurzschlussfall. Die Zuhilfenahme des Bypasses wie bei USV-Anlagen ist laut DIN VDE 0107 Teil 710 hier nicht zulässig.
- Die ZSV-Anlage enthält nach Vorschrift zusätzliche Überwachungen, wie z. B. die Batterieladekreis-Überwachung.
- Der Batteriezwischenkreis ist galvanisch vom speisenden Netz getrennt.
- Die Batteriebauart entspricht den in der Normung angegebenen Kriterien. Die Kapazität ist VDE-gerecht mit einer 20 %igen Reserve beaufschlagt.
- Die regelmäßige Kapazitätsprobe der Batterie wird über Netzrückspeisung duchgeführt.

Die Anlage besteht im Wesentlichen aus folgenden Teilen:

- Gleichrichter zur Speisung von Wechselrichter und zur Batterieladung
- Wechselrichter
- Handumgehung
- Kapazitätsprobeeinrichtung
- elektronische Lastumschalteinrichtung (Bypass-Schalter)
- wartungsarme Batterien

Eine ZSV-Anlage funktioniert folgendermaßen:

- **Normalbetrieb:**
  Bei Netzspannung innerhalb der Toleranzwerte arbeitet die ZSV-Anlage im Normalbetrieb, d. h., der Gleichrichter wandelt den Netzstrom in Gleichstrom zur Speisung des Wechselrichters und der Ladeerhaltung der Batterien um. Der Wechselrichter wandelt die Gleichspannung in eine gefilterte, sinusförmige Wechselspannung um. Die Verbraucher werden unterbrechungsfrei über den Wechselrichter versorgt.

- **Netzausfall:**
  Der Wechselrichter wird bei Netzausfall von den Batterien gespeist.
  Bei Netzwiederkehr schaltet die Anlage automatisch auf Normalbetrieb zurück. Die Batterien werden aufgeladen. Für Inspektionsarbeiten kann die ZSV-Anlage mit dem Handumgehungsschalter freigeschaltet werden.

Eine Parallelschaltung von mehreren ZSV-Anlagen für redundanten Betrieb ist möglich, d. h., bei Ausfall einer Anlage kann die nächste Anlage sofort übernehmen.

2.8.2 Wechselstromanlagen

Ersatzstromerzeuger bestehen aus einem Generator und einer Antriebsmaschine. Für kleine Aggregate werden Diesel- oder Benzinmotoren verwendet, für große Aggregate Gasturbinen.

Mobile Ersatzstromanlagen (nichtstationäre Anlagen)

Mobile Ersatzstromanlagen werden derzeit für einen Leistungsbereich von 1 bis 100 kVA hergestellt. Die Anlagen werden von Hand in Betrieb gesetzt.

Für den Privatbereich werden sie als „Stromerzeuger" vertrieben und erzeugen elektrische Leistungen bis ca. 10 kVA (Abb. 1). Es können je nach Bedarf Wechsel- und Drehstromverbraucher versorgt werden. Bei den Antriebsmotoren gibt es Diesel- und Benzinmotoren. Die Verteilungsnetzbetreiber (VNB) verlangen zum Teil die Anmeldung des Betriebes derartiger Geräte. In der Verordnung über „Allgemeine Bedingungen für die Elektrizitätsverordnung von Tarifkunden (AVBEltV)" heißt es in § 3 (1): *„Der Kunde ist verpflichtet, seinen gesamten Elektrizitätsbedarf aus dem Verteilungsnetz des VNB zu decken. Ausgenommen ist hierbei die Bedarfsdeckung durch Eigenanlagen zur Nutzung regenerativer Energiequellen, ferner durch Eigenanlagen* (Notstromaggregate)*, die ausschließlich der Sicherstellung des Elektrizitätsbedarfs bei Aussetzen der öffentlichen Versorgung dienen. Notstromaggregate dürfen außerhalb ihrer eigentlichen Bestimmung nicht länger als 15 Stunden monatlich zur Erprobung betrieben werden."*

Vorsichtsmaßnahmen bei Umgang und Verwendung von Stromerzeugern:

- Beachten Sie die einschlägigen Sicherheits- und Unfallverhütungsvorschriften der Berufsgenossenschaften, des Gesetzgebers sowie die allgemein anerkannten Regeln der Technik.
- Beim Tanken nicht rauchen, Nachtanken nicht bei laufendem Motor.
- Abgase müssen entweichen können.
- Keine Veränderungen am Motor und an der elektrischen Installation vornehmen.
- Während des Betriebes ausreichend Abstand halten.
- Den Stromerzeuger während dem Betrieb nicht unbeaufsichtigt lassen.
- Vor Inbetriebnahme Ölstand überprüfen.
- Nach der Benutzung muss das Aggregat abkühlen. Nicht in heißem Zustand in das Transportfahrzeug verladen. Brandgefahr!!
- Handelt es sich um ein Dieselaggregat, darauf achten, dass es zu keiner Berührung mit dem Kraftstoff kommt. Dieselkraftstoff kann Hautreizungen verursachen!

Merke:
- *Eine Verbindung mobiler Ersatzstromanlagen mit dem Netz ist untersagt!*
- *Das Aggregat darf nicht in Umgebung explosiver Stoffe betrieben werden. Funkenbildung ist nicht ausgeschlossen! Das Aggregat darf nur von Personen genutzt werden, die persönlich geeignet und über die Funktion und die Gefahren unterrichtet sind.*

Abb. 1 Handelsübliche Stromerzeuger mit Otto- und Dieselmotoren

> **Achtung:**
> *Die elektrische Anlage des Aggregats ist vor dem Betrieb auf Beschädigungen zu überprüfen. Wartungs- und Instandsetzungsarbeiten am Stromerzeuger und den angeschlossenen Verbrauchern dürfen nur bei Motorstillstand durchgeführt werden. Verbraucherleitungen am Aggregat trennen, Stromerzeuger gegen Einschalten sichern. Das Aggregat freischalten und Spannungsfreiheit herstellen. Die Verbindungsleitungen zu den Verbrauchern müssen sich in einwandfreiem Zustand befinden und die nötige Schutzart aufweisen. Bei den Leitungslängen ist der Spannungsfall und die Belastung zu beachten.*

Stationäre Ersatzstromanlagen

Stationäre Anlagen werden industriell bis zu Leistungen von etwa 3500 kVA gefertigt. Die Anlagen sollen bei Netzausfall automatisch die Versorgung übernehmen. Hinsichtlich der Umschaltgeschwindigkeit werden die stationären Anlagen in Normalbereitschaftsanlage, Schnellbereitschaftsanlage und Sofortbereitschaftsanlage unterschieden (Tabelle 1).

Die Schaltung ist für den Netzbetrieb dargestellt (Abb. 1). Schütz K1 ist über die Strangspannung zwischen L3 und N erregt, sodass der Abnehmer über das Netz versorgt wird. Das auf Unterspannung reagierende Relais K11 öffnet den Stromkreis für K1, wenn das Netz ausfällt. Der Abnehmer ist

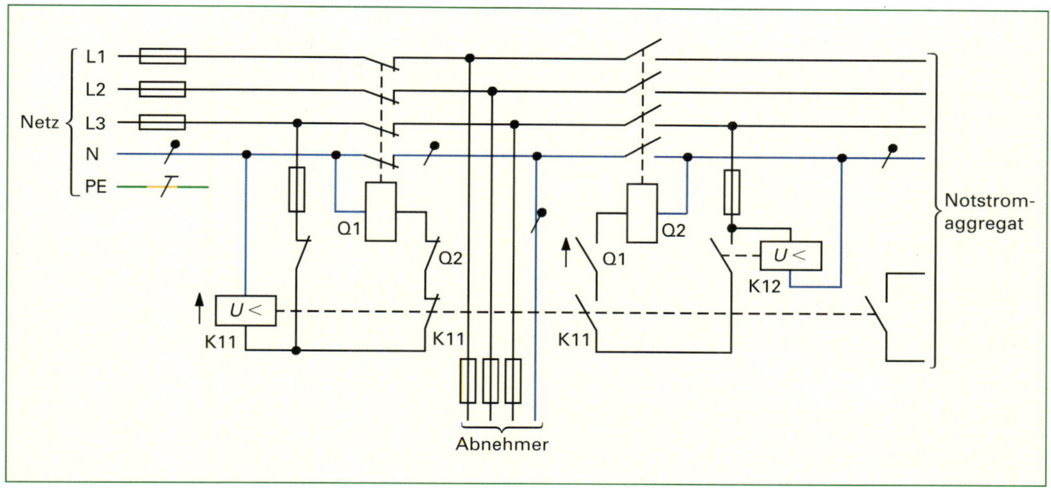

Abb. 1 Prinzipschaltung einer Normalbereitschaftsanlage

Anlage	Umschaltzeit in s	Besonderheit	Anwendungsbeispiele
Normalbereitschaft	6 ... 10	wichtige Verbraucher in Einzelversorgung oder gesamte Verbraucheranlage	Kaufhäuser Krankenhäuser Wasserversorgung
Schnellbereitschaft	1	Motor läuft am Netz ständig mit, über Schwungmasse wird Dieselaggregat angeworfen.	Tunnelbeleuchtung Flughafenbeleuchtung
Sofortbereitschaft	0	Synchronmaschine als Motor ständig am Netz, über Schwungmasse wird Dieselaggregat angeworfen, das dieselbe Maschine als Synchrongenerator betreibt.	Großcomputeranlagen Fernsprechanlagen

Tabelle 1 Unterscheidung Normal-, Schnell- und Sofortbereitschaft

Abb. 1 Stationäre Anlage mit 12-Zylinder-Dieselmotor

ausgeschaltet. Im gleichen Augenblick startet das Relais K11 das Dieselaggregat und schließt den Hilfskontakt K1 im Stromkreis des Schützes K2. Über die Verriegelungskontakte K11 wird das Parallelschalten von Netz und Generator verhindert. Durch die vom Generator erzeugte Strangspannung zwischen L3 und N wird K12 angeregt und führt zum Einschalten von K2. Der Abnehmer wird vom Aggregat gespeist.

Der Parallelbetrieb stationärer Ersatzstromanlagen (Abb. 1) mit dem öffentlichen Netz ist nur mit Genehmigung des Verteilungsnetzbetreibers an den von ihm festgelegten Netzpunkten gestattet. Den Mitarbeitern des Verteilungsnetzbetreibers ist stets Zutritt zu den Anlagen zu gewähren.

Prüfen Sie Ihr Wissen:

1. Erklären Sie die Abkürzung ZSV!
2. Wodurch unterscheidet sich eine ZSV-Anlage von einer USV-Anlage?
3. Welche Betriebszustände gibt es bei einer ZSV-Anlage?
4. Darf eine mobile Ersatzstromanlage an das Netz angeschlossen werden?
5. Welche Vorsichtsmaßnahmen im Umgang mit Stromerzeugern sind Ihnen bekannt?
6. Darf jede Person einen Stromerzeuger nutzen?
7. Benennen Sie die drei Arten von stationären Anlagen!
8. Ist ein Parallelbetrieb mit dem öffentlichen Netz ohne Genehmigung des VNB zulässig?

3 Hauskommunikationstechnik

3.1 Tür- und Hauskommunikation, Telekommunikation

3.1.1 Audio- und Videokommunikation in Haussprechanlagen

- Grundlagen einfacher Techniken in der Hauskommunikation
- Elemente moderner Türkommunikationsanlagen
- Planung und Durchführung eines Auftrags zur Installation einer Türkommunikationsanlage auf der Basis einer 2-Draht-Bus-Technik
- Angaben zu Konstruktion und übertragungstechnischen Eigenschaften von Kabeln und Leitungen
- Aufbau von Kondensatoren
- Auf- bzw. Entladung von Kondensatoren
- Betrieb von Kondensatoren an sinusförmiger Wechselspannung
- Gesetze zur Berechnung von Reihen- und Parallelschaltung mehrerer Kondensatoren

Kundenauftrag:

Für den Umbau des *Gelben Hauses* wurde von der ARGE *Gelbes Haus* eine moderne Türkommunikationseinrichtung ausgeschrieben. Sie soll als freistehende Anlage konzipiert und mit den Briefkästen kombiniert, neben dem Hauseingang montiert werden.

Nach der Veröffentlichung der Ausschreibung hatte sich auch die Firma ElektroTeam, ein ortsansässiges und für gute Arbeit bekanntes Unternehmen, für den Auftrag interessiert und die Unterlagen über die durchzuführenden Arbeiten über den Architekten angefordert. Meister Fritz Strom von ElektroTeam hatte nach dem Studium der Ausschreibung einen Termin mit dem Architekten vereinbart und sich bei ihm über die Erwartungen des Bauträgers und der Wohnungseigentümer bezüglich der gewünschten Leistungen der Türkommunikationsanlage erkundigt. Danach hatte er sich den Eingangsbereich mit den alten Briefkästen angesehen (Abb. 1 und Abb. 2).

Er hatte sich über den Standort der neuen Türsprechanlage informiert, Räume vermessen, Notizen gemacht und sich einen Überblick über die insgesamt notwendigen Arbeiten sowie den Materialeinsatz verschafft.

Abb. 1 Eingangsbereich des Hauses

Abb. 2 Geplante Türkommunikationsanlage alternativ mit 15 Briefkästen

Wieder in seinem Büro angekommen, berechnete er anhand seiner Aufzeichnungen, der Angaben des Architekten sowie der technischen Unterlagen und verschiedenen Kataloge die notwendigen Leitungen, suchte die Komponenten aus, kalkulierte die geplante Anlage und erstellte das folgende Angebot (Abb. 1 ▷ 244):

Dipl. Ing. Hans Huckebein
Freier Architekt
Querstraße 12
68167 Mannheim

Ausschreibung der ARGE Gelbes Haus
Stamitzstraße 17, 68167 Mannheim
Die Objekt-/ Bauüberwachung obliegt dem Auftraggeber. Dieser hat den Architekten Dipl. Ing. Hans Huckebein, Querstraße 12, 68167 Mannheim, mit der Wahrnehmung beauftragt.

Aufforderung zur Abgabe eines Angebots für eine Türsprechanlage,

bestehend aus einer Türkommunikationsanlage (bevorzugt Fabrikat Siedle, evtl. vergleichbare Anlage anderer Hersteller) als Baueinheit, kombiniert mit 10 (alternativ 15) Briefkästen, die seitlich vom Hauseingang freistehend montiert wird (siehe Pläne in der Anlage).
Ruftaster, Lichttaster für Tür- bzw. Außenbeleuchtung und die Türsprecheinrichtung in Modulbauweise für alle 9 Wohneinheiten sollen in der Anlage integriert sein. Ein Verteilerschrank für die benötigten elektrischen Komponenten im Technikraum (Kellergeschoss) ist zu liefern und zu montieren.
In den Wohnungen sind die Innensprechstellen als Türtelefone mit den Basisfunktionen Rufen, Sprechen, Türöffnen und Etagenruf vorzusehen. Die Anlagen sind mithörgeschützt zu konzipieren.
Zwei Wohnungen (EG: Arztpraxis und 1. OG: Büroräume einer Firma) sollen zusätzlich zur Türsprecheinrichtung noch mit Schwarz-Weiß-Videoanlagen ausgestattet werden; spätere Erweiterungen auf Videoanlagen in weiteren Wohnungen (bei Wohnungswechsel) sollten ohne größere elektrische Umrüstung des Leitungsnetzes im Haus möglich sein. Die Videokamera sollte ferngesteuert von der Sprechstelle bzw. dem Monitor in den Wohneinheiten verstellbar sein.
Das Betonfundament, einschließlich der Leerrohrinstallation vom Verteilerplatz im Keller zum Standort der Sprechanlage im Außenbereich sowie die Leerrohre im Innenbereich zu allen Wohneinheiten sind vorhanden. Die Verkabelung der Energieversorgung in getrennten Leerrohren ist bereits installiert.
Die Anlage mit allen Komponenten, einschließlich der benötigten Installationskabel, ist zu liefern, die Montage im Außenbereich durchzuführen, die einzelnen Komponenten für die Wohnungseinheiten sind zu montieren und elektrisch zu installieren.
Funktionskontrolle nach Fertigstellung und Übergabe mit Einweisung in die Benutzung der Video- bzw. der Türsprecheinrichtung sind im Auftrag enthalten.
Vor der Abgabe eines Angebots ist eine Besichtigung der Baustelle nach Rücksprache mit dem Architekten möglich. Angebote sind an die obige Anschrift des Architekten zu richten.

Mit freundlichen Grüßen
Huckebein

Anlagen:
Grundriss, Pläne der einzelnen Wohneinheiten, Standort der Anlage,
Lagepläne für die Verteilerkästen

ELEKTROTEAM
Fachbetrieb für Elektrotechnik und Kommunikationstechnik

Musterstraße 11
12345 Musterstadt
Tel. (012345) 567-800
Fax (012345) 567-801
info@elektro-team.de
www.elektro-team.de

Herrn
Dipl.-Ing. Hans Huckebein
Querstraße 12
68167 Mannheim

Mannheim, den ...

Betr.: Ausschreibung der ARGE *Gelbes Haus*
Hier: Angebot über eine Türkommunikationsanlage mit 10 (alternativ 15) Briefkästen

Sehr geehrter Herr Huckebein!
Ich beziehe mich auf Ihre Ausschreibung über eine Türkommunikationsanlage kombiniert mit 10 (bzw. 15) Briefkästen und unterbreite Ihnen folgendes Angebot über eine moderne, zukunftssichere Türsprecheinrichtung (Fabrikat Siedle), basierend auf einer 2-Draht-Bustechnologie. Die gesamte Anlage ist freistehend ausgeführt, enthält 10 bzw. alternativ 15 Briefkästen [Abb. 3.1.1_2] und besteht aus folgenden Komponenten:

Materialliste

Anz.	Komponente	Preis
I.	**Kommunikations-Stele, freistehend mit Raumsparbriefkästen**	
1	freistehende Briefkastenanlage mit Videoanlage, RG/KSF 611-104M-R SM Silber-Metallic komplett mit Befestigungsflanschen, passender Anzahl Moduladapter und Montagerahmen, Briefkasten-Gehäuse, komplett montiert	€ 3.915,00 (alternativ € 5.400,00)
1	Zubehör ZE/KSF 611-0 Aufnahme der Kommunikations-Stele zum Einbetonieren	€ 149,00
1	Zubehör Erdstück ZE/SR 611-0 Stahlprofil mit Kabeldurchführung	€ 136,00
1	CMM 611-0 SM schwenkbare Schwarz/Weiß-CCD-Kamera mit integrierter Beleuchtung und Heizung	€ 796,00
1	BVSM 650-0 SM Bus-Video-Sendemodul	€ 150,00
1	BTLM 650-02 SM Bus-Tür-Lautsprecher-Modul	€ 125,00
3	BTM 650-3 SM Bus-Tasten-Modul mit 3 Ruftasten	€ 88,00 brutto/Stück € 264,00
1	LM 611-6/1-0 SM Vario-Flächenleuchte mit Anschlussleitung 2,5 m	€ 358,00
1	ISM 611-6/1-0 SM Info-Schild-Modul	€ 205,00
1	ZVD/KSF 611-0 Übergabepunkt für bauseitige 230 V-Leitung (VDE-Best.)	€ 16,50
II.	**Netz- und Steuergeräte**	
1	TR 602-0 Transformator, passend für Normverteilungen	€ 54,00
1	VNG 602-02 Video-Netz-Gleichrichter	€ 168,00

Abb. 1 Ausschreibung über die Lieferung und Installation einer modernen Türkommunikationsanlage. Die Firma ElektroTeam gibt ein Angebot ab.

1	BVSG 650-0 Bus-Video-Steuergerät	€ 125,00	
7	BAA 650-0 Bus-Audio-Auskopplung	€ 19,00 € 133,00	brutto/Stück
2	BVVU 650-0 Bus-Video-Verteiler-Unsymmetrisch	€ 35,00 € 70,00	brutto/Stück

III. Innensprechgeräte

6	BTS 750-02 W Weiß Bus-Türtelefon-Standard ohne Video, AP	€ 45,00 € 270,00	brutto/Stück
1	BTS 750-02 W Weiß Bus-Türtelefon-Standard ohne Video, UP	€ 45,00	
1	ZUR 611-01 W Weiß Zubehör -UP- Montagerahmen für BTS 750	€ 24,00	
1	GE 611-0 UP-Gehäuse-Endstück für UP- Montagerahmen	€ 12,80	

Innensprechgerät mit Video, als Aufputzgerät (Wohnung 2)

1	BTC 750-02 W Weiß Bus-Telefon-Comfort für Innensprechgeräte mit Video	€ 95,00
1	BVE 650-0 W Bus-Video-Empfänger zur Wandmontage zur Umsetzung der Audio/Video-Signale von 2 -Draht-Bus auf das BTC 750	€ 163,00
1	MOM 711-0 W Weiß Schwarz/Weiß-Monitor 10,7 cm Bild- Diagonale	€ 456,00

Innensprechgerät mit Video, als Tischgerät (Wohnung 1, Praxis)

1	BTC 750-02 W Weiß Bus-Telefon-Comfort für Innensprechgeräte mit Video	€ 95,00
1	BVE 650-0 W Bus-Video-Empfänger zur Wandmontage zur Umsetzung der Audio/Video-Signale von 2 -Draht-Bus auf das BTC 750	€ 163,00
1	MOM 711-0 W Weiß Schwarz/Weiß-Monitor 10,7 cm Bild- Diagonale	€ 456,00
1	ZT 611-10 W Weiß Zubehör-Tisch für BTC mit BVE 650 und MOM 711	€ 35,50
1	ZMF 611-10 W Weiß Zubehör-Tisch für Multifunktionsmodul bzw. VBE 650 zur Umwandlung in ein Tischgerät	€ 11,30
1	ZTMO 650-0 W Weiß Zubehör-Tisch für MOM	€ 14,30
1	AD 306-0 W Weiß Anschlussdose 6-polig für AP- oder UP-Montage	€ 5,00

IV. Verteilerschrank

1	Verteilerschrank Installations-Kleinverteiler zur Aufnahme der Netz- und Bussteuergeräte	€ 36,75

V. Leitungsmaterial und Dosen (55 bzw. 70 mm F), Kleinteile € 70,00
15 m A2Y(ST)2Y-Fernmelde-Aussenkabel zur Kommunikations-Stele
60 m J-Y(ST)Y-Leitung, paarig verdrillt, Leiterdurchmesser 0,8 mm
12 Dosen zur Montage der BAA bzw. BVVU

Arbeitszeitplanung

Projekt: Türkommunikationsanlage mit Raumsparbriefkästen

Anfahrt	4 x 0,5 h		2,0 h
Be- und Entladen	4 x 0,25 h		1,0 h
Vorarbeiten zur Montage der Briefkastenanlage (Dübel setzen, Halterungen einschrauben, Anschluss der Leerrohre herstellen)			2,0 h
Verdrahtung der Modulverbindungen in der Türkommunikations-Stele (in der Werkstatt)		1,0 h	
Montieren der Briefkastenanlage mit Grundinstallation			2,0 h
Setzen des TK-Verteilers im Kellergeschoss			1,0 h
Setzen von 12 Verteilerdosen 55 mm bzw. 70 mm zur Video- bzw. Audiosignalauskopplung			1,0 h
Einziehen der Leitungen, Anschließen der Komponenten, Verdrahtung im Verteiler, Programmierung der Ruftaster Testen der Anlage, Erstellen einer Dokumentation			8,0 h
Übergabe der geprüften betriebsfähigen Anlage an den Architekten			2,0 h
		Gesamt:	20,0 h

Ausführende:	1 Geselle	12 × Stundensatz	________ Euro
	1 Auszubildender	8 × Stundensatz	________ Euro

Hinweis:

Die Lieferzeit der genannten Geräte wird von der Firma Siedle mit ca. 2 Wochen nach geklärter Bestellung angegeben.

Wir würden uns freuen, wenn Ihnen unser Angebot zusagt, und sichern Ihnen bei Erteilung des Auftrags eine schnelle und zuverlässige Ausführung zu.

Mit freundlichen Grüßen

Strom
ElektroTeam
Meister Strom

Abb. 1
Verdrahtung der Türkommunikations-Module in der Stele und Gesamtverdrahtung

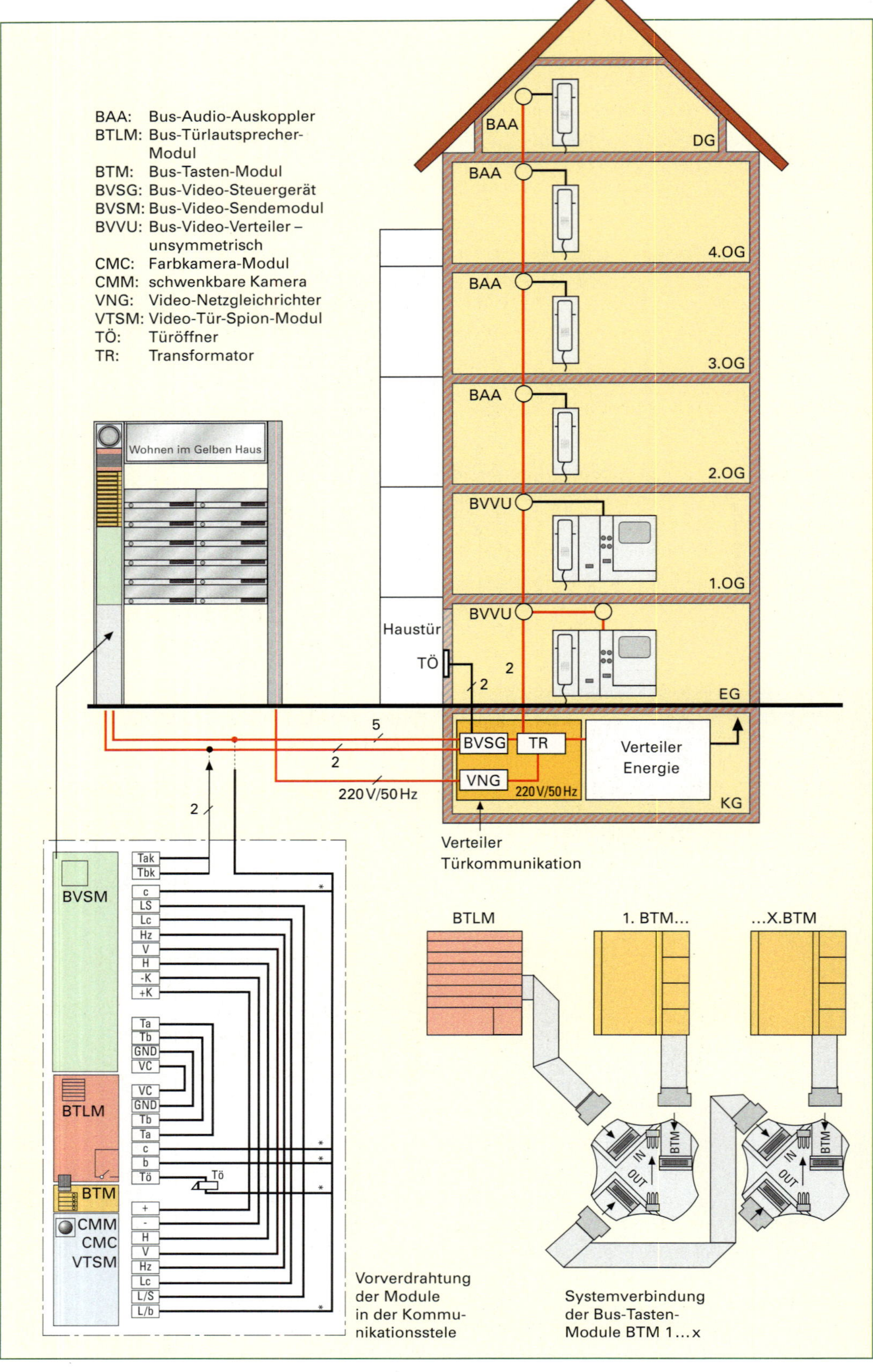

Einige Zeit später wird der Firma ElektroTeam der Auftrag zu Lieferung und zur Installation der Türsprechanlage laut Ausschreibung und Angebot erteilt. Meister Strom bespricht mit seinem Gesellen und dem Auszubildenden die nötigen Arbeiten und bezieht sich dabei auf die bei der Kalkulation des Angebots zugrunde gelegte Arbeitszeitplanung.

Arbeitsausführung

Die nachfolgenden Arbeitsschritte werden von einem Gesellen und einem Auszubildenden durchgeführt.

1 Montage der Briefkasten-Kommunikationsanlage

Verdrahtung der einzelnen Module in der Stele laut Schaltplan (Abb. 1 ⊳ 246). Die einzelnen Module sind innerhalb der Stele durch die vorbereiteten Steckverbinder sowie durch die deutlich beschrifteten Schraubklemmen verwechslungssicher zu verbinden.
Ein Testen der einzelnen Module ist auch im eingebauten Zustand leicht möglich (Abb. 1).

Abb. 1 Testen der Module in der Stele

Vorbereiten des Standortes zur Montage der Kommunikationsanlage: Aussparungen im Betonfundament zur Aufnahme der Halterungsendstücke herstellen, die verlegten Leerrohre für die Installationskabel an das Endstück anpassen, Endstücke für die Halterung nach den Briefkastenabmessungen einrichten und einbetonieren. Die Stele ist auf dem vorbereiteten Standort mit dem Briefkastengehäuse auf die Zubehör-Endstücke aufzusetzen und zu verschrauben (Abb. 1 ⊳ 248). Dabei sind die Leitungen vom Türkommunikationsverteilerkasten im Keller durch die Aussparungen der Zubehör-Endstücke in die Stele einzuführen und mit den Modulen zu verbinden.

2 Einbau der Versorgungs- und Steuerungsmodule

Setzen des Verteilerkastens im Keller, Technikraum, Setzen der Dosen für die Audio- bzw. Videoauskoppler in allen Wohnungen. Aufputzhalterungen für die Wohntelefone in 7 Wohnungen anbringen, Einsetzen der Module Transformator TR 602, Bus-Video-Steuergerät BVSG 602 und Video-Netzgerät VNG 602 in den Verteilerkasten (Keller, Hausanschlussraum). Hier werden als Gesamtlänge für die Hutschienen 22 Automatenbreiten benötigt. Die Verbindung der Module aus der TK-Verteilung mit der Kommunikationsstele vor dem Hauseingang erfolgt über eine Leitung J-Y(ST)Y 4×2×0,8. Der Anschluss des Türöffners wird mit J-Y(ST)Y 2×2×0,8 verdrahtet. Die Netzspannung von 230 V zur Versorgung des Transformators wird von der Hausverteilung zugeführt (vgl. Abb. 1 ⊳ 246).

3 Bus-Installation, Audio- und Video-Auskopplung

> **Achtung:**
> *Vor der Installation prüfen, ob die Dämpfung im Kamera- bzw. im Monitorzweig, d. h. von der Türstation bis zur letzten Wohnungssprechstelle, mehr als 45 dB beträgt. Für jedes BVVU ist eine Durchgangsdämpfung von 1 dB und eine Ausgangsdämpfung von 12 dB zu berücksichtigen! Für die Leitung mit 0,8 mm Durchmesser ist eine Dämpfung von 0,2 dB je Meter anzunehmen.*

Einziehen bzw. Verlegen der 2-Draht-Bus-Verkabelung in die vorhandenen Leerrohre. Einbau und Verdrahtung der Bus-Audio- und Bus-Video-Auskopplungsverteiler in die vorbereiteten Dosen. Um für spätere mögliche Erweiterungen der Anlage noch Reserveleiter zu haben, wird ein Kabel mit 4 Doppeladern vom Typ J-Y(ST)Y 4×2×0,8 verlegt. Hierbei ist darauf zu achten, dass der Bus auf einem Adernpaar installiert wird!

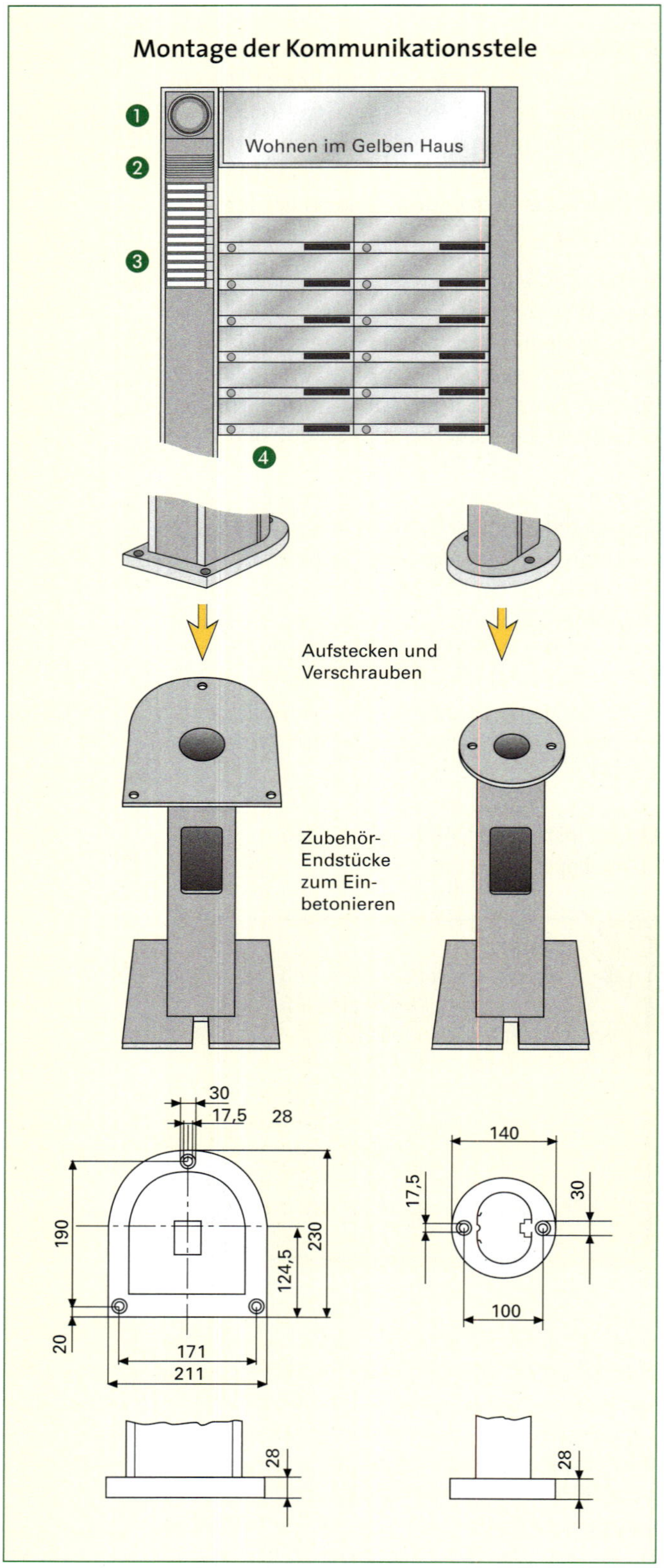

Montage der Kommunikationsstele

Wohnen im Gelben Haus

1 2 3 4

Aufstecken und Verschrauben

Zubehör-Endstücke zum Einbetonieren

30 17,5 28 190 230 124,5 20 171 211

140 17,5 30 100

28 28

Abb. 1 Montage der Türsprechanlage am Aufstellungsort

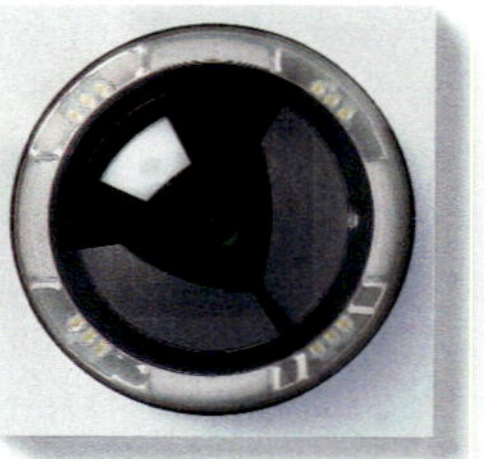

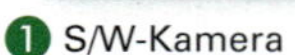

❶ S/W-Kamera

❷ Bus-Türlautsprecher-Modul BTLM

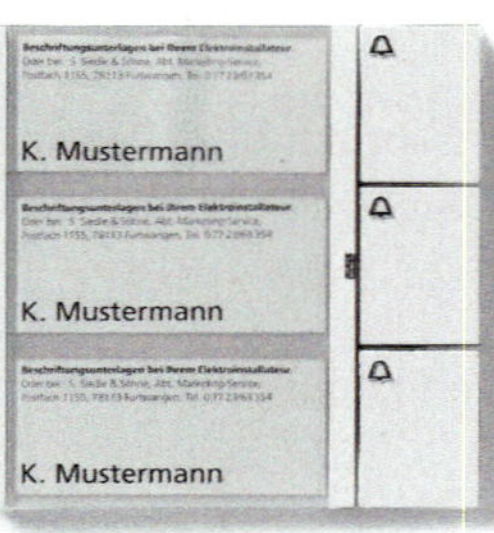

❸ Bus-Tasten-Modul BTM

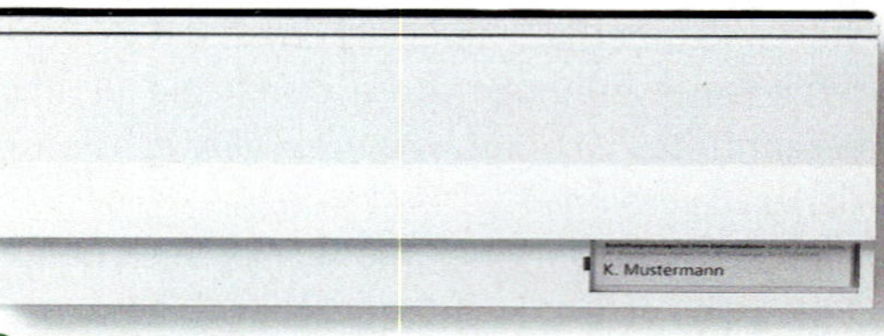

❹ Briefkasten-Gehäuse

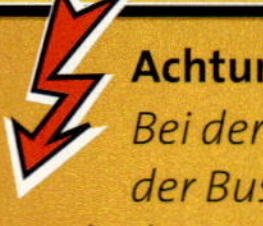

Achtung:
Bei der hier installierten Anlage muss der Bus „abgeschlossen" werden. Dazu ist der letzte Bus-Auskoppler mit einem vom Hersteller vorgeschriebenen RC-Glied zu beschalten (R = 100 Ω in Reihe mit C = 1 nF) *(Abb. 1 ⊳ 235)*.

Merke:
Nicht bei jeder Anlage wird der Bus abgeschlossen. Daher unbedingt die Unterlagen der zu installierenden Anlage überprüfen oder beim Hersteller nachfragen.

Verdrahtung der einzelnen Wohneinheiten: Von den Bus-Audio- bzw. Bus-Video-Auskopplern wird mit einem Kabel vom Typ J-Y(ST)Y 2×2×0,8 in die einzelnen Wohnungen abgezweigt.

4 Einbau und Verdrahtung der Wohnungsstationen

In den Wohnungen ohne Videobetrieb werden die Innensprechgeräte (Aufputz-Ausführung) an der Wand montiert.

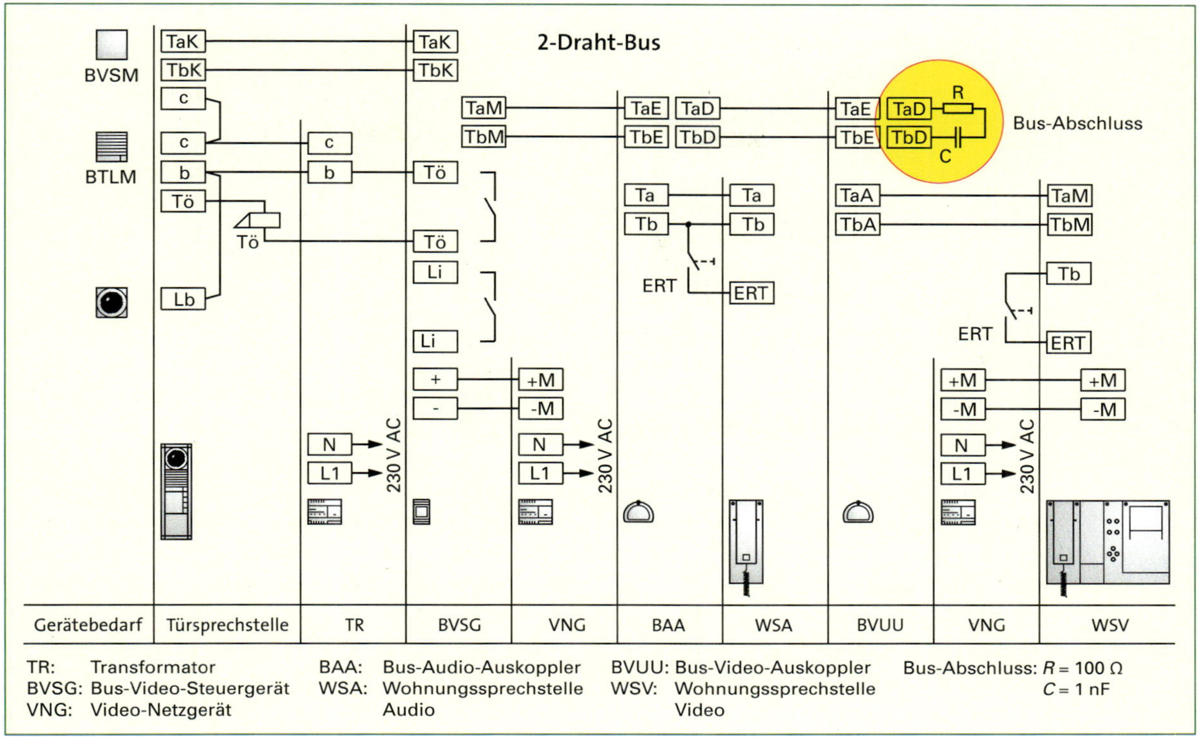

Abb. 1 Schaltplan für Türkommunikationsanlage mit 2-Draht-Bus, Darstellung des Bus-Abschlusses

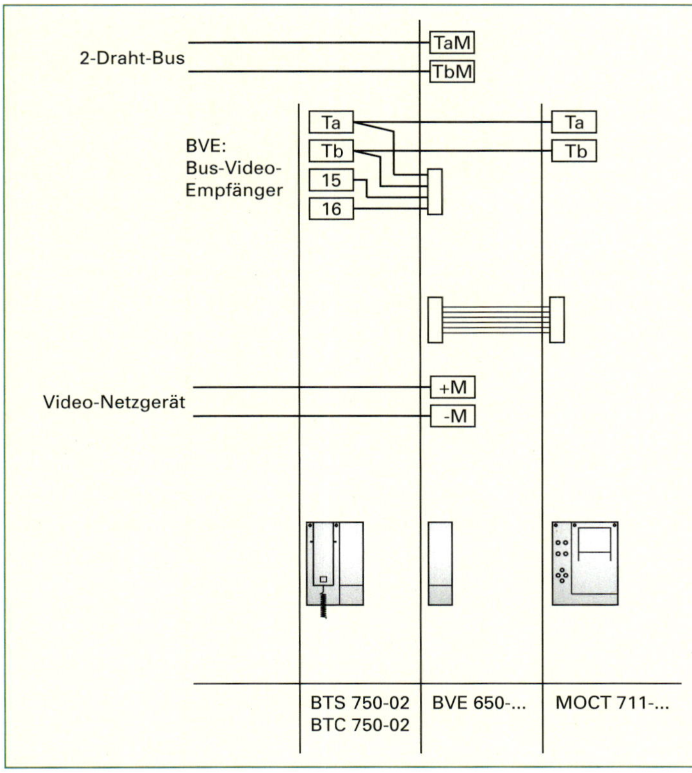

2-Draht-Bus
TaM
TbM
BVE:
Bus-Video-
Empfänger
Ta
Tb
15
16
Ta
Tb
Video-Netzgerät
+M
-M
BTS 750-02
BTC 750-02
BVE 650-...
MOCT 711-...

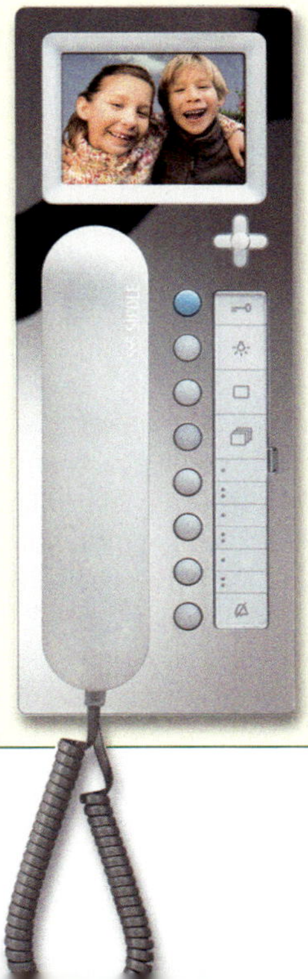

Abb. 2 Anschluss der Wohnungsstation bei der Videoausführung

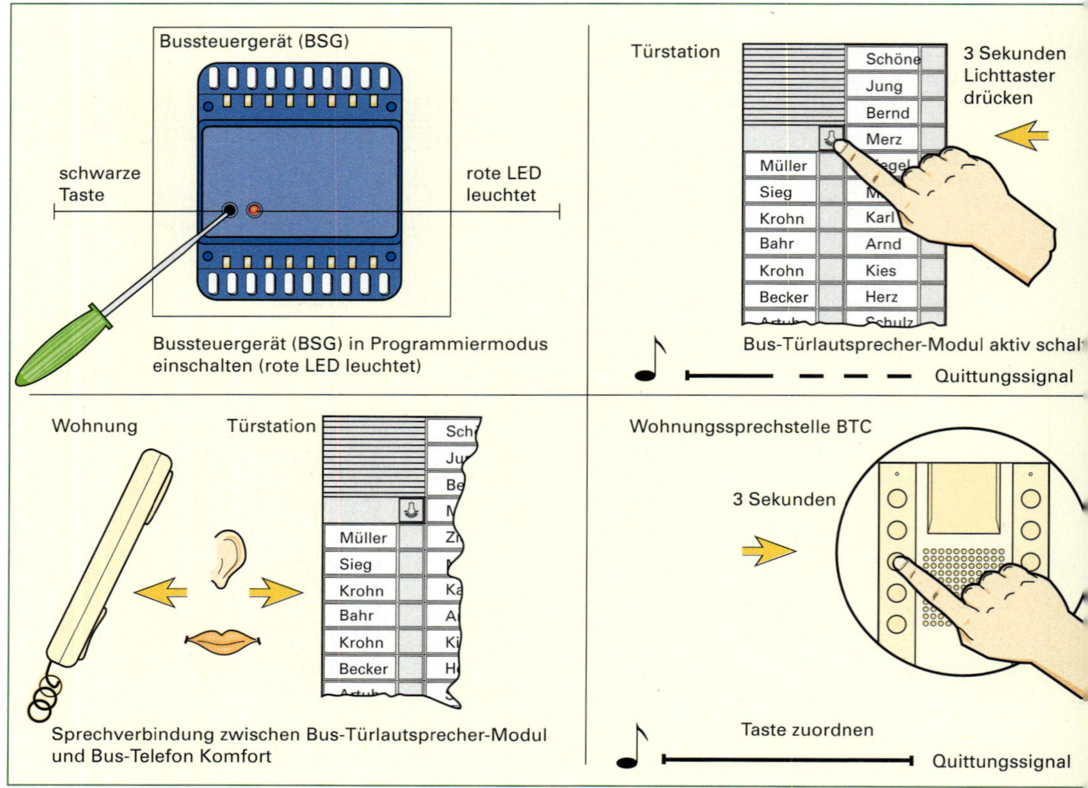

Abb. 1 Programmierung der Ruftastenzuordnung

Die Innensprechgeräte mit Videobetrieb werden unterschiedlich verwendet. In der Wohnung im 1. OG wird das Innensprechgerät als Aufputzgerät an der Wand montiert, wobei das Audio-/Videosignal vom 2-Draht-Bus auf das Türtelefon bzw. den S/W-Monitor durch einen Bus-Video-Empfänger BVE 650 umgesetzt wird. Die Baugruppe BVE 650 wird links am Monitor angereiht, beide dann rechts am Telefon BTC 750 angebracht und zu einer Sprach-/Video-Einheit zusammengefügt (Abb. 2 ▷ 249).

In Büroräumen im 1. OG werden Telefon (BTC 750), Umsetzer (BVE 650) und Monitor (MOM 711) zu Tischgeräten erweitert. Dafür muss in der Nähe der Sprechstelle eine Mehrfachsteckdose gesetzt werden, in die das Anschlusskabel zur Sprech-/Videostation eingesteckt wird. Die Dose ist als Umbausatz zum Tischgerät im Lieferumfang bereits enthalten.

Die in die Wohnungen eingeführten 2-Draht-Busleitungen (von den Audio- bzw. Video-Auskopplern kommend) werden in den Sprechstellen bzw. im Bus-Video-Empfänger angeschlossen.

In der Praxis im EG, wo die Sprach-/Videoeinrichtung als Tischgerät konfiguriert ist, endet der 2-Draht-Bus in der Mehrfach-Steckdose.

5 Programmierung und Testen der Anlage, Erstellen einer Dokumentation

Die Zuordnung der Ruftaster an der Türsprechanlage zu den jeweiligen Wohnungen bzw. den dort installierten Telefon- oder Videoanlagen nennt man Programmierung. Dieser Begriff klingt kompliziert, in der Praxis gestaltet sich diese Tätigkeit aber recht einfach. Am besten geht das Zuordnen der Ruftasten zu zweit, wie die Abb. 1 zeigt.

- Zunächst muss das Bus-Steuergerät von der ersten Person (z. B. dem Gesellen) über eine spezielle Taste in den Programmiermodus geschaltet werden. Das wird – je nach Hersteller der Türkommunikationsanlage – durch ein spezielles Blink-Signal einer LED am Bus-Steuergerät angezeigt.

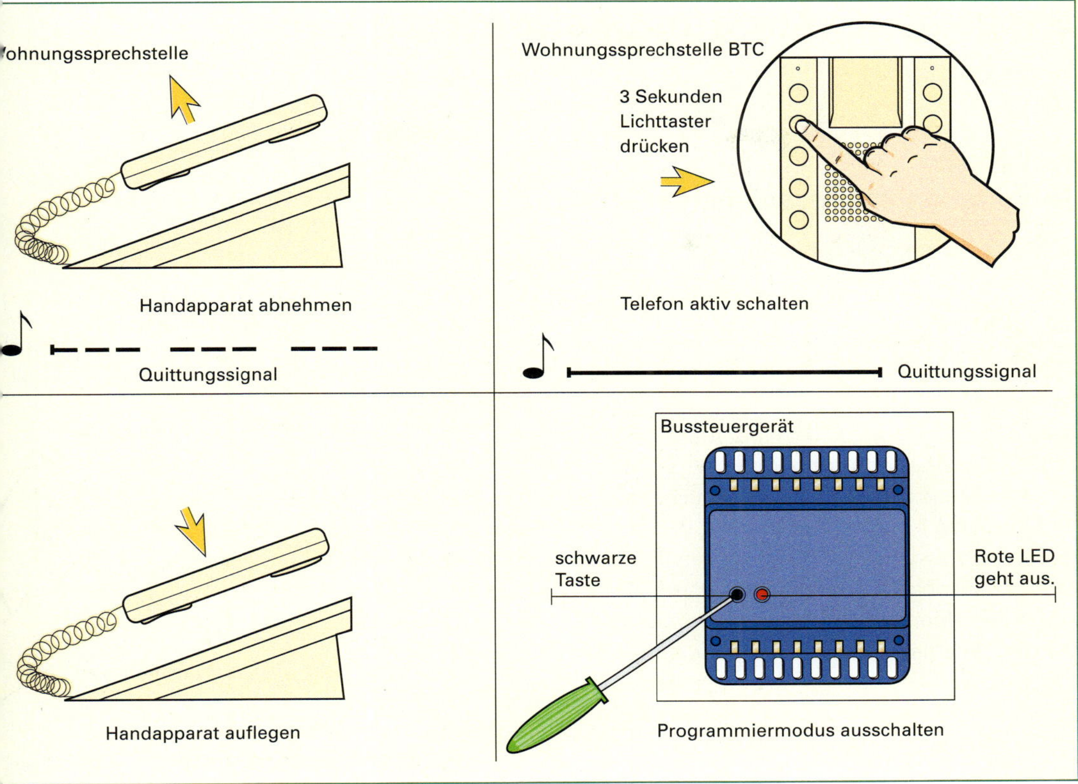

- Danach geht der Geselle an die Türstation, betätigt dort den Lichttaster für 3 Sekunden und wartet einen Bestätigungston ab. Nimmt danach der Helfer (z. B. der Azubi) den Telefonhörer von der Wohnungsstation ab und betätigt dort am Telefon ebenfalls die Lichttaste für 3 Sekunden, dann besteht eine Sprechverbindung zur Türstation.
- Der Geselle an der Türstation drückt danach für 3 Sekunden auf den zur Wohnung gehörenden Ruftaster und der Azubi legt den Hörer wieder auf die Wohnungsstation auf. Fertig!

Im gleichen Verfahren wird die nächste Wohnung programmiert. Nach der letzten Wohnung muss der Programmiermodus am Bussteuergerät wieder abgeschaltet werden. Taucht beim späteren Test der Anlage ein Fehler auf, kann die Programmierung der einzelnen Wohnungen wiederholt werden. Die falschen Werte werden hierbei automatisch überschrieben.

Bei den Geräten mit Videofunktion verläuft die Programmierung genauso. Der Monitor schaltet sich bei eingehendem Rufton an der Wohnungsstation automatisch ein.

Abschließend erfolgt ein ausführlicher Test, der alle Funktionen (Ruf, Sprechen, Lautstärke, Video, Türöffnerfunktion, Licht) der Türkommunikationsanlage einschließen muss. Es wird eine Dokumentation über die Programmierung erstellt. Diese wird bei der Abnahme der Anlage dem Architekten übergeben.

6 Säubern/Aufräumen der Arbeitsstelle, Mitnahme der zu entsorgenden Material- und Verpackungsreste, Einladen der Werkzeuge und Geräte

Basiswissen Kommunikationstechnik

Technik der Türkommunikationsanlagen

Moderne Türkommunikationsanlagen sind aus den früheren Rufanlagen hervorgegangen, die meist aus einer einfachen Klingel mit Türöffner-Einrichtung bestanden. Die Betätigung des Türöffners nach dem Klingelzeichen geschah üblicherweise ohne Kontakt zwischen der Person an der Tür und derjenigen in der Wohnung. Gelegentlich ermöglichte der Türöffner nur das Öffnen der Tür am Gartenzaun (Abb. 1). Der Besucher wurde an der manuell geöffneten Haustür in die Wohnung eingelassen. Ebenso konnte dies in einem Mehrfamilienhaus ablaufen. Mit dem elektrischen Türöffner wurde die Haustür ohne Blickkontakt geöffnet und der Besucher dann an der manuell geöffneten Etagentür empfangen. In vielen älteren Häusern findet man diese einfachen, aber zuverlässig funktionierenden Anlagen noch heute.

Die nächste Stufe der technischen Entwicklung ist die Türsprechanlage mit Gegensprecheinrichtung (Abb. 1 ⊳ 253). Nach dem Betätigen des Klingeltasters wurde in der gerufenen Wohnung nach dem Ertönen des Klingelzeichens der Handapparat der Sprechstelle abgenommen und dadurch die Verbindung zur Türsprechstelle an der Haustür hergestellt. Wollte man den Besucher einlassen, wurde der Türöffner-Taster in der Wohnungssprechstelle betätigt, und die Haustüre öffnete sich.

Schaltungen entsprechend Abb. 1 ⊳ 253 sind nach wie vor vielfach üblich. Allerdings genügen moderne Anlagen zudem oft noch weiteren Ansprüchen:

- Anlagen mit moderner Elektronik nutzen eine adernsparende Technik. Sie kommen mit wesentlich weniger Kupferadern aus. Dies ist bei Renovierungen oder Umbaumaßnahmen besonders wichtig.
- Der Komfort, das Design und die Sprachqualität sind wesentlich verbessert worden.
- Neben der Audio-Signalübertragung bietet die Videoübertragung bedeutend höhere Sicherheit. So werden unerwünschte Besucher rechtzeitig erkannt.
- Komplexere Anlagen, auch für besondere Kundenanforderungen lassen sich relativ unkompliziert aufbauen.
- Einfache Erweiterungen der Türsprecheinrichtung zur Hauskommunikation sind möglich.
- Die Anbindung der Türsprecheinrichtung an eine TK-Anlage erlaubt moderne und Zeit sparende Arbeitsabläufe im geschäftlichen wie im privaten Bereich.

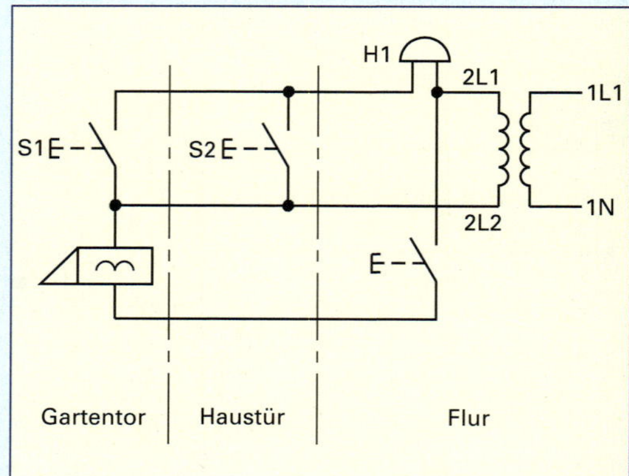

Abb. 1 Türklingelanlage, vom Gartentor aus bedienbar (alt)

Moderne Systeme zur Audio- und Videokommunikation für die Tür- und Haussprechstellen nutzen heute entweder die adernsparende Technik (Abb. 1 a, b ⊳ 254) oder die 2-Draht-Bus-Technik (vgl. Abb. 1 ⊳ 249).

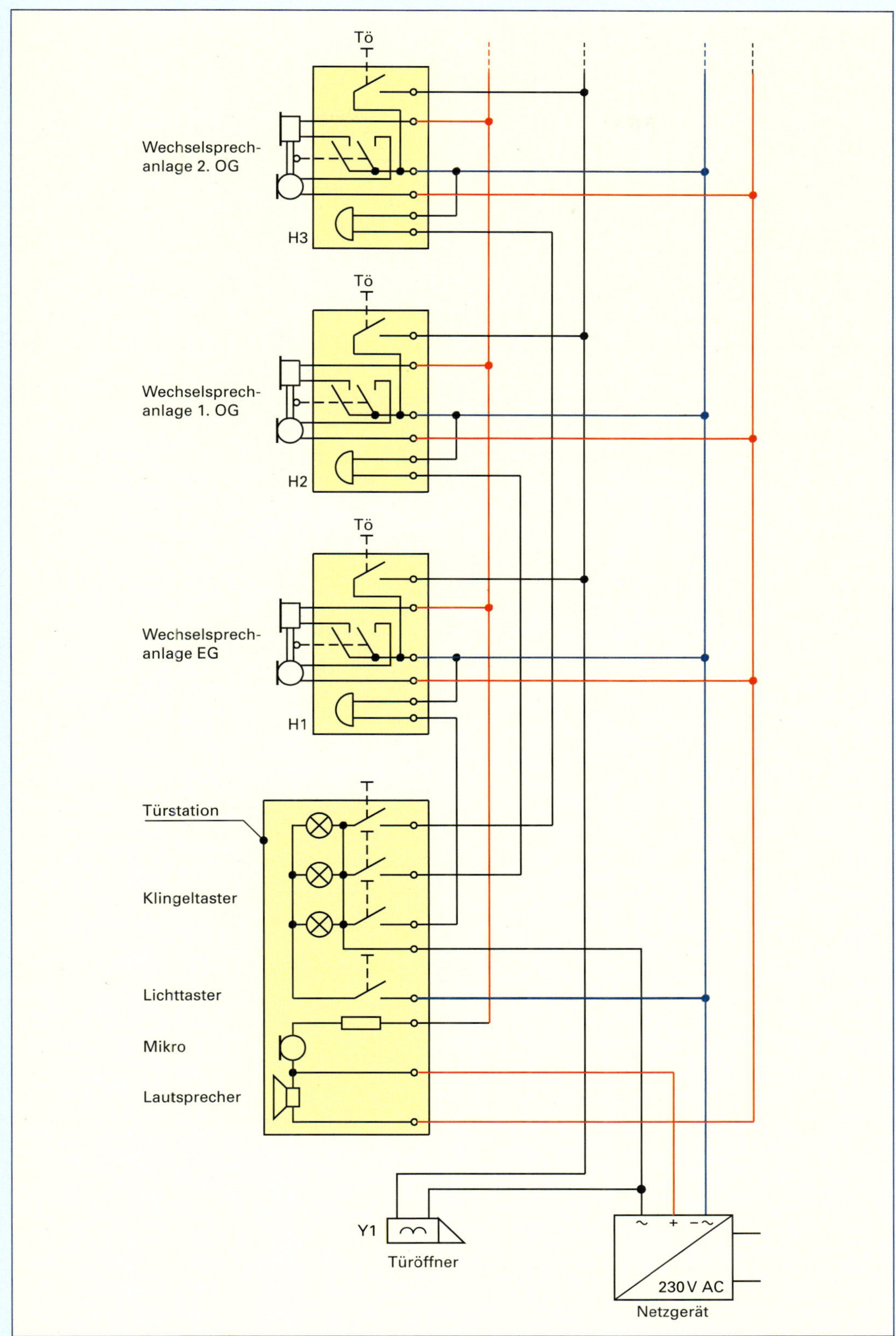

Abb. 1 Gegensprechanlage eines Mehrfamilienhauses (alt)

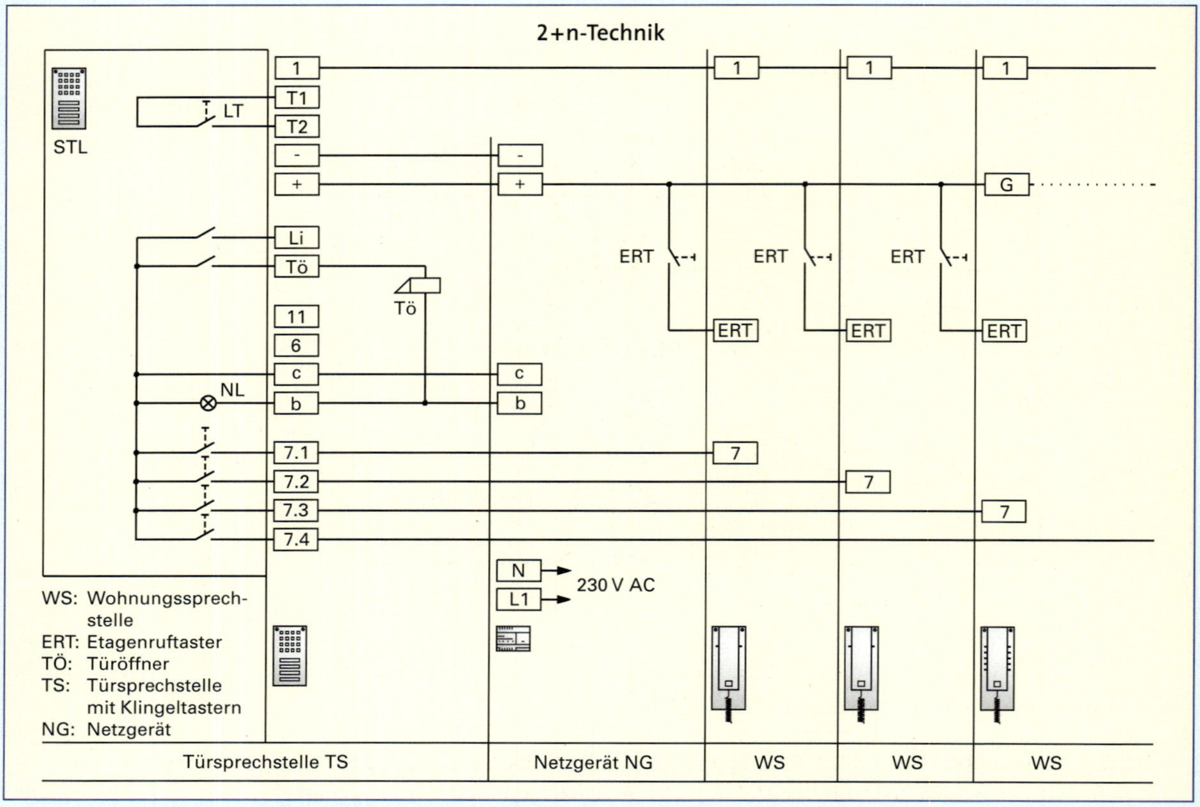

2+n-Technik

STL, LT, T1, T2, Li, Tö, NL, ERT, G, N, L1, 230 V AC

WS: Wohnungssprechstelle
ERT: Etagenruftaster
TÖ: Türöffner
TS: Türsprechstelle mit Klingeltastern
NG: Netzgerät

Türsprechstelle TS	Netzgerät NG	WS	WS	WS

Abb. 1a Türsprechanlage in adernsparender Ausführung

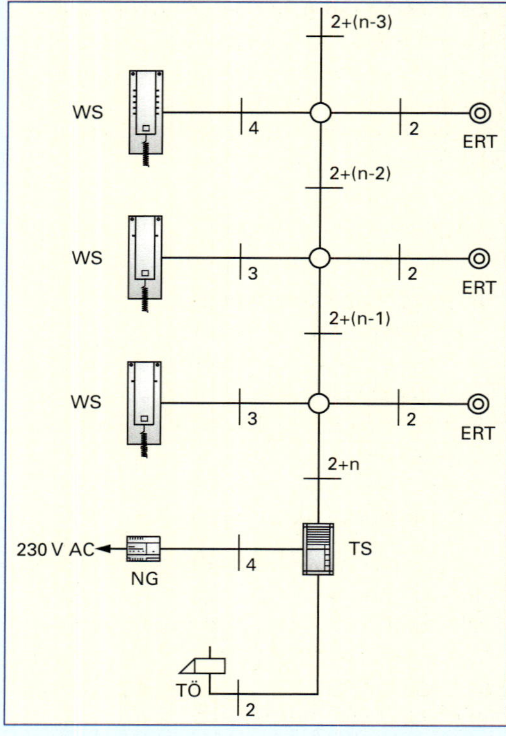

Abb. 1b Türsprechanlage in adernsparender Ausführung

Kriterien für die Auswahl einer Türkommunikationsanlage

Bei der Auswahl einer geeigneten TK-Anlage spielen verschiedene Kriterien eine Rolle:

- Um welches Bauvorhaben handelt es sich? Ist die Baustelle
  - ein Neubau?
  - eine Altbaurenovierung mit neuen Kabelkanälen und Neuinstallation?
  - eine Altbaurenovierung mit Nutzung des vorhandenen Leitungsnetzes ohne Neuinstallation?
- Welche Leistungsmerkmale soll die Anlage aufweisen?
  - Wie viele Leiter werden zur Installation der Anlage in allen WE benötigt?
  - Handelt es sich um ein Ein- oder Mehrfamilienhaus? Zahl der Eingangstüren?
  - Ist Audio-, Video- und Telefonbetrieb gewünscht?
  - Ist eine mithör- und mitsehgesperrte Anlage nötig?

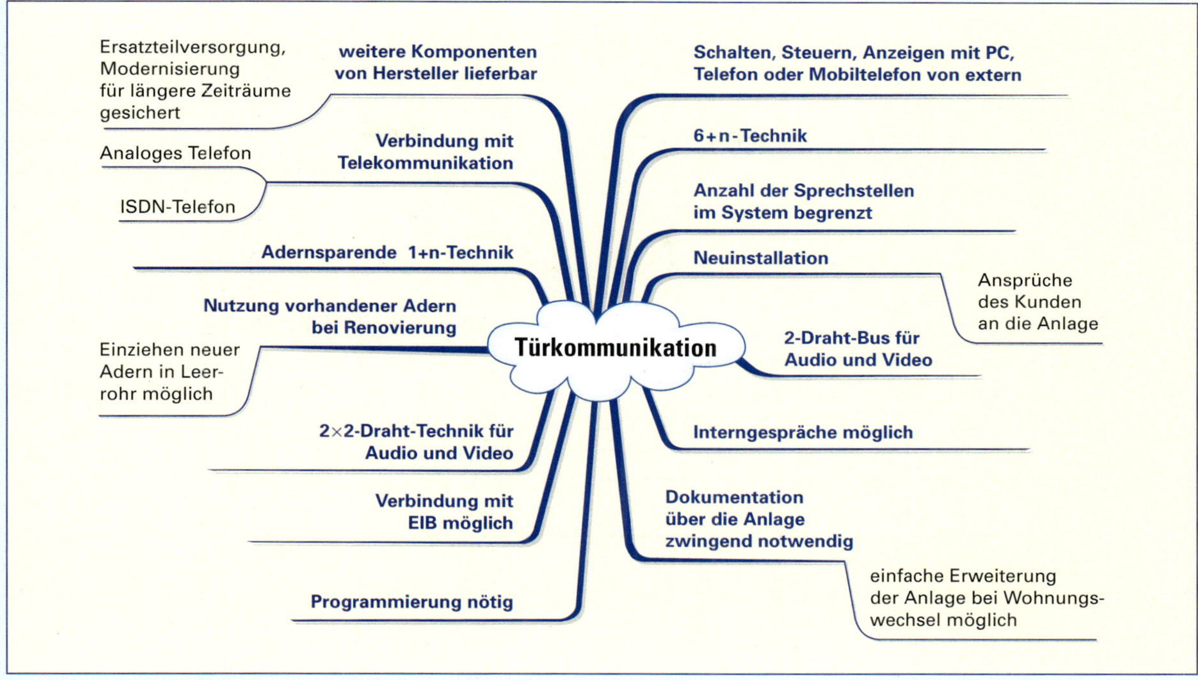

Abb. 1 Mindmap zur Planungsphase einer modernen Türkommunikationsanlage

- Ist leichte Erweiterbarkeit und Umrüstung durch modularen Aufbau erforderlich?
- Sind Schnittstellen zu öffentlichen TK-Netzen gewünscht?
- Sind Gebäudemanagement, Schalten, Steuern, Regeln über EIB gewünscht?
- Ist eine Programmierung der Ruftaster über die Anlage und über PC gewünscht?

- Welche Vorstellungen hat der Bauherr hinsichtlich
  - Design?
  - Bedienungskomfort?
  - Preis?

Die aufgeführten Kriterien sind zusammenfassend in einer Mindmap dargestellt (Abb. 1). Diese Darstellung dient auch als Grundlage und Orientierungshilfe für ein Beratungsgespräch beim Kunden.

Warum hat sich Meister Strom von Elektro-Team beim Angebot für eine 2-Draht-Bus-Türsprechanlage entschieden?

Die Schaltung und der Leitungsaufwand bei der Installation der heute am Markt erhältlichen Türkommunikationsanlagen variiert stark. Es gibt mehrere Anlagenhersteller, die unterschiedliche Modelle anbieten, um je nach Kundenwunsch und je nach Baumaßnahme geeignete und preisgünstige Alternativen liefern zu können. Abhängig von der jeweiligen Situation – ob Neubau, Altbausanierung mit neuer Leitungsverlegung oder Altbau mit Nutzung vorhandener Leitungen in meist sehr begrenzter Zahl und eventuell zu geringem Querschnitt – muss zunächst über die passende Technik der Anlage entschieden werden.

Marktübliche Ausführungsvarianten von Türkommunikationsanlagen:

- adernsparende Technik Audio:
  6 + n, 4 + n, 2 + n, 1 + n
  (n = Anzahl der Wohneinheiten)
- Erweiterung für Video:
  Koaxial-Kabel oder 2-Draht-Bus-Technik
- Bus-Technik:
  2 × getrennter 2-Draht-Bus für Audio und Video
  2-Draht-Bus für Audio und Video

Zu dieser, von der Anlagentechnik abhängigen Zahl von Leitungen, kommen noch zusätzliche Steuer- und Versorgungsleitungen hinzu.
Jedes Projekt hat seine speziellen Anforderungen und bedarf spezieller Lösungen. Die optimale Lösung für alle Fälle gibt es nicht.

In der Ausschreibung der Türkommunikationsanlage für das *Gelbe Haus* war eine entscheidende Bedingung gestellt worden:

„... spätere Erweiterungen auf Videoanlagen in weiteren Wohnungen (z. B. bei Wohnungswechsel) sollten ohne größere elektrische Umrüstung des Leitungsnetzes im Haus möglich sein."

Damit war die Entscheidung für eine Bus-Lösung quasi bereits vorgegeben. Den Vergleich der spezifischen Stärken und Vorteile einer adernsparenden 1+n-Technik und einer Lösung mit der 2-Draht-Bus-Technik zeigt die Tabelle 1.

Die 2-Draht-Bus-Technik verwendet nur zwei Leiter zur Übertragung des Rufsignals sowie der Audio- und Videoinformation von der Tür bis zur gerufenen Wohnung. Alle an den Bus angeschlossenen Audio- oder Video-Komponenten sind elektrisch parallel an den Bus angeschlossen. Die Steuerung, d. h. die Auswahl der dem Ruf zugeordneten Wohneinheiten, die Signalübertragung und die Mithör- oder Mitsehsperre gegenüber anderen Wohneinheiten übernimmt ein Bus-Steuergerät.

Für die Spannungsversorgung der angeschlossenen Systeme, den Türöffner oder die Beleuchtung sind dann zusätzliche Leitungen nötig (vgl. Abb. 1 ▷ 249).

Beim 2-Draht-Bus (Einstrangsystem) kann die Zahl der anschließbaren Sprechstellen (Wohnungen) von Hersteller zu Hersteller unterschiedlich sein, z. B. 15, 31, bei manchen Herstellern bis zu 64.

Adernsparende 1+n-Technik Installationsführung: Stern	**2-Draht-Bus-Technik Installationsführung: Bus**
Ideal bei: • Neuinstallation im Ein-/Zweifamilienhaus • Renovierung/Sanierung aller Systeme mit unbekannter Installationsqualität bzw. Leitungsführung • Umrüstung/Renovierung bestehender Mehrdrahtsysteme (z. B. 6+n) oder Klingelanlagen	Ideal bei: • Neuinstallation im größeren Mehrfamilienhaus und Objektgeschäft • Renovierung/Sanierung aller Systeme mit geeigneter Installationsqualität, z. B. Klingel- und Türöffneranlage (2+n-System)
Technologiemerkmale 1+n-System: • Hohe Funktionssicherheit der Anlage im Fehlerfall einzelner WE; das Restsystem bleibt im Regelfall funktionsfähig. • Schnelle, unkomplizierte Fehlersuche auch bei verschlossenen WE, meist problemlos vom Türlautsprecher aus möglich • Gerätetausch ohne Programmverlust • Inbetriebnahme ohne Programmieraufwand • Direkte Zuordnung von Funktionen zu Endgeräten, da drahtgebundene Verbindung • Kostengünstige Revision/ Wartung • Kein Dokumentationszwang	Technologiemerkmale 2-Draht-Bus: • Kostengünstige Installation/Erstinbetriebnahme • Geringerer Planungsaufwand • Je nach Hersteller zwischen 31 und 64 Teilnehmer (WE) an einem Busstrang anschließbar • Mehrere Busstränge zu einem System zusammenschaltbar (große Wohnanlagen) • Interne Hausgespräche an einem Strang möglich • Hohe Installationssicherheit durch polungsfreie Bus-Technik • Hohe Flexibilität bei späteren Funktionserweiterungen durch Programmierung ohne Installationsveränderungen • Flexible Funktionszuordnung und damit Änderungsmöglichkeiten noch bei Inbetriebnahme • Dokumentationszwang der Programmierung zwingend notwendig

Tabelle 1 Vergleich der 1+n-Technik und der 2-Draht-Bus-Technik

Da man mehrere Stränge verlegen kann (man nennt das dann Mehrstrangsystem), ergibt sich insgesamt eine sehr große Zahl anschließbarer Wohnungseinheiten. Würden z. B. zwei Stränge mit 15 bzw. 31 Sprechstellen gewählt, wären damit insgesamt 15 × 31 = 465 Wohnungen anschließbar. In konventioneller Verbindungstechnik würde man sehr viele Adern benötigen, wenn man Türsprechanlagen in ein größeres Gebäude mit vielen Wohneinheiten einbauen wollte, weil jede Wohnung mit der Türsprechstelle, dem Türöffner und dem Ruftaster, eventuell auch dem Etagenruftaster verbunden sein muss (vgl. Abb. 1 ⊳ 253).

Funktionsvielfalt moderner Türkommunikationsanlagen

Heute sind in modernen Türkommunikationseinrichtungen hochintegrierte, mikrocomputergesteuerte elektronische Schaltungen mit „Intelligenz" eingebaut. Daher sind diese Anlagen je nach Kundenwunsch auch weiter ausbaubar und können bisher getrennte Aufgaben als ganzheitliches Gebäudemanagement vereinen:

- Gebäudekommunikation
- digitale Zutrittskontrolle
- Schalten, Steuern, Regeln und Anzeigen (Heizung, Licht, Tor- und Jalousiesteuerung, Alarm- oder Glasbruchmeldung)

Wichtig für die Beratung des Kunden ist aber nicht nur die technische Seite der Anlage. Oft müssen auch bestimmte Wünsche des Bauherren oder des Architekten bezüglich des Designs, der Qualität und des Zubehörs erfüllt werden. Deshalb muss sich der Elektroinstallateur bzw. Elektroniker vor jeder Planung und Erstellung eines Angebots genau über die Gegebenheiten vor Ort informieren und die Anlagen unterschiedlicher Hersteller bei der Auswahl berücksichtigen.

Merke:
Da die einzelnen Komponenten oder das Zubehör der verschiedenen Hersteller einer Türkommunikationsanlage nicht austauschbar sind, bedeutet eine Auswahl einer Anlage in einem Projekt im Prinzip auch die Festlegung auf das komplette Programm dieses Herstellers. Falls später eine Erweiterung vorgenommen werden soll, muss schon bei der Entscheidung für die jeweilige Anlage geprüft werden, ob der Hersteller diese Erweiterung in seinem Programm hat.

Konstruktionsmerkmale von Leitungen und Kabeln

Leitungen und Kabel sehen häufig auf den ersten Blick ähnlich oder gar gleich aus. Sie unterscheiden sich jedoch hinsichtlich Aufbau (Material und Festigkeit) und Verwendungszweck oft beträchtlich:

- Leitungen dürfen in trockenen, zum Teil auch in nassen und feuchten Räumen eingesetzt, aber nicht im Erdreich verlegt werden.
- Kabel hingegen dürfen je nach Aufbau in Innenräumen, für eine Erdverlegung oder auch im Wasser eingesetzt werden.

Aus genormten Kurzbezeichnungen gehen Aufbau, Verwendungszweck sowie Leiterquerschnitt bzw. Durchmesser von Leitungen und Kabeln hervor (Tabelle 1 und Tabelle 1 ⊳ 258).

Kabeltyp	Verwendung
nach VDE 0815	
YR	Schwachstromleitungen, z. B. Klingelleitung
J-2Y (St) (Zg) 2Y... St III Bd	Installationskabel, Aderisolation aus Polyäthylen (PE), statischer Schirm, Mantel aus PE, Stern-Vierer, Verseiltyp: Bündel
J-Y(St)Y 2×2×0,8	Installationskabel, Aderisolation PVC, statischer Schirm, 2 Leiterpaare, Durchmesser 0,8 mm
nach VDE 0816	
A-2YF (L) 2Y... St III Bd	Außenkabel, Aderisolation aus Polyäthylen (PE), Kabelseele mit Petrolatfüllung und Schichtenmantel (Al/PE), Stern-Vierer, Verseiltyp: Bündel

Tabelle 1 Beispiele für verschiedene Kabeltypen

	Kurzbezeichnungen	Bedeutung
Kabeltyp	A I oder J	Außenkabel Installationskabel/Innenkabel
Adernmantel/ Leiterisolation	Y 2Y 02Y 02YS LZN2Y	PVC PE Zell-PE Zell-PE mit Skin PE-Schichtenmantel und nicht metallene Zugentlastung
Schutzhüllen und Bewehrung	Yv (L)2Y F(L)2Y	Verstärkte Schutzhülle aus PVC Schichtenmantel aus beschichtetem Al-Band (Al/PE) Kabelseele mit Füllung und Schichtenmaterial
Gesamtschirmung	C (St) StC (Zg)	Geflecht aus einzelnen Metallfasern Folienschirm, statischer Schirm Folienschirm und Geflecht Zugentlastung
Material des Außenmantels	Y 2Y H	PVC PE FR/LZSH oder LSOH[1)]
Leiter	R Li V	Runddraht Litzenleiter Verzinnter Kupferleiter
Anzahl der Paare	2×2 4×2	zwei Adernpaare vier Adernpaare
Leiterabmessungen	*q* oder ∅	Querschnitt oder Durchmesser der/des Kupferleiter/s in mm oder auch AWG[2)]
Typ der Adernschirmung	PiMF ViMF	Paare in Metallfolie Vierer in Metallfolie
Verseilelement St bzw. DM	St I, St III	Stern-Vierer oder Dieselhorst-Martin-Vierer (I: große Entfernung; III: Ortsnetz)
Verseilungstyp	Bd Lg	Bündel Lagen

1) FR/LSZH steht für Kabeltypen, die ein flammwidriges (**F**lame **R**etardant), halogenfreies (ZH, OH: **Z**ero **H**alogen, **0 H**alogen) Mantelmaterial mit geringer Rauchentwicklung (LS, **L**ow **S**moke) besitzen. Kabeltypen, die keine korrosiven Brandgase erzeugen, tragen zusätzlich die Bezeichnung NC (**N**o **C**orrosive).
2) AWG: International wird häufig das amerikanische Maß **A**merican **W**ire **G**auge benutzt.

Tabelle 1 Kurzbezeichnungen von Leitungen der Telekommunikationstechnik

Merke:
Die Installation elektrischer Anlagen darf nur mit Leitungen oder Kabeln erfolgen, die den VDE-Bestimmungen entsprechen.
Die Verlegung von Leitern für die Telekommunikationseinrichtung und Leitern zur Energieversorgung muss nach den allgemeinen Sicherheitsbestimmungen für Fernmeldeanlagen nach VDE 0100 und VDE 0800 getrennt geführt werden! Ein Abstand von 10 mm ist einzuhalten. Sollen Leitungen zur Energieversorgung und Kommunikationsleitungen in einem gemeinsamen Kabelkanal geführt werden, so müssen beide durch einen Steg getrennt sein.

Auswahl geeigneter Leitungen oder Kabel zum Aufbau einer Türkommunikationsanlage

Auswahlkriterien über Installationskabel und Leitungen für Fernmeldeanlagen sowie Anlagen zur Informationsverarbeitung findet man in den Normen DIN VDE 0815 bis DIN VDE 0817.

Für die Installation im Bereich Klingel-, Sprech- und Türöffneranlagen wurden früher meist sogenannte Schwachstrom-Leitungen vom Typ YR verlegt. Ein Mantel aus PVC fasst zwischen 2 und 16 PVC-isolierte Adern zu einer Installationsleitung zusammen (Betriebsspannungen <250 V).
Diese YR-Leitungen sind von Aufbau und Material her im Prinzip nur für niedere Frequenzen im Sprachbereich geschaffen worden. Man findet solche YR-Leitungen heute noch in vielen älteren Häusern und verwendet sie auch bei der Altbaurenovierung.

Merke:
Sollen bei der Renovierung eines Hauses die vorhandenen YR-Leitungen für das Audio- und Videosignal einer modernen Türkommunikationsanlage genutzt werden, so muss man sich beim Hersteller bzw. in den Unterlagen vergewissern, dass die Anlage YR-tauglich ist!

Seit der Einführung des ISDN und mit der Entwicklung moderner Türkommunikationsanlagen hat man Installationskabel entwickelt, die geringere Dämpfung besitzen und mit verdrillten Aderpaaren einen höheren Frequenzbereich übertragen können. Bei einer Neuinstallation eines Hauses oder einer Wohnung lohnt es sich, etwas teurere, aber sehr hochwertige Kabel zu verwenden.

Verdrillen von Adernpaaren bei Kabeln für Kommunikations- und Datentechnik

Stromdurchflossene Leiter sind stets von einem Magnetfeld umgeben (Abb. 1 ▷ 260).

Fließen durch den Leiter Wechselströme (Datensignale sind Wechselspannungen und erzeugen Wechselströme), dann breiten sich um den Leiter herum magnetische Wechselfelder aus. Sie können in benachbarten Adernpaaren Spannungen induzieren und damit Störungen hervorrufen. Verdrillt man die beiden Adern eines Leiterpaares mit ihren entgegengesetzten Stromrichtungen, so heben sich die Magnetfelder im Idealfall weitgehend auf.
Der Einfluss der Magnetfelder auf benachbarte Leiterpaare und eine hierdurch hervorgerufene Störung (so genanntes Nebensprechen oder Crosstalk) wird durch das Verdrillen verringert oder gar vermieden. Bei den Kabeln der Telekommunikationstechnik hat man die vier Adern auf zwei verschiedene Arten verdrillt: Als Stern-Vierer (Sternverseilung) oder als DM-Vierer (die paarweise verdrillten Adern werden noch miteinander verdrillt).
Moderne Datenkabel haben durch eine ausgeklügelte und für die verschiedenen Leiterpaare auch unterschiedliche Schlaglänge der Verdrillung eine weitgehende Unterdrückung der störenden Magnetfelder erreicht.

Merke:
Die Verdrillung der Adern darf daher, speziell bei den Datenkabeln, beim Auflegen der Kabel an den Dosen oder an Patchfeldern nicht weiter als 13 mm aufgelöst werden!

Beispielsweise ist in einem Kabel der Spezifikation J-Y(St)Y und 0,8 mm Durchmesser die Dämpfung niedriger als beim früher verlegten YR-Kabel mit 0,6 mm Durchmesser. Das ist vor allem bei längeren Leitungswegen zu beachten, bzw. manche Türsprechanlagen benötigen generell zur störungsfreien Funktion Kabel mit 0,8 mm Aderdurchmesser.

Von großer Bedeutung in der Übertragungs- und Datentechnik ist die Störbeeinflussung der Signale auf den Kabeladern:

- Störsignale können von außen auf alle Adernpaare einwirken, und
- Signale auf einem Adernpaar können auf die anderen Adernpaare überkoppeln.

Dadurch werden die dortigen Nutzsignale beeinflusst und verändert. Durch das Verdrillen der Doppeladern und die zusätzliche Schirmung werden Kabel des Typs J-Y(St)Y 4×2×0,8 St III Bd weniger gestört als YR-Kabel.
„Schnelle" Datenkabel kommen ohne Verdrillung und Abschirmung der Leiterpaare nicht mehr aus.

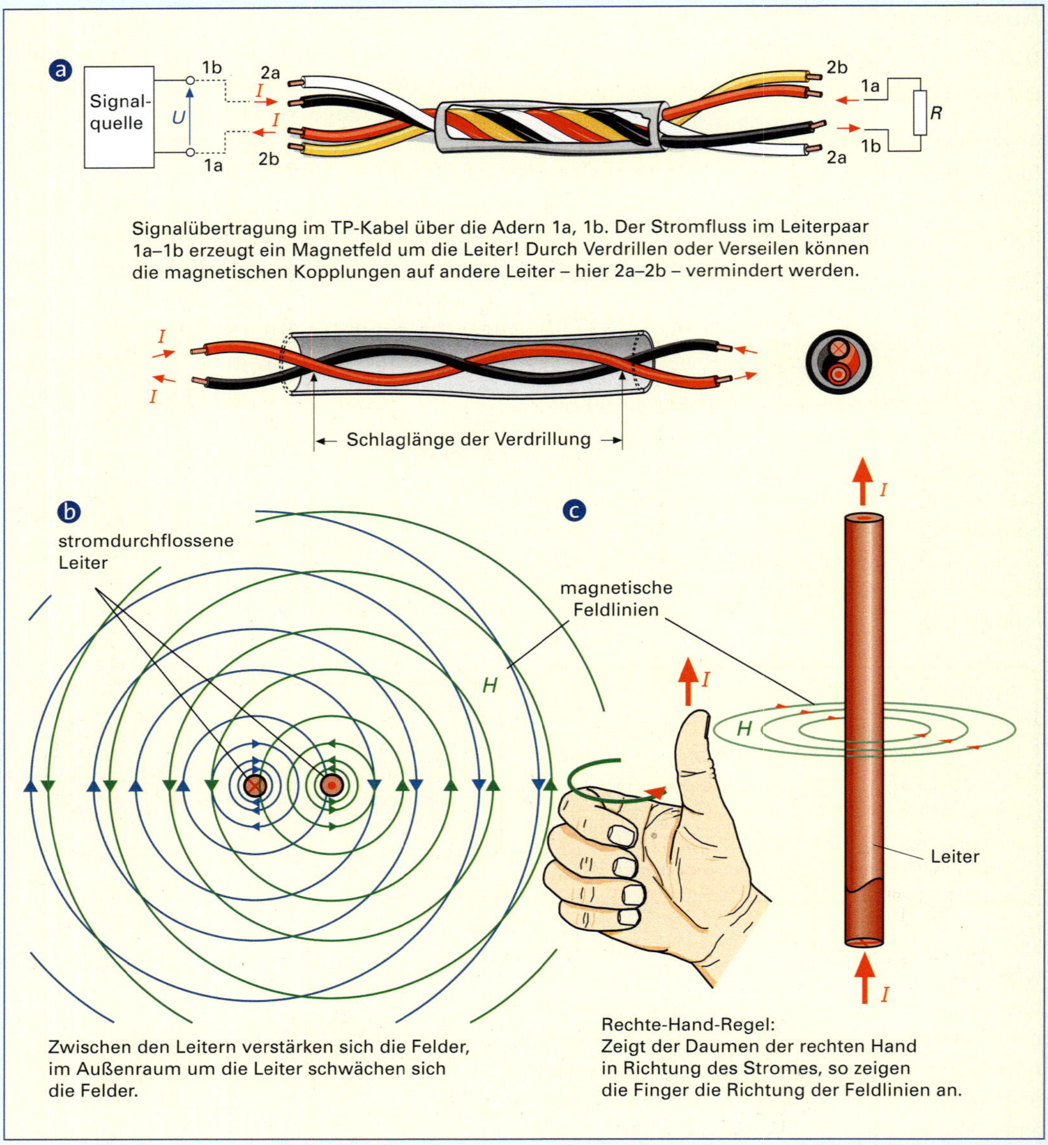

a

Signalquelle
U
1b
1a
2a
2b
I
I
2b
1a
R
1b
2a

Signalübertragung im TP-Kabel über die Adern 1a, 1b. Der Stromfluss im Leiterpaar 1a–1b erzeugt ein Magnetfeld um die Leiter! Durch Verdrillen oder Verseilen können die magnetischen Kopplungen auf andere Leiter – hier 2a–2b – vermindert werden.

I
I
Schlaglänge der Verdrillung

b

stromdurchflossene Leiter
H

Zwischen den Leitern verstärken sich die Felder, im Außenraum um die Leiter schwächen sich die Felder.

c

magnetische Feldlinien
I
H
Leiter
I

Rechte-Hand-Regel:
Zeigt der Daumen der rechten Hand in Richtung des Stromes, so zeigen die Finger die Richtung der Feldlinien an.

Abb. 1 Signalübertragung im TP-Kabel a, Magnetfelder um stromdurchflossene Leiter b und Rechte-Hand-Regel c

Abb. 2 Verschieden geschirmte TP- und Koaxialkabel

In Abb. 1 ⊳ 261 wird der Aufbau von unterschiedlichen Kabeln dargestellt, ausgehend von der Kupfer-Einzelader. Je nach Verwendungszweck führt die weitere Konstruktion zu Koaxialkabeln, mehradrigen unsymmetrischen Kabeln für die Steuerungstechnik und Industrieelektronik oder zu den symmetrischen Kabeln mit Adernpaaren. Die zwei Arten einer Verseilung und die Kennzeichnung der Adern für den Bereich der Telekommunikation werden in Abb. 1 ⊳ 261 dargestellt. Abb. 2 zeigt verschiedene Kabeltypen (Koaxialkabel und ein vierpaariges TP-Datenkabel) mit unterschiedlichen Abschirmungen.

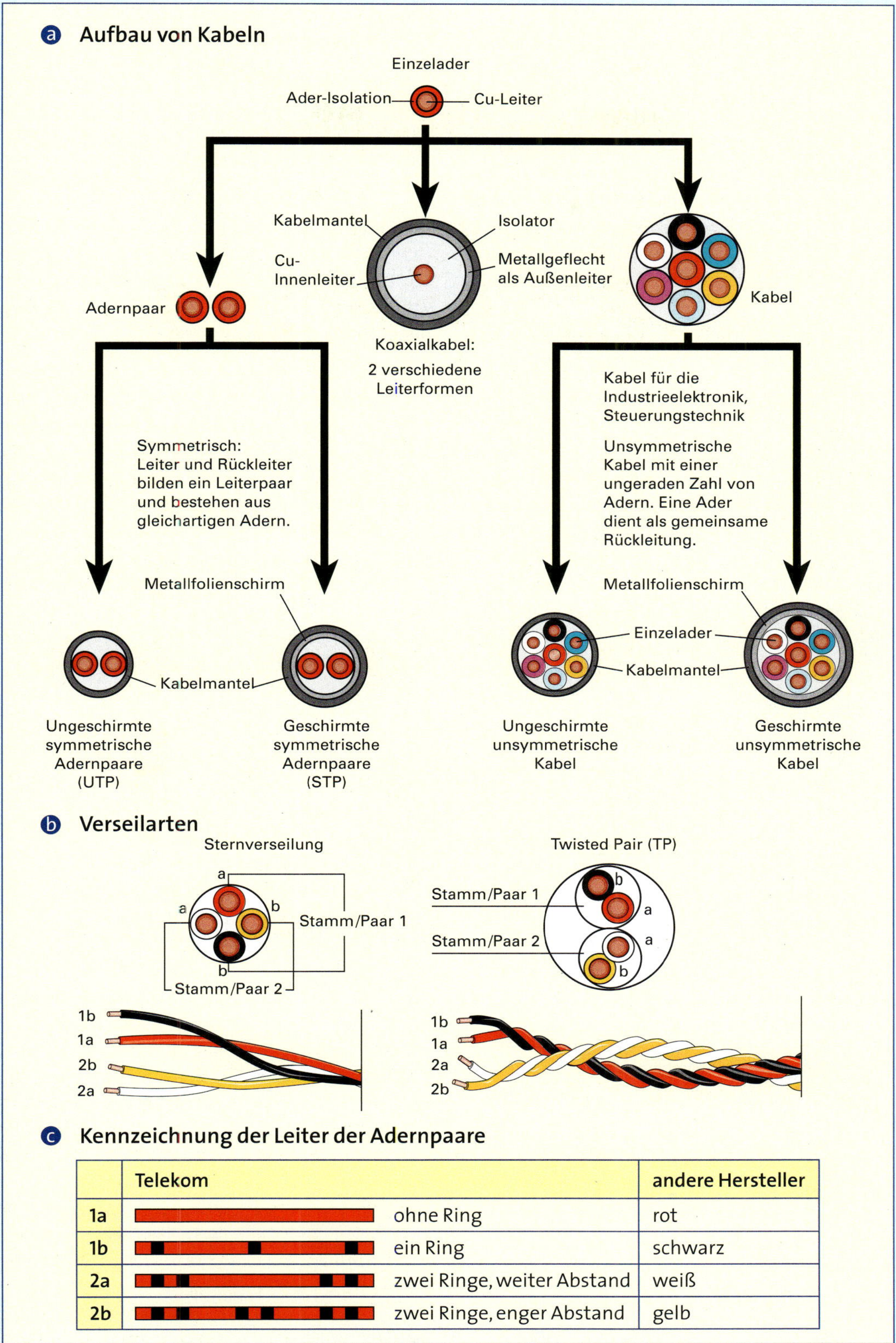

	Telekom		andere Hersteller
1a		ohne Ring	rot
1b		ein Ring	schwarz
2a		zwei Ringe, weiter Abstand	weiß
2b		zwei Ringe, enger Abstand	gelb

Abb. 1 Aufbau von Kabeln a, Verseilarten b und Kennzeichnung c

Eigenschaften und Verhalten von Kabeln bei verschiedenen Frequenzen

Die Beschreibung der elektrischen Eigenschaften und das Verhalten der Kabel bei verschiedenen Frequenzen lässt sich am besten mit dem sogenannten Leitungsersatzschaltbild durchführen (Abb. 1a). Das allgemeine Ersatzschaltbild einer Leitung beschreibt ein Stück der Leitung von 1 km Länge mit Hilfe von vier Bauelementen:

- Widerstand R' des Leitermaterials
- Ableitung G' des Isolationsmaterials
- Kapazität C'
- Induktivität L'

Diese speziellen Bauelemente, die im Ersatzschaltbild mit den genormten Schaltsymbolen bezeichnet werden, nennt man Leitungsbeläge. Sie sind für die Anwendung oder die Güte eines Kabels sehr wichtig und aussagekräftig. Je nach Aufbau des Kabels und benutztem Frequenzbereich sind nicht immer alle vier Leitungsbeläge gleichermaßen von Bedeutung.

Vereinfachtes Leitungsersatzschaltbild für tiefe Frequenzen

Für den Frequenzbereich der Türkommunikationsanlagen lässt sich das Ersatzschaltbild des Kabels vereinfachen (Abb. 1b). Hier spielen praktisch nur der Kapazitätsbelag C' der Leitung und der Widerstandsbelag R' eine Rolle.

Im Bereich der Hochfrequenztechnik dagegen (schnelle Datenübertragung, Fernseh- und Videotechnik, Satellitenübertragungstechnik) haben vor allem der Kapazitäts- und Induktivitätsbelag Bedeutung.

Der Widerstandsbelag R' ist bei den Audio- und Videofrequenzen der Türkommunikationsanlage nicht nur der Gleichstromwiderstand der beiden Kupferleiter, sondern hier tritt auch noch der Skin-Effekt auf. Das ist die Widerstandserhöhung durch den verringerten nutzbaren Leiterquerschnitt. Das Magnetfeld der Signal-Wechselströme induziert in den Leitern selbst wiederum Induktionsströme. Deren Magnetfeld verursacht eine Stromverdrängung nach außen zum Leiterrand, der nutzbare Querschnitt für den Strom nimmt ab, der Widerstandswert erhöht sich.

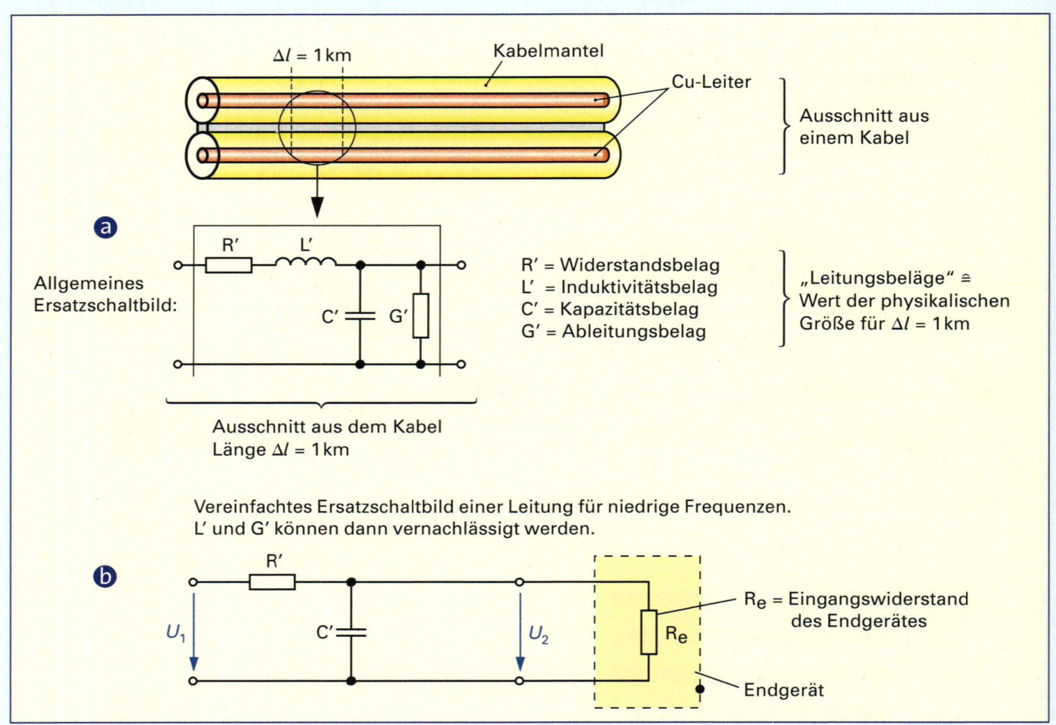

Abb. 1 Ersatzschaltbild für eine Zweidrahtleitung oder Koaxialkabel, Leitungsbeläge
a Ersatzschaltbild einer Leitung b

Kapazität, Kapazitätsbelag und Kondensator

Der Kapazitätsbelag C' hängt von der geometrischen Anordnung der Kupfer-Leiter und dem Isolationsmaterial von Adern bzw. Mantel ab. Der Einfluss des Isolationswerkstoffes (PVC, PE) wird durch die Permittivität ε (früher: Dielektrizitätskonstante) bestimmt.

Kapazitätsbelag einer Leitung oder eines Kabels

Eine Anordnung aus zwei metallischen Leitern, die durch eine Isolationsschicht voneinander getrennt sind, nennt man in der Elektrotechnik einen Kondensator. Eine Leitung aus zwei Adern und Isolationsmaterial erfüllt diese Definition, sodass eine Leitung auch Kondensator genannt werden kann. Wir wollen bei Leitungen jedoch den Begriff Leitungskapazität als eine technische Größe der Leitung verwenden und mit Kondensator spezielle Bauelemente bezeichnen. Leitung wie Kondensator zeigen als Kennzeichen die Eigenschaft, getrennte elektrische Ladungen auf den beiden Leitern speichern zu können. Die zur Kennzeichnung der Speicherfähigkeit eingeführte elektrische Größe wird als Kapazität bezeichnet und mit dem Buchstaben *C* abgekürzt.

> **Merke:**
> *Mit Kapazität wird die Eigenschaft von Bauelementen oder Leiteranordnungen bezeichnet, elektrische Ladungen und damit Energie in Form von elektrischen Feldern speichern zu können. Oftmals nennt man ein Bauelement, welches diese Eigenschaft hat, kurz und vereinfacht Kapazität. In einem Schaltbild eines Gerätes werden Kondensatoren durch das Schaltzeichen und meist auch durch den Kapazitätswert beschrieben, z. B. C = 100 pF.*

Bei der Beschreibung einer Spannungsquelle ist klar geworden, dass eine Ladungstrennung mit dem Entstehen einer Spannung zwischen den getrennten Ladungen verbunden ist. Wenn wir nun eine Spannungsquelle (Gleichspannungsgenerator) an ein am Ende offenes Kabel anschließen, dann werden sich die Ladungen auf den Kupferleitungen des Kabels unter dem Einfluss der Spannung so verschieben (es fließt Strom in das Kabel

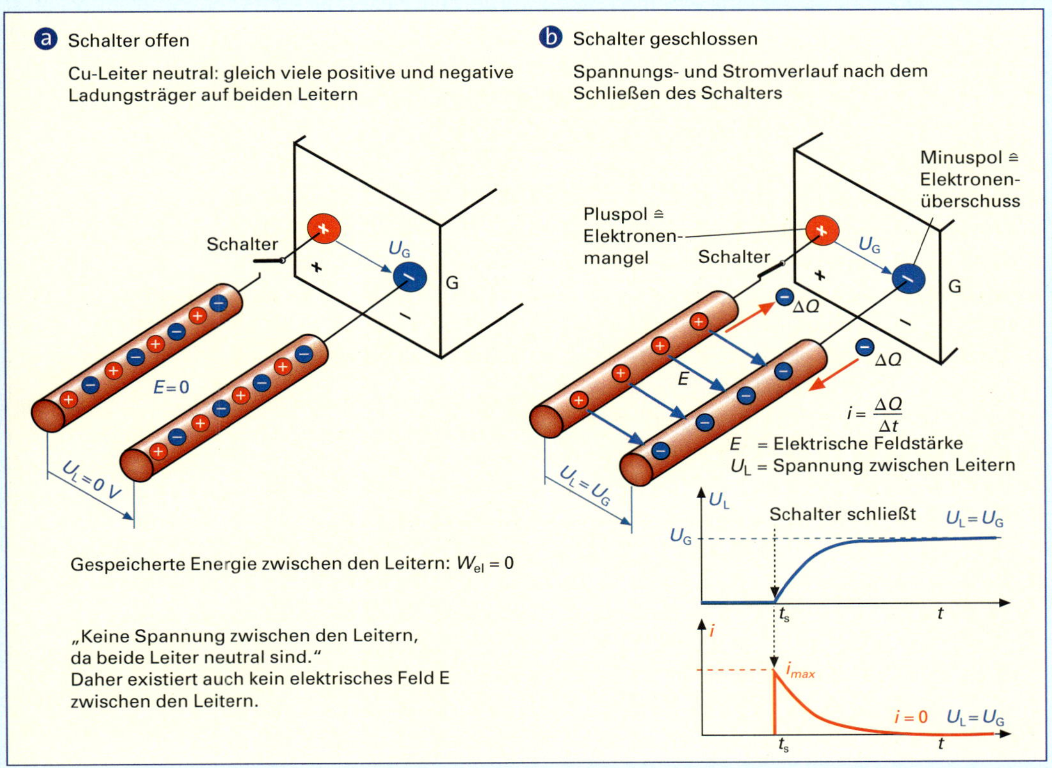

Abb. 1 Aufladung einer am Ende offenen Leitung

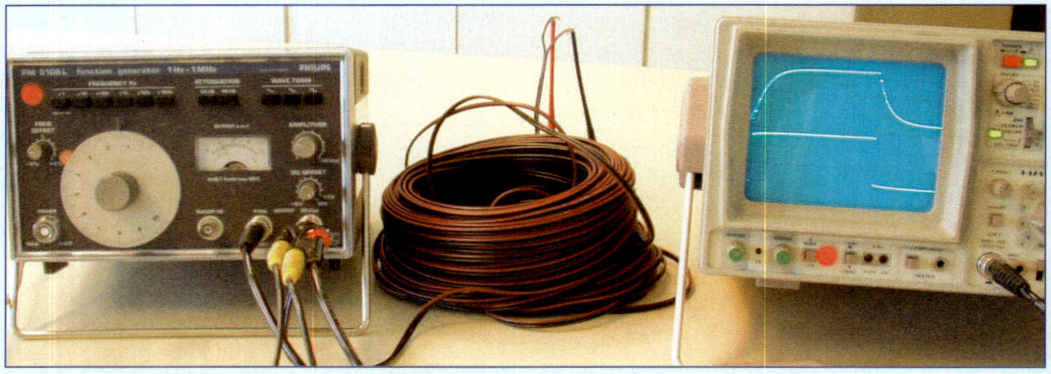

Abb. 1 Experimenteller Aufbau zur Messung des zeitlichen Spannungsverlaufs an der Leitung

hinein, obwohl kein Lastwiderstand angeschlossen ist), dass der eine Leiter positiv, der andere negativ aufgeladen wird (Abb. 1 ▷ 263). Die „Aufladung" ist beendet, wenn die Spannung zwischen den Leitern genauso groß geworden ist wie die Generatorspannung. Dann fließt auch kein Strom mehr! Der geschilderte Vorgang ist bei einem Kabel zeitlich sehr kurz und nur mit einem Oszilloskop zu beobachten oder zu messen. Die Abb. 1 zeigt den Versuchsaufbau und den zeitlichen Verlauf der Spannung an den Kabeladern. Schaltet man den Generator ab, entlädt sich die Leitung wieder (Herstellen der elektrischen Neutralität auf den Kupferleitern), die gespeicherte Energie wird wieder abgegeben (hier im Generator – Innenwiderstand R_i – aber in Wärme umgesetzt und ist damit leider verloren).

Es dauert eine gewisse Zeit, bis die Spannung zwischen den Leitern den Wert der Generatorspannung angenommen hat. Aus der geflossenen Ladung $Q = I \cdot t$, der Spannung an den Leitern U_L und der Zeit t bis zur Aufladung kann man die im Kabel gespeicherte Energie bestimmen. Leider ist die Spannung an den Leitern während der Aufladung ebenso wie der Strom I nicht konstant, weshalb die Berechnung der Energie nicht so einfach möglich ist. Aus der Physik ergibt sich die Formel:

$$W = \frac{Q \cdot U}{2}$$

Es gilt also die Tatsache, dass die in einem Kabel gespeicherte Energie W umso größer ist, je größer die auf die metallischen Leiter geflossene Ladung Q bei einer bestimmten angelegten Spannung U ist.

Merke:
Für den Quotienten (also den Bruch) aus Ladung Q und Spannung U führt man den Namen „Kapazität" ein und kürzt ihn mit dem Buchstaben C ab:

$$C = \frac{Q}{U}$$

Das bedeutet: Je mehr Ladungen bei einer bestimmten Spannung auf den Leitern (Leiterfläche) gespeichert werden können, umso größer ist die Kapazität C der Anordnung.
Die Einheit der Kapazität C ergibt sich aus den Einheiten für Q und U:

$$\frac{1\,\text{As}}{1\,\text{V}} = 1\,\frac{\text{As}}{\text{V}}$$

Damit lässt sich die Formel für die gespeicherte Energie W noch einmal umschreiben:

$$W = \frac{1}{2}\,Q \cdot U = \frac{1}{2}\,C \cdot U^2, \text{weil } Q = C \cdot U \text{ ist.}$$

Für die Einheit der Kapazität $\frac{1\,\text{As}}{1\,\text{V}}$ hat man die Abkürzung 1 F (Farad, nach Michael Faraday, englischer Physiker) eingeführt. Die Einheit 1 F ist für die Praxis sehr groß, daher verwendet man kleinere Unterheiten, geschrieben als Zehnerpotenzen:

1 Pikofarad pF $= 10^{-12}$ F
1 Nanofarad nF $= 10^{-9}$ F
1 Mikrofarad µF $= 10^{-6}$ F

Zur Messung der Kapazität von Kabeln oder Bauelementen gibt es professionelle Messgeräte. Heute haben aber schon viele digitale Vielfachmessgeräte (Multimeter) einen Messbereich zur Kapazitätsmessung, der für überschlägige Prüfungen oft ausreicht. Hat man nun, z. B. von einem Kabel mit 100 m Länge, die Kapazität *C* bestimmt, so müsste man diesen Wert noch auf die Bezugslänge von 1 km umrechnen, um den Kapazitätsbelag *C'* für das gezeigte Ersatzschaltbild zu erhalten.

Ein besonderes Problem: das Kabel speichert Energie

Das Problem liegt nicht in der Speicherung der Energie an sich, denn diese wird ja – theoretisch sogar vollständig – wieder zurückgegeben, sondern in der Tatsache, dass der speisende Generator bei jeder Auf- und Entladung (bei einer hochfrequenten Wechselspannung geschieht das sehr häufig in der Sekunde) diese Energie der Größe $\frac{1}{2} C \cdot U^2$ oft sehr schnell liefern können muss. Wie schnell, hängt von dem wirksamen Gesamtwiderstand der Anordnung R_{ges} (R_{ges} = Innenwiderstand R_i des Generators und dem Widerstand *R* der Leitung) und der Kapazität *C* der Leitung ab. Zur Beschreibung der Aufladezeit dient eine neue elektrische Größe: die Zeitkonstante τ.
Als Zeitkonstante τ einer Widerstands-Kondensator-Schaltung (mit gegebenen elektrischen Werten für *R* und *C*) definiert man das Produkt

$$\tau = R \cdot C$$

Bei der Aufladung des Kondensators an einer Gleichspannung steigt die Spannung nach Ablauf einer Zeitkonstanten τ auf 63 % der Generatorspannung an. Bei der Behandlung der Kondensatoren wird dies genauer gezeigt. Nach einer Zeit $t = 5\,\tau$, d. h. nach etwa 5 Zeitkonstanten, ist die Leitungskapazität voll geladen, dann ist die Spannung U_C praktisch gleich der Generatorspannung U_g.
Je größer also die Kapazität einer Leitung ist, desto länger dauert es, bis die Spannung auf der Leitung den Wert der Generatorspannung (und das ist eventuell genau unser Datensignal!) angenommen hat. Damit werden aber die Spannungsimpulse der Daten umso stärker verformt, je größer *C* ist. Kommt dann noch eine Dämpfung der Leitung durch den Widerstandsbelag hinzu (ist in der Praxis auch vorhanden), so nimmt die nutzbare Länge einer Leitung für eine Übertragung von Datensignalen oder zur Kommunikation schnell ab, weil die Daten durch die Verformung nicht mehr exakt als logische Eins oder Null erkannt werden.

> **Merke:**
> *Kabel zur Kommunikation oder Datenübertragung sollten möglichst eine kleine Kapazität (Kapazitätsbelag) haben. Der Kapazitätsbelag wird neben anderen Kennwerten bei Kabeln im Datenblatt angegeben.*

Kondensatoren

Kondensatoren sind Bauelemente mit der Eigenschaft, elektrische Ladungen speichern zu können. Zur Wiederholung hier nochmals die Definition eines Kondensators:

> **Merke:**
> *Eine Anordnung aus zwei metallischen Leitern beliebiger Form (Leiterfläche A), die sich in einem festen Abstand d isoliert einander gegenüber befinden, nennt man Kondensator mit der Kapazität C (Abb. 1).*

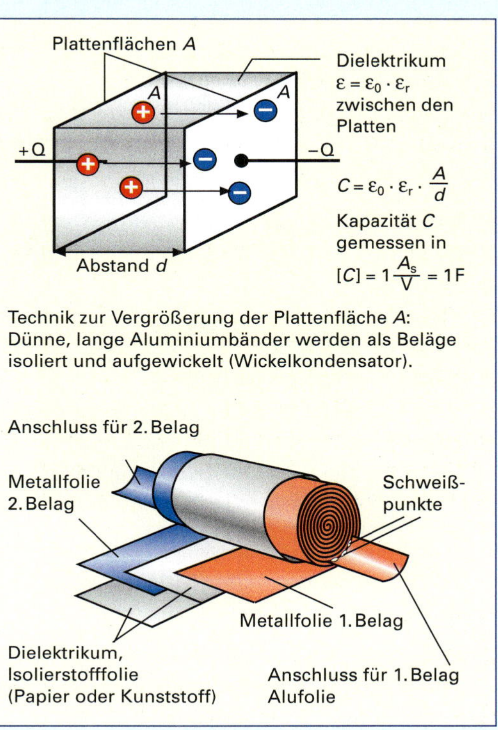

Abb. 1 Prinzipieller Aufbau eines Kondensators, Bestimmung der Kapazität *C* aus den geometrischen Abmessungen und der Permittivität ε

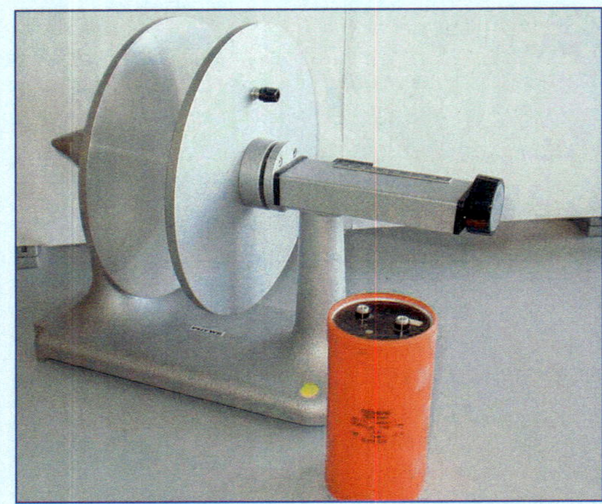

Abb. 1 Zwei Ausführungen von Kondensatoren: Demo-Plattenkondensator und Elektrolytkondensator hoher Kapazität

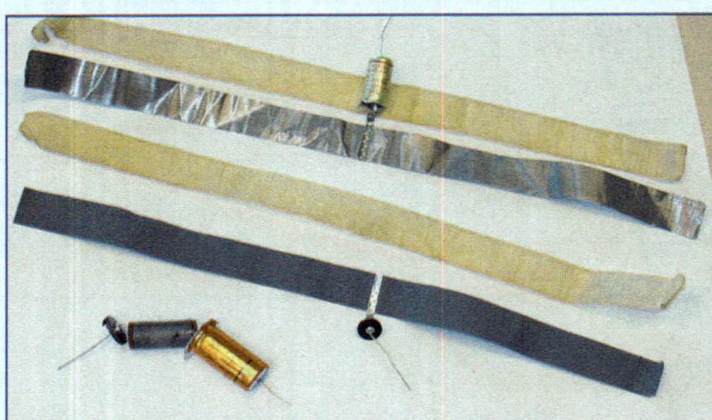

Abb. 2 Zerlegter Wickelkondensator: Darstellung der Aluminiumbänder, der Isolation und der Hülse zur Aufnahme des fertigen Wickels

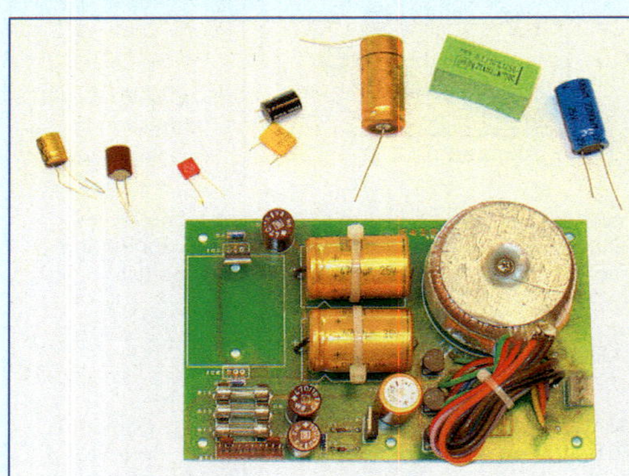

Abb. 3 Anwendung von Kondensatoren: Netzteil mit Elektrolytkondensatoren, weitere Ausführungen von Kondensatoren

Führt man den beiden Leitern durch Anschließen an eine Gleichspannungsquelle (Spannung U_g) jeweils gleich viele, aber entgegengesetzte Ladungen Q^+ bzw. Q^- zu, so baut sich zwischen den Leitern mit den getrennten Ladungen ein elektrisches Feld auf, es ist eine Spannung U_C messbar. Das Auftreten des elektrischen Feldes ist gleichbedeutend mit gespeicherter Energie. Sie wird z. B. als Wärmeenergie wieder abgegeben, wenn sich die gespeicherten Ladungsträger als Strom über einen Leiter und einen Widerstand als Verbraucher ausgleichen können. Je größer die Kapazität, desto mehr Energie kann der Kondensator speichern.

Die beiden Leiter können dabei z. B. zwei parallele metallische Kreisplatten, isoliert durch Luft, sein (Abb. 1) oder auch zwei schmale, längere Aluminiumbänder, die durch eine Papier- oder Kunststofffolie voneinander isoliert sind. Um Platz zu sparen und eine günstige Form für den Einbau in Schaltungen zu erreichen, werden die Leiter bei vielen Bauformen zu Rollen aufgewickelt und in zylindrischen Aluminiumbechern eingebaut (Abb. 1 ▷ 265 und Abb. 2). Abb. 3 zeigt Kondensatoren unterschiedlicher Bauformen und Größen sowie eine Anwendung in einem Netzteil.

Den isolierenden Werkstoff zwischen den beiden Leitern nennt man Dielektrikum. Es kann unter anderem aus Luft, Papier, Gummi oder Kunststoff bestehen. Der Einfluss des jeweiligen vom elektrischen Feld durchsetzten Dielektrikums auf die Kapazität C des Kondensators wird durch das Produkt der elektrischen Feldkonstanten ε_0 und der Permittivitätszahl ε_r beschrieben.

Die Kapazität eines Kondensators lässt sich direkt messen oder über die elektrischen Werte der gespeicherten Ladung Q und Kondensatorspannung U_C aus

$$C = \frac{Q}{U_C}$$

bestimmen. Andererseits ist die Kapazität auch aus den Baugrößen Plattenfläche A und Plattenabstand d, sowie der Permittivität $\varepsilon = \varepsilon_0 \cdot \varepsilon_r$ nach folgender Formel bestimmbar:

Plattenkondensator:

$$C = \varepsilon_0 \cdot \varepsilon_r \cdot \frac{A}{d}$$

$$C = \frac{Q}{U_C}$$

$$Q = I \cdot t$$

$$W_{el} = \frac{1}{2}\, C\, U_C^2 = \frac{1}{2}\, Q \cdot U_C$$

C Kapazität (Kapazitätswert) in As/V bzw. in F (Farad; 1 F = 1 As/V); Q Ladung in As; W_{el} elektrische Energie; I Stromstärke in A; t Zeit in s; U_C Kondensatorspannung in V; A Fläche in m²; d Abstand in m; ε_0 elektrische Feldkonstante (Naturkonstante, $\varepsilon_0 = 8{,}854 \cdot 10^{-12}$ As/Vm); ε_r spezieller Zahlenwert für den Isolationswerkstoff (für Vakuum und auch angenähert für Luft gilt $\varepsilon_r = 1$, für PVC $\varepsilon_r = 2{,}3$). Die Werte können Tabellenbüchern entnommen werden.

Diese Formeln sind wichtig, wenn man Kondensatoren mit definierten Kapazitätswerten für technische Anwendungen herstellen will.

Beispiele:

a) Wie groß ist die Kapazität eines Kondensators, dessen Platten einen Abstand von $d = 1$ mm und eine Leiterfläche von $A = 1\,\text{m}^2$ haben? Das Dielektrikum zwischen den Leiterplatten ist Luft. Wir berechnen die Kapazität C:

$$C = 8{,}854 \cdot 10^{-12} \cdot \frac{1\,\text{As}}{\text{Vm}} \cdot \frac{1\,\text{m}^2}{1\,\text{mm}}$$

$$C = 8{,}854 \cdot 10^{-6}\,\text{F} = 8{,}854\,\mu\text{F}$$

b) Wie groß ist die gespeicherte Energie, wenn an die Platten eine Spannung von $U = 100$ V angelegt wird?

$$W = \frac{1}{2}\,C \cdot U^2 = \frac{1}{2} \cdot 8{,}854\,\mu\text{F}\,(100\,\text{V})^2 = 0{,}044\,\text{Ws}$$

c) Welchen Wert nimmt die Kapazität an, wenn statt Luft als Isolator (Dielektrikum) zwischen den Kondensatorplatten PVC (mit $\varepsilon_r = 2{,}3$) von 1 mm Dicke verwendet wird?

$$C = 2{,}3 \cdot 8{,}854 \cdot 10^{-12}\text{As/Vm} \cdot \frac{1\,\text{m}^2}{1\,\text{mm}} = 20{,}35\,\mu\text{F}$$

Ergebnis: Durch die Wahl des Dielektrikums mit der Permittivität $\varepsilon_r > 1$ lässt sich die Kapazität eines Kondensators bei gleichen geometrischen Abmessungen erhöhen!

Das Auf- und Entladen von Kondensatoren an konstanter Spannung

Im Zusammenhang mit der Kapazität einer Leitung wurde schon beschrieben, dass das Aufladen dieser Kapazität von dem im Stromkreis wirkenden Gesamtwiderstand R und von der Größe der Kapazität C über die Zeitkonstante τ abhängt. Dies soll nun näher begründet werden:
In Abb. 1 ▷ 268 wird das Schaubild zur Aufladung eines Kondensators an einem Generator mit konstanter Spannung U dargestellt. Beim Aufladen fließen Ladungen vom Generator auf die Kondensatorplatten, wodurch sich zwischen den Kondensatorplatten eine Spannung U_C bildet (siehe Abb. 1 ▷ 268). Im ersten Moment, beim Schließen des Schalters, ist der Kondensator noch ungeladen. Die für den Ladungstransport entscheidende treibende Spannung U_d, als Differenz aus Generatorspannung und Spannung am Kondensator, ist also gleich $(U_g - 0) = U_g$. Der Strom hat zu diesem Zeitpunkt seinen höchsten Wert

$$I_{max} = \frac{U_g}{R}.$$

Der Kondensator wirkt im ersten Augenblick bei $t = 0$ praktisch wie ein Kurzschluss!
Danach steigt die Spannung am Kondensator U_c steil an, die zeitliche Spannungsänderung ist groß! Dadurch ist die treibende Spannung U_d als Differenz $(U_g - U_c)$ kleiner als U_g geworden. Der Strom wird abnehmen, aber immer noch Ladungsträger auf die Kondensatorplatten transportieren. Als Folge eines geringeren Stromes steigt die Kondensatorspannung langsamer an als zu Beginn der Aufladung. Je größer die Kondensatorspannung U_c mit der Zeit wird, umso kleiner wird die treibende Spannung $U_d = (U_g - U_c)$, umso geringer wird der Strom I_c (Abb. 1 ▷ 268).

> ***Merke:***
> *Der Strom bei der Auf- bzw. Entladung ist dort am größten, wo sich die Kondensatorspannung U_c zeitlich am stärksten ändert. Ist die Spannungsänderung Null, bzw. liegt der Kondensator nach der Aufladung an einer konstanten Gleichspannung, so ist der Strom „durch den Kondensator" auch Null. Man sagt auch: Der Kondensator sperrt Gleichstrom oder der Widerstand eines Kondensators gegenüber Gleichstrom ist unendlich groß!*

Wann ist die Aufladung beendet?

Die Spannung U_c am Kondensator kann ja nur so groß werden wie die Generatorspannung U_g. Dann ist die treibende Spannung $U_g - U_c = 0$, und damit wird auch der Strom zu Null.

Nach welcher Zeit ist das für eine gegebene Schaltung mit R und C der Fall?

In der Abb. 1 ▷ 268 sind die Auf- und Entladekurven eines Kondensators der Kapazität $C = 10\,\mu\text{F}$ über einen Widerstand $R = 10\,\text{k}\Omega$ dargestellt. Man kann hier erkennen, dass nach der Zeit $t = 1\,\tau$ (also nach 1 Zeitkonstanten vom Beginn der Aufladung gerechnet) die Kondensatorspannung auf 63 % der Generatorspannung angewachsen ist. Nach

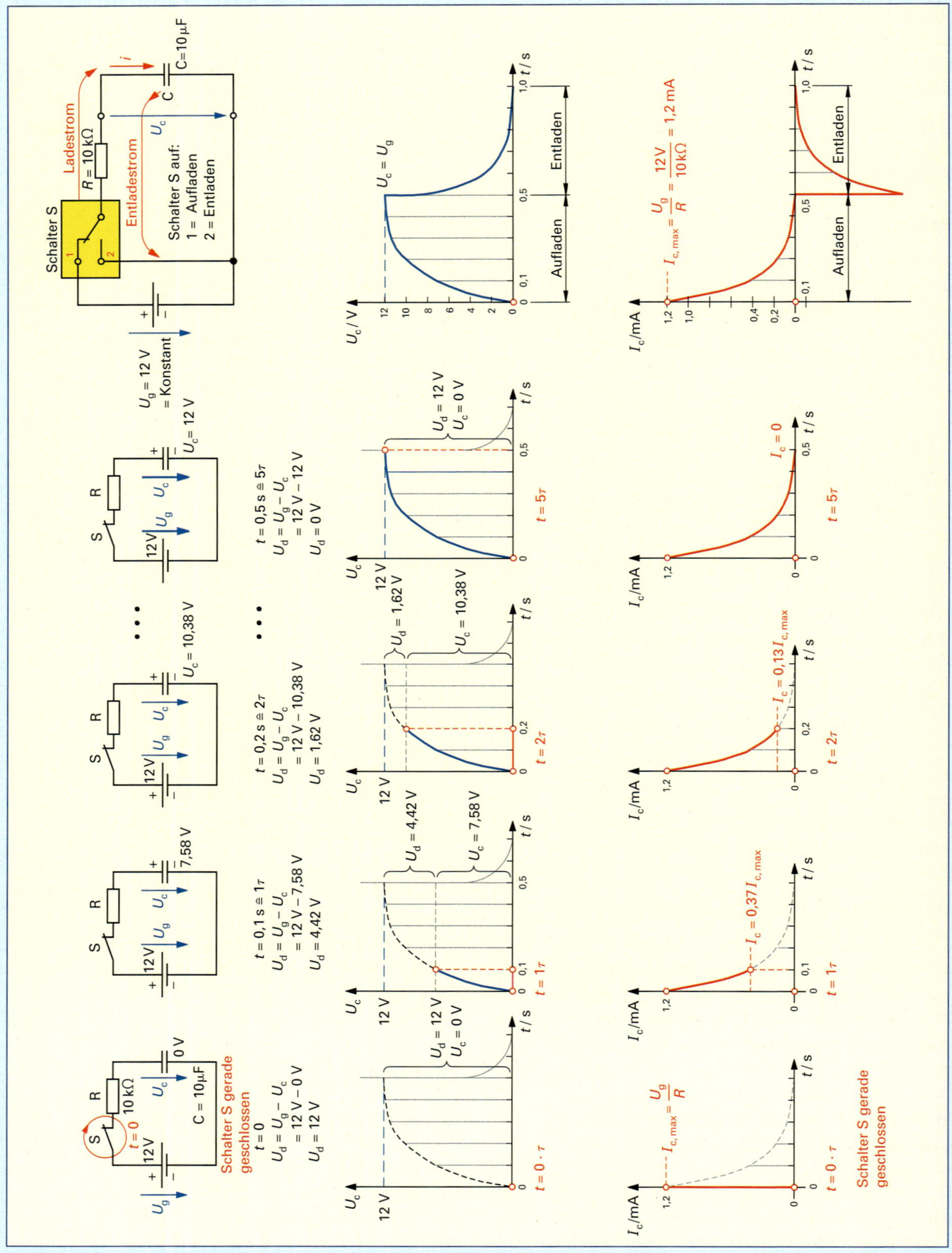

Abb. 1 Erklärung der sich zeitlich verändernden treibenden Spannung U_d bei der Aufladung eines Kondensators an konstanter Spannung

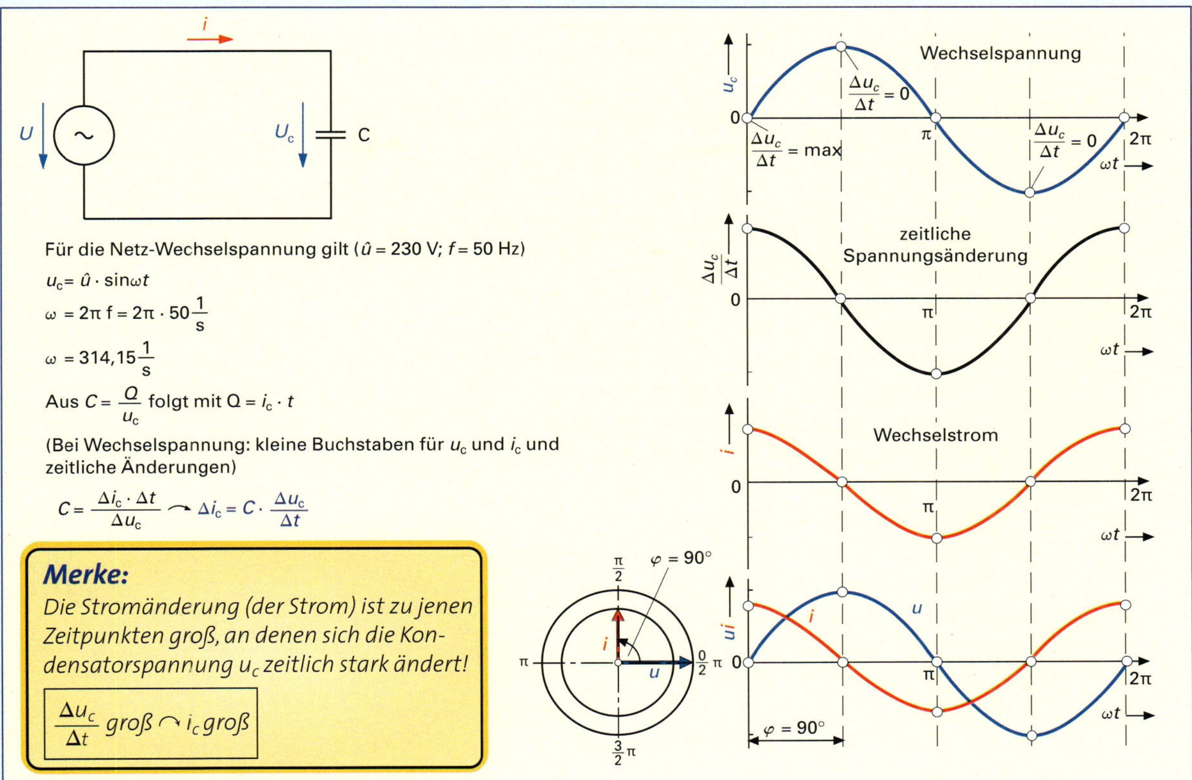

Abb. 1 Der Kondensator an sinusförmiger Wechselspannung

einer weiteren Zeitkonstanten hat die Kondensatorspannung U_c von den restlichen 37% bis zur Generatorspannung wieder um genau 63 % zugenommen. Sie hat also jetzt den Wert

$$U_c = (0{,}63\ U_g + (0{,}63 \cdot 0{,}37)\ U_g) = 0{,}864\ U_g$$

Fährt man so fort, hat man nach einer Zeit von $t = 5\ \tau$ einen Wert von $U_c = 0{,}993\ U_g$ erreicht, d. h., man kann für die Praxis mit genügender Genauigkeit sagen:
Die Aufladung eines Kondensators an konstanter Spannung U_g über einen Widerstand R ist nach 5 Zeitkonstanten beendet. Für die Entladung des Kondenstors über den Widerstand R gilt die gleiche Überlegung, die Entladung ist ebenfalls nach 5 Zeitkonstanten beendet.

Betrieb von Kondensatoren an sinusförmiger Wechselspannung

Betreibt man Kondensatoren an sinusförmiger Wechselspannung, so gelten die obigen Darstellungen über den zeitlichen Verlauf der Auf- und Entladung *nicht*.

Voraussetzung für die Anwendung der Zeitkonstante war eine konstante Spannung des Generators, an dem der Kondensator angeschlossen war. Eine rechteckförmige Wechselspannung (also periodisches Ein- und Ausschalten der Gleichspannung) kann als zeitweise konstant betrachtet werden, sodass die Berechnung der Spannungsverläufe von U_c über die Zeitkonstante erlaubt ist. Eine sinusförmige Wechselspannung ist niemals konstant, sie hat aber im Laufe einer vollständigen Periode für Winkel von 0° bis 360° (oder von 0 bis 2π) Phasen mit größeren und auch kleineren zeitlichen Spannungsänderungen Δu und sogar Zeitpunkte mit $\Delta u = 0$.

Es gilt nun auch hier, wie bei der rechteckförmigen Wechselspannung, dass der Strom durch den Kondensator dann am größten ist, wenn sich die Spannung am Kondensator am stärksten ändert. Abb. 1 zeigt die Gegenüberstellung von anliegender Wechselspannung am Kondensator (entspricht der treibenden Netz-Wechselspannung) und der sich daraus ergebenden zeitlichen Spannungsänderung. Der Strom durch den Kondensator in der untersten Darstellung ergibt sich dann proportional zu der zeitlichen Spannungsänderung, und man kann erkennen, dass der Kondensatorstrom gegenüber der Kondensatorspannung um 90° phasenverschoben ist. Dieser Idealfall träte allerdings nur dann ein, wenn der Kondensator selbst ohne jeden Widerstand im Stromkreis eingebaut wäre. In der Praxis haben aber schon die Zuleitungsdrähte und die Aluminiumbeläge des Kondensators einen (geringen) Widerstand. Hinzu kommen weitere frequenzabhängige Verluste, sodass die Phasenverschiebung φ beim realen Kondensator etwas kleiner als 90° sein wird. Diese Abweichung gegenüber dem Idealfall wird bei technischen Anwendungen durch einen frequenzabhängigen Verlustwinkel berücksichtigt.

Kapazitiver Widerstand eines Kondensators bei Betrieb an sinusförmiger Wechselspannung

Wir haben festgestellt, dass beim Betrieb eines Kondensators an technischer Wechselspannung dauernd ein (phasenverschobener) Wechselstrom fließt.

Wie wird die Höhe des Stromes begrenzt?

Je größer die Plattenfläche des Kondensators ist, d.h. je größer seine Kapazität ist, umso mehr Ladungen können gespeichert werden und umso größer muss der Ladestrom werden. Je öfter sich ein Kondensator umladen muss, umso höher ist im Mittel der Strom. Man kann also folgern, dass mit höherer Frequenz der Wechselspannung auch der Strom durch einen gegebenen Kondensator steigen wird. Untersucht man die Zusammenhänge genau, so ergibt sich für den scheinbaren Widerstand, den ein Kondensator in einem Wechselstromkreis bildet, folgende Formel:

$$X_c = \frac{U_c}{I_c} = \frac{1}{2\pi \cdot f \cdot c} = \frac{1}{\omega C} \text{ mit } \omega = 2\pi f$$

Dieser kapazitive Widerstand X_c nimmt mit zunehmender Frequenz f und steigender Kapazität ab!

Beispiele:

1. Wie groß ist der kapazitive Widerstand eines Kondensators mit $C = 6\ \mu F$ an einer Wechselspannung mit $f = 50$ Hz?

In die Formel für $X_c = \frac{1}{2\pi f C} = \frac{1}{\omega C}$ eingesetzt, ergibt sich:

$$X_c = \frac{1}{2\pi \cdot 50\ \text{Hz} \cdot 6\ \mu\text{F}} = 530{,}5\ \Omega$$

2. Wie groß wäre X_c, wenn der Wert der Kapazität auf $C = 10\ \mu F$ vergrößert würde?

$$X_c = \frac{1}{2\pi \cdot 50\ \text{Hz} \cdot 10\ \mu\text{F}} = \underline{\underline{318{,}3\ \Omega}}$$

Warum wird der kapazitive Widerstand X_c und nicht R genannt?

Ohm'sche Widerstände setzen elektrische Energie in Wärme um; technisch gesehen ist diese Energie dem Kreis entzogen und somit verloren. Berechnet man die elektrische Leistung, die in einem ohm'schen Widerstand umgesetzt wird, so bildet man das Produkt aus Spannung und Strom, die beide phasengleich sind! Das Produkt hat

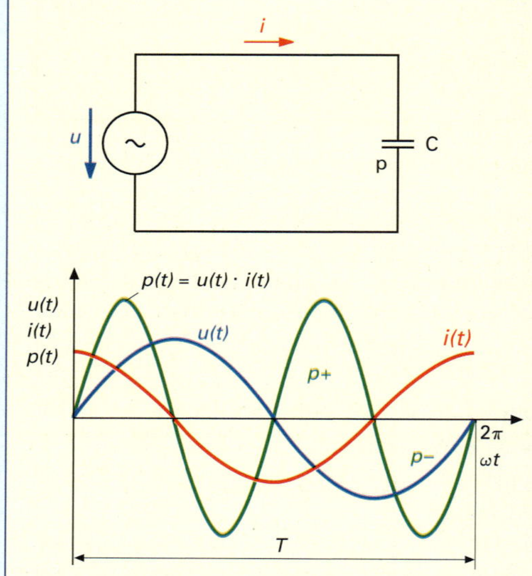

Zeitlicher Verlauf der Leistung *p(t)* als Produkt aus Spannung *u(t)* und Strom *i(t)*

Innerhalb einer Periodendauer *T* ergeben sich zwei volle Schwingungen für *p(t)*. *p(t)* hat also die doppelte Frequenz verglichen mit *u(t)*!
Weil die positive Halbschwingung *p+* genauso groß ist wie die negative Halbschwingung *p–*, ist das zeitliche Mittel für *p(t)* = 0!

Merke:
In einem idealen Kondensator wird keine Leistung umgesetzt!

Abb. 1 Bestimmung der Leistungsaufnahme *p(t)* eines Kondensators an sinusförmiger Wechselspannung

stets einen positiven Wert: die Wirkleistung $p(t)$.
Aus $p(t) = u(t) \cdot i(t)$
folgt mit dem Ohm'schen Gesetz $R = \frac{U}{I}$:

$$p(t) = \frac{u^2(t)}{R} = i^2(t) \cdot R$$

Beim idealen Kondensator hatten wir aber festgestellt, dass die Kondensatorspannung $u(t)$ und der Kondensatorstrom $i(t)$ um 90° gegeneinander phasenverschoben sind. Bildet man das Produkt der beiden zeitlichen Verläufe $u(t)$ und $i(t)$, so ergibt sich der in Abb. 1 ⊳ 270 dargestellte Leistungsverlauf über eine Periode der Spannung bzw. des Stromes. Wie beim Vergleich der positiven und negativen Abschnitte der Leistungskurve zu erkennen, sind beide Abschnitte gleich groß.

Merke:
Der positive und der negative Abschnitt der Leistungskurve heben sich über eine volle Periode genau auf. Damit ist die Leistung am Kondensator im zeitlichen Mittel Null, d. h., es wird keine Wirkleistung verbraucht.
Ein idealer Kondensator wirkt beim Betrieb an sinusförmiger Wechselspannung zwar im Prinzip wie ein Widerstand, indem er den Wechselstrom i(t) frequenzabhängig begrenzt; er wandelt die Energie aber nicht in Wärme um! Aus diesem Grund bezeichnet man einen idealen Kondensator auch als kapazitiven Blindwiderstand, wenn er an sinusförmiger Wechselspannung betrieben wird, und kennzeichnet ihn mit X_C. R bleibt dem Wirkwiderstand vorbehalten, der elektrische Energie in andere Energieformen, wie z. B. Wärme, umwandelt.

Anforderungen an Kondensatoren unterschiedlicher Bauart

Kondensatoren werden in der Praxis in den unterschiedlichsten Größen und verschiedensten Bauarten verwendet. Für den Anwender sind einige Kennwerte von besonderer Bedeutung:

- Kapazitätswert
- maximale Betriebsspannung
- Verlustfaktor
- Toleranz
- Temperatur

Die Kapazität ist entweder auf dem Bauelement aufgedruckt, sie kann aber auch codiert (vgl. Widerstandscodierung) in Piko-Farad (pF) angegeben sein. Für den Betrieb eines Kondensators ist

Abb. 1 Anwendung von Kondensatoren auf einem PC-Motherboard

das Beachten der maximalen Betriebsspannung „lebenswichtig“. Beim Betrieb an höheren Spannungen als auf dem Bauelement angegeben, kann das Dielektrikum infolge der dann zu hohen elektrischen Feldstärke zwischen den Belägen durchschlagen werden. Der Kondensator ist defekt und meist unbrauchbar (Ausnahme: selbstheilende Kondensatoren).
Der Verlustfaktor ist entscheidend für den gerätetechnischen Einsatz der Kondensatoren. Kondensatoren für Hochfrequenzschaltungen (z. B. für Schwingkreise zur Abstimmung im Radio- und Fernsehgerät) dürfen nur einen sehr kleinen Verlustfaktor aufweisen. Hier verwendet man z. B. Keramikkondensatoren.
Bei Netzteilen, wo Kondensatoren zur Glättung und Siebung eingesetzt werden, sind der Kapazitätswert (einige tausend µF) und die Baugröße wichtig. Kondensatoren für Blitzgeräte oder Hochspannungsnetzteile müssen eine sehr hohe Betriebsspannung (bis kV) aushalten können.
Der Verlustfaktor spielt bei ihnen eine unbedeutende Rolle. Die Betriebstemperatur muss vor allem bei Elektrolytkondensatoren beachtet werden. Wird ein Gerät längere Zeit bei einer zu hohen Umgebungstemperatur betrieben, für die die Kondensatoren nicht ausgelegt sind, so können die Kondensatoren platzen. Dann sind zum einen die Kondensatoren defekt, zum anderen wird der Elektrolyt auf die umgebenden Bauelemente verspritzen, sodass weiterer Schaden entstehen kann. Abb. 1 zeigt einen Ausschnitt einer PC-Platine (Motherboard), bei dem vier Kondensatoren defekt sind. Der PC wurde im Büro bei einer Sommertemperatur von über 40 °C betrieben. Obwohl die Kondensatoren für eine ma-

Merke:

*Welche Gesamtkapazität ersetzt die **Reihenschaltung** aus C_1 und C_2?*

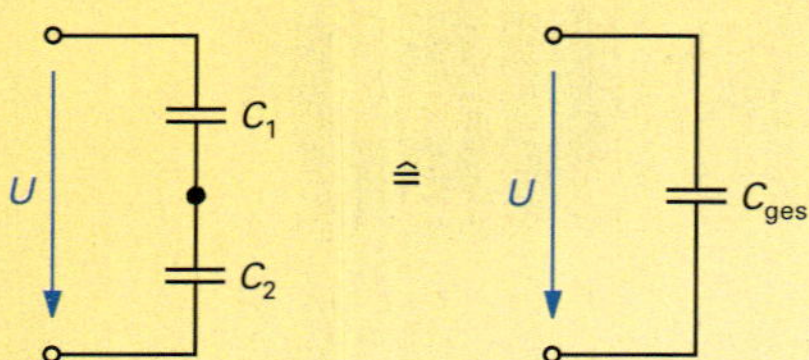

Bei der Berechnung der Gesamtkapazität einer Reihenschaltung von Kondensatoren muß man die Kehrwerte der einzelnen Kapazitäten addieren, um den Kehrwert der Gesamtkapazität zu erhalten. Daher ist die Gesamtkapazität kleiner als die kleinste Einzelkapazität. Für zwei Kondensatoren ergibt das in Formeln:

$$\frac{1}{C_{ges}} = \frac{1}{C_1} + \frac{1}{C_2} \quad \curvearrowright \quad C_{ges} = \frac{C_1 \cdot C_2}{C_1 + C_2}$$

Zwei gleich große Kondensatoren ($C_1 = C_2$) in Reihe geschaltet wirken also so wie ein Kondensator mit nur halber Kapazität!

Beispiel:
Gegeben: $C_1 = 100\ \mu F$; $C_2 = 50\ \mu F$; Gesucht: C_{ges}

Lösung Reihenschaltung:

$$\frac{1}{C_{ges}} = \frac{1}{100\ \mu F} + \frac{1}{50\ \mu F};\ C_{ges} = \underline{\underline{33{,}3\ \mu F}}$$

*Welche Gesamtkapazität ersetzt die **Parallelschaltung** aus C_1 und C_2?*

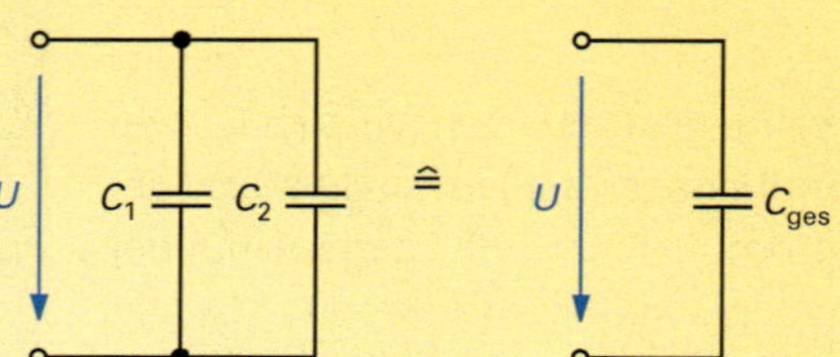

Bei der Berechnung der Gesamtkapazität einer Parallelschaltung von Kondensatoren addieren sich die Kapazitätswerte zur Gesamtkapazität. In Formeln gilt für zwei Kondensatoren:

$$C_{ges} = C_1 + C_2$$

Zwei gleich große Kondensatoren ($C_1 = C_2$) parallel geschaltet wirken also so wie ein Kondensator mit doppelter Kapazität.

Lösung Parallelschaltung:

$$C_{ges} = 100\ \mu F + 50\ \mu F = \underline{\underline{150\ \mu F}}$$

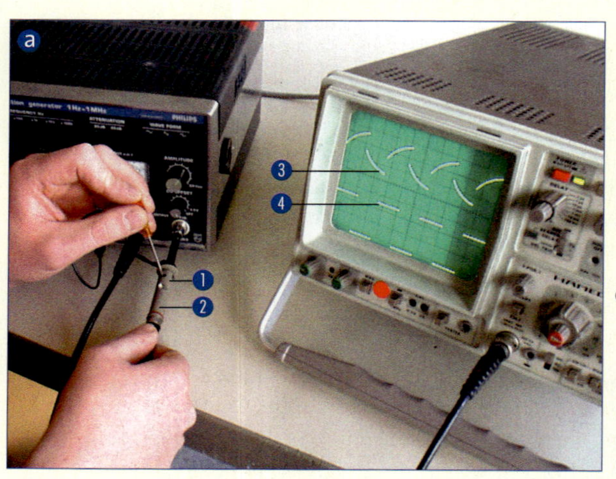

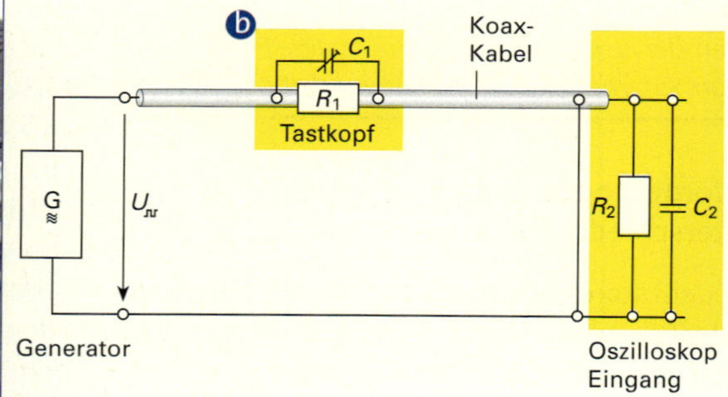

1. Schraube zum Einstellen der Kapazität
2. Tastkopf
3. falsche Korrekturform: Kapazität zu groß
4. richtige Korrekturform: Rechtecksignal

c

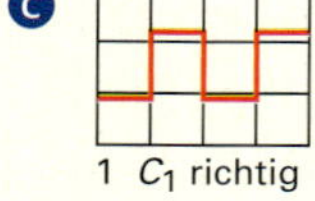
1 C_1 richtig

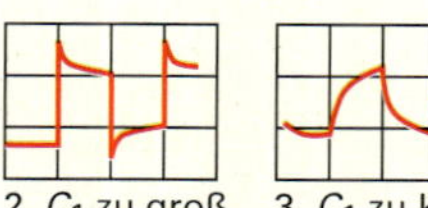
2 C_1 zu groß

3 C_1 zu klein

C_1 wird mit dem Schraubendreher abgeglichen (C_1 = 1...5 pF)

Beispiel: $R_2 = 1\ M\Omega$, $C_2 = 40\ pF$
$R_1 = 9\ M\Omega$, $C_1 = 4{,}4\ pF$

$$\frac{R_1}{R_2} = \frac{X_{C1}}{X_{C2}} = \frac{C_2}{C_1}$$

Abgleichbedingung

Abb. 1 Frequenzkompensierter Tastkopf (a), Schaltprinzip (b) und Tastkopfabgleich mit rechteckförmiger Spannung (c)

ximale Betriebstemperatur von 105 °C ausgelegt waren, sind sie durch die ungünstige Platzierung in unmittelbarer Nähe von Netzteil und CPU-Kühler so heiß geworden, dass sie durch den zu hohen Innendruck geplatzt und ausgelaufen sind.

Schaltung von Kondensatoren in der Praxis

In Geräten und praktischen Schaltungen findet man oft zwei oder auch mehrere Kondensatoren, die, ähnlich wie das bei Widerständen schon gezeigt wurde, in Reihe oder auch parallel geschaltet sind. Als Beispiel folgt die Messung einer Rechteckspannung über einen Tastkopf mit dem Oszilloskop Abb. 1 ▷ 272). Dabei wird ein „Spannungsleiter 10:1" verwendet, der sowohl eine Reihenschaltung zweier Widerstände R1:R2, als auch die (unerwünschten) Kapazitäten des Kabels bzw. des Oszilloskopausgang enthält. Für die Messung kann der Kondensator im Tastkopf abgeglichen werden.

Prüfen Sie Ihr Wissen:

1 Warum könnten Sie einem Kunden statt einer 2-Draht-Bus-Türkommunikationsanlage auch noch eine andere technische Ausführung (1 + n-/2 + n-Anlage ...) empfehlen und installieren?

2 Eine Bus-Leitung muss in den meisten Anwendungsfällen abgeschlossen werden. Erklären Sie die Gründe für diese Maßnahme!

3 Sie wollen aus einem Katalog eines Kabelherstellers ein Kabel für die Installation einer modernen Türkommunikationsanlage auswählen. Es stehen verschiedene Kabel mit unterschiedlichen Leitungskapazitäten zur Auswahl. Begründen Sie Ihre Auswahl!

4 Warum werden die Leiter in Fernmelde- und Kommunikationskabeln verdrillt?

5 Erklären Sie, wovon die Ladezeit eines Kondensators an einer konstanten Spannung abhängt und wie lange es dauert, bis der Kondensator geladen ist!

6 Warum kann über einen Kondensator im Wechselstromkreis ein Strom fließen, im Gleichstromkreis aber nicht? Erläutern Sie die Zusammenhänge!

7 Zu welchen Zeitpunkten innerhalb einer vollen Periode T der sinusförmigen Wechselspannung $u(t) = \hat{u} \cdot \sin\omega t$ sind die zeitlichen Änderungen $\Delta u/\Delta t$ maximal, wann sind sie Null?

8 Zeichnen Sie den Stromverlauf $i(t)$ für einen idealen Kondensator auf, der an einer sinusförmigen Wechselspannung $u(t) = \hat{u} \cdot \sin\omega t$ angeschlossen ist.

9 Beschreiben und zeichnen Sie die zeitlichen Spannungsverläufe eines idealen Kondensators mit $C = 10\,\mu\text{F}$, der
a) an eine konstante Generatorspannung $U_g = 12\,\text{V}$ über einen Widerstand $R = 10\,\text{k}\Omega$ und
b) an eine sinusförmige Wechselspannung $u(t) = \hat{u} \cdot \sin\omega t$ (z. B. $u(t) = 10\,\text{V} \cdot \sin(2\pi \cdot 50\,\text{s}^{-1} \cdot t)$ angeschlossen wird.

10 Nach welcher Ladezeit (ausgedrückt als Vielfache der Zeitkonstante τ) gilt ein Kondensator C als voll geladen, wenn er an einer konstanten Spannung U über einen Widerstand R aufgeladen wird (allgemeine Regel, unabhängig von speziellen Werten!)?

11 Ein Schüler fragt den Lehrer: „Stimmt es, dass ein Kondensator C, der an einer konstanten Spannung U über einen Widerstand R aufgeladen wird, nie vollständig geladen wird?" Nehmen Sie zu dieser Frage Stellung, und begründen Sie ihre Antwort mit Bezug auf die Praxis!

12 Stellen Sie eine allgemein gültige Beziehung für Gesamtkapazität bei der Parallelschaltung von zwei Kondensatoren auf, wenn a) der eine Kondensator eine etwa 100mal größere Kapazität hat als der andere und b) beide Kondensatoren gleichgroße Kapazitätswerte haben.

13 Lösen Sie die Fragen in Aufgabe 12 für den Fall der Reihenschaltung zweier Kondensatoren!

3.1.2 Analoge Telekommunikationstechnik

- **Technik analoger Telekommunikationsanschlüsse**
- **Einteilung von analogen und digitalen Signalen**
- **Zusammenhang von Zeit- und Frequenzdarstellung von Signalen**
- **Datenübertragung im analogen Telefonnetz mittels Modem**
- **Kombination von Telefon- und Datenübertragung über DSL**

Kundenauftrag:

Die Wohnung 6 im 3. OG des *Gelben Hauses* wurde vom Eigentümer an ein jüngeres berufstätiges Ehepaar vermietet. Um ihre Vorstellungen bezüglich der Nutzung vorhandener Telekommunikationsgeräte sowie der Einrichtung eines PC-Anschlusses für den schnellen Internetzugang zu verwirklichen, vereinbarten die Eheleute mit Meister Strom von ElektroTeam ein Beratungsgespräch.

Dabei sollte es grundsätzlich um die Entscheidung gehen, einen anlogen oder einen digitalen ISDN-Anschluss zu beantragen, und weiter, ob man in der Wohnung DSL nutzen kann. Da die Mieter neben einem Faxgerät der Gruppe 3 auch noch ein analoges Telefon aus der früheren Wohnung mitbringen wollten, sollten alle Wünsche und Erfordernisse bezüglich der Installation sowie der Verlegung der Leitungen in die Räume geklärt werden.

Meister Strom erfragte zunächst einmal die geschäftlichen und privaten Erfordernisse und Wünsche bezüglich der Telefonaktivitäten und der Internetnutzung beider Personen. Darüber hinaus musste er mehrfach technische Details erklären und auf Besonderheiten der modernen analogen Geräte hinweisen. Die Themenbereiche, die während dieser Beratung angesprochen und für die Entscheidungsfindung der Eheleute hilfreich und interessant waren, sind in der Mindmap (Abb. 1) aufgeführt. Da die Türkommunikationsanlage bereits in allen Wohnungen installiert worden war, entfällt diese Verbindung zum Telefon.

Aus der Beratung ging folgender Auftrag hervor: Das Telefon soll als Kommunikationsgerät sowohl im Wohnzimmer als auch im Arbeitszimmer über je eine TAE-Dose zu verwenden sein. Das G3-Fax-

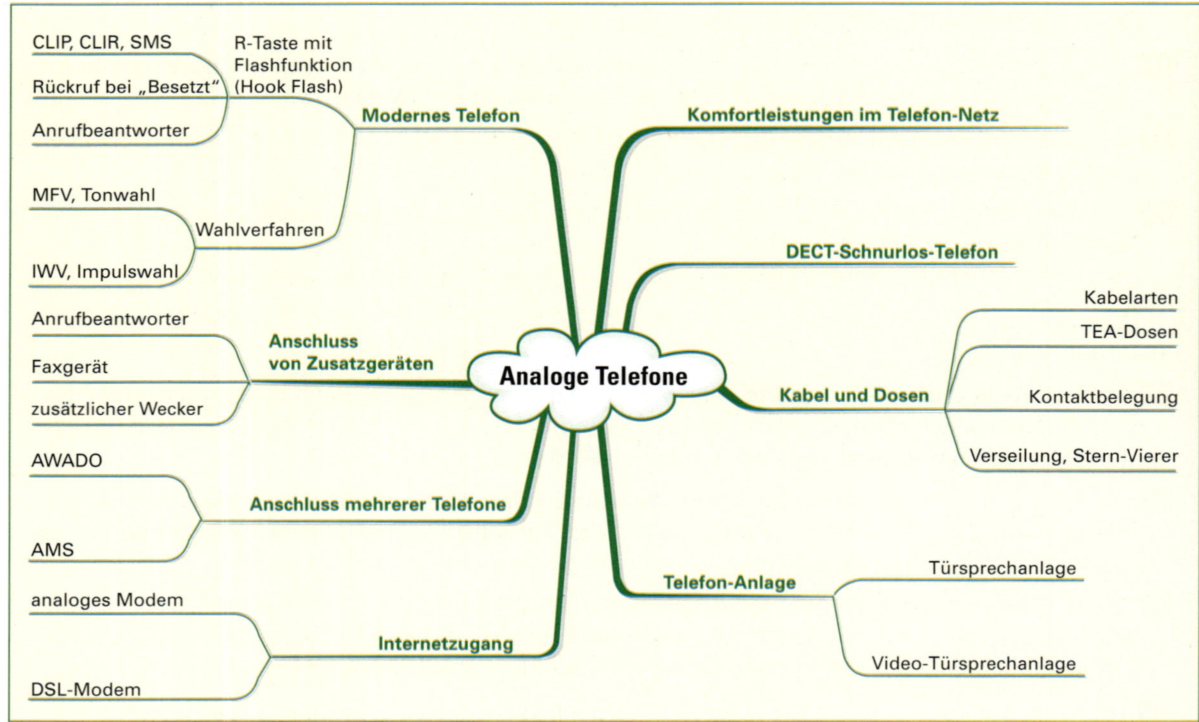

Abb. 1 Fakten für die Kundenberatung

gerät soll im Flur, und zwar in der Nähe der vorhandenen TAE-Dose installiert werden. Der Multimedia-PC, der im Arbeitszimmer stehen wird, soll über einen TDSL-Anschluss verfügen.
Der Auftrag umfasst folgende Arbeiten und Lieferungen:

- Einziehen einer Telefonleitung von der 1. TAE-Dose im Wohnungsflur über das Wohnzimmer bis zum Arbeitszimmer sowie Installation von 2 TAE-Dosen
- TDSL-Komponenten für Multimedia-PC installieren und in Betrieb nehmen
- Da das vorhandene analoge Telefon für die modernen Leistungsmerkmale nicht mehr ausreicht, wird ein neues Analogtelefon samt DSL-Komponenten geliefert.
- Die Antragstellung für den DSL-Anschluss übernimmt der Kunde.

Arbeitsplanung und Materialauswahl

Erläuterungen zur geplanten Arbeitsausführung für den Azubi

Meister Strom hat nach dem Beratungsgespräch die notwendigen Kabellängen für die Installation der TAE-Dosen ausgemessen und sich die Werte zu den anderen Daten in sein Auftragsbuch notiert. Zurück in seinem Büro, stellt er die notwendigen Komponenten zusammen, bestellt das ausgewählte Telefon und das DSL-Modem. TAE-Dosen, Kabel (Kabeltyp nach VDE 0815: J-2Y (ST)Y ST IIIBD 2 x 2 x 0.6) und Kleinteile sind auf Lager. Da der Geselle und der Auszubildende Sebastian gerade in der Werkstatt sind, ruft sie der Meister zu sich und bespricht mit ihnen Termin und Arbeitsablauf.
Sebastian wundert sich, dass es Kunden gibt, die bei einem Wohnungswechsel noch einen analogen Telefonanschluss benutzen wollen. „Langsam, langsam", sagt Meister Strom, „lass uns jene Punkte, die bis heute für einen analogen Anschluss sprechen, erst einmal anschauen."

Gründe für die Wahl eines analogen TK-Anschlusses

Mit einem analogen Telefonanschluss wird dem Endkunden *eine* Telefonnummer zugewiesen. Diese Telefonnummer gehört ihm nun, das heißt, er kann sie auch im Fall eines Anbieterwechsels mitnehmen (Rufnummernportierung).
Analoge Systeme sind im Telekommunikationsbereich nicht prinzipiell schlechter als digitale Systeme. Schließlich sind heute alle Telekommunikationseinrichtungen in den Netzen ab Ortsvermittlung (OV) digitalisiert. Die analoge Übertragung gilt also nur noch auf der Strecke zwischen Endgerät und Ortsvermittlung. Danach werden die Gesprächsdaten digital übertragen.
Hinsichtlich der Sprachqualität beim Telefonieren sind analoges und ISDN-Telefon ähnlich gut. Beide Systeme nutzen den gleichen Frequenzbereich (300 Hz bis 3.4 kHz) für die Übertragung der Sprache, und ab Ortsvermittlungsstelle werden alle Signale digital im Fernnetz übertragen. Dank Tonwahlsystem geht das Wählen auch beim analogen Telefon schneller als mit dem früheren Impulswahlverfahren.
Praktisch ist zudem, dass auch die **T-Net-Box**, der Anrufbeantworter im Netz, mit einem analogen Anschluss nutzbar ist.
Darüber hinaus können heute auch alle Komfortleistungen im analogen Netz gewählt werden, zum Beispiel Rufnummernanzeige, Rückruf bei „Besetzt"-Zeichen, Anklopfen, Makeln, SMS-Versand und -Empfang (teils gegen Gebühr). Voraussetzung ist ein modernes Telefon mit Mehrfrequenzwahlverfahren MFV (englisch: DTMF) und einstellbarer Flashzeit (Hook-Flash).
Die monatlichen Kosten für den Anschluss spielen ebenfalls eine Rolle, denn der ISDN-Anschluss mit seinen beiden Gesprächskanälen ist zwar teurer als der analoge Anschluss mit nur einem Kanal, aber nicht doppelt so teuer! Und da man heute sowohl mit dem ISDN- als auch mit dem Analoganschluss einen Internetzugang über DSL bei einem Provider vereinbaren kann, muss man sich vor einem Abschluss genau überlegen, ob im Haushalt häufig zwei Personen gleichzeitig telefonieren müssen. Das ist beim Analoganschluss nicht möglich. Für den DSL-Anschluss muss nach der 1. TAE- Dose und vor dem analogen Telefon noch ein kleines „Kästchen", der sogenannte Splitter, installiert werden.

Meister Strom zeigt dem Azubi ein Bild und fragt: „Kannst du dir vorstellen, Sebastian, welche Aufgabe der Splitter hat?"
Sebastian schaut sich die Abb. 1 ⊳ 276 genau an und sagt: „Wahrscheinlich trennt der Splitter die Internetdaten von den Telefonsignalen, sonst bräuchte er wohl keinen Anschluss an das DSL-Modem."
„Richtig", lobt Meister Strom, „denn der Begriff ‚Splitter' kommt ja aus dem Englischen und be-

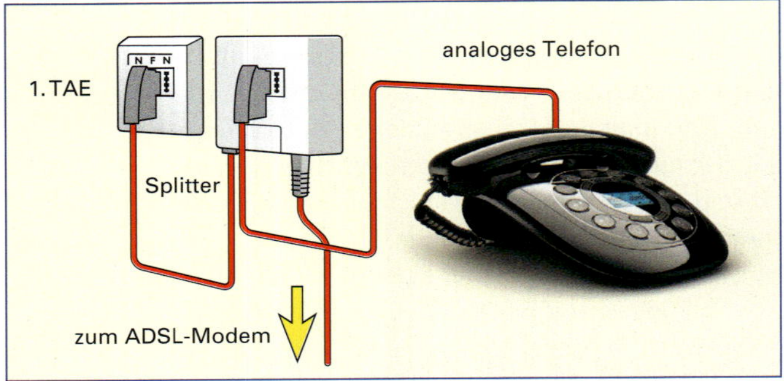

Abb. 1 Kombination von analogem Telefonanschluss und DSL-Zugang

Abb. 2 Anschluss einer TAE-Dose über a- und b-Ader

deutet so etwa trennen oder aufteilen. Der Splitter ist also eine Art Weiche für die unterschiedlichen Frequenzanteile. Darum bleibt der analoge Telefonanschluss auch dann nutzbar, wenn unser Kunde im Internet surft. Unser Kunde hat nach der Einrichtung des DSL-Anschlusses aber noch einen Vorteil gegenüber dem Internetzugang mit analogem Modem: Er kann bei seinem Provider einen Account für VoIP-Telefonie mit eigener Telefonnummer beantragen."

VoIP (engl.: Voice over IP), also Telefonieren über Internet funktioniert praktisch wie bei einem normalen analogen Anschluss, ist aber wesentlich günstiger! Voraussetzung ist allerdings ein DSL-Anschluss, denn bei VoIP werden die Sprachinformationen in Datenpakete zerlegt, die dann wiederum via Internet verschickt werden (siehe Basiswissen WLAN und VoIP, S. 399 ff.).

„Ich denke, Sebastian, du hast gesehen, dass der analoge Telefonanschluss nicht zwangsläufig ‚von gestern' ist und dass unser Kunde damit seine Interessen preisgünstig wahrnehmen kann", beendet Meister Strom seine Erläuterungen und macht sich an die konkrete Arbeitsplanung.

Meister Strom nimmt einen Plan der Wohnung im Gelben Haus aus seinen Unterlagen und zeigt auf dem Grundriss die Leitungsführung sowie die Position der TAE-Dosen an.

„Wir verlegen als Kabeltyp (J-2Y(ST)Y ST III BD 2 x 2 x 0,6) und benötigen TAE-Dosen für den Anschluss der Telekommunikationsendgeräte. Von den vier Adern des Kabels verwendet das analoge Telefonsystem nur zwei, die a- und b-Ader (Abb. 2). Die beiden anderen Adern bleiben frei. Als Reserve. Wir verlegen also das Kabel, verdrahten danach die einzelnen TAE-Dosen und testen dann die einzelnen Adern durch. Anschließend bringen wir den DSL-Splitter in der Nähe der 1. TAE-Dose an und verbinden ihn mit dieser über das zugehörige Anschlusskabel. An die Ausgangsklemmen des Splitters wiederum schließen wir den RJ 45-Stecker des vieradrigen UTP-Kabels zum DSL-Modem an und die Zweidrahtleitung zu den TAE-Dosen des Telefonsystems.

Zum Schluss bauen wir die Netzwerkkarte in den PC ein, installieren die Software der Netzwerkkarte und konfigurieren dann den Internetzugang über ADSL.

So, das reicht erst mal für heute ... Sebastian, über DSL sprechen wir ausführlicher, wenn Ihr die Verdrahtungsarbeiten fertiggestellt habt."

Prüfen Sie Ihr Wissen:

1 Erläutern Sie die Unterschiede zwischen dem Tonwahlsystem und dem Mehrfrequenzwahlverfahren (MFV oder DTMF).

2 Inwiefern kann ein analoger Telefonanschluss gegenüber einem ISDN-Anschluss durchaus Vorteile für einen Kunden haben?

3 Über welche Verfahren kann der Nutzer eines analogen Telefonanschlusses Zugang zum Internet erhalten?

Basiswissen Analoge Telekommunikationstechnik

Analoge und digitale Signale

In der Mikrofonkapsel des Telefonhörers wird die menschliche Sprache in eine elektrische Spannung umgewandelt, um dem Gesprächspartner eine Nachricht über das Telefonnetz zu übermitteln. In dieser Nachricht steckt für den Empfänger eine gewisse Information, die er für sein weiteres Handeln benötigt. Die elektrische Spannung im Telefonnetz trägt also jetzt die Information, die vor der Umwandlung als akustischer Schalldruck der Sprache vorhanden war. In der Technik kann Information z. B. eine Temperatur, ein Druck, eine Drehzahl oder auch ein Bild sein.

Heute gibt es eine Vielzahl von Sensoren oder Signalwandlern, sodass praktisch alle in der Praxis oder in der Technik vorkommenden Signale in elektrische Signale umgewandelt und dadurch besonders gut übertragen oder verarbeitet werden können. Eine Einteilung in analoge (kontinuierliche) und digitale (diskrete) Signale ist leicht möglich, wenn die Signalwerte über der Zeit grafisch dargestellt werden (Abb. 1).

Analog nennt man Signale, deren Werte sich kontinuierlich einstellen oder ändern können (z. B. die Amplitude einer Spannung oder die Werte eines Druckes oder einer Temperaturmesseinrichtung). Zwischen zwei beliebigen Messwerten innerhalb des Arbeitsbereiches sind wiederum beliebig feine Abstufungen und Zwischenwerte möglich. Ebenso ist die Zeitachse beliebig fein unterteilbar.

Merke:
- *Die Darstellung einer Nachricht in Form einer übertragbaren physikalischen Größe, wie z. B. Drehzahl, Druck, Temperatur, elektrische Spannung, nennt man Signal.*
- *Analoge Signale sind wert- und zeitkontinuierlich.*

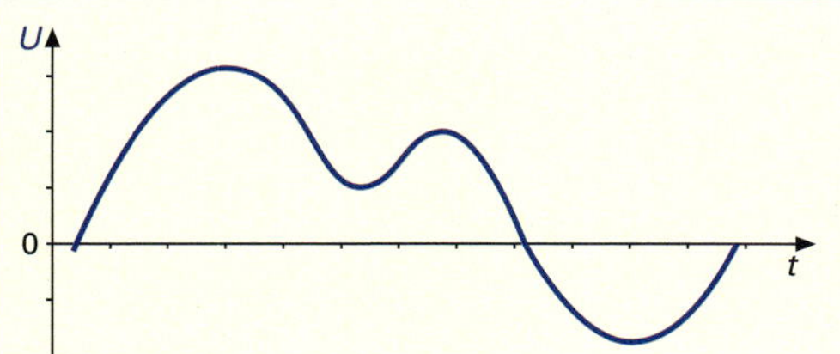

Kontinuierliches Signal
Auf der Zeitachse und beim Wert der Signalamplitude ist jeder beliebige Zwischenwert möglich.

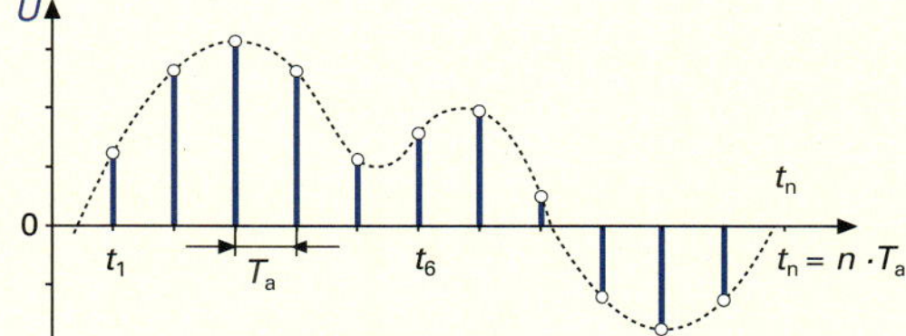

Zeitdiskretes Signal
Die Zeitachse ist hier diskret, sie wird z. B. durch eine festgelegte Abtastzeit in konstante Arbeitsschritte $n \cdot T_a$ unterteilt (Telekom: Abtastzeit $T_a = 125\ \mu s$, Abtastfrequenz $f_a = 1/T_a = 8$ kHz). Zum jeweiligen Abtastzeitpunkt wird die Signalamplitude gemessen (abgetastet), jeder beliebig mögliche Signalwert wird ausgeben.

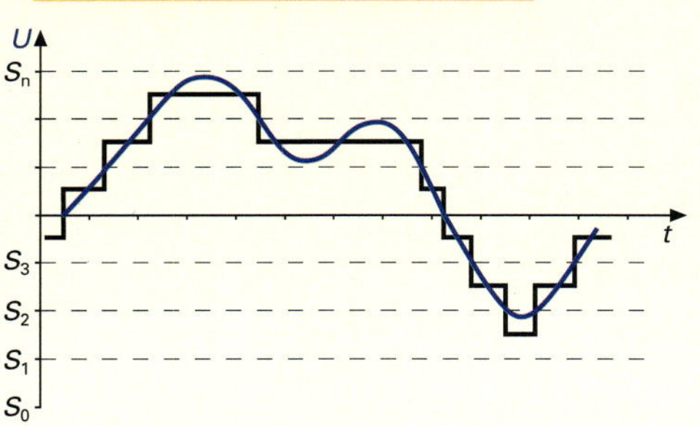

Wertdiskretes Signal
Auf der Zeitachse sind beliebige Unterteilungen möglich. Die Amplitudenwerte sind aber diskret, d. h., es gibt nur eine festgelegte Zahl von Wertebereichen S_0–S_n. In der Übertragungstechnik nennt man diese Einteilung der Amplitudenwerte auch Quantisierung. Quantisiert man den Gesamtamplitudenbereich z. B. in einem 8-Bit-Wort, so ergeben sich 256 verschiedene Bereiche. Fällt die Signalamplitude in einen Bereich, so wird – unabhängig vom Absolutwert des Signals – z. B. der Bereichsmittelwert ausgegeben.

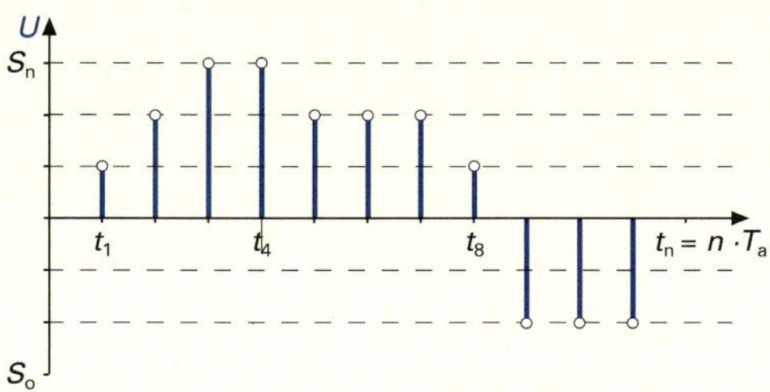

Zeit- und wertdiskretes Signal (klassisches Digitalsignal)
Sowohl auf der Zeitachse als auch bei den Amplituden sind nur diskrete Werte möglich. Die diskreten Amplitudenwerte werden nach der Abtastung quantisiert. Bei der digitalen Übertragung errechnet sich die Bit-Rate des Signals aus dem Produkt (Zahl der Abtastungen pro Sekunde und der Zahl der Quantisierungsbits). Für ein digitales ISDN-Signal ergibt sich dabei: Bit-Rate $r = 8000$ 1/s · 8 Bit = 64 000 Bit/s

Abb. 1 Einteilung der Signale in analoge und digitale Signale

Diskrete, digitale Signale

Diskrete Signale haben keinen kontinuierlichen Wertebereich. Ihnen stehen nur bestimmte, festgelegte Werte zur Verfügung. Zwischenwerte sind nicht möglich. Es gibt mehrere Wege, in einem System diskrete Zustände zu verwirklichen:

- Darstellung des Signals erfolgt wertdiskret, wobei die Zeit kontinuierlich gemessen wird.
- Die Zeitachse wird diskret eingeteilt, und die Amplitude bleibt kontinuierlich.
- Wertebereich und Zeitbereich werden diskret gemessen.

Unter digitalen Signalen versteht man heute praktisch nur die dritte Variante. Die zweite Variante wird als Puls-Amplituden-Modulation bezeichnet und bei der Abtastung und Digitalisierung von analogen Signalen verwendet.

> **Merke:**
> *Digitale Signale sind wert- und zeitdiskret.*

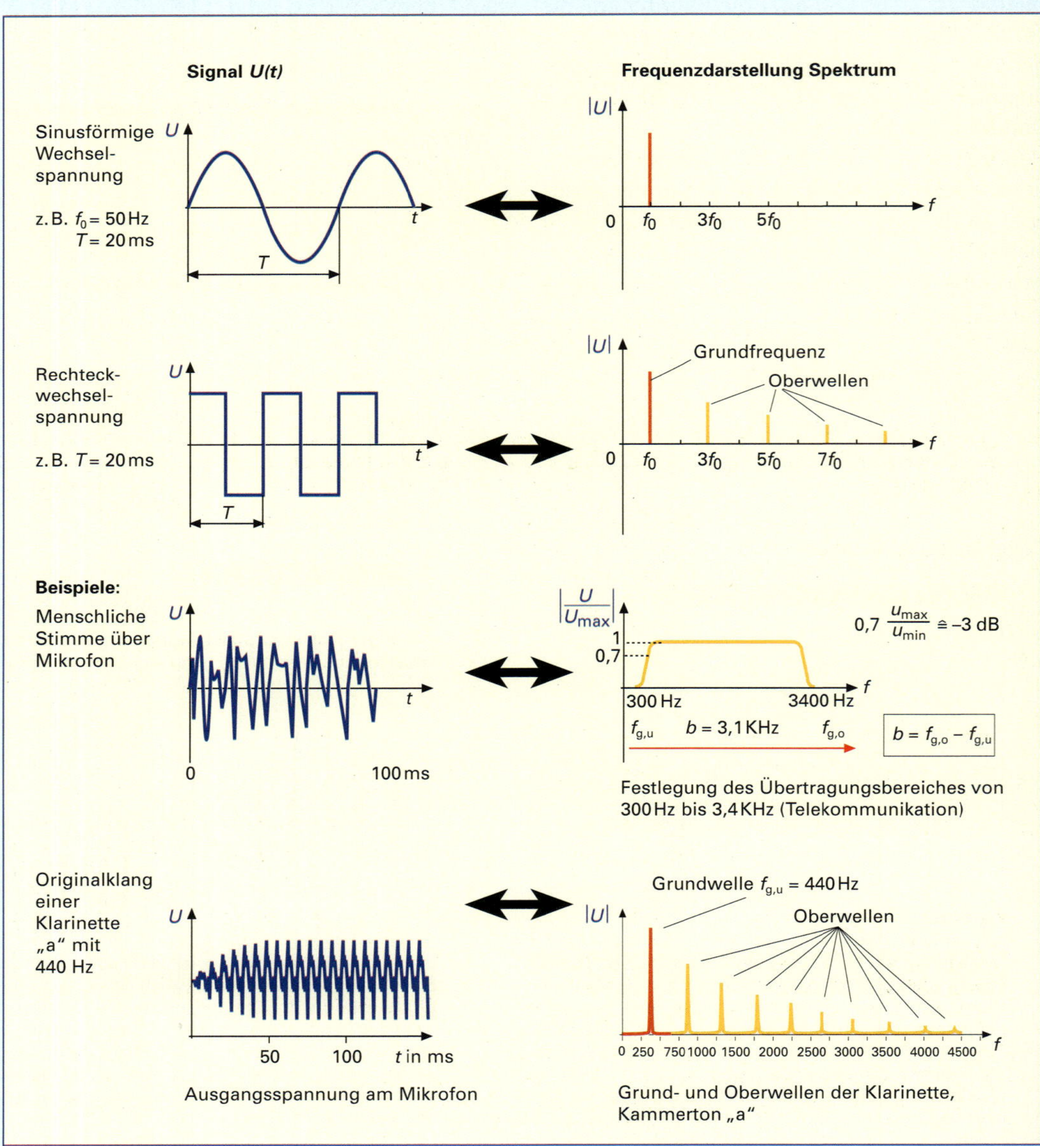

Abb. 1 Zeit- und Frequenzdarstellung von Signalen. Bandbreite eines Übertragungsbereiches

Bandbreite eines Signals

Ein sinusförmiges Signal wie unsere Netzspannung besteht aus einer Schwingung mit einer einzigen Frequenz, hier also f_0 = 50 Hz. Unsere Sprache oder andere technische Signale bestehen hingegen aus vielen Schwingungen mit ebenso vielen Frequenzen, die bei einer Übertragung eigentlich alle über das Telekommunikationssystem übertragen werden müssten, um das Signal nicht zu verfälschen. Aus Gründen der Ökonomie überträgt man aber nur die Frequenzen, die für die gestellte Aufgabe dringend nötig sind, sodass die dadurch bedingten Verfälschungen des Signals gering bleiben (Abb. 1 ▷ 278).

Dieser Frequenzbereich wird von einer unteren bis zu einer oberen Grenzfrequenz festgelegt. Ein Bandpassfilter in dem zur Übertragung vorgesehenen Gerät gibt den geforderten Frequenzbereich technisch vor. So wurde für die Sprachübertragung im Telefon der Frequenzbereich

von f_{gu} = 300 Hz bis f_{go} = 3,4 kHz

als Bandbreite

$$b = f_{go} - f_{gu} = 3{,}1\ \text{kHz}$$

festgelegt. Diese Bandbreite muss vom System übertragen werden können.

In der Praxis endet der Frequenzbereich der vorhandenen Schwingungen natürlich nicht exakt

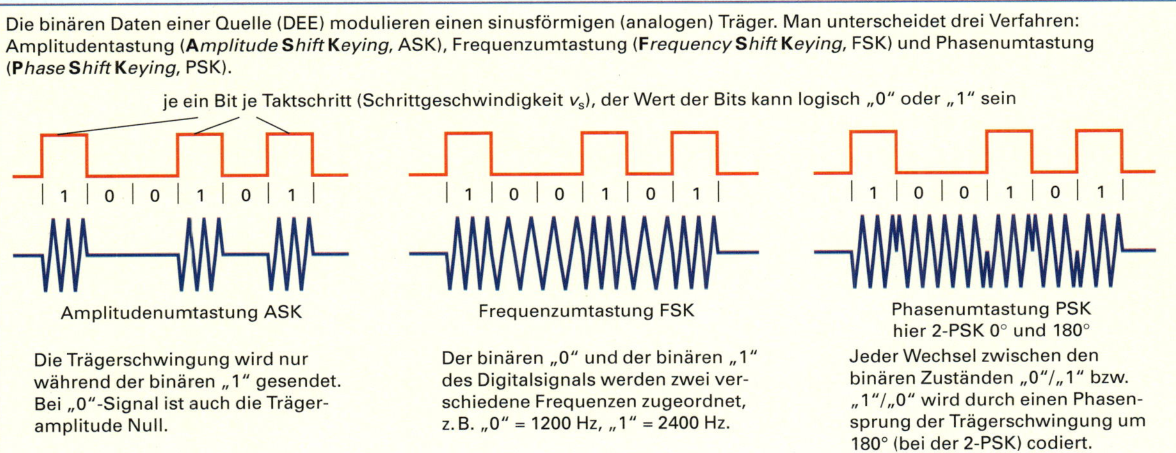

Abb. 1 Digitale Modulation eines Sinusträgers (Grundprinzip)

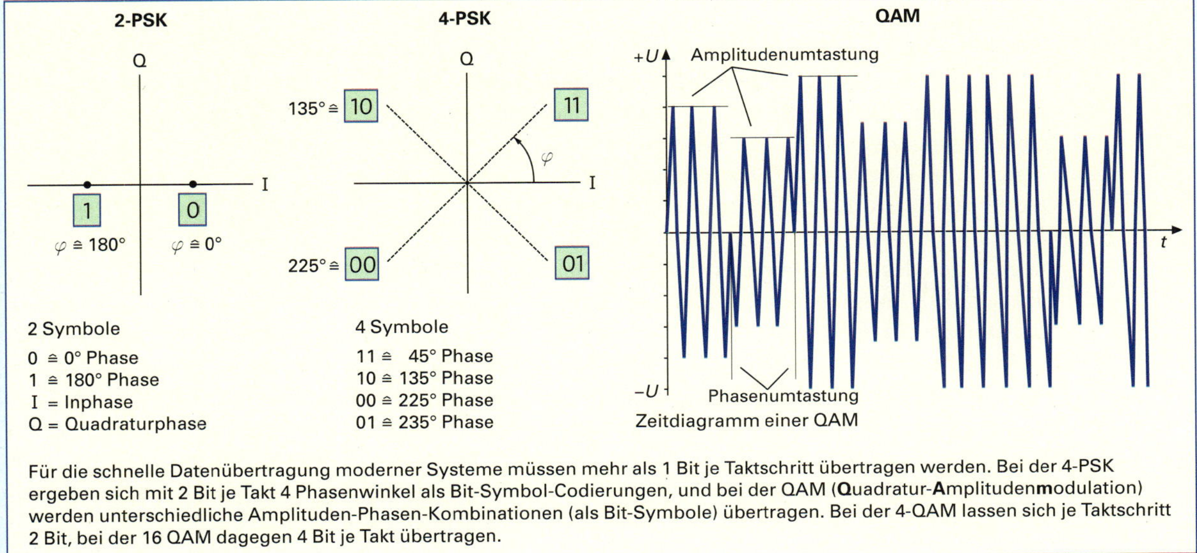

Abb. 2 Höherwertige digitale Modulation eines Sinusträgers

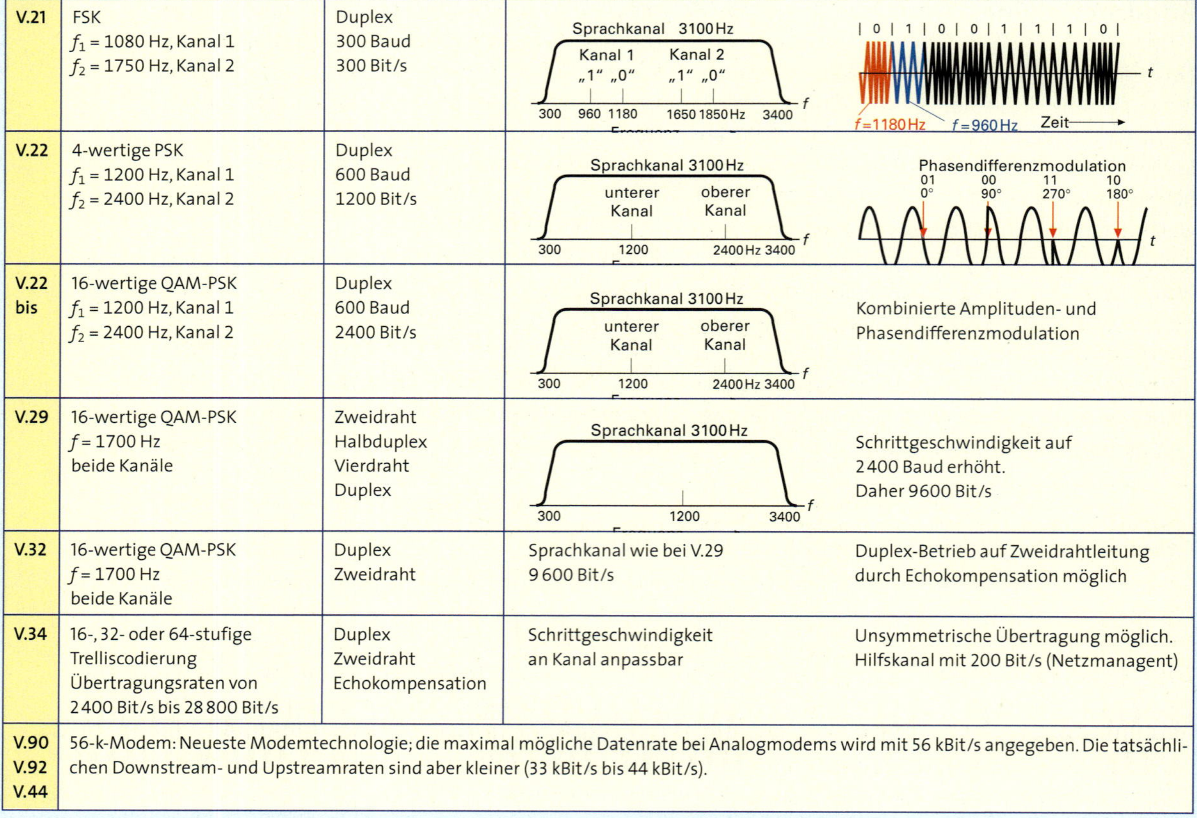

V.21	FSK f_1 = 1080 Hz, Kanal 1 f_2 = 1750 Hz, Kanal 2	Duplex 300 Baud 300 Bit/s	Sprachkanal 3100 Hz Kanal 1 „1" „0" Kanal 2 „1" „0" 300 960 1180 1650 1850 Hz 3400 f	| 0 | 1 | 0 | 0 | 1 | 1 | 1 | 0 | t f=1180 Hz f=960 Hz Zeit
V.22	4-wertige PSK f_1 = 1200 Hz, Kanal 1 f_2 = 2400 Hz, Kanal 2	Duplex 600 Baud 1200 Bit/s	Sprachkanal 3100 Hz unterer Kanal oberer Kanal 300 1200 2400 Hz 3400 f	Phasendifferenzmodulation 01 0° 00 90° 11 270° 10 180° t
V.22 bis	16-wertige QAM-PSK f_1 = 1200 Hz, Kanal 1 f_2 = 2400 Hz, Kanal 2	Duplex 600 Baud 2400 Bit/s	Sprachkanal 3100 Hz unterer Kanal oberer Kanal 300 1200 2400 Hz 3400 f	Kombinierte Amplituden- und Phasendifferenzmodulation
V.29	16-wertige QAM-PSK f = 1700 Hz beide Kanäle	Zweidraht Halbduplex Vierdraht Duplex	Sprachkanal 3100 Hz 300 1200 3400 f	Schrittgeschwindigkeit auf 2400 Baud erhöht. Daher 9600 Bit/s
V.32	16-wertige QAM-PSK f = 1700 Hz beide Kanäle	Duplex Zweidraht	Sprachkanal wie bei V.29 9600 Bit/s	Duplex-Betrieb auf Zweidrahtleitung durch Echokompensation möglich
V.34	16-, 32- oder 64-stufige Trelliscodierung Übertragungsraten von 2400 Bit/s bis 28800 Bit/s	Duplex Zweidraht Echokompensation	Schrittgeschwindigkeit an Kanal anpassbar	Unsymmetrische Übertragung möglich. Hilfskanal mit 200 Bit/s (Netzmanagent)
V.90 V.92 V.44	56-k-Modem: Neueste Modemtechnologie; die maximal mögliche Datenrate bei Analogmodems wird mit 56 kBit/s angegeben. Die tatsächlichen Downstream- und Upstreamraten sind aber kleiner (33 kBit/s bis 44 kBit/s).			

Tabelle 1 Anwendung der digitalen Modulationsverfahren bei der Datenübertragung mit Modem

bei den festgelegten Grenzen. Mit stark gedämpfter Amplitude werden auch weitere Frequenzen übertragen. Die Grenzfrequenzen liegen entsprechend der Definition dort, wo die Dämpfung gerade 3 dB beträgt.

Will man über eine analoge Telefonleitung Daten von einem PC, also digitale Daten übertragen, müssen diese Daten erst für den gewünschten Übertragungsweg (d. h. für die vorhandene Bandbreite) aufbereitet werden. Dazu braucht man ein Modem (Kunstwort aus **Mo**du*lator* und **Dem**o*dulator*). Im Modulator des Modems werden die digitalen Daten des PC so auf einen analogen Träger aufmoduliert, dass die Bandbreite der Telefonleitung mit b = 3,1 kHz eingehalten wird! Andernfalls würden die Daten verfälscht! Beim Empfänger werden diese modulierten Daten wieder demoduliert, sodass der dortige PC sie verarbeiten kann.

Als kleinste Einheit der Information bei der Datenübertragung hat man das Bit gewählt (Kunstwort aus dem Englischen: **B***inary dig***it**, deutsch: Binärziffer oder zweiwertige Größe), das die logischen Werte 0 oder 1 annehmen kann. Diese logischen Werte muss man technisch z. B. durch Spannungswerte ausdrücken, sodass der logischen 0 eine Spannung zwischen 0 V und 0,8 V entspricht und der logischen 1 ein Spannungswert zwischen 3,5 V und 5 V. Ein 8-Bit-Wort der Digitaltechnik besteht daher aus acht diskreten Zeitabschnitten, deren ebenfalls diskrete Amplitudenwerte, logisch gesehen, 0 oder 1 sind.

Die Geschwindigkeit der Datenübertragung ist ein wichtiges Qualitätsmerkmal einer Übertragungseinrichtung oder eines Systems. Hierbei spielt auch die Bandbreite des Übertragungssystems eine entscheidende Rolle. Die Bandbreite des Übertragungsweges, hier der analogen Telefonleitung, und die Schrittgeschwindigkeit der Datenübertragung sind miteinander verknüpft. Die Schrittgeschwindigkeit wird angegeben in Taktschritte je Sekunde und erhält die Einheit 1 Baud (1 Taktschritt/s = 1 Baud, abgekürzt 1 Bd) (Tabelle 1).

Je höher die Bandbreite b und damit die obere Grenzfrequenz des Übertragungsweges in Hz, umso höher ist auch die Schrittgeschwindigkeit für die Datenübertragung in Baud. Beim Telefonsystem liegt nun aber die Übertragungsbandbreite mit b = 3,1 kHz fest. Man kann also die Schrittgeschwindigkeit nicht beliebig steigern, daher muss das Modem die Daten innerhalb des Sprachkanals übertragen (Tabelle 1 ▷ 280).

Bei den alten Modem-Modellen konnte man je Taktschritt nur 1 Bit der Daten auf den analogen Träger im Modem modulieren, sodass die Datenübertragungsrate in Bit/s gleich der Schrittgeschwindigkeit in Baud war. Bei den modernen Modems, etwa bei den so genannten 56-k-Modems, sind technisch sehr aufwändige Modulationsverfahren nötig. Dabei werden in jedem Taktschritt gleich mehrere Bits übertragen, und man muss zwischen der Datenrate in Bit/s und der Schrittgeschwindigkeit der Taktschritte, gemessen in Baud, unterscheiden.

Analoge Telekommunikations-systeme

Telekommunikationsnetzwerke dehnen sich über sehr große Gebiete aus (WAN, **w**ide **a**rea **n**etwork) und werden von Netzbetreibern (Deutsche Telekom AG, Arcor etc.) betrieben und gewartet, im Störungsfall auch repariert. Die Signalübertragung in TK-Netzen kann bei entsprechender technischer Ausrüstung mit analogen oder digitalen Signalen erfolgen.

Die Zuständigkeit eines Netzwerkbetreibers endet am Hausanschluss des Kunden. Beim analogen TK-Netz wird der Hausanschluss als NTA (**N**etwork **T**ermination **A**nalog) bezeichnet. Dieser ist üblicherweise die 1. Telefon-Anschluss-Einheit (TAE). Das ist eine in der Wohnung montierte, kodierte Einfachdose F (nur Telefon) oder eine Dreifachsteckdose (NFN für TK-Endgeräte wie Telefon, Fax, Modem, Anrufbeantworter). Diese Steckdose wird meist aus dem Kellerbereich angefahren, dort kommt die 2-adrige Leitung unterirdisch ins Haus und endet zunächst in dem sogenannten Abschlusspunkt des Leitungsnetzes (APL) (Abb. 1).

Die analogen TK-Endgeräte (nur die Telefone ohne Komfortzubehör) werden aus der Vermittlungsstelle über die Telefonleitung auch mit Spannung versorgt. Lautsprecher, Fax, Anrufbeantworter oder Modem benötigen zusätzliche Spannungsversorgung über Netzgeräte. Insofern stellt die Vermittlungsstelle elektrisch damit einen Generator mit einer Gleichspannung von etwa 50 V bis 60 V und einem Innenwiderstand dar. Dabei liegt

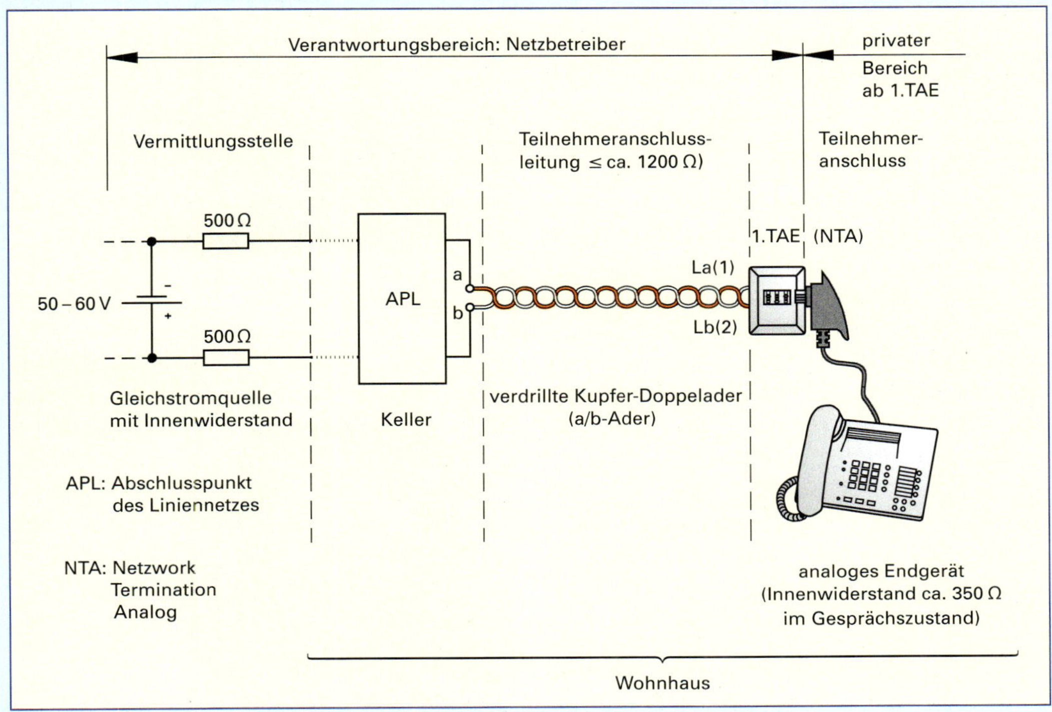

Abb. 1 Verantwortungsbereiche beim analogen Telekommunikationsanschluss. APL und NTA

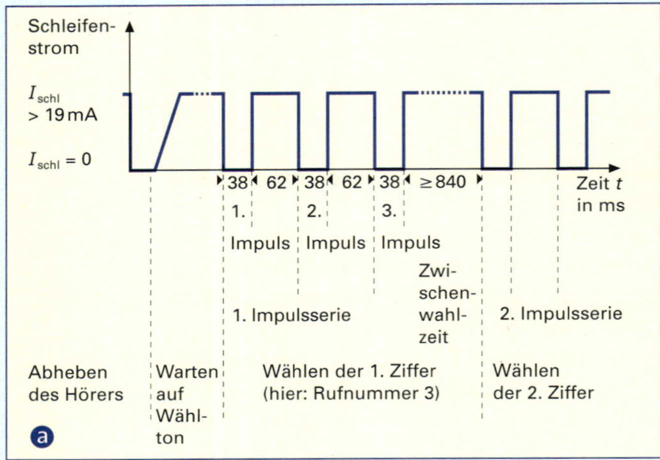

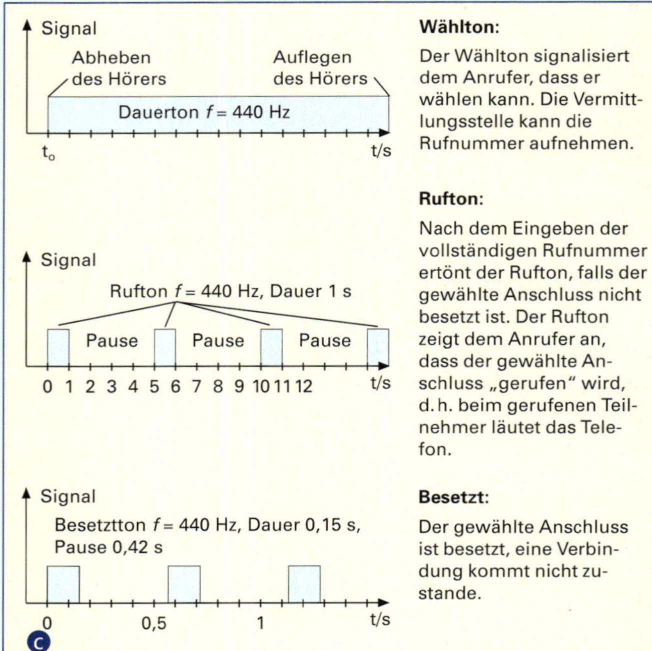

Abb. 1 Wählverfahren beim analogen Telefon: Impulswählverfahren IWV ⓐ, Mehrfrequenzwählverfahren MFV ⓑ sowie Signaltöne ⓒ

die a-Ader auf negativem Potential, also z. B. auf –50 V, die zweite, die b-Ader, auf Erdpotential (0 V). Neben der Gleichspannung zum Betrieb der TK-

Merke:
Über eine Spannungsmessung gegen Erde kann die a-Ader eindeutig ermittelt werden.

Endgeräte werden weitere Signale während der Kommunikation über die a- und b-Adern ausgetauscht.

Abb. 1 zeigt die beiden Wählverfahren IWV und MFV sowie die verschiedenen, für die Kommunikation verwendeten Signaltöne. Bei älteren analogen Telefonen wird auch heute noch das Impulswählverfahren (IWV) genutzt. Früher wurden die Wählimpulse durch ein einfaches mechanisches Unterbrechen der Schleife erzeugt, wenn die sogenannte Wählscheibe gedreht wurde. Später baute man einen Nummernblock in das Telefon ein, der die Impulse elektronisch erzeugte.

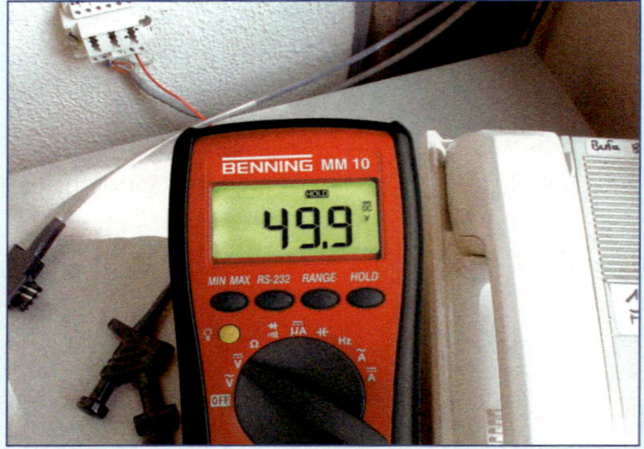

Abb. 2 Spannungsmessung bei aufgelegtem Hörer

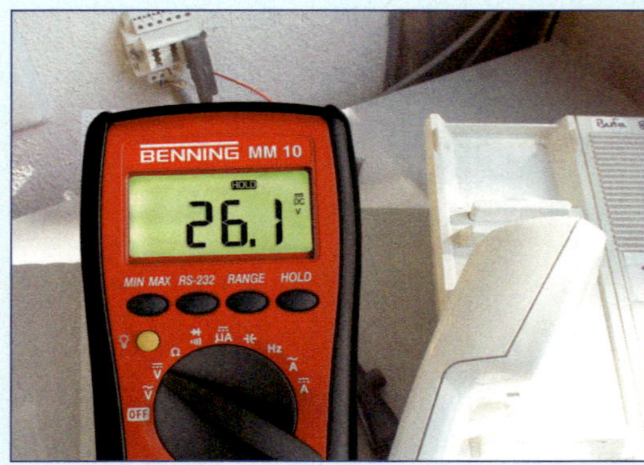

Abb. 3 Spannungsmessung bei abgenommenem Hörer

Moderne Telefone nutzen das Mehrfrequenzwählverfahren (MFV) oder erlauben die Umschaltung zwischen beiden Verfahren. Beim MFV werden je Tastendruck am Telefon zwei Frequenzen als Wählsignal über die Leitung gesandt. Die Signale sind hierbei für jede Ziffer gleich lang. Sie unterscheiden sich nur in den Frequenzen. Das MFV ist daher wesentlich schneller.

Bei abgenommenem Hörer sinkt die Spannung auf etwa 15 V bis 30 V ab. Abb. 2 ⊳ 282 und Abb. 3 ⊳ 282 zeigen die Spannungsmessungen an der TAE-Dose bei aufliegendem und abgenommenem Hörer.

Die eigentliche Sprechwechselspannung (Frequenzbereich 300 Hz bis 3,4 kHz) ist dieser Gleichspannung überlagert. Der Strom, der in der geschlossenen Schleife bei Sprechbetrieb fließt, liegt zwischen 20 und 45 mA.

Der Flash (Hook-Flash)

Flash bedeutet eigentlich Blitz und stand für Unterbrechung. Normalerweise wird die Schleife beim Wählen impulsförmig kurz bzw. beim Auflegen des Hörers auf die Gabel (*Hook*) dauerhaft unterbrochen.
Neuere Telefone haben eine Taste, die mit „R" bezeichnet ist (Abb. 1). Das „R" steht für „Rückfrage". Diese Taste wird bei Nebenstellenanlagen benötigt oder neue Dienstleistungen (wie Anklopfen, Makeln, Dreierkonferenz und Ähnliches) an einem analogen Anschluss genutzt. Eine verbreitete Bezeichnung ist auch „Flash"-Taste, weil mit dieser Taste kurzzeitige Unterbrechungen der Schleife erzeugt werden. Für Telefonanlagen muss der Flash eine Zeit von etwa 80 ms dauern. Für die neuen Dienstleistungen muss der Flash jedoch zwischen 170 und 310 ms lang sein.

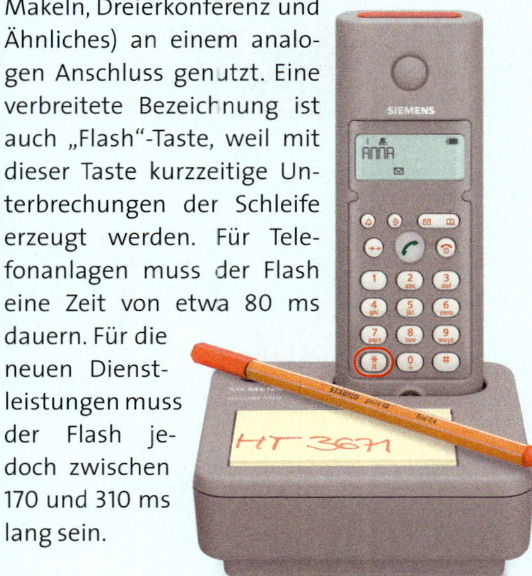

Abb. 1 R-Taste (Flash-Taste) bei modernen Analogtelefonen

> **Merke:**
> *Nur wenn man den Flash bei Telefonen auf den langen Wert einstellen oder programmieren kann, ist das Telefon für die Zusatzfunktionen nutzbar.*

Warum sind TAE-Dosen unterschiedlich codiert, obwohl nur zwei Leitungen für alle Signale abgehen?

Hätte man ausschließlich das Telefon als Endgerätetyp, bräuchte man keine Codierung an den Steckdosen. Früher waren die Telefonanschlüsse fest verschraubt und durften nur von der damaligen Monopolbehörde „Deutsche Bundespost" montiert werden. Seit der Liberalisierung des Telekommunikationsmarktes endet der Verantwortungsbereich der Nachfolgeorganisation „Deutsche Telekom AG" als Netzbetreiber an der 1. TAE-Dose. Daher muss durch ein klares Steckersystem verhindert werden, dass frei käufliche TK-Endgeräte falsch installiert werden. Abb. 2 ⊳ 284 zeigt einige der im TAE-System verwendeten Stecker mit ihren Codierungen und die verschiedenen Steckdosen mit interner Schaltung der Kontakte.

> **Merke:**
> *Die Kommunikationsgeräte, die an das analoge Telefonsystem angeschlossen werden, müssen den Bestimmungen der Regulierungsbehörde für Telekommunikation und Postwesen (RegTP) entsprechen. Der Datenschutz ist unbedingt zu gewährleisten. Daher dürfen Telefone nicht parallelgeschaltet werden.*

Die Dosen für den F-Anschluss sind aus diesem Grund intern so geschaltet, dass die Verbindungen der a- und b-Leiter von den Anschlusspunkten 1 und 2 intern über Schaltkontakte zu den Anschlusskontakten 5 und 6 weitergeführt werden. An diese kann die Leitung zu weiteren TAE-Dosen angeschlossen werden.
Sobald ein TAE-Stecker in eine TAE-Dose mit F-Codierung gesteckt wird, öffnen die Kontakte der Schalter intern, und die Verbindung zu den Anschlüssen 5 und 6 ist unterbrochen (Abb. 1 ⊳ 285).
Bei Endgeräten für „Nichtfernsprechen" (Fax, Anrufbeantworter), welche die N-Codierung der TAE-Stecker haben, besteht dieses Problem nicht. Hier kann eine weitere Person nicht einfach mithören.

TAE bedeutet **T**elekommunikations-**A**nschluss-**E**inheit. Man unterscheidet zwischen Aufputz- (AP) und Unterputzdosen (UP) sowie **N**- und **F**-Codierung (Abb. 1). Die Codierung ist nicht veränderbar. F steht für Fernsprechen (Telefonapparate), N steht für Nichtfernsprechen (Anrufbeantworter, Faxgeräte etc.). Es sind drei TAE-Stecker verfügbar:

- TAE S4F Stecker: 4-polig, F-codiert
- TAE S6N Stecker: 6-polig, N-codiert
- TAE S4U Stecker: 6-polig, uncodiert, in N- oder F-Buchsen passend

Daher werden die Leitungen der N-Geräte im TAE-Stecker einfach durchgeschleift und nicht unterbrochen, wenn ein zweites N-Endgerät in die TAE-Dose eingesteckt wird. Wichtig ist nur, dass die N-Endgeräte vor der TAE-Dose mit dem Telefon gesteckt werden, sonst ist die Leitung zum F-Gerät natürlich abgeschaltet.

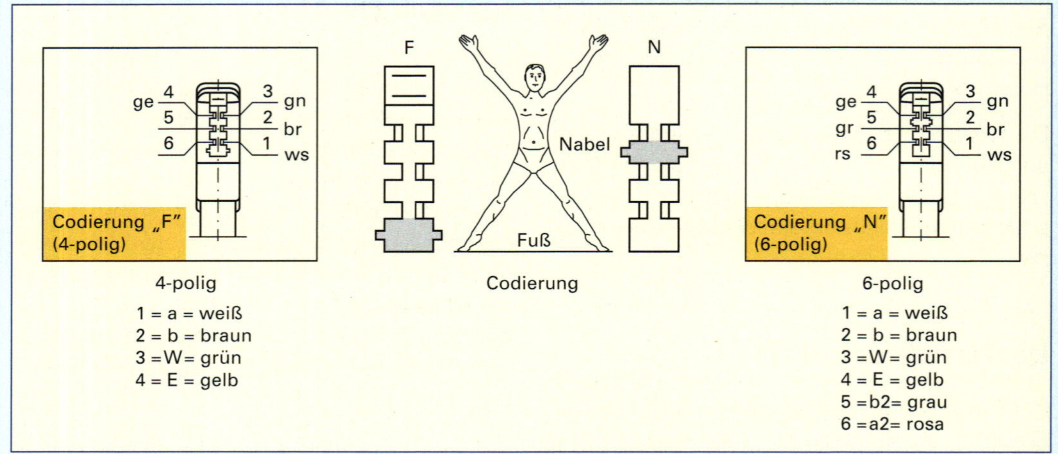

Abb. 1 Das TAE-System. Codierung von Fernsprech- und Nicht-Fernsprech-Geräten

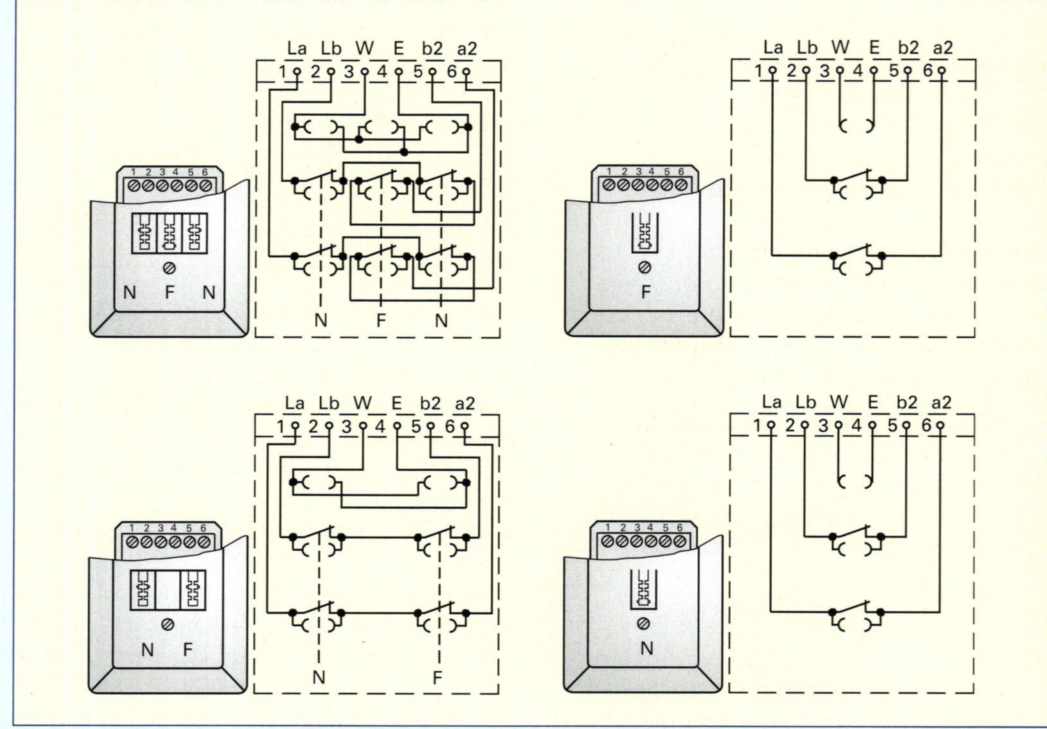

Abb. 2 Verschiedene Ausführungen von TAE-Dosen für unterschiedliche Anwendungen

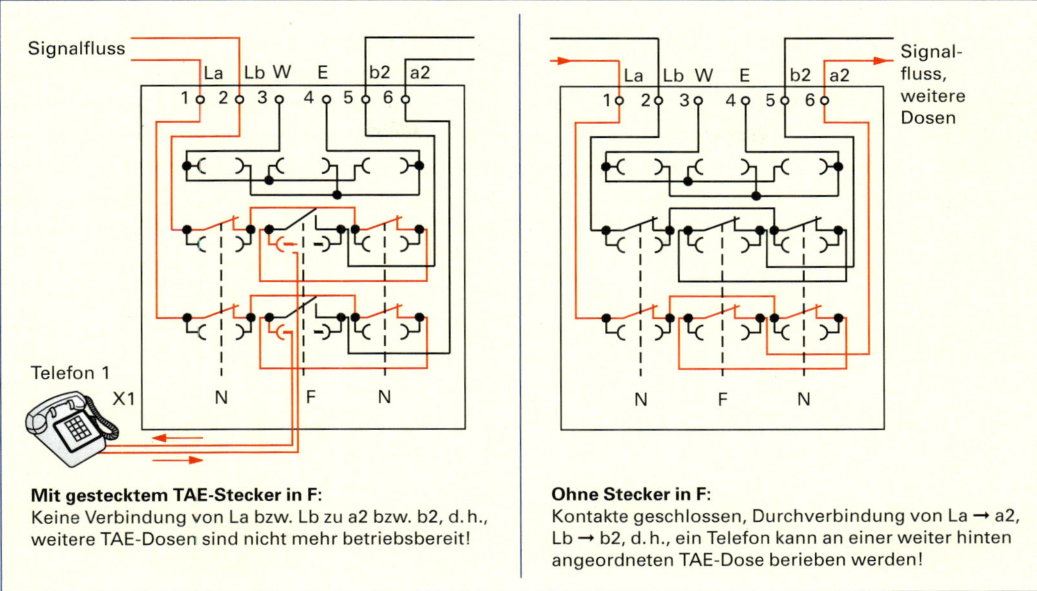

Abb. 1 Datenschutz: keine Parallelschaltung von Telefonen an der TAE-Dose möglich

Merke:

Die N-Codierung bei einer NFN-TAE-Dose ist elektrisch NNF geschaltet, obwohl sie räumlich als NFN-Codierung bezeichnet wird. Selbst wenn ein Telefon gesteckt ist, sind beide N-Kontakte nutzbar!

Bei einer NFF-Ausführung der TAE-Dose handelt es sich um eine Dose mit zwei unabhängigen Amtsanschlüssen. Der eine Anschluss benutzt dann die Codierungen N und F, der zweite nur F.

Können auch mehrere Telefone in unterschiedlichen Räumen so geschaltet werden, dass sie alle einen Anruf signalisieren, aber nur ein Telefon nach dem Abheben des Hörers das Gespräch erhält?

Nach einem mit einer TAE-Dose verbundenen Telefonendgerät sind alle nachfolgenden TAE-Anschlüsse elektrisch getrennt. Dadurch lässt sich in einer größeren Wohnung, trotz eventuell mehrerer installierter TAE-Dosen, nur an einer Stelle ein Telefon betreiben. Das ist natürlich für viele Anwendungen unpraktisch. Aber es gibt Abhilfen:

Über **automatische Umschalter** für 2 oder auch 4 Telefone (AMS, **A**utomatischer **M**ehrfach-**S**chalter, früher **AWaDo** genannt) können die Telefone alle an einen Amtsanschluss angeschlossen werden, ohne dass sie elektrisch parallel geschaltet sind. Kommt ein Anruf, so erhält das Endgerät, welches zuerst den Hörer abnimmt, das Gespräch. Die anderen Telefone sind dann elektrisch getrennt. Man kann über den AMS aber ein Gespräch an ein anderes Telefon abgeben, wenn dort der Hörer abgehoben wird, bevor an dem Telefon, welches das Gespräch zuerst angenommen hatte, der Hörer wieder aufgelegt wird. In keinem Fall können beide Telefone gleichzeitig aktiv sein (Abb. 1).

Besondere Leistungsmerkmale:

- Anschluss von zwei bis vier Telefonen an einen Telekommunikationsanschluss
- polungsunabhängiger Anschluss des Telekommunikationsanschlusses
- Schutz vor Überspannung und EMV-Auswirkungen auf die Anschlussleitung
- alle AMS mit mindestens einer integrierten TAE-Buchse
- Signalisierung des ankommenden Rufes an jedem Telefon
- für Hauptanschlüsse und Telefonanlagen geeignet
- kein zusätzlicher Netzanschluss erforderlich
- einfache Übergabe der Verbindung an ein anderes Telefon

Eine **analoge Telefonanlage** hat den Vorteil, dass mehrere Telefone und andere Endgeräte an-

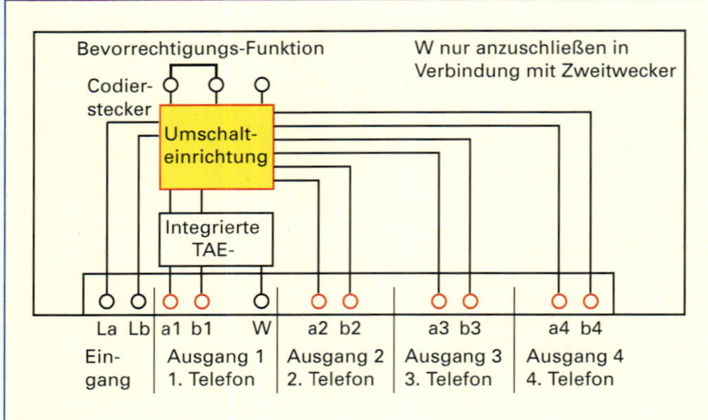

Abb. 1 Betrieb von zwei oder mehreren Telefonen über „Automatische Mehrfach-Schalter" (AMS)

schließbar sind, die dann ein Gespräch entgegennehmen bzw. auch führen können. Darüber hinaus sind aber auch kostenlose Interngespräche möglich. Da die Preise für diese TK-Anlagen im Vergleich zu den AMS heute relativ günstig sind, ist die zweite Alternative meist die bessere.

Schnelle Datenübertragung mit ADSL

Datenübertragung, E-Mail-Versand und -Empfang sowie das Surfen im Internet waren anfangs relativ langsam über analoge Telefonmodems (von zunächst nur 4800 bit/s bis schließlich 56 kbit/s), im ISDN (mit 64 kbit/s oder, bei Bündelung der beiden Kanäle, sogar mit 128 kbit/s) dann aber schon deutlich schneller möglich. Telefonieren konnte man bei analogen Anschlüssen während der Benutzung des Internets nicht, während beim ISDN immerhin mit einem Kanal im Internet gesurft, der andere Kanal zum gleichzeitigen Telefonieren genutzt werden konnte. Als ungeheure Verbesserung mutete dann die vergleichsweise hohe Übertragungsrate des ADSL an (in Deutschland zunächst von der Deutschen Telekom als T-DSL eingeführt, da hier im Vergleich zu den USA oder anderen EU-Staaten wegen des ISDN andere Bedingungen für die nutzbare Bandbreite auf der Telefonleitung vorlagen): 768 kbit/s im Downstreambereich, 128 kbit/s im Upstreambereich.

Wie sah die rasante Entwicklung von dem seit Mitte bis Ende der 1990er Jahre ursprünglich monopolistisch durch die Telekom angebotenen T-DSL bis zum heutigen von vielen Providern angebotenen Standard ADSL2+ im Einzelnen aus? Die aus dem Englischen stammende Bezeichnung Digital Subscriber Line, abgekürzt DSL, heißt auf Deutsch „Digitaler Teilnehmeranschluss" und wurde in Deutschland im Grunde schon mit der Einführung des ISDN als Begriff für den Basisanschluss des Nutzers verwendet. Heute aber steht der Begriff DSL im Allgemeinen als Bezeichnung für einen breitbandigen Internetzugang.
Die Entwicklung der DSL-Technik bis zum heutigen Stand umfasst eine Reihe von Übertragungsstandards der Bitübertragungsschicht (vgl. OSI-

xDSL-Technik	Beschreibung	Bitraten/Eigenschaften	ITU-Norm
HDSL High Data Rate Digital Subscriber Line	erstes DSL-Verfahren, symmetrische Übertragungstechnik; heute weitgehend von G.SHDSL abgelöst	Bitraten von 1,544 Mbit/s (USA) bzw. 2,048 Mbit/s (Europa), geplant als Standard für Standleitungen	G.991.1
ADSL Asymmetric DSL, in Deutschland modifiziert als T-DSL eingesetzt	asymmetrisches Verfahren mit unterschiedlichen Raten im Up- und Downstreambereich	erste Generation 1999: T-DSL mit 768 kbit/s down/128 kbit/s up	G.992.1
ADSL2	verbessertes und weiterentwickeltes ADSL-Verfahren	ab 2002, Datenrate: 8 Mbit/s down/1 Mbit/s up	G.992.3
ADSL2+	Nutzung eines erweiterten Frequenzbereiches zwischen 1,1 und 2,2 MHz gegenüber ADSL 2	Ab Ende 2005 auf dem Markt; derzeit maximal 24 Mbit/s down und bis zu 3,5 Mbit/s up. Geschwindigkeit wird dynamisch ausgehandelt.	G.992.5
SDSL (G.SHDSL) Symmetric DSL	symmetrische Datenübertragungstechnologie mit Übertragungsraten von bis zu 3 Mbit/s up und down	Verwendung von ein oder zwei Kupfer-Doppeladern. Bei zwei Doppeladern steigt die Datenübertragungsrate auf max. 4 Mbit/s.	G.991.2
VDSL, VDSL2 Very High DSL	Aktuell schnellste DSL-Technik, bei der sowohl symmetrischer als auch asymmetrischer Betrieb möglich ist. Hybridnetz aus Glasfaser- und Kupferleitungen ist notwendig.	Bei VDSL Downstreamraten von maximal 100 Mbit/s, bei VDSL2 sogar bis zu 210 Mbit/s im symmetrischen Betrieb möglich. Nur für sehr kurze Leitungslängen geeignet.	G.993.1 G.993.2

Tabelle 1 xDSL-Standards im Überblick

Modell) bzw. spezifische Techniken, mit denen Daten mit hohen Übertragungsraten sowohl über einfache Kupferleitungen (wie die Telefonanschlussleitungen) und Breitbandkabel als auch drahtlos gesendet und empfangen werden können. Abkürzend wird oft von xDSL- Verfahren gesprochen, wobei „x" als Platzhalter dann das spezielle Verfahren benennt, zu dem dann auch ein passendes Übertragungsmedium gehört.
Die gängigen DSL-Techniken (xDSL) im Überblick zeigt Tabelle 1 ⊳ 286.

Die Funktion von ADSL

ADSL unterscheidet sich von der früheren Datenübertragung über analoge Telefonanschlüsse (*P*lain *O*ld *T*elephone *S*ystem = POTS) und dem ISDN insofern, als der für die Festnetztelefonie verwendete Frequenzbereich bei der Nutzung einer Internetverbindung ausgespart wird. Das analoge Telefon war während einer Datenübertragung für ein Gespräch blockiert; bei dem ISDN-Basisanschluss waren hingegen 2 Kanäle zu je 64-kBit/s vorhanden, sodass bei einer Internetverbindung über den einen Kanal der zweite zum gleichzeitigen Telefonieren genutzt werden konnte. Wurden jedoch beide ISDN-Kanäle für eine höhere Übertragungsrate gebündelt, war das Telefonieren auch hier nicht mehr möglich.
Abb. 1 zeigt die Aufteilung des Gesamtfrequenzbereiches für POTS, ISDN sowie ADSL bis ADSL2+. Die Aufteilung zur parallelen Nutzung der Frequenzbereiche wird sowohl bei dem Teilnehmer als auch in der Vermittlungsstelle durch einen sogenannten Splitter, sprich einen Filter, erreicht.

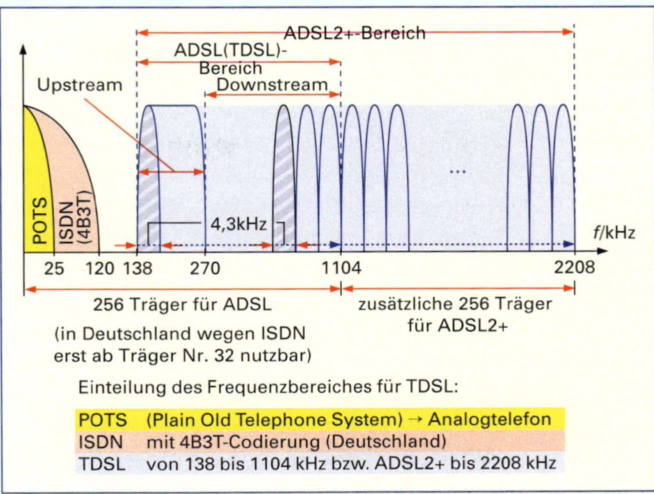

Abb. 1 Frequenzspektrum der Telefonbereiche und des ADSL

> **Merke:**
> *Bei ADSL ist der zur Datenübertragung benutzte Frequenzbereich oberhalb der von POTS bzw. ISDN benötigten Telefonfrequenzbereiche angesiedelt, sodass der Internetzugang wie eine Standleitung stets verfügbar ist.*

Trotz der Bezeichnung DSL ist das ADSL-Signal zwischen dem DSL-Router/DSL-Modem bei dem Teilnehmer und der nur wenige Kilometer entfernten Vermittlungsstelle ein analoges Signal, das über die vorhandene Telefonanschlussleitung übertragen werden kann. Erst in der Vermittlungsstelle wird das analoge DSL-Signal in einem DSL-Multiplexer (DSLAM), in ein digitales Signal umgewandelt bzw. in der Gegenrichtung von digital nach analog gewandelt (Abb. 2).

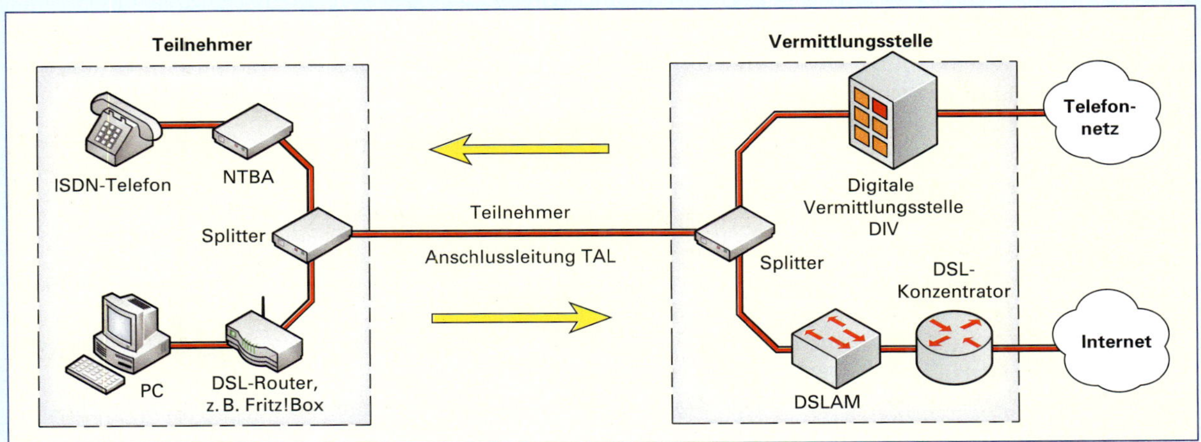

Abb. 2 DSL-Prinzip

Man erkennt die unabhängige Verarbeitung des ISDN-Telefonsignals, das über den NTBA und den Splitter beim Teilnehmer zusammen mit einem Internet-Datensignal auf die Anschlussleitung gegeben wird. In der Vermittlungsstelle, wiederum im Splitter getrennt, wird das ISDN-Signal in die digitale Vermittlung (DIV) bzw. das Internetsignal zum DSLAM weitergeleitet und in ein Digitalsignal gewandelt. Das digitale DSLAM- Signal wird dann über eine breitbandige Glasfaserleitung zu einem DSL-Konzentrator und von dort in den Backbone des Internetproviders übertragen.

Warum ist die Datenrate des ADSL-Signals um so vieles höher als bei einer Datenübertragung über Analogtelefon oder ISDN?

Die Teilnehmeranschlussleitungen aus Kupfer, die für Telefonsysteme in Deutschland eingesetzt werden, haben eine höhere Bandbreite als die für analoge Telefone (300 Hz...3,4 kHz plus Gebührenimpuls mit 16 kHz) oder für das ISDN (300 Hz ...120 kHz) benötigten Frequenzbereiche. Daher konnte man den Frequenzbereich oberhalb der ISDN-Frequenzen für die ADSL/TDSL-Anwendungen verwenden.

Merke:

Wie in Abb. 1 ▷ 287, zu sehen ist, reicht der für die erste Generation des ADSL und TDSL und auch der für ADSL2 benutzte Frequenzbereich von 138 kHz bis 1,1 MHZ aus. Mit der Einführung des ADSL2+ wurde der Frequenzbereich bis 2,2 MHz nach oben ausgeweitet, um eine höhere Datenübertragungsrate zu erreichen.

Der drastisch ausgeweitete Frequenzbereich beim ADSL ist aber nur eine Maßnahme, um die Datenübertragungsrate zu steigern. Weitere wesentliche Elemente sind die Aufteilung des Gesamtfrequenzbereiches in 256 unabhängige Träger (ADSL und ADSL2) bzw. in 512 Träger bei ADSL2+, mit einer Bandbreite von je 4,3 kHz, die nun jeweils individuell mit einem sehr effektiven Modulationsverfahren (**Q**uadratur-**A**mplituden-**M**odulation = QAM) moduliert werden, d. h., das zu übertragende Signal wird im DSL-Router/Modem bzw. im DSLAM auf die verschiedenen Trägerfrequenzen verteilt. Beim Aktivieren der ADSL-Leitung prüft das System die Qualität der Leitung (Dämpfung,

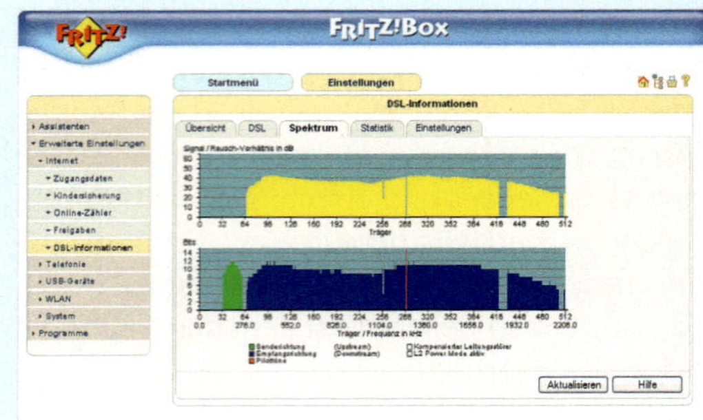

Abb. 1 Bildschirmausdruck der DSL-Information einer FRITZ!Box 7270

Signal-Rauschabstand) und passt sich innerhalb des voreingestellten Bereiches durch Auswahl der benutzbaren Träger und der Anzahl der Bit je Träger (Bit-Allokation) automatisch an die Leitung an. Kann die minimale Übertragungsrate wegen mangelnder Qualität der Leitung nicht erreicht werden, kommt keine Aktivierung zustande.

Verwendet man als Teilnehmer statt eines DSL-Modems eine Fritz!Box, so kann man die Informationen über die DSL-Verbindung aktuell verfolgen. Abbildung 1 zeigt einen Bildschirmausdruck einer Fritz!Box 7270, bei dem in beiden Teilbildern die jeweilige Nummer der Unterträger auf der horizontalen Achse (im unteren Teilbild zusätzlich die Frequenz) bis zur höchsten Trägernummer 512. Im oberen Teilbild (gelb eingefärbt) ist das Signal-Rauschverhältnis für jeden Träger dargestellt, im unteren Teilbild sieht man zunächst den Upstreambereich (also vom Teilnehmer zur Vermittlungsstelle) in grün, der durch die Träger 32 bis 63 übertragen wird, sowie, in blau, den Downstreambereich, der durch die Träger mit den Nummern 64 bis 255 (ADSL/ADSL2) bzw. bis 512 (ADSL2+) übertragen wird. Theoretisch ist bei ADSL eine maximale Bitrate von 12 Mbit/s im Downstreambereich möglich, bei ADSL2+, aufgrund der wesentlich höheren Trägerzahl, sogar bis zu 25 Mbit/s.

Praxistipp:

Aktuell liegt der Standard bei den meisten Internet-Providern für ADSL2+ bei 16 Mbit/s im Downstreambereich.

Verfügbarkeit von DSL-Anschlüssen

Leider ist derzeit noch nicht jede Teilnehmeranschlussleitung DSL-fähig. Während es in größeren Städten und Gemeinden kaum Probleme gibt,

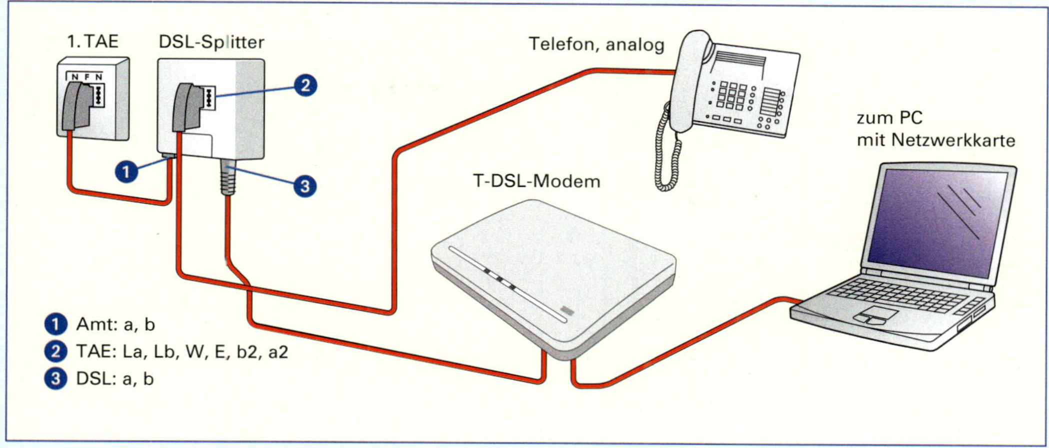

Abb. 1 Zusammenschalten der Komponenten für den DSL-Anschluss

kann es vor allem in ländlichen, dünn besiedelten Regionen vorkommen, dass kein DSL-Anschluss möglich ist. Welcher Anschluss von Providern vor Ort angeboten wird (z. B. DSL-Anschluss mit reduzierter Bitrate, ein sog. DSL-Light mit ca. 1 Mbit/s), hängt von folgenden Kriterien ab:

- DSL-fähiger Ausbau der örtlichen Vermittlungsstelle mit ausreichend vielen Ports für die Teilnehmeranschlüsse
- Zwischen Teilnehmer und Vermittlungsstelle muss eine Kupfer-Teilnehmeranschlussleitung (TAL) installiert sein.
- Die Teilnehmeranschlussleitung darf eine gewisse Länge nicht überschreiten. Entscheidend ist hier die Dämpfung der Leitung, die von Durchmesser und Leitungslänge bestimmt wird: Je größer der Leitungsdurchmesser, umso geringer die Dämpfung!
- Wo vor einigen Jahren – unter dem Aspekt einer sehr hohen Bandbreite für Telekommunikationsanwendungen – Glasfaserkabel zwischen Teilnehmern und Vermittlungsstelle verlegt wurden, kann DSL nicht ohne Weiteres angeboten werden. Doch mithilfe sogenannter Outdoor-DSLAM oder Mini-DSLAM, die der Netzbetreiber an der Schnittstelle (Übergabepunkt) zwischen Straßen- oder Hausverteiler und Endanschluss installieren muss, wird auch hier eine breitbandige Anbindung der Teilnehmer ermöglicht. Anders als in konventionell verkabelten Gebieten gibt es in Glasfasernetzen viele Übergabepunkte mit jeweils relativ wenigen Teilnehmern, wodurch die Kosten für ein größeres Gebiet so stark ansteigen, dass der Ausbau nicht schnell vorangetrieben wird.

Welche Baugruppen benötigt der Teilnehmer für den ADSL-Anschluss?

> **Merke:**
> *Um die von ADSL genutzten Frequenzbereiche von den Telefonfrequenzen zu trennen, wird beim Teilnehmer ein sogenannter Splitter benötigt (Abb. 1).*

Der Splitter wird über die Buchse „Amt" mit der 1. TAE-Dose verbunden. Er teilt die von der Vermittlungsstelle kommenden Signale frequenzmäßig in die POTS- bzw. ISDN-Signale und die Datensignale auf. Daher müssen nun am Splitter zwei

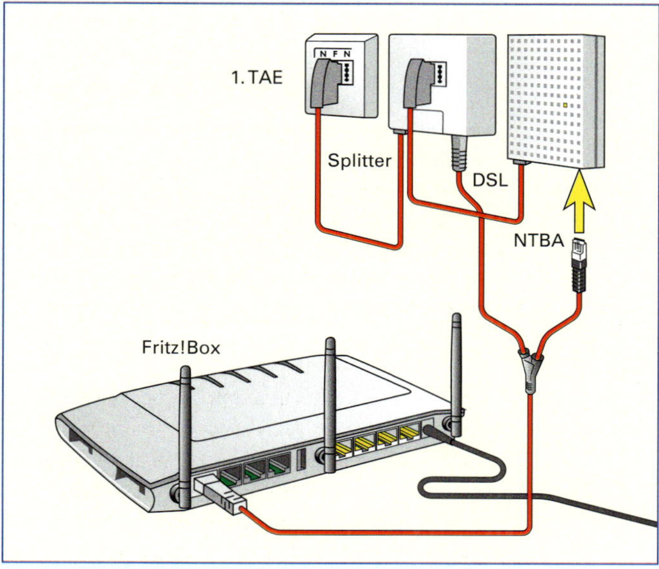

Abb. 2 Installation der DSL-Komponenten für einen ISDN-Anschluss

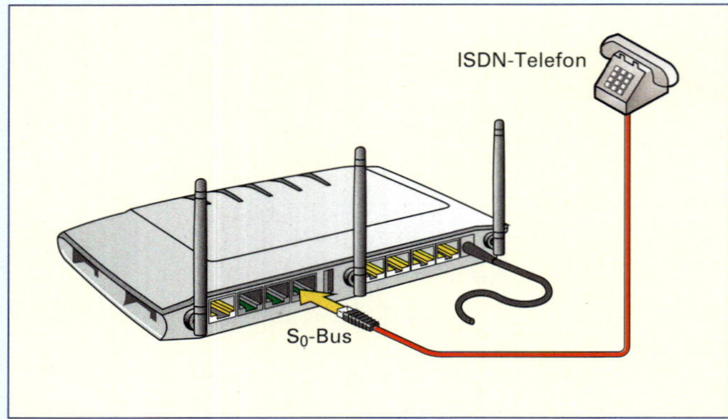

Abb. 1 Anschluss des ISDN-Telefons an der Buchse „Fon S_0“ der Fritz!Box

Kabel kontaktiert werden: das eine von der Buchse „DSL“ zum DSL-Router/Modem, das andere wird über die TAE-Buchse des Splitters (Telefonsymbol!) mit dem analogen Telefon verbunden. Je nach Ausführung des DSL-Modems wird es entweder über ein Netzwerkkabel mit der Netzwerkkarte im PC oder über einen USB-Anschluss mit dem PC verbunden. Falls ein WLAN-DSL-Router, z. B. die Fritz!Box 7270, verwendet wird, kann die Verbindung zum PC auch drahtlos und trotzdem sicher hergestellt werden. Der PC muss dann mit einem WLAN-Stick ausgerüstet werden.

Einige Provider liefern auch die Fritz!Box statt eines einfachen DSL-Modems. Diese arbeitet nicht nur als DSL-Router mit integriertem DSL-Modem, sondern dient auch als DECT-Basisstation für bis zu fünf Mobilstationen; zudem ist die Fritz!Box gleichzeitig Telefonanlage zum Anschluss von Analog- und ISDN-Telefonen für Internet-(VOIP) und Festnetztelefonie und besitzt die WLAN-Funktion mit sicherer Verschlüsselung.

Praxistipp:
Die einzelnen Komponenten für einen DSL-Anschluss werden von den verschiedenen Internetprovidern meist bei Abschluss eines DSL-Vertrages kostenlos geliefert.

Mobile Kommunikation: Sprach- und Datenübertragung im Mobilfunknetz

Die 1. Generation

Die ursprüngliche Idee von „Mobilfunk“ war, statt mit einem Festnetztelefon eben mit einem kabellosen mobilen Gerät zu telefonieren. Dieser Idee entsprachen die noch analogen und mit Röhren ausgestatteten Geräte der sogenannten ersten Generation mit den Namen A-und B-Netz. Doch bereits im C-Netz konnten zusätzlich Datex und Faxverbindungen mit einer Datenrate von 2400 Bit/s hergestellt werden. Diese Funknetze nutzten ausschließlich eine leitungsvermittelte Übertragungstechnik.

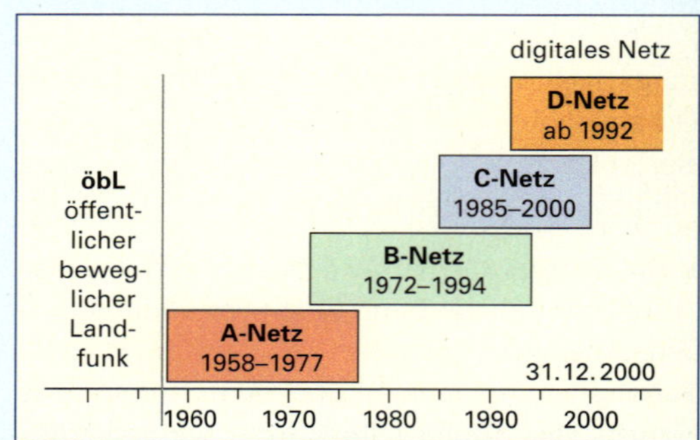

Abb. 2 Anwendungsdaten der ersten Mobilfunk-Generation (1G)

Bei dem C-Netz, das schon teilweise digitalisiert war, handelte es sich um ein zellulares System mit „Handover“-Funktion*, das wegen der Vielzahl von Basisstationen eine wesentlich geringere Sendeleistung der Mobilgeräte und somit weniger Strom und eine geringere Akkukapazität erforderte, was wiederum zu kleineren Handgeräten führte. Auch die Trennung von Handgerät und Teilnehmeridentität durch eine codierte Magnetkarte, wie sie heute bei den digitalen Systemen Standard ist, war beim C-System bereits vorhanden.

Die 2. Generation

Nach Einführung des digitalen Mobilfunkstandards GSM (1982 als Arbeitsgruppe „Groupe Spéciale Mobile“ gegründet, mit der weltweiten GSM-Verbreitung als „Global System for Mobile

*) Handover: Verbindungsübergabe des mobilen Funkteilnehmers an eine andere Basisstation

Communication" etabliert) starteten in Deutschland im Jahr 1992 die beiden GSM-D-Netze (D1 von t-mobile und D2 von Mannesmann/Vodafone) mit dem Frequenzbereich 900 MHz. Da nunmehr ausschließlich digitale Technik verwendet wurde, spricht man bei diesem System von der zweiten Mobilfunkgeneration (2G). Da die mobilen Engeräte jetzt tatsächlich „handlich" geworden waren, nannte man sie in Deutschland „Handy", überall sonst auf der Welt spricht man von „Mobile Phone" oder einfach „Mobile".
1994 kam auf den Frequenzen um 1800 MHz das System GSM 1800 hinzu (1994 E-Plus; 1998 Viag Intercom/O_2). Zunächst brauchte man für die Nutzung beider Frequenzen unterschiedliche Handgeräte, doch schon recht bald kamen Dualband-Geräte auf den Markt, mit denen beide Systeme nutzbar waren.
Mit dem 1997 in den USA in Betrieb genommenen GSM-1900 im Frequenzbereich um 1900 MHz wurde ein System eingeführt, das wiederum ein anderes HF-Empfangsteil im Handgerät benötigte, wenn ein europäischer Besucher in den USA damit telefonieren wollte. Heutige Triband-Geräte ermöglichen die Nutzung aller drei Systeme.
Da bei der Konzeption von GSM die Sprachübertragung in guter Qualität im Vordergrund stand, eignet sich das GSM-Mobilfunknetz nicht zur schnellen Datenübertragung. Die zunächst benutzten Verfahren zur Übertragung von Daten in einem GSM-Netz waren **CSD** (**C**ircuit **S**witched **D**ata), also ein leitungsvermitteltes Datenübertragungsverfahren, bei dem die Nutzdatenrate auf maximal 9,6 kBit/s beschränkt war, und **SMS** (**S**hort **M**essage **S**ervice), ein paketvermittelter verbindungsloser Kurzmitteilungsdienst, der auf 160 Zeichen pro Mitteilung beschränkt war. Insbesondere der SMS-Dienst, also die digitale Übertragung von Textbotschaften, der 1995 probeweise eingeführt worden war, entwickelte sich rasant und trug (neben den fallenden Mobilfunktarifen) sehr zur Verbreitung des GSM-Mobilfunks bei. Das Problem der zu geringen Datenübertragungsrate war allerdings noch nicht gelöst; die Nutzung von Internetdiensten im Mobilfunk konnte nur durch Erweiterungen im GSM-Standard erreicht werden. Diese Erweiterungen bei den wichtigsten Standards HSCSD und GPRS führten dann zu der sogenannten 2,5. Generation von GSM. Die Weiterentwicklung EDGE (s. S. 292) wiederum geht bereits einen kleinen Schritt weiter und damit in Richtung dritte Generation.

Die 2,5. Generation

HSCSD (**H**igh **S**peed **C**ircuit **S**witching **D**ata) ist ebenso wie das ursprünglich bei GSM implementierte CSD ein leitungvermitteltes Übertragungsverfahren, das die Datenrate pro Verbindung (Kanal) auf 14,4 kBit/s steigern sollte. Neu ist, dass die Datenrate durch die Bündelung von bis zu acht Kanälen auf theoretisch 115,2 kBit/s gepusht werden kann, ein Wert, der sich mit den existierenden Mobilfunkgeräten jedoch nicht erreichen ließ. Ein wesentlicher Nachteil der Leitungsvermittlung ist, dass die Kosten nach Verbindungszeit abgerechnet werden – und die können aufgrund der ständigen Verbindung sehr hoch werden. Weiterer Nachteil: Durch die Bündelung der Kanäle für einen Mobilfunknutzer, stehen diese für andere Teilnehmer der Funkzelle nicht mehr zur Verfügung. Aus diesem Grund wird der Netzbetreiber die Leistung einschränken, indem er weniger Kanäle bündelt oder die Bündelung gar ganz aufhebt, falls Kapazitätsengpässe auftreten. Vorrang hat schließlich die Sprachübertragung. Erst wenn die Engpässe wieder beseitigt sind (weniger Teilnehmer in der Funkzelle), können Kanäle wieder freigeschaltet werden. Insofern hat sich HSCSD am Markt auch nicht durchgesetzt.

> ***Merke:***
> **GPRS** *(**G**eneral **P**acket **R**adio **S**ervice) ist eine Mobilfunktechnik mit paketorientierter Übertragungstechnik, um eine schnellere Datenübertragung im GSM-Netz zu ermöglichen.*

GPRS benötigt aufgrund dieser Technologie eine komplett eigenständige Netzstruktur im Vermittlungsnetz, die für ein Routing von Paketen geeignet ist. Daher wurden sogenannte GPRS Support Nodes (GSN) installiert. Diese sind zuständig für die Gateway-Funktion und für das Roaming. Um eine reibungslose Funktion zwischen Datenübertragung und Telefonie zu gewährleisten, werden die Ressourcen gleichmäßig aufgeteilt. Insofern wird das bestehende Mobilfunknetz sowohl als Daten- wie auch als Sprachübertragungsnetz genutzt. GPRS hat gegenüber der leitungsvermittelten Übertragungstechnik den Vorteil, dass alle Teilnehmer die gesamte Bandbreite einer Mobilfunkzelle nutzen können, wobei die zur Verfügung stehende Bandbreite aber nur dann genutzt wird, wenn Daten verschickt oder angefordert werden. Abgerechnet wird daher auch nur nach

Datenvolumen und nicht mehr nach Verbindungszeit. Somit können die Mobilfunkteilnehmer „always online" sein, ohne zusätzliche Kosten zu produzieren. Auch bei dieser technischen Lösung waren die theoretisch erreichbaren Datenraten vielversprechend: Die Rede war von bis zu 384 kBit/s. In der Praxis aber wurden nur durchschnittlich 40 kBit/s erreicht.

> ***Merke:***
> **EDGE** *steht für* **E***nhanced* **D***ata Rates for* **G***SM* **E***volution und wird dazu genutzt, herkömmliche GSM-/GPRS-Netze aufzuwerten und auf diese Weise höhere Datenübertragungsraten zu realisieren.*

Hierbei handelt es sich nicht um eine eigenständige Übertragungstechnik, sondern um eine Erweiterung der beiden Techniken. Der große Vorteil von EDGE besteht darin, dass es seltener einer komplett neuen Sender- oder Antennenanlage bedarf. Bei EDGE werden verbesserte Modulationsverfahren als bei GPRS eingesetzt, sodass je Zeiteinheit mehr Daten übertragen werden können. Entsprechend steigt die in einer Mobilfunkzelle zur Verfügung stehende Kapazität, ohne dass zusätzliche Frequenzen benötigt werden. Allerdings müssen sowohl Basisstation als auch Endgerät EDGE-kompatibel sein, damit die Vorteile zum Tragen kommen. Die Endgeräte schalten dann je nach Verfügbarkeit automatisch zwischen EDGE und GPRS um.

EDGE gilt als Zwischengeneration (man nennt sie auch 2.75G). Die Erweiterungen E-GPRS (Enhanced GPRS) und ECSD (Enhanced HSCSD), erreichen typischerweise Datenraten von 150 kBit/s bis 200 kBit/s, was natürlich die Interessen der Mobilfunkteilnehmer im Vergleich zu den Datenraten beim DSL nicht befriedigen konnte.

Theoretisch sollte EDGE sogar Datenraten bis zu 473 kBit/s erreichen können.

Die 3. Generation

Es begann mit einem Aufruf der **ITU** (**I**nternational **T**elecommunication **U**nion) zur Einreichung von Vorschlägen für die zukünftige Übertragungstechnik bei Mobilfunksystemen im Rahmen des Programms IM T-2000. Ziel war ein weltweit arbeitendes mobiles Kommunikationssystem. Der Plan eines *einheitlichen* Systems wurde jedoch nach vielen Diskussionen wegen internationaler Probleme fallengelassen und stattdessen eine sogenannte IMT-2000-Familie mit entsprechenden 3-G-Standards ins Leben gerufen. UMTS ist Teil der IMT-2000-Familie. Dieser System-Standard wurde von der Europäischen (ETSI) und der Japanischen Standardisierungsorganisation (ARIB) initiiert. Die erste Version (nach dem Erarbeitungsjahr Release 99 oder auch R99 genannt) beschrieb die neuen Funkzugangstechniken UTRA und die Verwendung des GSM/GPRS-Netzes als Kernnetz, um eine Kompatibilität und Koexistenz zu Netzwerken der zweiten Generation zu ermöglichen. Neben der Unterstützung von Multimedia-Anwendungen zielte man auf den Durchbruch zu entscheidend höheren Übertragungsraten. Die Anforderungen: mindestens 144 kBit/s für ländliche Regionen bei einer Geschwindigkeit der Mobilstation von ca. 500 km/h. Im Vorstadtbereich sollten bei Geschwindigkeiten bis 120 km/h Datenraten von 384 kBit/s angeboten werden und in Innenstädten und Gebäuden, wo relativ geringe Geschwindigkeiten vorkommen, bis zu 2 Mbit/s. Letzterer Wert hat sich bei den interessierten Benutzern – auch dank der Werbung für multimediale Dienste der Superlative – eingeprägt. Allerdings wurden solche Übertragungsraten anfangs bei weitem nicht erreicht. Und so machte sich bei vielen Endkunden Ernüchterung breit; bei vielen galt UMTS bereits als „Flop". Zudem hatten die Mobilfunkbetreiber bei der Ersteigerung der UMTS-Frequenzen sehr hohe Geldbeträge eingesetzt, die nun erst mal erwirtschaftet werden mussten ...

Erst nachdem mit **HSPDA** (**H**igh **S**peed **D**ownlink **P**acket **A**ccess) und später noch mit **HSPUA** (**H**igh **S**peed **U**plink **P**acket **A**ccess) neue Verfahren entwickelt worden waren, konnten tatsächlich die vollmundig versprochenen hohen Datenraten verwirklicht werden: Beide Verfahren können die Datenlast in der Basisstation effektiver verteilen und abhängig von der Qualität der Funkverbindung ein höher verdichtendes Codierungsverfahren nutzen. Darüber hinaus beschleunigen beide Verfahren die Antwortzeiten des UMTS-Netzes. Da Aufwand und Kosten erheblich waren, wurde HSPA (Zusammenfassung von HSPDA und HSPUA) in mehreren Ausbaustufen umgesetzt. Man spricht bei UMTS mit HSPA von der Mobilfunkgeneration 3,5.

Die 3,5. Generation

HSPDA (Release 1) als erste technologische Evolution von UMTS bietet bei guter Funkverbindung Datentaten bis zu 3,6 Mbit/s. Im Durchschnitt sollten sich aber Datenraten von mindestens 900 kBit/s erreichen lassen.

In der Kombination von HSPDA und HSPUA, also bei HSPA mit der Release 6 lassen sich nun in beiden Übertragungsrichtungen effektive hochwertige Übertragungstechnologien anwenden, sodass bei guten Funkübertragungsbedingungen sogar 14,4 Mbit/s möglich sind.

Weitere technische Verbesserungen und Ergänzungen (Release 7 und Release 8) führten zu **HSPA+**, womit sich unter optimalen Voraussetzungen 21 Mbit/s erreichen lassen sollen. Dazu gehört, dass die Mobilfunkgeräte, sprich Handys die jeweiligen technischen Standards implementiert haben. Ein „einfaches" UMTS-Handy kann mit der HSPA+-Technik deshalb nichts anfangen, während ein modernes Smartphone mit HSPA+-Technik die hohen Datenraten durchaus ausnutzen kann. Abb. 1 zeigt ein HSPA+-Handy. Der Zugang zum Internet ist via WLAN-n (2,4 und 5 GHz) oder mobil via HSPA+ mit Geschwindigkeiten von bis zu 21 MBit/s im Download und bis zu 5,7 MBit/s im Upload möglich. Es werden alle in Europa gebräuchlichen Frequenzbänder unterstützt.

1 HSPA+-Handy

Die 3,9. Generation

LTE (**L**ong **T**erm **E**volution) ist nach UMTS der neue Mobilfunkstandard, der die Leistungen von UMTS einschließlich HSPA deutlich übertrifft. 100 Mbit/s im Downlink und 50 Mbit/s im Uplink sollen so möglich sein, womit sowohl ADSL/ADSL2+ als auch das VDSL in den Schatten gestellt werden. Das LTE-Netz ist das erste vollständig paketorientierte Mobilfunknetz, das auf lange Sicht den steigenden Bandbreitenbedarf decken soll (daher auch der Name „Long Term").

Häufig wird LTE sogar als 4G bezeichnet. Das ist aber nicht ganz korrekt, da der LTE-Standard nicht alle Anforderungen der Definition des Telecommunication Standardization Sector (ITU-T) für die 4. Mobilfunkgeneration erfüllt. Den Vorgaben der Bundesnetzagentur zufolge wurde die LTE-Technik zuerst dort installiert, wo ein Breitbandzugang über DSL bislang fehlte, also vorwiegend in ländlichen Gebieten. Erst danach durften auch Ballungsgebiete damit ausgestattet werden. Mittlerweile ist LTE auch in vielen Großstädten nutzbar, bis 2015 soll es flächendeckend verfügbar sein. Auf den Webseiten der Mobilfunkanbieter sind LTE-Verfügbarkeitstests für Deutschland vorhanden.

Auch in Deutschland werden nicht alle LTE-Frequenzen von allen Mobilfunkprovidern verwendet, sodass man sich bei bestimmten Smartphons mit LTE-Funktion für den "richtigen" Mobilfunkanbieter entscheiden muss! Die schnelle technische Entwicklung der Geräte und der Konkurrenzdruck unter den Mobilfunk-Anbietern fühen auch zu einer Vielfalt der Angebote! Leistungs- und Tarifvergleiche vor einer Kaufentscheidung sind daher wichtig!

Abb. 2 LTE-A-fähiges Smartphone Galaxy S4

> **Merke:**
> *Als Frequenzen nutzt man im LTE-Betrieb die Bereiche 800, 1800 und 2600 MHz (Telekom) bzw. 800 und 1800 MHz (Vodafone und O_2). In den USA hingegen werden die Frequenzen 700 und 2100 MHz genutzt. Das ist für die Anwender natürlich problematisch, denn Mobilgeräte, die LTE in den Frequenzbereichen 700 und 2100 MHz nutzen, sind in Europa und Asien somit ohne LTE-Funktion. Wer im Ausland ein Mobilfunkgerät kauft – ganz egal ob Surfstick, Smartphone oder Laptop – kann es in Deutschland womöglich nicht benutzen.*

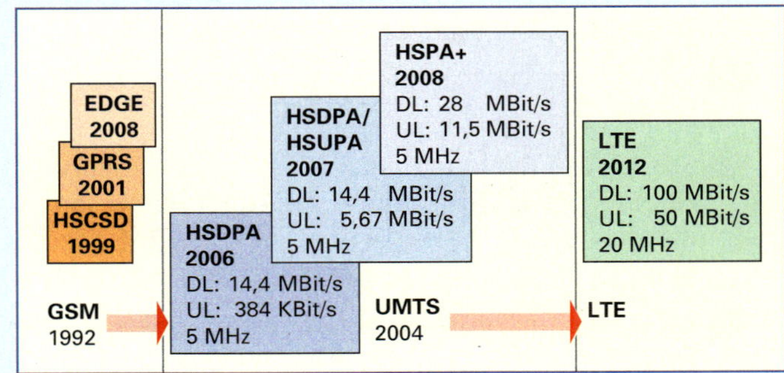

Abb. 3 Überblick über die Entwicklungsstufen der Mobilfunkgenerationen 2G bis 3,9G

> **Merke:**
> *Um LTE nutzen zu können, benötigt man ein LTE-fähiges Endgerät, einen LTE-fähigen Tarif und LTE-Netzverfügbarkeit.*

Ausblick: Die 4. Generation (Next Generation Mobile Networks)

Der Nachfolger von LTE, der IMT-Advanced-4G-Mobilfunkstandard, kurz LTE-Advanced, ist bereits in der Realisierungsphase. Ein Smartphone mit dieser Technik wurde bereits angekündigt. Mit LTE-Advanced sind noch einmal höhere Datenübertragungsraten möglich als beim derzeitigen Mobilfunkstandard LTE. Theoretisch sollen Bandbreiten mit bis zu 1000 Megabit in der Sekunde und sehr niedrigen Latenzen* möglich sein.

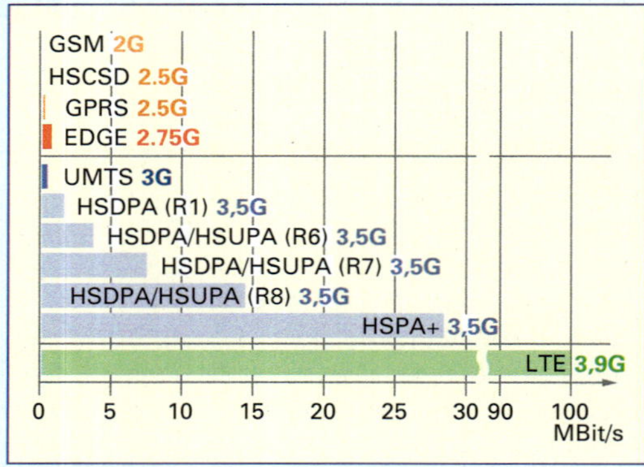

Abb. 1 Datenraten der jeweiligen Mobilfunk-Generation

In den Mobilfunknetzen, die ursprünglich für die Sprachkommunikation gedacht waren, ist der Datentransfer inzwischen extrem wichtig geworden; immer mehr internetfähige Handys und Smartphones drängen auf den Markt. Dem wurde bei der Entwicklung des Next Generation Mobile Networks Rechnung getragen. Darüber hinaus soll der 4G-Standard neue Anwendungsbereiche eröffnen. Hierzu zählen insbesondere Echtzeitanwendungen wie HD TV, HD Radio und Video Chat, die auch dank der kurzen Latenzzeiten möglich werden. Geplant ist deshalb, dass Next Generation Mobile Networks die permanente Internetverbindung von Endgeräten ermöglicht. Dieses Feature, das bislang per Internet-Flatrate für Mobilfunk möglich ist, wird auch als „always on" bezeichnet. In Abb. 1 wird ein Überblick über die Datenraten der verschiedenen Mobilfunkgenerationen gegeben.

*) Neben der Bandbreite ist die Latenzzeit der entscheidende Faktor für die Datenrate einer Übertragung. In der Internettelefonie stellt die Latenzzeit die Verzögerung dar, die durch das Paketieren, das Depaketieren und den Transfer der Daten zwischen zwei Punkten einer Übertragungsstrecke entstehen.

Prüfen Sie Ihr Wissen:

1. Welche Funktion hat die Flashtaste eines modernen Analogtelefons?
2. Darf man die a- und die b-Ader des Telefons beim Anschluss vertauschen?
3. Warum darf (soll) man Telefone nicht parallel schalten?
4. Erläutern Sie einem Kunden, wie er vorgehen muss, um seine Telefonnummer beim angerufenen Teilnehmer sichtbar werden zu lassen.
5. Warum kann man beim analogen Anschluss telefonieren und über DSL gleichzeitig im Internet surfen?
6. Schnurlose Telefone sind als CT (Cordless Telephone) oder als DECT (Digital Enhanced cordless Telefone) erhältlich, wobei DECT-Telefone wesentlich teurer sind. Warum werden beide Telefone als analoge Geräte bezeichnet und über TAE-Stecker angeschlossen? Versuchen Sie einem Kunden den Unterschied beider Telefontypen zu erläutern.
7. Mit welchen Argumenten können Sie einem Kunden die Vorteile von DSL gegenüber einer Datenübertragung über das bisherige ISDN-Netz erläutern? Welche Baugruppen benötigt der Kunde zusätzlich zur Einrichtung von DSL?
8. In manchen Wohngebieten, deren Telefonnetz mit modernsten Glasfaserkabeln ausgestattet ist, ist kein DSL-Anschluss über diese Kabel möglich. Erklären Sie einem Kunden diese technische Problematik verständlich und zeigen Sie ihm eventuelle Alternativen auf.
9. Erläutern Sie einem Kunden, worauf er beim Kauf eines Handys achten soll, wenn er auf eine schnelle Datenübertragung Wert legt.

3.1.3 ISDN

- **Installation einer ISDN-TK-Anlage**
- **Grundlagen zu ISDN**
- **die Analog/Digital-Wandlung von Signalen**
- **Datenübertragungsrate im ISDN**
- **Aufbau eines S_0-Bus-Systems im ISDN**
- **Begriff und Bedeutung des Wellenwiderstands Z einer Leitung**

Kundenauftrag:

Umrüstung von zwei bestehenden analogen Telefonanschlüssen in zwei ISDN-Anschlüsse über eine TK-Anlage (Betriebsart: Mehrgeräteanschluss)

Im 1. OG des *Gelben Hauses* waren die Räume während der Renovierungsphase für eine Rechtsanwaltskanzlei umgebaut worden. Aus zwei Wohnungen, die ursprünglich auf der Etage getrennt genutzt wurden, war nun eine große Büroeinheit mit mehreren Räumen entstanden. Der Anwalt, der mit seinen Mitarbeitern mehr Platz brauchte, fand im *Gelben Haus* hier die für seine Arbeit geeigneten Räume, um sich zu vergrößern. Um auch die Telekommunikationseinrichtung auf einen modernen und der Arbeitsweise der Kanzlei angepassten Standard zu bringen, hatte der Rechtsanwalt mit dem Chef der Firma ElektroTeam, Meister Strom, ein Treffen in den Büroräumen vereinbart.

Besichtigung der Räume – Situation und Beratung

Meister Strom besichtigte bei dem Termin die einzelnen Räume, prüfte die Installation der zwei bisherigen analogen Telefonanschlüsse. Er verglich die Ergebnisse mit den Eintragungen in einem Grundriss der gesamten Kanzleiräume, die der Anwalt bereitgelegt hatte. Dann ließ sich der Meister vom Rechtsanwalt die gewünschte Nutzung und die besonderen Anforderungen an die Arbeitsplätze bezüglich der Telekommunikation erläutern. Dabei ergab sich folgendes Anforderungsprofil:

- Die Mitarbeiter in der Kanzlei müssen unabhängig voneinander von außen erreichbar sein.
- Sie müssen unmittelbar nach außen telefonieren können.

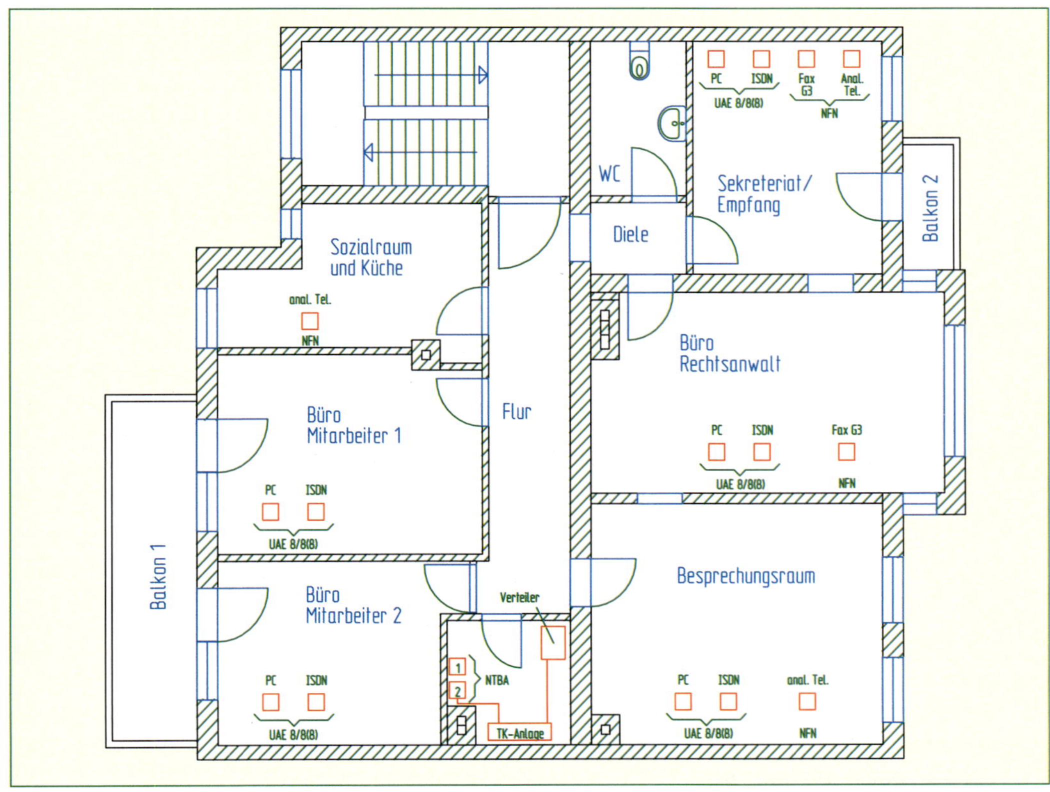

Abb. 1 Lösungsskizze für die Verteilung der Endgeräte in den Räumen

- Häufig werden Interngespräche anfallen.
- Alle Rechner sollen Internetzugang bekommen.
- Auch die beiden vorhandenen analogen Fax-Geräte sollen angeschlossen werden.
- Der Sozialraum (Küche) soll über ein analoges Telefon in die Internkommunikation eingebunden werden.
- Der Besprechungsraum ist ebenfalls einzubeziehen.

Meister Strom erörterte während des Beratungstermins mit dem Rechtsanwalt die verschiedenen Ausführungsvarianten und die Leistungsdaten von TK-Anlagen unterschiedlicher Hersteller. In dem Zuge erläuterte er die von ihm für diese Aufgabe favorisierte Anlage AS 200 LAN, wobei er auf die für die Kanzleiarbeit erforderlichen Leistungsdaten ebenso einging wie auf die neuen Möglichkeiten der Mitarbeiterkommunikation per Internet-Telefonie (VOIP) und ISDN over IP (IOP). Zum Lieferumfang der AS 200 gehört auch die Kommunikationssoftware AGFEO-TK-Suite Basic, die auf einfache Art und Weise die als CTI (Computer-Telephony-Integration) bezeichnete Integration von TK-Anlage und Computernetzwerken ermöglichen. Der auf den Arbeitsplatz-Rechnern installierte TK-Suite Client kann dann auf Outlook- oder andere Datenbanken zugreifen.
Die Wiedervorlage-Funktion wiederum erinnert an zu tätigende Anrufe; entsprechende Notizen zu Kontakten können per Mausklick bearbeitet werden. Ein bei Bedarf angezeigtes Fenster am Bildschirm informiert über ankommende Anrufe oder fällige Wiedervorlagen, ohne die aktuelle Arbeit des Benutzers am PC zu behindern.
Der Anwalt zeigte sich zwar beeindruckt davon, wollte die analoge Internkommunikation aber doch beibehalten, da die vorhandenen analogen Telefone bzw. Faxgeräte moderne Geräte waren. Als preiswerten Einstieg in die neue VOIP-Technik wollte er für sich und seine Mitarbeiter allerdings das Arbeiten mit Headset (Kombination aus Kopfhörer und Mikrofon) ausprobieren.

Nach der Besprechung sämtlicher Kundenwünsche und der Erörterung verschiedener Lösungsmöglichkeiten skizzierte Meister Strom einen Lösungsvorschlag, in den die notwendigen Installationen in den einzelnen Räumen sowie die Platzierung der TK-Anlage und der Endgeräte eingezeichnet wurden (Abb. 1 ⊳ 295). Der Anwalt ließ sich noch einige Details zur Installation und zur Leistungsfähigkeit der Telefonanlage erklären und meinte, die Sekretärin, die Mitarbeiter und er selbst müssten sich erst noch an die vielen neuen Möglichkeiten gewöhnen. Schließlich stimmte er dem Vorschlag aber zu und bat um ein baldiges Angebot von ElektroTeam. Den Antrag zur Bereitstellung zweier ISDN-Basisanschlüsse werde er allerdings selbst bei der Deutschen Telekom stellen.

Wieder zurück in seinem Büro, fasste Meister Strom die gefundene Lösung in einem Angebot zusammen und schickte es an den Rechtsanwalt. Einige Tage später wurde die Firma ElektroTeam mit der Durchführung der Arbeiten beauftragt.

Umfang des Auftrags:
- Durchführung der Lösung laut Angebot, inklusive Lieferung der benötigten Komponenten und Funktionsprüfung der gesamten Anlage.
- Dokumentation der Anlage und ihrer Komponenten sowie Übergabe mit entsprechender Einweisung für die Nutzer.

Arbeitsausführung

Leitungsführung und Installation

Die bisherige Verkabelung der analogen Anschlüsse, die noch von zwei getrennten Wohnungen stammte, konnte für die neue Anlage nicht mehr genutzt werden. Im Rahmen des Umbaus wurde damals ein Abstellraum am Ende des Flures geschaffen, in den die Leitungen vom APL der beiden Amtsanschlüsse zu ihrer jeweiligen 1. TAE-Dose geführt worden waren (vgl. analoge Telefontechnik). In diesem kleinen Raum, der in TK-Systemraum umbenannt wurde, können auch die beiden NTBA und die TK-Anlage untergebracht werden. Um die technischen Möglichkeiten der TK-Anlage samt ihrer Modularität auch für spätere Erweiterungen nutzen zu können, führte Meister Strom die abgehenden Leitungen der TK-Anlage zunächst auf ein Patchfeld. An dieses können alle Leitungen in die verschiedenen Räume aufgelegt und bei Bedarf einfach und schnell umgepatched werden. Die Leitungen zu den einzelnen Geräten wurden folglich von dem Systemraum aus verlegt und mit UAE-8/8(8)-Dosen verschaltet. Bei der Nutzung für ISDN werden nur die Anschlüsse 3 bis 6 genutzt. Und an der letzten IAE-Dose jedes S_0-Busses wurden 100-Ω-Widerstände als Busabschluss eingesetzt (Abb. 1 ⊳ 297).

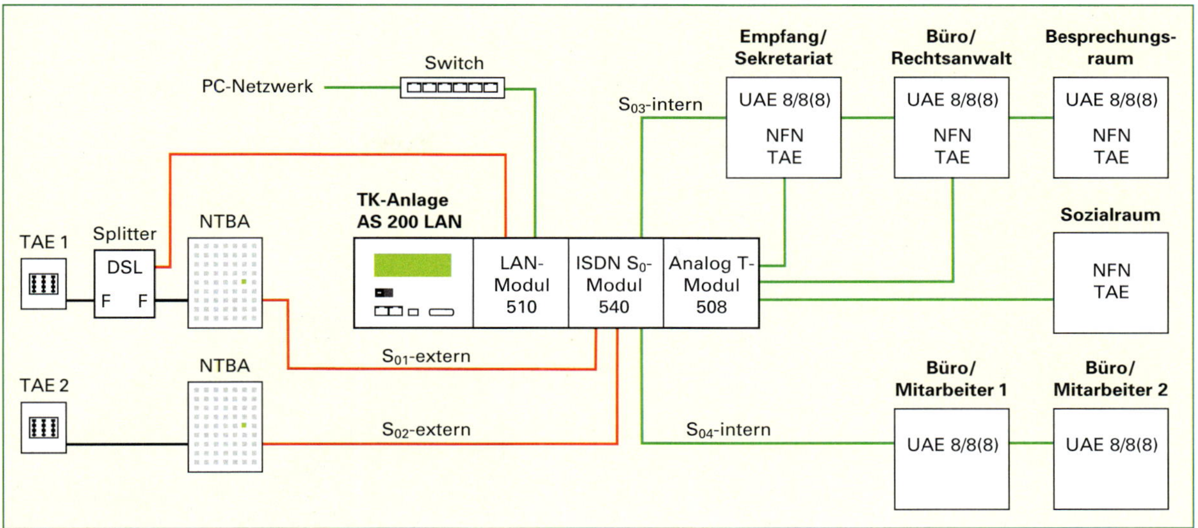

Abb. 1 Übersicht zur Leitungsführung für die Installation der TK-Anlage

Geräteauswahl

Die Lösung sieht eine modulare TK-Anlage Agfeo ASD 200 LAN im 19-Zoll-Gehäuse mit zwei ISDN-Basisanschlüssen vor, die als Mehrgeräteanschluss konfiguriert ist (Abb. 2). Über das bereits eingebaute LAN-Modul 510 wird die TK-Anlage in das lokale Netz integriert. Das LAN-Modul mit integriertem ADSL 2+ Modem und Router ermöglicht mehreren PCs im lokalen Netz den Zugang zum Internet, wobei das lokale Netzwerk durch die vorhandene Firewall geschützt ist. Darüber hinaus stellt das Modul 510 bis zu acht Kanäle für die Internet-Telefonie (SIP) oder für das ISDN over IP zur Verfügung. Je nach Konfiguration können dann bis zu acht Systemtelefone vom Typ ST 40 IP angeschlossen werden – sowohl für externe als auch interne Anrufe.

Das S_0-Modul 540 verfügt über vier schaltbare ISDN-S_0-Basisanschlüsse. Davon werden zwei als externe S_0-Bussen verwendet, die beiden anderen dienen als interne S_0-Busse, über welche die Mitarbeiter stets unabhängig voneinander telefonieren können (Abb. 3 und 1 ▷ 298).

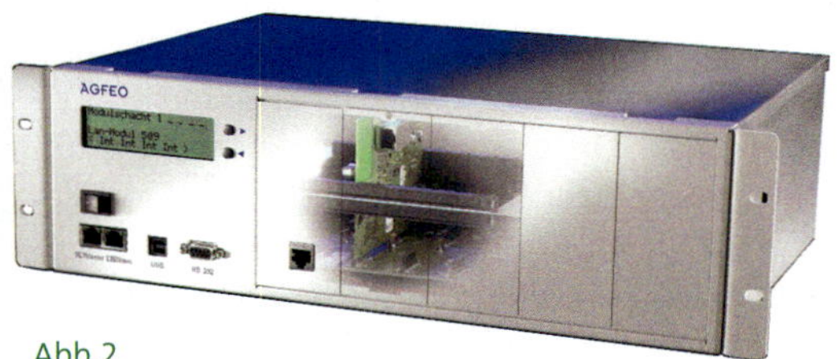

Abb. 2
ISDN-TK-Anlage AS 200 LAN

Agfeo S_0-Modul 540 für AS 45/AS 43/AS 200 IT

Das S_0-Modul 540 verfügt über vier schaltbare ISDN-Anschlüsse, geeignet für den ISDN-Amtsanschluss extern und intern für Agfeo-Systemtelefone.

Technische Daten

Hersteller-Artikelnummer	6100244
Gerätetyp	Erweiterungsmodul
Formfaktor	Plug-in-Modul
Anschlusstechnik	verkabelt
Schnittstellen	2 x Modem – ISDN (außerhalb)
kompatible Steckplätze	1 x Erweiterungsanschluss
entwickelt für	AGFEO AE 45

Abb. 3 S_0-Modul 540

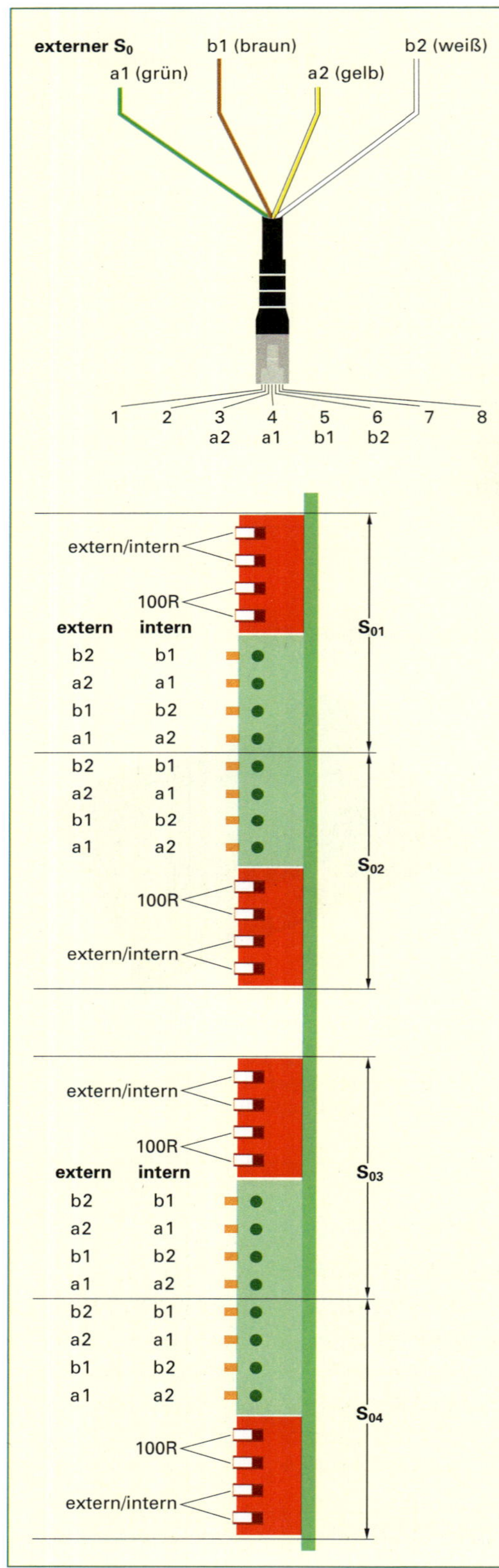

Abb. 1 Anschlüsse des 4-fach-S_0-Moduls 540

Die beiden Fax-Geräte und die analogen Schnurlostelefone werden über die a/b-Ports des Agfeo T-Moduls 508 (bis zu acht CLIP-fähige analoge Anschlüsse) eingebunden.

Für das Sekretariat und für das Büro des Anwalts werden zwei Systemtelefone ST 40 beschafft (Abb. 2); die beiden Mitarbeiter nutzen die bisherigen ISDN-Telefone.

Abb. 2 Systemtelefon ST 40

Den Systemtelefonen stehen alle Funktionen der TK-Anlage zur Verfügung: Navigationstasten unter dem Display geben den jeweils nächsten Bedienschritt vor; Zugriff auf 1000 Telefonbucheinträge etc. Die zehn Funktionstasten sind außerdem doppelt belegbar, sodass sich bis zu zwanzig Funktionen (z. B. Rufumleitung, Türsprechstelle, Timerfunktion, Rufnummern) programmieren lassen.

Installation der Komponenten

Vor Beginn der Installationsarbeiten hat sich Meister Strom bei dem Rechtsanwalt versichert, dass die t-online-Kennungen für den Internetzugang sowie die Freischaltung der ISDN-Anschlüsse erteilt und dass die beiden NTBA von der Telekom geliefert wurden. Darüber hinaus hat t-online eine Internet-Telefonnummer (SIP-Benutzername) und ein t-online-SIP-Passwort zugeschickt, um die Internet-Telefonie einrichten zu können. Ein SIP-Gateway (tel.t-online.de) vervollständigt die erforderlichen Daten für die VOIP-Einrichtung.

Die Kabel vom Systemraum zu den einzelnen Räumen wurden von ElektroTeam verlegt und die UAE-Dosen an den Arbeitsplätzen gesetzt.

Nach Montage der NTBA und der TK-Anlage (19 Zoll-Gestell) im Systemraum konnten die beiden NTBA sowohl über den Splitter als auch direkt mit der 1. TAE der zwei Amtsanschlüsse verbunden werden. Das LAN-Modul 510 wurde anschließend per beiliegendem Kabel (RJ 45 auf Einzeladern) mit dem DSL-Anschluss des Moduls 510 und über den Stecker mit der DSL-Buchse des Splitters verbunden. Das integrierte DSL-Modem des LAN-Moduls synchronisiert sich dann mit dem DSL-Netz. Über die beiden LEDs des Modems lässt sich der Synchronisationsvorgang verfolgen: Wenn sie grün leuchten, ist das Modem synchronisiert und das LAN-Modul betriebsbereit.

Erst wenn die PC-Konfigurationssoftware TK-Suite von der CD installiert wurde, kann das Konfigurationsprogramm AGFEO TK-Suite-Set gestartet werden.

Schrittweise Programmierung der TK-Anlage

- Programmierung der S_0-Busse entsprechend dem vorgesehenen Einsatz
- Programmierung der MSN und internen Nebenstellennummern
- Konfiguration der analogen Nebenstellen entsprechend den Endgeräten
- Bei der Programmierung der Nebenstellen kann festgelegt werden, welche MSN den externen Gesprächspartnern jeweils angezeigt werden soll. Außerdem Zuordnung der gerufenen MSN auf die einzelnen Nebenstellen, das heißt, bei welcher gerufenen MSN welche Nebenstelle klingelt.

Ablauf der Funktionskontrolle in jedem Raum

- Einstecken des Endgerätesteckers in die vorgesehene Anschlussdose
- Eingabe der gewählten internen Nebenstellenrufnummer als MSN. Da die Endgeräte alle mit der TK-Anlage verbunden sind, benötigen sie keine echte MSN, denn die Anlage übernimmt die Erkennung von zugewiesener MSN und interner Nebenstelle.
- Konfiguration der Systemtelefone. Die Belegung der zehn Tasten wird festgelegt; die Tasten werden beschriftet.

Übergabe der Anlage an den Kunden

- Einweisen des Anwalts und seiner Mitarbeiter in die Leistungsmerkmale von Endgeräten und TK-Anlage
- Erklären der internen Rufnummernverteilung und der Anrufzuordnung aller externen Rufnummern
- Umfangreiche Funktionsprüfung, Umgang mit t-online-Software und Internetzugang
- Erläutern der Internet-Telefonie (Benutzung von Headsets)
- Nutzung von CTI mit dem TK-Suite Client
- Übergeben der vollständigen Anlagen-Dokumentation in Papierform sowie aller Daten auf CD/DVD.
- Zusammenstellen der geleisteten Arbeitsstunden und Montageberichte sowie Auflistung aller gelieferten und verwendeten Komponenten und Einzelteile für die Rechnungsstellung der Firma ElektroTeam.

Prüfen Sie Ihr Wissen:

1 Konzipieren Sie eine Lösung für den Rechtsanwalt, wenn die beiden Basis-Anschlüsse (wie bei der obigen Aufgabe) über die Telefonanlage verwaltet werden sollen, der ISDN-Anschluss aber als Anlagenanschluss konfiguriert werden soll.

2 Ein Sanitär-Großhandel mit 12 Mitarbeitern in verschiedenen Büros und Verkaufsräumen plant, seine TK-Anlage zu modernisieren. Er möchte von Ihnen ein Angebot über eine ISDN-TK-Anlage mit einem Primär-Multiplex-Anschluss. Welche Fakten und Überlegungen wählen Sie für ein Beratungsgespräch aus?

3 Warum benötigt man für ADSL nicht nur ein NTBA, sondern auch einen Splitter? Schließlich könnte die Datenübertragung auch über das ISDN-Netz erfolgen. Welche Unterschiede bestehen zwischen der Datenübertragung im ISDN-Netz und über ADSL?

Basiswissen ISDN

Wofür steht ISDN?

ISDN ist die Abkürzung für *I*ntegrated *S*ervices *D*igital *N*etwork, dt. Diensteintegrierendes Netzwerk „Diensteintegrierend" bedeutet, dass neben der ursprünglichen Aufgabe in einem Telefonnetz, dem Dienst *Telefonieren*, weitere Kommunikationsdienste im gleichen Netz angeboten werden.

Dienste sind Fernmeldeleistungen, die den Nutzern in einem Nachrichtennetz zur Verfügung gestellt werden und durch Dienste-Merkmale

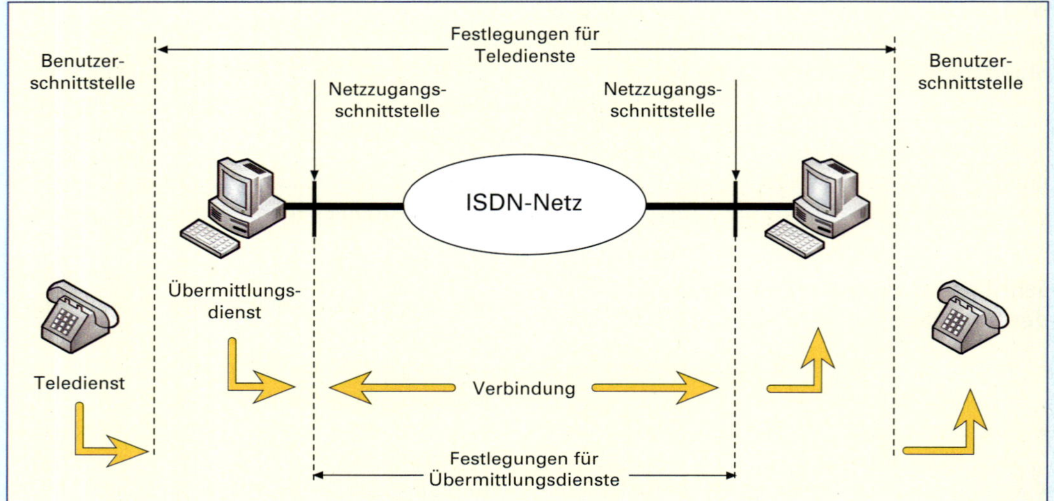

Abb. 1 Unterscheidung von Tele- und Übermittlungsdiensten im ISDN

Merke:

- ***Teledienste:*** *Die Kommunikation von Teilnehmer zu Teilnehmer einschließlich der Leistungsmerkmale der Endgeräte, z. B. Fernsprechen, Telefax, BTX*
- ***Übermittlungsdienste*** *umfassen die Kommunikation von einer Netzzugangsstelle zu einer Netzausgangsstelle ohne Einschluss des Endgerätes.*

Teledienste	Übermittlungsdienste
• ISDN-Fernsprechen, Bandbreite 3,1 kHz • ISDN-Fernsprechen, Bandbreite 7 kHz • ISDN-Telefax, Fernkopierer Gruppe 4 • ISDN-Mixed Mode: Datenübertragung mit Text und Bildern • Video-Telefonie • ISDN T-Online Datenübertragung mit 64 kBit/s	• leitungsvermittelte Übermittlungsdienste • 64 kBit/s uneingeschränkt über S_0 oder TA • 3,1 kHz Audio für Telefondienst • a/b-Dienste aus dem analogen Netz (Fax Gr. 3) • Sprache • paketvermittelte Übermittlungsdienste • leitungsvermittelter Übergang zum Paketnetz im B-Kanal (Datex-P), X.31 • paketvermittelter Zugang über den B- oder den D-Kanal mit Packet-Handler

Tabelle 1 Tele- und Übermittlungsdienste

gekennzeichnet sind. Abb. 1 ▷ 300 zeigt die prinzipielle Einteilung der Dienste im ISDN in Teledienste (Teleservices) und Übermittlungsdienste (Bearer-Service) (Tabelle 1 ▷ 300).
Über diese Dienste bzw. deren Kennung, die im D-Kanal während der Signalisierungsphase (Anwahl des gewünschten Teilnehmers) übertragen wird, können die Endgeräte beim ISDN-Mehrgeräteanschluss reagieren. Ein Endgerät reagiert trotz richtiger Nummer nicht auf einen kommenden Ruf, wenn es den geforderten Dienst nicht leisten kann.
Von den Diensten zu unterscheiden sind die Leistungsmerkmale im ISDN, d. h. über die reine Kommunikation, die der Dienst regelt, hinausgehende Leistungen des Kommunikationsnetzes. Damit werden dem Anwender zusätzliche Merkmale oder zusätzlicher Komfort zur Verfügung gestellt. Die mögliche Nutzung und auch die Art dieser Leistungsmerkmale hängen vom jeweiligen Vertrag mit dem Netzbetreiber ab. Neben der Deutschen Telekom und Arcor, die jeweils eigene Netze betreiben, sind weitere ISDN-Anbieter auf dem Markt, die das Telekom-Netz nutzen. Als Beispiel für die Telekom als größtem Netzbetreiber sind in der Tabelle 1 einige Leistungsmerkmale für die verschiedenen ISDN-Anschlussvarianten dargestellt.

Analoge Signale wie die menschliche Sprache werden bereits im ISDN-Telefon digitalisiert. Dateien (PC-Fax), Bilder oder Musik, die als Daten über das Internet via ISDN versandt werden sollen, müssen zunächst durch eine ISDN-Karte, die Soundkarte im PC oder ein externes ISDN-Modem digitalisiert werden. Die digitale Übertragung und Verarbeitung aller Signale im ISDN führt zu einer hohen Störsicherheit, allerdings muss dafür auch wesentlich mehr Bandbreite aufgewendet werden als in der analogen Technik.

Wie werden analoge Signale digitalisiert? Analog-/Digitalwandlung

Für die Digitalisierung analoger Signale ist im ISDN-Telefon eine hochintegrierte elektronische Schaltung zuständig. Die prinzipielle Arbeitsweise der Umwandlung ist in vier Schritten zu unterteilen. Die Abb. 1a ▷ 302 zeigt ein Blockschaltbild, und in der Abb. 1b ▷ 302 ist ein Beispiel zur Digitalisierung eines sinusförmigen Signals skizziert.

- Von dem zu digitalisierenden Signal werden mit einer Abtastfrequenz von 8 kHz, d. h. periodisch alle 125 µs, die Amplitudenwerte zu diesen Zeitpunkten abgetastet.

Im Grundpreis beim Standard- und Komfortanschluss enthalten	Zusätzliche Leistungsmerkmale (gegen Aufpreis)
• 2 Leitungen • 3 Rufnummern • Anrufweiterschaltung (AWS) • Anklopfen/Rückfrage/Makeln • Dreierkonferenz • Rufnummernübermittlung • Rufnummernanzeige • Rückruf bei Besetzt • Rückruf bei Nichtmelden • Rechnung Online • SMS/MMS im Festnetz • T-NetBox	• Übermittlung der Tarifinformation während und nach Beenden der Verbindung • Einzelverbindungsübersicht • Unterdrückung der Übermittlung der Rufnummer zum Angerufenen • Übermittlung der Rufnummer des Angerufenen zum Anrufer • Sammelrufnummer • externe große Konferenz mit bis zu 10 Teilnehmern • Sperren des Anschlusses • Identifizieren/Fangen • Dauerüberwachung • geschlossene Benutzergruppe • Zugang zu paketvermittelnden Netzen

Tabelle 1 Leistungsmerkmale für ISDN-Anschlussvarianten

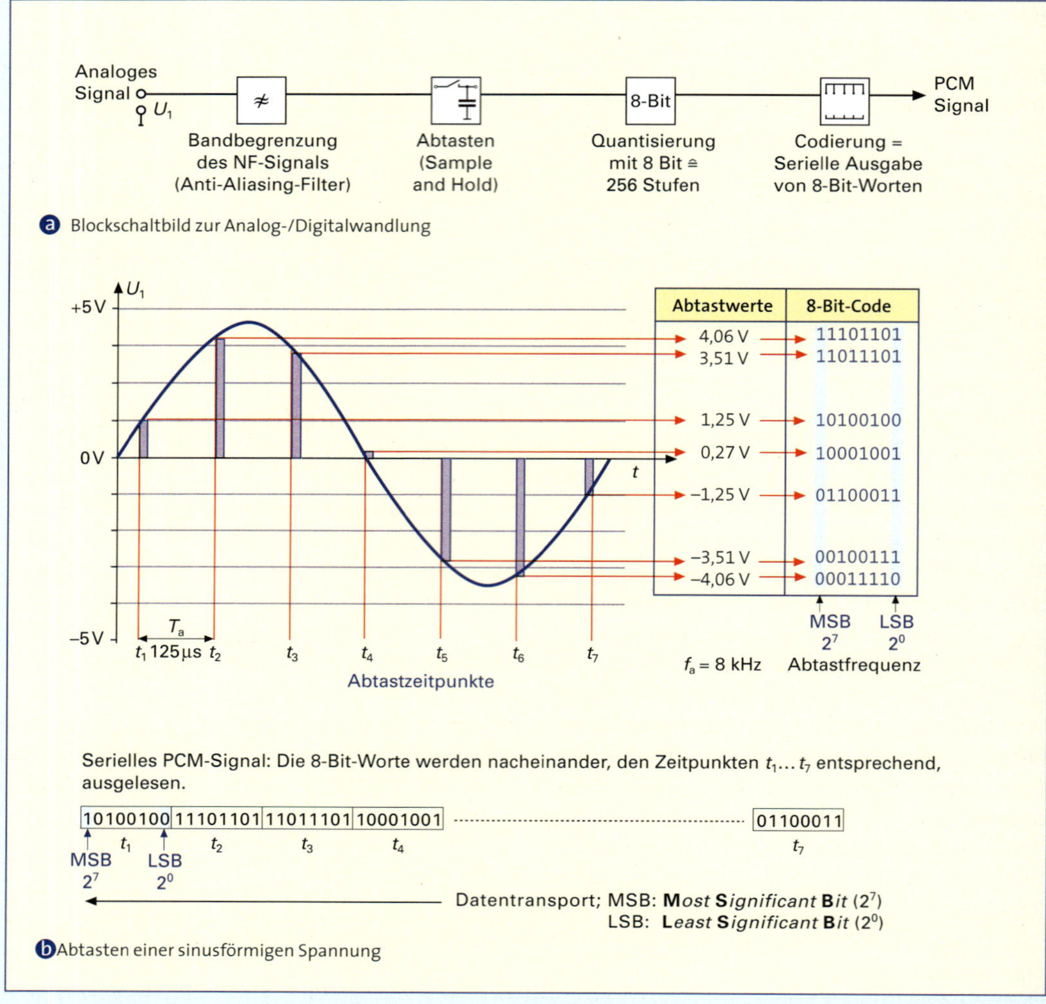

Abb. 1 Blockschaltbild eines Analog-/Digitalwandlers ⓐ und Beispiel zur Abtastung und Quantisierung eines sinusförmigen Signals ⓑ

- Diese abgetasteten, gemessenen Werte werden gespeichert (Sample-and-Hold-Schaltung). Der Zeitbereich ist damit bereits diskret; innerhalb der Abtastzeitpunkte gibt es keine Zwischenwerte.
- Die Amplitudenwerte sind im Abtastmoment noch kontinuierlich, sie werden nun aber mit einem (im TK-Bereich international üblichen) Raster von 256 Amplitudenstufen quantisiert, also in 256 diskrete Amplitudenstufen eingeteilt. Dazu benutzt man eine 8-Bit-Codierung eines jeden Abtastwertes, da man mit 8 Bit genau 256 binäre Zustände darstellen kann.
- Die den Messwerten entsprechenden 8-Bit-Worte werden seriell ausgegeben. Man bezeichnet diese seriellen 8-Bit-Worte als PCM-Signal (PCM = **P***uls* **C***ode* **M***odulation*).

In Abb. 1b ist das Wechselspannungssignal mit einer elektrischen Amplitude von –5 V bis +5 V dargestellt, sodass sich die 256 Amplitudenzustände linear auf 10 V Gesamtspannung verteilen. Eine Quantisierungsstufe hat im Beispiel also

$$\frac{10\text{ V}}{255\text{ Stufen}} = 0{,}039\text{ V je Stufe}$$

(Die 256 Stufen in der Digitaltechnik rechnet man von 0 bis 256). Man erkennt, dass die Stufen umso kleiner werden, je mehr Bit man für die Quantisierung aufwendet. Für die Ansprüche der reinen

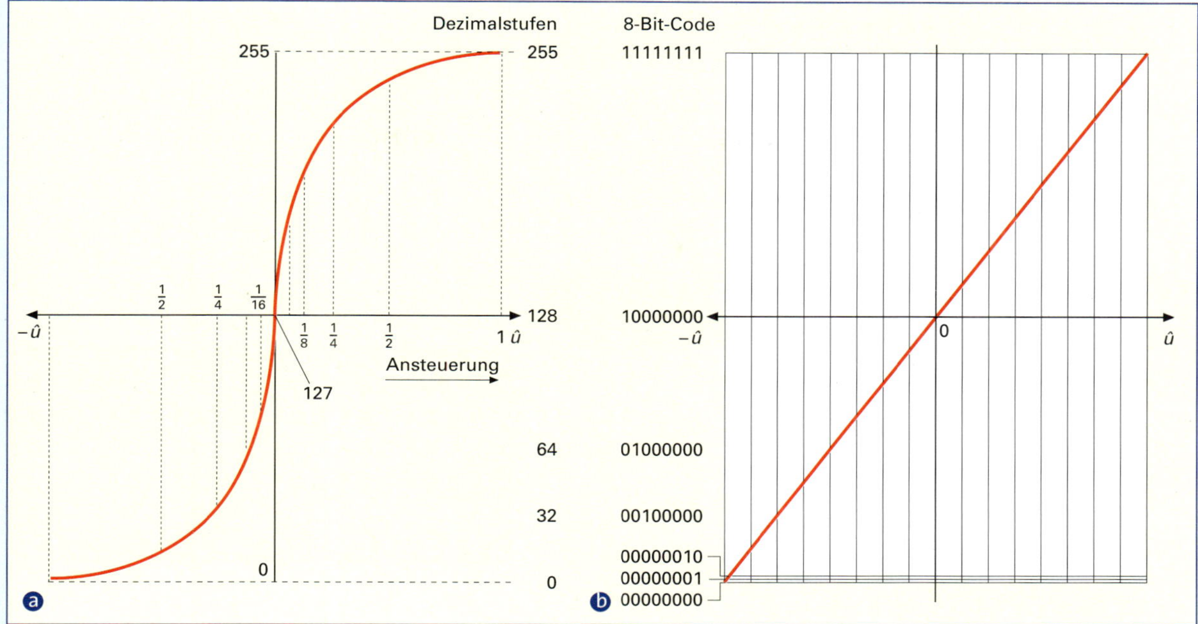

Abb. 1 Nichtlineare Quantisierung mit 13-Segment-Kennlinie a und lineare Quantisierung b

Sprachübertragung im TK-Bereich sind 8 Bit ausreichend. Um trotz der relativ geringen Zahl von 8 Bit eine Verbesserung gerade bei sehr kleinen Signalen zu erreichen, verwendet man bei der Deutschen Telekom (und international) eine nichtlineare Quantisierung nach einer speziellen Kennlinie (A-Kennlinie genannt). Damit verbessert sich die Qualität der Übertragung in diesem Bereich, als wäre mit 12 Bit quantisiert worden. Die Abb. 1 zeigt die Kennlinien der linearen und nichtlinearen Quantisierung.

Merke:
Hohe Ansprüche an die Qualität eines digitalisierten Signals erfordern eine möglichst große Zahl von Bits bei der A/D-Wandlung. Bei der Musikaufnahme auf CD erfolgt die Quantisierung mit mindestens 16 Bit (65 536 Zustände). Die feinen Stufen des digitalisierten Signals bezeichnet man als Quantisierungsrauschen. Überschlägig rechnet man, dass der Rauschabstand des Quantisierungsrauschens um etwa 6 dB je zusätzlichem Quantisierungsbit steigt. Bei einer CD-Aufnahme, die mit 16 Bit quantisiert wurde, beträgt der Rauschabstand also etwa 96 dB.

Merke:
Nichtlineare Quantisierung mit 13-Segment-Kennlinie
Der Anstieg des Segments um den Nullpunkt entspricht ungefähr einer Codierung des Abtastwertes mit 12 Bit. Der Störabstand erreicht dadurch etwa 72 dB.
Im Empfänger müssen die codierten Abtastwerte an einer komplementären Kennlinie rückgewandelt (decodiert werden).
Lineare Quantisierung
Die Quantisierungsintervalle sind für alle Spannungssegmente gleich.

Datenübertragungsrate beim digitalisierten Signal

Wenn das analoge Signal mit 8 kHz abgetastet und jeder Amplituden-Abtastwert mit einem 8-Bit-Wort codiert wird, so errechnet sich die Bit-Rate aus

$$8000/\text{s} \cdot 8\ \text{Bit} = 64\,000\ \text{Bit/s} = 64\ \text{kBit/s}$$

Mit dieser Übertragungsrate von 64 kBit/s werden nun die digitalen Signale der Teilnehmer in jedem einzelnen B-Kanal (Benutzerkanal) eines ISDN-Systems transportiert.

Vorteile und Möglichkeiten des ISDN für den Anwender

Das ISDN bietet dem Anwender mehrere Möglichkeiten, seine Kommunikationsanlage den Bedürfnissen anzupassen. Die einfachste Einteilung lässt sich nach der Zahl der möglichen Benutzerkanäle (B-Kanäle) machen (Tabelle 1):

	Basisanschluss (BA)	Primär-Multiplex-anschluss (PMPX)
B-Kanäle zu je 64 kBit/s	2 (128 kBit/s)	30 (1920 kBit/s)
D-Kanal	1 mit 16 kBit/s	1 mit 64 kBit/s
Steuerung/ Management	48 kBit/s	64 kBit/s
Nettobitrate	(2 B + 1 D): 144 kBit/s	(30 B + 1 D): 1984 kBit/s
Gesamtbitrate (Brutto)	192 kBit/s	2 048 kBit/s = 2,048 Mbit/s

Tabelle 1 Einteilung nach Anzahl der Benutzerkanäle

Beim Basisanschluss (BA) kann man wählen (bei Antragstellung anzugeben) zwischen

- Mehrgeräteanschluss (MGA)
- Anlagenanschluss (AnlA)

Beim Primär-Multiplexanschluss ist nur ein Anlagenanschluss möglich .

Das Telekommunikationsaufkommen, also Telefonieren, Fax- oder Internetbenutzung, und die Zahl der möglichen Nutzer sind entscheidend für die Auswahl eines geeigneten ISDN-Anschlusses. Beim Basisanschluss können, unabhängig davon ob MGA oder AnlA, nur zwei Endgeräte gleichzeitig benutzt werden, d. h., telefonieren zwei Teilnehmer zur gleichen Zeit an einem BA, so kann man während dieser Zeit nicht mehr ins Internet gehen oder ein Fax verschicken. Anders betrachtet: Wenn ein Teilnehmer telefoniert und ein zweiter im Internet surft, ist der Anschluss in dieser Zeit von außen nicht mehr erreichbar. Beide Leitungen sind dann belegt.

Reicht ein Basisanschluss für das Kommunikationsaufkommen nicht aus, können zwei oder mehr Basisanschlüsse verlegt und auch über eine TK-Anlage gesteuert werden. Der Preis für die Anschlüsse steigt aber mit der Zahl der Basisanschlüsse linear an und erreicht bei 7 Basisanschlüssen, d. h. mit 14 B-Kanälen, den Preis für den Primär-Multiplexanschluss mit seinen 30 Kanälen. Bei mehr als 7 benötigten Basisanschlüssen ist also der PMPX-Anschluss rentabel und gleichzeitig wesentlich leistungsfähiger. Der Bedarf muss also genau geprüft werden.

Merke:
Beim ISDN-Antrag muss dem Netzbetreiber mitgeteilt werden, welchen ISDN-Anschluss man betreiben will. Die drei Anschlussmöglichkeiten unterscheiden sich sowohl in der Hardware als auch im Protokoll.

Die Benutzung einer TK-Anlage ist nicht das Kriterium für einen Anlagenanschluss. Eine TK-Anlage kann auch als ein Endgerät neben anderen in der Mehrgerätekonfiguration des Basisanschlusses verwendet werden. Man nennt den Mehrgeräteanschluss auch „Punkt-zu-Mehrpunkt-Konfiguration" (PzMP; engl.: PtMP, **P***oint* **t***o* **M***ulti***p***oint*), weil ein Ruf von einem Teilnehmer an mehrere Endgeräte beim gerufenen Anschluss gerichtet sein kann.
Am S_0-Bus können ja mehrere Endgeräte den Dienst Fernsprechen erfüllen und entsprechend bei einem Ruf klingeln. Das eine Endgerät, welches nach einem ankommenden Ruf abgehoben wird, hat dann das Gespräch; man kann aber nicht vorhersagen, welches Gerät abgehoben wird.
Beim Anlagenanschluss kann ein Ruf nur an die Telefonanlage gehen. Über Durchwahlnummern können einzelne Teilnehmer erreicht werden, oder die Telefonanlage nimmt den Ruf an (Zentrale) oder übergibt ihn nach Möglichkeit an das entsprechende Endgerät. Man spricht hier von einer Punkt-zu-Punkt-Konfiguration (PzP; engl.: PtP, **P***oint* **t***o* **P***oint*), weil ein Anrufer immer nur genau die eine Zieladresse (TK-Anlage) ruft. In Tabelle 1 ⊳ 293 werden die Eigenschaften des Basis- bzw. des Primär-Multiplexanschlusses in der jeweiligen Konfiguration aufgeführt.

Basisanschluss als Mehrgeräteanschluss	Basisanschluss als Anlagenanschluss	Primär-Multiplexanschluss – nur als Anlagenanschluss
Nutzt einen 4-Draht- Bus (S_0-Bus), ausgehend vom Netzabschluss, NTBA, zum Anschluss der ISDN- Endgeräte. 2 Endgeräte sind gleichzeitig nutzbar. Vorteilhaft für viele Anwender, die direkt ISDN nutzen, aber auch ihre modernen Analoggeräte (G3-Fax, DECT-Telefon) über eine ISDN-TK-Anlage nutzen wollen. TK-Anlage zählt als ein Endgerät.	Ausschließlich mit einer ISDN-TK-Anlage nutzbar. Unabhängig von der ausgangsseitigen Anschlussmöglichkeit an die Anlage können nur zwei Endgeräte gleichzeitig betrieben werden. Anruf an Zentrale (Endziffer – 0) oder Durchwahl an Endgeräte möglich.	Nur mit einer ISDN-TK-Anlage nutzbar. Verwendet einen speziellen Netzabschluss, den NTPM. Die teilnehmerseitige Anschlussleitung vom NTPM zur TK-Anlage ist 4-drähtig und wird mit S2M bezeichnet. Geeignet für Firmen oder Betriebe mit hohem Telekommunikationsaufkommen, da 30 Kanäle gleichzeitig nutzbar sind. Anrufe können über die Zentrale (Endziffer 0) oder über direkte Durchwahl erfolgen.
2 Leitungen oder B-Kanäle, Standard 3 Rufnummern (MSN, Mehrfach-Sammelnummern, bis 10 MSN kostenlos). Mehr gegen Aufpreis.	2 Leitungen, 1 Nummer mit Nummernblock (0 bis 99) zur Durchwahl an die Nebenstellen	30 Leitungen oder Kanäle, beliebig konfigurierbar; 1 Nummer mit Nummernblock (0 bis 99) zur Durchwahl an Nebenstellen
An den S_0-Bus dürfen maximal 12 ISDN-Dosen (oder 6 Doppeldosen) installiert werden, und es sind bis zu 8 Endgeräte an den S_0-Bus anschließbar (max. 4 Telefone ohne eigene Speisung).	Nutzungsmöglichkeit aller ISDN-Komfortleistungen sind von der Leistungsfähigkeit der TK-Anlage abhängig.	Nutzungsmöglichkeit aller ISDN-Komfortleistungen ist von der Leistungsfähigkeit der TK-Anlage abhängig. Die Leistungsfähigkeit wird mit Systemtelefonen noch erhöht.
Trotz zweier B-Kanäle sind keine kostenlosen Internanrufe möglich.	Kostenlose Internanrufe über die Anlage sind möglich.	Kostenlose Internanrufe über die Anlage sind möglich.
Analoggeräte sind nur über ISDN-Adapter anschließbar.	Anlage bietet ausgangsseitig neben Analogports meist einen internen S_0-Bus für kostenlose Internkommunikation.	Anlage bietet ausgangsseitig neben Analogports meist einen oder mehrere interne S_0-Busse für kostenlose Internkommunikation.
NTBA wird vom Netzbetreiber gestellt. Der S_0-Bus (also die Adern a_1 und b_1 sowie a_2 und b_2) muss mit 100 Ohm am Ende bzw. an der letzen Dose abgeschlossen (terminiert) werden. Werden mehrere Basisanschlüsse betrieben, so werden ebenso viele NTBA benötigt.	NTBA muss auf Anlagenanschluss umgestellt werden. Bei mehreren Basisanschlüssen für erhöhten Kommunikationsbedarf muss die TK-Anlage diese Zahl von Basisanschlüssen verwalten können.	NTPM wird vom Netzbetreiber gestellt. Der Primär-Multiplexanschluss ist mit 2,048 MBit/s die größte Einzelanschlussart im ISDN.

Tabelle 1 Eigenschaften des Basisanschlusses in seiner Konfiguration als Mehrgeräte- oder als Anlagenanschluss sowie des Primär-Multiplexanschlusses als Anlagenanschluss

Wie wird der S_0-Bus für den ISDN-Basisanschluss in Mehrgerätekonfiguration installiert?

Der Basisanschluss (BA) als Mehrgeräteanschluss ist die häufigste Anschlussart im ISDN. Nach dem Ausfüllen einer Anmeldung für einen ISDN-Anschluss und der darin als Auswahlmöglichkeit angekreuzten Anschlussart „Mehrgeräteanschluss" erhält der Teilnehmer nach kurzer Zeit von dem ausgewählten Netzbetreiber die Zulassungsdaten (Telefonnummern) und den NTBA. Das Datum für die Umstellung eines vorhandenen analogen Anschlusses auf ISDN wird festgelegt, sodass der mit der weiteren Installation beauftragte Elektrofachbetrieb sich die Arbeit einteilen kann.

Abb. 1 zeigt den NTBA mit seinem Anschluss über die U_{ko}-Schnittstellenleitung an die (schon vom analogen Telefonanschluss bekannte) 1. TAE-Dose, die jedoch nach der Umstellung auf ISDN zwischen den beiden Adern a und b eine Spannung von etwa 90 Volt besitzt.

Merke:

- *Voraussetzung zum Betrieb eines ISDN-Anschlusses ist die Installation eines NTBA (engl:.* **N***etwork* **T***ermination* **B***asic* **A***ccess, dt.: Netzabschluss für den ISDN-Basisanschluss).*
- *Nach der Umstellung des analogen Anschlusses auf ISDN dürfen keine analogen Endgeräte mehr in die 1. TAE-Dose gesteckt werden.*

Aufgaben des NTBA

Der NTBA stellt den Abschluss des Netzes von der Seite des Betreibers dar. Er wird mit einer 2-drähtigen Leitung über die U_{ko}-Schnittstelle angeschlossen und bietet dem Anwender auf der Ausgangsseite über die 4-drähtige S_0-Schnittstelle die Möglichkeit, ISDN-Endgeräte anzuschließen. Der NTBA wird beim Mehrgeräteanschluss üblicherweise an das 230-V-Netz angeschlossen und versorgt darüber bis zu 4 ISDN-Endgeräte ohne

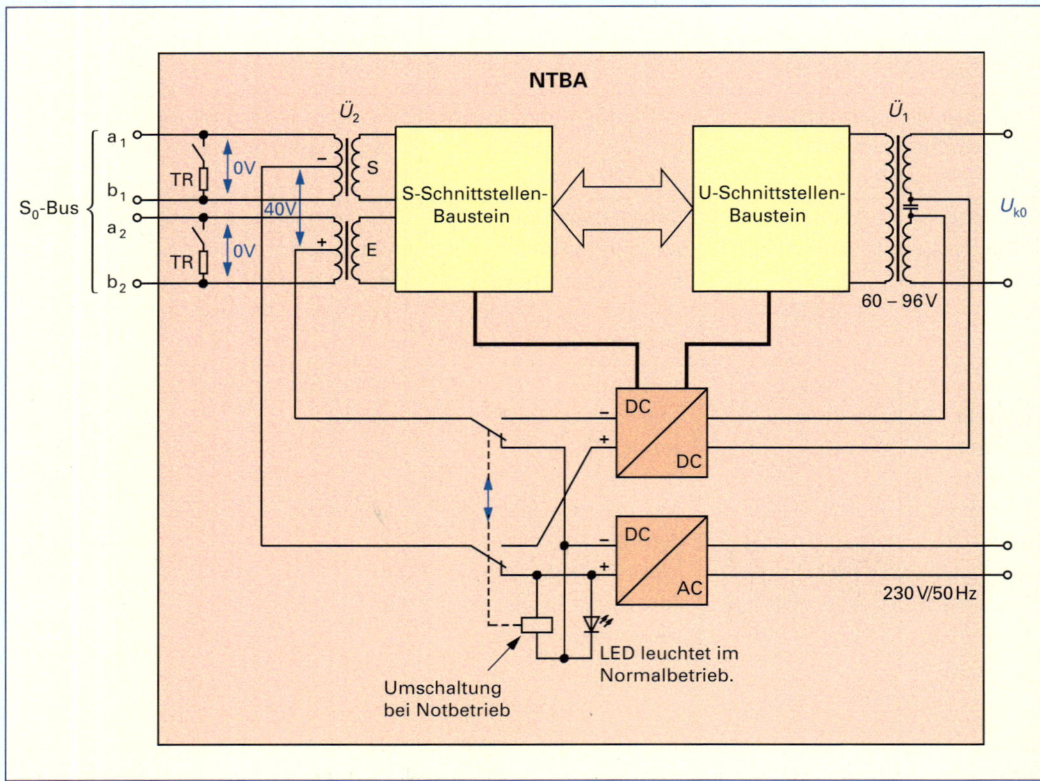

Abb. 1 Blockschaltbild eines NTBA mit Schnittstellen

eigene Spannungsversorgung. Die Ausgangsleistung des am 230-V-Netz angeschlossenen NTBA beträgt etwa 4,5 W. Falls die Netzversorgung ausfällt, wird der NTBA über die U_{ko}-Schnittstelle des ISDN-Netzes versorgt und kann noch ein Telefon im Notbetrieb speisen, sofern dieses Telefon dafür eingerichtet ist (Notspeisefähigkeit des Telefons muss vorhanden und aktiviert sein). Bei Netzausfall polt der NTBA intern die Speisespannung für den S_0-Bus um, sodass alle nicht notspeisefähigen Endgeräte auch nicht mehr funktionieren.

Der NTBA liefert an der S_0-Schnittstelle etwa 40 Volt zur Versorgung der Endgeräte (Abb. 1 ▷ 306), sodass man nach der Installation des S_0-Busses durch eine Spannungsmessung zwischen den Leitungen die Funktion überprüfen kann. Es gibt auch einfache S_0-Bus-Tester mit 4 Leuchtdioden, die Fehler bei der Installation oder einwandfreie Funktion anzeigen.

Der NTBA hat eine Leuchtdiode am Gehäuse, die nach dem Einstecken der U_{ko}-Schnittstellenleitung in die erste TAE-Dose und der Spannungsversorgung des NTBA mit 230 V durch ihr grünes Leuchten den Normalbetrieb anzeigt.

Die Montage des NTBA muss – wegen der kurzen U_{ko}-Schnittstellenleitung – in der Nähe der 1. TAE-Dose erfolgen. Eine 230-Volt-Steckdose für die Speisung des NTBA sollte ebenfalls in diesem Bereich vorhanden sein.

In diese 1. TAE-Dose wird die zweiadrige mit U_{ko} bezeichnete Leitung des NTBA eingesteckt. Auf seiner Ausgangsseite hat der NTBA nun zwei RJ 45-Stecker, an die man direkt jeweils ein ISDN-Endgerät, z. B. ISDN-Telefon, einstecken und betreiben kann.

Häufig ist der Montageplatz der 1. TAE und damit auch des NTBA für die heutigen Telekommunikationsanforderungen ungünstig gelegen. Dann bietet es sich an, vom NTBA aus (Anschlussklemmen) eine 4-drähtige Leitung, den S_0-Bus, durch die Wohnung zu verlegen und an den gewünschten Orten IAE-Dosen (ISDN-Anschluss-Einheit) oder UAE-Dosen (Universal-Anschluss-Einheit) für die ISDN-Endgeräte zu setzen und zu installieren.

Als S_0-Bus-Leitung sollte man mindestens ein Telefonkabel vom Typ J-YY $2 \times 2 \times 0{,}6$ mm² oder besser, wegen der Abschirmung, J-Y(St)Y $2 \times 2 \times 0{,}6$ mm² verwenden. Hier spielen der Leiterdurchmesser für die Dämpfung und der Aufbau des Kabels für die Leitungskapazität (genauer: der Kapazitätsbelag in nF/km) eine entscheidende Rolle.

Merke:
Je kleiner die Leitungskapazität, umso länger kann der S_0-Bus werden. Mit einem Kabel vom Typ J-Y(St) Y $2 \times 2 \times 0{,}6$ können 130 m zwischen NTBA und der letzten IAE- bzw. UAE-Dose als S_0-Bus verlegt werden.

Verhalten von hochfrequenten Signalen auf Leitungen

Warum muss der S_0-Bus bzw. die letzte Dose am S_0-Bus zwischen den Leitern 1a und 1b sowie zwischen den Leitern 2a und 2b mit je 100 Ω „abgeschlossen" werden?

Im Bereich der Hochfrequenztechnik darf man nicht mehr einfach beliebige Leitungsstücke mit Verbrauchern oder Anschlussdosen zusammenschalten, wenn man Signale übertragen will. ISDN-Signale mit 192 kBit/s auf dem S_0-Bus als modifizierter AMI-Code und erst recht die Signale in der Fernseh- und Video- oder der Antennentechnik zählen durchaus bereits zu HF-Signalen.

Man muss dabei auf eine sehr wichtige Größe in der HF-Technik achten, dem sogenannten Wellenwiderstand der Leitung. Hier wirkt jene Eigenschaft der Leitung oder des Kabels, dass sich die HF-Signale als elektromagnetische Wellen nur dann ungestört vom Sender über die Leitung zum Empfänger ausbreiten, wenn

- der Ausgangswiderstand des Senders,
- der Wellenwiderstand der Leitung und
- der Lastwiderstand, der z. B. der Eingangswiderstand des Empfängers sein kann, den gleichen Wert besitzen.

Ist dies nicht der Fall, kommt es zu Reflexionen des Signals an jeder Anschlussstelle, wo sich der Wellenwiderstand ändert. Die reflektierten Signale überlagern sich dann auf der Leitung mit den gesendeten Signalen, und es entstehen Signalverfälschungen. Auch an Stellen des Leitungsweges, an denen sich der Wellenwiderstand ändert, sei es durch fehlenden oder falschen Abschlusswiderstand oder durch falsche Behandlung des Kabels (Quetschen, Knicken, zu geringer Radius, Entdrillen des TP-Kabels), wird eine mehr oder weniger starke Signalreflexion auftreten. Beim ISDN-S_0-Bus, der aus zwei verdrillten Leiterpaaren mit je 100 Ω Wellenwiderstand besteht, wird zwischen den mit 1a und 1b und den mit 2a und 2b bezeich-

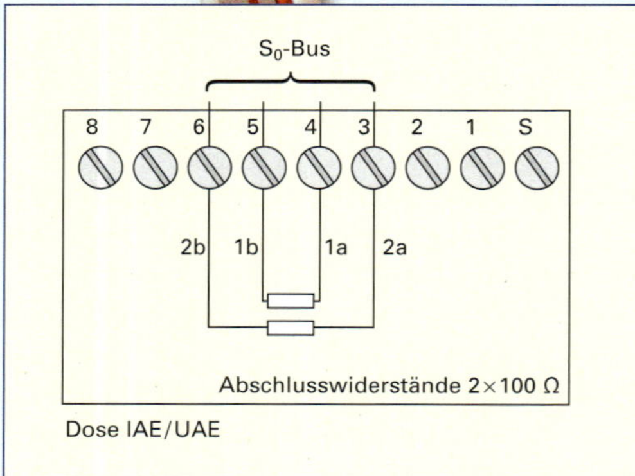

Abb. 1 S_0-Bus-Installation: Abschlusswiderstände an der letzten Dose

neten Anschlüssen an der letzten Dose des Busses je ein 100-Ω-Widerstand eingesetzt (Abb. 1).
Hat eine TK-Anlage mehrere interne S_0-Busse, so muss jeder einzelne Bus an der letzten Dose mit den 100-Ω-Widerständen abgeschlossen werden. Ohne diese Busabschluss-Widerstände würden die Signale, die vom NTBA zum Endgerät und umgekehrt gesendet werden, am Busende reflektiert und zurück zum NTBA fließen. Diese Signalreflexion würde sich mit den Sendesignalen überlagern und alle Signale verfälschen, sodass die so entstandenen Impulse nicht mehr als die gesendeten ISDN-Daten erkannt werden könnten.

Merke:

Generell führen alle Änderungen des Wellenwiderstandes einer Leitung auf dem gesamten Übertragungsweg – z. B. durch Einbau von Verstärkern in den Leitungsweg oder durch geänderte Kabel, auch durch unsachgemäße Verlegung und Verformung von Kabeln – zu Signalreflexionen, die man in der Praxis natürlich möglichst vermeiden oder wenigstens klein halten muss.

Wie lässt sich der Wellenwiderstand berechnen und messen?

Der Wellenwiderstand Z einer Leitung oder eines Kabels hängt vom Aufbau, d. h. von der Form der Leiter und von den verwendeten Materialien ab. Wir haben in einem vorausgehenden Abschnitt das Ersatzbild einer Leitung gezeigt und die Bedeutung der einzelnen Leitungskennwerte erklärt. Bei Anwendung dieses Ersatzbildes Leitung liefert die Leitungs-Theorie das folgende Ergebnis: Das Signal breitet sich als elektromagnetische Welle auf der Leitung aus. Der Quotient aus Wellenspannung und Wellenstrom besitzt an jeder Stelle der Leitung denselben konstanten Wert. Das gilt allerdings nur, wenn die Energie vollständig vom Sender zum Empfänger transportiert, wenn also nichts reflektiert wird. Diesen Wert nennt man den Wellenwiderstand Z.

In der Antennentechnik wird z. B. zum Aufbau von Antennenanlagen ein Koaxialkabel mit einem genormten Wellenwiderstand von 75 Ω benutzt. Alle in der Antennenanlage eingesetzten Geräte wie Antenne, Antennenverstärker, Dosen, Fernsehgerät, Videogerät usw. haben ebenfalls den Wellenwiderstand oder einen Eingangswiderstand von 75 Ω. Damit wird erreicht, dass keine Signalreflexionen auf der Koaxialleitung erzeugt werden. Man spricht hier von Anpassung an den Wellenwiderstand.
Extremfälle der Fehlanpassung, wie Leerlauf am Ende der Leitung oder Kurzschluss der Leitung, können zu stehenden Wellen auf der Leitung führen. Abb. 1 ▷ 309 zeigt für drei Fälle des Abschlusses mit

- $R = \infty\ \Omega$: Leerlauf
- $R = Z$: Anpassung
- $R = 0\ \Omega$: Kurzschluss

den jeweiligen Spannungsverlauf auf der Leitung. Die Bestimmung des Wertes von Z erfolgt häufig nach folgendem Verfahren:

- Man speist die Leitung mit einem HF-Signal und schließt am Leitungsende mit einem verstellbaren Lastwiderstand ab.
- Die über die Leitungslänge an verschiedenen Stellen gemessene Spannung wird einen schwankenden Wert aufweisen, wenn der Wellenwiderstand Z der Leitung nicht mit dem eingestellten Wert des Lastwiderstandes übereinstimmt.

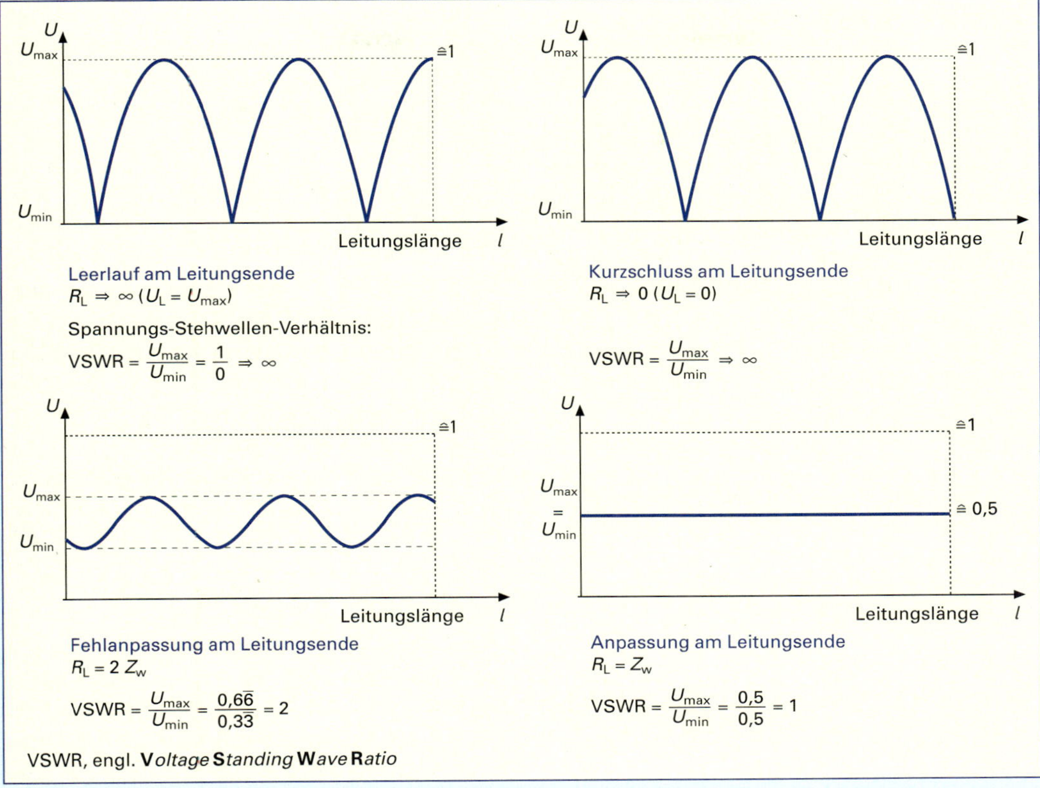

Abb. 1 Zusammenspiel von Wellenwiderstand und Abschlusswiderstand auf einer Leitung oder einem Bus: Anpassung und Fehlanpassung, Entstehung von stehenden Wellen durch Signalreflexionen

- Durch Verändern des Lastwiderstandes kann die Spannungsschwankung bei einem bestimmten Widerstandswert zum Verschwinden gebracht werden.
- Dieser Widerstandswert entspricht dann dem Wellenwiderstand *Z* der verwendeten Leitung.

Merke:
- *Der Wellenwiderstand Z einer Leitung wird aus dem Wert der Spannungs- und der zugehörigen Stromwelle an einer Stelle der Leitung definiert. Er lässt sich aber nicht mit dem Ohmmeter messen, denn der Wellenwiderstand Z ist kein Ohm'scher Widerstand.*
- *In der Literatur wird der Wellenwiderstand Z auch so definiert: Der Wellenwiderstand eines gegebenen Kabels oder einer 2-Draht-Leitung ist der Eingangswiderstand der unendlich langen (2-Draht)-Leitung.*

Wie ist diese Definition zu verstehen? Erinnert man sich an die weiter oben gegebene Beschreibung, dass der Wellenwiderstand *Z* einer Leitung der Abschlusswiderstand ist (und wegen der Anpassung an einen Generator ist das dann auch der Eingangswiderstand der Leitung) bei dem keine Signalreflexion erfolgt, so hat man diesen Zustand bei einer unendlich langen Leitung theoretisch erreicht. Denn dann kann nichts reflektiert werden. Die Leitung ist ja unendlich lang.
Für die Praxis ist diese Definition daher umgekehrt anzuwenden: Wenn keine Signalreflexion auftritt, hat man sowohl am Eingang wie am Ausgang der Leitung mit dem Wellenwiderstand abgeschlossen – und dieser Zustand der konstanten Amplitude der Signalspannung auf der Leitung ist messbar.

Merke:
Der Wellenwiderstand Z einer Leitung hängt nicht von der Länge der Leitung ab.

Dies lässt sich ebenfalls über das Leitungsersatzbild aus der Theorie erklären, soll hier aber nur plausibel gemacht werden. Ausgangspunkt ist

wieder, dass keine Signalreflexion erfolgt, wenn eine Leitung mit dem Wellenwiderstand abgeschlossen ist. Der folgende Versuchsaufbau macht diese Behauptung plausibel:
Eine Leitung werde statt mit dem richtigen Wellenwiderstand $R = Z$ mit einem gleichartigen Stück dieser Leitung verbunden, das ebenfalls mit dem Wellenwiderstand abgeschlossen wurde. Da nun auf der jetzt verlängerten Leitung der gleiche Wellenwiderstand herrscht und auch der richtige Abschluss mit dem Wellenwiderstand eingestellt wurde, kann es nach der Definition keine Reflexion auf der Leitung geben. Also kann der Wellenwiderstand nicht von der Leitungslänge abhängen.

Theoriewerte: Sowohl für Koaxialkabel, die in ihrem typischen Frequenzbereich eingesetzt werden, als auch für 2-Draht-Kabel liefert die Theorie nach dem Leitungsersatzschaltbild für den Wellenwiderstand die Formel:

$$Z = \sqrt{\frac{L}{C}}$$

Der Wellenwiderstand kann also auch durch die Messung von Kapazität und Induktivität einer bestimmten Länge des Kabels und anschließender Berechnung der Wurzel bestimmt werden. Koaxialkabel mit jeweils unterschiedlichen Abmessungen der Leiter und des Materials haben wegen der verschiedenen Induktivitäts- und Kapazitätswerte entsprechend andere Wellenwiderstände.

Beispiele:
Ethernet, Koax Yellow Cable: $Z = 50\ \Omega$
Koax RG 62 A/U: $Z = 93\ \Omega$
Ethernet, 10 Base 2, Koax RG 58 U: $Z = 50\ \Omega$
Fernsehen, Koax LCD 110: $Z = 75\ \Omega$

Moderne LAN-Verkabelung und ISDN-S_0-Bus-Leitungen: In Deutschland haben die UTP- bzw. STP- und S/STP-Kabel: $Z = 100\ \Omega$.

Welche S_0-Bus-Varianten gibt es?

Die drei üblichen Varianten eines S_0-Busses zur Nutzung als Mehrgeräteanschluss sind in Abb. 1 ▷ 311 dargestellt. Die Tabelle 1 erklärt die Eigenschaften dieser Ausführungsvarianten.
Darüber hinaus gibt es eine einfache Möglichkeit für Wohneinheiten, die keine große Verteilung der Telefonanschlüsse benötigen: Es gibt den S_0-Verzweiger – im Prinzip eine Art Mehrfachsteckdose für 6 ISDN-Endgeräte –, der einfach direkt über einen RJ-45-Steckplatz am NTBA angeschlossen

	Kurzer passiver Bus	**Erweiterter passiver Bus**	**Y-Konfiguration**
Kennzeichen	NTBA am einen Ende des Busses	NTBA am einen Ende des Busses; alle IAE-Dosen werden innerhalb der letzten 50 m angeordnet.	NTBA ist in der Mitte des S_0-Busses angeordnet, und es geht nun je ein Teil des S_0-Busses nach beiden Seiten weg.
Bus-Abschluss	je 100 Ω an der letzten IAE-Dose	je 100 Ω an der letzten IAE-Dose	Beide Bus-Enden müssen mit jeweils 100 Ω abgeschlossen werden.
Buslänge (Installationslänge des S_0-Bus-Kabels)	Maximale Buslänge ca. 130 m (abhängig von der Leitungskapazität des Kabels). Die IAE-Dosen dürfen beliebig auf dem Bus angeordnet werden.	Maximale Installationslänge bis 500 m, aber mit der Einschränkung, dass die IAE- Dosen nur auf den letzte 50 m installiert sein dürfen.	Maximale Länge des Gesamtsystems ist wieder vom Kabel abhängig wie beim kurzen passiven Bus, d. h. ca. 130 m.
Länge der Endgeräte-Anschlussschnur	maximal 10 m	maximal 10 m	maximal 10 m
Anzahl der IAE- oder UAE-Dosen/Zahl der möglichen Endgeräte	12 Einfach-Dosen oder 6 Doppel-Dosen; daran dürfen maximal 8 Endgeräte angeschlossen werden (auch eine Telefonanlage zählt als 1 Endgerät), davon höchstens 4 Telefone ohne eigene Spannungsversorgung.	Maximal 12 IAE- oder UAE-Dosen dürfen installiert sein je 8 Endgeräte.*) Der Anschluss von ISDN-Steckdosenleisten oder Verlängerungen ist nicht zulässig.	Da diese Bus- Konfiguration eine Sonderform des kurzen passiven Busses darstellt, gelten auch hier die Zahlen: maximal 12 Dosen/8 Endgeräte anschließbar, davon maximal vier Telefone ohne eigene Spannungsversorgung.

Tabelle 1 Eigenschaften der verschiedenen S_0-Bus-Varianten

*) Die Zahl der Geräte am Bus ist von der Qualität der Leitung (Kapazitätsbelag) abhängig!

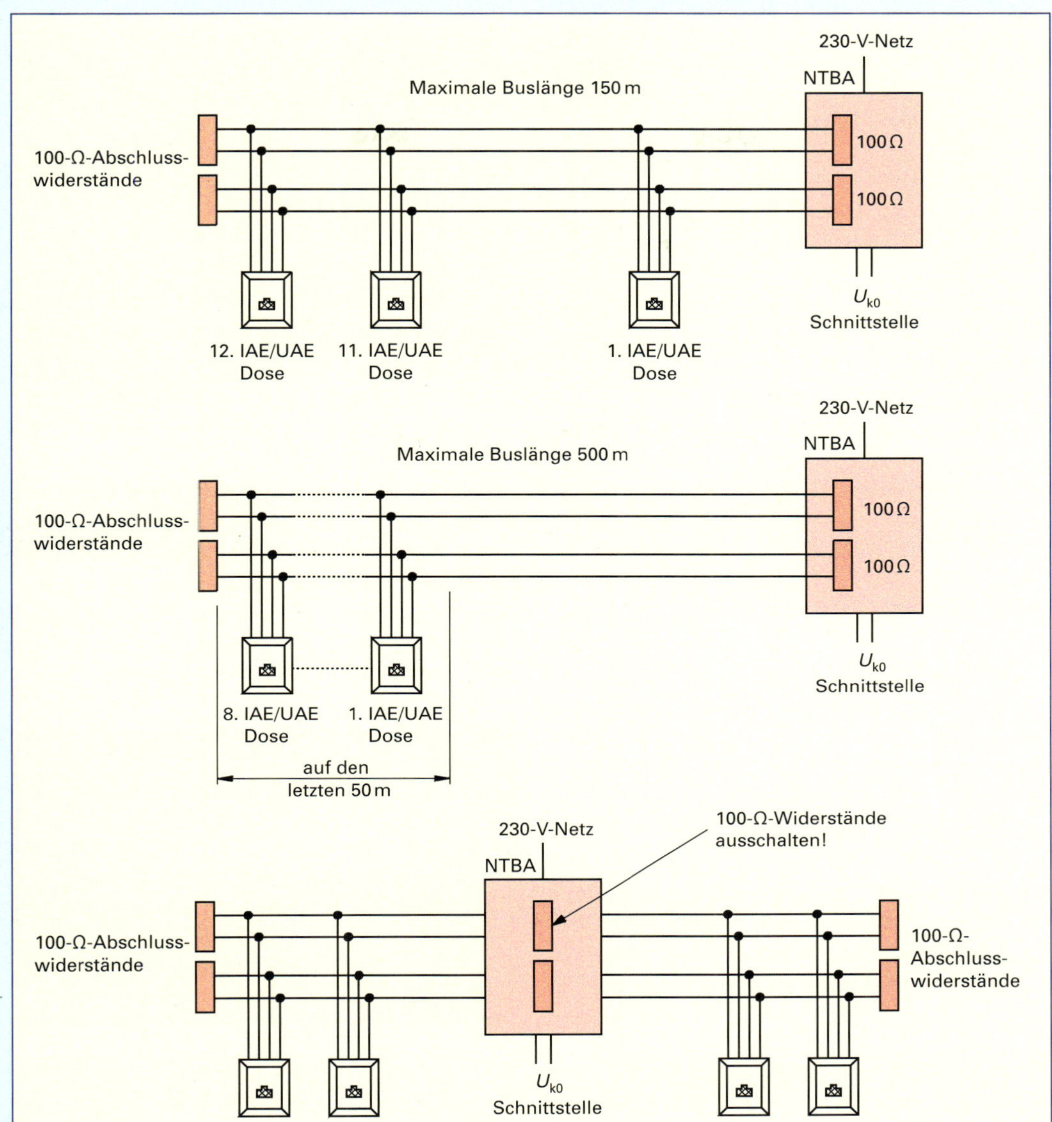

Abb. 1 Verschiedene Ausführungsvarianten für den S_0-Bus

wird. Der S_0-Verzweiger ersetzt hier eine aufwendige Businstallation und erlaubt dennoch den Anschluss von mehreren ISDN-Endgeräten auf engstem Raum.

Merke:
Beim Basisanschluss in der Ausführung Anlagenanschluss, also bei der ausschließlichen Verwendung einer TK-Anlage, darf die Länge der Leitung vom NTBA zur TK-Anlage bis zu 1000 m betragen. Die Länge der Geräteanschlussschnur ist aber ebenfalls auf 10 m begrenzt.

Welche ISDN-Anschlussdosen können verwendet werden?

Für analoge Telefonsysteme gibt es die standardisierte TAE-Technik. Für das ISDN wurde bei der Konstruktion der Stecker und der Buchsen (Dosen) auf die weltweit standardisierte Technik des „Westernsteckers“, der RJ-Steckverbinder, zurückgegriffen (RJ = **R**egistered **J**ack), eine Steckverbindertechnik, die sich weltweit für die ungeschirmte 2-Draht-Technik (UTP, **U**nshielded **T**wisted **P**air) durchgesetzt hat und in der Ausführung RJ11 auch bei den anlogen 2-Draht-Telefonan-

Art der Dosen	Art und Bezeichnung der Stecker			
	Analoge Telefone	ISDN-Nutzung	Netzwerktechnik	
			Cat. 3 bis 16 MHz	Cat. 5/6 bis 250 MHz
Telefon-Anschluss-Einheit (TAE)	TAE S F (4-polig), TAE S N (6-polig),	nv	nv	nv
Universal-Anschluss-Einheit (UAE)	RJ 11/RJ 12 (4- oder 6-polig)	RJ 45 (4- oder 8-polig)	RJ 45 (4- oder 8-polig)	nv
ISDN-Anschluss-Einheit (IAE)	nv	RJ 45 (4- oder 8-polig)	nv	nv
UAE – Cat. 5 mit Schirmung	nv	nv	nv	RJ 45 (8-polig)
UAE – Cat. 6 mit Schirmung	nv	nv	nv	RJ 45 (8-polig)
nv: nicht verwenden				

Tabelle 1 Ausführung von RJ-Steckern bei verschiedenen Anwendungen

schlüssen an Endgeräten Verwendung findet. Tabelle 1 zeigt einige weitere Ausführungen zu der RJ-Technik. Im ISDN wird die Ausführung RJ 45 verwendet.

Die von der Telekom entwickelte Anschlussdose mit der RJ 45-Buchse wird mit IAE (ISDN-Anschluss-Einheit) bezeichnet. Diese verwendet von den 8 Kontakten des Westernsteckers nur vier Anschlusskontakte für den S_0-Bus. Die IAE gibt es als Einzel- und als Doppeldosen, die Anschlüsse können in Schraub- oder Schneidklemmtechnik verarbeitet werden.

Im Zuge des Zusammenwachsens von Telekommunikation und PC- bzw. Netzwerktechnik wurde die UAE (**U**niversal-**A**nschluss-**E**inheit) entwickelt, die auf einen gemeinsamen internationalen Telekommunikations-Endgerätemarkt ausgerichtet ist. Sie nutzt ebenfalls die RJ 45-Buchse und wird in zwei Ausführungen benutzt: UAE 8(4) und UAE 8(8). In der ersten Variante werden von den 8 Kontakten nur die 4 mittleren mit den Nummern 3, 4, 5, 6 zum Anschluss nach außen geführt, während die zweite Variante alle 8 Kontakte zum Anschluss nutzt. Darüber hinaus haben UAE-Dosen noch einen Anschluss S für den Schirm eines Kabels.

Merke:
Die Anschlussbezeichnungen an den IAE-Dosen unterscheiden sich von denen der UAE-Dosen: IAE trägt die Anschlussbezeichnungen a_1, a_2, b_1, b_2 in dieser Reihenfolge, während die UAE-Dosen die Klemmen mit den Ziffern 1 bis 8 durchnummerieren. Folgende Ausführungen von UAE und IAE sind erhältlich (Tabelle 2):

Ausführung/ Bezeichnung	Merkmale und Besonderheiten
IAE 8(4) UAE 8(4)	Eine Steckbuchse mit 8 Kontakten, wobei 4 Kontakte in der Dose belegt werden. Geeignet zum Anschluss eines ISDN-Endgerätes.
IAE 2×8 (4) UAE 2×8(4)	Eine Doppeldose mit 2 parallel geschalteten Buchsen mit je 8 Kontakten, je 4 davon belegt. An diese Dose können zwei Endgeräte am selben S_0-Bus angeschlossen werden (vgl. die maximale Anschlusszahl von Dosen: 12 Einfach- oder 6 Doppeldosen).
UAE 8/8(4)	Zwei Buchsen mit je 8 Kontakten, 4 davon belegt, in einer Dose, die aber voneinander unabhängig zu beschalten sind. Hiermit können zwei ISDN-Endgeräte an zwei unabhängigen S_0-Bussen betrieben werden.
UAE 8/8(8)	Zwei Steckbuchsen mit 8 Kontakten, wobei alle 8 Kontakte belegt und voneinander unabhängig sind. Diese Doppeldosen sind sowohl für Netzwerke als auch für die ISDN- Anwendung gedacht. Bei ISDN dürfen dann nur die Anschlüsse 3 bis 6 benutzt werden.

Tabelle 2 Ausführungen und Merkmale von IAE- und UAE-Dosen

Dosenbelegung	Anschlüsse/Kontaktbezeichnung								
	S Schirm	1	2	3	4	5	6	7	8
Analoges Telefon Telekom Standard				Leitung b (Lb)	Erdtaste E	Wecker 2W	Leitung a (La)		
Analoges Telefon Internationaler Standard				Erdtaste E	Leitung a (La)	Leitung b (Lb)	Wecker 2W		
ISDN-Nutzung				Empfang La2	Senden La1	Senden Lb1	Empfang Lb2		
Adernfarbe bei Nutzung des Standardkabels J-Y-(ST) Y 2×2×0,6				weiß ws	rot rt	schwarz sw	gelb ge		

Tabelle 1 Anschluss-Belegung in UAE-Dosen je nach Anwendungsbereich

Für die Belegung der einzelnen Anschlüsse in UAE-Dosen gilt das in Tabelle 1 aufgeführte Schema.

Wie werden die Mehrfachsammelnummern für die Endgeräte vergeben?

Typisch am Mehrgeräteanschluss ist, dass der Anschluss, an dem bis zu 8 Endgeräte angeschlossen werden dürfen, standardmäßig mit 3 Nummern (MSN = Mehrfachsammelnummer), auf Antrag sogar mit 10 MSN ausgestattet wird. Diese MSN entsprechen den Telefonnummern beim analogen Anschluss, beim ISDN können aber mehrere Geräte dieselbe Nummer haben, es kann auch so sein, dass ein Endgerät mehrere Nummern zugeteilt bekommt. Diese MSN müssen den Endgeräten und auch einer TK-Anlage durch Programmierung zugewiesen werden. Dies lässt sich meist sehr einfach durch die zu den Endgeräten bzw. zur TK-Anlage mit gelieferter Software und einem PC oder Laptop über die V.24-Schnittstelle durchführen.

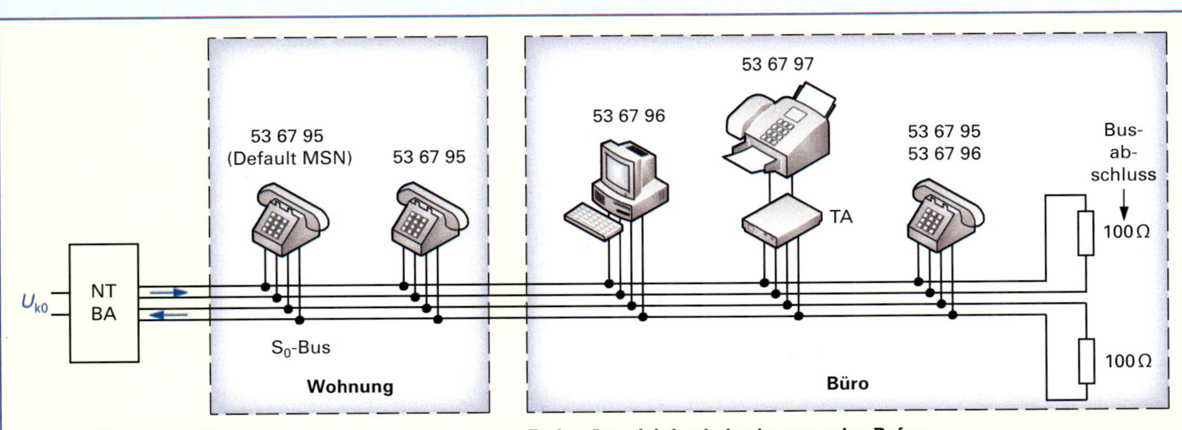

Gründe für die Aufteilung:
Büro und Wohnung sind getrennt, aber Anrufe für die Wohnung können auch im Büro entgegengenommen werden. Das Faxgerät erhält eine eigene MSN, da analoge Faxgeräte (Gruppe-3-Fax) von analogen ISDN-Telefonen nicht zu unterscheiden sind. Nur digitale Faxgeräte (Gruppe-4-Fax) können durch die Dienstekennung im ISDN von anderen Endgeräten unterschieden werden.

Endgeräteselektion bei ankommenden Rufen:
- Ankommende Rufe unter MSN 536795 lassen beide Telefone im Wohnbereich und das Telefon im Büro läuten. Der Ruf kann von einem der drei Telefone angenommen werden. Der PC und das Fax sprechen nicht auf diese MSN an.
- Bei einem Ruf für das Büro (536796) läutet das Telefon im Büro. Bei einem ankommenden Ruf ist hierbei der Dienst „Fernsprechen“ oder 3,1 kHz Audio oder Fax oder Modem wirksam. Der PC reagiert trotz gleicher MSN nur auf ankommende Datenanrufe.
- Ankommende Fax-Anrufe können durch die eigene MSN nur vom Faxgerät entgegengenommen werden.

Abb. 1 Vergabe von Mehrfachsammelnummern (MSN) beim Mehrgeräteanschluss

Neben den MSN gibt es noch eine zusätzliche Möglichkeit, Endgeräte gezielt anzuwählen: man kann im ISDN nach Diensten unterscheiden, vorausgesetzt, dass Endgeräte für verschiedene Dienste am S_0-Bus eingesetzt sind. Der gewählte Dienst (Telefonanruf, G3-Fax, G4-Fax, Datenübermittlung) wird im D-Kanal-Protokoll übertragen, sodass das angewählte ISDN-Gerät bereits vor der Annahme einer Verbindung erkennt, um welchen Dienst es sich handelt. Die Unterscheidung nach MSN und Diensten ergibt so viele unterschiedliche Kombinationen bei der Vergabe der MSN, dass dies nur beispielhaft gezeigt werden kann. Abb. 1 ▷ 313 gibt einige Beispiele.

Welche Rolle spielt der D-Kanal bei der ISDN-Kommunikation?

Die B-Kanäle transportieren die eigentliche Nutzinformation über die leitungsgebundene Übertragung vom Teilnehmer A zum Teilnehmer B und umgekehrt.

Wozu dient nun der D-Kanal? Der D-Kanal ist der Steuerungskanal im ISDN. Wenn ein Teilnehmer A im ISDN eine Kommunikation beginnen will, ob durch Abheben des Hörers oder durch Wahl mit aufgelegtem Hörer, dann werden immer zunächst zwischen den Teilnehmern A und B sowie den zugehörigen Ortsvermittlungsstellen A und B Signale ausgetauscht, die Folgendes bewirken (Abb. 1):

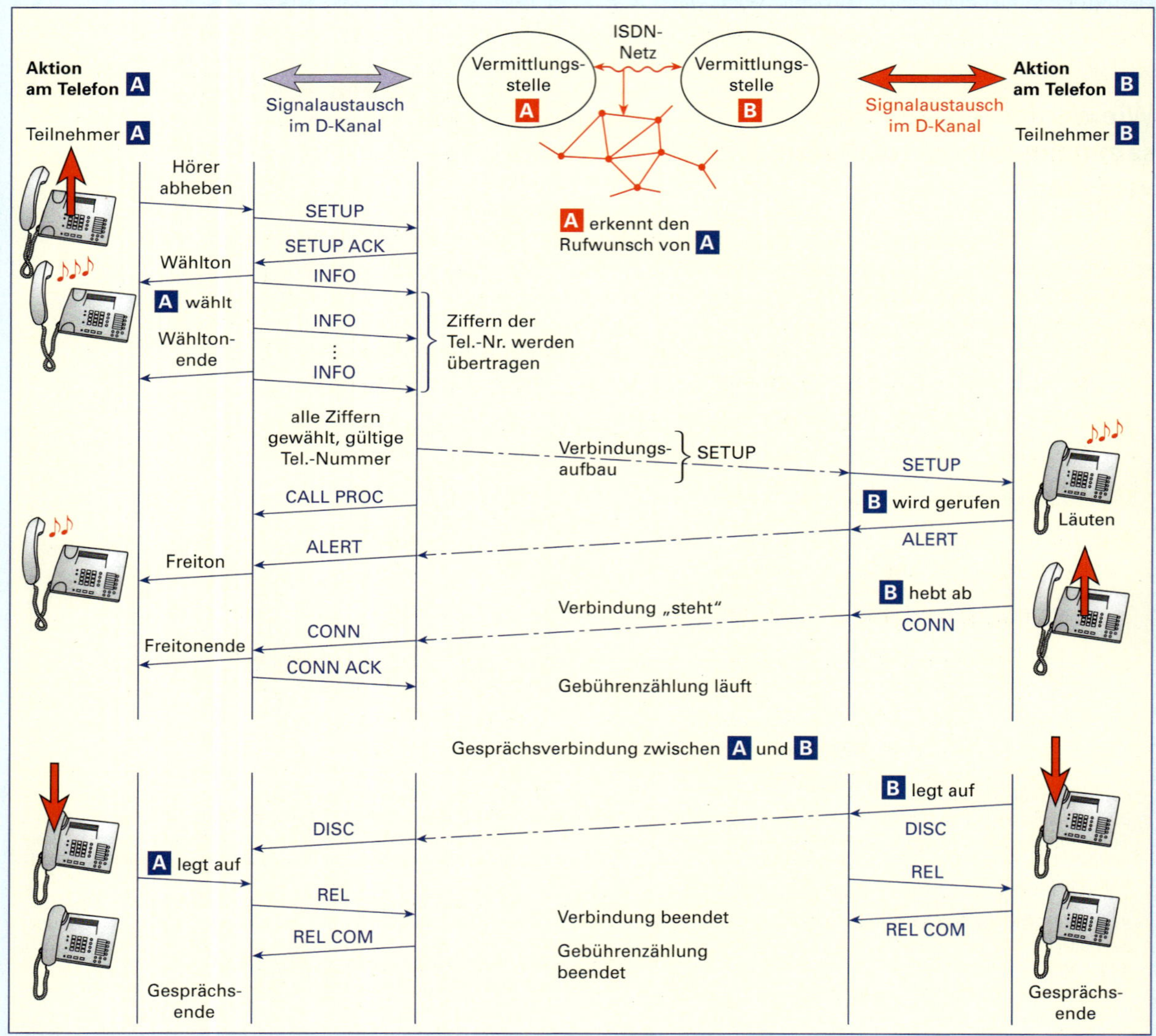

Abb. 1 Aufbau einer Verbindung. Prinzip der Steuerungsfunktion über den D-Kanal

- Die Vermittlung erkennt den Wunsch nach einer Verbindung und teilt dem Teilnehmer A einen freien B-Kanal sowie den Wählton zu.
- Ist die gewählte Nummer vollständig und gültig, muss die Ortsvermittlung über das Fernnetz die Vermittlung am Ort des gerufenen Teilnehmers B informieren, die wiederum den angewählten Teilnehmer B ruft.
- Ist dessen Anschluss frei, so erhält der rufende Teilnehmer A darüber Kenntnis, indem er statt des Wähltons nun den Freiton hört.
- Nimmt der gerufene Teilnehmer B ab, so wird der Freiton abgeschaltet, und das gewünschte Gespräch wird durchgeschaltet.
- Nach dem Gespräch muss für die Beendigung ein ähnlicher Ablauf erfolgen. Mit dem Durchschalten des Gesprächs beginnt die Gebührenerfassung, die mit dem Auflegen des rufenden Teilnehmers endet.

Diese Steuerung und weitere Prüfungen während der Gesprächsdauer, dazu die Erfassung der rufenden und der gerufenen Telefonnummern, das alles wird über den D-Kanal abgewickelt. Um diese Aufgaben bewältigen zu können, benutzt das ISDN ein D-Kanal-Protokoll (das sogenannte EDSS1, **E**_uropean_ **D**_igital_ **S**_ubscriber_ **S**_ignaling_ **S**_ystem_ Nr. 1, kurz: Euro-ISDN-Protokoll) Mit seiner Hilfe kann die Kommunikation jederzeit überwacht und im Fehlerfall überprüft werden. Dazu ist aber ein D-Kanal-Protokollanalysator nötig, denn die einzelnen Daten im D-Kanal werden mit einer Datenrate von 16 kBit/s übertragen. Eine Messung dieser Daten mit üblichen Messgeräten der Elektrotechnik ist nicht möglich. Obwohl die Beschreibung der Signale im D-Kanal während eines Gesprächs eine Vielzahl von Aktivitäten erfordern, ist damit die Leistungsfähigkeit des D-Kanals längst nicht erschöpft. Der D-Kanal kann zusätzlich zu seinen Signalisierungsaufgaben auch noch zur Datenübertragung mit speziellen Zugangsgeräten (z. B. Abrechnungssysteme in Supermärkten) und einer maximalen Datenrate von 9600 Bit/s benutzt werden.

Prüfen Sie Ihr Wissen:

1 Welche Bedeutung steckt hinter der Abkürzung ISDN? Beschreiben Sie den Unterschied zwischen Dienstmerkmalen und Leistungsmerkmalen beim ISDN.

2 Welche Netto- bzw. welche Brutto-Bitrate wird beim ISDN-Basisanschluss und beim Primär-Multiplexanschluss über den S_0-Bus übertragen?

3 Muss der NTBA an das 230-Volt-Netz angeschlossen werden?

4 Wie erreicht man, dass ein ISDN-Telefon am S_0-Bus (Mehrgeräteanschluss) bei Ausfall des 230-V-Netzes funktionsfähig bleibt?

5 Erläutern Sie die Aufgabe der Abschlusswiderstände am S_0-Bus.

6 Sie haben beim ISDN-Basisanschluss (Mehrgeräteanschluss) mehrere Telefonnummern (üblicherweise 3, es sind aber kostenfrei bis zu 10 Nummern möglich). Warum können Sie nun verschiedenen Telefonen in Haus/Werkstatt sowohl
a) die gleiche Telefonnummer an mehreren Telefonen,
b) verschiedene Telefonnummern an mehreren Telefonen und
c) mehrere gleiche oder unterschiedliche Telefonnummern gleichzeitig an jedem der verschiedenen Telefone vergeben?

7 Wie können Sie analoge Telefon- oder Fax-Geräte an einem ISDN- Mehrgeräte-Basisanschluss installieren?

8 Wann könnte ein ISDN Primär-Multiplexanschluss für die Kommunikation einer Firma interessant werden im Vergleich zu mehreren ISDN-Basisanschlüssen?

3.2 Empfangs- und Verteilanlagen

3.2.1 Terrestrische und Breitband-kommunikationssysteme

Terrestrische Empfangsanlagen

Die Obergeschosswohnung des *Gelben Hauses* soll mit einer Antennenanlage versehen werden, die den Bewohnern den Empfang regionaler Radio- und TV-Programme ermöglicht. Wegen des Abstands zum Hauptgebäude (90 m), das einen Breitbandkommunikations-Anschluss (BK-Anschluss) besitzt, scheidet eine Ankopplung an das dort vorhandene Breitbandkabelnetz zunächst aus.
Der Auftraggeber wünscht aus Montagegründen zunächst noch keine Satellitenempfangsanlage und lässt sich ein Angebot für die Installation einer DVB-T (**D**igital **V**ideo **B**roadcasting – **T**errestrial) Empfangsanlage erstellen.

Kundenauftrag:

Grundlage der Leistungsbeschreibung sind Vorschriften, Bestimmungen und Richtlinien, die als Bestandteile dem Angebot beigefügt und im Auftragsfall einzuhalten sind. Nach VOB entstand nun folgender Arbeitsauftrag:

- Montage Dachständer (Mastfuß, Mastschellen, Mastkappe), Eindeckung mit Bleiziegel
- Installation von äußerem und innerem Blitzschutz (Erdung, Potentialausgleich), Installation UHF-Antenne und UKW-Kreuzdipol
- Verlegen von Koaxialkabel (z. B. KATHREIN LCD 95, 75 Ohm) von der Außeneinheit zur Wohnung NGOG1 in vorhandene Leerrohre
- Setzen von zwei TV/RF-Anschlussdosen in UP-Ausführung in dafür vorgesehene Schalterdosen
- Inbetriebnahme und Einpegeln der Anlage (Verstärker)
- Durchführen einer Funktionsprüfung und Einweisung der Benutzer
- Übergabe aller erforderlichen technischen Unterlagen wie Anlagenbeschreibung, Blockschaltbilder, Verdrahtungs-, Objekt-, Stromlauf-, Übersichts-, Klemmenanschluss- und Installationspläne als Bestandspläne sowie ein Abnahmeprotokoll
- Angabe der Positionen und Beschreibungen der Betriebsmittel (Installationskabel, Verteiler, Anschlussdosen, Erdungsschiene, F-Stecker usw.)
- Endgeräte (DVB-T-Receiver usw.) werden von den Kunden selbst beschafft.

Aus den Anforderungen entstand nun folgendes Angebot mit einer Stückliste und einem Leistungsverzeichnis, welches die Firma ElektroTeam in Rücksprache mit dem Architekten an den Bauherren abgegeben hat (Abb. 1):

ELEKTROTEAM
Fachbetrieb für Elektrotechnik und Kommunikationstechnik

Musterstraße 11
12345 Musterstadt

Tel. (0 12 345) 5 67-800
Fax (0 12 345) 5 67-801

info@elektro-team.de
www.elektro-team.de

Herr
Hugo Balder
Sicherstraße 1
12345 Musterstadt

Angebot: 007 **Projekt:** Antennenanlage 24/25 04.01.2017

Abb. 1 Angebot mit Leistungsverzeichnis der Fa. ElektroTeam

Sehr geehrter Herr Balder,

wir bedanken uns für Ihre Anfrage und übersenden Ihnen nachfolgendes Angebot zur Installation einer terrestrischen Antennenanlage:

Position 1:	Summe Lohn gemäß umseitigem Arbeitsverzeichnis	368,50 €
Position 2:	Summe Material gemäß umseitigem Materialverzeichnis	450,19 €
Position 3:	Anfahrt	40,00 €
Position 4:	Verpackung/Entsorgung	0,00 €
	Nettoangebotspreis:	858,69 €
	Umsatzsteuer 19 %:	163,15 €
	Angebotspreis:	**1021,84 €**

Wir hoffen, Ihren Preisvorstellungen gerecht geworden zu sein. Die Anlage erhält alle notwendigen Voraussetzungen zur nachträglichen Montage einer Satellitenaußeneinheit.
Dieses Angebot besitzt eine Bindefrist von 3 Monaten.
Bei Auftragserteilung kann die Installation innerhalb von 3 Werktagen durchgeführt werden.
Der Rechnungsbetrag ist innerhalb eines Monats nach Rechnungserhalt ohne Abzug auf unser Konto zu überweisen.

Mit freundlichen Grüßen

Strom
Meister Strom

Anlagen:
Verzeichnis Arbeitsleistungen
Verzeichnis Materialleistungen

Verzeichnis Arbeitsleistungen

Nr.	Auszuführende Tätigkeiten	Meister:	Geselle:	Azubi:
1	Verlegung Antennenkabel und passive Komponenten		3,00	2,00
	Installation der Außeneinheit (Mast mit Bleieindeckung und Abdichtung, UKW-Kreuzdipol, LMK-Rute, UHF-Antenne)		1,00	1,00
	Installation des Antennenverstärkers (an vorhandenes 230-V-Netz)		0,50	
	Ausrichten der Antennenanlage; Einpegeln des Verstärkers	1,00		
	Installation Potentialausgleich an vorhandene Erdungsleitung		1,00	
2	Installation der Antennendosen		1,00	
	Erstellung des Prüfprotokolls	0,50		
	Erstellung der Dokumentation, Kundenunterlagen usw.	0,50		
	Übergabe der Anlage, Kundeneinweisung			
	Stundensumme 100 %:	2,00	6,50	3,00
	Stundensumme 125 %:			
	Stundensumme 150 %:			
	Stundensumme 200 %:			
	Lohnkosten:	88,00 €	214,50 €	66,00 €
	Lohnangebotspreis (netto):			**368,00 €**

Hierbei gelten folgende Nettostundenverrechnungssätze für die regelmäßige tägliche Arbeitszeit:
Meister: 44,00 € Geselle: 33,00 € Helfer: 22,00 €

Verzeichnis Materialleistungen

Nr.	Benötigte Materialien	Menge:	Einzel-kosten:	Gesamt:
1	Antennenmastanlage bestehend aus: Standrohr Länge 2×2 m, feuerverzinkt 50 mm ∅, Standrohrdurchführung, Mastabdeckblech 400×330 mm, Dichtungsmaterial bestehend aus Klebekragen, Bleiblechmanschette, Schlingbandschelle mit Standrohrbefestigung, Standrohrmastfuß	1	83,34 €	83,34 €
2	TV-Kanalgruppenantenne Bereich IV/V, 11 Elemente, G = 13 dB Kanal 21–35	1	67,95 €	67,95 €
3	RF-Kreuzdipol für UKW-Empfang, mit LMK-Antennenrute für AM-Empfang, G = 5 dB, (AM), G = –3 dB (FM)	1	117,37 €	117,37 €
4	Erdungsschiene für zu- und abgehende Koaxialkabel am Verstärker	1	6,34 €	6,34 €
5	Koaxialkabel nach EN 50117-Reihe (Kathrein LCM 13/271.559), Wellenwiderstand 75 Ohm, Abschirmung Kupferfolie, überlappt, SM 80 dB bei 1000 MHz, Dämpfung 8 dB/100 m mit ISO-Nagelschellen am Holzuntergrund befestigen	12 m	1,33 €	15,96 €
6	Koaxialkabel nach EN 50117-Reihe (Kathrein LCM 13/271.559), Wellenwiderstand 75 Ohm, Abschirmung Kupferfolie, überlappt, SM 80 dB bei 1000 MHz, Dämpfung 8 dB/100 m in Rohre, Kanäle einziehen oder auf Pritschen verlegen	35 m	1,08 €	37,80 €
7	Verteiler 2-fach, 4 dB	1	23,84 €	23,84 €
8	Antennenanschlussdose DIN 45330 zum Anschluss von Empfängeranschlusskabeln an Antennenanlagen als Einzeldose, rückwegtauglich, ohne Wandgehäuse, Kathrein ESD 84	2	8,82 €	17,64 €
9	FL-Abdeckung für Antennendose, Farbe reinweiß mit Rahmenanteil	2	4,26 €	8,52 €
10	Antennenverstärker, Mehrbereichsverstärker passend für das Empfangsgebiet mit eingebautem Netzteil 230 V, 4 Eingänge, 1 Ausgang HF-dicht, Verstärkung: LMK –1,5 dB, UKW 20 dB, Band I 20 dB, Band III 20 dB, Band IV/V 20 dB, Kathrein VCB 20	1	46,43 €	46,43 €
11	Kleinmaterial elektrisch (IEC-Stecker, Klemmen, F-Verbinder usw.)	1	10,00 €	10,00 €
12	Kleinmaterial mechanisch (Abstandhalter, Schrauben, Montageteile usw.)	1	15,00 €	15,00 €
			Materialangebotspreis:	**…,… €**

Um Programme und Dienste in Empfangsanlagen zu verteilen, ist deren Empfang mittels geeigneter Antennen notwendig. Hier bieten sich grundsätzlich zwei Kommunikationswege an:

- Empfang terrestrischer (erdgebundener) Sender
- Empfang von satellitenunterstützten Sendersystemen

Bei terrestrischen Sendeanlagen speist der Sender mit einer bestimmten Ausgangsleistung die Sendeantenne und bewirkt damit die Abstrahlung von elektromagnetischen Wellen. Die einfachste Antennenausführung nennt man den Dipol (lat.: Zweipol), an dem das Signal abgegriffen bzw. beim Sendedipol eingespeist werden kann. Abb. 1a ▷ 319 zeigt eine terrestrische Empfangsanlage mit Sat-Einspeisung. Abb. 1b ▷ 319 zeigt die Abstrahlung einer elektromagnetischen Welle von einem einfachen Halbwellendipol. Dieser gestreckte Dipol ist die einfachste Ausführung einer Antenne und aus einem offenen Schwingkreis abzuleiten.

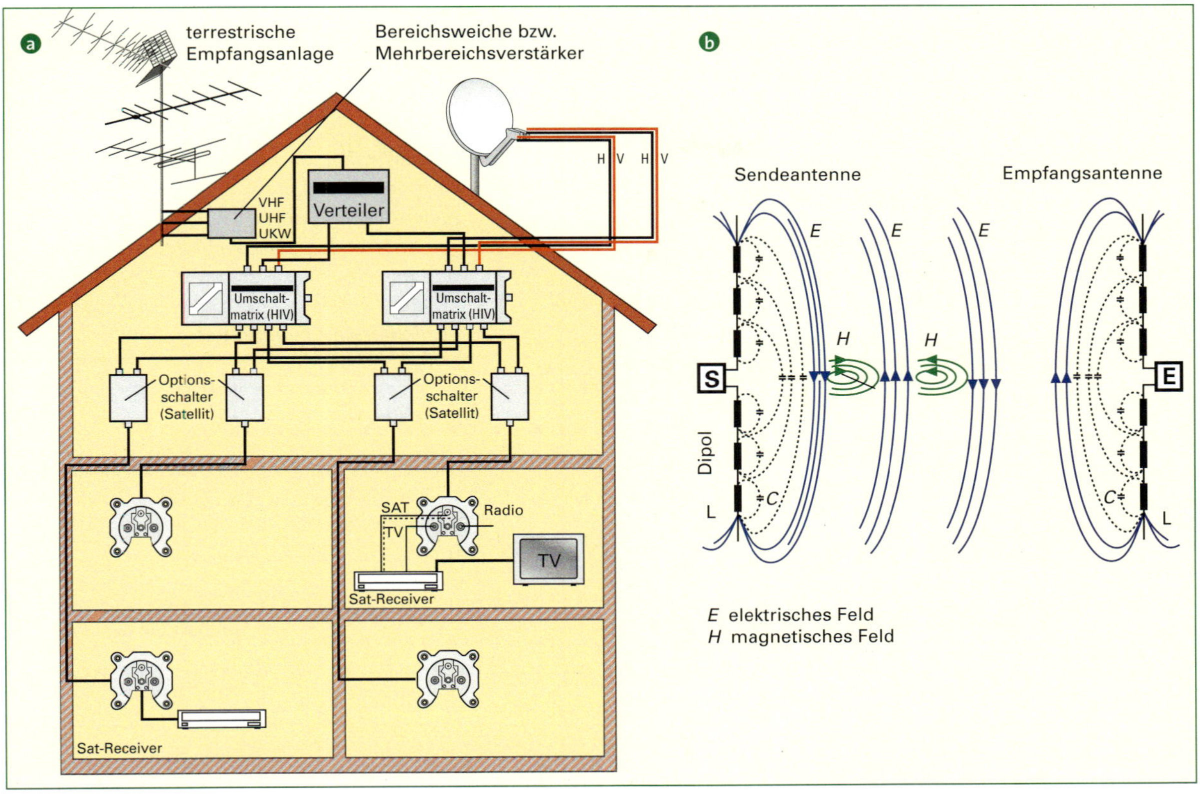

Abb. 1 Vollständige Antennenanlage terr/Sat mit Symbolen und Komponentenbeschreibung ⓐ und Abstrahlung einer elektromagnetischen Welle ⓑ

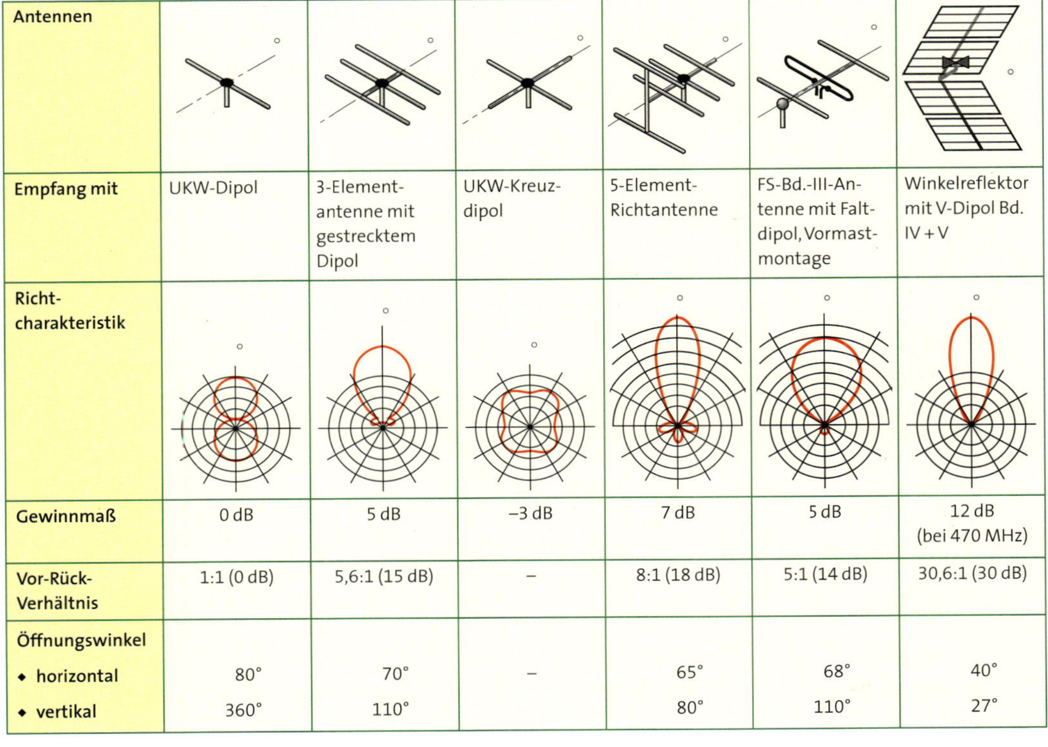

Antennen						
Empfang mit	UKW-Dipol	3-Element-antenne mit gestrecktem Dipol	UKW-Kreuz-dipol	5-Element-Richtantenne	FS-Bd.-III-Antenne mit Falt-dipol, Vormast-montage	Winkelreflektor mit V-Dipol Bd. IV + V
Richt-charakteristik						
Gewinnmaß	0 dB	5 dB	–3 dB	7 dB	5 dB	12 dB (bei 470 MHz)
Vor-Rück-Verhältnis	1:1 (0 dB)	5,6:1 (15 dB)	–	8:1 (18 dB)	5:1 (14 dB)	30,6:1 (30 dB)
Öffnungswinkel • horizontal • vertikal	80° 360°	70° 110°	–	65° 80°	68° 110°	40° 27°

Tabelle 1 Richtcharakteristik und Eigenschaften von verschiedenen Antennenausführungsformen

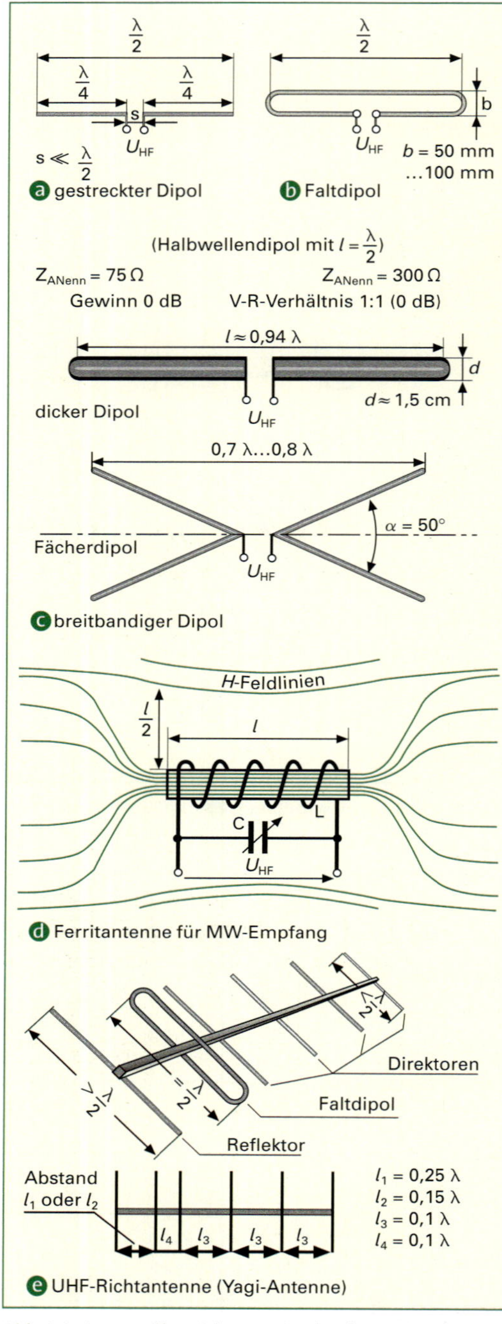

Abb. 1 Antennenübersicht mit Beschreibung der Komponenten

Die Abmessungen des Dipols bestimmen die Kapazität C und die Induktivität L des offenen Schwingkreises und legen damit auch die Resonanzfrequenz der Antenne fest. Antennen, die für den Empfang von Frequenzen in der Nähe der Resonanzfrequenz verwendet werden, nennt man abgestimmt.

Merke:

- *Eine Antenne nennt man auf die Wellenlänge λ abgestimmt, wenn ihre Länge $l \approx \lambda/2$ beträgt.*
  Die Abstrahlcharakteristik dieser einfachen Antenne erfolgt in allen Winkelbereichen gleichmäßig, während sich bei komplizierteren Antennen andere Richtcharakteristika ergeben (Tabelle 1 ▷ 319).
- *Jeder Frequenz f ist ganz eindeutig eine Wellenlänge λ zugeordnet.*

Aufgabe:

Ein Amateurfunker möchte sich für den Empfang von 433 MHz einen gestreckten Dipol (Abb. 1) aus Aluminiumrohr anfertigen. Wie lang muss der Dipol sein?

Lösung: $\lambda = \frac{c}{f} = \frac{300 \cdot 10^6 \text{ m/s}}{433 \text{ MHz}} = 0{,}692 \text{ m}$

$$l = \frac{\lambda}{2} = \frac{0{,}692 \text{ m}}{2} = 0{,}346 \text{ m}$$

Bei dieser Frequenz spricht man in der Sprache der Amateurfunker auch vom 70-cm-Band.

Richtantennen wie die Yagi-Antenne nutzen durch Reflexion des empfangenen Signals von den Direktoren und Reflektoren auf den eigentlichen Empfangsdipol das Signal besonders gut, man spricht hier von einem Antennengewinn. Mit zunehmender Anzahl von Elementen nimmt der Gewinn einer Antenne zu und der Öffnungswinkel (die Keule der Richtcharakteristik und damit die Eigenschaft, elektromagnetische Wellen zu bündeln) wird kleiner.

Der Gewinn ergibt sich aus dem logarithmierten Spannungsverhältnis einer Antenne gegenüber einer Bezugsantenne, dem gestreckten Dipol, er wird in dB (Dezibel) angegeben.

$$G = 20 \log \frac{U_x}{U_{Dipol}}$$

Ein gestreckter Dipol bzw. ein Faltdipol hat folglich einen Gewinn von 0 dB.

Um einen möglichst guten Rundumempfang zu gewährleisten, werden in der Praxis Kreuzdipole für den UKW-Empfang eingesetzt. Diese zeichnen sich durch eine fast kreisförmige Empfangscharakteristik aus, somit können aus allen Himmelsrichtungen Rundfunksender empfangen werden. Abb. 1 zeigt eine Übersicht über einige Antennen und ihre Abmessungen.

Die Antenne ist folglich nach den Kriterien Empfangsfeldstärke bzw. Antennengewinn und Frequenzbereich (Kanäle) auszuwählen, weitere Kriterien sind Größe, Preis usw. Da sich die elektromagnetischen Wellen hoher Frequenzen quasioptisch ausbreiten, ist eine direkte Sichtverbindung zwischen Sender und Empfangsantenne notwendig. Am Montagestandort sollten besonders gute Empfangsbedingungen vorliegen. Die Montage der Antenne erfolgt an einem Antennenmast, der den Montage- und Bauvorschriften nach DIN 57855-1 genügen muss (Abb. 2).

Merke:
- *Mindestabstände Kreuzungen und Näherungen 1,0 m*
- *Mindestabstand zwischen zwei Antennen 0,5 m bis 2 m (UHF- VHF)*
- *Mindesteinspannlänge ≧ 1/6 Gesamtlänge des Antennenstandrohres, mindestens aber 1,0 m*
- *ordnungsgemäßer Anschluss an eine Blitzschutzanlage (siehe Abschnitt 2.6)*
- *Materialien (Mast, Befestigungsschrauben) mit Mindestfestigkeiten usw.*

Nach ordnungsgemäßer Montage erfolgt die Ausrichtung der Antennen mittels Kompass, Winkelmesser und Pegelmessgerät; Hinweise können Erfahrungswerte, Tabellen, Kartenmaterial oder benachbarte Antennenanlagen liefern.

Bei der Montage von Empfangsantennen muss auch die Polarisationsrichtung des Senders beachtet werden (Abb. 1). LW-/MW-/KW-Rundfunk-

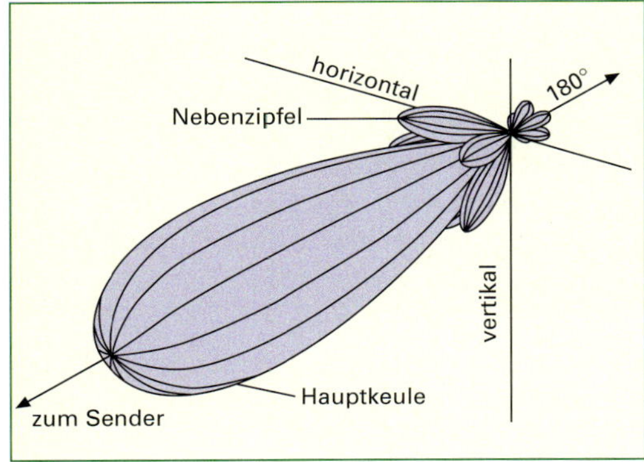

Abb. 1 Vertikale und horizontale Polarisation bei einer Yagi-Antenne

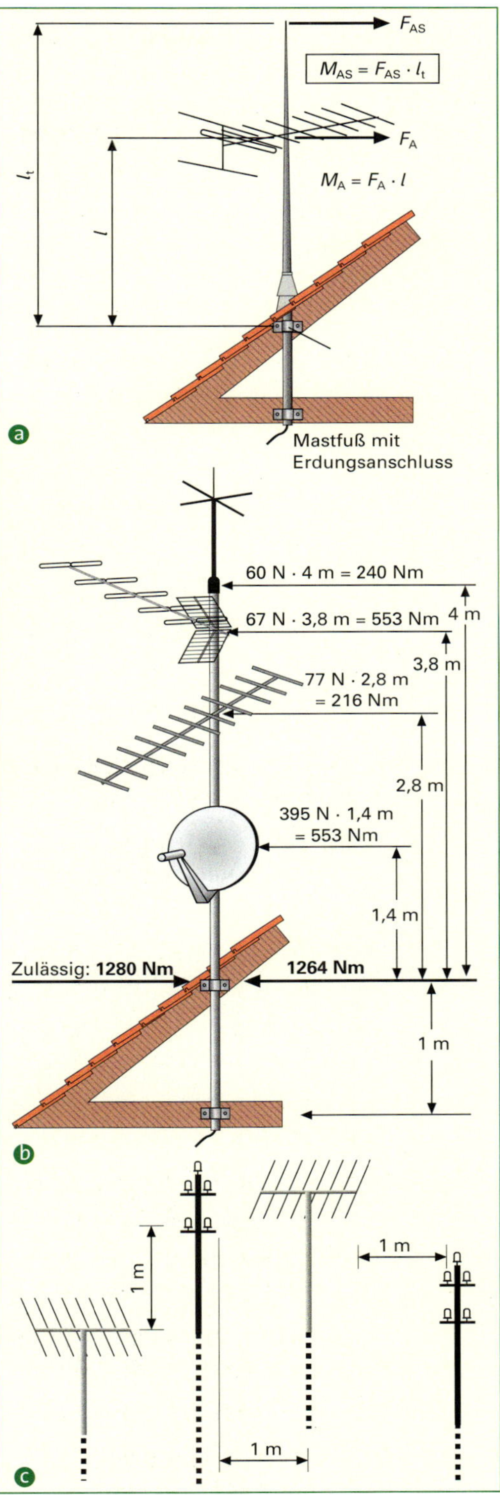

Abb. 2 Antennenstandrohr mit Erdung und Abständen ⓐ, Antennenstandrohr mit Antennen zur Windlastberechnung ⓑ und Antennenstandrohr mit Abständen zu anderen Anlagen ⓒ

Praxistipp:

In der Praxis bedeutet dies, dass als Antennenstandrohre (Abb. 2 ⊳ 321) mechanisch feste und korrosionsgeschützte Rohre Verwendung finden; Stahlrohre mit einer Mindestwandstärke von 2 mm sind in verzinkter Ausführung zulässig, keinesfalls aber dürfen beispielsweise verzinkte Wasserrohre eingesetzt werden. Des Weiteren ist die Festigkeit des Antennenstandrohres durch eine Windlastberechnung nachzuweisen. Jede Antenne bietet dem Wind eine Angriffsfläche (Datenmaterial von den Antennenherstellern), die das Rohr auf Biegung beansprucht. Die Hersteller geben für ihre Antennen eine Windlast FW an, die mit den Montagehöhen über den obersten Befestigungsstellen ein Windlastmoment bzw. ein Gesamtbiegemoment bewirken.

$$MB = FW_1 \cdot l_1 + FW_2 \cdot l_2 + FW_3 \cdot l_3 \cdot ...$$

Das zulässige Gesamtbiegemoment MB ist in den Katalogangaben des Herstellers von Antennenstandrohren angegeben.

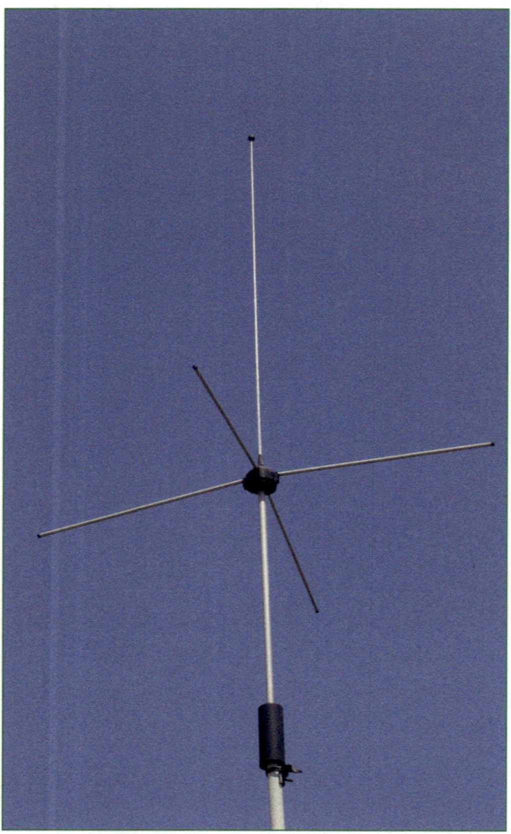

Abb. 1 UKW-Kreuzdipol mit LMK-Rute

Merke:

Das höchstzulässige Biegemoment des Antennenstandrohres muss größer sein, als die Summe der Einzelelemente aller am Mast befestigten Antennen.

sender werden in der Regel linear, vertikal polarisiert ausgestrahlt, UKW- und TV-Sender dagegen linear, horizontal polarisiert. Die Polarisation gibt die Lage der Schwingungsebene der elektrischen Feldstärkekomponente (Lage der Dipole) an. Die Ausrichtung von Sende- und Empfangsantenne muss gleich sein, schon geringe Abweichungen der Ausrichtung der Antennen bewirken eine Abnahme der Empfangsfeldstärke und damit eine schlechtere Übertragungsqualität, welche sich als Rauschen und beim Digitalempfang bis zum Totalausfall auswirken kann.

In Umsetzeranlagen zur Versorgung von Gebieten in Tallagen werden zur Verhinderung von Störungen durch Überlagerungen (Interferenzen) TV- und Rundfunkprogramme vertikal polarisiert ausgestrahlt, hier muss die Montage der Antenne an den Mast um 90° gedreht erfolgen!

Für den Empfang von LW-, MW- und KW-Programmen bieten sich LMK-Stabantennen (Ruten) an, die eine Länge von 2 bis 3 m aufweisen und auf das Ende des Mastes montiert werden (Abb. 1). Sie werden in der Regel als Kombination mit einem UKW-Kreuzdipol angeboten. Der Blitzschutz wird bei diesen Antennenausführungsformen durch sogenannte Blitzfunkenstrecken gewährleistet.

Merke:

Das Ausbreitungsverhalten von LW-, MW- und KW-Wellen unterscheidet sich grundlegend von dem von UKW-, VHF- und UHF-Wellen. LW-, MW- und KW-Programme sind weltweit zu empfangen. Allerdings ist auch die Modulationsart eine ganz andere (Amplitudenmodulation im Unterschied zu Frequenzmodulation bei UKW usw.) und die Empfangsqualität aus diesem Grunde sehr unterschiedlich.

Man unterscheidet je nach Größe einer Antennenanlage Einzel- (EA-), Gemeinschafts- (GA-) und Groß-Gemeinschafts- (GGA-) Anlagen (Abb. 1a ⊳ 323).

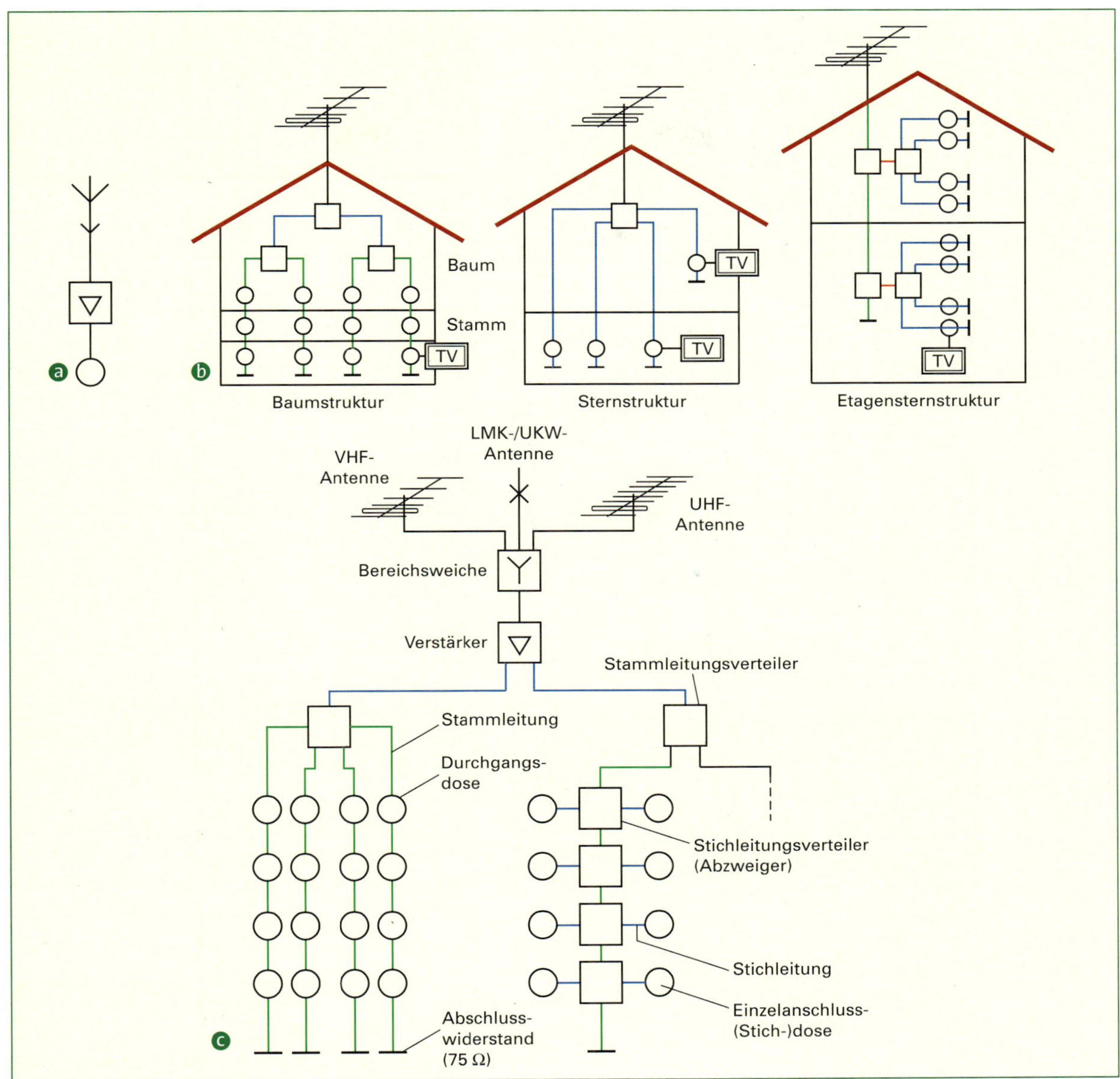

Abb. 1 Beispiele für terrestrische EA- ⓐ, GA- ⓑ, GGA-Systeme ⓒ und Strukturen

Die Ausführung des Auftrags der gewünschten EA-Anlage erfordert zunächst die Auswahl der Komponenten nach

- DIN VDE 0100 Errichten von Starkstromanlagen mit Nennspannungen bis 1 kV
- DIN VDE 0185 Blitzschutzanlagen
- DIN VDE 0855 Antennenanlagen
  Teil 1 Errichtung und Betrieb,
  Teil 2 Funktionseignung von Empfangsantennenanlagen,
  Teil 11 Rundfunk-Empfangsantennenanlagen mit Satelliten-Empfangseinrichtungen.

Ausgewählt wurden ein UKW-Kreuzdipol, eine UHF-Mehrbereichsantenne (Yagi-Antenne mit 7 Elementen) zum Empfang der regionalen TV-Sender auf den Kanälen 21, 27 und 41 (Tabelle 1 ⊳ 324), ein 42-mm-Steckmast mit Bleiziegel und Haube, Abdeckkappe, Mastfuß, 2 Mastschellen, 2 Kabelabstandshalter sowie ein Antennenverstärker, an den ein 2-fach-Verteiler mit 2 Antennendurchgangsdosen angeschlossen ist. Die Durchgangsdosen benötigen noch 2 Abschlusswiderstände von 75 Ohm, die den Leitungsabschluss bilden.

Kanal	Frequenz in MHz
VHF-Bereich F I	
Kan. 2	47–54
Kan. 3	54–68
Kan. 4	61–68
VHF-Bereich F II	
UKW	87,5–108
Untere Sonderkanäle	
SK 2	111–118
SK 3	118–125
SK 4	125–132
SK 5	132–139
SK 6	139–146
SK 7	146–153
SK 8	153–160
SK 9	160–167
SK 10	167–174
VHF-Bereich F III	
Kan. 5	174–181
Kan. 6	181–188
Kan. 7	188–195
Kan. 8	195–202
Kan. 9	202–209
Kan. 10	209–216
Kan. 11	216–223
Kan. 12	223–230
Obere Sonderkanäle	
SK 11	230–237
SK 12	237–244
SK 13	244–251
SK 14	251–258
SK 15	258–265
SK 16	265–272
SK 17	272–279
SK 18	279–286
SK 19	286–293
SK 20	293–300
Erweiterte Sonderkanäle	
SK 21	302–310
SK 22	310–318
SK 23	318–326
SK 24	326–334
SK 25	334–342
SK 26	342–350
SK 27	350–358
SK 28	358–366
SK 29	366–374
SK 30	374–382
SK 31	382–390
SK 32	390–398
SK 33	398–406
SK 34	406–414

Kanal	Frequenz in MHz
SK 35	414–422
SK 36	422–430
SK 37	430–438
SK 38	438–446
UHF-Bereich F IV	
Kan. 21	470–478
Kan. 22	478–486
Kan. 23	486–494
Kan. 24	494–502
Kan. 25	502–510
Kan. 26	510–518
Kan. 27	518–526
Kan. 28	526–534
Kan. 29	534–542
Kan. 30	542–550
Kan. 31	550–558
Kan. 32	558–566
Kan. 33	566–574
Kan. 34	574–582
Kan. 35	582–590
Kan. 36	590–598
Kan. 37	598–606
UHF-Bereich F V	
Kan. 38	606–614
Kan. 39	614–622
Kan. 40	622–630
Kan. 41	630–638
Kan. 42	638–646
Kan. 43	646–654
Kan. 44	654–662
Kan. 45	662–670
Kan. 46	670–678
Kan. 47	678–686
Kan. 48	686–694
Kan. 49	694–702
Kan. 50	702–710
Kan. 51	710–718
Kan. 52	718–726
Kan. 53	726–734
Kan. 54	734–742
Kan. 55	742–750
Kan. 56	750–758
Kan. 57	758–766
Kan. 58	766–774
Kan. 59	774–782
Kan. 60	782–790
Kan. 61	790–798
Kan. 62	798–806
Kan. 63	806–814
Kan. 64	814–822
Kan. 65	822–830
Kan. 66	830–838
Kan. 67	838–846
Kan. 68	846–854
Kan. 69	854–862

Tabelle 1 Frequenzbereiche, Kanäle nach CCIR-Norm

Bereich		Mindestwerte Pegel bezogen auf 1 µV an 75 Ω	Höchstwerte Pegel bezogen auf 1 µV an 75 Ω
UKW	Mono	40 dBµV	80 dBµV
	Stereo	50 dBµV	80 dBµV
F I		52 dBµV	84 dBµV
F III		54 dBµV	84 dBµV
F IV/V		57 dBµV	84 dBµV
Sat-ZF (950 MHz ... 2400 MHz)		47 dBµV	75 dBµV

Tabelle 2 Mindest- bzw. Maximalpegel, alle Bereiche

Frequenzbereich	Modulationsart	Pegel-differenz
67–862 MHz	AM (Video B/G-Norm)	12 dB
beliebiger 60-MHz-Sektor	AM (Video B/G-Norm)	6 dB
Nachbarkanal	AM/AM	3 dB
Bis 470 MHz	FM (UKW)	15 dB
950–2400 MHz	FM (SAT)	15 dB
Nachbarkanal	QAM/QAM	3 dB
Nachbarkanal	QAM/AM	13 dB

Tabelle 3 Schräglagen

Bereich	Min. Pegel (dBµV)	Max Pegel (dBµV)
UKW (Mono/Stereo)	40/50	70
AM-RSB-Fernseh-Rundfunk	60	77*)
FM Fernsehsignale	47	77
DVB-S(2) (QPSK, 8 PSK, 16 APSK, 32 APSK)	47	77
DVB-T2 (16 QAM; FEC 2/3)	35	74
DVB-T2 (64 QAM; FEC 2/3)	39	74
DAB (OFDM in Band III)	28	94

Tabelle 4 Grenzwerte für Nutzpegel an Antennensteckdosen nach EN 60728-1

*) 77dBµV bei Systemen mit mehr als 20 Kanälen

Merke:

Durch den Einsatz eines Verstärkers erreicht man:
- *Einhaltung der notwendigen Mindestpegel (Tabelle 2)*
- *eventuelle Begrenzung auf maximal zulässige Ausgangspegel (Tabelle 4)*
- *Zusammenführung der verschiedenen Empfangsbereiche (sonst Antennenweiche notwendig)*
- *Angleichung verschiedener Eingangspegel*
- *den eventuellen Ausgleich von „Schräglagen" (Tabelle 3) durch frequenzabhängige Zunahme der Dämpfung von passiven Antennenkomponenten (Leitungen, Verteiler, Abzweiger, Weichen, Anschlussdosen usw.)*

Gewählt wird hier ein Mehrbereichsverstärker mit 20 dB Verstärkungsmaß mit 5 Eingängen (LMK, UKW, VHF Band I, VHF Band III, UHF) und einem Ausgang, der einen maximalen Ausgangspegel von 105 dBµV aufweist. Um auf die 2 Ableitungen zu verteilen, ist ein 2-fach-Verteiler notwendig. Bei der Auswahl ist ferner zu beachten, dass dieser für den benötigten Frequenzbereich (hier etwa 90 MHz bis etwa 470 MHz) geeignet ist und wie alle verwendeten Komponenten ein ausreichendes Schirmungsmaß hat.

Das Schirmungsmaß gibt den Abstand des Nutzsignals in dB gegenüber unerwünschten Störungen (Rauschen, Signale von Fremdstörungen, Einstrahlungen usw.) an.
Bei aktiven Geräten gelten nach DIN EN 50083-2/A1 für die maximal zulässige Störstrahlungsleistung folgende Werte:

5–30 MHz	27–20 dBpW (≙ 46 dBµV–39 dBµV/75 Ω)
30–950 MHz	20 dBpW (≙ 39 dBµV/75 Ω)
950–2500 MHz	43 dBpW (≙ 61,7 dBµV/75 Ω)

Merke:
Mit zunehmendem Schirmungsmaß (SM) sinkt die Störstrahlung und steigt die Einstrahlungsfestigkeit.

Zur Entkopplung des Systems werden Durchgangsdosen mit eingesetzten Endwiderständen in 75-Ohm-Technik verwendet (Abb. 1). Ohne ordnungsgemäßen Abschluss würden Störungen durch Reflexionen, Überlagerungen usw. entstehen, die sich in verminderter Bildqualität auswirken. Selbstverständlich müssen alle aktiven (Verstärker usw.) und passiven Komponenten (Leitungen, Verteiler, Abzweiger, Weichen usw.) einen Wellenwiderstand von 75 Ohm aufweisen, Abweichungen hätten genannte Fehler zur Folge.

Bei der Verlegung der Leitungen bzw. Zuführung in den Schalterdosen ist der kleinste zulässige Biegeradius zu beachten. Unsauber montierte Steckverbindungen (F-Stecker) und Nichteinhaltung von Mindestabständen zu Energieleitungen können zu Störungen führen (Abb. 2 und Abb. 1 ▷ 326 bis Abb. 3 ▷ 326).

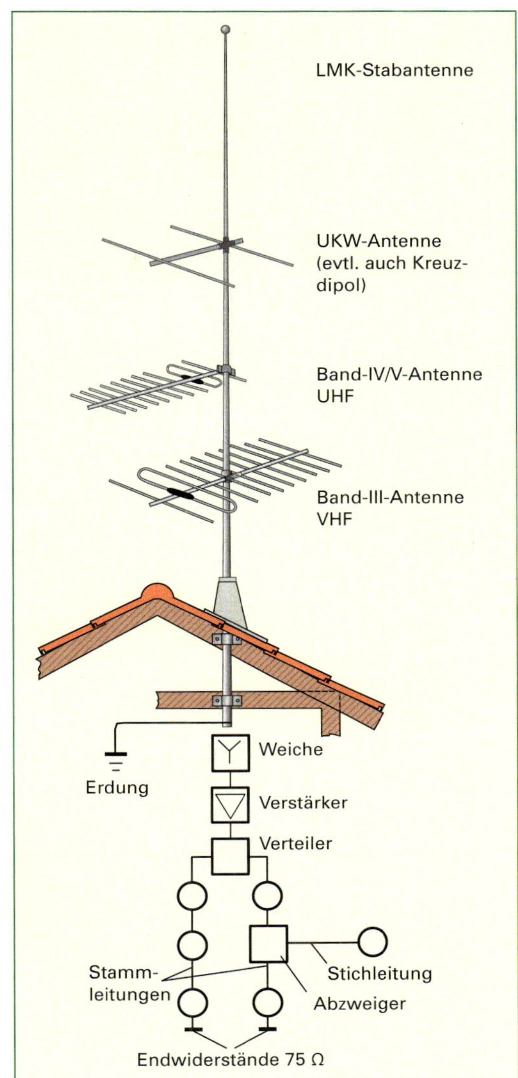

Abb. 1 Verteilung bei Antennenanlagen

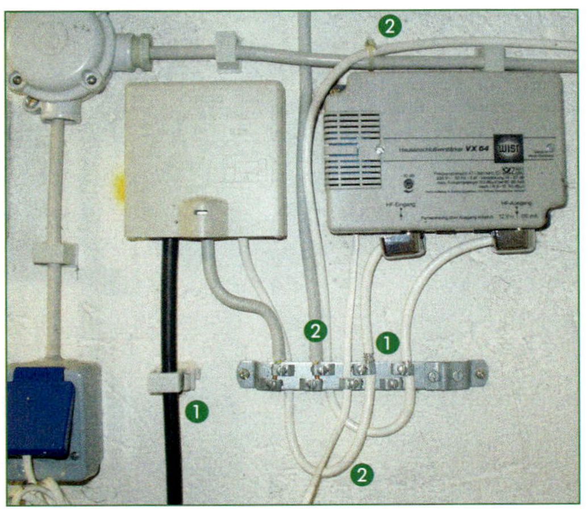

Abb. 2 Leitungsführung: teils richtig ❶, teils falsch ❷

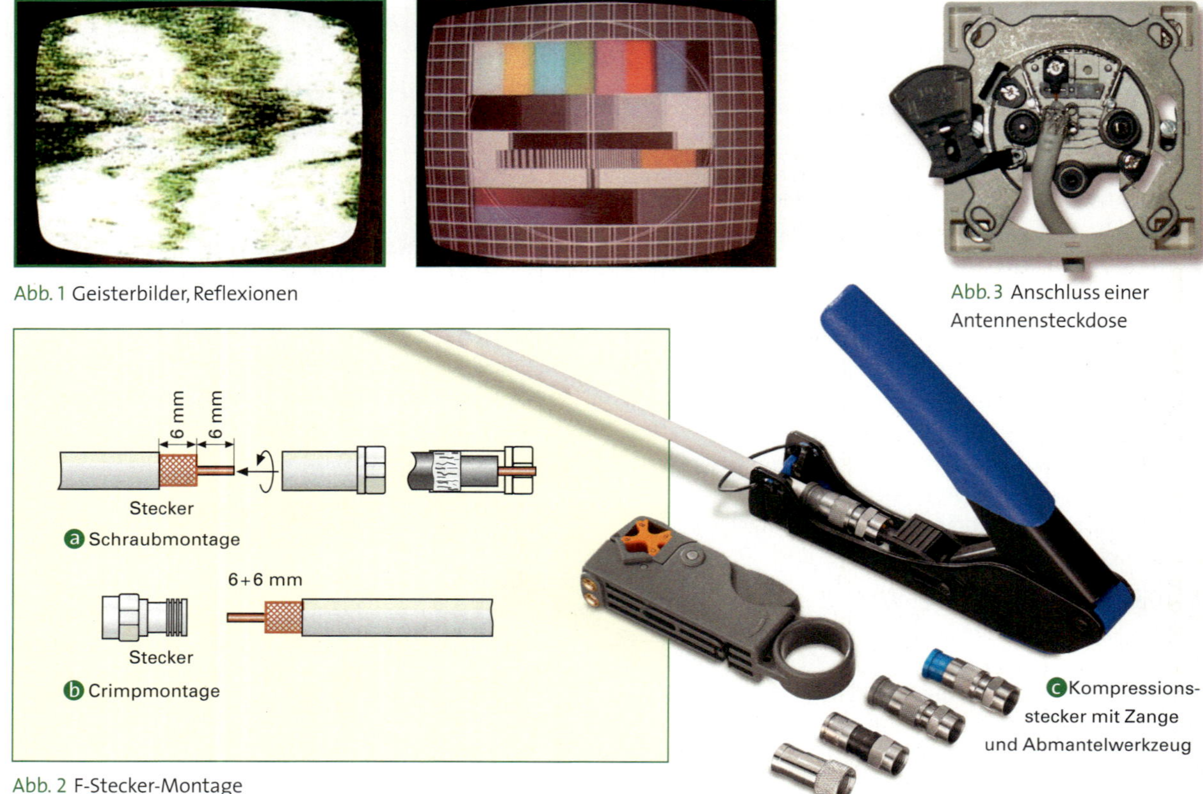

Abb. 1 Geisterbilder, Reflexionen

Abb. 3 Anschluss einer Antennensteckdose

Abb. 2 F-Stecker-Montage

> ***Praxistipp:***
> *Die meisten Probleme bei der Inbetriebnahme von Antennenanlagen sind auf unsaubere Steck-, Klemmen- und Anschlussverbindungen, unzulängliche Biegeradien und die daraus resultierenden Reflexionen zurückzuführen. Des Weiteren bereiten in der Praxis nicht zu niedrige Verstärkungsfaktoren bzw. Ausgangspegel Probleme, sondern „überfahrene" Verstärker, deren höchstzulässige Ausgangspegel überschritten wurden (Tabelle 1). Eine geringe Reduzierung des Verstärkungsfaktors bewirkt oft Wunder. Die Effekte sind vielfältig, der Abschluss der Installation sollte daher immer mit einer dokumentierten Pegelmessung erfolgen.*

An den Mast werden nun die Einzelantennen montiert, grob ausgerichtet (als Orientierung können benachbarte Antennen in Frage kommen) und mit einem Antennenmessgerät nach maximaler Empfangsfeldstärke (Spannungspegel in dBµV) fein justiert. Mit dem Winkelmesser bzw. der Wasserwaage ist eine korrekte Position des Mastes einzustellen. Damit ist eine saubere Polarisationsentkopplung gewährleistet. Für alle Frequenzen gilt es nun die Antennen auf maximale Pegel auszurichten. An den Antennendosen sind abschließend die Pegel zu kontrollieren und zu protokollieren, gegebenenfalls ist der Verstärker so einzustellen, dass bei allen Frequenzen die zulässigen Pegel nicht über- bzw. unterschritten werden. Bei terrestrischen GA- bzw. GGA-Anlagen ist eine Pegelreserve von etwa 6 dB einzuplanen, damit auch bei Schlechtwetter und Alterung von Komponenten (Leitungen) eine hohe Betriebssicherheit gewährleistet ist.

Die fertiggestellte Antennenanlage muss abschließend mit einer Blitzschutzanlage versehen bzw. in eine vorhandene Anlage einbezogen werden.

Anzahl der Träger	2	4	6	10	14	18	24	30	40	50
Pegelreduzierung in dB (gerundete Werte)	0	3	5	7	8	9	10	11	12	13

Tabelle 1 Verstärkerkorrekturwerte (Anzahl der Träger entspricht der Anzahl der analogen TV-Programme, alle RF-Programme zählen zusammen wie ein Träger)

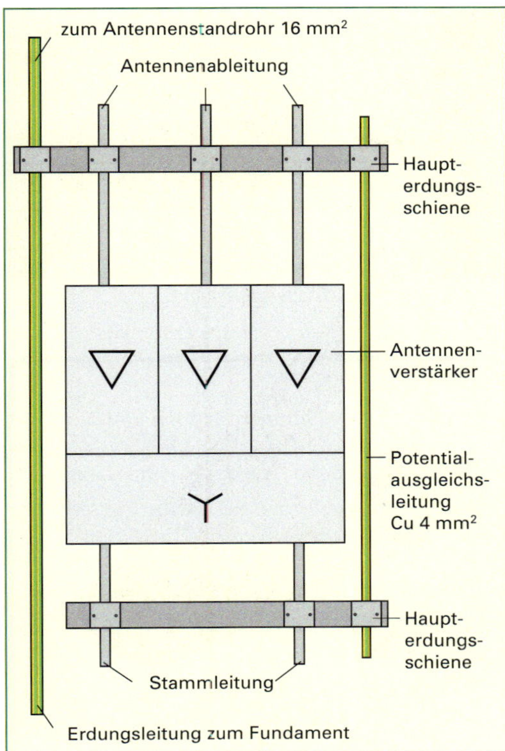

Abb. 1 Potentialausgleich der terrestrischen EA-Anlage

Bei Gebäuden mit einer Anlage für den äußeren Blitzschutz (vgl. Abschnitt 2.6) ist das Antennenstandrohr an die Ableitungen der Antennen mit einzubeziehen. Ist keine Blitzschutzanlage vorhanden, so ist das Standrohr über eine Cu-Leitung mit einem Querschnitt von mindestens 16 mm^2 mit dem Gebäudeerder zu verbinden. Alle Abschirmungen der Antennenleitungen müssen elektrisch miteinander verbunden sein. Dies erreicht man mit einem Potentialausgleich (Potentialausgleichsleiter $\geqq 4\ mm^2$ Cu), der Spannungsverschleppungen verhindern soll. In diesen Potentialausgleich sind alle aktiven und passiven Verteilkomponenten (auch Leitungen) einzubeziehen (Abb. 1).

Ausnahmen von diesen Vorschriften gelten für Antennenempfangsanlagen, die

- in Geräten eingebaut sind (z. B. Zimmerantennen),
- unterhalb der Dachhaut angebracht sind,
- außerhalb so angebracht sind, dass die äußeren Begrenzungen mindestens 2 m unter der Dachkante und maximal 1,5 m von der Gebäudewand entfernt sind.

Breitbandkommunikations- (BK-) Empfangsanlage

Die Energieversorgung der Obergeschosswohnung soll nicht mehr über den Dachständer, sondern über das Erdreich erfolgen. Bei den dazu notwendigen Erdarbeiten verlegt das Energieversorgungsunternehmen gleichzeitig einen Breitbandkommunikationsanschluss (BK-Anschluss) in den Keller des Hauses, der den Bewohnern nun den Empfang eines erweiterten Radio- und TV-Programmangebotes ermöglicht. Der Übergabepunkt wurde in den Keller des *Gelben Hauses* verlegt, dort steht auch ein 230-V-Anschluss bzw. eine Erdungsschiene für den Potentialausgleich zur Verfügung.

Kundenauftrag:

Nach VOB entstand nun folgender Arbeitsauftrag. Grundlage der Leistungsbeschreibung sind Vorschriften, Bestimmungen und Richtlinien, die als Bestandteil des Angebotes beigefügt sind und im Auftragsfall einzuhalten sind.

- Installation der notwendigen aktiven und passiven BK-Verteilkomponenten zum Empfang von DVB-C/C2 (**D**igital **V**ideo **B**roadcasting-**C**able)-Programmen.
- Anbringung innerer Blitzschutz (Potentialausgleich).
- Verlegung von Koaxialkabel (KATHREIN LCD 95 o. Ä., 75 Ohm) vom ÜP im Keller zur Wohnung NGOG1 in vorhandene Leerrohre.
- Erweiterung der terrestrischen Anlage um drei weitere TV/RF-Anschlussdosen in UP-Ausführung in dafür vorgesehene Schalterdosen, die an den Stamm angeschlossen sind, der zum Wohnzimmer des Dachgeschosses führt.
- Inbetriebnahme und Einpegeln der Anlage (Verstärker).
- Durchführung einer Funktionsprüfung und Einweisung der Benutzer.
- Übergabe aller erforderlichen technischen Unterlagen wie Anlagenbeschreibung, Blockschaltbilder, Verdrahtungs-, Objekt-, Stromlauf-, Übersichts-, Klemmenanschluss- und Installationspläne als Bestandspläne sowie ein Abnahmeprotokoll.
- Positionen und Beschreibungen der Betriebsmittel (Installationskabel, Verteiler, Verstärker, Abzweiger, Anschlussdosen, Erdungsschiene, F-Stecker usw.).

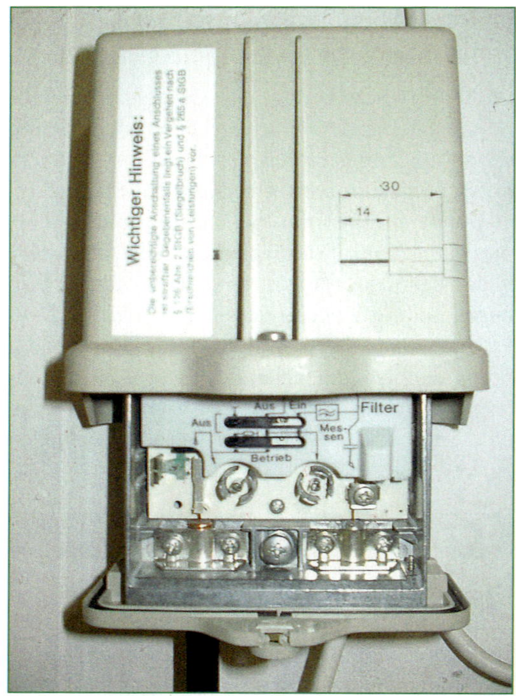

Abb. 1 BK-Übergabepunkt

Am Übergabepunkt (ÜP) sind nach den FTZ-Richtlinien 1 R 8-15 folgende Pegel vorgeschrieben, die mit einem Pegelmessgerät kontrolliert werden können (Abb. 1 und Tabelle 1).

Die Mindestpegel können als Basis für Berechnungen bzw. Dimensionierung der Anlage angenommen werden. Die Verteilstruktur sieht dann wie folgt aus (Abb. 2):

Die unsymmetrische Anordnung der Komponenten erfordert eine Berücksichtigung der höheren Dämpfung der Stammleitung mit den drei Anschlussdosen. Dieser wird man mit dem Einsatz eines Abzweigers gerecht, der das Signal mit einer kleinen Durchgangsdämpfung passieren lässt, aber eine relativ hohe Abzweigdämpfung (oder mehrere höhere Abzweigdämpfungen bei Mehrfach-Abzweigern) aufweist.

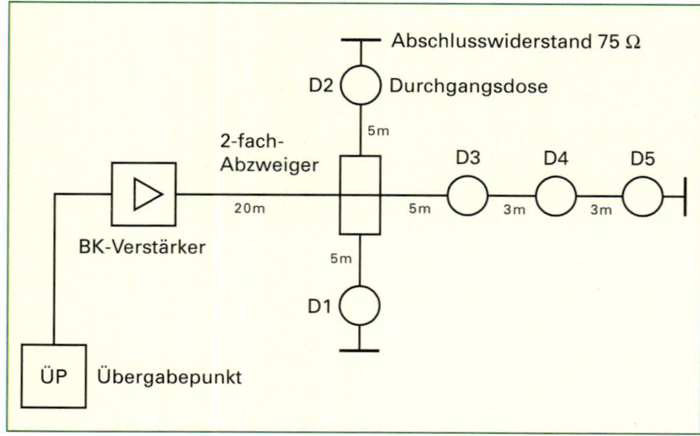

Abb. 2 Verteilstruktur der einfachen BK- Anlage

Signalart	Mindestwerte	Höchstwerte
Fernsehsignale		
47–300 MHz 300–440 MHz	66 dB µV 63 dB µV	83 dB µV 83 dB µV
Tonsignale		
UKW – FM Digitaler Rundfunk	62 dB µV 47 dB µV	79 dB µV 76 dB µV

Tabelle 1 Pegel am BK-Übergabepunkt

Praxistipp:
Bei älteren Installationen liegt der Einspeisepunkt meist im Obergeschoss des Hauses, der Übergabepunkt (ÜP) des Kabelbetreibers aber im Keller. Um die Signalverluste gering zu halten, ist es ratsam eine Leitung mit besonders geringer Dämpfung einzusetzen. Ein evtl. notwendiger Verstärker sollte, um Störungen (Rauschen usw.) nicht mitzuverstärken, so nahe wie möglich am ÜP installiert werden.
Wenn möglich, sollte auch in Altbauten eine sternförmige Installation in Leerrohren angestrebt werden. Ihre Vorteile sind
- *einfache Erweiterung um zusätzliche Teilnehmer möglich*
- *relativ einfacher Austausch von Leitungen möglich*
- *geringe Störanfälligkeit*
- *selektive Fehlersuche möglich*
- *Rückkanaltauglichkeit für zukünftige Dienste*
- *Sperrung von Teilnehmeranschlussdosen möglich*

Alle Komponenten aus der terrestrischen Anlage müssen BK-tauglich sein, d.h. die Anschlussdosen, Verteiler, Abzweiger und Antennenverstärker müssen den erhöhten Anforderungen (erweiterter Frequenzbereich, Schirmungsmaß usw.) genügen bzw. gegebenenfalls ausgetauscht werden (Tabelle 1 ⊳ 329 und Tabelle 2 ⊳ 329). Außerdem muss sichergestellt sein, dass bei dem eingesetzten Breitbandverstärker der maximal zulässige Ausgangspegel nicht überschritten wird, da sonst

Verteiler, Abzweiger	Symbol	Anschlussdämpfung	Durchgangsdämpfung	Kopplungsdämpfung	Schirmungsmaß SM
Antennenweiche		–	2 dB	–	≥ 60 dB
Stammleitungsverteiler (Zweifach-Verteiler)		–	3,5 dB	zwischen den Ausgängen 24 dB	≥ 110 dB
Stichleitungsverteiler (Zweifach-Abzweiger)		20 dB	1 dB	zwischen den Abzweigungen 24 dB	≥ 110 dB

Tabelle 1 Verteiler, Abzweiger

Antennensteckdosen für Rundfunk (UKW) und Fernsehen (TV)	Symbol	Anschlussdämpfung	Durchgangsdämpfung	Kopplungsdämpfung	Schirmungsmaß SM
für Einzelanlagen und entkoppelte Stichleitungen		UKW 3,5 dB TV 0,5 dB	–	ohne Entkopplung	≥ 55 ... 85 dB
für Gemeinschaftsanlagen		UKW 16 dB TV 14 dB	UKW 0,8 dB TV 0,8 dB	UKW → TV > 50 dB TV → TV > 30 dB	≥ 55 ... 85 dB
für Gemeinschaftsanlagen mit Richtkoppler		UKW 17 dB TV 16 dB	UKW 0,7 dB TV 0,7 dB	UKW → TV > 50 dB TV → TV > 50 dB	≥ 55 ... 85 dB

Tabelle 2 Antennensteckdosen

Störungen bestimmter Kanalkombinationen auftreten können. Tabelle 1 ▷ 326 gibt den notwendigen Korrekturfaktor an, um den der maximale Ausgangspegel aus den Datenblättern des Antennenverstärkerherstellers nach unten korrigiert werden muss, wenn mehr als 2 Kanäle (in der Praxis oft mehr als 25 Kanäle) übertragen werden. Alle analogen Rundfunk-Programme sind wie ein TV-Kanal zu behandeln.

Die Anlage ist danach auf die Einhaltung der vorgeschriebenen Mindest- bzw. Maximalpegel (Tabelle 2 ▷ 324) zu kontrollieren. Die am schlechtesten versorgte Antennenanschlussdose legt dabei das notwendige Verstärkungsmaß des Antennenverstärkers fest. Damit ist der Mindestpegel (mit einer Sicherheitsreserve von typ. 3 dB bei BK-Anlagen) gewährleistet. Die am besten versorgte Anschlussdose ist dann auf Einhaltung des maximal zulässigen Pegels zu kontrollieren und alles entsprechend zu protokollieren (z. B. in einem Abnahme-/Übergabeprotokoll der ARGE SAT).

Achtung:

Auf keinen Fall sollten schlecht geplante Anlagen gebaut werden, die zur Einhaltung der Mindestpegel als letzte Anschlussdose anstelle einer Durchgangsdose mit Abschlusswiderstand eine Einzelstichdose erforderlich machen. Durch diese Anordnung werden die notwendigen Mindestentkopplungen nicht erreicht. Störungen eines Empfängers bzw. einer Anschlussdose übertragen sich hierbei auf den Stamm bzw. die gesamte Antennenverteilanlage (Tabelle 3).

Frequenzbereich	Entkopplung
TV/TV (47–862 MHz)	42 dB
TV/TV (950–2 150 MHz)	30 dB
FM Audio/FM Audio (UKW)	42 dB

Tabelle 3 Mindestentkopplung zwischen zwei Teilnehmern

Abb. 1 Universalmessempfänger, Bewertung von gemessenen Modulationsfehlerraten (MER) für 64-QAM-Signal

	gut	bedingt	schlecht
MER 64- QAM- Signal	38 dB ... 27 dB	26 dB ... 23 dB	22 dB ... 20 dB
MER 256- QAM- Signal	38 dB ... 33 dB	32 dB ... 29 dB	28 dB ... 20 dB

Praxistipp:

*Neben der Kontrolle der minimalen und maximalen Pegel an den Empfängeranschlussdosen sollten bei der Bereitstellung von digitalen Rundfunk- und TV-Programmangeboten in das BK-Netz zusätzlich die Messwerte der MER (**M**odulation-**E**rror-**R**ate → Modulationsfehlerrate) in das Übergabeprotokoll an den Bauherren aufgenommen werden. Die MER lässt verbindliche Aussagen über die Qualität der digitalen Signale zu. Je größer die MER in dB, desto besser das übertragene Digitalsignal und desto kleiner die Aussetzerraten durch Fehler in den Demodulationsstufen (Abb. 1).*

3.2.2 Digitale Satellitenempfangstechnik

In der Dachgeschosswohnung sind italienische Mieter eingezogen, deren Informationsbedarf durch den Breitbandkommunikationsanschluss (BK-Anschluss) nicht vollständig abgedeckt werden kann. Der Dachständer der terrestrischen Antennenanlage aus Abschnitt 3.2.1 steht noch zur Verfügung. Die terrestrischen Antennen (UKW-Rundfunkempfang, LMK-Stabantenne und 2 UHF-Antennen bzw. 1 VHF-Antenne) sollen für Radio- und eventuellen DVB-T/T2-Empfang in die Antennenableitungen mit eingeschleust werden. Die Mieter wünschen sowohl im Wohnzimmer als auch im Schlafzimmer der Erdgeschosswohnung eine Anschlussdose. Leerrohre hierfür sind vorhanden bzw. vorgesehen.

Die Bewohner der gegenüberliegenden Wohnung im Erdgeschoss wünschen wegen der hohen Kabelgebühren durch den privaten Kabelbetreiber auch an das Kabelnetz angebunden zu werden. Hier soll eine Anschlussdose im Wohnzimmer vorgesehen werden, an der ein Satellitenprogramm gleichzeitig aufgenommen und wiedergegeben werden kann.

Kundenauftrag:

Nach VOB entstand nun der Arbeitsauftrag:

- Installation der Satellitenempfangskomponenten mit einer 90-cm-Offsetparabolantenne mit Multifeedhalterung und zwei digitaltauglichen Empfangskonvertern (Quattro-LNB) und einer 9/8-Umschaltmatrix (9/8-Switch)
- Integration der Satellitenanlage in die vorhandene terrestrische Anlage
- Integration an den inneren Blitzschutz (Potentialausgleich)
- Verlegung von Koaxialkabel (Kathrein LCD 95 o.Ä., 75 Ω) von der Außeneinheit zur Wohnung NGEG1 und NGEG2 in vorhandene Leerrohre
- Erweiterung der terrestrischen Anlage um 2 SAT/TV/RF-Anschlussdosen und eine SAT/TV/RF-Twin-Anschlussdose in UP-Ausführung in dafür vorgesehene Schalterdosen
- Inbetriebnahme und Einpegeln der Anlage
- Durchführung einer Funktionsprüfung und Einweisung der Benutzer
- Übergabe aller erforderlichen Unterlagen wie Anlagenbeschreibung, Blockschaltbilder, Verdrahtungs-, Objekt-, Stromlauf-, Übersichts-, Klemmenanschluss- und Installationspläne als Bestandspläne sowie ein Abnahmeprotokoll
- Positionen und Beschreibungen der Betriebsmittel (Installationskabel, Umschaltmatrix, analoger Einzel- und Twin-Receiver, Anschlussdosen, Erdungsschiene, F-Stecker usw.)

Grundlage dieses Arbeitsauftrages ist die terrestrische Antennenanlage aus Abschnitt 3.2.1. An den vorhandenen Mast soll eine Mehrteilnehmer-Satellitenempfangsanlage hinzugefügt werden, die den Empfang des Satelliten Astra 1A-1H und des Satellitensystems Eutelsat II-F1 und -F2 Hotbird 13° ermöglicht. Die Empfangsanlage soll in einer späteren Ausbaustufe mit Rückkanal und Netzwerkanschluss ausgelegt sein, da mittelfristig Pay-TV-Programme, Multimediadienste und andere Dienstleistungen in Anspruch genommen werden sollen.

Die Abb. 1 ▷ 331 zeigt schematisch die geplante Satellitenempfangsanlage mit terrestrischer Einspeisung sowie das dazugehörige Prinzipschaltbild.

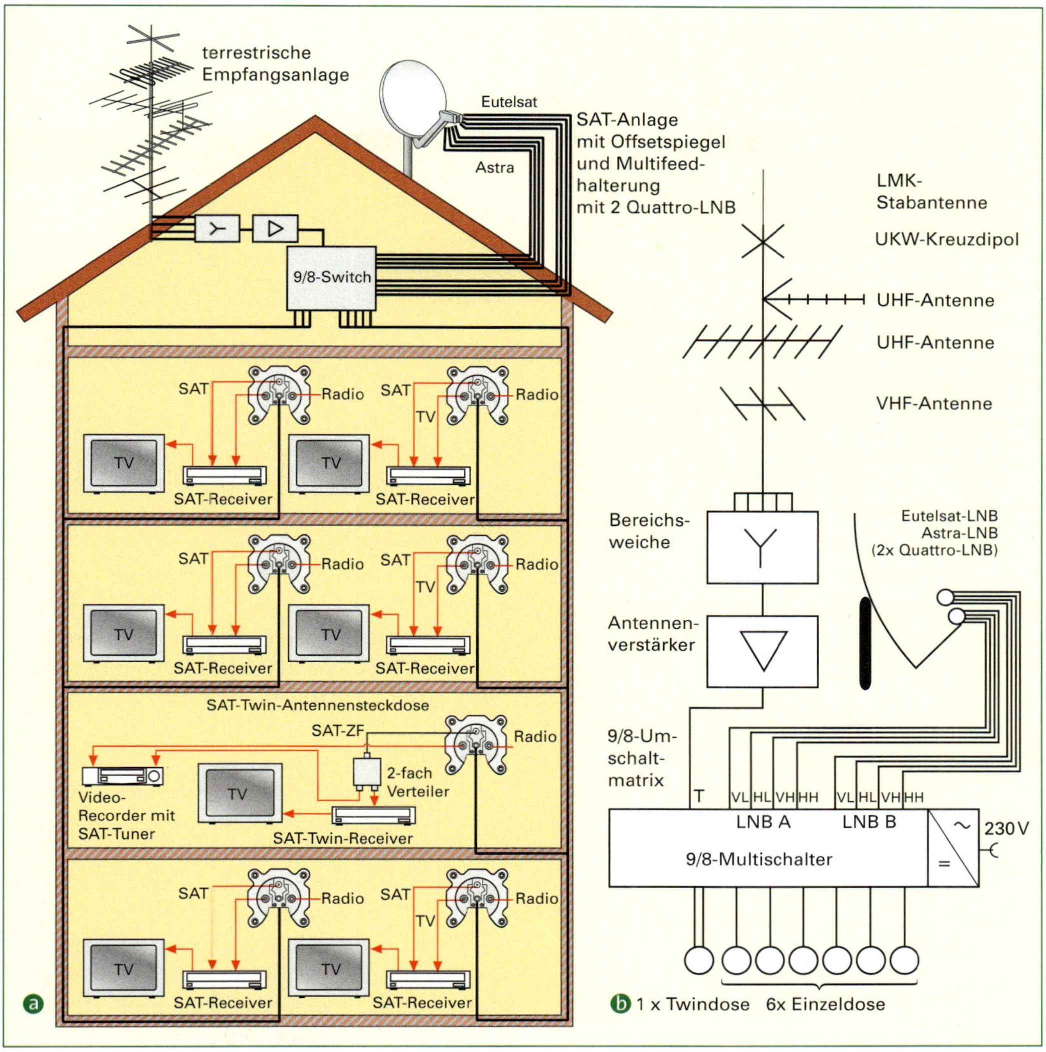

Abb. 1 Schema ⓐ und Prinzipschaltbild ⓑ des Kundenauftrags

Die Satellitensysteme Astra und Eutelsat sind Synchronsatelliten, die neben etwa 400 anderen Kommunikationssatelliten (Forschungs-, Wetter-, GPS-, Fernmelde-, RF/TV- u. a. Satelliten), die Erde in einem Abstand von 35 786 km mit gleicher Winkelgeschwindigkeit auf einer festen Äquatorbahn umkreisen (Abb. 2). Die Gravitationskraft (Anziehungskraft) und die Zentrifugalkraft (Fliehkraft) halten sich dabei die Waage, der Satellit scheint, von der Erde aus gesehen, sich an einem festen Punkt zu befinden.

Die exakte Positionierung der Satellitensysteme auf dieser geostationären Umlaufbahn wird von der Erde aus mithilfe einer Bodenstation gesteuert und mittels Triebwerken, deren Treibstoffvorrat auf etwa 10 Jahre begrenzt ist, nachgeführt.

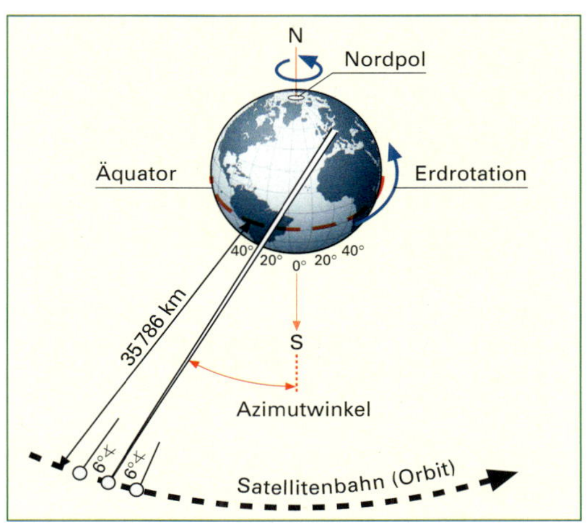

Abb. 2 Satellitenpositionen

Abb. 1 Parabolantenne

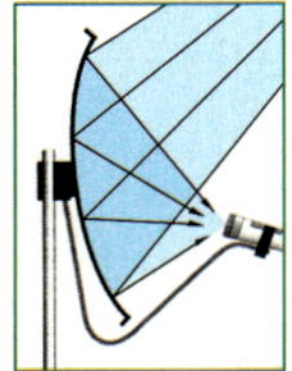
Abb. 2 Offsetparabolantenne

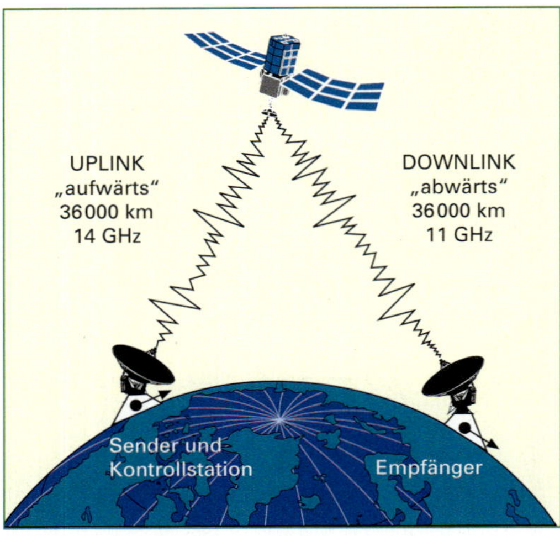

Abb. 4 Prinzip der Satellitenübertragung

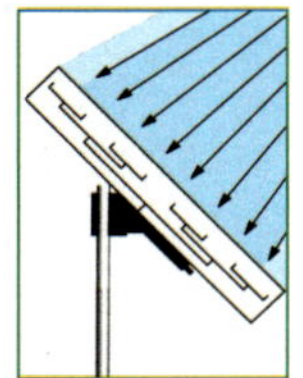
Abb. 3 Planarantenne

Die künstlichen Erdtrabanten würden andernfalls aufgrund von Anziehungskräften (Gravitation) anderer Himmelskörper von ihrer exakten orbitalen Position abweichen. Dadurch wird die Installation von fest stehenden Empfangsanlagen möglich. Neben der Positionierung der Satelliten auf ihrer vorgegebenen Position hat die Sender- und Kontrollstation (Abb. 4) die Aufgabe, die zugeleiteten Signale (TV-, RF-, Fernmelde- u. a.) im „Up-Link“ mittels eines Trägers zum Satellitentransponder zu übertragen, von dort werden diese dann umgesetzt, verstärkt und im „Down-Link“ auf die Erde zurückgesendet.

Aufgrund der niedrigen Transpondersendeleistung, die durch die Solarkollektoren zur Verfügung gestellt wird, und der großen Freiraumdämpfung zwischen Erdfunkstelle und Satellit bzw. Satellit und Empfangsanlage (etwa 205 dB) sind Sende- bzw. Empfangsantennen mit großem Gewinn erforderlich. Die erforderlichen Gewinne (25 bis 60 dB) sind durch konventionelle Mehrelementantennen nicht erreichbar. Es finden daher neben Planarantennen (Flachantennen) insbesondere symmetrische (zentralgespeiste) Parabolantennen und Offsetparabolantennen Anwendung (Abb. 1 bis Abb. 3).

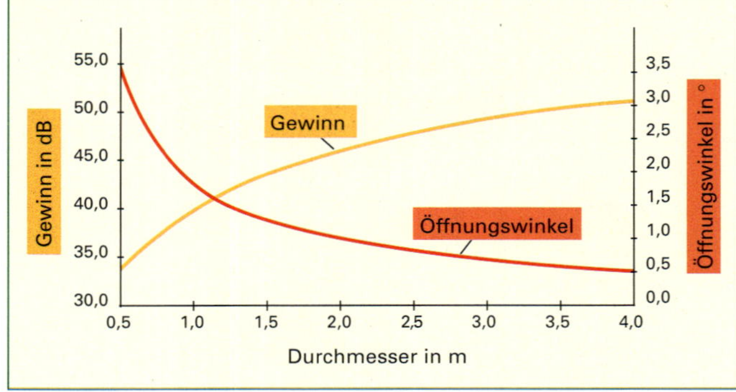

Abb. 5 Gewinn/Öffnungswinkel einer Parabolantenne

Abb. 5 zeigt den Gewinn und den Öffnungswinkel dieser Parabolantennen in Abhängigkeit vom Reflektordurchmesser.

Mit zunehmendem Reflektordurchmesser nimmt zudem der Öffnungswinkel ab und damit die Richtwirkung der Antenne zu. Im Brennpunkt der Parabolspiegel, die aus Metall, einem Metallgitter bzw. aus einem metallisierten Kunststoff gefertigt sein können, befindet sich das eigentliche Empfangssystem LNC (**L**ow **N**oise **C**onverter = rauscharmer Umsetzer). Wird das Speisesystem außerhalb des Strahlenganges angeordnet, erreicht man einen größeren Flächenwirkungsgrad der Antenne, da die Abschattung des Reflektors durch das LNC bzw. den Feedarm verringert wird. Diesem Vorteil – neben der leichteren Montagemöglichkeit an vorhandene Maste und der geringeren Anfälligkeit bezüglich Schmutz, Schnee etc. – steht der Nachteil einer größeren Windlast durch die in westlichen Hemisphären nahezu senkrecht stehenden Offsetspiegel gegenüber (Abb. 1 und Abb. 2). Die Planarantenne (Abb. 3) findet ihren Einsatz überwiegend im mobilen Bereich (Caravan, Camping). Bei dieser Antennenausführung ist eine Vielzahl von Empfangsdipolen auf einer Kunststofffolie zusammengeschaltet. Aufgrund der technologischen Grenzen (Gewinn, Aperturgröße) eignen sich diese Planar- oder Flachantennen nur bedingt für einen Mehrteilnehmerempfang bzw. für eine Verteilanlage.

Die stark gebündelten Signale der Satellitentransponder erzeugen auf der Erde hohe Leistungsflussdichten PFD (**P**ower **F**lux **D**ensity), die in Form von Tabellen oder Landkarten dargestellt werden können. Abb. 1 ▷ 333 zeigt den Verlauf von Linien gleicher Leistungsflussdichte des Satelliten ASTRA 1A-1H. Je größer die Leistungsflussdichte in dB (W/m^2) an einem Empfangsort, desto kleiner ist der erforderliche Spiegeldurchmesser für eine akzeptable Empfangsqualität. Vielfach werden in diese Footprint-Karten (*Footprint*, engl. Fußabdruck) anstelle der PFD die erforderlichen Reflektordurchmesser eingezeichnet, die vom Installateur – abhängig von den Satellitensystemen, den Polarisationen und dem Standort – abgelesen werden können.

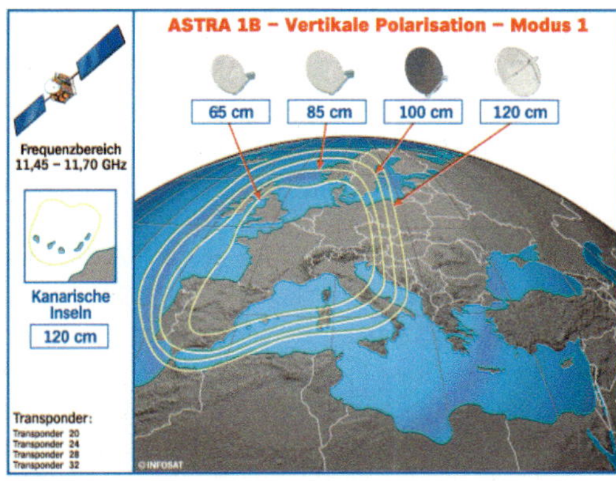

Abb. 1 Footprint mit erforderlichem Spiegeldurchmesser

Für das Nebengebäude mit dem Standort Mannheim ergibt sich für den Empfang des Satellitensystems Astra aus (Abb. 1) ein minimaler Durchmesser von 60 cm. Aus Gründen der Empfangsreserve und des Ausbaus zu einer Mehrteilnehmeranlage ist in der Ausschreibung ein Offsetparabolspiegel mit einem Durchmesser von 90 cm ausgewählt worden. Nach der Montage des Spiegels auf dem vorhandenen Dachständer ist neben der Einhaltung von Mindestabständen zur Dachoberfläche (Schnee usw.), Mehrelement-Yagi-Antennen bzw. UKW-Kreuzdipol (etwa 0,5 bis 1,0 m) sowie Kreuzungen und Näherungen (1 m nach DIN/VDE) zu Betriebsmitteln der Energieversorgung die exakte Ausrichtung der Satellitenantenne erforderlich. Man benötigt Winkelmesser, Kompass (Abb. 2) sowie ein selektives Antennenmessgerät (Abb. 1 ▷ 334), um die Antenne, abhängig vom jeweiligen geografischen Standort, einzustellen (Tabelle 1).

In Würzburg muss also zum Empfang von Eutelsat II Hotbird die Satellitenantenne um 33,2° nach oben aus der Horizontalen gekippt und um 4,5° aus der genauen Südrichtung nach Osten (= nach links, wenn man hinter der Antenne steht) gedreht werden.

Standort der Empfangsantenne			Eutelsat II F1 Hotbird 13° Ost		Astra 1 A-H 19,2° Ost	
Ort	Östliche Länge	Nördliche Breite	Elevation °	Azimut °	Elevation °	Azimut °
Aachen	6,05	50,47	31,8	-9,0	30,9	-16,5
Augsburg	10,53	48,23	34,6	-3,3	34,0	-11,3
Leipzig	12,19	51,20	31,3	-1,1	30,9	-9,2
Magdeburg	11,39	52,08	30,4	-2,1	29,9	-10,1
Mannheim	9,29	46,29	33,3	-6,2	32,5	-14,0
München	11,34	48,08	34,8	-2,2	34,3	-10,2
Münster	7,37	51,57	30,8	-7,2	30,0	-14,7
Nünberg	11,04	49,27	33,5	-2,6	33,0	-10,5
Potsdam	13,02	52,25	30,2	0,0	29,9	-8,0
Regensburg	12,06	49,01	33,8	-1,2	33,4	-9,2
Rostock	12,08	54,05	28,2	-1,2	27,9	-9,0
Saarbrücken	6,59	49,14	33,3	-8,4	32,4	-16,2
Schwerin	11,24	53,38	28,9	-2,2	28,5	-10,1
Stuttgart	9,11	48,46	34,3	-5,2	33,6	-13,1
Weimar	11,20	50,59	32,00	-2,4	31,5	-10,5
Wiesbaden	8,14	50,05	32,5	-6,3	31,7	-14,0
Würzburg	9,56	49,48	33,2	-4,5	32,5	-12,3

Tabelle 1 Azimut-/Elevationsdaten für ausgewählte Standorte

Normalerweise wird die Position von Astra mit 19,2° Ost bezeichnet. Der Einstellwinkel der Antenne ist aber, abhängig von der Lage des Empfangsstandortes, ein anderer: Die geostationären Satelliten befinden sich über dem Äquator, die Empfänger befinden sich auf einer gekrümmten Oberfläche. Bewegt man sich nun auf dieser gekrümmten Oberfläche und visiert immer den Satelliten an, so müssen die Winkel für Azimut (horizontale Einstellung Ost/West) und Elevation (vertikale Einstellung nach oben) angepasst werden, und zwar über folgende Formeln:

Elevation = arctan ((cos X – 0,1513) / sin X)

Azimut = 180 + arctan (tan (S – L) / sin B)

S Längengrad der Satellitenposition (östliche Werte sind negativ, z. B. Astra auf 19,2° Ost = –19,2)

L Längengrad des Antennenstandortes (östliche Werte sind negativ, z. B. Würzburg = –9,56)

B Breitengrad des Antennenstandortes (z. B. Würzburg = +49,48)

X Hilfsvariable = arccos (cos (S – L) · cos B)

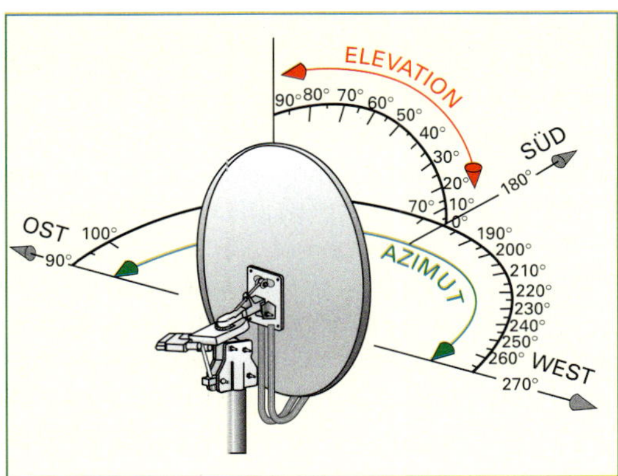

Abb. 2 Azimut- und Elevationswinkel

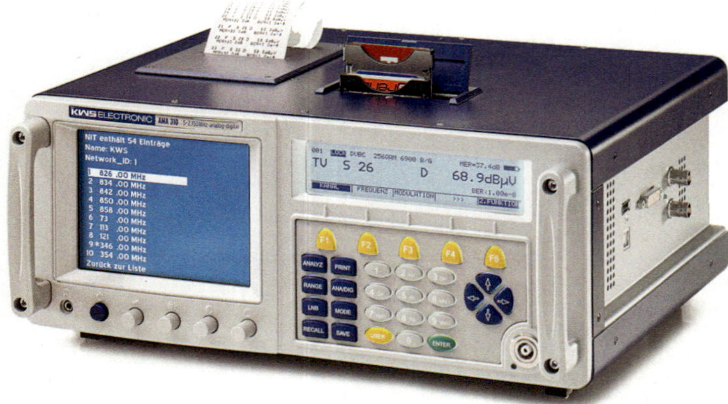

Abb. 1 SAT Antennenmessgerät

Merke:

Beim Ausrichten der Antenne sind zwei Winkel zu beachten:

- *Der Elevationswinkel (El) beschreibt den Winkel zwischen der Einfallsrichtung des Signals und der Horizontalen → Winkelmesser.*
- *Der Azimutwinkel (Az) beschreibt den Winkel zwischen der Einfallsrichtung des Signals und der Nordrichtung → Kompass.*

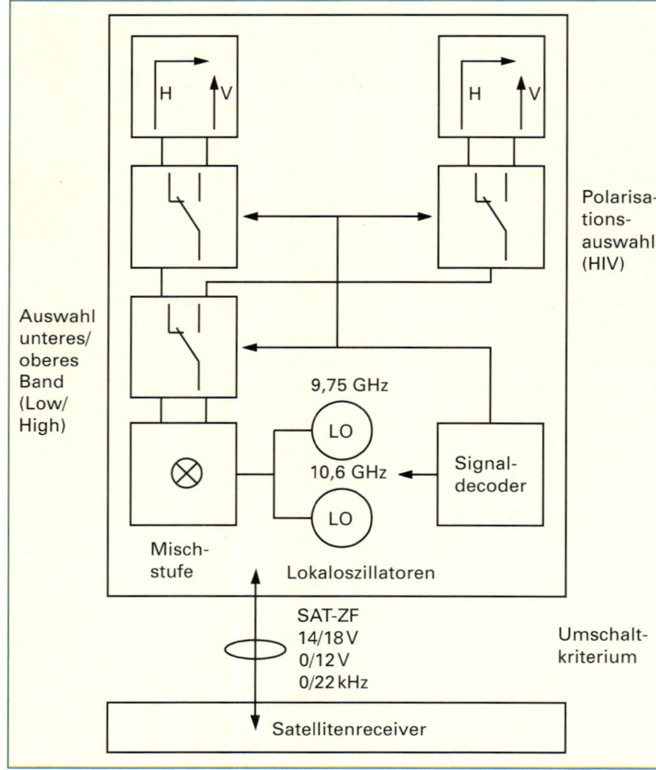

Abb. 2 Prinzipschaltbild eines digitaltauglichen Empfangskonverters (Universal-Single-LNB)

Diese Winkel sind beispielsweise den Produktprospekten der Antennenhersteller, einschlägigen Tabellenbüchern bzw. dem Internet zu entnehmen, in denen die Azimut- und Elevationswinkel in Abhängigkeit der geografischen Standorte angegeben sind. Für Mannheim sind für die Satelliten Astra 1A-1H 19,2° Ost 166,0° Az/32,5° El und für die Satelliten Eutelsat II F1 13° Ost 173,8° Az/33,3° El als Bezugsgrößen abzulesen. Nach der groben Einstellung mit diesen mechanischen Messinstrumenten erfolgt die Feinjustage mit dem SAT-Antennenmessgerät, das zudem eine Kontrolle der Bild- und Tonqualität erlaubt.

Nach dem Einmessen der Anlage auf den Satelliten Eutelsat erfolgt die Kontrolle bzw. Feinjustage des Empfangskonverters auf das Satellitensystem Astra. Bei den meisten Anlagen genügt die Ausrichtung auf einen Satelliten, die andere Position ist dann mechanisch ausreichend genau. Die Abb. 2 zeigt das Multifeedsystem mit den beiden Empfangskonvertern.

Praxistipp:

Es empfiehlt sich, vor dem endgültigen Fixieren der Befestigungsschrauben, die Empfangseinheit (LNC) auf optimale Polarisationsentkopplung abzustimmen. Diese erfolgt durch Drehung des Empfangskonverters nach Korrekturangaben oder durch Anwendung der Spektrumanalysefunktion, die in hochwertigen Antennenmessgeräten integriert ist. Diese Korrektur ist insbesondere bei Multifeedanlagen durch die Ausrichtung auf mehrere Satellitenpositionen notwendig; bei vielen Systemen ist eine Einstellung bereits mechanisch vorbereitet.

In diesem Arbeitsauftrag finden zwei Quattro-LNB Anwendung, die in Abb. 1 ▷ 335 schematisch dargestellt sind.

Der **Universal-Single-LNB** (**L**ow **N***oise* **B***lock* = rauscharmer Block) ermöglicht mit nur einem Ausgang den Einzelempfang des unteren (10,70–11,70 GHz) bzw. des oberen Bandes (11,70–12,75 GHz) für den Empfang von analogen und digitalen Programmen und beider Polarisationsebenen (horizontale und vertikale Polarisation). Das Universal-Single-LNB (Uni-LNB) enthält dazu in einem wettergeschützten Gehäuse im Wesentlichen ein Feedhorn (Hornantenne), die Polarisationsweiche (Polarizer) zur Trennung bzw. Aus-

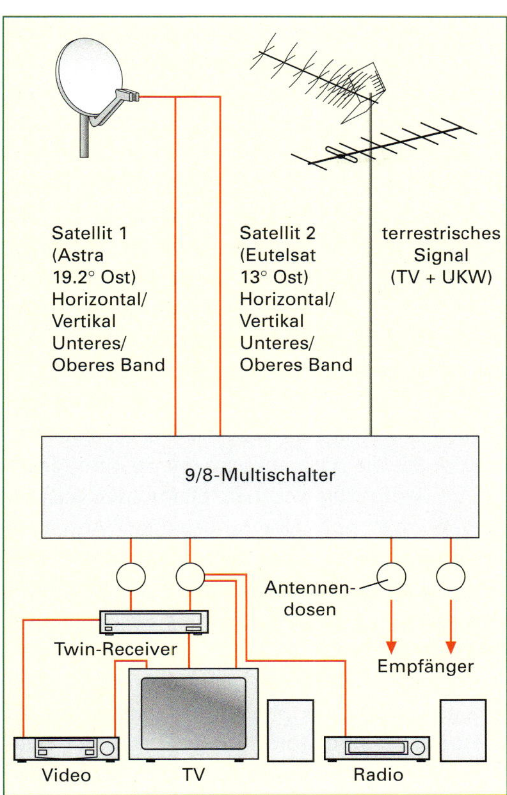

Abb. 1 Prinzipschaltbild des Arbeitsauftrages „digitale Multifeedanlage"

kopplung der gewünschten Polarisationsebene (bzw. Polarisationsrichtung bei zirkularer Polarisation), den SHF-Filter (**S**uper **H**igh **F**requency = superhohe Frequenz), SHF-Umsetzer (etwa 12 GHz im Down-Link auf 950 bis 2400 MHz, 1. SAT-ZF) und SHF-Verstärker sowie eine Auswahlelektronik.

Die Auswahl der Lokaloszillatorfrequenzen bzw. der beiden Frequenzbänder erfolgt direkt im LNB mittels eines frequenzabhängigen Schalters. Dazu wird neben der Signalhochfrequenz auf der Koaxialleitung vom digitalen Satellitenreceiver eine 0/22 kHz-Schaltfrequenz (Tonburst) oder ein Schaltbefehl (siehe Seite 338 ff.) übertragen, die eine Umschaltung zwischen den beiden Frequenzbändern erlaubt. Die vertikale bzw. horizontale Polarisationsebene beider Bänder wird mit der Spannungsversorgung 13 (14) / 17 (18) V des LNB ausgewählt.

- Das **Dual-LNB** enthält in nur einem Gehäuse zwei unabhängige Empfangskonverter, die es in analogen und digitalen Ausführungen (Universal-Dual-LNB) gibt. Dual-LNB liefern an ihren Anschlüssen immer ein V- und ein H-Signal. Das Dual-LNB benötigt immer eine Umschaltmatrix zur Polarisationsauswahl.
- Das **Twin-LNB** setzt sich aus zwei Single-LNB in einem Gehäuse zusammen. Diese Ausführung (Universal-Twin-LNB empfangen unteres analoges und oberes digitales Frequenzband) kann direkt an die Satellitenreceiver bzw. deren Anschlussdosen angeschlossen werden.
- Das **Quattro-LNB** ist ein Empfangssystem, welches alle Polarisationsebenen und Frequenzbänder mit 4 Anschlüssen nach außen führt. Auch dieses System benötigt eine Umschaltmatrix für den Anschluss der Empfänger.
- Das **Quattro-Switch-LNB** (Quad-LNB) integriert in einem Gehäuse ein Quattro-LNB mit einer Umschaltmatrix für den direkten Anschluss von 4 Receivern bzw. Anschlussdosen. Diese Ausführung hat allerdings den Nachteil, dass eine Erweiterung auf mehr als 4 Teilnehmer nur bedingt möglich ist.
- Das **Okto-Switch-LNB** erlaubt den direkten Anschluss von bis zu 8 Teilnehmern.
- Das **Monoblock-LNB** erlaubt den Empfang von 2 Satellitenpositionen mit nur einem LNB. Monoblock-LNBs haben 2 Empfangsköpfe, die einen speziellen Winkel zueinander haben. Die Winkel sind fest auf 2 Satellitenpositionen wie zum Beispiel Astra 19,2° und Hotbird 13,0° eingestellt. Verschiedene Ausführungen gibt es als Single-, Twin- oder Quad-Version.

Abb. 2 Verschiedene LNB-Ausführungen: ⓐ Single-, ⓑ Twin-, ⓒ Quattro-, ⓓ Quattro-Switch-, ⓔ Okto-Switch-, ⓕ Monoblock-LNB

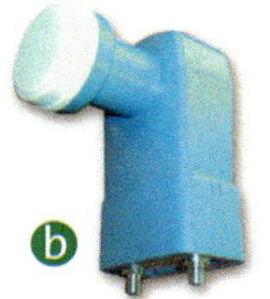

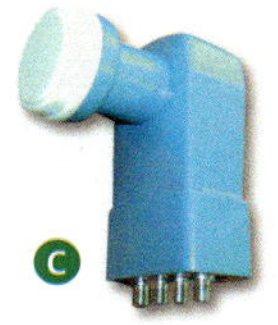

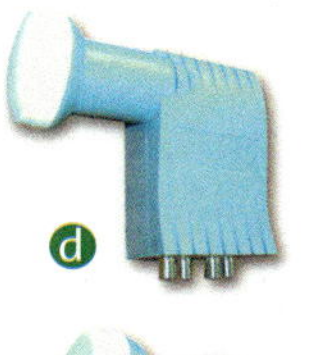

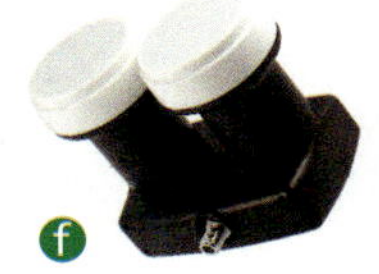

Praxistipp:

In älteren Satellitenanlagen war dazu eine separate Steuerleitung vorgesehen, welche die mechanische, magnetische oder elektrische Polarisationsweiche mit den notwendigen Impulsen bzw. Spannungen versorgt hat. Bei einer Nachrüstung bzw. Erweiterung einer älteren Anlage kann auf diese Steuerleitungen verzichtet werden.

Im nächsten Schritt sind bei der Verlegung der Koaxialleitung von der Außeneinheit zur SAT-Anschlussdose im Wesentlichen die Empfehlungen und Bestimmungen wie bei den zuvor beschriebenen terrestrischen bzw. BK-Anlagen zu beachten. Aufgrund der deutlich höheren Signalfrequenz (950 MHz bis 2400 MHz) gegenüber den

Empfangsanlagen aus dem Abschnitt 3.2.1 ist bei der Konfektionierung der F-Stecker, evtl. Verbinder bzw. Verteiler, Weichen und Anschlussdosen sowie bei der Auswahl (Schirmungsmaß, Dämpfung) und Verlegung der Koaxialleitungen (Biegeradien, Stauchungen und Dehnungen) besondere Sorgfalt angebracht. Im Vergleich zur Übertragung von analogen Programmen nimmt die Qualität des RF/TV-Empfanges bei digitalen Signalübertragungen nicht allmählich (Rauschen, sogenannte Fische), sondern schlagartig ab, sobald ein Mindestpegel unterschritten wurde, und führt zu inakzeptablen Ergebnissen (sogenannte Brickwalleffekte = eingefrorenes, mosaikartiges Bild). Aus diesem Grund ist auch bei der Ausrichtung der Antenne die bestmögliche Empfangsqualität anzustreben, damit noch ausreichende Schlechtwetterreserven vorhanden sind.

Merke:

Folgende Pegel sind nach EN 50083-7 einzuhalten:

$L_{SAT} = 47\,dB\mu V \ldots 77\,dB\mu V$ *an* $75\,\Omega$

Um elektromagnetische Störungen zu minimieren, stellt die EN 50083-2 an das Schirmungsmaß folgende Anforderungen:

Grenzwerte für das Schirmungsmaß von passiven Bauteilen

Frequenzbereich in MHz	Grenzwert in dB	
	Klasse A	Klasse B
30 bis 300	85	75
300 bis 470	80	75
470 bis 1000	75	65
1000 bis 3000	55	550 bis 55

Grenzwerte für das Schirmungsmaß von Koaxialleitungen

Frequenzbereich in MHz	Grenzwert in dB	
	Klasse A	Klasse B
30 bis 1000	85	75
1000 bis 2000	75	65
2000 bis 3000	65	55

Als letzter Installationsschritt ist die Einschleusweiche bzw. die 9/8-Umschaltmatrix (Switch) in das Gesamtsystem einzubinden. Die erste Zahl steht für die Anzahl der Eingänge (8 Satelliten-ZF-Eingänge, z.B. Horizontal-Low-Band, Vertikal-Low-Band, Horizontal-High-Band und Vertikal-High-Band sowie ein weiterer Eingang zur Einschleusung terrestrischer Signale) und die zweite Zahl für die Anzahl der Ausgänge (hier für maximal 8 Teilnehmer, unbenützte Ausgänge sollten terminiert werden). Die Funktionsweise einer Einschleusweiche wurde in Abschnitt 3.2.1 bei der Einführung von Antennenweichen (integrierte Bereichsweichen in Antennenverstärkern) bereits beschrieben. Die 9/8-Umschaltmatrix Abb. 1 ⊳ 337 integriert eine Einschleusweiche mit einer Umschaltmatrix, die je nach angelegter Gleichspannung (13/17V) und Ton- bzw. Schaltsignal zwischen den Polarisationen und den Satellitenpositionen auswählt. Dieses Bauelement sollte möglichst nahe an der Außeneinheit (an einem wettergeschützten Ort) und für spätere Mess- oder Reparaturzwecke gut zugänglich montiert werden. Versionen mit mehr als 4 Teilnehmern sind in der Regel mit einem Netzteil versehen, welches den eingebauten Verstärker zum Ausgleich der Verteildämpfung sowie die Auswahllogik mit Spannung versorgt. Es empfiehlt sich, bei netzteillosen Ausführungen mit nur einem belegten Anschluss (Empfänger) die Umschaltmatrix mit einem separaten Netzteil fremd zu speisen, damit die Stromversorgung und die Umschaltung der Empfangskonverter sichergestellt sind.

Danach ist die Wasserdichtheit der F-Verbindungen an der Außeneinheit herzustellen bzw. zu überprüfen, damit Störungen (nachlassende Qualität bzw. Empfangsaussetzer) durch Kondenswasser an den Kontaktstellen vermieden werden. Zur Kontrolle gilt es, an der 3-Loch-Satellitenantennendose die Pegel (vgl. Tabelle 4 ⊳ 324) in den jeweiligen Frequenzbändern zu überprüfen. Die o.g. Pegel sind an der Anschlussdose in allen Frequenzbereichen und Polarisationen einzuhalten.

Praxistipp:

Bei diesem Anlagentyp ist bei der Auswahl der 3-Loch-Satellitenantennendose darauf zu achten, dass diese einen DC-(Gleichspannungs-) Durchlass besitzt, damit der angeschlossene Empfänger (Receiver) das LNB und evtl. weitere vorhandene aktive Komponenten (z.B. Line-in-Verstärker) mit Spannung versorgen kann bzw. die Polarisations-Umschaltkriterien übertragen werden können. Es ist kein Abschlusswiderstand einzusetzen. Der Abschluss erfolgt durch das angeschlossene Endgerät. Der Satellitenreceiver würde sonst den Abschlusswiderstand (75 Ω) mit 13 bzw. 18 V speisen ($P = U^2/R = 18^2\,V^2/75\,\Omega = 4{,}32\,W$*). Die Funktion der Anlage kann dadurch gestört werden.*

Erweiterung der digitalen Satellitenempfangsanlage um eine weitere Satellitenposition

Erweiterung der digitalen Satellitenempfangsanlage um eine weitere Satellitenposition

Die italienischen Mieter (vgl. Seite 330) möchten ihre digitale Astra-Eutelsat-Multifeedanlage um den Empfang des türkischen TV-Satelliten Türksat 42° Ost erweitern. Für den Empfang von 2 Frequenzbändern (unteres (früher analoges) und oberes (früher digitales) Band), 2 Polarisationsebenen (vertikal und horizontal) und 3 Satellitenpositionen (Astra 19.2° Ost, Eutelsat 13° Ost und Türksat 42° Ost) reichen die bisherigen Umschaltkriterien nicht mehr aus. Es ist ein zukunftssicheres, digitaltaugliches System einzusetzen, welches auch für künftige Entwicklungen offen ist. Darüber hinaus möchte die Familie ihre Anlage um zwei weitere Anschlüsse im Kinder- und Gästezimmer ergänzen.

Kundenauftrag:

Nach VOB entstand folgender Arbeitsauftrag. Grundlage der Leistungsbeschreibung sind Vorschriften, Bestimmungen und Richtlinien, die als Bestandteil des Angebotes beigefügt und im Auftragsfall einzuhalten sind:

- Erweiterung der vorhandenen digitalen Satellitenempfangsanlage (90-cm-Offsetparabolantenne mit Multifeedhalterung und 2 Quattro-LNB) um eine weitere 90-cm-Offsetparabolantenne mit Quattro-LNB und Austausch der 9/8-Umschaltmatrix durch einen geeigneten DiSEqC-Umschalter mit einem terrestrischen und mindestens 12 SAT-ZF-Eingängen für den Empfang der TV- und RF-Sender von 3 Satellitenpositionen.
- Verlegung von Koaxialkabel (KATHREIN LCD 95 o. Ä., 75 Ω) von der Außeneinheit zur Wohnung NGEG1 (Kinderzimmer und Gästezimmer) in vorhandene Leerrohre
- Inbetriebnahme und Einpegeln der Anlage
- Durchführung einer Funktionsprüfung und Einweisung der Benutzer
- Übergabe aller erforderlichen technischen Unterlagen wie Anlagenbeschreibung, Blockschaltbilder, Verdrahtungs-, Objekt-, Stromlauf-, Übersichts-, Klemmenanschluss- und Installationspläne als Bestandspläne sowie ein Abnahmeprotokoll
- Positionen und Beschreibungen der Betriebsmittel (Installationskabel, Umschaltmatrix, LNB's, digitaler Einzel- und Twin-Receiver, Anschlussdosen, Erdungsschiene, F-Stecker usw.)

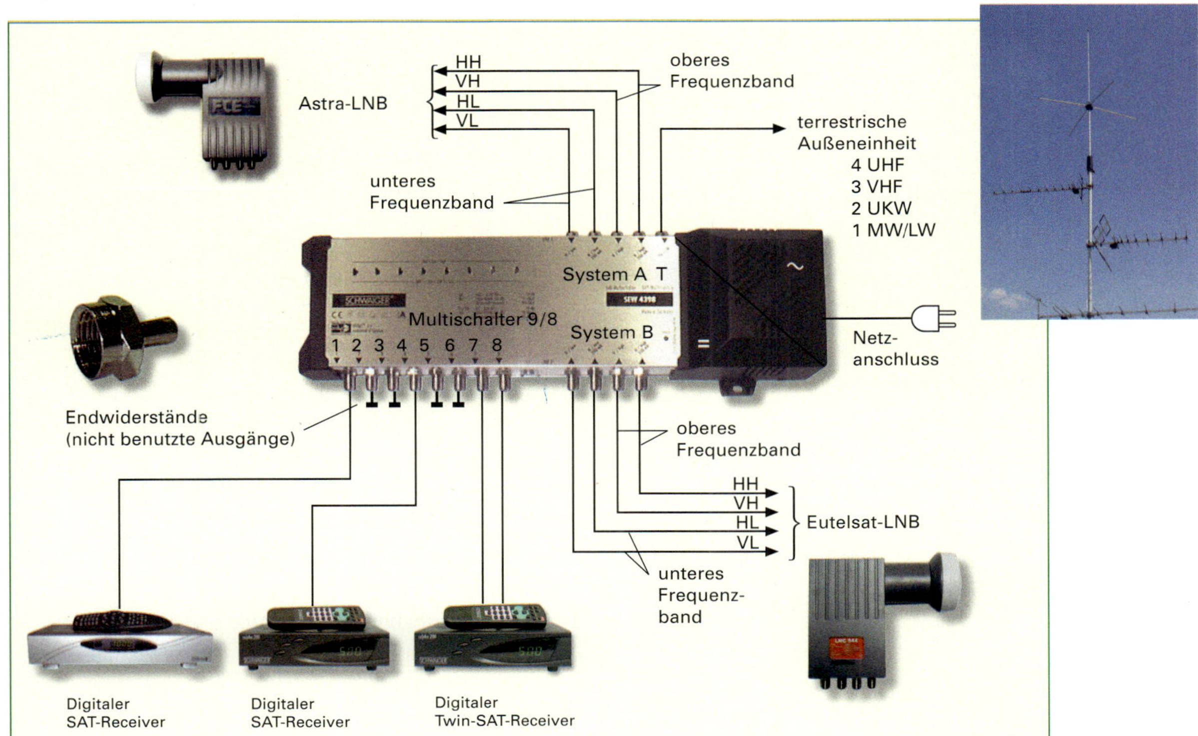

Abb. 1 9/8-DiSEqC-Umschaltmatrix

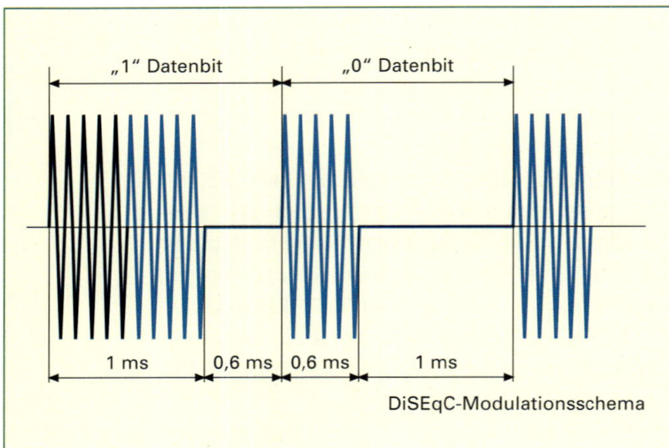

Abb. 1 DiSEqC-Bitstruktur

Grundlage dieses Arbeitsauftrages ist die digitale Satellitenempfangsanlage (vgl. Seite 330).
Außerdem sind weitere 4 Anschlussleitungen von dem Quattro-LNB der weiteren 90-cm-Offsetparabolantenne zu der Umschaltmatrix zu legen.
Die Erweiterung um den Empfang von analogen und digitalen Programmen auf den unteren und oberen Frequenzbändern beider Satellitenpositionen erfordern zusätzliche Umschaltkriterien zu den bekannten 13/17 V bzw. 0/22 kHz. Möglich wäre eine Erweiterung um eine zusätzliche Spannung (z. B. 13/17/21 V) bzw. um zusätzliche niederfrequente Umschaltfrequenzen (z. B. 0/22/33 kHz) mit den Nachteilen schwieriger Erweiterbarkeit und Kompatibilitätsproblemen.
Mit der Einführung von DiSEqC (**Di**gital **S**atellite **Eq**uipment **C**ontrol = Digitale Satelliten-Zubehörsteuerung), ist es möglich, eine große Anzahl unabhängiger Schaltkriterien zu erzeugen. Dieses Steuerungssystem wurde von namhaften Herstellern von Antennenzubehör sowie Betreibern von Satelliten entwickelt. In ihm werden digitale Steuerungssignale, die nur die Zustände „0“ und „1“ einnehmen können, durch getastete 22-KHz-Signale erzeugt (Abb. 1).
Bei der Steuerung in Empfangs- und Verteilanlagen durch DiSEqC handelt es sich um ein Master/Slave-Konzept, wobei stets nur ein Master, aber mehrere Slaves möglich sind. Der Satellitenreceiver (oder Set-Top-Box) stellt dabei den Master dar, die gesteuerten Funktionseinheiten (z. B. Umschaltmatrizen, Empfangskonverter, Schalter usw.) die Slaves. Das System zeichnet sich durch

DiSEqC™-Level	Kommunikation	Einsatzbereich	Produkte
Tone-Burst (Mini-DiSEqC™)	unidirektional	Umschaltung zwischen 2 LNBs (Positon A/B)	Monoblock-LNB, Loop-through-LNB, Relais, Generator, Testgeräte
1.0	unidirektional	Umschaltung zwischen 4 LNBs, Mehrteilnehmerempfang von bis zu 16 Sat-ZF-Ebenen	Multischalter, Monoblock-LNB, Loop-through-LNB, Relais, Generator, Testgeräte
1.1	unidirektional	wie Level 1.0, zusätzlich geeignet für DiSEqC™-Einkabelanlagen und Anlagen mt kaskadierten Bauteilen	wie Level 1.0, zusätzlich Einkabelanlagen, teilnehmergesteuerte Aufbereitungssysteme
1.2	bidirektional	wie Level 1.1, zusätzlich geeignet für Drehanlagen	wie Level 1.1, zusätzlich Drehmotoren
2.0	bidirektional	wie Level 1.0, jedoch mit Zweiwegkommunikation	wie Level 1.0
2.1	bidirektional	wie Level 1.1, jedoch mit Zweiwegkommunikation	wie Level 1.1
2.2	bidirektional	wie Level 1.2, jedoch mit Zweiwegkommunikation	wie Level 1.2

Tabelle 1 DiSEqC-Level (weitere in Bearbeitung)

eine besonders hohe Leistungsfähigkeit und Abwärtskompatibilität aus. Zur Unterscheidung gibt es verschiedene DiSEqC-Level (1.0 bis 2.2), die in der Tabelle 1 angegeben sind. DiSEqC 3.0 stellt eine zusätzliche Programmierschnittstelle zur Verfügung, mit der z. B. in einem Einkabelsystem eine externe ZF-Kanalumsetzereinheit gesteuert werden kann.

Damit die DiSEqC-Komponenten untereinander kommunizieren können, müssen sie dafür vorgesehen sein. Ist dies der Fall, so sind diese mit einem DiSEqC-Logo mit der Level-Variante gekennzeichnet (Abb. 2).

Die Befehlsübertragung erfolgt nach einer vorgegebenen Datenstruktur (Abb. 1, Tabelle 1, Tabelle 2 sowie Tabelle 1 und Tabelle 2 ▷ 340):

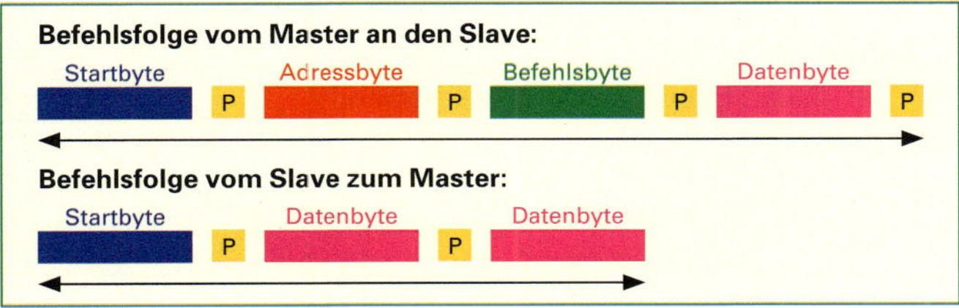

Abb. 1 DiSEqC-Datenstruktur

Abb. 2 DiSEqC-Logo

Startbyte	Binärdaten	Bedeutung
E0	1110 0000	Befehl vom Master, Bestätigung freigestellt, Erstübertragung
E1	1110 0001	Befehl vom Master, Bestätigung freigestellt, Wiederholung
E2	1110 0010	Befehl vom Master, Bestätigung erwartet, Erstübertragung
E3	1110 0011	Befehl vom Master, Bestätigung erwartet, Wiederholung
E4	1110 0100	Antwort von Slave, OK, kein Fehler aufgetreten
E5	1110 0101	Antwort von Slave, Befehl nicht ausführbar
E6	1110 0110	Antwort von Slave, Paritätsfehler – Wiederholung angefordert
E7	1110 0111	Antwort von Slave, Befehl nicht erkannt – Wiederholung nötig

Tabelle 1 DiSEqC-Befehle: Startbyte

Adresse	Binärdaten	Familie oder Typ
00	0000 0000	Alle Familien (Universaladresse)
10	0001 0000	Alle schaltenden Komponenten
11	0001 0001	LNB
12	0001 0010	LNB mit Durchschleifung
14	0001 0100	Schalter (Multi-Switch, Relais)
15	0001 0101	Schalter mit Durchschleifung
18	0001 1000	SMATV
20	0010 0000	Alle Polarizer
30	0011 0000	Alle Antennenpositionierer
40	0100 0000	Alle Installationshilfen
41	0100 0001	Signalstärke anzeigen
6x	0110 xxxx	Ausweichbereich bei Adresskonflikten
70	0111 0000	Schnittstelle für Multi-Master-Adapter
FX	1111 xxxx	Erweiterungen

Tabelle 2 DiSEqC-Befehle: Adressbyte

Hexabyte	Befehl	Funktion
00	Reset	Startet den Slave Mikrocontroller neu
02	Standby	Schaltet die Peripherieversorgung aus
03	Power on	Schaltet die Peripherieversorgung ein
07	Adress	Auslesen der Slave-Adresse
10	Status	Auslesen der Statusregister
11	Config	Auslesen der Konfigurationsregister
14	Switch 0	Auslesen des aktuellen Schaltzustandes
20	Set Lo	Wahl des Low-Bands
21	Set VR	Wahl der vertikalen Ebene (oder rechtsdrehend)
22	Set Pos A	Wahl von Satellitensystem A
23	Set S0A	Optionale Wahlmöglichkeit A
24	Set Hi	Wahl des High-Bands
25	Set HL	Wahl der horizontalen Ebene (oder linksdrehend)
26	Set Pos B	Wahl von Satellitensystem B
27	Set S0B	Optionale Wahlmöglichkeit B
38	Write N0	Direktbeschreibung des ZF-Pfads
51	LO now	Auslesen der aktuellen Lokal-Oszillatorfrequenz
52	LO Lo	Auslesen der niedrigen Lokal-Oszillatorfrequenz
53	LO Hi	Auslesen der hohen Lokal-Oszillatorfrequenz

Tabelle 1 DiSEqC-Befehle: Befehlsbyte

Bit-Nr.	Schaltzustandsbyte Schalterstellung	Statusbyte Status	Konfigurationsbyte Komponente kann ...
.7	Optionsschalter steht auf B	Bus-Kollisionsbit ist gesetzt	ein analoges Steuersignal ausgeben
.6	Satellitenposition B ist gewählt	Standby-Modus ist gewählt	in Standby-Modus versetzt werden
.5	Horizontale Polarisation ist gewählt	[frei]	eine drehbare Antenne steuern
.4	Das High-Band ist gewählt	Externe Stromversorgung	extern mit Strom versorgt werden
.3	Optionsschalter verfügbar	[frei]	ZF-Signale durchschleifen
.2	Satellitenposition ist wählbar	Fernspeisespannung ist $>15\,V$	[frei]
.1	Polarisation ist wählbar	[frei]	Signale schalten
.0	Frequenzband ist wählbar	Reset-Flag	Oszillatorfrequenzen zurückmelden

Tabelle 2 DiSEqC-Befehle: Schaltzustands-, Status- und Konfigurationsbyte

Bei der unidirektionalen (= in eine Richtung wirkenden) Betriebsart (DiSEqC-Level 1.0, 1.1, 1.2) werden Befehle von den Empfängern nur zu den Funktionseinheiten übertragen, bei der bidirektionalen (= in beide Richtungen wirkenden) Betriebsart (DiSEqC-Level 2.0, 2.1, 2.2) wird nach jedem Befehl von der adressierten Funktionseinheit eine Antwort als Bestätigung an den Empfänger zurückgeschickt. Jeder Befehl besteht dazu aus 5 Bytes, die Antworten aus 3 Bytes. Jedes Byte wird zusätzlich durch ein Prüfbit ergänzt, und zwischen jedem Befehl und jeder Antwort ist eine Pause von 4 Bit (6 ms) vorgesehen (vgl. die Struktur der Signale auf den Busleitungen des KNX).

Die Datenübertragung ist aufgrund der vorgegebenen Datenstruktur eingeschränkt und nicht sonderlich schnell, aber für die Steuerung von Satellitenzubehör völlig ausreichend und offen für zukünftige Zubehörneuentwicklungen bzw. Anlagenkonzepte (Abb. 1 ▷ 341).

Die Erweiterung der Umschaltmatrix um weitere 4 SAT-ZF-Eingänge ist für den Empfang des Satel-

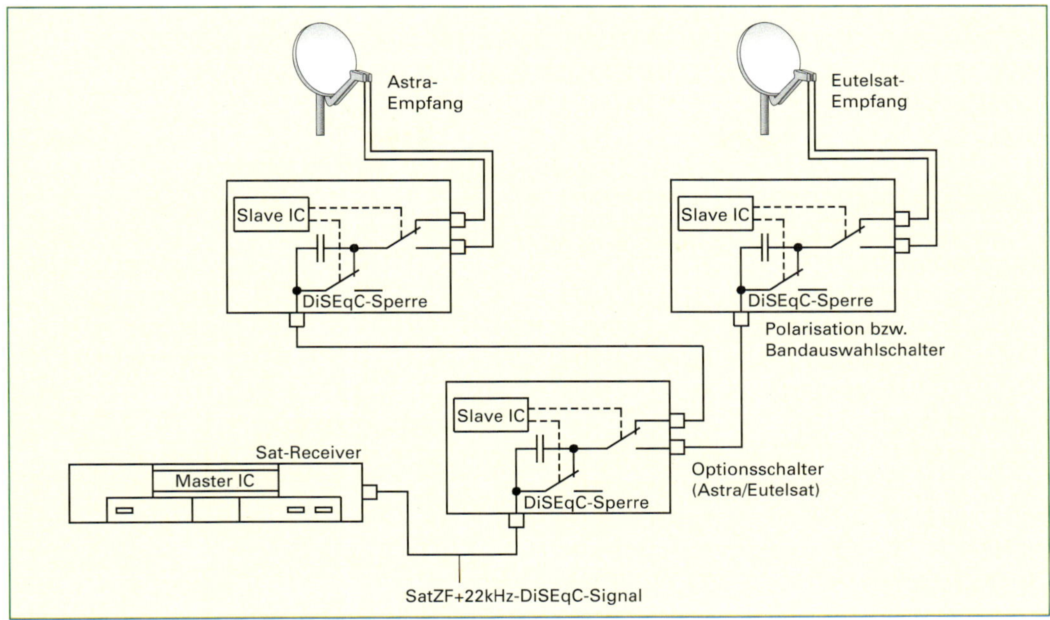

Abb. 1 Beispiel einer DiSEqC-Ansteuerung mit Befehlsatz

litensystems Türksat 42° Ost notwendig geworden. Gewählt wurde eine 17/8-Umschaltmatrix (eine 13/8 würde laut Arbeitsauftrag genügen, ist aber nicht von jedem gewünschten Hersteller verfügbar). Bei Umschaltmatrizen mit mehr Ausgängen werden die nicht benutzten Ausgänge mit einem 75-Ω-Abschlusswiderstand (Terminator) versehen, bzw. mit einem Dip-Schalter oder einem Jumper terminiert (bei offenen Eingängen Herstellerhinweise beachten), um unerwünschte Reflexionen und Fehlfunktionen der Matrix zu vermeiden. Dadurch ist es später auch möglich, die bestehende Anlage um ein oder mehrere Teilnehmer ohne Komponentenaustausch zu erweitern.

Die Montage einer Multifeed-Kombination aus

Praxistipp:

*Bei der Erweiterung der bestehenden Anlage um 2 digitaltaugliche Quattro-LNBs ist erfahrungsgemäß keine erneute Einmessung erforderlich, da die Empfangskonverter an denselben Positionen wie die vorherigen Komponenten montiert werden. Dennoch sollte zur Kontrolle und insbesondere bei der Neuinstallation von digitaltauglichen Anlagen und der Erweiterung von älteren Anlagen neben der Pegelmessung eine BER-Messung (**B**it-**E**rror-**R**ate = Bitfehlerrate) vorgenommen werden, die entscheidende Aussagen über die Qualität einer digitalen Empfangsanlage zulässt. Die BER gibt an, auf wie viele übertragene Bits ein fehlerhaftes Bit folgt. Je kleiner die Bitfehlerrate, desto besser ist die Empfangsqualität (Tabelle 1).*

Tabelle 1 Zulässige Bitfehlerraten BER

Anzeige	Erkannte Bitfehler bei SAT- (QPSK-)Signalen	Empfang
$0 \cdot 10^{-8}$	0 Bitfehler bei 100 000 000 empfangenen Bits	gut
$2{,}75 \cdot 10^{-4}$	2,75 Bitfehler bei 10 000 empfangenen Bits (27 000 Bitfehler bei 100 000 000 empfangenen Bits)	eingeschränkt
$3{,}58 \cdot 10^{-3}$	3,58 Bitfehler bei 1 000 empfangenen Bits (358 000 Bitfehler bei 100 000 000 empfangenen Bits)	schlecht
$1{,}02 \cdot 10^{-2}$	1,02 Bitfehler bei 100 empfangenen Bits (1 020 000 Bitfehler bei 100 000 000 empfangenen Bits)	unbrauchbar

Astra, Eutelsat und Türksat ist wegen des großen Abstandes mit einer einzigen Standardoffsetparabolantenne nicht zu empfehlen. Wenn zwei getrennte Spiegel verwendet werden, ist eine größere Pegelsicherheit, die insbesondere für Verteilanlagen erforderlich ist, möglich. Für Einteilnehmer- bzw. kleine Verteilanlagen kommen auch sogenannte Multibeamantennen (Abb. 1) mit großen Empfangswinkeln für den Empfang von bis zu 12 Satellitenpositionen in Betracht. Einige Firmen haben sich auf teilweise mit Hilfsreflektor versehene sphärische Multifokusantennen spezialisiert und Antennen im Angebot, die sich durch große Empfangsgewinne (etwa 36 dB) bei Empfangswinkeln von bis zu 45° auszeichnen.
Bei der Ausrichtung der Antenne auf den Türksat 42° Ost gilt es zusätzlich den „TILT" bzw. den LNB-Skew zu beachten. Das ist die Drehung des LNB's, die vom Empfangsstandort abhängig ist. Die genauen Daten sind auf Webseiten z. B. www.dishpointer.com oder aus einschlägigen Herstellerkatalogen abzulesen.

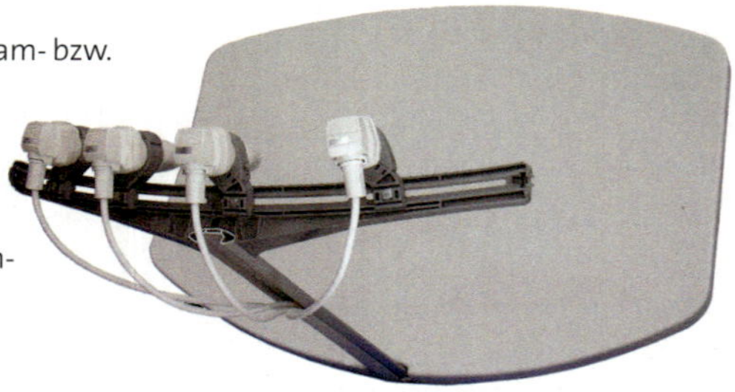

Abb. 1 Multibeam- bzw. Multifokusantenne für den Empfang von 4 Satellitenpositionen

Abb. 2 Montage der Empfangskonverter auf der Multifeedschiene

Zum Abschluss der Antennenanlageninstallation übergibt die Firma ElektroTeam dem Bauherren Abnahmeprotokolle zu den ausgeführten Arbeiten.
Die Erweiterung der Umschaltmatrix um weitere 4 Eingänge ist durch den Anschluss von zwei Quattro-LNBs für den Empfang der unteren und oberen Frequenzbänder für die Satellitensysteme Astra und Eutelsat notwendig geworden. Der zusätzliche Anschluss von 2 Teilnehmern (Kinder- und Gästezimmer) erfordert zudem eine Umschaltmatrix mit mindestens 6 Ausgängen. Gewählt wurde daher eine 9/8-Umschaltmatrix (eine 9/6-Umschaltmatrix würde genügen), die beiden nicht benutzten Ausgänge werden je nach Hersteller mit einem 75-Ω-F-Abschlusswiderstand versehen bzw. mit einem Dip-Schalter oder einem Jumper terminiert, um unerwünschte Reflexionen und Fehlfunktionen der Matrix zu vermeiden. Dadurch ist es möglich, relativ einfach und kostengünstig die bestehende Anlage um ein bis zwei Teilnehmer zu ergänzen.
Zum Abschluss der Antennenanlageninstallation übergibt die Fa. ElektroTeam dem Bauherren Abnahmeprotokolle zu den ausgeführten Arbeiten.

3.2.3 Digital Video Broadcasting (DVB)

Die Mieter der Dachgeschosswohnung haben auf einem Campingplatz einen Stellplatz für ihr Wohnmobil gepachtet. Hier verbringen sie bei schönem Wetter ihre Freizeit.

Seit einiger Zeit empfangen die Camper mit ihrem tragbaren TV-Empfänger mit eingebauter Teleskopantenne keine öffentlich-rechtlichen TV-Programme mehr. Laut Campingplatz-Verwaltung wurde der terrestrische analoge Fernsehempfang auf DVB-T-Empfang umgestellt. Die Umstellung wurde rechtzeitig in den Tageszeitungen und im Internet veröffentlicht. Da die meisten Camper Satellitenempfangsanlagen installiert haben, kam es bisher zu sehr wenigen Rückfragen. Die Mieter stehen nun vor dem Problem, auf welches System sie umstellen können und welche Voraussetzungen hierfür notwendig sind.

Kundenauftrag:

- Beratung der Camper anhand der Kundenwünsche und -anforderungen (Programmangebot, Empfängerstandort, Empfangsgeräte usw.) hinsichtlich der Frage, welche Übertragungsarten für den Benutzer geeignet sind!

Abb. 3 DVB-T-Empfangsanlage in einem Wohnmobil

	DVB-S/S2	DVB-C/C2	DVB-T/T2
Anzahl der Sender	100 digitale QPSK-Transponder	100 digitale QAM-Kanäle	ca. 15 ... 35 Programme, mit DVB-T2 mehr Programme möglich
Bildqualität	beste Auflösung (HDTV)	beste Auflösung (HDTV)	mit DVB-T2 HDTV möglich
Hardware-bedarf	Empfänger und Satellitenempfangs-anlage	Empfänger und vorhandener BK-Kabelanschluss	Empfänger und terrestrische Antenne (Zimmer-, Stab- oder VHF-/UHF-Außen-antenne)

Tabelle 1 Übersicht DVB-S/-C/-T bzw. -2- Senderanzahl, Qualität und Hardwareanforderungen

	DVB-S/S2	DVB-C/C2	DVB-T/T2
Frequenzen	110,70 ... 11,70 GHz 11,70 ... 12,75 GHz	47 ... 470 MHz 470 ... 862 MHz	174 ... 230 MHz 470 ... 862 MHz
Modulation	QPSK und bei DVB-S2 8-PSK, 16-APSK oder 32-APSK	64- und 256-QAM und bei DVB-C2 4096-QAM	QPSK, 16-QAM, 64-QAM und bei DVB-T2 Q-PSK, 16-QAM, 64-QAM, 256-QAM
Kanalbandbreite	40 MHz (incl. Abstand)	7 MHz (VHF), 8 MHz (UHF)	7 MHz (VHF), 8 MHz (UHF)
Brutto-Datenrate (max.)	55 MBit/s	41 MBit/s bis 80 MBit/s bei DVB-C2	24 MBit/s
Netto-Datenrate (ca. 30 % höher bei DVB-*2)	38,015 MBit/s 73,68 MBit/s bei 8-PSK	38,015 MBit/s 50,87 MBit/s bei 256-QAM	12 ... 24 MBit/s 20 ... 25 MBit/s bei DVB-T2
Datenrate je Programm	3,5 ... 6,5 MBit/s 5 ... 20 MBit/s bei DVB-S2	3,2 ... 5 MBit/s 5 ... 20 MBit/s bei DVB-C2	2,5 ... 3,7 MBit/s 3.5 ... 9,8 MBit/s bei DVB-T2
Programme pro Kanal	max. 10	max. 12	max. 7 (14) gesamt

Tabelle 2 Übersicht der DVB-S/-C/-T- bzw. -2- Übertragungsparameter

- Gegebenenfalls Montage und Installation einer Empfangsantenne
- Lieferung und Inbetriebnahme von passenden Endgeräten
- Übergabe der Anlage und Unterweisung des Kunden in der Benutzerführung (Receiver, PC-Karte, USB-Empfänger usw.)

Um den Kunden optimal beraten zu können, sind in den Tabellen 1 und 2 die wichtigsten Eigenschaften bei der Übertragung von TV- und Rundfunkprogrammen bei DVB-S, -C und -T einander gegenübergestellt.

Digitales Fernsehen

Mit der Einführung des digitalen Fernsehens DVB (**D**igital **V**ideo **B**roadcasting) soll eine bessere Bild- und Tonqualität sowie eine Erweiterung der Möglichkeiten, beispielsweise zusätzliche Datenübertragung und Informationen, z. B. EPG (**E**lectronic **P**rogram **G**uide), erreicht werden. Dazu wurden weltweit gültige Standards festgelegt, wobei unterschieden wird, ob das digitale Fernsehsignal über Satellit (DVB-S), Kabel (DVB-C) oder über eine terrestrische Antenne (DVB-T) empfangen werden soll. Darüber hinaus gibt es DVB-H (Handheld), der als Erweiterung des DVB-T-Standards konzipiert und speziell auf die Besonderheiten von kleinen Displays und den mobilen Empfang ausgerichtet ist.

Multiplex	Programme
ARD-Mux	Das Erste; Arte; Phoenix; EinsPlus
ZDF-Mux	ZDF; 3sat; Kika; ZDFdokukanal; ZDFinfokanal
SWR-Mux	SWR Fernsehen Baden-Württemberg; BR Bayerisches Fernsehen; hr fernsehen; WDR Fernsehen

Tabelle 3 Programmangebot DVB-T in Baden-Württemberg

Mit DVB-T sollen die Programme bereits über eine einfache Stabantenne in hoher Qualität und überall zu empfangen sein (www.ueberallfernsehen.de).

Den verschiedenen DVB-Standards ist gemeinsam, dass Bild, Ton und Zusatzdienste in digitaler Form und – bis auf DVB-H – nach dem MPEG-2-Verfahren komprimiert übertragen werden. Somit können auf einem herkömmlichen Fernsehkanal je nach gewünschter Qualität mehrere Programme gleichzeitig (Multiplex) ausgesendet werden (Tabelle 3 ▷ 343).

Abb. 1 Übersichtskarte DVB-T-Empfangsbereich (seit Ende 2008 nahezu flächendeckender Ausbau des DVB-T-Netzes)

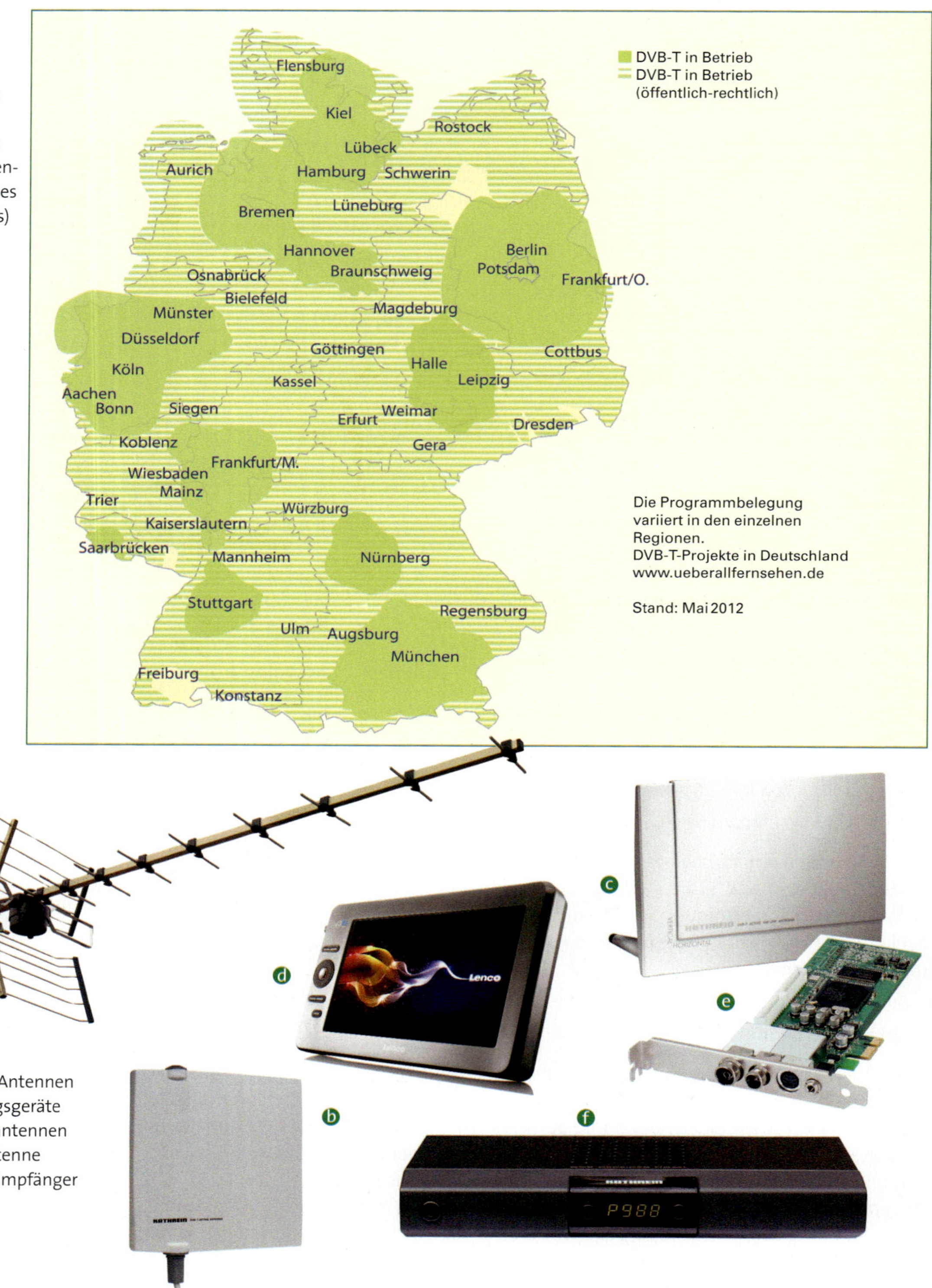

Abb. 2 DVB-T-Antennen und -Empfangsgeräte
a, b Außenantennen
c Zimmerantenne
d tragbarer Empfänger
e PCI-Karte
f Receiver

Da der Campingplatzbetreiber keine Kabelverteilanlage (Breitbandkommunikationsanlage, vgl. Abschnitt 3.2.1) zur Verfügung stellt, besteht in diesem Fall nur die Möglichkeit, eine Satellitenempfangsanlage (DVB-S) oder eine terrestrische Empfangsanlage (DVB-T) zu installieren. Die Camper haben sich nach Abwägung der Vor- und Nachteile für eine DVB-T-Anlage entschieden, da ihnen die derzeit ausgestrahlten dreizehn TV-Programme (Tabelle 3 ▷ 343) völlig genügen und somit keine Montage einer windanfälligen Außeneinheit erforderlich ist.

Eine Verfügbarkeitskontrolle am Standort hat ergeben, dass mit einer einfachen Stabantenne (bzw. Zimmer- oder UHF-Außenantenne) die Voraussetzungen für einen einwandfreien DVB-T-Empfang am Standort gegeben sind (Abb. 1 ▷ 344).

Bei der Ausrichtung der Antenne sind folgende Punkte zu beachten:

- Eine Richtantenne (UHF-, Yagi- oder Reflektorantenne usw.) bzw. Zimmerantenne muss auf den jeweiligen DVB-T-Senderstandort ausgerichtet werden. Eine eingebaute Teleskopstabantenne ist auf bestmögliche Empfangsqualität auszurichten.
- Bei der Montage der Antenne muss die Polarisation des DVB-T-Senders (vertikal bzw. horizontal) berücksichtigt werden. In Baden-Württemberg und Rheinland-Pfalz werden alle Programme senderseitig horizontal polarisiert ausgestrahlt. Die Empfangsantenne sollte deshalb, wie in Abb. 2 ▷ 344 gezeigt, montiert bzw. aufgestellt werden.

Bei der Übergabe der DVB-T-Empfangsanlage an den Kunden ist Folgendes zu berücksichtigen:

- Installation bzw. Inbetriebnahme der Receiver (Settopbox) bzw. TV-Geräte mit integriertem DVB-T-Tuner, PCI-TV-Karten, USB-Empfangsgeräte usw. (Abb. 3 ▷ 344) sowie Einweisung in die Benutzerführung bzw. Programmierung der Programme in gewünschter Reihenfolge (laut Herstellerunterlagen)
- Beschreibung der Menüführung (z. B. für Softwaredownloads bzw. Programmupdates) und Tipps zur Fehlerbehebung

3.2.4 Kopfstationen und besondere Anlagenkonzepte

Bei Neubauten bzw. grundlegenden Sanierungs- und Modernisierungsmaßnahmen kann eine optimale Verteilstruktur (Sternverteilung in Leerrohren), wie in den Arbeitsaufträgen beschrieben, relativ leicht durchgeführt werden. In Altbauten, die beispielsweise unter Denkmalschutz stehen, aber auch in Mehrfamilienhäusern mit fest vorgegebener Daten- und Kommunikationsinfrastruktur (gemischtes Netz, Baumverteilung) lassen sich nur sehr schwierig bzw. mit sehr hohem finanziellen Aufwand Leitungen legen bzw. Stern- oder Etagensternverteilungen realisieren. Alternativ stehen für den Empfang und die Verteilung auf nur wenige Teilnehmer (maximal 4 Empfänger) einfache drahtlose Systeme auf dem Markt zur Verfügung, die das AV-Signal auf 2,4 GHz modulieren und mit getrennten Sende- und Empfangseinheiten Reichweiten von etwa 20 m bis maximal 100 m von der Außeneinheit zu den Empfängern ermöglichen. Zusätzlich sind diese Geräte mit einem Rückkanal von 433 MHz ausgestattet, der die Bedienung des Satellitenreceivers über die vorhandene Fernbedienung ermöglicht. Damit können auf sehr einfache Weise – ohne Verlegung von Leitungen – Bild- und Tonsignale (auch von anderen Quellen, z. B. VCR, PC oder Überwachungskameras) räumlich begrenzt übertragen werden.
Um dennoch dem Wunsch nach Verteilung eines größeren Angebotes von analogen und/oder digitalen Radio- und TV-Programmen gerecht zu werden, sind professionellere Verteilkonzepte entwickelt worden, die hier mit ihren Eigenschaften und den daraus resultierenden Vor- und Nachteilen kurz vorgestellt werden.

Digitale Einkabellösungen

Die immensen Vorteile der einfachen Ergänzung bestehender Baumstrukturen mit einem erweiterten Programmangebot stehen bei Einkabellösungen der ersten Generation (analoge Technik) im krassen Gegensatz zur Beschränkung auf wenige und noch dazu ausschließlich analoge Programme. Dem Wunsch zum Empfang von allen freien sowie verschlüsselten digitalen (Pay-TV-) Programmen sind einige namhafte Hersteller mit einem System begegnet, das den Empfang und die Verteilung von allen digitalen Programmen (darunter auch Pay-TV) über eine vorhandene Reihen- oder Baumnetzstruktur ermöglicht. Voraussetzung für dieses Anlagenkonzept (Unicable-System), das auch noch eine problemlose Verteilung auf 8 und mehr Teilnehmer ermöglicht, sind SAT-taugliche Verteilkomponenten und Anschlussdosen sowie Koaxialleitungen mit Schirmungsmaßen von mindestens 75 dB. Nach dem Austausch bzw. der Ergänzung der Außeneinheit, der Verteilkomponenten und dem Anschluss von Digitalreceivern können bestehende BK-Anlagen bzw. alte analoge Einkabel-Anlagen recht einfach in Betrieb genommen werden.

Mit dem Unicable-System ist es möglich, auf alle Satellitentransponder einer Orbitalposition uneingeschränkt zuzugreifen. Es sind dabei alle Topologien zulässig (Baum-, Stern-, und Mischverteilstrukturen), da bei diesem Funktionsprinzip nicht wie bei der Sternverteilung mittels Schaltsignalen zwischen Ebenen und Polarisationen umgeschaltet wird.

Man mischt bei Unicable den gewählten Empfangskanal auf eine vorbestimmte Mittenfrequenz. Die Umschaltung auf den gewünschten Transponder übernimmt dabei nicht der Tuner im Receiver, sondern ein externer Konverter im Unicable-Mischer oder -LNB. Dadurch ist es möglich, bis zu acht Receiver an eine Stammleitung anzuschließen.

Wie bei den DiSEqC-Telegrammen erfolgt auch beim Unicable-System die Steuerung des Systems

Praxistipp:

Bei einer Unicable-Einkabellösung können bis zu acht Receiver an eine Stammleitung angeschlossen werden, deshalb darf jede SCR-Adresse nur einmal pro Leitung vergeben werden. Von größter Bedeutung für die Betriebssicherheit der Anlage sind die Länge und Qualität des Kabels und der verwendeten Komponenten. Dies ist insbesondere bei der Nachrüstung von alten analogen Einkabel-Systemen bzw. terrestrischen oder BK-Anlagen zu beachten. Die eingesetzten Receiver müssen alle den Unicable-Befehlssatz unterstützen; die Folge wäre sonst Störungen im gesamten System.
Alle Antennendosen und Verteilkomponenten (Verteiler, Abzweiger usw.) müssen DC-tauglich (gleichspannungsdurchlässig) sein.

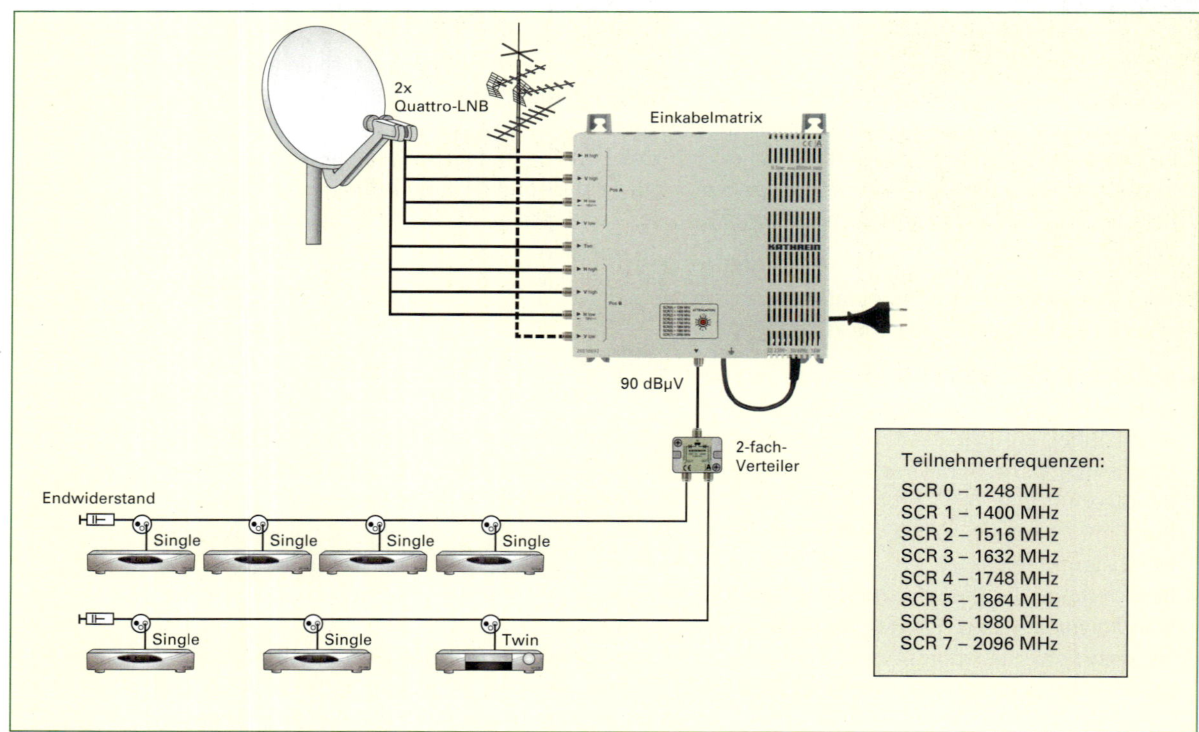

Abb. 1 Schema der digitalen Einkabellösung zum Empfang von 2 Satellitenpositionen

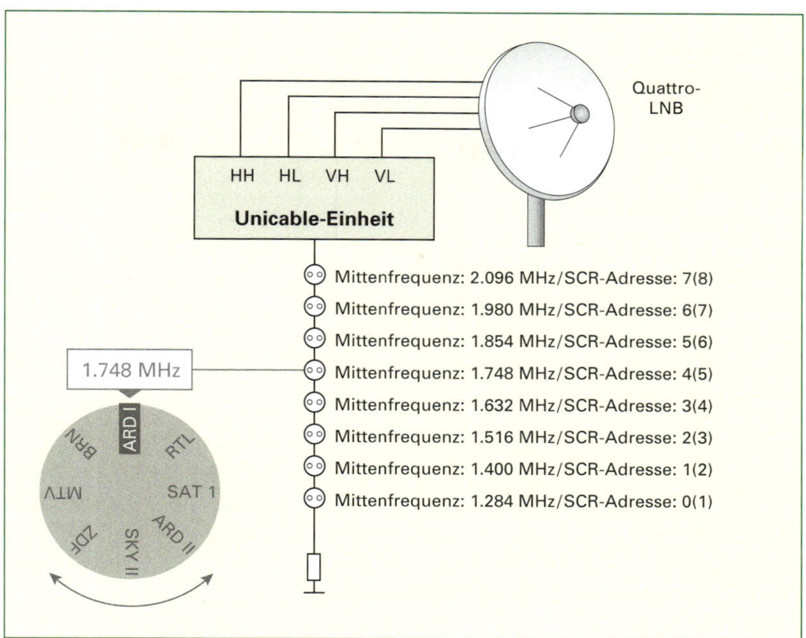

Abb. 1 Funktionsprinzip der digitalen Einkabellösung (Unicable)

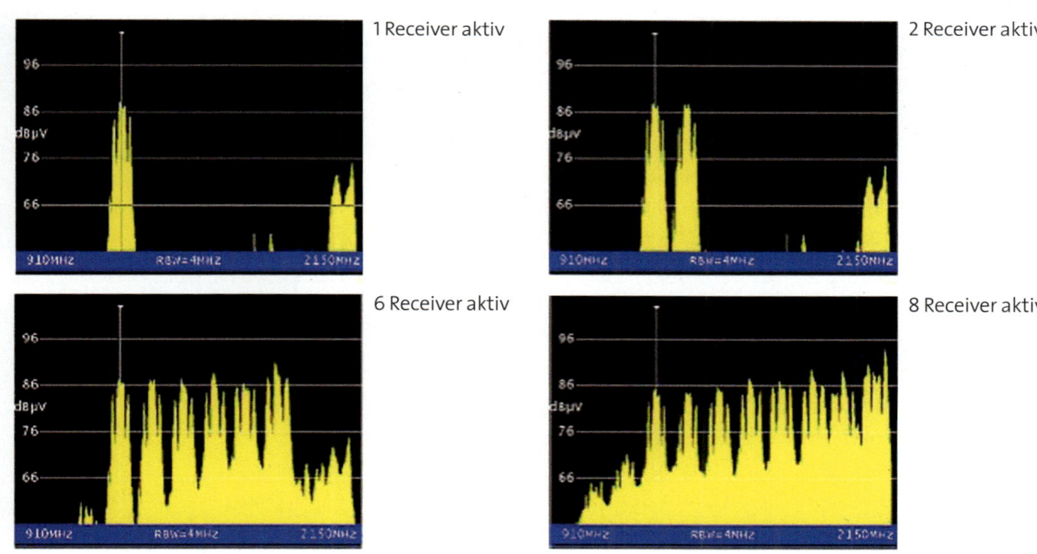

Abb. 2 Frequenzspektrum der digitalen Einkabellösung (Unicable)

über ein normiertes Ein- und Ausschalten des 22-kHz-Tones. Der Befehlssatz vom Receiver zum externen Konverter umfasst folgende Daten:

- Mittenfrequenz des zu bedienenden Receivers (SCR (Satellite Channel Routing)-Adresse)
- Frequenz des umzusetzenden Transponders
- Bandbeschreibung des Kanals (VL/HL/VH/HH)

Aufgabe:

Der Kundenauftrag *Terrestrische Antennenanlage* aus Abschnitt 3.2.1 soll durch eine digitale Unicable-Einkabellösung erweitert werden. Erstellen Sie ein Angebot mit einer Stückliste und einem Leistungsverzeichnis und begründen Sie Ihre Vorgehensweise bei der Projektierung und Installation sowie die Übergabe an den Kunden.

Praxistipp:
Bei der Installation einer digitalen Einkabellösung müssen Sie unbedingt auf das Schirmungsmaß der passiven Verteilkomponenten, Anschlussdosen und Leitungen achten. Eine Erweiterung einer vorhandenen BK-Anlage bringt erfahrungsgemäß kaum Schwierigkeiten, da hier bereits neuere Koaxialkabel eingesetzt wurden. Es muss lediglich der erweiterte Frequenzbereich der Verteiler, Abzweiger und Anschlussdosen beachtet werden. Ältere terrestrische Einzel- und Gemeinschaftsanlagen sollten, falls die Leitungen austauschbar in Leerrohre verlegt wurden, durch digitaltaugliche Koaxialkabel ersetzt werden. Es empfiehlt sich, wie bei der digitalen SAT-Anlage (siehe Abschnitt 3.2.2), eine BER-Messung für das Abnahmeprotokoll vorzunehmen.

Optische Satelliten-ZF-Verteilsysteme

Mit optischen Satellitenverteilanlagen können Teilnehmer in verschiedenen Gebäuden bzw. über große Entfernungen ohne große Signal- und Qualitätsverluste versorgt werden. Mit dieser Technik ergeben sich ganz neue Optionen bei der Planung von großen Satellitenverteilanlagen. Die Übertragung über Glasfaserkabel ermöglicht es, Signale sehr dämpfungsarm (etwa 0,3 dB/Km) zu übertragen.

Die Kombination aus Satellitenindividualempfang und Glasfasertechnik bietet weitere Vorteile für alle Teilnehmer und Anlagenbetreiber (Empfangsqualität, Programmvielfalt, Preis). Alle Bandbreiteneinschränkungen und Störungseinflüsse der Netzebene 3 (Kabelkopfstationen der Kabelnetzbetreiber, Leitungsführungen über öffentlichen Grund, Verteilschränke usw.) entfallen und es können über nur eine einzige Parabolantenne mehrere hundert Wohnobjekte und mehrere tausend Wohneinheiten mit SAT-ZF-Signalen versorgt werden. Die Glasfaserleitungen sind darüber hinaus bis in die Hausliniennetze (Netzebene 4) und künftig auch bis zu den Endgeräten (Netzebene 5) verteilbar; dies lässt die weitere Verwendung vorhandener Infrastrukturen bzw. Topologien zu. Die Installationsarbeiten sind für den ausgebildeten Elektroniker problemlos, denn das dünne Glasfaserkabel kann in vorhandene Leer- oder Kabelrohre eingezogen werden, ist UV-beständig und auch außen geeignet und es sind Biegeradien bis auf 5 mm möglich. Die Konfektionierung und Montage der Glasfaserkomponenten sind nicht schwieriger als die von kupferbasierenden Systemen.

Durch besondere Technologien (Stapeltechnik) ist vom LNB nur die Verlegung von einem optischen Anschlusskabel notwendig. Die Signale der einzelnen Ebenen werden bei diesem System nacheinander gestapelt und nach der rein optischen Leitungsführung und Verteilung (Splitter) von den Abschlusseinheiten (Opto-/Elektronikwandler) wieder in die einzelnen SAT-Ebenen aufgeteilt. Künftig ist auch die optische Verteilung bis zu den Teilnehmerendgeräten angedacht, die Hersteller arbeiten an entsprechenden Entwicklungen.

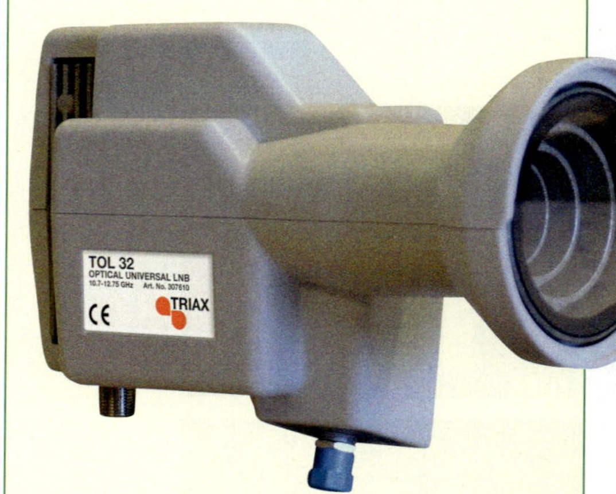

Abb. 1 Optisches LNB

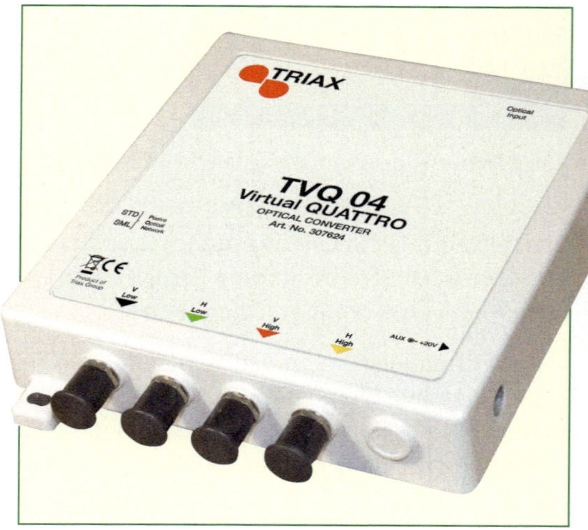

Abb. 2 Opto/Elektronik-Wandler

Vorteile von Glasfaser-Netzen in der Satellitentechnik:

- hohe Übertragungsraten und Bandbreiten bis 72.000 MHz
- große Verteilanlagen möglich (große Teilnehmerzahlen)
- keine Beeinflussung durch äußere elektrische oder magnetische Störfelder EMV)
- sehr große Reichweiten bei geringster Dämpfung (ca. 0,.3 dB/Km)
- kein Neben-/Übersprechen
- keine Erdung notwendig
- wesentlich leichter und geringerer Platzbedarf als Koaxialkabel
- verlegbar in explosionsgefährdetem Umfeld
- keine Brandgefahr durch elektrische Ströme (Blitz, Überspannung, Kurzschluss)

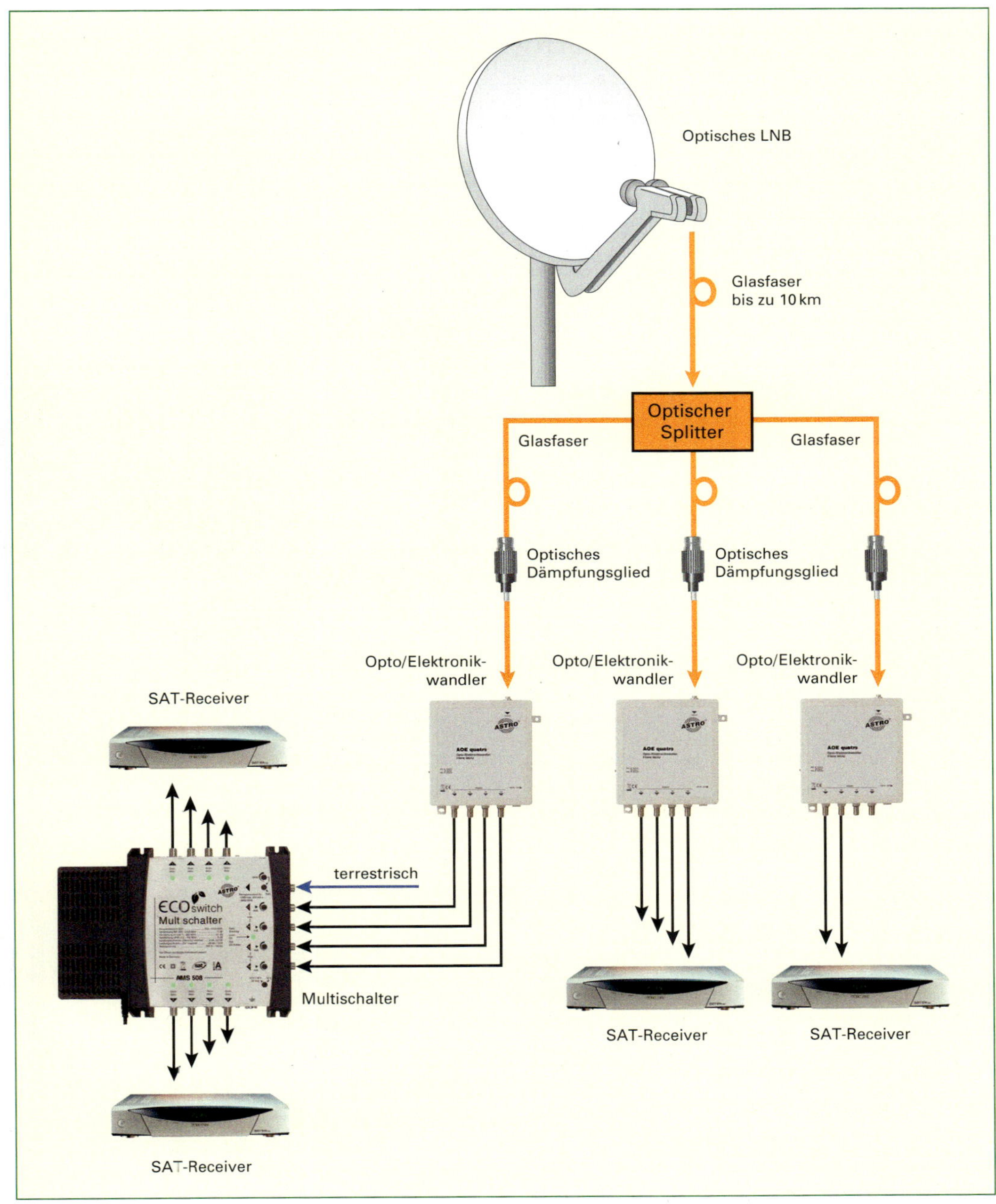

Abb. 1 Optische SAT-ZF-Verteilung

Kopfstationen

Die Verteilkonzepte aus den Abschnitten 3.2.2 und 3.2.3 haben den entscheidenden Nachteil, dass für jeden Teilnehmer ein Satellitenreceiver notwendig ist, der die Kosten maßgeblich erhöht und somit die Gesamtkalkulation beeinflusst (Tabelle 1).

Zum Empfang von kanalaufbereiteten Programmen werden, wie bei BK- oder GGA-Anlagen, die TV-Empfänger nur auf die jeweilige Empfangsfrequenz bzw. den -kanal eingestellt. Zusätzliche Satellitenreceiver sind bei diesem Anlagenkonzept daher nicht notwendig.

Aus der Übersicht in Tabelle 1 geht hervor, dass sich bei Anlagen mit mehr als 20 Teilnehmern solche Kopfstationen (auch Kopfstellen genannt) mit

Modell	Wohneinheiten (WE)	Sat. und TP	BK 100 %	Anzahl Gebäude	Anzahl Etagen	Investitionen	
						SAT*	BK**
A	20	6,70	9,51	1	5	362,-	447,-
B	20	9,19	9,61	5	2	580,-	447,-
C	48	6,39	8,23	4	4	361,-	447,-
D	200	5,31	6,42	1	10	273,-	447,-

* Investitionen je WE in €; jede WE mit zwei Sat-ZF-Anschlussmöglichkeiten; alle Preisangaben zuzüglich Mehrwertsteuer
** Sternnetz 862 MHz

Tabelle 1 Übersicht Projektierungskosten in Abhängigkeit von der Teilnehmer-Anzahl bei verschiedenen Anlagentypen (Modelle A bis D mit verschiedenen Größen und Anlagenstrukturen)

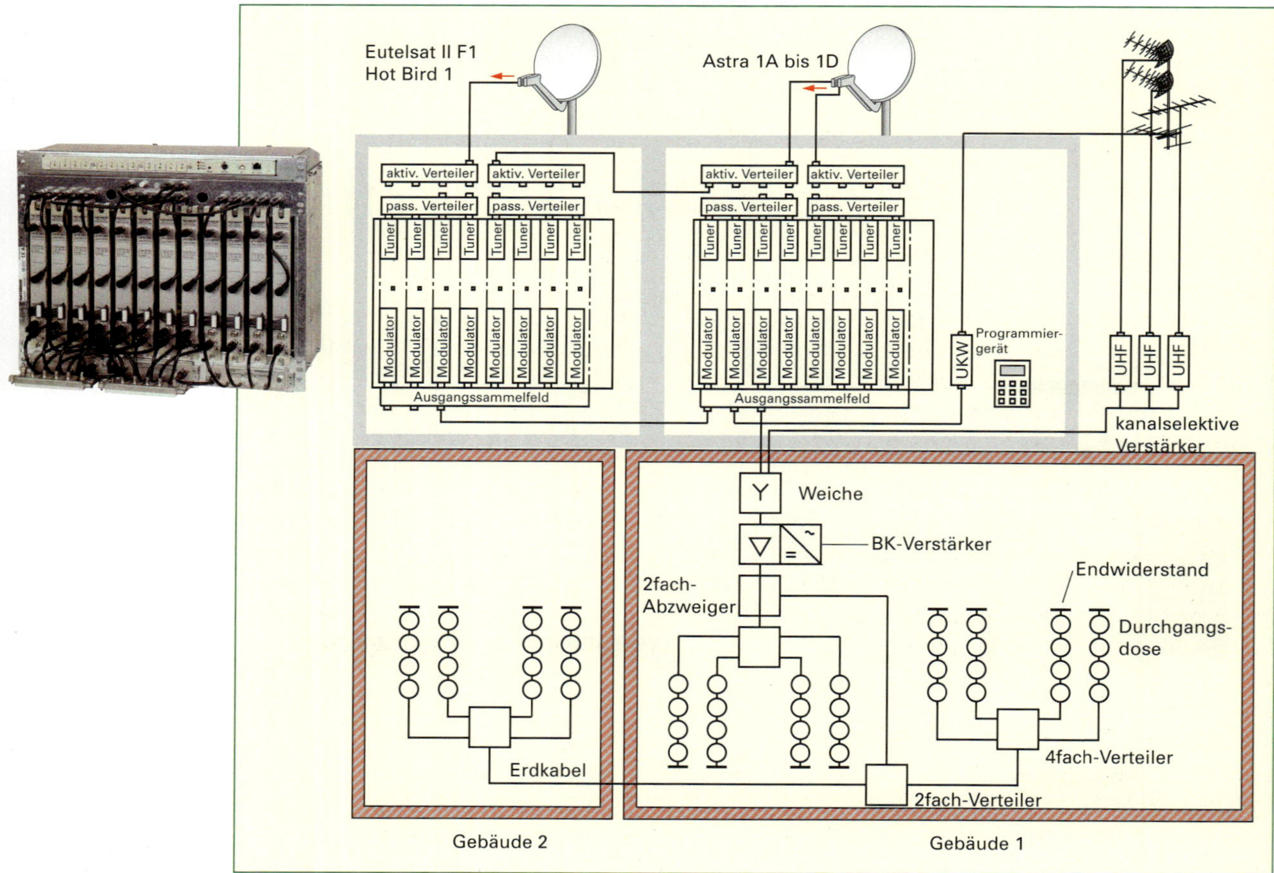

Abb. 1 Gemeinschaftsantennenanlage mit Kanalaufbereitung

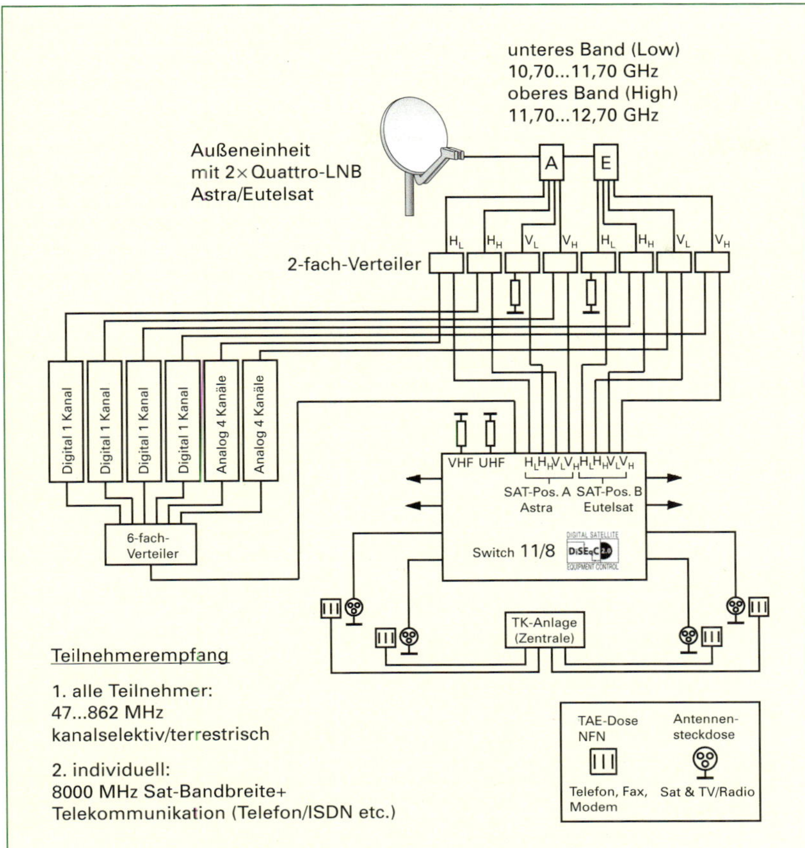

Abb. 1 Beispiel einer Kombinationsanlage SAT-ZF-Kanalaufbereitung

Abb. 2 Beispiel einer Einheit für eine kanalselektive Aufbereitung

Kanalaufbereitungen finanziell rechnen. Das Programmangebot ist gegenüber den flexiblen Stern-SAT-ZF-Verteilungen allerdings deutlich geringer. Die Kosten steigen mit der Anzahl der aufbereiteten Programme, da für jeden Kanal ein Demodulator und ein Modulator (zusammen auch Remodulator genannt) benötigt werden.

Funktionsbedingt ist bei der kanalselektiven Aufbereitung für jedes digitale TV-Programm eines Multiplexers eine Umsetzung erforderlich. Anlagen bestehen deshalb aus einem Grundgerät (mit Stromversorgungsteil), das mehrere Baugruppen für die Umsetzung aufnehmen kann. Diese Baugruppen nennt man auch Kanalzüge. Meistens sind mehrere Kanäle (2, 4 oder 8) in so genannten Kanalgruppen zusammengefasst. Die Kanalzüge werden dann mit Weichen bzw. einer Sammelschiene zusammengeschaltet und ins Verteilnetz eingespeist. Nach dem zentralen Einspeisepunkt gelten dieselben Richtlinien und Verfahrensweisen wie bei den in Abschnitt 3.2.1 beschriebenen BK-Anlagen.

Die Beschreibung des Funktionsprinzips gilt in vergleichbarer Weise auch für die Rundfunkprogramme. Jedes empfangbare Rundfunkprogramm kann mit Hilfe eines Umsetzers in eine andere Frequenzlage gebracht werden.

Abschließend seien an dieser Stelle noch Anlagenkonzepte erwähnt, die bei Vorliegen einer Verkabelung in Sternstruktur eine Kanalaufbereitung mit einer SAT-ZF-Verteilung kombinieren. Derartige Anlagen vereinbaren die Vorteile einer Kanalaufbereitung (Verwendung beliebiger Verteilstrukturen) mit der Flexibilität und der Programmvielfalt von DiSEqC-Multiswitch-Anlagen. Teilnehmer, die über die Grundversorgung hinaus das erweiterte Programm- und Dienste-Angebot nutzen möchten, schließen an die Antennenanschlussdose einfach einen Satellitenreceiver bzw. eine Set-Top-Box an (Abb. 1 und Abb. 1 ▷ 350).

Prüfen Sie Ihr Wissen:

1 Mit welchen Hilfsmitteln ist eine Antennenempfangsanlage auszurichten?

2 Welchen Einfluss haben die Anzahl der Elemente einer Yagi-Antenne auf Öffnungswinkel und Gewinn?

3 In einem Ort mit Umsetzeranlage wurde eine Yagi-Antenne direkt auf den Sender ausgerichtet und dennoch kein Empfangssignal gemessen. Was könnte die Fehlerursache sein?

4 Welche Dinge bzw. Vorschriften müssen bei der Montage einer Außenantenne beachtet werden?

5 Ein Mast hat eine Länge von 2 m. Welche Mindesteinspannlänge muss eingehalten werden? An welcher Stelle ist die Erdung anzubringen?

6 Weshalb kann ein Faltdipol nicht direkt an ein Koaxialkabel angeschlossen werden?

7 Worin unterscheiden sich EA-, GA- und GGA-Anlagen?

8 Welche Anforderungen sind an die Betriebsmittel (Leitungen, aktive und passive Komponenten) von BK-Anlagen zu stellen?

9 Welche Auswirkungen haben zu geringe bzw. zu hohe Pegel auf die Bildqualität?

10 Welche Struktur sollte ein BK-Netz idealerweise haben (Begründung)?

11 Was versteht man unter dem Schirmungsmaß SM? Welche Auswirkungen hat ein ungenügendes Schirmungsmaß auf die Empfangsqualität?

12 Weshalb müssen Leitungsenden (bzw. Antennenanschlussdosen) mit Abschlusswiderständen versehen sein? Welche Folgen haben nicht abgeschlossene Leitungen?

13 Was versteht man unter Entkopplung? Welche Auswirkungen könnte ein fehlerhafter TV-Empfänger in einer nicht ausreichend entkoppelten BK-Anlage haben?

14 Welche weiteren Punkte gilt es neben dem Verstärkungsmaß bei der Auswahl eines Antennenverstärkers zu beachten?

15 Was versteht man unter MER (*M*odulation *E*rror *R*ate) und was unter BER (*B*it *E*rror *R*ate)?

16 Weshalb ist es in der Praxis nicht notwendig, einen 8-fach-Verteiler (Sternverteiler) an den Ausgängen zu terminieren?

17 Was versteht man unter einer geostationären Umlaufbahn? Welche Vorteile hat sie für die Empfangstechnik?

18 Wie verändert sich der Öffnungswinkel einer Parabolantenne mit zunehmendem Durchmesser? Wie der Gewinn?

19 Welche Winkel sind bei der Ausrichtung einer Parabolantenne von Bedeutung?

20 Nennen Sie gängige Antennenausführungsformen mit Vor- bzw. Nachteilen und mögliche Einsatzbereiche!

21 Wie unterscheiden sich Single-, Dual-, Twin-, Quad- und Quattro-LNBs?

22 Wie wird bei analogen Receivern die Auswahl der Polarisationsebenen bzw. die Auswahl der Satellitenposition vorgenommen?

23 Weshalb sind bei Mehrteilnehmeranlagen Umschaltmatrizen (Umschalt-Switch) notwendig?

24 Welche Auswirkungen hätte eine Verkabelung in Baumstruktur auf die Funktion einer Satellitenempfangsanlage mit 13/17 V- und 0/22 KHz- Umschaltfrequenzen?

25 Weshalb können Empfangsgeräte für DVB-T, -C bzw. -S nicht einfach untereinander ausgetauscht werden? Nennen Sie mindestens drei Gründe!

26 Wodurch unterscheiden sich DVB-S/T/C- von den DVB-S2/T2/C2-Systemen? Welche Vorteile haben die Empfangsteilnehmer und welche Konsequenzen haben die Systeme auf die Endgeräte?

27 Warum wird DVB-T vielfach auch als Überallfernsehen bezeichnet?

28 Wie wirkt sich ein Drehen der DVB-T-Empfangsantenne um 90° auf das Empfangssignal aus? Begründung!

29 Ein analoger BK-Anschluss soll auf ein digitales Programmangebot (DVB-C) erweitert werden. Welche Maßnahmen bzw. Erweiterungen sind dazu notwendig? Und welche Schritte müssen zur Nutzung des Pay-TV-Angebots unternommen werden?

30 Ein Hauseigentümer möchte in seinem Wohnblock von acht Wohneinheiten mit je einer Antennenanschlussdose die gängigsten öffentlich-rechtlichen TV-Programme (8–10 Kanäle) einspeisen. Das Wohnhaus weist eine ältere Mischverteilungsstruktur auf, die sich nur unter sehr großem Aufwand verändern lässt.
Welche Möglichkeiten empfehlen Sie ihm, wenn die Kosten bei der Auftragserteilung eine wesentliche Rolle spielen?

31 Welche Vor- und Nachteile hat eine Satelliteneinkabellösung im Vergleich zu Kanalaufbereitungsanlagen? Stellen Sie diese tabellarisch dar.

32 Die Unicable-Einkabellösung für den Anschluss von 8 Teilnehmerdosen aus der Aufgabe auf Seite 339 soll auf den Empfang von Eutelsat Hotbird 13° Ost erweitert werden. Zeichnen Sie den Anlagenplan und stellen Sie eine Stückliste zusammen. Welche Komponenten müssen ausgetauscht bzw. ergänzt werden?

33 Zeichnen Sie einen Grundrissplan für eine Kanalaufbereitungsanlage zum Empfang des Astra 19.2° Ost-Programmangebotes. Es soll zusätzlich ein UKW-Kreuzdipol und eine UHF-Antenne für den Empfang von DVB-T vorgesehen werden. Zeichnen Sie in Ihren Plan Erdungs-, Blitzschutz- und Potentialausgleichskomponenten mit den dazugehörigen Leitungsquerschnitten ein. Die Ableitungen zu den Teilnehmeranschlussdosen bzw. in das Verteilnetz können zur Vereinfachung weggelassen werden. Wo sind Blitzstromableiter bzw. Überspannungsschutzorgane zweckmäßigerweise zu montieren?

34 Satellitenverteilanlagen in Sternstruktur wird neben den Vorteilen der Sendervielfalt, Erweiterbarkeit usw. oft der Nachteil der nur schwierigen Kombination Aufnahme und Wiedergabe von verschiedenen Programmen an einer Teilnehmeranschlussdose nachgesagt. Twin- Receiver erlauben gleichzeitiges Aufnehmen und Anschauen von unterschiedlichen Sendern, erfordern allerdings 2 getrennte SAT-ZF-Ableitungen. Nennen Sie Schaltungstechniken, die dieses Problem lösen!

3.3 Datennetze

- Topologien von Netzwerken
- Struktur von Peer-to-Peer- und Client-Server-Netzwerken
- Aufbau von IP-Adressen und deren Einteilung in Klassen
- Aufteilung einer gegebenen Adresse in Subnetze

3.3.1 Netztopologien und Netzwerkkomponenten

Kundenauftrag:

Der Wirtschaftsprüfer Dr. Ehrlich möchte die drei PCs seiner Angestellten im Büro vernetzen. Er bittet die Firma ElektroTeam telefonisch um einen Termin, um sich die Arbeitsplätze vor Ort einmal anzusehen und danach über das weitere Vorgehen zu entscheiden. Meister F. Strom von ElektroTeam hört sich die Wünsche an und vereinbart einen Termin mit dem Wirtschaftsprüfer zur Detailbesprechung. Dabei soll sich Meister Strom die Räume und die PCs der Angestellten anschauen, um einen Eindruck von der Arbeitssituation und den vorhandenen Geräten zu bekommen (Abb. 1).

Bei der Besprechung stellt sich heraus, dass die Notwendigkeit besteht, von jedem PC-Arbeitsplatz auf die PCs bzw. die Dateien der anderen PC-Arbeitsplätze zugreifen zu können, der Zugriff auf das Internet ist nicht nötig. Manchmal sollte auch der Laptop von Dr. Ehrlich am Netzwerk angeschlossen werden können, um Daten von Besprechungen weitergeben zu können. Alle drei PCs und der Laptop haben als Betriebssystem Windows XP, für die gestellten Arbeitsaufgaben ausreichend schnelle Prozessoren und auch genügend große Festplatten, sie sind also für die geplante Verwendung durchaus noch zu gebrauchen. Zwei der PCs benötigen zur Vernetzung eine Netzwerkkarte, der dritte PC und der Laptop verfügen schon serienmäßig über einen LAN-Anschluss. Ein neuer Drucker für die gemeinsame Nutzung im Netzwerk soll ebenfalls angeschlossen werden. Meister Strom empfiehlt dem Wirtschaftsprüfer nach dieser Situationsanalyse ein Peer-to-Peer-Netzwerk mit einem kleinen Switch zur sternförmigen Vernetzung der PCs und einen

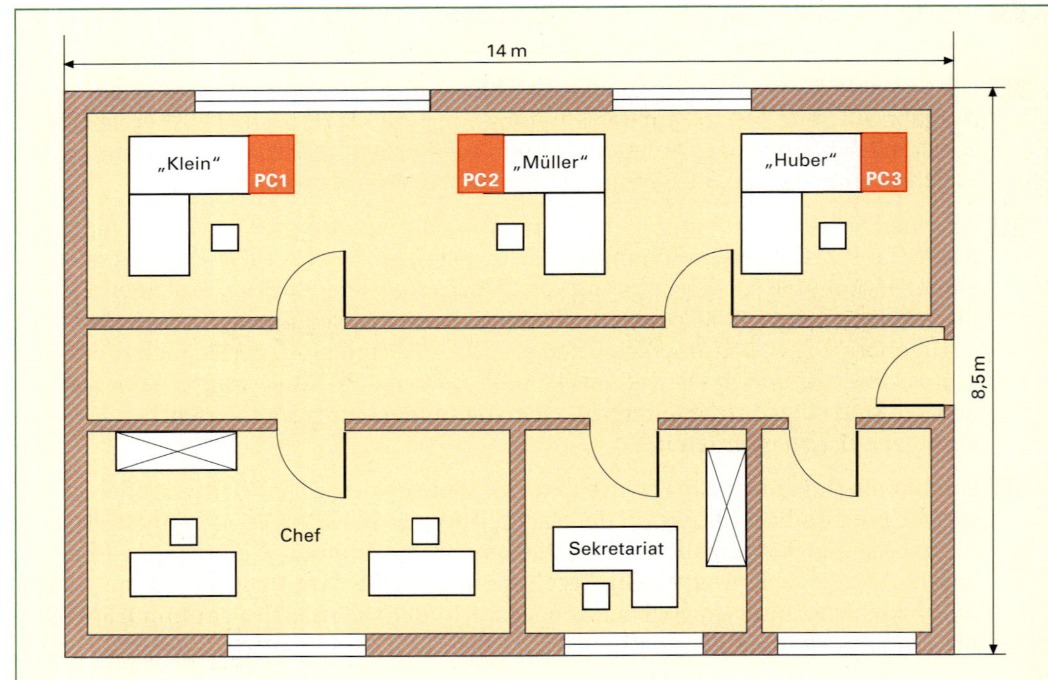

Abb. 1 Grundriss des Büros und Lage der Rechner-Arbeitsplätze in den Räumen

geeigneten Drucker dazu. Das Angebot darüber werde er schnellstens unterbreiten.
Nach wenigen Tagen hat die Firma ElektroTeam den folgenden Auftrag vom Büro des Wirtschaftsprüfers:
Die drei PCs an den Arbeitsplätzen, der Laptop (geplanter Arbeitsplatz am Schreibtisch von Dr. Ehrlich) und ein Drucker sind über einen Switch als Peer-to-Peer-Netzwerk zu vernetzen. Zum Auftrag gehören:

- Lieferung und Einbau von zwei Netzwerkkarten (100 Mbit/s)
- Lieferung eines Switch als verbindendes Netzwerk
  Koppelelement mit 10/100 Mbit/s, eines Druckers und allen benötigten Netzwerkkabeln
- Konfiguration des kompletten Netzwerkes mit allen Einstellungen
- Benutzung freigegebener Dateien auf allen Rechnern
- Nutzung des Druckers von jedem Arbeitsplatz
- Einweisung der Angestellten in die Bedienung des Netzwerkes

Arbeitsablauf

Meister Strom hat alle Komponenten für das Netzwerk geliefert bekommen, die Netzwerkkabel sind bereits auf die benötigte Länge ausgelegt und beidseitig mit den RJ45-Steckern versehen. Mit seinem Auszubildenden Sebastian fährt er am vereinbarten Tag zum Büro von Dr. Ehrlich.

Abb. 1 Blick auf die Netzwerkkarte im Rechner a und unterschiedliche Ausführungen von Netzwerkkarten b

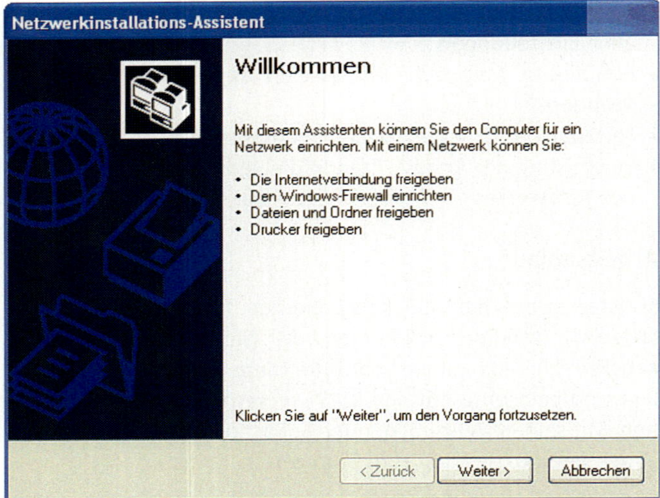

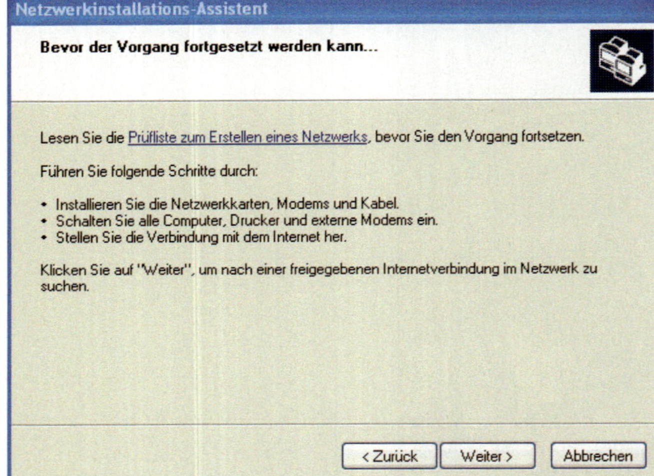

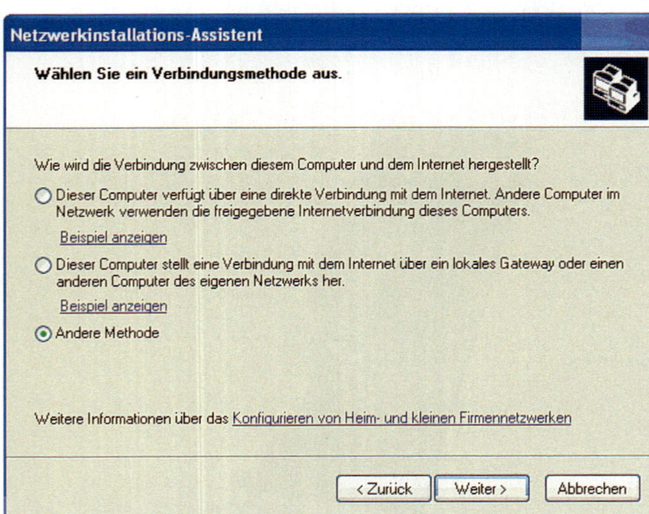

Abb. 1 Netzwerk-Installationsassistent von Windows XP

Hier erläutert Meister Strom Sebastian die Arbeitsschritte:

1. Wir bauen zunächst in die zwei Rechner die Netzwerkkarten ein. Dazu trennen wir die Rechner vom Netz, schrauben alle Verbindungen ab und öffnen danach die zwei Gehäuse, um an die Steckplätze heranzukommen.

2. Hinweis an Sebastian: Bitte nicht einfach an die Netzwerkkarte oder an Platinen im PC fassen. Achte darauf, eventuelle statische Aufladungen deines Körpers durch die Berührung der metallischen Heizung mit den Händen zu beseitigen. Durch die hohen elektrostatischen Spannungen, auf die sich der menschliche Körper beim Gehen über den Teppichboden aufladen kann, ist beim Berühren einer Platine schnell eine Komponente zerstört.

3. Nach dem Einsetzen der Netzwerkkarte in die PCI-Bus-Steckerleiste auf dem Motherboard und dem Verschrauben des Halteblechs an der vorgesehenen Position des Steckerleisten-Ausgangs oder Slots (engl.: *Slot*, Schlitz, Öffnung) auf der Rückseite, Abb. 1, können die Rechner wieder zugeschraubt und am Arbeits-platz angeschlossen werden.
   Nach dem Hochfahren der Rechner wird zunächst geprüft, ob das Betriebssystem die neue Hardware erkannt hat. Das ist bei beiden PCs der Fall, und nun wird der Treiber auf jedem Rechner von der Diskette geladen.

4. In der Systemsteuerung jedes PCs wird über den Gerätemanager geprüft, ob die Netzwerkkarte korrekt angezeigt wird. Es darf kein gelbes Ausrufezeichen erscheinen. Die Kontrollen am dritten PC und am Laptop verlaufen ebenfalls erfolgreich.

5. Jetzt brauchen wir für jeden der vier Rechner einen Computernamen, und wir müssen allen noch eine gemeinsame „Arbeitsgruppe“ zuordnen, denn diese Daten müssen wir bei der Konfiguration des Netzwerkes eingeben. Meister Strom wählt die Namen der Angestellten (Klein, Müller und Huber, Ehrlich) für die PCs und für die Arbeitsgruppe den Namen „Büro“.

„Woher weiß denn der Rechner, dass er in ein Netzwerk eingebunden ist, Chef?“, fragt Sebastian. „Das wird ihm bei der Konfiguration mitgeteilt“, antwortet der Meister. „Der Rechner wird als ‚Client für Microsoft Netzwerke‘ eingegeben. Dann muss man noch seine Ordner oder Dateien freigeben, damit die anderen Rechner darauf zugreifen können, und natürlich auch den Drucker. Bei früheren Betriebssystemen war diese ganze Konfiguration viel aufwändiger als heute. Wir haben Glück, Sebastian“, beschreibt der Meister dann die weitere Arbeit. „Heute hilft uns Windows XP mit seinem Netzwerk-Assistenten, da müssen wir uns nur nach den Anweisungen richten und die oben besprochenen Daten parat haben. Das geht dann fast wie von selbst.“

Meister Strom ruft am ersten PC über die Systemsteuerung/Netzwerkverbindungen auf. In dem Fenster links auf dem Bildschirm erscheint „Netzwerkaufgaben“ und darin die Aufgabe: Ein Heim- oder ein kleines Firmennetzwerk errichten. Nach einem Doppelklick darauf öffnet sich der Netzwerkinstallations-Assistent (Abb. 1 ▷ 356).

Mit dem Klick auf „Weiter“ im Fenster des Assistenten werden sie durch die Konfiguration geführt und geben die benötigten Daten auf Anweisung in die sich öffnenden Fenster ein. Das letzte Fenster lautet: „Fertigstellen des Assistenten“ – und damit ist die Einrichtung des Netzwerkes geschafft. Nun muss noch ein Neustart des Rechners erfolgen, dann steht der Rechner im Netz zur Verfügung.

„Diese Prozedur führen wir jetzt noch auf den beiden anderen Rechnern durch, Sebastian, du versuchst es bei PC ‚Huber‘, ich nehme mir den Rechner ‚Klein‘ vor“, weist der Meister den Auszubildenden an. Er begleitet Sebastian zum nächsten Rechner und schaut ihm einige Zeit zu. Sebastian hat aber alles gut mitgeschrieben, was er vorher gesehen hatte, und er kommt gut zurecht. „Gut, Sebastian, mach’ so weiter, aber wenn etwas unklar ist, frage mich ruhig gleich“, lobt der Chef und widmet sich selbst dem letzten Rechner. „So“, sagt der Meister, als alle Rechner fertig konfiguriert sind, „jetzt müssen wir noch die Netzwerkkabel verlegen und den Hub anschließen und verkabeln.“

Die Kabel werden in schmalen Kanälen entlang den Fußleisten verlegt und mit dem Hub verbunden (Abb. 2). Die jeweiligen Kabelenden werden mit ihren RJ 45 Steckern in die Buchse der Netz-

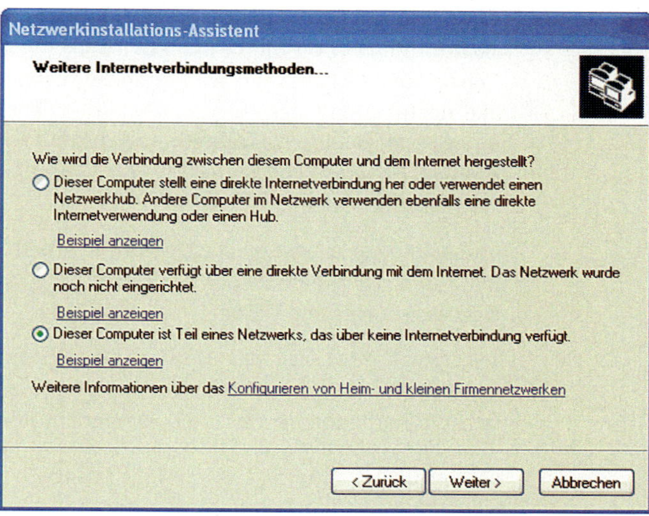

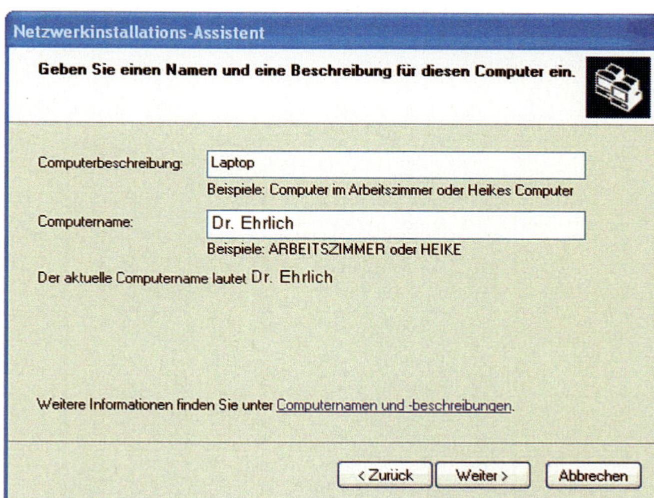

Abb. 1 Netzwerk-Installationsassistent von Windows XP (Fortsetzung)

Abb. 2 Switch zur sternförmigen Vernetzung von PCs und dem Drucker

werkkarte auf der Rechnerrückseite eingesteckt. „Jetzt prüfen wir, ob wir die drei PCs im Netzwerk ‚sehen' können. Sebastian, wir fahren die Rechner alle hoch!", sagte der Meister. Als alle Rechner ihren Desktop-Bildschirm anzeigen und damit betriebsbereit sind, schickt der Meister Sebastian zum ersten PC ‚Klein'.

„Sebastian, klicke bitte im Startmenü auf ‚Arbeitsplatz' und in dem Fenster, das sich öffnet, bitte auf Netzwerkumgebung klicken."

„Na, also", freut sich der Meister, als sich das Fenster öffnet und man alle Verknüpfungen zu den Ordnern der im Netzwerk eingerichteten PCs erkennt. „Wir prüfen einfach mal kurz durch, ob man überall zugreifen kann. Sebastian, gehe du bitte zum PC ‚Huber' und öffne einige Dateien von den Rechnern ‚Klein' und ‚Müller'." Der Meister prüft inzwischen noch, ob der Drucker angesprochen werden kann. Und nachdem alles ordnungsgemäß arbeitet, beenden sie die Prüfung, stellen die Ordnung an den Arbeitsplätzen wieder her und räumen ihre Werkzeuge und die Verpackungsreste weg. Der Meister verabredet mit Dr. Ehrlich noch einen Netzwerk-Einweisungstermin für die Angestellten, und dann verabschieden sich Meister und Auszubildender.

Basiswissen Datennetze

In den Anfängen des PC-Einsatzes am Arbeitsplatz benutzte man Einzelplatzrechner, auf die benutzten Daten konnte nicht direkt von anderen Plätzen zugegriffen werden. Mit der schnellen technischen Entwicklung der PCs stiegen bald auch die Ansprüche an die Ausstattung der Arbeitsplätze und an die Verfügbarkeit der Daten innerhalb der Firmen. Aus der Notwendigkeit heraus, Einzelplatzrechner miteinander zu vernetzen, entstanden innerhalb weniger Jahre eine Reihe von Kommunikationsprotokollen mit unterschiedlichen Eigenschaften hinsichtlich der Datenrate und Struktur der miteinander vernetzten Rechner. Zwei bekannte Beispiele sind die ringförmige Vernetzung von IBM (Token-Ring) und das Ethernet (1970 bei Xerox begonnen, später weiterentwickelt bei DIX: Digital Equipment, Intel und Xerox).

Abb. 1a zeigt diese zwei Grundstrukturen und Abb. 1b eine Kopie der Originalzeichnung von Robert Metcalfe aus dem Jahr 1976, der wesentlichen Anteil an der Entwicklung dieses Netzwerktyps hatte, das später Ethernet genannt wurde. Ether ist das englische Wort für Äther, einen unsichtbaren gasförmigen Stoff (Kohlenwasserstoff-Verbindung). Zur Zeit der Entdeckung der elektromagnetischen Wellen und noch einige Zeit danach hatte man geglaubt, diese Wellen bräuchten, ähnlich wie Schallwellen, einen Stoff als Ausbreitungsmedium.

Nun hatte aber Heinrich Hertz schon 1878 die Ausbreitung elektromagnetischer Wellen in Luft nachgewiesen – und damit musste das Medium unsichtbar sein und durfte den Wellen auch keinen Widerstand entgegensetzen. Daher hatte man es Äther (Lichtäther) genannt.

Das hat sich später als Irrtum herausgestellt, aber der Ausdruck für den Raum, in dem sich elektromagnetische Wellen (also Funkwellen und Licht) ausbreiten, hat sich im Volksmund erhalten. In diesem Sinn ist das Buskabel des Ethernets der Anfangsphase von 1970 als Ausbreitungsmedium für alle an den Bus angeschlossenen PCs zu verstehen.

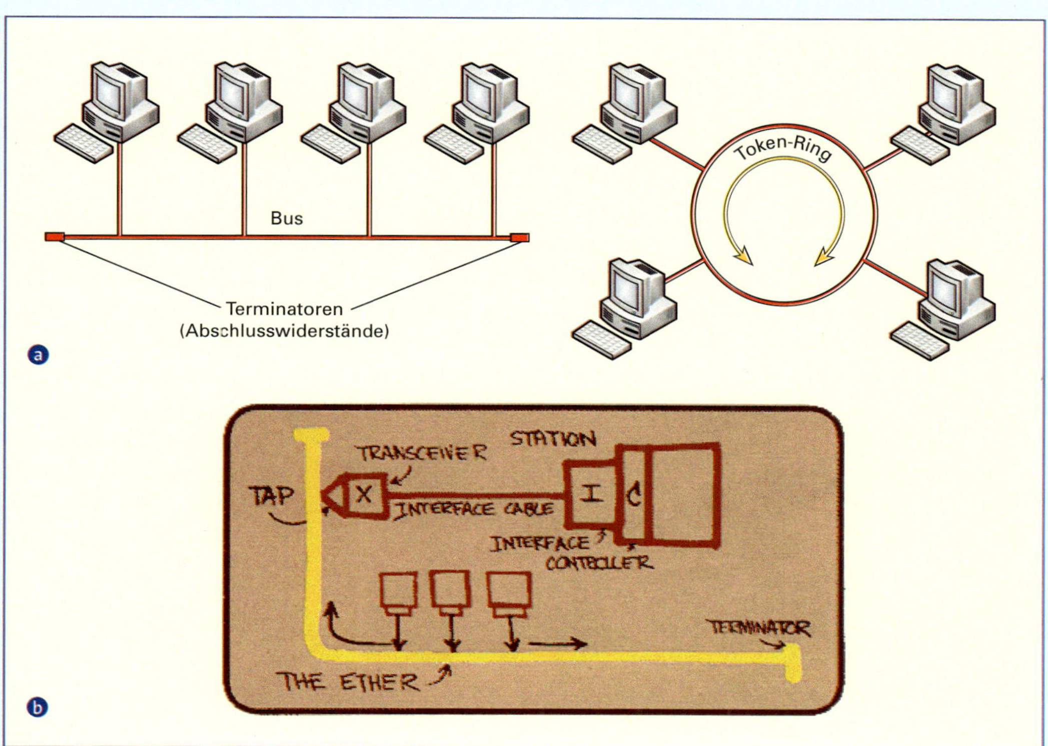

Abb. 1 Grundstruktur a und Kopie der Originalzeichnung für das Ethernet von Dr. Robert Metcalfe 1976 b

Da sich der Netzwerktyp Ethernet für die Vernetzung nicht nur von wenigen Rechnern im privaten und im SOHO-Bereich (**S***mall* **O***ffice*, **H***ome* **O***ffice*), sondern bis hin zu sehr großen Firmen-Netzen mit mehreren Teilnetzen durchgesetzt hat, wird im folgenden nur auf das Ethernet eingegangen.

Was versteht man unter einem Netzwerk?

Ein Netzwerk besteht aus einer Gruppe von mindestens zwei PCs, die elektrisch miteinander verbunden oder, wie man sagt vernetzt sind und miteinander kommunizieren können. Dadurch können sie Daten austauschen oder Laufwerke mit Daten und auch einen Drucker gemeinsam nutzen. Darüber hinaus ermöglicht ein Netzwerk die gemeinsame Nutzung des Internets von mehreren Rechnern über einen einzigen Zugang. Für einen Netzwerk-PC findet man häufig auch die Bezeichnung Host. Üblicherweise wird ein Netzwerk mit LAN (engl.: **L***ocal* **A***rea* **N***etwork*, lokales Netzwerk) abgekürzt. Diese Netze sind auf eine bestimmte, nicht allzu große räumliche Ausdehnung, etwa ein Firmengelände, ausgelegt. Große, räumlich weit verzweigte Netze, wie z. B. das Telefonnetz, werden mit WAN bezeichnet (engl.: **W***ide* **A***rea* **N***etwork*, Weitverkehrsnetz) oder das weltumspannende www, abgekürzt für World Wide Web, das sogenannte Internet. In jüngster Zeit wird immer häufiger der Begriff WLAN verwendet oder auch Wireless-LAN, was bedeutet, dass man ein lokales Netzwerk durch Funkverbindungen drahtlos realisiert.

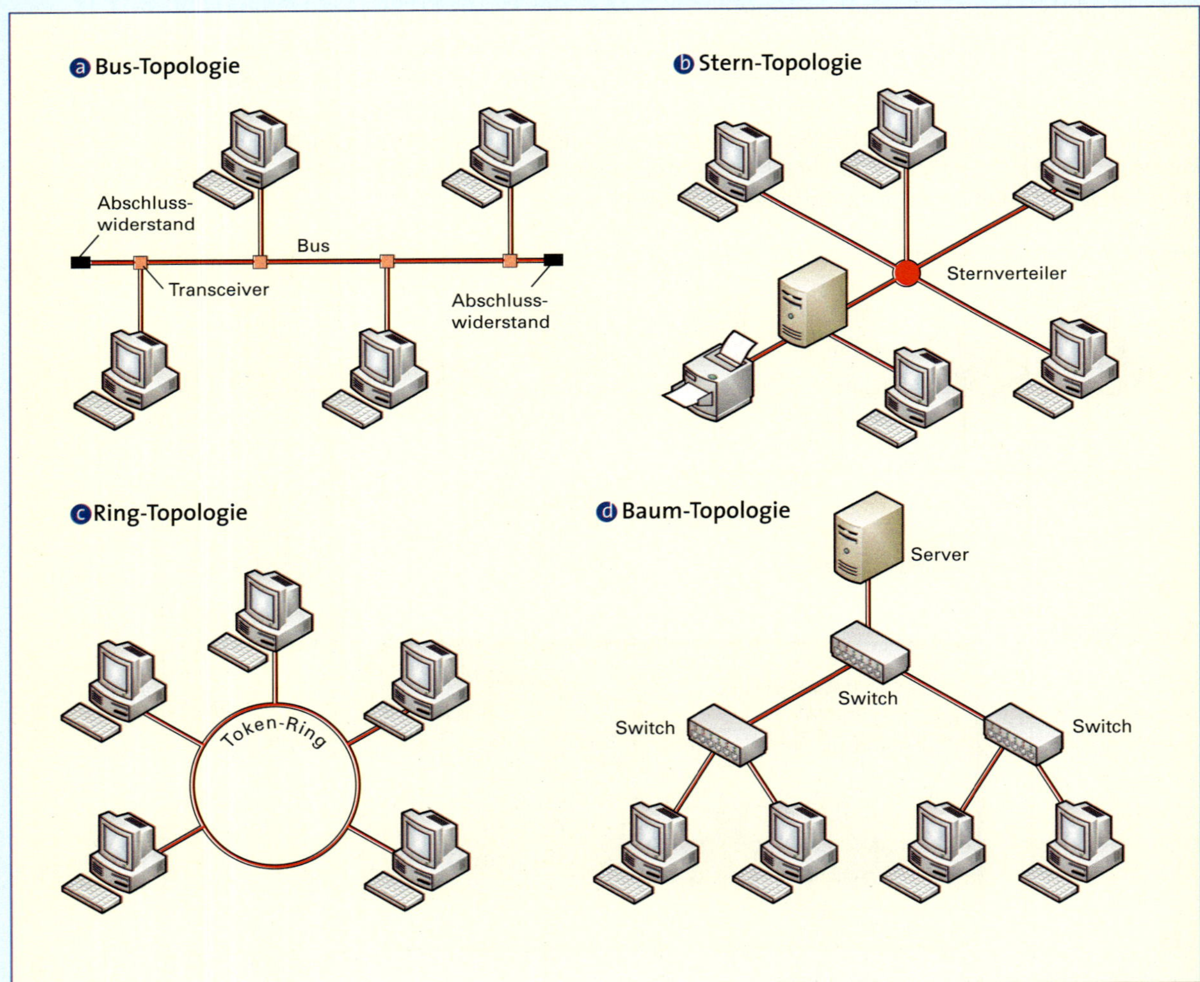

Abb. 1 Grundtopologien von Netzen

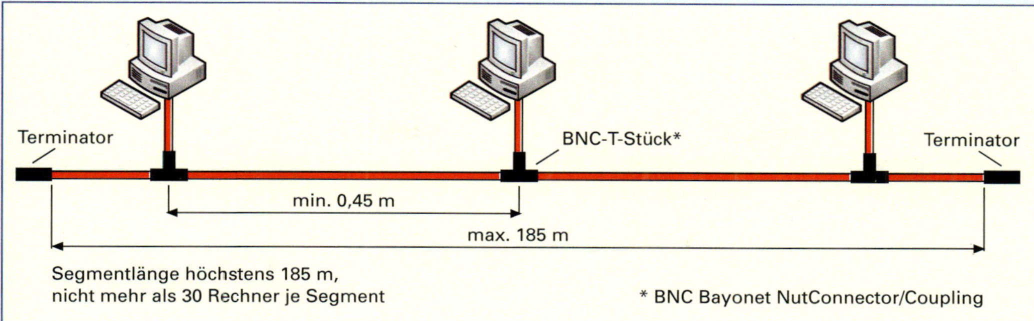

Abb. 1 Grundstruktur (Bus) für Ethernet 10 Base 5 bzw. 10 Base 2

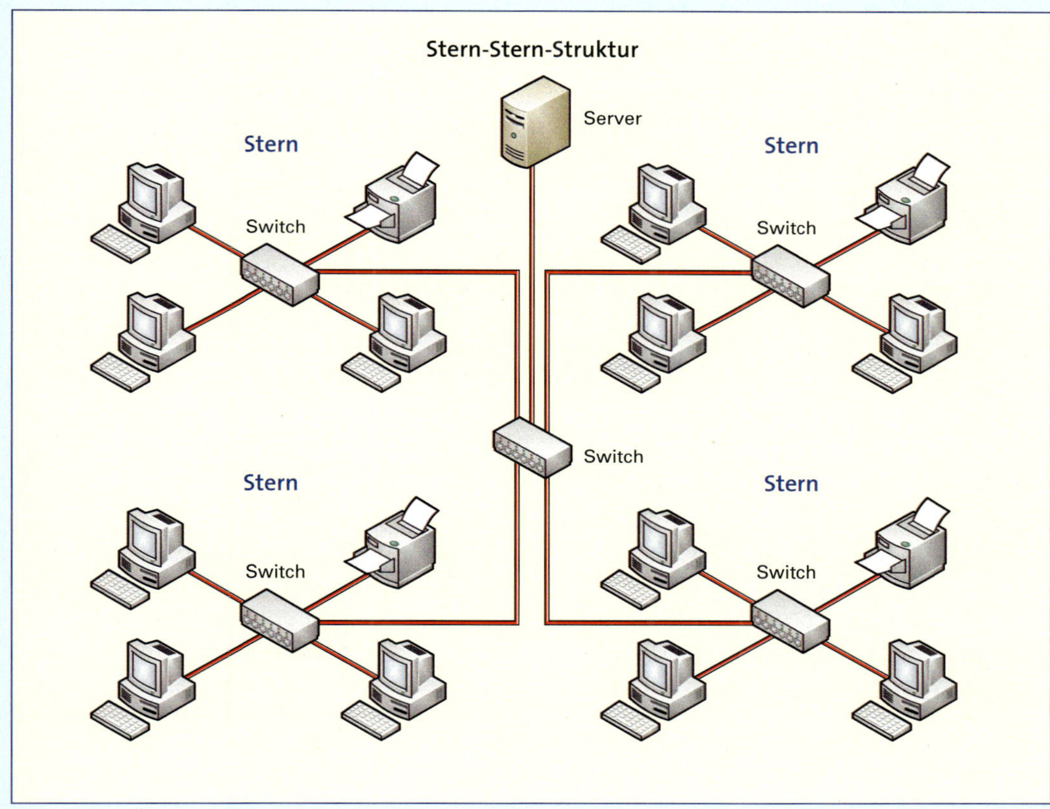

Abb. 2 Mehrfache Sternstruktur bei der Vernetzung von Gebäuden

Topologien

Zur Vernetzung, d. h. der schaltungsmäßigen Verbindung der einzelnen Teilnehmer im Netz, in unserem Fall der einzelnen PCs, die in der Netzwerktechnik mit Topologie bezeichnet wird, gibt es vier grundsätzliche Möglichkeiten. Abb. 1 ▷ 360 zeigt diese vier Grundstrukturen, die bereits beim Europäischen Installationsbus (EIB) angesprochen wurden.

Historisch gesehen haben sich bei der Entwicklung der Netzwerktechnik mehrere Netzarten mit verschiedenen Topologien ausgeprägt.

Beim Ethernet wurde für die – heute natürlich zu langsamen – Ausführungen 10 Base 5 und 10 Base 2 zunächst eine Bustopologie auf Koaxialkabeln eingesetzt, deren prinzipieller Aufbau in Abb. 1 gezeigt wird.

Dank des Einzugs der Twisted Pair Verkabelung in die Netzwerktechnik werden die einzelnen PCs heute praktisch nur noch im Stern verkabelt, d. h., die einzelnen PCs werden jeweils über ein eigenes Kabel sternförmig von einem zentralen Verteiler aus angeschlossen. In welcher logischen Struktur (Bus, Ring, Stern ...) die einzelnen Stationen im Inneren des zentralen Verteilers verschaltet sind,

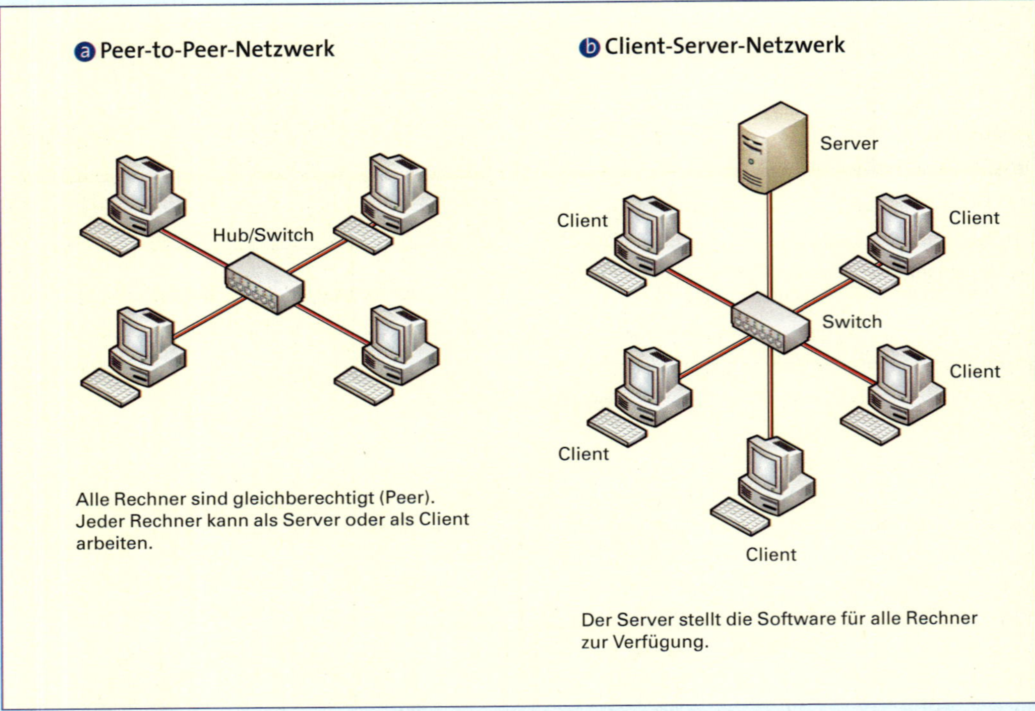

Abb. 1 Struktur eines Peer-to-Peer-Netzwerkes ⓐ und eines Client-Server-Netzwerkes ⓑ

interessiert den Anwender meist nicht. In der strukturierten Verkabelung von Gebäuden findet man auch eine mehrfache Sternstruktur vor, wie es in Abb. 1 ▷ 347 dargestellt und im folgenden Abschnitt genauer erläutert wird.

Wie wird ein Ethernet-Netzwerk praktisch aufgebaut?

Die ursprüngliche Struktur des Ethernets bestand aus einem Bus, verwirklicht durch ein Koaxialkabel, an das die Stationen über spezielle Koppler (oder auch über Koax-T-Stücke) angeschlossen wurden.

Diese Ausführungsformen haben wegen der zu niedrigen Datenübertragungsrate keine Bedeutung mehr.

In Peer-to-Peer-Netzen (engl.: *peer*, gleichberechtigt) sind alle Hosts gleichberechtigt, und logisch gesehen ist jeder Rechner mit jedem anderen Rechner verbunden. Alle Rechner zusammen bilden eine Arbeitsgruppe. Durch die Freigabe der Ordner, Laufwerke oder Drucker auf den jeweiligen vernetzten PCs kann von jedem Rechner auf die Ressourcen der anderen PCs zugegriffen werden. Einen speziellen Rechner, den sogenannten Server, der alle Programme enthält und auf den die anderen Rechner zugreifen, gibt es hier nicht. Jeder Rechner im Peer-to-Peer-Netz kann also Server für andere Rechner sein, er kann aber auch andere Rechner als Server nutzen.

Das Peer-to-Peer-Netzwerk wird in der Regel für kleine Netzwerke, also mit üblicherweise nicht mehr als zehn PCs verwendet. Jeder PC ist lokal eigenverantwortlich für die Sicherheit und die Freigabe seiner Ressourcen. Diese Netzwerke sind einfach zu realisieren, und in Den PC-Betriebssystemen, z. B. Windows XP, Windows 7 oder Windows 8 werden alle nötigen Funktionen zur Vernetzung auf diese Art zur Verfügung gestellt. Nachteilig bei diesem Netzwerktyp ist, dass keine zentrale Verwaltung existiert und mit zunehmender Zahl der vernetzten PCs der Aufwand zur Koordination und zur Sicherung außerordentlich stark ansteigt.

Merke:
Heute unterscheidet man bei der Vernetzung von PCs zwei Grundkonzepte (Abb. 1):
- *das Peer-to-Peer-Netzwerk*
- *das Client-Server-Netzwerk*

In Client-Server-Netzwerken (Client ist der Nutzer, Server ist der Anbieter, der zentral Dienste zur Verfügung stellt.) wird ein spezieller Rechner als Server verwendet, der alle Programme für die angeschlossenen PCs, die als Nutzer oder Clients fungieren, enthält und der die Daten und Anwendungen zentral verwaltet.

Für den Server benötigt man eine spezielle Software, z.B. Windows Server 2003, 2008 oder aktuell 2012. Auch für Linux- oder Novell-Systeme gibt es entsprechende Software. Für die Clients können alle gängigen Betriebssysteme, wie z.B. Windows Vista, Windows 7 oder aktuell Windows 8, benutzt werden.

Einbau einer Netzwerkkarte: Unabhängig davon, ob ein Peer-to-Peer- oder ein Client-Server-Netzwerk aufgebaut werden soll, muss jeder PC mit einer passenden, hier also einer Ethernet-Netzwerkkarte (manchmal auch Netzwerkadapter genannt) ausgestattet werden. Jede Netzwerkkarte hat vom Hersteller eine weltweit einmalige physikalische Adresse, auch MAC-Adresse oder Ethernetadresse genannt (engl. MAC ***M**edia **A**ccess **C**ontrol*, Zugriff auf das Medium).

Meist ist diese Adresse in sechs Blöcken mit jeweils zweistelligen Hexadezimalzahlen dargestellt und auf der Karte aufgedruckt. Der Anwender hat mit dieser Adresse eigentlich nichts zu tun, nur der PC benutzt sie und verknüpft sie eindeutig mit der so genannten IP-Adresse. Man kann sich die MAC-Adresse aber vom PC anzeigen lassen, unter Windows mit dem Befehl „ipconfig/all".

Abb. 1 zeigt die Ausdrucke von Netzwerk-PCs mit diesen Betriebssystemen. Die Netzwerkkarte stellt die Verbindung zwischen dem Übertragungsmedium, also dem TP-Kabel und dem PC her. Das bedeutet, dass die elektrischen Signale auf dem Übertragungsmedium mit ihrer speziellen Kodierung im Adapter umgesetzt werden müssen auf Signale, die der PC verarbeiten kann. Die Formate für die Daten werden dabei in den jeweiligen Protokollen festgelegt.

Die Netzwerkkarten müssen entweder in einen Steckplatz auf dem PC-Motherboard eingebaut werden (interne Netzwerkkarte, der PC muss zur Montage der Karte also zunächst von der Netzspannung getrennt und dann geöffnet werden), oder man kann bei modernen PCs über eine USB-Schnittstelle einen externen Netzwerkadapter anschließen. Notebooks (Laptops) verwenden

```
C:\WINDOWS\System32\cmd.exe
Microsoft Windows XP [Version 5.1.2600]
(C) Copyright 1985-2001 Microsoft Corp.

C:\Dokumente und Einstellungen\DP>ipconfig/all

Windows-IP-Konfiguration

        Hostname. . . . . . . . . . . . . : PC2002
        Primäres DNS-Suffix . . . . . . . :
        Knotentyp . . . . . . . . . . . . : Unbekannt
        IP-Routing aktiviert. . . . . . . : Nein
        WINS-Proxy aktiviert. . . . . . . : Nein

Ethernetadapter LAN-Verbindung 2:
```

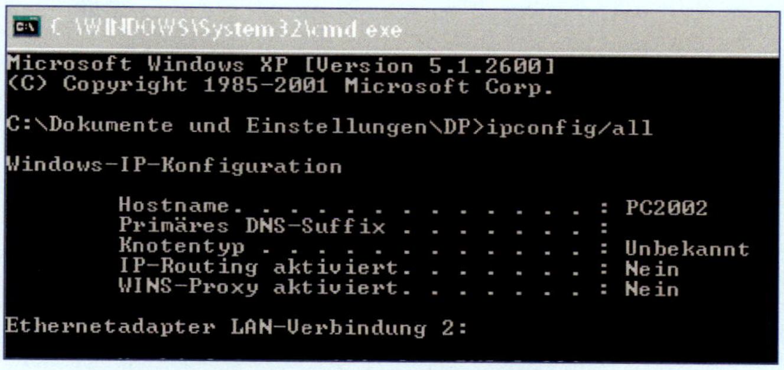

Abb. 1 Bildschirmausdruck nach dem Befehl „ipconfig/all"

> ***Merke:***
> *Beim Peer-to-Peer-Netzwerk sind die einzelnen Hosts logisch miteinander verbunden, während sie beim Client-Server-Netzwerk nicht logisch miteinander verbunden sind.*
> *Die Hosts sind nur mit dem Server logisch verbunden.*

eine nur scheckkartengroße PC-Card als Netzwerkadapter, die in einen speziellen Schacht des Notebooks eingesetzt wird.

Ist die Netzwerkkarte in einen PC eingebaut, so muss der zugehörige, mit der Karte mitgelieferte Treiber installiert werden. Befindet sich der Treiber bereits im Lieferumfang des Betriebssystems (z. B. bei Windows XP), so wird er automatisch geladen. Andernfalls meldet das Betriebssystem „Neue Hardware gefunden", und eventuell meldet sich ein Hardware-Assistent des Betriebssystems, dessen Anweisungen man folgt. Ist die Installation des Treibers erfolgreich verlaufen, erscheint auf dem PC-Bildschirm ein entsprechender Hinweis, und man betätigt die Schaltfläche „Fertigstellen", um die Installation zu beenden.

Für die Vernetzung der PCs verwendet man STP- oder S/STP-Kabel, wobei mindestens die Kategorie 5 (bis ca. 100 Mbit/s) oder besser höher ausgewählt werden soll. Die Montage der RJ-45-Stecker erfordert eine spezielle Crimpzange (Abb. 1 ▷ 364).

Der Stecker am einen Ende wird in die entsprechende Westernbuchse der Netzwerkkarte gesteckt, der Stecker am anderen Ende der Kabel wird in den Sternverteiler (Hub oder Switch) eingesteckt.

Ein Hub (engl. Radnabe) ist ein Gerät, das mit mehreren RJ-45-Buchsen ausgestattet ist, den sogenannten Ports, an die zu vernetzenden PCs mit den Netzwerkkabeln sternförmig angeschlossen werden. Üblich sind Hubs mit 6, 8, 12 oder auch

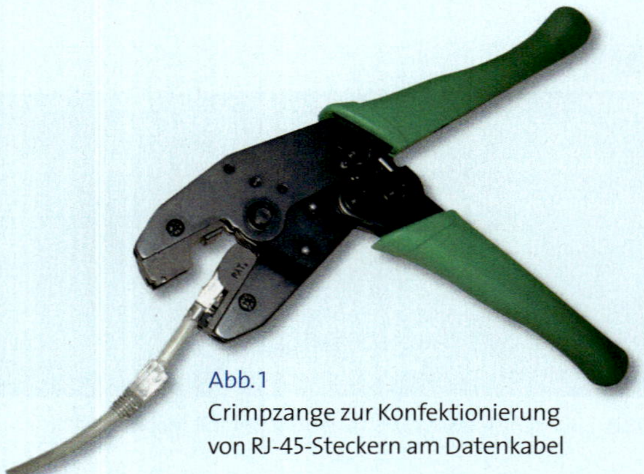

Abb. 1
Crimpzange zur Konfektionierung von RJ-45-Steckern am Datenkabel

mit 24 Ports. Die modernen Hubs (dual speed) erkennen an jedem Port die Geschwindigkeit der angeschlossenen Netzwerkkarte, also 10 Mbit/s oder 100 Mbit/s und stellen sich automatisch darauf ein (Auto-Sensing). Trotzdem sind Hubs von der Art der Signalverteilung relativ einfache Geräte. Ihre Funktion beruht darauf, dass sie die an einem Port eingehenden Signale eines PCs verstärkt an alle anderen Ports bzw. die angeschlossen PCs weiterleiten. Das ist aber auch gleichzeitig ein Nachteil für die schnelle Datenübertragung, da alle angeschlossen PCs die Zieladresse eines ankommenden Signals überprüfen und mit der eigenen Adresse vergleichen müssen. Dadurch steigt die Netzbelastung.

Ein wichtiges Merkmal beim Ethernet ist, dass prinzipiell nur ein PC zu einer bestimmten Zeit im Netzwerk senden darf. Senden aber z. B. zwei PCs gleichzeitig, stoßen die auf der Leitung laufenden Signale quasi zusammen, es gibt eine Kollision. Eine Kollision wird erkannt und ausgewertet und führt sofort zum Abbruch des Sendens der beteiligten PCs. Nach einer zufällig gewählten Zeit wird ein neuer Versuch unternommen.

Durch die Verteilung eines Signals an alle Ports beim Hub wird die Wahrscheinlichkeit groß, dass es zu Kollisionen mit anderen, zufällig sendenden Stationen kommt. Das führt letztlich dazu, dass die Übertragungsrate im Netz sinkt. Für schnelle Netzwerke verlieren Hubs daher an Bedeutung.

Sie können darüber hinaus aus den ankommenden Signalen an einem Port die geforderten Zieladressen ermitteln und die ankommenden Signale daher direkt an die Ports weiterleiten, wo die adressierten PCs angeschlossen sind. Soll also z. B. ein Signal vom Port 2 zum Port 5 gesendet werden, so adressiert der Switch den Port 5 direkt, ohne dass die anderen Ports dieses Signal erhalten. Kollisionen treten auch dann nicht auf, wenn die Stationen an diesen nicht adressierten Ports selbst senden wollen. Damit ist die erreichbare Datenübertragungsrate im Netz wesentlich höher als mit einem Hub als Sternverteiler. Ein Switch ist teurer als ein vergleichbarer Hub (gleiche Zahl von Ports), trotzdem werden zunehmend Switches in der Netzwerktechnik verwendet, weil damit praktisch jeder der an den Ports angeschlossenen PCs mit der vollen Bandbreite des Übertragungsmediums arbeitet. Switches können sowohl getrennte Netze verbinden als auch Hosts, Drucker oder Server direkt ansteuern.

Praxistipp:
Switches sind leistungsfähiger als Hubs, weil sie sich merken, welche MAC-Adresse (d. h. welcher Host) an welchem seiner Ports angeschlossen ist.

Das OSI-Schichtenmodell und Protokolle

Das ISO-OSI-Schichtenmodell

Wenn ein PC-Benutzer aus einer Anwendung heraus, z. B. einem Word-Text-Dokument, Daten über ein Netzwerk an einen anderen PC versenden will, dann müssen diese Daten die verschiedenen Baugruppen im PC mit ihrer entsprechenden Soft- und Hardware durchlaufen, bis sie als elektrisch übertragbare und speziell codierte Signale (z. B. HDB_3-Code beim ISDN Primär-MPX-Anschluss oder Manchester-Code bei Ethernet) am Netzwerkkabel (Kupfer- oder Lichtwellen-Leiter) ankommen und über das Netz weitergeleitet werden können. Sie müssen außerdem ihre Zieladresse bei sich haben, um den Empfänger zu finden. Haben diese Signale ihren Empfänger-PC erreicht, müssen sie über verschiedene Hardware-Baugruppen und die zugehörigen Treiber oder die notwendigen Programme wieder in das ursprüngliche Word-Text-Dokument zurückgewandelt werden. Dem Absender und dem Empfänger dieses Dokumentes ist es meist egal, wie oder warum die Daten in den verschiedenen PC-Baugruppen speziell für den Transport umgewandelt werden, ihm ist nur wichtig, dass das Dokument seinen Empfänger sicher erreicht. Für den Fachmann jedoch, der mit Kommunikationsgeräten auf der technischen Ebene umgehen und Reparaturen oder Installationen durchführen und Fehler

Kommunikationssystem I			Kommunikationssystem II	
Schicht 7	Anwendungsschicht (Application Layer) – Kommunikationsprozesse im Anwendungsbereich	← Protokolle der Anwendungsschicht →	Schicht 7	Anwendungsorientierte Schichten
Schicht 6	Darstellungsschicht (Presentation Layer) – einheitliche Nachrichtendarstellung (Anpassung lokaler und globaler Darstellungen)	← Darstellungsprotokolle →	Schicht 6	
Schicht 5	Kommunikationsteuerungsschicht, auch Sitzungsschicht (Session Layer) – Organisation der Verbindungen, Dialogverwaltung	← Protokolle der Kommunikationssteuerungsschicht →	Schicht 5	
Schicht 4	Transportschicht (Transport Layer) – Aufgaben der Verschlüsselung, Peer-to-Peer-Funktion (Ende-zu-Ende Sicherungen)	← Transportprotokolle →	Schicht 4	Transportorientierte Schichten
Schicht 3	Vermittlungsschicht (Network Layer) – Auf- und Abbau von Verbindungen, eventuell Data-Adressierung, Wegesuche	← Vermittlungsprotokolle →	Schicht 3	
Schicht 2	Sicherungsschicht (Data Link Layer) – Strukturierung der Dienste der Schicht 1, Rahmenbildung, Fehlersicherung, Flusssicherung, Flusskontrolle	← Protokolle der Sicherungsschicht →	Schicht 2	
Schicht 1	Bitübertragungsschicht, auch Physikalische Schicht (Physical Layer) – Bitübertragung, Taktvorgabe, Energieversorgung	← Protokolle der Bitübertragungsschicht →	Schicht 1	

Abb. 1 OSI-7-Schichtenmodell

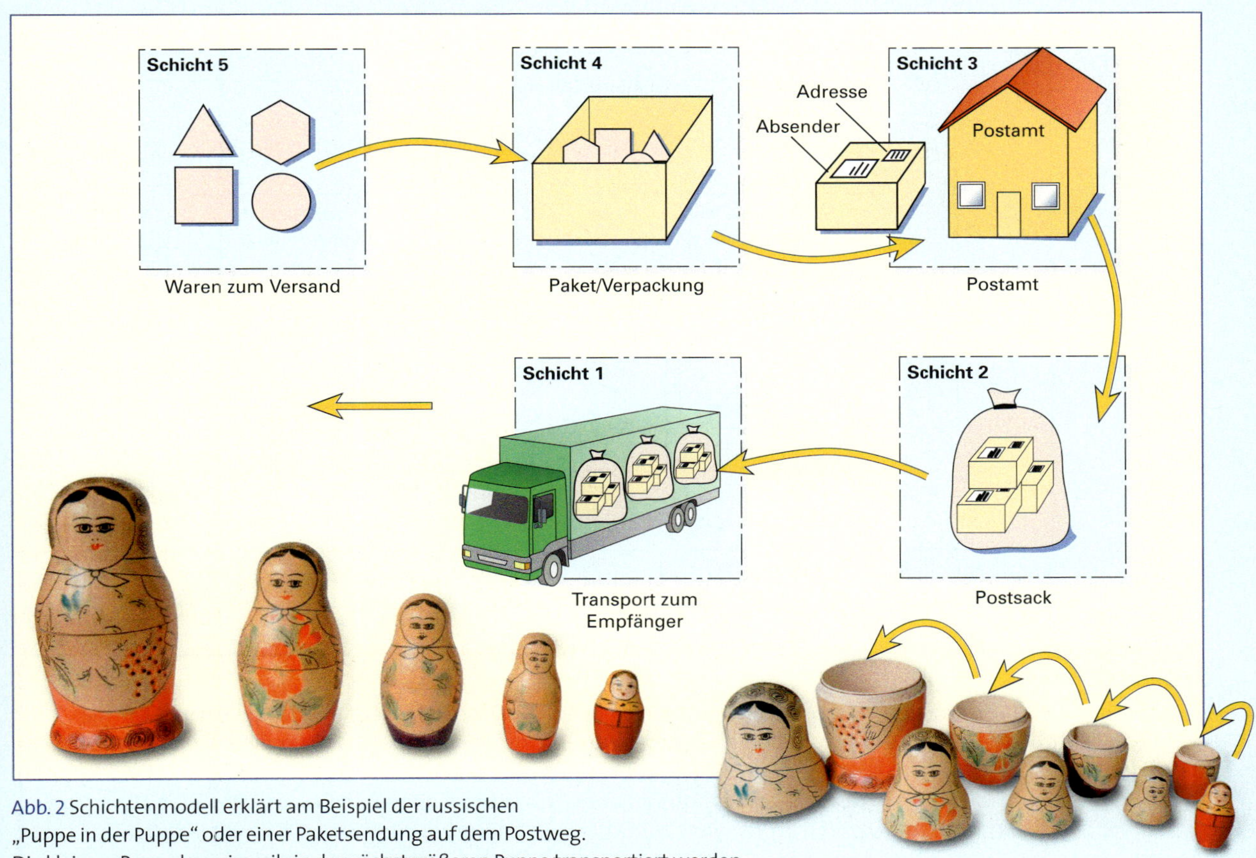

Abb. 2 Schichtenmodell erklärt am Beispiel der russischen „Puppe in der Puppe“ oder einer Paketsendung auf dem Postweg.
Die kleinere Puppe kann jeweils in der nächstgrößeren Puppe transportiert werden.

suchen muss, ist die logische Struktur der Datenübertragung schon wichtig.
Eine logische Struktur, die sich im Lauf der letzten Jahre weltweit durchgesetzt hat, ist das von der *I*nternational *S*tandardization *O*rganisation (abgekürzt ISO genannt) entwickelte OSI-7-Schichten-Modell. Mit diesem OSI-Modell wird die komplexe Datenübertragung – beginnend beim Anwender, durch die einzelnen Gerätestufen hindurch bis zur Schnittstelle an der Übertragungsleitung – logisch in Teilfunktionen zerlegt, die man symbolisch sieben verschiedenen Schichten zuschreibt. Jede Schicht übernimmt also im Rahmen der Umwandlung und des Transports der Daten eine spezielle Aufgabe, die auch durch die Namen der einzelnen Schichten verdeutlicht und beschrieben wird (Abb. 1 ⊳ 365).

Am Beispiel der berühmten russischen „Puppe in der Puppe" oder auch an einer Warensendung in einem Paket über den Postweg (Abb. 2 ⊳ 365) kann man sich dieses Schichtenmodell im Prinzip leicht vorstellen. Bei OSI ist es eben spezialisiert auf die Kommunikation: Die „Information" einer Schicht wird stets zum Transport in eine unterhalb liegende Schicht verpackt. In unserem Modell der Puppe oder des Pakets wird stets eine größere Puppe oder größere Verpackungseinheit benötigt, je tiefer die Verpackungsschicht angeordnet ist.

Welche Vorteile besitzt so ein komplexes Modell?

Damit sollen Kommunikationssysteme, obwohl die einzelnen komplexen Baugruppen oder die Software von verschiedenen Herstellern gefertigt wurden, innerhalb von PCs oder Netzwerken, Telefonnetzen problemlos miteinander kommunizieren. OSI ist, wieder abgekürzt, aus *O*pen *S*ystems *I*nter*connection* entstanden, was übersetzt etwa „Verbindung über offene Systeme" bedeutet. Offene Systeme wiederum meint, dass Baugruppen für gleichartige Aufgaben in einem Kommunikationssystem von unterschiedlichen Herstellern stammen und dennoch störungsfrei miteinander Daten austauschen können. Bei Telekommunikationsanlagen (Telefon, TK-Anlagen) unterschiedlicher Hersteller ist die Verwendung, z. B. im Telefonnetz der Telekom, schon lange üblich, meist ohne dass darüber noch nachgedacht wird. Im PC-Bereich wurde

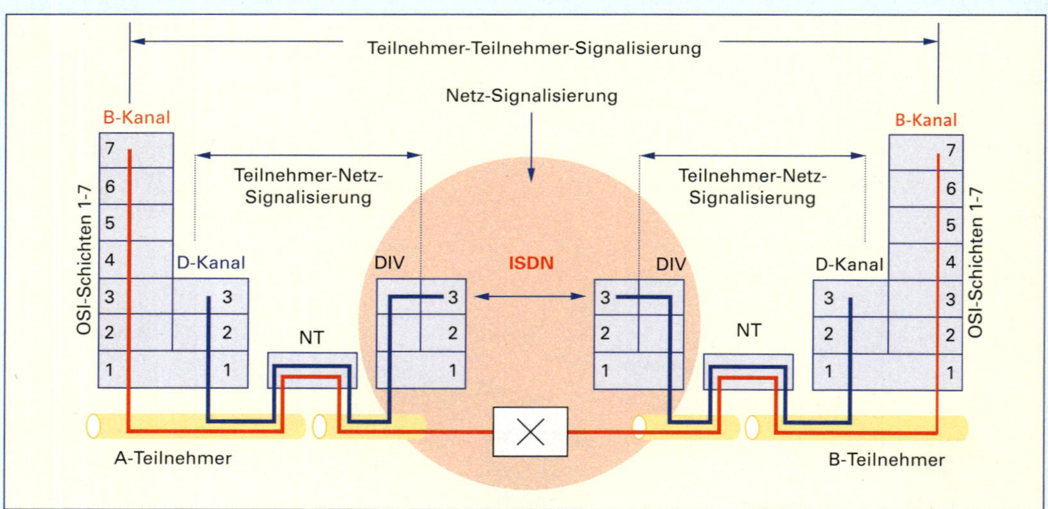

Abb. 1 Anwendung des OSI-Modells auf ISDN bei der Teilnehmer-Signalisierung. Im ISDN werden für die Signalisierung im D-Kanal und für die Nutzdatenübertragung in den B-Kanälen zwei parallele Schichtenmodelle benutzt.

Merke:
Im D-Kanal sind die unteren drei Schichten international nach ITU – Q.921/931 spezifiziert, für Europa gelten die ETSI-Spezifikationen. Die Schicht 1 (S_0-Rahmen) ist dabei als gemeinsame Transportbasis für die B-Kanäle und den D-Kanal festgelegt.
Die Schichten im B-Kanal-Protokoll sind applikationsabhängig ausgeführt, da ISDN neben spezifizierten Diensten wie Telefon und Fax auch transparente Nutzkanäle zur Datenübertragung mit 64 kBit/s zur Verfügung stellt.

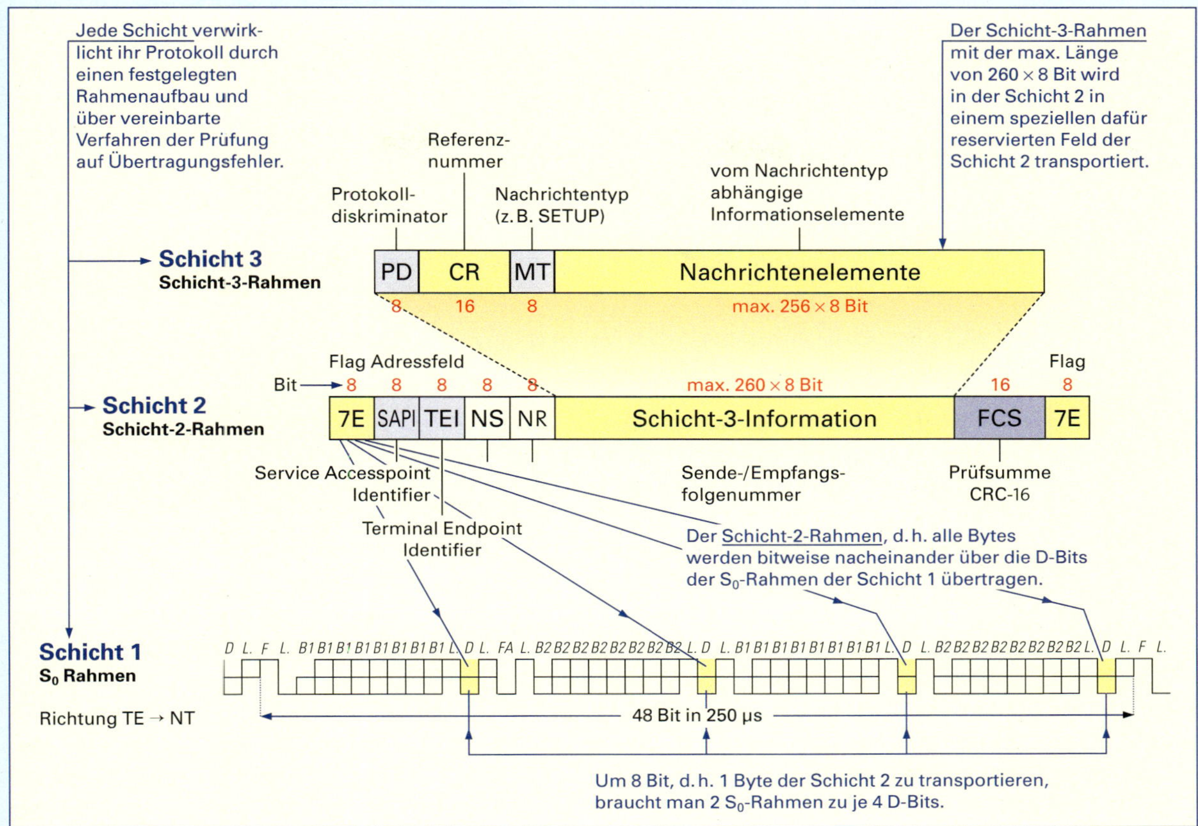

Abb. 1 D-Kanal-Protokoll im OSI-Schichtenmodell

das erst mit den sogenannten IBM-kompatiblen Rechnern vor etwa 20 Jahren als Vorläufer der Entwicklung begonnen, vorher konnten weder PC-Komponenten unterschiedlicher Hersteller ausgetauscht, ja nicht einmal Daten aus einem PC vom Hersteller X über Diskette zum Rechner vom Hersteller Y überspielt werden. Ein großer Vorteil dieser Standardisierung ist natürlich auch, dass durch die Konkurrenz bei der Fertigung von Systemkomponenten der Preis gegenüber einem Monopolhersteller reduziert wird.

Abb. 1 ▷ 365 zeigt das OSI-Schichtenmodell mit den allgemeinen Bezeichnungen für die Aufgabenverteilung in den einzelnen Schichten bei einer Datenübertragung. Nicht immer müssen alle sieben OSI-Schichten für eine Kommunikation zwischen Sender und Empfänger benutzt werden: wenn die einzelnen Signalverarbeitungsaufgaben zwischen den beteiligten Kommunikationssystemen nicht so komplex sind oder auch, wenn diese Signalverarbeitungen logisch nur innerhalb der unteren Schichten verbleiben. Es kann aber auch vorkommen, dass gleich zwei Schichtenmodelle in einem System parallel verwendet werden (Abb. 1 ▷ 366 und Abb. 1). So hat man z. B. beim ISDN-D-Kanal-Protokoll nur die untersten drei Schichten verwendet, während das B-Kanal-Protokoll je nach Dienst (Telefon, Fax, Datenübertragung) u. U. alle 7 Schichten nutzt. Netzwerkkarten für das Ethernet arbeiten während der Datenübertragung auf den OSI-Schichten 1 und 2, wobei allerdings die Netzwerktechnik durch ihre stürmische Entwicklung ein etwas anders aussehendes Schichtenmodell benutzt, das aber nach Abbildung an das OSI-Modell angepasst werden kann. Dabei sind mehrere Schichten des OSI-Modells anderweitig zusammengefasst (Abb. 1 ▷ 368).

Funktioniert bei der Installation neuer Komponenten bei einem PC alles problemlos (*plug and play*, zu deutsch: Einstecken und Starten, anstatt *plug and pray*, zu deutsch: Einstecken und Beten), dann wird die Hardware über die Treibersoftware und das Betriebsprogramm entsprechend dem OSI-Modell in die Rechnerarchitektur

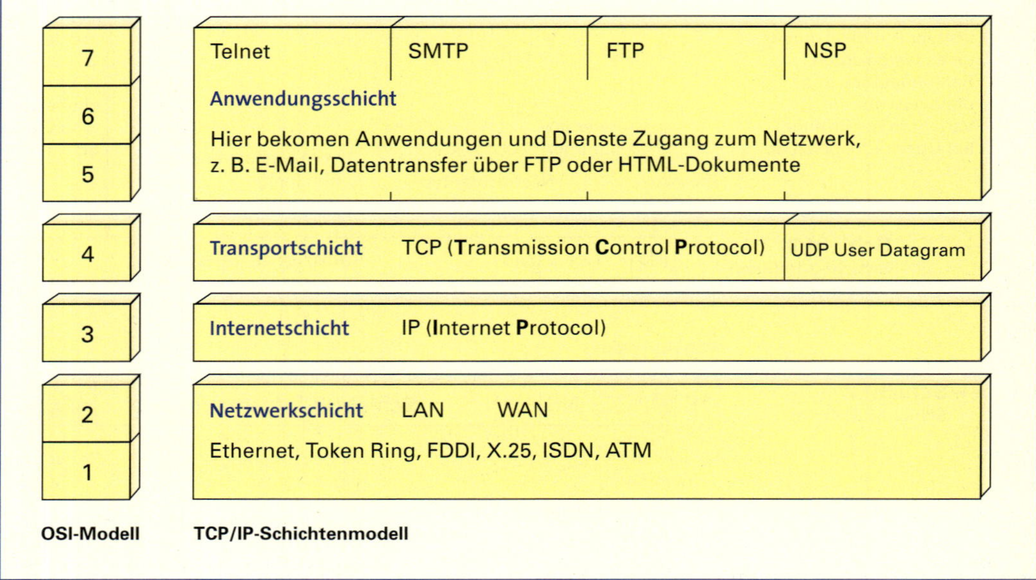

Abb. 1 Das TCP/IP-Schichtenmodell im Vergleich zum OSI-Modell

eingebunden. Auch bei der Installation und Inbetriebnahme eines ISDN-Telekommunikationssystems oder einer ISDN-Karte in einem PC wird man üblicherweise nicht direkt mit den Schichten des OSI-Modells konfrontiert. Im Fehlerfall hingegen kann es passieren, dass beim erfolglosen Aufbau einer Internetverbindung vom PC über die ISDN-Leitung z.B. folgender Hinweis auf dem Bildschirm erscheint: „Fehler beim Aufbau Schicht 2". Beim ISDN-Telefon benötigt man einen D-Kanal-Protokoll-Analysator, wenn trotz richtigen Anschlusses und funktionsfähigen ISDN-Telefons die Verbindung nicht aufgebaut wird. Eine Messung mit Strom- oder Spannungsmesser liefert hier nur noch einige Informationen der Schicht 1 (richtiger Anschluss der S_0-Bus-Leitungen). Der Analysator hingegen zeigt dann in seinem Messprotokoll exakt, was in den einzelnen Schichten abläuft. Der ausgebildete Anwender kann daraus den Fehler erkennen und Abhilfe schaffen.

Merke:

Kenntnisse über das OSI-Schichtenmodell werden vor allem bei der komplexen Fehlersuche mit Protokollmessgeräten in der Kommunikations- und Netzwerktechnik gefordert, ebenso wie das Wissen um die Arbeitsweise von Netzwerkkomponenten wie Repeater, Switch, Router und Gateway (siehe unten). Und gerade deren Eigenschaften lassen sich erst über das OSI-Modell veranschaulichen.

Protokolle für das Internet

IPv4 und IPv6

Um die Kommunikation vom Sender zum Empfänger technisch umzusetzen, hat man Protokolle entwickelt. Unter Protokoll versteht man eine Art Netzwerksprache, in der sich die jeweils gleichartigen Schichten auf beiden Seiten des Übertragungswegs verständigen. Im Sinne der Datenübertragung ist ein Protokoll natürlich keine Sprache. Vielmehr handelt es sich um Regeln, nach denen die einzelnen Schichten des OSI- bzw. des TCP/IP-Schichtmodells mit den ihnen zugeführten Daten umgehen und denen sie jeweils weitere schichtspezifische Verarbeitungsdaten hinzufügen. Beim Sender durchlaufen daher die Daten das Schichtmodell von der obersten Schicht nach unten, während sie beim Empfänger umgekehrt von der untersten zur obersten Schicht weitergereicht und verarbeitet werden. Jede Schicht hat dabei ihr eigenes Protokoll, d.h. sie reagiert nur auf solche Informationen, die mit den Aufgaben der Schicht zu tun haben und die Daten für die anderen Schichten werden einfach unbearbeitet weitergegeben. Logisch sieht es daher so aus, als verkehre jede einzelne Schicht auf der einen Seite quasi direkt und horizontal nur mit der zugehörigen Schicht auf der anderen Seite.

Im Laufe der Entwicklung der Netzwerktechnik entstanden viele verschiedene Protokolle mit unterschiedlichen Eigenschaften, Stärken und

Merke:
Bei der Konfiguration eines Netzwerkes muss der Anwender an den zu vernetzenden PCs ein Protokoll aus einer Liste auswählen, welches dann vom Betriebssystem installiert oder aktiviert wird.

Schwächen bei der Steuerung der Kommunikation, zum Beispiel IPX/SPX, NetBEUI und TCP/IP. Das heute meistverbreitete Protokoll, im Grunde eine Protokollfamilie, ist das TCP/IP-Protokoll. Vor allem wenn mehrere PCs nicht nur vernetzt werden sollen, sondern auch eine Verbindung über das Internet nötig wird, ist das Protokoll TCP/IP derzeit Standard. Die Abkürzung steht für *Transmission Control Protocol/Internet Protocol*. TCP/IP eignet sich deshalb so besonders gut für die PC-Vernetzung, weil die einzelnen PCs oder Server im Netz auch unterschiedliche Betriebssysteme haben können. Der Datenaustausch über verschiedene Grenzen und Systeme hinweg ist also kein Problem. Unter TCP/IP muss jeder Netzwerk-PC, zusätzlich zu seiner Netzwerkkarten-Adresse (MAC-Adresse, siehe Seite 363), die den Netzwerkzugang überhaupt erst ermöglicht, eine (weltweit) eindeutige IP-Adresse erhalten. Jeder Host in einem Netzwerk muss durch eine solche IP-Adresse identifizierbar sein, weil nur dadurch die Datenpakete einer Anwendung, z.B. einer E-Mail, von der PC-Sendestation über die Protokolle TCP und IP über das Internet zum Zielrechner transportiert werden können. Ähnlich der Postanschrift auf einem Briefumschlag werden Datenpakete mit einer IP-Adresse versehen, die den Empfänger eindeutig identifiziert.

Merke:
Die IP-Adresse ist eine logische Adresse, um einen Host in einem Netzwerk zu erreichen. Um aber Daten übertragen zu können, muss die IP-Adresse letztlich in die MAC-Adresse der Netzwerkkarte übersetzt werden.

Zu Beginn der Entwicklung des World Wide Web (1990) wurde dessen Wachstumsgeschwindigkeit gehörig unterschätzt. Mit der damals festgelegten Version des Internetprotokolls IPv4 wurde eine Host-Adresse im Internet mit 32 Bit festgelegt. Die Gesamtzahl der in IPv4 möglichen Adressen lässt sich sehr einfach berechnen, und zwar über 2 hoch 32 (2^{32}), was sich in unserem gewohnten Dezimalsystem als 4,295... x 109, also rund 4,3 Milliarden darstellen lässt. Man glaubte, mit der damit adressierbaren Zahl von Hosts im Netz auch längerfristig genügend Reserven für die erwartete, stark steigende Zahl der Internetnutzer zu haben. Aber durch eine sehr ungünstige Vergabepraxis der IP-Adressen – mit einer Einteilung des gesamten Adressraumes in „Klassen" (siehe IPv4) – wurden gleich beim Aufbau des Internets sehr viele Adressen verschwendet. So war bereits 1995 absehbar, dass die damals noch vorhandenen Adressen bei dem unverändert schnellen Wachstum der Internetnutzer nicht mehr sehr lange ausreichen würden. Daher entwickelte man in den Folgejahren eine neue Version des IP für das Internet der nächsten Generation: IPv6 oder auch „IP next generation" (IPng). Im Dezember 1998 wurde IPv6 vorgestellt.

Obwohl die Version IPv6 dann das aktuellere und eigentlich auch das offizielle Protokoll war, hat es sich nicht so schnell durchgesetzt, wie von den Befürwortern erhofft. Trotz mehrerer Anläufe – ab der Jahreswende 1999/2000 gab es die ersten IPv6-tauglichen PC-Betriebssysteme – einen „IPv6-Testtag" im Jahr 2011 und schließlich einem „IPv6 World Launch Day" am 6. Juni 2012, an dem einige Tausend Webseiten und Netzbetreiber das IPv6 „freigeschaltet" haben, ist IPv4 auch bis heute noch nicht abgelöst. Im Gegenteil: Derzeit gibt es einen Parallelbetrieb von IPv4 und IPv6 im Netz! Das bedeutet technisch gesehen, dass es jetzt Kommunikationsbetrieb sowohl über reine IPv4-Netze wie bisher, als auch über reine IPv6-Netze gibt. Das für sich genommen hätte die Migration hin zu IPv6 möglicherweise nicht so verzögert. Wichtig war aber, dass es auch eine Kommunikationsmöglichkeit zwischen IPv4- und IPv6-Netzen geben musste und hier entstand ein Problem: Eine direkte Kommunikation zwischen diesen Netzen ist nicht möglich, beide Protokollvarianten sind nicht kompatibel. Natürlich hat man für einen als „Übergangszeit" geplanten Zeitraum drei Hauptstrategien für den Parallelbetrieb der verschiedenen Netzvarianten erprobt und eingerichtet:

- Den Dual-Stack, der im Prinzip zwei getrennten Netzwerk-Stacks mit IPv4 und IPv6 entspricht, die unabhängig voneinander arbeiten. Damit gibt es keine Konflikte zwischen beiden Protokollvarianten.
- Verschiedene Tunneling-Verfahren, damit Datenpakete von z.B. einem IPv6-Netz über ein

IPv4-Netz zu einem weiteren IPv6-Netz transportiert werden können.
- Übersetzen von IPv4- in IPv6-Adressen und umgekehrt. Dazu dient NAT 64 in Verbindung mit DNS 64, Bei diesem IPv6-Übergangsmechanismus nutzt NAT 64 die Möglichkeit, dass die 32 Bit der IPv4-Adresse gut in den 128 Bit der IPv6-Adresse untergebracht werden können.

1	1	0	0	0	0	0	0	1	0	1	0	1	0	0	0	0	1	1	0	0	1	0	0	0	0	0	0	0	0	0	1

192. 168. 100. 1

Abb. 1 Struktur einer IP-Adresse (IP V4) mit 32 Bit. Die 4 Oktette (4 · 8 Bit) werden zur leichteren Lesbarkeit in Dezimalzahlen umgerechnet und durch Punkte getrennt.

Die ersten 3 Bit des ersten Oktetts bestimmen die Klassen.

1	1	0	0	0	0	0	0	1	0	1	0	1	0	0	0	0	1	1	0	0	1	0	0	0	0	0	0	0	0	0	1

192. 168. 100. 1

Klasse	Dezimal	Binär
A	001 bis 126	**0**0000001 bis **0**1111110
B	128 bis 191	**10**000000 bis **10**111111
C	192 bis 223	**110**00000 bis **110**11111

- Um die Netzwerk-Adressen exakt festzulegen, werden den oben festgelegten Adressenklassen noch weitere Bits zugegeben:

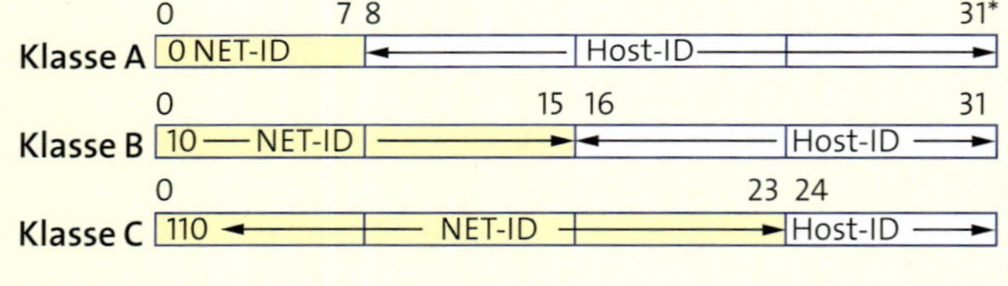

Net-ID: **Net**work **Id**entity; Netzwerk-Adresse
Host-ID: Adresse des Netzwerk-PC (Workstations)

Abb. 2 Aufteilung der 32-Bit-IP-Adresse in die Klassen A, B, C

Klasse	Netzwerk-Adresse (Net-ID)	Anzahl der Netze	Anzahl der Hosts
A	0 bis 126	126	16 777 216 (24 Bit)
B	128.0 bis 191.255	16 384	65 536 (16 Bit)
C	192.0.0 bis 223.255.255	2 097 152	256 (8 Bit)

Tabelle 1 Adressbereiche der Klassen A, B und C und die Zahl der möglichen Hosts

Nach heutigem Stand der Entwicklung kann man davon ausgehen, dass die ursprüngliche „Übergangslösung“ mit zwei parallelen Netzen auf IPv4- und IPv6-Basis uns wohl noch viele Jahre lang erhalten bleiben wird. Denn viele Provider, Betreiber von Webseiten, Onlinedienste, Hard- und Softwarehersteller sowie alle privaten Internetnutzer, die noch nicht auf IPv6 umgerüstet haben, könnten das Internet sonst nicht mehr verwenden. Und obwohl neuere PC-Betriebssysteme (z. B. bei Microsoft bereits ab Windows XP) längst IPv6-fähig sind, existieren gerade in privaten Netzwerken nach wie vor sehr viele Router, die das neue IPv6 nicht beherrschen. Sie müssten für den Betrieb mit IPv6 ausgetauscht werden! Es ist daher für Fachleute wichtig, einen Host sowohl in einem IPv4- als auch in einem IPv6-Netzwerk einrichten zu können und ihm einen Zugang zum Internetbetrieb zu ermöglichen. Daher wird im Folgenden sowohl das eigentlich „veraltete“ IPv4 als auch das aktuelle Protokoll IPv6 behandelt.

Internet-Protokoll IPv4

Eine IP-Adresse in der Version IPv4 besteht aus 32 Bit, die man in 4 Blöcken zu je 8 Bit, also einem Byte anordnet. Zur leichteren Lesbarkeit werden die binären Werte jedes 8-Bit-Blocks häufig erst in Dezimalzahlen umgerechnet und bei der Darstellung durch Punkte getrennt.

Die Abb. 1 zeigt die Struktur der IP-Adressen in der binären und der dezimalen Darstellung. Wie oben beschrieben, ergibt sich durch diese 32-Bit-Darstellung der Adressen eine Gesamtzahl der weltweit möglichen IP-Adressen von fast 4,3 Milliarden.Die Internetadressen werden von der ICANN (Internet Corporation for Assigned Names and Numbers), mit Sitz in Kalifornien, vergeben und verwaltet. Die nationale Vergabe von IP-Adresse in Deutschland übernimmt das DENIC (Deutsches Network Information Center). Von dort erhalten Institutionen, große Firmen und Netzwerkprovider ganze Adressgruppen, die dann entweder für die eigenen Abteilungen verwendet oder an Kunden weitergegeben werden. Um eine bessere Übersicht zu erhalten, hat man die 32 Adressbits der IP-Adresse, ähnlich wie bei der Telefonnummer mit Vorwahl und Anschlusskennung, geteilt: Der erste Teil ist die Netzwerk-Adresse (Net- ID), der zweite die Host-Adresse (Host- ID) innerhalb des Netzwerks. Die Zahl der Bits für die Net-ID ist allerdings nicht konstant, sondern hängt von der Adressklasse ab. Im Internet existieren fünf Adressklassen A bis E, wobei für die Adressierung der Hosts nur die Klassen A, B und C verwendet werden. Die beiden anderen Klassen sind für spezielle Anwendungen reserviert.

Die Abb. 2 ⊳ 370 zeigt die Aufteilung der 32 Bit einer IP-Adresse in die Klassen A bis C durch die ersten Bits des ersten Adressbytes. In Tabelle 1 ⊳ 370) sind die jeweiligen Adressbereiche der Net-ID und die Anzahl der möglichen Hosts angegeben. Ziel dieser Klasseneinteilung war es, bei Klasse A wenigen großen Organisationen (126 verschiedene Net-IDs) viele Hostadressen zuweisen zu können; bei Klasse B war eine größere Zahl von Net-IDs mit entsprechend mehr Hosts (65 536 pro Net-ID) vorgesehen; und bei der Klasse C sollten viele kleine Nutzer jeweils maximal 254 Hosts verwenden können. Dieses System der Klassen hat aber zur Adress-Verschwendung geführt, weil viele der Besitzer von Klasse-A- und Klasse-B-Netzen gar nicht so viele Hostadressen brauchten. Die nicht benötigten, aber vergebenen Adressen konnten nun nicht mehr verwendet werden! Infolge dieses Verfahrens waren praktisch alle Adressen der Klassen A und B im Umlauf und nur noch wenige Klasse-C-Adressen frei

Flexible Unterteilung der IP-Adresse in Net-ID und Host-ID

Subnetzmaske

Um nicht unnötig IP-Adressen zu verschwenden, die bei der starren Klassenregelung nicht benutzt wurden, hat man die Aufteilung in Net-ID und Host-ID mit einer Subnetzmaske (engl.: *Subnet Mask*) flexibel eingerichtet. Diese Subnetzmaske ist ebenfalls 32 Bit groß und wird quasi wie eine Schablone über die IP-Adresse gelegt. Nur dort, wo die Subnetzmaske binäre 1-Werte besitzt, werden die Werte der IP-Adresse als Net-ID übernommen (logische UND-Verknüpfung zwischen den binären Werten beider 32-Bit-Zahlen). Die Werte bei logischer 0 der Subnetzmaske definieren dann die Hosts zu der Net-ID. Abb. 1 zeigt Beispiele zur flexiblen Aufteilung.

Merke:

- *Alle Rechner in einem logischen Netzwerk haben die gleiche NeT-ID. Über die Subnetzmaske kann festgestellt werden, ob ein adressierter Host im eigenen oder einem fremden Netzwerk liegt. Die Subnetzmaske legt fest, welcher Teil der Adresse als Net-ID und welcher als Host-ID interpretiert wird.*
- *In allen modernen Betriebssystemen wird neben der Angabe der IP-Adresse auch eine Subnetzmaske verlangt.*

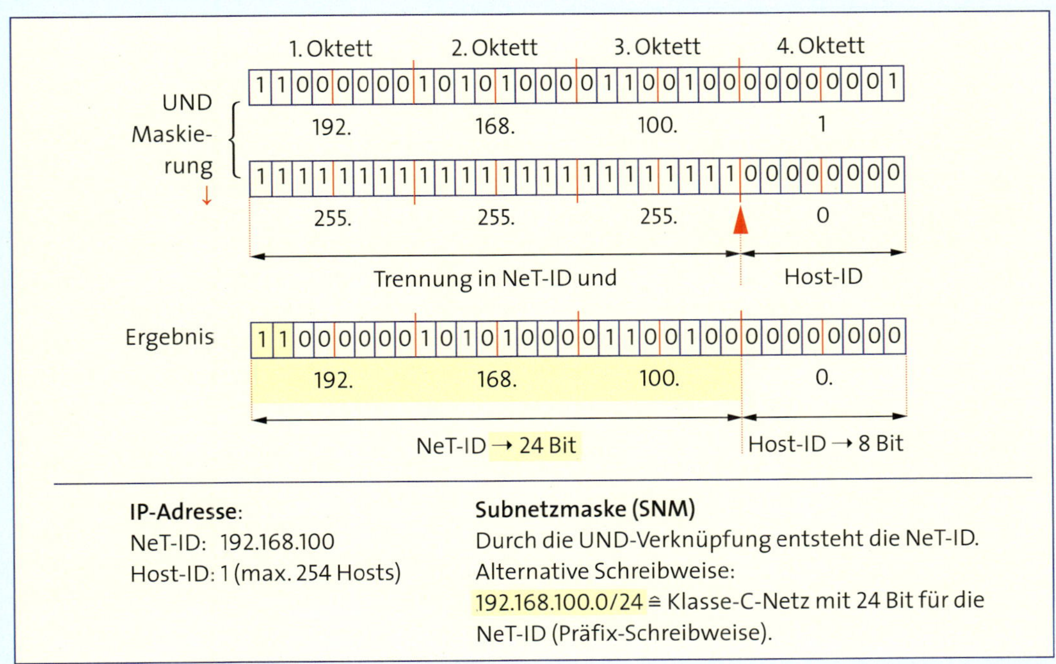

Abb. 1 Flexible Aufteilung der IP-Adressen mit der Subnetzmaske

Um die Schreibweise der flexiblen Aufteilung schon in der Dezimalschreibweise deutlich zu machen, gibt man bei der IP-Adresse die Zahl der Bits für die Net-ID hinter einem Schrägstrich (Slash) als Präfixlänge an, wie es auch in Abb. 1 ⊳ 371 zu sehen ist.

Reservierter Adressbereich	Subnetzmaske	Interne Netzwerkklasse
10.0.0.0 ... 10.255.255.255	255.0.0.0	A
10.0.0.0 ... 10.255.255.255	255.255.0.0	B
10.0.0.0 ... 10.255.255.255	255.255.255.0	C
172.16.0.0 ... 172.31.255.255	255.255.0.0	B
172.16.0.0 ... 172.31.255.255	255.255.255.0	C
192.68.0.0 ... 192.68.255.255	255.255.255.0	C

Tabelle 1 Private Adressbereiche

Merke:
Folgende Regeln bei der Zuweisung von Adressen bei Netzen oder Teilnetzen sind zu beachten:
- *Adressen, bei denen der komplette Hostanteil Null ist, bezeichnen ein ganzes Netz.*
- *Adressen, bei denen der Hostanteil aus lauter Einsen besteht, sind Broadcast-Adressen. Sie werden für Rundsendungen oder Anfragen an alle Hosts im Netz benutzt. Diese Adressen dürfen daher nicht an Hosts vergeben werden.*
- *Hat man Teilnetze eingerichtet, dürfen aus den gleichen Gründen auch hier die erste und die letzte Adresse nicht für Hosts vergeben werden.*

Private Adressen und Sonderadressbereiche

Aufgrund der Knappheit der offiziellen IP-Adressen musste man einen Weg finden, wie Hosts in internen Netzen kommunizieren können, ohne dass die vergebenen Adressen wegen eventueller Doppelbenutzung Störungen in anderen Netzen hervorrufen. Dazu hat man sogenannte private Adressbereiche innerhalb der Klassen A bis C festgelegt, die im Internet nicht geroutet werden, d. h., Datenpakete mit dieser Zieladresse werden im Internet nicht transportiert. In Tabelle 1 sind diese privaten Adressbereiche dargestellt, jeder Netzbetreiber kann sie intern verwenden.

Damit lassen sich nun z. B. in einer Firma beliebig große Netze aufbauen, in denen im Prinzip alle Adressklassen zur Verfügung stehen. Um nun aus einem privaten Netzwerk eine Verbindung ins Internet zu erhalten, braucht man entweder einen Router oder ein Gateway (siehe unten). Der Netzwerkbetreiber beantragt eine offizielle IP-Adresse für das ganze Netz, über welche der Router eine Verbindung zum Internet herstellt. Das Verfahren wird über das Network-Adress-Translation-Verfahren, abgekürzt NAT, im Router durchgeführt. Dazu verknüpft z. B. der Router intern über eine Zuordnungstabelle alle privaten Adressen der Hosts im Netz mit der offiziellen IP-Adresse.

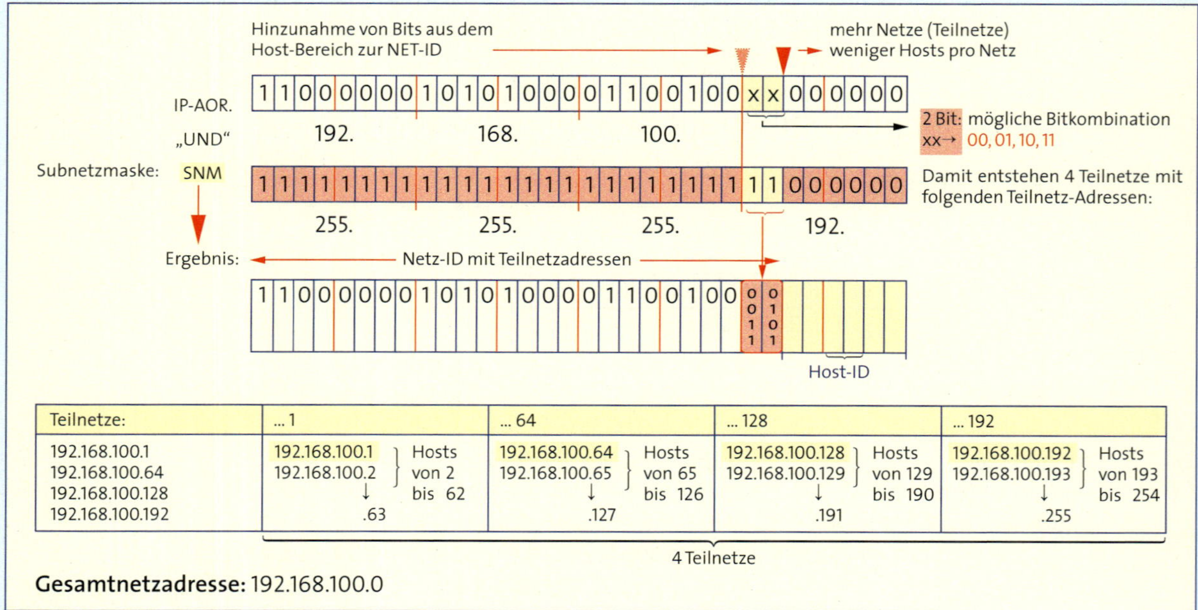

Abb. 1 Teilnetze (Subnetze); Aufteilung einer gegebenen Adresse mit einer Subnetzmaske

Subnetze, Netzwerk-Adressen und Broadcast-Adressen

Durch die Verwendung der Subnetzmaske können nun mit einer gegebenen IP-Adresse mehrere Teilnetze mit einer bestimmten Zahl von Hosts eingerichtet werden.

Beispiel:
Eine Firma hat die IP-Adresse 192.168.100.0 und möchte für ihre vier Abteilungen vier Subnetze mit je maximal 60 Hosts einrichten. Die Teilnetze sollen über Router gekoppelt werden.

Lösungsstrategie: IP-Adresse 192.168.100.0

Gefordert sind 60 Hosts je Teilnetz. Daraus ergibt sich, dass für die Zahl der Hosts im letzten Byte der Adresse 6 Bit verwendet werden müssen. Damit können dann maximal 62 Hosts verwendet werden; die Subnetzmaske muss also in den letzten 6 Bit des letzten Bytes Nullen enthalten, alle anderen Bits sind 1.
Damit ergibt sich als dezimale Schreibweise für die Subnetzmaske (SNM): 255.255.255.192
Abb. 1 ▷ 372 zeigt, wie sich mit der vorhandenen Adresse und der Subnetzmaske die einzelnen Teilnetze ergeben und welche Adressen sie haben.

Router und Gateway, Standard-Gateway

Diese Netzwerkkomponenten sind spezielle Rechner, die getrennte Netzwerke koppeln oder verbinden können. Router können Verbindungen zwischen zwei oder mehreren lokalen Netzen oder Teilnetzen herstellen. Dazu benötigt der Router mindestens zwei Netzwerkkarten mit IP-Adressen aus dem Adressbereich der beiden zu verknüpfenden Netze (Abb. 1).

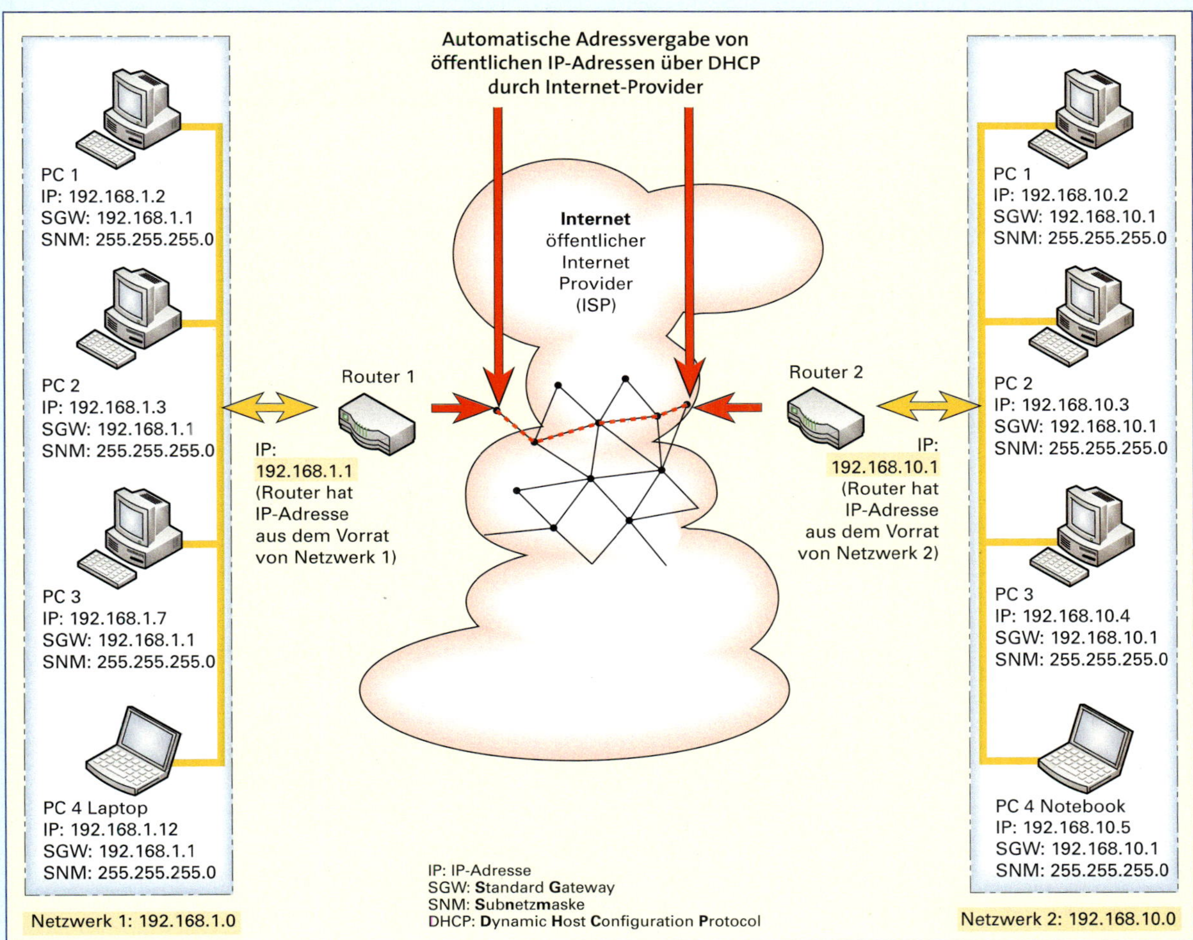

Abb. 1 Router und Gateways verknüpfen mehrere Netze, auch über das Internet

> **Merke:**
> - *Alle Bits der Host-Adresse „0" → Teilnetz-Adresse*
> - *Alle Bits der Host-Adresse „1" → Broadcast-Adresse*

Router arbeiten auf der OSI-Schicht 3, d. h., sie können Netzwerke mit unterschiedlichen Topologien der unterhalb liegenden Schichten 1 und 2 verbinden. Da sie aber die Datenpakete bis zur Schicht 3 auspacken müssen, um die logischen Adressen zu ermitteln, sind Router relativ langsam.

Ein Gateway ist eine Netzwerkkomponente, die ebenfalls den Übergang von einem Netzwerk in ein anderes ermöglicht.

Auch bei der Zuweisung von IP-Adressen bei der Netzwerkkonfiguration (TCP/IP, vgl. den Bildschirmausdruck von ipconfig/all, Abb. 1 ▷ 400) stößt man auf den Begriff Gateway, dort in der Form „Standard-Gateway". Das Standard-Gateway ist dann wichtig, wenn das komplette physikalische Netzwerk aus mehreren logischen Netzwerken besteht, d. h. in Subnetze aufgeteilt ist. Die Subnetzmaske wird benötigt, um festzustellen, ob sich ein sendender Quell-Host und ein Ziel-Host im gleichen Subnetz befinden oder nicht. Sind beide im gleichen Subnetz, werden die Daten sofort zum Ziel-Host weitergegeben. Ist das nicht der Fall, dann müssen die Daten des Quell-Hosts über den lokalen Router in das andere Netzwerk weitergeleitet werden. Damit die Daten aber den Router finden können, trägt man bei dem Quell-Host die IP-Adresse des lokalen Routers als Standard-Gateway-Adresse ein. Wenn der Quell-Host seine Daten also nicht im eigenen Subnetz weiterleiten kann, sendet er die Daten über den als Standard-Gateway adressierten Router in ein anderes Netzwerk.

> **Merke:**
> *Ein Gateway kann auf allen 7 Schichten des OSI-Modells arbeiten und dadurch auch Netze mit völlig unterschiedlichen Protokollen und Adressierungen verbinden (Abb. 1).*

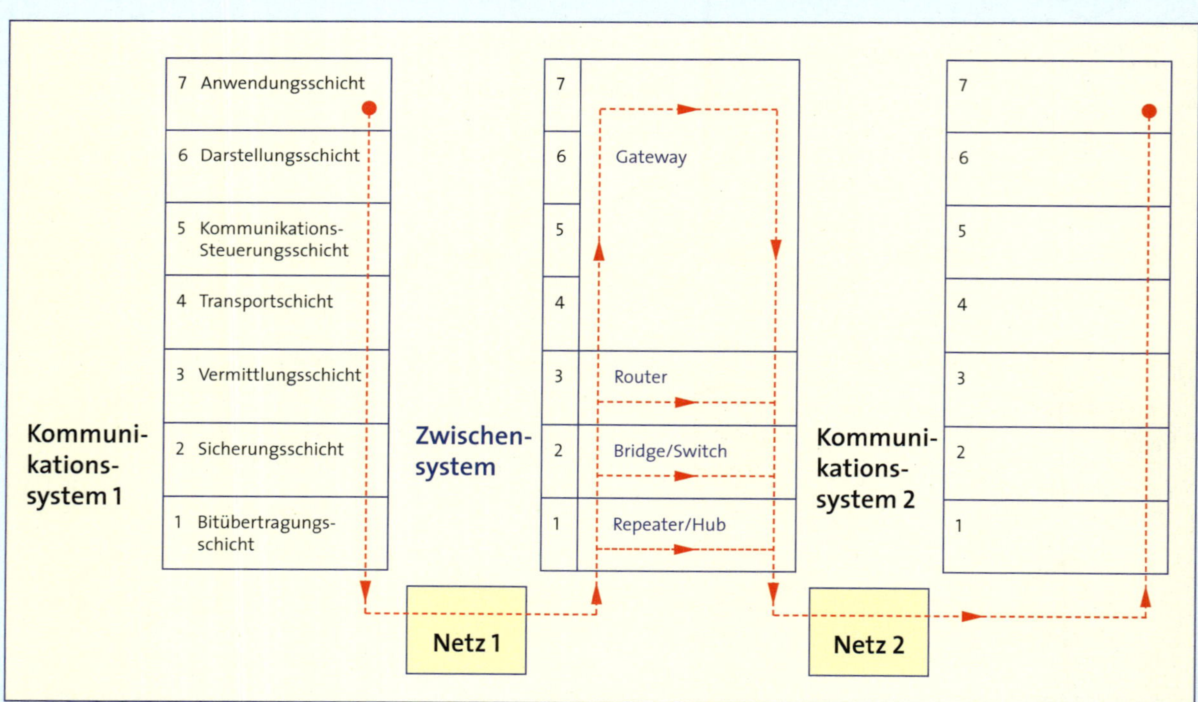

Abb. 1 Darstellung der Schichtenzuordnung von Repeater/Hub, Bridge/Switch, Router und Gateway im OSI-Modell

Internet-Protokoll IPv6

Warum braucht man ein neues Internet-Protokoll?
Zum einen war die Zahl der freien IPv4-Adressen seit Ende 2011 aufgebraucht. Zum anderen war der Adressraum bei IPv4 aufgrund der ursprüngliche Klasseneinteilung und der danach im Zuge des Internetbooms mehrfach geänderten Vergabepraxis stark zerstückelt, das heißt, eine Organisation oder ein Provider konnte durchaus über mehrere nicht zusammenhängende Adressbereiche verfügen. Das führte beim Routing zu teils recht langen Routingtabellen, für deren Bearbeitung die Speicher und Prozessoren der Netzkomponenten ausgelegt sein mussten. Außerdem mussten Router bei IPv4 für jedes weitergeleitete Datenpaket Prüfsummen berechnen und Pakete fragmentieren, wodurch weitere Anforderungen an die Rechenleistung der Prozessoren entstanden. Deshalb wurde bereits 1995 mit der Entwicklung eines neuen Protokolls begonnen und 1998 schließlich IPv6, der offizielle Nachfolger für IPv4 vorgestellt (RFC 2460).

Vorteile von IPv6 gegenüber IPv4: Zuwachs des verfügbaren Adressraumes

Aus den Erfahrungen mit dem zu klein gewählten Adressraum bei IPv4 und dem extremen Wachstum des Internets hatte man die entsprechenden Lehren gezogen: IPv6 bekam einen unvorstellbar großen Adressraum; die Adresse wird nun mit 128 Bit definiert. Die Gesamtzahl der damit darstellbaren Adressen berechnet sich zu 2 hoch 128 (2^{128}). In dezimaler Schreibweise ist das eine so gewaltige Zahl, dass es schwerfällt, überhaupt sinnvolle Beispiele zur Darstellung dieser Größenordnung zu finden:

$$2^{128} = 3{,}40282... \times 10^{38}$$

Während IPv4 mit seinem Adressraum von 4,3 Milliarden heute nicht einmal jedem Menschen auf der Erde (ca. 7,2 Milliarden, Stand 7/2013) eine IP-Adresse zuweisen könnte, sprengt die Zahl 3,40282... x 10^{38} jedes vorstellbare Maß. Aber einen Versuch ist es auf jeden Fall wert, daher die Frage:
Wie viele IPv6-Adressen könnte man je Quadratmillimeter der Erdoberfläche vergeben?

Lösungsweg:
Oberfläche der Erdkugel: $A_O = 4\,\pi\,R_E^2$

Erdradius: $R_E = 6\,371\,\text{km}$

$$A_O = 4\,\pi\,(6\,371 \times 10^3\,\text{m})^2 = 5{,}100\,66... \times 10^{14}\,\text{m}^2$$

(einschließlich aller Wasserflächen!)

Damit ergibt sich als Zahl der Adressen je mm^2

$$\frac{3{,}402... \times 10^{38}}{5{,}100\,66... \times 10^{14}\,\text{m}^2} = 667{,}13... \times 10^{15}\,\frac{1}{\text{m}^2}$$

Die Antwort lautet: 667,13 Billiarden IP-Adressen je Quadratmillimeter Erdoberfläche (Abb. 1).

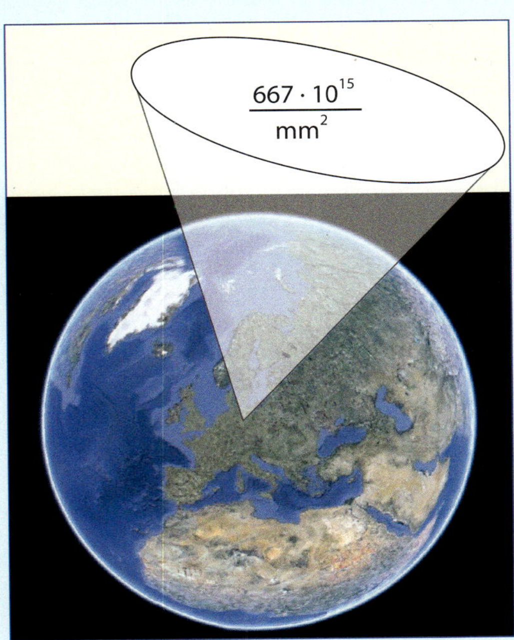

Abb. 1 IP-Adressen je Quadratmillimeter Erdoberfläche

Per IPv6 ließe sich also nicht nur jedes beliebige Haushaltsgerät wie Elektroherd, Kühlschrank, Heizung, Licht, MP3-Player, Mobiltelefon, Internetradiogerät usw. mit einer eigenen IP-Adresse versorgen und über das Internet steuern, sondern auch jede andere Anwendung, sodass umfangreiche Vernetzungen im Service- und Kommunikationsbereich möglich werden.

Eigenschaften und Vorteile von IPv6

Automatische Konfiguration

Während bei IPv4 für die automatische Adresszuordnung ein DHCP-Server nötig ist, kann ein neu eingerichtetes System bei IPv6 ohne manuelle Konfiguration in das lokale Netzwerk integriert werden. Der neue Host verwendet dazu vollautomatische Mechanismen zum Aufbau einer Internetverbindung. Dazu kommuniziert er mit den für das Netzwerksegment zuständigen Routern und erhält von diesen Informationen, aus denen er sich seine Adresse ableiten kann.

Mobilität

Mit Mobil IPv6 ist es möglich, einer Netzwerkschnittstelle gleichzeitig mehrere Adressen zuzuordnen, sodass Benutzer auf mehrere Netzwerke zugreifen können. Somit sind Endgeräte, zum Beispiel ein Laptop, überall unter der gleichen IP-Adresse zu erreichen, ob nun zu Hause im lokalen Netzwerk oder an einem WLAN-Hotspot bei einer Veranstaltung im Ausland. Diese Situation entspricht dem internationalen Roaming bei Mobiltelefonen, bei dem man, beispielsweise im Ausland, automatisch bei einem fremden Dienst eingeloggt wird, sobald man dessen Sendebereich betritt: Prinzipiell ist man also überall auf der Welt unter seiner Mobilfunknummer erreichbar und kann Anrufe von jedem Ort tätigen. Bei IPv6 hat man dazu im heimischen Netz einen sogenannten *Home-Agent* als Vertreter des mobilen Endgeräts eingerichtet, der über das *ICMP (**I**nternet **C**ontrol **M**essage **P**rotocol)*, einem Bestandteil von IP, von dem Endgerät mitgeteilt bekommt, unter welcher IP es gerade erreichbar ist. Der Home Agent leitet eingehende Nachrichten dann an das mobile Endgerät, z. B. den Laptop, weiter.

Netzwerksicherheit

Durch *IPsec*, einer Kernfunktion in IPv6, werden die Verschlüsselung und die Überprüfung der Authentizität von IP-Paketen möglich, was das Ausspionieren der Kommunikation durch Außenstehende verhindern soll.

Multicasting

Bei IPv4 müssen Nachrichten via Broadcast an alle Hosts im lokalen Netz gesendet werden. IPv6 hingegen ermöglicht es den Servern, die Hosts über Multicasting anzusprechen. Dabei werden Hosts immer als Teil einer Gruppe behandelt und gemeinsam angesprochen. Welche Hosts als Gruppe adressiert werden, kann je nach Anwendung unterschiedlich sein.

Abwärtskompatibilität

Grundsätzlich lassen sich die vorhandenen Netzwerke der Internetnutzer während der Übergangsphase zu einer der drei folgenden Kategorien zuordnen:

- reine IPv4-Netzwerke
- IPv4- und IPv6-Netzwerke
- reine IPv6- Netzwerke

Der Transport von Datenpaketen zwischen reinen IPv4- und reinen IPv6-Netzen ist unproblematisch, aber eine direkte Kommunikation zwischen IPv4- und IPv6-Teilnehmern ist nicht möglich, denn beide Protokollvarianten sind nicht kompatibel.

Abhilfe: Am einfachsten ist eine Dual-Stack-Konfiguration, so kann man parallel zum IPv6-Betrieb problemlos auf alle IPv4-Angebote zugreifen und kann auch noch die bisherigen Geräte im Netz, wie z.B. Drucker, die ja meist noch nicht für IPv6 ausgerüstet sind, ansprechen. Die Realisierung eines Dual-Stack über das OSI- bzw. das TCP/IP-Schichtmodell zeigt Abb. 1.

Einen Überblick in Kurzform über die verschiedenen Übergangsmechanismen (Tunneling und Übersetzung der Adressen) gibt die Tabelle 1 ▷ 377.

Den „Ausdruck“ der aktuellen Protokolldaten lässt sich z. B. bei einem Windows 7-Betriebssystem über den Befehl „ipconfig/all“ erstellen: Man kann dort erkennen, dass die LAN-Verbindung über einen Windows-Teredo-Tunneladapter erfolgt.

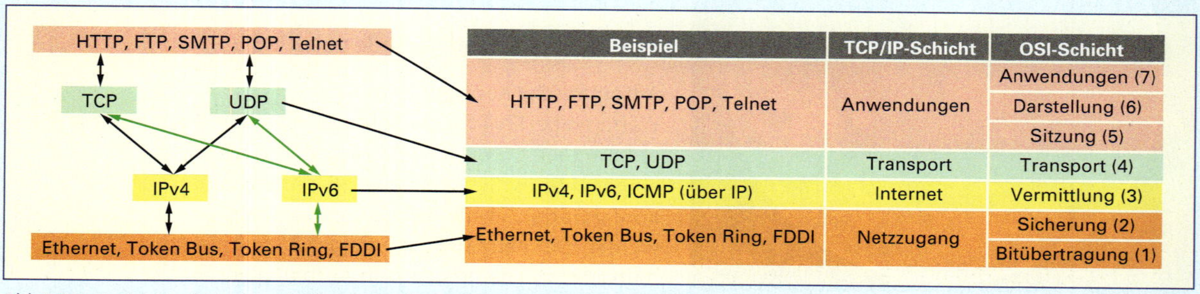

HTTP, FTP, SMTP, POP, Telnet
TCP
UDP
IPv4
IPv6
Ethernet, Token Bus, Token Ring, FDDI

Beispiel	TCP/IP-Schicht	OSI-Schicht
HTTP, FTP, SMTP, POP, Telnet	Anwendungen	Anwendungen (7)
		Darstellung (6)
		Sitzung (5)
TCP, UDP	Transport	Transport (4)
IPv4, IPv6, ICMP (über IP)	Internet	Vermittlung (3)
Ethernet, Token Bus, Token Ring, FDDI	Netzzugang	Sicherung (2)
		Bitübertragung (1)

Abb. 1 Prinzip des Dual-Stack und seine Darstellung im OSI-Modell bzw. dem TCP/IP-Protokoll

Tunneling	4 in 6	Tunneling von IPv4 in IPv6
	6 in 4	Tunneling von IPv6 in IPv4
	6 over 4	Transport von IPv6-Datenpaketen zwischen Dual-Stack-Knoten über ein IPv4-Netzwerk
	6 to 4	Transport von IPv6-Datenpaketen, die in IPv4-Pakete eingekapselt werden, über ein IPv4-Netzwerk
	Teredo (bei Vista)	Kapselung von IPv6-Datenpaketen in IPv4-UDP-Datenpaketen, Transport über NAT-Router
Dual-Stack		Netzknoten mit IPv4 und IPv6 im Parallelbetrieb
Übersetzung	NAT 64	Übersetzung von IPv4- in IPv6-Adressen/Ergänzung mit DNS 64
	SIIT	Stateless IP/ICMP Translation. Die Datenkommunikation zwischen den Rechnern eines IPv4-Netzes und denen eines IPv6-Netzes wird hier mithilfe einer Übersetzung der einzelnen Paket-Header ermöglicht. Das SIIT kann den IPv4-Header interpretieren, um daraus einen IPv6-Header zu erstellen und umgekehrt.

Tabelle 1 Übergangsmechanismen

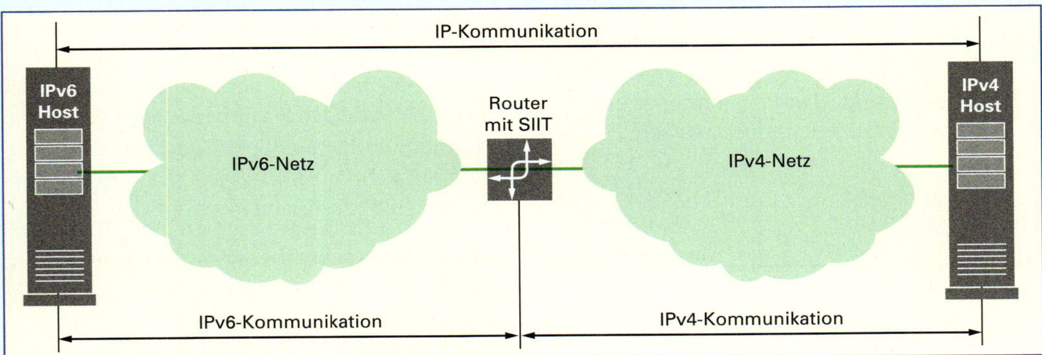

Abb. 1 IP-Kommunikation zwischen IPv6- und IPv4-Netzen über SIIT

Darstellung der IPv6-Adressen

Um die IPv6-Adressen mit ihren 128 Bit kompakt darstellen zu können, teilt man sie in 8 Blöcke zu je 16 Bit und verwendet eine hexadezimale Schreibweise für jeden Block, vgl. Beispiel in Abb. 1 ⊳ 378. Als Trennzeichen zwischen den Blöcken dienen Doppelpunkte.

Beispiel:
2001:0000:5ef5:0b67:79fd:3f57:4de5:28b3

Nach den Regeln 1 und 2 zur Vereinfachung der Schreibweise ergibt sich aus der obigen Adresse:

2001:0:5ef5:b67:79fd:3f57:4de5:28b3 (Regel 1)

2001::5ef5:b67:79fd:3f57:4de5:28b3 (Regel 2)

Merke:

Zur Verbesserung der Lesbarkeit und zur Vereinfachung der Schreibweise von IPv6-Adressen gelten folgende Regeln:

Regel 1: Führende Nullen innerhalb eines Blocks können weggelassen werden, wobei aber mindestens eine Hexadezimalstelle im Block stehenbleiben muss.

Regel 2: Wenn ein Block oder mehrere aufeinanderfolgende Blöcke den Wert 0 haben, können diese ausgelassen und durch einen zweiten Doppelpunkt ersetzt werden. Die Kürzung mittels Doppelpunkt darf aber nur einmal in einer Adresse vorgenommen werden, da andernfalls die Eindeutigkeit verloren ginge.

128 Bit Binär	0010	0000	0000	0001	/	0000	0000	0000	0000	/	0101	1110	1111	0101	/	0000	1011	0110	0111	/
Hexadezimal	2	0	0	1	:	0	0	0	0	:	5	e	f	5	:	0	b	6	7	:
128 Bit Binär	0111	1001	1111	1101	/	0011	1111	0101	0111	/	0100	1101	1110	0101	/	0010	1000	1011	0011	
Hexadezimal	7	9	f	d	:	3	f	5	7	:	4	d	e	5	:	2	8	b	3	

Abb.1 Darstellung der IPv6-Adresse in binärer und in hexadezimaler Schreibweise

Beispiel: Aus der Adresse

2001:0da3:0094:0000:0000:0000:0000:4ef3

ergibt sich durch Anwendung der beiden Regeln die verkürzte Form:

2001:da3:94::4ef3

> **Merke:**
> *Benutzt man IPv6-Adressen in URLs, so müssen IPv6-Adressen wegen der Doppelpunkte zwischen den Blöcken in eckige Klammern gesetzt werden! Denn Doppelpunkte sind bei URLs für die Portangaben reserviert. Ohne die Klammern würden die Portnummern also als Teil der IP-Adresse interpretiert werden.*
> *Beispiel:*
> *http://[2001:0db8:85a3:08d3:1319:8a2e:0371:7344]:80/*

Darstellung von Netzen: Adressräume

Bei der Darstellung von Netzwerken mit IPv4 wählt man entweder die IP-Adresse und die zugehörige Subnetzmaske und den Hostanteil (vgl. Seite 363) oder die **Präfix-Schreibweise**. Bei dieser wird die Zahl der Bit für die Kennzeichnung des Netzwerks (Net-ID bzw. Subnetzmaske) hinter einem Schrägstrich angegeben (vgl. Abb. 1 ▷ 371). Da diese Bit der Net-ID in der IP-Adresse **vor** der Host-ID angeordnet sind, nennt man sie „Präfix".

> **Merke:**
> *IPv6 verwendet nur die Präfix-Schreibweise, weshalb eine IPv6-Adresse mit einem Netzpräfix und einem Subnetzanteil für die Clients geschrieben wird. Diesen Clientanteil nennt man bei IPv6 den „Interface Identifier".*

Ein Netzwerk kann beispielsweise also folgendermaßen beschrieben werden:

2001:da3:94::/48

Die Zahl 48 hinter dem Schrägstrich, also das Präfix, gibt an, dass von den insgesamt 128 Bit der IP-Adresse die ersten 48 Bit für die Kennzeichnung des Netzwerks benutzt werden. Die weiteren 80 Bit im obigen Beispiel sind dann der „Interface Identifier". Damit ergibt sich als Adressraum für dieses Netz:

2001:da3:94:0000:0000:0000:0000:0000 bis
2001:da3:94:ffff:ffff:ffff:ffff:ffff

Insgesamt liegen demnach 2^{80} Adressen in diesem Netz. Die Zahl der Hosts in einem Subnetz ist immer eine Zweierpotenz! Einen einzelnen Host könnte man in der Netznotation z. B. als Netz mit einem 128 Bit langen Präfix betrachten. Wenn also genau eine Endgeräteadresse gebraucht wird, findet man auch Host-Adressen mit einem angehängten /128 geschrieben.

> **Merke:**
> *Für den Anwender oder Betreiber eines lokalen Netzes bedeutet die Zuteilung eines Adressraums bei IPv6 eine entscheidende Veränderung/Verbesserung gegenüber IPv4. Während er bei IPv4 vom Provider nur eine einzige IP-Adresse zugewiesen bekam und dann über NAT seine verschiedenen Geräte ans Internet „anbinden" musste, bekommt er bei IPv6 einen global eindeutigen IP-Adressraum für ein ganzes Teilnetz zur Verfügung gestellt, sodass jedes seiner Geräte eine eigene IP-Adresse erhalten kann.*

Beispiel: Eine IPv6 Adresse lautet in der Schreibweise mit 8 hexadezimalen Blöcken:

2001:0db8:85a3:08d3:1319:8ae2:0370:7344 /64

Der Internetprovider weist dem Kunden mit dem Präfix 64 von den insgesamt 128 Bit der Adresse also 4 Hexadezimalblöcke als Netzwerkadresse (Adressraum) zu, die weiteren 4 Hexadezimalblöcke stellen dann den Interface-Identifier dar.
Der Interface Identifier kann laut Richtlinie RFC 4291 entweder aus der MAC-Adresse der Netz-

werkkarte (vgl. S. 363) entsprechend dem Standard EUI-64 abgeleitet werden*, kann zur Wahrung der Anonymität der Endgeräte aber auch nach dem Zufallsprinzip erzeugt oder auch durch DHCPv6 zugewiesen werden. Die Vergabe von Adressbereichen ist in der Richtlinie RFC 3177 geregelt. Ein Internetserviceprovider (ISP) erhält von der RIR *(Regional Internet Registries)* grundsätzlich ein /32-Netz, das er zur Nutzung für seine Kunden in Subnetze unterteilen wird. Wie er diese unterteilt, entscheidet er je nach Geschäftsmodell, meist werden an Endkunden /48- oder /56-große Netze vergeben, allerdings ist die minimale Zuteilung mit /64 vorgesehen.

Adresstypen und -bereiche

Merke:
Bei IPv6 hat man zwei spezielle Adressen definiert:
::/128 , also 128 „0"-Bit. Diese Adresse wird keinem Host zugewiesen, sondern zeigt das Fehlen einer Adresse an. Ein neu eingerichteter Host benutzt diese Adresse beispielweise als Absenderangabe in den IPv6-Datenpaketen, solange er seine eigene Adresse noch nicht zugewiesen bekommen hat.
::1/128 , also 127 „0"-Bit und ein „1"-Bit. Diese Adresse bezeichnet den „Loopback", also den lokalen Host, und entspricht bei IPv4 der Adresse 127.0.0.1

IPv6 unterscheidet drei unterschiedliche Adresstypen. Um bereits an den ersten vier Bits erkennen zu können, welche Aufgabe diese Adresse hat, wurden für die Adresstypen feste Präfixe definiert (Tabelle 1 ⊳ 380).

Aufspalten eines zugewiesenen IPv6-Adressraumes in Teilnetze (Subnetting)

Große und mittlere Unternehmen als Endkunden eines Internet Service Providers (ISP) erhalten meist einen /48 oder /56 großen Adressraum, private Internetnutzer erhalten mit einem /64 Adressraum die minimale Zuteilungsgröße. Da man nun mit dieser riesigen Zahl von möglichen Adressen je Netz bei der Adressvergabe an Geräte eigentlich nicht mehr sparen muss (vgl. IPv4-Adressvergabe!) und daher auch keine Subnetze bilden müsste, erhebt sich hier also die Frage, warum man bei IPv6 „Subnetting" machen soll?

Merke:
In IPv6 nutzen wir „Subnetting" um z. B. die Sicherheit oder das Routing eines Netzes zu optimieren. So können z. B. verschiedene Abteilungen eines Unternehmens in einzelne Subnetze eingeteilt werden oder man will nur eine einzige gemeinsame Adresse als „Zugang" für ein Gebäude eines Unternehmens, mit dann wieder unterschiedlichen Teil-Adressen für die Räume.

Man denkt daher in IPv6 nicht mehr an die Zahl der Hosts je Teilnetz, wie etwa in IPv4, da man schon bei /64 genügend IP-Adressen hat, sondern man ist hauptsächlich an der Zahl der Subnetze interessiert. Dabei kann es um folgende Problemstellungen gehen:

- Zugeteilt wurde ein Netz mit dem Präfix der Länge /L. Wie viele Subnetze mit der Länge der Subnetz-Präfixe L' gibt es im zugeteilten Netz und wie lauten die Subnetz-Präfixe? (L' ist dabei immer größer als L!)
- Ein zugeteiltes Netz hat die Präfixlänge L. Es soll in eine definierte Zahl von Teilnetzen N aufgeteilt werden Wie lauten die Subnetz-Adressen?

Für die Lösung dieser oder ähnlicher Aufgaben findet man mittlerweile im Netz „Subnetzrechner", für einfachere Probleme sollte man die Lösung aber auch „von Hand" durchführen können. Obwohl die Berechnung der Subnetze ganz ähnlich wie bei IPv4 abläuft, muss man aber bei IPv6 wegen der Darstellung der Adressen im Hexadezimalformat etwas umdenken!

Beispiel:
Aus einem gegebenen Netz mit dem Adressraum: 2001:db08:: /32 sollen Subnetze mit dem Präfix 2001:db08:: /36 gebildet werden. Wie viele Subnetze kann man bilden und wie lauten deren Adressen?

Lösung:
Der gegebene Adressraum hat die Präfix-Länge L = 32, die Subnetze sollen die Präfixlänge L' = 36 haben. Das bedeutet, dass wir für die Bildung von

* EUI-64 steht für Extended Unique Identifier und ist eine erweiterte eindeutige Kennung. Die MAC-Adresse ist 48 Bit lang, weshalb sie für den Interface Identifier erst durch ein festgelegtes Verfahren auf 64 Bit erweitert werden muss.

Adressbereiche	Adressräume	Eigenschaften
Unicast		Eine Unicast-Adresse definiert genau eine Netzwerk-schnittstelle.
• Link local Unicast	fe80::/10, also von fe80:: bis febf::	Alle Adressen in diesem Bereich werden nicht von Routern weitergeleitet, können also nicht ins Internet. Sie dienen hauptsächlich der Autokonfiguration
• Unique local Unicast	fc00::/7, der Adressraum ist aber in zwei /8 Gruppen geteilt: fc00:: und fd00::	Sie dienen der lokalen Adressvergabe innerhalb von LANs. Nach den 8 Bit, die für fc bzw. fd genutzt werden, folgen 40 Bit für die eindeutige Site-ID und danach 16 Bit als Subnetzmaske. Die letzten 64 Bit sind der Interface Identifier.
Multicast	ff00::/8 , also von ff00:: bis ffff::	Datenpakete mit solchen Adressen werden an alle Netzwerkschnittstellen geliefert, die dieser Gruppe angehören. Bei IPv4 verwendet man stattdessen das sogenannte Broadcasting, bei dem grundsätzlich alle Endgeräte des Netzsegments eine Nachricht zugeschickt bekommen (vgl. „Merke" Seite 372).
Global Unicast	Alle anderen Adressräume sind grundsätzlich Global Unicast. Bislang wurden allerdings nur vier Bereiche definiert, die restlichen Adressen wurden noch nicht verteilt	
	1) 0:0:0:0:0:ffff::/96	1) Diese IPv4-Adressen werden hier auf IPv6-Adressen abgebildet (mapped).
	2) 2000::/3	2) Diese Adressen werden für den Tunnelmechanismus 6to4 verwendet.
	3) 2002::/4	3) Von der IANA vergebene routbare und weltweit einzigartige Adressen. 2001-Adressen werden an Provider vergeben, die diese wiederum an ihre Kunden verteilen.
	4) 2001:db8::/32	4) Diese Adressen werden nicht für Netzteilnehmer vergeben, sondern dienen Dokumentationszwecken.

Tabelle 1 Adresstypen

Subnetzen x = L' – L = 36 – 32 = 4 zusätzliche Bit brauchen. 4 Bit entsprechen einer Hexadezimalstelle und damit lassen sich $N = 2^x = 2^4 = 16$ Subnetze bilden. Wir schauen uns in einer Teil-Darstellung der obigen IPv6-Adresse die ersten 48 Bit in hexadezimaler und in binärer Darstellung an (Abb. 1):

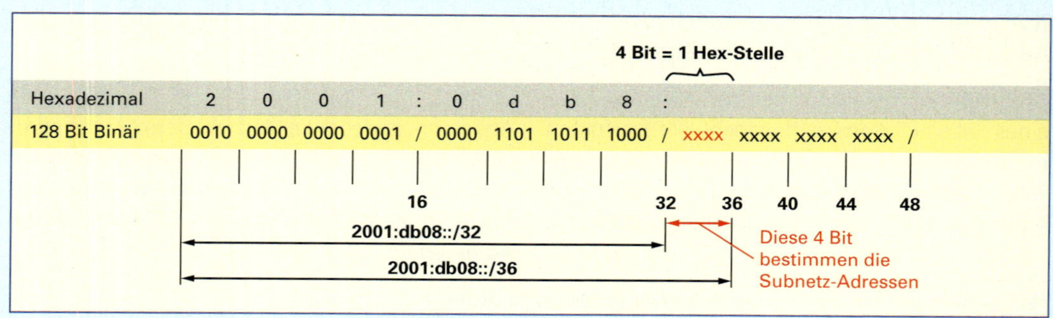

Abb. 1 Teil-Darstellung der IPv6-Adresse in binärer und hexadezimaler Schreibweise.

Damit können wir für die 16 Subnetze folgende Adressen anschreiben:

2001:0db8:0000::/36	2001:0db8:6000::/36	2001:0db8:c000::/36
2001:0db8:1000::/36	2001:0db8:7000::/36	2001:0db8:d000::/36
2001:0db8:2000::/36	2001:0db8:8000::/36	2001:0db8:e000::/36
2001:0db8:3000::/36	2001:0db8:9000::/36	2001:0db8:f000::/36
2001:0db8:4000::/36	2001:0db8:a000::/36	
2001:0db8:5000::/36	2001:0db8:b000::/36	

Beispiel: Sie bekommen von Ihrem ISP den Adressraum 2001:9fe:a:1000::/56 zugewiesen und wollen ihn in 20 Subnetze für die Filialen aufteilen. Wie viele Subnetz-Bit brauchen sie für die Adressdarstellung der 20 Filialen und wie lauten die Subnetz-Präfixe?

Lösung:
Die Adressierung von 20 Filialen erfordert die Erweiterung des Präfix-Wertes /56 um 2 Hexadezimalstellen oder 8 Bit. In der Abb. 6 sind die Verhältnisse dargestellt und man kann erkennen, dass mit den Bit-Stellen 57 bis 60 (3. Hex.-Stelle) und 61 bis 64 (4. Hex.-Stelle) die Nummerierung der 20 Filialadressen erfolgen kann. Dass man damit auch mehr als 20 Filialadressen festlegen kann, spielt hier keine Rolle.

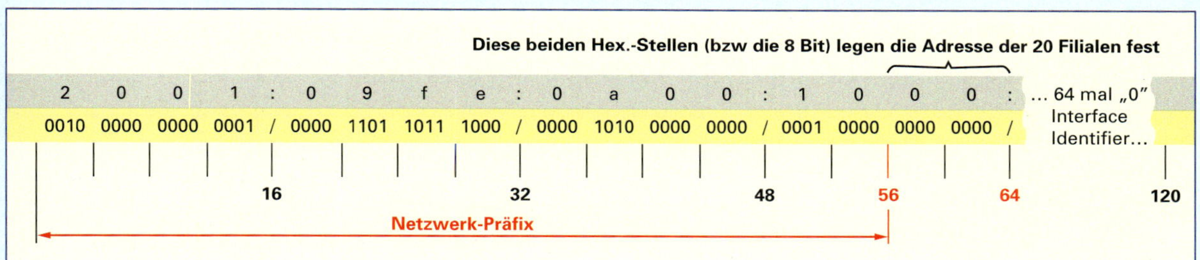

Abb. 6 Bestimmung der Auswahl-Bit für die Subnetz-Adressen

Die gesuchten 20 Filial-Subnetzadressen lauten also:

Netzwerkadresse	2001:09fe:a:1004::/64	2001:09fe:a:100c::/64
2001:09fe:a:1000:: /56	2001:09fe:a:1005::/64	2001:09fe:a:100d::/64
	2001:09fe:a:1006::/64	2001:09fe:a:100e::/64
Subnetze	2001:09fe:a:1007::/64	2001:09fe:a:100f::/64
2001:09fe:a:1000::/64	2001:09fe:a:1008::/64	2001:09fe:a:1010::/64
2001:09fe:a:1001::/64	2001:09fe:a:1009::/64	2001:09fe:a:1011::/64
2001:09fe:a:1002::/64	2001:09fe:a:100a::/64	2001:09fe:a:1012::/64
2001:09fe:a:1003::/64	2001:09fe:a:100b::/64	2001:09fe:a:1013::/64

Prüfen Sie Ihr Wissen:

1. Erläutern Sie die prinzipiellen Unterschiede zwischen einem Peer-to-Peer-Netz und einem Client-Server-Netz!
2. Wie erkennt man bei einer IP- Adresse, ob sie zu einer Klasse B oder Klasse C gehört?
3. Welche Funktion hat die Subnetzmaske beim Entwurf von Netzwerken?
4. Wozu wird ein Standard-Gateway benötigt?
5. In welche Schicht des TCP/IP-Protokolls ist die MAC-Adresse einer Netzwerkkarte einzuordnen?
6. Erläutern Sie, wie Sie bei der Installation einer Netzwerkkarte in einen PC vorgehen. Wie können Sie die korrekte Installation am Rechner überprüfen?
7. Welches Protokoll (Protokoll-Familie) müssen Sie bei einer Vernetzung von Rechnern auf jedem Rechner installieren oder aktivieren, wenn zusätzlich auch noch eine Verbindung über das Internet möglich sein soll?
8. Welcher Unterschied in der Adressierung eines Netzwerkes besteht zwischen IPv4 und IPv6? Geben Sie die Struktur einer IPv6-Adresse an.
9. Was versteht man unter einem Dual-Stack-Mechanismus? Wozu wird er benutzt?
10. Erläutern Sie die Begriffe „Präfix“ und „Interface Identifier“ an einer IPv6 Adresse.

3.3.2 Installation und Inbetriebnahme einer strukturierten Verkabelung

- strukturierte Verkabelung
- Einteilung der Datenkabel in Klassen und Kategorien
- Qualitätskriterien und erforderliche Messungen bei der Übergabe einer installierten Verkabelung

Die Heinrich-Hertz-Schule hat für das neue Schuljahr die Ausstattung weiterer Schulräume mit PCs und deren Vernetzung geplant. Da die Firma ElektroTeam bereits vor Jahresfrist die 1. Ausbaustufe des Schulnetzes in Form einer strukturierten Verkabelung im 1. und 2. Obergeschoss zur vollsten Zufriedenheit der Schule durchgeführt hatte, wird auch dieser Auftrag nach der Ausschreibung und Angebotseröffnung an die Firma ElektroTeam vergeben. Die Neuausstattung der Schulräume sieht im Einzelnen folgende Positionen und Arbeiten vor:

Kundenauftrag:

Das 3. bis 5. Obergeschoss des Schulgebäudes hat je 16 Klassenräume und Lehrer-Arbeitsräume (Raumpläne siehe Abb. 1), in denen Netzwerkanschlüsse für multimediale Anwendungen installiert werden sollen.
Im Rahmen der schon bestehenden strukturierten Verkabelung im 1. und 2. Obergeschoss soll jeweils der tertiäre Bereich im 3. bis 5. Obergeschoss installiert werden. Von den bereits vorhandenen Etagenverteilern (Switches) sind die Kupferleitungen über Rangierverteiler sternförmig zu den Arbeitsplätzen zu verlegen und an die Teilnehmer-Anschlussdosen anzuschließen.
Die zu installierenden Netzwerkkomponenten (Kabel, Stecker, Dosen, Rangierverteiler) sollen dem neuesten Stand der Technik entsprechen. Die Installation ist zu dokumentieren und nach der Fertigstellung auf Funktion und Einhaltung der Grenzwerte zu überprüfen. Das Prüfungsergebnis ist der Dokumentation beizulegen.

Planung der Auftragsdurchführung

Der Meister bespricht die Arbeit mit seinem Gesellen Hans Dampf und dem Auszubildenden Sebastian. „Der Auftrag ist technisch gesehen für uns eigentlich Routine“, erklärt Meister Strom, „denn erstens haben wir die Schmutzarbeit der Fußbodendurchbrüche für die vertikale Verkabelung des Sekundärbereiches ja im letzten Jahr schon durchgeführt, und zweitens ist die Arbeit in jedem Stockwerk gleich. Allerdings haben wir bei einigen Räumen Probleme mit den Brandschutzbestimmungen. Wir können nicht den einfachen Weg von den Fluren in die Zimmer nehmen. Darum müssen wir im Horizontalbereich einige Löcher durch die Wände der Klassenräume schlagen, um die Leitungen verlegen zu können.“
Der Meister nimmt einen Aktenordner aus dem Regal und schlägt die Dokumentation über den im letzten Jahr durchgeführten Auftrag an der Heinrich-Hertz-Schule auf. „Schau einmal her, Sebastian, hier auf dem Bild siehst du den Anschluss des Glasfaserkabels auf der Rückseite des Gebäudeverteilers (Abb. 1 und Abb. 2 ▷ 384).“
„Von hier aus geht es wiederum über Lichtwellenleiter (LWL) zu den Patch-Panels und Switches der einzelnen Etagen. Dieser Teil der Installation stellt den sogenannten Sekundärbereich dar. Da hier bei einem gleichzeitigen Zugriff von mehreren

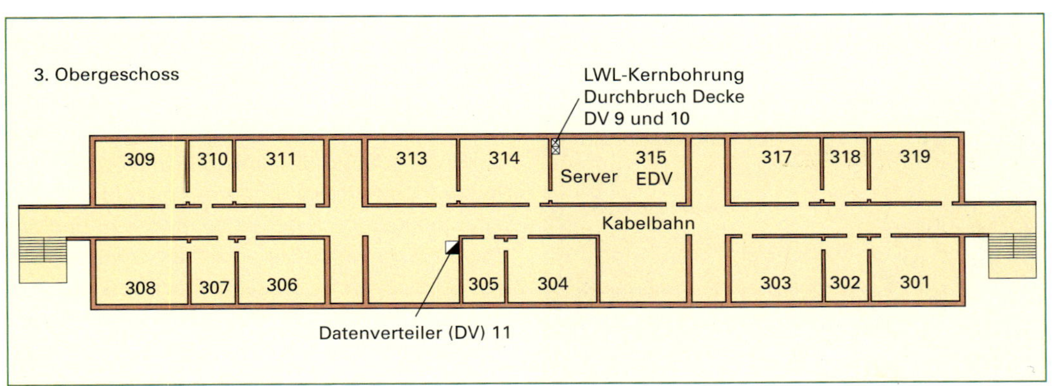

Abb. 1 Grundriss des 3. Obergeschosses (alle Stockwerke sind gleich)

Abb. 1 Glasfaserkabel im Primärbereich ⓐ und Sekundärbereich ⓑ

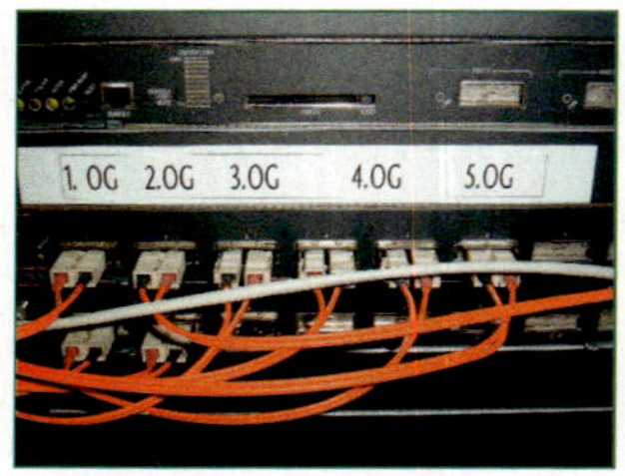

Abb. 2 Glasfaserkabel-Verteilung im Sekundärbereich in die einzelnen Stockwerke

Klassen auf das Internet große Datenmengen transportiert werden müssen, ist dieser Bereich mit Multimode-Glasfaserkabeln bestückt worden. Den Tertiärbereich, also die Verkabelung der einzelnen Etagen installieren wir mit dem modernsten Kupferkabel, das nach Herstellerangaben bereits für einen Frequenzbereich bis 600 MHz angewendet werden kann (Abb. 1 ▷ 385 und Abb. 1 ▷ 386)".

„Hier auf dem Bild siehst du, wie die orangeroten Kabel vom Patch-Panel zu den einzelnen Klassenräumen abgehen." (Abb. 3) „Das bedeutet für die Datentechnik an der Schule, dass man von der Verkabelung technisch auf dem neuesten Stand ist und auch weitere Entwicklungen der Netzwerktechnik getrost abwarten und dann mitmachen kann."

Abb. 3 Verteilung der Kabel in der Etage über Patch-Panel

„Wir arbeiten die einzelnen Stockwerke nacheinander ab. In jedem Stockwerk verläuft die Arbeit aber praktisch gleich, da die Bauweise – symmetrisch zur Gebäudeachse – in allen Stockwerken identisch ist. Wir müssen zunächst im jeweiligen Flur des 3. bis 5. Obergeschosses einzelne Elemente der abgehängten Deckenkonstruktion entfernen, um über die Länge bis zu den Klassenräumen, an der Wand oder von der Decke aus Kabelträger montieren zu können. Darauf führen wir die Kabel vom Verteilerraum zu den Klassenräumen, das siehst du hier in den nächsten zwei Bildern. Von dort geht es dann über Kabelkanäle in den Raumecken und an der Wand, entlang des Fußbodens zu den fest montierten Tischreihen. Auf der einen Seite im Verteilerraum schließen wir sie dann an den Rangierverteiler, das Patch-Panel, an und in den Klassenzimmern an die einzelnen Teilnehmeranschlüsse. Hast du noch den Überblick über die auszuführenden Arbeiten, Sebastian?", fragt der Meister, während der Geselle sich die Stockwerkspläne anschaut.

Sebastian grübelt kurz und sagt dann: „Wenn ich an die vielen Anschlüsse der einzelnen Kabel an den Patch-Panels und an den Anschlussdosen denke, wird mir doch etwas schwindlig."

„Viel Arbeit ist das schon", stimmt der Meister zu, „aber du hast ja bereits einige Erfahrung beim Auflegen von Datenleitungen gesammelt – und außerdem sind ja Hans und ich auch mit dabei. Wenn etwas nicht auf Anhieb klappt, kannst du ja fragen. Die Prüfung der Verkabelung mit dem Messgerät wird uns dann auch zeigen, ob alles richtig gemacht wurde. Hier habe ich noch einige Tipps zum Verlegen der Kabel (vgl. Praxistipp Seite 387), die man beachten muss, um die geforderte Datenrate auf den Kabeln tatsächlich zu erreichen."

„In den Stockwerken müssen wir die Länge der einzelnen Kabel vom jeweiligen Verteilerraum in der Etage entlang der Kabelführung zu Räumen und dort dann zu den Arbeitsplätzen ausmessen, dann die Kabel von der Rolle abwickeln und auf Länge zuschneiden. Die einzelnen, zugeschnittenen Kabel legen wir in jedem Stockwerk auf dem Fußboden aus (Abb. 1 ▷ 387)."

„Nach dieser Vorbereitung kommt das Einziehen der Kabel, und danach beginnen wir mit dem Auflegen der Adern." „Merke dir bitte besonders: Die

KUPFER-DATENKABEL GESCHIRMT

Datenkabel S/FTP Cat.7_A AWG22

CU 7150 4P Multimedia / 2x4P F8 Multimedia

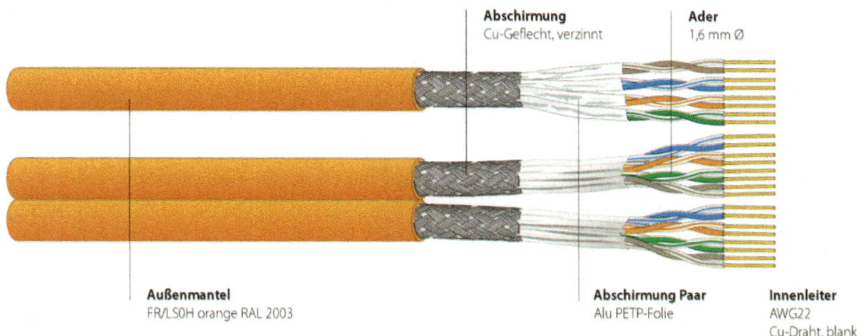

PRODUKTINFORMATION

LEISTUNGSMERKMALE

Elektrisch und mechanisch hervorragendes Cat.7_A-Datenkabel - übertrifft die Anforderungen der ISO/IEC 11801, IEC 61156-5, IEC 61156-7, EN 50173-1 und prEN 50288-9-1.
Exzellente Schirmwirkung dank Paar- und Geflechtsschirm.
Klare Unterscheidbarkeit der Adern im Steckverbinder dank farbiger Längsstreifen.
Kompatibel mit allen gängigen Stecksystemen nach EN 50173 und ISO/IEC 11801.

ANWENDUNG

Datenkabel für die strukturierte Gebäudeverkabelung.
Für die Übertragung von digitalen und analogen Sprach-, Bild-, Multimedia- und Datensignalen.
Einsetzbar für alle ICT-Netzanwendungen bis zur Klasse F_A (1000 MHz) gemäß EN 50173-1 und ISO/IEC 11801, darüber hinaus auch für Multimedia-Anwendungen im CATV-Frequenzbereich bis 862 MHz gemäß IEC 15018.
Aufgrund des erhöhten Leiterquerschnitts hervorragend für Power over Ethernet (PoE) / PoE+ geeignet.

VERSIONEN

Artikelnr.	Dimension n x n x mm (AWG)	Mantel	Ø über Mantel mm	Gewicht kg/km	Cu-Zahl kg/km	Brandlast kWh/m	Brandlast MJ/m	VE
182925	4 x 2 x 0,64 (AWG22)	FRNC/LS0H[1]	7,8	69,2	40,2	0,18	0,65	1000 m Trommel
182926	2 x (4 x 2 x 0,64 (AWG22))	FRNC/LS0H[1]	7,8 x 16,4	139,2	80,4	0,36	1,30	500 m Trommel

[1] FRNC/LS0H = Flame Retardant Non Corrosive / Low Smoke Zero Halogen

CU 7150 4P 0312/d

Technische Änderungen vorbehalten.

Abb. 1 Datenblatt für das Netzwerkkabel

KUPFER-DATENKABEL GESCHIRMT

Datenkabel S/FTP Cat.7_A AWG22

CU 7150 4P Multimedia / 2x4P F8 Multimedia

ELEKTRISCHE EIGENSCHAFTEN

KATEGORIE				5e	6	6_A	7	CATV	7_A	61156-7	
Frequenz [MHz]	1	4	10	100	250	500	600	862	1000	1200	1500
Dämpfung [dB/100m]	1,7	3,2	4,9	16,2	26	38	40	49	54	58	68
NEXT [dB]	103	103	103	103	103	98	96	92	90	85	80
PS NEXT [dB]	100	100	100	100	100	95	93	89	87	82	77
ACR-N [dB]	101	100	98	87	77	60	56	43	36	27	12
PS-ACR-N [dB]	98	97	95	84	74	57	53	40	33	24	9
ACR-F [dB]	110	108	106	94	84	71	66	58	55	46	41
PS-ACR-F [dB]	107	105	103	91	81	68	63	55	52	43	38
Rückflussdämpfung [dB]	26	30	33	33	28	26	25	24	23	23	20

Die angegebenen Leistungsdaten sind typische Messwerte.

Schleifenwiderstand bei 20° C:	111 Ω/km
Betriebskapazität:	41 pF/m
Impedanzmittelwert bei 100 MHz:	100 Ω ±5 Ω
Kopplungswiderstand bei 1/10/30 MHz:	< 5/5/8 mΩ/m
Coupling Attenuation (Grenzkurvendef. nach IEC 61156):	≥ 85 dB
Erdunsymmetriedämpfung LCL:	> 40 dB
Skew (Laufzeitdifferenz):	17 ns / 100 m
NVP:	80 %

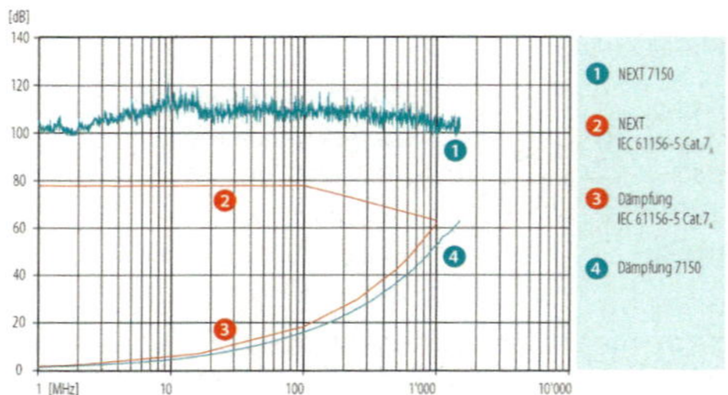

			CU 7150 4P	CU 7150 2x4P F8
MECHANISCHE EIGENSCHAFTEN	Biegeradien	beim Einzug:	≥ 64 mm	≥ 64 mm
		fest installiert:	≥ 32 mm	≥ 32 mm
	Einzugskraft:		≤ 130 N	≤ 260 N
	Querdruckfestigkeit:		≥ 1000 N/10 cm	≥ 1000 N/10 cm
	Hammerschlag:		≥ 10 Schläge	≥ 10 Schläge
	Temperaturbereich	während Installation:	0° C bis + 50° C	0° C bis + 50° C
		im Betrieb:	-20° C bis + 60° C	-20° C bis + 60° C

ALLGEMEINE EIGENSCHAFTEN	Aderfarbcode	weiß-blau/blau weiß-orange/orange weiß-grün/grün weiß-braun/braun weiße Ader jeweils mit farbigem Längsstreifen nach IEC 60189 und IEC 60708
	Bedruckung	DATWYLER «Kabeltyp» «Zusatztext» «Chargen-Nr.» «Metrierung»
	Halogenfreiheit, Korrosivität von Brandgasen	IEC 60754-1/-2, EN 50267-2-1/-2-2 (VDE 0482-267-2-1/-2-2)
	Flammwidrigkeit	IEC 60332-1-2, EN 60332-1-2 (VDE 0482-332-1-2)
	Brandfortleitung	IEC 60332-3-24, EN 60332-3-24
	Rauchgasdichte	IEC 61034-1/-2, EN 61034-1/-2 (VDE 0482-1034-1/-2)
	Power over Ethernet plus	IEEE 802.3at
	EMV	geschirmt
	Cat./Klasse	besser als Cat.7_A / Klasse F_A

Technische Änderungen vorbehalten.

Abb. 1 Datenblatt für das Netzwerkkabel

Praxistipp:

Kabelziehen

Bei der Installation von Cat. 5E, 6, 7 oder Giga Cat-Kabeln ist das Ziehen des Kabels ein kritischer Vorgang. Es ist sehr wichtig, darauf zu achten, dass die Zugkraft möglichst gleichmäßig über die ganze Kabelkonstruktion verteilt ist. Das Ziehen „von Hand" ist eine schnelle und effektive Art des Kabelziehens. Dieses Verfahren wird empfohlen, wenn die Zugkraft nicht allzu groß ist.

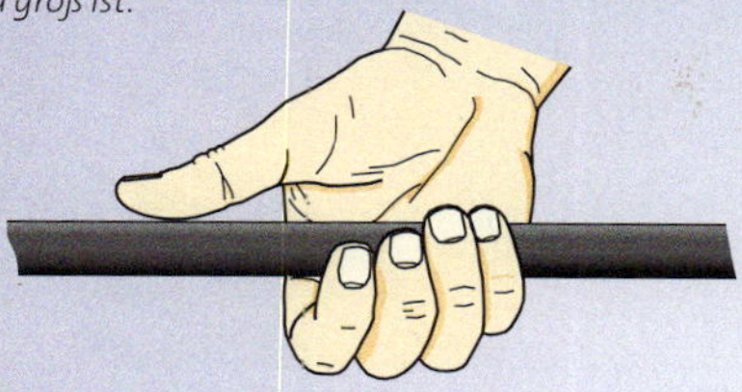

Kabelziehen von Hand

Kabelverlegung

Bei der Kabelverlegung ist zu berücksichtigen, dass das Kabel nicht permanent gestreckt wird. Eine sichtbare Klemmung des Kabels darf nicht vorkommen.

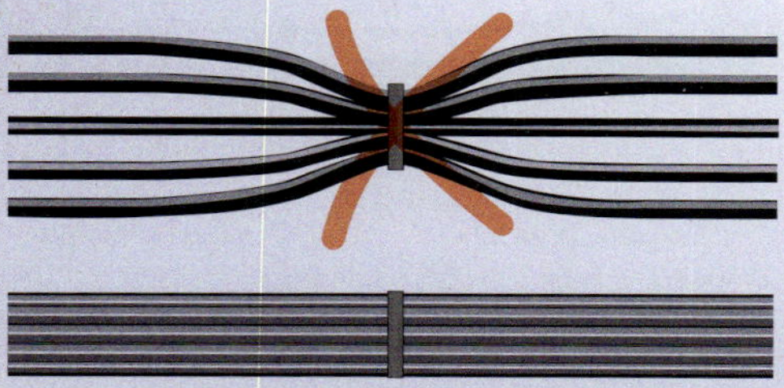

Bündel installierter Kabel

Biegen

Werden die Kabel gebogen, ist es wichtig, bestimmte Parameter zu berücksichtigen: Die Kabel dürfen nicht um scharfe Ecken herum oder über scharfe Kanten gezogen werden. Dies kann zu mechanischen Schäden am Kabel führen, was die Übertragungseigenschaften beeinträchtigen könnte. Nachdem das Kabel installiert worden ist, ist es wichtig, darauf zu achten, dass es nicht einen zu kleinen Biegeradius hat. Ein zu geringer Biegeradius kann geometrische Veränderungen der Kabelkonstruktion verursachen und damit wiederum die elektrischen Eigenschaften beeinträchtigen.

Mindest-Biegeradien:

Während der Installation:	*8 × Außendurchmesser*
Fertig installiert:	*4 × Außendurchmesser*

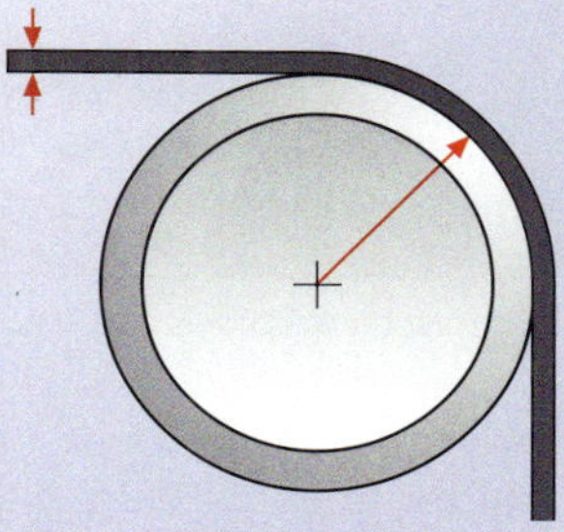

Hersteller haben meist sehr ausführliche Anweisungen zur Verarbeitung ihrer Kabel erstellt. Von der sorgfältigen Ausführung dieser einzelnen Tätigkeiten hängt es entscheidend ab, ob wir die geforderte Leistung bzw. die Grenzwerte erfüllen. Wir gehen so vor (Abb. 1 ▷ 388):

- Kabelmantel nach Angaben entfernen.
- Die Schirmung möglichst weit an die Anschlussklemmen heranführen.
- Die Verdrillung der Adern darf weder aufgedreht noch zusätzlich verstärkt werden, sie muss original möglichst weit zu den Anschlüssen beibehalten werden.
- Zum Auflegen darf die Verdrillung maximal 13 mm geöffnet werden, bei größeren Werten verschlechtern sich die Übertragungseigenschaften, insbesondere die Nahnebensprechdämpfung [NEXT]."

„Woran sehe ich denn, welches Paar zu welchen Klemmen gehört", fragt Sebastian. „Hier hat die Industrie mittlerweile mitgeholfen, dass mög-

Abb. 1 Kabel auf der Rolle ⓐ, Kabel abgeschnitten ⓑ und für den Einzug zurechtgelegt ⓒ

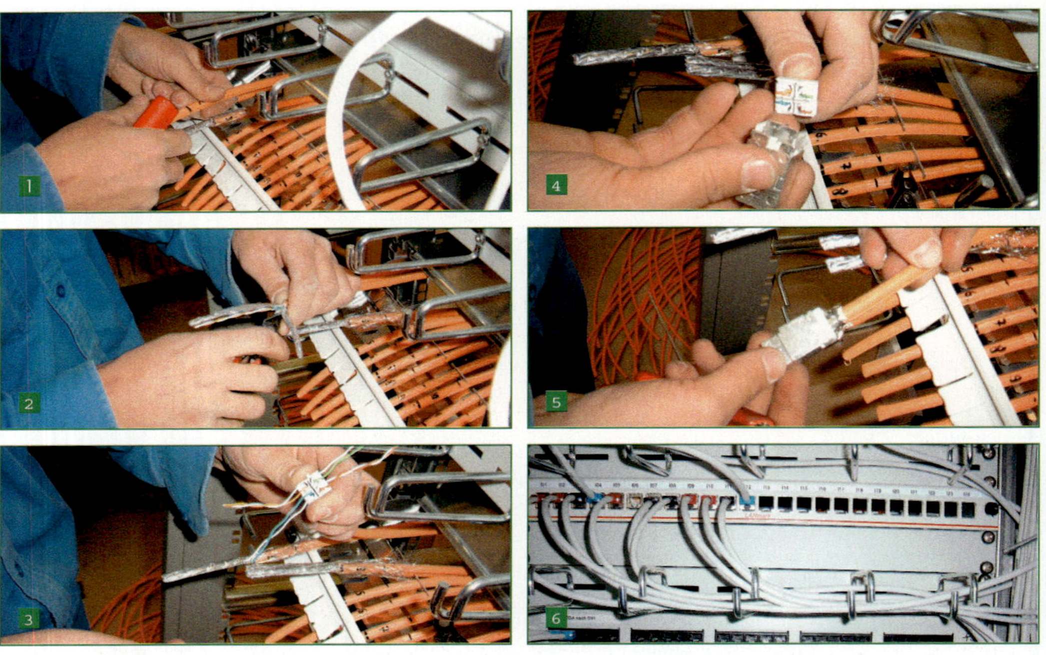

Abb. 1 Abisolieren des Netzwerkkabels und Montage eines Steckers

lichst keine Verwechslung passiert", beruhigt ihn der Meister. „Auf den meisten Twisted-Pair-Rangierverteilern und meist auch auf den Anschlussdosen finden sich Farbcodebezeichnungen, z. B. nach EIA/TIA 568A bzw. 567B." (EIA: **E**lectronic **I**ndustries **A**ssociation; TIA: **T**elecommunications **I**ndustry **A**ssociation). Abb. 2 und Abb. 3 zeigt die beiden Anschlussvarianten. Aber man muss tatsächlich sehr genau aufpassen, dass man keine Adern vertauscht. Und es gibt weitere Fehlerquellen beim Auflegen, die man nachträglich nur durch die modernen Messgeräte feststellen kann:

- Kurzschlüsse zwischen zwei oder mehr Drähten und/oder dem Schirm
- Unterbrechungen
- Gekreuzte Paare
- Vertauschte Pins
- Split pairs
- ... und alle anderen Kombinationen

Merke:
Die Pinbelegung muss in Ordnung sein, damit andere Parameter getestet werden können!

„Schau dir einmal diese Bilder an (Abb. 1 ▷ 389), sie zeigen die richtige Verdrahtung und die typischen Fehler. Die einwandfreie mechanische Installation mit der richtigen Pinbelegung ist Voraussetzung dafür, dass wir die anderen geforderten Parameter für die Abnahme messen können. Hier auf dem Display des Messgerätes siehst du genau, ob

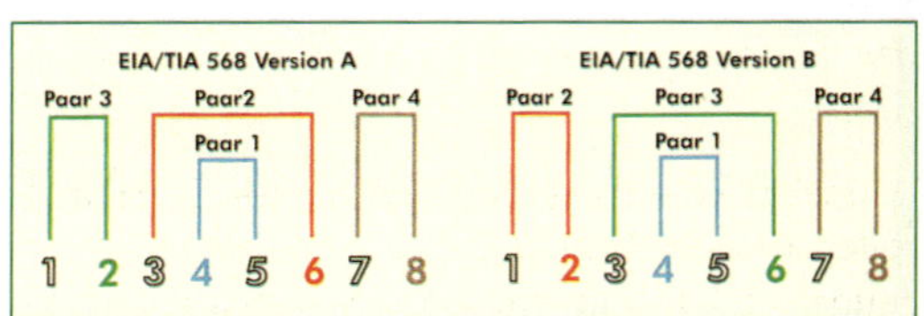

Abb. 2 Farbcodebezeichnungen für die Rangierverteiler und Netzwerkanschlussdosen

Abb. 3 Beispiel eines Kabelanschlusses an einer Netzwerkanschlussdose

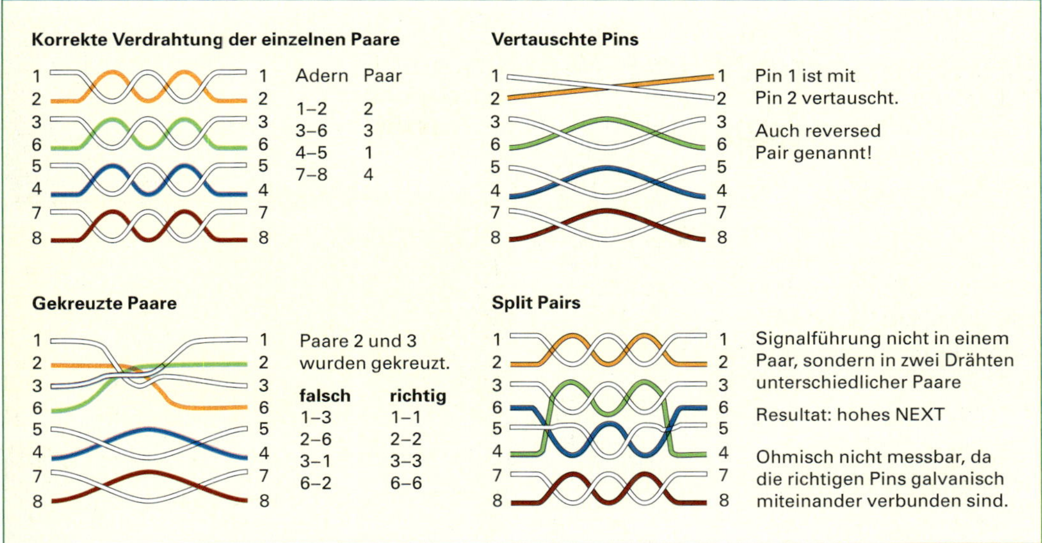

Abb. 1 Korrekte Verdrahtung und typischer Fehler

die Installation der Adern am Anfang und am Ende stimmt (Abb. 1). Auch alle anderen Qualitätskriterien für eine hochwertige Verkabelung werden wir messen und dokumentieren." (Abb. 2 und Abb. 3)

„Gut, Sebastian, prüfe bitte noch, ob wir die Kabelrollen, die Kabelkanäle und alle benötigten Werkzeuge im Auto haben. Morgen früh geht es zunächst mit Verlegen von Kabelkanälen vor und in einigen Räumen des 3. Obergeschosses los. Parallel dazu wird Hans mit der Schlagbohrmaschine jeweils die notwendigen Wanddurchbrüche zwischen den Klassenräumen schaffen, wo die Kabel später durchgeführt werden. Wenn wir das erledigt haben, geht es mit dem Zuschneiden der Kabel und dem Einziehen in die einzelnen Räume weiter. Wir arbeiten uns dann in den folgenden Tagen die 3. Etage entlang, so wie wir das mit der Schulleitung abgesprochen haben. Der Unterricht muss während unserer Arbeitszeit verlegt werden, und wir müssen unsere Termine unbedingt einhalten, um den laufenden Betrieb in der Schule nicht mehr als unbedingt nötig zu stören.

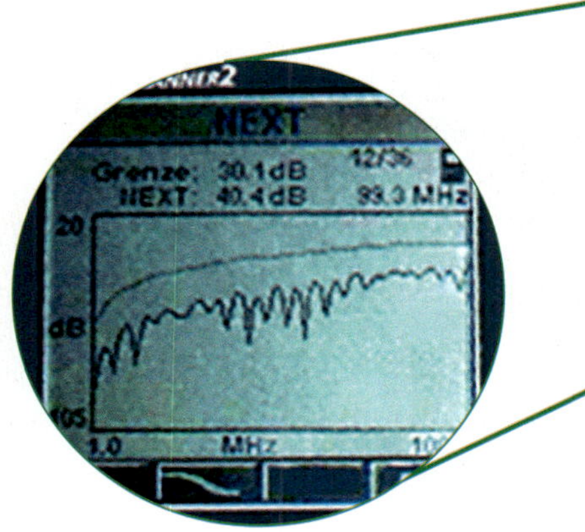

Abb. 2 Anzeige eines modernen Netzwerkkabelmessgerätes

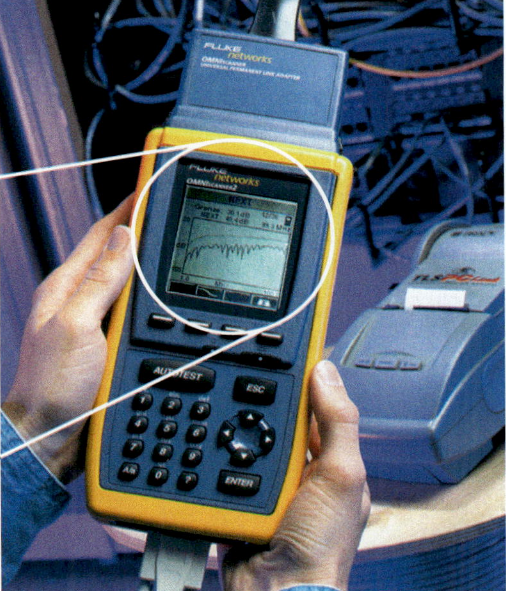

Abb. 3 Netzwerkkabelmessgerät

Basiswissen
Strukturierte Verkabelung

Wozu dient eine strukturierte Verkabelung?

Die Planung eines Netzwerkes unterliegt unterschiedlichen Ansprüchen: Während heute besonders die aktiven Komponenten eines Netzwerkes aufgrund des schnellen Innovationstempos innerhalb von zwei bis drei Jahren veralten, besitzt die Gebäudeverkabelung ganz andere Innovationszyklen. Die passive Verkabelung sollte heute für eine Nutzungsdauer von 10 bis 15 Jahren dimensioniert werden. Die Vielzahl der denkbaren Anwendungen im Bereich der Datentechnik und Telekommunikation innerhalb eines Gebäudes macht eine anwendungsneutrale Struktur der Verkabelung sinnvoll, sodass sich auch später noch Änderungen und neue Anwendungen ohne nachträglichen Verkabelungsaufwand durchführen lassen. Diese Überlegungen führten schließlich 1995 mit der EN 50173 bzw. mit ISO/IEC 11801 zur ersten europäischen bzw. internationalen Norm für anwendungsneutrale Kommunikationskabelanlagen. Seit September 2002 gibt es die zweite Ausgabe der ISO 11801, die technische Neuerungen berücksichtigt.

> **Merke:**
> *Das Ziel einer strukturierten, anwenderneutralen Verkabelung ist die Bereitstellung einer hersteller-, protokoll- und diensteneutralen Kommunikationsstruktur an einem Standort. Die Verkabelung muss gleichermaßen für niederfrequente Telefonie sowie für hochfrequente digitale Datendienste mit hohen Bitraten oder für moderne TV-Signale geeignet sein.*

Struktur eines anwendungsneutralen Verkabelungssystems

Abb. 1 zeigt schematisch die Struktur eines universellen, diensteneutralen Verkabelungssystems. Es besteht aus drei Zonen oder Teilsystemen, der Primär-, der Sekundär- und der Tertiärverkabelung. Der Primärbereich wird heute praktisch ausschließlich mit LWL verkabelt, im Sekundärbereich findet man – je nach Anforderung an die Datenübertragungsrate – vielfach LWL, aber auch

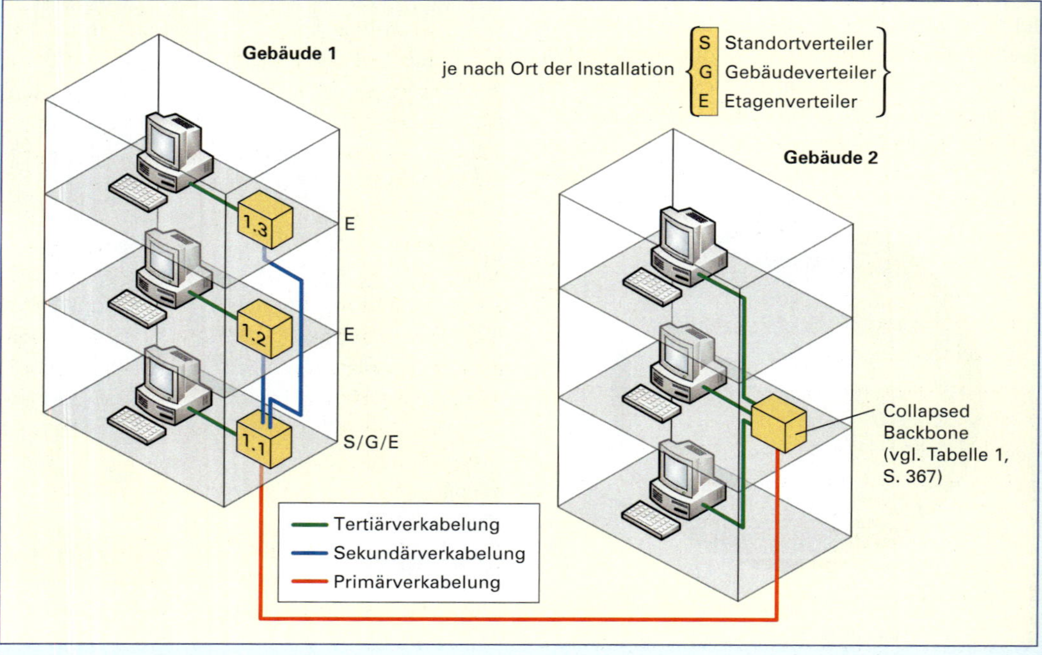

Abb. 1 Prinzip der strukturierten Verkabelung in Gebäuden

Bezeichnung	Besonderheiten
Primärbereich l_{max} = 1,5 km	Reicht vom Standortverteiler im Gelände bis zum Gebäudeverteiler im Haus. Die Länge der Leitung darf maximal 1,5 km betragen.
Sekundärbereich auch „Vertikalbereich“ (Gebäudeverteiler zur Etage)	Der Sekundärbereich erstreckt sich „vertikal“ vom Gebäuderangierverteiler zu den verschiedenen Stockwerken (Etagen) des Gebäudes. Die Länge darf maximal 500 m betragen. Sekundärkabel dürfen keinen Kabelverzweiger enthalten. In Einzelfällen wird auf die Sekundärverteilung verzichtet und man verbindet die Arbeitsplätze direkt vom Gebäudeverteiler durch Kabel mit entsprechender Datenrate (LWL). Man spricht dann von „Collapsed Backbone“
Tertiärbereich auch „Horizontalbereich“ (auf einer Etage)	Man spricht hier ebenso vom „horizontalen Bereich“. Er reicht vom Etagenrangierverteiler zu den informationstechnischen Anschlüssen. Die Länge der Tertiärkabel sollte 90 m nicht überschreiten. Darüber hinaus ist eine mechanische Gesamtlänge von 10 m für die Geräteanschlusskabel, Rangierkabel und Geräteverbindungskabel erlaubt. Die Länge der Rangierpaare im Etagenverteiler darf 5 m nicht überschreiten

Tabelle 1 Gliederung der drei Bereiche der strukturierten Verkabelung

noch Kupferleitungen. Der Tertiärbereich wird in der Regel mit symmetrischen Kupferleitungen installiert, es gibt aber auch hier bereits hybride (gemischte) Systeme (Daten mit LWL, Sprachinformation mit Kupfer). Tabelle 1 beschreibt die einzelnen Bereiche näher.

Die positive Aufnahme und schnelle Umsetzung dieser Norm EN 50173 bzw. ISO/IEC 11801 in die Praxis beruht auf folgenden Vorteilen einer strukturierten Verkabelung:

- Alle logischen Netzwerkformen, wie Bus, Ring, Punkt zu Punkt, werden auf eine sternförmige, hierarchische Topologie abgebildet, welche die drei oben genannten Bereiche besitzt.
- Auf der Basis von symmetrischen Kupfer- oder Lichtwellenleitern werden Verkabelungs- und Übertragungsstreckenklassen mit unterschiedlicher Leistungsfähigkeit definiert. Dazu gehören auch die einzuhaltenden Grenzwerte und Mindestanforderungen (Kategorien) für die einzelnen Komponenten.

Praxistipp:
Die heutige Datenübertragungstechnik auf symmetrischen Kupferleitern dringt jedoch in immer höhere Frequenzbereiche vor. Darum kommt es bei der Auswahl eines Kabels entscheidend darauf an, den Verwendungszweck, ausgedrückt in Klassen und Kategorien, zu beachten.

- Um die Entkopplung der langlebigen Verkabelung von den durch den schnellen technologischen Wandel sehr stark betroffenen Endgeräten zu erreichen, wurde ein einheitliches „Steckgesicht“ (RJ 45) für Kupfer- sowie SC-Stecker für LWL an den Arbeitsplätzen (Informationstechnischer Anschluss, TA) festgelegt.

Qualitätskriterien einer Verkabelung

Das Leistungsvermögen einer Verkabelungsstrecke (eines Teilbereiches, Kanals, engl.: *Channel*) wird zwischen ihren beiden Endpunkten definiert. Es werden ausschließlich die passiven Abschnitte, das Kabel, die Verbindungskomponenten und das Rangierkabel bewertet.

Die verschiedenen Übertragungstechniken wie Ethernet (10 Base T, 100 Base T), ISDN, ATM benutzen in der Regel das Halb-Duplex-Verfahren über zwei Leiterpaare. Beim Gigabit-Ethernet (1000 Base T) wird auf allen vier Paaren des Kabels vollduplex gesendet und empfangen. Diese Technik stellt neue elektrische Anforderungen an die Qualität des Kabels, sodass hierdurch neue Bewertungsparameter bzw. neue Messaufgaben bei der Abnahme einer installierten Verkabelung entstanden sind.

Der Aufbau von Kabeln für die Telekommunikationstechnik wurde bereits dargestellt.

Folgende Parameter charakterisieren heute eine symmetrische Verkabelungsstrecke (Tabelle 1 ▷ 392):

Charakteristische Parameter	Bedeutung
Dämpfung	Beschreibt die Minderung der eingespeisten Spannung oder Leistung vom Anfang bis zum Ende des Kabels. Die Dämpfung (z. B. gemessen über eine Länge von 100 m) muss möglichst klein sein.
NEXT (Near End Cross Talk)	NEXT, übersetzt als Nahnebensprechdämpfung, beschreibt die Kopplung von Spannung oder Leistung von einem Leiterpaar in ein anderes Leiterpaar am Anfang des Kabels. NEXT sollte möglichst klein sein!
PSNEXT (Power Sum NEXT)	Wichtige Messgröße für Kabelsysteme, bei denen die aktiven Komponenten alle vier Leitungspaare gleichzeitig nutzen. Leistungssummierte Nahnebensprechdämpfung, berücksichtigt die Störung aller anderen Leiterpaare auf das betrachtete Leiterpaar. Faustformel: PSNEXT etwa 3 dB größer als das NEXT.
ACR (Attenuation To Cross Talk Ratio) ACR [dB] = NEXT [dB] – Dämpfung [dB]	Verhältnis aus Dämpfung und Nahnebensprechdämpfung. Der ACR-Wert charakterisiert die Qualität einer Leitung und gibt eine Angabe über den Frequenzbereich des Kabels an: Übertragungsbereich wird durch den minimalen ACR festgelegt. Der ACR muss noch ca. 10 dB betragen.
FEXT (Far End Cross Talk)	FEXT bedeutet Nebensprechdämpfung am fernen (empfängerseitigen) Ende. Muss möglichst groß sein. Unterscheidung in: a) I(nput)/O(utput)- FEXT b) EL-FEXT = Equal Level FEXT, entspricht etwa dem ACR beim NEXT. EL-FEXT = I/O-FEXT-Dämpfung
ELFEXT (Equal Level FEXT) ELFEXT [dB] = FEXT [dB] – Dämpfung [dB]	Wichtig für Übertragungsverfahren, die bidirektional arbeiten. Rechnerische ELFEXT-Ermittlung im Messgerät aus FEXT-Dämpfung
PSFEXT (Power Sum FEXT)	Leistungssumme des Fernnebensprechens. Beschreibt die Summe aller durch Fernnebensprechen in ein Paar eingekoppelten Störleistungen.
Rückflussdämpfung oder Return Loss (RL)	Beschreibt die Inhomogenitäten und Fehlanpassungen (siehe Wellenwiderstand) entlang der Übertragungsstrecke an Hand des Verhältnisses von hinlaufender zu rücklaufender elektromagnetischer Welle.
Propagation Delay (Laufzeit-Verzögerung)	Das ist die Verzögerungszeit bzw. Laufzeit des Signals über ein Leiterpaar. Sollte möglichst klein sein. Die Frequenzabhängigkeit der Verzögerung führt zu Signalverzerrungen durch Dispersion.
Skew (Differenz der Verzögerungszeiten)	Laufzeitunterschied bzw. Differenz der Laufzeit zwischen zwei Leiterpaaren. Sollte möglichst klein sein (Gigabit-Ethernet).
Störfestigkeit gegenüber elektromagnetischer Beeinflussung (Störleistungsunterdrückung)	Ein Maß für die Fähigkeit eines Kabels, externe elektrische Störungen zu bedämpfen. Wird durch geeignete Schirmung des Kabels erreicht.

Tabelle 1 Charakteristische Parameter einer Verkabelung mit symmetrischen Kabeln

Klassifizierung der Übertragungsstrecken für Kupferverkabelung

class, engl.: Klasse
category, engl.: Kategorie

Die möglichen Netzanwendungen bzw. Verkabelungsstrecken für symmetrische Kupferkabel werden in sechs Klassen eingeteilt, die mit den Buchstaben A bis F bezeichnet werden. Die Entsprechung der Buchstaben A bis F mit den zugeordneten Frequenzbandbreiten sind in der Tabelle 1 einander gegenübergestellt. Mittlerweile sind bereits 1200-MHz-Kabel in der Erprobung.

Man erkennt an den Beschreibungen für die Anwendungen der einzelnen Bereiche, die bis 1999 nur bis 100 MHz spezifiziert waren, die schnelle technologische Entwicklung. Für heutige moderne Datennetze sind nur noch die Klassen D bis F (oder G) von Bedeutung.

Merke:
Frequenzbereich (Bandbreite) eines Kabels und Datenrate dürfen nicht gleichgesetzt werden: MHz ist nicht gleich Mbit/s!
Die Bandbreite in MHz wird von den physikalisch-technischen Eigenschaften des Kabels bestimmt, die Datenrate von dem im jeweiligen Netz angewendeten Übertragungs- bzw. Modulationsverfahren.

Die geforderten Mindestgüten der Komponenten einer Verkabelungsstrecke, wie Kabel, Verbindungstechnik (Stecker und Buchsen), Rangierkabel zur Erfüllung einer bestimmten Klasse wird in Kategorien (engl.: *Category*, abgekürzt: *Cat*) ausgedrückt, die mit Ziffern von 3 bis (heute) 7 bezeichnet werden. Dabei sind wiederum Entsprechungen zwischen Klassen und Kategorien festgelegt, wie in Tabelle 1 aufgeführt.

Merke:
In einer Übertragungsstrecke bestimmt die Komponente mit den schlechtesten übertragungstechnischen Eigenschaften die Leistungsfähigkeit der gesamten Strecke.

Bis zur Kategorie 5 bzw. 5e (also dem Frequenzbereich bis 100 MHz) war es dabei meist unproblematisch, bei vorschriftsmäßiger Arbeitsausführung Produkte unterschiedlicher Hersteller für die Netzwerkinstallation zu verwenden. Je höher aber der Frequenzbereich nach oben ausgenutzt werden soll, umso problematischer und schwieriger wird die Ausführung. Bei der Kategorie 6 ist es durchaus möglich, dass bei einer Verwendung von Kabeln, Steckern und Steckbuchsen (Dosen) gleicher Kategorie, aber von unterschiedlichen Herstellern bei der Abnahmemessung der Gesamtstrecke die Anforderungen an diese Klasse/Kategorie nicht erfüllt werden. Neben der Verwendung hochwertiger Komponenten kommt es bei diesen hohen Frequenzbereichen auf eine äußerst sorgfältige und fachgerechte Arbeit beim Anschluss der Leiterpaare an die Stecker und Buchsen (Dosen) an. Schon geringste Abweichungen von den Montagevorschriften, die möglicherweise im Bereich der analogen Telefontechnik oder des ISDN noch ohne übertragungstechnische Folgen geblieben wären, wirken sich bei den Klassen D, E und F sofort aus. Diese Auswirkungen sind aber meist erst bei der Abnahmemessung mit entsprechenden Messgeräten und an Hand der oben aufgeführten Parameter (z. B. ACR, NEXT, FEXT, ELFEXT, RL) erkennbar (Abb. 1 ⊳ 394).

Klasse	Frequenz-Bandbreite in MHz	Kategorie	Anwendung
A	0,1	1	niederfrequente Netzanwendungen, z. B. Sprachband, analoges Telefon
B	1	2	digitale Netze mit relativ niedriger Bitrate, z. B. ISDN
C	16 20	3 4	Datennetze mit hoher Bitrate, z. B. Ethernet 10 Base T
D	100	5	Datennetze mit sehr hoher Bitrate, z. B. Ethernet 100 Base T und ATM, durch Vollduplex-Übertragung auf 4 Leiterpaaren funktioniert Gigabit-Ethernet (1000 Base T).
E	250	6	mit Bitraten im 1-Gbit/s-Bereich, z. B. Gigabit-Ethernet (1000 Base T)
F	600	7	Datennetz mit Bitraten von 10 Gbit/s

Tabelle 1 Beschreibung von Netzwerkkabeln durch Klassen, Kategorien und Frequenzbandbreite. Typische Anwendungen

Kabelkennung: Beispiel Messung 03 — **Testzusammenfassung: PASS**

Datum/Uhrzeit: 24.05.2013 15:02:25
Reserve: 7,2 dB (NEXT 36-45)
Grenzwert: EN50173 PL Class E
Kabeltyp: Cat 6 SSTP

Bediener: Stefan Klotzbücher
Software-Version: 1.0000
NVP: 76,0%

Modell: DTX-1800
Hauptgerät S/N: 8582229
Remote S/N: 8627080
Adapter Hauptgerät: DTX-PLA001

Wire Map (T568A)	1 2 3 4 5 6 7 8 S
PASS	1 2 3 4 5 6 7 8 S

Länge (m)	[Paar 12]	30,1
Laufzeit (ns), Grnz. 498	[Paar 36]	135
Abweichung (ns), Grnz. 44	[Paar 36]	3
Widerstand (Ohm), Grnz. 21,0	[Paar 36]	4,7
Dämpfung (dB)	[Paar 78]	21,5
Frequenz (MHz)	[Paar 78]	250,0
Grenzwert (dB)	[Paar 78]	30,7

	Min. Abstand		Min. Wert	
PASS	MAIN	SR	MAIN	SR
Schlechtest Paar	36-45	36-45	36-45	36-45
NEXT (dB)	10,2	7,2	10,3	7,2
Freq. (MHz)	230,5	248,0	249,0	248,0
Grenzwert (dB)	35,9	35,4	35,4	35,4
Schlechtest Paar	36	36	36	36
PSNEXT (dB)	10,5	7,8	10,5	7,8
Freq. (MHz)	241,5	248,5	249,0	248,5
Grenzwert (dB)	33,0	32,7	32,7	32,7

PASS	MAIN	SR	MAIN	SR
Schlechtest Paar	36-45	36-45	45-36	36-45
ELFEXT (dB)	13,4	13,4	18,9	19,0
Freq. (MHz)	1,0	1,3	249,5	249,5
Grenzwert (dB)	64,2	62,3	16,2	16,2
Schlechtest Paar	36	36	36	36
PSELFEXT (dB)	15,5	15,5	20,2	21,3
Freq. (MHz)	1,0	1,0	249,5	249,5
Grenzwert (dB)	61,2	61,2	13,2	13,2

PASS	MAIN	SR	MAIN	SR
Schlechtest Paar	36-78	36-45	36-45	36-45
ACR (dB)	24,5	23,7	32,0	28,8
Freq. (MHz)	51,3	53,8	249,0	248,0
Grenzwert (dB)	33,6	32,9	4,8	4,9
Schlechtest Paar	36	36	36	36
PSACR (dB)	25,6	24,8	32,1	29,3
Freq. (MHz)	55,0	54,3	249,0	248,5
Grenzwert (dB)	30,1	30,3	2,1	2,2

PASS	MAIN	SR	MAIN	SR
Schlechtest Paar	12	12	78	78
RL (dB)	4,7	5,5	5,7	6,9
Freq. (MHz)	91,5	73,3	210,5	236,0
Grenzwert (dB)	14,4	15,4	10,8	10,3

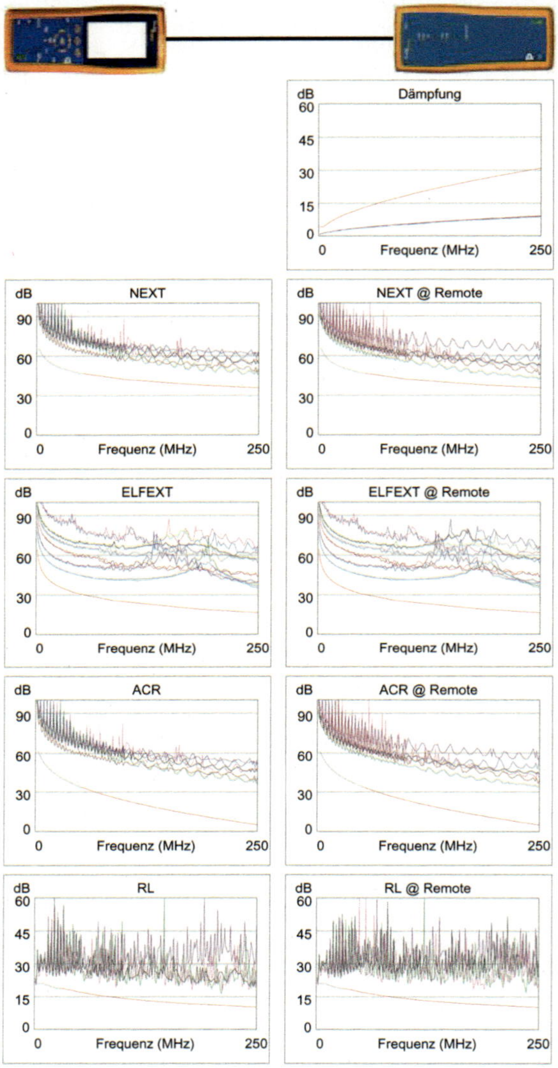

Dämpfung — dB / Frequenz (MHz)
NEXT — dB / Frequenz (MHz)
NEXT @ Remote — dB / Frequenz (MHz)
ELFEXT — dB / Frequenz (MHz)
ELFEXT @ Remote — dB / Frequenz (MHz)
ACR — dB / Frequenz (MHz)
ACR @ Remote — dB / Frequenz (MHz)
RL — dB / Frequenz (MHz)
RL @ Remote — dB / Frequenz (MHz)

Projekt: Messungen
Ort: Stockwerk 01
Heinrich-Hertz-Schule.flw

Abb. 1 Protokoll einer Messung eines verlegten Netzwerkkabels

Prüfen Sie Ihr Wissen:

1 Welche Bereiche umfasst eine strukturierte Verkabelung? Welche Vorteile hat diese Art der Verkabelung gegenüber der früheren Vorgehensweise beim Aufbau eines Netzes?

2 Welche Eigenschaften eines Netzwerkkabels kann man an der Klassenbezeichnung erkennen?

3 Wie muss beim Auflegen der Kabel auf ein Patch-Panel mit den einzelnen Adern verfahren werden? Worauf ist zu achten?

3.3.3 Installation eines WLAN-Routers für ein Wohnungsnetzwerk

- **Grundlagen zum Funknetzwerk, Ausrüstung für ein WLAN**
- **Standards für Funknetzwerke**
- **Sicherheit im Funknetzwerk, WEP und WPA Verschlüsselung**

Kundenauftrag:

Herr Mayer hat mit seiner Frau und den beiden Kindern gerade eine 5-Zimmer-Wohnung in dem Renovierungsprojekt „Kasernenumbau" in der Stadt bezogen. Die Wohnung ist nach der Modernisierung sehr gut ausgestattet, allerdings wurde keine Verlegung von Netzwerkkabeln und Netzwerk-Steckdosen eingeplant. Eine nachträgliche Verlegung von Netzwerkleitungen kommt nicht infrage. Daher bittet Herr Mayer die Firma Elektro-Team telefonisch um rasche Hilfe, denn er und die Kinder benötigen unabhängig voneinander für die Arbeit bzw. für die Schule und Freizeitanwendungen Internetzugang für die zwei im Haushalt vorhandenen PCs und den Laptop. In der Wohnung ist ein analoger Telefonanschluss vorhanden, den Familie Mayer mit einem schnurlosen DECT-Telefon (2 Handgeräte an der Basisstation angemeldet) nutzt. Meister Strom von Elektro-Team vereinbart mit Herrn Mayer für den nächsten Tag einen Beratungstermin in der Wohnung.

Während der Besichtigung erfragt Meister Strom neben der Internetnutzfrequenz auch die Häufigkeit der Telefonbenutzung, um die Familie kompetent beraten zu können. Ein Fernseh-Kabelanschluss ist nicht vorhanden, stattdessen wird ein SAT- Antennen-Anschluss genutzt.
Nach dem Informationsrundgang macht Meister Strom Herrn Mayer folgenden Lösungsvorschlag, der ohne bauliche Maßnahmen alle Wünsche der Familie erfüllen kann: Vertragsabschluss über eine DSL- und Telefon-Flatrate einschließlich Internet-Telefonie mit einem Internet-Anbieter (engl. Provider) nach Wahl, der kostenlos einen leistungsfähigen DSL-WLAN-Router im DSL-Paket anbietet. Meister Strom hat bereits eine Zusammenstellung der neuesten Angebote mehrerer konkurrierender Anbieter aus dem Internet ausgedruckt und zum Vergleich mitgebracht.
„Ich kann Ihnen für Ihre Situation als DSL-Router speziell die FRITZ!Box Fon WLAN 7270 empfehlen", weist Meister Strom auf einige Internet-Angebote hin, denn diese Box vereinigt die WLAN-Routerfunktion mit neuestem Sicherheitsstandard, vier LAN-Schnittstellen und die Funktion einer Telefonanlage. Damit ist nicht nur die klassische Telefonie, sondern auch die Internettelefonie **V**oice **o**ver **IP** (engl.: Sprache über das Internet) – selbst bei ausgeschaltetem PC – möglich; und neben zwei analogen und einem ISDN-Telefon lassen sich bis zu fünf DECT-Telefone anschließen. Ein USB-Port an der FRITZ!Box kann zudem für einen zentralen Druckeranschluss eingerichtet werden.
„Damit hätten Sie all Ihre Wünsche mit einem Gerät erfüllt."
Herr Mayer prüft die Liste der Provider, vergleicht die Leistungen und die Kosten pro Monat für unterschiedliche Anschlussmodelle und stellt noch einige Fragen zur gleichzeitigen Nutzung des WLAN von allen Nutzern und zur Sicherheit des WLAN gegen Datenmissbrauch von außerhalb.
„WLAN-Verbindungen können sicher gemacht werden", erklärt Meister Strom, „auch darum verwende ich gerne die FRITZ!Box, denn da sind neben dem alten und heute als unsicher geltenden Standard WEP bereits vom Werk aus die modernsten Verschlüsselungsmethoden WPA und WPA2 installiert. Wenn man hier alles richtig einstellt, dann ist das WLAN sicher und nicht zu knacken. Manche Anwender haben das aber früher nicht beachtet und nicht einmal die ältere Standard WEP-Verschlüsselung an ihrem WLAN aktiviert. So konnten sich sogenannte wardriver, das sind Leute, die mit einem Laptop und spezieller Software im Auto herumfahren und nach empfangbaren WLAN-Systemen suchen, im harmlosesten Fall nur kostenlos ins Internet einloggen. Schlimmstenfalls können sie über das WLAN-System auf den PC und die dort vorhandenen Daten zugreifen, sie stehlen oder manipulieren und hohe Schäden für den Eigentümer verursachen. Darum brauchen Sie sich aber mit der FRITZ!Box keine Sorgen zu machen, wir verschlüsseln Ihre Verbindung sicher", beruhigt Meister Strom den Kunden.

Herr Mayer entscheidet sich nach diesen Informationen für einen Internet-Anbieter, der ihm mit ADSL2+ eine Datenrate von 16 Mbit/s im Downstream garantiert und vereinbart mit Meister Strom, dass er sich bei ihm melden wird, sobald der Internet-Anbieter den Vertrag bestätigt und

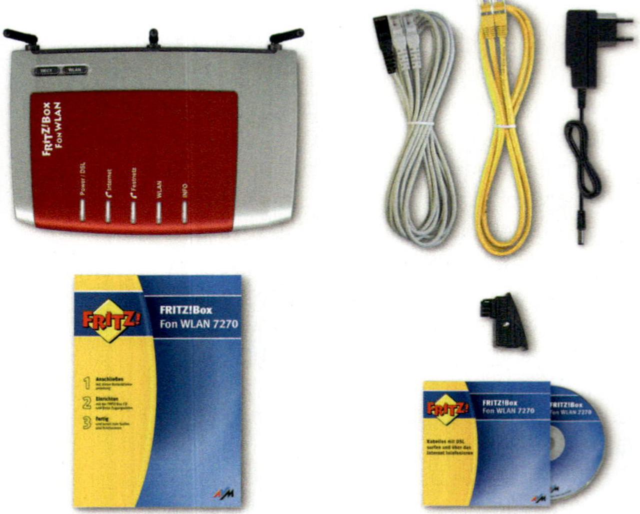

Abb. 1 Vom Internet-Anbieter gelieferter DSL-Router mit Zubehör

die DSL-Komponenten sowie den Termin für die DSL-Aufschaltung zugeschickt hat.
Einige Zeit später wird Familie Mayer vom ausgewählten Internet-Anbieter das komplette DSL-Paket, bestehend aus Splitter, FRITZ!Box Fon WLAN 7270 als DSL-Router mit allen Kabeln und erforderlicher Software geliefert (Abb. 1) sowie der Zeitpunkt der Aufschaltung des schnellen ADSL2+ als Flatrate zusammen mit einer Telefonflatrate und IP-Telefonie mitgeteilt. Herr Mayer informiert die Firma ElektroTeam und vereinbart den Installationstermin mit Meister Strom.

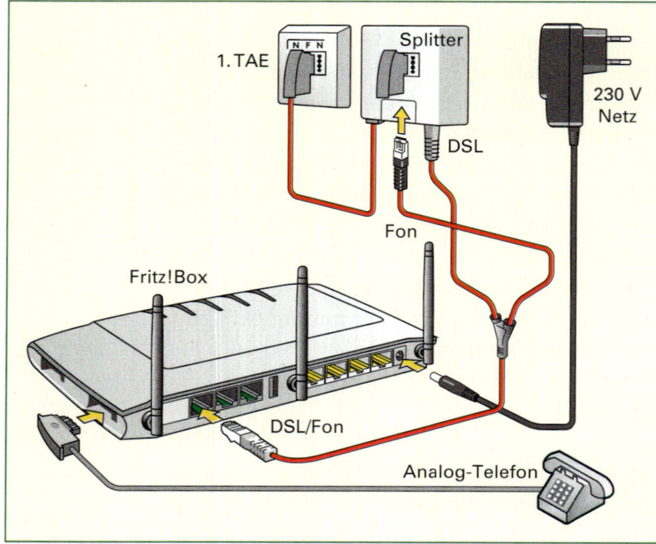

Abb. 2 Verdrahtung der FRITZ!Box Fon WLAN 7270 mit Splitter und analogem Telefon. Der Internetzugang der PCs erfolgt drahtlos über das WLAN-System.

Arbeitsablauf:

Meister Strom hat seinen Auszubildenden Hans mitgebracht, um ihm in der Praxis die Installation gegen unbefugtes Eindringen zu zeigen. Herr Mayer übergibt das DSL-Paket des Internet-Anbieters an Meister Strom. Dieser öffnet es, prüft die Vollständigkeit der Komponenten und Kabel und bittet Herrn Mayer, die Zugangsdaten für die folgenden Arbeiten bereitzuhalten.
Danach zeigt Meister Strom dem Auszubildenden Hans, wo die einzelnen DSL-Komponenten für die Installation in der Wohnung platziert werden können.
Der Splitter lässt sich unauffällig neben der 1. TAE-Dose montieren, und die FRITZ!Box findet ihren Platz auf einem Schränkchen in der Garderobe, wo auch die Basisstation des Telefons steht und sich in der Nähe ein Netzstecker befindet.
„Von hier aus wird die Funkverbindung in alle Räume und zu den Rechnern möglich sein“, begründet Meister Strom die Wahl des Standortes für den DSL-Router. „Wir werden die Signalstärke nachher gleich überprüfen.“
Wie die einzelnen Komponenten dann zu verkabeln sind, kann Hans dem mitgelieferten Installationsposter des Internet-Providers entnehmen (Abb. 2).
„Wir verbinden zunächst die FRITZ!Box über das mitgelieferte Netzteil mit dem 230-V-Netz“, erläutert der Meister sein weiteres Vorgehen und weist Hans darauf hin, dass nun das Blinken der LED „Power/DSL“ auf der Frontseite des Gehäuses nach einigen Sekunden die Betriebsbereitschaft der FRITZ!Box anzeigt. „Wir schalten auch schon das WLAN mit dem Schalter ein, woraufhin die WLAN-LED zunächst blinkt, nach einigen Sekunden aber konstant leuchtet.“ (Abb. 3)

Abb. 3 DSL-Router
FRITZ!Box 7270 am 230-V-Netz; WLAN eingeschaltet

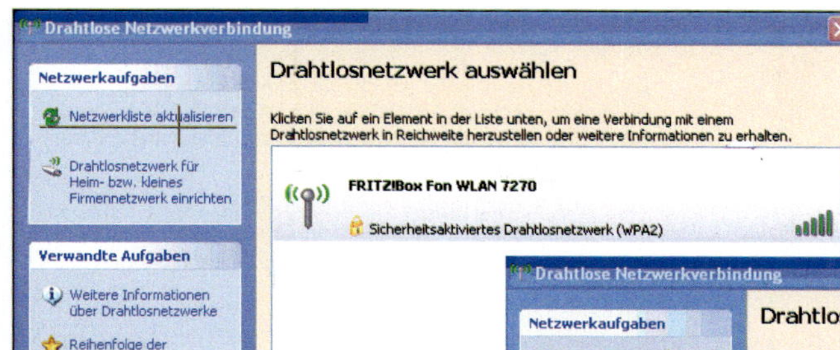

Abb. 1 Der WLAN-Adapter im Laptop hat den Funkkontakt zum DSL-Router hergestellt. Der Netzwerkname (SSID) und die WPA2-Sicherheitsaktivierung wird angezeigt.

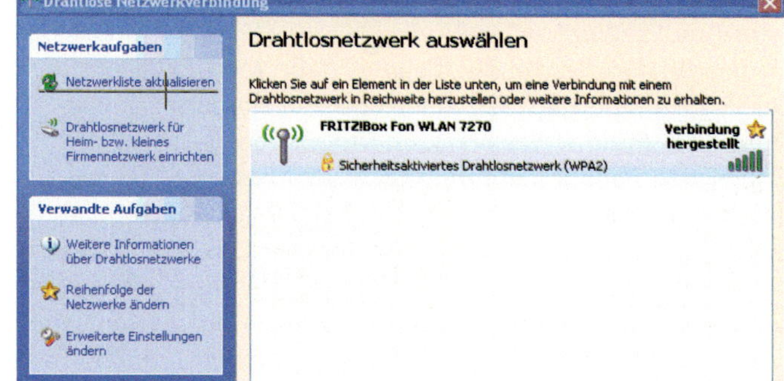

Abb. 2 WLAN-Verbindung zwischen Laptop und DSL-Router ist hergestellt.

Danach bittet der Meister Herrn Mayer, seinen PC im Arbeitszimmer und auch die anderen Rechner einzuschalten, um die WLAN-Verbindung einrichten zu können.
„Wir müssen jetzt die Sicherheitseinstellungen für die WLAN-Adapter an den PCs vornehmen", erklärt Meister Strom seinem Auszubildenden. „Der Laptop hat bereits eine WLAN-Karte eingebaut, mit dem wollen wir beginnen."
Meister Strom lässt sich über das Betriebssystem des Laptops (Klick auf: Netzwerkverbindungen / Netzwerkaufgaben / verfügbare Drahtlosnetzwerke) die Namen der empfangenen Funknetzwerke (die *S*ervice *S*et *I*dentifier = SSID) auf dem Bildschirm anzeigen.
„Na, da haben wir ja schon den Kontakt mit unserem DSL-Router", strahlt er, als er die Anzeige FRITZ!Box Fon WLAN7270 auf dem Bildschirm des Laptops sieht (Abb. 1).
Weiter durch das Einrichtungsprogramm geführt, gibt Meister Strom nun in einem neuen Fenster die zum Verbindungsaufbau nötigen Werte für die WLAN-Verschlüsselungsmethode ein. Diese sind in dem zugehörigen Handbuch angegeben, während der vom Werk in der FRITZ!Box installierte WPA2-Schlüssel auf einem Aufkleber auf der beiliegenden FRITZ!Box-CD angebracht ist. Nach dem Klick auf das Feld Verbinden kann Meister Strom den Erfolg der Arbeit sehen: Der Laptop und die FRITZ!Box Fon 7270 sind drahtlos verbunden, denn im Fenster erscheint über dem Symbol für die Signalstärke die Meldung *Verbindung hergestellt* (Abb. 2).
„Das war schon mal erfolgreich", freut sich Meister Strom und fügt hinzu, dass die beiden anderen PCs mit Hilfe von je einem FRITZ!WLAN USB-Stick N als Adapter jetzt besonders einfach zu konfigurieren seien. Er zeigt, wie die Sticks einfach nacheinander in den USB-Anschluss der FRITZ!-Box eingesteckt werden.
„Sobald das Blinken der INFO-LED aufhört und in ein konstantes Leuchten übergegangen ist, ist die Übertragung der Sicherungsdaten auf den Stick beendet", erklärt Meister Strom. Wir müssen jetzt nur noch je einen Stick in einen USB- Anschluss eines PCs einstecken; er wird vom Betriebssystem automatisch erkannt, und die gesicherte WLAN-Verbindung zum DSL-Router wird aufgebaut."
Und es funktioniert, wie es der Meister vorausgesagt hat.
„Um ins Internet zu kommen, brauchen wir noch Ihre Zugangsdaten des Internetanbieters, denn die müssen wir in die Benutzeroberfläche der FRITZ!Box eingeben", informiert Meister Strom Herrn Mayer, der die entsprechenden Daten aus den Unterlagen heraussucht. Meister Strom öffnet am Laptop über die Adresszeile „www.fritz.box" im Internet-Browser die Benutzeroberfläche der FRITZ!Box. Dann zeigt er Herrn Mayer, wie in dem sich öffnenden Bildschirmfenster die Daten über „Einstellungen/Erweiterte Einstellungen" im Menü „Internet/Zugangsdaten" in die Felder einzutragen und mit dem Klick auf „Übernehmen" abzuschließen sind.

„So, Hans", ruft Meister Strom seinem Auszubildenden zu, „jetzt verkabeln wir die Anlage und verbinden den Router mit dem DSL-Anschluss. Dann müsste eigentlich alles funktionieren."
Schnell sind die wenigen Verbindungen mit den

konfektionierten Kabeln gesteckt, und nach kurzer Zeit leuchtet die bisher nur blinkende Power/DSL-LED dauerhaft, womit sie signalisiert, dass die FRITZ!Box nun für Internetverbindungen bereit ist. Meister Strom kontrolliert zunächst, ob das Telefon ein Freizeichen liefert; als er es hört, wählt er zur Funktionskontrolle die Nummer seiner Firma. Es klappt.

„Nun prüfen wir den Internetzugang", fährt Meister Strom fort und bestätigt dann auch mit einem Aufruf des Internet-Explorers am Laptop den erfolgreichen Zugang zum Internet. Nach diesem Test des Internetzuganges bittet er Herrn Mayer, online bei dem Internet-Anbieter in dessen Control-Center zwei zusätzliche DSL-Internet-Telefonnummern zu beantragen. Sofort nimmt Herr Mayer mit Unterstützung von Meister Strom die Einrichtung der DSL-Nummern im Control-Center vor. Nach der Freischaltung der erhaltenen DSL-Nummern müssen diese mit der bisherigen Festnetznummer in der FRITZ!Box eingetragen und den angeschlossenen Endgeräten zugewiesen werden. Auch die Einbindung des DECT-Telefons in die FRITZ!Box als Basisstation wird erfolgreich erledigt – und danach ist Herr Mayer mit dem Ergebnis der Arbeit zufrieden.

Meister Strom bittet Herrn Mayer aber um etwas Geduld und gibt ihm noch eine Einweisung in die Einstellungsmöglichkeiten über die Benutzeroberfläche der FRITZ!Box. Er erinnert an die Adresse www.fritz.box im Internet, die er gleich zu Beginn der Arbeiten aufgerufen hatte, um die Zugangsdaten von Herrn Mayer einzugeben.

„Hier sollten Sie zunächst ein Kennwort vergeben,

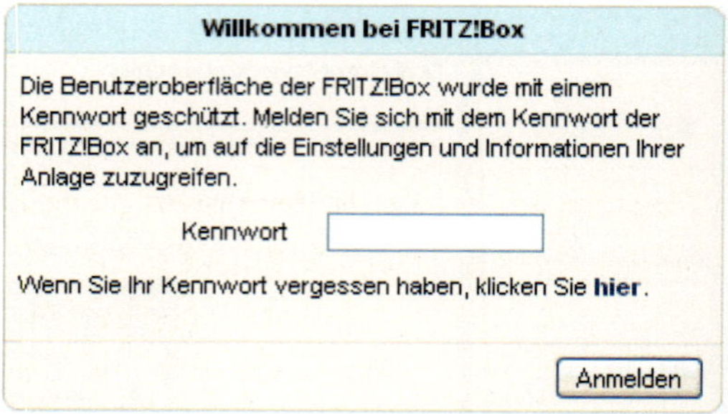

Willkommen bei FRITZ!Box

Die Benutzeroberfläche der FRITZ!Box wurde mit einem Kennwort geschützt. Melden Sie sich mit dem Kennwort der FRITZ!Box an, um auf die Einstellungen und Informationen Ihrer Anlage zuzugreifen.

Kennwort

Wenn Sie Ihr Kennwort vergessen haben, klicken Sie **hier**.

Anmelden

Abb. 1 Zugriffsschutz auf die Benutzeroberfläche der FRITZ!Box mittels Kennwort

damit außer Ihnen niemand die Einstellungen der FRITZ!Box verändern kann", rät Meister Strom.

„Bedenken Sie, dass alle am DSL-Router angeschlossenen PCs auch den Zugang auf die Benutzeroberfläche haben und daher die Einstellungen verändern könnten. Dieses Kennwort ist zudem ein Teil der Sicherung des WLAN-Systems! Bitte studieren Sie auch genau die Kapitel über die diversen Sicherheitsmaßnahmen im Handbuch. Über diesen Zugang können Sie darüber hinaus die DSL-Verbindungsdaten, Ihre Telefonverbindungen und weitere Informationen über diesen Zugang einsehen. Probieren Sie es ruhig aus, hier geht nichts kaputt, denn Sie können die jetzt durchgeführten Einstellungen für den Notfall auf dem Rechner abspeichern und dann wieder in die FRITZ!Box laden, wenn Sie Änderungen durchgeführt haben, die Ihnen nicht gefallen. Wenn Sie Fragen haben, rufen Sie mich ruhig an."

Meister Strom und der Auszubildende Hans säubern den Arbeitsplatz, räumen ihre Werkzeuge ein und verabschieden sich von Familie Mayer.

Basiswissen WLAN und VoIP

IEEE Standard	Datenübertragungsrate/Beschreibung
802.11b	Alter Standard mit (theoretisch) 11 Mbit/s, Frequenzbereich 2,4 GHz; von den insgesamt 13 Kanälen sind nur 3 überlappungsfrei nutzbar (1, 6, 13 bzw. 1, 7, 13).
802.11g	Aktuell verbreitet mit (theoretisch) 54 Mbit/s, Frequenzbereich 2,4 GHz, nutzt die gleichen Kanäle wie 802.11b. Der Standard ist abwärtskompatibel; bereits eine 802.11b-Komponente im WLAN reduziert die Übertragungsrate allerdings drastisch!
802.11g+	Theoretisch bis 125 Mbit/s im 2,4 GHz-Bereich. Aufgrund der gleichzeitigen Benutzung von zwei Kanälen ist das Frequenzband schnell ausgelastet.
802.11 n (Draft 2.0)	Neuester Standard mit theoretisch bis zu 300 Mbit/s. Kann Frequenzkanäle im 2,4 GHZ und im 5 GHz-Bereich nutzen. Kompatibel mit den bisherigen Standards.

Tabelle 1 WLAN-Standards 802.11x

WLAN steht für **W**ireless **L**okal **A**rea **N**etwork (engl.: drahtloses lokales Funknetz), also für ein kabelloses Netzwerk, das entweder zur bequemeren Arbeit in Firmen- oder Wohnbereichen mit Laptops eingesetzt wird oder immer dort, wo die Datenübertragung per Netzwerkkabel nicht oder nur mit erheblichem baulichem Aufwand möglich wäre. Im Zusammenhang mit einem möglichst einfach zu nutzenden ADSL-Zugang zum Internet werden heute schon sehr viele Laptops standardmäßig mit einer WLAN-Karte ausgestattet, so dass der Besitzer sich an speziellen Netz-Zugangspunkten (*Access Points*) drahtlos in das Internet einloggen kann. In Verbindung mit WLAN begegnet man auch häufig der Bezeichnung des entsprechenden Funkstandards **IEEE 802.11x**, wobei der Buchstabe x Auskunft darüber gibt, wie hoch die benutzte Übertragungsgeschwindigkeit der Drahtlosverbindung ist (Tabelle 1).

Was wird für ein WLAN benötigt?

Die Ausrüstung für ein Drahtlosnetzwerk beschränkt sich auf wenige Komponenten, je nachdem, welchen Modus man für das Netzwerk wählt:

- **Ad-hoc-Netz.** Entspricht einer Direktverbindung der WLAN-Teilnehmer untereinander ohne einen Access Point. Ein derartiges Netz wird von einem WLAN-Teilnehmer angelegt; alle anderen Teilnehmer können sich daran beteiligen. Über die Microsoft-Netzwerkumgebung kann jetzt auf die Netzwerkfreigaben des verbundenen Rechners zugegriffen werden.
- Infrastruktur-Netz (mit eventuell sehr komplexer Struktur). Kennzeichnend ist der Einsatz von Access Points. Die folgenden Ausführungen beschäftigen sich mit diesem Modus.

Die eingebaute **WLAN-Karte** des Laptops oder der am Rechner-USB-Anschluss eingesteckte **WLAN-USB-Adapter** der Teilnehmer-PCs im Netzwerk sind sowohl Sender als auch Empfänger innerhalb des Funknetzwerkes. Sie haben in der Regel aber nur eine geringe Leistung, sodass man zum Aufbau von komplexeren Funknetzwerken mit größerer Reichweite und mit mehreren Rechnern die oben erwähnten Access Points benötigt, die als Verstärker dienen. Um den drahtlosen Zugang für Firmenbereiche oder große Gebiete zu ermöglichen, werden oft auch mehrere Access Points installiert. Sollen die im WLAN-Netzwerk vorhandenen Rechner auch Zugang zum Internet, z. B. über DSL, erhalten, so benötigt man einen **DSL-WLAN-Router**, der aus einem **Router mit DHCP-Server**, einem integrierten **802.11x Access Point** und einem **DSL-Modem** besteht (oder ein WLAN-Router wird an ein vorhandenes DSL-Modem angeschlossen).

Bei Abschluss eines ADSL-Vertrages mit einem Internet-Anbieter wird heute meist ein DSL-WLAN-Router (der u. U. auch noch mit zusätz-

```
D:\WINDOWS\system32\cmd.exe
        IP-Routing aktiviert. . . . . . . : Nein
        WINS-Proxy aktiviert. . . . . . . : Nein

Ethernetadapter LAN-Verbindung:

        Medienstatus. . . . . . . . . . . : Es besteht keine Verbindung
        Beschreibung. . . . . . . . . . . : Realtek RTL8139-Familie-PCI-Fast Eth
ernet-NIC
        Physikalische Adresse . . . . . . : 00-C0-9F-1A-90-8E

Ethernetadapter Drahtlose Netzwerkverbindung:

        Verbindungsspezifisches DNS-Suffix:
        Beschreibung. . . . . . . . . . . : D-Link Air DWL-122 Wireless USB Adap
ter
        Physikalische Adresse . . . . . . : 00-11-95-88-9A-37
        DHCP aktiviert. . . . . . . . . . : Ja
        Autokonfiguration aktiviert . . . : Ja
        IP-Adresse. . . . . . . . . . . . : 192.168.1.30
        Subnetzmaske. . . . . . . . . . . : 255.255.255.0
        Standardgateway . . . . . . . . . : 192.168.1.1
        DHCP-Server . . . . . . . . . . . : 192.168.1.1
        DNS-Server. . . . . . . . . . . . : 192.168.1.1
        Lease erhalten. . . . . . . . . . : Sonntag, 4. Januar 2009 17:08:09
        Lease läuft ab. . . . . . . . . . : Mittwoch, 7. Januar 2009 17:08:09
```

Abb. 1 IP-Adressen für eine WLAN-Verbindung zwischen Client und DSL-Router

lichen Leistungen im Telefonbereich aufwartet) kostenlos mitgeliefert.

Er bildet daher das Standardgateway zwischen dem lokalen Netz und dem Internet und hat die Aufgabe, den IP-Verkehr sowohl zwischen den lokalen WLAN-Teilnehmer-PCs als auch mit Hilfe des integrierten DSL-Modems zwischen diesen und dem IP-Netz eines Internet-Anbieters zu vermitteln. Die einzelnen Rechner im privaten WLAN, z. B. mit der IP-Adresse 192.168.x.x, bekommen vom DHCP-Server des Routers automatisch ihre IP-Adressen standardmäßig im Bereich 192.168.1.2 bis 192.168.1.254 zugewiesen. Der Router als Standardgateway hat dabei die Adresse 192.168.1.1. Abbildung 1 zeigt die Verhältnisse für eine Verbindung zwischen einem gängigen WLAN-Router und einem PC mit USB-WLAN-Adapter, dem die IP-Adresse 192.168.1.30 zugewiesen wurde.

Für die FRITZ!Box WLAN 7270 hat der Router als Werkseinstellung standardmäßig die IP-Adresse 192.168.178.1, während die Clients im lokalen Netz

> **Merke:**
> *Das lokale drahtlose Netzwerk und das Internet sind zwei getrennte Netze, die durch den DSL-WLAN-Router miteinander verbunden sind.*

```
D:\WINDOWS\system32\cmd.exe

Ethernetadapter LAN-Verbindung:

        Medienstatus. . . . . . . . . . . : Es besteht keine Verbindung
        Beschreibung. . . . . . . . . . . : Realtek RTL8139-Familie-PCI-Fast Eth
ernet-NIC
        Physikalische Adresse . . . . . . : 00-C0-9F-1A-90-8E

Ethernetadapter Drahtlose Netzwerkverbindung:

        Verbindungsspezifisches DNS-Suffix:
        Beschreibung. . . . . . . . . . . : D-Link Air DWL-122 Wireless USB Adap
ter
        Physikalische Adresse . . . . . . : 00-11-95-88-9A-37
        DHCP aktiviert. . . . . . . . . . : Ja
        Autokonfiguration aktiviert . . . : Ja
        IP-Adresse. . . . . . . . . . . . : 192.168.178.21
        Subnetzmaske. . . . . . . . . . . : 255.255.255.0
        Standardgateway . . . . . . . . . : 192.168.178.1
        DHCP-Server . . . . . . . . . . . : 192.168.178.1
        DNS-Server. . . . . . . . . . . . : 192.168.178.1
        Lease erhalten. . . . . . . . . . : Sonntag, 11. Januar 2009 12:25:49
        Lease läuft ab. . . . . . . . . . : Mittwoch, 21. Januar 2009 12:25:49
```

Abb. 2 IP-Adressdarstellung für eine WLAN-Verbindung zwischen einem Client mit USB-WLAN-Adapter und dem FRITZ!BOX WLAN DSL-Router

die IP-Adressen im Bereich von 192.168.178.2 bis 192.168.178. zugeteilt bekommen.
Der Router nimmt auch Sicherheitsfunktionen wahr, die z. B. den unerwünschten Zugriff auf lokale Rechner aus dem Internet mittels Firewall oder dank Adressfilterung und Datenverschlüsselung die missbräuchliche Nutzung der WLAN-Verbindung durch *wardriver* (engl.: fremde Eindringlinge) verhindern (siehe Praxistipp *„Zusätzliche Sicherheitsvorkehrungen“*, Seite 402).

Konfiguration des DSL-WLAN-Routers mit dem Webbrowser

Router werden über einen herkömmlichen Webbrowser (z. B. Internet Explorer, Firefox, Netscape) konfiguriert. Dazu benötigt man eine Verbindung über WLAN (oder über LAN und Netzwerkkabel) zwischen Client und Router. Je nach Hersteller des Routers gibt man einfach die IP-Adresse des Standardgateways in die Adresszeile des Webbrowsers (meist haben Router-Hersteller standardmäßig 192.168.1.1 eingestellt; bei der Fritz!Box verwendet man vom Werk aus 192.168.178.1), oder man gibt bei der FRITZ!Box „fritz.box“ in die Webbrowser-Adresszeile ein, woraufhin sich die Benutzeroberfläche des WLAN-Routers mit einem Anmeldedialog zur Konfiguration öffnet. Das Passwort für den Zugriff auf die Benutzeroberfläche zur Konfiguration (Login-Passwort) ist zunächst nicht vergeben, also „blank“. Daher drückt man lediglich „Return“ und landet im Konfigurationsdialog.
Bei den heute üblichen WLAN-Routern wird man mit einem übersichtlichen Menü im Dialog durch die Einstellprozedur geführt. Verwendet man z. B. die FRITZ!Box Fon WLAN 7270 als DSL-Router mit einem FRITZ! WLAN-USB-Stick N als Adapter, so können die notwendigen Einstellungen für eine sichere WLAN-Verbindung über ein einfaches Kopierverfahren vom Router auf den Stick übertragen werden. Nach dem Einstecken des Adapters in den PC läuft die Konfiguration automatisch ab. Natürlich lassen sich die so kopierten Einträge über das Konfigurationsmenü auch jederzeit wieder ändern.

Grundsätzlich sind für die Funkeinstellungen eines WLAN-Routers folgende Einstellungen wichtig:

- Login-Passwort für den Webzugang setzen
- Einen Namen für das WLAN (**S**ervice **S**et **I**dentifier = SSID) vergeben (Abb. 2). Wenn man für erhöhte Sicherheitsanforderungen die SSID auf *nicht sichtbar* einstellt, muss die SSID auf den PCs im WLAN von Hand eingetragen werden!
- Sicherheitseinstellung vornehmen, Verschlüsselung einschalten! **WEP** (**W***ired* **E***quivalent* **P***rivacy*) bedeutet übersetzt so viel wie ein dem verdrahteten System vergleichbarer Schutz und ist die ältere Verschlüsselung für WLANs, die

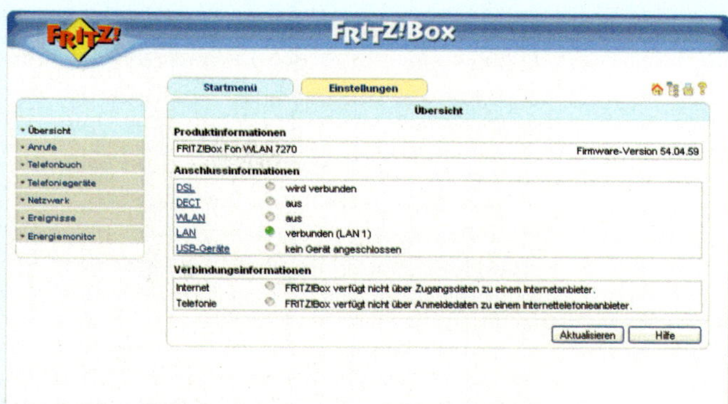

Abb. 1 Konfiguration eines DSL-WLAN-Routers(FRITZ!Box), Übersicht

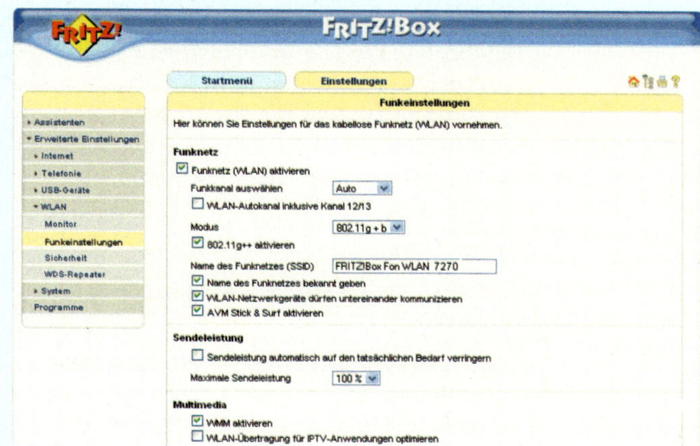

Abb. 2 Konfiguration der Funknetzeinstellungen am Beispiel FRITZ!Box

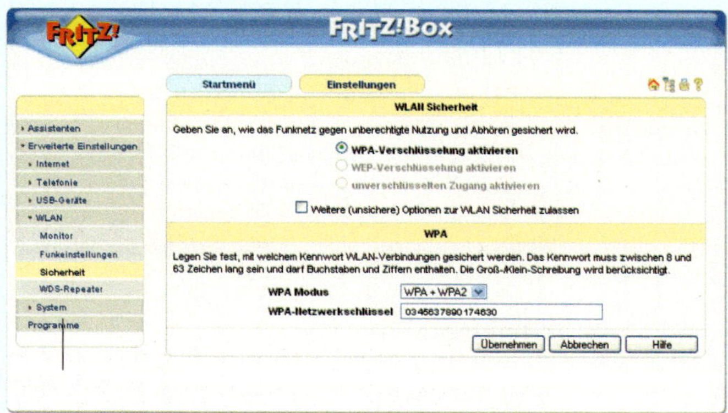

Abb. 3 Konfiguration der Sicherheitseinstellungen am Beispiel FRITZ!Box

heute aber nicht mehr als sicher gilt. Die **Wi-Fi Alliance**, eine 1999 gegründete Organisation, die Produkte verschiedener Hersteller auf der Basis des IEEE 802.11 i-Standards zertifiziert und damit den Betrieb von Wireless-Geräten unterschiedlicher Hersteller gewährleistet, entschied 2002, mit **W***i-Fi* **P***rotected* **A***ccess* (**WPA**) einen Teil des zukünftigen 802.11 i-Standards als neue Verschlüsselungstechnik zu etablieren, um WEP abzulösen. WPA enthält die Architektur von WEP, bringt jedoch zusätzlichen Schutz dank dynamischer Schlüssel, die auf dem **T***emporal* **K***ey Integrity* **P***rotocol* (**TKIP**) basieren, und bietet zur Authentifizierung von Teilnehmern **P***re-***S***hared* **K***eys* (**PSK**) oder ein **E***xtensible* **A***uthentication* **P***rotocol* (**EAP**) über IEEE 802.1x an. Nach der Verabschiedung von 802.11 i prägte die Wi-Fi analog zu WPA den Begriff **WPA2**, der nun auch den neuen Verschlüsselungsalgorithmus **AES** (**A***dvanced* **E***ncryption* **S***tandard*) benutzt. Neuere WLAN-Geräte unterstützen diesen sicheren Standard (Abb. 3 ⊳ 401).

> ***Praxistipp: Zusätzliche Sicherheitsvorkehrungen***
> - *Die Fernkonfiguration im Access Point sollte, sofern vorhanden, abgeschaltet werden.*
> - *WLAN-Geräte sollten ausgeschaltet werden, solange sie nicht genutzt werden.*
> - *Die Reichweite des WLANs sollte minimiert werden – entweder mittels Reduzierung der Sendeleistung bzw. durch die Standortwahl des WLAN-Gerätes.*
> - *Regelmäßige Firmware-Aktualisierungen des WLAN-Routers sollten durchgeführt werden, um sicherheitsrelevante Verbesserungen zu erhalten.*

IP-Telefonie

Unter der **I**nternet-**P**rotokoll-**Telefonie**, auch DSL-Telefonie oder **V***oice* **o***ver* **IP** (kurz **VoIP**) genannt, versteht man das Telefonieren über Computernetzwerke und Internet. Dabei werden die für Telefonie typischen Informationen, d.h. Sprache und Steuerinformationen, z.B. für den Verbindungsaufbau, über das Internet übertragen. Bei den Gesprächsteilnehmern können sowohl Computer mit Headset und auf IP-Telefonie spezialisierte Telefonendgeräte als auch spezielle DSL-WLAN-Router mit IP-Telefonfunktion, an die klassische Telefone anschließbar sind, die Verbindung ins Telefonnetz herstellen.

Das Telefonieren per IP-Telefonie stellt sich für den Teilnehmer genauso dar wie in der klassischen Telefonie: Das Telefongespräch untergliedert sich in

- Verbindungsaufbau
- Gesprächsübertragung
- Verbindungsabbau.

Im Unterschied zur klassischen Telefonie werden bei VoIP aber keine wirklichen „Leitungen" durchgeschaltet, vielmehr wird die Sprache digitalisiert und in kleinen **Daten-Paketen** transportiert.

Kommunikationssteuerung

Auf- wie Abbau von Rufen (Rufsteuerung) erfolgt jeweils über ein von der Sprachkommunikation getrenntes Protokoll. Auch Aushandlung und Austausch von Parametern für die Sprachübertragung geschehen über andere Protokolle als die der Rufsteuerung.

Um in einem IP-basierten Netz eine Verbindung zu einem Gesprächspartner herzustellen, muss die aktuelle IP-Adresse des gerufenen Teilnehmers innerhalb des Netzes bekannt sein. Dies wird, ähnlich wie in Mobilfunknetzen, mittels einer vorangegangenen Authentifizierung des Gerufenen und einer damit verbundenen Feststellung seiner momentanen Adresse ermöglicht. So kann vor allem ein Anschluss unabhängig vom Aufenthaltsort des Nutzers verwendet werden.

Aufgrund von Ortswechseln des Teilnehmers, eines Benutzerwechsels am selben PC oder der dynamischen Adressvergabe beim Aufbau einer Netzwerkverbindung ist eine feste Zuordnung von Telefonnummern zu IP-Adressen nicht möglich. Die allgemein übliche Lösung besteht darin, dass die IP-Telefonie-Teilnehmer bzw. deren Endgeräte ihre aktuelle IP-Adresse bei einem Dienstrechner (Server) hinterlegen, und zwar unter einem Benutzernamen. Der Verbindungsrechner für die Rufsteuerung, manchmal sogar das Endgerät des Anrufers selbst, kann die aktuelle IP-Adresse des gewünschten Gesprächspartners bei diesem Server über den angewählten Benutzernamen erfragen und damit die Verbindung aufbauen.

Um eine Verbindung zu einem herkömmlichen Festnetzanschluss herzustellen, benutzt man sogenannte Gateways (Vermittlungsrechner, „Übersetzer"). Diese Gateways sind zum einen mit dem Computernetzwerk als auch mit dem normalen Te-

lefonnetz verbunden und leiten die Anfragen in beide Richtungen weiter. Dabei werden die IP-Pakete auf der einen Seite für die „Leistung“ im Telefondienst auf der anderen Seite, z. B. im ISDN, in einen digitalen Bitstrom übersetzt. Gleiches gilt für die Signalisierung eines Verbindungswunsches, der von SIP (**S***ession* **I***nitiation* **P***rotocol*) auf der einen Seite dann z. B. in das D-Kanal-Protokoll vom ISDN auf der anderen Seite umgewandelt wird.
Ruft man also von seinem IP-Telefon eine Festnetznummer an, so wird diese über den Gateway ins Telefonnetz übertragen und die Verbindung durchgestellt. Der wesentliche Sinn einer Konvergenz ist jedoch, nur noch ein Netzwerk zu haben, das alle Informationsarten integriert, nämlich Sprache, Daten, Video, Text und Bild. Diese Idee hatte man schon früher im ISDN (**I***ntegrated* **S***ervices* **D***igital* **N***etwork*) umzusetzen versucht.

> **Merke:**
> *Die Integration unterschiedlicher Netzwerke wird als Konvergenz der Netze bezeichnet.*

Verbindungsaufbau mit SIP

SIP (**S***ession* **I***nitiation* **P***rotocol*) ist ein verbreitetes Signalisierungsprotokoll, das nicht an einen bestimmten Hersteller gebunden ist und daher den Einsatz von SIP-basierten Systemen in unterschiedlichen Umfeldern ermöglicht – auch in der Kopplung von VoIP-Komponenten unterschiedlicher Hersteller (Abb. 1).
Die Teilnehmer besitzen bei SIP eine SIP-Adresse (einer E-Mail-Adresse vergleichbar) im **U***niform*-**R***esource*-**I***dentifier*-Format (**URI**-Format), z. B. *sip: 987654@hhs-server.de*. Endgeräte müssen sich während der Startphase einmalig bei einem ihnen zugewiesenen SIP-Server registrieren. Zum Aufbau einer Verbindung schickt das Endgerät des Anrufers eine Nachricht an den Server, der unter dem Domainnamen „hhs-server.de“ bekannt ist. Der Verbindungswunsch wird sodann vom Server an das Endgerät des Angerufenen weitergeleitet. Sofern diese Nachricht dort verarbeitet werden kann, schickt das Endgerät eine entsprechende Nachricht zurück an den Server, der diese wiederum dem Anrufer übermittelt. In diesem Moment klingelt das Endgerät des Angerufenen; der Anrufer hört ein Freizeichen.
Eine direkte Kommunikation zwischen den beiden Endgeräten hat bis dahin noch nicht stattgefunden. Im Rahmen dieses Austausches zum Aufbau einer sogenannten Session werden zwischen den Endgeräten alle relevanten Informationen über Eigenschaften und Fähigkeiten transferiert. Für das eigentliche Telefongespräch ist der Server nicht mehr notwendig, denn die Endgeräte senden sich ihre Daten direkt zu, d. h., der Datenaustausch im Rahmen des Gespräches erfolgt am Server vorbei. Für die Übertragung dieser Daten in Echtzeit wird üblicherweise das **R***eal* **T***ime* **T***ransport Protocol* (**RTP**) eingesetzt.
Zur Beendigung des Gesprächs sendet eines der Endgeräte eine SIP-Nachricht an den Server, der diese an den anderen Teilnehmer weitergibt. Beide Endgeräte beenden dann die Verbindung.

Abb. 1 Softphone (Software-Telefon) von Sipgate, mit dem vom PC aus telefoniert werden kann.

Welche Geräte werden zur IP-Telefonie benötigt?

Es gibt drei Arten von Endgeräten, mit denen die IP-Telefonie genutzt werden kann:

- Mit einer auf dem PC laufenden Software, einem sogenannten Softphone, z. B. mit Skype oder Sipgate X-Lite. Als Hardware benötigt man nur ein herkömmliches Headset, also Mikrofon und Kopfhörer.
- Mit einem direkt an das LAN anschließbaren IP-Telefon bzw. einem WLAN-Telefon für Funknetzwerke wie dem FRITZ! Mini (Abb. 2). In diesem Fall wird kein PC zum Telefonieren benötigt (außer evtl. für Konfigurationsarbeiten).
- Mit einem herkömmlichen Telefon, das über einen **Analog-** bzw. **ISDN**-Te-

Abb. 2 WLAN-Telefon Fritz! Mini

lefon-Adapter für VoIP (ATA bzw. ISDN-TA) an das LAN angeschlossen wird. ATA und ITA werden heute auch direkt als Anschlussmöglichkeit für Telefone in DSL Routern integriert angeboten, z. B. in der FRITZ!Box Fon WLAN 7270. Auch in diesem Fall wird für den Telefoniebetrieb kein PC benötigt, zum einmaligen Einrichten der Benutzerdaten hingegen schon.

Prüfen Sie Ihr Wissen:

1 Welche Baugruppen benötigt ein Wohnungsbesitzer, wenn er an seinem analogen Telefonanschluss einen DSL-Internetanschluss aufbauen will?

2 Welche unterschiedlichen Möglichkeiten können Sie einem Hausbesitzer aufzeigen, der mit seiner Familie mehrere PCs in unterschiedlichen Räumen nutzt und der jetzt einen DSL-Internetzugang einrichten möchte, auf den jeder PC im Haus unabhängig zugreifen kann?

3 Warum wird bei der Verwendung eines WLAN-Internetzugangs besonders auf eventuelle Sicherheitsrisiken hingewiesen? Welche Funkeinstellungen sollten Sie für einen WLAN-Router vorsehen?

4 Erläutern Sie die Begriffe WEP, WPA und WPA2 bei der WLAN-Verschlüsselung!

5 Erläutern Sie einem Kunden den prinzipiellen Unterschied zwischen einem Standard-Telefon (analog oder ISDN) und einem Internettelefon (VOIP)!

6 Wie können Sie mit ihrem PC und einem DSL-Internetanschluss Internettelefonie durchführen? Was benötigen Sie dazu?

7 Was versteht man unter dem Begriff „Konvergenz der Netze"?

3.4 Sicherheitstechnik

- Sicherheitstechnische Anlagen planen, auswählen und installieren

3.4.1 Einbruchmeldeanlagen

Kundenauftrag:

In die Erdgeschosswohnung eines Wohnhauses soll eine Einbruchmeldeanlage installiert werden, die dem erweiterten Sicherheitsbedürfnis der Bewohner Rechnung tragen soll. Die Anlage soll entsprechend den Richtlinien für Einbruchmeldeanlagen des Verbandes der Sachversicherer e.V. (VdS) ausgeführt werden.
Das Planungsbüro hat folgenden Installationsplan in die Grundrissskizze der Erdgeschosswohnung mit den einschlägigen VdS-Schaltzeichen eingezeichnet (Abb. 1).

Melder gibt es für die verschiedensten Aufgabenbereiche:

- Raumüberwachung
- Öffnungsüberwachung für Fenster
- Verschlussüberwachung für Türen

Im Installationsplan für die EG-Wohnung kommen folgende Melder zum Einsatz:

- Bewegungsmelder
- Glasbruchmelder
- Magnetkontaktmelder

Achtung:
Bei der Errichtung einer Gefahrenmeldeanlage (Brandmelde- oder Einbruchmeldeanlage) sind die Bestimmungen nach VDE 0833, Teil 1 und die entsprechenden Europanormen EN 50131-1 (VDE 0830-2-1) zu berücksichtigen.
Der Verband der Sachversicherer (VdS) hat für die Installation derartiger Anlagen Symbole entwickelt.

Merke:
Die Einbruchmeldeanlage besteht aus folgenden Komponenten bzw. Betriebsmitteln:

- *Zentrale (im Eingangsbereich)*
- *Leitungen (zu den Meldelinien)*
- *Verteiler (in die jeweiligen Räumen)*
- *Melder (an Türen und Fenstern angebracht)*
- *Alarmgeber (mit optischer und akustischer Alarmsignalisierung)*

Bewegungsmelder

Bewegungsmelder werden häufig als Passiv-Infrarot-Melder (IM- oder IR-Melder) ausgeführt. Die Eigenschaft passiv rührt daher, dass vom Bewegungsmelder keine Licht- oder Wärmestrahlung ausgesendet wird (Abb. 1 ▷ 406 und Abb. 2c ▷ 406). Eine elektronische Schaltung wertet Änderungen der Wärme (IR)-Strahlung von Objekten mithilfe

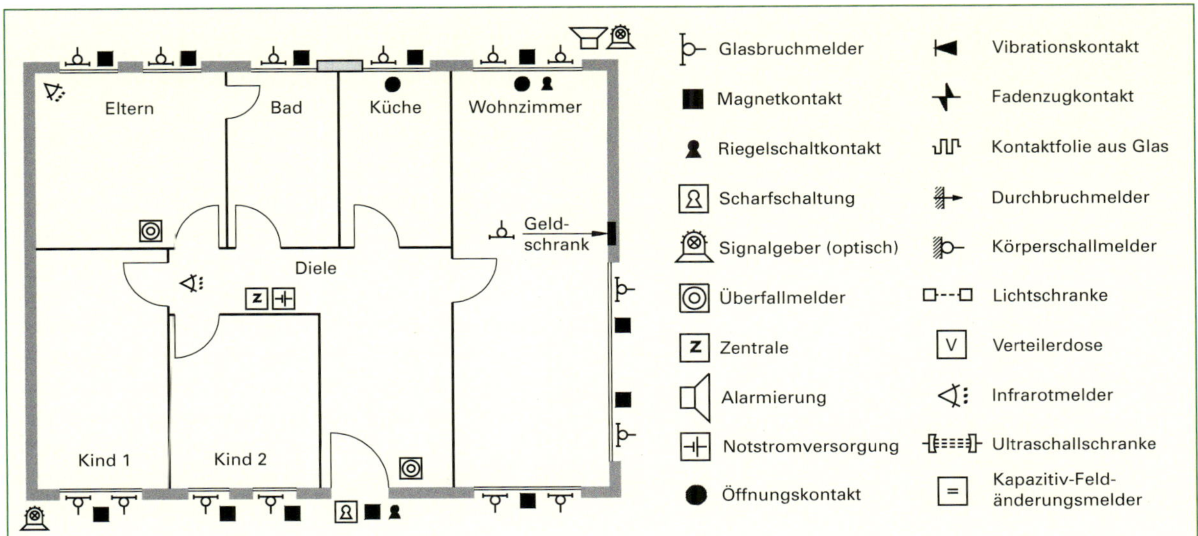

Abb. 1 Installationspläne und Symbole einer Einbruchmeldeanlage für eine Wohnung

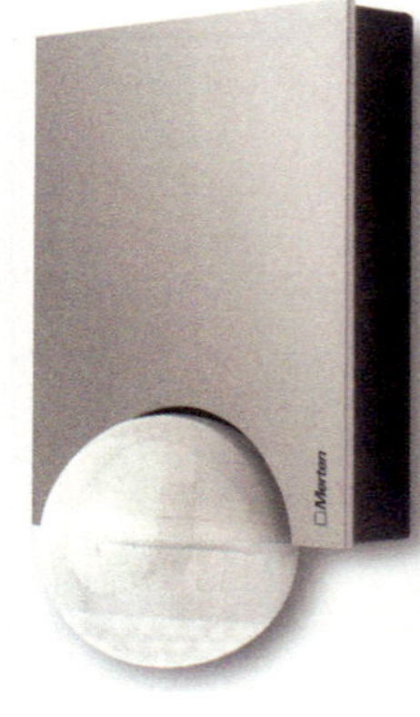

Abb. 1 Bewegungsmelder

von Sensoren aus, die sich hinter besonderen Linsen zur Bündelung der IR-Strahlung befinden. Diese Melder können sowohl innerhalb als auch außerhalb von Gebäuden eingesetzt werden. Häufig werden sie zum automatischen Einschalten von Lampen verwendet, wenn sich z. B. Personen dem Melder nähern. Die Ausschaltung erfolgt nach einer vorher einstellbaren Zeit. Vielfach sind Kombinationen aus Bewegungsmeldern und Dämmerungsschaltern verfügbar, die

Abb. 2 Aufbau und Funktionsprinzip eines PIR-Melders

erst ab Unterschreitung einer Mindesthelligkeit ansprechen.

Zur Inbetriebnahme eines PIR-Melders sind folgende Einstellungen vorzunehmen:
- Justage des waagerechten und senkrechten Erfassungswinkels (mittels Linsen und Abdeckungen)
- Ansprechempfindlichkeit
- maximale Reichweite

Merke:
Passiv-Infrarot-Melder reagieren auf Änderung von IR-Strahlung im Erfassungsbereich, deshalb müssen störende Wärmequellen bei der Wahl des Montageortes berücksichtigt werden. Sie benötigen eine Stromversorgung bzw. Energiezuleitung, die ausreichend gegen Sabotage geschützt werden muss.

Zum Einsatz können auch Mikrowellenbewegungsmelder (MM) (Abb. 2b) und Ultraschallbewegungsmelder (UM) (Abb. 2a) kommen, die zur Gruppe der aktiven Melder gehören.

Funktionsprinzip: Ein Sender strahlt ein Signal aus, das über einen eingebauten Empfänger wieder erfasst wird. Wird der Empfang des Signals durch Personen, Tiere oder Ähnliches gestört, wird ein Alarm ausgelöst. UM haben sehr geringe Reichweiten (etwa 10 m), MM können sehr große Bereiche erfassen, da Mikrowellen auch Glas und andere Materialien durchdringen können.

Glasbruchmelder

Diese Melder werden in einer Fensterecke auf das Glas geklebt und geben Alarm, sobald das Fenster eingeschlagen bzw. beschädigt wird (Abb. 1 ▷ 407). Es sind rein passive Ausführungen (Glasbruchsensoren) auf dem Markt, die nur auf Zerstörung reagieren, und Glasbruchmelder, die über eine interne Signalauswertung verfügen.
Bei aktiven Glasbruchmeldern führt eine ständige Überwachung von ausgesendeten zu empfangenen Schallwellen zu einer Alarmauslösung, wenn die empfangenen Schallwellen vom Normalzustand abweichen. Bei passiven Glasbruchmeldern erfolgt die Alarmauslösung nur, wenn die Scheibe beschädigt wird. In der Praxis sind die preisgünstigen passiven Glasbruchmelder meist ausreichend (bei VdS-Klasse B + C sind aktive Glasbruchmelder vorgeschrieben).

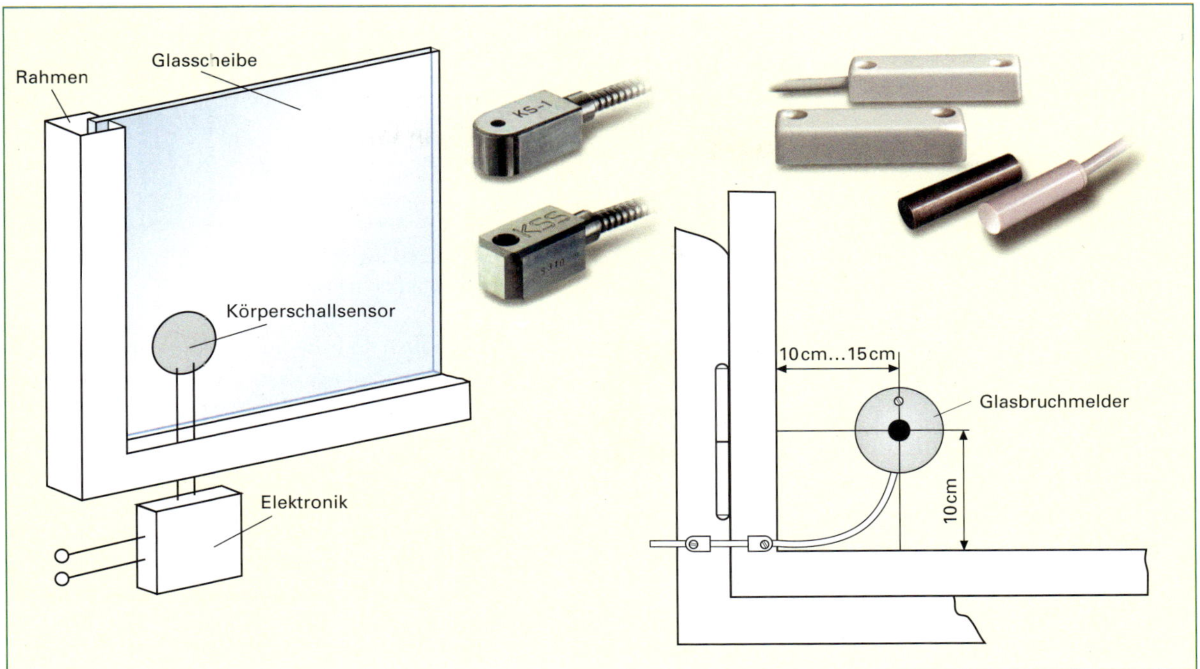

Abb. 1 Glasbruchmelder und Körperschallsensor

Magnetkontaktmelder

Diese Melder werden häufig zur Absicherung von Fenstern und Türen eingesetzt (Abb. 2).
Sie bestehen aus zwei Bauelementen, einem Dauermagneten und einem gegenüber angebrachten Bauelement mit einem Magnetkontakt, welcher als Reed-Kontakt ausgeführt ist. Befinden sich beide Teile in unmittelbarer Nähe, so ist der elektrische Kontakt geschlossen. In der Praxis werden häufig einige dieser Magnetkontaktmelder in Reihe geschaltet und einer Meldelinie zugeordnet. In einer Einbruch- oder Gefahrenmeldeanlage können weitere Betriebsmittel enthalten sein:

- Schließblechkontakte (z. B. Verschlussüberwachung einer Tür zur Scharfschaltung)
- Blockschloss (zur teilweisen oder gesamten Scharfschaltung der Anlage)
- Übertragungseinrichtung ÜE (zur Benachrichtigung der Polizei oder privater Sicherheitsdienste)

Abb. 1 ▷ 408 zeigt mögliche Komponenten einer Einbruch- oder Gefahrenmeldeanlage. Die verwendeten Melder können sowohl drahtgebun-

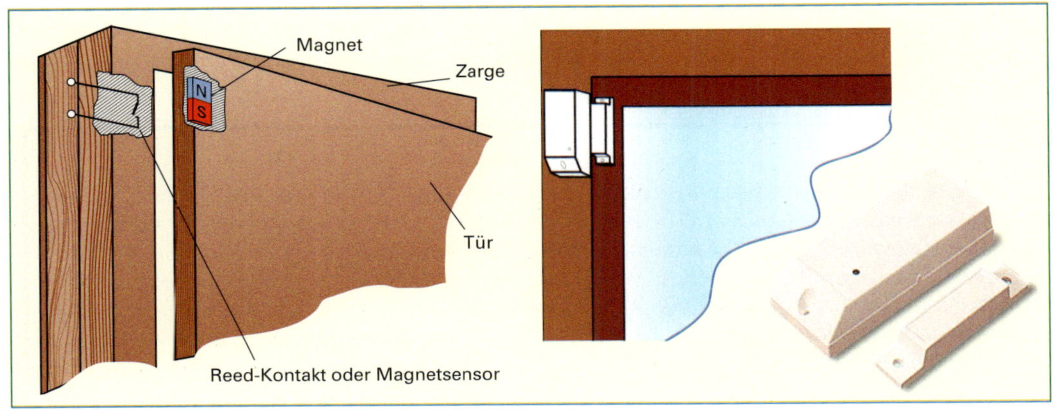

Abb. 2 Magnetkontaktmelder

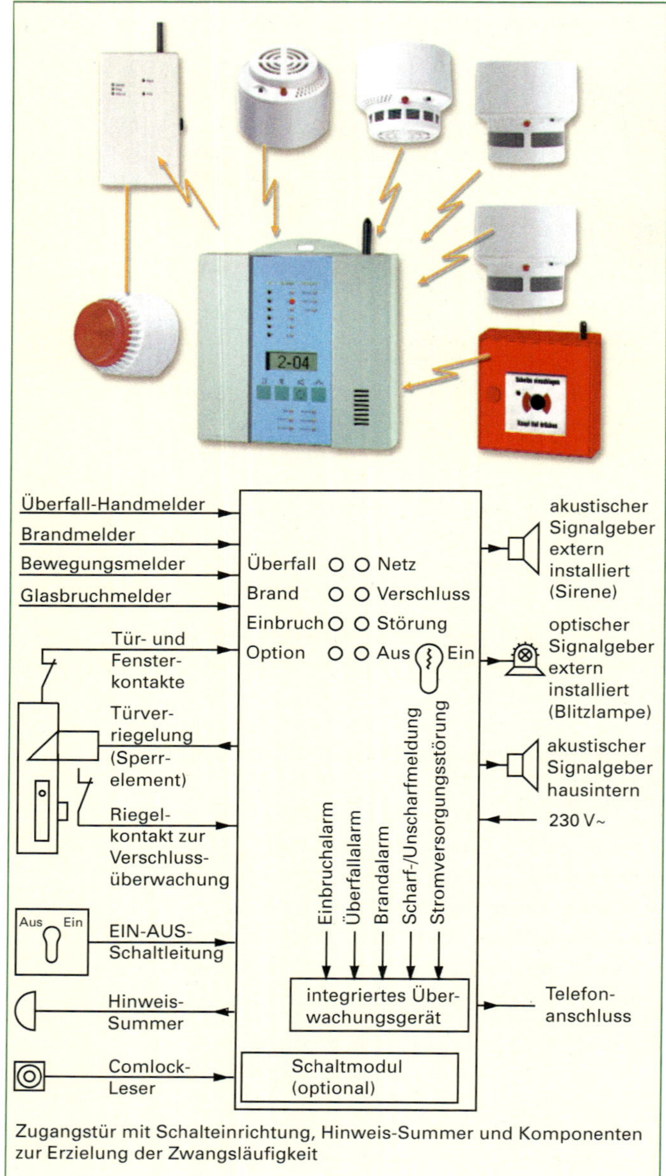

Abb. 1 Übersicht zu Einbruch- und Gefahrenmeldeanlagen

Abb. 2 Außensirenen

den als auch drahtlos ausgeführt sein; bei den sogenannten Funkalarmanlagen werden die jeweiligen Melder einzeln ausgewertet. Die Zentrale erlaubt über eine gepufferte Batterie eine Notfunktionsgewährleistung über einige Stunden, falls ein Stromausfall oder eine Sabotage der Spannungsversorgung eintreten sollte.

Zur Signalisierung einer Gefahr bzw. eines Einbruchs ist neben der Übertragung in die Meldezentrale eine Außensirene mit optischer und akustischer Alarmierung angebracht, die zusätzlich gegen Sabotage gesichert ist (Abb. 2).

In die Funktion der Einbruchmeldeanlage lassen sich durch Brand-, Wasser-, Gas-, Technik- und andere Melder problemlos weitere Meldungen anderer Gefahrenquellen für die zu sichernde Anlage einbinden. Im nächsten Kapitel wird insbesondere auf die Signalisierung bei Gefahren durch das Austreten von Gasen bzw. bei der Entstehung von Bränden näher eingegangen.

3.4.2 Überwachungs- und Brandmeldeanlagen

Brandmeldeanlagen

Die Mieter der Obergeschosswohnung sind mit der Beratung und dem Service der Fa. Elektro-Team hinsichtlich der Antennenanlage und der

Achtung:
Bei der Übergabe der Einbruchmeldeanlage an den Kunden ist dieser ausführlich in die Bedienung und möglichen Betriebszustände der Anlage einzuweisen. Neben dem Einschalten (Scharfmachen der Anlage) ist das Durchführen einer Notalarmierung (Panik- oder Überfallalarm) an der Zentrale bzw. über das Blockschloss oder über eine Fernbedienung mit dem Kunden wiederholt zu üben, damit es zu keinen Fehlbedienungen kommt. Des Weiteren ist der Kunde gewissenhaft in die Auswertung der Betriebszustände der Meldezentrale bzw. in die Aktivierung/Deaktivierung von Meldelinien und das Quittieren von Meldungen einzuweisen. Nur bei sicherem Umgang mit der Einbruchmeldeanlage sind eine maximale Betriebssicherheit und minimale Anzahl von Fehlmeldungen zu erwarten.

Reparatur und Installation der Hausgeräte zufrieden und wünschen zum eigenen und zum Sachschutz ein ausführliches Angebot über eine Brandmeldeanlage. In allen Räumen der Obergeschosswohnung befinden sich wertvolle Antiquitäten, die harmonisch mit neuesten Geräten der Unterhaltungs- und Kommunikationselektronik kombiniert sind. Des Weiteren befindet sich im Wohnzimmer eine Feuerstelle mit einem offenen Kamin. Der Mieter gibt außerdem noch an, dass er als Hobby die Restauration von Kleinmöbeln betreibt, die mit leicht entzündlichen Flüssigkeiten vor- und endbehandelt werden. Auf der Grundlage der Analyse des Gefahrenprofils entstand nun folgendes Angebot (Abb. 1 ▷ 410/411).
Um Brände rechtzeitig zu erkennen, werden im Angebot Melder eingesetzt, die auf verschiedene Merkmale eines Brandes reagieren:

- Rauchmelder
- Strahlungsmelder
- Wärmemelder

Rauchmelder

Rauchmelder gibt es in verschiedenen Ausführungsformen, die nach dem optischen oder nach dem Ionisationsprinzip arbeiten:

- **Optisches Prinzip**

Abb. 1 zeigt einen optischen Rauchmelder und Abb. 2 seine Funktionsweise: In einer Kammer befinden sich eine Lichtquelle und ein Lichtempfänger (LED bzw. Fotodiode), die, von Außenlicht abgeschirmt, im Abstand von einigen Sekunden ein- und ausgeschaltet werden. In die Kammer können Luft und eventuelle Rauchpartikel eindringen. Befindet sich kein Rauch in der Kammer, fällt kein Licht auf den Empfänger und es wird keine Meldung ausgelöst. Befinden sich Rauchpartikel im Kammerinneren, streuen diese das Licht der Lichtquelle, lassen es zum Empfänger gelangen und lösen damit eine Meldung aus.
Zur Funktionskontrolle sind in den meisten Ausführungen eine LED und ein Taster eingebaut. Ein längeres Drücken der Taste bewirkt ein Probeauslösen des Alarms, welches über einem eingebauten Piezolautsprecher ein intervallartiges Signal hervorruft.

Abb. 1 Optischer Rauchmelder

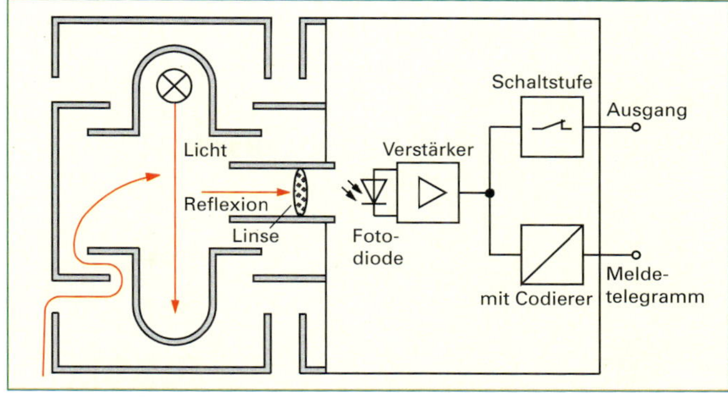

Abb. 2 Funktionsweise eines optischen Rauchmelders

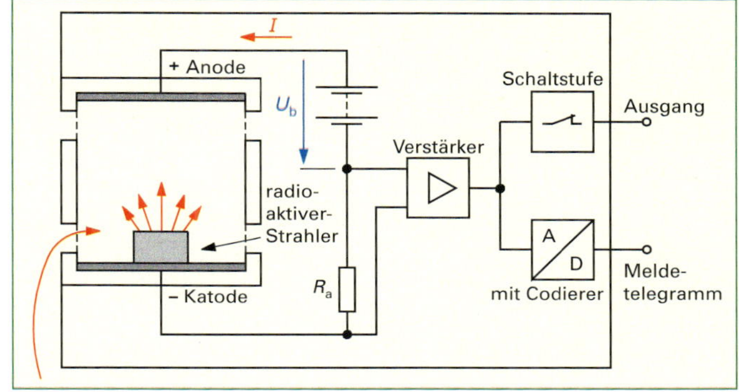

Abb. 3 Funktionsweise eines Ionisationsrauchmelders

- **Ionisationsprinzip**

Diese Melder basieren auf dem einfachen physikalischen Prinzip (Abb. 3), dass Luftteilchen, die in einer Kammer durch ein radioaktives Präparat ständig ionisiert werden, einen Stromfluss erzeugen, weil die geladenen Teilchen zu den jeweiligen Elektroden wandern können. Wenn in einem Brandfall Rauchpartikel in die Kammer eindringen, ändert sich dieser Stromfluss, und es wird eine Meldung signalisiert.

ElektroTeam
Fachbetrieb für Elektrotechnik und Kommunikationstechnik

Musterstraße 11
12345 Musterstadt
Tel. (012345) 567-800
Fax (012345) 567-801
info@elektro-team.de
www.elektro-team.de

Herr
Hugo Balder
Sicherstraße 1
12345 Musterstadt

Ihre Nachricht vom — Ihre Zeichen — Unsere Zeichen
Angebot: 001 — **Projekt:** Brandmeldeanlage 45/68 — Datum 04.01.2017

Sehr geehrter Herr Balder,

wir bedanken uns für Ihre Anfrage und übersenden Ihnen nachfolgendes Angebot zur Installation einer Brandmeldeanlage:

Position 1:	Summe Lohn gemäß umseitiges Arbeitsverzeichnis	528,00 €
Position 2:	Summe Material gemäß umseitiges Materialverzeichnis	2.105,42 €
Position 3:	Anfahrt	40,00 €
Position 4:	Verpackung/Entsorgung	0,00 €
	Nettoangebotspreis:	2.673,42 €
	Umsatzsteuer 19%:	507,95 €
	Angebotspreis:	**3.181,37 €**

Wir hoffen, Ihren Preisvorstellungen gerecht geworden zu sein.
Dieses Angebot besitzt eine Bindefrist von 3 Monaten.
Bei Auftragserteilung kann die Installation innerhalb von 3 Werktagen durchgeführt werden.
Der Rechnungsbetrag ist innerhalb eines Monats nach Rechnungserhalt ohne Abzug auf unser Konto zu überweisen.

Mit freundlichen Grüßen

Strom

Meister Strom

Anlagen:
Verzeichnis Arbeitsleistungen
Verzeichnis Materialleistungen

Bankverbindung: Sparkasse Musterstadt · **BLZ:** 10020030 · **Konto:** 10020300
Geschäftsführer: Meister Strom · **UST-IDNr.:** 08154711 · **StNr.:** 12345678

ElektroTeam
Fachbetrieb für Elektrotechnik und Kommunikationstechnik

Musterstraße 11
12345 Musterstadt
Tel. (012345) 567-800
Fax (012345) 567-801
info@elektro-team.de
www.elektro-team.de

Herr
Hugo Balder
Sicherstraße 1
12345 Musterstadt

Ihre Nachricht vom — Ihre Zeichen — Unsere Zeichen
Angebot: 001 — **Projekt:** Brandmeldeanlage 45/68 — Datum 04.01.2017

Verzeichnis – Arbeitsleistungen

Nr.:	**Auszuführende Tätigkeiten:**	**Meister:**	**Geselle:**	**Azubi:**
1	Verlegung von Brandmeldekabel		3,00	2,00
	Installation der Außensirene, Blockschloss, Schließblechkontakte		1,00	1,00
	Installation von Rauch-, Brand-, Bewegungs-, Strahlungs- und Magnetkontaktmelder		3,00	3,00
	Installation und Montage der Brandmeldezentrale		1,00	
2	Inbetriebnahme der gesamten Brandmeldeanlage	2,00		
	Kundeneinweisung	1,00		
	Erstellung der Dokumentation, Kundenunterlagen usw.	1,00		
	Stundensumme – 100%:	4,00	8,00	4,00
	Stundensumme – 125%:			
	Stundensumme – 150%:			
	Stundensumme – 200%:			
	Lohnkosten:	176,00 €	264,00 €	88,00 €
	Lohnangebotspreis (Netto):			**528,00 €**

Eventualpositionen:

Sollten sich beim Testen der Anlage wider Erwarten unvorhersehbare Mängel zeigen, so können diese – nach ausdrücklicher schriftlicher Anordnung – als Stundenlohnarbeiten beseitigt werden.

Hierbei gelten folgende Nettostundenverrechnungssätze für die regelmäßige tägliche Arbeitzeit:
Meister: 44,00 € **Geselle:** 33,00 € **Helfer:** 22,00 €

gezeichnet: Meister Strom

Abb. 1 Angebot mit Leistungsverzeichnis der Fa. ElektroTeam

ELEKTROTEAM
Fachbetrieb für Elektrotechnik und Kommunikationstechnik

Musterstraße 11
12345 Musterstadt

Tel. (012345) 567-800
Fax (012345) 567-801

info@elektro-team.de
www.elektro-team.de

Herr
Hugo Balder
Sicherstraße 1
12345 Musterstadt

Ihre Nachricht vom	Ihre Zeichen	Unsere Zeichen	Datum 04.01.2017
Angebot: 001	**Projekt:** Brandmeldeanlage 45/68		

Verzeichnis – Materialleistungen

Nr.:	Benötigte Materialien:	Menge:	Einzelkosten:	Gesamt:
1	Rauchmelder, Typ RM 130a, optischer Rauchmelder, selbstauslösend, weißes Kunststoffgehäuse, VdS-Zulassung, Prüfnummer G 28215	5	91,13 €	455,65 €
2	Außensirene mit Blitzlicht zum Anschluss an Zentrale, Sabotageschutz, 12 V DC, IP 64, V2A-Stahl-Gehäuse	1	183,51 €	183,51 €
3	Schließblechkontakt, Ganzmetall-Ausführung	1	19,75 €	19,75 €
4	Magnetkontakt zur Überwachung von Türen und Fenstern auf Öffnung und Verschluss, IP 67, 50*14*9,5 mm, Farbe braun	8	11,93 €	95,44 €
5	Alarmzentrale inkl. Notstromversorgung für max. 12 Stunden, 50 Funktionsmelder auf 8 Gruppen, Melder für ext. und int. scharf, Sabotageschutz, 4-zeiliger Klartextdisplay, Blockschloss und Sperrelement, Wählgeräteanschluss, Fernbedienung, Technikalarm, indiv. Zugangscodes, Versorgungsspannung 230 V AC (50 Hz), Abmessungen 244*361*69 mm, Farbe alpinweiß	1	753,26 €	753,26 €
6	Schlüsselschalter, Gehäuse und Frontplatte aus kunststoffbeschichtetem Aluminium, 2 potentialfreie Kontakte, 30 V DC 50 mA, Abmessungen 115*85*57 mm, Farbe grauweiß	1	94,07 €	94,07 €

ELEKTROTEAM
Fachbetrieb für Elektrotechnik und Kommunikationstechnik

Musterstraße 11
12345 Musterstadt

Tel. (012345) 567-800
Fax (012345) 567-801

info@elektro-team.de
www.elektro-team.de

Nr.:	Benötigte Materialien:	Menge:	Einzelkosten:	Gesamt:
7	Bewegungsmelder, PIR-Prinzip, Fresnellinse, Erfassung 90 Grad, Erfassungsfeld 8 x 11 m², Spannungsversorgung 9V DC, Farbe weiß	3	65,05 €	195,15 €
8	Strahlungsmelder, Typ RM 139a, IR-Spektrumauswertung, selbstauslösend, weißes Kunststoffgehäuse, VdS-Zulassung, Prüfnummer G 28218	1	155,84 €	155,84 €
9	FM-Installationsleitung DIN VDE 0815 als Brandmeldekabel mit Aufdruck J-Y (St) rot 4*2*0.8 mm Cu 41	65 m	0,55 €	35,75 €
10	FM-Installationsleitung DIN VDE 0815 als Brandmeldekabel mit Aufdruck J-Y (St) rot 10*2*0.8 mm Cu 102	25 m	1,09 €	27,25 €
11	Steckernetzteil, 230 V, 12 V DC, 500 mA stabilisiert	5	13,95 €	69,75 €
12	Kleinteile, Montageteile, Anschlussklemmen	1	20,00 €	20,00 €
		Materialangebotspreis (Netto):		**2.105,42 €**

gezeichnet: Meister Strom

Praxistipp:
Bei der Installation von mehreren batteriebetriebenen Rauchmeldern (zweckmäßig: in jedem Raum mindestens einer) sollte sich der Kunde rechtzeitig eine genügende Anzahl von Alkali-Batterien (keine Akkus) auf Vorrat halten, da erfahrungsgemäß bei nachlassender Spannungsversorgung innerhalb von wenigen Stunden bzw. Tagen alle Rauchmelder mit akustischer Signalisierung auf sich aufmerksam machen. Besser geeignet sind Geräte mit fest eingebauten Lithium-Batterien, die bis zu 10 Jahren störungsfreien Betrieb gewährleisten. Sinnvoll ist auch die Vernetzung von Rauchmeldern über Funk, Draht oder die Einbindung in ein IP-Netzwerk. Dadurch wird ein Alarm bei allen Meldern im Netzwerk ausgelöst bzw. kann dieser weitergeleitet werden.

Strahlungsmelder

Strahlungsmelder (Abb. 1) werden eingesetzt, wenn im Brandfall kein Rauch entsteht. Dies ist z. B. bei leicht entzündlichen Stoffen möglich, wie sie vom Mieter bei der Restauration von Holzmaterialien verwendet werden. Bei einem Rauchmelder nach dem optischen bzw. Ionisationsprinzip würde in diesem Fall kein Alarm ausgelöst. Grundlage ist hier die Auswertung des elektromagnetischen Spektrums bei der Verbrennung von Stoffen. In den Meldern sind Filter eingebaut, die z. B. nur auf infrarote oder ultraviolette Strahlung ansprechen lassen, die bei Verbrennung solcher Stoffe entstehen.

Wärmemelder

Bei Wärmemeldern kommen temperaturabhängige Widerstände (z. B. PTC oder NTC) zum Einsatz, die bei Erreichen einer Höchsttemperatur einen Alarm auslösen. Kompliziertere Messsysteme werten neben der Höchsttemperatur auch den Temperaturanstieg je Zeiteinheit aus. Diese Geräte erfordern allerdings den Anschluss von 2 Temperatursensoren an unterschiedlichen Messorten. Man nennt diese Geräte Differenzial-Maximalmelder.

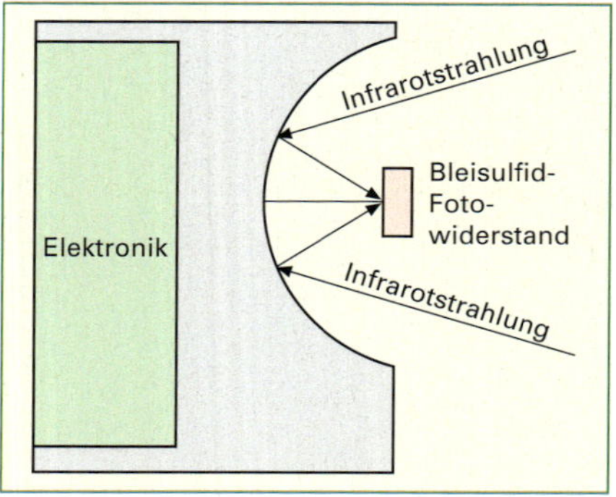

Abb. 1 Strahlungsmelder

Bei der Auswahl und Anzahl der eingesetzten Melder hat die Fa. ElektroTeam folgende Aspekte berücksichtigt:

- Raumhöhe
- zu überwachende Fläche
- Deckenaufbau
- Dachform
- Gefahrgut (brennbare Materialen)

Da je eingesetztem Melder bei einer Raumhöhe von 6 bis 12 m und einer Dachneigung von maximal 15° eine maximale Raumfläche von 80 m² abgedeckt werden kann, wurden im Angebot 5 Rauchmelder für die Wohnräume, 3 Wärmemelder für die wärmeintensiven Geräte (PC-Server, TK-Anlage und Unterhaltungsmedienzentrum) sowie ein Strahlungsmelder für das Hobbyzimmer berücksichtigt.

Merke:
Infrarot-Melder (IR-Melder) werden auch als wärmeabhängige Melder (pyroelektrische Melder) bezeichnet.

Achtung:
Die Installation der Brandmelder hat grundsätzlich an der Decke zu erfolgen. Bei größeren Flächen ist eine entsprechende Aufteilung der jeweiligen Melder auf die Gesamtfläche vorzunehmen. Technische Angaben dazu sind aus den Herstellerdatenblättern zu entnehmen.

Brandmeldezentrale

Das Angebot der Fa. ElektroTeam beinhaltet eine Installation einer Brandmeldeanlage, die über besondere Brandmeldekabel mit den Meldern verbunden ist. Einfache Brandmeldesysteme sind auch mit autarken batteriegespeisten Meldern (mit integrierten Signalisierungseinrichtungen) möglich. Ferner existieren Lösungen mit drahtlosen Informationswegen von den Meldern zur Brandmeldezentrale. Die Funktionsweise einer professionellen drahtgebundenen Lösung zeigt Abb. 2 ▷ 413.

Laut VDE 0833 und VdS 2095 müssen die Melder nicht direkt angeschlossen werden. Ein direkter Anschluss der Melder gewährleistet aber, dass die Leitungen stets bis zu den Melderanschlüssen funktionsfähig sind. Die Leitung muss außerdem besonders gekennzeichnet sein. Im Aufbau entsprechen die Leitungen denen für Einbruchmelder, sie sind zusätzlich mit dem Aufdruck Brandmeldekabel versehen (Abb. 1).

Brandmeldeanlagen haben folgende Aufgaben:

- Aufnahme und Verarbeitung der Informationen aus den Meldern bzw. Meldergruppen
- permanente Leitungsüberprüfung auf Kurzschluss und Unterbrechung
- Betriebszustandsanzeige
- Signalisierung von Meldungen und Störungen innerhalb von 10 Sekunden

Die mikroprozessorunterstützte Brandmeldezentrale (Abb. 3 und Abb. 1 ▷ 414) gibt die Auswertungen an die Steueranschlusseinheiten (z. B. optische und/oder akustische Alarmausgabe, Telefonwählgeräte, Feuerwehr oder Sicherheitsdienste usw.) weiter. Das eingebaute Display bzw. Leuchtdioden informieren über Betriebszustände, Einstellungen, Störungen bzw. Meldungen.

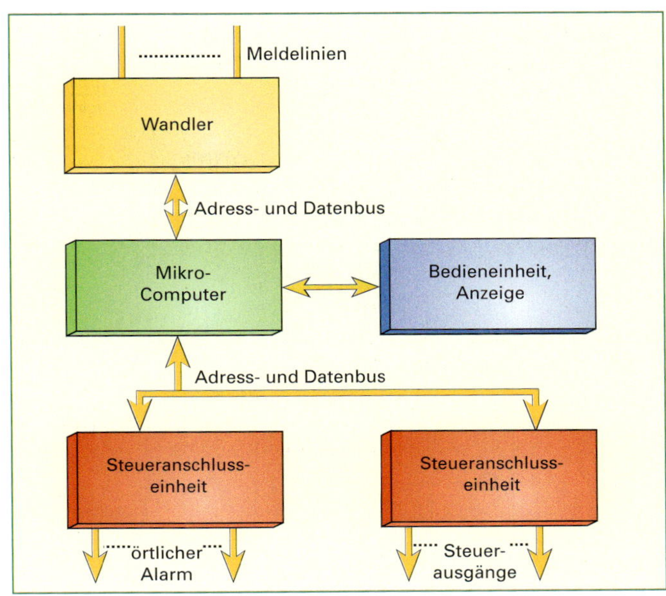

Abb. 2 Prinzipschaltbild einer Brandmeldeanlage

Überwachungsanlagen

In Verkaufsräumen und Lagerräumen in Kaufhäusern, Ausstellungshallen mit viel Publikumsverkehr und anderen großen, oft nicht überschaubaren Einrichtungen werden häufig Videoüberwachungsanlagen (Abb. 2 ▷ 414) installiert, die es ermöglichen, dauerhaft oder durch Einschaltung mit Bewegungsmeldern räumlich begrenzte Bereiche einzusehen bzw. Bewegungsabläufe auf Langzeitvideorekordern oder Langzeitdatenaufzeichnungsgeräten aufzuzeichnen.

Die Umschaltung auf die verschiedenen Überwachungskameras erfolgt mit elektronischen Schaltern, die manuell oder in einstellbaren Zeitabständen bzw. gesteuert durch Bewegungsmelder zwischen den Signalquellen umschalten. Die Überwachungskameras arbeiten mit moderner CCD-Technologie. Diese zeichnet sich durch hohe Auflö-

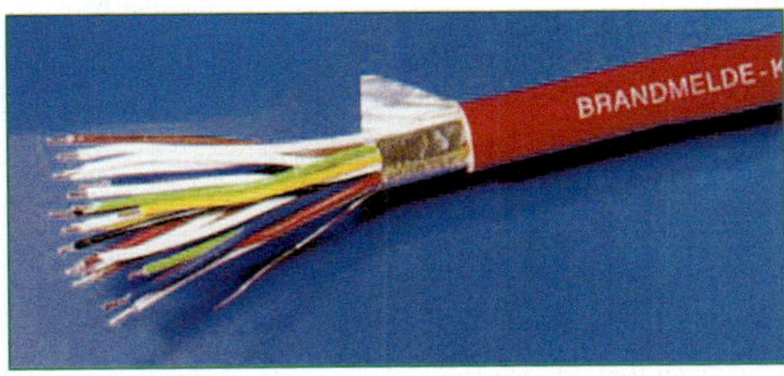

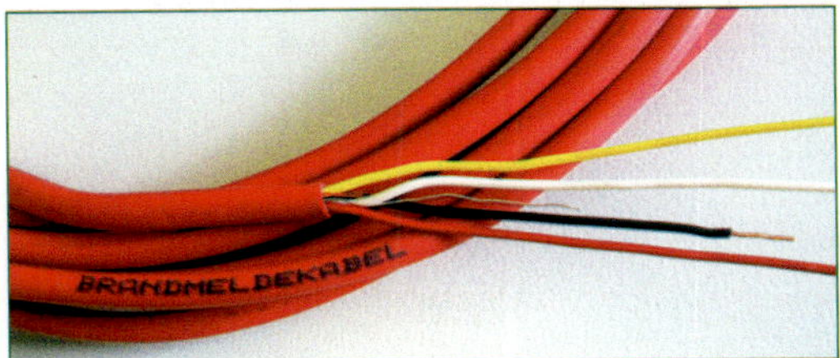

Abb. 1 Brandmeldekabel

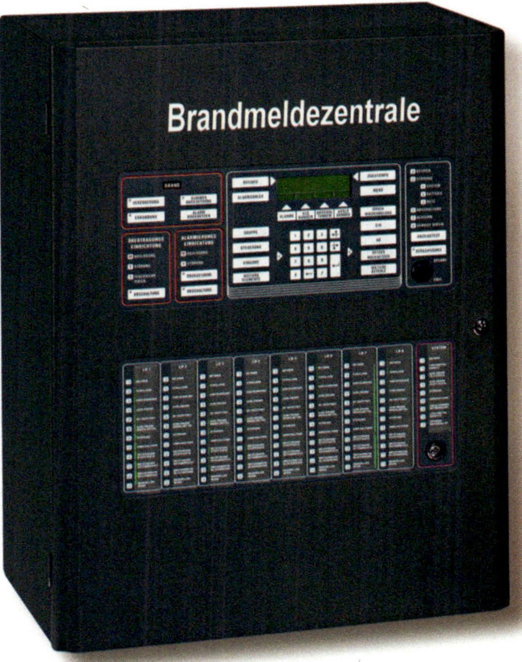

Abb. 3 Brandmeldezentrale

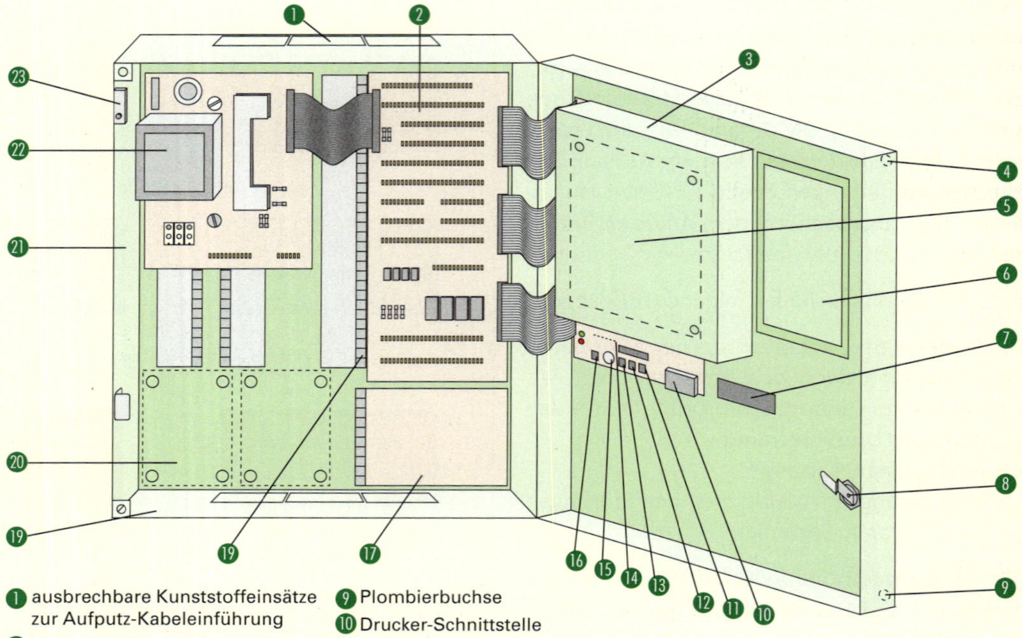

Abb. 1 Brandmeldezentrale

1. ausbrechbare Kunststoffeinsätze zur Aufputz-Kabeleinführung
2. Anschlussplatine (ASP) mit Lötfederleisten
3. Zentralplatine unter der Abdeckung
4. Plombierbuchse
5. Einbauplatz für ÜG
6. Sperrbedienteil (kann auch abgesetzt montiert werden)
7. Einbauplatz für Alarmzähler
8. Gehäuseschloss
9. Plombierbuchse
10. Drucker-Schnittstelle
11. Drucker-Taste
12. 1-Mann-Revisionstaste
13. Reset-Taste
14. Programmier-Brücken 1 bis 6 für Testzwecke
15. Programmier-Buchse
16. Programmier-Taste
17. Einbauplatz für TAE-Anschlussdose des Übertragungsgerätes
18. Kabelführung für Zugentlastung
19. Akku-Stellplatz für 2 × 12 V/12 Ah
20. Montageplatz für zwei Module, z. B. Licht-Schaltrelais, Universal-Schaltrelais oder Verteiler
21. Gehäuserahmen mit Tür, abschraubbar
22. Netzteil 12 V/24 Ah
23. Türkontakt/Sabotageschalter

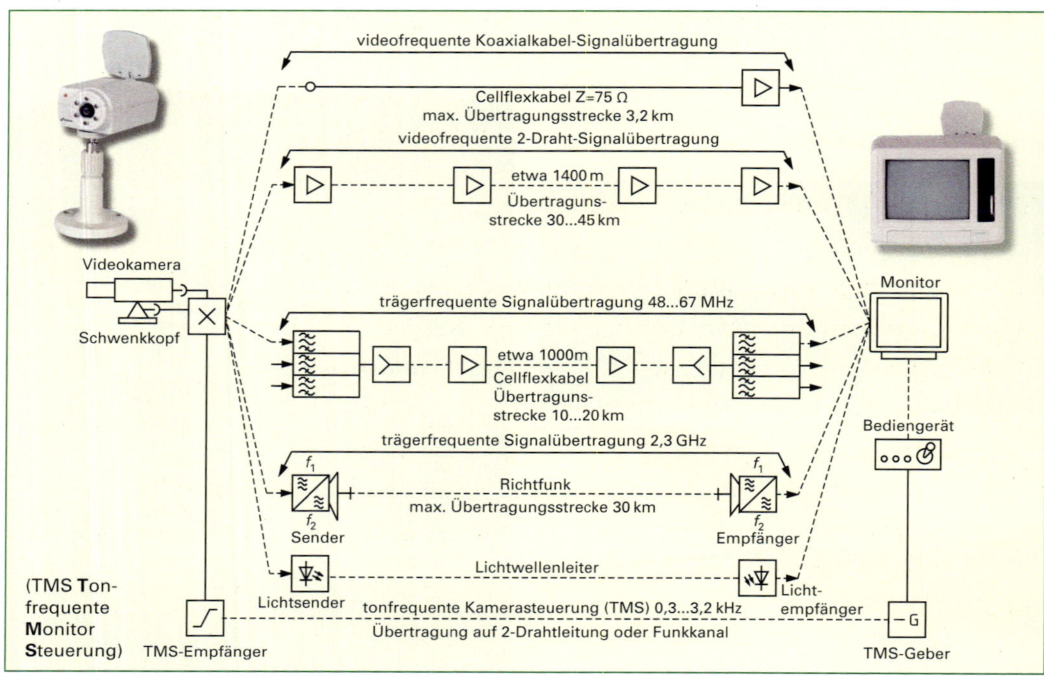

Abb. 2 Drahtloses Videoüberwachungs-System mit IR-Beleuchtung und verschiedene Übertragungswege

sung, hohe Lichtempfindlichkeit und hohen Temperatureinsatzbereich aus. Viele Hersteller führen Versionen in Schwarz/Weiß- und Farbtechnologie; für die Videoüberwachung sind die S/W-Ausführungen ausreichend. IR-Dioden dienen ergänzend zur Aufhellung des Überwachungsbereiches, denn das abgestrahlte Spektrum ist für das menschliche Auge nicht sichtbar. Es sind sowohl drahtlose Geräte, die das Video- und Audiosignal per Funk übertragen, als auch drahtgebundene Systeme auf dem Markt erhältlich. Die drahtgebundenen Systeme übertragen die Signale über Koaxialkabel, Busleitungen (z. B. USB) oder Zweidrahtleitungen. Professionelle Systeme erlauben mit Nachführeinheiten und Zoomobjektiven eine optimale Anpassung des Überwachungsbereiches.

Aufgabe:

Erstellen Sie für ein Ladenlokal mit Verkaufs- und Lagerfläche ein Angebot mit einer Stückliste und einem Leistungsverzeichnis für eine Videoüberwachungsanlage mit 4 Überwachungskameras, einen Dummy (Kamera im Leergehäuse ohne Funktion), einer automatischen Umschaltbox und einem Langzeitvideorekorder, der Aufnahmen von mindestens 1 Woche zulässt. Grundlage des Angebots soll ein Herstellerkatalog bzw. ein Internetportfolio eines Markenanbieters sein. Begründen Sie Ihre Vorgehensweise bei der Projektierung und Installierung bzw. Übergabe an den Kunden!

Prüfen Sie Ihr Wissen:

1 Aus welchen Komponenten besteht eine Einbruchmeldeanlage? Welche Eigenschaften eines Netzwerkkabels kann man an der Klassenbezeichnung (Kategorie auf Kabel) erkennen?

2 Welche Melder können zur Absicherung von Ladenlokalen eingesetzt werden?

3 Wodurch unterscheiden sich PIR-Melder (Passiv-Infrarot-Melder), UM (Ultraschallbewegungsmelder) und MM (Mikrowellenbewegungsmelder) in ihrer Funktionsweise?

4 Wodurch unterscheiden sich aktive und passive Ausführungen von Glasbruchsensoren?

5 Wodurch unterscheiden sich Meldelinien nach dem Ruhestrom- und Arbeitsstromprinzip?

6 Welche Vorteile haben 4-Leiter-Verdrahtungen gegenüber 2-Leiter-Verdrahtungen?

7 Welche Melder kommen zur Branderkennung zum Einsatz?

8 Beschreiben Sie die Unterschiede zwischen Rauchmeldern nach dem optischen und nach dem Ionisationsprinzip!

9 Weshalb müssen Rauchmelder an der Decke installiert werden?

10 Wann werden in der Praxis Strahlungsmelder eingesetzt?

11 Wo kommen Magnetkontaktmelder zum Einsatz?

12 Was versteht man unter einem Differenzial-Maximalmelder?

13 Wie wird bei einem solchen System ein Alarm ausgelöst?

14 Welche Aufgaben haben Brandmeldezentrale und Blockschloss?

15 Aus welchen Komponenten besteht eine Videoüberwachungsanlage?

16 Wie kann ein Beobachten von mehreren Kamerasystemen mit nur einem Monitor realisiert werden?

17 Welche Möglichkeiten werden in der Praxis angewandt, um über einen langen Zeitraum hinweg Überwachungen zu dokumentieren?

4 Anlagen zur regenerativen Energieversorgung

4.1 Energiesituation und Bedeutung der regenerativen Energien

Energie wird in Form von Wärme, Licht und Kraft genutzt. Ausgangsbasis für die Nutzung und den Verbrauch sind die sogenannten Primärenergien Kohle, Erdgas, Erdöl, Uran und Solarstrahlung. Der Anteil der einzelnen Primärenergien am Gesamtverbrauch wandelt sich ständig.

Diese Primärenergien werden unterteilt in solche, die aufgebraucht werden, dazu zählen Kohle, Erdöl, Erdgas und Uran, und jene, die unerschöpflich sind, die sich ständig erneuern: die so genannten regenerativen Energien.

Im Jahr 2015 wurden in Deutschland rund 12,5 % der Primärenergie aus Sonnenlicht, Wind-, Wasser- und Biomasse gewonnen.

Merke:
Die Basis der Energiewirtschaft beruht auf der Nutzung der Primärenergien.

Die derzeitige Weltenergiesituation ist durch die radikale Verbrennung der fossilen Energieträger Kohle, Öl und Gas und die Verwendung von Uran charakterisiert. Kohle, Erdgas und Erdöl müssen vor ihrer Nutzung zur Energiegewinnung umgewandelt werden. Sie sind fossilen Ursprungs. Vor mehreren hunderttausend Jahren sind sie durch hohe Drücke und Temperaturen aus Pflanzen und Plankton entstanden und bestehen deshalb im Wesentlichen aus dem Element Kohlenstoff oder aus dessen organischen Verbindungen. Werden sie verbrannt, wird der Kohlenstoff oxidiert, und es entsteht Kohlendioxid (CO_2).

Weltweit werden jährlich ca. 32 Milliarden Tonnen Kohlendioxid durch die Verbrennung fossiler Energieträger freigesetzt und in die uns umgebende Lufthülle abgegeben. Diese wird zusätzlich durch weitere Verbrennungsschadstoffe belastet. 80 % des gesamten Kohlendioxid-Ausstoßes verursachen dabei die Industriestaaten, obwohl deren Anteil an der Weltbevölkerung nur 25 % beträgt.

Unsere Erdatmosphäre besteht zu 78 % aus Stickstoff, 21 % Sauerstoff, ca. 1 % Edelgasen und aus einer geringen Menge (etwa 0,1 %) spezieller Gase, den sogenannten Treibhausgasen.

Diese Treibhausgase erfüllen eine wichtige Aufgabe: Zunächst wird die Lufthülle unserer Erde vom kurzwelligen Anteil der Sonnenstrahlung durchdrungen. Diese Strahlung wird von der Erdoberfläche absorbiert, wobei eine langwellige Wärmestrahlung entsteht, die in den Weltraum rückgestrahlt wird. Die Treibhausgase reflektieren die Wärmestrahlung, wodurch eine ausreichende Erwärmung der Erdoberfläche erfolgt. Dieser Effekt wird als natürlicher Treibhauseffekt bezeichnet.

Die bei der Verbrennung der fossilen Energieträger freiwerdenden Gase verändern die Zusammensetzung der Atmosphäre und bewirken einen zusätzlichen Treibhauseffekt. Die Anreicherung der Lufthülle mit den bei der Verbrennung der fossilen Energieträgern entstehenden Schadstoffen führt zu einer verstärkten Reflexion der Wärmestrahlung. Das Ergebnis: eine globale Erwärmung. Die globale mittlere Temperatur ist seit 1860 um ca. 0,9 K und mehr angestiegen. Der zusätzliche Treibhauseffekt bewirkt nachweisbare Klimaänderungen. Aus Computersimulationen wird deutlich, dass innerhalb der nächsten 100 Jahre die globale Temperatur um 3 °C ansteigen könnte. Die Folgen aus der schleichenden Klimaänderung sind bereits deutlich erkennbar: Sturm- und Flutkatastrophen mehren sich weltweit. Die Gletscher des Nord- und Südpols, aber auch die Alpengletscher schmelzen langsam, aber stetig ab.

Ein weiteres Problem besteht darin, dass die Kohle-, Öl- und Gasvorkommen in absehbarer Zeit erschöpft sein werden.

Außerdem ist zu berücksichtigen, dass der Energieverbrauch mit dem ständigen Wachsen der Weltbevölkerung rapide zunimmt. Schätzungen gehen für die nächsten 30 Jahre von einem zusätzlichen Energieverbrauch von 60 % aus. Wie dieser Bedarf gedeckt werden soll, dafür existiert noch keine Lösung.

Dieser bedenklichen Entwicklung entgegenzuwirken, erfordert ein Umdenken in der Energiepolitik. 141 Staaten haben das Kyoto-Abkommen

Aktive Nutzung der Solarenergie		Passive Nutzung der Solarenergie
direkt	indirekt	
• konzentrierende solarthermische Systeme: – Parabolrinnen – Turmkraftwerke – Parabolspiegel • Niedertemperatur-Solarthermie • Photovoltaik	• Windenergie • Wasserkraft • Biomasse • Biogas • Wellenenergie	• Solararchitektur • Transparente Wärmedämmung

Tabelle 1 Nutzungsmöglichkeiten der Solarenergie

ratifiziert. Eine Mehrheit der Industriestaaten verpflichtete sich die Treibhausgasemission bis 2012 im Vergleich zu 1990 um 5 % zu verringern. Das Abkommen reicht nicht aus, denn der Klimawandel findet bereits statt. Die allernotwendigste Maßnahme besteht zunächst darin, Energie einzusparen. Dazu ist ein breites Spektrum technischer Maßnahmen erforderlich. Wenn es um Einsparungen bei der Erzeugung und Verteilung von Elektroenergie und die Verwendung stromsparender Haushaltgeräte geht, ist der Elektrofachmann gefragt.

Im besonderen Maße ist es notwendig, alle Formen der regenerativen Energien als wichtige Alternative zu nutzen. Es kann nicht oft und laut genug gesagt werden: Will die Menschheit die katastrophalen Auswirkungen der jetzigen Energiepolitik mindern, dann sind eine verstärkte Umstellung der Energieerzeugung unter Einbeziehung der regenerativen Energiequellen, die Realisierung eines ökologisch-ökonomischen Energiemixes und eine massive Einsparung von Energie dringendst erforderlich. Erneuerbare, also regenerative Energien müssen in stärkerem Maße eingesetzt werden, weshalb auch eine solide Förderung unabdingbar ist. Mit Nachdruck sei aber festgestellt: Regenerative Energien können die bestehenden Energiesysteme zuerst nur ergänzen. Deren vollständige Ablösung ist in naher Zukunft nicht möglich, dennoch muss die Anwendung regenerativer Energien ein wesentlicher Bestandteil der zukünftigen Energieversorgung sein. Noch verläuft dieser dringende Umstellungsprozess hin zur Anwendung der alternativen Energie zwar langsam, aber dafür stetig. Die Geschichte der Technik lehrt, es braucht meist Jahrzehnte, bis sich eine neue Technik auf dem Markt durchsetzt. Alle erneuerbaren Energiequellen sind das Resultat unterschiedlicher Ausnutzung der von der Sonne ausgestrahlten Energie. In Tabelle 1 sind die verschiedenen Nutzungsformen dargestellt. Für die Energieversorgung in der Gebäudetechnik sind drei Kategorien vorrangig:

- Solar erzeugter Strom
- Solare Warmwasserbereitung
- Windkraft zur Stromerzeugung

Hier sollen speziell die Installationsprobleme und das Grundwissen zum Thema Solarstrom und Windkraftanlagen behandelt werden.

Förderung: Mit dem Erneuerbare-Energien-Gesetz wurde in Deutschland der Neubau von Anlagen zur regenerativen Energieerzeugung außerordentlich stimuliert. Das Gesetz verpflichtet die Versorgungsnetzbetreiber (VNB), bevorzugt Strom aus regenerativer Erzeugung abzunehmen und den Anlagenbetreibern die Menge des in das Netz abgegebenen Stroms zu festgelegten Tarifen vergüten. Für Strom aus Photovoltaikanlagen wurde Anfang 2012 eine neue Regelung erlassen, die den Zubau neuer Anlagen begrenzen soll. Die Fördertarife lagen Mitte 2016 zwischen 8,5 und 12,7 ct/kWh mit sinkender Tendenz.

Merke:
Nach dem Erneuerbare-Energien-Gesetz wird Ökostrom auch zukünftig über feste Einspeisevergütungen gefördert, die wie bisher auf alle Tarifkunden umgelegt werden. Offshore-Windräder werden stärker gefördert als Windräder auf dem Festland.

Der Vergütungszeitraum beträgt 20 Jahre plus das Jahr der Inbetriebnahme, die jährliche Degression der Vergütung hängt ab von der Gesamtleistung der neu gebauten Anlagen.

Für Windkraftanlagen ergibt sich zusätzlich eine Stimulierung durch das von der Bundesregierung 1996 verabschiedete Gesetz, wonach laut § 35 Abs. 1 des Baugesetzes Windkraftanlagen prinzipiell als privilegierte Bauvorhaben einzustufen sind. Den Kommunen und der Regionalplanung wird dabei aber ein Recht auf Planungsvorbehalt eingeräumt. Im Rahmen der Flächennutzungsplanung können Windkraftanlagen und Windparks auf dafür geeigneten Flächen konzentriert, aber auch Tabuzonen ausgewiesen werden. Mit diesen Regelungen wird auch den Anforderungen des Natur- und Landschaftsschutzes Rechnung getragen.

Merke:

- *Energie wird gegenwärtig zu 88 % aus der Verbrennung der fossilen Energieträger sowie aus der Nutzung der Kernenergie gewonnen. Die Vorräte dafür sind begrenzt; außerdem entsteht bei der Verbrennung von Kohle, Erdöl und Erdgas Kohlendioxid, dessen Anreicherung in der Lufthülle zum zusätzlichen Treibhauseffekt führt.*
- *Regenerative Energiequellen sind unerschöpflich und nutzen die Sonnenenergie in verschiedenen Varianten. Windkraft und solare Stromerzeugung sind in Bezug auf die Energieversorgung von Gebäuden wichtige Beiträge, um die Nutzung fossiler Energieträger zu reduzieren.*
- *Das Erneuerbare-Energien-Gesetz stimuliert die Neuerrichtung von Windkraft- und Solarstromanlagen durch Verpflichtung der Energieversorger, den regenerativ erzeugten Strom mit kostendeckender Vergütung abzunehmen.*

4.2 Windkraftanlagen

Die Windenergie ist die kinetische Energie der Luftströmung. Der Druck des Windes wird in Bewegungsenergie umgesetzt.

Theoretisch müsste die Kraft des Windrads mit der 3. Potenz der Windgeschwindigkeit zunehmen. Das geschieht jedoch nur bis zu einer bestimmten Geschwindigkeit, weil der Luftstrom ab einem bestimmten Wert zu einer Bremsung der Flügelbewegung führt. Der theoretische Wirkungsgrad von Windkraftanlagen liegt bei ca. 55 %. In der Realität liegt er je nach Anlagentyp jedoch nur zwischen 30 und 45 %. Der erzeugte Strom diente anfänglich primär für die dezentrale Selbstversorgung kleiner Siedlungen und landwirtschaftlicher Betriebe. Aktuell wird der erzeugte Strom aber ins öffentliche Netz eingespeist, was hohe Anforderungen an das Netz stellt.

Windkraftproblematik

Der rapide Anstieg der Anlagenanzahl als Auswirkung des Erneuerbare-Energien-Gesetzes führt zu Konflikten mit dem Naturschutz, der Landschaftspflege, dem Schutz der biologischen Vielfalt und der ökologischen Prozesse. Als Konsequenz daraus ergibt sich, dass neue Standorte sehr sorgfältig geplant werden müssen. Durch eine positive Standortzuweisung soll der übrige Planungsraum von Windkraftanlagen frei gehalten werden, um Wildwuchs an Anlagen zu vermeiden. Somit ist ein Kriterium für der Errichtung einer Windkraftanlage die Lösung der Standortproblematik.

Vom technischen Standpunkt aus sind als wichtigste Kenngrößen

- das Jahresmittel der Windgeschwindigkeit
- die Häufigkeitsverteilung der Windgeschwindigkeiten im Jahresverlauf
- und die Rauigkeit des Geländes

zu ermitteln. Im Jahresmittel sollte die Windgeschwindigkeit in 10 m Höhe mindestens 4 m/s betragen. Die Analyse des Umfelds der aufzubauenden Anlage muss sorgfältig durchgeführt wer-

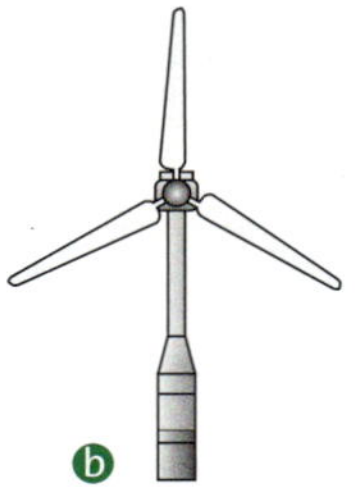

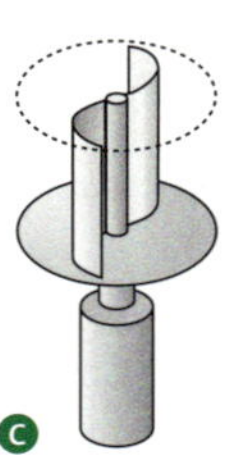

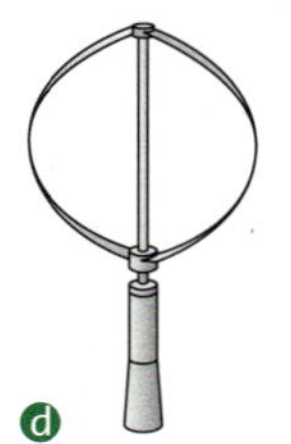

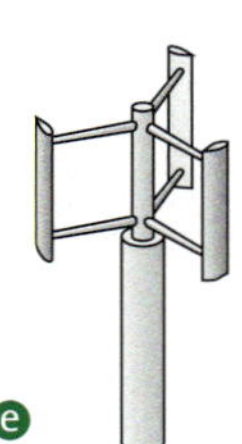

a Langsamläufer, amerikanische Windturbine
b Schnellläufer mit 1...3 Rotorblättern
c Savonius-Rotor
d Darrieus-Rotor
e H-Darrieus-Rotor

Abb. 1 Bauarten von Windkraftanlagen

1 Rotorblätter aus glasfaserverstärktem Kunststoff
2 Pitchsystem aus drei unabhängigen, elektrisch betriebenen Pitchgetrieben
3 Maschinenrahmen aus Kugelgraphitguss
4 hydraulisches System wartet und kontrolliert den hydraulischen Druck der Bremskaliber und Azimutbremsen
5 Azimut-Lager als 4-Punkt Kugellager mit Außenverzahnung. Außerdem ist die Windkraftanlage mit einem aktiven Azimut-Bremssystem ausgestattet.
6 Stahlrohrturm
7 Azimut-Antrieb aus drei mehrstufigen Planetengetrieben, die von frequenzkontrollierten, elektrischen Motoren angetrieben werden.
8 Steuerung überwacht und kontrolliert alle Vorgänge
9 wassergekühlter Generator
10 Kabine aus glasfaserverstärktem Kunststoff (GfK)
11 Kühlsystem für den Generator
12 Windmessungssystem aus Anemometer und Windfahne, welche die Windverhältnisse messen und diese Signale zum Steuerungssystem weiterleiten.
13 Kühlsystem für Generator und Getriebe
14 flexible Generatorkupplung
15 Scheibenbremse mit zwei Bremskalibern auf der schnellen Welle des Getriebes
16 zweistufiges Planetengetriebe
17 Rotorwelle aus Vergütungsstahl
18 Rotorlager aus zweireihigen Pendelrollenlagern mit einem Graugussgehäuse
19 Nabe aus Gusseisen

Abb. 1 Windkraftanlage mit horizontaler Achse

den, um spätere Konflikte und Leistungsverluste zu vermeiden. Zu berücksichtigen sind:

- Hindernisse aller Art und insbesondere Siedlungsstrukturen
- Die Anlage ist so aufzustellen, dass keine größeren Turbulenzen einwirken können.
- Um Lärmbelästigungen und andere Störeinflüsse, wie bewegte Schatten, zu minimieren, ist ein Mindestabstand von 200 bis 400 m von Ansiedlungen und 500 m von Naturschutzgebieten und Vogelschutzgebieten einzuhalten.

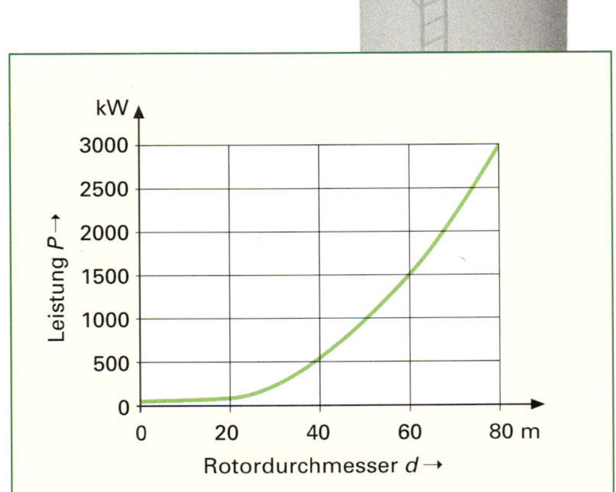

Abb. 2 Abhängigkeit der Leistung P der Windturbine vom Rotordurchmesser d

Bauarten und Leistungen

Abb. 1 ▷ 418 zeigt verschiedene Arten von Windkraftanlagen, wobei das Hauptunterscheidungsmerkmal die unterschiedliche Form des Rotors ist. Die Konstruktion einer modernen Windkraftanlage verdeutlicht Abb. 1. Auf einem rohrförmigen Turm ist die Windturbine mit Rotor, Generator, Nabe, Getriebe und Einrichtungen zur Regelung und Betriebsführung befestigt. Je nach ihrer Bauform lassen sich die Windkraftanlagen in folgende Kategorien einteilen:

Leistungsbereich	Rotordurchmesser
10 bis 50 kW	1 bis 16 m
50 bis 500 kW	16 bis 50 m
500 kW bis mehrere MW	50 bis 130 m

Tabelle 1 Einteilung der Windkraftanlagen nach deren Leistung

- amerikanische Windturbine (Langsamläufer)
- Schnellläufer mit drei Rotorblättern
- Savonius-Rotor
- Darrieus-Rotor
- H-Darrieus-Rotor

Die Leistung der Windkraftanlage hängt vom Durchmesser des Rotors ab (Abb. 2▷419 und Tabelle 1▷419). Die Grafik macht deutlich, dass – um Leistungen im MW-Bereich zu erreichen – der Rotordurchmesser mehr als 50 m betragen muss. Die Höhe des Turmes beträgt etwa das 1- bis 2-fache des Rotordurchmessers. Auf dem deutschen Markt werden Multimegawatt-Anlagen mit Nennleistungen von 2,5 bis 7,5 MW angeboten, deren Rotodurchmesser im Bereich von 80 bis 130 m liegen.

Da die Windgeschwindigkeit großen Schwankungen unterliegt, muss die Leistung und die Drehzahl regelbar sein. Dazu sind zwei Systeme entwickelt worden:

- Durch Abriss der Strömung an den Blattspitzen der Rotorblätter wird bei der **Stall-Regelung** die Drehzahl reguliert.
- Durch Verstellen des Blattwinkels kann bei der **Pitch-Regelung** die Drehzahlbegrenzung eingestellt werden.

Merke:

- *Windkraftanlagen nutzen die kinetische Energie der Luftströmung. Der Wirkungsgrad der Anlagen liegt im Bereich von 30 bis über 45 %.*
- *Ein optimaler Standort ist von mehreren Kriterien abhängig, so vom Jahresmittel der Windgeschwindigkeit und deren Häufigkeitsverteilung im Jahresverlauf sowie der Geländeoberfläche. Besonders wichtig ist eine Analyse des Umfelds (Rücksicht auf Siedlungsstrukturen und Vermeidung von Turbulenzen).*
- *Anlagen, die im MW-Bereich arbeiten sollen, müssen Rotordurchmesser > 50 m aufweisen, weil der Durchmesser des Rotors die Leistung bestimmt.*
- *Die Turmhöhe beträgt das 1- bis 2-fache des Rotordurchmessers.*
- *Der von der Windkraftanlage erzeugte Strom muss absolut konform mit dem Netzstrom sein, wenn er in das Netz eingespeist wird.*
- *Große Windkraftanlagen werden in der Regel direkt durch den Hersteller errichtet.*

Will man eine ausreichende Menge von Energie erzeugen, sind großflächige Windkraftanlagen erforderlich, und da die Windgeschwindigkeit mit der Höhe über dem Erdboden ansteigt, auch entsprechend hohe Türme. In küstennahen Gebieten Deutschlands kann mit 6 m/s und in den Mittelgebirgen über 1000 m Höhe mit 4 bis 5 m/s gerechnet werden.

Voraussetzungen für die Planung und Errichtung einer Windkraftanlage

- Der Standort ist so auszuwählen, dass der Rotor nicht vom Windschatten eines Hindernisses beeinflusst wird.
- Nach Möglichkeit muss ein erhöhter Standort gesucht werden muss.
- Bezüglich des Standortes gilt, dass die Zustimmung zum ausgewählten Standort von der zuständigen Raumordnungsbehörde der Kommune eingeholt werden muss.
- Für den Standort muss ein Gutachten in Hinsicht auf die lokal auftretenden Windgeschwindigkeiten in Auftrag gegeben werden.
- Mit dem zuständigen VNB ist eine Vereinbarung über Art und Weise der Netzeinspeisung abzuschließen, welche auch die Fragen der Netzrückwirkung beinhaltet.
  Eine Beeinflussung des öffentlichen Netzes durch den von der Anlage erzeugten Strom muss ausgeschlossen sein!
- Der von der Windkraftanlage erzeugte Strom muss absolut konform mit dem Netzstrom sein (Phasenlage der Spannung, Spannungsgröße, keine Oberschwingungen, keine Spannungsschwankungen).
- Mit dem Aufbau der Anlage darf erst bei Vorliegen der Genehmigung der zuständigen Behörden begonnen werden.
- Der VNB hat zu prüfen, ob die von einer Windkraftanlage oder besonders von einem Windpark zusätzlich eingespeiste Energiemenge vom angeschlossenen Netz vertragen wird, ohne dass es zu kritischer Überlastung kommt.

Am Rande sei bemerkt, dass die Errichtung leistungsstarker Windkraftanlagen direkt durch den Hersteller oder spezialisierte Montagefirmen erfolgt und deshalb in diesem Rahmen nicht ausführlicher behandelt wird.

4.3 Solare Stromerzeugung – Photovoltaik

Die Anwendung des Prinzips der solaren Stromerzeugung macht es möglich, unabhängig vom öffentlichen Netz elektrische Geräte und Systeme zu betreiben, und zwar entweder direkt oder über die Ladung von Akkus. Die Skala der Anwendungen reicht von der Stromversorgung des Taschenrechners über solar betriebene Wege- und Straßenleuchten bis hin zur Energieversorgung von netzfernen Gebäuden. Genauso wichtig ist jedoch, dass von der Solaranlage Strom auch direkt in das Netz des VNB eingespeist werden kann.

Wie wichtig Solarstrom für die Ökologie ist, beweist der Fakt, dass eine Solarstromanlage mit einer installierten Nennleistung von 10 kW_p je Betriebsjahr den Ausstoß von etwa 5000 kg Kohlendioxid erspart.

Ein weiterer Nutzeffekt besteht darin, dass im Gegensatz zum konventionellen Kraftwerk keinerlei Müllprobleme auftreten und sich alle Komponenten der Anlage nach einer Mindestlebensdauer von 25 Jahren komplett recyceln lassen. Die für die Herstellung der Solarstromanlage benötigte Energie ist in ein bis drei Jahren wieder eingespielt. Danach wird ein Nettogewinn an Energie erzielt und über den Zeitraum der Anlagenlebensdauer ein Mehrfaches der zur Herstellung benötigten Energie gewonnen.

Der Wegfall beweglicher Teile führt zu sehr geringem Wartungsaufwand und damit zu niedrigen Betriebskosten.

Basiselement der solaren Stromerzeugung ist die Solarzelle. Die Wirkung der Solarzelle beruht auf der Ausnutzung des photovoltaischen Effekts. Dieser bewirkt die direkte Umwandlung der Strahlungsenergie des Lichts in elektrische Energie ohne Zwischenstufen. Quelle der Energie ist die von der Sonne ausgehende Globalstrahlung. Das ist die gesamte Menge der auf eine horizontale Fläche treffende Sonneneinstrahlung.

Da die Leistung einer einzelnen Zelle gering ist, werden die Zellen zum Modul und mehrere Module zum Solargenerator verschaltet. Der Generator liefert Gleichstrom. Dieser kann entweder in Akkus gespeichert oder mithilfe eines Wechselrichters für Netzeinspeisung in Wechselstrom umgeformt werden.

Daraus ergeben sich die zwei grundsätzlichen Nutzungsmöglichkeiten:

- Die Solarstromanlage versorgt fernab vom Netz ein elektrisches System (Inselbetrieb).
- Die Anlage ist mit dem öffentlichen Netz verbunden und speist direkt in dieses ein (Netzparallelbetrieb).

Der Betreiber einer Netzeinspeiseanlage kann den erzeugten Strom auch selbst nutzen und ersetzt damit einen Teil des Strombezugs.

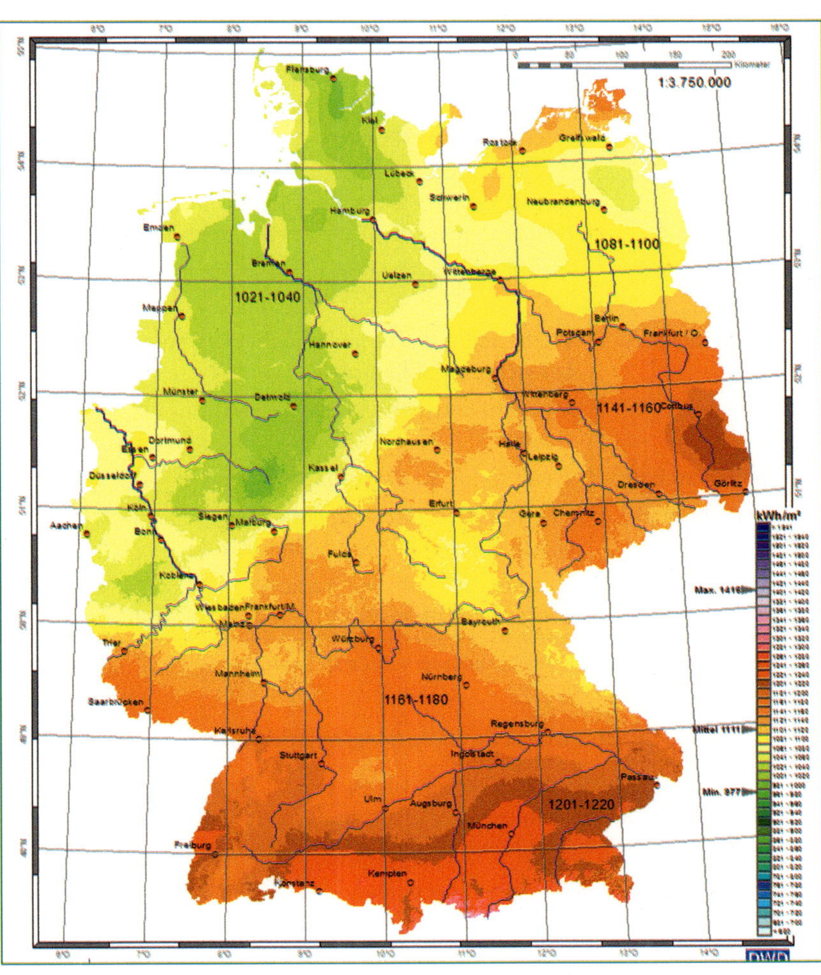

Abb. 1 Solare Globalstrahlung in der Bundesrepublik Deutschland; Jahressumme 2012

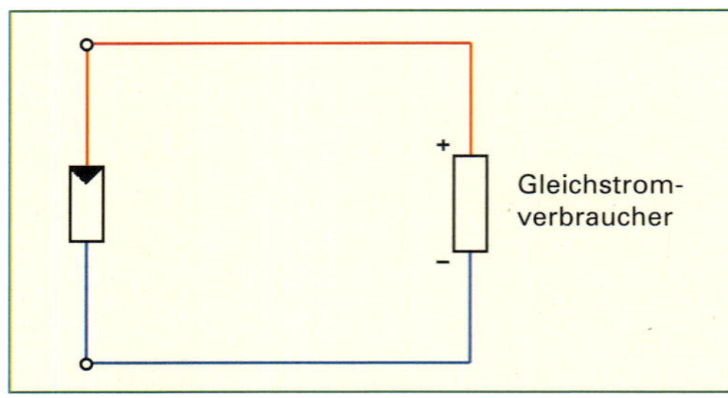

Abb. 1 Autonome Solarstromanlage mit Direktbetrieb des Verbrauchers durch ein Solarmodul

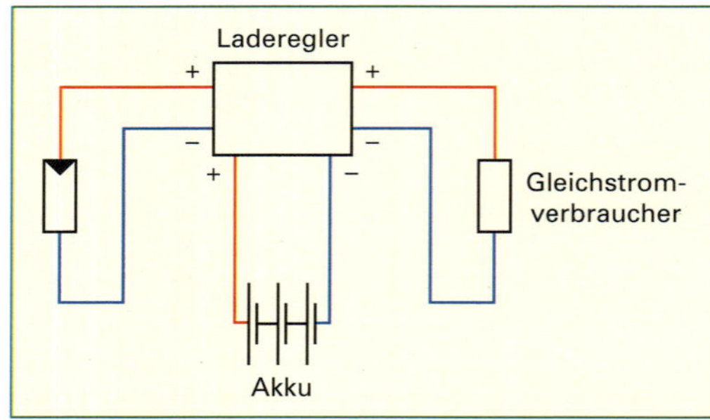

Abb. 2 Autonome Solarstromanlage. Über einen Laderegler wird die Energie in einem Akku gespeichert und von dort an den Verbraucher abgegeben.

Verkehr	Notruf, Verkehrsleittechnik, Signalanlagen, Parkuhren, Fahrplanbeleuchtung
Informationstechnik	Mobilfunk, Funktelefonzellen, Infosäulen
Werbetechnik	Werbetafeln, Werbesäulen, Schaukastenbeleuchtung, Solarmobiles
Industrie	Messeinrichtungen, Prozessüberwachung
Landwirtschaft	Weidezäune, Bewässerungssysteme
Alltagstechnik	Uhren, Radios, Taschenrechner, Ladegeräte, Taschenlampen, Solarspielzeug
Wohnwagen, Boote	Motoren, Beleuchtung, Radio/TV, Kühlung, Batterieladung

Tabelle 1 Anwendungsbeispiele für autonome Solarstromanlagen

Problematik der Solarstromerzeugung

Ziel der Solartechnik ist es, ein Maximum der Globalstrahlung zu nutzen. In welcher Weise das möglich ist, hängt von folgenden Faktoren ab:

- jahreszeitliche Schwankungen der Einstrahlung
- Tagesstand der Sonne
- Witterungsbedingungen – Grad der Bewölkung
- geografische Lage des Standorts der Anlage, bezogen auf den Breitengrad
- Orientierung und Ausrichtung des Moduls, d.h. von der Art der Aufstellung des Generators

Abb. 1 ⊳ 421 zeigt die Globalstrahlung in der BRD für das Jahr 2012. Die Grafik lässt ein klares Nord-Süd-Gefälle erkennen und macht deutlich, dass der auf den Standort bezogene Wert der Globalstrahlung bei der Planung einer Solarstromanlage berücksichtigt werden muss.

Für die Betriebspraxis von Solaranlagen sind die jahreszeitlich bedingten Schwankungen von großer Wichtigkeit, weil – über das Jahr gesehen – die Bestrahlung einen solchen Verlauf hat, dass Sonnenenergieangebot und Energiebedarf leider gegenläufig sind. Im Durchschnitt fallen 75 % der Sonnenenergie in den Zeitraum April bis September, das ist aber der Zeitraum in dem die wenigste Energie verbraucht wird.

> **Merke:**
> *Globalstrahlung ist die Summe von direkter und diffuser Sonneneinstrahlung, die auf eine horizontale Ebene auf der Erde einfällt.*

Zur rechnerischen Ermittlung des Energieertrags einer Solarstromanlage wird jedoch die korrigierte Globalstrahlung G_R benötigt. Ihr Wert berücksichtigt die Einstrahlung am jeweiligen Standort sowie Neigung und Orientierung der bestrahlten Fläche. Die korrigierte tägliche Globalstrahlung wird entweder auf das langjährige Jahresmittel oder auf einen bestimmten Monat bezogen. Sie wird mit der Einheit [kWh/m²d] angegeben, wobei *d* für Tag steht.

Anlagensysteme

Solarstromsysteme lassen sich nach folgenden Kriterien einteilen: Der solar gewonnene Gleichstrom wird:

- direkt verbraucht oder zwischengespeichert
- umgewandelt in Wechselstrom und in das öffentliche Netz abgegeben.

Es ist zu unterscheiden, ob der Anlagenbetrieb fern vom Netz oder mit Anschluss an dieses erfolgt. Nicht an das Netz angeschlossene Anlagen werden als autonome Systeme oder als Anlagen für Inselbetrieb bezeichnet. Autonome Systeme lassen sich einteilen in:

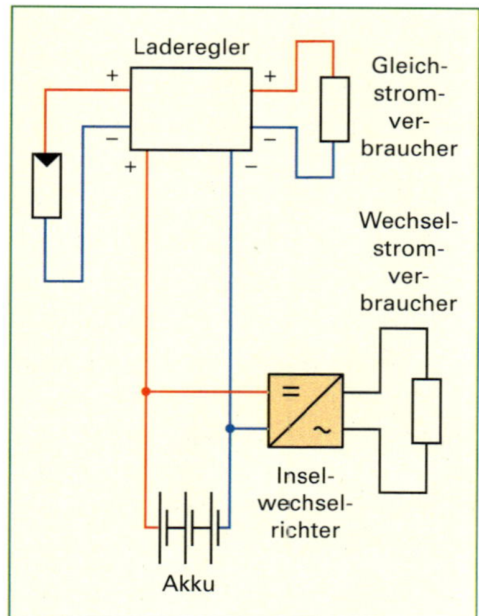

Abb. 1 Autonome Solarstromanlage. Ein zwischengeschalteter Wechselrichter wandelt den Gleichstrom des Akkus in Wechselstrom um.

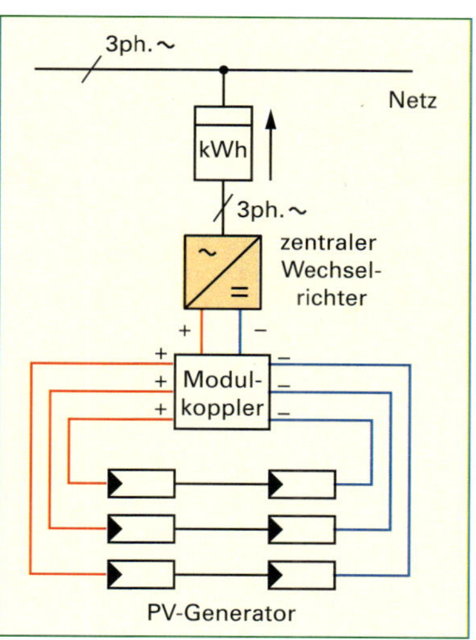

Abb. 2 Solarstromanlage mit Netzparallelbetrieb mit einem Zentralwechselrichter

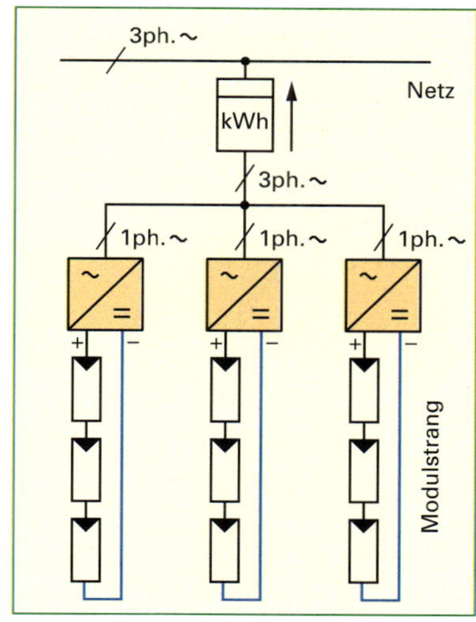

Abb. 3 Solarstromanlage mit Netzparallelbetrieb. Jeder Strang des Generators ist an einen eigenen Strangwechselrichter gebunden.

- Anlagen zur Solarstromversorgung von Geräten unterschiedlichster Leistung und Anwendungen
- Solarstromanlagen zur Energieversorgung netzferner Gebäude und Ortschaften

Tabelle 1 ▷ 422 zeigt die vielfältigen Anwendungsmöglichkeiten autonomer Solarstromanlagen.

Für den autonomen Solarbetrieb existieren zwei Grundschaltungen. Abb. 1 ▷ 422 zeigt die Variante des Direktbetriebs, wobei der Gleichstromverbraucher vom Modul gespeist wird. Die Leistung des Systems ist witterungsabhängig und wird nur in Ausnahmefällen (solare Bewässerung) sinnvoll sein. Häufiger und zweckmäßiger ist die zweite Variante: Das Modul lädt mit Hilfe eines Ladereglers einen Akku, der den Gleichstromverbraucher speist (Abb. 2 ▷ 422).

Merke:
Laderegler: ein elektronisches Gerät zur Überwachung und Regelung der Lade- und Entladevorgänge von Akkus, verhindert das Überladen und die Tiefenentladung.

Wird in die Schaltung zusätzlich ein Wechselrichter eingebracht, lässt sich auch dem Inselsystem 230 V Wechselstrom entnehmen (Abb. 1).

Die technisch wichtigste Variante der Solarstromnutzung besteht im so genannten Netzparallelbetrieb. Die Anlage ist an das Netz des Verteilungsnetzbetreiber (VNB) angeschlossen.
Die Verschaltung der Wechselrichter in der Solarstromanlage lässt sich in zwei Weisen durchführen:

- Die einzelnen Modulstränge der Anlage werden in einem Modulkoppler parallelgeschaltet und an einen zentralen Wechselrichter angeschlossen (Abb. 2).
- Jedem Modulstrang ist ein eigener Strangwechselrichter zugeordnet. Diese Anordnung wird als Strangtechnik bezeichnet (Abb. 3).

Zu bemerken ist, dass die Variante mit dem zentralen Wechselrichter im Wesentlichen bei Großanlagen angewendet wird. Im Abschnitt *Basiswissen* wird auf die Auslegung des Wechselrichters und den Anschluss an das Stromnetz näher eingegangen.

Merke:
Im Modulkoppler oder Generatoranschlusskasten werden die einzelnen Modulstränge parallel verschaltet, wenn das System einen zentralen Wechselrichter beinhaltet.

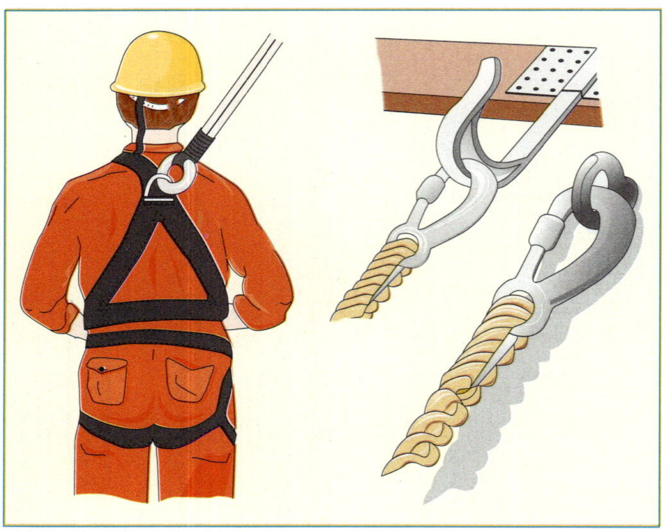

Abb. 1 Sicherheitsgeschirr zum Anschlagen an tragfähigen Bauteilen

Abb. 2 Auffanggurt

Installation von Solarstromanlagen

Achtung:
Für Solarstromanlagen gilt die DIN VDE 0100 1973-05 „Bestimmungen für das Einrichten von Starkstromanlagen bis 1000 V". Daraus resultiert, dass sie nur von einem Elektroniker, einer Elektrofachkraft oder einer elektrotechnisch unterwiesenen Person errichtet werden dürfen.

Achtung:
Während der Montage der Solarmodule liegt an ihren Anschlüssen bereits die volle Spannung an!
Ist die Anlage noch nicht in Betrieb, liefern die Module die Leerlaufspannung U_{oc}. Diese erreicht selbst bei niedriger Beleuchtungsstärke fast den vollen Wert. Somit muss der Berührungsschutz während der Installation gewährleistet sein: Die Anschlusskabel der Solarmodule sind daher werksseitig mit berührungssicheren Steckverbindern ausgestattet. Die gesamte Gleichstrominstallation muss aus Sicherheitsgründen vor (!) der Modulmontage fertig installiert sein.

Achtung:
Für Arbeiten auf geneigten Dächern von mehr als 20 bis 60° und ab einer Absturzhöhe von 3 m sind Absturzsicherungen notwendig. Hier bestehen folgende Möglichkeiten:

- *Beträgt der senkrechte Abstand zwischen Arbeitsplatz und der Auffangvorrichtung weniger als 5 m, kann ein Dachfanggerüst verwendet werden (Abb. 1 ▷ 403).*
- *Beträgt die Dachneigung mehr als 45° sind besondere Maßnahmen wie die Auflage von Dachdecker-Auflageleitern, Lattungen oder Dachdeckerstühlen zu realisieren.*
- *Wenn der senkrechte Abstand zwischen Arbeitsplatz und der Auffangvorrichtung weniger als 5 m beträgt, kann auch eine Dachschutzwand verwendet werden, die seitlich mindestens 2 m über den Montagearbeitsbereich hinausragen muss (Abb. 1 ▷ 403).*
- *Sind Dachfanggerüst und Dachschutzwand nicht realisierbar, kann ein Sicherheitsgeschirr verwendet werden, das dann oberhalb des Benutzers an einem festen Standort anzuschlagen ist (Abb. 1 und 2).*

Eine große Gefahrenquelle ist ebenso das Arbeiten auf Dächern, besonders auf Schrägdächern. Hier gilt es, die Unfallverhütungsvorschriften und Empfehlungen der Berufsgenossenschaften strikt einzuhalten. Dazu zählen: die BGV C 22 „Bauarbeiten" und die BGV A3 „Elektrische Anlagen und Betriebsmittel".

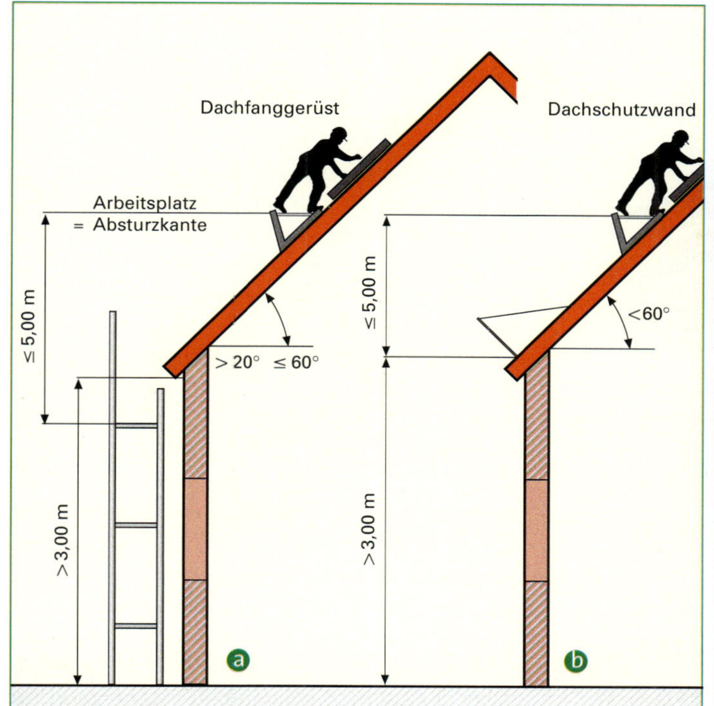

Abb. 1 Dachfanggerüst ⓐ und Dachschutzwand ⓑ für Arbeiten auf geneigten Dachflächen

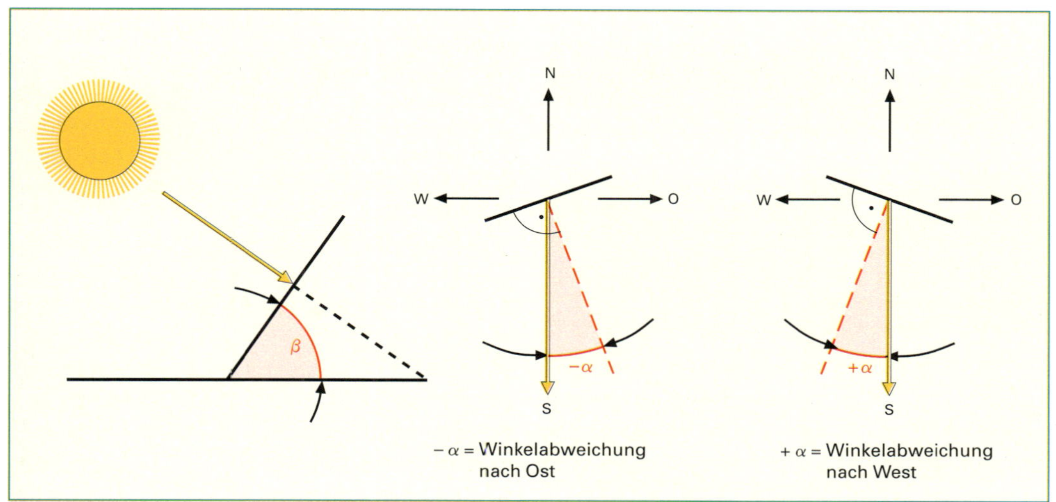

Abb. 2 Modulneigungswinkel β und Modulorientierung in Bezug auf die Südausrichtung

Der Ertrag einer Solarstromanlage hängt wesentlich davon ab, wo und wie sie montiert ist. Deshalb sind eine Reihe von Voraussetzungen zu beachten, um ein Maximum an Sonnenenergie zu ernten. Aus der Alltagspraxis ist bekannt, dass man ein Maximum an Sonnenenergie einfangen kann, wenn die bestrahlte Fläche senkrecht im Winkel von 90° zur Einstrahlungsrichtung steht und außerdem exakt nach Süden ausgerichtet ist. Für die Solartechnik ergeben sich daraus folgende Bedingungen:

- Der Generator sollte möglichst genau nach Süden ausgerichtet werden. Geringe Abweichungen in Richtung Südost und Südwest sind zulässig (Abb. 2).

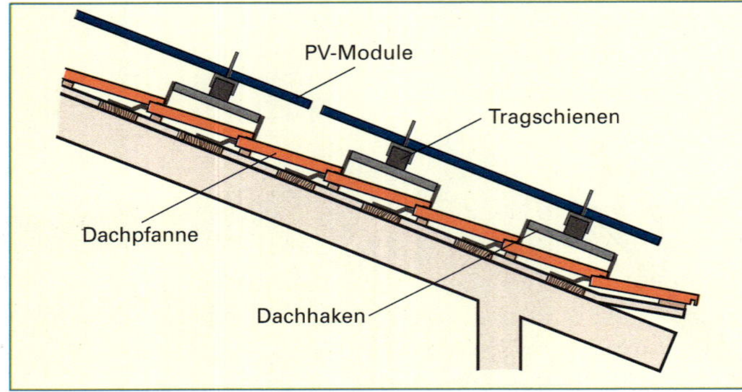

Abb. 1 Aufdach-Montage der Module

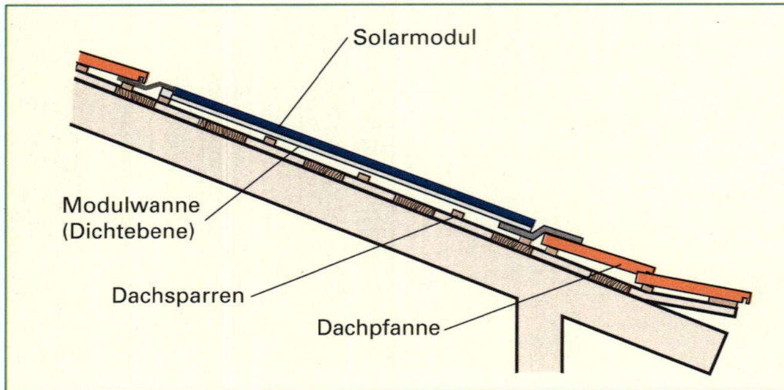

Abb. 2 Indach-Montage des Moduls mit Hilfe von Modulwannen

Abb. 3 ⓐ Aufdachanlage auf einem Schrägdach; ⓑ Montage mit Kran; ⓒ Dachintegration von Solargeneratoren und gelungene Architektur sind kein Widerspruch!

- Die Neigung der Generatorfläche zur Horizontalen, also zum Boden der Umgebung sollte so gewählt werden, dass im Jahresmittel ein maximaler Ertrag erreicht wird (Abb. 2 ⊳ 425).

In Abhängigkeit von der geografischen Breite des Standorts ändert sich die Sonnenhöhe über dem Horizont im Tages- wie im Jahresverlauf. Ein optimaler Energiegewinn wäre gesichert, wenn die Generatorfläche dem Sonnenstand permanent so nachgestellt würde, dass die Einstrahlung stets im Winkel von 90° erfolgte. Weil das technisch nur mit großem Aufwand zu realisieren ist, wählt man einen Kompromiss:

Der Neigungswinkel wird auf 20° bis 60° eingestellt. Im Winter, wenn die Sonne flach am Himmel steht, ist etwa 60°, im Sommer dagegen etwa 20° der optimale Wert. Ist ein Ganzjahresbetrieb der Anlage vorgesehen, wird man 30° bis 45° wählen. Aus den Darlegungen zur maximalen Energiegewinnung resultiert, dass ein nach Süden orientiertes Schrägdach mit einer Neigung zwischen 20° und 60° ein optimaler Montageort für eine Solaranlage ist.

Dabei muss man unterscheiden, ob der Generator auf die Dachhaut aufgeschraubt (Aufdach-Montage) oder in diese integriert (Indach-Montage) wird. Um die Module bei der Aufdach-Montage auf dem Schrägdach zu befestigen, werden spezielle Gestelle verwendet, die mit Dachhaken an den Dachsparren zu befestigen sind. Abb. 1 zeigt einen Querschnitt durch ein Aufdach-Montagesystem.

Die konventionelle Ziegeleindeckung wird bei der Indach-Montage durch Module ersetzt, die entweder auf eine Unterkonstruktion aus Vierkant-Profilen aufgebracht oder in Metallwannen eingelegt werden. Die Modulwannen lassen sich direkt auf die Dachsparren aufschrauben (Abb. 2).

Ein Sonderfall ist die Verwendung speziell geformter Dachpfannen, welche für die Aufnahme von Modulen vorbereitet bzw. bereits mit Modulen bestückt sind (Abb. 1 ⊳ 427). Diese Variante der Indach-Montage lässt den Solargenerator in der Dachhaut optisch vollkommen „verschwinden“.

Ist kein geeignetes Schrägdach vorhanden, kann der Generator entweder auf einem Flachdach oder auf ebener Erde aufgeständert werden. Dazu sind besondere Gestelle und Fundamente notwendig (Abb. 2 ⊳ 427).

Abb. 1 Verlegen von Solardachpfannen

Das Fundament ist dabei so zu realisieren, dass die Standsicherheit des Modulgestells sowie der Widerstand gegen auftretende Windlasten garantiert sind. Die Aufständerung der Module auf einem Flachdach ist aufwändig. Da die Dichtigkeit des Daches gewährleistet sein muss, kann die Tragkonstruktion der Module nicht durch die Dachhaut hindurch verschraubt werden. Das Montagesystem wird daher mit Betongewichten beschwert, bis es die Windlasten aufnehmen kann. Moderne Systeme sind so aufgebaut, dass nur noch geringe Windlasten auftreten und ermöglichen so eine drastische Reduzierung der Gewichte.

Werden die Module in mehreren Reihen montiert, muss der Abstand zwischen den Reihen so groß sein, dass sich die Module nicht gegenseitig verschatten. Der Flächenbedarf ist somit ca. vier- bis fünfmal so hoch wie die Modulfläche. Da deshalb längere Kabel benötigt werden, steigt auch der Aufwand für die Gleichstromverkabelung.

Zur Verankerung von Freilandanlagen können auch Stahlfundamente verwendet werden, die in den Boden gerammt werden, oder Erdschrauben, die man maschinell in den Boden dreht. Diese Verankerungen sind nicht nur schneller zu errichten, sie lassen sich nach Ablauf der Lebensdauer der Anlage auch leichter entfernen.

Ein großer Schritt in Richtung gebäudeintegrierter Solarstromanlagen ist die Verwendung von Dachpaneelen aus beidseitig bandverzinkten und kunststoffbeschichteten Stahlblechen mit auflaminierten amorphen Modulen. Die konventionelle Dacheindeckung wird durch die großflächigen Paneele völlig ersetzt (Abb. 3).

Abb. 2 Aufgeständerte Module einer Freilandanlage

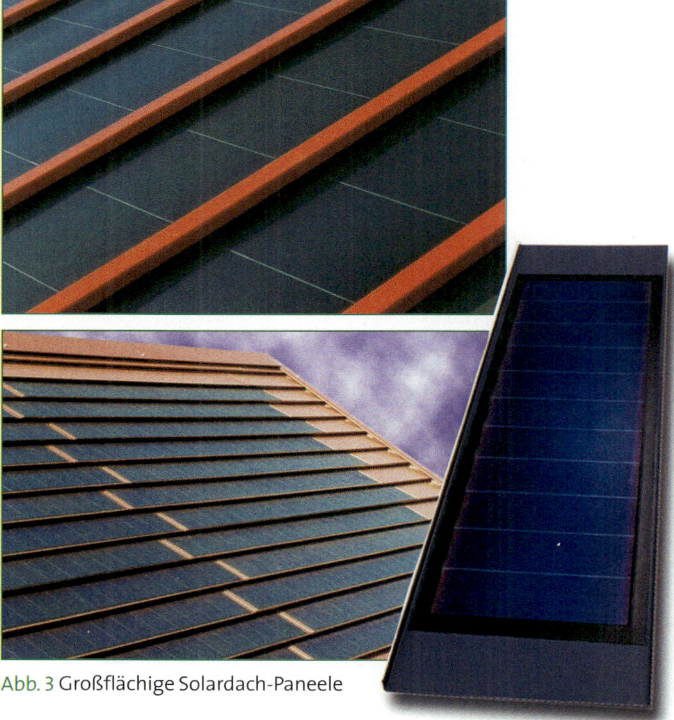

Abb. 3 Großflächige Solardach-Paneele

4.4 Installation einer Photovoltaikanlage

Kundenauftrag:

Im Nachfolgenden wird die Errichtung einer Solarstromanlage (Photovoltaikanlage, PV-Anlage) auf dem Dach des Gelben Hauses und die damit verbundenen notwendigen technisch-organisatorischen Aufgaben beschrieben. Der Kunde hat eine schriftliche Anfrage an Meister Strom geschickt. (Abb. 1).

Angebotsanfrage

Elektro-Installationsarbeiten:

Erweiterung des Gelben Hauses mit einer Photovoltaikanlage mit einer Leistung von ca. 3 kW_P und Netzeinspeisung in das öffentliche Netz

- Installation der Solarmodule auf dem Süddach als betriebsfertiger Solargenerator
- Zuleitung: Verlegung einer Gleichstromleitung vom Solargenerator bis zum Wechselrichter im Dachgeschoss, inklusive Gleichstrom-Hauptschalter
- Anpassung/Erweiterung der vorhandenen Zählerinstallation für den Einbau des Einspeisezählers
- Montage des Wechselrichters im Dachgeschoss, Verlegen der Wechselstromleitung bis zur Zählerinstallation
- Anmeldung und Fertigmeldung der PV-Anlage beim VNB
- VDE-gerechte Installation mit Nachweis durch Messprotokoll
- Dokumentation der PV-Anlage

Abb. 1 Kundenanfrage über die Installation einer Solarstromanlage

4.4.1 Arbeitsplanung

Meister Strom kalkuliert den Material- und Zeitaufwand für die Elektroinstallation (Abb. 2):

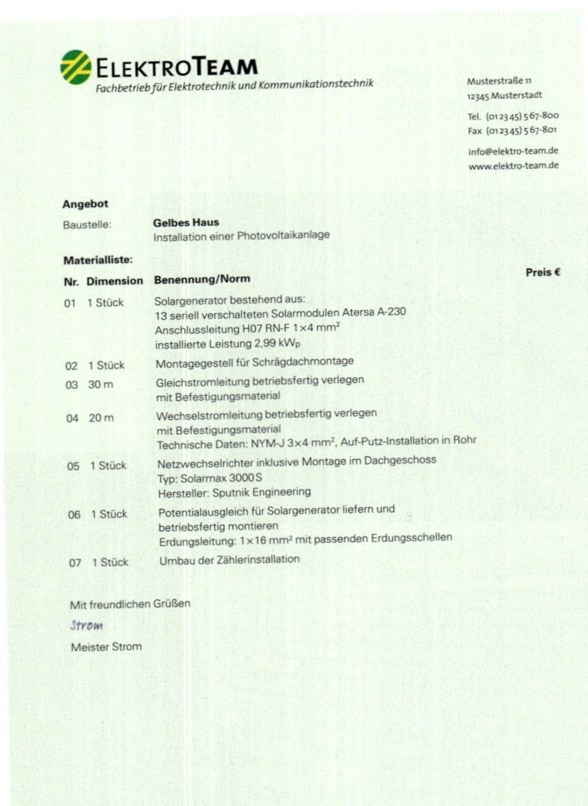

ElektroTeam
Fachbetrieb für Elektrotechnik und Kommunikationstechnik

Musterstraße 11
12345 Musterstadt
Tel. (0 12 345) 567-800
Fax (0 12 345) 567-801
info@elektro-team.de
www.elektro-team.de

Angebot

Baustelle: **Gelbes Haus**
Installation einer Photovoltaikanlage

Materialliste:

Nr.	Dimension	Benennung/Norm	Preis €
01	1 Stück	Solargenerator bestehend aus: 13 seriell verschalteten Solarmodulen Atersa A-230 Anschlussleitung H07 RN-F 1×4 mm^2 installierte Leistung 2,99 kW_P	
02	1 Stück	Montagegestell für Schrägdachmontage	
03	30 m	Gleichstromleitung betriebsfertig verlegen mit Befestigungsmaterial	
04	20 m	Wechselstromleitung betriebsfertig verlegen mit Befestigungsmaterial Technische Daten: NYM-J 3×4 mm^2, Auf-Putz-Installation in Rohr	
05	1 Stück	Netzwechselrichter inklusive Montage im Dachgeschoss Typ: Solarmax 3000 S Hersteller: Sputnik Engineering	
06	1 Stück	Potentialausgleich für Solargenerator liefern und betriebsfertig montieren Erdungsleitung: 1×16 mm^2 mit passenden Erdungsschellen	
07	1 Stück	Umbau der Zählerinstallation	

Mit freundlichen Grüßen
Strom
Meister Strom

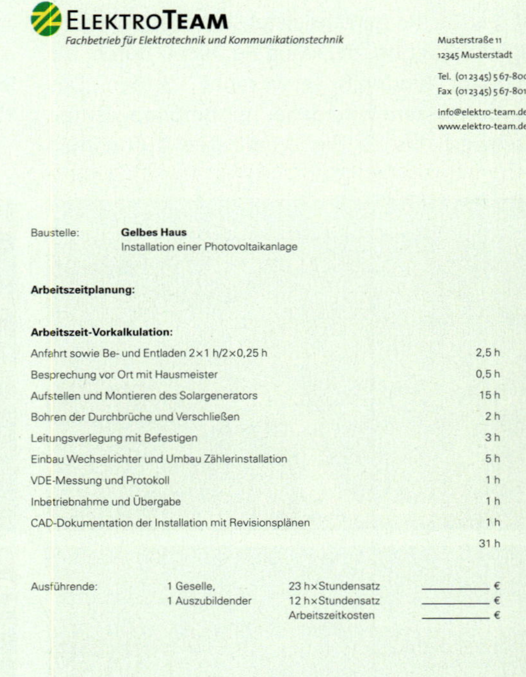

ElektroTeam
Fachbetrieb für Elektrotechnik und Kommunikationstechnik

Musterstraße 11
12345 Musterstadt
Tel. (0 12 345) 567-800
Fax (0 12 345) 567-801
info@elektro-team.de
www.elektro-team.de

Baustelle: **Gelbes Haus**
Installation einer Photovoltaikanlage

Arbeitszeitplanung:

Arbeitszeit-Vorkalkulation:

Tätigkeit	Zeit
Anfahrt sowie Be- und Entladen 2×1 h/2×0,25 h	2,5 h
Besprechung vor Ort mit Hausmeister	0,5 h
Aufstellen und Montieren des Solargenerators	15 h
Bohren der Durchbrüche und Verschließen	2 h
Leitungsverlegung mit Befestigen	3 h
Einbau Wechselrichter und Umbau Zählerinstallation	5 h
VDE-Messung und Protokoll	1 h
Inbetriebnahme und Übergabe	1 h
CAD-Dokumentation der Installation mit Revisionsplänen	1 h
	31 h

Ausführende:			
	1 Geselle,	23 h×Stundensatz	______ €
	1 Auszubildender	12 h×Stundensatz	______ €
		Arbeitszeitkosten	______ €

Abb. 2 Angebot der Firma ElektroTeam: Materialliste und Arbeitszeitplanung

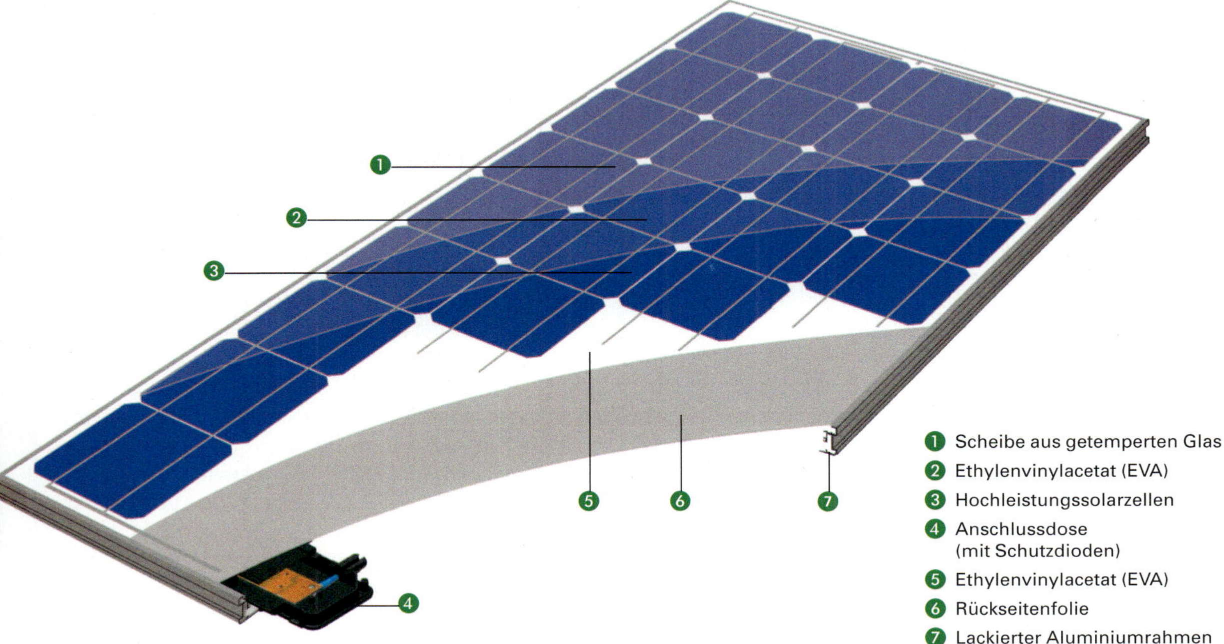

Abb. 1 Aufbau eines Photovoltaik-Moduls

Die Errichtung einer Solarstromanlage erfordert zunächst eine sorgfältige Planung und Vorbereitung, wobei die folgenden Aufgaben auf der Basis der Anfrage an die Fa. ElektroTeam abzuarbeiten sind:

- In einem Kundengespräch wird die Anlagengröße festgegt.
- Unter Berücksichtigung optimaler Einstrahlungsbedingungen wird Ort und Aufstellungsart des Solargenerators bestimmt.

Dabei wird insbesondere die mögliche Verschattung der Anlage, z. B. durch Dachaufbauten, berücksichtigt.

- Steht das Gebäude unter Denkmal- oder Ensembleschutz, ist eine Baugenehmigung für die Errichtung der PV-Anlage notwendig. Auf nicht denkmal- oder ensemblegeschützten Gebäuden ist für PV-Anlagen auf Schrägdächern keine Baugenehmigung erforderlich.
- Speziell bei Gebäuden mit einer älteren Dacheindeckung muss der Kunde darauf hingewiesen werden, dass die PV-Anlage 20 bis 30 Jahre lang auf dem Dach verbleiben sollte. Da die Haltbarkeitsdauer der Dachdeckung mindestens ebenso lange sein muss, empfiehlt es sich, das Dach von einem Dachdeckerfachbetrieb überprüfen und es vor der Anlagenmontage ggf. ausbessern oder neu decken zu lassen.
- Die PV-Anlage wird bei dem örtlichen VNB angemeldet. Dazu sind folgende Unterlagen vorzulegen:
  - Anmeldeformular
  - einpoliger Schaltplan
  - Lageplan
  - Datenblatt der Eigenerzeugungsanlage
  - Konformitätserklärung und Unbedenklichkeitsbescheinigung des Wechselrichters

  Welche Unterlagen im Einzelnen erforderlich sind, kann von VNB zu VNB etwas variieren.

Aus der Vorgabe der Nennleistung wird die Anzahl der Module für den Strang und die Ausgangsspannungen des Generators ermittelt.
Für die Auswahl des Wechselrichters werden die maximale und minimale Ausgangsspannung des Generators benötigt.
Zu beachten ist, dass die Spannungen temperaturabhängig sind. Im Kenndatenblatt des Moduls ist deshalb ein entsprechender Temperaturkoeffizient (V/K) angegeben.

Für die PV-Anlage wurde ein Nennleistung von 3000 W_p vorgegeben. Der Generator besteht aus 13 Modulen des Typs Atersa A-250P (Abb. 1). Eine größere Modulanzahl wäre in diesem Fall nicht sinnvoll, da die noch frei bleibende Dachfläche zu stark verschattet wird (Abb. 1b ▷ 409). Die DC-Ausgangsleistung des Solargenerators bei Nennbedingungen beträgt dann 250 W_p · 13 = 3250 W_p

und liegt leicht über der Vorgabe. Die Leerlaufspannung des Moduls ist im Kenndatenblatt mit U_{OC} = 37,4 V angegeben. Die Generatorleerlaufspannung ist dann 13 · 37,4 V = 486,2 V. Die U_{mpp}-Spannung eines Moduls beträgt 30,2 V, die des Strangs dann 13 · 30,2 V = 392,6 V. Diese Werte gelten jedoch nur bei Standardtestbedingungen, also bei einer Modultemperatur von 25 °C.

Bezüglich der Temperaturabhängigkeit gilt: Mit zunehmender Erwärmung reduzieren sich die Spannungen, bei Abkühlung steigen die Spannungen. In unseren Breiten arbeiten die Module in einem Temperaturbereich von –10 °C bis +70 °C. Um einen Wechselrichter richtig an den Generator anzupassen, müssen die maximale und die minimale Ausgangsspannung des Generators bekannt sein.

Im Folgenden werden diese Werte berechnet, wobei von dem Temperaturkoeffizient der Modulspannung = $-0{,}127\,\frac{V}{K}$ ausgegangen wurde.

Bei Abkühlung auf –10 °C beträgt die Temperaturdifferenz bezogen auf die Standardtemperatur von 25 °C somit –35 K, bei Erwärmung auf +70 °C dann +45 K.

Fall 1: Abkühlung auf –10 °C

Für ein Modul gilt:

$$U_{OC\,korr} = 37{,}4\,V + (-0{,}127\,\frac{V}{K} \cdot -35\,K)$$
$$= 37{,}4\,V + 4{,}4\,V = 41{,}8\,V$$

Bezogen auf die Leerlaufspannung des Strangs:

$$= 41{,}8\,V \cdot 13 = 543{,}4\,V$$

Für die MPP-Spannung gilt dann pro Modul:

$$U_{MPP\,korr} = 30{,}2\,V + (-0{,}127\,\frac{V}{K} \cdot -35\,K)$$
$$= 30{,}2\,V + 4{,}4\,V = 34{,}6\,V$$

Für den Strang ergibt sich dann eine MPP-Spannung: $= 34{,}6\,V \cdot 13 = 449{,}8\,V$

Fall 2: Erwärmung auf +70 °C

Für ein Modul gilt:

$$U_{OC\,korr} = 37{,}4\,V + (-0{,}127\,\frac{V}{K} \cdot +45\,K)$$
$$= 37{,}4\,V - 5{,}7\,V = 31{,}7\,V$$

Die Leerlaufspannung des Strangs beträgt dann

$$= 31{,}7\,V \cdot 13 = 412{,}1\,V$$

Die MPP-Spannung des Strangs beträgt:

$$U_{MPP\,korr} = 30{,}2\,V + (-0{,}127\,\frac{V}{K} \cdot +45\,K)$$
$$= 30{,}2\,V - 5{,}7\,V = 24{,}5\,V$$

Die MPP-Spannung des Strangs ist bei 70° C:

$$= 24{,}5\,V \cdot 13 = 318{,}5\,V$$

Folgende Spannungsgrenzwerte des Generators wurden damit für den Bereich –10 °C bis +70 °C ermittelt:

- Maximalwert U_{OC} bei –10 °C = 543,4 V
- Minimalwert U_{MPP} bei +70 °C = 318,5 V

Merke:

Die minimale Generatorspannung wird erreicht, wenn die Module am MPP-Punkt bei maximaler Zellentemperatur betrieben werden. Die maximale Spannung gibt der Generator dann ab, wenn er im Leerlauf bei minimaler Temperatur arbeitet. Das Letztere kann dann auftreten, wenn sich die Anlage wegen eines Netzfehlers abschaltet und bei tiefen Temperaturen eine starke Einstrahlung in Folge klaren Himmels vorhanden ist.

Bezogen auf die Generatorleistung wurde ein Wechselrichter vom Typ SMA Sunny Boy 3000 TL mit folgenden Daten ausgewählt:

- Eingangsspannungsbereich: 125–750 V
- Maximalleistung AC: 3000 W
- Maximalleistung DC: 3200 W

Es ist zu prüfen, inwieweit die Leistungen von Generator und Wechselrichter aufeinander abgestimmt sind: Die maximale DC-Leistung am Eingang sollte ca. 10 % und die maximale AC-Leistung am Wechselrichterausgang ca. 15 % unter der installierten Generatorleistung liegen. Der gewählte Wechselrichter ist also nicht voll ausgelastet und könnte daher auch mit 14 Modulen beschaltet werden. Es wird trotzdem der SMA Sunny Boy 3000 TL gewählt.

Zwischen Generator und Wechselrichter ergeben sich somit folgende Relationen:

Die maximale DC-Dauerleistung am Eingang ist 2 % niedriger als die installierte Generatorleistung. Die maximale AC-Leistung am Ausgang des Wechselrichters liegt 8 % unter der installierten Generatorleistung. Die minimale und maximale Generatorspannung liegt im Eingangsspannungsbereich des Sunny Boy 3000 TL. Der Wechselrichter ist somit für diese Anlage geeignet, wird aber nicht voll ausgelastet.

Der ausgewählte Wechselrichter verfügt über eine selbsttätige Freischaltstelle, die sog. ENS, welche die Netzüberwachung durchführt. Mit ihrer Hilfe wird die Anlage vom Netz getrennt, wenn das Netz Störungen aufweist. Die ENS besteht aus zwei voneinander unabhängigen Einrichtungen, die ständig durch Prüfung der Spannung, der Fre-

quenz und Impedanz die Qualität des angeschlossenen Netzes kontrollieren. Die Schaltgrenzen für die Fehlererkennung und das Zuschalten sind festgelegt. Die Netzimpedanz kann zu groß werden, wenn der Netzeinspeisepunkt zu weit vom Wechselrichter entfernt ist. Die Netzimpedanz ergibt sich aus der Netzimpedanz am Einspeisepunkt und dem Widerstand der Wechselrichterzuleitung. Letztere ist deshalb so kurz wie möglich zu halten.
Die PV-Anlage wird über einen eigenen Zähler ans Netz angeschlossen.
Die hier gezeigte Berechnung von Hand ist sehr wichtig für das Verständnis der Auslegung. In der Praxis werden oft Softwareprodukte für die Anlagenauslegung eingesetzt. Ein fundiertes Verständnis der PV-Anlage ist beim Einsatz von Auslegungssoftware unbedingt notwendig, um die Ergebnisse richtig bewerten zu können. Moderne Programme bieten teilweise sehr umfangreiche Funktionen, wie z. B. Verschattungsanalyse und Anlagendokumentation.

4.4.2 Arbeitsausführung

Arbeitsschritte

1 Montage der Unterkonstruktion auf dem Dach

Die Solarmodule sollen auf dem Süddach des Gelben Hauses montiert werden (Abb. 1) parallel zur Dachfläche, in geringem Abstand über der Dachhaut. Somit handelt es sich um eine Standard-Aufdachmontage.

Vor Beginn der Arbeiten muss eine ausreichende Dachsicherung aufgebaut werden. Bei dem Gelben Haus bietet ein Dachfanggerüst am unteren Rand der Dachfläche eine gute Sicherheit bei vertretbarem Aufwand.

Aufdach-Montagesysteme werden von verschiedenen Herstellern angeboten. Die Installation folgt den Herstellerangaben. Es sollte in jedem Fall ein qualitativ hochwertiges System verwendet werden, das den auftretenden Belastungen durch Schnee und Stürme über die gesamte Betriebsdauer (bis zu dreißig Jahre) standhält. Die Verankerung im Dach erfolgt durch Dachhaken, die mit den Sparren des Dachstuhles verschraubt werden. Der obere Teil der Dachhaken führt zwischen zwei Ziegeln hindurch und besitzt oben einen Befestigungspunkt für die Montageschienen des Systems (Abb. 1 ⊳ 432).

Für den Einbau der Dachhaken ist wiederum den Herstellerangaben zu folgen. Entscheidend ist dabei, dass der jeweilige Dachhaken ausreichend Abstand zu dem Dachziegel darunter hat, damit der Dachhaken auch bei Wind oder Schnee nicht auf den unteren Ziegel drückt, da dieser sonst brechen könnte. Damit wäre die Dichtigkeit des Daches nicht mehr gegeben, und bei Regen dränge Wasser in das Gebäude ein. Dies ist unbedingt zu vermeiden! Zudem ist der Austausch von gebrochenen Ziegeln sehr aufwendig. Und der Solargenerator müsste in diesem Bereich komplett demontiert werden. Daher ist es sinnvoll, den Solargenerator in Zusammenarbeit mit einem

Abb. 1 Gelbes Haus vor ⓐ und nach ⓑ der Montage der Photovoltaik-Anlage

Abb. 1 Dachhaken als Befestigungspunkt für die Montageschienen

Abb. 2 Lüfterziegel als Dacheinführung

Fachbetrieb des Dachdeckerhandwerkes zu montieren.

2 Installation der Gleichstromleitungen

Ist das Montagesystem fertig befestigt und ausgerichtet, so werden die Gleichstromleitungen vom Solargenerator bis zum Wechselrichter verlegt. Viele Hersteller bieten dafür spezielle „Solarleitungen" an, die UV-fest und flexibel sind. Der Aderquerschnitt beträgt 4 mm², bei großer Leitungslänge 6 mm². Die Dimensionierung des Aderquerschnittes erfolgt so, dass der Verlust bei maximalem Strom 1% der installierten Generatorleistung nicht übersteigt. Die Gleichstrominstallation wird immer mit einadriger Leitung ausgeführt, z. B. H 07 RN-F 1 × 4.

Die Leitungsverlegung im Außenbereich erfolgt entlang der Montageschienen mit UV-festen Kabelbindern oder Halteclips des Montagesystems. Für die Dacheinführung wird ein Lüfterziegel in die Dachhaut eingesetzt. Wird dieser Ziegel so angeordnet, dass er später unter den Solarmodulen liegt, ist die gesamte Gleichstrominstallation nach der Modulmontage unsichtbar und vor Sonneneinstrahlung geschützt. Die Leitungen müssen durch den Ziegel mit Steigung nach innen verlegt werden, damit kein Regenwasser entlang der Leitungen ins Gebäude laufen kann (Abb. 2). Im Innenbereich erfolgt die Verlegung im Kabelkanal oder im Schutzrohr.

Im Bereich des Solargenerators müssen die Leitungen so geführt werden, dass keine Leiterschleifen entstehen (Abb. 3). Dadurch wird die induzierte Überspannung bei indirektem Blitzeinschlag minimiert, und Anlagenschäden durch induzierte Überspannung werden weitgehend vermieden.

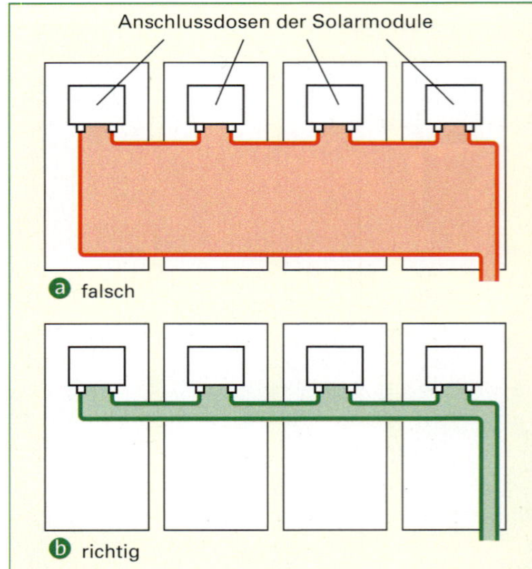

Abb. 3 Schleifenfreie Verlegung der Kabel

Merke:
Die Höhe der induzierten Überspannung bei indirektem Blitzeinschlag kann durch schleifenfreie Verlegung der Gleichstromleitungen verringert werden, da Hin- und Rückleitung somit immer den gleichen Weg nehmen.
Die Verbindung der Gleichstromleitungen zu den Solarmodulen und zum Wechselrichter erfolgt über Spezialstecker, die sowohl im gesteckten als auch im nicht gesteckten Zustand einen Berührungsschutz gewährleisten. Da die Solarmodule bereits während der Installation Spannung produzieren, muss der Berührungsschutz von Anfang an gewährleistet sein. Aus diesem Grund werden die Gleichstromleitungen fertig verlegt und auf beiden Seiten mit Steckern versehen, bevor die Solarmodule angeschlossen werden. Die Montage der Stecker an den Kabelenden erfolgt mit dem Spezialwerkzeug des jeweiligen Herstellers.

Abb. 1 Transport der Module auf das Dach mittels Schrägaufzug

3 Erdung und Blitzschutz

Der Anschluss der Unterkonstruktion an den Potentialausgleich ist bei Wechselrichtern ohne Transformator notwendig, da der elektrisch aktive Teil der Solarmodule über den Wechselrichter galvanisch mit dem Netz verbunden ist. Dazu wird eine Leitung mit einem Aderquerschnitt von 16 mm^2 vom Montagesystem bis zur Potentialausgleichsschiene des Gebäudes verlegt. Bei Wechselrichtern mit Transformator ist eine Erdung des Montagesystems nicht notwendig.

Ist eine Blitzschutzanlage vorhanden, muss der Solargenerator in das Blitzschutzkonzept eingebunden werden. Liegt der Solargenerator vollständig innerhalb des Schutzbereiches der Blitzschutzanlage, erfolgt kein Anschluss an den Blitzableiter. Andernfalls ist der Solargenerator direkt an den Blitzableiter anzuschließen. Eine zusätzliche Erdung ist dann nicht mehr notwendig.

4 Montage der Solarmodule

Sind Montagesystem, Gleichstromleitungen und gegebenenfalls Erdung und Blitzschutz fertig installiert, können die Solarmodule montiert werden. Die Module lassen sich mit einem Schrägaufzug oder einer Hebebühne auf das Dach transportieren (Abb. 1). Die Reihenschaltung der Module untereinander erfolgt durch die Anschlusskabel der Module mit bereits vormontierten Steckern. Anschließend werden die abgehenden Leitungen

Merke:
- *Basiselement der Solarstromerzeugung ist die Solarzelle. In ihr erfolgt durch den photovoltaischen Effekt die direkte Umwandlung der von der Sonne eingestrahlten Energie in elektrische. Die gesamte Menge der auf eine horizontale Fläche auftretenden Sonneneinstrahlung wird als Globalstrahlung bezeichnet.*
- *Zellen werden zum Modul verbunden, mehrere Module zum Solargenerator.*
- *Der Solargenerator liefert Gleichstrom. Dieser wird vom Wechselrichter in Wechselstrom umgewandelt.*
- *Die Verschaltung der Module erfolgt bei den meisten Anlagen in Strangtechnik. Dabei werden immer ein bis zwei Stränge an einen separaten Wechselrichter angeschlossen.*
- *Beim Arbeiten auf Schrägdächern sind die Unfallschutzbestimmungen zu beachten.*
- *Der Generator sollte möglichst genau in Südrichtung orientiert und mit einer Neigung zwischen 30 und 60° montiert werden, dabei ist zu unterscheiden zwischen Aufdach- und Indach-Montage.*

an den Enden des Stranges ebenfalls auf die Anschlusskabel gesteckt.

Sofort nach der Modulmontage wird die Spannung am Ende der Gleichstromleitungen gemessen, um sicherzustellen, dass die Verkabelung fehlerfrei ist. Bei größeren Anlagen mit mehreren Strängen wird jeder Strang direkt nach Fertigstellung gemessen, um Fehler auszuschließen. Zusätzlich werden alle Schraubverbindungen auf festen Sitz überprüft. Diese Überprüfungen sind enorm wichtig, da der Solargenerator nach dem Abbau der Dachsicherung nur sehr schlecht erreichbar ist und Fehler nur noch mit großem Aufwand behoben werden können.

5 Installation des Wechselrichters

Der Wechselrichter wird nach Herstellerangaben an der vorgesehenen Position montiert. Dabei muss auf freie Luftzirkulation im Bereich des Wechselrichters geachtet werden, da das Gerät ca. 5 % der elektrischen Leistung als Wärme an die Umgebung abgibt. Der Wechselrichter kann also nicht in einem Schrank montiert werden. Eine Montage in Wohnräumen sollte vermieden werden, weil die Geräte ein Betriebsgeräusch erzeugen, vor allem durch eingebaute Lüfter.
Zwischen Solargenerator und Wechselrichter ist ein Gleichstrom-Hauptschalter zu installieren, um den Gleichstrom bei Wartungsarbeiten am Wechselrichter abschalten zu können. Dieser Schalter ist je nach Hersteller des Wechselrichters im Gerät integriert oder separat erhältlich.

6 Wechselstrominstallation

An den fertig montierten Wechselrichter kann nun die Wechselstrom-Hauptleitung nach Herstellerangaben angeschlossen werden. Der notwendige Mindestquerschnitt wird meist vom Hersteller vorgegeben und wird so ausgelegt, dass der Verlust bei maximalem Strom unter 1 % bleibt. Die erzeugte Energiemenge der PV-Anlage wird auf der Netzseite der Wechselstrom-Hauptleitung durch den Einspeisezähler gezählt. Der Verlust in der Wechselstrom-Hauptleitung verringert folglich den Ertrag der Anlage. Deshalb ist es sinnvoll, diese Leitung so zu dimensionieren, dass der Verlust möglichst gering ist.
Für den Einspeisezähler muss ein Feld in der Zählerinstallation vorbereitet werden. Ist kein freies Zählerfeld mehr vorhanden, kann oft ein für ein

Abb. 1 Zählerschrank mit Verbrauchszähler und einphasigem Einspeisezähler

Tarifschaltgerät vorgesehenes Feld entsprechend umgerüstet werden. Der genaue Aufbau des Zählerfeldes richtet sich nach den Vorgaben des örtlichen Versorgungsnetzbetreibers. Abb. 1 zeigt einen komplett installierten Zählerschrank mit Verbrauchszähler und einphasigem Einspeisezähler.
Die Absicherung des Stromkreises erfolgt durch einen LS-Schalter und, wenn notwendig, durch einen FI-Schalter (RCD). Sind mehrere Wechselrichter vorhanden, wird jedes Gerät über einen eigenen LS-Schalter abgesichert. Die Wechselrichter müssen so auf die Außenleiter verteilt werden, dass die Asymmetrie zwischen den Außenleitern nicht größer ist als 4,6 kW. Als Kriterium gilt dabei die maximale AC-Leistung der Wechselrichter. Bei kleinen Anlagen können die Sicherungskomponenten meistens im oberen Anschlussraum des Zählerfeldes installiert werden. Ob ein FI-Schalter eingebaut werden muss, hängt von den Vorgaben des VNBs ab. Bei Wechselrichtern ohne Transformator wird ein FI-Schalter mit einem Auslösestrom von 0,3 A eingesetzt, bei Wechselrichtern mit Transformator ein FI-Schalter mit 0,03 A Auslösestrom.

Merke:
Die Absicherung des Stromkreises zum Wechselrichter erfolgt wie bei der Verbraucherinstallation auf der Netzseite des Stromkreises. Tritt ein Kurzschluss im Stromkreis auf, wird der entstehende Kurzschlussstrom immer aus dem Netz gespeist, unabhängig von der normalen Energieflussrichtung des Stromkreises.

Liegt die maximale AC-Leistung der Gesamtanlage unterhalb von 4,6 kW, kann die Einspeisung einphasig erfolgen. Der Zählerplatz wird nur einphasig ausgerüstet, und es wird ein einphasiger Zähler gesetzt. Der VNB gibt möglicherweise vor, auf welchem Außenleiter die Anlage einspeisen soll. Bei Anlagen über 4,6 kW AC-Leistung wird zwei- oder dreiphasig eingespeist. Das Zählerfeld wird dann immer dreiphasig ausgerüstet und ein Drehstromzähler verwendet.

7 Inbetriebnahme und wiederkehrende Prüfung netzgekoppelter Photovoltaik-Systeme gemäß DIN VDE 0126-23

Bei der Installation einer PV-Anlage müssen die aktuellen Normen für die elektrische Installation und Leitungsverlegung, wie die DIN VDE 0100 und besonders die DIN VDE 0100-712 beachtet werden. Außerdem muss die Anlage dokumentiert und vor der Inbetriebnahme einer Prüfung unterzogen werden. Diese Prüfungen erfolgen gemäß DIN VDE 0100-600 „Errichten von Niederspannungsanlagen, Teil 6 Prüfungen“ und der Sicherheitsprüfung für Photovoltaikanlagen nach DIN VDE 0126-23 (EN 62446) „Netzgekoppelte PV-Systeme – Mindestanforderungen an Systemdokumentation, Inbetriebnahme und wiederkehrende Prüfungen“. Die Inbetriebnahmeprüfung, die in der Regel nach der Endmontage mit der Erstellung eines Anlagenpasses durch den Installateur erfolgt, bietet dem Errichter und dem Eigentümer Vorteile in Bezug auf Qualität, Sicherheit, Gewährleistung, Ansprüche im Schadensfall und für nachfolgende Wartungsarbeiten.

Nicht nur bei der Errichtung, sondern auch für die Wiederholungsprüfung in regelmäßigen Abständen oder nach Wartungsarbeiten, ist die Sicherheit und der korrekte Betrieb von PV-Anlagen nachzuweisen. Durch die regelmäßige Wartung und Kontrolle können Fehler und Mängel rechtzeitig erkannt und behoben werden.

Abb. 1 Prüfgerät für PV-Anlagen gemäß VDE 126-23

8 Inbetriebnahme und Übergabe an den Kunden

Die Fertigmeldung für die Anlage wird zum VNB geschickt und ein Zählertermin vereinbart. Bei diesem Termin wird der Zähler gesetzt, die Anlage in Betrieb genommen und das Zählerfeld wieder plombiert. Anschließend findet die Übergabe an den Kunden statt. Dem Kunden werden die Komponenten der Anlage gezeigt und ausführlich erklärt. Die Funktion und die verschiedenen Anzeigemöglichkeiten des Wechselrichters werden dem Kunden vorgestellt, damit er als Betreiber in der Lage ist, den Anlagenbetrieb zu überwachen. Inbetriebnahme und Übergabe werden in einem Protokoll dokumentiert. Ab diesem Zeitpunkt läuft die Garantie für die einzelnen Komponenten der Anlage. Zudem erhält der Kunde die Dokumentation der Anlage.

9 Anlagenbetrieb und Wartung

Die PV-Anlage läuft vollautomatisch. Der Wechselrichter übernimmt die Betriebsführung und die Netzüberwachung. Schaltet die Anlage bei einem Netzausfall ab, so geht sie selbständig wieder in Betrieb, sobald das Netz wieder zugeschaltet wird.
Bei einer kleinen Anlage sollte der Betreiber wöchentlich die Funktion der Anlage überprüfen und monatlich den Anlagenertrag notieren. Für größere Anlagen empfiehlt sich eine Anlagenüberwachung mit automatischer Fehlermeldung. Eine regelmäßige Überwachung der Anlage ist notwendig, damit Störungen und Ausfälle möglichst rasch erkannt werden. Wird ein Fehler, der zum Anlagenstillstand führt, über längere Zeit nicht bemerkt, führt dies zu massivem Ertragsverlust. Ob der Betreiber die Anlage manuell überwacht oder eine automatische Überwachung installiert wird, hängt von der Anlagengröße ab und davon, wie oft der Betreiber bei der Anlage ist. Wohnt der Betreiber im gleichen Gebäude, könnte er die Überwachung auch selbst durchführen. Andernfalls ist eine Fernüberwachung mit automatischer Fehlermeldung, z. B. per SMS oder E-Mail nötig.
Eine regelmäßige Wartung der Anlage ist nicht erforderlich. Da die Solarmodule immer geneigt montiert sind, werden sie vom Regen ausreichend sauber gehalten. Arbeiten an der Anlage sind also nur bei Defekten notwendig.

Arbeitsablauf für die Planung einer Solarstromanlage für Netzparallelbetrieb

Um eine solche Solarstromanlage zu planen, sind folgende Entscheidungen zu treffen:

1. Entweder wird der gewünschte Ertrag oder die vorhandene Dachfläche als Basis zur Planung der Anlagengröße zugrunde gelegt. Im privaten Sektor liegen die Anlagen meist im Bereich zwischen 3 und 10 kW_p.
2. Es wird ein Modultyp unter Bezug auf die Kenndaten und konstruktiven Merkmale ausgewählt.
3. Ausgehend von der gewünschten Leistung der Anlage, wird die Anzahl der Module und damit die benötigte Fläche berechnet. Bei Anlagen auf Flachdächern muss ein statisches Gutachten für das zu beanspruchende Dach eingeholt werden.
4. Die Verschaltungsart der Module im Generator ist zu bestimmen. Im Hinblick auf die Leistung und die Höhe der Ausgangsspannungen des Generators werden die Wechselrichter so ausgewählt, dass die maximale Leistung am Ausgang des Wechselrichters etwa 15 % unter der installierten Generatorleistung liegt, um eine optimale Auslastung zu garantieren. Die vorhandene Zählerinstallation muss so umgebaut werden, dass ein freies Zählerfeld für den Einspeisezähler vorhanden ist.

Abb. 1 Einfamilienhaus mit netzgekoppelter Photovoltaikanlage 11,1 kW_p

Basiswissen Photovoltaik

Der Photoeffekt

Das Basiselement aller Solarstromanlagen ist die Solarzelle. Deren Wirkung beruht auf der Ausnutzung des photovoltaischen Effekts. Er beschreibt die direkte Umwandlung von Lichtenergie in elektrische Energie – und das ohne Zwischenstufen.
Quelle der Lichtenergie ist die Sonne. Ihr Durchmesser beträgt 1,39 Millionen Kilometer, das Volumen das 333 000-fache der Erde. Ihre Hauptbestandteile sind Wasserstoff (75 %), Helium (23 %) und schwere Elemente (2 %). Im Innern der Sonne herrschen Temperaturen von etwa 150 Millionen K(elvin). Dort laufen als Folge der hohen Temperaturen und Drücke ständig Kernreaktionen ab. Die Kernfusion von Wasserstoff zu Helium setzt eine riesige Energiemenge frei, die in den Weltraum gestrahlt wird. Dieser Kernfusionsprozess dauert bereits etwa 4,5 Milliarden Jahre und wird noch die gleiche Zeit anhalten, bis die Sonne erlischt.
Auf die Erde gelangt die Sonnenenergie als elektromagnetische Strahlung, die aber nicht homogen ist, sondern aus mehreren Bestandteilen unterschiedlicher Wellenlänge und Intensität besteht. Seinen Niederschlag findet diese Tatsache in dem Sonnenspektrum (Abb. 1). Die unterschiedliche Intensitätsverteilung hat für die Effizienz der Solarzellen eine große Bedeutung, da deren Eigenschaften wellenlängenabhängig sind.
Die Direktumwandlung der Lichtstrahlung in Elektroenergie wird mit dem Fachbegriff **Photovoltaik** beschrieben, gebildet aus der Kombination des griechischen Wortes für Licht **Photo** und dem Namen des italienischen Forschers **Volta**. Bereits 1954 wurde dieser Effekt von den Bell Telephone Laboratorien auf der Basis von Silizium für die Entwicklung einer Solarzelle verwendet.

Die Nutzung des photovoltaischen Effekts ist an eine Reihe von Bedingungen geknüpft:

- Als Basis wird ein Material benötigt, bei dem durch Lichtabsorption positive und negative Ladungsträger freigesetzt werden können. Dieser Vorgang kann nur in einem Halbleiter erfolgen.

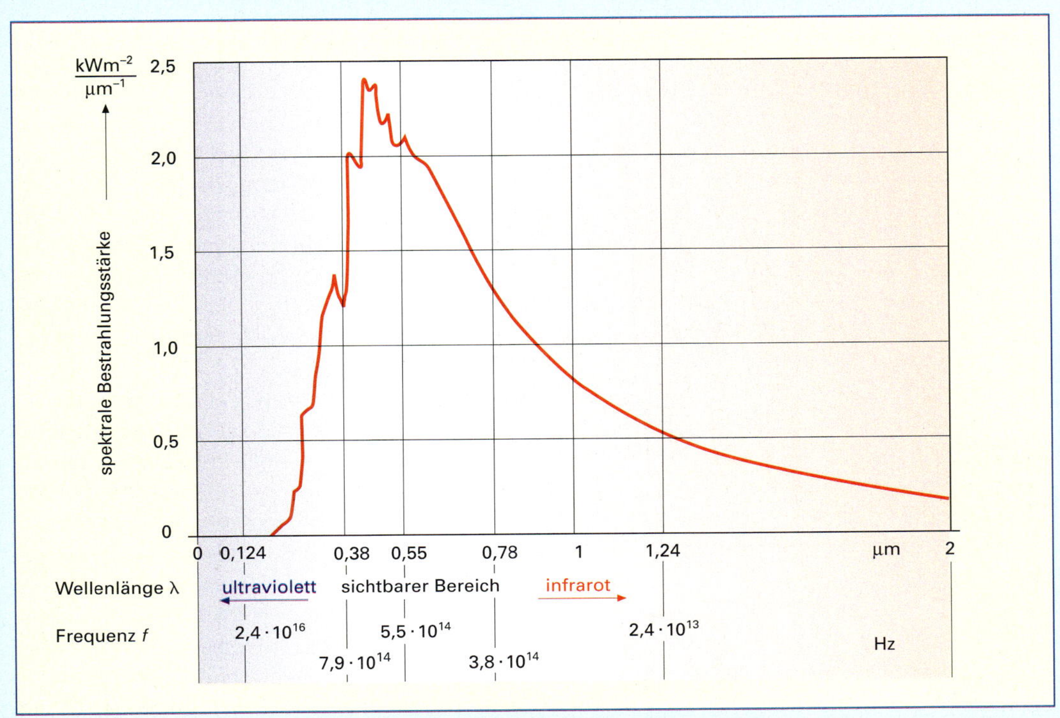

Abb. 1 Spektrale Verteilung und Intensität der Sonneneinstrahlung

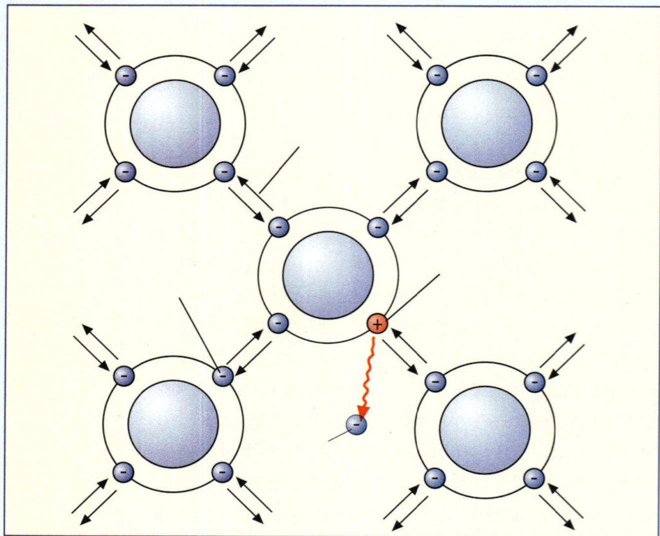

Abb. 1 Entstehen freier Ladungsträger (freie Elektronen und Defektelektronen) durch Aufbrechen der so genannten Elektronenpaarbindung

- Die Solarzelle muss eine Struktur besitzen, die den Aufbau eines inneren Felds in Form der sogenannten Raumladungszone möglich macht. Dazu ist entweder ein pn-Übergang oder eine MIS-Struktur (**M**etall-**I**solator-**S**emiconductor) notwendig.
- Um den beim Schließen eines angeschlossenen äußeren Stromkreises fließenden Strom verlustfrei zu erhalten, müssen gut leitende Kontakte an der Zellenstruktur vorhanden sein, und zwar so, dass an der Zellenfrontseite genügend Fläche für den Lichteintritt bleibt.

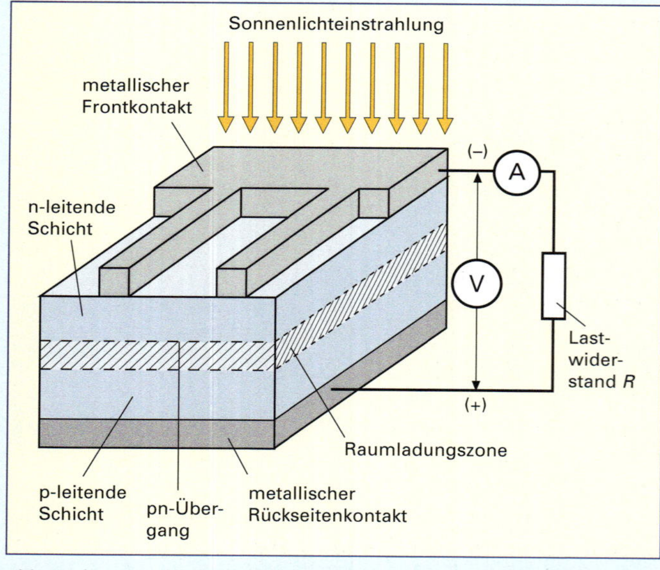

Abb. 2 Schematische Darstellung einer Solarzelle mit pn-Übergang

Merke:
- *Lichtabsorption: Wechselwirkung von Licht mit Materie, bei welcher die Strahlung von der Materie aufgenommen wird und dabei thermische, elektrische oder chemische Wirkungen entstehen.*
- *Raumladungszone: Elektrisches Feld am pn-Übergang, Bereich ohne bewegliche Ladungsträger entsteht durch ortsfeste Rumpfladungen an den Atomen.*

Der Vorgang der Bildung freier Ladungsträger durch Lichteinwirkung kann wie folgt beschrieben werden: Im Halbleiter sind die Elektronen zunächst an den Atomkernen gebunden. Bei Zufuhr von Energie kann diese Bindung aufgebrochen werden, wobei freie Elektronen (negative Elementarladungen) und Defektelektronen (frei bewegliche, positive Ladungsträger) gebildet werden.

Beim Silizium sitzen 4 Elektronen auf der äußeren Elektronenschale, wobei die Atome untereinander durch Elektronenpaarbrücken verbunden sind. Zwei Atome teilen sich eine solche Brücke. Besitzt der vorher noch 4-fach positiv geladene Atomrumpf nach der Abspaltung eines Elektrons nur noch drei zugehörige Elektronen, so entsteht am Ort des abgespaltenen Elektrons eine positive Ladung, die als Defektelektron oder Loch bezeichnet wird (Abb. 1). Beide Arten von Ladungsträgern können im Halbleiter wandern und damit einen Ladungsträgertransport bewirken. Sie können sich auch wieder im Sinne einer Neutralisierung vereinen (rekombinieren) und wirken dann nicht mehr als bewegliche Ladungsträger.

Die Erzeugung von elektrischem Strom in einer Solarzelle geschieht in einer speziellen Halbleiterstruktur, die mit einem pn-Übergang einer Halbleiterdiode ähnelt. Abb. 2 zeigt schematisch die Struktur einer pn-Solarzelle mit der ausgebildeten Raumladungszone.

Ein pn-Übergang bildet sich aus, wenn eine p-leitende Zone – also ein Gebiet mit Defektelektronenüberschuss – an einen n-leitenden Bereich mit Elektronenüberschuss stößt. Die beiden Bereiche werden durch gezieltes Einbringen von Fremdatomen erzeugt. In der Fachsprache wird dieser Vorgang Dotierung genannt. Elemente, die zum Löcherüberschuss führen, werden als Akzeptoren, solche, die Elektronenüberschuss bewirken, als Donatoren bezeichnet.

In einer derartigen Struktur stößt ein Gebiet mit hoher Elektronenkonzentration an einen Bereich hoher Löcherdichte. Die dadurch bedingten unterschiedlichen elektrischen Ladungen haben das Bestreben, sich auszugleichen. Elektronen wandern in den p-Bereich, Löcher in den n-Bereich. Im p-Bereich entstehen dadurch negative und im n-Gebiet positive Rumpfladungen an den Atomen. In Analogie zu einem Plattenkondensator bildet sich am pn-Übergang ein elektrisches Feld – die sogenannte Raumladungszone – aus.

Bestrahlt man diese Anordnung mit Licht, dann spalten die Lichtquanten in unmittelbarer Nähe der Raumladungszone Elektronenpaarbrücken auf, wodurch zusätzliche freie Elektronen und Löcher gebildet werden. Zwischen beiden Bereichen der Anordnung verstärkt sich die Spannung, es baut sich eine Photospannung auf. Verbindet man die n- und p-Bereiche mit einem äußeren Stromkreis, so fließt ein der Photospannung und dem Widerstand des Kreises entsprechender Gleichstrom.

Die Elektronen wandern über den äußeren Stromkreis zurück. Der Vorgang wiederholt sich bei Lichteinstrahlung. Die von der Raumladungszone getrennten Elektron-Loch-Paare vereinigen sich am Lastwiderstand des Kreises. Aus diesem Grund ist es erforderlich, dass möglichst viele Elektron-Loch-Paare entstehen und dass nach der Trennung eine vorzeitige Vereinigung (Rekombination) verhindert wird. Inwieweit dieser Prozess der vorzeitigen Wiedervereinigung der Ladungsträger-Loch-Paare die Qualität der Zelle beeinflusst, soll später eingehender behandelt werden, da die Verhinderung der Rekombination ein Schlüsselproblem der Solarzellentechnik darstellt.

Merke:

- *Der pn-Übergang entsteht an der Schichtgrenze zwischen einem n- und einem p-leitenden Bereich im Halbleiter.*
- *Rekombination: Wiedervereinigung von Elektronen mit Defektelektronen*

Die physikalischen Eigenschaften eines Halbleitermaterials bestimmen seine Eignung als Zellenmaterial. Das hängt einmal von der Höhe der Energie ab, die notwendig ist, um die Bildung von Elektronen-Defektelektronen-Paaren zu realisieren, und zum anderen davon, in welcher Weise Licht bestimmter Wellenlänge absorbiert werden kann.

Die Anzahl der Elemente und Elementverbindungen, die für Solarzellen geeignet sind, ist beschränkt. Die Praxis hat gezeigt, dass insbesondere Silizium die gestellten Forderungen ausreichend erfüllt, weil auch die Herstellungstechnologien, stimuliert durch die Mikro- und Leistungselektronik, perfekt beherrscht werden.

Aus dem bisher zur Rekombination Gesagten wissen wir, dass im Halbleiter möglichst wenig Störstellen vorhanden sein sollten, an denen eine *vorzeitige* Wiedervereinigung der Elektronen mit den Löchern erfolgt. Unter Störstellen sind dabei alle Abweichungen und Fehler im regulären Kristallgitteraufbau zu verstehen.

An den Störstellen reagieren Elektronen mit Defektelektronen, noch ehe sie an den Kontakten austreten können, wodurch die Gesamtmenge der freien Ladungsträger reduziert wird.

Merke:

- *Alle Abweichungen vom regulären Kristallgitter, zum Beispiel Fremdatome oder Fehlstellen, sind Störstellen.*
- *Der einkristalline Festkörper besitzt einen regulären Gitteraufbau, bezogen auf das gesamte Volumen.*
- *Der poly- (oder viel-) kristalline Festkörper besteht aus einer Vielzahl kleiner Kristalle (Kristallite), die über Korngrenzen miteinander verbunden sind.*

Die Materialform, die am wenigsten Störstellen aufweist, besitzt eine einkristalline (monokristalline) Struktur. Mehr Störstellen sind in polykristallinem (vielkristallinem) Material enthalten. Besonders viele aber im amorphen (nichtkristallinen) Zustand des Werkstoffs.

Silizium als Basismaterial für Solarzellen lässt sich in allen drei genannten Strukturzuständen herstellen.

Als Element kommt Silizium in der Natur nur gebunden, und zwar im Mineral Quarz als SiO_2 vor. Dieser dient als Ausgangsrohstoff zur Siliziumgewinnung: Beim Schmelzen im Lichtbogenofen wird mithilfe von zugesetztem Kohlenstoff Quarz zu Silizium reduziert. Das so gewonnene Rohsilizium wird chemisch in eine flüssige Verbindung überführt und durch Destillation von Verunreinigungen befreit. Die Verbindung wird thermisch zersetzt, wobei elementares Silizium entsteht, das als Ausgangsmaterial für die nach-

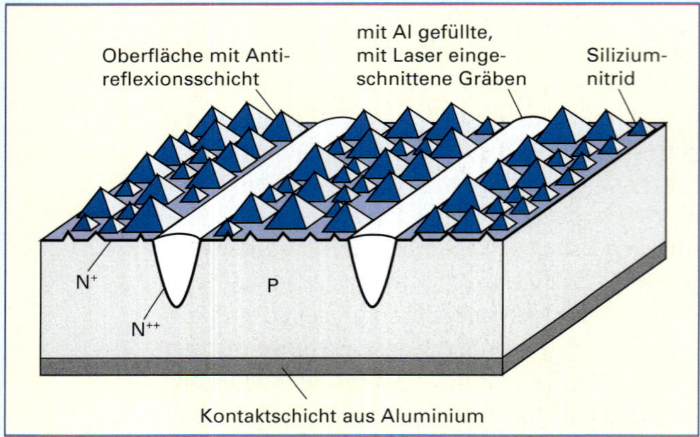

Abb. 1 Schematische Darstellung einer Lasergrabenzelle

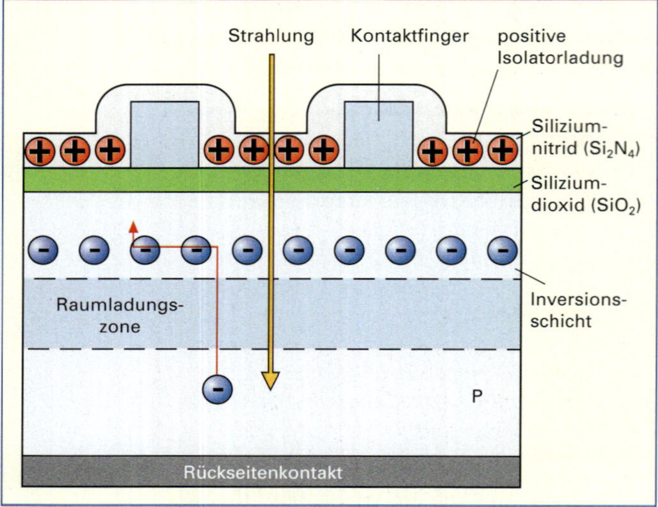

Abb. 2 Schematische Darstellung einer MIS-Zelle mit induziertem pn-Übergang

folgende Kristallzüchtung dient. Eine Variante besteht darin, dass Silizium in einem Quarztiegel im Vakuum oder Schutzgas aufgeschmolzen wird und aus der Schmelze ein weitgehend störungsfreier Einkristall gezogen wird. Dieser sogenannte monokristalline Kristall wird anschließend in dünne Scheiben (Wafer) mit einer Dicke von 200 bis 300 µm (0,2 bis 0,3 mm) geschnitten. Nach der Strukturherstellung wird die Scheibe in zumeist rechteckige Stücke, entsprechend der gewählten Zellengröße, zerschnitten.

Um Kosten zu sparen, wurde ein anderes Verfahren entwickelt, mit dessen Hilfe flüssiges Silizium in eine Form quadratischen Querschnitts gegossen wird. Im Ergebnis erhält man nach der Erstarrung einen etwa 120 kg schweren Block mit einem Querschnitt von etwa 400 mm Kantenlänge. Dieser Block wird in Richtung der Längsachse in Scheiben geschnitten, die einen grobkörnigen polykristallinen Aufbau aufweisen. Der polykristalline Werkstoff besteht aus mehr oder weniger großen unregelmäßigen Kristalliten (einzelne monokristalline Teile), die über die Korngrenzen zu einem Festkörper zusammengefügt sind. Die Flächen, mit denen die Kristallite aneinander stoßen, werden als Korngrenzen bezeichnet.

Bei einer neuen Variante erfolgen Schmelzen und Erstarren in einem einheitlichen Prozess. Da die Schneidprozesse zu einem großen Materialverlust führen, wird versucht, Technologien zu entwickeln, die diesen Prozess weitestgehend eliminieren. So wird zum Beispiel statt eines walzenförmigen Einkristalls aus der Schmelze ein Rohr mit Achteckprofil gezogen, dessen Wandstärke der Zellendicke entspricht. Mit Hilfe eines Lasers werden die Wände an den Kanten voneinander getrennt und dienen dann als Ausgangsmaterial für die Zellenherstellung. Dies geschieht mit in der Halbleitertechnik üblichen Methoden. Um den pn-Übergang in Oberflächennähe zu erzeugen, diffundiert man in das p-leitende Ausgangssilizium Phosphor ein, wodurch eine n-Schicht entsteht. Front- (Ober-) und Rückseite der Zelle werden mit einer gut leitenden, dünnen Metallschicht versehen. Damit eine große Menge Licht in die Zelle einfallen kann, besitzt die Frontseite eine fingerähnliche Struktur. Je feiner diese ist, umso höher ist die Zellenleistung. Zusätzlich bringt man auf die Frontseite noch eine so genannte Antireflexionsschicht auf, welche die Rückspiegelung des Lichts minimieren soll.

Es wird versucht, die Oberfläche der Frontseite so zu gestalten, dass eine größere Menge Licht eingestrahlt und die Reflexion gemindert wird. Eine feine Strukturierung durch Einschneiden von Gräben und Ausbildung von winzigen Pyramiden an der Oberfläche mit Hilfe einer Laserbearbeitung führt zu deutlicher Leistungssteigerung der Zellen. Abb. 1 zeigt den prinzipiellen Aufbau einer modernen Lasergrabenzelle. Durch die Laserbearbeitung wird die aktive Zellenoberfläche vergrößert und die Breite der metallischen Kontaktstreifen reduziert.

Ein anderer Zellentyp benutzt einen sogenannten induzierten pn-Übergang, der sich ähnlich wie bei einem MOS-Transistor an der Grenzschicht von aufgebrachtem Siliziumdioxid mit dem Basissilizium ausbildet. Diese Zelle wird als MIS (**M**etall-**I**solator-**S**emiconductor) bezeichnet. Der schema-

Abb. 1 Frontseite einer polykristallenen Silizium-Solarzelle

Abb. 2 Frontseite einer monokristallinen Lasergraben-Silizium-Solarzelle

tische Aufbau dieses Zellentyps ist in Abb. 2 ▷ 440 gezeigt. In Abb. 1 ist die Frontseite einer Zelle aus polykristallinem Silizium mit dem metallischen Kontaktsystem abgebildet. Eine Lasergrabenzelle aus einkristallinem Silizium mit der sehr feinen Strukturierung des Kontaktsystems ist in Abb. 2 dargestellt.

Merke:
MIS-Struktur: Besitzt keinen metallurgischen pn-Übergang, sondern in Analogie zum MOS-Transistor einen durch einen speziellen Schichtaufbau bedingten induzierten pn-Übergang.

Ein anderes Herstellungsverfahren – die Dünnschichttechnologie – gewinnt immer mehr an Bedeutung. Auf eine Unterlage aus Stahl oder Glas wird aus der Gasphase Silizium abgeschieden, indem eine chemische Siliziumverbindung durch Temperatureinwirkung zersetzt wird. Dabei frei werdendes elementares Silizium setzt sich auf der Unterlage ab. Vorwiegend nutzt man für diesen Prozess die Verbindung SiH_4, die sich in Silizium und Wasserstoff aufspaltet. Die so hergestellte Siliziumschicht besitzt kein reguläres Kristallgitter, sondern beinhaltet außerdem eine große Menge von Wasserstoffatomen und eine Vielzahl von Störstellen, welche zur Rekombination der Ladungsträger führen. Im Ergebnis ist die Leistung der mit dieser Technologie hergestellten Zelle gegenüber einer solchen aus kristallinem Material allerdings deutlich geringer. Die Dünnschichttechnologie weist aber auch einen sehr großen Vorteil auf: Mit Hilfe von Maskendrucktechniken und Laseranwendungen lassen sich die Zellen sehr einfach zu Modulen integrieren, ohne dass die üblichen Verbindungsverfahren wie Löten oder Kaltpressschweißung angewendet werden müssen.

Merke:
Einige Siliziumverbindungen sind verdampfbare Flüssigkeiten. Beim Erhitzen gehen sie in den gasförmigen Zustand über und liegen dann in der Gasphase vor, aus der Silizium abgeschieden werden kann.

Auf der Suche nach effektiveren Werkstoffen im Hinblick auf höhere Zellenleistungen fand man heraus, dass sich mit aufwändigen Technologien aus Galliumarsenid Hochleistungszellen herstellen lassen, die in der Raumfahrt genutzt werden.

Merke:
Galliumarsenid ist eine so genannte halbleitende Verbindung mit speziellen Halbleitereigenschaften. Herstellung und Verarbeitung erfordern hohen technologischen Aufwand.

Neben der Siliziumdünnschichttechnologie sind auch Verfahren zur Zellenherstellung auf der Basis der Verbindungen Kupfer-Indium-Selenid – als CIS-Zellen bezeichnet – oder Cadmiumtellurid auf dem Markt.

Kenndaten von Solarzellen

Zur Charakterisierung einer Solarzelle wird in Analogie zu einer Diode die Strom-Spannungs-Kennlinie benutzt, die für eine beleuchtete Zelle schematisch in Abb. 1 dargestellt ist. Folgende Kenngrößen charakterisieren die Zelle:

I_{sc} Kurzschlussstrom (engl.: *short circuit current*)

U_{oc} Leerlaufspannung (engl.: *open circuit voltage*) liegt an, wenn kein Strom fließt.

I_{MPP} Strom bei maximaler Leistung, häufig auch als Nennstrom bezeichnet.

U_{MPP} Spannung bei maximaler Leistung, oft auch als Nennspannung bezeichnet.

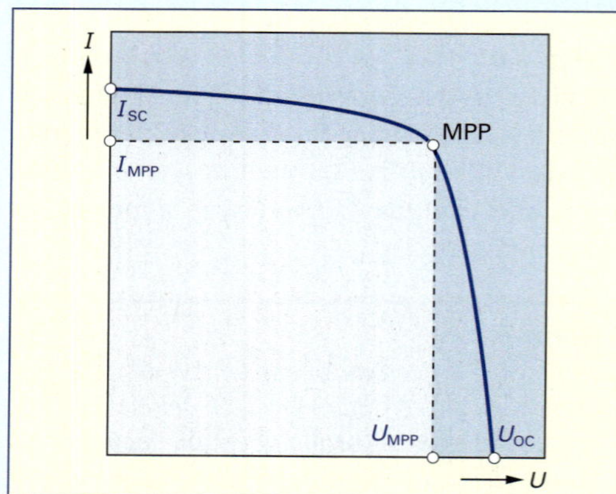

Abb. 1 Strom-Spannungs-Charakteristik einer beleuchteten Solarzelle mit Kenndaten

MPP Punkt maximaler Leistung in der Kennlinie (engl.: **m**aximum **p**ower **p**oint). Die MPP-Leistung ist das Produkt von U_{MPP} und I_{MPP} und entspricht im Diagramm dem hell gekennzeichneten Rechteck unter der Kurve.

FF Füllfaktor, der Quotient aus maximaler Leistung ($U_{MPP} \cdot I_{MPP}$) und dem Produkt $I_{SC} \cdot U_{OC}$:

$$FF = \frac{U_{MPP} \cdot I_{MPP}}{U_{OC} \cdot I_{SC}}$$

η Wirkungsgrad als Maß für die Zelleneffizienz; entspricht dem Verhältnis der elektrischen Leistung zur Menge des eingestrahlten Lichts.

Bezüglich der Kenndaten ist noch zu bemerken, dass, um sie vergleichbar zu machen, von standardisierten Messbedingungen ausgegangen wird: Diese werden als Standard-Test-Bedingungen STC (engl.: **s**tandard **t**est **c**onditions) bezeichnet und betreffen folgende Größen:

- Messtemperatur 25 °C
- Bestrahlungsstärke

$$S_{Nenn} = \frac{100\ \text{mW}}{\text{cm}^2} \text{ bzw. } \frac{1\ \text{kW}}{\text{m}^2}$$

- atmosphärische Massenzahl $AM = 1{,}5$

Der Wert von $AM = 1{,}5$ besagt: Die Sonnenstrahlung durchdringt gegenüber einem senkrechten Einfall eine 1,5-fache Luftmasse. Das erfolgt, wenn die Sonne mit einem Winkel von 41,8° über dem Horizont steht. In der Praxis werden diese maximalen Bestrahlungsbedingungen nur ganz selten erreicht, sodass die Nennleistung einer Solar-

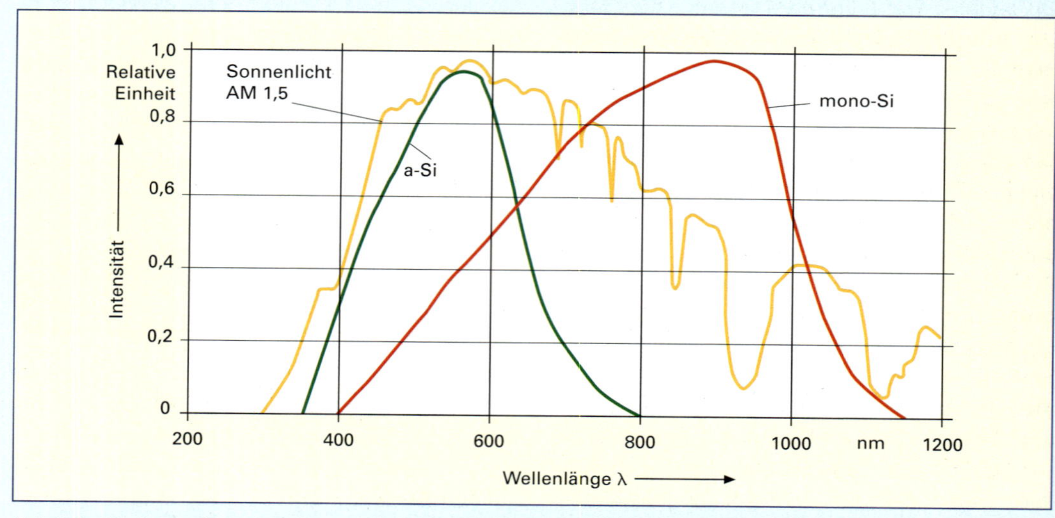

Abb. 2 Spektrale Empfindlichkeit amorpher und monokristalliner Silizium-Solarzellen im Wellenlängenspektrum des Sonnenlichts

stromanlage stets höher als die in der Realität erzielbare ist. Diesem Fakt muss bei der Planung und Projektierung Rechnung getragen werden. In welcher Weise das zu geschehen hat, soll noch näher erläutert werden.

Bezüglich der Zellenleistung sind eine Reihe von äußeren Einflussfaktoren zu beachten: So nimmt die Zellenleistung mit steigender Bestrahlungsintensität zu, mit Anstieg der Erwärmung durch Abfall der Leerlaufspannung der Zelle ab.

Von Bedeutung ist die Tatsache, dass die Zellenleistung von der spektralen Empfindlichkeit des Materials abhängt. Abb. 2 ▷ 442 veranschaulicht, dass monokristalline Zellen die höchste Empfindlichkeit im Spektralbereich von etwa 0,9 µm (langwelliges, rotes und nahe infrarotes Licht) haben, während amorphe Zellen ihr Empfindlichkeitsmaximum nahe am Bereich der höchsten Strahlungsintensität des Lichts von 0,5 bis 0,6 µm (gelb, grün) haben (ein Mikrometer [µm] = 0,001 mm). Dadurch besitzen sie trotz hohen Störstellengehalts noch brauchbare Wirkungsgrade. Die Zellenwirkungsgrade sind somit material- und technologieabhängig. Zellen aus amorphem Silizium weisen Wirkungsgrade von 6 bis 8 %, polykristalline dagegen bis 14 % und monokristalline bis durchschnittlich 15 % auf.

Um eine Vorstellung von der Leistung einer Solarzelle zu erhalten, muss man wissen, dass eine Zelle mit einer Fläche von 100 × 100 mm eine maximale Leistung von etwa 1 W bei einem Strom von etwa 2 A abgibt. Aktuelle Zellengenerationen weisen bei Kantenlängen bis 156 mm × 156 mm Leistungen bis 3,5 W bei Wirkungsgraden um 15 % auf.

Um zu höheren Leistungen zu gelangen, benutzt man die in der Elektrotechnik bekannten Schaltungsprinzipien und schaltet die Zellen zu Modulen zusammen.

Bei der **Reihenschaltung** wird der Pluspol der einen Zelle mit dem Minuspol der anderen verbunden. Die Gesamtspannung entspricht der Summe der Einzelspannungen.

Bei der **Parallelschaltung** – Zellenkontakte gleicher Polarität werden miteinander verbunden – ergibt sich der Gesamtstrom aus der Summe der Einzelströme.

Mit der **Reihen-Parallel-Schaltung** lassen sich noch höhere Leistungen erzielen, indem man Reihen von Modulen parallel schaltet.

In Abb. 1 sind die genannten 3 Schaltungsvarianten und ihr Einfluss auf die Strom-Spannungs-Kennlinien schematisch dargestellt.

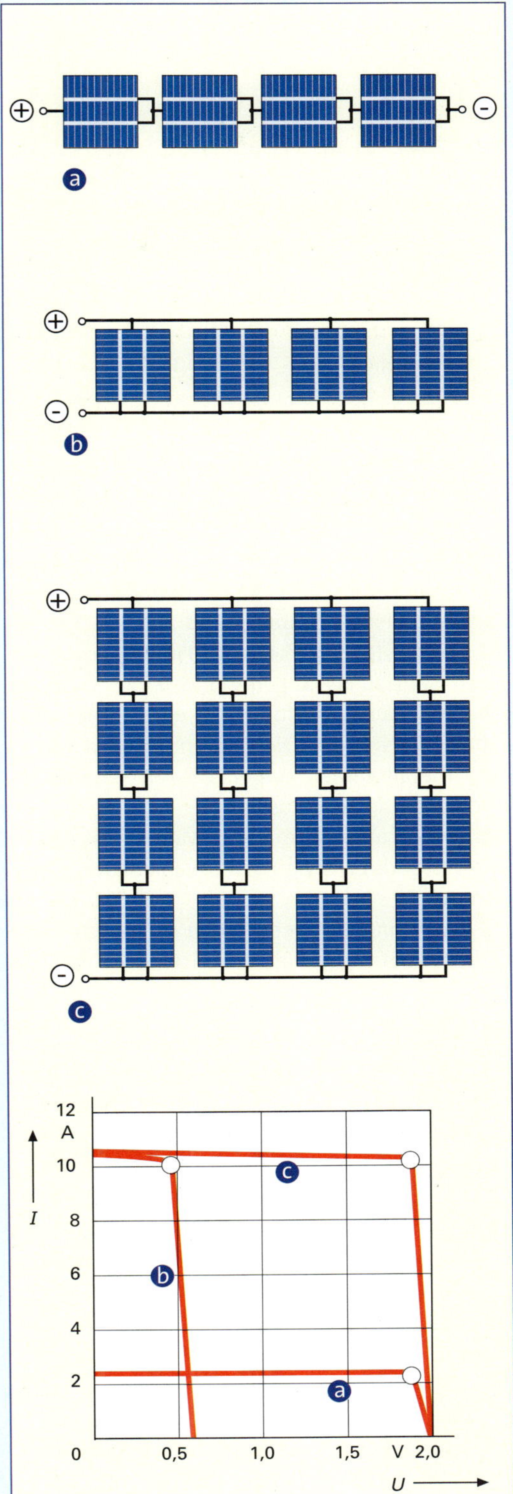

Abb. 1 Zellenverschaltungsmöglichkeiten und Einfluss auf die I/U-Kennlinien (Daten der einzelnen Zelle: U_{MPP} = 0,45 V; I_{MPP} = 2,5 A; P_{MPP} = 1,125 W)

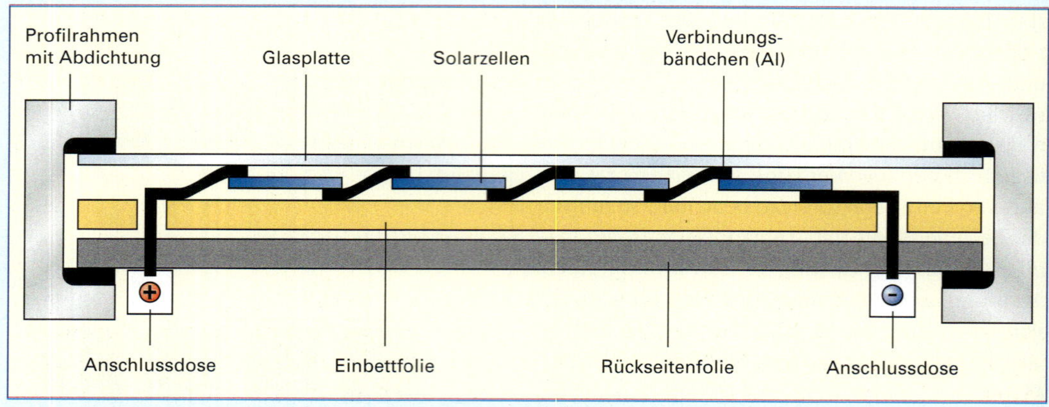

Abb. 1 Schematischer Aufbau eines Solarmoduls mit kristallinen Zellen (Querschnitt)

Der Modulaufbau (Abb. 1) geschieht in der Weise, dass die metallisierten Zellenrückseiten durch ein Aluminiumbändchen mit der Oberseite der nächsten Zelle verbunden werden. Diese Zellenkette – als Strang bezeichnet – wird mit anderen Ketten in Reihe geschaltet und auf eine Spezialfolie gelegt. Die Frontseite wird mit einem gehärteten Spezialglas abgedeckt. Für die Rückseite wird eine Kunststofffolie oder eine zweite Glasscheibe verwendet. Die Anordnung wird von einem Metallrahmen eingefasst. Am Rahmen befindet sich die Anschlussdose.

Üblich sind auch rahmenlose Module, die wegen des Abstands zwischen den Zellen teilweise lichtdurchlässig sind.

Das Marktangebot der Module ist sehr differenziert, das betrifft sowohl die Leistung als auch die Art der konstruktiven Ausführung. Zur Charakterisierung der Module enthält das Kenndatenblatt folgende Angaben:

- Hersteller
- Typenbezeichnung
- Zellenart (Materialart – kristallin/amorph)
- Anzahl der Zellen
- Wirkungsgrad
- Nennleistung bei Standardbedingungen
- Hauptkenndaten – U_{MPP}, I_{MPP}, U_{OC} und I_{SC}
- Abmessungen und Gewicht

Abb. 2 zeigt verschiedene Silizium-Module. Für die Module existieren zwei Hauptanwendungen:

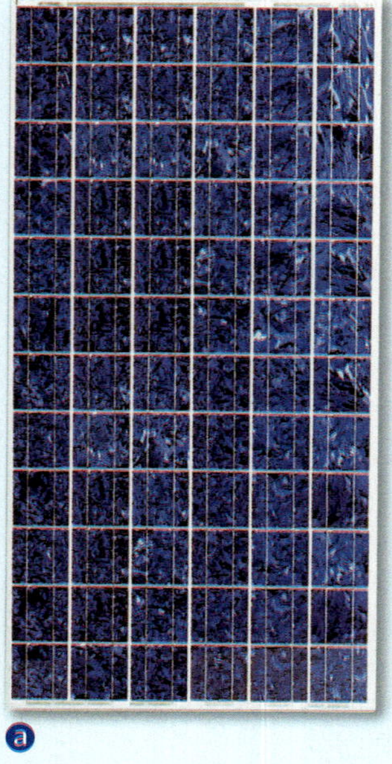

Abb. 2 Siliziumsolarmodule
ⓐ polykristallines 160-W-Modul
ⓑ monokristallines 180-W-Modul
ⓒ amorphes 60-W-Dünnschichtmodul

Zum Aufladen von 12-V-Akkus ist eine Spannung größer 14,1 V nötig. Für diesen Zweck verwendet man meist Module mit 36 Zellen.

Zur Netzeinspeisung dienen leistungsstarke Module mit Ausgangsspannungen von 16 bis 20 V oder 30 bis 36 V. In Verbindung mit Strömen bis etwa 8 A ergibt sich eine breite Leistungspalette. Hochleistungsmodule weisen Leistungen bis 300 W auf.

Die Leistung der Module wird in W_P, das bedeutet *Watt Peak* (Watt-Spitze), als auf die Standard-Messbedingungen bezogene Nennleistung angegeben.

Merke:
Fehler in Solarmodulen, wie Leitungsunterbrechungen, Masseschluss oder Isolationsfehler, sind nicht reparabel.

In Analogie zur Zellenintegration im Modul werden Solarmodule zum Solargenerator verschaltet, dessen Ausgangswerte wie folgt definiert sind:

- Die Anzahl der in einem Strang in Reihe geschalteten Module bestimmt die Generatorausgangsspannung.
- Die Anzahl paralleler Stränge bestimmt den Generatorausgangsstrom.

Praxistipp:
Ein vermeidbarer Hauptfehler beim Betrieb der Solarstromanlage ist die Verschattung eines Teils oder des gesamten Moduls. Wird eine Zelle in einem Modul durch Schatten bedingt nicht beleuchtet, erzeugt sie keinen Strom. Weil die anderen Zellen beleuchtet sind, fließt anfänglich wegen des hohen Innenwiderstands der abgedunkelten Zelle nur ein geringer Strom im Verbraucherkreis. Erreicht die Spannung 15 V, erfolgt in der Zelle ein Spannungsdurchbruch, die Zelle wird leitend. Der dann fließende Strom erwärmt die Zelle und kann sie eventuell zerstören. Abhilfe schafft eine Bypass-Diode, die parallel zu mehreren Zellen geschaltet wird. Die Anzahl der benötigten Bypass-Dioden hängt von der Anzahl der Zellen im Modul ab. Diese Dioden werden vom Modulhersteller in die Anschlussdose eingebaut.

Solarstrom für netzferne Gebäude

Die Energieversorgung eines Gebäudes, das nicht an das öffentliche Netz angeschlossen ist, wie zum Beispiel eine Berghütte, muss trotzdem rund um die Uhr gesichert sein. Daraus ergibt sich, dass die Solarenergie für die Zeitabschnitte, in denen keine Sonne scheint, gespeichert werden muss.

Der Inselbetrieb erfordert deshalb, wie bereits beschrieben, einen oder meist mehrere Akkus in das System zu integrieren. Da der Solargenerator 12, 24 oder 48 V Gleichstrom liefert, die im Haushalt vorhandenen Geräte aber mit 230 V Wechselstrom arbeiten, muss dann noch ein Wechselrichter für Inselbetrieb zwischengeschaltet werden.

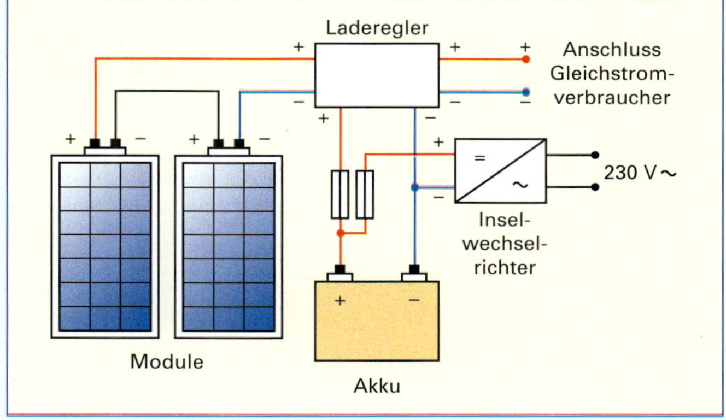

Abb. 1 Prinzipschaltung einer autonomen Solarstromanlage mit Akkubetrieb

Merke:
Eine Autonomie-Anlage arbeitet im Inselbetrieb, ohne Netzanschluss.

Die Grundschaltung für eine autonome Solarstromanlage ist in Abb. 1 dargestellt. Der benötigte Energieverbrauch bestimmt Generatorgröße, Leistung und Spannung des Ladereglers und die Akkuspeicherkapazität. Betriebsdauer und Betriebssicherheit der solaren Energieversorgung hängen von der richtigen Bemessung der Akkukapazität ab.

Für die Solartechnik wurden Spezialakkus entwickelt, da Autoakkus sich als nicht geeignet erwiesen haben. Der Zyklus Laden–Entladen muss viele Male durchlaufen werden können. Der Akku muss eine hohe Zyklenfestigkeit bei langer Lebensdauer aufweisen. Durch spezielle Konstruktionen und besondere Plattenmaterialien lassen sich beim Solarakku diese Forderungen erfüllen.

Akkukenngrößen

Die Kapazität bestimmt die Leistung des Akkus. Sie wird in Amperestunden (Ah) angegeben und besagt, wie lange der Akku mit einem bestimmten Strom entladen werden kann. Die Nennkapazität wird immer in Verbindung mit der Entladedauer genannt. C_{10} steht für eine zehnstündige, C_{20} für eine zwanzigstündige und C_{100} für eine hundertstündige Entladung. Die zugehörigen Ströme bezeichnet man dann mit I_{10}, I_{20} und I_{100}.
Die Lebensdauer eines Akkus wird von der Tiefe und der Anzahl der Lade-Entlade-Vorgänge bestimmt. Ausgedrückt wird dieser Fakt durch die Zahl der Vollzyklen, das ist die Anzahl von Zyklen, die bis zur Erreichung des Endes der Lebensdauer durchlaufen werden. Das ist erreicht, wenn die Kapazität auf 80 % des Nennwertes abgefallen ist.
Die Akkus können noch länger verwendet werden, die Kapazität nimmt dann aber rasch weiter ab. Wird dem Akku die Hälfte seiner Nennkapazität entnommen, dann beträgt die Entladetiefe 50 %. Soll der Akku eine lange Lebensdauer erreichen, müssen die Entladetiefen möglichst niedrig gehalten werden.

Dies soll anhand des folgenden Beispiels verdeutlicht werden: Der Akku hat eine Nennkapazität von 120 Ah. Wenn nur 40 % entnommen werden sollen, stehen für den Verbrauch nur 48 Ah zur Verfügung. Es lassen sich dann beispielsweise 8 Stunden lang 6 A entnehmen.

Akkubauarten

Solarakkus gibt es in mehreren konstruktiven Varianten. Für ortsfeste Solarstromanlagen werden zumeist sogenannte Oberflächen-Panzerplatten-Akkus verwendet, deren Anode aus Röhrchenpanzerplatten besteht, die wiederum mit pulverförmigen Bleioxid gefüllt sind. Die Katode wird durch Gitterplatten einer Blei-Antimon-Selen-Legierung gebildet. Derartige Akkus sind mit Kapazitäten von 100 bis mehreren tausend Amperestunden erhältlich und besitzen bei sorgfältiger Betriebsführung eine Lebensdauer bis zu 20 Jahren.

Akkudimensionierung

Die Solarpraxis hat gezeigt, dass es notwendig ist, sonnenarme bzw. -freie Zeitabschnitte zu berücksichtigen. Beim Inselbetrieb, bei welchem kein Netz als Puffer zur Verfügung steht, muss trotzdem eine Versorgungssicherheit garantiert sein. Aus diesem Grund müssen sogenannte Autonomietage eingeplant werden.
Verlangt man eine 90 %ige Sicherheit der Energieversorgung, muss nach den gemachten Erfahrungen mit 7 Autonomietagen, bei vorwiegendem Sommerbetrieb mit 3 bis 5 Tagen, gerechnet werden.

Wie wichtig die genaue Projektierung der Speicherkapazität für ein autonomes System ist, soll im Folgenden gezeigt werden. Ausgangspunkt ist der Verbrauch, der zunächst in Amperestunden umgerechnet wird. Dazu ist der durchschnittliche Energieverbrauch in Wattstunden durch die Systemspannung (Akku-Nennspannung) zu dividieren. Der in Amperestunden erhaltene Betrag ist mit der veranschlagten Summe von Autonomietagen und gegebenenfalls noch mit einem Sicherheitsfaktor zu multiplizieren.

Beispiel:

Welche effektive Kapazität muss ein Akku haben, wenn 5 Autonomietage im Sommerbetrieb geplant und der tägliche Verbrauch 30 Ah beträgt?

Lösung: $C_{eff} = 30\ \text{Ah} \cdot 5 = 150\ \text{Ah}$

Geht man von 10 Autonomietagen aus, erhält man:

$C_{eff} = 30\ \text{Ah} \cdot 10 = 300\ \text{Ah}$

Das Beispiel weist auf die starke Abhängigkeit der zu verwendenden Akkukapazität von den Vorgabebedingungen hin. Will man eine hohe Versorgungssicherheit garantiert haben, empfiehlt es sich, den Elektroenergiebedarf so weit wie möglich zu reduzieren. Wie viele Autonomietage eingeplant werden, dürfte auch vom Verwendungszweck der Elektroenergie abhängen. Für eine Messstation kann es schon wichtig sein, einen Dauerbetrieb zu garantieren, während man in einem netzfernen Ferienhaus durchaus zeitweise auf die Stromversorgung verzichten könnte.

Laderegler

Der Betrieb der Inselanlage wird durch den Laderegler gesteuert. Dieser begrenzt die Spannung auf die Höhe der vorgegebenen Ladespannung des Akkus. Das sind 13,8 bis 14,4 V je nach Akkutyp bei einer 12 V-Anlage. Durch diese Einstellung wird das Gasen als Folge der elektrolytischen Zersetzung der Akkuflüssigkeit vermieden.

Beim Erreichen der Ladeschlussspannung reduziert der Laderegler den Generatorstrom so weit, dass die Akkuspannung nicht weiter ansteigt (Erhaltungsladung). Ist die Entladeschlussspannung des Akkus erreicht, schaltet der Laderegler den oder die Verbraucher so lange ab, bis dem Akku wieder Ladung zugeführt wird.
Soll der Inselbetrieb mit Wechselstrom erfolgen, muss zusätzlich ein Inselwechselrichter in das System eingebracht werden.

Beispiel:

Für eine netzferne Messstation nahe Hamburg soll eine autarke Solarstromanlage errichtet werden, die im Gleichstrombetrieb täglich 600 Wh verbraucht.
Die Module können direkt nach Süden mit einer Neigung von 45° angeordnet werden. Aus Tabellen der Fachliteratur kann entnommen werden, dass die korrigierte tägliche Globalstrahlung, die auf eine so geneigte und direkt nach Süden ausgerichtete Fläche fällt, 2,96 kWh/m² Tag beträgt.
Für den Generator wurden Module mit einer Nennleistung von 160 Wp ausgesucht.

Nennleistung = 160 W

$I_{MPP} = 7{,}8\ \text{A}$
$U_{MPP} = 19{,}3\ \text{V}$

Zunächst ist die notwendige Modulzahl zu errechnen, wobei zu beachten ist, dass der anzuschließende Akku nicht mit der am Punkt maximaler Leistung vorhandenen Spannung geladen werden kann, sondern – bedingt durch den Laderegler – nur mit 14 V. Die notwendige Modulanzahl N wird nach folgender Beziehung errechnet, wobei P_V der Verbrauchsleistung, P_M der effektiven Modulleistung, G_K der korrigierten Globalstrahlung und S_N der Standard-Einstrahlung entspricht.

$$N = \frac{P_V}{P_M \cdot G_K / S_N}$$

S_N berücksichtigt die Tatsache, dass die Modulkenndaten für die Standardbedingungen angegeben sind. Der Wert von S_N beträgt 1 kW/m².

Die Zahlenwerte eingesetzt ergibt:

$$N = \frac{600\ \text{Wh}}{(14\ \text{V} \cdot 7{,}8\ \text{A}) \cdot (2{,}96\ \text{kWh/m}^2\ \text{Tag} / 1\ \text{kW/m}^2)}$$

$N = 2{,}04$ Module, gewählt werden 2 Module.

Bei täglichem Betrieb entsprechen 600 Wh bei 12 V Betriebsspannung = 50 Ah/Tag. Die benötigte effektive Akkukapazität beträgt bei 8 Autonomietagen:

$$C_{eff} = \frac{50\ \text{Ah}}{\text{Tag}} \cdot 8\ \text{Tage} = 400\ \text{Ah}$$

Um diese Kapazität zu realisieren, müssten entweder ein leistungsstarker Akku oder mehrere Oberflächen-Panzerplattenakkus eingesetzt werden. Wenn der Verbrauch noch gesenkt werden kann, lässt sich die Anlage entsprechend kleiner bauen.

Solarstromanlagen für Netzparallelbetrieb

Kleinere Solarstromanlagen und die meisten Anlagen mittlerer Größe werden mit Strangwechselrichtern aufgebaut. Deshalb soll im Folgenden ausschließlich dieses Anlagenkonzept erläutert werden. Bei dieser Verschattungsart werden jeweils 1 bis 3 Stränge des Generators parallel auf einen eigenen Wechselrichter geschaltet (Abb. 1).

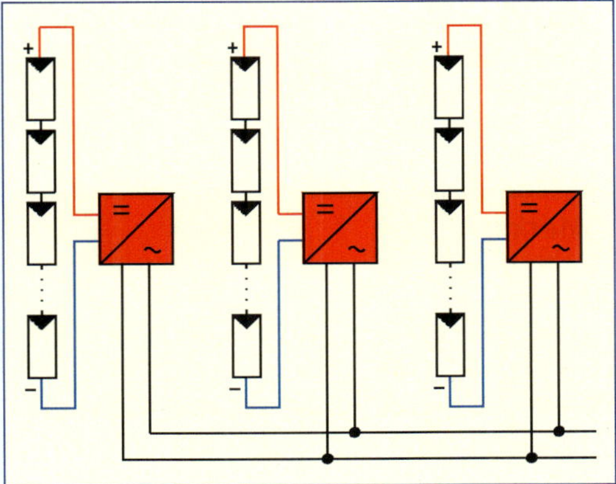

Abb. 1 Solarstromanlage für Netzparallelbetrieb mit einem Generator aus drei Modulsträngen mit je einem Wechselrichter

Dadurch entstehen mehrere Einzelanlagen, die unabhängig voneinander funktionieren, aber gemeinsam in das Netz einspeisen. Der Aufbau einer solchen Anlage unterliegt einer Reihe von Bedingungen:

- Alle Stränge eines Wechselrichters müssen gleich sein.

- Die Ausgangsspannung des Generators ist an die Eingangsspannungen des Wechselrichters genau anzupassen und darf diese nicht über- oder unterschreiten.
- Der maximale MPP-Strom des Stranges / der Stränge darf den maximalen Eingangsstrom des Wechselrichters nicht überschreiten!
- Die maximale MPP-Leistung des Stranges/der Stränge sollte 10 % über der maximalen Eingangsleistung des Wechselrichters liegen.

Bezogen auf die Wechselrichtereingangsspannungen liegen die Ausgangsspannungen der Stränge im Bereich von 125 bis maximal 750 V, wobei diese Spannung das Ergebnis der seriellen Verschaltung der Module im Strang ist.

Die Schaltungsvariante „Strangtechnik" bringt eine Reihe praktisch nutzbarer Vorteile:

- Der Verkabelungsaufwand auf der Gleichstromseite ist gering.
- Bedingt durch die serielle Modulverschaltung sind die Ströme relativ niedrig.
- Die einzelnen Stränge lassen sich besser an den Wechselrichter in Bezug auf das MPP-Verhalten anpassen (MPP = **m***aximum* **p***ower* **p***oint*), wodurch Leistungsverluste vermieden werden.
- Fällt in einer Großanlage ein Wechselrichter aus, arbeiten die anderen Stränge weiter, und die Leistung ist nur geringfügig reduziert.
- Anlagen in Strangtechnik lassen sich nachträglich gut erweitern.

> ***Merke:***
> *MPP-Verhalten sagt aus, inwieweit ein Verbraucher oder der Wechselrichter an den MPP-Punkt der I/U-Kennlinie des Generators angepasst ist.*

Netzüberwachung

Bei der Kopplung der Solarstromanlage muss beachtet werden, dass durch deren Betrieb das Netz in keiner Weise negativ beeinflusst wird. Ferner muss gewährleistet sein, dass bei Störungen, Ausfall oder Abschaltung des Netzes die Solarstromanlage vollständig vom Netz getrennt wird. Die Standardtechnik dafür ist eine Messung der Spannung, Frequenz und Impedanz des Netzes. Moderne Wechselrichter enthalten eine Regel- und Kontrolleinheit, die mit ENS bezeichnet wird. Darunter ist nach DIN VDE 0126 eine *„Selbsttätige Freischaltstelle für Photovoltaikanlagen einer Nennleistung ≦ 4,6 kVA und einphasiger Paralleleinspeisung über Wechselrichter"* zu verstehen. Die Freischaltstelle besteht aus zwei voneinander unabhängigen Einrichtungen zur Netzüberwachung mit jeweils zugeordneten Schaltorganen in Reihe. Beide Einrichtungen kontrollieren durch Prüfen von Spannung, Frequenz und Impedanz die Qualität des angeschlossenen Netzes. Beim Erkennen eines Fehlers wird die Anlage sofort vom Netz getrennt.

Dem Wechselrichter fällt die Aufgabe zu, dafür zu sorgen, dass die erzeugte PV-Spannung aus der Photovoltaik-Anlage in Amplitude, Frequenz und Phasenlage synchron zur Netzspannung ist.
Die Leistung einer Solarstromanlage wird auch von Wirkungsgrad und Anpassungswirkungsgrad des Wechselrichters beeinflusst. Der Gesamtwirkungsgrad des Wechselrichters ist das Produkt aus Umwandlungs- und Anpassungswirkungsgrad:
Der Quotient aus Wechselstrom-/Gleichstromleistung wird als Umwandlungswirkungsgrad bezeichnet.
Der Anpassungswirkungsgrad definiert das Verhältnis zwischen Arbeitspunkt des Wechselrichters und Generator-MPP-Punkt.

Anpassung Generator – Wechselrichter

Die Auswahl des Wechselrichters in Bezug auf einen bestimmten Generator erfolgt, indem der Wechselrichter zum Zweck der besseren Auslastung unterdimensioniert wird.
Die maximale Gleichstromleistung am Wechselrichtereingang sollte ca. 10 % unter der installierten Generatorleistung liegen und die maximale Ausgangsleistung am AC-Ausgang ca. 15 % unter der installierten Generatorleistung.
Bei der Diskussion der Anpassungskriterien ist es notwendig, darauf hinzuweisen, dass die Bezeichnungen der Kenndaten der Wechselrichter durch die Hersteller nicht einheitlich erfolgen. So wird oft an Stelle maximaler DC-Dauerleistung der Begriff Nennleistung verwendet.
Die Kleinere Dimensionierung des Wechselrichters ist deshalb möglich, weil die Solarmodule nur in den seltensten Fällen die im Datenblatt unter den Testbedingungen angegebenen Leistungen erreichen.

Ein weiteres Kriterium ist der Abgleich der Spannungsgrößen:

- Minimale und maximale Ausgangsspannungen des Generators müssen im Eingangsspannungsbereich des Wechselrichters liegen.
- Besondere Aufmerksamkeit ist der maximalen Leerlaufspannung zu widmen. Sie kann bei tiefen Minustemperaturen in Verbindung mit hoher Einstrahlung, zum Beispiel an einem klaren, kalten Wintertag, die zulässige Eingangsspannung des Wechselrichters überschreiten.

Die Qualität von Solaranlagen wird durch Faktor *PR* (engl. = **P**e*rformance* **R***atio*) beschrieben. Dieser errechnet sich bei netzgekoppelten Anlagen als Quotient aus gewonnener Solarenergie am Wechselrichterausgang E_{AC} und nominellem Energiegewinn des Generators. Letzterer ist das Produkt aus solarer Einstrahlung auf die Modulfläche $E_{Einstr.}$ und dem Nennwirkungsgrad der Module η_{Modul}.

$$PR = \frac{E_{AC}}{E_{Einstr.} \cdot \eta_{Modul}}$$

PR als Dezimalwert der Prozentzahl bewegt sich etwa zwischen 0,7 für schlechte und bis 0,9 für gute Anlagen. *PR* ist eine wichtige Kenngröße, die bei der Projektierung und Ertragsrechnung von Anlagen benötigt wird und aus Erfahrungswerten resultiert.

Verkabelung

Der Verlust durch Leitungswiderstand auf der Gleichstromseite der Anlage sollte unter 1% liegen. Das lässt sich erreichen, wenn bei kurzer Entfernung ein Leitungsquerschnitt von 4 mm^2 (bei größerer Distanz ein Querschnitt von 6 mm^2) der einadrigen Leitung gewählt wird. Bei der Installation sollten die Querschnittsangaben der Kabel, die der Hersteller vorschreibt, unbedingt eingehalten werden.

Zähler

Die Verschaltung des Zählers in der Anlage wird durch die Art der Vergütung für den in das Netz zu speisenden Strom bestimmt. Bei Anlagen, die dem Erneuerbare-Energien-Gesetz (EEG) entsprechend vergütet werden, wird die gesamte erzeugte Energie standardmäßig über einen getrennten Zähler in das Netz eingespeist.

Der eigene Energiebedarf wird dadurch gedeckt, dass man Strom über den Verbrauchszähler aus dem Netz bezieht. Wenn die Einspeisevergütung höher ist als der Verbrauchstarif, wird die gesamte erzeugte Energie verkauft.

Abb. 1 zeigt die zur Einspeisung mit getrenntem Zähler notwendige Schaltung sowie die Art und Weise, wie die Zähler in das System eingebunden werden. Benötigt werden zwei Zähler, einer zur Messung des einzuspeisenden Stroms und ein zweiter zur Erfassung des vom Netz bezogenen. Der Einspeisepunkt liegt auf der Netzseite.
Das überarbeitete Einspeisegesetz (EEG 2012) sieht zudem die Möglichkeit vor, einen Teil des erzeugten Solarstromes selbst zu verbrauchen. Die dazu notwendige Anordnung der Zähler zeigt

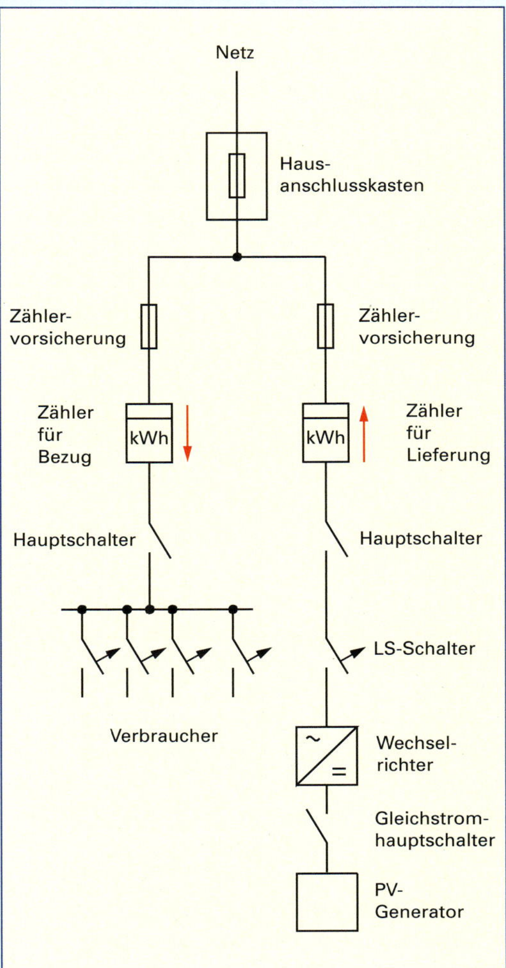

Abb. 1 Netzeinspeisung einer Solarstromanlage mit getrennten Zählern für Bezug und Lieferung

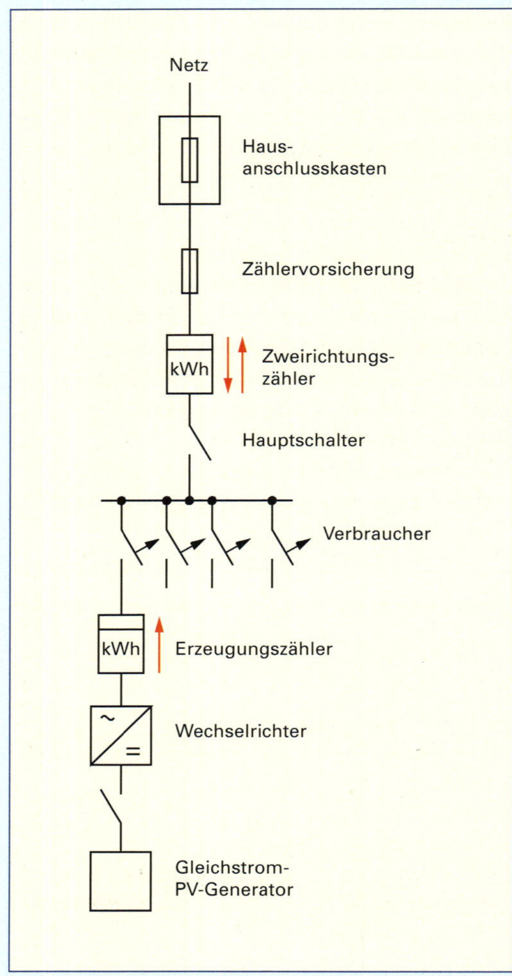

Abb. 1 Netzeinspeisung bei einer Solarstromanlage (mit einem elektronischen Zweirichtungszähler und Erzeugungszähler bei Anlagen mit Eigenverbrauch)

Abb. 1. Der Zweirichtungszähler erfasst Bezug und Lieferung auf getrennten Zählwerken: Das Verbrauchszählwerk erfasst den tatsächlich aus dem Netz entnommenen Nettoverbrauch, der zum Verbrauchstarif abgerechnet wird. Das Lieferzählwerk erfasst die tatsächliche Lieferung in das Netz. Diese wird mit dem normalen Einspeisetarif vergütet.
Der selbst verbrauchte Anteil des Solarstromes wird aus der Differenz von Erzeugung und Lieferung auf dem Zweirichtungszählwerk ermittelt. Der Eigenverbrauch ersetzt den teuren Bezugsstrom. Durch einen höheren Eigenverbrauchsanteil verbessert sich entsprechend die Rendite der Anlage.

Netz- und Anlagenschutz

Die Anforderungen an den NA-Schutz werden in der VDE-AR-N 4105 geregelt.
PV-Anlagen mit weniger als 30 kVA Scheinleistung werden durch den in den Wechslrichter eingebauten NA-Schutz ausreichend überwacht.
Bei Anlagen über 30 kVA ist zusätzlich ein zentraler NA-Schutz mit Einfehlersicherheit notwendig.
PV-Anlagen über 100 kVA müssen über eine ferngesteuerte Leistungsbegrenzung verfügen, die vom VNB ausgelöst werden kann.
Es ist unter allen Umständen zu vermeiden, dass die Anlage weiterläuft, wenn das Netz freigeschaltet wird, da die freigeschalteten Leistungen sonst weiterhin unter Spannung stehen.

Ertrag und Dimensionierung von Solarstromanlagen für den Netzparallelbetrieb

Dem verständlichen Wunsch eines Kunden, der sich eine Solarstromanlage errichten lassen will, eine Aussage zum erntbaren Energiebetrag seiner zukünftigen Anlage zu erhalten, muss vom Fachbetrieb nachgekommen werden.
In welcher Größe die Anlage errichtet werden soll, hängt in den meisten Fällen primär von dem finanziellen Aufwand ab, den der Kunde gewillt ist, für die Anlage zu entrichten. Zweites Kriterium ist die Wunschmenge von Energie, die erzeugt werden soll.
Für die Ermittlung des Ertrags einer zu errichtenden Anlage existieren drei Möglichkeiten, die, und das muss deutlich gemacht werden, nur Näherungswerte darstellen. Im Realbetrieb können klima- und wetterbedingt Abweichungen auftreten.
Die erste, sehr einfache Methode nutzt bisher gemachte Erfahrungen beim Langzeitbetrieb der Solarstromanlagen. Die Auswertung vieler Anlagen hat gezeigt, dass bei hochwertig gebauten Anlagen mit guter Ausrichtung an verschattungsfreien Standorten jährlich ca. 850 (Norddeutschland) bis 950 (Süddeutschland) kWh je 1 kWp Anlagenleistung erreicht werden. Somit lässt sich proportional unter Zuhilfenahme dieser Werte der Ertrag für eine Anlage abschätzen.

Daraus resultiert, dass man beispielsweise bei einer 3-kW_p-Anlage mit etwa 2550 bis 2850 kWh je Jahr Ertrag rechnen kann.

Für eine genauere Ermittlung ist es notwendig, zwei wichtige Daten zu kennen bzw. zu ermitteln:

- Es müssen die in Hinsicht auf Modulorientierung (Abweichung von der Südrichtung) und Modulneigung korrigierte Globalstrahlung G_k des Standorts
- sowie die Verluste der Anlage, repräsentiert durch den standort- und klimaabhängigen Faktor *PR*, bekannt sein.

Der Jahresertrag der Solarstromanlage kann dann nach

$$E_{AC} = 365 \cdot P_{Nenn} \cdot PR \cdot \frac{G_k}{S_{Nenn}} \text{ [kWh/Jahr]}$$

berechnet werden. Der Wert für die korrigierte Globalstrahlung (bezogen auf Standort, Orientierung zur Südrichtung und Neigung der Fläche) kann Tabellen der Fachliteratur entnommen werden. *PR* wird durch Vergleich mit analogen, bereits arbeitenden Anlagen angenommen.

Beispiel:

Zu ermitteln ist der Ertrag für eine 3-kW_p-Anlage für den Standort Hamburg. Die Module sind voll nach Süden orientiert und haben eine Neigung von 45°. Die korrigierte Globalstrahlung beträgt dann = 2,96 kWh/m^2 Tag $PR_{Betrag} = 0{,}8$.

Lösung:

$$E_{AC} = 365 \cdot 3 \cdot 0{,}8 \cdot (2{,}96/s) = 2593 \text{ kWh/Jahr}$$

Merke:

In der Sonne läuft eine Kernfusion ab. Die dabei frei werdende Energie wird als elektromagnetische Strahlung in den Weltraum gesendet und trifft auch auf die Erdoberfläche.
Eine Solarzelle besteht aus einem Halbleiter mit einer pn-Struktur. Lichtenergie bricht Elektronenpaar-Bindungen auf, wodurch freie Ladungsträger (Elektronen und Defektelektronen) entstehen. Störungen im Kristall fördern deren Wiedervereinigung und reduzieren damit die Leistung der Anordnung.
Solarzellen werden aus einkristallinem, polykristallinem und amorphem Halbleitermaterial hergestellt. Silizium hat sich für die Zellenherstellung auf Grund seiner Eigenschaften bewährt. Der Wirkungsgrad kristalliner Zellen liegt zwischen 12 und 15 %. Amorphe Zellen weisen Wirkungsgrade im Bereich von 6 bis 8 % auf. Zellen werden durch Serienschaltung zu Modulen integriert.
Die Hauptkenndaten der Zelle und – in Analogie – des Moduls sind: Leistung, Kurzschlussstrom, Leerlaufspannung, Strom und Spannung am Punkt maximaler Leistung (MPP).
Zellen- und Modulkenndaten sind unter den Standard-Test-Bedingungen angegeben, die im Realbetrieb nur selten erreicht werden.
Beim netzfernen Inselbetrieb muss der Dimensionierung des Akkus, d. h. der auszuwählenden Speicherkapazität, durch Berücksichtigung sonnenarmer Tage (Autonomietage) Beachtung geschenkt werden.
Auch beim Inselbetrieb ist die Umformung des solar erzeugten Gleichstroms in Wechselstrom technisch und ökonomisch sinnvoll.
Beim Netzparallelbetrieb kommt es darauf an, eine absolute Netzkonformität des solar gewonnen Stroms mit dem Netz des VNB zu erreichen. Diese Aufgabe hat der Wechselrichter zu realisieren. Außerdem muss dieser mit Hilfe der so genannten Netzüberwachung dafür sorgen, dass die Anlage bei Netzstörungen vom Netz getrennt wird. Die Netzüberwachung kann entweder nach Spannung und Frequenz oder mithilfe der so genannten ENS erfolgen. Die ENS ist eine selbsttätige Freischalteinrichtung mit zwei unabhängig voneinander arbeitenden Schaltorganen, die durch Prüfen der Spannung, Frequenz und Impedanz die Netzqualität prüfen.
Da die Leistung der Module unter Standardbedingungen angegeben ist, sollte der Wechselrichter kleiner dimensioniert sein. Unter Einbezug der Generatorausgangs- und Wechselrichtereingangsspannungen ist eine sorgfältige Anpassungsprüfung durchzuführen.
Für eine grobe Ertragsrechnung ist davon auszugehen, dass eine installierte Leistung von 1 kW_p jährlich etwa 850 bis 950 kWh erbringt.
Um eine auf den geographischen Standort bezogene Ertragsrechnung durchzuführen, ist für diesen die Kenntnis der korrigierten Globalstrahlung notwendig, wobei Orientierung und Neigung der Module zu berücksichtigen sind.

Praxistipp:
Für die rationelle Anlagenauslegung und die Ermittlung des Anlagenertrags wird in der Praxis Software eingesetzt. Moderne Softwarepakete bieten zusätzlich zur rein elektrischen Dimensionierung noch weitere Funktionen wie Verschattungsanalyse, aufbereitete Darstellungen für das Verkaufsgespräch, Erstellung der Anlagendokumentation usw.

Prüfen Sie Ihr Wissen:

1 Erklären Sie den Unterschied zwischen fossilen und regenerativen Energieträgern.

2 Beschreiben Sie die Entstehung des zusätzlichen Treibhauseffekts und schildern Sie seine Auswirkungen.

3 Erläutern Sie die Aufgaben für eine ökologische Energiepolitik!

4 Nennen Sie die wichtigsten Konstruktionsparameter einer Windkraftanlage und deren Einfluss auf das Betriebsverhalten.

5 Beschreiben Sie die Kriterien für die Standortauswahl einer Windkraftanlage.

6 Geben Sie die drei Leistungsklassen der Windkraftanlagen an.

7 Definieren Sie den Begriff Photovoltaik!

8 Beschreiben Sie den Aufbau einer Solarzelle und das Entstehen des Photostroms.

9 Nennen Sie die wichtigsten Kenndaten der Solarzelle und des Solarmoduls.

10 Welche Aussage gibt der Zellenwirkungsgrad?

11 Wie sollte ein Verbraucher in Bezug auf die Kennlinie der Solarzelle bzw. des Moduls dimensioniert werden?

12 Erklären Sie die Begriffe Insel- und Netzparallelbetrieb.

13 Worauf ist bei der Auswahl eines Akkus im Inselbetrieb zu achten?

14 Was ist unter dem Begriff Netzüberwachung zu verstehen und mit welchen Maßnahmen wird sie realisiert?

15 Welche Aufgaben fallen dem Wechselrichter beim Netzparallelbetrieb zu?

16 Was ist unter dem Begriff „Anpassungsprüfung des Wechselrichters“ zu verstehen?

17 Erläutern Sie den Begriff „Strangtechnik“.

18 Mit welcher jährlichen Leistung kann man bei einer Solarstromanlage rechnen, die mit einer Leistung von 1 kW_p installiert wurde?

4.5 Informationsgespräch über eine Wärmepumpe als alternative Heizung

Abb. 1 Luft-Wasser-Wärmepumpen im Vorgarten eines renovierten Mehrfamilienhauses

Kundenauftrag

In unmittelbarer Nachbarschaft seines Wohnhauses bemerkte Herr Mayer, dass ein großes altes Mehrfamilienhaus aufwendig modernisiert wurde. Immer, wenn Herr Mayer an dieser Baustelle vorbeikam, schaute er interessiert über das Gelände der Baustelle, da er auch über eine Renovierung und Modernisierung seines Hauses nachdachte. Erstaunt blieb er stehen, als er im Vorgarten des Hauses zwei größere graue Kästen entdeckte, deren Aufgabe er sich nicht erklären konnte (Abb. 1).

Die Schnittdarstellung in der Abb. 2 zeigt den Aufbau einer Luft-Wasser-Wärmepumpe für Heizungszwecke.

Da Herr Mayer schon mehrfach den Meister der Firma ElektroTeam, Herrn Strom, der mit einigen Mitarbeitern die Elektroinstallation durchführte, auf der Baustelle gesehen hatte, ging Herr Mayer neugierig zum Haus, wo er die Elektrofachleute bei der Arbeit antraf. Auf Herrn Mayers Frage, welche Aufgabe diese großen Kästen hätten, erklärte Meister Strom, dass es sich hierbei um zwei Luft-Wasser-Wärmepumpen handele, mit denen das umgebaute Haus nicht nur preisgünstig und umweltbewusst beheizt, sondern auch das Warmwasser bereitet werden könne. Im Vergleich zu einer konventionellen älteren Gas- oder Ölheizung könne man damit etwa die Hälfte der Heizkosten einsparen und sei vor allem nicht mehr auf die der Tagespolitik unterworfenen und nur begrenzt vorhandenen Primärenergien angewiesen.

„Könnte ich mein Einfamilienhaus auch mit einer Wärmepumpe beheizen?", wollte Herr Mayer wissen.

„Das kann ich Ihnen nicht mit Bestimmtheit sagen", sagte Meister Strom, „dazu sollten Sie, wie auch bei diesem Bau, einen kompetenten Heizungsinstallateur oder Energieberater für Gebäudetechnik hinzuziehen. Denn vor der Entscheidung empfiehlt es sich – auch im Hinblick auf die neue Energie-Einsparverordnung [EnEV 2007] der Bundesregierung –, die Bausubstanz Ihres Hauses zu untersuchen und darauf aufbauend die Maßnahmen zur Verbesserung der Wärmedämmung zu planen sowie eine Wärmebedarfsberechnung zu erstellen. Auch die bisherige Heizungsanlage

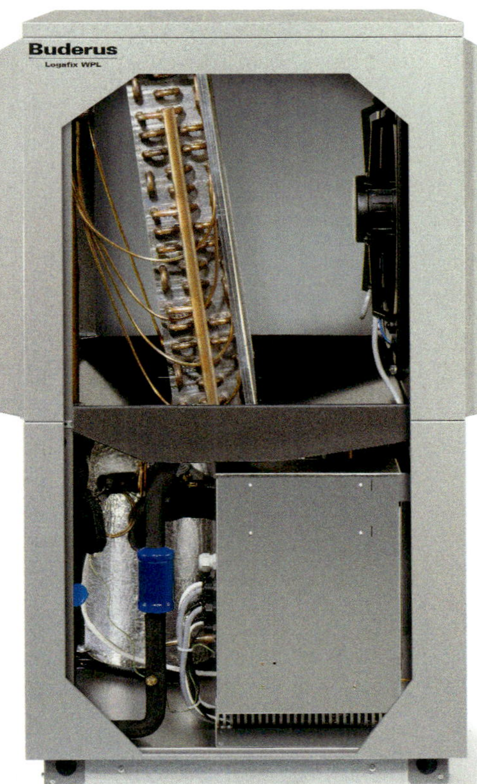

Abb. 2 Aufbau einer Luft-Wasser-Wärmepumpe

mit Vor- und Rücklauftemperatur und den verwendeten Heizkörpern muss geprüft werden, denn für ältere Heizkörper mit Vorlauftemperaturen von 65 °C oder mehr ist die Verwendung einer Wärmepumpe eventuell nicht günstig. Hier im Haus wurden zum Beispiel überall moderne Fenster, eine gute Wärmedämmung und Fußbodenheizungen eingebaut. Das sind ideale Voraussetzungen für den Betrieb einer Wärmepumpe; und dann werden die fantastischen Sparmöglichkeiten auch wirklich ausgeschöpft... Ich will Ihnen damit natürlich überhaupt nicht von einer Modernisierung mit diesem alternativen Heizungskonzept abraten", fügt Meister Strom hinzu, „ich würde Ihnen nur empfehlen, sich vor einem eventuellen Umbau eine kompetente Planung entwickeln zu lassen. Sonst wird die Wohnung möglicherweise im Winter nicht richtig warm, oder Sie vergeuden zu viel Energie, und die Sparpläne gehen nicht auf. Meine Mitarbeiter und ich sind hier unter anderem für die fachgerechte Ausführung der elektrischen Anschlüsse der beiden Wärmepumpen zuständig. Und ich kann Ihnen auch aus meiner Mitarbeit an mehreren solcher Wärmepumpenprojekte sagen, dass gerade Luft-Wasser-Wärmepumpen für die Altbausanierung sehr gut geeignet sind und es mittlerweile auch sehr leistungsfähige Typen gibt, die selbst bei hohen Vorlauftemperaturen mit den älteren Heizkörpersystemen eingesetzt werden können. Die Auswahl der Wärmepumpenleistung nach der Wärmebedarfsberechnung und die Installation der Heizungskomponenten und Warmwasseranlage haben aber immer meine Kollegen von der Heizungs- und Sanitärtechnik durchgeführt. Die Telefonnummer eines Kollegen gebe ich Ihnen gerne, dann können Sie sich mit ihm über die Situation Ihres Hauses unterhalten und alle technischen Möglichkeiten diskutieren."

Herr Mayer bedankt sich für die ausführlichen Auskünfte, notiert sich die Adresse des Heizungsfachbetriebes und verabschiedet sich. Eine Wärmepumpe als Heizungsalternative zu seiner alten Erdgasheizung, das hat sein Interesse geweckt, und schon auf dem Heimweg beschließt er, mit dem Heizungsfachbetrieb einen Termin zu vereinbaren, um sich beraten zu lassen.

Basiswissen Wärmepumpen

Wie funktioniert eine Wärmepumpe?

Der Kühlschrank ist ein Beispiel für eine Kältemaschine. Einen Kühl- oder Gefrierschrank findet man heute in jedem Haushalt, doch wie der Kühlschrank als Kältemaschine arbeitet und warum die Lebensmittel im Innenraum des Kühlschranks kalt werden, ist nicht jedem klar. Da der Kühlschrank im Prinzip physikalisch genauso arbeitet wie eine Wärmepumpe, soll zunächst die Funktion des Kühlschranks bzw. der Kältemaschine erläutert werden.

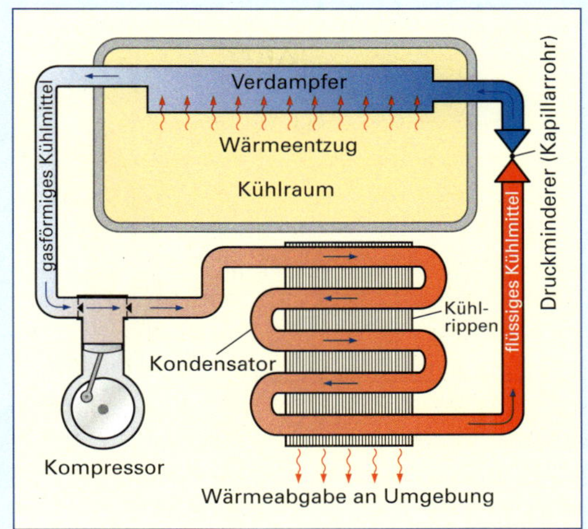

Abb. 1 Wirkungsweise eine Kältemaschine

Funktionsweise

1 Über die in Abb. 1 blau dargestellten Kühlschlangen des Wärmetauschers (in der praktischen Ausführung um den Kühlraum bzw. den Gefrierraum angebracht) entzieht das kalte flüssige Kältemittel dem Kühlgut bei geringem Druck Wärmeenergie, erwärmt sich selbst dabei, verdampft schon bei niedriger Temperatur, geht also in den gasförmigen Zustand über. Aufgrund der erhöhten Ozonbelastung in der Atmosphäre sind die Kühlmittel seit dem Jahr 2000 FCKW-frei.

2 Durch Zufuhr elektrischer Energie aus dem Stromnetz saugt ein Kompressor das gasförmige Arbeitsmedium (Kältemittel) an und verdichtet es auf einen hohen Druck. Durch diese Kompression erwärmt sich das Kühlmittel stark.

3 Das heiße, gasförmige Arbeitsmedium wird wieder über den in Abb. 1 rot dargestellten Wärmetauscher geleitet (als verrippte Kühlschlangen auf der Kühlschrankrückseite so angebracht, dass die Umgebungsluft gut daran vorbeistreichen kann), sodass dadurch Wärmeenergie an die Umgebung abgegeben wird und sich das Arbeitsmedium wieder abkühlt. Dabei kondensiert das gasförmige Arbeitsmedium, geht also wieder in den flüssigen Zustand über, steht aber unter hohem Druck.

4 Das flüssige, unter hohem Druck stehende Arbeitsmedium wird über ein Expansionsventil auf einen geringen Druck entspannt, wodurch es sich stark abkühlt und wieder in dem blau dargestellten Wärmetauscher um die Kühlräume geleitet wird, um dort durch Wärmeaufnahme aus dem Kühlgut erneut zu verdampfen. Damit ist der ursprüngliche Zustand des Kreisprozesses erreicht. Aufgrund dieser zyklischen Arbeitsweise nimmt die Temperatur in den Kühl- und Gefrierräumen ab, bis die eingestellte Wunschtemperatur erreicht ist und der Kompressor durch einen Temperatursensor im Kühlraum abgeschaltet wird.
Wird dann im Laufe der Zeit der Kühlschrank mehrmals geöffnet und Lebensmittel oder Getränke hineingestellt oder herausgeholt, so steigt die Innentemperatur wieder an, und der Temperatursensor schaltet den Kompressor ein; erneut läuft der beschriebene Kreisprozess ab.

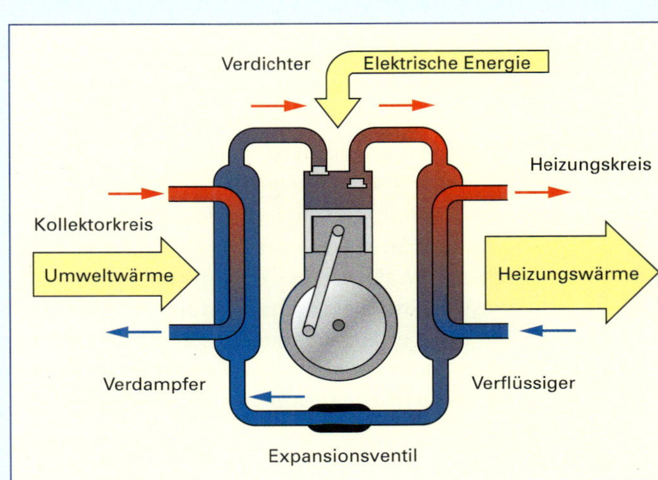

Abb. 2 Wirkungsweise der Wärmepumpe mit drei getrennten Kreisläufen

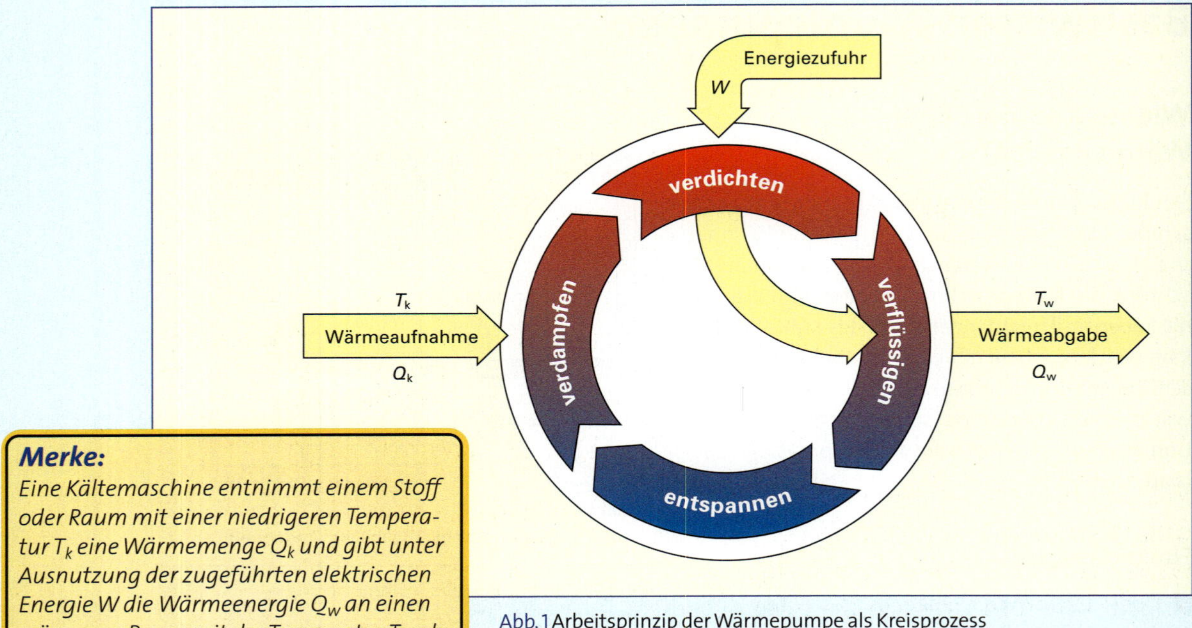

Abb. 1 Arbeitsprinzip der Wärmepumpe als Kreisprozess

Merke:
Eine Kältemaschine entnimmt einem Stoff oder Raum mit einer niedrigeren Temperatur T_k eine Wärmemenge Q_k und gibt unter Ausnutzung der zugeführten elektrischen Energie W die Wärmeenergie Q_W an einen wärmeren Raum mit der Temperatur T_W ab. Das Arbeitsprinzip einer Kältemaschine, z. B. eines Kühl- oder Gefrierschranks, lässt sich durch den in Abb. 1 dargestellten Kreisprozess veranschaulichen.

Die Wärmepumpe

Eine Wärmepumpe ist im Grunde nichts anderes als eine Kältemaschine, nur mit einem anderen Zweck und mit ganz anderen Leistungsdaten: Während mit der Kältemaschine ein vergleichsweise kleines Volumen an Lebensmitteln und Getränken gekühlt und die diesen Stoffen entzogene Wärme anschließend „achtlos" über den Wärmetauscher an die äußere Umgebung abgibt, ohne dass ein merkbarer Temperaturanstieg des Raumes zu verzeichnen ist, erwärmt die Wärmepumpe mit der abgegebenen Wärme spürbar Wohnräume oder Wasser. Dazu sind natürlich viel größere Wärmemengen nötig als bei einem Kühlschrank: Während bei einem Kühlschrankkompressor eine elektrische Leistung in Höhe von 100 W zugeführt werden muss, benötigt man bei Wärmepumpen (selbst bei einem Niedrigenergiehaus) elektrische Leistungen von einigen kW!

Bei dem Kühlschrank ist entscheidend, dass sich die Stoffe wie Lebensmittel und Flüssigkeiten (oder das Volumen) auf der kälteren Seite, denen man die Wärme entzieht, tatsächlich abkühlen, im Gefrierfach sogar bis unter den Gefrierpunkt. Doch genau das will man beim Betrieb einer Wärmepumpe nicht; vielmehr wird versucht, natürliche Wärmequellen als Energiespender zu nutzen. Diese sollten eine möglichst konstante Temperatur im Jahresverlauf aufweisen und einen quasi unerschöpflichen Energievorrat besitzen. Anders ausgedrückt: Die Umwelt darf sich durch den Wärmeentzug mit der Wärmepumpe nicht abkühlen. Daher kommen als Wärmequellen nur **Erdwärme, Grundwasser** und **Luft** in Frage. Allerdings muss die Nutzung von Erdwärme und Grundwasser für eine Wärmepumpe behördlich genehmigt werden.

Besonderheiten beim Betrieb einer Wärmepumpe

Bei der technischen Ausführung einer Wärmepumpe hat man aus Sicherheitsgründen nicht wie beim Kühlschrank nur einen Kreislauf mit dem FCKW-freien Arbeitsmedium (Kältemittel); vielmehr erfolgen der Wärmeentzug aus der Wärmequelle und die Wärmeabgabe an die Heizkörper bzw. den Warmwasserspeicher über zwei getrennte Wärmeträger-Kreisläufe und zwei Wärmetauscher, wie in Abb. 1 ▷ 459 am Beispiel einer Wärmepumpe gezeigt, die als Wärmequelle das Erdreich nutzt. Der Kreislauf für den Wärmeentzug aus dem Erdreich verwendet eine Kühlsole (Sole sind in Wasser gelöste Salze), die ungiftig und nicht entflammbar ist und die Materialien der Leitungen, Verbindungen und Dichtungen nicht angreift. Im Solekreislauf wird die von der Umgebung aufgenommene Wärme zum Verdampfer transportiert. Die gelösten Salze und Gefrierschutzmittel verhindern bei niedrigen Temperaturen das Einfrieren der Kühlsole.

Der Kreislauf zur Wärmeabgabe an die Heizkörper nutzt einfaches Wasser wie bei den klassischen Warmwasser-Heizungen.

Warum sind die Kosten für Heizung und Warmwasserbereitung mit einer Wärmepumpe so viel billiger als mit konventionellen Öl- oder Gasheizungen?

Die Wärmepumpe wandelt Wärme niedriger Temperatur in Wärme hoher Temperatur um. Dies geschieht in dem oben dargestellten geschlossenen Kreisprozess (Abb. 1 ▷ 456), indem sich der Aggregatzustand des Arbeitsmittels (verdampfen, verdichten/komprimieren, verflüssigen, entspannen/expandieren) ständig verändert. Dadurch entzieht die Wärmepumpe der Umgebung – also dem Erdreich, der Luft oder dem Wasser – gespeicherte Sonnenwärme und gibt diese plus der Antriebsenergie des Kompressors an den Heiz- und Warmwasserkreislauf ab. Der Betreiber der Wärmepumpe muss bei diesem Prozess nur die elektrische Energie zum Antrieb des Kompressors der Wärmepumpe aufwenden und bezahlen, weil die aus der Umgebung aufgenommene Wärme ja nichts kostet. Da eine richtig dimensionierte Wärmepumpe mit dem Erdreich als Wärmequelle bis zu 75 % der benötigten Heizenergie eines Hauses in Form von Wärme aus dem Erdreich bezieht, müssen also nur ca. 25 % elektrische Energie (= Betriebskosten) zugeführt werden. Im Gegensatz dazu hat der Betreiber einer Öl-, Gas- oder Elektrospeicherheizung den benötigten Wärmebedarf für das Haus zu 100 % durch die jeweilige Primärenergie zu decken – und zu bezahlen.

Zur Beurteilung der Betriebskosten einer Wärmepumpen-Heizungsanlage sind zwei Angaben sehr aufschlussreich:

1 Die **Leistungszahl** ε, oft auch als COP (engl.: *coefficient of performance*) bezeichnet, ist definiert als das **Verhältnis von abgegebener Heizleistung der Wärmepumpe zur aufgenommenen elektrischen Antriebsleistung des Kompressors.** Dieser Wert ε dient hauptsächlich zur Beurteilung der Qualität der Wärmepumpe; er berücksichtigt also nicht den Rest des Heizungssystems. Beträgt die Leistungszahl z. B. 4, wird mit einer kWh elektrischer Energie eine Heizleistung von 4 kWh erbracht. Das heißt, ein Viertel der Gesamtenergie wird in Form von elektrischer Energie für den Betrieb der Wärmepumpe benötigt, drei Viertel der Wärme werden aus der Umwelt gewonnen. Ein möglichst hoher Wert von ε ist also vorteilhaft.

Die Leistungszahlen werden für ausgewählte Betriebspunkte, d. h. bei bestimmten Wärmequellen-Eintrittstemperaturen und Heizwasser-Vorlauftemperaturen ermittelt. Daher hängt die Leistungszahl natürlich davon ab, ob z. B. eine Fußbodenheizung mit einer Vorlauftemperatur von 35 °C oder ob ein konventioneller Heizkörper mit 55 °C Vorlauftemperatur bei gleicher Wärmequelle benutzt werden soll. Je höher die Vorlauftemperatur, desto niedriger die Leistungszahl.

2 Die **Jahresarbeitszahl (JAZ)** ist die von der Wärmepumpenanlage abgegebene Wärmemenge **in einem Jahr** im Verhältnis zu der in diesem Zeitraum zugeführten elektrischen Energie. Liefert eine Wärmepumpe also z. B. 20.000 kWh Heizenergie in einer Heizperiode und benötigt dazu 5.000 kWh elektrische Energie, so ergibt sich eine Jahresarbeitszahl von 4.

Die jahreszeitlich bedingten Schwankungen der Temperaturen, unter denen die Wärmepumpe arbeiten muss, haben auch Einfluss auf die Effizienz der Heizanlage und auf die von der Wärmepumpe abzugebende Wärmeleistung: Je nach Außentemperatur ändert sich die zu liefernde Wärmeleistung zwischen Nennlast und Null. Die JAZ ist also keine Momentaufnahme eines Betriebszustandes der Wärmepumpe unter genormten Randbedingungen, sondern umfasst mehrere Einflussflussfaktoren wie die Wärmequellen- und Heizungsanlage bzw. die Art der Heizkörper. Aber vor allem ist der Temperaturunterschied zwischen dem Heizungsvorlauf und dem Heizungsrücklauf von Bedeutung.

Die Jahresarbeitszahl liegt zwischen 3 und 5.

Welche Wärmequellen lassen sich für eine Wärmepumpenheizung nutzen?

Merke:
Grundsätzlich stehen das Erdreich (Erdsonde/Erdkollektoren), das Grundwasser und die Luft als Wärmequellen zur Verfügung *(Abb. 1▷ 459)*.

Welche Quelle genutzt werden kann, hängt von der jeweiligen Situation – ob Neubau eines Hauses, Renovierung oder Umbau eines alten Hauses – sowie von den geologischen Gegebenheiten und der Lage des Grundstücks ab.

Grundsätzlich sind die Voraussetzungen bei einem Hausneubau am besten, alle verfügbaren Möglichkeiten zur Wärmedämmung, Energieeinsparung und Energierückgewinnung zu nutzen. In einem modernen Neubau-Konzept ist eine Wärmepumpe heute eine feste Größe. Auch unter ökologischen Gesichtspunkten ist sie eine gute Wahl, und sie spart dem Bauherrn den Bau eines Schornsteines.

Die Auswahl der Wärmequelle ist bei einem Neubau relativ einfach, da der Garten noch nicht angelegt ist und somit z. B. die Zugänge für Bohrungen zum Einbringen von Erdsonden noch nicht eingeschränkt sind. Zur Nutzung eines Erdkollektors ist eine ziemlich große Fläche nötig, die später nur bedingt bebaut werden kann. Hier ist also eine gute Planung erforderlich.

Bei einer Altbausanierung oder -renovierung ist häufig nur die Nutzung einer Luft-Wasser-Wärmepumpe möglich, da Erdsonden oder Erdkollektoren wegen der Bebauung meist nicht nachträglich verlegt werden können. Die Luft-Wasser-Wärmepumpe hingegen lässt sich meist an einer beliebigen ungenutzten Stelle auf dem Grundstück aufbauen und später durch Bepflanzung „verstecken".

Praxistipp:
Bei einer Renovierung in Zusammenhang mit einer Wärmepumpe spielt das Heizsystem in den Räumen eine wichtige Rolle; denn eine Wärmepumpe arbeitet umso effektiver, je niedriger die Vorlauftemperatur der Heizkörper ist.

Daher sind Fußbodenheizungen besonders zu empfehlen. Mittlerweile gibt es aber auch Neuentwicklungen bei den Wärmepumpen, mit denen auch Vorlauftemperaturen bis zu 75 °C erreicht werden und dadurch auch bei der Umrüstung von Altbauten die bisherigen Heizkörper weiter verwendet werden können.

Merke:
Da die Entscheidung für ein Heizsystem bedeutet, sich auf eine Energiequelle festzulegen, bestimmt sie auf Jahrzehnte die Höhe der Heizkosten. Insofern sind Wärmepumpen sowohl für den Hausneubau als auch bei einer Altbaurenovierung eine zukunftssicherere und sparsame Heizungsalternative.

	Erdwärme (Sonde)	**Erdwärme (Kollektor)**	**Grundwasser**	**Luft**
Örtliche Verfügbarkeit	überall	überall	nicht überall	überall
Platzbedarf für Erschließung	gering	hoch	gering	gering
Durchschnittstemperatur der Wärmequelle im Winter	0 °C bis +10 °C	–5 °C bis +5 °C	+8 °C bis +12 °C	–25 °C bis + 15 °C
Wasserrechtlich genehmigungspflichtig	meistens	nein	immer	nein
Mittlere Jahresarbeitszahl (JAZ)	bis 4	bis 4	bis 5	bis 3,3

Tabelle 1 Kenndaten für die unterschiedliche Wärmequellen-Nutzung

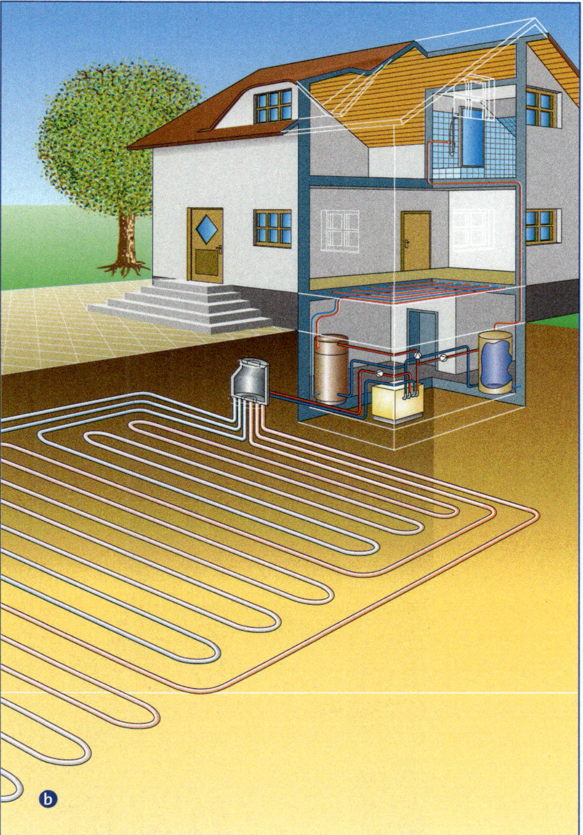

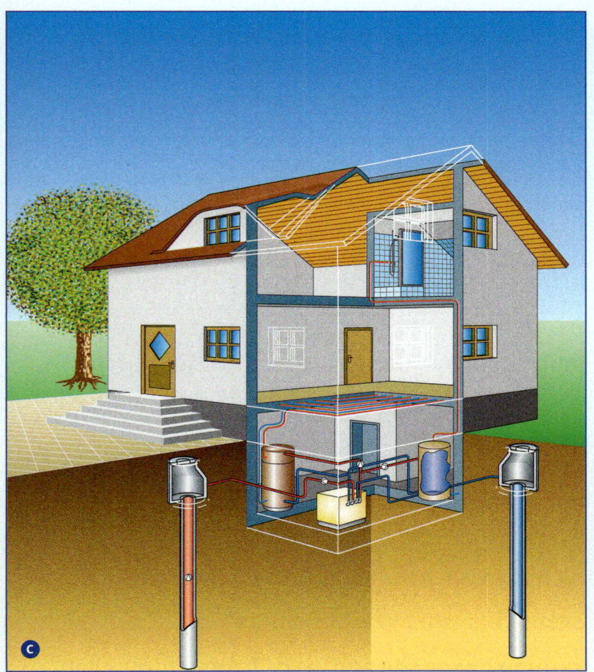

Abb. 1 Wärmequellen für Wärmepumpen: Erdreich – Erdsonden a, Erdreich – Erdkollektor b, Grundwasser c, Luft d

1. **Ventilator**
bringt die Außenluft zum Verdampfer.
2. **Verdampfer**
entzieht der Luft die Wärme.
3. **Expansionsventil**
(nicht sichtbar, hinter Verdampfer) senkt den Verflüssigungsdruck.
4. **Wärmepumpenmanager**
steuert die Prozesse des Heizsystems.
5. **Ausdehnungsgefäß**
nimmt die Volumenänderung durch Temperaturveränderung des Heizwassers auf.
6. **Kondensatwanne**
(nicht sichtbar, unter Verdampfer) leitet die aus der Außenluft ausfallende Feuchtigkeit als Kondensat ab.
7. **Schaltkasten**
Hier laufen alle Fühler- und Steuerkabel zusammen.
8. **Pufferspeicher**
gewährleistet die Mindestlaufzeit und sichert den Abtaubetrieb.
9. **Heizungspumpe**
versorgt das Heizsystem mit Warmwasser.
10. **Verflüssiger**
(nicht sichtbar, hinter Verdichter) nimmt als Wärmetauscher die Wärme des Kältemittels auf und gibt sie an das Heizsystem ab.
11. **Verdichter**
erhöht schwingungsentkoppelt Druck und Temperatur.

Abb. 1 Komponenten einer modernen Luft-Wasser-Wärmepumpe

Prüfen Sie Ihr Wissen:

1. Erklären Sie, warum sich eine Luftpumpe beim Aufpumpen eines Fahrradreifens am vorderen Ende erwärmt.
2. Wenn die Arbeiter bei Straßenausbesserungsarbeiten den Asphalt mit Erdgasbrennern erwärmen, sieht man häufig, dass die benutzte Flüssiggasflasche bis zu einer gewissen Höhe mit Raureif überzogen, also quasi vereist ist. Können Sie diesen Befund erklären?
3. Warum nutzt man einen Kühlschrank nicht gleichzeitig als Raumheizung?
4. Welche Aufgabe hat das Expansionsventil bei einer Wärmepumpe?
5. Warum kann man mit einer Wärmepumpe billiger heizen als mit konventionellen Heizungen?

5 Steuerungs- und Regelungstechnik

5.1 Steuerungstechnik

- Elektromotoren anschließen
- Drehzahlen einstellen
- Anlauf erleichtern
- Geräte schützen
- Vorschriften anwenden

5.1.1 Lüfter für Unterdruckerzeugung im Hallenbad

Kundenauftrag:

Für die Erhaltung der Holzbaukonstruktion des Hallenbades schrieb eine Stadtverwaltung die Installationsarbeiten für zwei Lüftermotoren aus (Abb. 1):

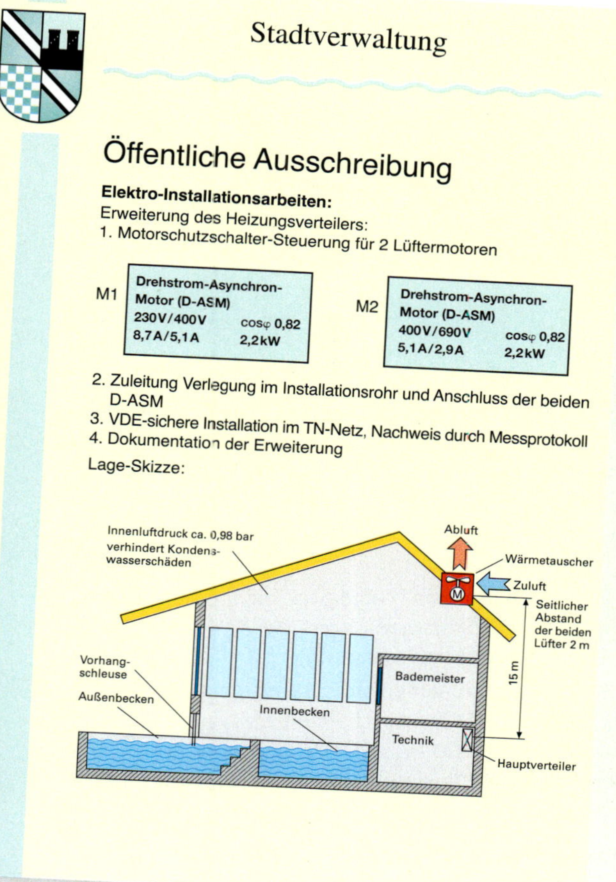

Stadtverwaltung

Öffentliche Ausschreibung

Elektro-Installationsarbeiten:

Erweiterung des Heizungsverteilers:

1. Motorschutzschalter-Steuerung für 2 Lüftermotoren

M1 — **Drehstrom-Asynchron-Motor (D-ASM)** 230V/400V cosφ 0,82 8,7A/5,1A 2,2kW

M2 — **Drehstrom-Asynchron-Motor (D-ASM)** 400V/690V cosφ 0,82 5,1A/2,9A 2,2kW

2. Zuleitung Verlegung im Installationsrohr und Anschluss der beiden D-ASM
3. VDE-sichere Installation im TN-Netz, Nachweis durch Messprotokoll
4. Dokumentation der Erweiterung

Lage-Skizze:

Abb. 1
Ausschreibung aus der Kreiszeitung

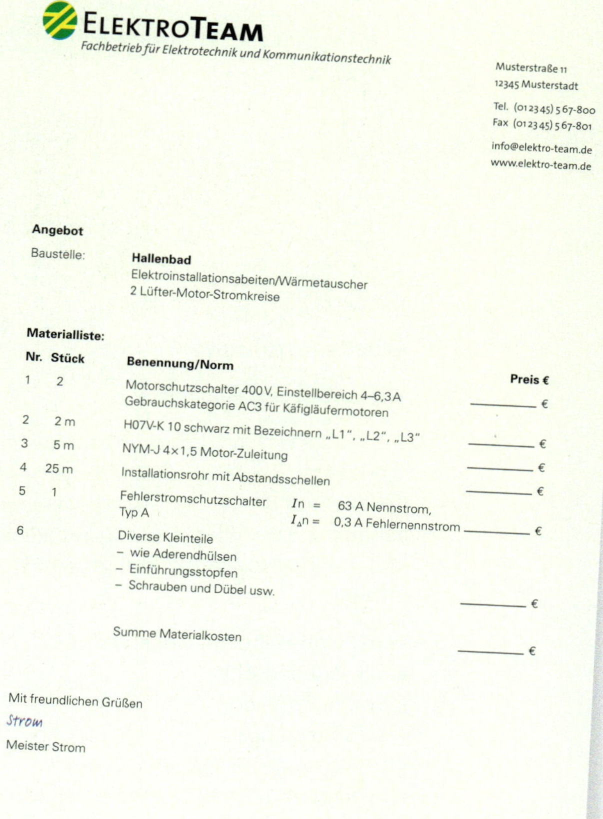

ELEKTROTEAM
Fachbetrieb für Elektrotechnik und Kommunikationstechnik

Musterstraße 11
12345 Musterstadt
Tel. (012345) 567-800
Fax (012345) 567-801
info@elektro-team.de
www.elektro-team.de

Angebot

Baustelle: **Hallenbad**
Elektroinstallationsabeiten/Wärmetauscher
2 Lüfter-Motor-Stromkreise

Materialliste:

Nr.	Stück	Benennung/Norm	Preis €
1	2	Motorschutzschalter 400 V, Einstellbereich 4–6,3 A Gebrauchskategorie AC3 für Käfigläufermotoren	______ €
2	2 m	H07V-K 10 schwarz mit Bezeichnern „L1", „L2", „L3"	______ €
3	5 m	NYM-J 4×1,5 Motor-Zuleitung	______ €
4	25 m	Installationsrohr mit Abstandsschellen	______ €
5	1	Fehlerstromschutzschalter Typ A — I_n = 63 A Nennstrom, $I_{\Delta n}$ = 0,3 A Fehlernennstrom	______ €
6		Diverse Kleinteile – wie Aderendhülsen – Einführungsstopfen – Schrauben und Dübel usw.	______ €
		Summe Materialkosten	______ €

Mit freundlichen Grüßen
Strom
Meister Strom

Abb. 2
Angebot der Firma ElektroTeam

Arbeitsplanung

Meister Strom kalkuliert den Material- und Zeitaufwand für die Lüfter-Installation und schickt der Stadtverwaltung ein Angebot.

Arbeitszeitplanung

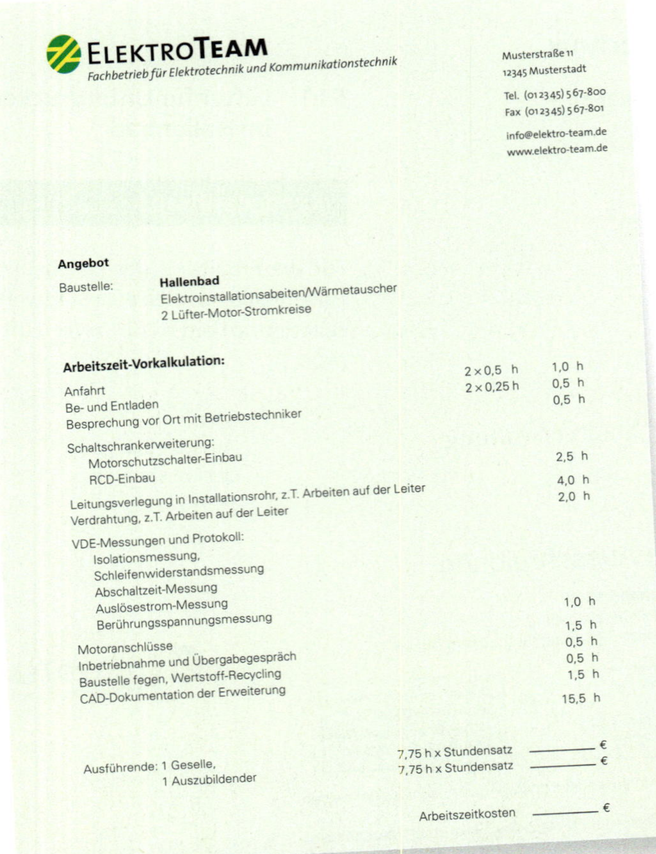

ElektroTeam
Fachbetrieb für Elektrotechnik und Kommunikationstechnik

Musterstraße 11
12345 Musterstadt

Tel. (012345) 567-800
Fax (012345) 567-801

info@elektro-team.de
www.elektro-team.de

Angebot

Baustelle: **Hallenbad**
Elektroinstallationsabeiten/Wärmetauscher
2 Lüfter-Motor-Stromkreise

Arbeitszeit-Vorkalkulation:

Anfahrt	2 × 0,5 h	1,0 h
Be- und Entladen	2 × 0,25 h	0,5 h
Besprechung vor Ort mit Betriebstechniker		0,5 h
Schaltschrankerweiterung:		
Motorschutzschalter-Einbau		
RCD-Einbau		2,5 h
Leitungsverlegung in Installationsrohr, z.T. Arbeiten auf der Leiter		4,0 h
Verdrahtung, z.T. Arbeiten auf der Leiter		2,0 h
VDE-Messungen und Protokoll:		
Isolationsmessung,		
Schleifenwiderstandsmessung		
Abschaltzeit-Messung		
Auslösestrom-Messung		
Berührungsspannungsmessung		1,0 h
Motoranschlüsse		1,5 h
Inbetriebnahme und Übergabegespräch		0,5 h
Baustelle fegen, Wertstoff-Recycling		0,5 h
CAD-Dokumentation der Erweiterung		1,5 h
		15,5 h

Ausführende: 1 Geselle, 7,75 h x Stundensatz ________ €
1 Auszubildender 7,75 h x Stundensatz ________ €

Arbeitszeitkosten ________ €

Abb. 1 Arbeitszeit-Vorkalkulation

Arbeitsausführung

Werkzeuge und Hilfsmittel

Die Fa. ElektroTeam bekommt auf Basis des Angebotes (Abb. 2 ▷ 461 und Abb. 1) den Auftrag. Der Geselle und der Auszubildende beladen am Vorabend das Baustellenfahrzeug mit allen Teilen der Materialliste sowie Werkzeugtaschen und Hilfsmitteln.

Werkzeugtasche mit Isolierwerkzeug:

- Schraubendreher
- Seitenschneider
- Abisolierzange
- Crimpzange für Aderendhülsen
- Schlagbohrmaschine mit Bohrersortiment
- Akku-Schrauber mit Ladestation

Mess- und Prüfgeräte:

- Isolationsmessgerät 500 V
- VDE-Messgerät für
  - Schleifenwiderstandsmessung
  - RCD – Abschaltzeit-Messung
  - RCD – Auslösestrom-Messung
  - Berührungsspannungsmessung
- Drehfeldrichtungsprüfgerät
- Durchgangsprüfer

Persönliche Arbeitshilfen:

- Anlegeleiter mit Auszug 6 m
- Stehleiter mit Auszug 9 m
- Arbeitshelm für Leiterarbeiten
- Schutzbrille
- Taschenlampe
- Sicherheitsschuhe
- Mobilfunk-Telefon
- Reinigungsgeräte

Arbeitsschritte

Vor Beginn der Arbeit besprechen die beiden Elektroinstallateure die Arbeitsfolge:

1 Ortsbegehung

- Wo ist der Heizungsverteiler?
- Wo darf man freischalten?
- Wo kann man den Stromlaufplan der bestehenden Anlage einsehen?
- Wo ist der Kabel-Steigkanal für die Nachinstallation?
- Wo darf das Installationsrohr montiert werden?
- Wo ist der Wärmetauscher mit den beiden Lüftermotoren?
- Wo ist die Einführung am Wärmetauscher?
- Wie kann man den Betriebstechniker erreichen für weitere Fragen?

2 Klären, ob die Drehstrommotoren in Stern- oder in Dreieckschaltung geschaltet werden

(Abb. 1 und Abb. 1 ▷ 464, 465).

Abb. 1 Wie können wir den Drehstrom-Asynchronmotor (D-ASM) anschließen?

- An welcher Motor-Klemme schließen wir die braune, die schwarze, die graue und die grün-gelbe Ader an?
- Sollen wir die drei Motorwicklungen U, V und W in Sternschaltung oder in Dreieckschaltung anschließen?
- Wie sorgen wir für den Rechtslauf der Motorwelle?

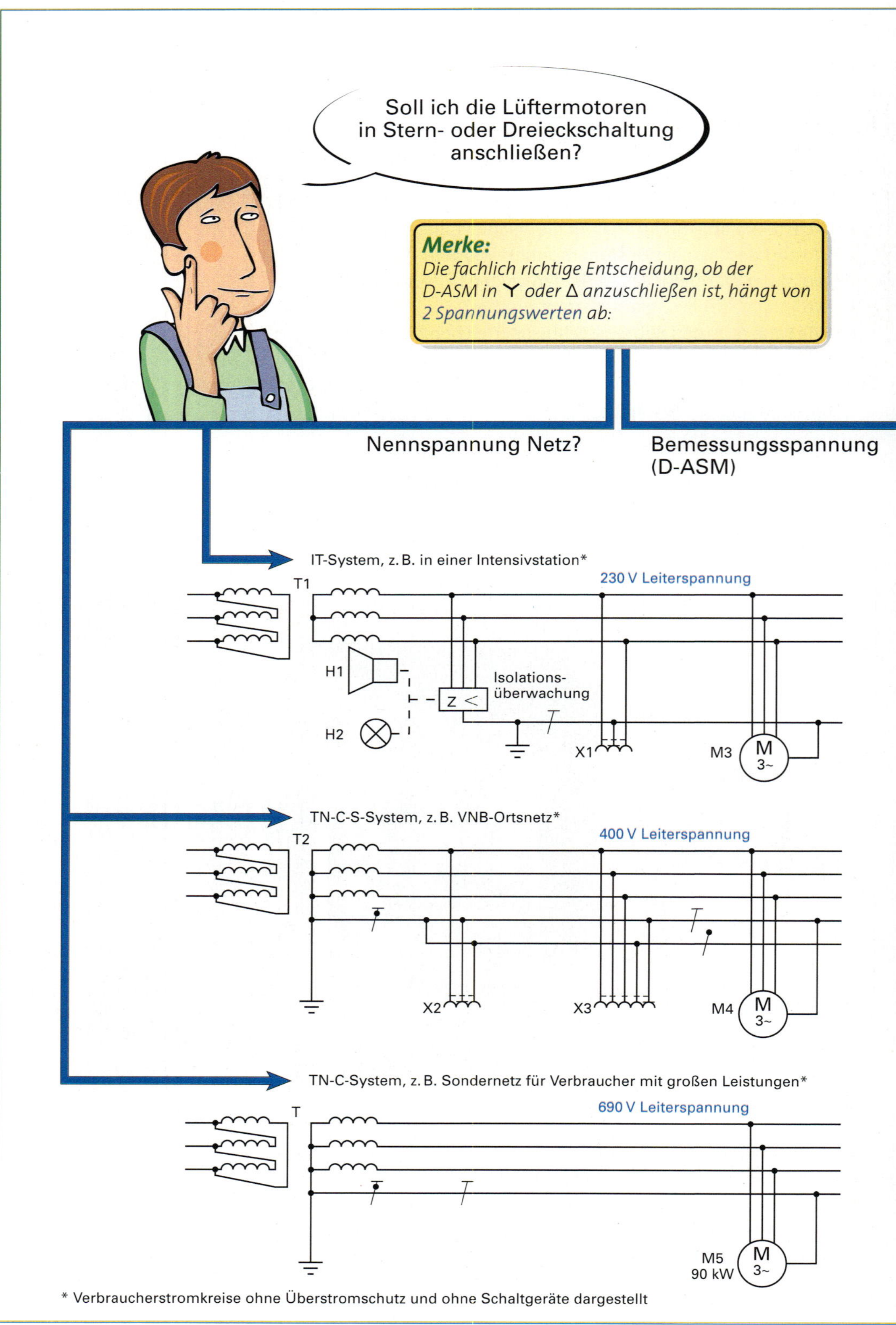

Abb. 1 Stern- oder Dreieckschaltung?

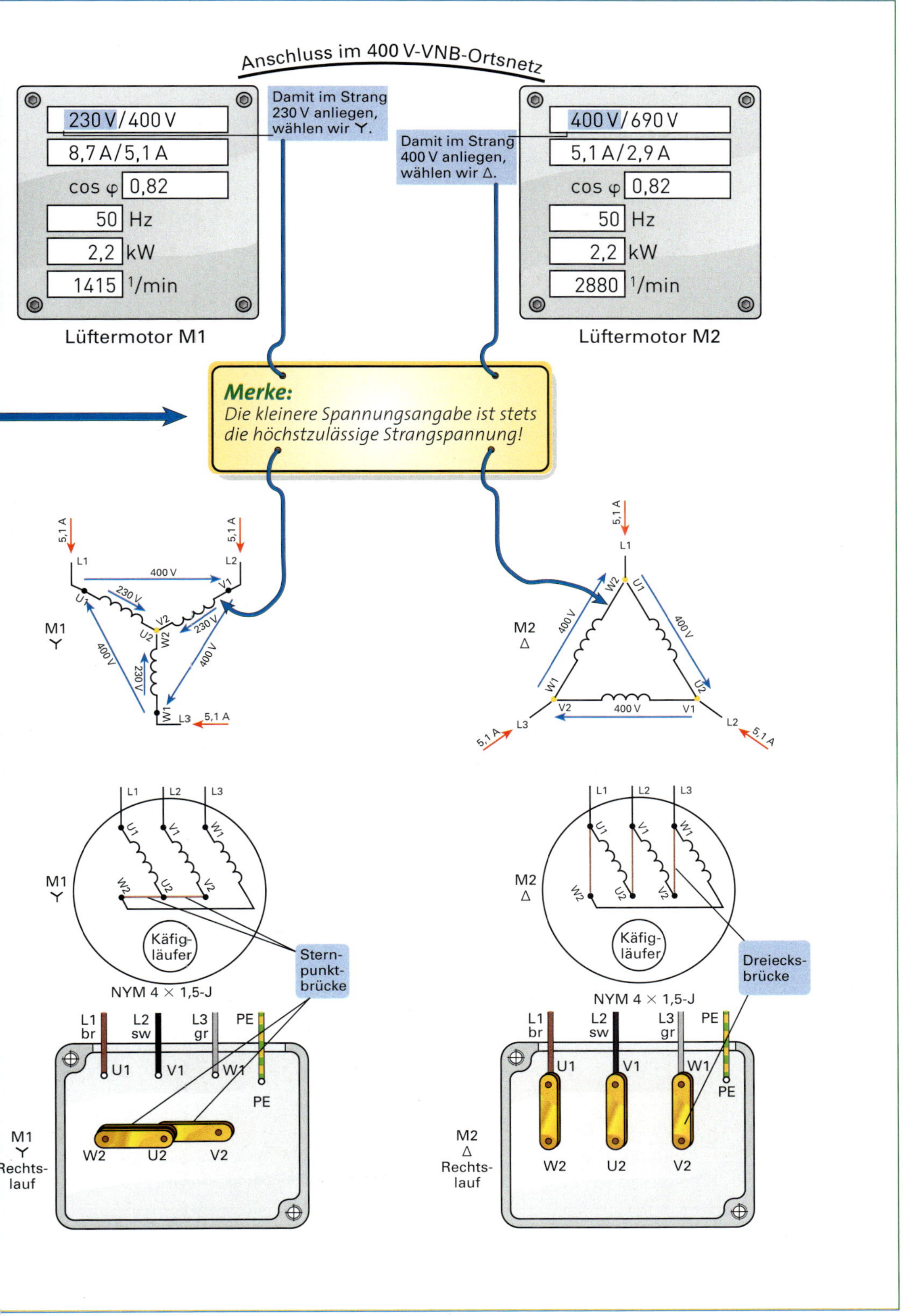
Anschluss im 400 V-VNB-Ortsnetz
230 V/400 V
8,7 A/5,1 A
cos φ 0,82
50 Hz
2,2 kW
1415 1/min
Lüftermotor M1
Damit im Strang 230 V anliegen, wählen wir Y.
Damit im Strang 400 V anliegen, wählen wir Δ.
400 V/690 V
5,1 A/2,9 A
cos φ 0,82
50 Hz
2,2 kW
2880 1/min
Lüftermotor M2
Merke:
Die kleinere Spannungsangabe ist stets die höchstzulässige Strangspannung!
M1 Y
M2 Δ
Käfigläufer
Sternpunktbrücke
Dreiecksbrücke
NYM 4 × 1,5-J
L1 br
L2 sw
L3 gr
PE
U1 V1 W1
W2 U2 V2
M1 Y Rechtslauf
M2 Δ Rechtslauf

3 Klären, wie der Rechtslauf des Lüfters durch verwechslungsfreie Aderkennzeichnung gewährleistet werden kann.

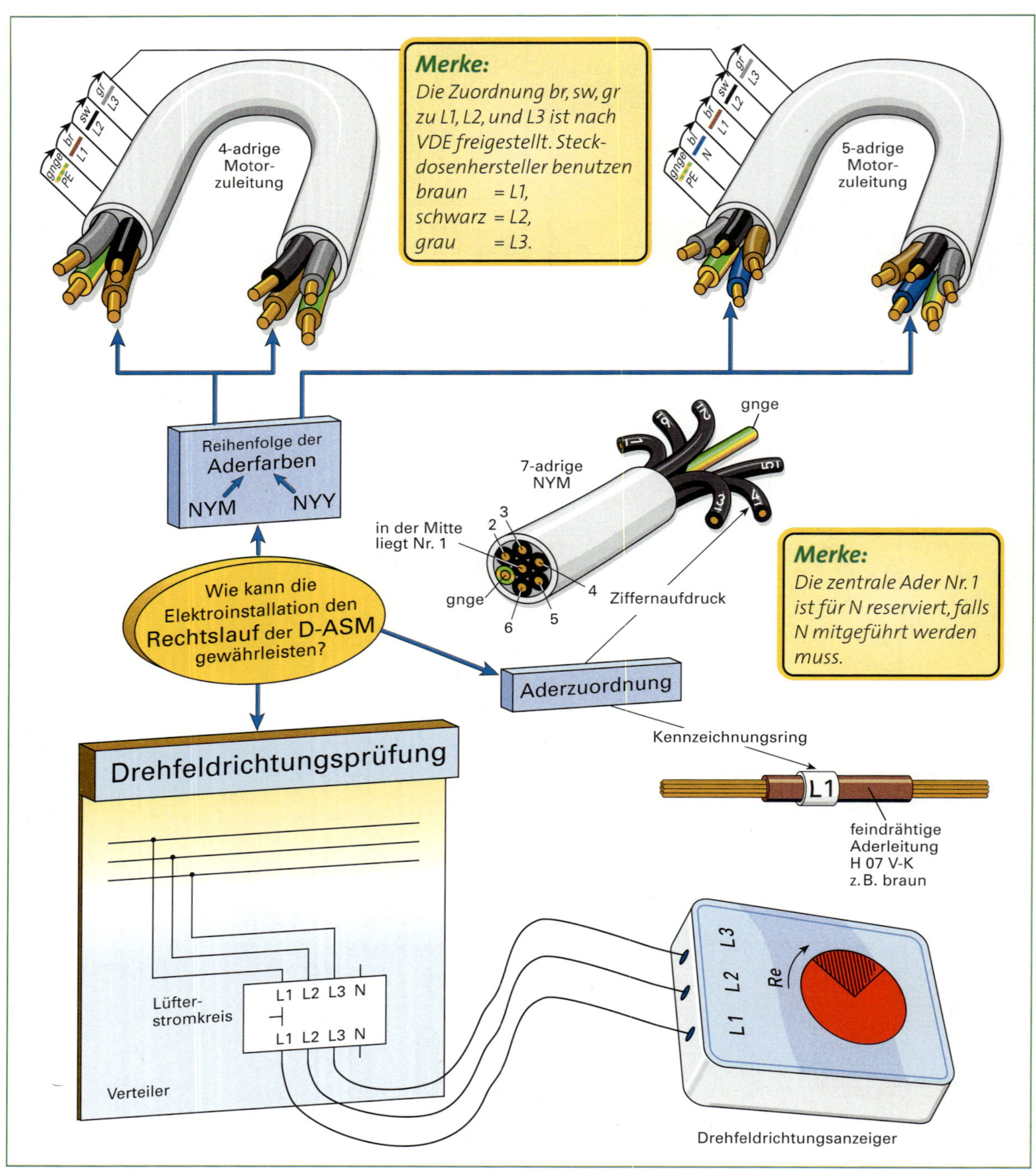

Abb. 1 Rechtslauf durch verwechslungsfreie Adernkennzeichnung

Damit die beiden Lüftermotoren den Abluftstrom ins Freie blasen, müssen sie nach Herstellerangabe im Rechtssinn laufen.
Der Rechtssinn ist der Uhrzeigersinn, wenn man auf das freie Wellenende des Motors schaut.
Wir prüfen mithilfe des Drehrichtungsanzeigers die Phasenfolge L1, L2, L3, damit wir sicher sind, dass die Motoren ein rechtsdrehendes Drehfeld bekommen.

4 Stromlaufplan der beiden Lüftermotoren besprechen und vor Ort festlegen, wo die Erweiterung im Elektroverteiler installiert werden kann.

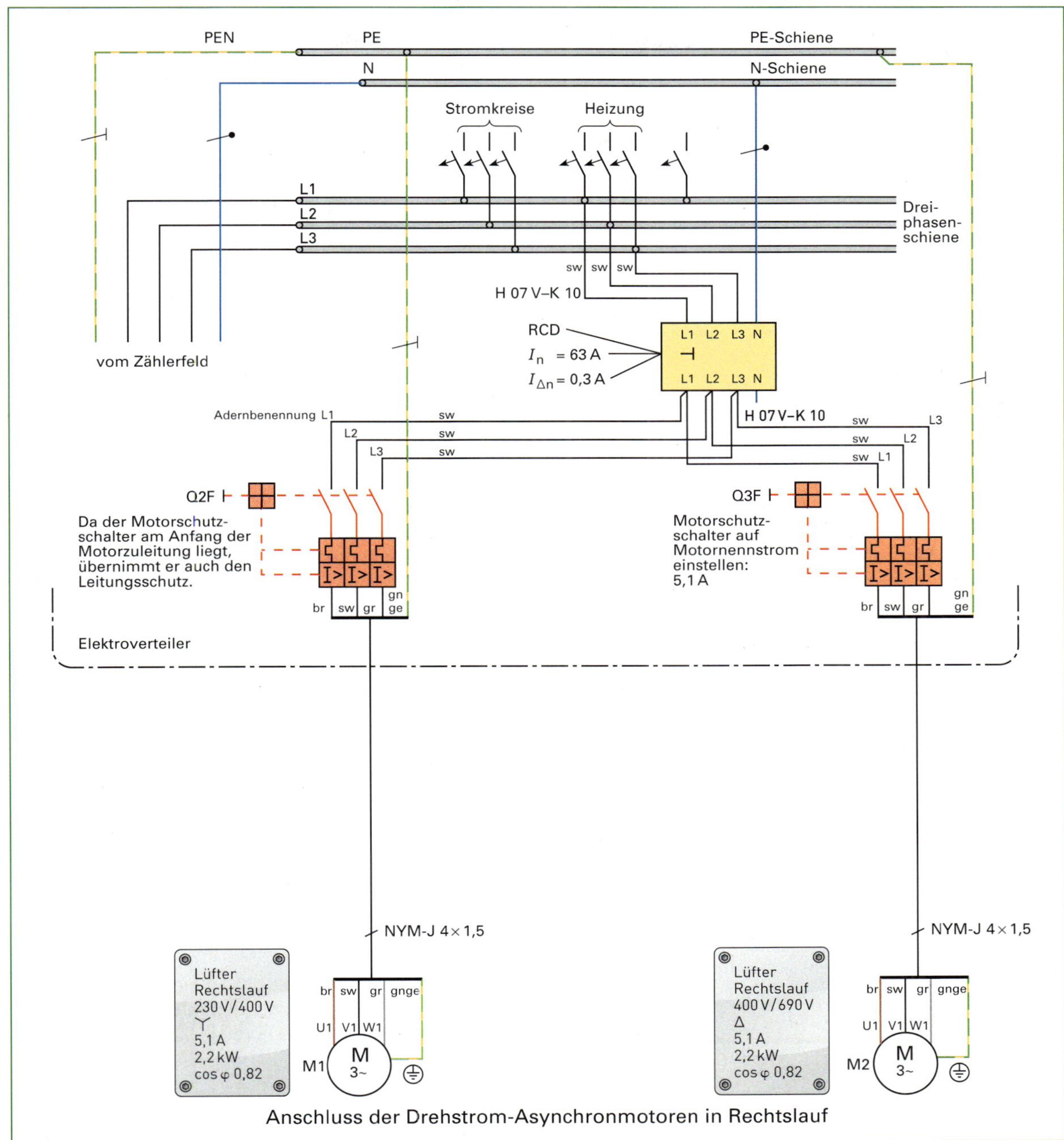

Abb. 1 Stromlaufplan

Nachdem wir am Fehlerstromschutzschalter den Rechtssinn der Außenleiterreihenfolge geprüft haben, installieren wir sorgfältig und vertauschungsfrei weiter bis zum Motorenklemmkasten.
Durch die aufmerksame Aderverdrahtung gewährleisten wir den späteren Rechtslauf der Lüftermotoren.

5 Installationsrohre verlegen.

- Längen messen,
- Installationsrohre ablängen,
- senkrechte Richtung mit Wasserwaage anzeichnen,
- Abstandsschellen montieren,
- Schellenabstand etwa 1 m

6 Leitungen einziehen.

Leitungsüberstand:
- am Klemmkasten der Motoren 25 cm,
- am Elektroverteiler 1 m

7 Motorklemmkasten von Motor 1 und Motor 2 verdrahten.

Drahtösen an die massiven Aderenden biegen (Abb. 1). Jede Drahtöse wird rechtssinnig über den Gewindestift der zugeordneten Motorklemme gesteckt und mit Unterlegscheibe und Mutter festgeklemmt.

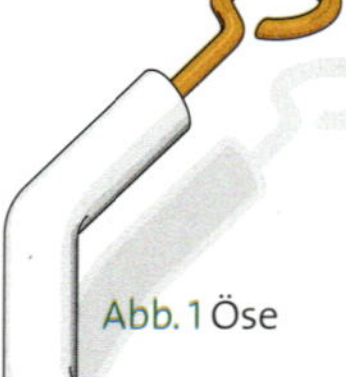
Abb. 1 Öse

8 Elektroverteiler erweitern.

Montage der Schaltgeräte auf der Hutschiene:
- 1× RCD, Typ A
- 2× Motorschutzschalter, bezeichnet mit Q2F: Lüfter 1 und Q3F: Lüfter 2 und einstellen auf 5,1 A
- Schutzleiter der Lüfter-Zuleitungen sorgfältig an der PE-Schiene festklemmen.

Merke:
Bei Körperschluss soll ein genügend großer Fehlerstrom über PE fließen können, damit das Überstromschutzorgan schnell auslösen kann.

Merke:
Der sorgfältige PE-Anschluss verhindert das Bestehenbleiben zu hoher Berührungsspannung.

Es folgt die Verdrahtung der Schaltgeräte (siehe Abb. 1 ▷ 467).

Nach dem Errichten der Anlage erfolgt die Prüfung nach VDE 0100 (Abb. 2):

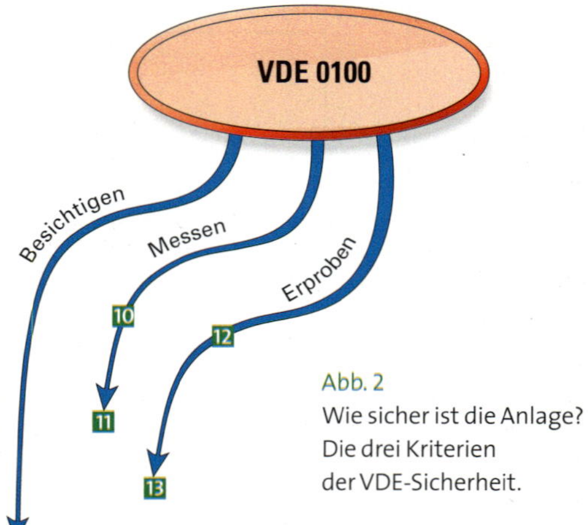

Abb. 2
Wie sicher ist die Anlage? Die drei Kriterien der VDE-Sicherheit.

9 Besichtigen der Erweiterung

- Beschädigung der Isolation?
- PE angeschlossen?
- Aderfarben- und -querschnitte?
- Bezeichnung, Beschriftung, Einstellwerte?

10 Isolationsmessung R_{isol} der Erweiterung:

- Anlage spannungsfrei schalten!
- N-Leiter der Erweiterung von N-Schiene trennen.
- RCD, Q2F und Q3F abschalten!
- Konzentriert arbeiten, U_{mess} = DC 500 V!
- VDE: R_{isol} deutlich über 1,0 MΩ?
  L1 gegen PE, L2 gegen PE, L3 gegen PE
- Der schlechteste Messwert wird protokolliert.

Ziel der Isolationsmessung (Abb. 1 ▷ 469) ist es, einen möglichen Verdrahtungsfehler oder einen Montagefehler zu entdecken. Beispiel: Gelegentlich quetscht das Unterklemmen einer Ader beim Montieren des Klemmkastendeckels die Aderisolation so stark, dass der gemessene Widerstandswert nicht bei „unendlich“ liegt, sondern deutlich unter 100 MΩ. Um schnell zu sehen, wo ein Isolationsfehler bei der Installation entstanden ist, wird in mehreren leicht voneinander abgrenzbaren **Stromkreisbereichen** gemessen:

1. Bereich: R_{isol} zwischen RCD und den beiden Motorschutzschaltern. Dabei sind sowohl der RCD als auch beide Motorschutzschalter ausgeschaltet.

2. Bereich: R_{isol} zwischen Motorschutzschalter Q2F und Motor M1. Dabei bleibt der Motor M1 fest angeschlossen, denn der Isolationswiderstand eines neuen Drehstrommotors ist so hochohmig, dass wir selbst mit dem Verbraucher bei einwandfreier Installation leicht den von VDE geforderten Mindest-Isolationswiderstand von 1,0 MΩ erreichen.

3. Bereich: R_{isol} zwischen Motorschutzschalter Q3F und Motor M2.

Die Tätigkeit „VDE-Messungen“ wird im Arbeitsbericht (Rapport) aufgelistet (siehe Arbeitsschritt 15).

Merke:
Jeder Stromkreis muss nach dem Überstromschutzorgan den Mindest-Isolationswiderstand von 1,0 MΩ besitzen, damit er VDE-sicher ist und in Betrieb genommen werden darf.

Merke:
Bei einem Erweiterungsauftrag werden nur jene Stromkreise auf VDE-Sicherheit kontrolliert, die in den Bereich der zu verantwortenden Erweiterung gehören, hier also nur die beiden Lüfterstromkreise nach dem RCD.

Merke:
Beim Eintrag des gemessenen Isolationswiderstandswertes in das Prüfprotokoll wird nicht etwa „unendlich“ eingetragen, obwohl der Zeigerausschlag auf „unendlich“ steht, sondern der auf der Ableseskala vor „unendlich“ liegende höchste Zahlenwert.

Steht die Anzeige auf unendlich, tragen wir im Messprotokoll Abb. 1 ▷ 470 >100 MΩ ein, d. h. R_{isol} ist größer als der größte MΩ-Zahlenwert der Ableseskala.

Merke:
Zeigt das Isolationsmessgerät, das mit 500 V Gleichspannung arbeitet, einen zu kleinen Isolationswiderstand, müssen wir den Installationsfehler suchen und beseitigen.
Danach folgt eine erneute Isolationswiderstandsmessung, die bestanden werden muss!
Die neuen Messwerte werden im Prüfprotokoll vermerkt.

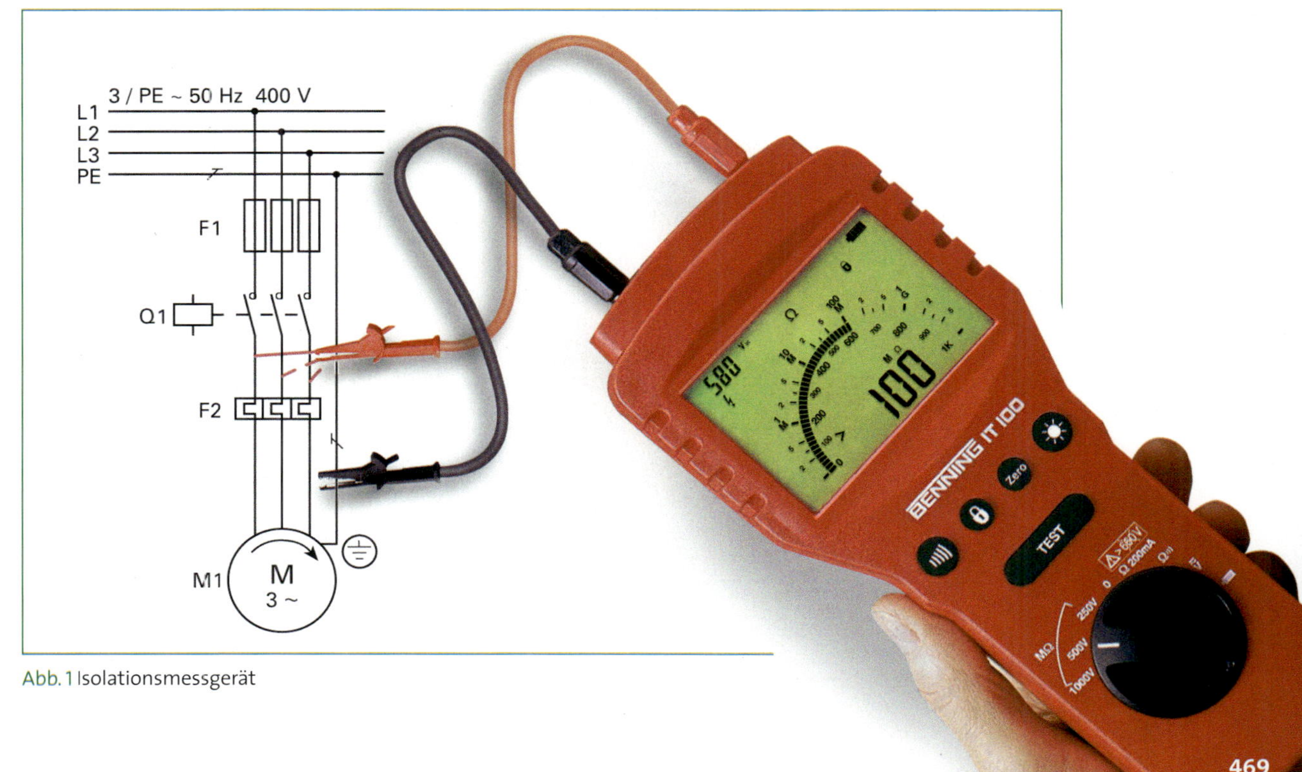

Abb. 1 Isolationsmessgerät

Prüfprotokoll + Übergabebericht Nr.: 1 | Auftrag Nr. 2510

Auftraggeber	Elektroinstallationsbetrieb (Auftragnehmer)
Stadtverwaltung	ELEKTROTEAM Fachbetrieb für Elektrotechnik und Kommunikationstechnik

Anlage: Hallenbad, Erweiterung 2 Lüfter-Stromkreise im Heizungsverteiler

Netz des EVU EnBW | Netzspannung: 400 V | Netzformen: ☐ TN-S ☐ TN-C ☒ TN-C-S ☐ TT ☐ IT-System

Prüfung durchgeführt nach: ☐ UVV „Elektrische Anlagen und Betriebsmittel" (VBG 4) ☐ ☒ nach DIN VDE 0100 · T. 600 ☐

Grund der Prüfung: ☐ Neuanlage ☒ Erweiterung ☐ Änderung ☐ Instandsetzung ☐ Revision

Besichtigung:

☒ Richtige Auswahl der Betriebsmittel ☐ Wärmeerzeugende Betriebsmittel ☐ Hauptpotentialausgleich
☒ Schäden an Betriebsmitteln ☒ Zielbezeichnung der Leitungen im Verteiler ☐ Zusätzlicher (örtlicher) Potentialausgleich
☒ Schutz gegen direktes Berühren ☒ Leitungsverlegung ☒ Schutzmaßnahmen mit Schutzleiter
☒ Sicherheits-Einrichtungen ☐ Schutzkleinspannung/Schutztrennung ☐ Schutzisolierung
☐ Brandschottung ☐ Sichere Trennung der Schutz- und Funktionskleinspannungs-Stromkreise von anderen Stromkreisen ☐

Erprobung: Bemerkungen:

☐ Funktion der Schutz-, Sicherheits- und Überwachungseinrichtungen ☐ Rechtsdrehfeld der Drehstrom-Steckdosen ☐
☒ Funktion der elektrischen Anlage ☒ Drehrichtung der Motoren ☐

Messung: Erdungswiderstand ....Ω ☒ Zuverl. Verbindung Schutzleiter Bemerkungen:

Verwendete Meßgeräte nach DIN VDE 0413	Fabrikat	Typ	Fabrikat	Typ	Fabrikat	Typ

Stromkreis Nr.	Ort/Anlagenteil	Leitung/Kabel Art	Leiteranzahl	Querschnitt mm^2	Überstrom-Schutzeinrichtung Art/Charakteristik	I_n A	Z_s Ω oder I_K A	R_{isol} MΩ	Fehlerstrom-Schutzeinrichtung I_n/Art A	$I_{\Delta n}$ A	I_{mess} A	U_L ≤.....V U_{mess} V
1	RCD bis Q2F, Q3F										I_a	U_{PE}
	L1, L2, L3, gegen PE	H07V-K	6	10	NH	63		>100	63	0,3	0,25	0,1
2	Q2F bis M1											
	L1, L2, L3, gegen PE	NYM	4	1,5	Motorschutzschalter	5,1		>100	63	0,3	0,25	0,1
3	Q3F bis M2											
	L1, L2, L3, gegen PE	NYM	4	1,5	Motorschutzschalter	5,1		>100	63	0,3	0,25	0,1
4	M1, M2 Schleifenwiderstand $Z_s = 0{,}12\,\Omega + 0{,}36\,\Omega =$						0,48					

Übergabebericht ☐ Prüfergebnis: Mängelfrei ☐ Prüfplakette — Nächster Prüfungstermin, z. B. gemäß Unfallverhütungsvorschrift „Elektrische Anlagen und Betriebsmittel" (VBG 4):

Raum / Anlagenteil / Anzahl	Küche	Eßzimmer	Wohnzimmer	Schlafzimmer	Kinderzimmer	Bad	Toilette	Flur	Treppe	Keller	Boden	Eingang	Balkon	Waschküche	Garage	Hof	Werkstatt	Büro	Laden	Schwimmhalle
Schalter																				
Leuchten/Auslaß																				
Steckdosen																				
Lüftermotor																				2

Unterschriften
Die elektrische Anlage entspricht den anerkannten Regeln der Elektrotechnik. Gemäß Übergabebericht elektrische Anlage übernommen:

Prüfer/Name	Verantwortlicher Unternehmer	Auftraggeber
Ort: Stadt, Datum:	Ort: Stadt, Datum: 15.09.2017	Ort: Stadt, Datum:
Unterschrift: Geselle	Unterschrift: Strom	Unterschrift: i. A. Betriebsleiter

Empfehlung: Prüftaste des FI-Schutzschalters monatlich betätigen

Abb. 1 Prüfprotokoll und Übergabebericht

11 Messungen mit dem VDE-Messgerät

VDE-Abschaltsicherheit ermitteln:

- Schleifenimpedanz $Z_{Sgesamt}$
  - teilweise messen
  - teilweise berechnen
- Kurzschlussstrom I_K berechnen

VDE schreibt das Messen oder Berechnen der Fehlerstromschleife vor. Wir müssen sicher sein, dass bei Körperschluss im Verbraucher ein genügend großer Kurzschluss-Fehlerstrom zum Fließen kommt und der Fehlerstromkreis innerhalb der höchstzulässigen VDE-Abschaltzeit abgeschaltet wird.

Der in Abb. 1 dargestellte erste Teil der Fehlerstromschleife ist rot gekennzeichnet und reicht vom Ortsnetztrafo bis zum Fehlerstromschutzschalter, $Z_S = 0{,}12\ \Omega$.

Den zweiten braun dargestellten Teil der Fehlerstromschleife müssen wir berechnen, weil ein Fehlerstromschutzschalter bei jeder Schleifenwiderstandsmessung sofort auslöst.

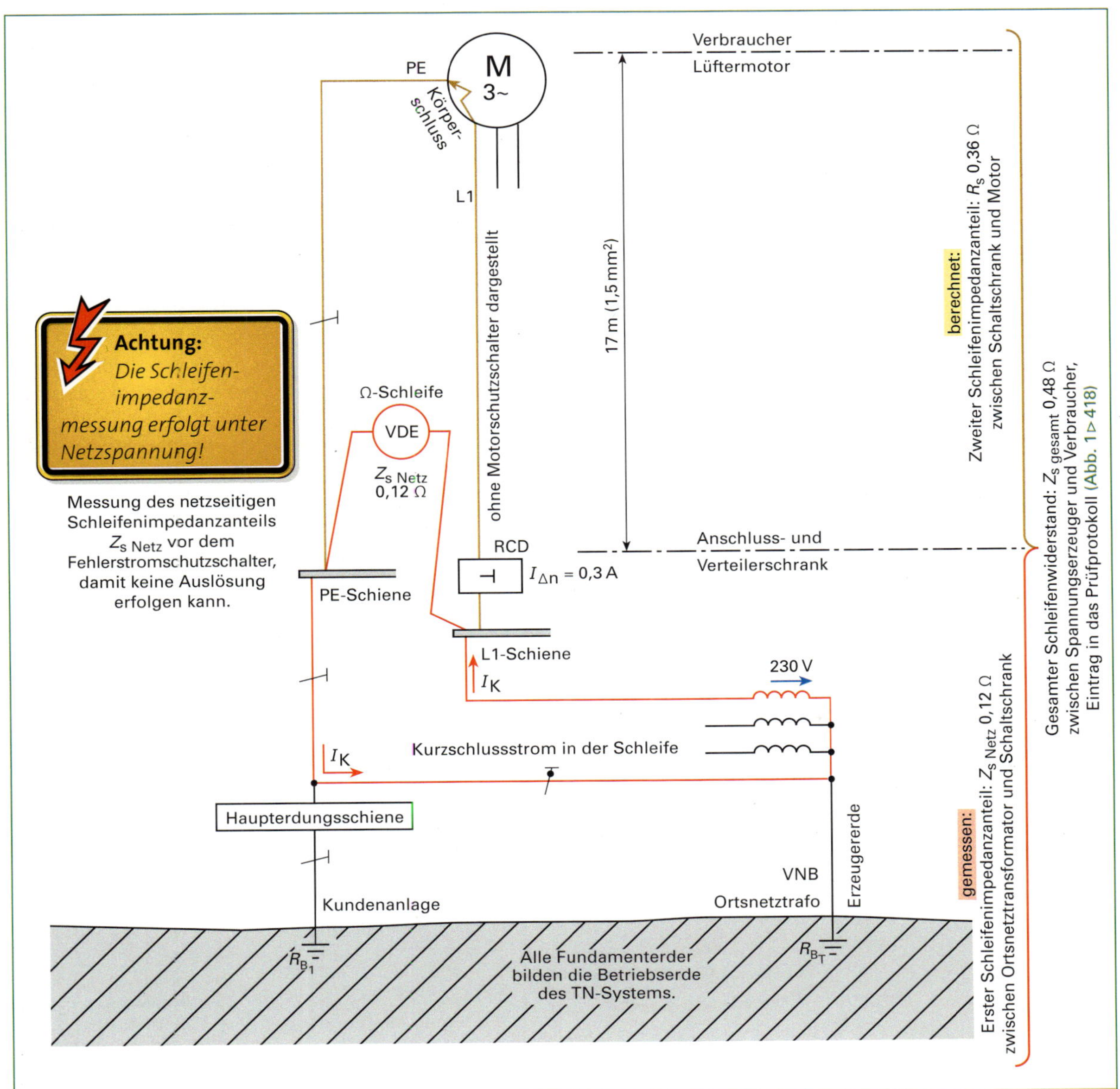

Abb. 1 Ermittlung der Schleifenimpedanz Z_S durch Messen und Berechnen

Arbeitsschritte für die Ermittlung der **VDE-Abschaltsicherheit**:

1. Sorgfältige Verdrahtung des Schutzleiters PE bis zum Motorenklemmbrett.
2. - Messung der netzseitigen Schleifenimpedanz $Z_{S\,Netz}$ vom Schaltschrank zurück zum Ortsnetztrafo.
     Vorsicht, Messung unter Netzspannung! (Abb. 1 ⊳ 471)
   - Berechnung des Schleifenwiderstandsanteils $R_{S\,Erweiterung}$ der Motorzuleitung vom Schaltschrank bis zum Lüfter (Abb. 1 ⊳ 473).
   - Bestimmung der gesamten Schleifenimpedanz $Z_{Sgesamt}$ und Eintrag in das Prüfprotokoll (Abb. 1 ⊳ 470).
3. Berechnung des zu erwartenden Kurzschluss-Fehlerstromes I_K in der Schleife (Abb. 1 ⊳ 473).
4. Beurteilung der VDE-sicheren Abschaltung, ob der zu erwartende Kurzschlussstrom I_K größer ist als der RCD-Fehlernennstrom $I_{\Delta n}$.

Auslösestrommessung I_a des RCD

Wir stellen den Bemessungsfehlerstrom $I_{\Delta n}$ = 0,3 A am VDE-Messgerät ein und messen den tatsächlichen Auslösefehlerstrom.
Dabei messen wir den Auslösefehlerstrom jedes Außenleiters gegen PE und tragen den schlechtesten Messwert in das Prüfprotokoll (Abb. 1 ⊳ 470) ein.

Abschaltzeitmessung t_a

Mithilfe einer Umschalttaste am VDE-Messgerät lässt sich die Abschaltzeit ablesen.
Die gemessene Abschaltzeit muss kleiner sein als die höchstzulässige VDE-Abschaltzeit (Abb. 1).

Berührungsspannungsmessung U_{PE} gegen Erde bei Körperschluss:

Ein Körperschluss mit einem Fehlerstrom, z. B. 40 % des Bemessungsfehlerstromes $I_{\Delta n}$, bringt den RCD nicht zum Auslösen. Der abfließende Fehlerstrom führt im PE zu einem Spannungsabfall und damit zu einer möglichen Berührungsspannung U_{PE}: Z. B. Hand-Hand Berührung zwischen auf Holz montiertem Motorgehäuse mit PE-Anschluss und einem geerdetem Stahlbauträger oder Wasserhahn. Zuerst stellen wir das VDE-Messgerät auf den RCD-Bemessungsfehlerstrom $I_{\Delta n}$ ein, z. B. 0,3 A.Das Messgerät simuliert einen allmählich ansteigenden Fehlerstrom von L1 auf PE. Der RCD löst aus. Das Display zeigt den zuletzt erreichten U_{PE}-Voltwert, z. B. 0,1 V. Diesen Volt-Wert tragen wir in Spalte U_{MESS} im Prüfprotokoll (Abb. 1 ⊳ 470) ein.

> ***Merke:***
> *Die höchstzulässige Berührungsspannung für Mensch und Tier ist nach VDE U_{Limit} = 50 V~; 120 V – Ist die gemessene, mögliche Berührungsspannung U_{PE} mehr als 50 V Wechselspannung, dann muss für eine niederohmigere PE-Verbindung bis zum Einspeisepunkt gesorgt werden.*
> *Vielleicht ist der PE nicht überall richtig festgeklemmt.*
>
> *Nach verbessertem PE-Durchgang muss die Messung der U_{PE}-Berührungsspannung unbedingt erneut durchgeführt und protokolliert werden.*

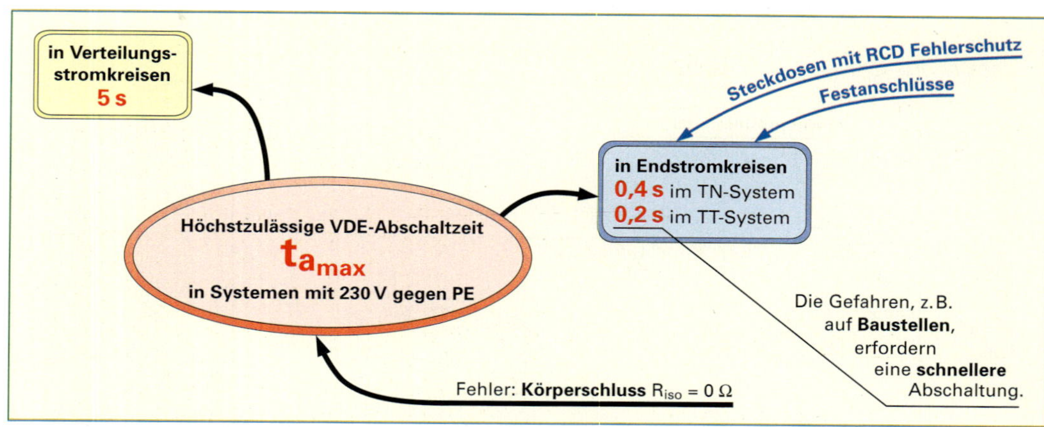

Abb. 1 DIN VDE 0100 Abschaltzeiten

Abschaltsicherheit

Ist die benötigte Abschaltzeit t_a nach Eintreten des Fehlerfalles VDE-gerecht?

1. Abschaltzeit t_a messen und mit der VDE-Forderung: $t_a \leq t_{a\,max}$ vergleichen.

Messungen im TN-C-S	$t_{a\,max}$
Verteilungsstromkreise (Messung vor den Abgängen in Endstromkreise)	5 s
Endstromkreise im TN-System	0,4 s

2. Auslösestrom I_a des RCD messen und mit RCD-Fehlernennstrom $I_{\Delta n}$ vergleichen.
   $I_a \leq I_{\Delta n}$ (z. B.: 0,25 A ≤ 0,3 A)
3. Den am Ende der Zuleitung zu erwartenden Kurzschlussstrom I_K berechnen oder messen und mit dem Auslösestrom I_a vergleichen.
   $I_K > I_a$ (z. B.: 479 A > 0,25 A)

Wie groß ist der Schleifenwiderstand R_S der Lüfterzuleitung zwischen Verteilerschrank und Motorklemmbrett?

$$R_{S_{Erweiterung}} = 2\left(\frac{l_{ges}}{\kappa \cdot A}\right) = 2\left(\frac{17\ \text{m}}{56\ \frac{\text{m}}{\Omega\ \text{mm}^2} \cdot 1{,}5\ \text{mm}^2}\right) = 0{,}36\ \Omega$$

$$\begin{array}{lr} R_{S_{Erweiterung}} & 0{,}36\ \Omega \\ + Z_{S_{Netz}} & 0{,}12\ \Omega \\ \hline \approx Z_{S_{gesamt}} & \underline{\underline{0{,}48\ \Omega}} \end{array}$$

Wie groß ist der Schleifenwiderstand $Z_{S\,Netz}$ des Ortsnetzes zwischen Transformator und Verteilerschrank?
Messstromkreis Abb. 1 ▷ 471
Gemessen z. B.: Z_S $\underline{\underline{0{,}12\ \Omega}}$

$$I_K = \frac{U_{Trafo}}{Z_S} = \frac{230\ \text{V}}{0{,}48\ \Omega}$$

$$I_K = \underline{\underline{479\ \text{A}}}$$

oder I_K berechnen

entweder I_K messen

PE-Berührsicherheit

in RCD-Stromkreisen

Die U_{PE}-Messung stellt fest, wie hoch die Berührungsspannung ansteigt, während der Fehlerstrom allmählich auf $I_{\Delta n}$ erhöht wird.

$U_{PE} \leq 50\ \text{V}\sim$

U_{PE} darf niemals mehr als 50 V~ führen (z. B. gemessen 0,1 V)!

Berührsicherheit des Schutzleiters PE

Isolationswiderstand

messen mit DC 500 V

Der Isolationswiderstand R_{iso}, gemessen zwischen allen aktiven Leitern (L1, L2, L3, N) und PE, muss mindestens 1,0 MΩ haben.

$R_{iso} \geq 1{,}0\ \text{M}\Omega$

Üblich ist ≥ 100 MΩ.

Gesamte Anlage
- R_{iso} Isolationswiderstand

Stromkreise ohne RCD
- Z_S Schleifenwiderstand
- I_K Kurzschlussstrom
- t_a Abschaltzeit

RCD-Stromkreise
- I_a Auslösestrom
- t_a Abschaltzeit
- U_{PE} Berührungsspannung

MAINS·NETZ UL|RL RCD·FI ESC MEM OFF HELP ON START $I_{\Delta N}$ RISO 2.52 MΩ UISO 512 V Limits AUTO MAN GOSSEN METRAWATT RLO RISO U SENSOR

Abb. 1 Messungen der Erweiterungsinstallation nach DIN VDE 0100

VDE-Messung Zusammenfassung:

> **_Merke:_**
> _Wenn ein Messwert der VDE-Forderung nicht erfüllt ist, darf der fehlerbehaftete Teil der Anlage nicht in Betrieb genommen werden!_

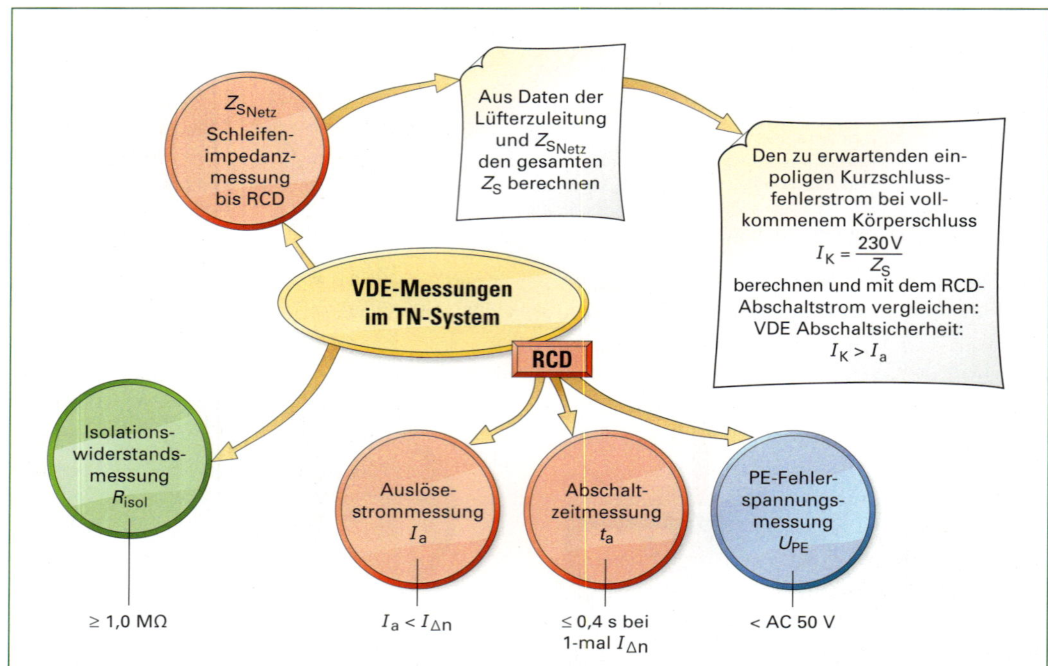

Abb. 1 Fünf VDE-Messungen im TN-System nach der Erweiterungsinstallation

Die VDE-Messungen (Abb. 1) dienen dem Elektroniker dazu, gezielt zu reagieren, wenn ein VDE-Fehler ersichtlich ist:

- Fehlerquelle systematisch suchen durch Abschnittsmessungen
- Fehlerursache beseitigen
- VDE-Messung erneut durchführen, die bestanden werden muss!!!
- Eintrag in das Prüfprotokoll

12 Drehrichtungsprüfung und Inbetriebnahme der Lüfter

Drehfeldrichtungsprüfung

Damit die beiden Lüftermotoren den Abluftstrom ins Freie blasen, müssen sie nach Herstellerangabe im Rechtslaufsinn laufen.
Mithilfe des **Drehfeldrichtungsanzeigers** (Abb. 1 ▷ 466) vergewissern wir uns über die **Phasenfolge L1, L2, L3 im Rechtslaufsinn**.
Mit der Drehfeldrichtungsprüfung weisen wir die richtige Zuordnung der drei Außenleiter im **Rechtslaufsinn** nach.

Sollte das Prüfgerät Linkslauf anzeigen, werden zwei Phasen vor dem Fehlerstromschutzschalter getauscht und bezeichnet. Eine erneute Rechtslaufprüfung muss Rechtslauf anzeigen.

> **_Merke:_**
> _Die Rechtsdrehfeldprüfung stellt die zeitliche Phasenfolge fest._
> _Richtig Phasenfolge: L1 – L2 – L3_
> _bei Aderfolge: br – sw – gr_
> _(Abb. 1 ▷ 467)._

13 Inbetriebnahme der Lüfter/Funktionsprüfung

Wir prüfen die Funktion der Lüfter:
Der Auszubildende geht in die Nähe des Wärmetauschers und telefoniert mit seinem vor dem Schaltschrank stehenden Kollegen.
„Ich bin bereit", sagt der Auszubildende.
„Also gut, dann schalte ich jetzt Lüfter 1 ein: Drei, zwo, eins, EIN. Läuft der Lüfter?"
„Ja, man hat deutlich gehört, wie der Motor angelaufen ist."
„So, jetzt kommt der zweite Lüfter: Drei, zwo, eins, EIN. Hörst du was?"
„Ja, der zweite Motor ist auch angelaufen."

Wir überprüfen die Motorströme I_1, I_2, I_3 jedes Motors mithilfe des Zangenstrommessers (siehe Abb. 3 ▷ 487 im anschließenden Profiwissen).
Messergebnisse: 6 × 4,9 A.
Beurteilung: Die Motoren nehmen ihren Bemessungsstrom auf und laufen deshalb optimal im Volllastbetrieb.
Die beiden Fachkräfte prüfen die Sogwirkung, welche bei richtiger Motordrehrichtung im Innenraum des Hallenbades auftreten muss.
Sie gehen an die mit automatischem Türschließ-Antrieb versehene Eingangstür zwischen Kasse und Umkleideräumen.
„Jetzt machen wir mal die Tür einen kleinen Spalt auf und prüfen, ob wir die Luftbewegung fühlen können", sagt der Geselle. Gerade in dem Augenblick kommt der Betriebstechniker dazu: „Von welcher Seite wird der angefeuchtete Finger kalt?"
„Ganz deutlich, die Luft strömt von draußen zu den Innenräumen, sogar die Haare bewegen sich leicht durch den Luftzug."
„Gut gemacht."

14 Übergabe der fertigen Arbeit

Bei der Reinigung der Baustelle werden Wertstoffabfälle getrennt eingesammelt und entsorgt.
Mit der erfolgreichen Inbetriebnahme der Lüfter kann die fertige Installation an den Beauftragten des Kunden, hier den Betriebstechniker, übergeben werden.

Der *Betriebstechniker*, der *Geselle* und der *Auszubildende* stehen noch eine kurze Zeit zusammen und kommen ins Gespräch:

Geselle: „So, jetzt bekommen Sie immer schöne angewärmte Frischluft ins Hallenbad. Die beiden Abluft-Gebläse sind VDE-sicher in Betrieb."

Betriebstechniker: „Ja, die Wirkung des Wärmetauschers auf die Erwärmung der einströmenden Frischluft ist ein Vorteil. Der zweite Vorteil des Lüfterdauerbetriebs ist jedoch dass die Holz-Bausubstanz gegen Kondenswasser-Schäden geschützt wird.
Während die beiden Lüfter die feuchte Innenluft nach außen drücken, entsteht nämlich ein geringer so genannter Unterdruck. Die trockenere Außenluft strömt nach innen.
Uns ist trockene, durch alle möglichen Ritzen einströmende Kaltluft lieber als ausströmende Feuchtluft, weil das Abkühlen der ausströmenden feuchten Warmluft unweigerlich Kondenswassertropfen bilden würde. Die Folge wäre mit der Zeit Schimmelbildung und Holzfäule mit einer Beeinträchtigung des Raumklimas, der Ästhetik und der statischen Sicherheit der Holzbausubstanz (Abb. 1).
Vielen Dank für Ihre schnelle und saubere Arbeit."

Geselle: „OK, wir geben die heutige Erweiterung in unser CAD-Programm (Abb. 1 ▷ 478/479) ein, die Schaltpläne für den Heizungsverteiler hat ja auch unsere Firma gemacht. Den aktualisierten Stromlaufplan kriegen Sie nächste Woche per Post für Ihre Unterlagen.
Also, auf Wiedersehen!"

Auszubildender: „Auf Wiedersehen, Mahlzeit."

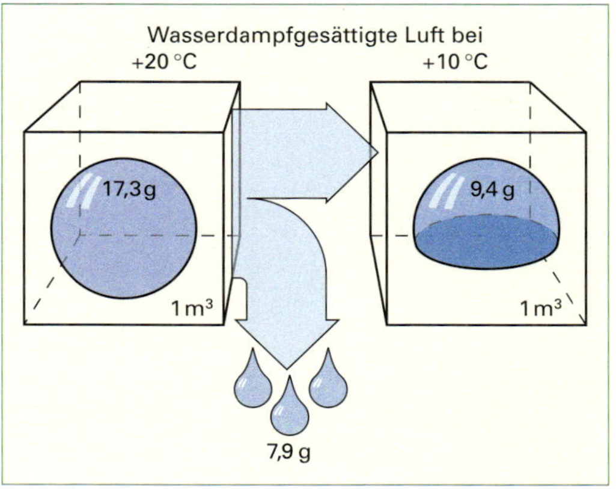

Abb. 1 Kondenswasserbildung durch Abkühlung feuchter Luft

15 Tätigkeitsbericht (Rapport) schreiben

- lesbar
- stichwortartige Beschreibung der ausgeführten Arbeiten in zeitlicher Reihenfolge (Abb. 1).
- Der Arbeitsbericht ist die wichtigste Grundlage für die spätere Rechnungsstellung durch den Meister.

ELEKTROTEAM
Fachbetrieb für Elektrotechnik und Kommunikationstechnik

Musterstraße 11
12345 Musterstadt

Tel. (012345) 567-800
Fax (012345) 567-801

info@elektro-team.de
www.elektro-team.de

Tätigkeitsbericht

Baustelle: **Hallenbad** Datum: 15.01.2017
Elektroinstallationsarbeiten/Wärmetauscher
2 Lüfter-Motor-Stromkreise

Arbeitsbeginn: 7.00 Uhr, Leiter am Kleinbus befestigt
Abfahrt: 7.15 Fahrt mit Firmenkleinbus
Ankunft an Baustelle: 7.45 Uhr

Tätigkeitsbericht: Ausladen, Besprechung, Besichtigung
Leitungsverlegung: NYM in Installationsrohr ca. 20 m
2x Lüfteranschluss
(z.T. Arbeiten auf der Leiter)
Schaltschrankerweiterung:
1 RCD, 2 Motorschutzschalter
VDE-Messungen/Prüfprotokoll
Isolationswiderstand
Schleifenwiderstandsmessung
Abschaltstrom- u. Auslösezeitmessung
Berührungsspannungsmessung
Drehfeldrichtungsprüfung
Inbetriebnahme: $I_{M1} = 4{,}9$ A; $I_{M2} = 4{,}9$ A; beide O.K.
Reinigung der Baustelle
Übergabe an Betriebstechniker
Einladen, Rapport schreiben

Abfahrt: 15.15 Uhr; Ankunft im Betrieb: 15.55 Uhr

Noch zu erledigen: CAD-Erweiterung in bestehende Datei „Heizungsverteiler", siehe Schaltskizze.
Versand: nächste Woche zugesagt.

Ausführende Elektroniker: Name Geselle Name Auszubildender

Abb. 1 Tätigkeitsbericht

16 Rechnungsstellung

Der Elektromeister wertet den Rapport aus und berechnet die Gesamtkosten des Auftrags (Abb. 1):

ELEKTROTEAM
Fachbetrieb für Elektrotechnik und Kommunikationstechnik

Musterstraße 11
12345 Musterstadt

Tel. (012345) 567-800
Fax (012345) 567-801

info@elektro-team.de
www.elektro-team.de

Baustelle: **Hallenbad**
Elektroinstallationsarbeiten/Wärmetauscher
2 Lüfter-Motor-Stromkreise

Datum: 15.01.2017

Rechnung

1. Materialkosten

Schaltgeräte und Installationsmaterial laut Materialliste ________ €

2. Arbeitszeitkosten

Arbeitszeit:

Fahrzeit 2 x 30 Min.	1 h
Elektroinstallation Lüfteranschluss inkl. Schaltschrankerweiterung, VDE-Messungen, Inbetriebnahme	7 h
	8 h

Arbeitszeitkosten:

Geselle:	8,0 h x Stundensatz Geselle	________ €
Auszubildender:	8,0 h x Stundensatz Azubi	________ €

Dokumentation der Erweiterung: 1 h

Arbeitszeitkosten Geselle: 1,0 h x Stundensatz Geselle ________ €

Gesamtkosten: ________ €

Zahlbar innerhalb 10 Tagen ohne Skonto.

Bankverbindung: Sparkasse Musterstadt · **BLZ:** 10020030 · **Konto:** 10020300
Geschäftsführer: Elektromeister Rudi Strom · **UST-IDNr.:** 08154711 · **StNr.:** 12345678

Abb. 1 Rechnungsstellung

17 Aktualisierung des Stromlaufplans aufgrund des Erweiterungsauftrags im Hallenbad: Lüfteranschluss

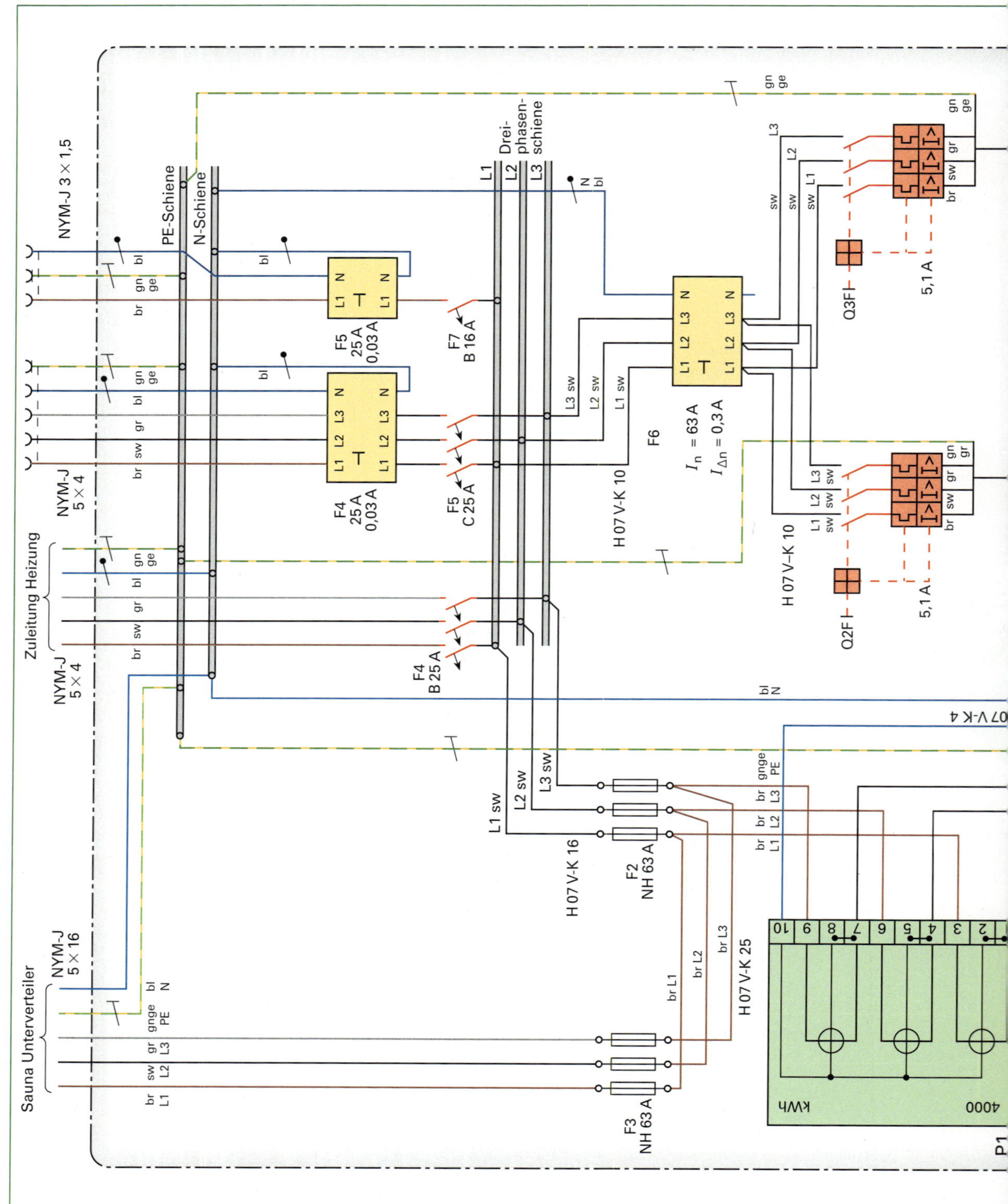

Abb. 1 Hallenbad-Stromlaufplan im TN-C-S System

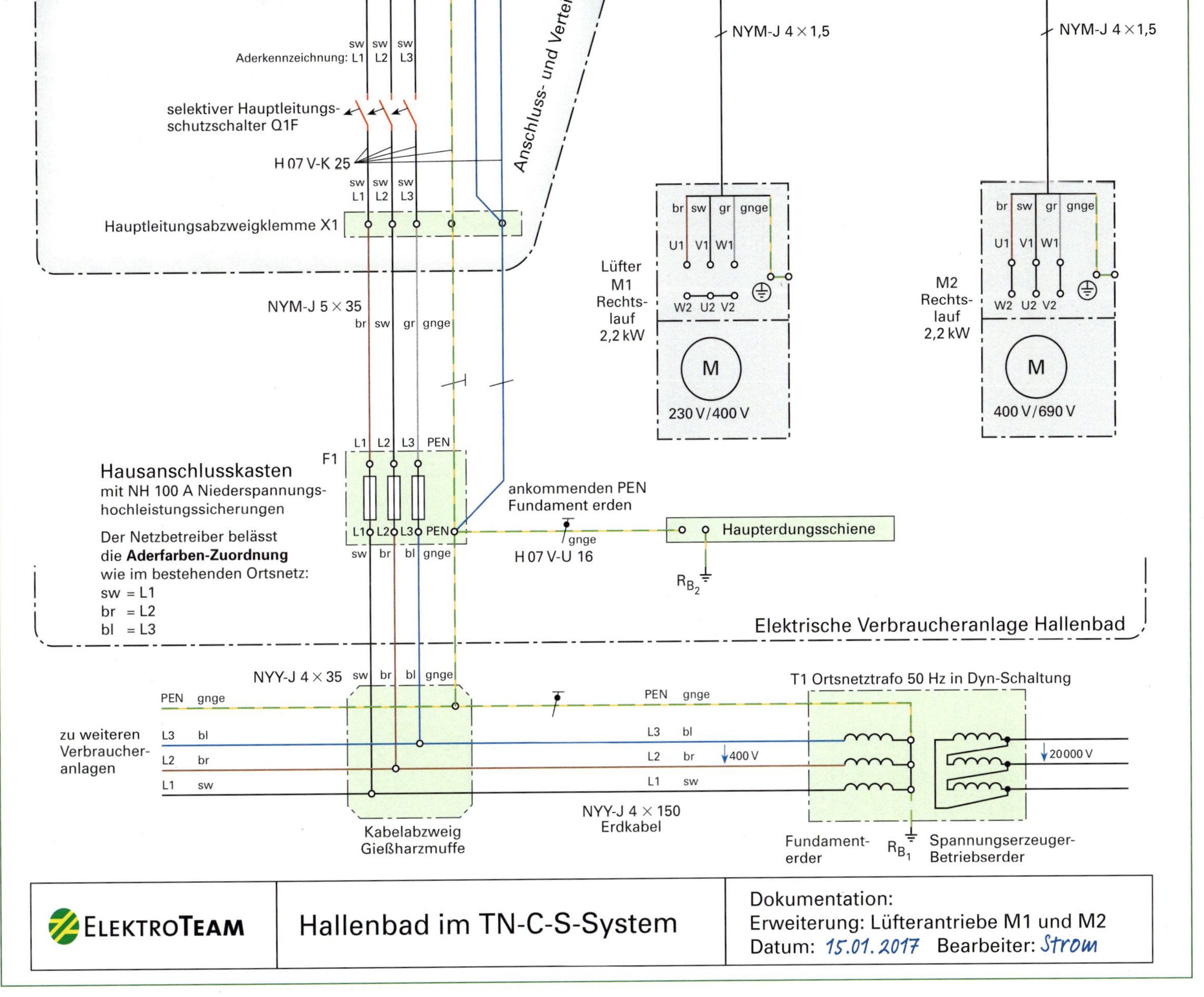
Aderkennzeichnung: L1 L2 L3
sw sw sw
selektiver Hauptleitungs-schutzschalter Q1F
H 07 V-K 25
Hauptleitungsabzweigklemme X1
Anschluss- und Verteile
NYM-J 4 × 1,5
NYM-J 4 × 1,5
br sw gr gnge
U1 V1 W1
W2 U2 V2
Lüfter M1 Rechts-lauf 2,2 kW
M
230 V/400 V
M2 Rechts-lauf 2,2 kW
400 V/690 V
NYM-J 5 × 35
br sw gr gnge
L1 L2 L3 PEN
F1
Hausanschlusskasten
mit NH 100 A Niederspannungs-hochleistungssicherungen
Der Netzbetreiber belässt die **Aderfarben-Zuordnung** wie im bestehenden Ortsnetz:
sw = L1
br = L2
bl = L3
ankommenden PEN Fundament erden
gnge
H 07 V-U 16
Haupterdungsschiene
R_{B_2}
Elektrische Verbraucheranlage Hallenbad
NYY-J 4 × 35 sw br bl gnge
PEN gnge
zu weiteren Verbraucher-anlagen
L3 bl
L2 br
L1 sw
400 V
T1 Ortsnetztrafo 50 Hz in Dyn-Schaltung
20000 V
Kabelabzweig Gießharzmuffe
NYY-J 4 × 150 Erdkabel
Fundament-erder
R_{B_1}
Spannungserzeuger-Betriebserder
ELEKTROTEAM
Hallenbad im TN-C-S-System
Dokumentation:
Erweiterung: Lüfterantriebe M1 und M2
Datum: 15.01.2017 Bearbeiter: Strom

Basiswissen Drehstrom-Asynchronmotor

Direktanschluss von Drehstrom-Asynchronmotoren: Stern oder Dreieck?

Bestimmung der Schaltungsart
Stern- oder Dreieckschaltung bei Drehstrommotoren

Angabe auf dem Leistungsschild	Höchstzulässige Strangspannung	Schaltungsart am 400-V-Ortsnetz
Y230 V	133 V	Nicht anschließen!
Δ 230 V	230 V	Y
230 V/400 V	230 V	Y
Y400 V	230 V	Y
Δ 400 V	400 V	Δ
400 V	400 V	Δ
400 V/690 V	400 V	Δ

Tabelle 1 Schaltungsart

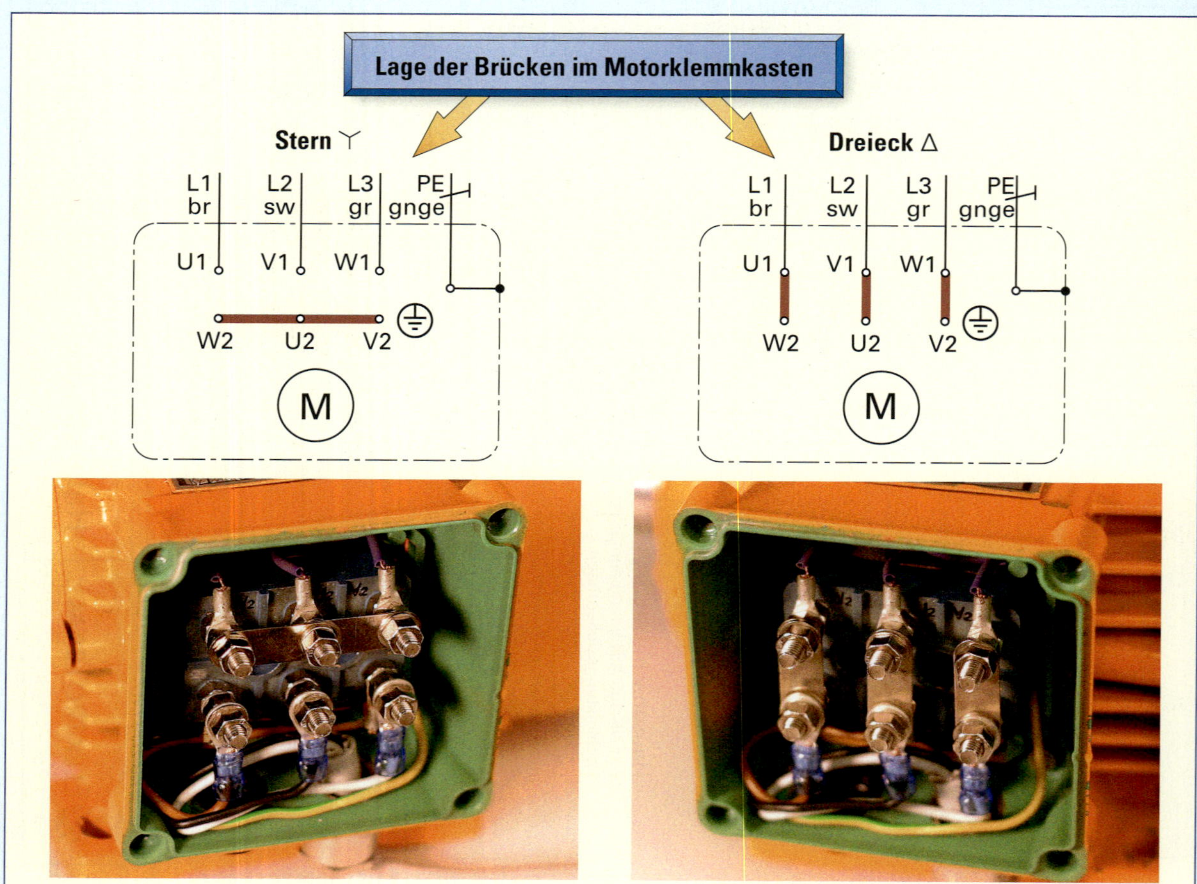

Abb. 1 Brücken im Motorklemmkasten

Wie ist der Drehstrom-Asynchronmotor aufgebaut?

1. Lüfterrad
2. Wickelkopf
3. Klemmbrett
4. Wälzlager
5. Wellenende
6. Lagerschild
7. Fuß
8. Kühlrippen
9. Läuferblechpaket
10. Ständerblechpaket

Abb. 1 Schnittbild eines Asynchronmotors mit Kurzschlussläufer

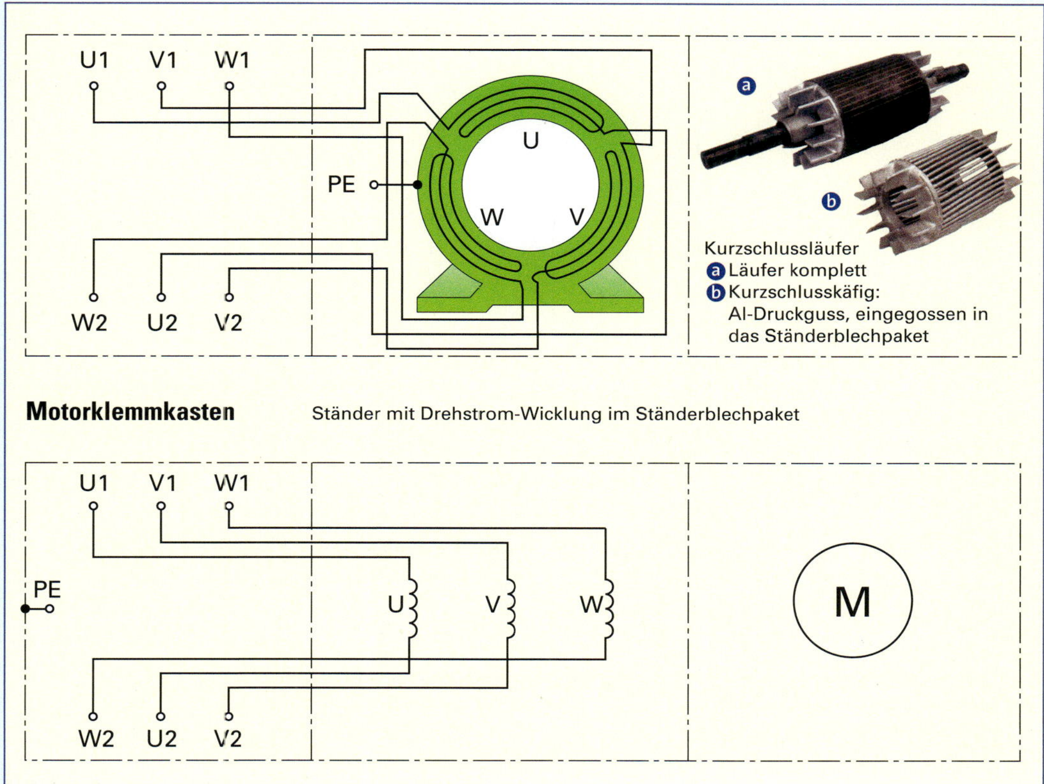

Abb. 2 Schaltplan eines Asynchronmotors mit Kurzschlussläufer

Wie entsteht das Drehfeld?

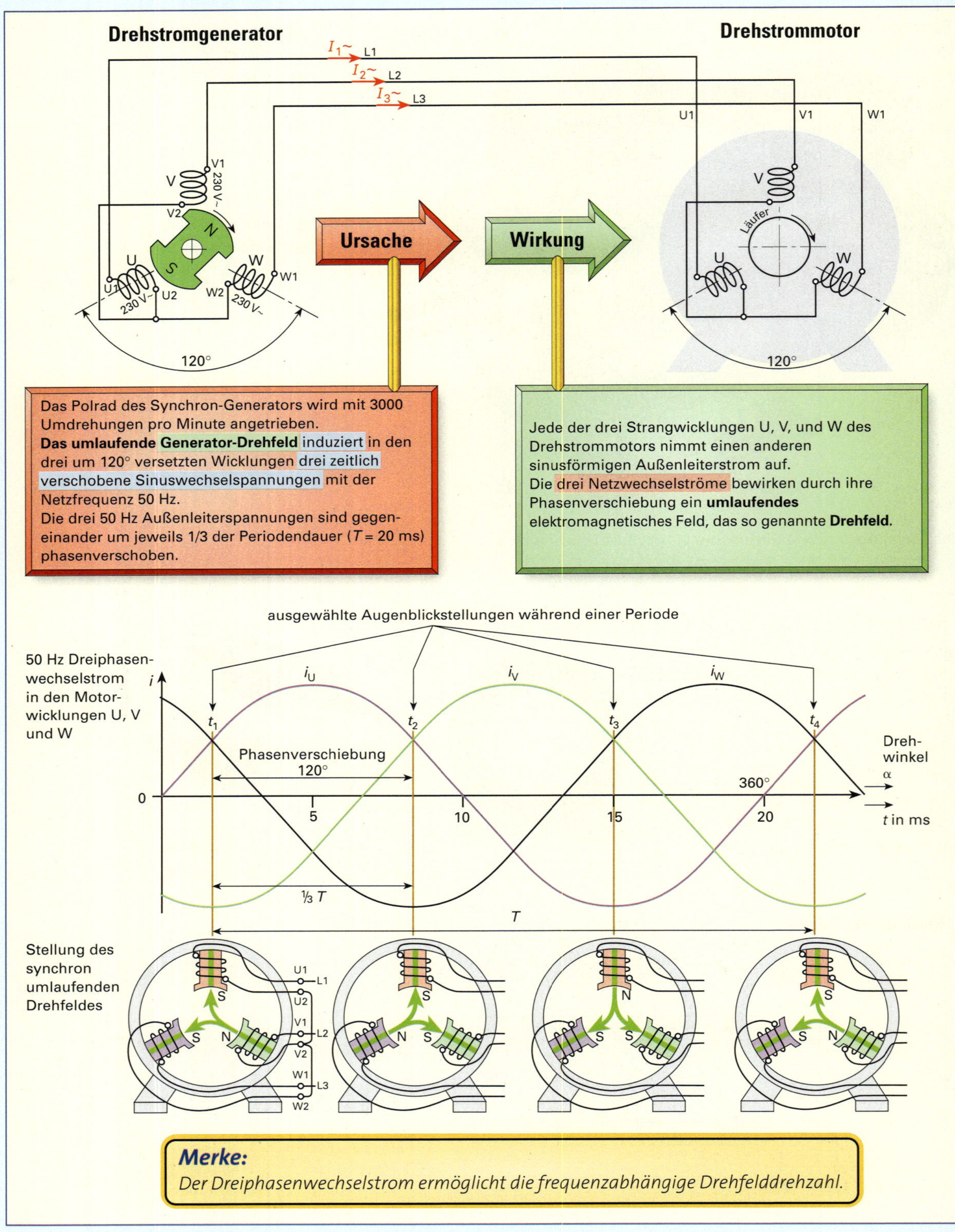

Abb. 1 Drehfeld

Wie entsteht das Drehmoment der Welle?

Beim Einschalten des Motors erzeugt der Dreiphasenwechselstrom in den drei Ständerwicklungen U, V und W das Drehfeld. Um den noch stillstehenden Läufer rotieren abwechselnd Nord- und Südpol des Drehfeldes. Ihre magnetische Flussänderung induziert in den Läuferstäben Spannung, genauso wie die Magnetfeldänderung eines Trafoeisenkerns in der Sekundärwicklung Spannung induziert.

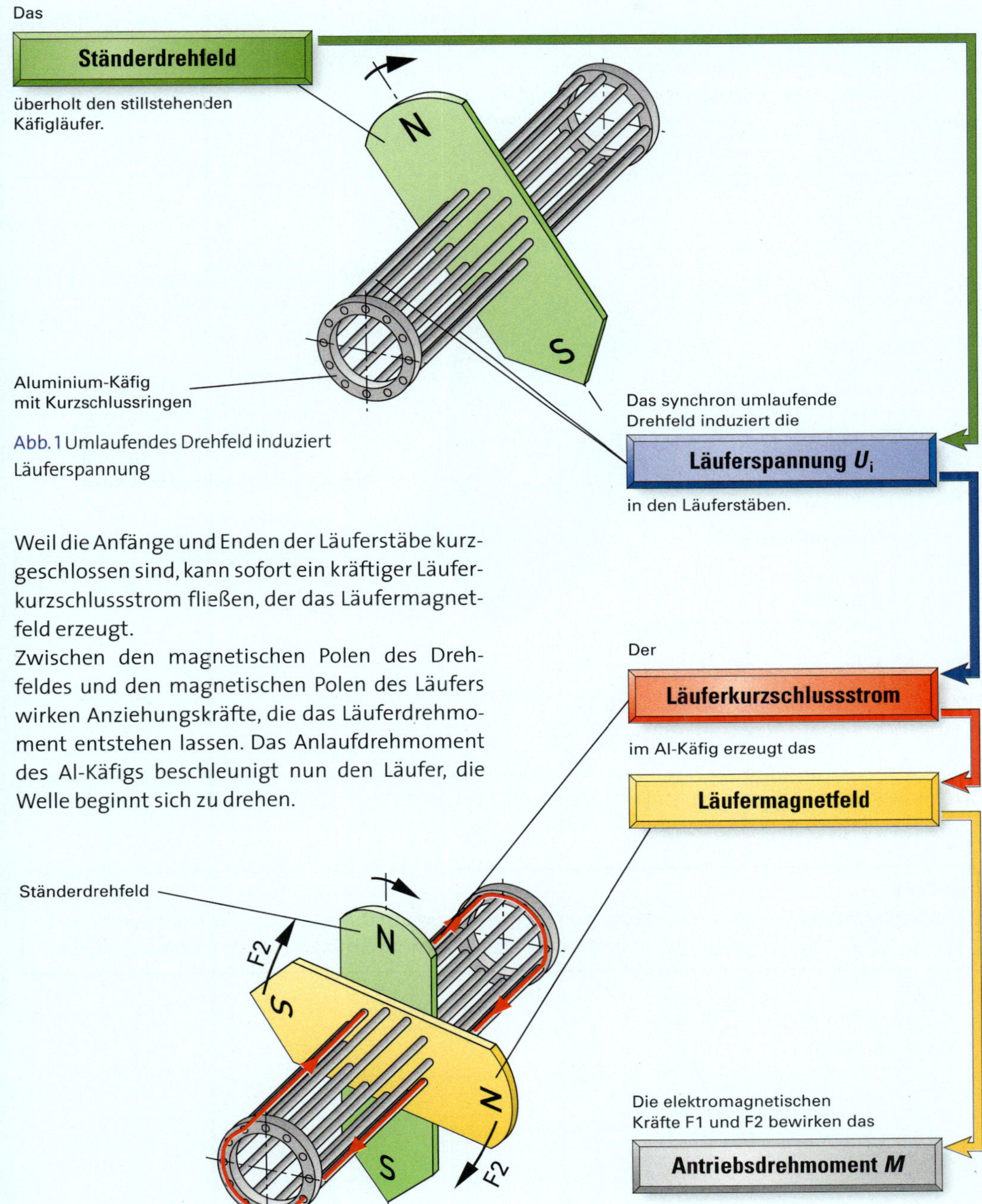

Abb. 1 Umlaufendes Drehfeld induziert Läuferspannung

Weil die Anfänge und Enden der Läuferstäbe kurzgeschlossen sind, kann sofort ein kräftiger Läuferkurzschlussstrom fließen, der das Läufermagnetfeld erzeugt.

Zwischen den magnetischen Polen des Drehfeldes und den magnetischen Polen des Läufers wirken Anziehungskräfte, die das Läuferdrehmoment entstehen lassen. Das Anlaufdrehmoment des Al-Käfigs beschleunigt nun den Läufer, die Welle beginnt sich zu drehen.

Abb. 2 Kurzschlussstrom erzeugt Läufermagnetfeld

Der Schlupf beim Asynchronmotor

Während des Beschleunigungsvorgangs der Welle kommt die Läuferdrehzahl immer näher an die Drehfelddrehzahl heran.

Solange der Läufer noch langsamer dreht als das Ständerdrehfeld, induziert es Läuferspannung und entwickelt am Läufer das antreibende Drehmoment.

Würde der Läufer synchron mit derselben Drehzahl umlaufen wie sein Ständerdrehfeld, gäbe es keine Induktion mehr und damit auch kein Drehmoment!!!

Merke:
- *Alle Asynchronmotoren benötigen Schlupf!*

Merke:
- *Asynchronmotoren laufen stets **asynchron, nämlich etwas langsamer als das Drehfeld.***

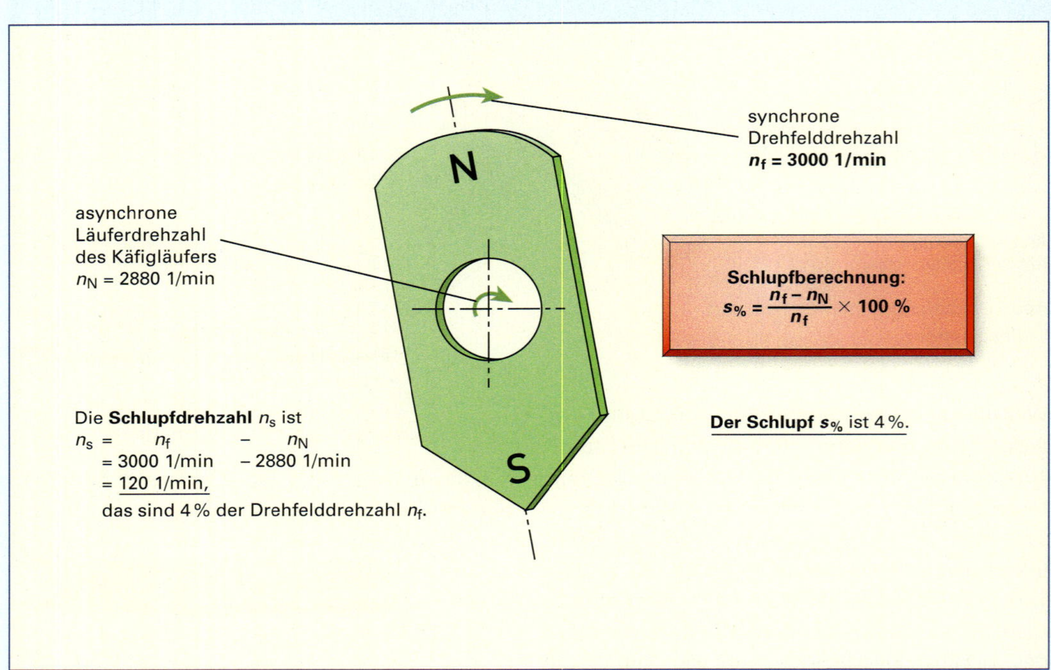

Abb. 1 Schlupfberechnung eines Drehstrom-Asychronmotors bei Bemessungsbetrieb.

Merke:
*Drehstrom-Asynchronmotoren erzeugen das Bemessungsdrehmoment durch Induktion im Läufer bei etwa 4 % Schlupf. Deshalb nennt man den Motor **Asynchronmotor** oder auch **Induktionsmotor**.*

Die Hochlaufkennlinie des Drehstrom-Asynchronmotors

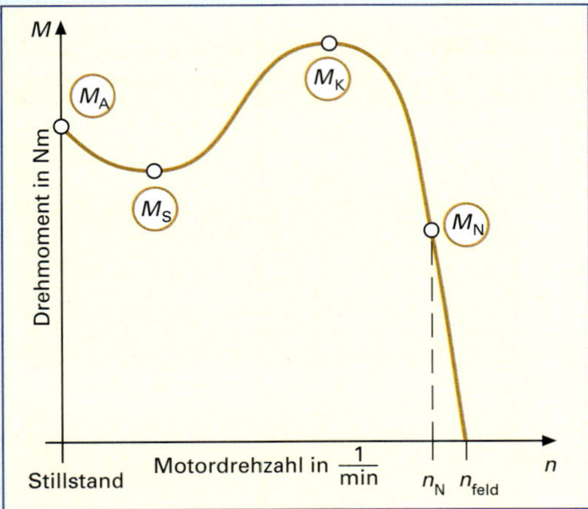

Abb. 1 Hochlaufkennlinie des D-ASM

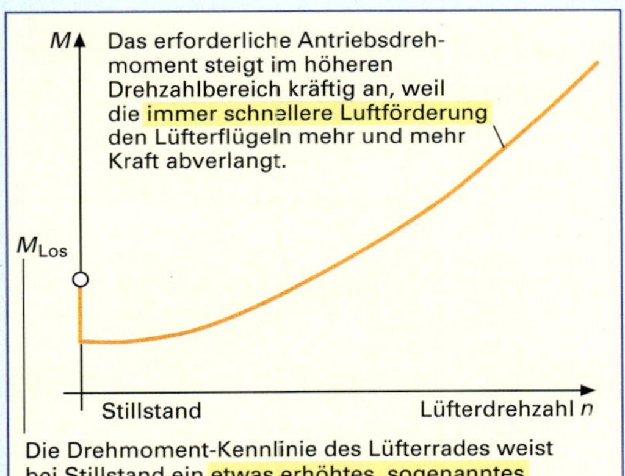

Abb. 2 Hochlaufkennlinie der Arbeitsmaschine Lüfter

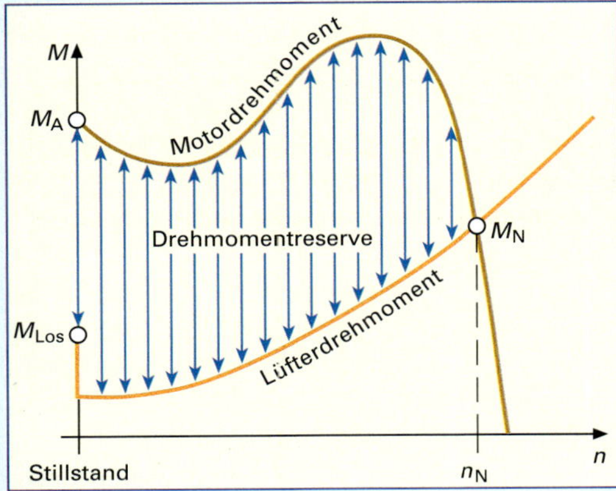

Abb. 3 Lüfterantrieb

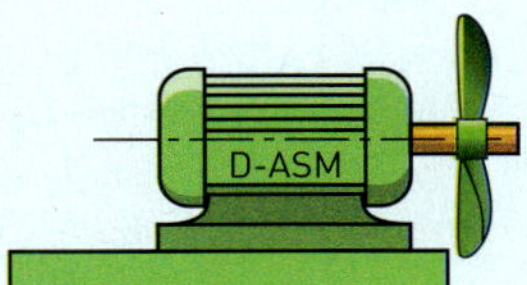

- Mit welchem Drehmoment treiben die elektromagnetischen Kräfte die Motorwelle des D-ASM an, wenn der Motor eingeschaltet wird?
- Welchen Drehmoment-Verlauf erwarten wir beim D-ASM, wenn er vom Stillstand in den Bereich der Bemessungsdrehzal beschleunigt?
- Welche vier charakteristischen Drehmomente entwickelt der D-ASM während des Hochlaufs?

Die vier charakteristischen Drehmomente während des Hochlaufvorgangs heißen:

M_A Anlaufdrehmoment bei Stillstand
M_S Satteldrehmoment
M_K Kippmoment
M_N Bemessungsdrehmoment bei Bemessungsdrehzahl n_N (Abb. 1)

Der D-ASM muss das Lüfterrad für den Wärmetauscher antreiben.

- Welches Drehmoment benötigt das anzutreibende Lüfterrad während des Hochlaufs?

Das erforderliche Antriebsdrehmoment steigt im höheren Drehzahlbereich kräftig an, weil die immer schnellere Luftförderung den Lüfterflügeln mehr und mehr Kraft abverlangt (Abb. 2).
Kuppelt man die Nabe des Lüfterrades auf die Motorwelle, dann haben sowohl der Motor als auch das angetriebene Lüfterrad stets dieselbe Drehzahl n.
Daher können wir die Kennlinie des Lüfters auf die Kennlinie des Antriebsmotors legen (Abb. 3).
Der D-ASM kann das Lüfterrad anlaufen lassen, weil das Motor-Anlaufdrehmoment das erforderliche Losbrechmoment übersteigt. Je mehr überschüssige Drehmomentreserve der Motor entwickelt, desto schneller läuft der Beschleunigungsvorgang ab.
Ist die Motorleistung für die Arbeitsmaschine, hier Lüfterrad, optimal ausgewählt, läuft der Motor am Ende der Beschleunigungsphase im Volllastbetrieb, nämlich mit seiner Bemessungsdrehzahl n_N und seinem Bemessungsdrehmoment M_n (Abb. 1 bis Abb. 3).

> ***Merke:***
> *Da der Motorschutzschalter bei Überlaststrom durch seinen thermischen Bimetallauslöser nur träge reagieren kann, sind kurzzeitige Überlastungen für den D-ASM kein Problem.*
> *Länger andauernder Überlastbetrieb muss jedoch zum Auslösen des Motorschutzes führen, bevor der Motor durch unzulässige Erwärmung Schaden nimmt.*

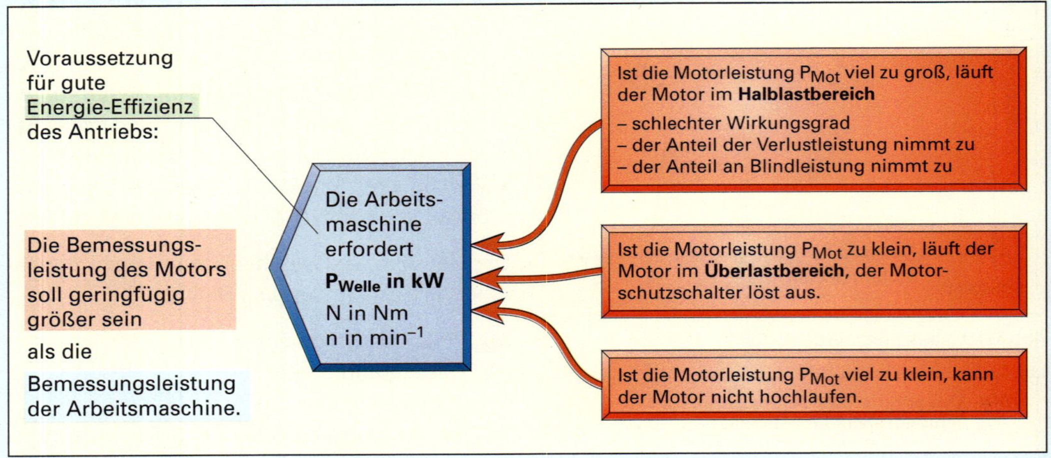

Belastungskennlinie

Die Belastungskennlinie wird am Motorenprüfstand aufgenommen.

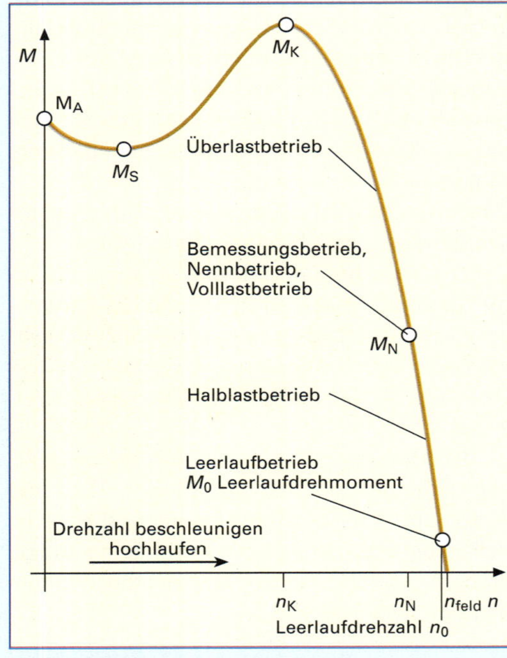

Abb. 1 Hochlaufkennlinie D-ASM 5,5 kW

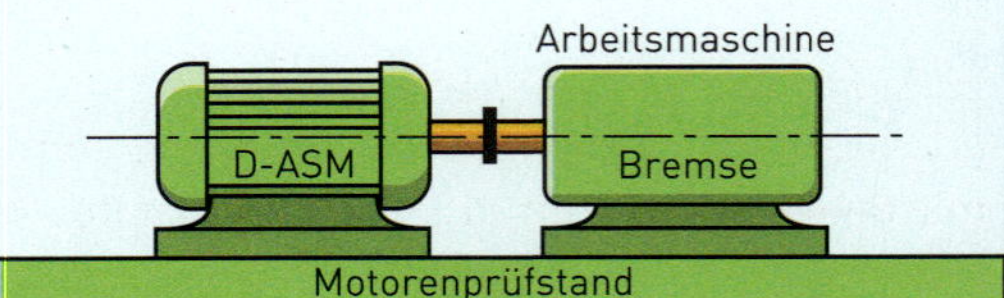

Abb. 2 Motorenprüfstand

1 Einschalten des D-ASM

Wir lassen den Motor ohne Bremsdrehmoment an. Das Wellendrehmoment kann den Kurzschlussläufer aus dem Stillstand heraus schnell beschleunigen, weil der Motor im Leerlauf nur das Lüfterdrehmoment und die Lagerreibung überwinden muss. Die Wellendrehzahl wird immer höher, bis die Leerlaufdrehzahl n_0 erreicht ist (sprich „n Null"; null deshalb, weil die Bremse des Motorenprüfstandes noch nicht eingeschaltet ist (Abb. 2)).

Das geringe Drehmoment, welches der Motor bei seiner höchsten Drehzahl, der Leerlaufdrehzahl n_0, gerade noch entwickelt, heißt Leerlaufdrehmoment M_0 und wird für den Antrieb des Motor-Lüfterrades und der Wälzlager benötigt.

Abb. 1 zeigt das Wellendrehmoment beim Hochlaufen des D-ASM mit verschiedenen möglichen Bereichen der Motor-Wellenbelastungen durch die angekuppelte Arbeitsmaschine.

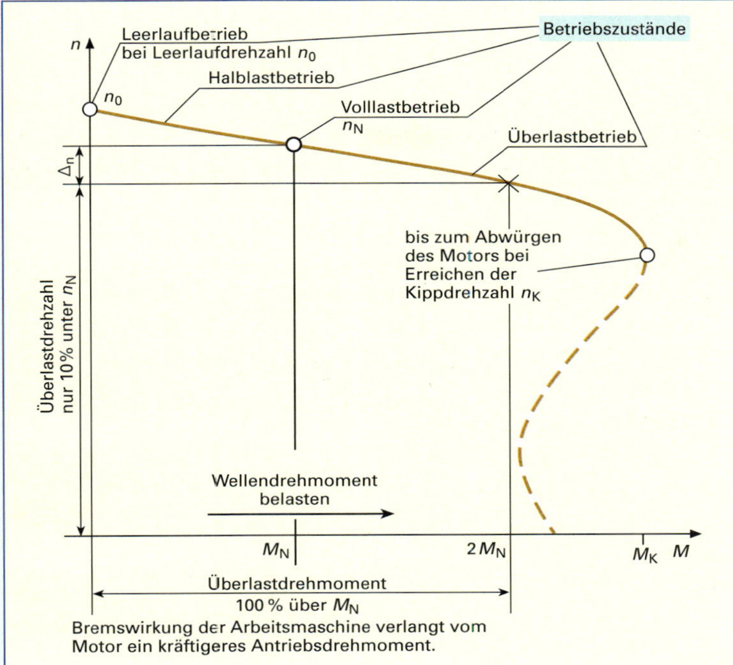

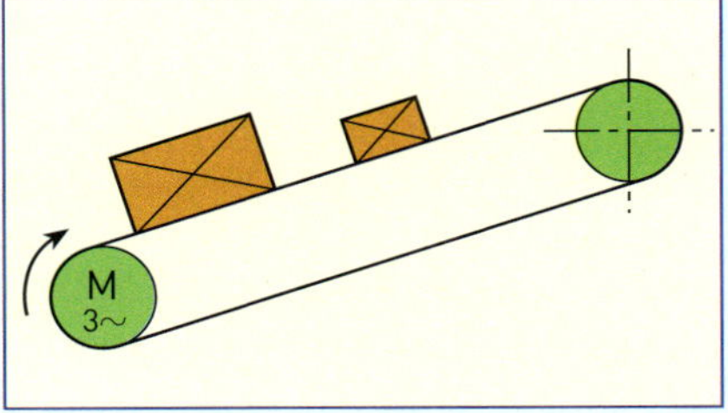

Abb. 2 Förderband mit unterschiedlicher Belastung

Abb. 1 Belastungskennlinie D-ASM 5,5 kW

2 Bremse einschalten

Im Leerlaufbetrieb, wenn der Motor mit seiner höchsten Drehzahl läuft, beginnen wir vorsichtig mit dem Erhöhen des Bremsdrehmomentes im Motorenprüfstand. Wir beobachten, während das Belastungsdrehmoment der Bremse in kleinen Stufen immer höher eingestellt wird, wie weit der Motor dabei in der Drehzahl absinkt, z. B. wenn ein Förderband mehr und mehr belastet wird (Abb. 2). Bei jeder neuen Drehmomentstufe lesen wir die Wellendrehzahl ab und tragen alle Messpunkte in die so genannte Belastungskennline ein (Abb. 1).

Merke:
- *Der recht flache Verlauf der D-ASM-Belastungskennlinie bis weit in den Überlastbereich hinein zeigt, dass selbst bei 100 %iger Überlastung des Förderbandes die Drehzahl nur ca. 10 % unter die Bemessungsdrehzahl n_N absinkt.*
- *Der Drehstrom-Asynchronmotor D-ASM ist ein robuster Antriebsmotor mit hoher Überlastfähigkeit.*
- *Seine Drehzahl geht bei Belastung kaum „in die Knie“.*
- *Der D-ASM ist unter Belastung relativ drehzahlstabil.*

Stromaufnahme des Motors

Durch den Vergleich der tatsächlichen Stromaufnahme (Abb. 3) mit dem Bemessungsstrom des Motors erkennen wir seinen Betriebszustand (Abb. 1).

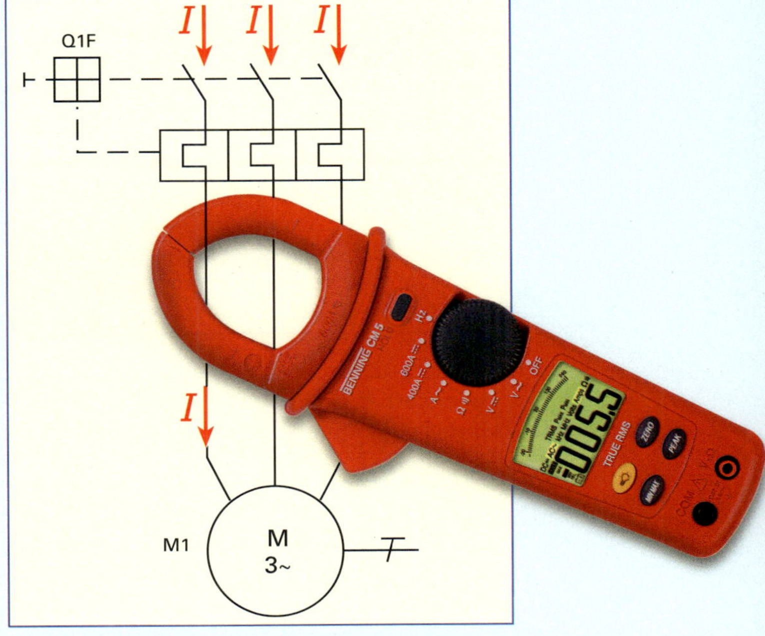

Abb. 3 Strommessung mit dem Zangenstrommesser

Anzugsstrom I_A im Einschaltaugenblick

Der Kurzschlussläufer steht im Stillstand, wenn der D-ASM eingeschaltet wird.

Der Motor nimmt sofort seinen maximalen Strom auf. Dieser Anzugsstrom kann je nach Konstruktion des Motors das 3- bis 8-fache des Nennstromes betragen.

Der hohe Anzugsstrom I_A lässt sich dadurch erklären, dass der D-ASM im Einschaltaugenblick so wirkt wie ein sekundärseitig kurzgeschlossener Transformator an 50 Hz beim Einschalten (Abb. 1).

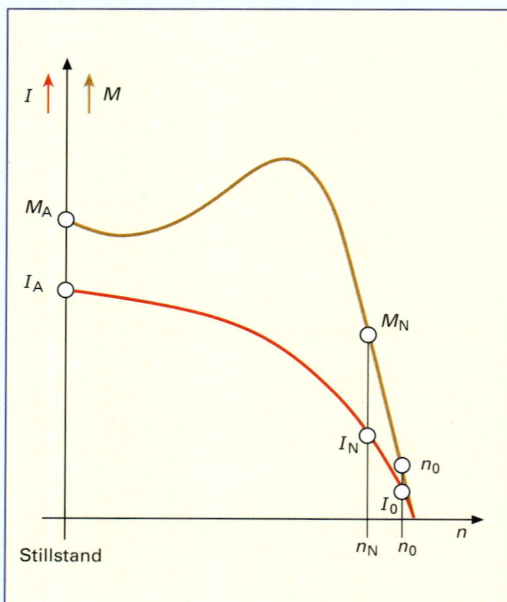

Abb. 1 D-ASM-Hochlaufkennlinie mit Stromaufnahme

> **Merke:**
> *Anzugsstrom größer als 60 A erfordert eine Genehmigung des Versorgungsnetzbetreibers (VNB). Alternative: Anzugsstrom-reduzierendes Anlassen, z. B. mit Frequenzumrichter.*

Stromaufnahme des Motors bei Leerlauf

Im Leerlauf erreicht der Kurzschlussläufer seine höchste Drehzahl n_0, während die Stromaufnahme minimal wird. Diese Leerlaufstromaufnahme I_0 ist deshalb so gering, weil der Schlupf und damit die transformatorische Energieübertragung zwischen Ständerwicklung und Kurzschlussläufer ebenfalls verschwindend klein wird (Abb. 2).

Bemessungsstromaufnahme I_N

Verlangt die Arbeitsmaschine, z. B. ein Förderband, ein höheres Drehmoment, wird der Läufer etwas langsamer. Sofort nimmt der Schlupf zu und ebenso die Induktion im Kurzschlussläufer. Bei Volllastbetrieb nimmt der Motor den auf dem Leistungsschild angegebenen Bemessungsstrom I_N auf.

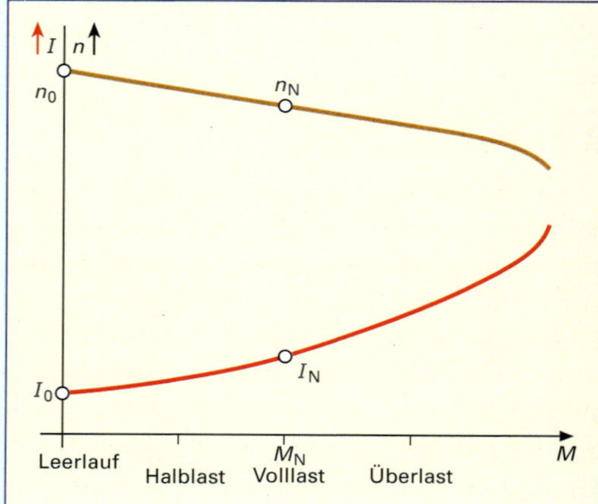

Abb. 2 D-ASM-Belastungskennlinie mit Stromkurve

> **Merke:**
> *Je mehr Schlupf die Arbeitsmaschine dem D-ASM aufzwingt, desto größer ist die Stromaufnahme.*

Isolierstoffklasse	Grenztemperatur	Isolierstoffe	Binde- und Tränkmittel
F	155 °C	Glasfasertextilien, Asbest, hochtemperaturfeste Drahtlacke und Folien	Silikonharze, Polyesterharze
H	180 °C	geschichtete Glasfaser, Asbest, Glimmer	Silikonharze

Tabelle 1 Isolierstoffklassen, Auszug aus VDE 0530

Bei Bemessungsstrom I_N im Dauerbetrieb bleibt die Erwärmung des D-ASM durch das Kühlgebläse auf zulässigem Temperaturniveau.
Die Kühlungswirkung ist vom Motorhersteller so ausgelegt, dass die in den Motorwicklungen auftretende Temperatur bei Nennbetrieb sicher unter der Grenztemperatur des Isoliermaterials liegt. Welche Grenztemperaturen einzelne Isolierstoffklassen ermöglichen, zeigt Tabelle 1 ⊳ 488.

Wie stark ein Motor von der angekuppelten Arbeitsmaschine thermisch belastet wird, hängt davon ab, wie die Arbeitsmaschine eingesetzt wird.

Der Kühlaufwand wird konstruktiv vom Motorhersteller an die geforderte Betriebsart angepasst. Abb. 1 zeigt verschiedene Betriebsarten.

Die Erwärmung der Maschine und damit der erforderliche konstruktive Aufwand für die Motorkühlung hängt wesentlich von der Betriebsart ab.

Zum Beispiel kann ein Garagentorantriebsmotor für eine Privatgarage ohne Lüfterrad in ein unbelüftetes Gehäuse eingebaut werden, weil nach der kurzzeitigen Erwärmung eine lange Zeit der Abkühlung zu erwarten ist. Der Motor hat Betriebsart S2, Kurzzeitbetrieb.

> **Merke:**
> *Ein Motor der Betriebsart S2 Kurzzeitbetrieb darf nicht im Dauerbetrieb laufen, da er sonst bald die Grenztemperatur der Isoliermaterialien überschreiten würde – Brandgefahr!*

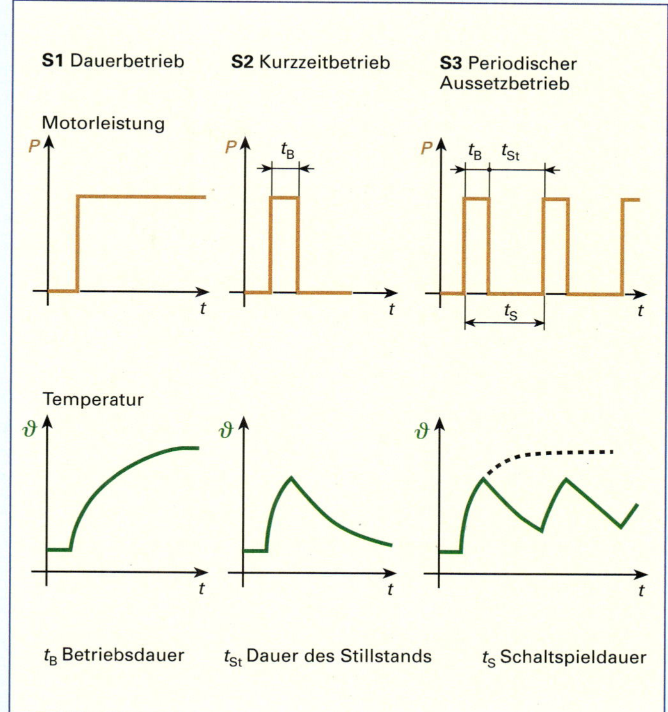

Abb. 1 Betriebsarten von Motoren, Auswahl

Stromaufnahme bei Überlast

Im Überlastbereich verlangt die Arbeitsmaschine eine hohe Antriebsleistung mit einem so hohen Antriebsdrehmoment, dass die Drehzahl unter die Bemessungsdrehzahl n_N sinkt. Der Schlupf wird größer, und die Stromaufnahme erhöht sich z. B. auf ein Mehrfaches des Nennstromes I_N.

Ursachen für einen zu lange andauernden Überlastbetrieb:

- Eine lange Anlaufzeit ist immer dann zu erwarten, wenn die Arbeitsmaschine eine große *Schwungmasse* hat. Ein typisches Beispiel für einen *Schwerlastantrieb* ist das Jahrmarktkarussell.
- Eine dauerhafte Überlastung des Motors ist oft auf die allmählich größer werdende *Schwergängigkeit infolge Gleit- und Rollreibung* zurückzuführen, z. B. bei Frosteinwirkung auf ein Lamellen-Rolltor. Eine mögliche *produktionsmäßige Dauer-Überlastung*, z. B. bei einer Teigmaschine oder einer Siloförderschnecke, kann ebenfalls zur Abschaltung durch den Motorschutzschalter führen, wenn der Druck des Fördergutes zu groß wird.
- Möglicherweise ist ein zu schwacher Antrieb konzipiert.
- Bei Unterbrechung eines Außenleiters während des Dauerbetriebs läuft der Motor meist weiter. Dabei ist seine Drehzahl leicht abgesenkt und seine Stromaufnahme in den nicht unterbrochenen Außenleitern stark erhöht.

> **Merke:**
> - *Beim Anlaufen des D-ASM und im Überlastbetrieb ist die Stromaufnahme überhöht.*
> - *Der Überlaststrom führt bei längerer Dauer zu starker Erwärmung der elektrischen Maschine und letztlich zum Abschalten durch den auf Bemessungsstrom I_N eingestellten Motorschutzschalter.*

Motorschutz

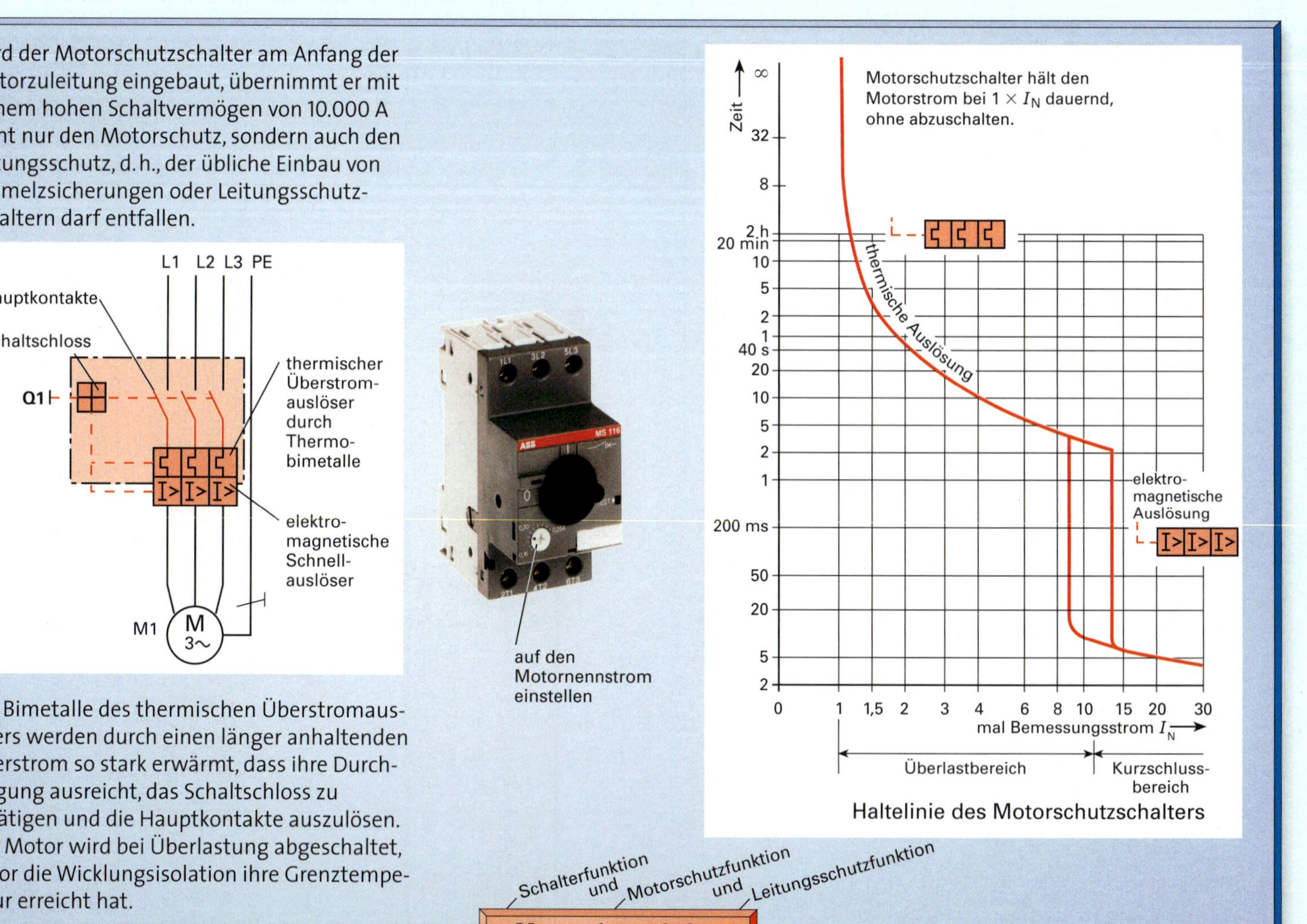

Abb. 1 Motorschutz

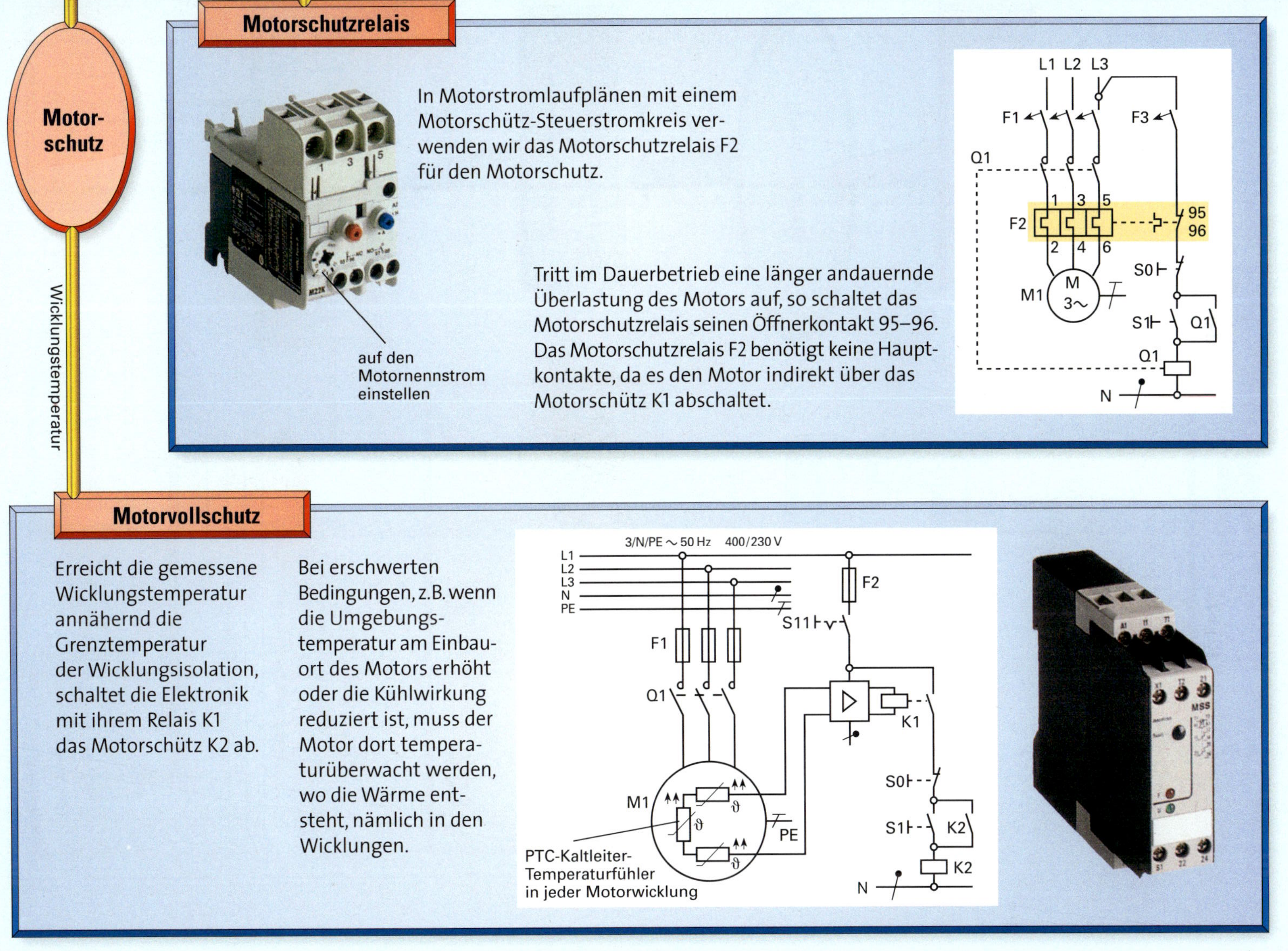

Motorschutzrelais

In Motorstromlaufplänen mit einem Motorschütz-Steuerstromkreis verwenden wir das Motorschutzrelais F2 für den Motorschutz.

Tritt im Dauerbetrieb eine länger andauernde Überlastung des Motors auf, so schaltet das Motorschutzrelais seinen Öffnerkontakt 95–96. Das Motorschutzrelais F2 benötigt keine Hauptkontakte, da es den Motor indirekt über das Motorschütz K1 abschaltet.

Motorvollschutz

Erreicht die gemessene Wicklungstemperatur annähernd die Grenztemperatur der Wicklungsisolation, schaltet die Elektronik mit ihrem Relais K1 das Motorschütz K2 ab.

Bei erschwerten Bedingungen, z.B. wenn die Umgebungstemperatur am Einbauort des Motors erhöht oder die Kühlwirkung reduziert ist, muss der Motor dort temperaturüberwacht werden, wo die Wärme entsteht, nämlich in den Wicklungen.

Elektromagnetismus

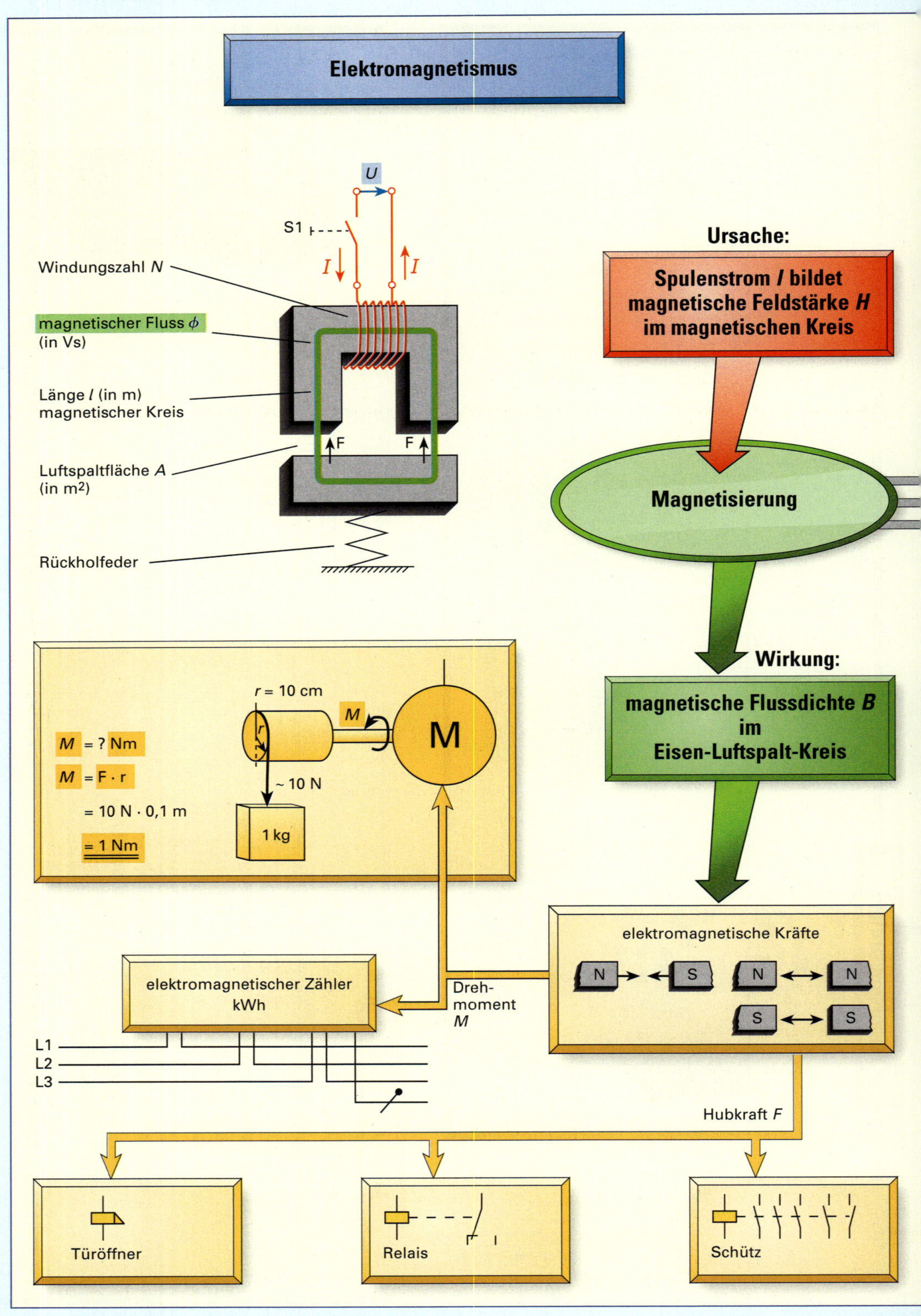

Abb. 1 Elektromagnetismus, Ursache und Wirkung

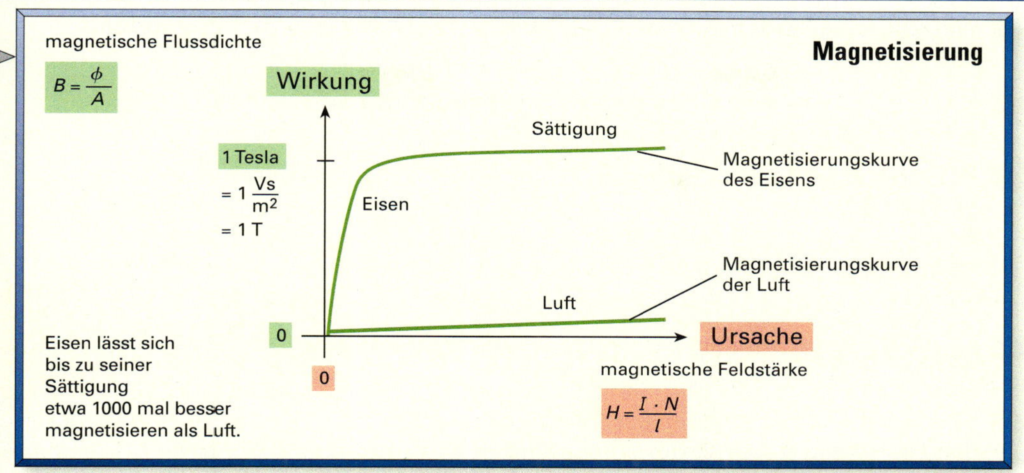
Magnetisierung
magnetische Flussdichte
$B = \frac{\phi}{A}$
Wirkung
1 Tesla
$= 1 \frac{Vs}{m^2}$
= 1 T
Sättigung
Magnetisierungskurve des Eisens
Eisen
Magnetisierungskurve der Luft
Luft
0
Ursache
0
magnetische Feldstärke
$H = \frac{I \cdot N}{l}$
Eisen lässt sich bis zu seiner Sättigung etwa 1000 mal besser magnetisieren als Luft.

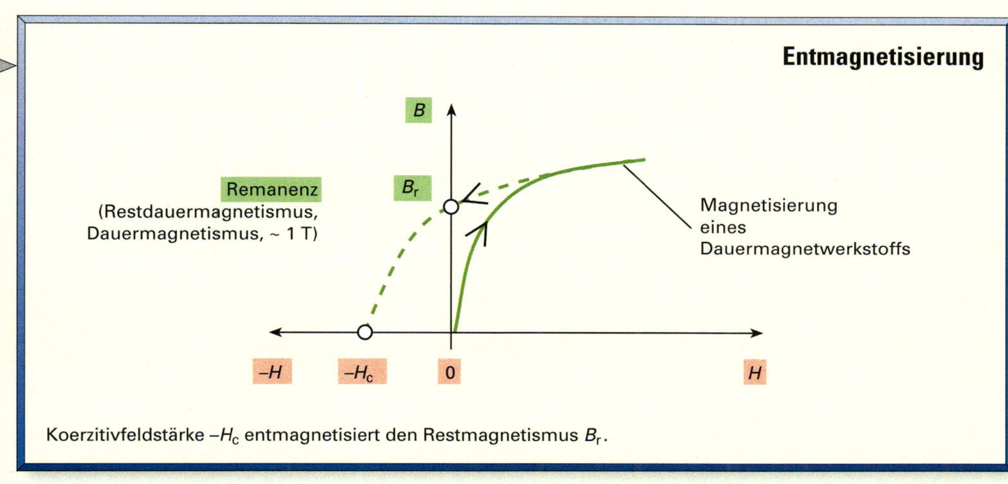
Entmagnetisierung
B
Remanenz
(Restdauermagnetismus, Dauermagnetismus, ~ 1 T)
B_r
Magnetisierung eines Dauermagnetwerkstoffs
–H
$-H_c$
0
H
Koerzitivfeldstärke $-H_c$ entmagnetisiert den Restmagnetismus B_r.

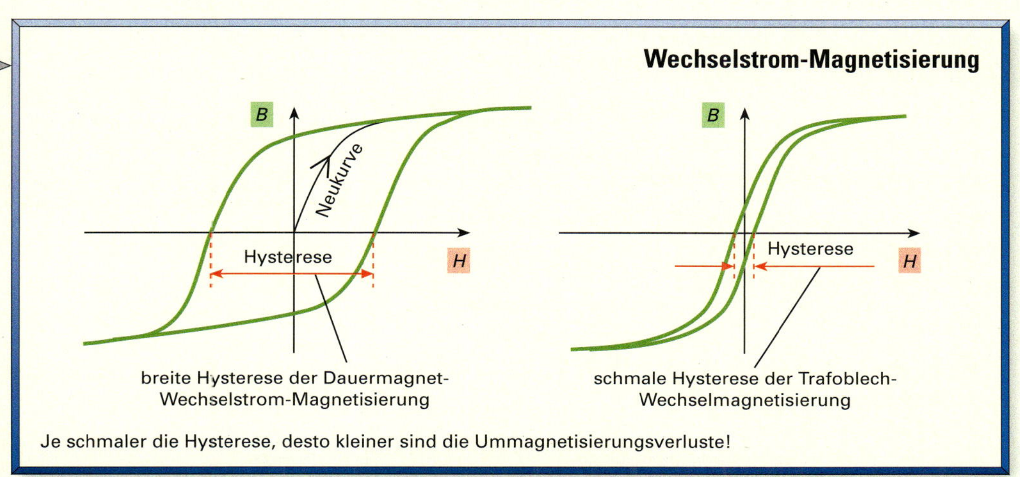
Wechselstrom-Magnetisierung
B
Neukurve
Hysterese
H
breite Hysterese der Dauermagnet-Wechselstrom-Magnetisierung
B
Hysterese
H
schmale Hysterese der Trafoblech-Wechselmagnetisierung
Je schmaler die Hysterese, desto kleiner sind die Ummagnetisierungsverluste!

Prüfen Sie Ihr Wissen:

1 Weshalb ist im Hallenbad ein leichter Unterdruck für die Bauerhaltung vorteilhaft?

2 Nennen Sie die Arbeitstätigkeiten zur Bearbeitung des Lüfterauftrages in der richtigen Reihenfolge.

3 Wozu dient der Rapport, und weshalb sind detailliert, gut lesbare Angaben über Ihre einzelnen Tätigkeiten und Ihren Zeitbedarf wichtig? Welche zusätzlichen Angaben neben Tätigkeiten und Arbeitszeiten sind im Rapport von Wichtigkeit? Weshalb sammelt der Elektroniker die selbst geschriebenen Rapportzettel sorgfältig und gibt sie möglichst arbeitstäglich im Meisterbüro ab?

4 In welcher Drehstrom-Schaltungsart wird ein D-ASM mit der Leistungsschildangabe 400 V/690 V angeschlossen?

5 Welche einzelne Aderfarben besitzen die drei Außenleiter und der Schutzleiter bei einer 4-adrigen D-ASM-Motorzuleitung?

6 Welche Aderfarben besitzen die drei Außenleiter, der Neutralleiter und der Schutzleiter bei einer 5-adrigen Drehstromleitung?

7 Weshalb benötigt ein Motorstromkreis keine Leitungsschutzschalter bzw. Schmelzsicherungen, wenn im Schaltschrank bereits ein Motorschutzschalter eingebaut ist?

8 Weshalb muss der D-ASM abgeschaltet werden, wenn er längere Zeit im Überlastbetrieb arbeitet?

9 Wie heißen die charakteristischen Drehmomente der D-ASM-Hochlaufkennlinie?

10 Beschreiben Sie das Drehzahl-Betriebsverhalten und die Stromaufnahme eines Drehstrom-Asynchronmotors, während er z. B. ein Förderband zum Transport von Dachziegeln antreibt, das unterschiedlich stark belastet wird.

11 Welchen Einfluss hat die Netzfrequenz auf die Drehfelddrehzahl eines Drehstrom-Asynchronmotors, wenn der D-ASM am Ortsnetz, in den USA (60 Hz) oder am Bahn-AG-Netz (16 ⅔ Hz) betrieben wird?

12 Erläutern Sie, wie bei der Errichtung einer elektrischen Anlage der Rechtslauf-Drehsinn eines D-ASM Lüfterantriebs sichergestellt wird.

13 Verschiedene Belastungskennlinien eines Drehstrom-Asynchronmotors in der folgenden Abb. 1 sind Grundlage folgender Aufgaben:

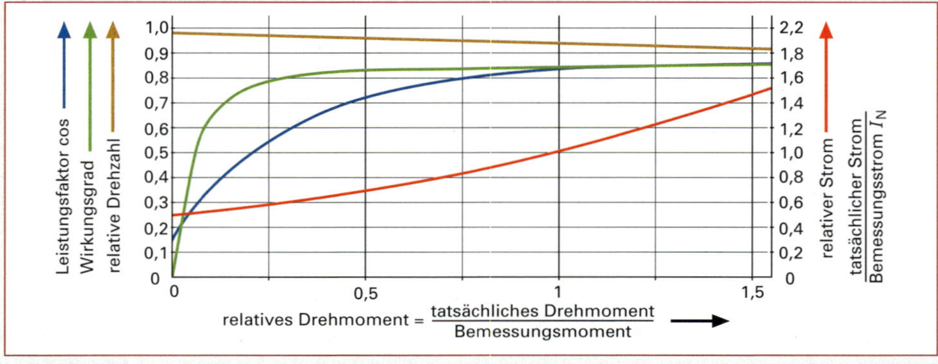

Abb. 1 Belastungskennlinien eines D-ASM

13.1 Betriebszustand: **Leerlauf**

Besprechen Sie folgende Fragen mit Ihren Mitschülern:
- Weshalb ist der Wirkungsgrad im Leerlauf gleich null?
- Weshalb ist die Leerlaufdrehzahl des D-ASM nur etwa 99 % der Drehfeldzahl n_f und nicht 100 %?

13.2 Betriebszustand: **Bemessungsbetrieb**

Im Arbeitspunkt „Bemessungsbetrieb“, auch „Volllastbetrieb“ genannt, gelten die Leistungsschilddaten des D-ASM, z. B. Bemessungsleistung (Wellenleistung) P_N, Bemessungsdrehzahl n_N, Bemessungsdrehmoment M_N, Bemessungsstrom I_N.

- Berechnen Sie die zugeführte elektrische Leistung P_{zu} mithilfe der Wirkungsgradformel:

$$\eta = \frac{P_{ab}}{P_{zu}}$$

Ablesewert aus Diagramm (η); Bemessungsleistung 5,5 kW (P_{ab})

- Berechnen Sie den Bemessungsstrom mit folgender Drehstromleistungsformel:

$$P = \sqrt{3} \cdot U \cdot I \cdot \cos\varphi$$

P_{zu} (P); stets Leiterspannung 400 V (U); Ablesewert aus Abb. 1 Seite 442 ($\cos\varphi$)

- Berechnen Sie das Bemessungsdrehmoment M_N in der Einheit Nm (Newtonmeter) mithilfe folgender Spezialformel, welche die verschiedenen technischen Einheiten berücksichtigt:

$$P = \frac{M \cdot n}{9549}$$

Bemessungsleistung der Welle 5,5 kW (P); Drehmoment in Nm (M); Bemessungsdrehzahl 1440 in min^{-1} (n)

13.3 Lesen Sie die vier im Diagramm dargestellten technologischen Werte des D-ASM ab:
- für eine sehr geringe Motorbelastung mit ca. 10 % Bemessungsmoment
- für eine geringe Motorbelastung mit etwa 25 % Bemessungsmoment
- für Halblastbetrieb
- für Volllastbetrieb
- für Überlastbetrieb mit einer kurzzeitigen Überlastung von 50 %

13.4 Überlastbetrieb mit 50 % Überlastung:
- Lesen Sie am Arbeitspunkt 50 % Überlastbetrieb ab. Wie viel Schlupf der D-ASM für diesen kurzzeitig überlasteten Antriebsfall benötigt?
- Berechnen Sie die Drehfelddrehzahl 3000 min^{-1}, wie groß die Motordrehzahl bei 50 % Überlast immer noch ist.

14 Welche einzelnen VDE-Messungen müssen Sie in einem TN-System mit RCD Fehlerstromschutzschalter nach dem Errichten einer elektischen Anlage durchführen?

15 Wie lautet jede einzelne VDE-Bedingung, die nach dem Errichten einer Anlage durch einzelne VDE-Messungen bestätigt werden muss, bevor die Anlage als sicher gelten kann und freigegeben werden darf?

5.1.2 Drehzahlsteuerung eines Drehstromasynchronmotors mittels Frequenzumrichter

- **Vorteile des Frequenzumrichters**
- **Aufbau und Funktionsweise eines Frequenzumrichters**
- **Funktion und Wirkungsweise der *U/f*-Steuerung**
- **Allgemeine Vorgehensweise bei der Inbetriebnahme eines Frequenzumrichters**

In fast jedem Industriezweig sind heute elektrische Antriebe vorhanden. Damit ein elektrischer Antrieb seine Aufgaben optimal erfüllen kann, muss die Drehzahl des Antriebs an den technischen Prozess angepasst werden. Wo früher noch grobstufige Drehzahleinstellungen über Getriebe völlig ausreichend waren, sind heute Antriebe mit stufenlos einstellbarer Drehzahl und Drehmoment gefordert. Darüber hinaus erwartet der Kunde Antriebe mit hohem Wirkungsgrad und wenig Wartung, um die Service- und Betriebskosten der Anlage möglichst niedrig zu halten.

Die Anforderungen und Wünsche bezüglich Wartungsfreiheit erfüllen Drehfeldmaschinen uneingeschränkt, da die elektrische Energie über den Luftspalt und damit ohne Berührung vom feststehenden Teil des Motors (Ständer) zum drehenden Teil des Motors (Läufer) übertragen wird. Um den hohen Energieeffizienzanforderungen auch künftig gerecht zu werden, müssen allerdings konstruktive Details überdacht werden (z. B. Läuferwerkstoff).

Aufgrund der Entwicklungen auf dem Gebiet der Leistungs- und Mikroelektronik können die Drehzahlen von Drehfeldmaschinen mit einem vorgeschalteten Frequenzumrichter stufenlos gesteuert oder geregelt werden. Dabei wird die Drehzahl des Motors unabhängig von der Frequenz des speisenden Netzes und des Motoraufbaus elektronisch beeinflusst.

Einsatzgebiete von drehzahlveränderlichen Antrieben mit Frequenzumrichter:
- Pumpenantriebe in Kläranlagen bei veränderlichem Volumenstrom
- Fahrgeschäfte wie Achterbahn und Karussell
- Rührwerke in der Chemie- und Lebensmittelindustrie
- Förder- und Transporttechnik (z. B. Abfüllanlagen, Gepäcktransportbänder)

Vorteile stufenloser Drehzahl- und Drehmomenteinstellung eines Motors über Frequenzumrichter:
- Anpassung des Betriebspunkts an die Last und somit Energieeinsparung, zum Beispiel bei Pumpen
- Vermeiden von harten Stößen (Ruckbelastung) und Drehmomentspitzen
- Entlastung des Netzes durch Anlaufstrombegrenzung
- Problemlose Anpassung des Antriebs an den Prozess durch Verändern der Parameter über die Software

Wie funktioniert ein Frequenzumrichter?

Im Folgenden werden Aufbau, Funktions- und Arbeitsweise eines Frequenzumrichters mit Zwischenkreis beschrieben.

Ein „einfaches“ drehzahlveränderliches elektrisches Antriebssystem besteht zunächst aus Sicht der Arbeitsmaschine (z. B. Lüfter und Pumpe) aus einem Drehstrommotor und einem Frequenzumrichter (Abb. 1 ⊳ 497).

Der Anschluss des Frequenzumrichters kann auch dreiphasig am Drehstromsystem mit U = 400 V erfolgen. Hierbei ergibt sich ausgangsseitig ein Spannungsstellbereich von U_{FU} = 0 ... 400 V.
Der Drehstrommotor führt die Umwandlung von elektrischer Energie in mechanische Energie durch, während der Umrichter aus einem 50 Hz-Festnetz ein neues frequenz- und spannungsvariables Drehstromnetz erzeugt.
Abb. 2 ⊳ 497 zeigt den prinzipiellen Aufbau eines Frequenzumrichters mit Spannungszwischenkreis anhand eines Blockschaltbildes.
Ab Abb. 3 ⊳ 497 sind die Schaltungen der einzelnen Blöcke zu erkennen.

Gleichrichter

Über den Gleichrichter wird das zur Versorgung des Frequenzumrichters notwendige Wechsel- oder Drehstromnetz angeschlossen. Die Schaltung des Brückengleichrichters (B2U) besteht aus vier Dioden. Dioden sind elektrische Bauelemente mit zwei Anschlüssen (Anode und Kathode), in denen der Strom nur in eine Richtung fließen kann. Liegt eine positive Spannung zwischen Anode und Kathode, ist die Diode leitend: Der

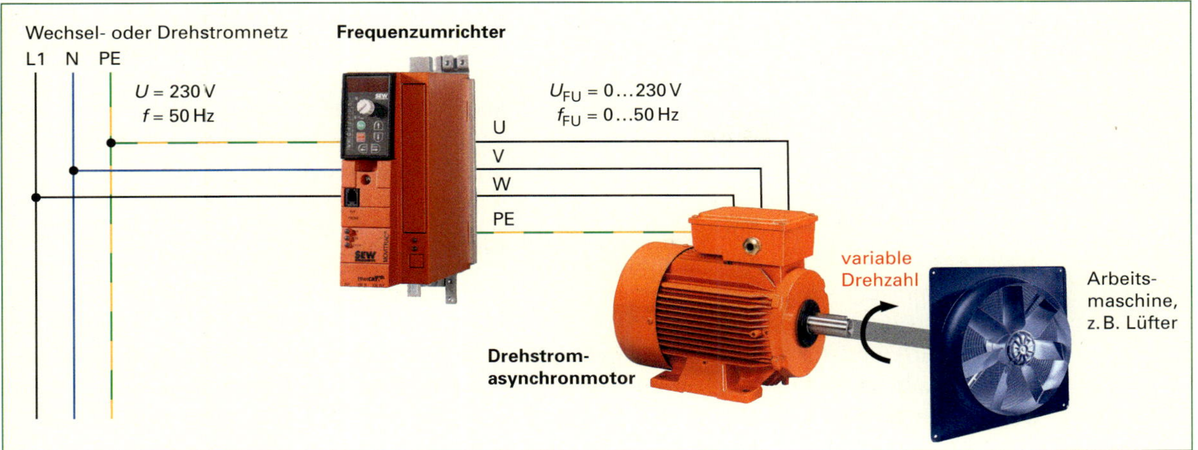

Abb. 1 Drehstromantriebssystem mit Frequenzumrichter

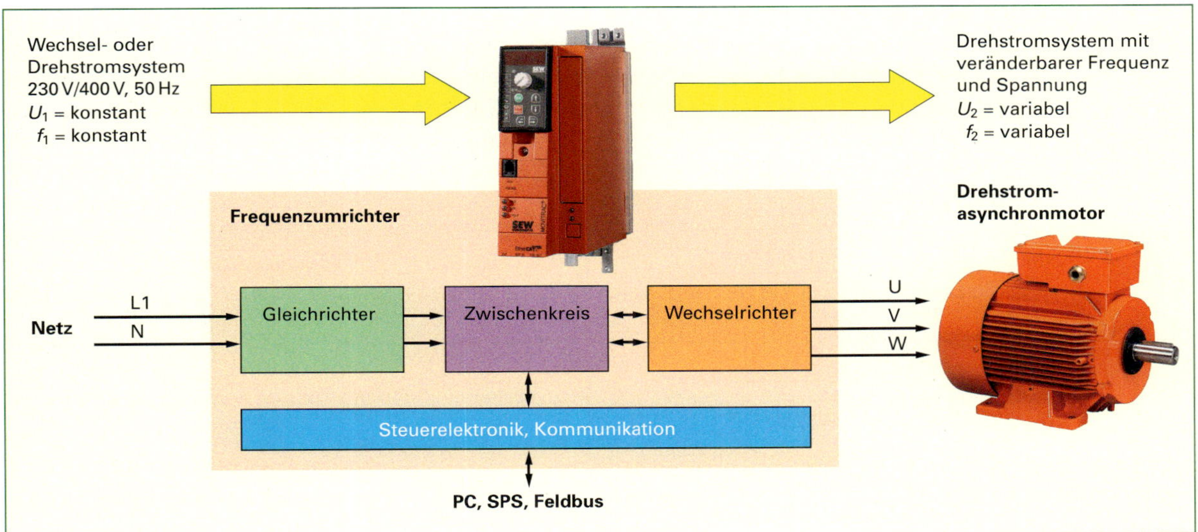

Abb. 2 Vereinfachtes Blockschaltbild eines U-Umrichters (Leistungsteil)

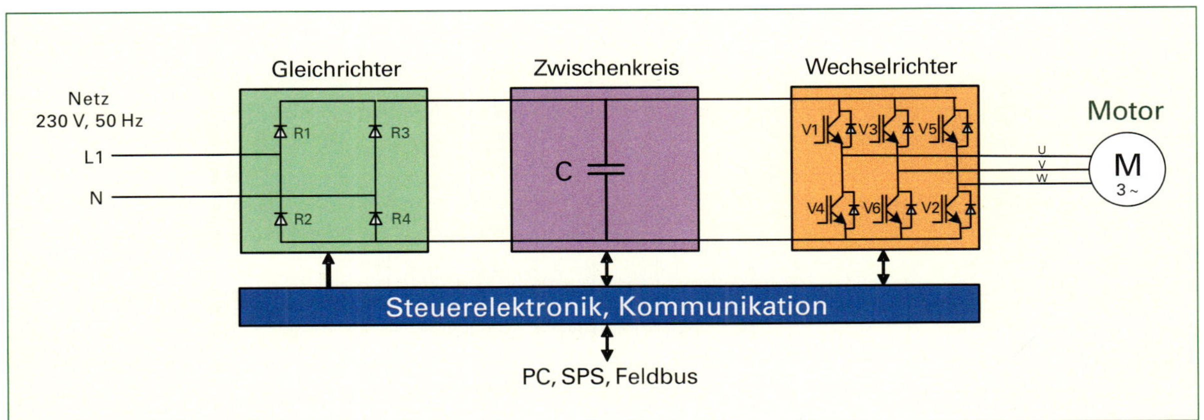

Abb. 3 Leistungsteil des Frequenzumrichters mit Schaltungen

Strom fließt in Durchlassrichtung von der Anode zur Kathode. Bei umgekehrter Polarität der anliegenden Spannung sperrt die Diode. Diese Ventileigenschaft der Diode wird genutzt, um die Wechselspannung am Eingang des Gleichrichters gleichzurichten (Abb. 1). Wäre am Ausgang des Gleichrichters ein Ohm'scher Widerstand angeschlossen flösse der Strom durch den Widerstand nur in eine Richtung: von plus nach minus. Für Frequenzumrichter mit Wechselspannungsanschluss (230 V) werden Zweipuls-Brückenschaltungen (B2U) und für Frequenzumrichter mit Drehstromanschluss (400 V) Drehstrom-Brückenschaltungen (B6U) verwendet.

Zwischenkreis

Der Kondensator im Zwischenkreis ist der Energiespeicher, in dem die gleichgerichtete Wechselspannung geglättet und gespeichert wird. Sobald die Spannung u größer ist als die Spannung u_d, schalten sich die Dioden ein. Der Kondensator wird idealerweise sofort auf die Netzspannung aufgeladen (Funktionsweise des Kondensators, s. Basiswissen Kommunikationstechnik, S. 263 ff.). Ist die Netzspannung u wieder kleiner als u_d, sperren die Dioden, und der Kondensator wird durch die Last entladen, bis in der nächsten Halbschwingung von u die anderen Dioden wieder leiten (Abb. 2). Frequenzumrichter mit Kondensatoren im Zwischenkreis wird auch U-Umrichter genannt und ist der am häufigsten verwendete Typ in drehzahlveränderbaren Antrieben.

Wechselrichter

Das Funktionsprinzip des Wechselrichters in Abb. 2 ▷ 499, der aus der Gleichspannung u_z des Zwischenkreises eine dreiphasige Wechselspannung mit veränderbarer Frequenz und Spannungswerten erzeugt, lässt sich mit einem vereinfachten Schaltermodell veranschaulichen. Zum besseren Verständnis der Funktionsweise werden die elektronischen Schalter des Wechselrichters durch mechanische Schalter ersetzt.

Die Ausgangsspannungen U, V und W des Wechselrichters werden aus der Gleichspannung des Zwischenkreises gebildet, und zwar durch das Ein- und Ausschalten der Schalter in einer bestimmten Kombination und Reihenfolge. Abb. 2 ▷ 499 zeigt die Schaltfolge. Die Schalter werden nach dem angegebenen Schema geschaltet. Dabei sind die Balken Zeitblöcke bei *geschlossenem* Schalter. Die sechs Schalter werden so gesteuert, dass

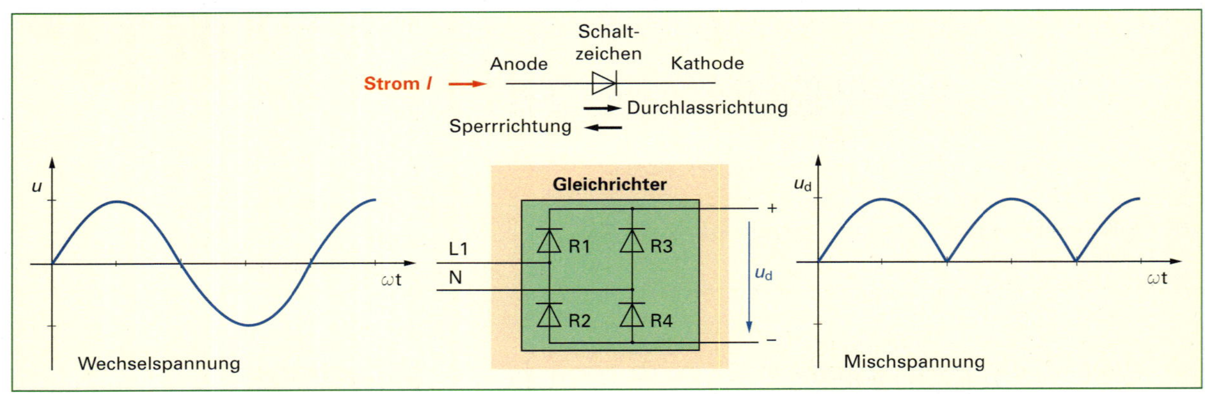

Abb. 1 Gleichrichter

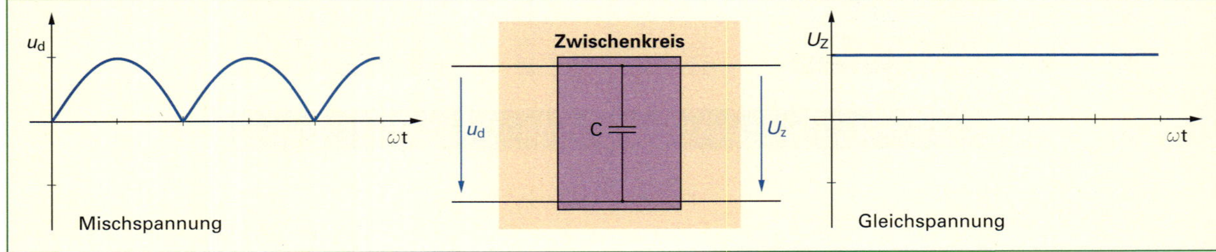

Abb. 2 Zwischenkreis

weder ein Kurzschluss noch ein offen bleibender Wechselrichterausgang auftreten kann. Somit ist gewährleistet, dass immer ein geschlossener Stromkreis zwischen der Zwischenkreisspannung und der Ständerwicklung des Motors vorhanden ist. Die auf diese Weise entstandenen drei Spannungen treiben Ströme durch den an dem Frequenzumrichter angeschlossenen Motor, die wiederum ein magnetisches Drehfeld mit der gewünschten Frequenz erzeugen.

Durch das zeitversetzte Schalten der sechs Schalter entstehen am Ausgang des Wechselrichters drei blockförmige, um 120° phasenverschobene Strang-Wechselspannungen (Abb. 2).

Steuerkreis

Der Steuerkreis ist der vierte Block im Frequenz-

Exkurs

Bei den in den Frequenzumrichtern verwendeten Schaltern handelt es sich natürlich nicht um mechanische, sondern um elektronische Schalter. Elektronische Schalter werden in der Praxis mit Transistoren realisiert. Alle Transistoren, unabhängig vom Typ, verfügen über drei Anschlüsse (Basis, Kollektor, Emitter) und sind steuerbar. Anders als bei Dioden kann bei positiver Spannung am Transistor der Stromfluss zu jedem beliebigen Zeitpunkt ein- und ausgeschaltet werden. Dadurch leiten Transistoren den Strom sofort, während Dioden erst nach dem Nulldurchgang der Spannung wieder sperren. Transistoren benötigen zur Aufrechterhaltung des EIN-Zustandes eine permanente Ansteuerung der Basis. Der Transistor kann so als nahezu idealer elektronischer Schalter verwendet werden und ist daher bestens für Wechselrichter geeignet. Wechselrichter für Frequenzumrichter werden fast immer mit Transistoren des Typs IGBT (Isolated ***G****ate* ***B****ipolar* ***T****ransistor) gebaut.*

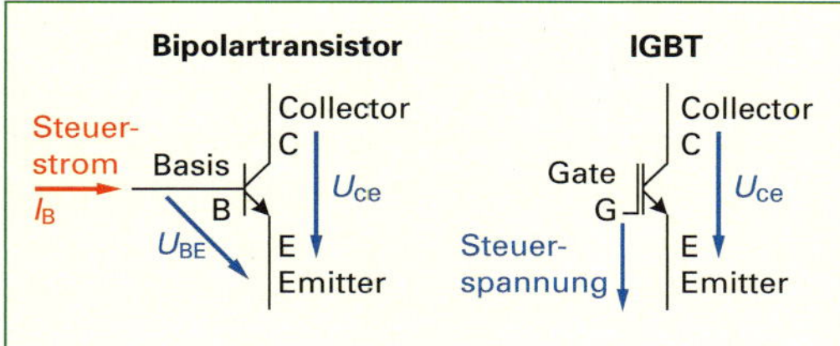

Abb. 1 Schaltzeichen von Transistoren

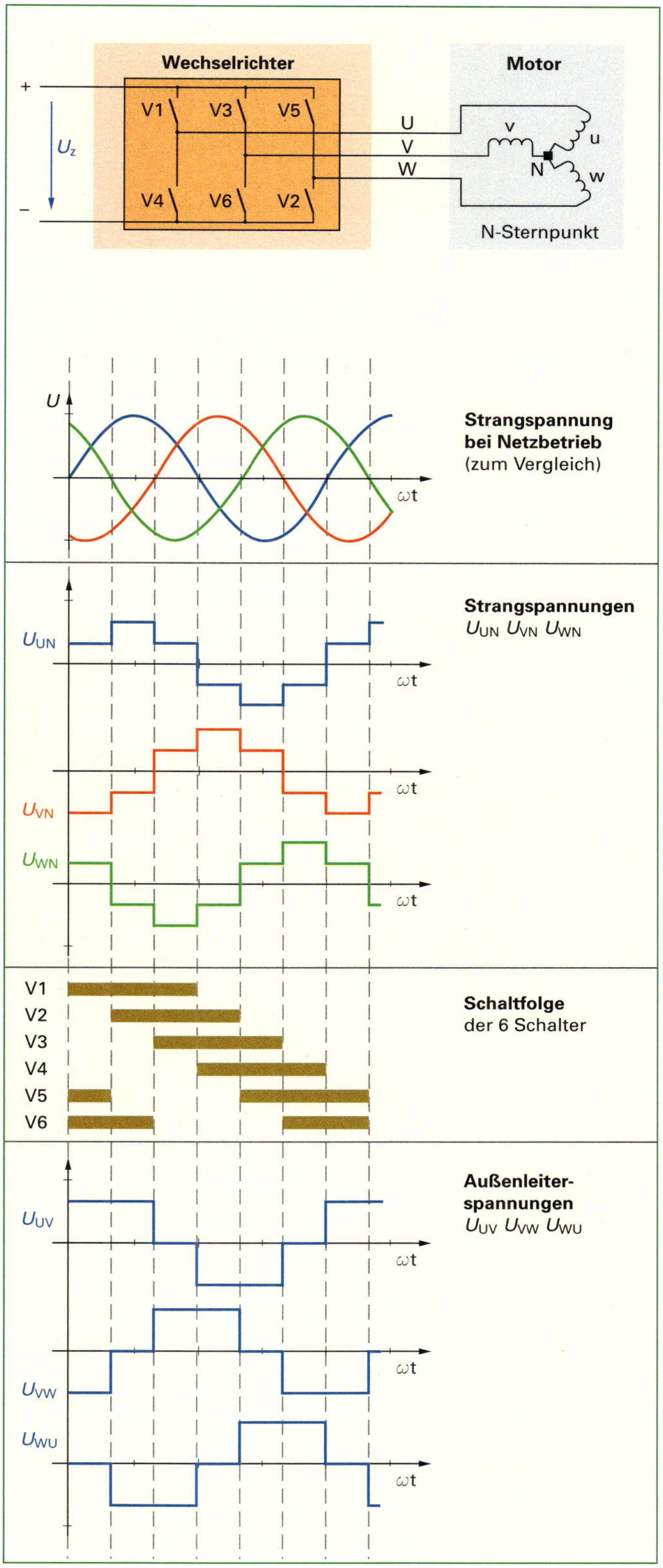

Abb. 2 Wechselrichter

Merke:
Aus der Gleichspannung im Zwischenkreis des Frequenzumrichters entsteht über den Wechselrichter ein frequenzvariables Drehspannungssystem, mit dem der Motor drehzahlvariabel betrieben werden kann.

umrichter und hat folgende Aufgaben:

- Steuerung der Halbleiter des Frequenzumrichters
- Datenaustausch zwischen Frequenzumrichter und Peripherie
- Störmeldungen erfassen und anzeigen
- Ausführen von Schutzfunktionen für Frequenzumrichter und Motor

Merke:
Bei Frequenzumrichtern mit Zwischenkreis sind das speisende Netz und das Drehstromnetz, an welchem der Motor angeschlossen ist, über den Zwischenkreis entkoppelt. Das hat den Vorteil, dass die Ausgangsfrequenz des Umrichters unabhängig von der Frequenz des speisenden Netzes ist und die Frequenz am Motor somit größer sein kann als die Frequenz des Netzes. Auf diese Weise lässt sich ein größerer Drehzahlstellbereich für den Motor erzielen.

Steuerungsverfahren von Frequenzumrichtern

Bei frequenzumrichtergesteuerten Antrieben gibt es unterschiedliche Verfahren zur Steuerung des Motors. Diese müssen bei der Projektierung und Inbetriebnahme des Antriebs sachgerecht ausgewählt werden.

Das bekannteste Verfahren, um einen Drehstromasynchronmotor in seiner Drehzahl stufenlos mit einem Frequenzumrichter zu verstellen, ist das sogenannte Spannungsfrequenz-Verfahren (U/f-Verfahren). Verlangt eine Arbeitsmaschine wie Hebewerkzeuge und Förderbänder ein über den Drehzahlbereich konstant bleibendes Drehmoment, kommt eine U/f-Steuerung mit linearer Kennlinie zum Einsatz.

Der Asynchronmotor gibt nur dann ein konstantes Drehmoment an der Welle ab, wenn er einen konstanten magnetischen Fluss Φ und konstanten Strom I erhält. Die Induktivitäten (Spulen des Motorständers) verändern je nach Frequenz f ihren induktiven Blindwiderstand X_L. Aufgrund des Zusammenhangs $X_L = \omega \cdot L = 2\,\pi f \cdot L$ verändert sich der induktive Blindwiderstand proportional mit der Frequenz.

Würde also nur die Frequenz f erhöht, erhöhte sich aufgrund der Frequenzabhängigkeit der Ständerwicklungen ($X_L = \omega \cdot L$) der induktive Blindwiderstand – und der Motorstrom wie das Drehmoment des Motors würden kleiner. Würde umgekehrt nur die Frequenz verringert, würde auch X_L kleiner – und der Strom I unzulässig stärker, wodurch die Ständerwicklungen zerstört würden.

Um die Motordrehzahl zu steuern, muss daher nicht nur die Ausgangsfrequenz f des Frequenzumrichters verändert werden, sondern auch die Ausgangsspannung U. Sprich: Einen konstanten magnetischen Fluss Φ erhält man nur, wenn bei einer Frequenzänderung die Spannung U proportional nachgeführt wird.

Beispiel:

Motor-Nenndaten:
$U = 230/400\,V$, Sternschaltung
Spannung $U = 400\,V$

Frequenz $f = 50\,Hz$, $\frac{U}{f} = 8$

Wird an dem Frequenzumrichter eine Frequenz von 5 Hz eingestellt, muss die Spannung $U = 40\,V$ betragen (Verluste werden hier nicht berücksichtigt).

Abb. 1 ▷ 501 zeigt eine idealisierte U/f-Steuerkennlinie. Diese Kennlinie ist in unterschiedliche Bereiche eingeteilt und verfügt über charakteristische Punkte, die im Folgenden erläutert werden.

❶ Die maximale Spannung (Bemessungsspannung des Motors) wird bei der Bemessungsfrequenz (Nennfrequenz) erreicht. Die Kennlinie weist einen Eckpunkt auf, der auf der Spannungsachse die größtmögliche Ausgangsspannung des Umrichters bestimmt. Auf der Frequenzachse wird dieser Punkt Eckfrequenz genannt.
Damit der Frequenzumrichter diese Werte „kennt“, muss bei der Konfiguration des Frequenzumrichters die Lage des Eckpunkts fest-

gelegt werden. Dazu sind zwei Parameter notwendig:

- Bemessungsspannung U (Nennspannung) des Motors
- Bemessungsfrequenz f (Nennfrequenz) des Motors

Diese Parameter sind dem Typenschild des Motors zu entnehmen.

❷ In dem Bereich f1 bis fN ist der lineare Zusammenhang zwischen der Spannung U und der Frequenz f zu erkennen. In diesem Bereich wird bei Frequenzänderung die Spannung proportional nachgeführt. Der magnetische Fluss °N bleibt in diesem Bereich konstant.

❸ Da bei niedrigen Drehzahlen, also bei Ausgangsfrequenzen $f < 10$ Hz, die Ohm'schen Widerstände der Ständerwicklung $R_{\text{Ständer}}$ nicht mehr vernachlässigbar klein gegenüber den induktiven Widerständen $X_{\text{Ständer}}$ der Wicklungen sind, macht sich der Spannungsfall an den Wirkwiderständen bemerkbar. Die Ohm'schen Widerstände bewirken eine Verringerung des Stroms I, eine direkte Schwächung des magnetischen Flusses Φ und somit des Drehmoments an der Welle des Motors. Um diesen strombegrenzenden Einfluss der Ständerwicklungswiderstände auszugleichen, erfolgt im Bereich von 0 bis f_1 eine Spannungsanhebung (Boost).

❹ Soll die Drehzahl des Motors größer sein als die Bemessungsdrehzahl des Motors (f > fN), kann die Ausgangsfrequenz des Umrichters zum Beispiel auf 200 % der Nennfrequenz des Motors erhöht werden; eine proportionale Spannungserhöhung auf die doppelte Ausgangsspannung ist jedoch nicht möglich, da die Ausgangsspannung des Frequenzumrichters nur im Bereich der Versorgungsspannung liegen kann. Es kommt zu einer Abnahme des magnetischen Flusses F.

Zusammenfassung

- In dem Drehzahlbereich von 0 bis n_N erfolgt bei einer Frequenzänderung auch eine proportionale Spannungsänderung, sodass der Motor bis zur Bemessungsfrequenz ein konstantes Moment abgibt. Das bedeutet, dass die bekannte Drehmoment-Drehzahl-Kennlinie des Asynchronmotors erhalten bleibt und entlang der Frequenzachse parallel verschoben wird (Abb. 2).
- Ist die Drehzahl des Motors größer als die Bemessungsdrehzahl ($n > n_N$) kann der Frequenzumrichter zwar die Frequenz erhöhen, nicht aber die Spannung proportional anheben, weil die Ausgangsspannungsgrenze bereits erreicht ist. Ab diesem Punkt beginnt für den Asynchronmotor der Feldschwächbereich: Das Drehmoment nimmt mit steigender Drehzahl ab (Abb. 2). Allerdings bleibt die Leistung konstant, da bei abnehmendem Moment die Drehzahl weiter ansteigt. Beide Effekte „kompensieren" sich.

Merke:
Ziel der U/f-Steuerung ist es, den magnetischen Fluss im Motor auf einem konstant hohen Wert zu halten, weil davon der Strom I und somit das verfügbare Moment abhängig ist (M ~ I).

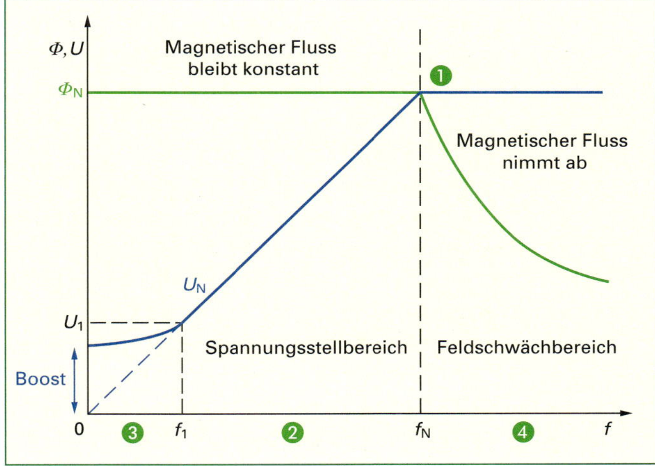

Abb. 1 U/f-Steuerkennlinie

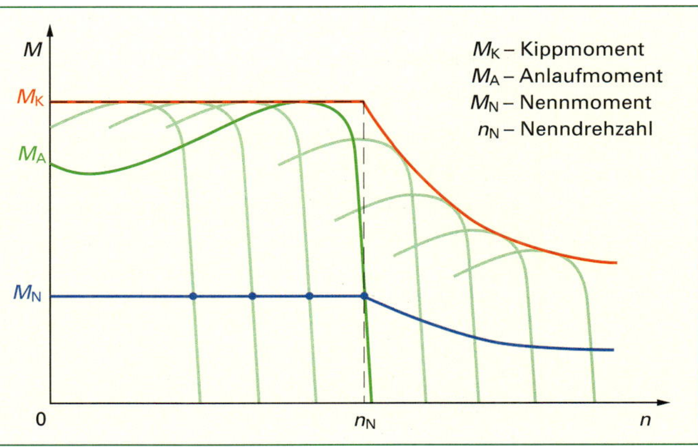

Abb. 2 M-n-Kennlinien

Messungen am Frequenzumrichter

Bei der Inbetriebnahme von Antriebssystemen müssen häufig Messungen an Frequenzumricher und Motor durchgeführt werden. Messungen am Frequenzumrichter mit handelsüblichen Messgeräten können sehr problematisch sein, da am Frequenzumrichter keine sinusförmigen Spannungen und Ströme vorkommen. Im Folgenden daher einige Hinweise und Überlegungen zu Messungen am Frequenzumrichter:

Messungen an der Eingangsseite

- **Netzwechselspannung:** Die Netzwechselspannung kann aufgrund ihrer Sinusform mit „normalen" Messgeräten gemessen werden.
- **Netzwechselstrom:** Frequenzumrichter nehmen eingangsseitig vom Versorgungsnetz aufgrund der Eingangsgleichrichter und Siebkondensatoren keine sinusförmigen Ströme auf. Dadurch kann es bei Verwendung „normaler" Multimeter bereits zu Fehlmessungen kommen.

Messungen an der Ausgangsseite

- **Motorströme:** Bei den Motorströmen, insbesondere bei höheren Taktfrequenzen, handelt es sich um nahezu sinusförmige Ströme. Trotzdem ergeben sich aufgrund der Überlagerung von Oberwellen zum Teil große Fehlmessungen, da die Messgeräte von der getakteten Motorspannung beeinflusst werden.
- **Motorspannungen:** Motorspannungen können nicht mit handelsüblichen Messgeräten gemessen werden, da es sich um getaktete bzw. pulsweitenmodulierte Spannungen handelt. Zudem ergeben sich durch Reflexion auf den Motorleitungen hohe Überschwinger. Die Spitzenspannungen betragen meist das Doppelte der normalen Motorspannung.

Merke:
Um eingangs- wie ausgangsseitig des Frequenzumrichters richtige Messwerte zu bekommen, müssen sogenannte Echteffektivwertmesser (True Root Mean Square) für Wechselstrom und Wechselspannung verwendet werden. Neben den speziellen Messgeräten sind hierfür auch die klassischen Dreheisen-Messgeräte einsetzbar. Lediglich für die Messung der Netzwechselspannung genügt ein einfaches Multimeter.

Vorgehensweise bei der Inbetriebnahme eines Frequenzumrichters

Der Frequenzumrichter ist ein leistungselektronisches Stellglied, das über eine umfangreiche Steuereinheit verfügt. Da Frequenzumrichter verschiedene Motortypen und Leistungsklassen betreiben können, ist eine Parametrierung der Umrichter bei Inbetriebnahme erforderlich.

Moderne Umrichter verfügen über Schnittstellen zu entsprechenden Anwenderprogrammen, die vom Hersteller zur Verfügung gestellt werden und die dem Nutzer die Inbetriebnahme erleichtern. Neben der Inbetriebnahme sind so unter anderem das Sichern der Parametersätze, die Programmierung von Bewegungsabläufen und das Synchronisieren mit anderen Antrieben möglich.

Die Inbetriebnahme der Umrichter verschiedener Hersteller unterscheidet sich im Grunde nur im Grad der Führung durch einen Assistenten, in der grafischen Darstellung und in der automatisierten Übernahme von Daten. Allen gleich hingegen ist, dass der Umrichter nur dann einen Motor korrekt ansteuern kann, wenn er zum einen die genauen Daten des Motors und zum anderen die Anforderungen des Betreibers an das gewünschte Betriebsverhalten des Motors kennt. Abb. 1 ▷ 503 zeigt beispielhaft den Ablauf einer Inbetriebnahme.

Anmerkungen zum Ablauf einer Inbetriebnahme:
- Grundlage jeder Inbetriebnahme ist die Eingabe der Motordaten, die dem Leistungsschild der Maschine zu entnehmen sind (Tabelle 1).
  Darüber hinaus ist der Frequenzumrichter in der Lage, die Werte für ein vollständiges *Ersatzschaltbild* des Motors messtechnisch zu ermitteln. Hierzu gehören zum Beispiel die Ohm'schen Widerstände der Wicklungen und die

Parameter	Einstellung
Bemessungsleistung P	0,37 kW
Bemessungsspannung P	400 V
Bemessungsfrequenz f	50 Hz
Bemessungsstrom I	1,2 A
Bemessungsdrehzahl	1380 1/min

Tabelle 1 Beispieldaten eines 370 W-Drehstrom-asynchronmotors

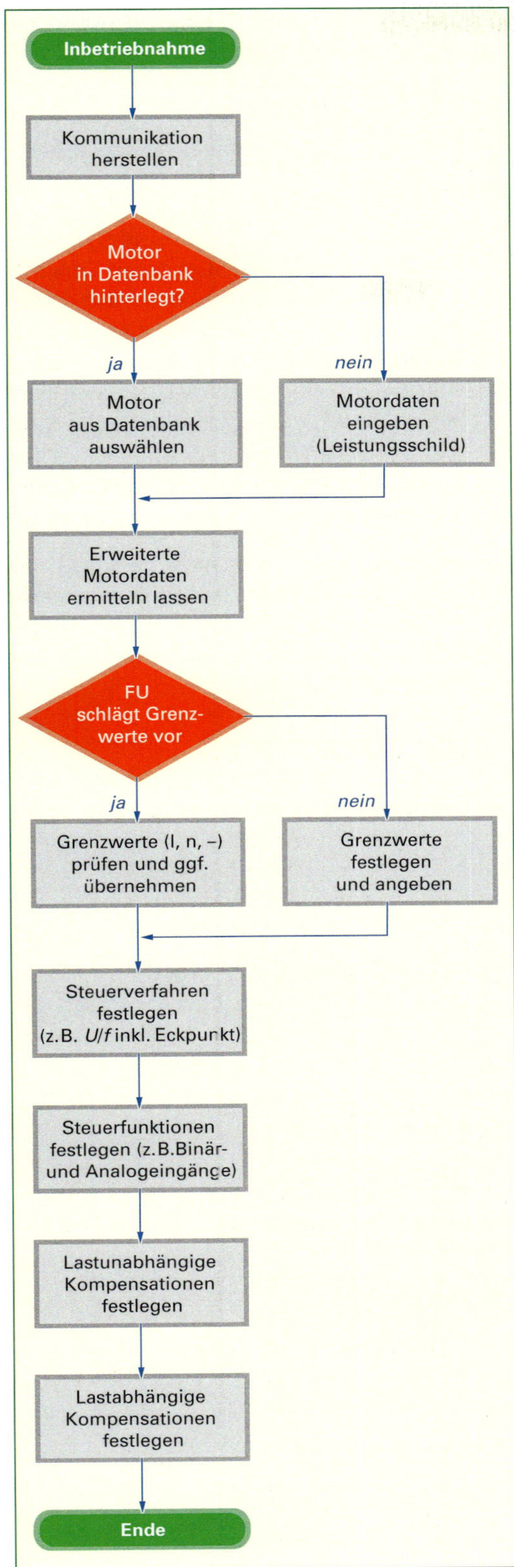

Abb. 1 Inbetriebnahme-Ablauf

Parameter	Wert
Statorwiderstand (Rs)	17,8979 Ω
Rotorwiderstand (Rr)	13,0289 Ω
Statorstreureaktanz (X1)	19,2450 Ω
Rotorstreureaktanz (X2)	19,2450 Ω
Hauptreaktanz (Xh)	348,3347 Ω
Eisenverlustwiderstand (Rfe)	6.199,804 Ω
Indukt. D.-Achse (Ld)	0,0
Motorpolzahl	4
Gegen-EMK bei 1000 min^{-1}	400
Geber-Offset	0

Tabelle 1 Automatisch ermittelte Werte für das Ersatzschaltbild

Reaktanzen (induktive Blindwiderstände) der Ständerspulen oder des Rotors. Liegt dem Frequenzumrichter dieses Ersatzschaltbild vor, so ist eine deutlich bessere Anpassung der elektrischen Größen an den vorliegenden Lastfall möglich. Tabelle 1 zeigt beispielhaft die vom Frequenzumrichter ermittelten Werte für das Ersatzschaltbild des Motors.

- Eine auch sicherheitstechnisch relevante Eigenschaft des Frequenzumrichters ist es, Ströme, Drehzahlen und Beschleunigungsrampen begrenzen zu können. Einige Frequenzumrichter schlagen solche Begrenzungen über den Inbetriebnahmeassistenten vor, die Feinabstimmung muss aber meist durch den Anwender selbst erfolgen.

- In diesem Abschnitt wurde das Steuerverfahren nach der *U/f-Kennlinie* dargestellt. Frequenzumrichter sind allerdings häufig in der Lage, andere Motortypen (z. B. Servosynchronmotoren) anzusteuern oder auch höherwertige Steuerverfahren für hochdynamische Prozesse anzuwenden. Das gewählte Steuerverfahren, das zu dem verwendeten Motor und dem vorliegenden Lastfall passen muss, wird hierbei auch durch bestimmte Werte (z. B. Form der *U/f*-Kennlinie) präzisiert.
  In einigen Fällen kann die *U/f*-Kennlinie durch Angabe mehrerer *U-f*-Wertepaare und der Verbindung dieser Wertepaare mit Geradenabschnitten generiert werden (Tabelle 1):

U [V]	40	80	200	400	400
f [Hz]	0	10	25	50	60

Tabelle 1 Wertepaare für eine U/f-Kennlinie mit Boost
(U = 40 V bei f = 0 Hz, Boost bis f = 10 Hz, ab f = 10 Hz, dann Verlauf nach Ursprungsgerade mit Eckpunkt U_{eck} = 400 V bei f = 50 Hz.

- Binärein- und -ausgänge sowie Analogein- und -ausgänge gehören zum Standard eines Frequenzumrichters. Diese Ein- und Ausgänge können nun bei der Inbetriebnahme mit gewissen Funktionen belegt werden (z. B. Rechtslauf, Linkslauf, Start, Stopp, Drehzahlvorgabe). Vermehrt lassen sich auch schon durch den Frequenzumrichter selbst kleinere *Steuerungsaufgaben* bewerkstelligen.
- Wie in Abb. 1 ⊳ 501 gezeigt, ist es notwendig, bei geringen Frequenzen die Spannung über das lineare U/f-Verhalten hinaus anzuheben *(Boost)*. Diese Kompensation hängt nur von der gewählten Frequenz und somit von der Drehzahl ab.
- Weitere Kompensationen ergeben sich in Abhängigkeit von der Belastung:
  a) Ein großer Motorstrom verursacht auch einen größeren Spannungsfall am Drahtwiderstand der Ständerwicklungen. Dieser Spannungsfall ($I \cdot R$) kann durch die sogenannte $I \cdot R$-Kompensation ausgeglichen werden.
  b) Bei Belastung einer Drehstromasynchronmaschine erhöht sich auch deren Schlupf – und die Drehzahl an der Welle sinkt. Durch Messen des Motorstroms und mithilfe der Motordaten kann der Frequenzumrichter nun den sich ergebenden Schlupf berechnen und mittels Frequenzerhöhung ausgleichen. Bei der *Schlupfkompensation* handelt es sich somit um eine einfache, indirekte Drehzahlregelung (Abb. 1).

Eine erfolgreiche Inbetriebnahme heißt, dass die Parameter, die in Bezug auf den angeschlossenen Motor und hinsichtlich des gewünschten Motorverhaltens stimmig sind, im Umrichter abgelegt wurden.

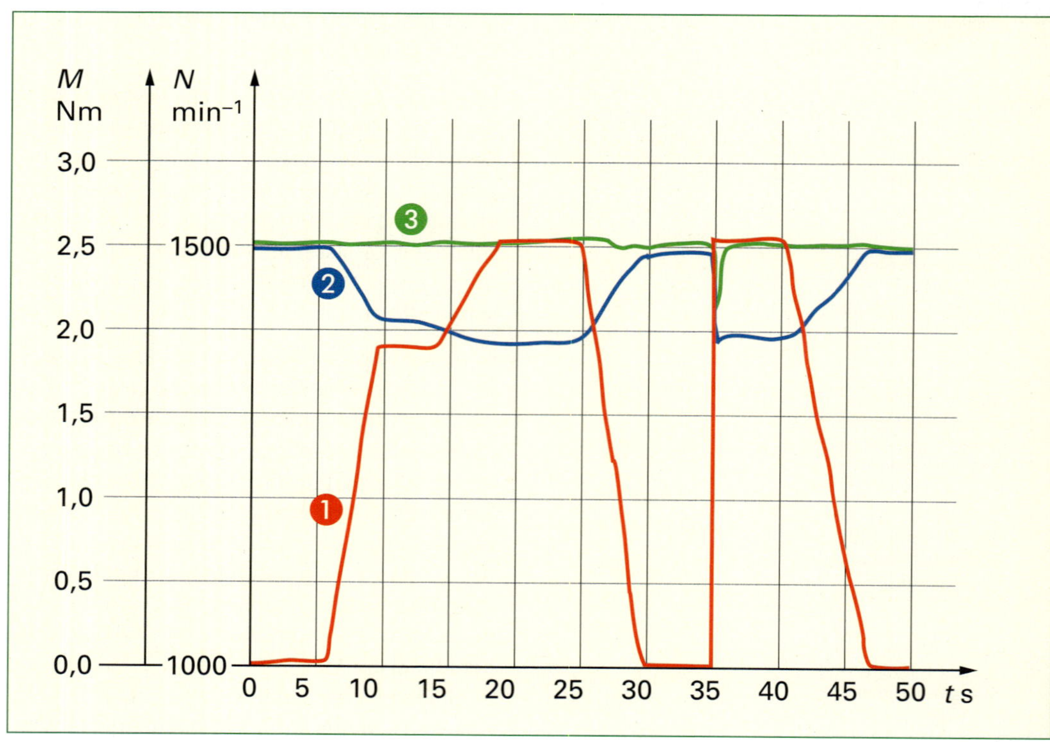

Abb. 1 Verlauf des Drehmoments $M = f(t)$ ❶ und die sich ergebende Drehzahl *ohne* Schlupfkompensation ❷ und Drehzahl *mit* Schlupfkompensation ❸

5.1.3 Steuerung einer Beleuchtungsanlage mit LOGO!

- Lösung von Steuerungsaufgaben in der Haus- und Installationstechnik
- Entwurf von Steuerungsprogrammen
- Programmierung einer LOGO!-Steuerung
- Simulation von Programmen
- Auswahl und Beschaltung der LOGO!-Steuerung

Abb. 1 LOGO!-Kleinsteuerung

Kundenauftrag:

Im Zuge der Umbauarbeiten im 3. Obergeschoss (s. Abschn. 2.3) sollen Teile der Beleuchtungsanlage mit einer LOGO!-Kleinsteuerung realisiert werden. Für die Realisierung der gewünschten Funktionen wurden nach einem ausführlichen Kundengespräch im Pflichtenheft die folgenden Vereinbarungen getroffen:

Die folgenden Lampenschaltungen sollen programmiert werden:

Arbeitsauftrag 1: Wechselschaltung im Arbeitszimmer
Arbeitsauftrag 2: Stromstoßschaltung im Flur
Arbeitsauftrag 3: Beleuchtungsanlage im Treppenhaus

Arbeiten mit LOGO!

LOGO! ist eine Kleinsteuerung der Firma Siemens, mit der einfache Steuerungen aus der Haus- und Installationstechnik, wie z. B. die Beleuchtungsanlage in einer Wohnung, Treppenhausbeleuchtungen oder Markisensteuerungen automatisiert werden können.

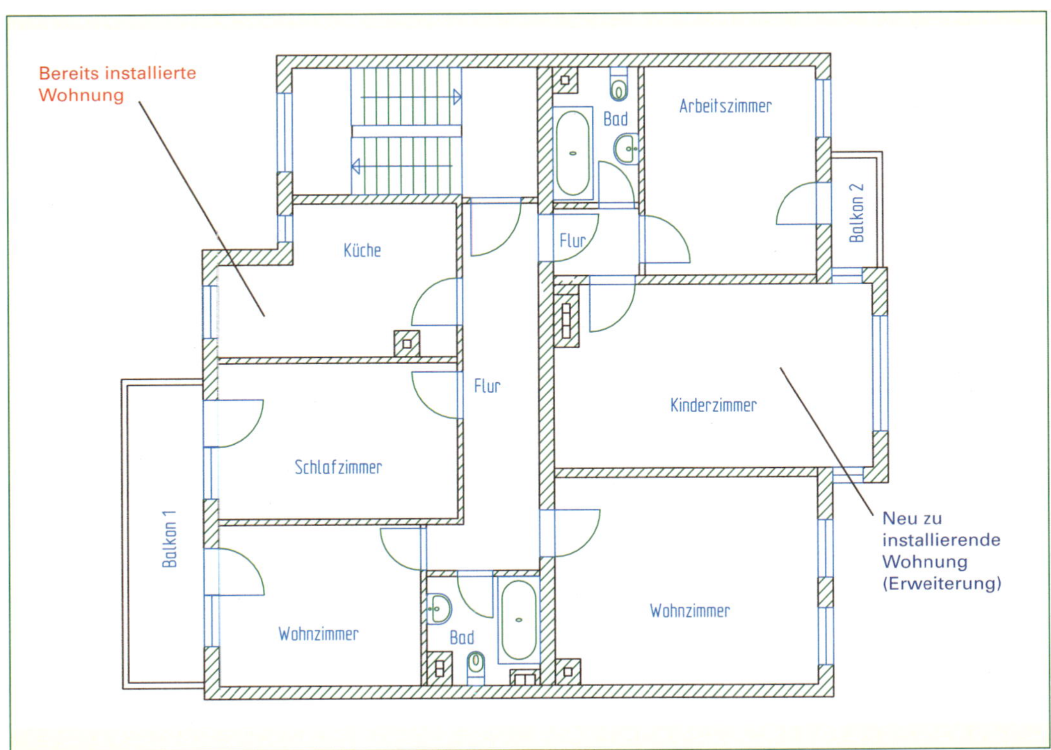

Abb. 2 Installationsplan der neu zu installierenden Wohnung im 3. OG

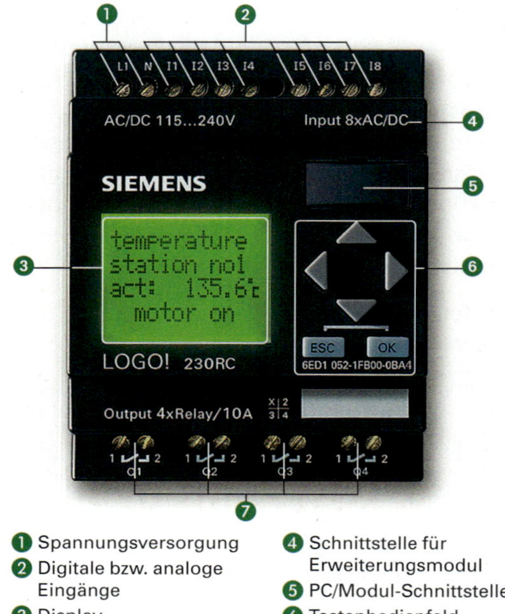

❶ Spannungsversorgung
❷ Digitale bzw. analoge Eingänge
❸ Display
❹ Schnittstelle für Erweiterungsmodul
❺ PC/Modul-Schnittstelle
❻ Tastenbedienfeld
❼ Digitale Ausgänge

Abb. 1 Anschlüsse, Anzeige und Bedienelemente der LOGO!

Es können aber auch Motoren für Torsteuerungen und Transportbänder sowie Lüfteranlagen mit LOGO! gesteuert werden. Abb. 1 zeigt die Grundausführung eines LOGO!-Moduls mit den Ein- und Ausgängen sowie Bedienelementen und Schnittstellen.

Funktionsweise einer LOGO!-Steuerung

Die prinzipielle Funktionsweise kann in kurzer Form wie folgt beschrieben werden:

Über Eingangssignale (z. B. Schalter, Taster, Sensoren) werden der Steuerung Informationen über den aktuellen Zustand des Prozesses geliefert (**E**ingabe). Anhand des vorgegebenen Programms reagiert die Steuerung auf die Eingangssignale (**V**erarbeitung). Dabei erzeugt die Steuerung Ausgangssignale, die über Aktoren (z. B. Motoren) den Prozess in gewünschter Weise beeinflussen (**A**usgabe).

Mit Kleinsteuerungen können Steuerungsaufgaben mit überschaubarem Hardwareaufwand und ohne das Erlernen einer komplizierten Programmiersprache programmiert werden. Die Programmierung erfolgt grafisch anhand der **F**unktions-**B**lock-**D**arstellung (FBD) oder über das Ladder-Diagramm (LAD) und kann sehr einfach erlernt und angewendet werden.

Programmierung von LOGO!-Steuerungen

Für die Eingabe bzw. die Programmierung des Steuerungsprogramms stehen dem Elektroniker zwei Möglichkeiten zur Verfügung:

1. Direkte Eingabe des Programms über das Bedienfeld der LOGO!-Steuerung.
2. Erstellung des Programms mittels PC und der Software LOGO!Soft Comfort.

Beide Programmiermöglichkeiten werden nachfolgend ausführlich beschrieben.

Entwerfen von LOGO!-Steuerungen

Bevor allerdings in die LOGO!-Steuerung ein Programm eingegeben werden kann, muss das Programm anhand der geforderten Aufgabenstellung entwickelt werden. Die vom Kunden geforderten Steuerungsprogramme werden in den folgenden Abschnitten systematisch Schritt für Schritt entwickelt.

Arbeitsauftrag 1:

Wechselschaltung im Arbeitszimmer

Laut Pflichtenheft soll im Arbeitszimmer eine Wechselschaltung mit einer LOGO!-Steuerung realisiert werden. Daraus ergibt sich die folgende Aufgabenstellung:

Eine zentrale Deckenbeleuchtung E1 soll von zwei Schaltstellen (S1 und S2) aus unabhängig ein- und ausgeschaltet werden können.

1 Zuordnungstabelle erstellen

Zunächst werden in einer *Zuordnungstabelle* die Anzahl der Ein- und Ausgänge sowie deren logische Zuordnungen festgelegt.

Eingang	Betriebsmittelkennzeichen	Logische Zuordnung
Schalter 1	S1	betätigt S1 = 1
Schalter 2	S2	betätigt S2 = 1
Ausgang		
Deckenbeleuchtung	E1	Lampe leuchtet E1 = 1

Tabelle 1 Zuordnungstabelle der Ein- und Ausgänge

Durch die logische Zuordnung werden den Ein- und Ausgängen die Signalzustände im betätigten und nicht betätigten Zustand zugewiesen (Öffner- oder Schließerverhalten).

	Schließer	Öffner
betätigt:	Signalzustand „1“	Signalzustand „0“
nicht betätigt:	Signalzustand „0“	Signalzustand „1“

Tabelle 1 Signalzustände von Öffnern und Schließern

2 Funktionstabelle erstellen

Mit dem Hilfsmittel der *Funktionstabelle* können alle möglichen Schaltkombinationen von Verknüpfungssteuerungen übersichtlich dargestellt werden. Dabei werden zunächst alle Ein-und Ausgänge der Steuerung in eine Tabelle geschrieben. In Abhängigkeit der Kombinationen der Eingangssignale werden den Ausgängen logische Zustände zugeordnet.

Zeile	Eingänge		Ausgang
	S2	S1	E1
1	0	0	0
2	0	1	1
3	1	0	1
4	1	1	0

Tabelle 2 Funktionstabelle

Merke:
Mit n Eingängen ergeben sich 2^n verschiedene Eingangskombinationen, denen gemäß der Aufgabenstellung logische Ausgangszustände zugeordnet werden müssen.
Hier: 2 Eingänge (Schalter S1 und S2) $n = 2 \rightarrow 2^2 = 4$ verschiedene Eingangskombinationen (siehe Zeilen 1–4)

Was sagen die Schaltzustände in den einzelnen Zeilen der Funktionstabelle aus?

Zeile 1: Wenn beide Eingänge (Schalter S1 und S2) ausgeschaltet sind (Signalzustand „0“) hat der Ausgang E1 ebenfalls den Signalzustand „0“ → Die Lampe E1 leuchtet nicht.

Zeile 2 und 3: Wenn einer der beiden Schalter S1 und S2 eingeschaltet ist (Signalzustand „1“) nimmt der Ausgang E1 ebenfalls Signalzustand „1“ an → Die Lampe E1 leuchtet.

Zeile 4: Wenn beide Schalter S1 und S2 eingeschaltet sind (Signalzustand „1“) hat der Ausgang E1 den Signalzustand „0“ → Die Lampe E1 ist ausgeschaltet.

3 Ableiten der Schaltfunktion

Aus der Funktionstabelle kann die Schaltfunktion für den Ausgang E1 gebildet werden. Dabei wird jede Zeile der Tabelle, in der der Ausgang E1 den Signalzustand „1“ führt mit einer UND-Verknüpfung mit allen Eingängen gebildet. Beim Signalzustand „0“ wird der Eingang negiert und beim Signalzustand „1“ nicht negiert. Die komplette Schaltfunktion erhält man durch ODER-Verknüpfung der UND-Funktionen.

Schaltfunktion: $E1 = S1 \wedge \overline{S2} \vee \overline{S1} \wedge S2$

4 Ableiten des Funktionsplans

Mithilfe der Schaltfunktion wird die Funktion der Wechselschaltung in der Funktions-Block-Darstellung (FBD) abgeleitet.

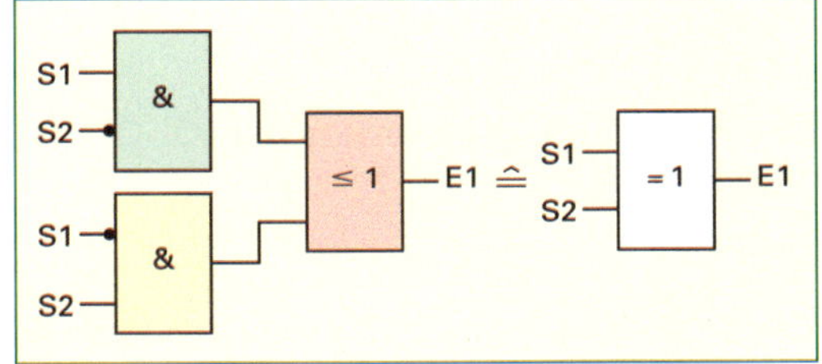

Abb 1 Funktionsplan der Wechselschaltung oder Exklusiv-ODER (XOR)

Merke:
Der Ausgang E1 nimmt nur dann den Signalzustand „1“ an, wenn beide Signalzustände an den Eingängen S1 und S2 ungleich sind. Man spricht von Antivalenz (entgegengesetzte Wertigkeit). Die logische Verknüpfungsfunktion heißt „Exklusiv-ODER“ bzw. XOR.

Aufgabe:

Es soll der Funktionsplan für eine Kreuzschaltung (eine Leuchte soll von drei Stellen aus ein- und ausgeschaltet werden können) systematisch entwickelt werden.

1. Bestimmen Sie die Zuordnungstabelle der Ein- und Ausgänge und achten Sie dabei auf die richtige logische Zuordnung der Ein- und Ausgänge.
2. Bestimmen Sie mit einer Funktionstabelle den Zusammenhang zwischen den Eingängen S1, S2 und S3 und dem Ausgang E1.
3. Ermitteln Sie aus der Funktionstabelle die Schaltfunktionen.
4. Zeichnen Sie den Funktionplan zur Ansteuerung der Leuchte E1

5 Programmieren der Steuerung, Simulation und Übertragung des Steuerungsprogramms

Nachdem das Steuerungsprogramm entwickelt wurde, kann das LOGO!-Modul programmiert werden. Am Beispiel der Wechselschaltung werden beide Programmierverfahren, die Simulation und die Übertragung des Programms in das LOGO!-Modul ausführlich vorgestellt.

6 Auswahl und Beschaltung der LOGO!-Steuerung

Auswahl der LOGO!-Steuerung:

Die LOGO!-Steuerung ist ein modular aufgebautes System. Ausgehend von einem Basismodul kann es je nach Bedarf und Aufgabenstellung erweitert werden. Die minimale Ausstattung eines Basismodules besteht aus:

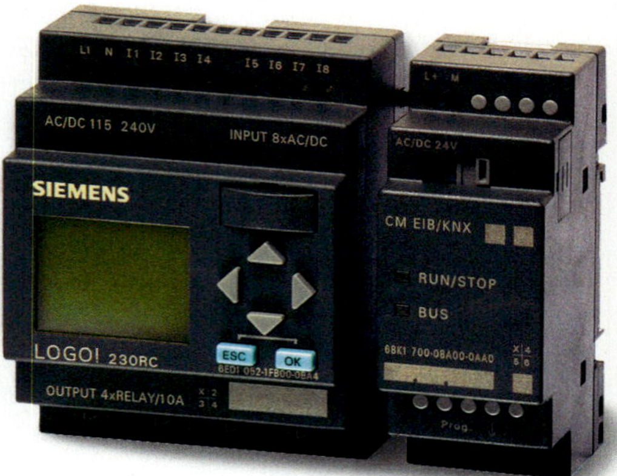

Abb. 1 Basismodul mit Erweiterungsmodul

- 8 digitalen Eingängen und
- 4 digitalen Ausgängen

Werden mehr Ein- und Ausgänge benötigt, kann das Basismoduls mit Erweitungsmodulen erweitert werden (Abb. 1). Je nach Anwendung kann somit die benötigte Anzahl von digitalen Ein- und Ausgängen vergrößert werden. Des Weiteren kann das Basismodul mit analogen Ein- und Ausgängen und Kommunikationsmodulen zur Verbindung mit KNX-Bus oder AS-i-Bus erweitert werden. Die maximale und minimale Anzahl der Ein- und Ausgänge ist von den verwendeten Modulen abhängig (genaue Zahlen und Kombinationsmöglichkeiten sind den Herstellerunterlagen zu entnehmen).

Die LOGO!-Familie besteht aus unterschiedlichen Steuermodulen für verschiedene Anwendungen. Die Einteilung der Module erfolgt über sogenannte „Spannungsklassen". In den Spannungsklassen werden die Module in Abhängigkeit ihrer Spannungsversorgung und ihres Eingangsspannungsbereiches eingeteilt. Es werden die folgenden Spannungsklassen unterschieden (Tabelle 1):

Spannungsklasse	LOGO!-Typ	Spannungsversorgung	zulässiger Eingangsspannungsbereich
1	LOGO! 12/24RC ... RCo	12/24 V DC	10,8 ... 28,8 V DC
	LOGO! 24RC ... RCo	24 V AC/DC	20,4 ... 26,4 V AC 20,4 ... 28,8 V DC
	LOGO! 24 ... o	24 V DC	20,4 ... 28,8 V DC
2	LOGO! 230RC ... RCo	115 ... 240 V AC/DC	85 ... 265 V AC 100 ... 253 V DC

Tabelle 1 Spannungsklassen der LOGO!-Familie

> **Merke:**
> - *Die minimale Ausstattung eines LOGO!-Grundgerätes besteht aus 8 digitalen Eingängen und 4 digitalen Ausgängen.*
> - *Die LOGO!-Steuerungsfamilie ist ein modular aufgebautes System und kann mit Erweitungsmodulen erweitert werden.*
> - *Digitalmodule können nur an Geräte der gleichen Spannungsklasse angeschlossen werden.*

Um die Wechselschaltung mit einer LOGO!-Steuerung zu realisieren, ist nun das passende Modul auszuwählen. Welche Kriterien sind für die Auswahl des richtigen Moduls relevant? Um schnell und zuverlässig die richtige LOGO!-Steuerung auszuwählen, hilft die Beantwortung der folgenden Fragen:

- Wie hoch ist die zur Verfügung stehende Versorgungsspannung?
- Wie hoch ist die Eingangsspannung der Eingänge?
- Wie hoch ist die Anzahl der digitalen Ein- und Ausgänge? (Sind evtl. Erweitungsmodule notwendig?)
- Welche Art von Ein- und Ausgängen werden benötigt? (Sind außer den digitalen auch analoge Ein- und Ausgänge notwendig?)
- Wie hoch ist der Strom der zu schaltenden Last?

Im Falle der Wechselschaltung sind die Fragen wie folgt zu beantworten:

- Die Versorgungsspannung in der Wohnungsinstallation beträgt $U = 230$ V (AC).
- Durch die beiden Eingänge (Schalter S1 und S2) wird eine Spannung von $U = 230$ V (AC) geschaltet.
- Es werden zwei digitale Eingänge für den Anschluss der beiden Schalter S1 und S2 und ein digitaler Ausgang für den Anschluss der Lampe E1 benötigt.
- Es werden nur digitale Ein- und Ausgänge benötigt.
- Der für die Beleuchtung maximale Strom beträgt $I = 5$ A.

Die Wechselschaltung kann mit der *LOGO!-Steuerung 230RC* realisiert werden (Abb. 1).

Beschaltung der LOGO!-Steuerung:

Die Abb. 1 ▷ 510 zeigt die Beschaltung der LOGO!-Steuerung. Dabei wird die Steuerung über die Klemmen L1 und N mit einer Spannung von 230 V versorgt und die Schalter S1 und S2 an die Eingänge der I1 und I2 der LOGO! angeschlossen. Die Ansteuerung der Lampe E1 erfolgt über den Ausgang Q1.

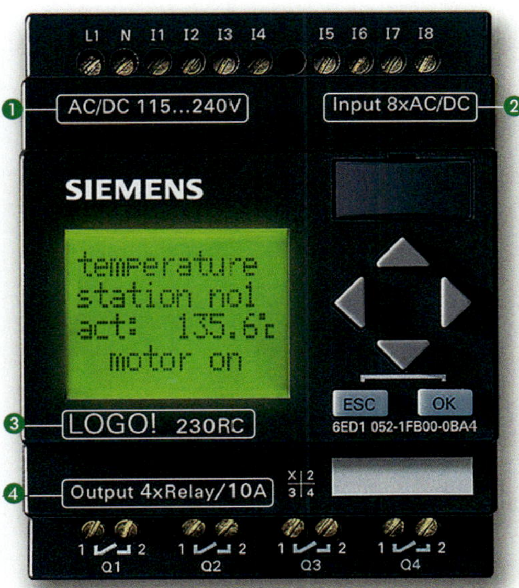

Abb. 1 Ausgewähltes LOGO!-Steuermodul

❶ 115...240V AC/DC
≙ Spannungsversorgung mit 115...240V AC/DC

❷ Input 8x AC/DC

Input 8x	≙	8 Eingänge
AC/DC	≙	85...253V AC 100...253V DC

❸ Logo! 230 RC

230	≙	115...240V AC/DC
R	≙	Relais-Ausgänge
C	≙	Clock

❹ Output 4 x Relay/10 A

Relay	≙	Relaisausgänge
10 A	≙	10 A Ohm'sche Last 3 A induktive Last

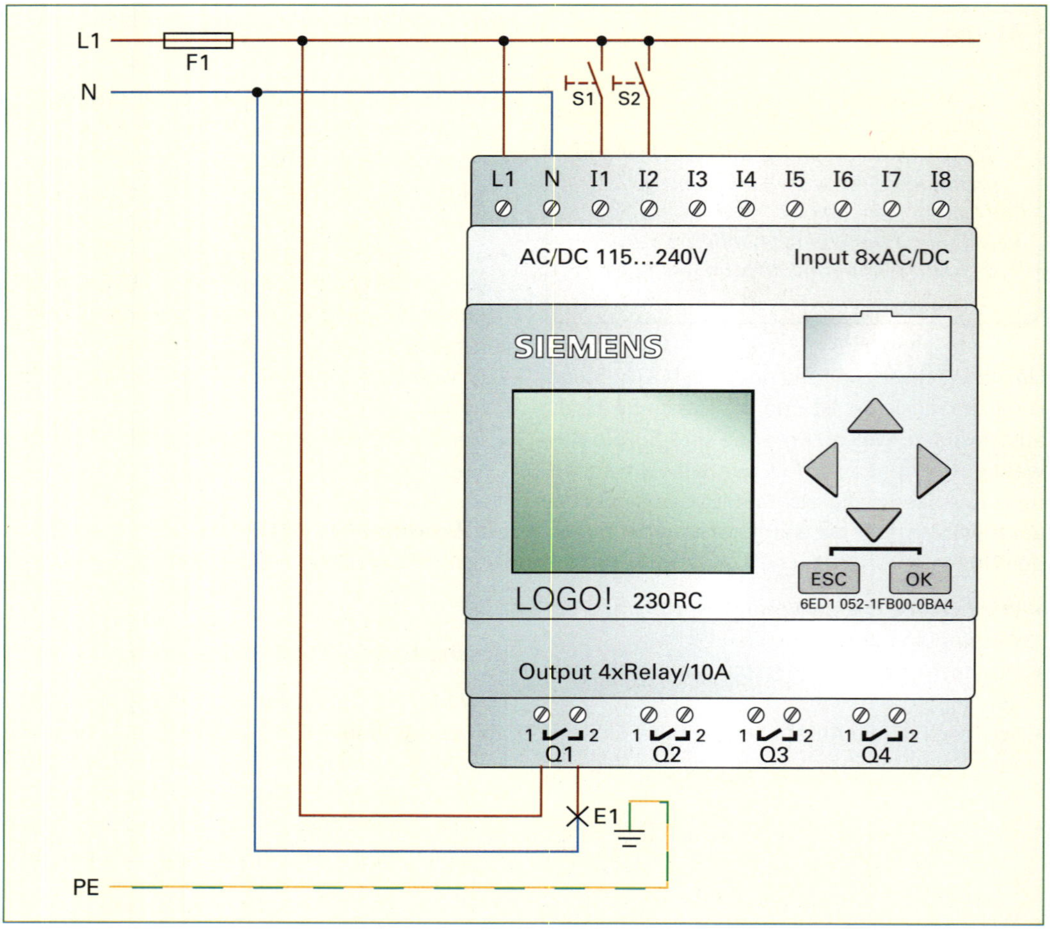

Abb. 1 Beschaltung der LOGO!-Steuerung mit den Ein- und Ausgängen

Achtung: *Im Bereich der Hausinstallationstechnik werden häufig Schalter und Taster mit Glimmlampen verwendet. Der durch die Glimmlampen fließende Strom wird von den Eingängen der LOGO! als „1"-Signal interpretiert und kann somit zu einer Fehlfunktion der Steuerung führen. Damit die Eingangssignale von der Steuerung korrekt ausgewertet werden können, muss der Strom über die Glimmlampe abgeleitet werden. Dazu wird ein Kondensator zwischen der Eingangsklemme und der N-Klemme mit 100 nF geschaltet (Abb. 2).*

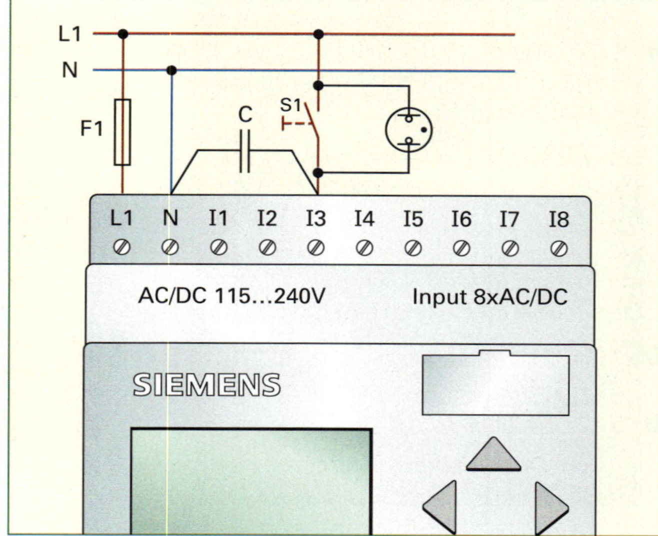

Abb. 2 Schaltung des Kondensators bei der Verwendung von Tastern mit Glimmlampen

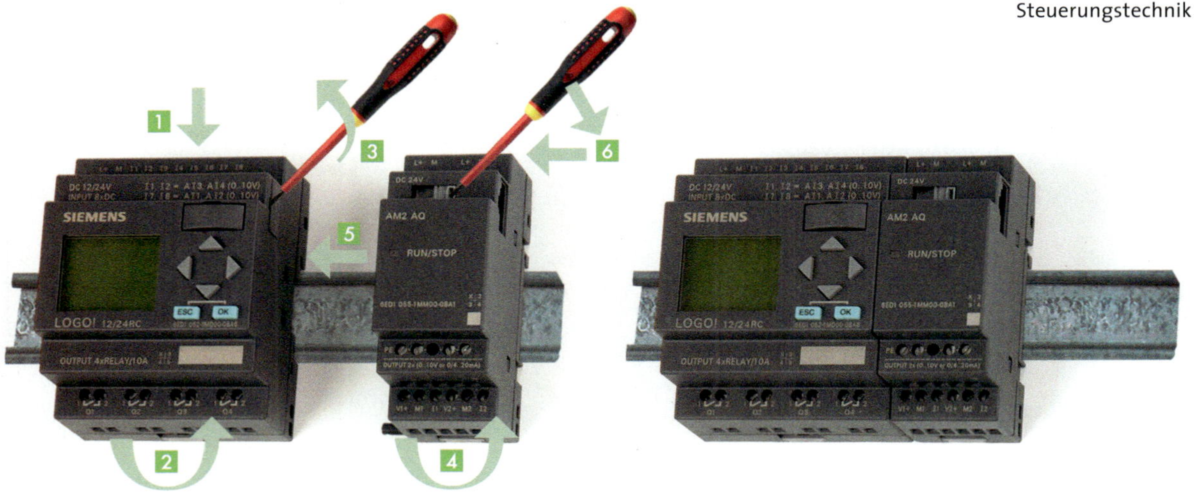

Abb. 1 Hutschienenmontage von LOGO!-Komponenten

7 Montage von LOGO!-Komponenten auf einer Hutschiene

Vorgehensweise bei der Montage eines LOGO-Basismoduls und eines Erweiterungsmoduls (Abb 1):

1. Das LOGO!-Basismodul wird auf die Hutschiene gesetzt.
2. Durch Schwenken schnappt das LOGO!-Modul in die Hutschiene. Der Montageschieber auf der Rückseite muss eingeschnappt sein.
3. An beiden Modulen müssen die Abdeckungen der Verbindungsstecker abgenommen werden.
4. Das Erweiterungsmodul wird rechts vom Basismodul auf die Hutschiene gesetzt.
5. Das Erweiterungsmodul wird nach links bis zum Basismodul geschoben.
6. Mit einem Schraubendreher wird der integrierte Schieber durch Drücken nach links geschoben. In der Endposition rastet der Schieber in das Basismodul ein.

Für die Montage von zusätzlichen Erweiterungsmodulen werden die Schritte 3–6 entsprechend wiederholt.

Arbeitsauftrag 2: Stromstoßschaltung im Flur

Im Flur soll eine Stromstoßschaltung (Abb. 3 ▷ 88) realisiert werden. Daraus ergibt sich die folgende Aufgabenstellung:

Die Deckenbeleuchtung im Flur soll von drei Schaltstellen aus mit Tastern ein- und ausgeschaltet werden können. Damit bei Dunkelheit im Flur die Taster schnell zu finden sind, sollen die Taster über Orientierungslichter (Glimmlampen) verfügen.

1 Zuordnungstabelle erstellen

Da die LOGO!-Eingänge I1 und I2 sowie der Ausgang Q1 bereits belegt sind werden die darauf folgenden Eingänge I3, I4 und I5 und der Ausgang Q2 beschaltet.

Eingang	Betriebsmittelkennzeichen	Logische Zuordnung	LOGO!-Adresse
Taster 1	S3	betätigt S3 = 1	I3
Taster 2	S4	betätigt S4 = 1	I4
Taster 3	S5	betätigt S5 = 1	I5
Ausgang			
Deckenbeleuchtung	E2	Lampe leuchtet E2 = 1	Q2

Tabelle 1 Zuordnungstabelle der Ein- und Ausgänge

2 RS-Tabelle erstellen

Wie bereits bekannt, ändern Stromstoßschalter mit jedem Stromimpuls ihren Schaltzustand. In (Abb. 3 ▷ 88) kann durch Betätigen der Taster (S1–S5) die Lampe E1 ein- und ausgeschaltet werden. Wird ein Taster betätigt, speichert der Stromstoßschalter das „1“-Signal, sodass die Lampe eingeschaltet bleibt. Soll die Lampe wieder ausgeschaltet werden, kann durch Betätigen eines Tasters der Stromstoßschalter wieder rückgesetzt (gelöscht) werden und die Lampe erlischt. Diese Funktion kann in einer sogenannten *„RS-Tabelle“* verdeutlicht werden. Die RS-Tabelle besteht aus drei Spalten, in denen die zu betätigenden Speicherglieder sowie deren Setz- und Rücksetzbedingungen dargestellt werden.

Zu betätigende Speicherglieder	Bedingungen für das Setzen	Bedingungen für das Rücksetzen
Speicher für die Beleuchtung E2	S3 ∨ S4 ∨ S5	S3 ∨ S4 ∨ S5

Tabelle 1 RS-Tabelle

Die Funktion des Stromstoßschalters wird von LOGO!Soft Comfort zur Verfügung gestellt. Im Katalog findet man im Ordner „Sonderfunktionen" den Unterordner „Sonstige", in dem sich das Stromstoßrelais befindet (Abb. 1). Wie in Abb. 2 zu erkennen ist, verfügt das Stromstoßrelais über 3 Eingänge und einen Ausgang.

Sonderfunktionen
Timer
Zähler
Analog
Sonstige
Selbsthalterelais
Stromstoßrelais
Meldetext
Softwareschalter
Schieberegister

Abb. 1 Stromstoßrelais im Katalog der LOGO!Soft Comfort

Trg
S
R
Par
RS
Q

Abb. 2 Darstellung des Stromstoßrelais in LOGO!Soft Comfort

> **Merke:**
> *Die genaue Funktions- und Wirkungsweise der in LOGO! Soft Comfort zur Verfügung gestellten Elemente erhält man durch Aktivierung der Hilfe-Funktion. Durch das Markieren des gewünschten Elementes mit der Maus und durch Betätigen der rechten Maustaste kann das Hilfemenü gestartet werden.*

3 Programmierung der Stromstoßschaltung

Mithilfe der RS-Tabelle und des Stromstoßrelais kann die Stromstoßschaltung jetzt programmiert werden. Wie aus der RS-Tabelle hervorgeht, muss das Stromstoßrelais von jedem der drei Taster unabhängig gesetzt und rückgesetzt werden können.

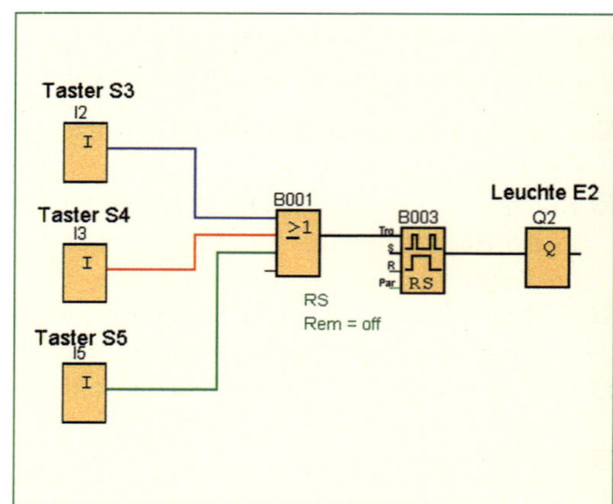

Abb. 3 Funktionsplan der Stromstoßschaltung

Verwendete Sonderfunktion:

Funktionsname	Symbol und Parameter	Funktionsbeschreibung	Impulsdiagramm
Stromstoßrelais	Trg S R Par RS Q **Auswahl:** RS (Vorrang Eingang R) oder SR (Vorrang Eingang S)	Jedes Mal, wenn der Zustand am Eingang Trg von 0 nach 1 wechselt, ändert der Ausgang Q seinen Zustand, d.h. der Ausgang wird eingeschaltet oder ausgeschaltet. Über den Eingang S wird das Stromstoßrelais gesetzt, d.h. der Ausgang Q wird auf „1" gesetzt. Über den Eingang R setzen Sie das Stromstoßrelais in den Ausgangszustand zurück, d. h. der Ausgang wird auf „0" gesetzt.	Trg S R Q

Tabelle 2 Funktion des Stromstoßrelais

Die Abb. 3 ▷ 506 zeigt das Programm der Stromstoßschaltung.

Die blau, rot und grün gekennzeichneten Signalleitungen zeigen, wie durch die ODER-Verknüpfung der Stromstoßschalter von jedem Taster gesetzt und rückgesetzt werden kann.

Aufgaben:

1. Programmieren Sie die Stromstoßschaltung in LOGO! Soft Comfort.
2. Simulieren Sie die Funktion der Stromstoßschaltung mit LOGO! Soft Comfort.
3. Übertragen Sie das Programm in die LOGO!-Steuerung.
4. Nehmen Sie die Schaltung im Online-Test in Betrieb und überprüfen Sie die Funktion.
5. Welche Maßnahmen sind zu ergreifen, damit die in den Tastern verwendeten Glimmlampen nicht zu Fehlfunktionen der Steuerung führen?

Arbeitsauftrag 3:

Beleuchtungsanlage im Treppenhaus

Die bisherige Beleuchtungsanlage im Treppenhaus wurde mit einer Treppenlichtzeitschaltuhr realisiert. Dabei zeigte die Beleuchtung folgendes Verhalten:

- Durch das Betätigen beliebiger Taster im Treppenhaus wird die Beleuchtung eingeschaltet.
- Nach Ablauf einer voreingestellten Zeit wird die Beleuchtung automatisch abgeschaltet.

Nachteile:

- Der Schalter zum Einschalten des Dauerlichtes (z. B. zum Reinigen des Treppenhauses) befindet sich meistens an der Treppenlichzeitschaltuhr und ist schwer zugänglich.
- Nach der voreingestellten Zeit wird die Beleuchtung ohne Warnung automatisch abgeschaltet, dies kann zu Stürzen und Verletzungen von Personen führen.

Die oben genannten Nachteile sollen mit einer LOGO!-Steuerung beseitigt werden. Daraus ergeben sich für die Treppenhausbeleuchtung die folgenden Funktionen:

- Durch Betätigen der Taster soll das Licht im Treppenhaus eingeschaltet werden und nach einer Zeit von 7 Minuten automatisch abgeschaltet werden.
- 15 Sekunden vor der Abschaltung soll durch ein kurzes Aufblinken vor der Abschaltung des Lichtes gewarnt werden.
- Werden die Taster innerhalb von 2 Sekunden zwei mal betätigt, wird das Dauerlicht eingeschaltet.
- Werden die Taster 2 Sekunden gedrückt gehalten, wird das Dauerlicht ausgeschaltet.

1 Zuordnungstabelle erstellen

Eingang	Betriebsmittelkennzeichen	Logische Zuordnung	LOGO-Adresse
Taster 1–8	S1–S8	betätigt S1–S8 = 1	I6
Ausgang			
Treppenhausbeleuchtung	E1–E8	Lampen leuchten E1–E8 = 1	Q3

Tabelle 1 Zuordnungstabelle Treppenhausbeleuchtung

Merke:
Die Taster im Treppenhaus werden am Eingang I6 der LOGO!-Steuerung angeschlossen.

2 Benötigte Funktionen

Die benötigten Funktionen findet man im Unterordner „Timer“ des Ordners „Sonderfunktionen“ (Abb. 1 ▷ 506).

Neu verwendete Sonderfunktionen:

Funktionsname	Symbol und Parameter	Funktionsbeschreibung	Impulsdiagramm
Einschaltverzögerung	Trg, Par – Q *T* (Verzögerungszeit)	Wenn der Zustand am Eingang Trg von 0 nach 1 wechselt, dann läuft die Zeit T_a los (T_a ist die in LOGO! aktuelle Zeit). Wenn der Zustand am Eingang Trg mindestens für die Dauer der parametrierten Zeit *T* auf 1 bleibt, dann wird nach Ablauf der Zeit *T* der Ausgang auf 1 gesetzt (der Ausgang wird gegenüber dem Eingang verzögert eingeschaltet). Wechselt der Zustand am Eingang Trg vor Ablauf der Zeit *T* wieder nach 0, dann wird die Zeit zurückgesetzt. Der Ausgang wird wieder auf 0 gesetzt, wenn am Eingang Trg der Zustand	Trg, Q, *T*, T_a läuft
Ausschaltverzögerung	Trg, R, Par – Q *T* Zeit, nach der der Ausgang ausgeschaltet wird (Ausgangssignal wechselt von 1 nach 0).	Wenn der Eingang Trg den Zustand 1 annimmt, dann schaltet sofort der Ausgang Q auf Zustand 1. Wechselt der Zustand an Trg von 1 nach 0, dann startet in LOGO! die aktuelle Zeit *T* neu, der Ausgang bleibt gesetzt. Wenn T_a den über *T* eingestellten Wert erreicht ($T_a = T$)), dann wird der Ausgang Q auf Zustand 0 zurückgesetzt (verzögert Ausschalten). Wenn der Eingang Trg erneut ein- und wieder ausgeschaltet wird, wird die Zeit T_a neu gestartet. Über den Eingang R (Reset) setzen Sie die Zeit T_a und den Ausgang zurück, bevor die Zeit T_a abgelaufen ist.	Trg, R, Q, T_a läuft, *T*, *T*
Treppenlichtschalter	Trg, Par – Q *T* Zeit, nach deren Ablauf der Ausgang ausgeschaltet wird (Ausgangszustand wechselt von 1 auf 0). $T_!$ Zeitvorgabe für den Beginn der Ausschaltvorwarnzeit. $T_{!L}$ Länge der Ausschaltvorwarnzeit.	Wenn der Eingang Trg den Zustand 1 annimmt, dann schaltet der Ausgang Q auf Zustand 1. Wechselt der Zustand an Trg zurück von 1 nach 0, dann startet die aktuelle Zeit T_a und der Ausgang Q bleibt gesetzt. Erreicht Ta die Zeit T, dann wird der Ausgang Q auf 0 zurückgesetzt. Vor Ablauf der Ausschaltverzögerungszeit (T–T!) können Sie eine Ausschaltvorwarnung geben, die Q für die Dauer der Ausschaltvorwarnzeit T!L auf o zurücksetzt.	Trg, Q, $T_{!L}$, T_a läuft, $T_!$, *T*

Tabelle 1 Verwendete Sonderfunktionen

3 Programmierung der Funktion

Mithilfe der benötigten Funktionen kann nun das Programm der Treppenhausbeleuchtung programmiert werden. Am Eingang „I6“ sind die Taster des Treppenhauses angeschlossen. Beim Betätigen eines beliebigen Tasters im Treppenhaus wird die Funktion „Treppenlichtschalter“ (B009) gestartet. Die Lampen, die über den Ausgang Q3 angesteuert werden, leuchten 7 Minuten. Aufgrund der eingestellten Parameter des Treppenlichtschalters, wird 15 Sekunden vor Abschaltung durch ein kurzes Aufblinken (die Vorwarndauer beträgt 1 Sekunde) vor der Abschaltung gewarnt. Die grün gekennzeichnete Signalleitung (Abb. 1) zeigt, wie der Ausgang Q3 durch den Treppenlichtschalter angesteuert wird.

Durch zweimaliges Betätigen eines beliebigen Tasters innerhalb von 2 Sekunden soll das Dauerlicht eingeschaltet werden. Die rot gekennzeichnete Signalleitung zeigt, wie durch Betätigen eines Tasters („I6“) zunächst der Ausschaltverzögerer (B007) gestartet wird. Innerhalb von 2 Sekunden muss der zweite Tastendruck erfolgen, damit über das Stromstoßrelais (B004) die Speicherfunktion (B005) gesetzt werden kann. Ist der Speicher (B005) gesetzt, wird der Ausgang Q3 angesteuert.

Über die blau gekennzeichnete Signalleitung wird deutlich, dass ein Taster mindestens 2 Sekunden lang betätigt werden muss, damit der Einschaltverzögerer (B001) nach 2 Sekunden die Speicherfunktion (B005) zurücksetzt und das Dauerlicht ausschaltet.

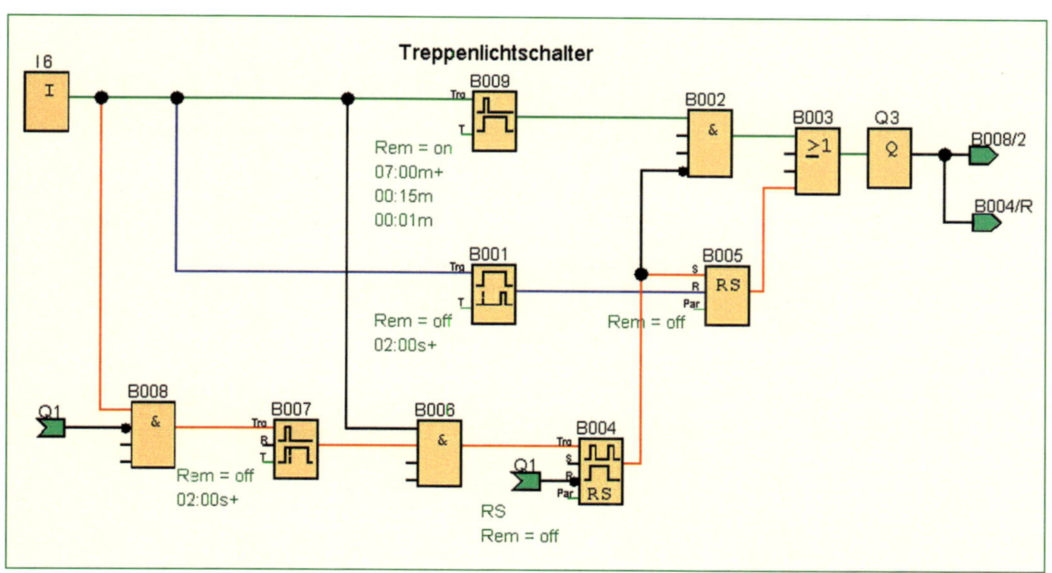

Abb. 1 Funktionsplan der Treppenhausbeleuchtung

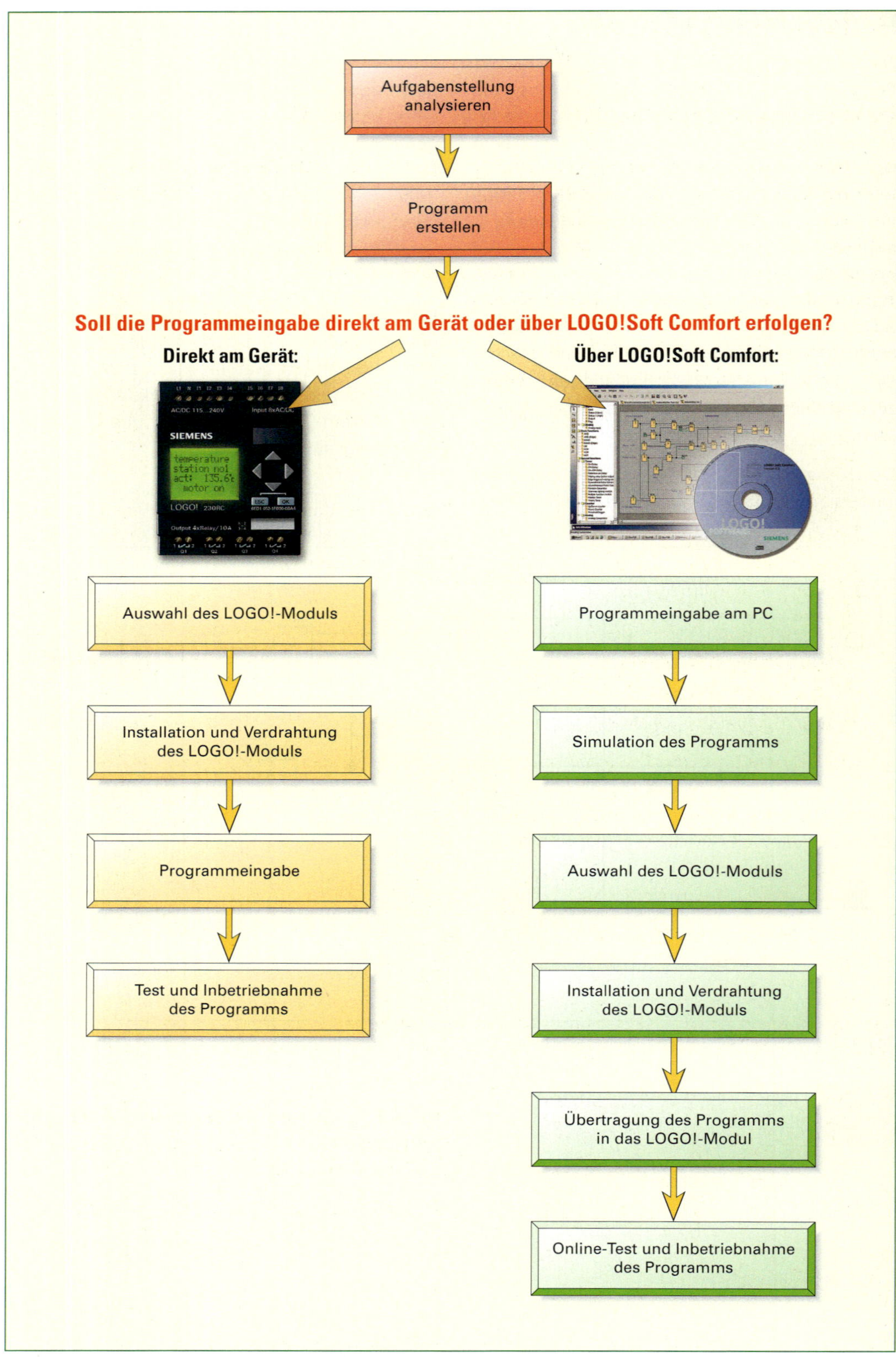

Abb. 1 Vorgehensweise bei der Programmierung von Steuerungsaufgaben mit LOGO!

Basiswissen LOGO!

Direkte Eingabe des Programms über das Bedienfeld

Die direkte Eingabe des Steuerungsprogramms an der LOGO!-Steuerung wird dann angewandt, wenn kein PC mit der Programmiersoftware LOGO!Soft Comfort zur Verfügung steht. Dies kann beispielsweise für kleine Programmänderungen und Ergänzungen auf der Baustelle der Fall sein. Die Eingabe erfolgt dann direkt über die vier Pfeiltasten, die ESC- und die OK- Taste des Bedienfeldes der Steuerung. Die Kontrolle der Eingabe erfolgt über das integrierte Display.

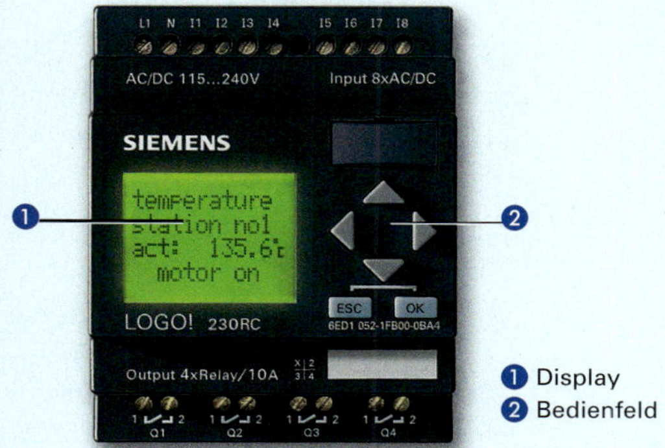

Abb. 1 Bedienfeld und Display der LOGO!-Steuerung

Nachfolgend wird die Programmierung und Inbetriebnahme der Wechselschaltung anhand der direkten Eingabe an der LOGO!-Steuerung gezeigt.

Schließen Sie Ihre LOGO!-Steuerung an das Netz. Nach dem Einschalten sehen Sie auf dem Display die folgende Meldung.

Für die Eingabe eines Steuerungsprogramms muss in die Betriebsart *„Programmieren"* gewechselt werden.

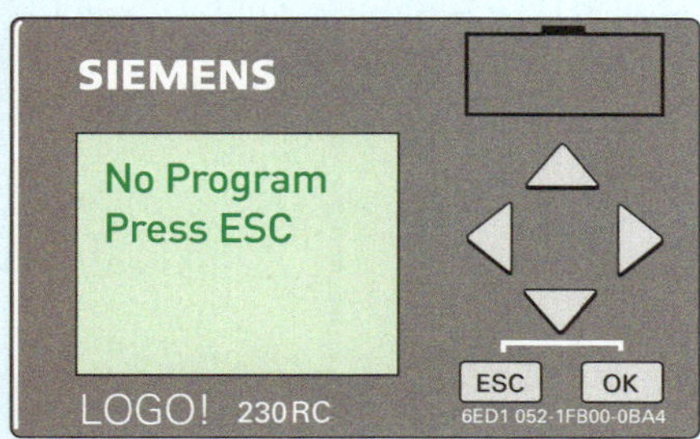

Drücken Sie ESC um in das Hauptmenü zu gelangen.

An der ersten Stelle der ersten Zeile sehen Sie ein Zeichen „>". Mit den Tasten △▽ bewegen Sie das Zeichen „>" auf und ab.

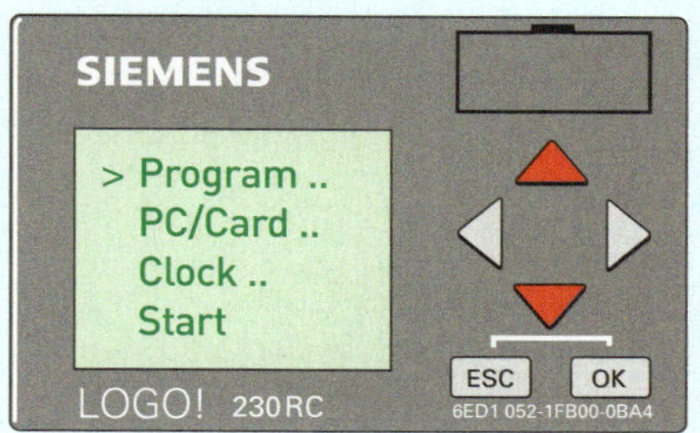

Bewegen Sie das Zeichen „>" auf *Programm* und drücken Sie die Taste OK. LOGO! wechselt in das Programmiermenü.

Auch hier können Sie das Zeichen „>" mit den Tasten △▽ auf und ab bewegen. Bewegen Sie das Zeichen „>" auf Edit Prg und drücken Sie die Taste OK.

Soll ein bereits vorhandenes Program vollständig gelöscht werden, so wählen Sie *„Clear Prg"*. Anschließend kehren Sie mit ESC wieder zu *„Edit Prg"* zurück und können dann ein neues Programm eingeben.

Nachdem *„Edit Prg"* mit der Taste OK bestätigt wurde, zeigt Ihnen LOGO! den ersten Ausgang Q1 als ersten Programmteil an.

Sie sehen unter dem Q einen Unterstrich. Dies ist der Cursor, der anzeigt, an welcher Stelle Sie sich gerade im Programm befinden. Mit den Pfeiltasten können Sie den Cursor bewegen.

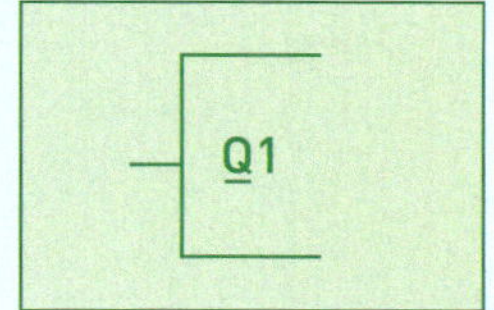

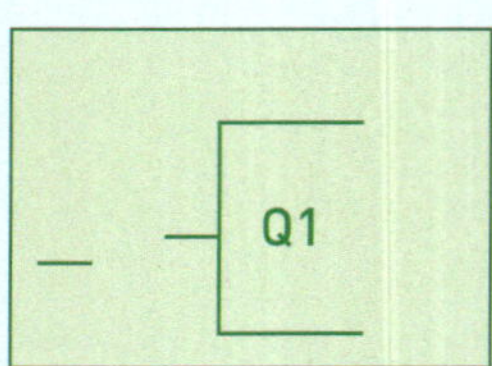

Drücken Sie die Taste ◁.

Der Cursor bewegt sich nach links. An diese Stelle wird nun die ODER-Verknüpfung eingefügt.

Dazu wechseln Sie in den Eingabemodus, indem Sie die Taste OK drücken.

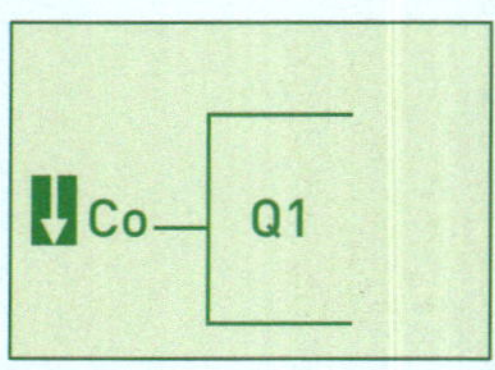

Der Cursor blinkt nun als Vollblock. LOGO! bietet Ihnen jetzt verschiedene Auswahlmöglichkeiten an. Wählen Sie nun die Grundfunktionen, indem Sie die Taste ▽ drücken bis *„GF"* erscheint. Dann drücken Sie die OK -Taste.

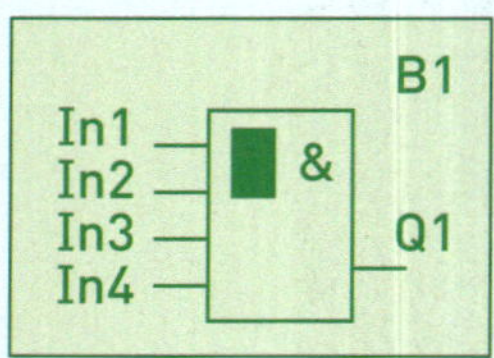

Nun zeigt Ihnen LOGO! den ersten Block aus der Liste der Grundfunktionen an.

Der erste Block ist der AND-Block (UND-Verknüpfung). Der Cursor als Vollblock zeigt an, dass noch kein Block ausgewählt wurde.

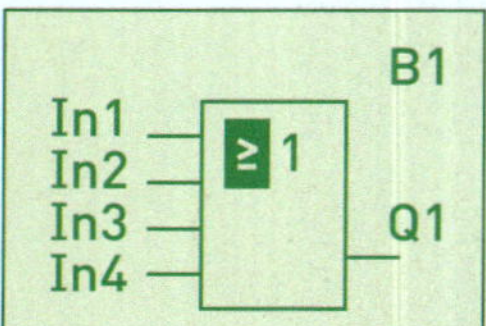

Drücken Sie die Taste ▽ oder △ bis im Display der OR-Block (ODER-Verknüpfung) erscheint.

Der Cursor hat immer noch die Form eines Vollblocks und befindet sich innerhalb der ODER-Verknüpfung. Das heißt, der Block wurde noch nicht ausgewählt. Um die Auswahl abzuschließen, drücken Sie die OK -Taste.

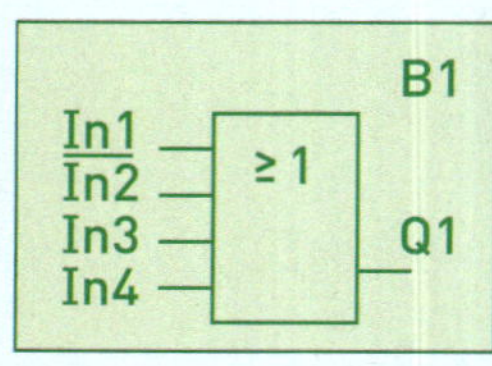

Hiermit wurde der erste Block ausgewählt und somit der Ausgang Q1 mit der ODER-Verknüpfung verbunden. Jeder Block, den Sie auswählen, erhält eine Blocknummer. Jetzt müssen noch die Eingänge des Blocks beschaltet werden.

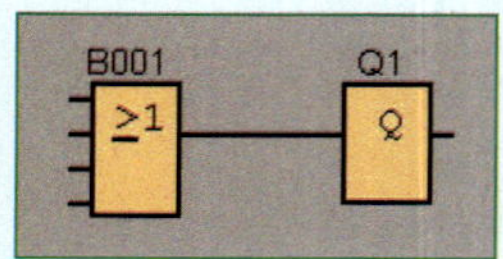

Abb. 1 Wechselschaltung Teil 1

Ihr Programm zeigt jetzt die in nebenstehender Abb. 1 dargestellte Wechselschaltung an.

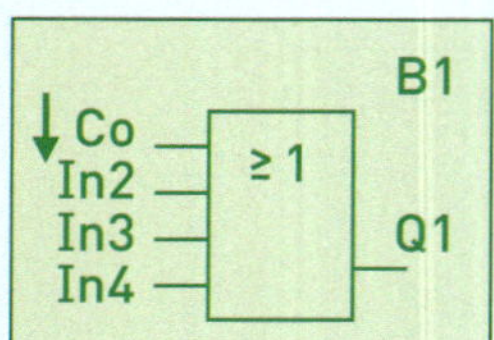

Drücken Sie OK die Taste.

Jetzt wird die Liste *„Co"* (Connector) ausgewählt.

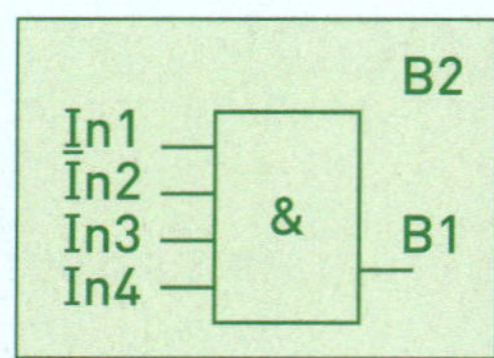

Dann die Pfeiltaste ▽ bis *„GF"* erscheint und dann die OK -Taste. Der erste Block der erscheint ist die UND-Verknüpfung. Der Cursor befindet sich noch innerhalb. Mit der Taste die Auswahl der UND-Verknüpfung abschließen.

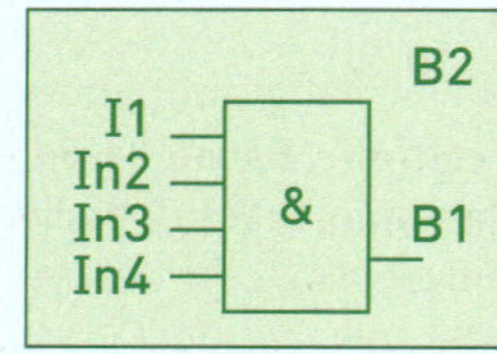

Nach nochmaliger Betätigung der OK -Taste kann der obere Eingang von B2 beschaltet werden. Da hier der Connector I1 angeschlossen werden soll, bestätigen Sie die Anzeige *„Co"* mit der OK -Taste.

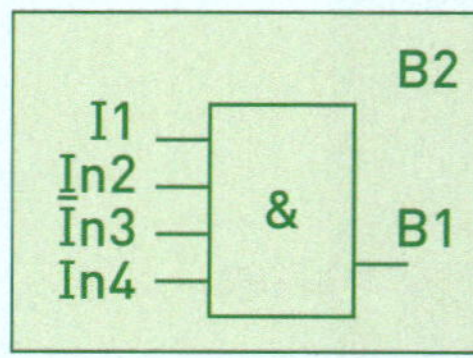

Drücken Sie die OK -Taste bis I1 erscheint und bestätigen Sie mit der OK -Taste. Der Cursor springt auf den zweiten Eingang In2.

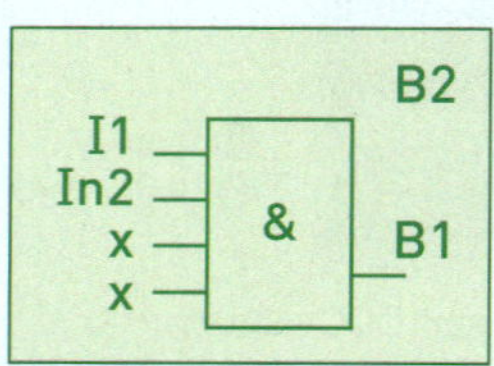

1× OK -Taste und die Pfeiltaste ▽ bis *„GF"* erscheint. Die beiden unteren Anschlüsse der UND-Verknüpfung werden nicht benötigt und deshalb mit *„x"* beschaltet. Mit dem Cursor den entsprechenden Eingang markieren → 2× OK -Taste und mit der Pfeiltaste ▷ *„x"* wählen und mit der OK -Taste bestätigen.

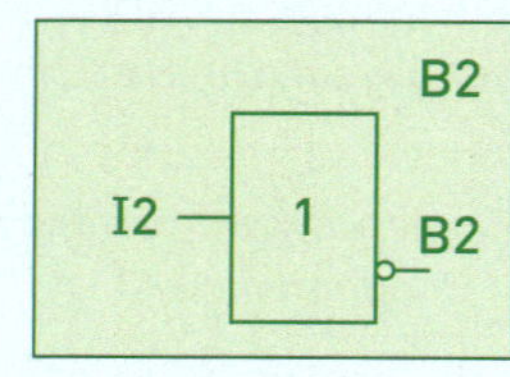

1× die OK -Taste und die Pfeiltaste ▽ betätigen, bis die NOT-Verknüpfung erscheint.

2× die OK -Taste drücken und dann Eingang I2 wählen und mit der Taste bestätigen.

Ihr Programm hat nun diese Form:

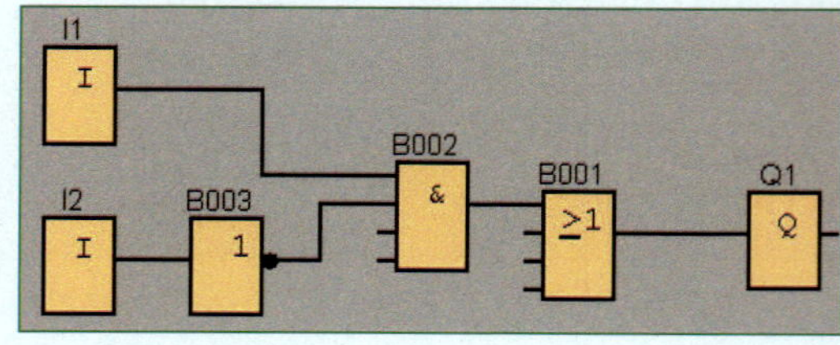

Abb. 2 Wechselschaltung Teil 2

Mit dem Cursor wieder zurück auf den zweiten Eingang In2 der ODER-Verknüpfung B1 und die restlichen Programmteile entsprechend der beschriebenen Vorgehensweise über das Bedienfeld eingeben. Ist das Programm der Wechselschaltung vollständig eingegeben und alle Eingänge der verwendeten Verknüpfungen beschaltet, kann der Eingabemodus verlassen werden.

Starten der LOGO!-Steuerung

Um das Programm der Wechselschaltung testen zu können, muss die LOGO!-Steuerung vom STOP- in den RUN-Modus versetzt werden.

```
> Program ..
  PC/Card ..
  Clock ..
  Start
```

Um vom Editiermodus in das Hauptmenü zu gelangen muss, die ESC-Taste drei mal gedrückt werden. Das Zeichen „>" mit der Pfeiltaste ▽ auf *„Start"* und mit der Taste bestätigen.

```
  Program ..
  PC/Card ..
  Clock ..
> Start
```

Merke:

- *Die Hand-Eingabe des Programms am Bedienfeld erfolgt „rückwärts" beginnend beim Ausgang Q1 in Richtung der Eingänge.*
- *Es kann ein Ausgang mit mehreren Eingängen verbunden werden, aber nicht mehrere Ausgängen auf einen Eingang geschaltet werden.*
- *Es können nur vollständige und korrekte Programme abgespeichert werden.*
- *Um ein Programm eingeben zu können, muss sich die LOGO!-Steuerung im Stopp-Modus befinden.*
- *Um das Programm testen zu können, muss die LOGO!-Steuerung mit „Start" in den Run-Modus geschaltet werden.*

Achtung: *Die oben dargestellte Programmeingabe kann entsprechend der verwendeten Geräteserien geringfügig abweichen!*

Für frühere Geräteversionen bis 0BA2 gilt:

- *In die Betriebsart Programmieren gelangt man, indem die Tasten ◁, ▷ und OK gleichzeitig drückt.*
- *In die Betriebsart Parametrieren gelangt man, indem man die Tasten ESC und OK gleichzeitig drückt.*

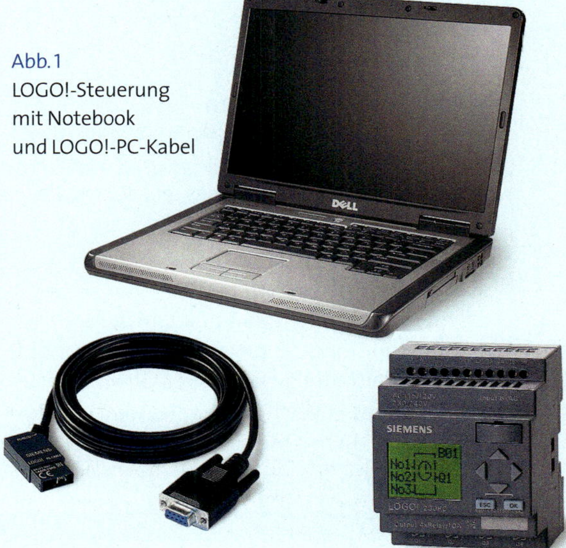

Abb. 1
LOGO!-Steuerung mit Notebook und LOGO!-PC-Kabel

Erstellung des Programms mit der Software LOGO!Soft Comfort

Eine komfortablere und übersichtlichere Möglichkeit zur Programmierung eines Steuerungsprogramms bietet die Software LOGO!Soft Comfort. Mit dem Programmierpaket LOGO!Soft Comfort können u. a.

- Steuerungsprogramme als Function Block Diagram (Funktionsplan) oder Ladder Diagram (Kontaktplan) erstellt werden.
- Steuerungsprogramme am PC simuliert werden.
- Steuerungsprogramme dokumentiert werden.
- Steuerungsprogramme von LOGO! zum PC und PC zur LOGO! übertragen werden.
- Steuerungsprogramme im Online-Betrieb getestet und in Betrieb genommen werden.

> ***Merke:***
> *Die Demoversion des Programmpaketes LOGO!Soft Comfort verfügt bei der Programmerstellung und der Simulation über den gesamten Funktionsumfang. Als Einschränkung gegenüber der Vollversion ist die Online-Kommunikation mit LOGO!-Geräten gesperrt.*

Nachfolgend wird die Programmierung, die Simulation und die Übertragung der Wechselschaltung mit dem Programmpaket LOGO!Soft Comfort Schritt für Schritt durchgeführt.

Programmeingabe

1 Programm starten

Öffnen des Programms durch Doppelklick auf das Desktop-Symbol von LOGO!Soft Comfort.

Abb. 1 Desktop-Symbol von LOGO!Soft Comfort

2 Neuer Schaltplan öffnen

Startbildschirm von LOGO!Soft Comfort erscheint. Mit *Neu* (1) neuer Schaltplan (2) öffnen. Im Fenster „Eigenschaften" können Daten zum Projekt eingetragen werden.

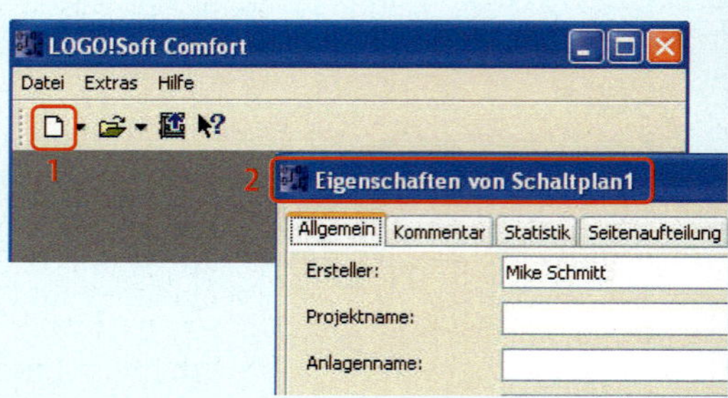

Abb. 2 Öffnen des Schaltplans und Vergabe von Eigenschaften

3 Katalog

Es öffnet sich der Schaltplan, auf dem die benötigten Funktionen eingefügt werden. Am linken Bildschirmrand befindet sich der Katalog. In ihm befinden sich alle zur Verfügung stehenden Elemente, die zur Programmerstellung verwendet werden können.

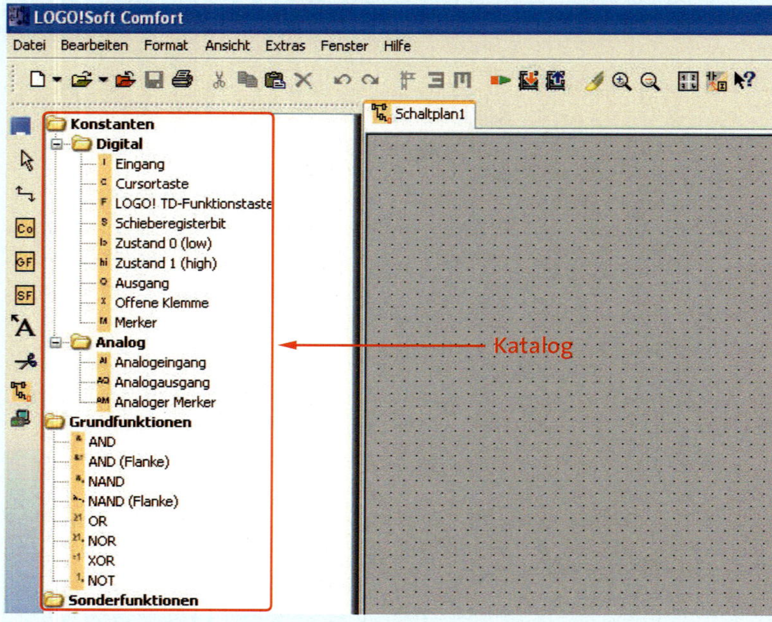

Abb. 3 Katalog mit den zur Verfügung stehenden Elementen

4 Ein- und Ausgänge einfügen

Zum Einfügen der notwendigen Objekte werden die Objekte im Katalog markiert und in den Schaltplan eingefügt. Zum Einfügen der Objekte gibt es zwei Möglichkeiten:

1. Objekte per Drag & Drop in den Schaltplan ziehen oder
2. Objekte per Mausklick in den Schaltplan einfügen.

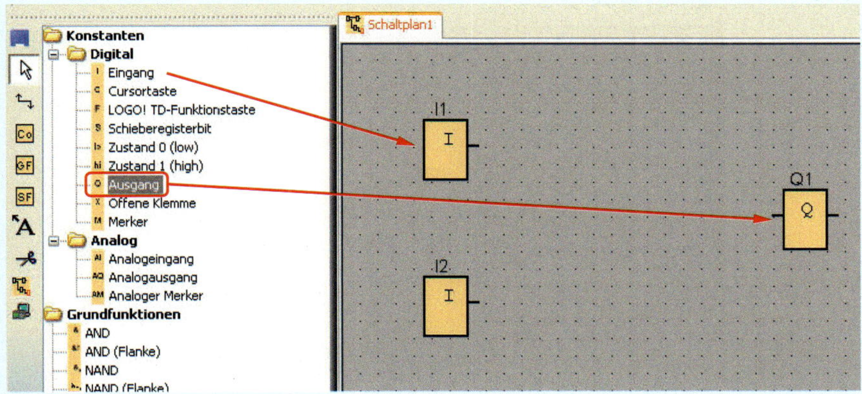

Abb. 1 Einfügen von Ein- und Ausgängen

5 Verknüpfungen einfügen

Für die Funktion der Wechselschaltung sind laut des Funktionsplanes drei Grundfunktionen notwendig. Aus dem Katalog werden zwei UND-Verknüpfungen und eine ODER-Verknüpfung in den Schaltplan eingefügt. Dabei werden die Verknüpfungen durch Aktivierung mit der Maus auf dem Schaltplan platziert.

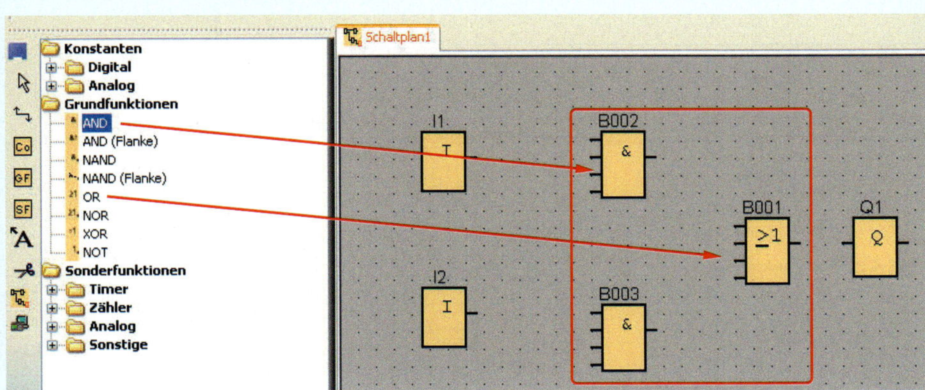

Abb. 2 Verknüpfungen einfügen

6 Elemente „verdrahten“

Um die einzelnen Elemente zu verbinden, muss der Button *„Verbinden“* (1) angewählt werden. Die Verbindungen zwischen den einzelnen Anschlüssen der Elemente werden mit gedrückter Maustaste hergestellt. Durch die Verbindungen werden die Funktionen sowie die Signalverläufe der Steuerung festgelegt.

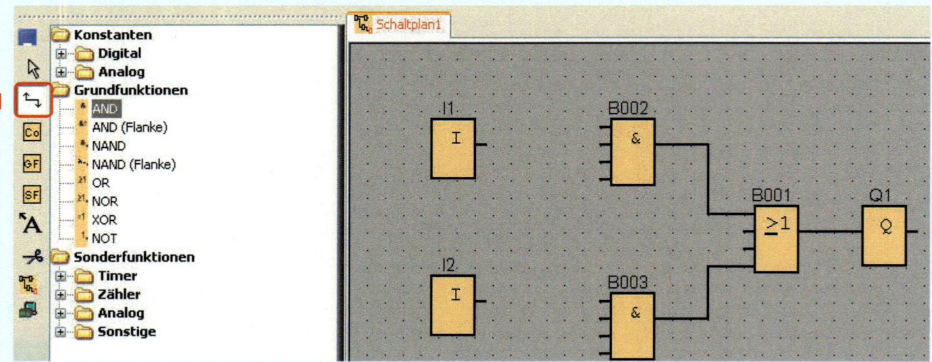

Abb. 1 Verdrahten von Elementen

Button: *„Verbinden“*

Button *„Selektieren“*: Zum Verschieben von Elementen und Leitungen auf dem Schaltplan.

7 Programm speichern

Die Abbildung zeigt die fertig verdrahtete Wechselschaltung. Ist die Schaltung fertig verdrahtet, kann sie abgespeichert (1) werden.

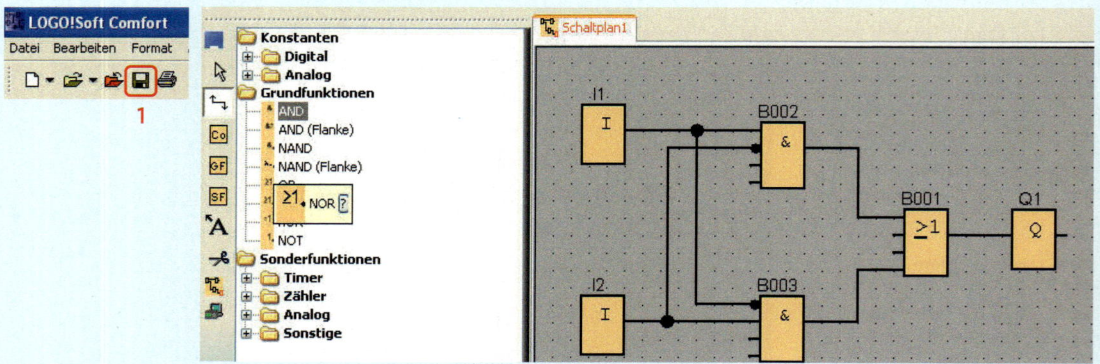

Abb. 2 Programm Wechselschaltung

Merke:
Die nicht benötigten Anschlüsse der Grundverknüpfungen müssen nicht beschaltet werden und können somit offen bleiben. Die Signalinvertierungen an den Eingängen der UND-Verknüpfungen erhält man durch einen Doppelklick an dem gewünschten Eingang.

8 Textfelder einfügen

Durch das Einfügen von Textfeldern wird das Programm leichter verständlich. Mit der Maus das gewünschte Objekt markieren (1) → rechte Maustaste → *Blockeigenschaften* wählen (2) → *Kommentar* wählen (3) und den gewünschten Kommentar schreiben → *OK* (4)

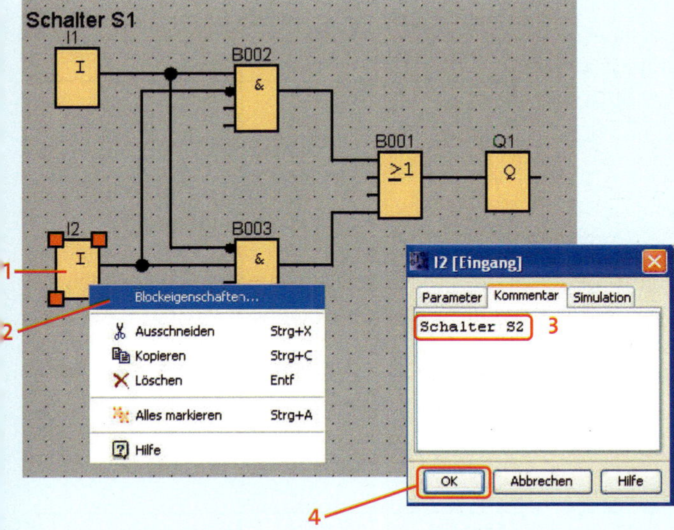

Abb. 1 Textfelder einfügen

9 Funktionsblöcke parametrieren

Für die Simulation der Schaltung ist es notwendig, den Eingängen die richtige Funktion zuzuweisen. In unserem Beispiel handelt es sich bei S1 und S2 um Schalter. Die Schalterfunktion muss den beiden Schaltern zugewiesen werden.

Mit der Maus das gewünschte Objekt markieren (1) → rechte Maustaste → *Blockeigenschaften* wählen (2) → *Simulation* wählen (3) und die gewünschte Eigenschaft *(Schalter)* dem Eingang zuweisen → *OK* (4)

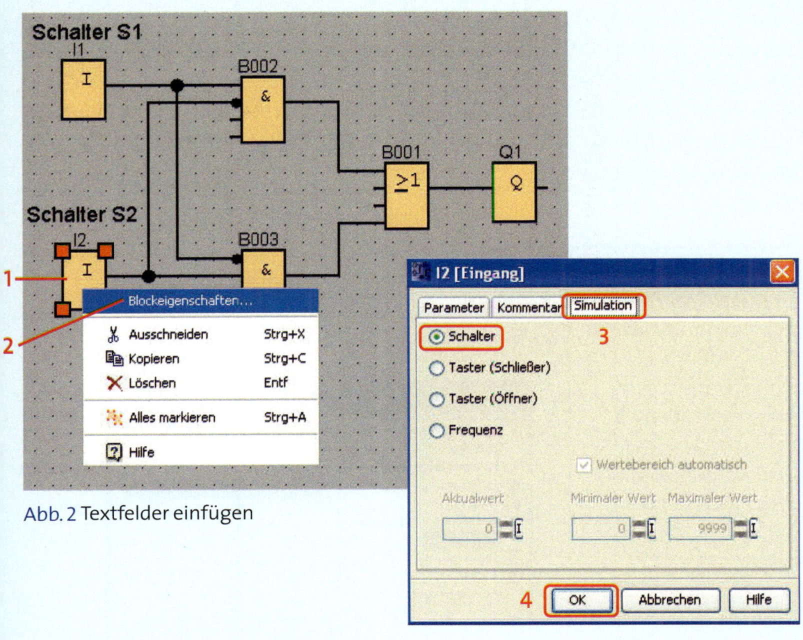

Abb. 2 Textfelder einfügen

Programmsimulation mit LOGO!Soft Comfort

Um Programme sicher in Betrieb nehmen zu können und eventuell aufgetretene Fehler beheben zu können, bietet LOGO!Soft Comfort die Möglichkeit, Programme ohne Hardware über eine Simulation testen zu können. Dazu wird nach der vollständigen Eingabe des Programms der Button *„Simulation"* aktiviert.

 Button *„Simulation"*

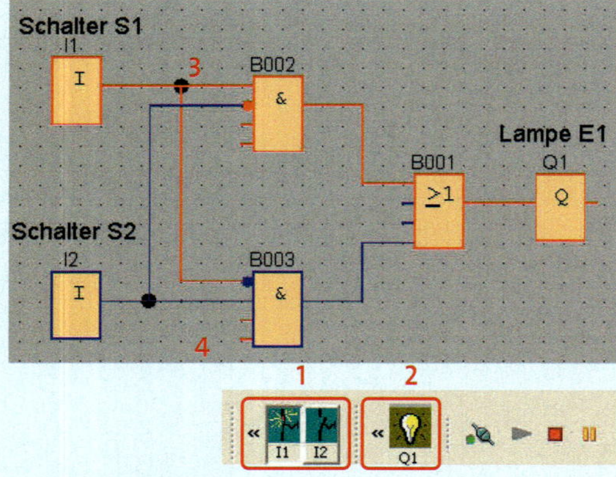

Abb. 1 Programmsimulation

Nachdem der Simulationsmodus aktiviert wurde, erscheinen am unteren Bildrand alle in der Schaltung verwendeten Ein- und Ausgänge. In unserem Beispiel die Schalter S1 und S2 (1) sowie der Ausgang Q1 (2) zur Ansteuerung der Lampe E1. Die Funktion der Wechselschaltung kann jetzt gemäß der Funktionstabelle (Tabelle 2 ⊳ 507) simuliert werden, indem jeder Schalter durch Mausklick aktiviert bzw. deaktiviert und der Signalzustand am Ausgang Q1 beobachtet wird.

Merke:

- *Bei der Simulation reagiert das Programm auf Änderungen der Eingangssignale wie in einer realen Anlage.*
- *Elemente und Signalleitungen, die ein „1"-Signal führen, sind rot hervorgehoben (3).*
- *Elemente und Signalleitungen, die ein „0"-Signal führen, sind blau hervorgehoben (4).*
- *Führen Ausgänge „1"-Signal leuchtet die dazugehörige Anzeige (2).*
- *Nach der erfolgreichen Simulation des Programms erfolgt das erneute Speichern!*

Merke:

Die Demoversion des Programmpaketes LOGO!Soft Comfort verfügt bei der Programmerstellung und der Simulation über den gesamten Funktionsumfang. Als Einschränkung gegenüber der Vollversion ist die Online-Kommunikation mit LOGO!-Geräten gesperrt.

Übertragung des Programms in die LOGO!-Steuerung

Nach der Erstellung und der Simulation kann das Steuerungsprogramm in die LOGO!-Steuerung (Hardware) übertragen werden. Um LOGO! mit einem PC koppeln zu können, wird das LOGO!-PC-Kabel benötigt. Durch das Entfernen der Abdeckkappe an der LOGO!-Steuerung kann das Kabel dort angeschlossen werden. Die andere Seite des Kabels wird mit der seriellen Schnittstelle des PC's verbunden.

Merke:

Falls der PC nur über USB-Schnittstellen verfügt, wird ein Konverter inklusive Treiber benötigt, der die Verbindung des LOGO!-Kabels mit der USB-Schnittstelle ermöglicht. Bei der Auswahl des Treibers ist auf die Version des Windows-Betriebssystems zu achten. Aktuelle Informationen zu Konvertern und Treibern erhalten Sie auf den Internetseiten der Firma Siemens.

Einstellung der Schnittstelle und Übertragung des Programms

Beim Anschluss an die serielle Schnittstelle muss die verwendete Schnittstelle in der Software ausgewählt werden. Dies erfolgt im Menü unter: Extras → Optionen → Schnittstelle (Abb. 2)
Die Schnittstelle kann manuell (1) ausgewählt oder automatische ermittelt werden (2).

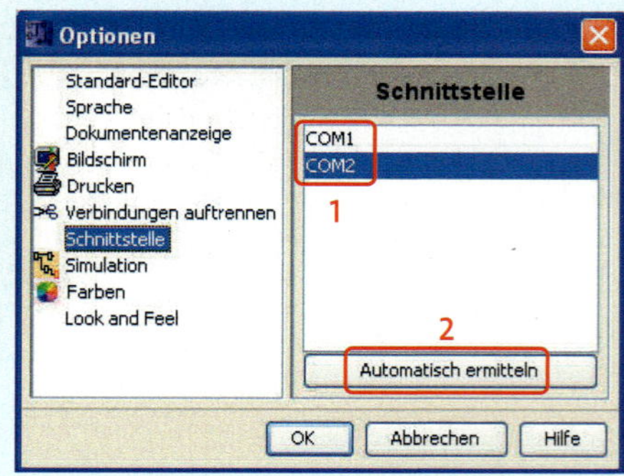

Abb. 2 Einstellung der Schnittstelle

Abb. 1 Buttons zur Programmübertragung

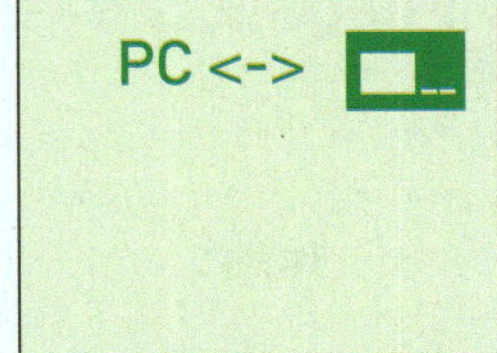

Abb. 2 Displayanzeige bei der Programmübertragung

Bevor ein Programm in die LOGO! übertragen werden kann, muss sich das LOGO!-Modul im Stopp-Zustand befinden. Dies erreicht man dadurch, dass man vom PC aus den Button *„Betriebsart"* (3) anwählt oder am LOGO!-Modul die Tasten *ESC* und *STOP* betätigt. Nach Anzeige der Verbindung am Display (Abb. 2) wird das Programm durch Anklicken des Button *„PC→LOGO!"* (4) in die Steuerung übertragen. Nach erfolgter Datenübertragung wird die Verbindung zum PC automatisch beendet.

Am unteren Bildrand der LOGO!-Arbeitsfläche kann dem Infofenster und der Statuszeile entnommen werden, ob die Übertragung des Programms erfolgreich war (Abb. 3).

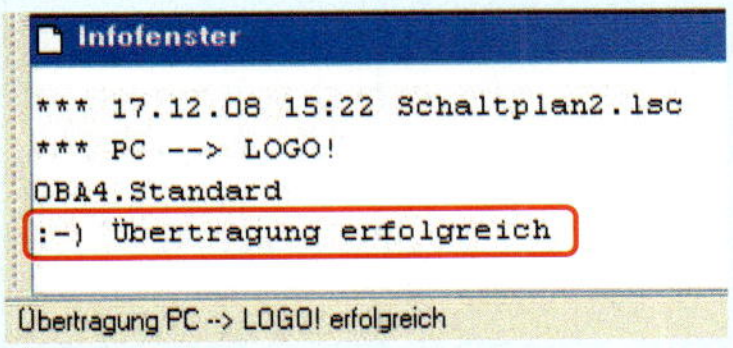

```
Infofenster
*** 17.12.08 15:22 Schaltplan2.lsc
*** PC --> LOGO!
OBA4.Standard
:-) Übertragung erfolgreich
Übertragung PC --> LOGO! erfolgreich
```

Abb. 3 Infofenster und Statuszeile

> ***Merke:***
> *Für neuere LOGO!-Baugruppen, ab der Geräteserie 0BA4, sind keine Einstellungen für die Programmübertragung am Gerät mehr notwendig.*

Starten der LOGO!-Steuerung

Wurde das Steuerungsprogramm erfolgreich in das LOGO!-Modul übertragen, muss die Steuerung neu gestartet werden. Der Betriebsartenwechsel kann über den Button *„Betriebsart"* (1) (Abb. 4) erfolgen oder direkt am Gerät vorgenommen werden (siehe Display).

Abb. 4 Button „Betriebsart"

Dazu muss die ESC-Taste gedrückt werden.

Es erscheint das abgebildete Menü. Mit der Taste ▽ bewegen die das Zeichen > bis auf Start.

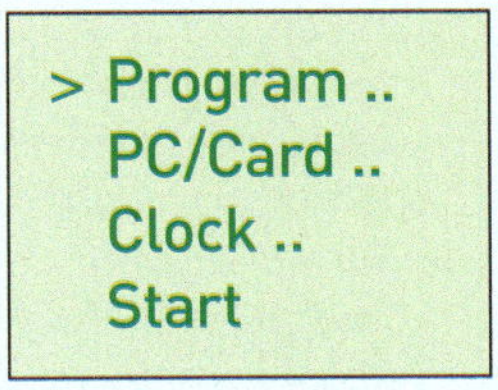

```
> Program ..
  PC/Card ..
  Clock ..
  Start
```

Durch das Drücken der Taste OK wird das LOGO!-Modul gestartet.

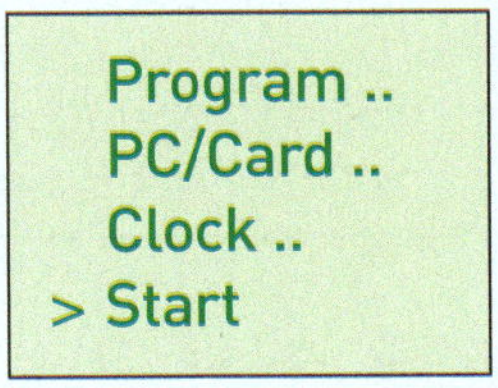

```
  Program ..
  PC/Card ..
  Clock ..
> Start
```

Online-Test von Programmen

Mit der Möglichkeit des „Online-Tests" kann die Funktion von Programmen beobachtet werden, indem die Eingangssignale real auf die LOGO!-Steuerung geschaltet werden. Die Reaktion der Ausgänge kann dann „live" beobachtet werden. Die Online-Test-Funktion erleichtert die Inbetriebnahme und die Fehlersuche in der Anlage erheblich, weil die aktuellen Ein- und Ausgangssignale am PC beobachtet werden können.

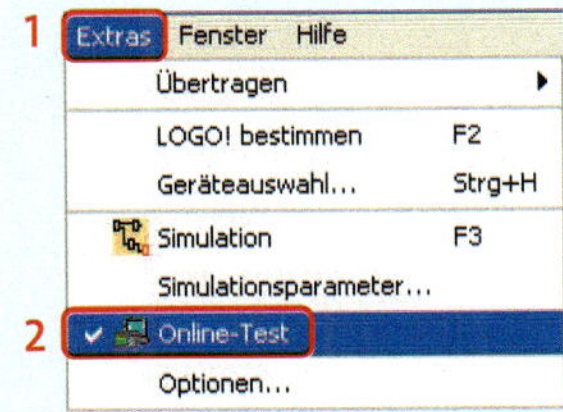

Abb. 5 Menü Online-Test

Über das Menü → Extras (1) → Online-Test (2) anwählen. Nachdem der Online-Test-Modus aktiviert wurde, erscheinen am unteren Bildrand alle in der Schaltung verwendeten Ein- und Ausgänge (Abb. 5).

Merke:
- *Für die Durchführung eines Online-Testes müssen PC und LOGO! über Kabel verbunden sein.*
- *Für die Durchführung eines Online-Testes muss sich die LOGO!-Steuerung im RUN-Modus befinden.*
- *Für die Durchführung eines Online-Testes muss das Programm in der Steuerung und im PC identisch sein und in der Funktions-Block-Darstellung vorliegen.*
- *Für die Durchführung eines Online-Testes muss LOGO!Soft Comfort in der Vollversion installiert sein, da die Demoversion nicht onlinefähig ist.*
- *Der Online-Test ist erst ab der Gerätelinie 0BA4 möglich. Ältere Geräteversionen unterstützen den Online-Test nicht.*

Mit dem Button „Betriebsart" (3) muss die Steuerung in den RUN-Modus geschaltet werden.

Die Funktion der Schaltung kann jetzt „live" getestet werden, indem der Button *„Beobachten"* (4) aktiviert wird und die Schalter S1 und S2 betätigt werden. Der Signalzustand von Ausgang Q1 (5) kann nun beobachtet werden (Abb. 1).

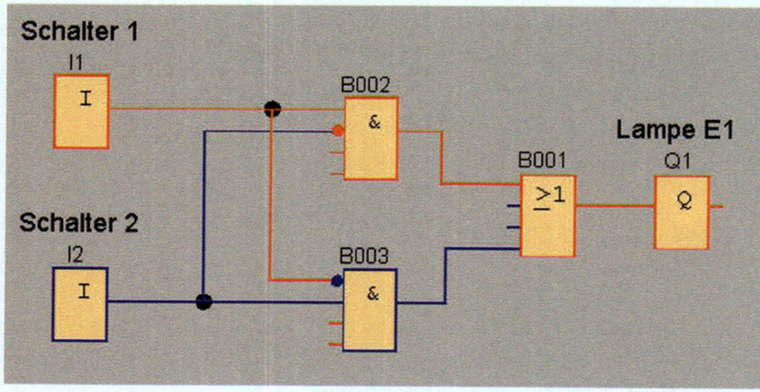

Abb. 1 Online-Test

Die neue LOGO!-Generation

Die neue LOGO!-Generation (Grundgerät 0BA7) wird nicht mehr wie bisher über die serielle bzw. USB-Schnittstelle mit dem PC verbunden; vielmehr dient jetzt eine Standard-Ethernet-Schnittstelle der Kommunikation mit dem PC.
Dank der Ethernet-Schnittstelle an der Unterseite des Gerätes ist auch die Kommunikation mit anderen Grundgeräten und Simatic-Automatisierungskomponenten wie Simatic S7 sowie mit HMI-Panels problemlos möglich.
Trotz der äußeren Veränderung sind die neuen Geräte nach wie vor mit allen existierenden Ein- und Ausgabe-Modulen kompatibel. Auch Programme der bisherigen LOGO!-Generation können mit den neuen Geräten verwendet werden.
Auf der Vorderseite des LOGO!-Grundgeräts befindet sich ein Schacht für SD-Karten. Mithilfe von Standard-SD-Karten lassen sich Programme kopieren sowie Daten und Projekte mit Kommentaren speichern.
Der Programmspeicher wurde auf 400 Funktionsblöcke erweitert; und anstelle einer optionalen Batterie wurde die interne Pufferung der Echtzeituhr auf 20 Tage verlängert.

Möglichkeiten der Kommunikation

Die Vernetzung zwischen mehreren LOGO!-Geräten hat vor allem zwei Vorteile:
- *Mehr **Ein-** und **Aus**gänge.* Ein Logikmodul führt das Programm aus, während die anderen als E/A-Erweiterungen dienen, ohne ein eigenes Programm zu bearbeiten.
- *Erweiterung des Programmspeichers.* Alle Logikmodule bearbeiten ein eigenes Programm und tauschen ausgewählte Daten untereinander aus.

Betriebsarten, in denen die Kommunikation von LOGO!-Modulen möglich ist:

- **Master-/Slave-Verbindung**
  In dieser Betriebsart bearbeitet nur eins von maximal acht Grundgeräten ein Steuerungsprogramm. Die restlichen Logikmodule dienen der Erweiterung von Ein- und Ausgängen. Dabei stellen diese Logikmodule der programmausführenden LOGO! alle Eingangsinformationen der digitalen und analogen Eingänge zur Verfügung, während sie gleichzeitig die Schaltbefehle für die digitalen Ausgänge

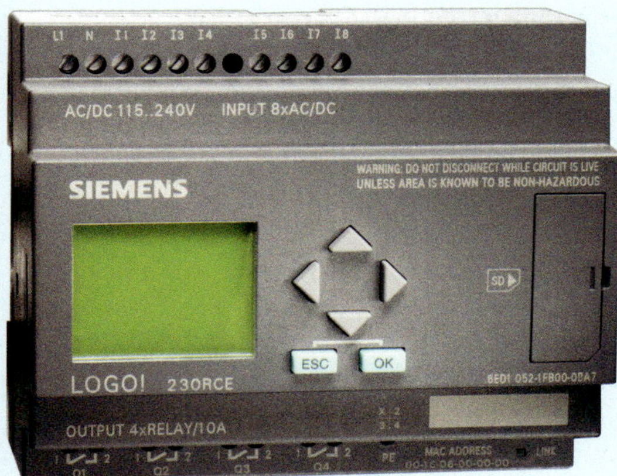

Abb. 1 LOGO!-Grundgerät

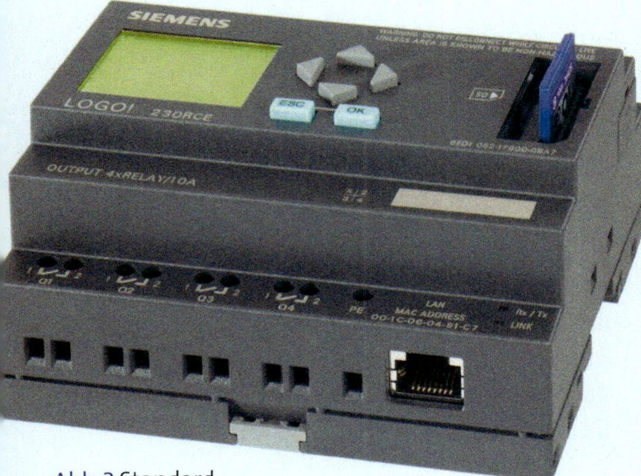

Abb. 2 Standard-Ethernet-Schnittstelle und SD-Karten-Einschub

ihrer Hardware ausführen bzw. Analogwerte an die Peripherie geben.

- **Master-/Master-Verbindung**
  Hier können bis zu acht Grundgeräte miteinander vernetzt werden. Allerdings bearbeitet jede LOGO! ihr eigenes Programm und teilt den anderen auch nur die jeweils benötigten Informationen mit. Insofern lassen sich kleine vernetzte Systeme mit einfachen Programmstrukturen realisieren.

- **Kommunikation mit SIMATIC S7**
  Dank der neuen LOGO!-Grundgeräte kann mit übergeordneten Automatisierungsgeräten (z. B. SIMATIC S7 CPUs und HMI-Panels mit Ethernet-Schnittstelle) kommuniziert werden, da sie das Standard-S7-Protokoll beherrschen. So lässt sich beispielsweise eine LOGO!-gesteuerte Maschine über ein SIMATIC-Touchpanel bedienen.

Erweiterung des Funktionsumfangs

Mit der aktuellen Software LOGO!Soft Comfort können wie bisher alle Soft- und Hardwarefunktionen erstellt und projektiert werden. Der Funktionsumfang wurde allerdings um fünf Funktionsbausteine erweitert.

- **Astronomische Zeitschaltuhr**
  Die Sonderfunktion „Astronomische Zeitschaltuhr" dient dazu, einen Ausgang auf 1 zu setzen – basierend auf der Ortszeit am geografischen Standort des LOGO!-Geräts. Der Ausgangszustand dieses Funktionsblocks richtet sich dabei auch nach der Konfiguration der Sommer-/Winterzeitumstellung: **Q** wird auf 1 gesetzt, wenn die Uhrzeit des Sonnenaufgangs erreicht ist. Q bleibt in diesem Zustand, bis die Uhrzeit des Sonnenuntergangs erreicht ist.

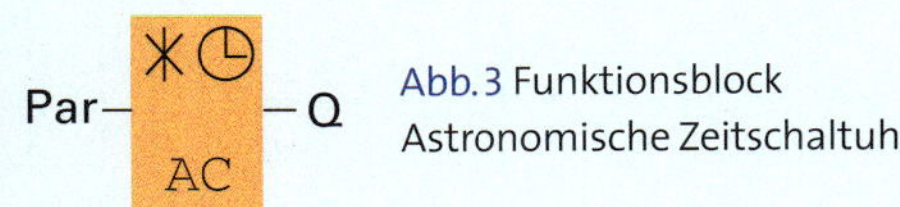

Abb. 3 Funktionsblock Astronomische Zeitschaltuhr

- **Max/Min-Funktion**
  Der Funktionsblock „Max/Min" zeichnet den Maximal- oder Minimalwert auf. **AQ** gibt je nach Eingang einen Minimal-, Maximal- oder Aktualwert aus oder wird auf 0 zurückgesetzt, sofern dies für die deaktivierte Funktion konfiguriert ist.

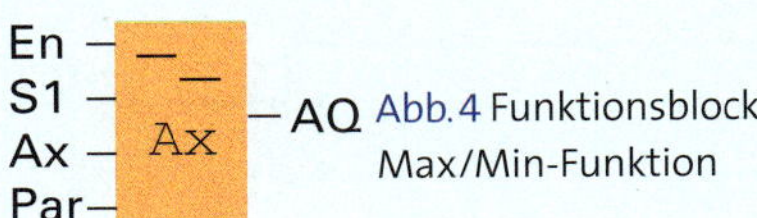

Abb. 4 Funktionsblock Max/Min-Funktion

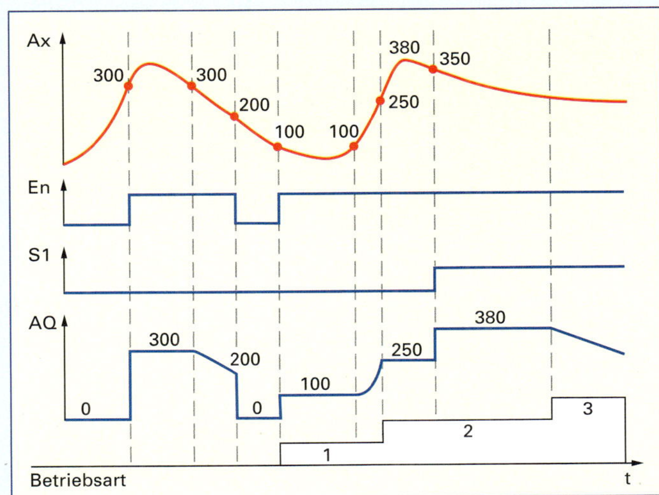

Abb. 5 Zeitdiagramm Max/Min-Funktion

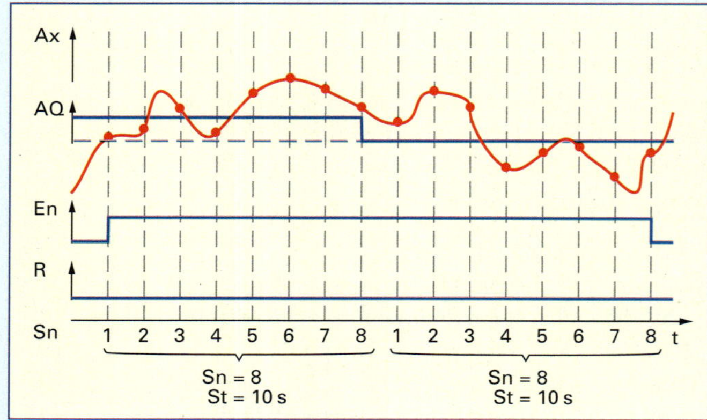

Abb. 1 Zeitdiagramm Mittelwertbildung

- **Mittelwertbildung**

  Die Funktion „Mittelwert“ tastet das analoge Eingangssignal während des konfigurierten Zeitraums ab und gibt den Mittelwert an **AQ** aus. Wenn **En** = 1, berechnet die Mittelwertfunktion den Mittelwert der Abtastungen während des konfigurierten Zeitraums. Am Ende des Abtastzeitraums setzt die Funktion den Ausgang **AQ** auf den berechneten Mittelwert. Wenn **En** = 0, stoppt die Berechnung und **AQ** hält den zuletzt berechneten Wert. Wenn **R** = 0, wird **AQ** auf 0 zurückgesetzt.

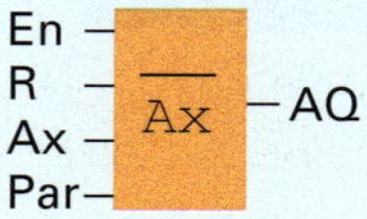

En – R – Ax – Par – [Ax] – AQ

Abb. 2 Funktionsblock Mittelwertbildung

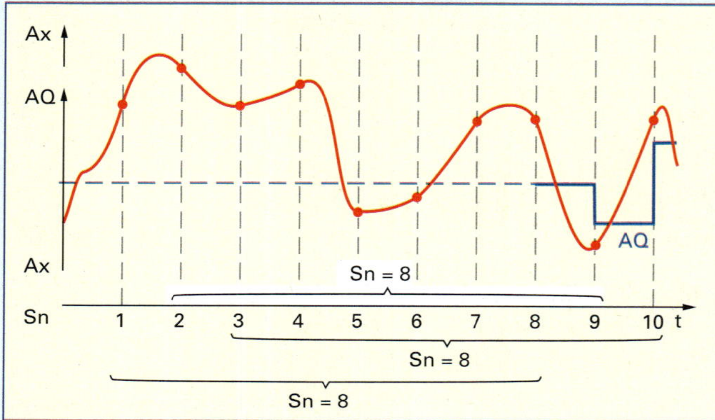

Abb. 3 Zeitdiagramm Analogfilter

- **Analogfilter**

  Die Funktion gibt den Mittelwert aus, sobald das Analogeingangssignal – entsprechend der vorgegebenen Anzahl Abtastungen – abgetastet wurde. Diese Sonderfunktion kann den Fehler des Analogeingangssignals reduzieren. **AQ** gibt einen Mittelwert des Analogeingangs **Ax** über die aktuelle Anzahl von Abtastungen aus; und der Ausgang wird je nach Analogeingang und Anzahl der Abtastungen gesetzt oder zurückgesetzt.

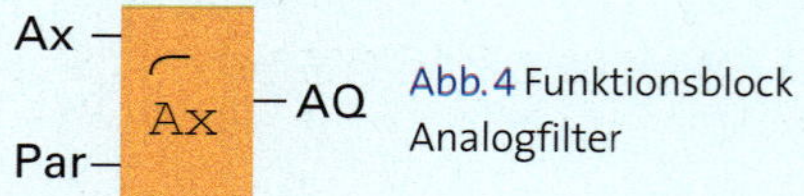

Abb. 4 Funktionsblock Analogfilter

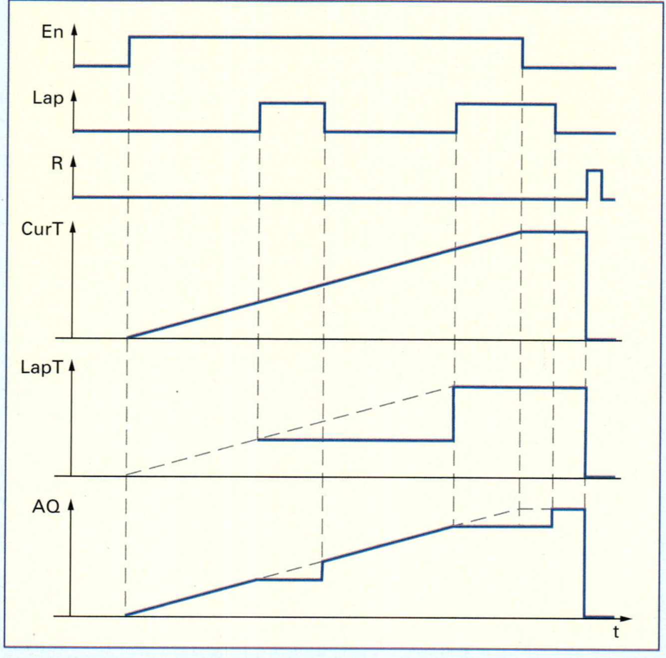

Abb. 5 Zeitdiagramm Stoppuhr

- **Stoppuhr**

  Die Stoppuhr erfasst die seit Aktivierung der Uhr abgelaufene Zeit. Die Zeitbasis für die abgelaufene Zeit kann Stunden, Minuten, Sekunden oder 1/100stel Sekunden (Einheiten von 10 Millisekunden) sein. Die kleinste Zeitbasis und damit die Auflösung beträgt folglich 10 Millisekunden bzw. 1/100stel Sekunden. Der Ausgang **AQ** gibt den Wert der aktuell abgelaufenen Zeit aus, wenn an dem Eingang **Lap** eine fallende Flanke anliegt (Wechsel von 1 nach 0); und er gibt den Wert der Pausierzeit aus, wenn an dem Eingang **Lap** eine steigende Flanke (Wechsel von 0 nach 1) anliegt. Diese setzt auch den Wert am Ausgang AQ auf 0 zurück.

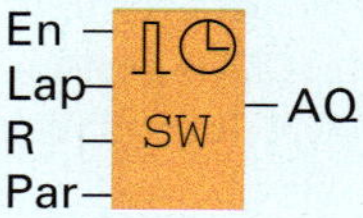

En – Lap – R – Par – [SW] – AQ

Abb. 6 Funktionsblock Stoppuhr

Benutzerdefinierte Funktionen erstellen und verwalten

Um komplexe und wiederkehrende Anwendungen übersichtlich und einfach programmieren zu können, besteht mit der Software *LOGO!Soft Comfort V7* die Möglichkeit, Programme bzw. Programmteile als komplette Bausteine gekapselt zu erstellen und zu speichern. Die benutzerdefinierten Funktionen (UDF – **U**ser **D**efinied **F**unctions) werden bibliotheksfähig gespeichert und können bei der Programmierung als Funktionsblock in das Steuerungsprogramm eingefügt werden.

Dank UDFs müssen mehrmals genutzte Gruppen von Blöcken nicht mehr kopiert und an mehreren Stellen eingefügt werden. Und das Steuerungsprogramm wird lesbarer, weil es weniger Verbindungslinien enthält. Zudem kann mit Hilfe von UDFs die gleiche Änderung an verschiedenen Orten im Schaltprogramm von zentraler Stelle aus erfolgen.

Benutzerdefinierte Funktionen erstellen

Im Folgenden wird am Beispiel einer Kreuzschaltung eine benutzerdefinierte Funktion erstellt und in eine Bibliothek eingefügt.

Zum Erstellen von UDFs bestehen zwei Möglichkeiten: UDF aus einem vorhandenen Steuerungsprogramm erstellen oder UDF im UDF-Plan-Editor erstellen

UDF aus einem vorhandenen Steuerungsprogramm erstellen

Um eine benutzerdefinierte Funktion aus einem bereits bestehenden Steuerungsprogramm zu erstellen, muss dieses Programm zunächst geöffnet werden. Nun den Teil des Programms, der als UDF gespeichert werden soll, markieren und nach Klick mit der rechten Maustaste → UDF erstellen wählen.

Es öffnet sich der UDF-Plan mit dem ausgewählten Teilprogramm. Nach einem Klick mit der rechten Maustaste können die Eigenschaften der Funktion bearbeitet/definiert werden. UDF-Eigenschaften umfassen Angaben wie Bezeichner, Passwort, Anschlussnamen, Parameter, Kommentare usw.

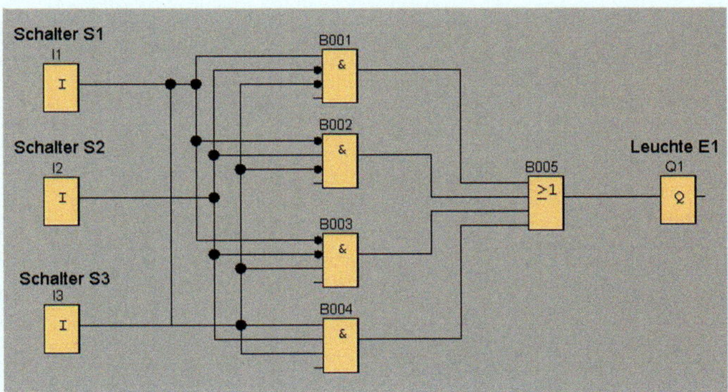

Abb. 1 Steuerungsprogramm „Kreuzschaltung“

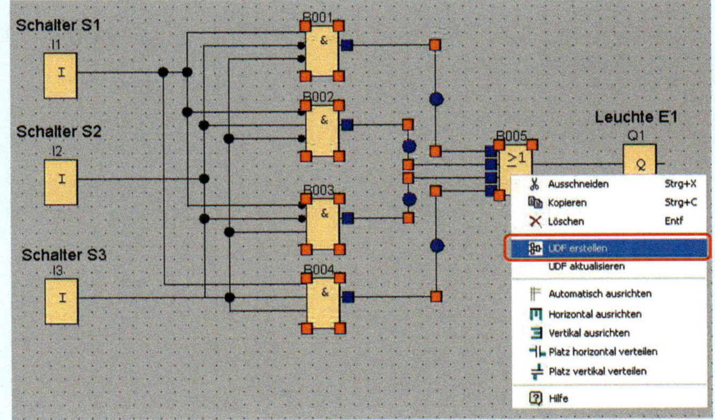

Abb. 2 Programmteil

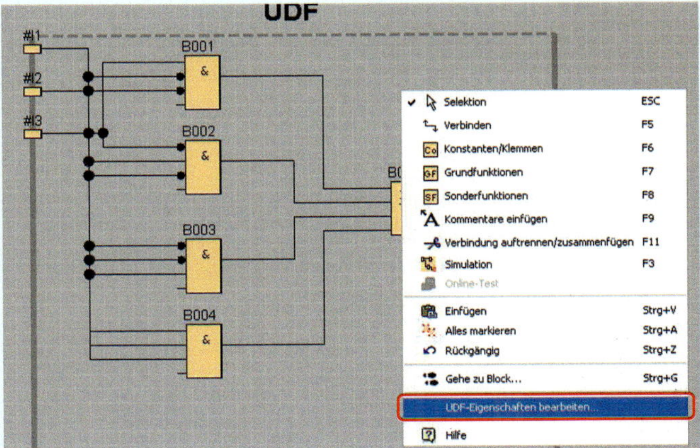

Abb. 3 Eigenschaften der UDF bearbeiten

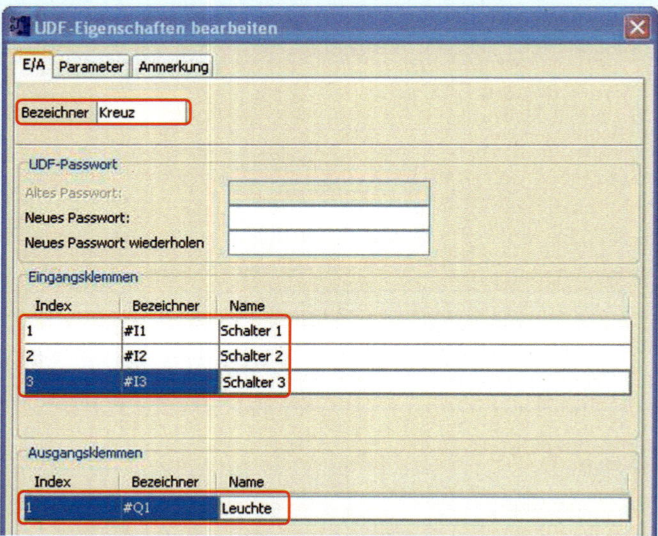

Abb. 1 Ein- und Ausgangsanschlüsse konfigurieren

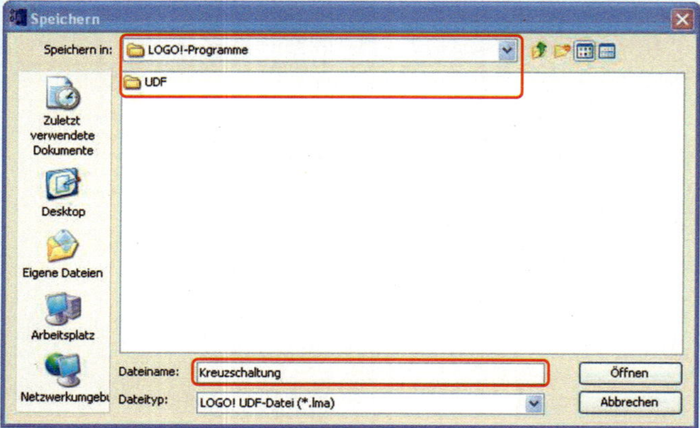

Abb. 2 UDF speichern

Registerkarte „E/A“

In der Registerkarte „**E/A**“ können sowohl Bezeichner als auch das Passwort für die UDF und die Namen der Eingangs- und Ausgangsanschlüsse konfiguriert werden.

Registerkarte „Parameter“

Hier können Parameter (z. B. Zeitwerte von Zeitfunktionen), die „nach außen“ geführt werden sollen, festgelegt werden, um sie bei der Verwendung anzupassen. In diesem Beispiel werden allerdings keine Parameter nach außen geführt.

UDF-Baustein abspeichern und zur Bibliothek hinzufügen

Ist der Baustein fertiggestellt, wird dieser über Datei → Speichern unter im gewünschten Pfad gespeichert.

Um den neu erstellten UDF-Block in die gewünschte Bibliothek einzufügen: über Extras → Optionen den Menüpunkt UDF anklicken. Hier lassen sich die UDF-Blöcke verwalten werden. Per „UDF hinzufügen“ kann die neu erstellte Funktion der Bibliothek hinzugefügt werden.

Die Funktion „Kreuzschaltung“ ist unter UDF → Kreuz in der Werkzeugleiste zu finden. Der UDF-Block *Kreuz* kann ganz normal im Steuerungsprogramm verwendet werden. Die „grüne“ Kennzeichnung im UDF zeigt an, dass es sich bei dem UDF um die aktuelle Version handelt.

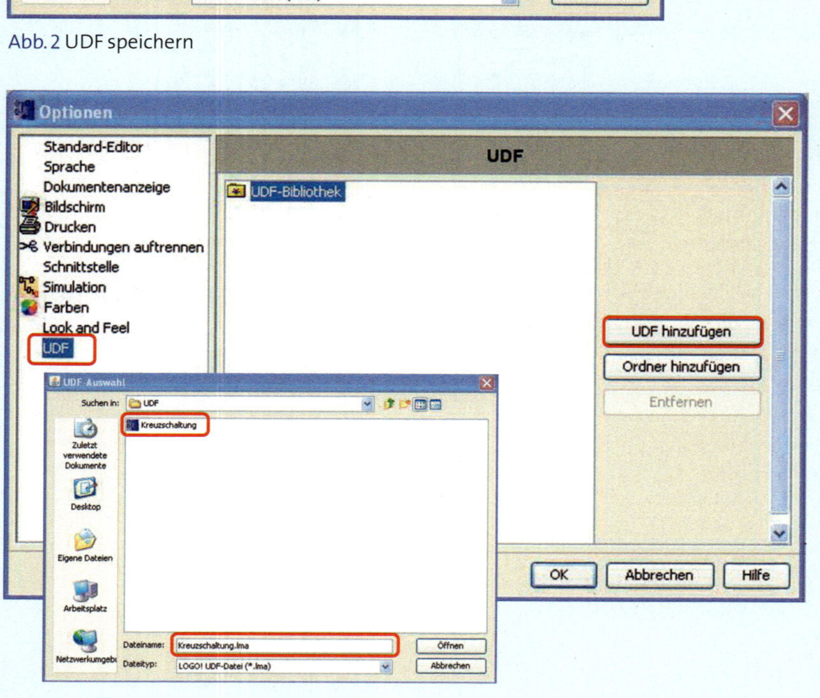

Abb. 3 UDF in Bibliothek einfügen

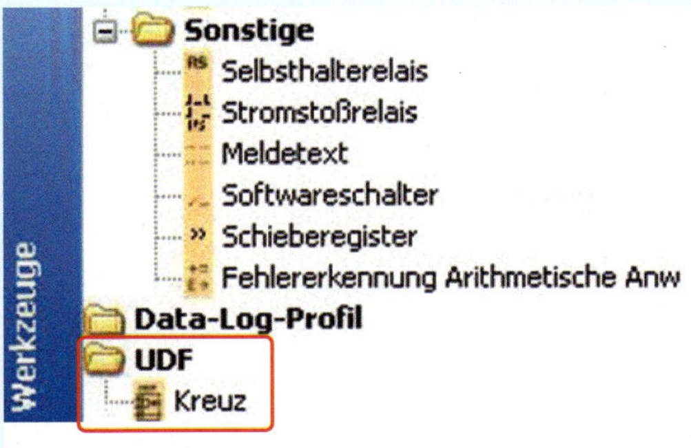

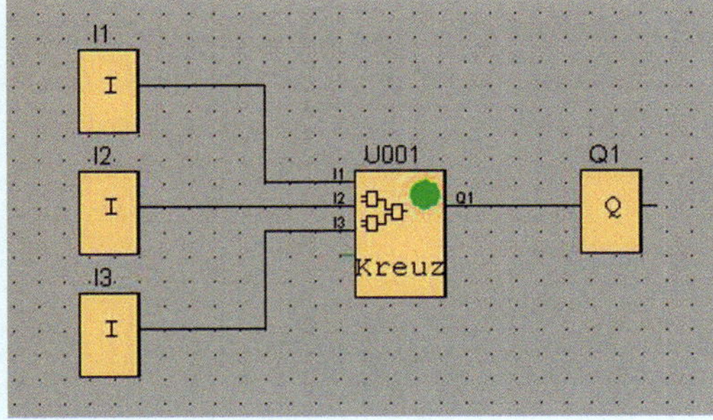

Abb. 1 UDF in Werkzeugleiste und Steuerungsprogramm

Benutzerdefinierte Funktion im UDF-Plan-Editor erstellen

Um eine neue Funktion zu entwerfen, wird in der Menüleiste Datei → Neu → UDF-Plan (UDF) gewählt. Es öffnet sich der UDF-Plan-Editor, in welchem die Funktion erstellt werden kann. Der UDF-Plan-Editor funktioniert wie der Funktionsplan-Editor.

Sowohl die Bearbeitung der Eigenschaften als auch die Verwaltung der UDF in einer Bibliothek folgt den gleichen Arbeitsschritten wie bei der Erstellung von UDFs aus dem Steuerungsprogramm heraus.

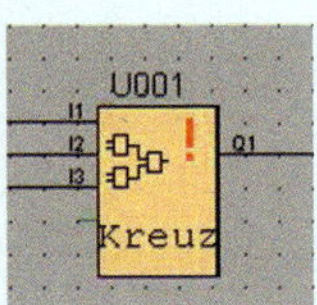

Abb. 2 UDF nicht aktuell

UDFs mit dieser Kennzeichnung (rotes Ausrufezeichen) zeigen an, dass diese verändert wurden und eine Aktualisierung notwendig ist.

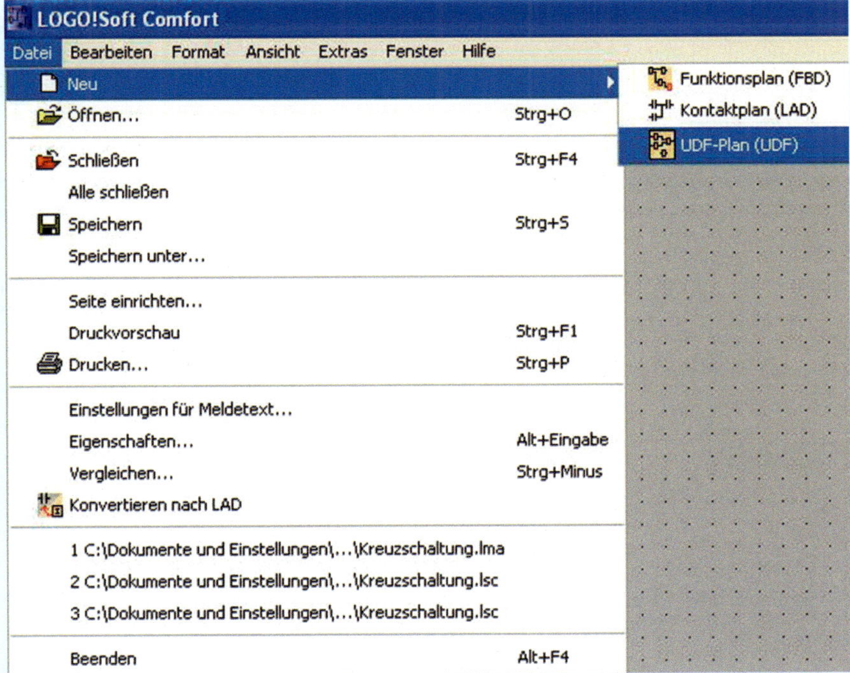

Abb. 3 UDF im UDF-Plan-Editor erstellen

Herstellen einer Verbindung zwischen LOGO! und PC

Nach der Erstellung des Steuerungsprogramms muss das Programm in die LOGO!-Steuerung übertragen werden. Um LOGO! (0BA7) mit einem PC zu koppeln, wird ein Standard-Ethernet-Kabel benötigt. Die Kommunikation zwischen LOGO! (0BA7) und PC erfolgt nur über Ethernet. Dazu kann das Logikmodul direkt mit dem PC verbunden werden oder aber über einen Switch, wenn die LOGO!-Steuerung in einem Netzwerk verwendet werden soll.

Adressierung der Geräte

Für die Kommunikation zwischen LOGO! und PC müssen alle notwendigen Netzwerkeinstellungen korrekt vorgenommen werden.

Schritte zur Realisierung der Kommunikation:

1 IP-Adresse der LOGO! auslesen

Um die IP-Adresse des Logikmoduls zu bestimmen, muss nach dem Einschalten der LOGO! über die ESC-Taste in das Menü gewechselt werden. Dort über die Pfeiltaste in den Menüpunkt NETZWERK → IP-Adresse auswählen. Hier kann die bereits eingestellte IP-Adresse ausgelesen oder eine gewünschte IP-Adresse eingegeben werden (z. B. IP-Adresse: 192.168.0.1). Per Pfeiltaste ist dann die Subnetzmaske zu ermitteln bzw. neu einzustellen (z. B. Subnetzmaske: 255.255.255.0).

2 Konfiguration der Netzwerkverbindung am PC

Um die notwendigen Einstellungen am PC vorzunehmen (z. B.: Betriebssystem: Windows XP) über Start → Systemsteuerung → Netzwerkverbindungen → LAN-Verbindung in den Eigenschaften von LAN-Verbindungen den Punkt Internetprotokoll (TCP/IP) wählen und über Eigenschaften die IP-Adresse und Subnetzmaske des PCs einstellen (z. B. IP-Adresse: 192.168.0.10, Subnetzmaske: 255.255.255.0).

3 Einstellungen in der Software LOGO!Soft Comfort

Ist die Software geöffnet, über das Menü Extras → Optionen → Schnittstelle → Ethernet wählen. Per Button „Hinzufügen" wird eine neue Verbindung hinzugefügt. Hier muss die IP-Adresse der LOGO!, mit der eine Verbindung aufgebaut werden soll (Abb. 2), eingegeben werden.

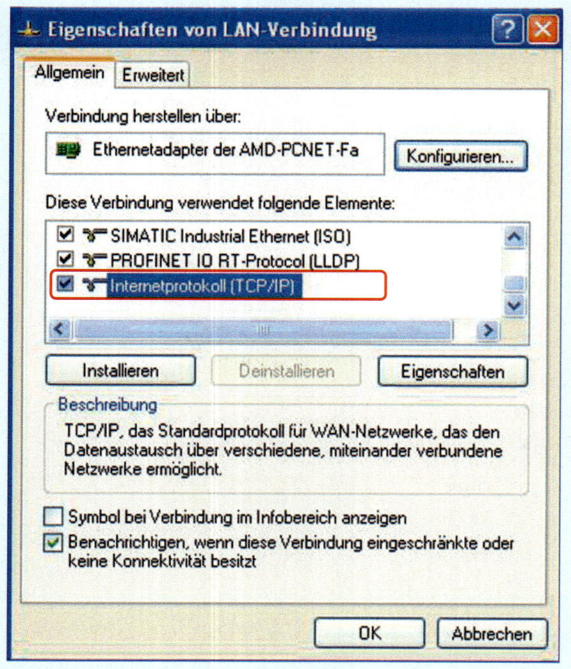

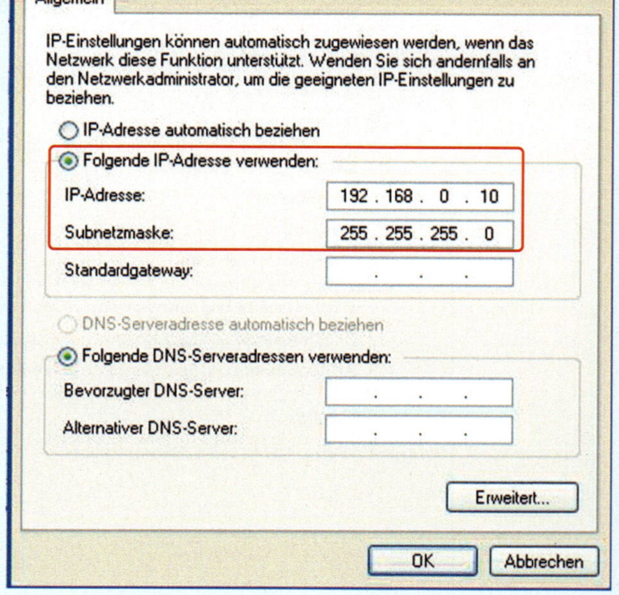

Abb. 1 Netzwerkeinstellungen Windows

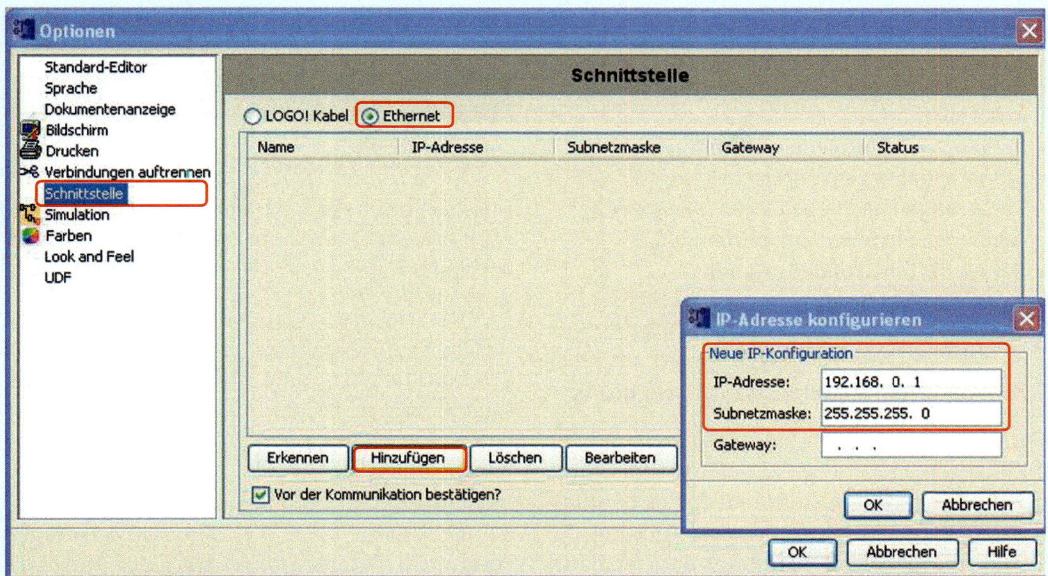

Abb. 1 Einstellungen in *LOGO!Soft Comfort*

4 Überprüfen der Verbindung zwischen LOGO! und PC

Um die Verbindung zwischen Logikmodul und PC zu überprüfen, den Button „Erkennen" anklicken. Wird die LOGO! von der Software erkannt, erscheint in der Spalte „Status" ein „Ja" (Abb. 3).

Die Verbindung zwischen LOGO! und PC lässt sich also in vier Schritten herstellen. Nun können Programme heruntergeladen, hochgeladen oder Einstellungen an der LOGO! über die Software vorgenommen werden.

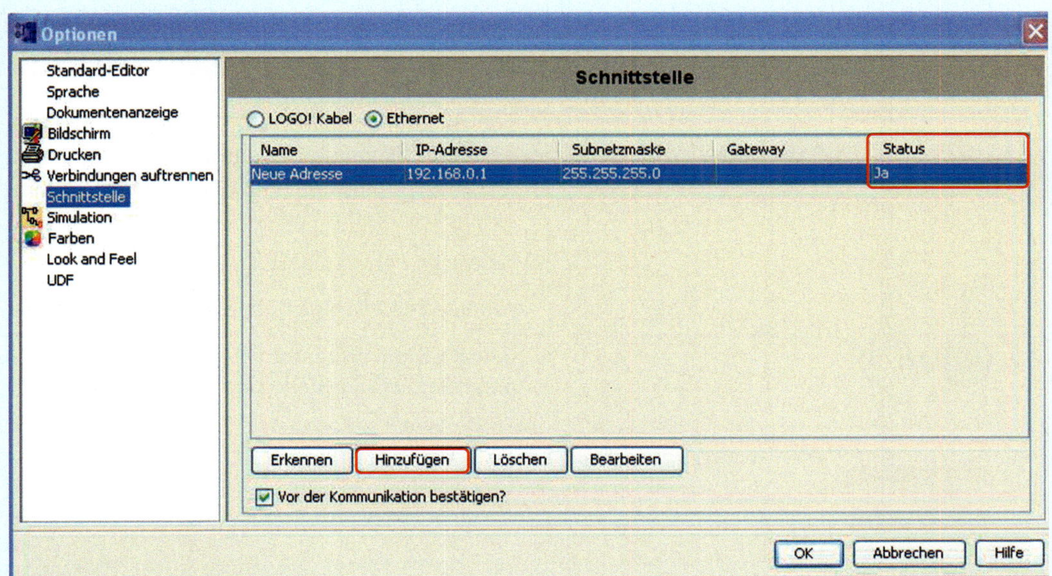

Abb. 2 Überprüfen der Kommunikationsverbindung

5.2 Regelungstechnik

- Speicherprogrammierbare Steuerungen (SPS) anwenden
- Software – Schaltpläne programmieren
- Steuern und Regeln unterscheiden
- Steuerungen und Regelungen (Zweipunktregelung) einstellen und prüfen
- Kompensationskondensatoren dimensionieren

5.2.1 Hochbehälter-Füllstandsregelung

Das Wasserrecht erlaubt es der Gärtnerei Rettich, die Pflanzanlagen mit selbst gefördertem Grundwasser zu bewässern. Aufgrund der kostengünstigen und qualitätsgerechten Ausführung des ersten Hochbehälters beauftragt der Geschäftsführer der Gärtnerei die Firma ElektroTeam mit der bauseitigen Elektroinstallation des zweiten Hochbehälters.

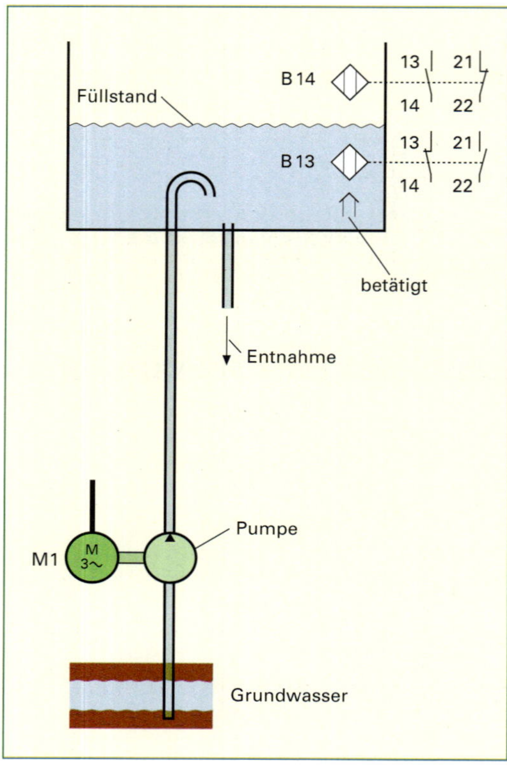

Abb. 1 Hochbehälter mit Füllstandssensoren B13 und B14

Kundenauftrag:

Erste Besprechung des Auftrags

Meister Strom erläutert dem Gesellen und dem Auszubildenden an einem Freitagnachmittag den Arbeitsauftrag.

Meister: Wir haben von der Gärtnerei Rettich wieder einen Auftrag bekommen. Es geht um die Elektroinstallation eines zweiten Hochbehälters (Abb. 1). Wir sollen die Leitungsinstallation und den Schaltschrank mitsamt der Füllstandsregelung bearbeiten.
Der Pumpenmotor erhält wieder eine Blindstrom-Kompensation, damit die vom VNB zugesagte kostenfreie Gesamt-Blindleistung der Gärtnerei nicht überschritten wird. Wir lassen im Schaltschrank noch etwas Reserve, weil angedeutet wurde, dass evtl. noch eine Analog-Heizungsregelung hinzukommen soll. Wie können wir die Schaltung mit einer SPS-Kleinsteuerung realisieren? Am Montagmorgen benötigen wir einen Stromlaufplan und eine Materialliste für den Auftrag!

Geselle: Können wir uns noch bis zum Arbeitsende in den Besprechungsraum setzen?

Meister: Ja, macht das. Bitte macht auch Notizen. Hier ist der Projekthefter des Auftrags für den ersten Hochbehälter (Abb. 1 ▷ 535). Am besten zeichnet ihr den Stromlaufplan für die Steuerung auf den Schaltplanentwurf-Vordruck, den ihr aus dem SPS-Anwendungshandbuch des Herstellers herauskopieren könnt. Hier ist das Handbuch.

Geselle und Azubi: Danke.

Azubi: Was heißt eigentlich SPS?

Geselle: Die Abkürzung SPS steht für „**S**peicher**p**rogrammierbare **S**teuerung".

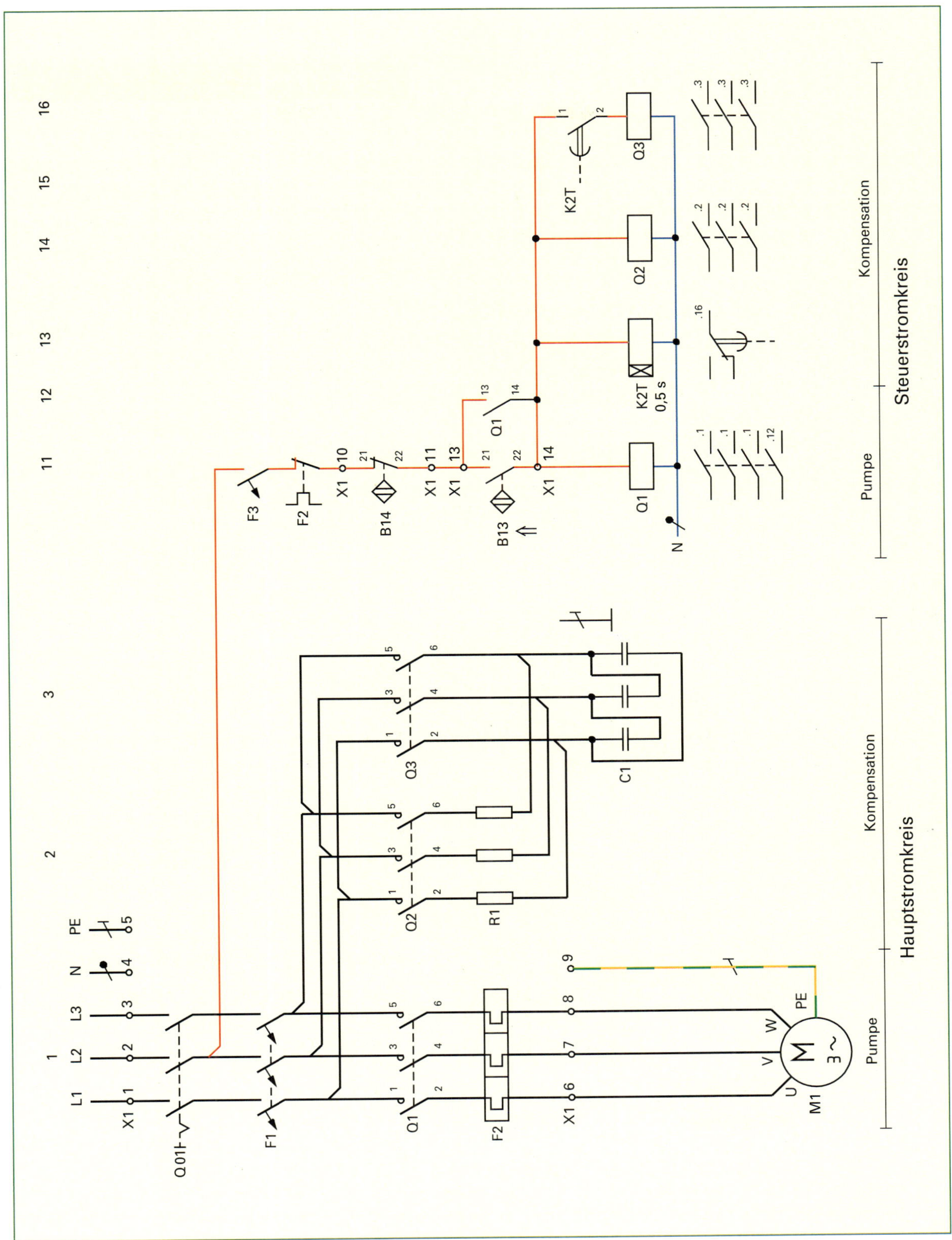

Abb. 1 Stromlaufplan der Wasserpumpe mit Blindstrom-Kompensation

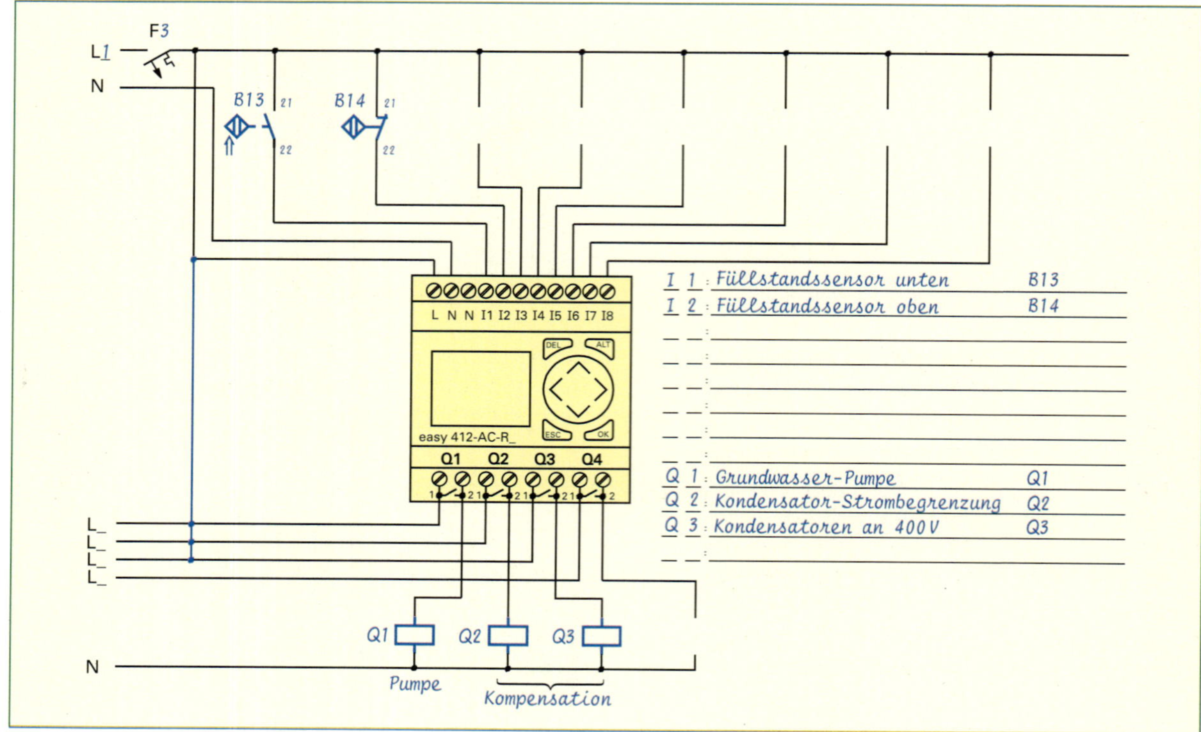

Abb. 1 Erster Schaltungsentwurf für Hochbehälter Nr. 2: Beschaltung der SPS-Kleinsteuerung „easy“. Steuerstromkreis des Motorschützes Q1 für die Wasserpumpe sowie der Schütze Q2 und Q3 für die Blindstrom-Kompensation.

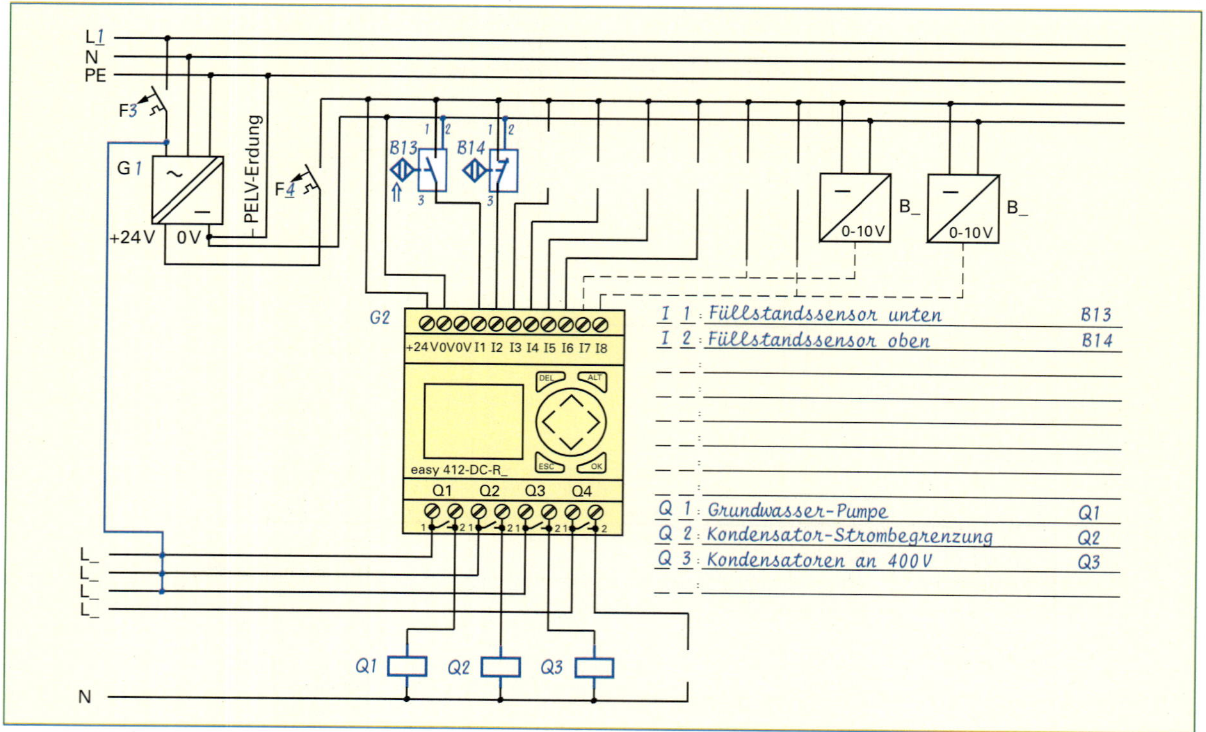

Abb. 2 Zweiter Schaltungsentwurf für Hochbehälter Nr. 2: Steuerstromkreis mit analogfähiger „easy“-Kleinsteuerung für die Füllstandsregelung mit Blindstrom-Kompensation; Klemme I7 sowie I8 kann ein 0...10 V Analogsignal auswerten.

Planung des Arbeitsauftrags

Besprechung am Montagmorgen

Meister: Wie sieht es aus mit den Planungen für unsere Füllstandsregelung mit der SPS-Kleinsteuerung?

Geselle: Den Hauptstromkreis und die Bezeichnung der Schütze übernehmen wir aus dem Plan des ersten Hochbehälters. Den Steuerstromkreis haben wir hier skizziert (Abb. 1 ▷ 536).

Meister: Das sieht gut aus. Kleine Änderungen müssen wir in diesem Steuerstromlaufplan allerdings vornehmen:

- Die SPS-Kleinsteuerung benötigt einen Analogeingang für die optionale Analogregelung, z. B. der Gewächshaus-Temperatur (Abb. 2).
- Steuerstromkreis: Externes AC/DC-Netzteil für SPS-Kleinsteuerung mit Analogeingängen I7, I8 (Abb. 2 ▷ 536).
- Die neuen Wasserstandssensoren sind keine Schwimmerschalter mit zwei Klemmen, sondern auf die Kaltwassertemperatur reagierende, elektronisch arbeitende Drei-Draht-Sensoren B13, B14, die 24 V-Betriebsspannung benötigen (Abb. 2 ▷ 536).

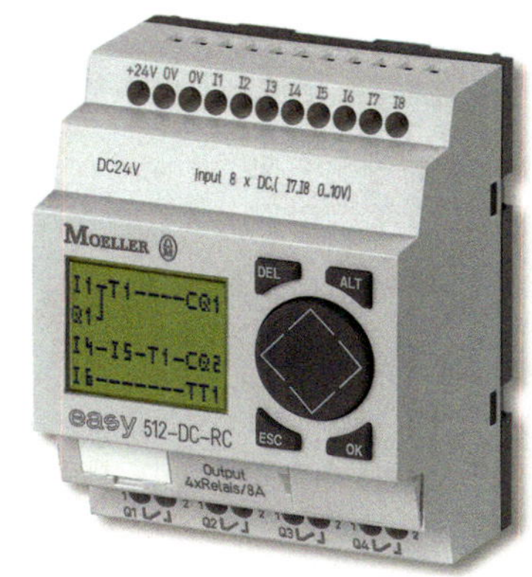

Abb. 2 „easy"-Kleinsteuerung; 8 DC-Eingänge, davon zwei Analogeingänge I7 und I8, 4 potentialfreie Relais-Ausgangskontakte

Nach kurzer Zeit sind die Pläne skizziert und werden in einen neuen Projektordner eingeheftet:

- Hauptstromkreis (Abb. 1 ▷ 535)
- Steuerstromkreis (Abb. 2 ▷ 512 und Abb. 2)
- Geräteaufbauplan (Abb. 1)
- Materialliste (Abb. 3)

(Im Abschnitt Basiswissen Regelungstechnik befindet sich die Tabelle 1 ▷ 552 mit den genormten Gebrauchskategorien für Schaltgeräte.)

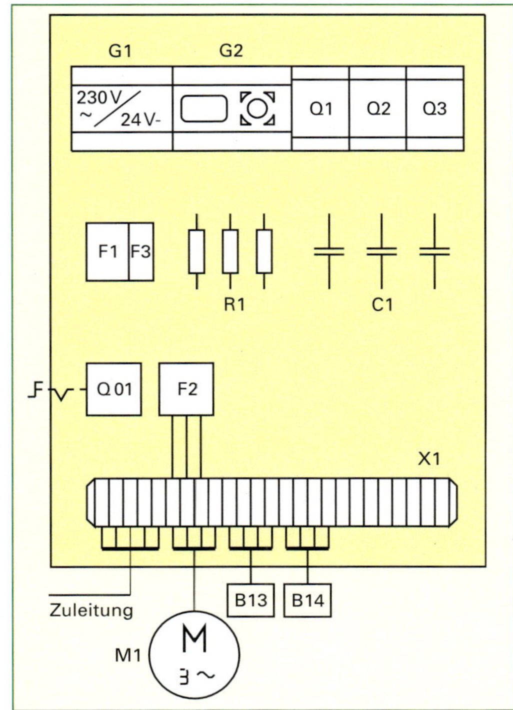

Abb. 1 Skizze Geräteaufbauplan Hochbehälter Nr. 2

Stück	Benennung	Beschreibung
1		Verteilerschrank, 4-reihig
1	Q 01	Hauptschalter 35 A
1	F1	Leitungsschutzschalter C 16 A, 3-polig
1	F3	Leitungsschutzschalter B 16 A, 1-polig
1	Q1	Motorschütz 16 A, Gebrauchskategorie AC – 3
1	Q2	Schütz 16 A, Gebrauchskategorie AC – 3
1	Q3	Schütz 16 A, Gebrauchskategorie AC – 3
3	R1	Vorwiderstand 1 kW, 150 W, für Hutschienenmontage
3	C1	Kompensationskondensator 12 Mikrofarad, 450 V AC für Hutschienenmontage
1	G1	Netzteil 230 V, 50 Hz/24 V, 0,5 A für Hutschienenmontage
1	G2	SPS-Kleinsteuerung, easy 412-DC-AC
1	F2	Motorschutzrelais
1	X1	Reihenklemmen, grau, blau, grün-gelb
15 m		Zuleitung NYM-J 5×10
20 m		Sensorleitung NYM-J 4×1,5
10 m		Motorzuleitung NYM-J 4×1,5
50 m		Installationsrohr
250		Abstandsschellen
		Kleinteile

Abb. 3 Materialliste Hochbehälter Nr. 2

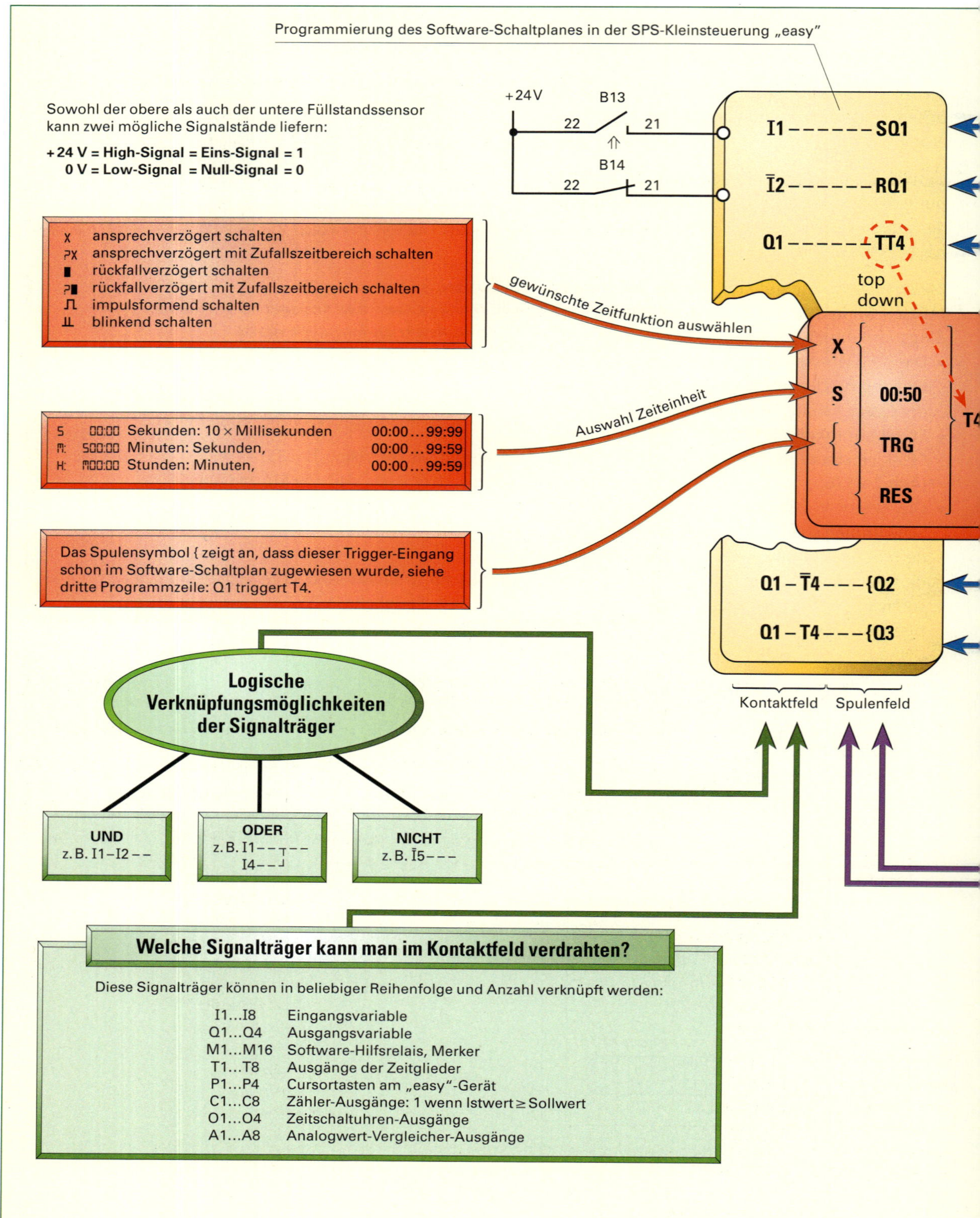

Abb. 1 „easy"-Software-Schaltplan der Zwei-Punkt-Füllstandsregelung. Sensorgesteuerte Pumpe für zweipunktgeregelte Behälter-Füllhöhe und Blindstrom-Kompensation mit Einschaltstrombegrenzung durch Vorwiderstände.

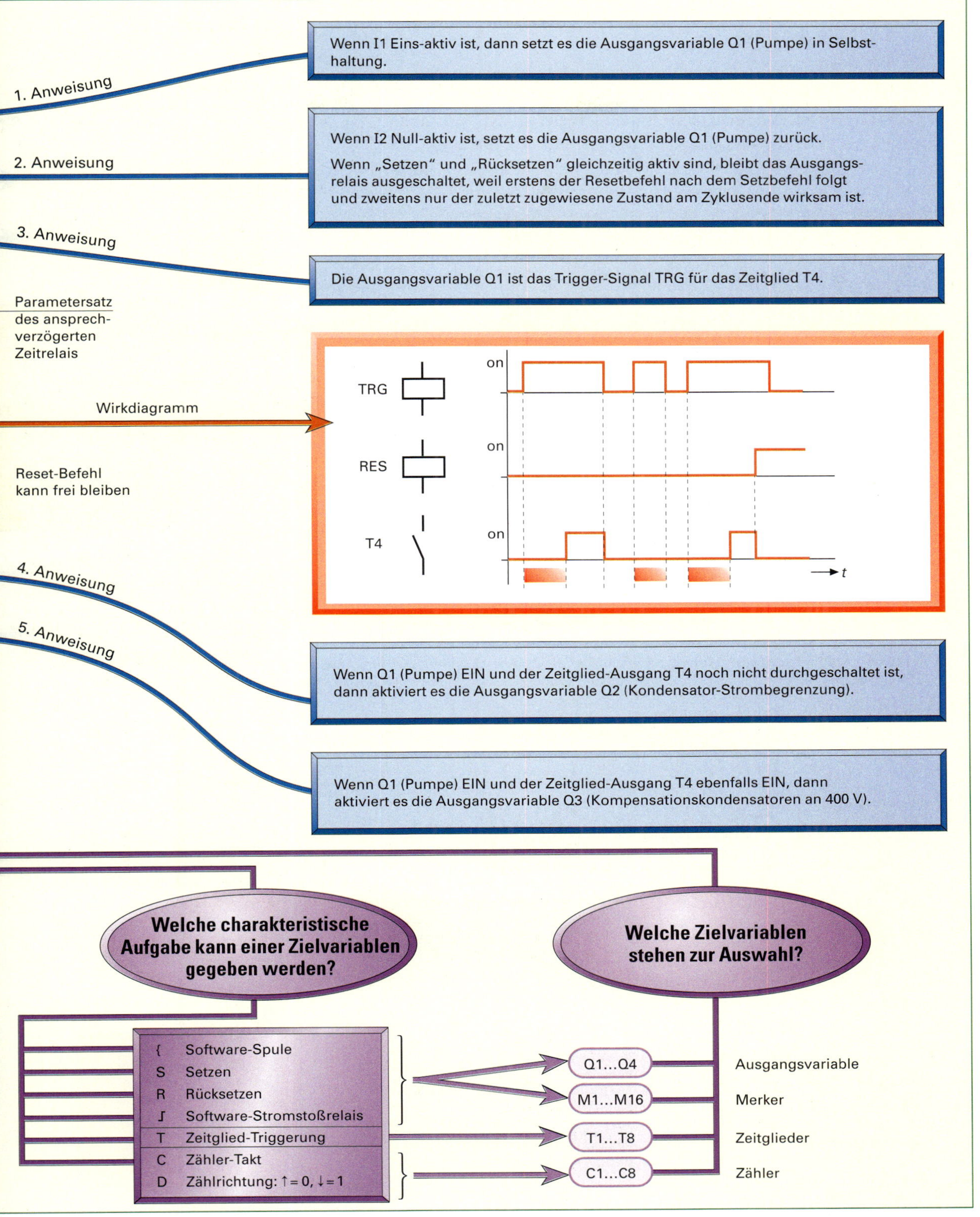
1. Anweisung
Wenn I1 Eins-aktiv ist, dann setzt es die Ausgangsvariable Q1 (Pumpe) in Selbsthaltung.
2. Anweisung
Wenn I2 Null-aktiv ist, setzt es die Ausgangsvariable Q1 (Pumpe) zurück.
Wenn „Setzen“ und „Rücksetzen“ gleichzeitig aktiv sind, bleibt das Ausgangsrelais ausgeschaltet, weil erstens der Resetbefehl nach dem Setzbefehl folgt und zweitens nur der zuletzt zugewiesene Zustand am Zyklusende wirksam ist.
3. Anweisung
Die Ausgangsvariable Q1 ist das Trigger-Signal TRG für das Zeitglied T4.
Parametersatz des ansprechverzögerten Zeitrelais
Wirkdiagramm
Reset-Befehl kann frei bleiben
TRG
RES
T4
on
on
on
t
4. Anweisung
5. Anweisung
Wenn Q1 (Pumpe) EIN und der Zeitglied-Ausgang T4 noch nicht durchgeschaltet ist, dann aktiviert es die Ausgangsvariable Q2 (Kondensator-Strombegrenzung).
Wenn Q1 (Pumpe) EIN und der Zeitglied-Ausgang T4 ebenfalls EIN, dann aktiviert es die Ausgangsvariable Q3 (Kompensationskondensatoren an 400 V).
Welche charakteristische Aufgabe kann einer Zielvariablen gegeben werden?
Welche Zielvariablen stehen zur Auswahl?
{ Software-Spule
S Setzen
R Rücksetzen
ʃ Software-Stromstoßrelais
T Zeitglied-Triggerung
C Zähler-Takt
D Zählrichtung: ↑ = 0, ↓ = 1
Q1…Q4
M1…M16
T1…T8
C1…C8
Ausgangsvariable
Merker
Zeitglieder
Zähler

Arbeitsschritte zur Durchführung des Auftrags

1 Per Fax werden fehlende Schaltgeräte und Verlegematerial beim Großhändler bestellt. Die Lieferung erfolgt am darauf folgenden Tag. Der Geselle und der Azubi führen in der Elektrowerkstatt die schaltplangerechte und VDE-sichere Verdrahtung des Steuerverteilers durch. Die Kennzeichnung der einzelnen Schaltgeräte im Verteiler nach Plan folgt.

2 Den Software-Schaltplan (Abb. 1 ▷ 538) geben sie durch Betätigen der Programmiertasten am Steuergerät „easy“ ein.

3 Der Geselle und der Azubi wollen sichergehen, dass die SPS-Kleinsteuerung fehlerfrei funktioniert. Möglicherweise wird auf der Baustelle unbeabsichtigt ein Verdrahtungsfehler installiert. Bei der Inbetriebnahme haben wir dann ein Problem. Wir müssen so schnell wie möglich den Fehler finden. Wenn dann wenigstens das Programm fehlerfrei arbeitet, ist das eine große Hilfe für die erfolgreiche und schnelle Fehlersuche. Sie testen die SPS-Kleinsteuerung. Mit Hilfe von zwei flexiblen, etwa einen halben Meter langen Einzeladern, legen sie das Pluspotential der 24-V-Netzteilklemme jeweils an die Eingänge I1 und I2 der SPS-Kleinsteuerung an und kontrollieren, ob die richtigen Schütze in der richtigen Reihenfolge anziehen.

4 Erst wenn dieser Test erfolgreich gewesen ist, beladen sie das Werkstattfahrzeug mit den erforderlichen Materialien und Arbeitsmitteln, wie z. B. einer Ausziehleiter. Auf der Baustelle verlegen und verdrahten sie die Leitungen in ein Installationsrohr.

5 Die VDE-Schleifenimpedanzmessung bzw. Kurzschlussstrommessung und Isolationsmessung bringen zufriedenstellende Ergebnisse, die im Messprotokoll festgehalten werden.

6 Bei der Inbetriebnahme fängt die Pumpe sofort an zu laufen und füllt den Hochbehälter. Nach etwa 20 Minuten schaltet die Pumpe ab. Alle Wasserventile werden nun geöffnet. Nach weiteren etwa 5 Minuten schaltet die Pumpe wieder ein und benötigt nun etwa 10 Minuten,

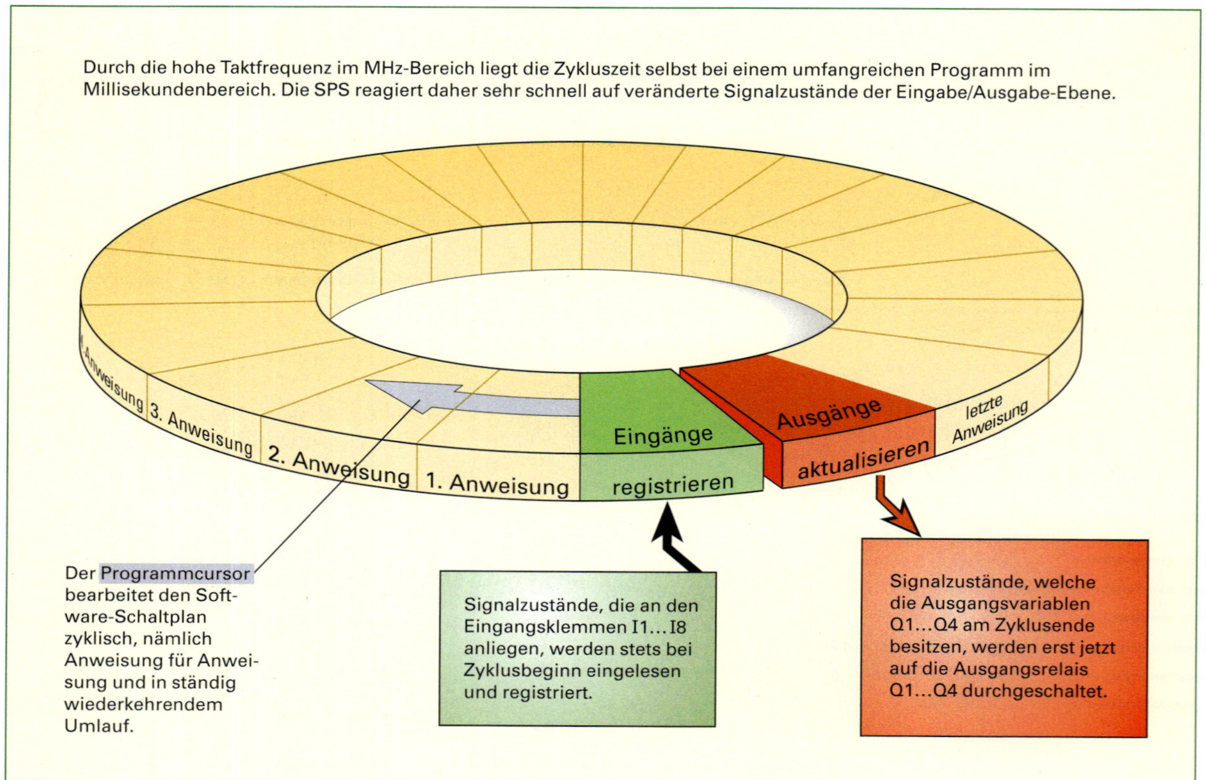

Abb. 1 Zyklische Arbeitsweise der SPS

bis sie wieder abschaltet. Durch die Zweipunktregelung der Füllhöhe gewährleistet unsere Anlage wunschgemäß stets Wasserdruck für die Gewächshausbewässerung mit Grundwasser.

7 Der Geselle und der Azubi säubern die Baustelle, trennen und entsorgen die Wertstoffe und Abfälle. Sie übergeben die Anlage an den dort tätigen Garten- und Landschaftsbaumeister und bitten ihn, den Rapportzettel mit Einträgen der Arbeitszeit zu unterschreiben.

Auf der Heimfahrt unterhalten sich die beiden Mitarbeiter über Schwierigkeiten, die sie bei diesem Auftrag lösen mussten. Der Azubi fragt seinen Kollegen, wie eigentlich die SPS-Kleinsteuerung den Software-Schaltplan bearbeitet. Der Geselle erzählt von der zyklischen Arbeitsweise der SPS und vergleicht den Durchlauf des Programmcursors mit einem sich schnell drehenden Jahrmarkt-Karussell (Abb. 1 ▷ 540).

Im Elektrobetrieb angekommen, legen sie den Rapport-Zettel mit den Einträgen *Baustelle, Datum, Arbeitszeit* und lesbaren *Unterschriften* in die Rapport-Ablage im Meisterbüro.

Sie stellen die Dokumentation des Auftrags „Gärtnerei Rettich“ zusammen. Das Messprotokoll und alle Pläne und Handskizzen heften sie in den Projektordner ein. Diese Dokumentation ist wichtig für Erweiterungen und Änderungen, die vielleicht erst Jahre später erfolgen. Der Projektordner ist in einem Regal jederzeit zugänglich.

Wartung und Service beziehen sich bei der Füllstandsregelung auf die Kleinsteuerung und die Schütze. Ihre vom SPS-Hersteller zugesicherte garantierte Zahl der Relais-Lastspiele AUS/EIN begrenzt die Lebensdauer der Schaltgeräte. Die ungefähre Anzahl der Schaltspiele von K1, K2 und K3 pro Tag ist bei der Hochbehälter-Füllstandsregelung gering, sodass die zu erwartende einwandfreie Funktion weit über die Gewährleistungsfrist von 2 Jahren reicht.

Die Rechnungserstellung mit Skonto-Angebot und die buchhalterische Überprüfung der Zahlung wird in unserem Elektrobetrieb von der Ehefrau des Elektromeisters bearbeitet. Falls die Zahlung nicht innerhalb der gesetzten Frist von 4 Wochen erfolgt, muss sie den Auftraggeber durch Mahnung zur Zahlung auffordern. Löhne und Lieferantenrechnungen kann sie dadurch ohne Kreditaufnahme überweisen.

Basiswissen Regelungstechnik

Zweipunktregelung

Wie arbeitet die Zweipunktregelung?

Die Füllstandsregelung hat die Aufgabe, die Füllhöhe im Hochbehälter auf Sollniveau zu halten, zwar unabhängig davon, ob viel oder wenig Liter pro Sekunde abfließen.

> ***Merke:***
> *Jede Regelung hat die Aufgabe, selbsttätig einer Störung entgegenzuwirken, damit das Arbeitsergebnis stets die geforderte Qualität erreicht.*

Die Wasserpumpe wird beim Unterschreiten des unteren B13-Niveaus ein- und erst beim Erreichen des oberen B14-Niveaus wieder ausgeschaltet. Die Pumpe besitzt demnach nur zwei mögliche Schaltzustände, nämlich EIN oder AUS, um einer Störung der gewünschten Sollhöhen entgegenzuwirken.

Welchen Einfluss auf das Zweipunkt-Reglerverhalten hat der Abstand zwischen den beiden Schaltniveaus B13 und B14?

Der Abstand zwischen dem oberen und unteren Schaltniveau bestimmt die **Schwankungsbreite** der Füllhöhe. Dieser Niveau-Abstand wird **Hysterese** genannt.

Wie weit die Schwankungsbreite den Füllstand absinken lässt, bestimmt der Hysterese-Abstand. Abb. 1 zeigt die geregelte Behälterfüllhöhe während einer konstanten Liter-je-Minute-Wasserentnahme und bei zwei verschiedenen Hysterese-Abständen. Je kleiner die Hysterese ist, desto größer ist die Taktfrequenz der Regler-Tätigkeit! Will man häufiges Takten und damit häufiges Anlaufen des Pumpenmotors vermeiden, muss man eine größere Hysterese zulassen!

Beobachtet man ohne den zeitlichen Verlauf nur das EIN und das AUS der Pumpe in Abhängigkeit der Behälterfüllhöhe, so erkennt man die Kennlinie des Zweipunktreglers (Abb. 2).

Jeder Zweipunktregler besitzt dasselbe charakteristische EIN-AUS-Verhalten beim Ansprechen des jeweiligen Schaltniveaus. Besitzt eine Anlage einen Zweipunktregler, so erkennt man ihn an seinem Kennlinienverlauf (Abb. 1).

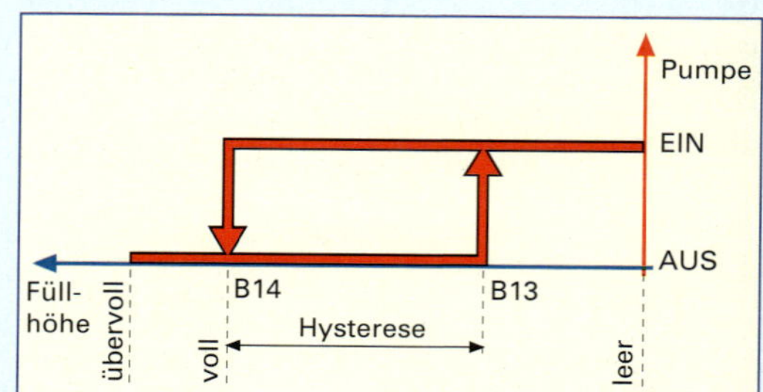

Abb. 2 Kennlinie der Zweipunktregelung der Behälterfüllhöhe

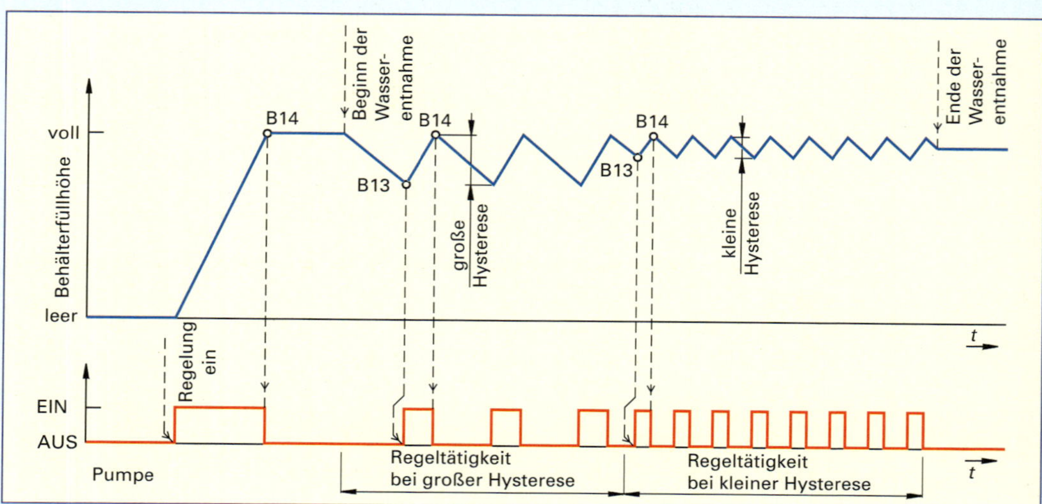

Abb. 1 Zweipunkt-geregelte Füllhöhe

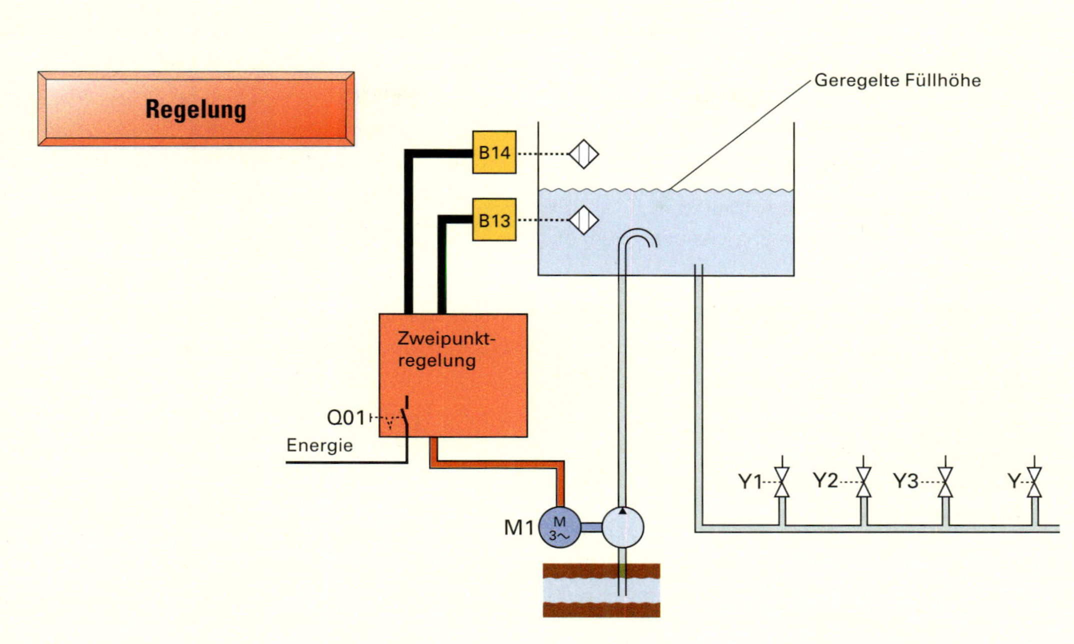

Die **Regelung der Füllhöhe** soll so arbeiten, dass der Füllstand stets zwischen den Schaltniveaus B13 und B14 liegt, und zwar unabhängig von Wasserentnahme und Tageszeit. Die Regelung soll die Füllhöhe innerhalb der Hysterese stets auf Niveau halten. Im Unterschied zu einer Steuerung wird bei der Regelung der Istwert ständig überwacht und dem Regler rückgemeldet.

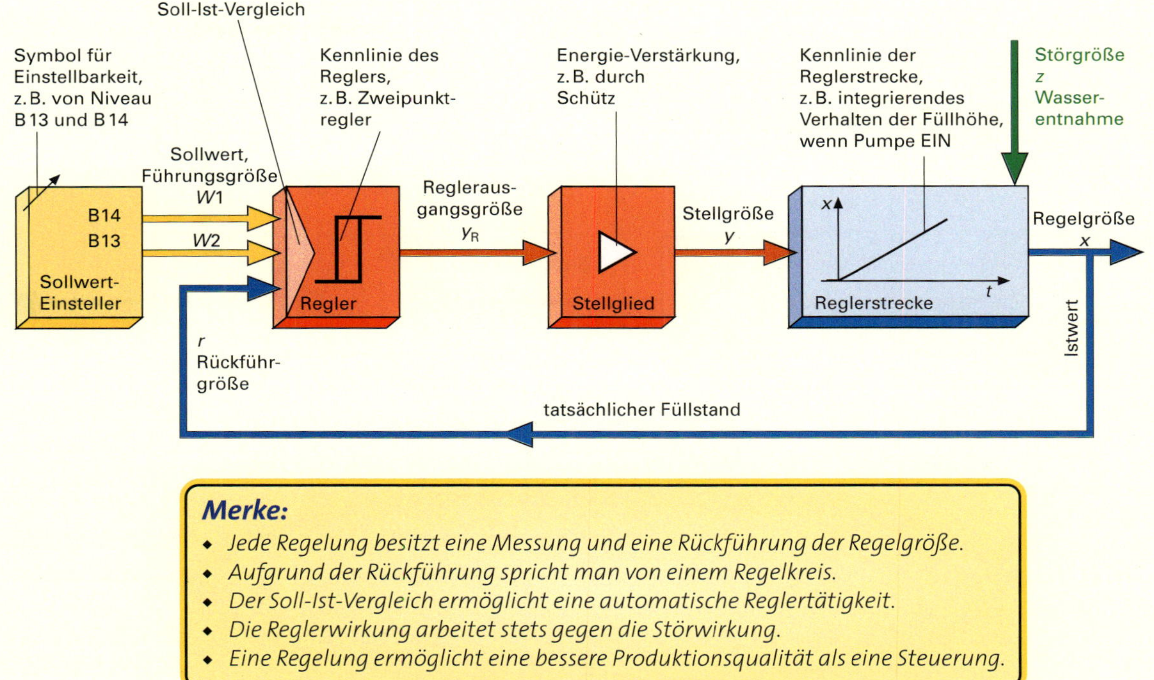

Merke:
- *Jede Regelung besitzt eine Messung und eine Rückführung der Regelgröße.*
- *Aufgrund der Rückführung spricht man von einem Regelkreis.*
- *Der Soll-Ist-Vergleich ermöglicht eine automatische Reglertätigkeit.*
- *Die Reglerwirkung arbeitet stets gegen die Störwirkung.*
- *Eine Regelung ermöglicht eine bessere Produktionsqualität als eine Steuerung.*

Abb. 1 Regelkreis – Blockschaltbild

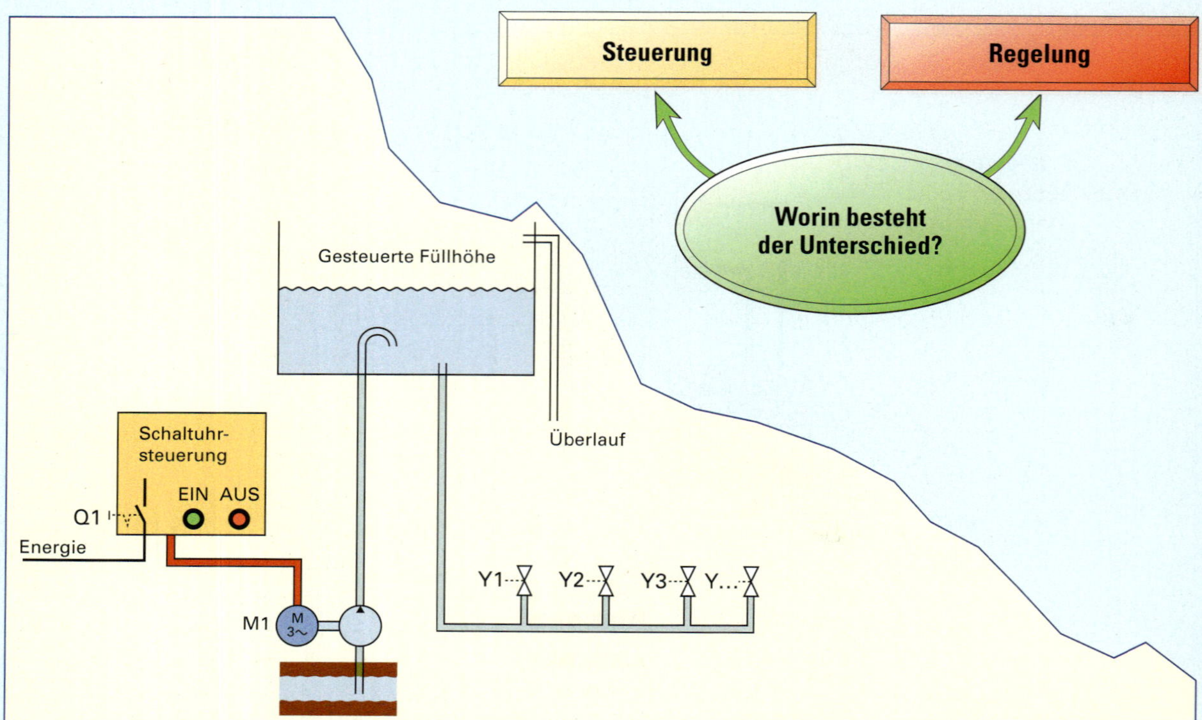

Eine **Steuerung der Füllhöhe** soll dafür sorgen, dass täglich 1 Stunde Grundwasser in den Hochbehälter gepumpt wird und die Füllhöhe somit täglich um etwa 50 % der Gesamtfüllhöhe angehoben wird. Die Pumpzeit von 1 Stunde reicht etwa für einen Tagesbedarf der Gewächshausbewässerung. Die Schaltuhrsteuerung soll automatisch für eine tägliche Füllstandserhöhung sorgen. Außerdem kann mithilfe des EIN- und AUS-Tasters die Wasserpumpe jederzeit manuell gesteuert werden.

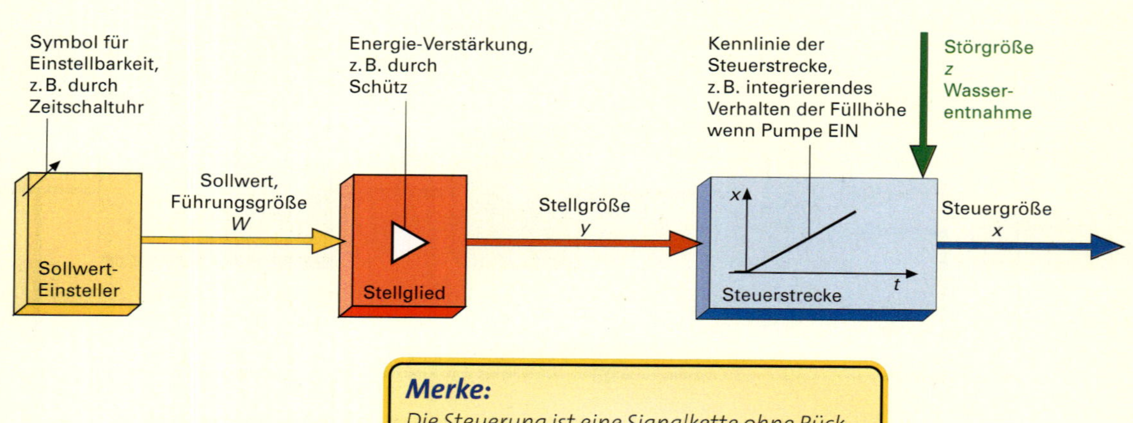

Merke:
Die Steuerung ist eine Signalkette ohne Rückführung.

Im Gegensatz zu einer Regelung kann eine Steuerung den aktuellen Füllstand nicht halten, wenn eine Störgröße einwirkt.
In der Steuerung wird der tatsächliche Istwert nicht gemessen. Eine Steuerung ist technisch einfacher zu realisieren als eine Regelung.

Abb. 1 Steuerkette – Blockschaltbild

Dimensionierung der Kompensationskondensatoren

Azubi: Warum sagt man Blindleistung?

Geselle: Jede Induktivität (Abb. 1a), z. B. die der Motorwicklung, nimmt Energie aus dem Netz auf, wenn der zunehmende Sinusstrom das Magnetfeld aufbaut, und speist Energie in das Netz zurück, wenn der abnehmende Sinusstrom das Magnetfeld wieder abbaut. Die Induktivität wirkt in der kurzen Zeit des Magnetfeldabbaus wie ein Generator. Durch die Induktivität wechseln Energiebezug und Energierückspeisung mit Netzfrequenz ständig ab. Diese hin und her pendelnde Energie belastet den Ortsnetztransformator und verursacht Verlustkosten im Versorgungsnetz (Abb. 1b). Die **hin und her pendelnde elektrische Energie** kann jedoch in einem Wirkverbrauchszähler nicht gemessen werden. Deshalb sprechen wir bei Wicklungen von der **induktiven Blindleistung** und **induktivem Blindstrom**, welche die Induktivitäten aus dem Versorgungsnetz aufnehmen.

Azubi: Wozu werden die Kompensationskondensatoren benötigt?

Geselle: In der Gärtnerei sind durch die verschiedenen Erweiterungen oftmals so viele Pumpen und Lüfter gleichzeitig am Netz, dass die gesamte Blindleistung der Motoren zu groß würde. Ist in der Kundenanlage der Gesamtleistungsfaktor cosφ weniger als 0,9, verlangt der VNB zusätzlich zum Wirkverbrauchszähler (kWh) den Einbau eines Blindverbrauchszählers (kvarh) und berechnet die hin und her pendelnde Blindenergie annähernd so teuer wie den Wirkverbrauch (Abb. 1c). Als Alternative zum Einbau eines Blindverbrauchszählers ist die Kompensation der Blindleistung durch das Parallelschalten von Kondensatoren möglich (Abb. 1d).

Azubi: Weshalb entscheidet man sich bei dem Pumpenmotor für die Kompensation und nicht für den zusätzlichen Blindverbrauchszähler?

Geselle: Unsere Grundwasserpumpe muss stets dasselbe Fördervolumen, dieselbe Wasserhöhe hochpumpen, sodass der eingeschaltete Antriebsmotor eine konstante Leistungsaufnahme besitzt. Wurde die Bemessungsleistung des Antriebsmotors optimal auf die Wasserpumpe abgestimmt, arbeitet der Antrieb mit Bemessungsstrom und mit dem auf dem Leistungsschild angegebenen Leistungsfaktor cosφ. Dieser klar definierte Leistungsbezug des Motors – sowohl für die Wirkleistung als auch für die induktive

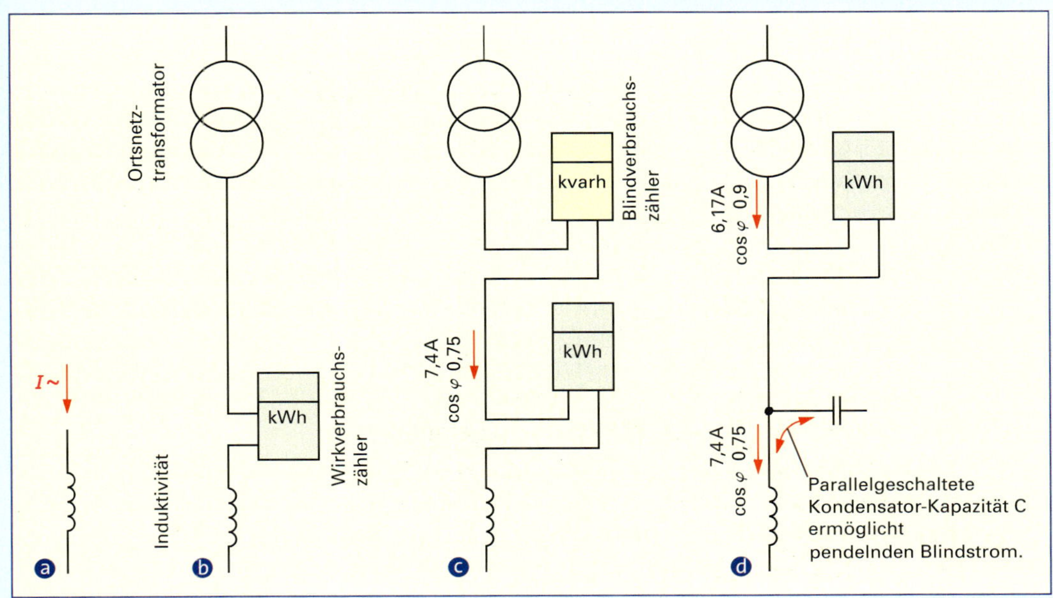

Abb. 1 Die Induktivität L nimmt induktiven Blindstrom auf ⓐ. Die induktive Blindleistung kann im Wirkverbrauchszähler nicht gemessen werden ⓑ. Alternativen bei zu großer Blindleistungsaufnahme mit einem Gesamtleistungsfaktor cosφ von weniger als 0,9: Zusätzlicher Einbau eines Blindverbrauchszählers ⓒ oder kundeneigene Kompensation durch parallelgeschaltete Kondensatoren ⓓ.

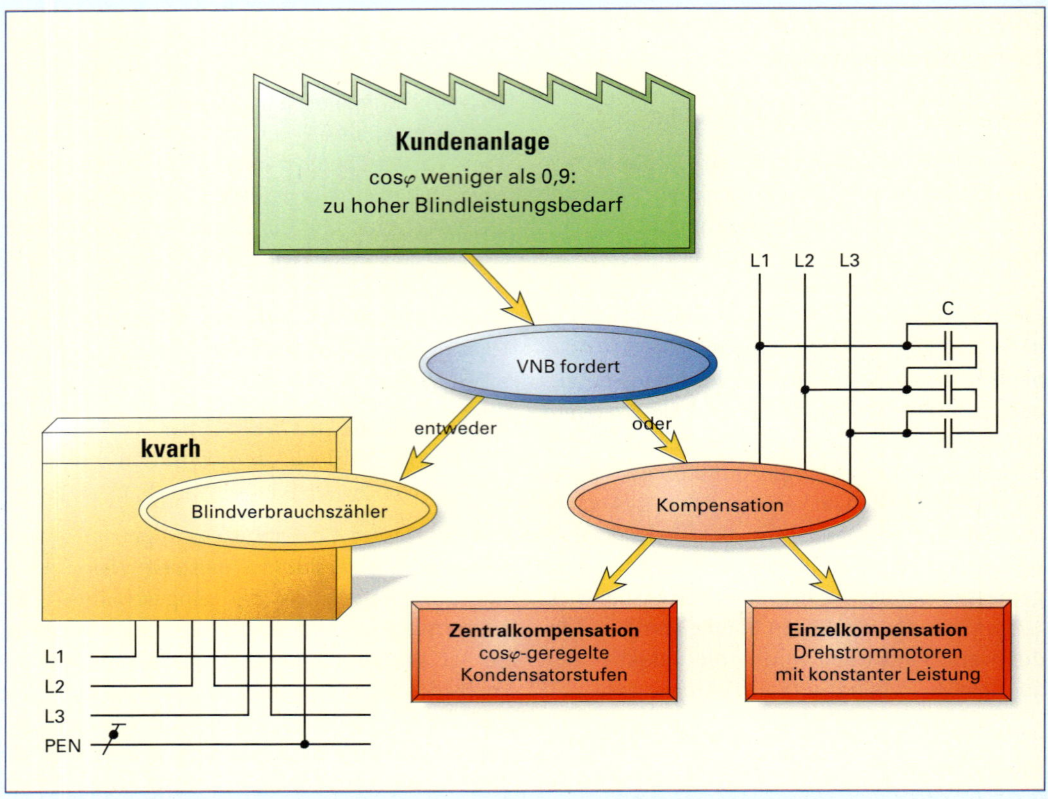

Abb. 1 Maßnahmen, die der Versorgungsnetzbetreiber (VNB) fordert, wenn eine Kundenanlage einen Gesamtleistungsfaktor von weniger als cos φ = 0,9 besitzt, was auf einen zu großen Blindleistungsbedarf hinweist.

Blindleistung der Wicklungsinduktivitäten – erlaubt anstelle eines Blindverbrauchszähler die billigere Lösung, nämlich den Einbau von Kompensationskondensatoren im Schaltschrank. Weil hier der einzelne Motor kompensiert wird, spricht man von **Einzelkompensation**.

Bei Kundenanlagen mit vielen Motoren, deren Blindleistungsbedarf lastabhängig variiert, wird nicht jeder Motor einzeln, sondern die Gesamtanlage an zentraler Stelle kompensiert. Diese **Zentralkompensation** arbeitet als mehrstufige Regelung, damit der Gesamtleistungsfaktor cosφ stets besser als 0,9 bleibt und keine Kosten für den Blindleistungsbezug aus dem Netz anfallen (Abb. 1).

Azubi: Wie wirkt eine Spule an der Netzwechselspannung, und wie wirkt ein parallelgeschalteter Kondensator mit der Spule so zusammen, dass aus dem Netz weniger Strom aufgenommen wird?

Geselle: Die **Induktivität *L* der Spulenwicklung** bewirkt selbst eine Induktionsspannung immer dann, wenn der Spulenstrom das Magnetfeld entweder aufbaut oder abbaut.

Beispiel:

Der Spulenstrom einer Moped-Zündspule wird zum Zündzeitpunkt durch den Unterbrecherkontakt abgeschaltet. Doch gerade wenn sich der Spulenstrom sehr schnell ändern muss, induziert die Induktivität der Zündspule eine sehr viel höhere Spannung als die Akku-Spannung. Viele hundert Volt **Selbstinduktionsspannung** verursachen einen Zündstrom durch das Gas-Luftgemisch zwischen den Elektroden der Zündkerze. Die Induktivität der Zündspule speichert bei zunehmendem Strom Energie im Magnetfeld der Zündspule und wird beim Abbau des Magnetfeldes selbst zur Spannungsquelle.

Legt man anstelle von Gleichspannung nun Wechselspannung an eine Induktivität *L*, so nimmt die Spule wesentlich weniger Wechselstrom auf; und außerdem ist der Sinuswechselstrom gegenüber der angelegten Sinuswechselspannung phasenverschoben. Man sagt: „Induktivitäten – Ströme sich verspäten!“, weil der Sinusstrom der Sinusspannung nacheilt.

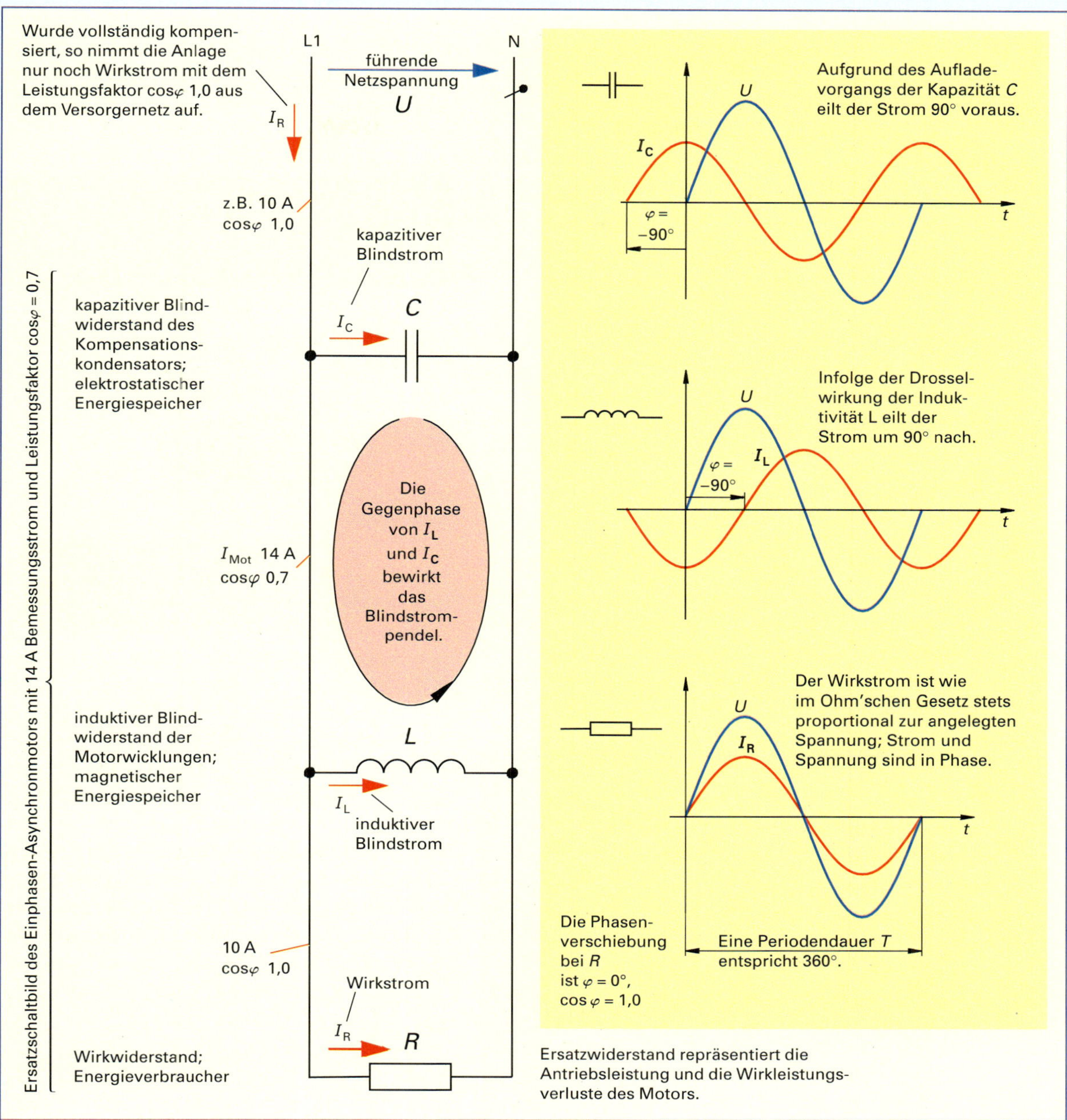

Abb. 1 Das Blindstrompendel der Kompensation in der Parallelschaltung von RLC.

> **Merke:**
> - *Die Induktivität drosselt den Wechselstrom.*
> - *„Induktivitäten – Ströme sich verspäten!"*

Die **Kapazität *C* des Kompensationskondensators** bewirkt an Wechselspannung ebenfalls eine Phasenverschiebung zwischen Strom und Spannung.

Um die voneinander isolierten Kondensatorplatten aufzuladen, muss zuerst Strom fließen, bevor Spannung zwischen den Platten messbar ist. Legt man den Kondensator an Wechselspannung, so zeigt sich ähnlich wie bei der Spule eine Phasenverschiebung zwischen Spannung und Strom. Die Phasenverschiebung beim Kondensator ist im Vergleich zur Spule allerdings gerade umgekehrt (Abb. 1).

Merke:
Der Kondensator-Sinusstrom eilt der Kondensator-Sinusspannung voraus.

Die gegenphasigen Blindströme bei Induktivität *L* und Kapazität *C* ermöglichen den parallelgeschalteten Bauelementen einen **Pendelstromkreis für Blindstrom**. Dieser Pendelstromkreis wird als **L-C-Schwingkreis** bezeichnet.

In Abb. 1 ⊳ 547 wird dargestellt, wie ein parallelgeschalteter Kondensator den Netz-Blindstrom eines Einphasen-Asynchronmotors vollständig kompensiert.
Der Einphasen-Asynchronmotor hat einen Bemessungsstrom von 14 A und einen Leistungsfaktor $\cos\varphi$ 0,7. Während der L-C-Schwingkreis für den Blindstromanteil des Motorstromes sorgt, nimmt der kompensierte Motor tatsächlich nur noch den Wirkstromanteil von 10 A aus dem Netz auf. Der Motor läuft mit seinem Bemessungsstrom von 14 A und registriert dabei nicht, ob der Blindstromanteil aus dem Versorgungsnetz bezogen oder von dem L-C-Schwingkreis zur Verfügung gestellt wird.

Merke:
Der pendelnde Blindstrom zwischen Motorwicklung und Kompensationskondensator deckt den Blindstrombedarf ebenso gut wie Blindstrom aus dem Versorgungsnetz.
Die Phasenverschiebung zwischen den Strömen in der Motorinduktivität und der Kapazität der Kompensationskondensatoren beträgt genau 180°. Darum pendeln ihre Blindströme ausschließlich zwischen ihnen hin und her. Das Netz wird deshalb nur durch den Wirkstrom belastet.
Je höher die Induktivität des Motors, desto höher auch sein Bedarf an magnetischer (Blind-)Energie. Die elektrische Energie, die die Kompensationskondensatoren zur Verfügung stellen müssen, entspricht genau dem Bedarf an magnetischer Energie im Motor.
Sind beide Energiebeträge gleich, so spricht man von vollständiger Kompensation ($\cos\varphi = 1$).
Andernfalls von Teilkompensation (Über- und Unterkompensation $\cos\varphi < 1$).

Die **unterschiedlichen Energiespeicherfähigkeiten** von Wicklungsinduktivität und parallelgeschaltetem Kompensationskondensator machen verständlich, weshalb das Hin- und Herpendeln der Blindenergie möglich ist.

Merke:
Beim L-C-Schwingkreis wechseln ***magnetische*** *und* ***elektrische Energie*** *ständig.*

Azubi: Weshalb kann die Verbesserung des Leistungsfaktors $\cos\varphi$ den Strom unseres Pumpenmotors verringern?

Geselle: In dem Augenblick, in dem wir Kompensationskondensatoren parallel zu unserem Motor schalten, geht die Stromaufnahme von 7,4 A auf etwa 6,17 A zurück. Wir kompensieren dabei so, dass sich der Leistungsfaktor $\cos\varphi$ von 0,74 auf 0,9 verbessert. In gleichem Maße, wie wir den Leistungsfaktor vergrößern, verringert sich die Stromaufnahme. Diese **gegenseitige Abhängigkeit zwischen Strom und Leistungsfaktor** wird in der Dreiphasen-Leistungsformel verdeutlicht. In der Dreiphasen-Leistungsformel (Formel Abb. 1 ⊳ 549) können mathematisch betrachtet die Werte des Stromes und des Leistungsfaktors gegensätzlich verändert werden, ohne dabei die Wirkleistung *P* zu verändern. Die technische Wirkung der Dreiphasen-Leistungsformel zeigt, dass selbst bei reduziertem Strom die Wirkleistung des Motors unverändert bleibt. Es ist eben der verbesserte Leistungsfaktor, welcher die Stromeinsparung ermöglicht.

Azubi: Weshalb verlangt der VNB keine vollständige Blindstrom-Kompensation, sondern schreibt nur eine **teilweise Kompensation auf $\cos\varphi = 0{,}9$** vor?

Geselle: Das Energieversorgungsunternehmen ist mit der Kompensation auf $\cos\varphi = 0{,}9$ zufrieden, weil voneinander isolierte Adern eines ausgedehnten **Kabelnetzes** eine bestimmte **kapazitive Wirkung** aufweisen. Diese Netzkapazität kompensiert die restliche Verbraucherblindleistung vollends auf $\cos\varphi = 1{,}0$. Der Ortsnetztransformator kann daher wunschgemäß voll für den Wirkleistungsbedarf genutzt werden. Der pendelnde Blindstrombedarf der Motorwicklungen wird durch die Kompensationskondensatoren und die Netzkapazität ermöglicht und muss nicht vom

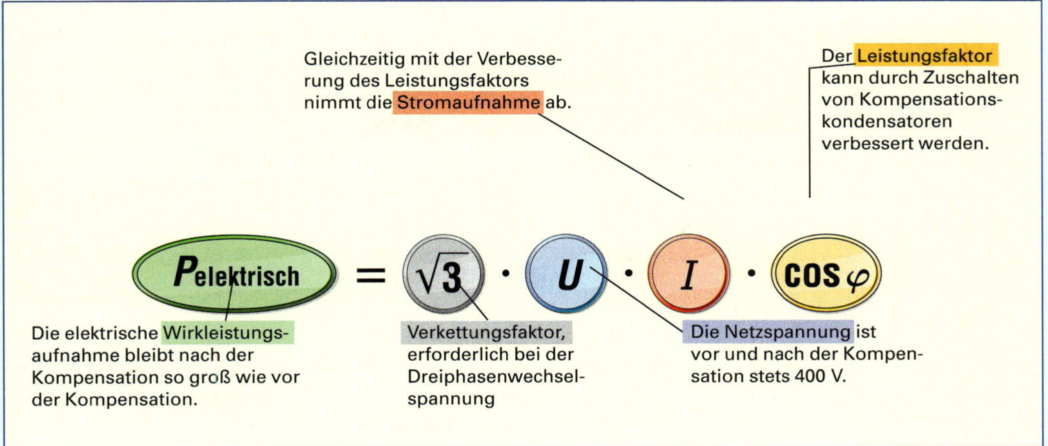

Abb. 1 Das Ziel der Blindleistungskompensation ist eine verringerte Stromaufnahme aus dem Netz ohne Veränderung der elektrischen Wirkleistungsaufnahme des Motors. Das gelingt durch die Verbesserung des Leistungsfaktors cos φ mithilfe der parallelgeschalteten Kompensationskondensatoren.

Ortsnetztransformator über das Versorgungsnetz zugeführt werden.

Azubi: Wie kann man herausfinden, welche Kapazität die Kompensationskondensatoren haben müssen, damit wir auf cos φ = 0,9 kommen?

Geselle: Bei der **Berechnung der erforderlichen Kondensator-Kapazität** sind vier Fragen zu klären (Rechengänge 1 bis 4, Abb. 2, Abb. 1 ⊳ 550, Abb. 2 ⊳ 550 und Abb. 1 ⊳ 551).

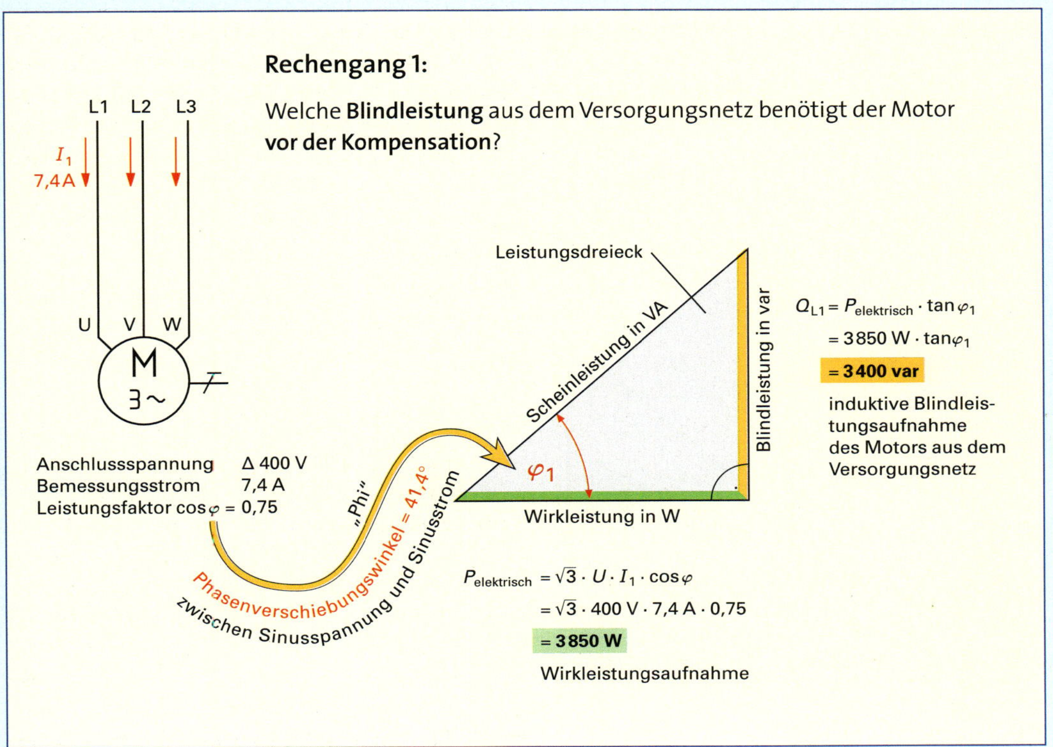

Abb. 2 Rechengang 1: Blindleistung vor der Kompensation

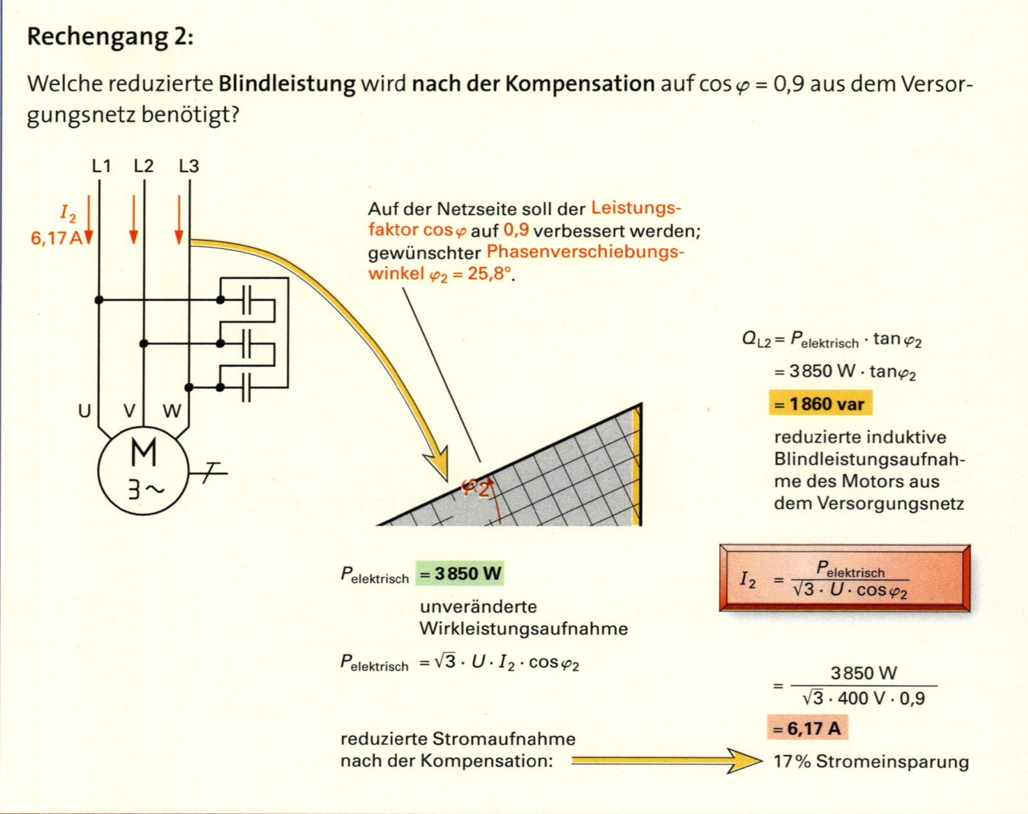

Abb. 1 Rechengang 2: Reduzierte Blindleistung nach der Kompensation und Stromeinsparung

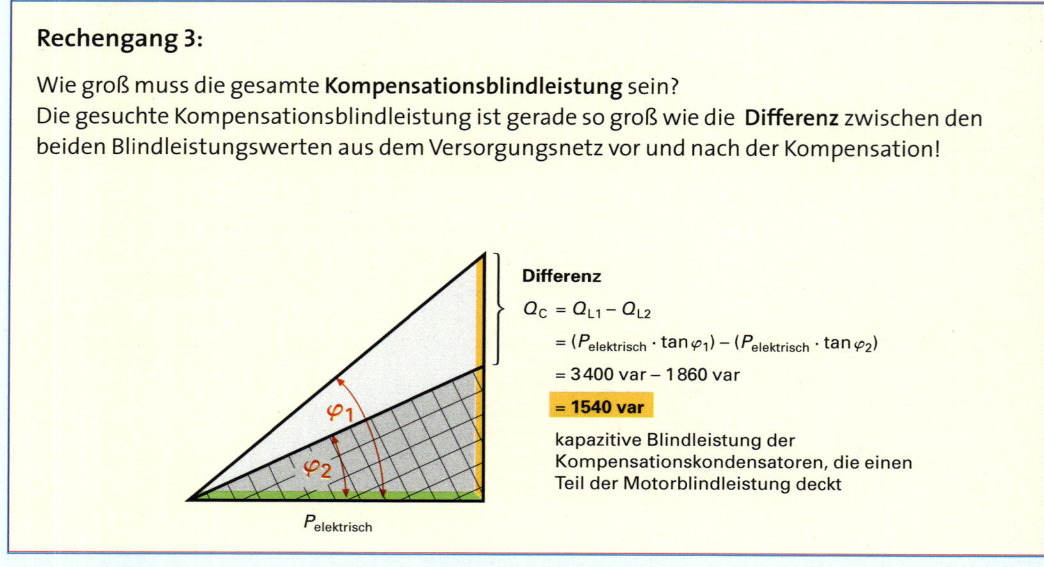

Abb. 2 Rechengang 3: Kompensationsblindleistung und Stromeinsparung

Rechengang 4:

Welche handelsübliche **Einzel-Kapazität** benötigt jeder der drei **Kompensationskondensatoren**?

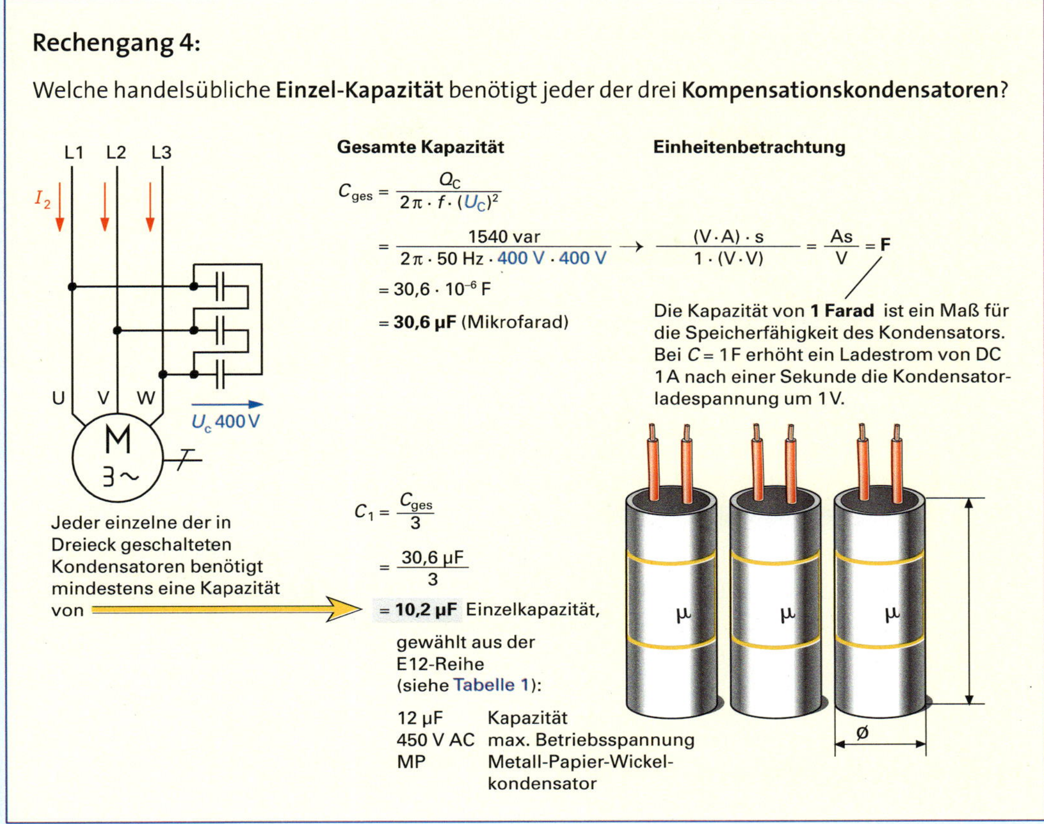

Abb. 1 Rechengang 4: Einzel-Kapazität

Die Hersteller von Widerständen und Kondensatoren halten sich bei der Auswahl der Nenngrößen an die genormten E-Reihen. Die angegebenen Werte bieten in jeder Zehnerdekade dieselben Stufen.

<table>
<tr><th>Reihe</th><th>Toleranz</th><th colspan="12">Widerstandswerte und Kapazitätswerte nach Norm je Dekade (Faktoren)</th></tr>
<tr><td>E24</td><td>5 %</td><td>1,0</td><td>1,1</td><td>1,2</td><td>1,3</td><td>1,5</td><td>1,6</td><td>1,8</td><td>2,0</td><td>2,2</td><td>2,4</td><td>2,7</td><td>3,0</td></tr>
<tr><td>E12</td><td>10 %</td><td colspan="2">1,0</td><td colspan="2">1,2</td><td colspan="2">1,5</td><td colspan="2">1,8</td><td colspan="2">2,2</td><td colspan="2">2,7</td></tr>
<tr><td>E6</td><td>20 %</td><td colspan="4">1,0</td><td colspan="4">1,5</td><td colspan="4">2,2</td></tr>
</table>

<table>
<tr><th>Reihe</th><th>Toleranz</th><th colspan="12">Widerstandswerte und Kapazitätswerte nach Norm je Dekade (Faktoren)</th></tr>
<tr><td>E24</td><td>5 %</td><td>3,3</td><td>3,6</td><td>3,9</td><td>4,3</td><td>4,7</td><td>5,1</td><td>5,6</td><td>6,2</td><td>6,8</td><td>7,5</td><td>8,2</td><td>9,1</td></tr>
<tr><td>E12</td><td>10 %</td><td colspan="2">3,3</td><td colspan="2">3,9</td><td colspan="2">4,7</td><td colspan="2">5,6</td><td colspan="2">6,8</td><td colspan="2">8,2</td></tr>
<tr><td>E6</td><td>20 %</td><td colspan="4">3,3</td><td colspan="4">4,7</td><td colspan="4">6,8</td></tr>
<tr><td colspan="14">Beispiel: In der Dekade 10 kΩ lauten die Werte der Reihe E6 (20 % Toleranz: 10 kΩ, 15 kΩ, 22 kΩ, 33 kΩ, 47 kΩ und 68 kΩ, es folgt dann die Dekade 100 kΩ.</td></tr>
</table>

Tabelle 1 Normreihen E6, E12, E24 und ihre Toleranzen

Merke:

- *Die verschiedenen Verbraucher werden in verschiedene Wechselstrom-Gebrauchskategorien eingeteilt.*
- *Je kleiner der Leistungsfaktor cosφ eines Verbrauchers ist, desto stärker werden die Schützkontakte beim Abschalten auf Abreiß-Funkenbildung belastet.*
- *Für jede Gebrauchskategorie bieten die Schaltgeräte-Hersteller eine extra Schützkontakt-Qualität an.*

Kategorie	Beanspruchung
AC-1	Wirklast und schwach induktive Last, mindestens cos φ 0,8
AC-2	Anlassen von Schleifringläufermotoren
AC-3	Anlassen von Käfigläufermotoren, z. B. D-ASM, mindestens cos φ 0,45
AC-4	Anlassen von Käfigläufermotoren, z. B. D-ASM, einschließlich Tippbetrieb und Gegenstrombremsen

Tabelle 1 Gebrauchskategorien von Schützen

Prüfen Sie Ihr Wissen:

1 Welche Änderung im Software-Schaltplan der Kleinsteuerung „easy" ist erforderlich, damit das Umschalten des Kondensatorbetriebs erst mit und anschließend ohne Strombegrenzungswiderstände mit einer Zeitüberlappung von 0,5 s erfolgt? Die Zeitüberlappung gewährleistet, dass beim Überbrücken der Strombegrenzungswiderstände der Kondensator-Blindstrom auf keinen Fall abreißen kann.

2 Zweipunktregler: Was versteht man unter Hysterese? Welchen Einfluss auf das Taktverhalten eines Zweipunktreglers hat die Größe der Hysterese? Skizzieren Sie das Blockschaltsymbol eines Zweipunktreglers.

3 Steuern und Regeln: Vergleichen Sie das Blockschaltbild einer Füllstandssteuerung mit dem Blockschaltbild einer Füllstandsregelung. Welche Blockschaltglieder sind identisch? Welche im Vergleich zur Steuerung hinzukommenden Blockschaltglieder bilden einen Regelkreis?

4 Kompensation: Notieren Sie die Rechenformeln in geeigneter Reihenfolge zur Berechnung der Einzel-Kapazität C1 der erforderlichen Kompensationskondensatoren für den Fall, dass der Drehstrom-Asynchronmotor mit Bemessungslast läuft und daher die im Leistungsschild angegebenen Daten zutreffen. Der Wunsch des Energieversorgungsunternehmens ist die Kompensation der Motor-Blindleistung auf den Leistungsfaktor cos φ = 0,9.

6 Technik, Wartung und Reparatur elektrischer Hausgeräte

- Kaffeevollautomaten
- Elektro- und Mikrowellenherde
- Kühl- und Gefriergeräte bzw. -kombinationen
- Kleingeräte mit Universalmotoren
- Wasch-, Trocken- und Geschirrspülautomaten
- Raumlufttechnische Anlagen in Wohn- und Geschäftsräumen

6.1 Kaffeemaschinen und -vollautomaten

Diese Geräte erfreuen sich in den letzten Jahren zunehmender Beliebtheit und sind aufgrund ihrer Funktionsvielfalt und Komplexität nur von qualifiziertem Personal zu warten und zu reparieren. Aufgrund der hohen Preise und des komplexen Innenlebens dieser Geräte sind die Kunden auch bereit, diese regelmäßig warten bzw. bei Funktionsstörungen im Fachbetrieb reparieren zu lassen.

Merke:
Man unterscheidet bei Kaffee- und Teeautomaten:
- ***Drucklose (offene) Systeme**, die nach dem Überlaufprinzip arbeiten. Hier transportiert der durch Erwärmung entstehende Wasserdampf das Heißwasser im Steigrohr hoch und lässt dieses über ein Filtersystem (Einwegpapierfilter oder Mehrfachfilter) über das eingefüllte Kaffeepulver laufen. Die Brühtemperatur beträgt etwa 96 °C.*
- ***Drucksysteme**, die nach dem Durchlauferhitzerprinzip arbeiten. Der Durchlauferhitzer drückt das erhitzte Wasser durch den Dampfdruck gleichmäßig so lange durch das Filtersystem, bis der gesamte Wasservorrat verkocht ist.*

6.1.1 Kaffeemaschinen

Mit einfachen Kaffeemaschinen, die in Kompaktbauweise aus einem Kaltwasserbehälter, einem Kochendwasserbereiter und einem Filtersystem für das Kaffeepulver bestehen, lassen sich einfach und bequem in wenigen Minuten mehrere Portionen Tee oder Kaffee zubereiten.
Mit diesen Geräten lässt sich prinzipiell jedes Heißgetränk herstellen. Wird der Einsatz auf die Teezubereitung ausgedehnt, wird eventuell ein zusätzlicher Teefilter benötigt.

Abb. 1
Kaffeevollautomat

Das fertige Heißgetränk wird nun auf einer eingebauten Warmhalteplatte trinkheiß gehalten. Dies kann nach Abb. 1 durch unterschiedliche Heizungssysteme realisiert werden:

- Durchlauferhitzer, der gleichzeitig die Wärmequelle für die Warmhalteplatte darstellt
- zusätzliche Wärmequelle für die Warmhalteplatte

Abb. 2 zeigt einen Stromlaufplan für eine einfache Kaffeemaschine mit einem Durchlauferhitzer, der gleichzeitig für die Warmhaltung des Heißgetränks in der Kanne sorgt.

Da es sich bei diesen einfachen Modellen um niedrigpreisige Geräte handelt, werden diese sehr selten zu kostenpflichtigen Reparaturen zum Reparaturservice gebracht.

Es sind aber auch Kaffeemaschinen mit Zusatzeinrichtungen (integrierte Kaffeemühlen, automatische Abschaltung und Timer, Milchaufschäumer usw.) auf dem Markt, bei denen sich Instandsetzungen und Wartungsarbeiten durchaus lohnen. Bei Störungen sind in der Regel Schäden am Durchlauferhitzer (durch Verkalkung zerstörte Heizleiter, Kesselfraß oder Undichtigkeiten), am Netzschalter und an den Thermosicherungen zu bemängeln. Diese Fehler sind relativ schnell optisch bzw. durch Messungen mit einem Widerstandsmesser zu lokalisieren und durch Austausch der jeweiligen Bauelemente zu beheben.

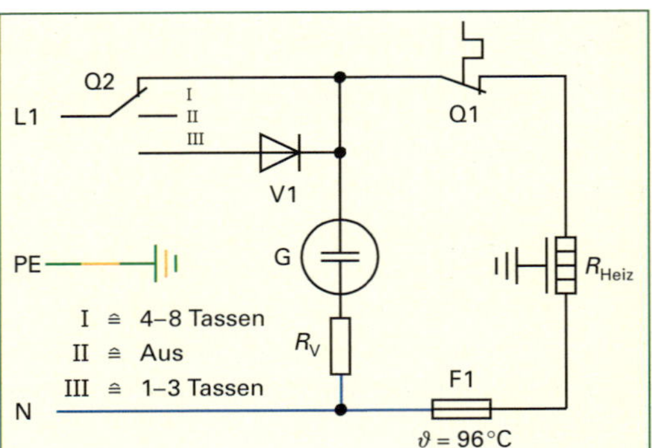

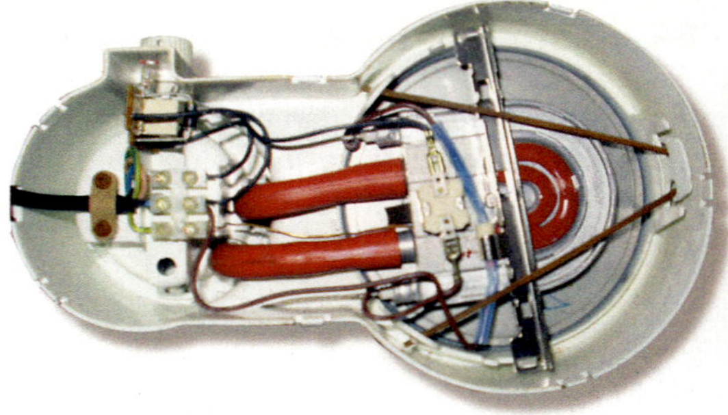

Abb. 2 Schaltplan und Innenansicht einer einfachen Kaffeemaschine

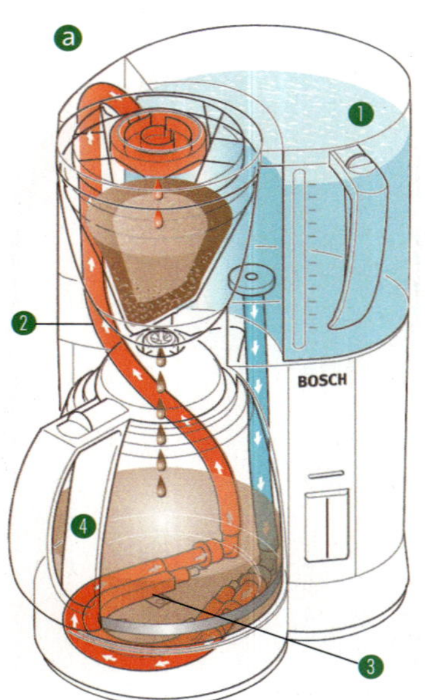

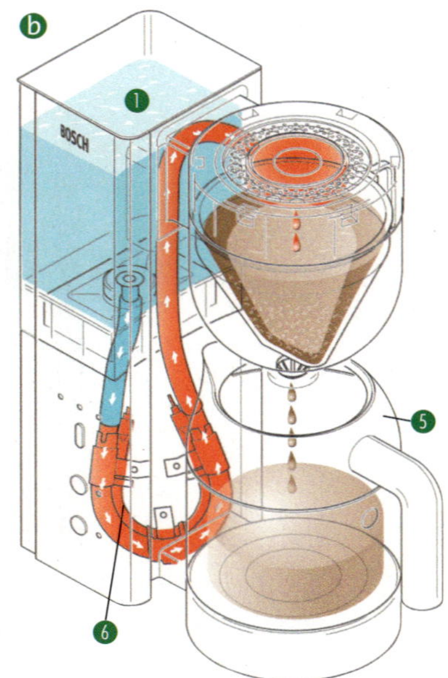

Abb. 1 Bauarten von Kaffeemaschinen: ⓐ, ⓑ druckloses Überlaufbrühen; ⓒ Drucksystem, Vorheizen erforderlich, anschließend Kaffeebezug; ⓓ Drucksystem, sofortiger Kaffeebezug möglich

1. Wasservorratsbehälter
2. Durchlauferhitzer
3. liegende Heizung mit Warmhaltefunktion
4. Glaskanne

> **Achtung:**
> *Defekte Thermosicherungen sind nur durch Originalteile mit gleicher Abschalttemperatur (hier 96 °C) zu ersetzen, damit es zu keinen Brandschäden kommen kann. Das Auslösen der Thermosicherung hat immer eine Ursache, die es zu finden bzw. zu beheben gilt. Besonderes Augenmerk ist auf den Durchlauferhitzer zu richten. Nach der Instandsetzung haben Funktions- und Sicherheitsprüfungen nach DIN VDE 0701 zu erfolgen, die in einem Prüfprotokoll festzuhalten sind.*

6.1.2 Kaffeevollautomaten

Selbst bei einfachen Kaffeemaschinen tendieren die Hersteller immer mehr zur Integration von Zusatzfunktionen wie eingebauten Mahlwerken, Zeitschaltuhren zur automatischen Ein- und Abschaltung des Automaten, Milchaufschäumern usw.

Seit einigen Jahren erfreuen sich Cappuccino- und Espresso-Vollautomaten, die aus dem gewerblichen Einsatz in Gaststätten und Bistros bekannt sind, großer Beliebtheit und finden Einzug in normale Haushalte.

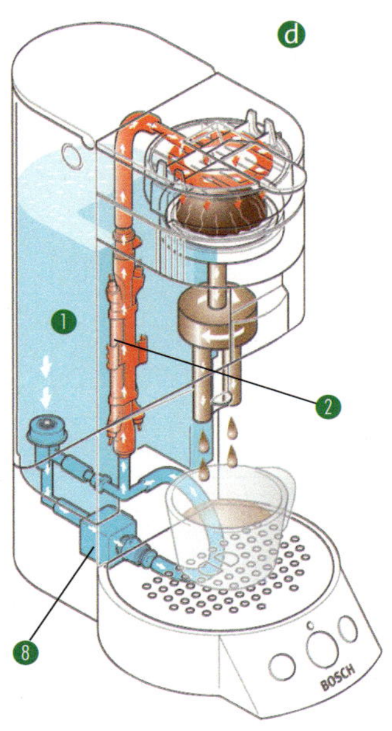

5 Thermoskanne
6 stehende Heizung
7 Boiler
8 Pumpe

Kundenauftrag:

Eine Mieterin des Anwesens *Gelbes Haus* besitzt einen solchen Kaffeevollautomaten, der mit folgender Fehlerangabe zur Reparatur abgegeben wurde:

- Heißwasserausgabe (z. B. zur Teezubereitung) erfolgt sehr langsam.
- Es treten Undichtigkeiten auf, die sich z. B. in Wasseransammlungen im Tresterbehälter und am Gehäuseboden zeigen.

Das folgende Bild zeigt einen solchen Kaffeevollautomaten, der mit dem weit verbreiteten Pumpensystem arbeitet (Abb. 1).

1 Kaffeebohnenbehälter; innen: Mahlstufeneinstellung
2 Wassertankdeckel
3 Wassertank
4 Dampfdrehknopf
5 Netzschalter
6 Heißwasser-/Dampfdüse
7 Drehteller
8 Anzeige „Schale voll"
9 Abtropfschale und -gitter
10 Höhen- und tiefenverstellbarer Kaffeeauslauf
11 Einstellung der Kaffeezubereitungsart
12 Servicetür, gibt Brühgruppe und Kaffeesatzbehälter frei
13 Bedienfeld
14 Deckel Einfüllschacht für Pulverkaffee
15 Wärmeplatte für Tassenvorwärmung

Abb. 1 Kaffeevollautomat

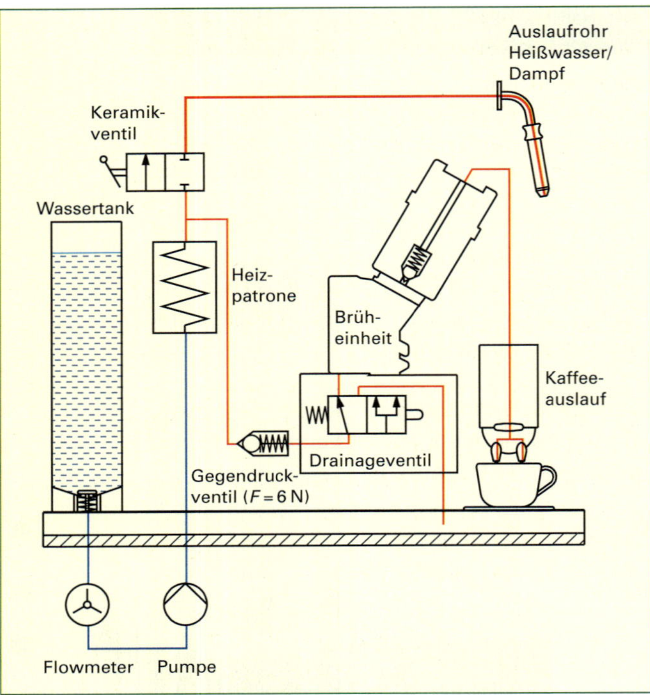

Abb. 1 Funktionsplan eines Kaffeevollautomaten (System Jura)

Maschinen mit Druckfiltersystem drücken das erhitzte Wasser mit leichtem Überdruck (bis etwa 0,5 bar) und entsprechend höherer Temperatur (etwa 105 °C) durch den gemahlenen Kaffee. Über den Druck und die Brühtemperatur ist das Aroma beeinflussbar, da höhere Temperaturen aus dem Kaffee zusätzliche Geschmacksstoffe lösen.

Bei Maschinen mit Pumpensystem, wird die genau abgestimmte Menge Kaffeepulver, die das integrierte Mahlwerk abgibt, oder manuell portionsweise zugeführt werden kann, in einen Zylinder gegeben, in dem es von einem Kolben zusammengepresst wird. Unter hohem Druck (etwa 15 Bar) fließt das über den Durchlauferhitzer erwärmte Wasser durch das Mahlgut. Nach dem Durchlauf wird der verbrauchte Kaffeekuchen in einen speziellen Tresterbehälter ausgegeben, der regelmäßig geleert werden muss. Die Hersteller dieser Espresso- und Cappuccino-Vollautomaten haben zur Verfeinerung der Aromen spezielle Verfahren entwickelt, wie beispielsweise das Vorbrühen, die im Funktionsablauf der Automaten berücksichtigt werden (Abb. 1).

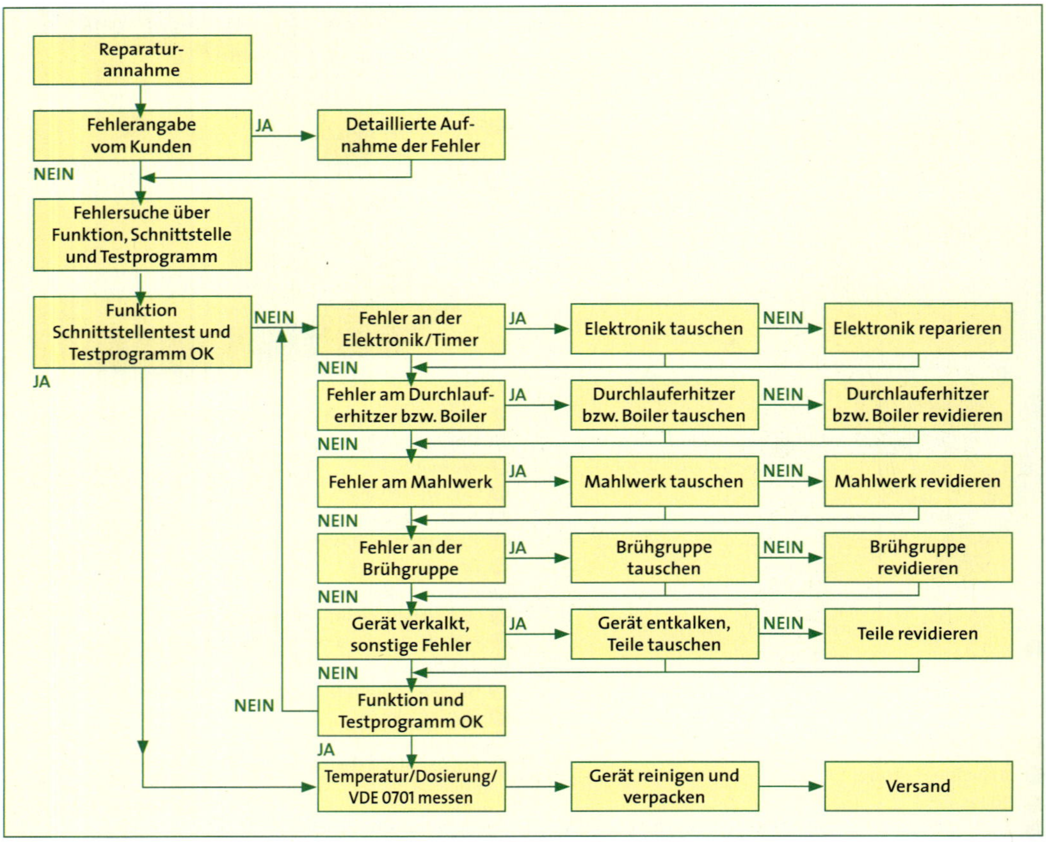

Reparaturannahme
Fehlerangabe vom Kunden — JA → Detaillierte Aufnahme der Fehler; NEIN
Fehlersuche über Funktion, Schnittstelle und Testprogramm
Funktion Schnittstellentest und Testprogramm OK — JA; NEIN
Fehler an der Elektronik/Timer — JA → Elektronik tauschen — NEIN → Elektronik reparieren; NEIN
Fehler am Durchlauferhitzer bzw. Boiler — JA → Durchlauferhitzer bzw. Boiler tauschen — NEIN → Durchlauferhitzer bzw. Boiler revidieren; NEIN
Fehler am Mahlwerk — JA → Mahlwerk tauschen — NEIN → Mahlwerk revidieren; NEIN
Fehler an der Brühgruppe — JA → Brühgruppe tauschen — NEIN → Brühgruppe revidieren; NEIN
Gerät verkalkt, sonstige Fehler — JA → Gerät entkalken, Teile tauschen — NEIN → Teile revidieren; NEIN
Funktion und Testprogramm OK — NEIN; JA
Temperatur/Dosierung/VDE 0701 messen → Gerät reinigen und verpacken → Versand

Abb. 2 Ablaufplan zur systematischen Fehlersuche

Für die Reparatur und Wartung eines solchen Automaten ist die genaue Kenntnis des Funktionsablaufes notwendig, um eventuelle Bedienungsfehler usw. auszuschließen. Die Hersteller bieten vielfach eingebaute Testprogramme an, um den Fehler einzugrenzen bzw. exakt zu lokalisieren. Diese Testprogramme werden mit einer genau festgelegten Tastenfolge über das Bedienfeld des Gerätes eingeleitet und lassen Rückschlüsse auf mögliche Fehlerquellen zu.

Das Ablaufschema zeigt die systematische Vorgehensweise zur Eingrenzung des Fehlers. Diese Pläne stellen die Hersteller den autorisierten Vertragswerkstätten zur Verfügung (Abb. 2 ▷ 556).

Da die Geräte oft mit vielen komplexen Funktionen ausgestattet sind, die über Mikroprozessoren und Mikrocontroller gesteuert werden, sind vielfach auch Schnittstellen vorhanden, über die mit speziellen Geräten und Software Fehler bzw. Störungen ausgelesen und aus den Fehlerspeichern gelöscht werden können. Im vorliegenden Arbeitsauftrag zeigt sich nach dem Öffnen der Gerätedeckel und -wände und Demontage der Brühgruppe folgender Sachverhalt:

Auf Abb. 1 unten sind an den Anschlüssen des Durchlauferhitzers, die zum Wasserablaufhahn führen, deutliche Kalkablagerungen zu sehen. Diese sind verantwortlich dafür, dass die Heißwasserausgabe nur sehr langsam erfolgt. Abhilfe schafft hier ein gründlicher Reinigungs- und Entkalkungsvorgang bzw. ein Ersatz der temperatur- und druckfesten Wasserleitung. Eine Undichtigkeit des Durchlauferhitzers war bei der Sichtprüfung und anschließendem Probelauf nicht zu erkennen. Das zweite Problem, dass sich Wasser im Tresterbehälter bzw. im Innern des Gehäuses ansammelt, ist nach Demontage der Brühgruppe auf einen defekten O-Ring zurückzuführen, der am Gehäuseboden zu finden war. Dieser dichtet den Kolben gegen den Zylinder ab und unterliegt natürlichem Verschleiß. Nach dem Austausch des O-Rings, der gründlichen Reinigung und Entkalkung sowie den ergänzenden Wartungsarbeiten des Herstellers (Austausch von Wasserfiltern usw.) konnte das Gerät nach einer Funktions- und Sicherheitsüberprüfung an den Kunden übergeben werden.
Die Abb. 1 ▷ 558 zeigt den Stromlaufplan eines Kaffeevollautomaten, anhand dessen weitere Fehler (z. B. fehlerhafte Heizung, defekte Pumpen usw.) messtechnisch ermittelt werden können.

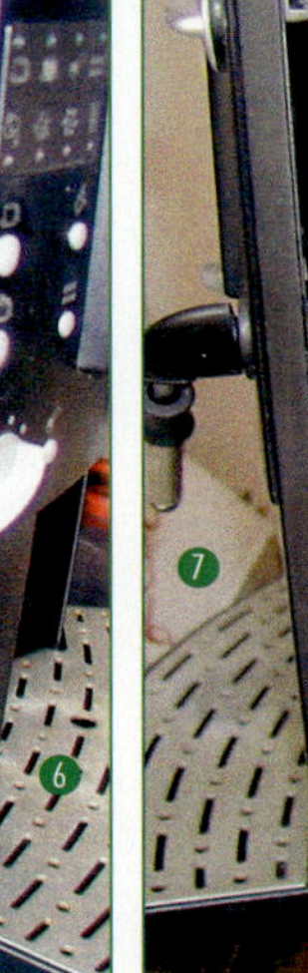

1. Brühgruppe
2. Portionierer
3. Mahlwerk
4. Tresterbehälter
5. Leistungselektronikplatine
6. Auffangschale
7. Dampf-/Heisswasserdüse
8. Boiler
9. Umschaltventil Dampfbezug/ Kaffeeentnahme
10. Brühgruppenmotor (ausgebaut) mit Getriebe
11. Motor Kaffeemühle
12. Wasserzulauf
13. Durchflussmengenmesser
14. Pumpe mit Thermosicherung

Abb. 1 Innenansicht eines Kaffeevollautomaten, links die ausgebaute Brühgruppe

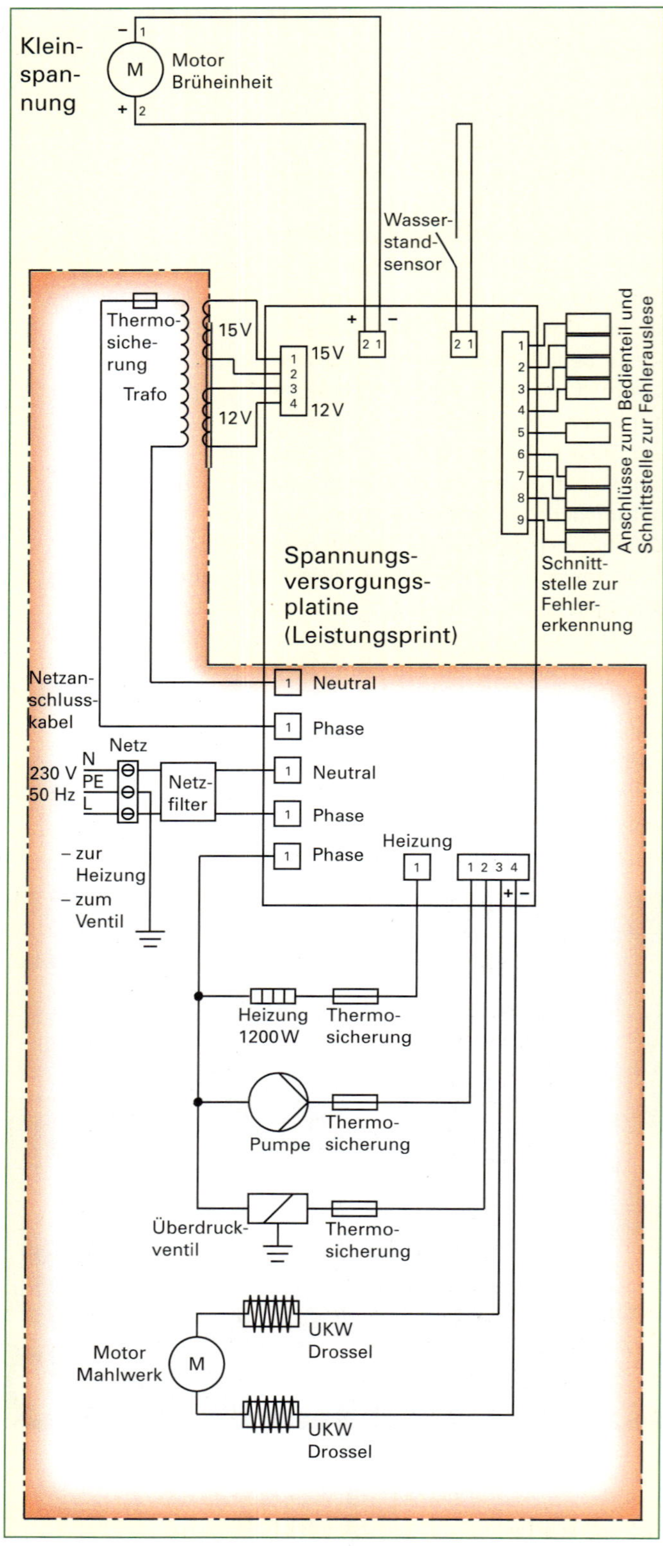

Abb. 1 Schaltbild eines Kaffeevollautomaten zur messtechnischen Fehlerermittlung

Praxistipp:
Im Neuzustand ist die Brühgruppe mit einem Schmiermittel versehen, welches die Reibung der Kolben gegen die Zylinderwand vermindert. Durch die Kombination von heißem Wasser und reibendem Kaffeepulver lässt diese Schmierung nach und der O-Ring ist einer großen Reibung bzw. Abscherkräften ausgesetzt. Von Zeit zu Zeit (bei einer Wartung bzw. anfallenden Reparatur) sollte diese Schmierung mit lebensmittelechten und temperaturbeständigen Silicon- oder Teflonfetten erneuert werden. Die Erfahrung zeigt, dass nach etwa 500 Bezügen (Kaffeeentnahmen) oder wenn eine mechanische Schwergängigkeit feststellbar ist, die Einfettung der Brühgruppenteile erfolgen sollte. Die Zahnräder müssen nicht gesondert gefettet werden, da diese aus Polyamid und damit selbstschmierend gefertigt sind.

Aufgabe:

Ein Kunde reklamiert, dass bei seinem Kaffeevollautomaten die Warmhalteplatte an der Oberseite des Gerätes nicht mehr in Betrieb genommen werden kann. Alle weiteren Funktionen sind vorhanden.

1. Wie gehen Sie bei der systematischen Fehlersuche vor?
2. Welche weiteren Wartungsarbeiten empfehlen Sie dem Kunden an seinem Gerät, das nach Auslesen des Speichers 4600 Bezüge hat und seit Verkauf noch keinen Werkstattaufenthalt hatte?
3. Erstellen Sie einen Kostenvoranschlag!

Prüfen Sie Ihr Wissen:

1 Aus welchen Baugruppen besteht eine einfache Kaffeemaschine?

2 Wodurch unterscheiden sich Systeme mit Durchlauferhitzer und solche mit separater Heizung in ihrer Wirkungsweise?

3 Weshalb sind defekte Thermosicherungen unbedingt durch Originalteile mit gleicher Spezifikation zu ersetzen?

4 Beschreiben Sie den Unterschied zwischen drucklosen (offenen) und Drucksystemen!

5 Welche erweiterten Funktionen bzw. Leistungsmerkmale haben Kaffeevollautomaten gegenüber einfachen Kaffeemaschinen?

6 Weshalb sollten diese Maschinen nur von qualifiziertem Personal gewartet und instand gesetzt werden?

7 Welche Messungen sollten nach einer Reparatur bzw. Wartung in jedem Fall durchgeführt werden?

8 Beschreiben Sie den Unterschied zwischen Druckfilter- und Pumpensystemen!

9 Welche Komponenten sollten aus hygienischen Gründen im Falle eines Werkstattaufenthaltes zusätzlich ersetzt werden?

10 Welche Ursache könnte eine dauernd leuchtende Wasserstands-LED haben?

11 Welche Aufgabe hat das Drainageventil (Abb. 1 ▷ 556) des Funktionsplans eines Kaffeevollautomaten?

12 Welche Vorteile haben Keramikmahlwerke gegenüber Mahlwerken mit Stahllagerkombinationen?

13 Bei defekten Alugußboilern bzw. -durchlauferhitzern geben die Hersteller den Austausch durch Edelstahlsysteme vor. Welche Vorteile haben diese?

14 Welche Aufgabe haben die UKW-Drosseln in der Zuleitung zum Mahlwerksmotor (Abb. 1 ▷ 558) ? Welche Folgen hätte ein Entfernen dieser Bauelemente?

6.2 Elektro- und Mikrowellenherde

Kundenauftrag:

Beim Einzug in die neue Wohnung im *Gelben Haus* erhält die Firma ElektroTeam den Auftrag, die vorhandenen Elektrogeräte einer Küchenzeile fachgerecht anzuschließen. Gleichzeitig wird dem Unternehmen der Auftrag erteilt, die schon längere Zeit nicht funktionierende Schnellkochplatte des Elektroherdes zu reparieren und die zeitweiligen Störungen an der Waschmaschine zu beheben. Hier soll nach Aussage der Mieterin das Waschprogramm ab einer bestimmten Stellung des Waschprogrammdrehschalters nicht mehr weiterlaufen. Des Weiteren wünscht die Mieterin eine Überprüfung der Kühl- und Gefrierkombination, beim Transport hätte diese im Umzugsfahrzeug Flüssigkeit verloren.

Die Firma ElektroTeam übergibt vor der Durchführung der jeweiligen Arbeiten Kostenvoranschläge mit Stücklisten und Leistungsverzeichnissen an den Kunden.

6.2.1 Elektroherde

Anschluss von Elektroherden

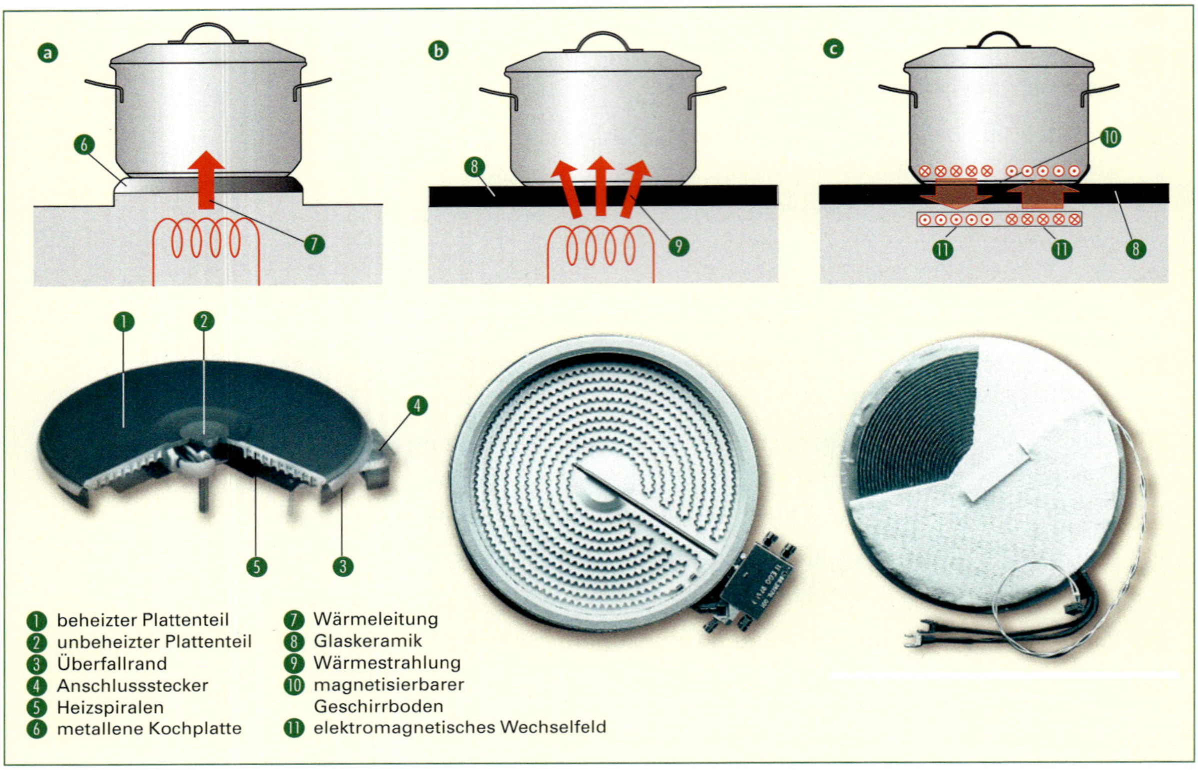

a b c

1 beheizter Plattenteil
2 unbeheizter Plattenteil
3 Überfallrand
4 Anschlussstecker
5 Heizspiralen
6 metallene Kochplatte
7 Wärmeleitung
8 Glaskeramik
9 Wärmestrahlung
10 magnetisierbarer Geschirrboden
11 elektromagnetisches Wechselfeld

Abb. 1 Wärmeübertragung durch Leitung a, Strahlung b und Induktion c

Um Speisen und Getränke zu erwärmen, muss elektrische Energie in thermische Energie überführt und auf die Nahrungsmittel übertragen werden. Dies kann durch

- Wärmeleitung
- Wärmestrahlung
- Wärmeinduktion

erfolgen, was jeweils mit hohen Leistungsaufnahmen verbunden ist (Abb. 1).

Wenn alle Heizquellen und Zusatzeinrichtungen eines Elektroherdes für den Wohnbereich in Betrieb sind, können Leistungen von bis zu 11 KW aufgenommen werden.

Der Anschluss erfolgt über einen eigenen Stromkreis an eine Geräteanschlussdose (Herdanschlussdose), die etwa 50 cm oberhalb des Fertigfußbodens angebracht ist. Diese verbindet über eine bewegliche Anschlussleitung ($5 \times 2{,}5\ mm^2$ Cu Kunststoffschlauchleitung) die Klemmleiste des Elektroherdes mit der Energieversorgung. Je nach

Abb. 2 Herdanschlussdose

Leitungsnetz sind an diesen Klemmleisten Verbindungsbrücken (Messingbleche) vorhanden, um den richtigen Anschluss auf das jeweilige Stromnetz einzustellen (Abb. 2 und Abb. 2 ▷ 537). Beim Anschließen des Elektroherdes ist zu überprüfen, ob ein ausreichender Überlast- und Kurzschlussschutz vorhanden ist. Bei älteren Installa-

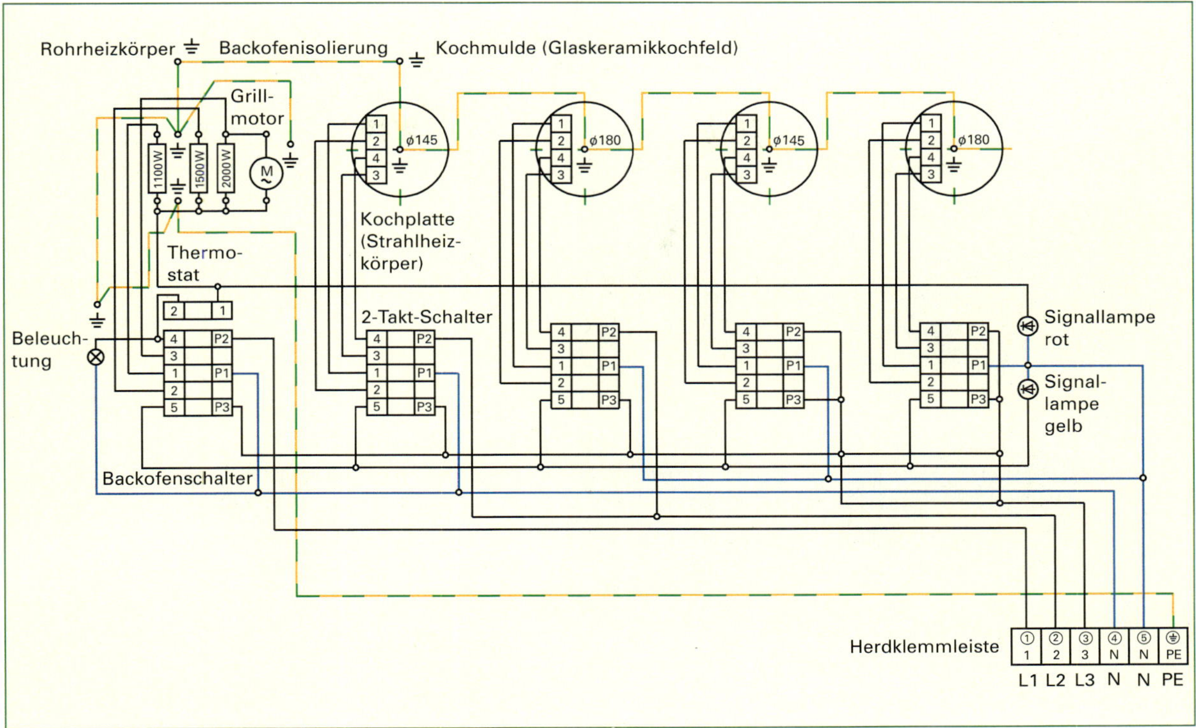

Abb. 1 Schaltbild Elektroherd

tionen mit Einphasenanschlüssen sind die Stromkreise mit 20-A-Leitungsschutzschaltern, bei Dreiphasenanschlüssen mit 16-A-Leitungsschutzschaltern abzusichern.

Aufgabe:

Beschreiben Sie die Auftragsabwicklung (Vorgehensweise) und erstellen Sie eine Rechnung für den Anschluss eines Elektroherdes an eine vorhandene Herdanschlussdose (Drehstromnetz 3 × 400 V/N/PE).

Funktion und Fehlersuche an Elektroherden

Der Arbeitsauftrag wurde von den Mietern um einen Kostenvoranschlag (KVA) ergänzt, der die Fehlersuche und Reparatur einer fehlerhaften Schnellkochplatte umfasst. Die Inbetriebnahme des Herdes hat ergeben, dass alle Betriebsspannungen am Gerät anliegen und beim Zuschalten der Schnellkochplatte die Kochplattenkontrolllampe leuchtet.

Abb. 1 zeigt den Schaltplan eines Elektroherdes mit Backofen und Glaskeramikkochfeld.

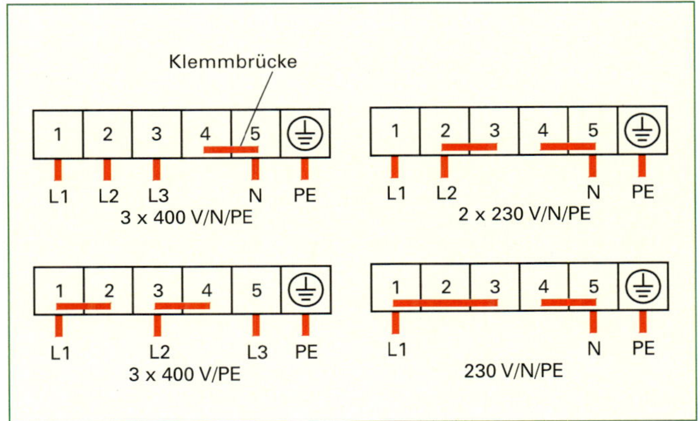

Abb. 2 Herdklemmleiste

Backofen

Der Backofen ist mit 3 Heizkörpern versehen, die die Nahrung durch Wärmestrahlung und Wärmeströmung erhitzen. Es gibt Ausführungen mit Ober- und Unterhitze sowie Umluftbacköfen, die über einen Ventilator die Wärmestrahlung bewirken. Dadurch kann die eingestellte Temperatur niedriger als bei konventionellen Backöfen sein (Abb. 1 ▷ 562).

Vielfach sind Backofensysteme auf dem Markt, die mit zusätzlichen Funktionen kombiniert sind, wie etwa Grilleinrichtungen oder integrierten Mikrowellenherden.

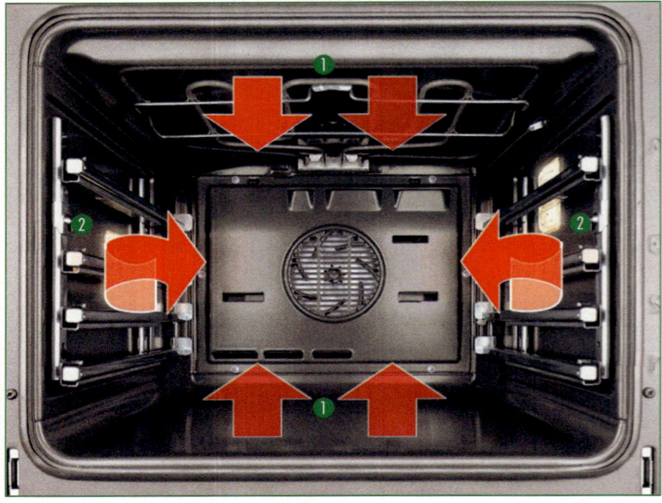

Abb. 1 Backofen mit Unter- und Oberhitze ❶ und/oder mit Umluft ❷

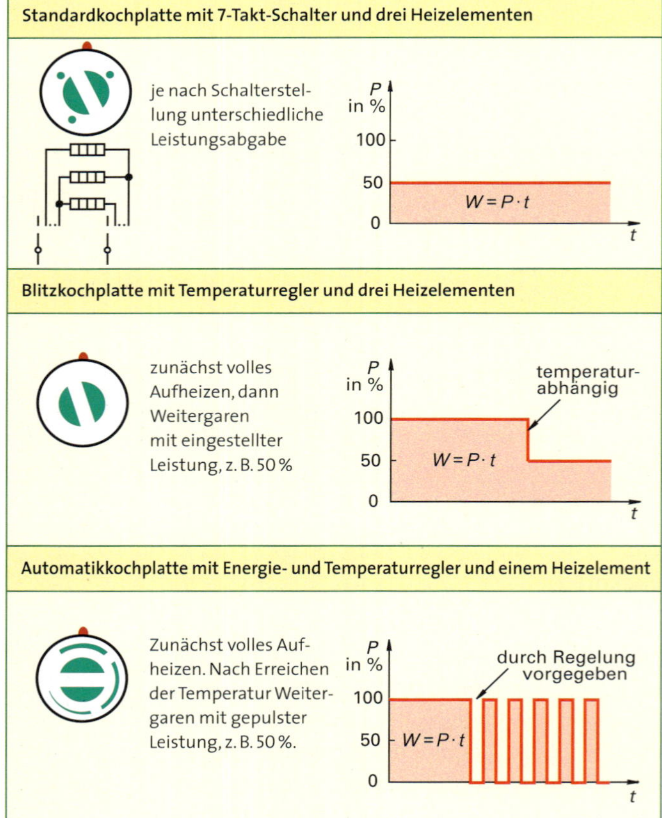

Abb. 2 Kochplattensysteme

Darüber hinaus sind besondere Einrichtungen zur Reinigung der Öfen vorzufinden, z. B. pyrolytische Selbstreinigung. Diese Funktion erlaubt mit Hilfe von zusätzlichen Heizungen, die eine Temperatur von etwa 500 °C bei einer Einschaltdauer von mehreren Stunden erzeugen, alle Speisereste zu verbrennen. Aus Sicherheitsgründen ist die Backofentür während des Reinigungsvorgangs verriegelt.
Bei Backöfen mit einer katalytischen Selbstreinigung erfolgt der Reinigungsprozess während der Zubereitung des Brat- und Grillguts. Dieser Prozess wird durch eine Oxidation (Verbrennung) aller Verunreinigungen an der Emailleoberfläche des Backraumes bereits bei Temperaturen ab etwa 150 °C ermöglicht. Diese spezielle Emaillebeschichtung nutzt sich allerdings mit der Zeit ab, aus diesem Grund sind häufig auswechselbare Innenwände vorzufinden.

Kochplatten und -felder

Im Einbauherd des Arbeitsauftrages kommt ein Kochplattensystem mit zwei Standardkochplatten, einer Schnellkochplatte (Blitzkochplatte) und einer Automatikkochplatte zum Einsatz (Abb. 3).

Den Aufbau einer Standardkochplatte (Normalkochplatte) zeigt Abb. 1 ▷ 560. Bei den Wärmeleitungskochplatten ist ein Heizleiter aus Chromnickeldraht fest in eine keramische Isoliermasse eingebettet und gibt seine Wärme über Leitrippen an den Kochplattenkörper aus Gusseisen ab. Die Elektrowärme wird auf der großen Plattenfläche gleichmäßig verteilt und soll von dort durch gutes Geschirr mit möglichst ebenem Boden durch Wärmeleitung übertragen werden.
Mit einem 7-Takt-Schalter (Abb. 1 ▷ 563) lassen sich bei Standard- und Schnellkochplatten durch Einzel-, Reihen- oder Parallelschaltung der 3 Einzelwicklungen 6 verschiedene Leistungsstufen einstellen. Automatikkochplatten sind stets temperaturgeregelt; die Regelung kann über Thermostate, PTC-Widerstände, Kapillarrohrfühler oder elektronisch erfolgen.
Während das Kochen auf Standardkochplatten immer auf dem Kontaktprinzip basiert, können Kochfelder in Glaskeramikbauweise (Ceranfelder) die Wärme auch mit einem Strahlungsheizkörper übertragen. Diese Systeme zeichnen sich durch große Temperaturwechselbeständigkeit, bessere Wärmeverteilung (durch das Luftpolster) und

Schaltstufen	0	6	5	4	3	2	1
Schaltbild	N1 N2 N3 1 2 4 3 2 1 3 4 P1 P2						
Ø145	N1 = 250 W N2 = 250 W N3 = 500 W	1000 W	750 W	500 W	250 W	165 W	100 W
Ø145	N1 = 750 W N2 = 250 W N3 = 500 W	1500 W	750 W	500 W	250 W	165 W	135 W
Ø180	N1 = 850 W N2 = 300 W N3 = 850 W	1500 W	1150 W	850 W	300 W	220 W	135 W
Ø180	N1 = 850 W N2 = 300 W N3 = 850 W	2000 W	1150 W	850 W	300 W	220 W	175 W
Ø220	N1 = 600 W N2 = 450 W N3 = 950 W	2000 W	1400 W	950 W	450 W	305 W	200 W
		Ankochen + Braten + Backen			Fortkochen		Warmhalten

Abb. 1 Standardkochplatte mit 7-Takt-Schalter

Abb. 2 7-Takt-Schalter

folglich eine geringere Leistungsaufnahme aus. Hinsichtlich Ankochzeiten, Leerlaufverhalten und Kochzonentemperaturen sind Glaskeramikkochfelder den Standardkochplattensystem aber nicht überlegen.

Praxistipp:

Bei der Durchführung des Arbeitsauftrags (Fehlersuche und Behebung) wurde nach dem Überprüfen der Betriebsspannungen (Spannungsmessung mit einem Multimeter oder Duspol) festgestellt, dass die Kontrolllampe an einem Außenleiter angeschlossen war, die nicht die fehlerhafte Kochplatte mit Spannung versorgt. Aus diesem Grund kann bei einigen Gerätetypen die Kontrolllampe trotz fehlender Plattenfunktion leuchten. Zum Eingrenzen der Fehlermöglichkeiten ist es sinnvoll, die Ohm'schen Widerstände der 3 Heizwicklungen zu kontrollieren, diese sollten in der Größenordnung 100 bis 200 Ohm liegen. Nachdem der Monteur festgestellt hat, dass die Wicklungen der Schnellkochplatte in Ordnung sind und keine Spannung bei den verschiedenen Schalterstellungen an den Wicklungen zu messen ist, kommt für den Fehler nur noch der 7-Takt-Schalter in Betracht. Eine Widerstandsmessung der Schaltkontakte bei den verschiedenen Stellungen hat diesen Verdacht bestätigt. Nach dem Austausch des Schalters durch ein Originalteil des Herstellers funktionierte die Schnellkochplatte wieder einwandfrei.

Vielfach haben die Gerätehersteller für ihre Produkte umfangreiche Serviceunterlagen im Programm, die sie dem qualifizierten Kundendienst zur Verfügung stellen.

Achtung:
Aus Sicherheitsgründen sollten die Widerstandsmessungen an den Heizwicklungen des Backofensystems bzw. an den Schaltern und 7-Taktschaltern nur im stromlosen Zustand erfolgen. Die Leitungsschutzschalter des Herdstromkreises sollten dazu abgeschaltet werden, da bei defekten Schaltern nicht garantiert werden kann, dass im ausgeschalteten Zustand keine Spannung an den Bauelementen anliegt.

Merke:
Nach der Funktionsprüfung, Feststellung des Fehlers und dessen Behebung ist bei instandgesetzten Geräten eine Prüfung nach DIN VDE 0701 erforderlich, die in einem Prüfprotokoll festgehalten wird.

Abb. 1 VDE-Messgeräte für Messungen nach DIN VDE 0701

Neben den allgemeinen Angaben zu Kunde, Gerätetyp und technischen Daten sind im Prüfprotokoll insbesondere die Besichtigung, Messungen und die Funktions- und Sicherheitsprüfung festgehalten. Das Protokoll wird vom verantwortlichen Monteur unterzeichnet.

Bei der Besichtigung wird überprüft, ob
- das Gehäuse oder sonstige mechanische Teile in Ordnung sind
- Anschlussleitungen und Steckverbindungen in Ordnung sind
- Zugentlastungen fehlerfrei sind
- der Schutzleiter in Ordnung ist.

Bei den Messungen ist
- der Schutzleiterwiderstand
- der Isolationswiderstand
- der Ersatzableitstrom

zu bestimmen.

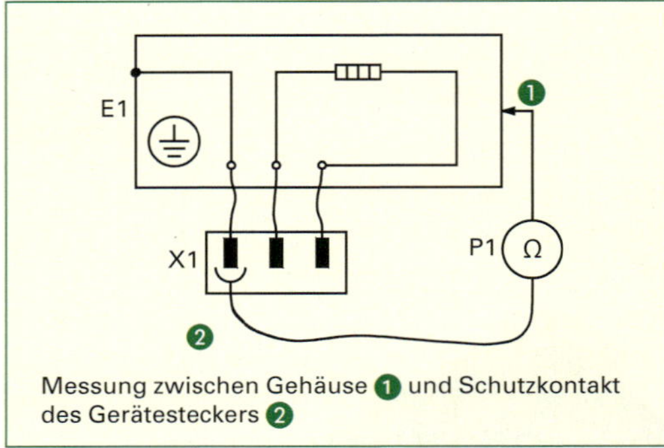

Abb. 2 Messung des Schutzleiterwiderstandes

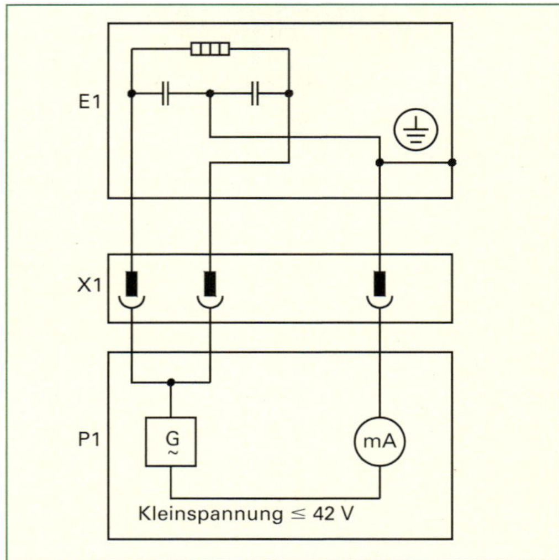

Abb. 3 Messung des Ersatzableitstroms

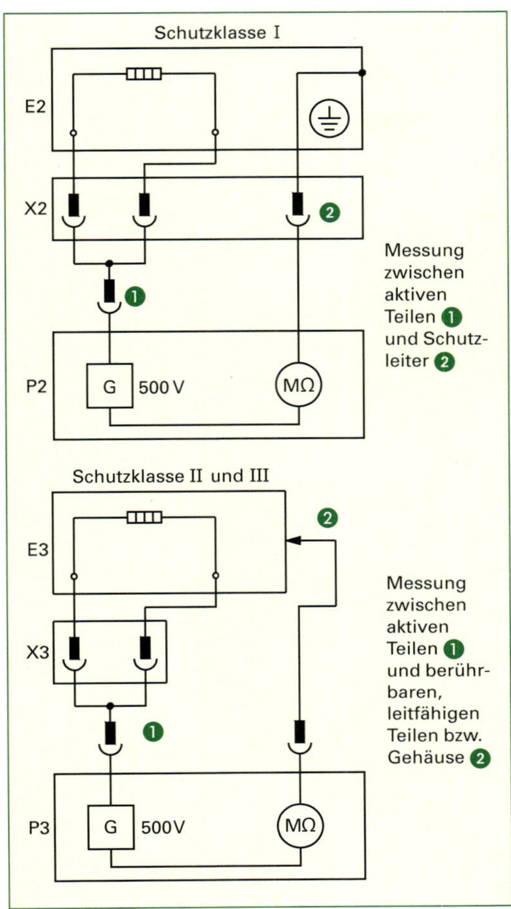

Abb. 1 Messung des Isolationswiderstands

Bei der Funktionsprüfung sind

- alle Funktionen zu überprüfen
- eine Sicherheitsprüfung durchzuführen.

Vor der Übergabe des instand gesetzten Elektroherdes an den Kunden sind die o.g. Prüfungen und Messungen durchzuführen und zu dokumentieren. Das Prüfprotokoll sollte der Rechnung beigefügt werden.

Aufgabe:

Berechnen Sie die möglichen Leistungsaufnahmen eines Kochplattensystems, das mit einem 7-Takt-Schalter eine Umschaltung von Einzel-, Reihen- oder Parallelschaltung der 3 Einzelwicklungen ermöglicht! (Eine Kochplatte soll bei Anschluss an 230 V eine Leistung von 200 W aufnehmen.)

Messgröße	Schutzklassen	Grenzwert
Schutzleiterwiderstand	Alle Geräte der Schutzklasse I	≦ 0,3 Ω bis 5 m Leitungslänge, zuzüglich 0,1 Ω je weitere 7,5 m bis zu einem Maximalwert von 1 Ω
Isolationswiderstand	Schutzklasse I mit Heizelementen Schutzklasse I ohne Heizelemente Schutzklasse II Schutzklasse III	≧ 0,3 MΩ ≧ 1 MΩ ≧ 2 MΩ ≧ 0,25 MΩ
Schutzleiterstrom	Schutzklasse I mit Heizelementen ≧ 3,5 W	≦ 3,5 mA ≦ 1 mA/kW
Berührungsstrom	Schutzklassen II und III sowie berührbare, leitfähige Teile von Geräten der Schutzklasse I, die nicht mit dem Schutzleiter verbunden sind	≦ 0,5 mA

Tabelle 1 Grenzwerte für Schutzleiterströme, Schutzleiter- und Isolationswiderstände

6.2.2 Mikrowellenherde

Neben der Erwärmung durch einen Stromfluss in Heizwiderständen kann Wärme auch durch ein elektromagnetisches Feld mithilfe von hochfrequenten Strömen erzeugt werden (Abb. 2 und Abb. 1 ▷ 566).

Abb. 2 Mikrowellenherd

Der prinzipielle Unterschied zum konventionellen Erwärmen besteht darin, dass die Wärme nicht von außen an das Gargut herangeführt wird, sondern durch die elektromagnetischen Wellen im Gargut selbst entsteht. Im Gerät ist dazu ein kleiner Hochfrequenzsender (Magnetron) enthalten, der eine Frequenz von 2450 MHz erzeugt. (Wellenlänge λ = 12,25 cm), vgl. Abschn. 3.2.1. Die elektromagnetische Welle gelangt über einen Hohlleiter und einen Reflektor an das Gargut, dessen Wassermoleküle sich nach den ausgestrahlten Feldern des Magnetrons ausrichten wollen.

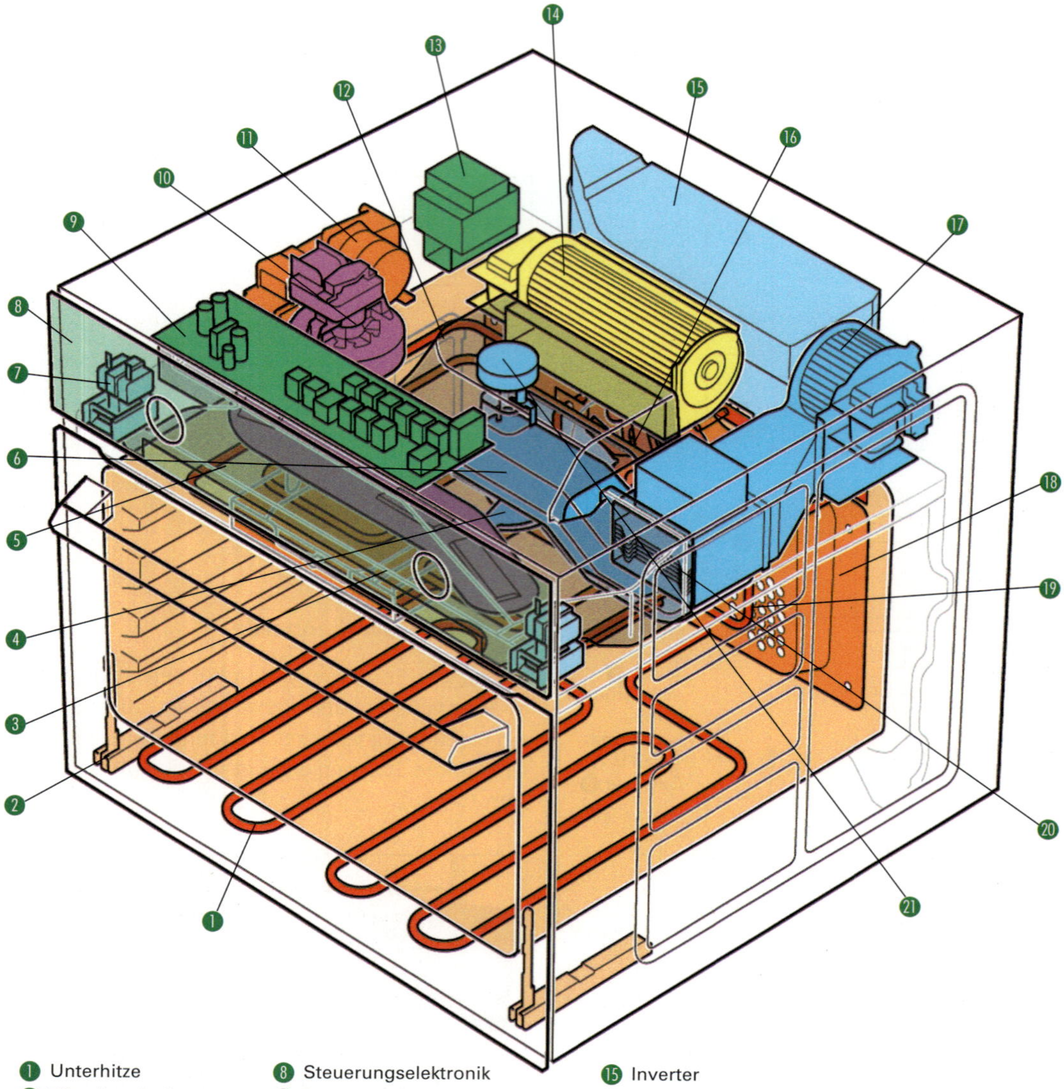

1 Unterhitze
2 Türscharnier innen
3 Pyrolyseverriegelung
4 Drehantenne
5 Grillheizkörper
6 Hohlleiter
7 Türschalter
8 Steuerungselektronik
9 Relais und Prozessor
10 Wrasenlüfter
11 Motor für Pyrolyseverriegelung
12 Backofenlampe
13 Beleuchtungstrafo
14 Lüfter für Kühlung
15 Inverter
16 Heissluftgebläse
17 Lüfter für Magnetron und Inverter
18 Ecolyse-Bleche für Backofendecke und Rückwand
19 Ringheizkörper
20 Magnetron
21 Antennenmotor

Abb. 1 Aufbau und Funktionsprinzip eines Mikrowellenherdes

Dadurch geraten diese in Bewegung. Es entsteht Reibungswärme. Der Reflektor hat die Aufgabe, die Mikrowellen im gesamten Garraum zu verteilen; ein eingebauter Drehteller unterstützt die gleichmäßige Bestrahlung der Nahrungsmittel. Da Metalle die Strahlen reflektieren, sollten keine Gefäße aus Metall in den Garraum gestellt werden, es könnten Funken überspringen, die zu Beschädigungen des Magnetrons führen.

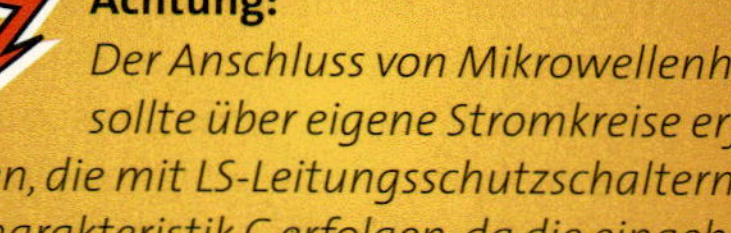

Achtung:
Der Anschluss von Mikrowellenherden sollte über eigene Stromkreise erfolgen, die mit LS-Leitungsschutzschaltern der Charakteristik C erfolgen, da die eingebauten Magnetrons sehr hohe Anlaufströme aufweisen *(Abb. 1 ▷ 567)*.

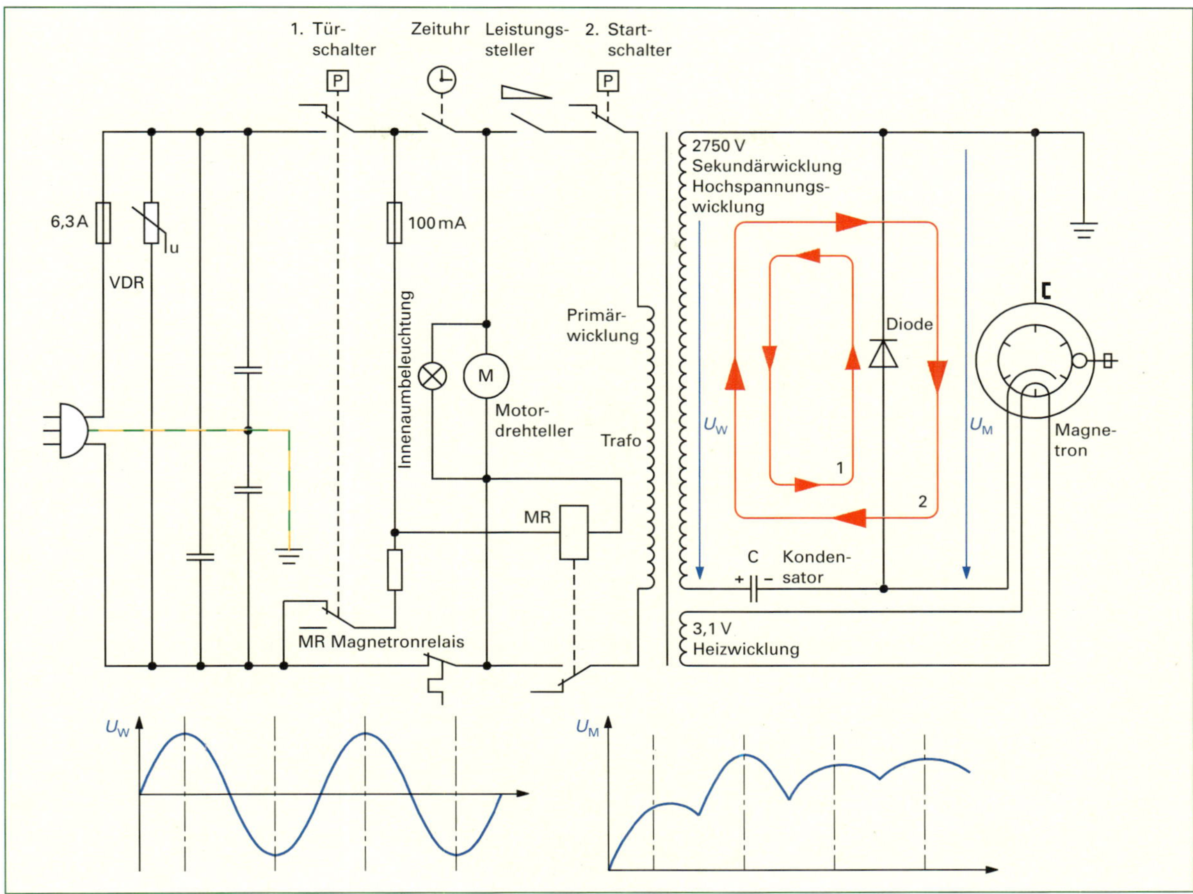

Abb. 1 Prinzipschaltbild eines Mikrowellenherdes mit Sicherheitsschaltung

Damit keine Strahlung das Gehäuse verlassen kann, sind die Türen durch engmaschige Lochbleche (Lochdurchmesser $d \ll$ Wellenlänge λ) geschirmt. Mehrere Mikroschalter schalten bei der geringsten Öffnung bzw. Verzug der Tür das Magnetron ab. Ein verzogenes Gehäuse bzw. eine undichte Tür müssen zwangsläufig bei Nichtreparatur zur Außerbetriebnahme führen.

Achtung:
Nach jeder Prüfung oder Reparatur ist neben den Prüfungen nach DIN VDE 0701 eine Prüfung der Leckstrahlung vorzunehmen. Die Grenzwerte sind bei Belastung auf 5 mW/cm² und im Leerlauf auf 10 mW/cm² festgelegt.
Zur Prüfung wird ein Becher mit 250 ml Wasser mittig in das Mikrowellengerät gestellt und 3 min eingeschaltet. Eine Abtastung mit einem Leckstrahlmessgerät rundum und diagonal um sämtliche Entlüftungsöffnungen darf keinen Wert höher als 5 mW/cm² ergeben.

Praxistipp:
Die Hochfrequenz-Kochleistung eines Mikrowellenherdes lässt sich nach folgender Methode recht einfach bestimmen:

- *Füllen Sie ein dünnwandiges Glasgefäß mit 1 Liter Wasser (Temperatur ca. 15 bis 20 °C).*
- *Messen Sie die Temperatur T_1.*
- *Stellen Sie das Glas mittig in den Garraum und schalten Sie das Gerät 83 s auf höchster Stufe ein.*
- *Messen Sie die Endtemperatur T_2.*
- *Die ungefähre HF-Leistung ergibt sich dann aus $P = (T_2 - T_1) \cdot 70$ in Watt*

Übliche auf dem Markt befindliche Mikrowellensysteme haben eine Hochfrequenzleistung von etwa 800 W. Zur schnellen Funktionsüberprüfung kann auch kontrolliert werden, ob 0,25 l Wasser in etwa 3 Minuten zum Kochen gebracht werden können.

Da Mikrowellenherde das Gargut nicht bräunen, sind häufig Kombinationen mit Back- bzw. Grillsystemen auf dem Markt, die die Vorzüge mehrerer Wärmesysteme vereinen. Die Nahrungsmittel können so durch Mikrowellen minutenschnell mit Hochfrequenzwärme gegart und durch Strahlungs- oder Konvektionswärme auf der Oberfläche erhitzt werden. Schaltungstechnisch sind diese Geräte Kombinationen aus Einbauherden (mit Grill und Heißluft) und Mikrowellenherden.

Aufgabe:

Beschreiben Sie, wie Sie einen Kunden beraten, der Ihnen einen Mikrowellenherd zur Reparatur der Innenbeleuchtung in das Ladengeschäft bringt. Nach der Aussage des Kunden ist die Beleuchtung seit einem Sturz des Herdes von der Arbeitsplatte einer Küchenzeile defekt, bei diesem Sturz sind auch Teile der Tür und des Metalllochrasters beschädigt worden. Die Erwärmung von Speisen sei aber weiterhin tadellos.

Was raten Sie dem Kunden, bzw. welche Maßnahmen und Prüfungen müssten Sie bei einer gewünschten Reparatur durchführen?

Prüfen Sie Ihr Wissen:

1 Wie kann die Übertragung von Wärme auf Speisen und Getränke erfolgen?

2 Berechnen Sie die maximale Leistungsaufnahme eines Elektroherds, wenn alle Heizquellen und Zusatzeinrichtungen im Betrieb sind!

3 Weshalb kann bei Backöfen mit Umlufteinrichtung die eingestellte Temperatur niedriger sein als bei konventionellen Backöfen?

4 Wie funktioniert der Reinigungsprozess bei Backöfen mit katalytischer Selbstreinigung?

5 Beschreiben Sie den Unterschied zwischen Standard-, Schnellkoch- und Automatikkochplatten!

6 Beschreiben Sie das Funktionsprinzip eines Mikrowellenherdes!

7 Weshalb arbeitet das Magnetron mit einer Frequenz von $f = 2{,}45$ GHz?

8 Weshalb kann ein Mikrowellenherd eine Speise wesentlich schneller erwärmen als eine Schnellkochplatte?

9 Wie kann eine Leckstrahlungsprüfung vorgenommen werden?

10 Wie lässt sich grob feststellen, ob die Leistungsabgabe eines Mikrowellenherdes ausreichend ist?

11 Wie wird der Ersatzableitstrom mithilfe einer Kleinspannung (Abb. 3 ▷ 564) in der Praxis bestimmt? Beschreiben Sie die Vorgehensweise, so wie Sie sie einem Auszubildenden vermitteln würden!

6.3 Kühl- und Gefriergeräte bzw. -kombinationen

Kundenauftrag:

Die Firma ElektroTeam wurde bei den anfallenden Installations- und Einbauarbeiten gebeten, nach der Ursache einer austretenden Flüssigkeit einer Kühl- und Gefrierkombination zu suchen. Nach der Aussage der Mieter ist diese Flüssigkeit erst nach einem Transportfehler aufgetreten.
Bevor auf die Fehlersuche und -behebung in diesem Arbeitsauftrag eingegangen wird, zeigt die Abb. 1 zunächst das Funktionsprinzip von Kühl- und Gefriergeräten.

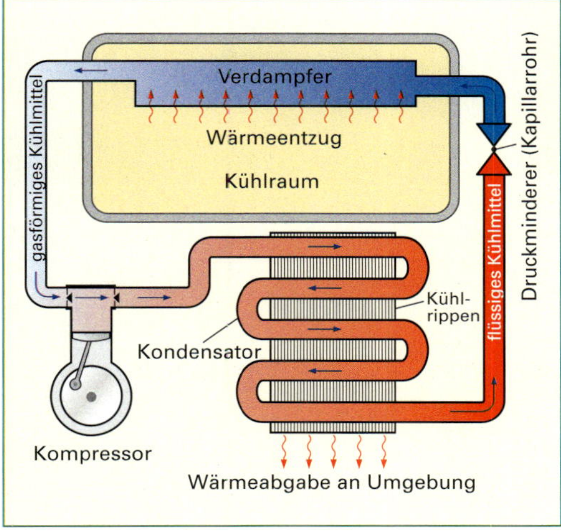

Abb. 1 Kühlung erfolgt durch Wärmeentzug

Merke:
- *Verdampfen einer Flüssigkeit → Wärme wird dem Kühlgut entzogen.*
- *Komprimieren eines Gases → Temperaturanstieg*
- *Abgabe der Wärme an die Umgebung an anderer Stelle*
- *Übergang des Gases unter Wärmeabgabe und Druck in den flüssigen Zustand*

Als Kältemittel werden Stoffe eingesetzt, die unter möglichst hoher Wärmeaufnahme vom flüssigen in den gasförmigen Zustand übergehen. Dazu eignen sich z. B. Ammoniak (NH_3), das aber sehr giftig ist, und Frigene (z. B. R 12), die auch als Fluor-Chlor-Kohlenwasserstoffe (FCKW) bezeichnet werden. Da diese Stoffe für den Abbau der Ozonschicht verantwortlich sind, verzichtet man seit einigen Jahren auf den Einsatz von FCKW in Kältemitteln und Dämmstoffen von Kühl- und Gefriergeräten. Bei FCKW-freien Geräten werden Kältemittel aus Isobutan/Propan, Isobutan R 600 oder Fluor-Kohlenwasserstoff (FKW) R 134 a eingesetzt. Letzteres ist wegen des Treibhauseffektes in Verruf geraten und wird immer häufiger durch alternative Stoffe ersetzt.

Achtung:
Insbesondere durch die möglichen Bestandteile von FCKW bzw. FKW in Kältemitteln und Dämmstoffen von Kühl- und Gefriergeräten ist es äußerst wichtig, Defektgeräte bzw. Komponenten sachgerecht zu entsorgen. Des Weiteren ist beim Umgang mit Kältemitteln erhöhte Vorsicht angebracht, die Hinweise der Hersteller sind zwingend zu befolgen.

6.3.1 Kühlgeräte nach dem Kompressorprinzip

Bei der Kühl- und Gefrierkombination des Kunden handelt es sich um ein Kühlgerät, das auf dem Kompressionsprinzip basiert (Abb. 1 und 1 ▷ 570). Abb. 2 ▷ 570 zeigt die Schaltung einer Kühl- und Gefrierkombination mit 2 Thermostaten. Thermostat ❺ schaltet den Lüfter und Kompressor des Gefrierteils, Thermostat ⓭ ist für die Regelung der Kühlschranktemperatur verantwortlich. Der Thermostat hat die Aufgabe, die Kühlguttemperatur mit dem eingestellten Sollwert zu vergleichen. Wenn die Innenraumtemperatur des Kühlschrankes größer als die gewünschte Temperatur

Merke:
Die Hauptbestandteile sind:
- *der Verdampfer, in dem das flüssige Kühlmittel verdampft*
- *der Kondensator, in dem der Kältemitteldampf wieder verflüssigt wird*
- *der Kompressor, der das Kältemittel aus dem Verdampfer absaugt und in den Kondensator pumpt*
- *der Druckminderer (Kapillarrohr), der das Verdunsten erleichtert*

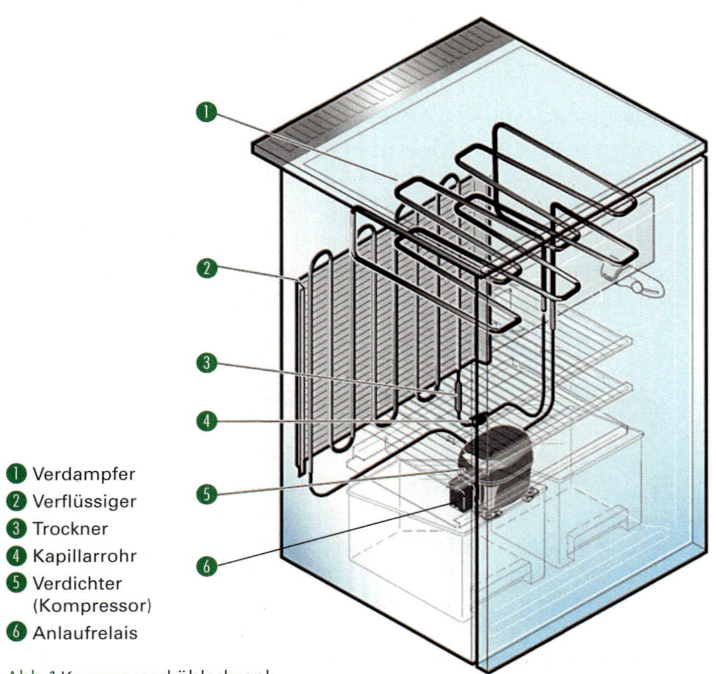

Abb. 1 Kompressorkühlschrank

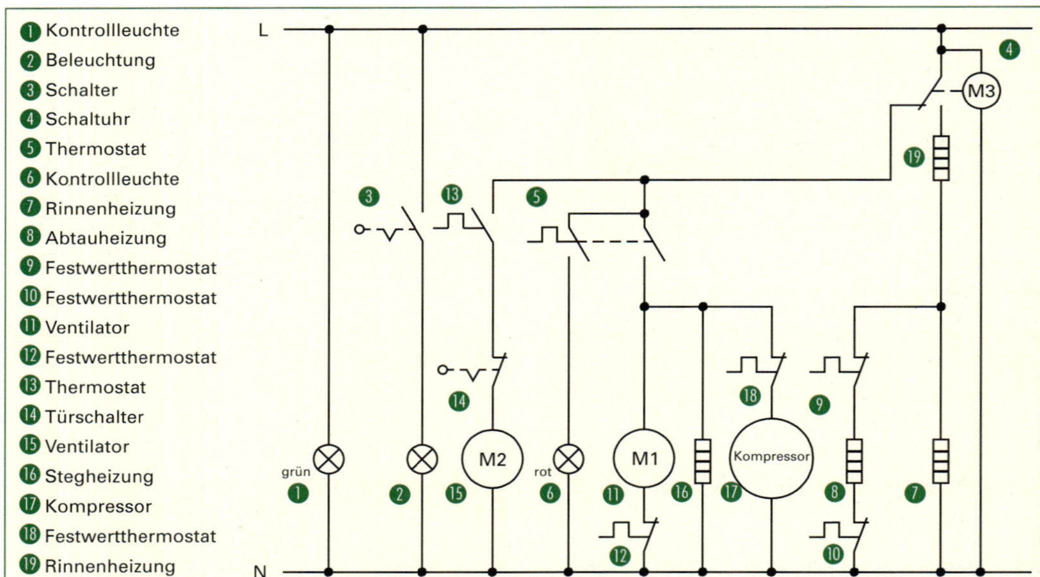

Abb. 2 Schaltbild eines No-Frost-Kompressor-Kombinationskühlgerätes

ist, schaltet der Kompressor 17 zu, und das gasförmige Kühlmittel wird abgesaugt. Der Verdampfer sitzt innerhalb des Gefrierabteils und kann mit einer Heizung 8 abgetaut werden.

Da Eis schlechte Wärmeleitungseigenschaften aufweist und damit die Leistung des Verdampfers mindert, müssen Kühl- und Gefriergeräte in regelmäßigen Abständen enteist werden. Der Begriff „No-Frost" bei manchen Kühl- bzw. Gefriergeräten weist auf zusätzliche Schaltungsmaßnahmen der Hersteller hin, die mit eingebauten Rinnen-, Steg- und Abtauheizungen angefrorenes Tauwasser verhindern. In der Schaltung (Abb. 2) ist diese Funktion realisiert.

Der im Arbeitsauftrag genannte Fehler kommt in der Praxis relativ selten vor. Kühlflüssigkeit kann durch Undichtigkeiten im Leitungssystem entstehen, die durch mechanische Beschädigungen oder Korrosion auftreten. Das Schließen von Leckagen und Befüllen von Kühlsystemen mit den entsprechenden Kältemitteln sollte nur von einschlägigen Fachbetrieben vorgenommen werden.
Wesentlich häufiger kommen im Servicebetrieb Fehler im Thermostatkreis bzw. der Kompressoranlaufschaltung vor.

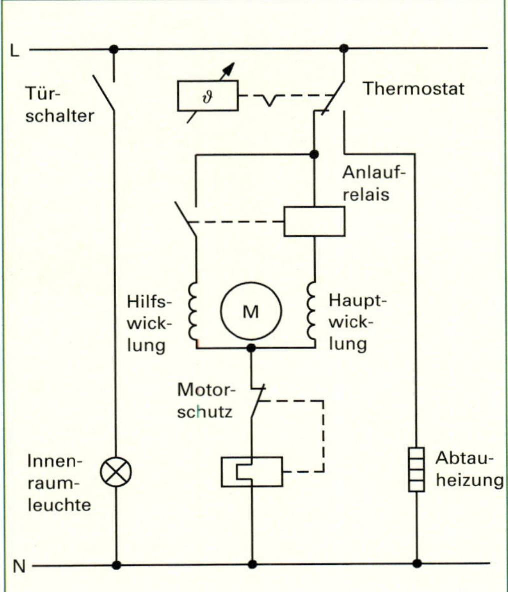

Abb. 1 Schaltbild eines Kühlkreises mit Kompressoranlaufschaltung

Aufgaben:

Arbeitsaufträge aus der Praxis könnten lauten:

1. Ein Kühl- bzw. Gefriergerät schaltet den Kompressor viel zu häufig ein. Welche Fehlerquellen bzw. -behebungsmaßnahmen kommen in Betracht?
   - Defekter Thermostat → Austausch
   - Undichtigkeiten im Kühlraum (defekte Türgummidichtung) → Austausch
   - Unzureichende Wärmeabfuhr am Kondensator → Reinigung der Lüftungsschlitze

2. Ein Kühl- bzw. Gefriergerät schaltet den Kompressor nicht ein. Innenraumleuchte und Abtauheizung funktionieren einwandfrei. Welche Fehlerquellen bzw. -behebungsmaßnahmen kommen in Betracht?
   - Defekter Thermostat → Austausch
   - Defektes Anlaufrelais, bei dem Spule in Reihe mit der Hauptwicklung liegt. → Austausch
   - Defekter Kompressor → Austausch eventuell unwirtschaftlich

   Beschreiben Sie für beide Fehler anhand der Schaltbilder und des Funktionsprinzips eines Kompressorkühlgerätes den Ablauf der systematischen Fehlersuche und erstellen Sie jeweils einen Kostenvoranschlag für die Behebung eines möglichen Fehlers.

6.3.2 Kühlgeräte nach dem Absorberprinzip

Kühlschränke, die nach dem Absorptionsprinzip (Abb. 1 ⊳ 572) arbeiten, zeichnen sich durch folgende Eigenschaften aus:

- universeller Einsatz durch verschiedene Energieformen (Gas, 12 V DC aus Kfz, 230 V AC Netzspannung usw.)
- sehr geringe Geräuschentwicklung, da keine bewegten Teile vorhanden sind.

Deshalb kommen solche Geräte insbesondere beim Camping oder in Wohnzimmer- und Bar-

Merke:

Die Hauptbestandteile sind:

- *der Verdampfer, in dem das flüssige Kühlmittel (Ammoniak) unter hohem Druck fließt und zur Kühlung führt*
- *der Absorber, der Wasser enthält, welches das gasförmige Ammoniak absorbiert*
- *der Kondensator, der das Ammoniakgas wieder flüssig werden lässt*
- *der Kocher, der mit einer Heizung das Ammoniak aus dem Wasser herauslöst und in Form von Dampf freisetzt*

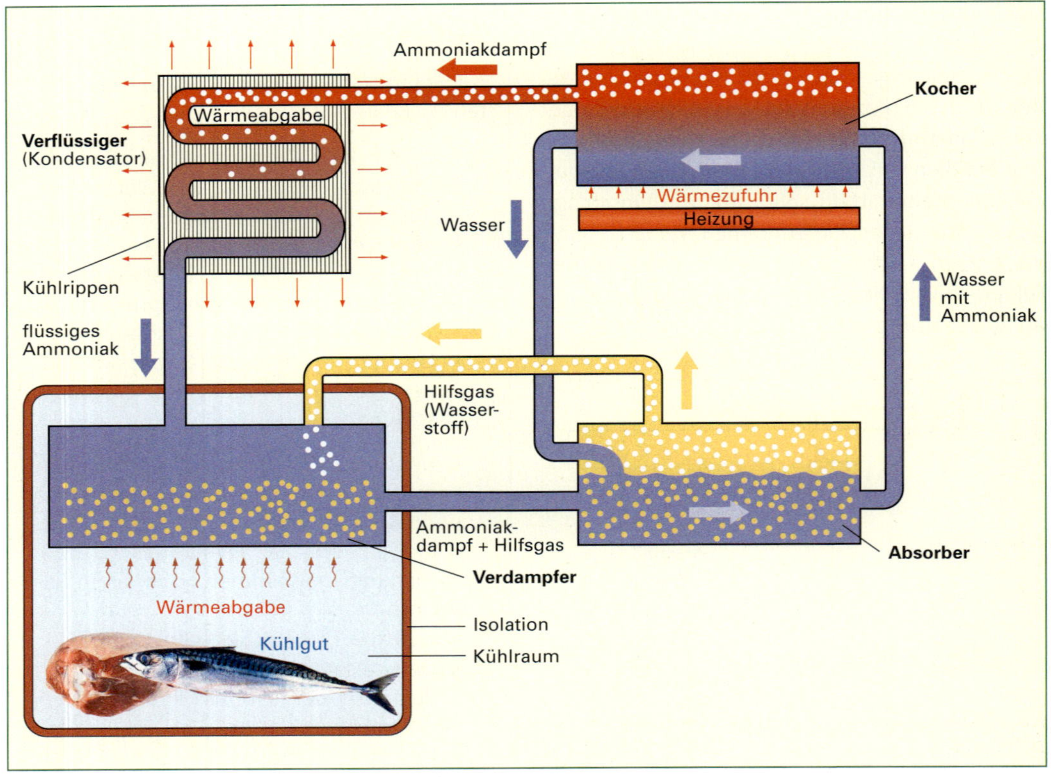

Abb. 1 Absorptionsprinzip

kühlgeräten zum Einsatz. Bei gleicher Kälteleistung haben Absorptionskühlgeräte allerdings einen etwa dreifachen Energiebedarf wie vergleichbare Kompressionskühlgeräte. Prinzipiell ist das Verfahren dem des Kompressionsverfahrens sehr ähnlich. Der Unterschied liegt vor allem darin, dass der Kühlkreislauf nicht durch einen Kompressor (Pumpe mit Elektromotor) aufrechterhalten wird, sondern durch einen beheizten Kocher mit Absorber. Zur langfristigen Lagerung von eingefrorenen Lebensmitteln dienen Tiefkühlgeräte, die Temperaturen von mindestens –18 °C erreichen. Die DIN 8953 stellt Symbole zur Verfügung, die das Kühlvermögen von Kühlgeräten kennzeichnen (Abb. 2). Wenn Nahrungsmittel eingefroren werden sollen, werden Temperaturen von –18 °C und kälter notwendig, die von Gefriergeräten erzeugt werden können. Diese Geräte sind in der Regel mit Kompressionssystemen als Kälteaggregate ausgestattet und in verschiedenen Bauformen als Gefriertruhen oder -schränke auf dem Markt. Abb. 1 ▷ 574, Abb. 1 bis 4 ▷ 575 und Abb. 1 und 2 ▷ 576 zeigen die Energieeffizienzklassen und Energielabel von Kühl- und Gefriergeräten, Waschmaschinen, Wäschetrocknern, Waschtrockenautomaten sowie Geschirrspülmaschinen.

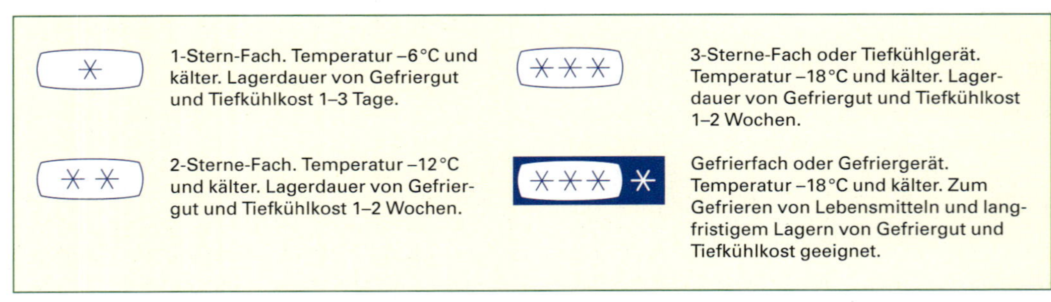

Abb. 2 Stern-Symbole nach DIN 8953

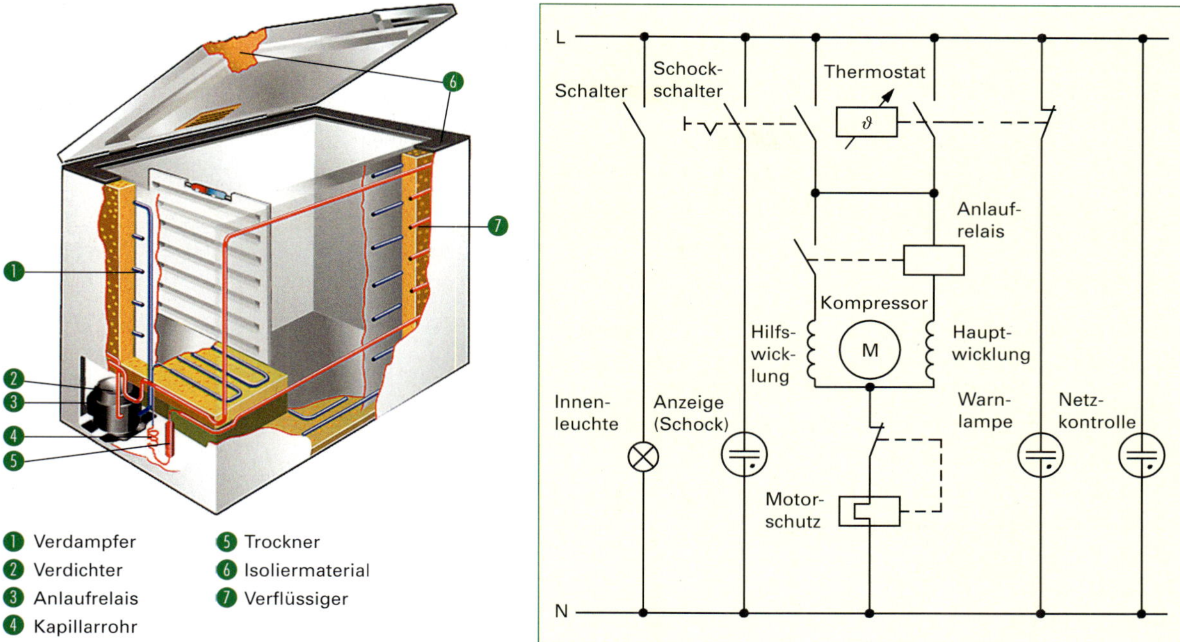

Abb. 1 Aufbau einer Gefriertruhe

Abb. 2 Schaltbild eines Gefriergerätes

Praxistipp:

Moderne Kühl- und Gefriergeräte zeichnen sich durch hohe Energieeffizienzklassen mit daraus resultierendem niedrigen Energieverbrauch und kleinen Anschlusswerten (100 bis 400 W) aus. Dennoch sollten sie über eigene Stromkreise und nicht über Fehlerstromschutzschalter (RCD) angeschlossen werden, über die auch andere Geräte und Anlageteile laufen. Ein Fehler würde zu einem Stromausfall und damit zu einem Abschalten des Kühl- bzw. Gefriergerätes führen.

6.3.3 Energieeffizienzklassen

Um den Verkauf von energiesparenden Geräten in der EU zu fördern, wurde das europäische Energielabel eingeführt, das Elektrogeräte verschiedenen Energieeffizienzklassen zuordnet. Die Einteilung erfolgt in Wertungsklassen von A bis G, wobei A die beste Klasse (niedriger Energiebedarf) ist und G die schlechteste Klasse (hoher Energiebedarf).

Neben Kühl- und Gefriergeräten, Waschmaschinen, Geschirrspülern, Klimageräten, Wäschetrocknern und Lampen fallen nun auch Fernseher unter die Kennzeichnungspflicht.

Für die Einordnung in Energieeffizienzklassen wird jedes neu produzierte und im Handel vertriebene Gerät mit einem Referenzgerät verglichen und verbraucht einen bestimmten Bruchteil dessen an Energie (Strom, Wasser usw.). Dieser Bruchteil ist maßgeblich für die Energieeffizienz und damit für die Vergabe des Energielabels. (Tabelle 1 ▷ 574)

Daneben schreibt die EU auch Mindestanforderungen vor. Zum Beispiel gilt seit November 2015, dass alle Wäschetrockner, die im Handel verkauft werden, mindestens die Anforderungen der Energieeffizienzklasse C erfüllen müssen, ab November 2015 sogar die der Energieeffizienzklasse B (Wäschetrockner der Klasse A+++ verbrauchen rund 70 Prozent weniger Strom als ein Gerät der Klasse B).

Seit dem 1. September 2013 ist die neue Einstufung von Lampen in die Klassen A++ bis E verbindlich geworden. Ausgenommen von der Kennzeichnungspflicht sind Lampen und LED-Module mit einem Lichtstrom von weniger als 30 Lumen. Es existieren Ökodesignanforderungen an die

Energieeffizienz von Lampen mit ungerichtetem Licht. Matte Lampen aller Leistungsklassen müssen mindestens die Kriterien der Klasse A erfüllen. Für klare Lampen (mit einer Leistung von 4 Watt oder mehr und höchstens 12 000 Lumen Lichtstrom) gilt Klasse C als Mindeststandard.

Energieeffizienzklassen (Energieverbrauch in Prozent zu einem Bezugsgerät (100 %))										
Energieeffizienzklasse	**A+++**	**A++**	**A+**	**A**	**B**	**C**	**D**	**E**	**F**	**G**
Kühl-/Gefriergeräte	<22	<33	<44	<55	<75	<95	<110	<125	<150	≥ 150
Lampen					60	80	95	110	130	
TV-Geräte	<10	10	16	23	30	42	60	80	90	100
Waschmaschinen	<46	46	52	59	68	77	87			
Geschirrspüler	<50	50	56	63	71	80	90			

Tabelle 1 Zuordnung von Gerätegruppen zu Energieeffizienzklassen

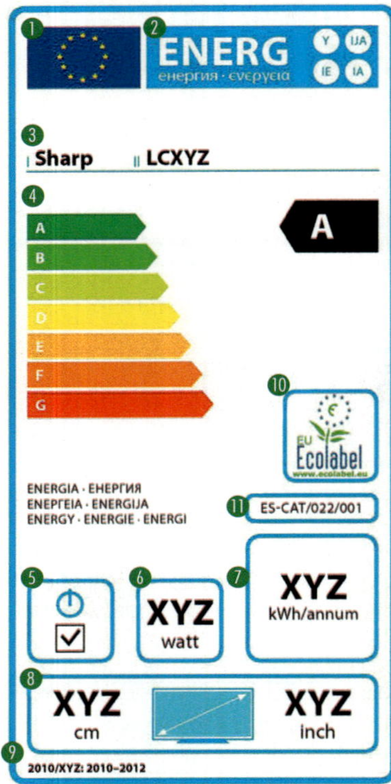

Abb. 1 Das neue EU-Energieeffizienzlabel für TV

1. EU-Rahmenrichtlinie zum Energielabel: Gilt seit 1992 für Haushaltsgeräte; seit Juni 2010 Ausdehnung auf „energieverbrauchsrelevante Produkte“; Verabschiedung der Unterverordnung voraussichtlich ab IV. Quartal 2010; danach freiwillige Nutzung für ein Jahr und spätestens ab IV. Quartal 2011 verpflichtende Nutzung.
2. Das Label ist sprachneutral
3. Marke und Produktbezeichnung
4. Energieeffizienzklasse (7 Klassen/7 Farben: A bis G; Messwerte sind die sichtbare Fläche des Panels und der ON-Mode-Verbrauch.)
5. Netzschalter (ja/nein)
6. Leistungsaufnahme in Watt
7. Jahresenergieverbrauch in KWh basierend auf 4-Stunden-Betrieb pro Tag und 365 Tage/Jahr
8. Bilddiagonale (cm/Zoll)
9. Bezeichnung der Regulierung
10. EU Ecolabel (optionale Verwendung, sofern das Produkt mit dem EU-Umweltzeichen ausgezeichnet wurde)
11. EU Ecolabel Registrierungsnummer

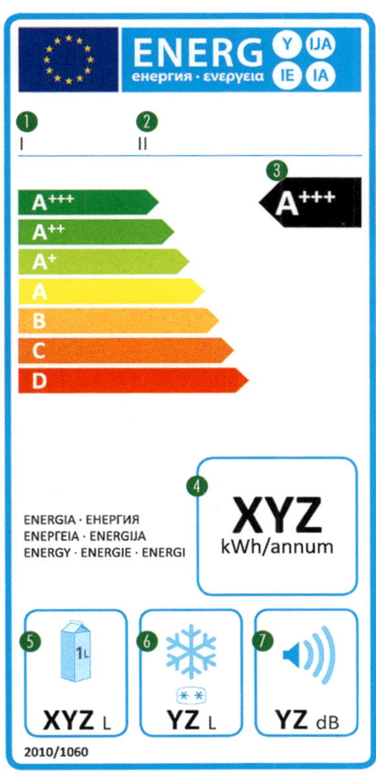

1 Hersteller
2 Modellbezeichnung
3 Energieeffizienzklasse des Geräts
4 Stromverbrauch in Kilowattstunden pro Jahr
5 Gesamtnutzinhalt aller Kühlfächer in Litern
6 Gesamtnutzinhalt aller Gefrierfächer in Litern
7 Geräuschentwicklung im Betrieb in Dezibel

Abb. 1 Energielabel von Kühl-/Gefriergerät bzw -Kombination

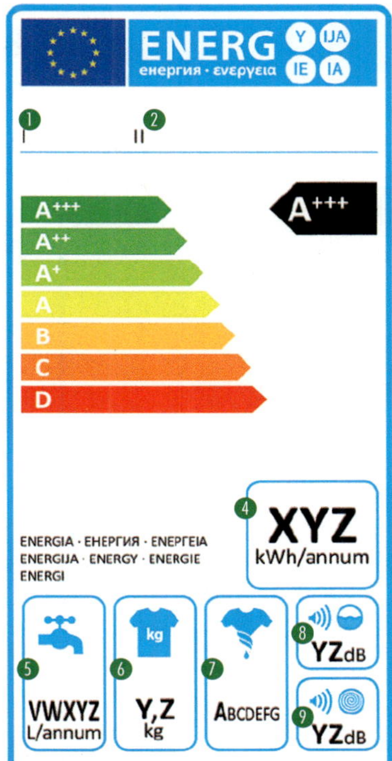

1 Hersteller
2 Modellbezeichnung
3 Energieeffizienzklasse des Geräts
4 Stromverbrauch in Kilowattstunden bei 220 Waschzyklen pro Jahr
5 Wasserverbrauch in Litern bei 220 Waschzyklen pro Jahr
6 Maximale Beladung im Programm 40 °C/60 °C Baumwolle in Kilogramm (angegeben wird der niedrigere Wert)
7 Schleuderwirkungsklasse von A (beste) bis G (schlechteste)
8 Geräuschentwicklung beim Waschen in Dezibel
9 Geräuschentwicklung beim Schleudern in Dezibel

Abb. 2 Energielabel Waschmaschine

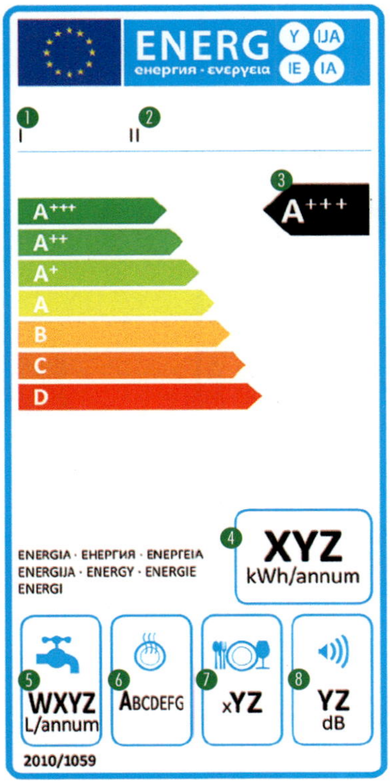

1 Hersteller
2 Modellbezeichnung
3 Energieeffizienzklasse des Geräts
4 Stromverbrauch in Kilowattstunden bei 280 Spülzyklen pro Jahr
5 Wasserverbrauch in Litern bei 280 Spülzyklen pro Jahr
6 Trockenwirkungsklasse von A (beste) bis G (schlechteste)
7 Standardbeladung in Maßgedecken
8 Geräuschentwicklung im Betrieb in Dezibel

Abb. 3 Energielabel Geschirrspülmaschine

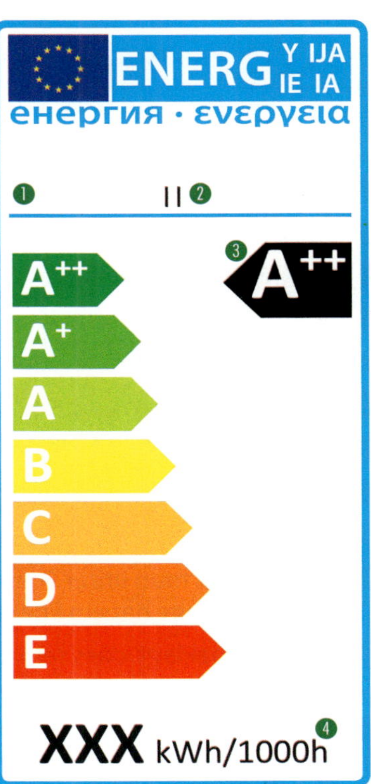

1 Hersteller oder Marke
2 Produktcode
3 Energieeffizienzklasse der Lampe
4 Stromverbrauch in Kilowattstunden bei 1 000 Stunden Nutzung

Abb. 4 Energielabel Leuchten

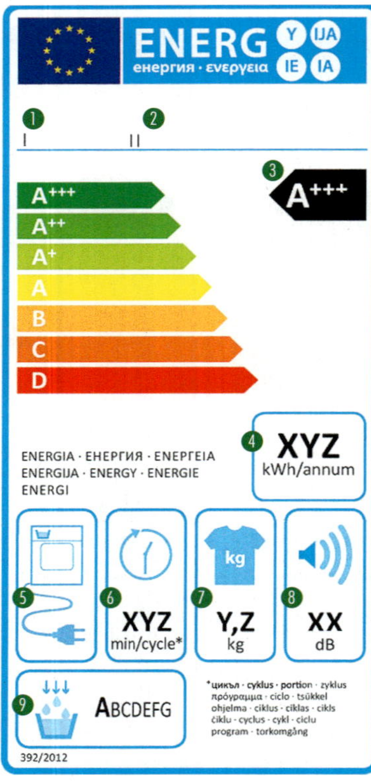

Abb. 1 Energielabel Wäschetrockner

1. Hersteller
2. Modellbezeichnung
3. Energieeffizienzklasse des Geräts
4. Stromverbrauch in Kilowattstunden bei 160 Trockenzyklen pro Jahr
5. Gerätetyp (Kondensations-, Abluft- oder gasbetriebener Trockner); hier Kondensationstrockner
6. Dauer des Standard-Baumwoll-Programms in Minuten
7. Maximale Beladung für das Standard-Baumwoll-Programm in Kilogramm
8. Geräuschentwicklung während des Trocknens in Dezibel
9. Bei Kondensationstrocknern: Kondensationseffizienzklasse von A (beste) bis G (schlechteste)

Prüfen Sie Ihr Wissen:

1. Auf welchem Grundprinzip basiert ein Kühlungsvorgang?
2. Weshalb gelten FCKW (Fluor-Chlor-Kohlenwasserstoffe) als gefährlich?
3. Welche Bestandteile hat ein Kühlgerät nach dem Kompressionsprinzip?
4. Welche Aufgabe hat das Kapillarrohr?
5. Welche Folgen hat eine Undichtigkeit im Kompressorkühlsystem?
6. Welche Aufgabe hat die Kompressoranlaufschaltung?
7. Worin unterscheidet sich ein Absorberkühlgerät von einem Kompressorkühlgerät?
8. Welche besonderen Eigenschaften haben Gefriergeräte?
9. Weshalb müssen Kühl- und Gefriergeräte regelmäßig enteist werden?
10. Was versteht man unter Energieeffizienzklassen? Welche Aussage hat ein Energielabel?
11. Ein Kunde beklagt, dass sein Kühlschrank viel zu sehr herunterkühlt. Beschreiben Sie eine systemische Fehlersuche!
12. Ein älterer Gefrierschrank weist ein schlechtes Kühlverhalten auf. Der Kompressor schaltet wesentlich häufiger als früher ein. Welche Komponenten können defekt sein? (Begründung!)

6.4 Aufbau und Anwendung von Universalmotoren

- **Fehler an Universalmotoren**
- **Prüfverfahren an Geräten und Zuleitungen**
- **Fehlerdiagnose, Bestimmung von Ursachen bei Funktionsstörungen**
- **Fehlerbeseitigung**
- **Funktion von Universalmotoren**
- **Einsatz in der Praxis**
- **Gesetzlich vorgeschriebene Prüfungen und Protokolle**

Kundenauftrag:

Bei der Rückkehr von einer Baustelle fand Meister Strom eine Bohrmaschine auf der Werkbank vor, die ein Kunde zur Reparatur abgegeben hatte. Auf einem beiliegenden Papier hatte der Kunde neben seiner Anschrift und seiner Telefonnummer vermerkt, dass die Bohrmaschine defekt sei. Zunächst habe sich die Welle mit dem Bohrfutter noch ruckartig gedreht, später gar nicht mehr. Der Kunde bat um einen Rückruf.
Der Meister überprüft die Maschine am Netz und bestätigt den Befund des Kunden: Keine Funktion. Die Sichtprüfung zeigt eine äußerlich normal beanspruchte Bohrmaschine, die Anschlussleitung macht einen schadhaften Eindruck. Sowohl unmittelbar nach der Knickschutztülle am Griff der Bohrmaschine als auch an der Einführung zum Stecker sind Aufwölbungen bzw. Knickspuren zu erkennen.
Obwohl die Baugruppen und Bestandteile von Bohrmaschinen technisch ausgereift sind und im Prinzip über lange Betriebszeiten problemlos funktionieren, treten in der Praxis gelegentlich Fehler und Funktionsstörungen auf. Als Ursachen kommen in Frage:

- Das Arbeiten in ungünstiger Lage oder Umgebung kann dazu führen, dass z.B. Feuchtigkeit, Schmutz und Staub ins Bohrmaschinengehäuse eindringen.
- Das Zusetzen der Lüftungsschlitze und nachfolgende Überhitzung der Wicklung sind möglich.
- Lagerschäden, Beschädigungen des Kollektors und der Kohlebürsten treten auf.
- Das Verwenden von abgenutzten Bohrern, falschen Drehzahlen und ein zu hoher Anpressdruck auf das Werkstück führen zu hoher Belastung der Maschine.
- Auch eine unsachgemäße Behandlung sowohl der Maschine wie auch der Anschlussleitung stellen häufige Störungsursachen dar.

Der Meister informiert den Kunden über mögliche Fehlerursachen:

- Anschlussleitung unterbrochen
- Kohlebürsten verschlissen
- Entstörkondensator (X-Y-Kondensator) defekt
- Elektronik-Drehzahlsteller defekt
- Wicklung durchgebrannt

Der Kunde erteilt den Reparaturauftrag mit der Einschränkung, nur eine defekte Anschlussleitung, den defekten Entstörkondensator oder abgenutzte Kohlebürsten zu erneuern. Bei anderen Fehlerursachen wollte der Kunde eventuell zugunsten einer Neuanschaffung auf die Reparatur verzichten.

Fehlersuche an der Bohrmaschine

Achtung:
Vor der Arbeit an der Bohrmaschine ist der Netzstecker zu ziehen.

Zwei Halbschalen aus schlagfestem und elektrisch isolierendem Kunststoff bilden das Gehäuse der Bohrmaschine. Nach dem Lösen der Schrauben lässt sich die eine Gehäusehälfte abnehmen. Dabei sollte man sorgfältig prüfen, ob die Kunststoffteile zusätzlich mit Einrastungen versehen sind, sodass sich die Hälften noch nicht trennen lassen. Keine Gewalt anwenden, bei unsachgemäßem Vorgehen können Kunststoffklinken abbrechen. Abb. 1 ▷ 578 zeigt einen Blick in die geöffnete Bohrmaschine, die aus folgenden Teilen aufgebaut ist:

- Bohrfutter
- Getriebe
- Elektromotor (Universalmotor)
- Elektronik-Drehzahlsteller
- Anschlussleitung mit Konturenstecker

Handwerkzeuge (Bohrmaschinen, Stichsägen), Staubsauger, Küchenmaschinen und andere

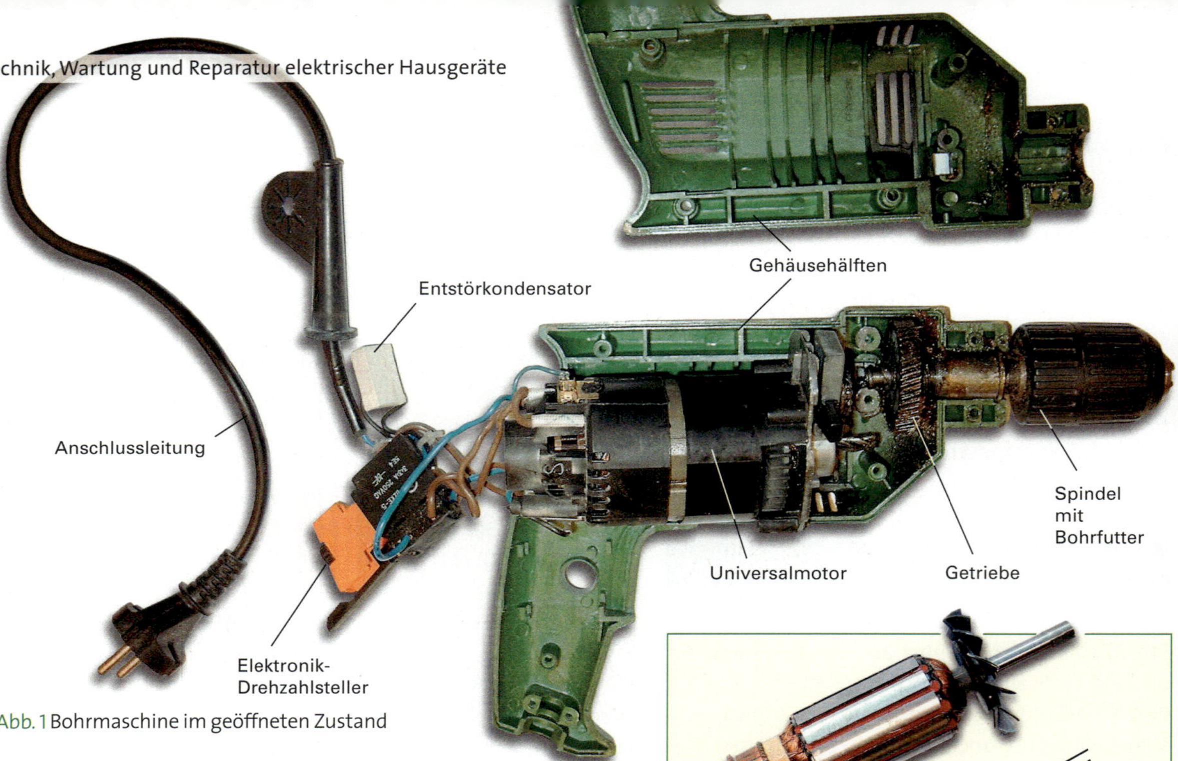

Gehäusehälften
Entstörkondensator
Anschlussleitung
Spindel mit Bohrfutter
Universalmotor
Getriebe
Elektronik-Drehzahlsteller

Abb. 1 Bohrmaschine im geöffneten Zustand

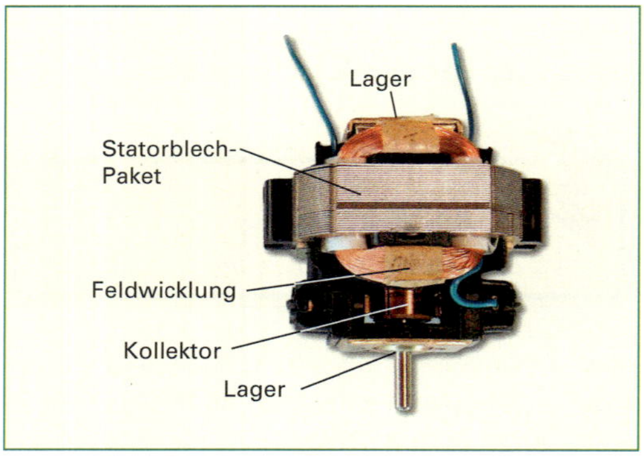

Lager
Statorblech-Paket
Feldwicklung
Kollektor
Lager

Abb. 2 Universalmotor in anderer Ausführungsform

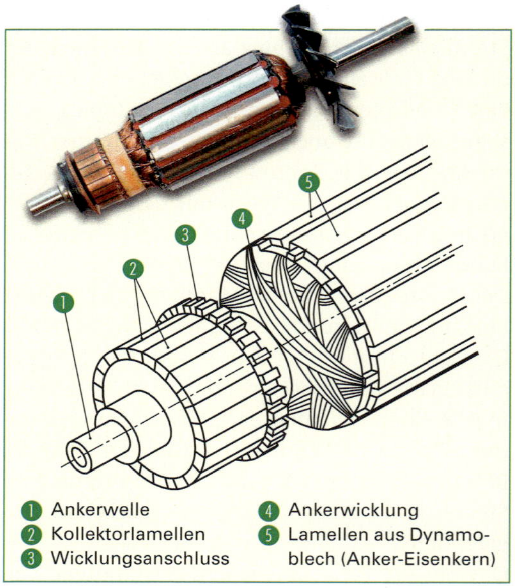

1 Ankerwelle
2 Kollektorlamellen
3 Wicklungsanschluss
4 Ankerwicklung
5 Lamellen aus Dynamoblech (Anker-Eisenkern)

Abb. 3 Anker eines Universalmotors

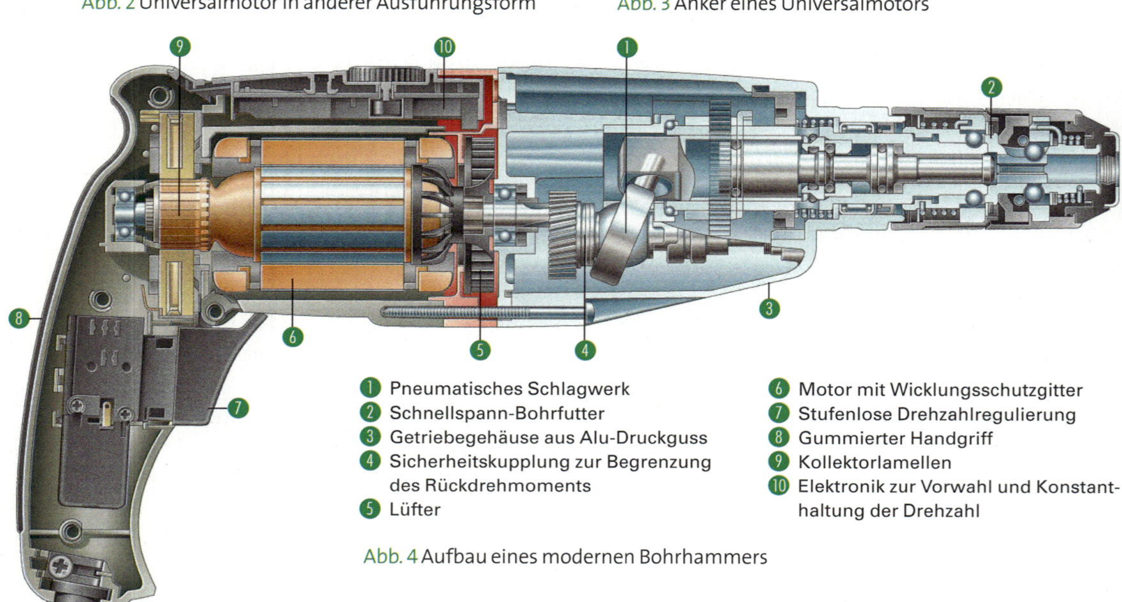

1 Pneumatisches Schlagwerk
2 Schnellspann-Bohrfutter
3 Getriebegehäuse aus Alu-Druckguss
4 Sicherheitskupplung zur Begrenzung des Rückdrehmoments
5 Lüfter
6 Motor mit Wicklungsschutzgitter
7 Stufenlose Drehzahlregulierung
8 Gummierter Handgriff
9 Kollektorlamellen
10 Elektronik zur Vorwahl und Konstanthaltung der Drehzahl

Abb. 4 Aufbau eines modernen Bohrhammers

Haushaltsgeräte sind vorwiegend mit Universalmotoren bestückt. Sie werden auch Allstrommotoren genannt und können an Gleich- oder an Wechselspannung betrieben werden.
Die Vorteile des Universalmotors sind eine von der Netzfrequenz unabhängige hohe Drehzahl und ein hohes Drehmoment sowie ein günstiges Leistungsgewicht (Verhältnis von Drehmoment zu Motorgewicht). Darüber hinaus sind gerade die hohe Überlastungsfähigkeit und die Möglichkeit der Drehzahlverstellung mit modernen Schaltungen ein Vorteil in der Anwendung bei Elektrowerkzeugen.
Bedingt durch die Funktion und das Design des jeweiligen Gerätes, in das der Motor eingebaut wird, sind Form und Ausführung des Motors äußerlich sehr verschieden. Abb. 2 ▷ 578 zeigt zwei verschiedene technische Ausführungen. Prinzipiell besteht ein solcher Motor aus:

- einem fest stehenden Blechpaket, das Stator heißt und die Wicklung zur Erzeugung des Magnetfeldes aufnimmt
- einem drehbar gelagerten Anker mit der Ankerwicklung

An einem Ende des Ankers ist der Kollektor angebracht. Er wird auch Kommutator genannt (Stromwender) (in Abb. 1 gut erkennbar). Die Halterung und Führung für die Kohlebürsten, die dem drehbaren Anker über den Kollektor den Strom zuführen, ist je nach Konstruktion des Motors mit dem Stator verbunden oder an einem Gehäuse befestigt. Der Anker ist in Lagern auf beiden Seiten des Stators oder Gehäuses fixiert und drehbar angeordnet.

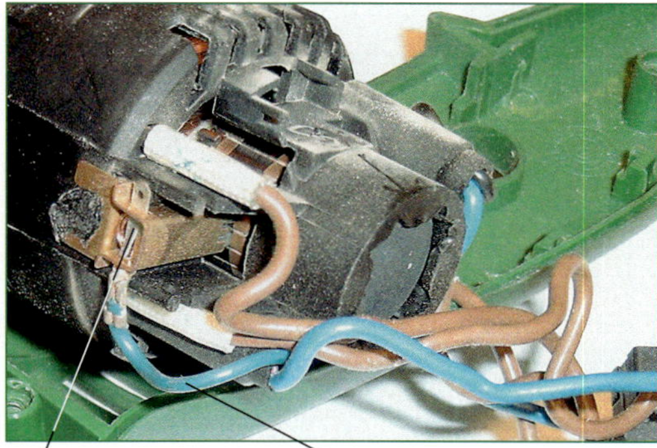

Abb. 1 Vergrößerter Ausschnitt des Motors mit Blick auf den Kollektor und die Kohlebürsten

Abb. 1 zeigt einen vergrößerten Ausschnitt des Motors, um die Kohlebürstenhalterung mit der Stromzuführung sichtbar zu machen. Auch der Kollektor ist zu sehen.

Prüfung des Kollektors und der Kohlebürsten

Die Sichtprüfung des Kollektors und der Kohlebürsten lässt keinen Schaden erkennen. Nach Entfernen der Metallzunge der Stromzuführung können die Bürsten aus ihrer Führung herausgenommen und kontrolliert werden. Die Lauffläche der Bürsten zum Kollektor hin sind in gutem Zustand. Nach der Reinigung der Führungen und des Kollektors werden die Bürsten wieder eingesetzt. Eine Widerstandsmessung zwischen Kollektorlamelle und Stromzuführung an der Feder der Kohlebürste bestätigt den korrekten Sitz der Bürste.

Prüfung der Anschlussleitung

Die Anschlussleitungen von Elektrohandwerkzeugen werden in der Praxis häufig unsachgemäß behandelt. Dazu zählen:

- Herausziehen des Steckers mit der Anschlussleitung
- Knicken der Leitung am Stecker oder am Werkzeug während des Betriebes
- Quetschen der Leitung (durch Überrollen mit Fahrzeugen oder Drauftreten)
- Heranziehen des Werkzeuges zur Arbeitsstelle oder Hochheben an der Leitung

Für das Auftreten von Beschädigungen, selbst im normalen Praxisbetrieb selbst bei sachgemäßer Handhabung, sind natürlich auch das Alter der Leitung und die Benutzungshäufigkeit ausschlaggebend.
Durch o. g. Behandlung der Anschlussleitung, vor allem durch häufiges Knicken und Biegen, brechen im Lauf der Zeit zunächst unbemerkt einzelne der feinen Drähte innerhalb der isolierten Adern. Wird der nutzbare Querschnitt des beschädigten Leiters langsam kleiner, so kann sich der Leiter so weit erhitzen, dass die äußere Isolation beschädigt und der Fehler sichtbar wird. Tritt das Abreißen der Kupferdrähte innerhalb der Isolation durch einen einmaligen mechanischen Impuls ein, so kann der Fehler äußerlich unsichtbar bleiben. Eventuell ergibt sich beim Bewegen der Leitung kurzzeitig wieder eine Berührung der abge-

rissenen Drähte im Leiter, sodass man den Fehler am gelegentlichen Funktionieren des Gerätes erkennen kann. Andernfalls hilft nur das Öffnen des Gerätes und das Messen der Anschlussleitung auf Durchgang und Isolierung.
Die Messung des Leiterwiderstandes der beiden Adern jeweils vom Anschluss am Elektronik-Drehzahlsteller bis zum zugehörigen Steckerkontakt bringt das Ergebnis: Eine Ader ist hochohmig geworden, der Hinweis auf einen Leitungsbruch.

Den Fehler beseitigen

Die Bohrmaschine ist schutzisoliert, d. h., die Basisisolation Strom führender Teile der Maschine ist durch eine weitere Isolierung, die Schutzisolierung, dauerhaft abgedeckt. Geräte, die schutzisoliert ausgeführt sind, tragen als sichtbares Kennzeichen ein doppeltes Quadrat (Schutzklasse II) und haben eine zweiadrige Anschlussleitung (keinen Schutzleiter!) mit vergossenem Profil- oder Konturenstecker ohne Schutzkontakt (Abb. 1).
Der Meister hat eine zweiadrige Ersatz-Anschlussleitung mit passendem Leiterquerschnitt und vergossenem Konturenstecker auf Lager, sodass der Einbau gleich erfolgen kann. Vor dem Anschließen die Biegeschutztülle von der defekten Leitung abziehen und über die neue Leitung ziehen. Danach wird die Biegeschutztülle in die vorgesehene Aussparung im Gehäuse eingelegt und die Zugentlastung verschraubt.

Schutzklassen (Symbole)
Schutzklasse I (Schutzleiter)
Schutzklasse II (Schutzisolierung)
Schutzklasse III (Schutzkleinspannung bis 50 V)

Abb. 1 Konturenstecker am Elektrowerkzeug der Schutzklasse II

Beim Zusammenbau ist darauf zu achten, dass die Verbindungsleitungen vom Elektronik-Drehzahlsteller zu den Kohlebürsten wieder sauber verlegt werden. Beim Aufsetzen der abgenommenen Gehäusehälfte muss sorgfältig auf die exakte Passung geachtet werden, denn es steht nicht viel Platz im Motorgehäuse zur Verfügung.
Lassen sich die Gehäusehälften nicht sauber schließen, ist möglicherweise ein Kabel eingequetscht. Hier muss noch einmal nachgeschaut und geprüft werden, warum die Hälften nicht schließen. Keine Gewalt anwenden!

Praxistipp:
Bei einer Reparatur ist häufig keine zweiadrige Original-Anschlussleitung mit Konturenstecker und richtigem Leiterquerschnitt für ein spezielles Gerät auf Lager. In diesem Fall ist folgendes Verfahren zulässig: Die zweiadrige Anschlussleitung ohne PE-Leiter kann durch eine dreiadrige Leitung mit PE-Leiter ersetzt werden. Statt des vergossenen Konturensteckers kann ein Schutzkontaktstecker verwendet werden. Dabei wird der grün-gelbe Schutzleiter der Anschlussleitung am Schutzkontaktstecker angeschlossen, aber am Ende der Leitung im Gerät wird der Schutzleiter nach der Zugentlastung kurz abgeschnitten und isoliert. Er darf nicht an ein Maschinenteil angeschlossen werden!

Fertigstellung der Reparatur sowie Funktionsprüfung und Schutzmaßnahmen (DIN VDE 0701–0702)

Abb. 1 bis Abb. 3 ▷ 581 zeigen ein modernes Mess- und Prüfgerät und die Anzeige von Teilergebnissen während der Messung. Der Messablauf wird nach dem Anschließen des Prüflings an die Teststeckdose des Prüfgerätes gestartet und läuft in den jeweiligen Testschritten automatisch ab. Über die Anzeige wird der Bediener mit Hinweisen aufgefordert, z. B. die Maschine einzuschalten oder den nächsten Teilschritt zu starten.
Nach dem bestandenen Test kann über das Prüfgerät auch sofort die Funktionskontrolle an 230 V

Merke:
Nach der Instandsetzung oder Änderung eines Elektrogerätes sind Sicherheitsüberprüfungen nach DIN VDE 0701–0702 erforderlich.
Für Elektrogeräte der Schutzklasse II (Schutzisolation) muss der Isolationswiderstand zwischen allen spannungsführenden Teilen und leitfähigen Gehäuseteilen gemessen werden. Dabei muss
- *der Isolationswiderstand > 2 MΩ sein,*
- *die Messspannung ≧ 500 V betragen,*
- *das Gerät eingeschaltet sein.*

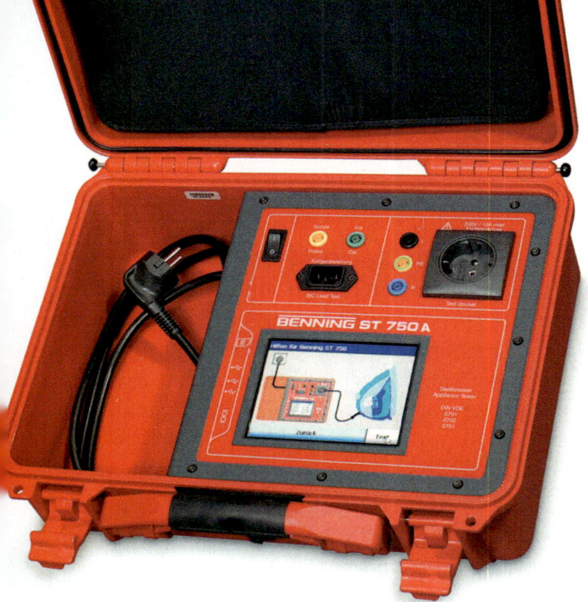

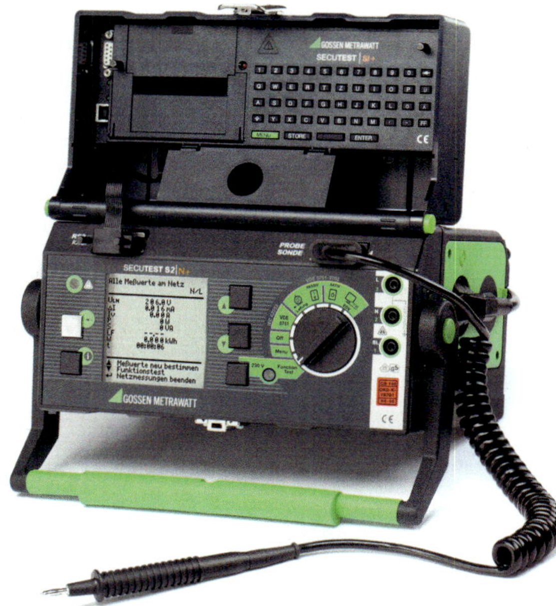

Abb. 1 Messgeräte zur Prüfung nach DIN VDE 0701–0702

erfolgen. Hier werden die Daten der Bohrmaschine (Spannung, Strom, Leistung) im Testbetrieb angezeigt und je nach Ausführung des Prüfgerätes auch als Protokoll ausgedruckt. Andernfalls ist ein Reparatur-Abnahmeprotokoll zu erstellen. Die benutzten Formulare sollten den Empfehlungen des ZVEH (Zentralverband der Elektrohandwerke) entsprechen. Nach erfolgreicher Prüfung hat der Kunde die Sicherheit, ein einwandfrei repariertes und betriebssicheres Gerät zurückzubekommen.

Den Auftrag abschließende Tätigkeiten

- Ersatzteile und eventuell benötigten Hilfsstoffe zusammenstellen
- Arbeitszeit erfassen
- Altteile für den Kunden zur Ansicht beilegen
- Mess- und Abnahmeprotokoll erstellen
- Rechnung stellen
- Kunden benachrichtigen

Merke:

Werden Elektrogeräte gewerblich eingesetzt, müssen sie nach den Vorschriften zur Unfallverhütung der Berufsgenossenschaft BGV A3 nach einer Reparatur oder Änderung und in festgesetzten Zeiträumen auf ihre Sicherheit überprüft werden. Die Einzelheiten dazu sind in DIN VDE 0701–0702 (Instandsetzung, Änderung und Prüfung elektrischer Geräte, allgemeine Anforderungen, Wiederholungsprüfungen an elektrischen Geräten mit Steckvorrichtung) geregelt.

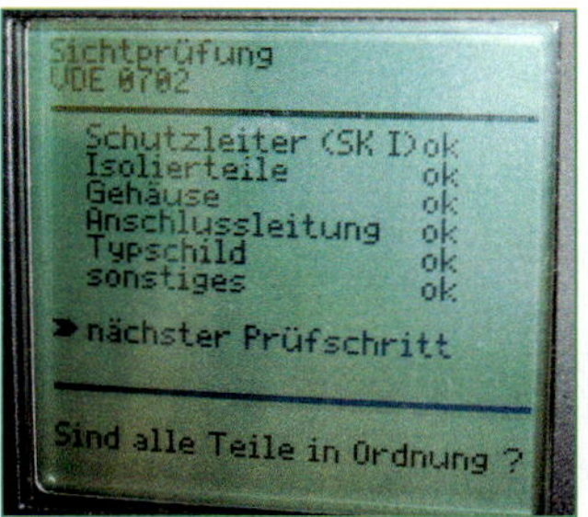

Abb. 2 Bildschirmanzeige bei einem Prüfungsschritt der Prüfung nach DIN VDE 0701–0702

Abb. 3 Anzeige des Messgerätes nach bestandener Prüfung

Aufgaben:

1. Ein Kunde bringt einen Staubsauger (bekanntes Markenfabrikat) in die Werkstatt mit der Fehlerangabe, dass sich das Gerät nicht mehr in Betrieb nehmen lasse. Die dreistufige Leistungseinstellung per Taste funktioniert nicht mehr, da die Tasten nach der Betätigung nicht fixiert werden.
   Beraten Sie den Kunden über mögliche Fehlerursachen und den eventuellen Reparaturaufwand.
2. Ein Kunde kommt mit einer elektrischen Heckenschere (Markenfabrikat, Neupreis etwa 130 €) in die Werkstatt. Während der Arbeit ist die Heckenschere zu Boden gefallen und gibt nun beim Betrieb seltsame Geräusche von sich. Der Antrieb der Schneidemesser scheint nicht mehr ordnungsgemäß zu funktionieren. Die Heckenschere ist mit Zweihand-Sicherheitsbedienung und Schnellabschaltung ausgerüstet. Beraten Sie den Kunden über den eventuellen Reparaturaufwand.

Basiswissen Universalmotoren

- **Drehzahlsteuerung von Universalmotoren**
- **magnetische Felder**
- **Beschreibung magnetischer Felder durch ihre Grundgrößen**
- **Zusammenhang zwischen der Ursachengröße *Θ* und Wirkung *Φ* beim magnetischen Feld**
- **magnetische Kreise mit Eisenkern – Materie im magnetischen Feld**
- **Kraftwirkungen zwischen zwei stromdurchflossenen Leitern und zwischen Magnetfeld und stromdurchflossenem Leiter. Das Motorprinzip**
- **Induktionsgesetz**
- **Selbstinduktion und Induktivität**
- **Ein- und Ausschalten einer Spule im Gleichstromkreis**
- **Scheinwiderstand einer Spule**

Universalmotoren

Der Universalmotor ist aus dem Gleichstrom-Reihenschlussmotor entstanden. Das Magnetfeld, in dem sich der drehbar gelagerte Anker mit der stromdurchflossenen Wicklung dreht, wird beim Universalmotor durch eine Erregerwicklung im Stator (auch Feldwicklung genannt) erzeugt.
Er heißt „Reihenschlussmotor", weil beide Wicklungen elektrisch in Reihe geschaltet sind. Dadurch fließt der Strom in beiden Wicklungen stets in derselben Richtung. Das wiederum bedingt, dass der Gleichstrom-Reihenschlussmotor auch mit Wechselspannung betrieben werden kann.
Man nennt ihn meist Universalmotor und nutzt ihn in vielen an Wechselspannung betriebenen Elektrogeräten als Antriebsmotor. Er braucht aber im Gegensatz zum Gleichstrommotor einen Stator aus Eisenblechen, um die Wirbelstromverluste gering zu halten.
Die Spulen der Feldwicklung auf dem Stator sind je nach Motorausführung entweder um die ausgeprägten Pole des Statorblechschnittes gewickelt, oder die Spule ist mit einem Eisenkern ausgestattet, der die Pole bildet (Abb. 1 ▷ 583).
Die grundsätzliche Funktion des Motors geht auf die Kraftwirkung eines stromdurchflossenen Leiters in einem Magnetfeld zurück. Da jeder stromdurchflossene Leiter auch von einem Magnetfeld umgeben ist, handelt es sich beim Betrieb des Motors aber im Prinzip um die Überlagerung zweier Magnetfelder. In der Praxis verwendet man statt eines „stromdurchflossenen Leiters" eine Ankerwicklung aus vielen Windungen, die in die Nuten des Ankereisenpaketes eingelegt ist. Die Stromzuführung erfolgt über den Kollektor. Der Ankerstrom ist dabei lastabhängig: Je stärker der Motor belastet wird, umso größer wird der Ankerstrom und umso stärker sind dann auch das Magnetfeld des Ankers und der Feldwicklung (Reihenschaltung von Stator und Anker).
Beim Universalmotor ist die Feldwicklung geteilt ausgeführt und elektrisch symmetrisch in Reihe zur Ankerwicklung geschaltet (Abb. 1 ▷ 583). Die Funkenbildung am Kollektor des Universalmotors führt zu Funkstörungen, die man durch die symmetrische Aufteilung der Feldwicklung (Induktivität L) in Verbindung mit zusätzlichen Kondensatoren verringern kann. Dazu werden in der Praxis spezielle XY-Kondensatoren verwendet.
Weil die Feld- und die Ankerwicklung in Reihe geschaltet sind, durchfließt der Laststrom auch die Feldwicklung. Je stärker die Belastung des Universalmotors, desto stärker wird das Erregerfeld und umgekehrt. Bei Belastung des Motors sinkt die Drehzahl, Anker- und Erregerstrom steigen an. Im Leerlauf des Motors fließt nur ein geringer Anker- und auch Feldstrom, sodass das Erregerfeld sehr schwach ist. Um nun aber die der Betriebsspannung entsprechende Selbstinduktionsspannung im Anker aufzubauen, muss die Drehzahl des Motors im Leerlauf sehr hoch sein. Dies kann gefährlich werden, da bei zu hoher Drehzahl die Festigkeit des Ankers wegen der Fliehkräfte überschritten werden könnte.

Merke:
Ein Universalmotor darf nicht ohne Belastung betrieben werden! Er darf auch nicht über Keilriemen an ein Maschinenteil angekoppelt werden (Gefahr bei Leerlauf des Motors, falls der Keilriemen zum Antrieb der Last reißt).

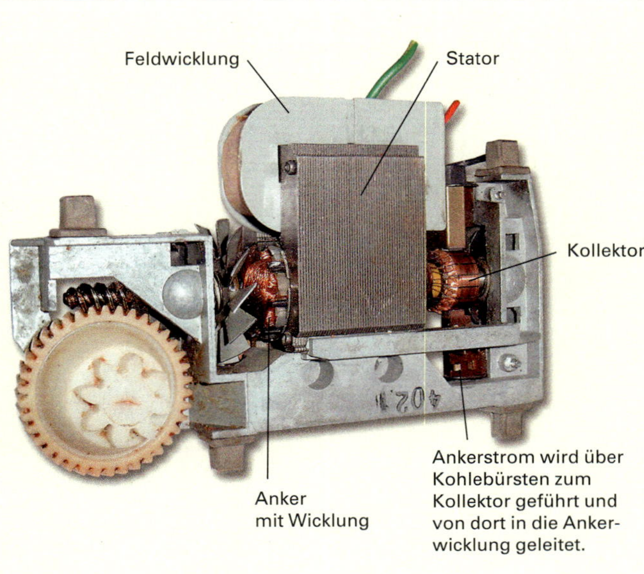

Klemmenbezeichnungen von Gleichstrom- bzw. Universalmotoren nach DIN 42401

Maschinenteil	Klemmenbezeichnung
Anker	A1– A2
Wendepolwicklung	B1– B2
Kompensationswicklung	C1– C2
Erregerwicklung (Reihenschluss)	D1– D2
Erregerwicklung (Nebenschluss)	E1– E2
Erregerwicklung (Fremderregung)	F1– F2

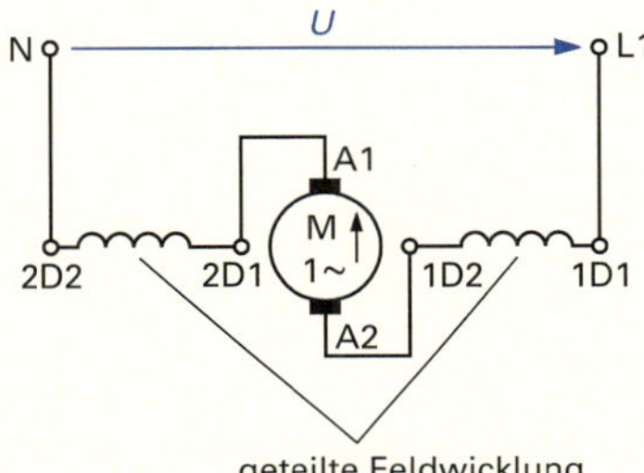

Schematische Darstellung des magnetischen Kreises

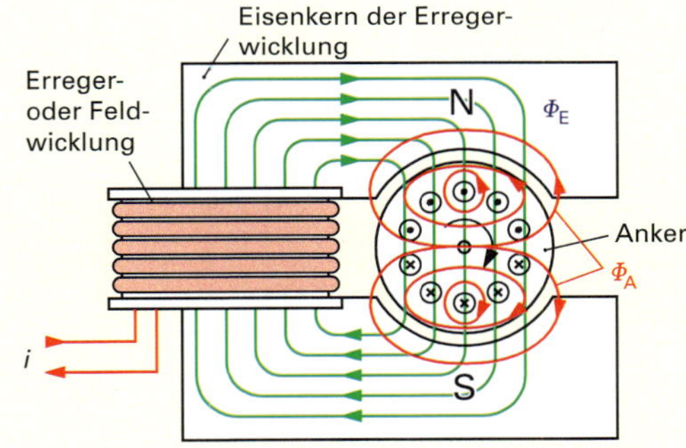

Das Magnetfeld der Ankerwicklung Φ_A und der Erregerwicklung Φ_E überlagern sich und führen zu einer Drehung des Ankers.

Der magnetische Fluss Φ_E wird von der Erregerwicklung erzeugt und durch den Eisenkern zum Anker geführt.

Funkentstörung bei Universalmotoren

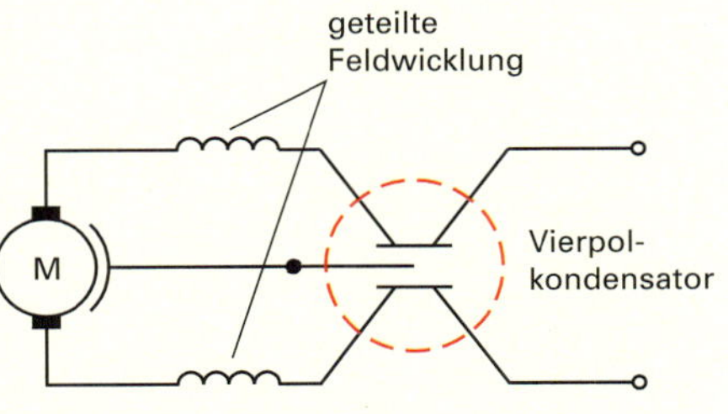

Entstörung eines Universalmotors der Schutzklasse II mit Vierpolkondensator (XY-Kondensator)

Schnitt durch das Blechpaket eines Universalmotors (z.B. Elektrowerkzeug)

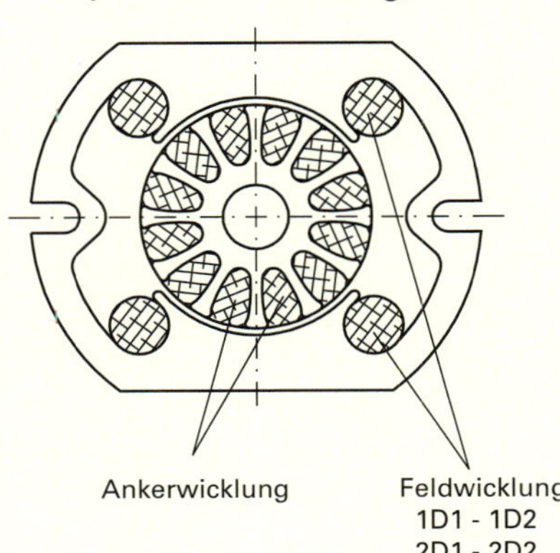

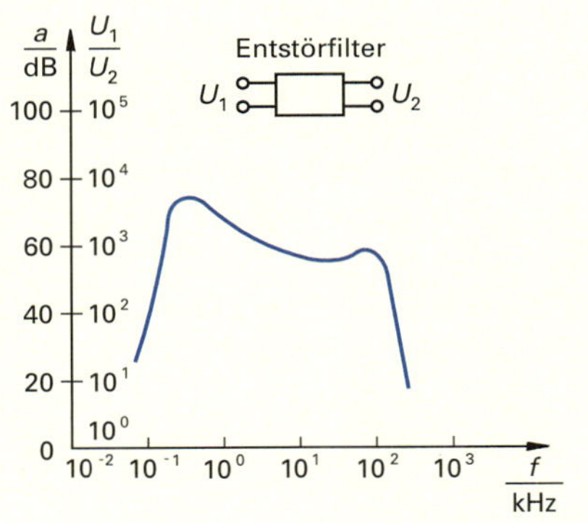

Unterdrückung der Störfrequenzen durch Filter

Abb. 1 Die Erzeugung magnetischer Felder im Universalmotor

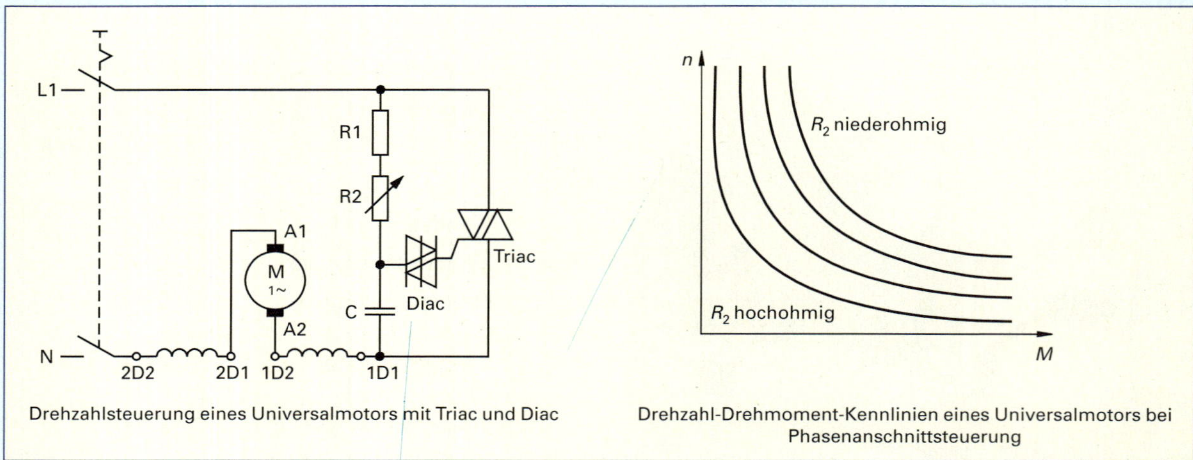

Abb. 1 Drehzahlsteuerung eines Universalmotors und Drehzahl-Drehmoment-Kennlinien

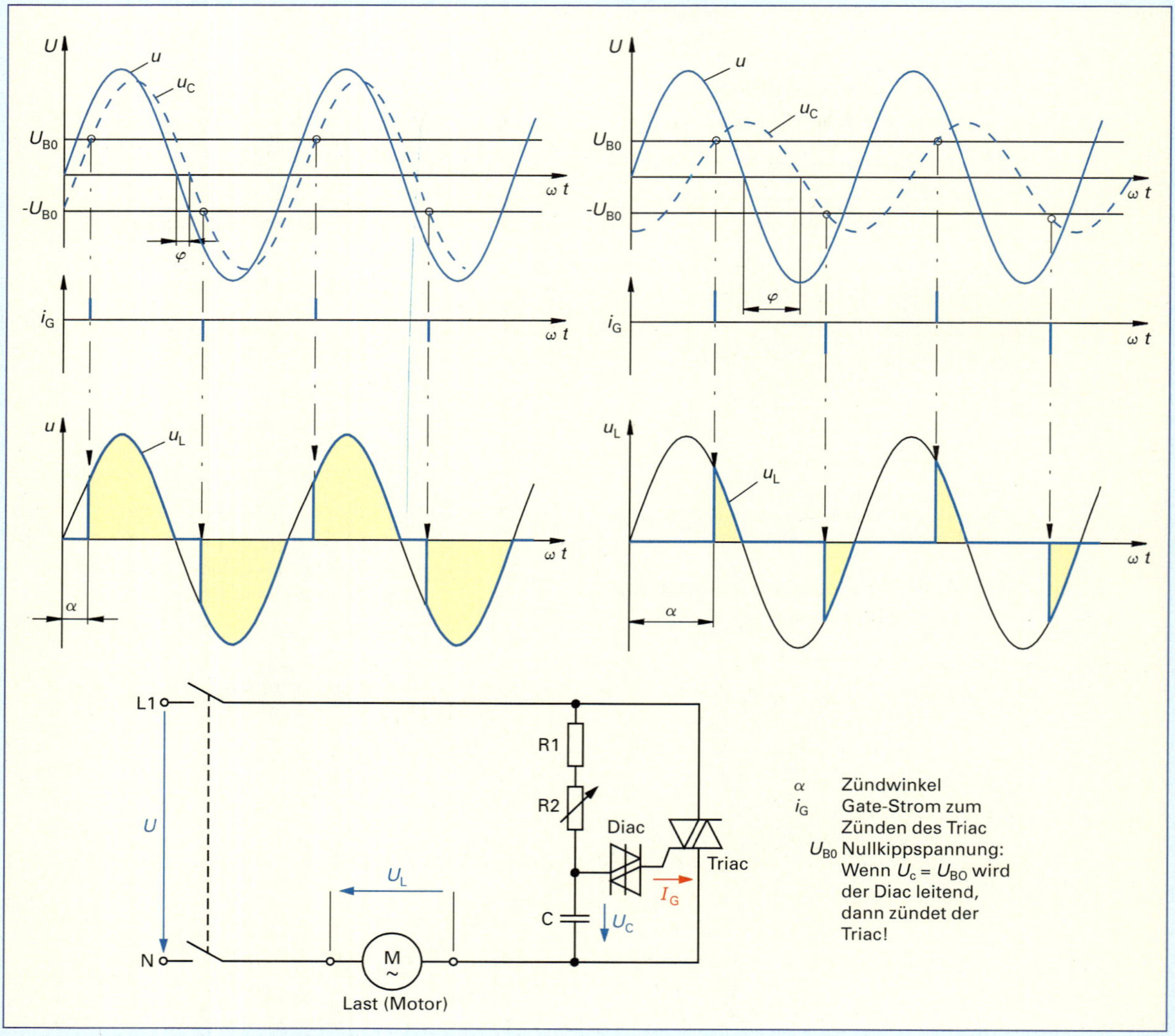

α Zündwinkel
i_G Gate-Strom zum Zünden des Triac
U_{B0} Nullkippspannung: Wenn $U_c = U_{B0}$ wird der Diac leitend, dann zündet der Triac!

Abb. 2 Spannungsverläufe bei der Phasenanschnittsteuerung

Drehzahlsteuerung von Universalmotoren

Die elektronische Drehzahlsteuerung von Gleichstrom- und Universalmotoren kann durch eine Phasenanschnittsteuerung erfolgen (Abb. 1 ⊳ 584). Der Strom durch die Feld- und die Ankerwicklung wird durch einen Triac gesteuert. Der Triac erhält seinen Gate-Zündimpuls über einen Diac, der selbst erst durchschaltet, wenn sich der Kondensator über die Widerstände R1 und R2 auf die Nullkippspannung U_{B0} des Diac (extra 30 Volt) aufgeladen hat.

Merke:
Die Aufladezeit des Kondensators darf in diesem Fall nicht mit der Zeitkonstanten

$$\tau = R \cdot C$$

berechnet werden, da die Aufladung des Kondensators nicht über eine konstante Gleichspannung, sondern über eine sinusförmige Wechselspannung erfolgt. Abb. 2 ⊳ 584 zeigt die Spannungsverläufe der Netzspannung U und der Kondensatorspannung U_C. Man erkennt die größere Phasenverschiebung von U_C, wenn R_2 vergrößert wird.
Je später die Zündung des Triac erfolgt (großer Zündwinkel α), umso langsamer läuft der Motor.

Magnetische Felder

Elektrische Maschinen wie Motoren und Generatoren, aber auch Transformatoren, Schütze oder Relais sowie viele andere elektrotechnische Geräte nutzen für ihre Funktion magnetische Felder.
Zum tieferen Verständnis ihrer Arbeitsweise werden im Folgenden die Grundgrößen und Eigenschaften magnetischer Felder noch einmal angesprochen. Im Abschnitt 3.1 Verdrillen von Leitungen (S. 259 f.) und in der Steuerungstechnik wurden magnetische Felder um stromdurchflossene Leiter mit Hilfe von Feldlinien dargestellt. Diese Darstellungen werden hier nochmals aufgegriffen und erweitert.
In der Technik werden die genutzten Magnetfelder entweder von Elektromagneten oder von Permanentmagneten (Dauermagneten) erzeugt. Die ersten Entdeckungen über magnetische Erscheinungen, sprich die Kraftwirkung auf Körper (Anziehung oder Abstoßung), wurden vor vielen Jahrhunderten an natürlichen Erzgesteinen (an Dauermagneten also) gemacht.

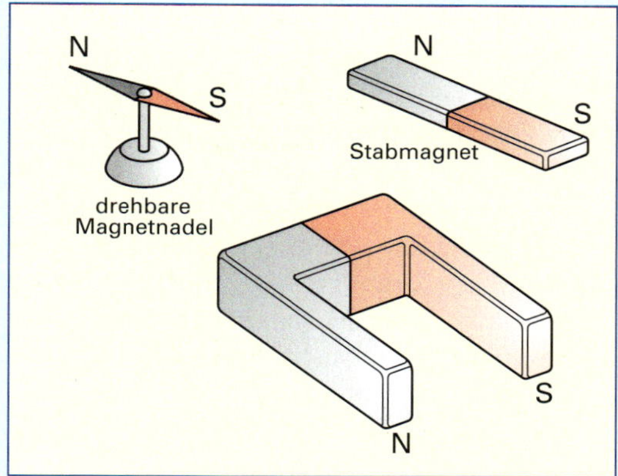

Abb. 1 Unterschiedliche Ausführungen von Dauermagneten

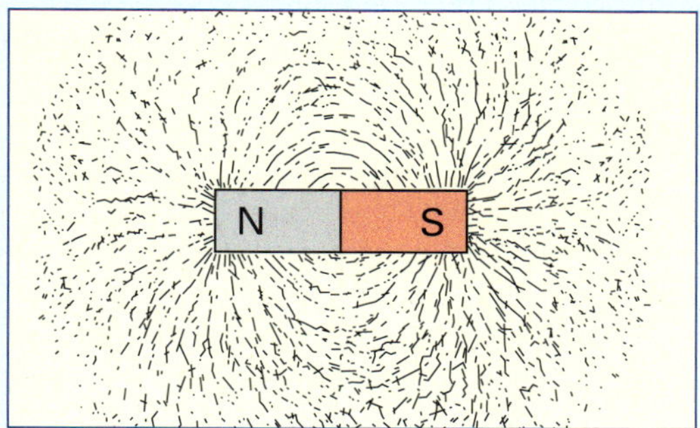

Abb. 2 Magnetfeld eines Stabmagneten

Nachdem man entdeckt hatte, dass sich einige Metalle, vor allem Eisen, aber auch Kobalt oder Nickel und Legierungen dieser Stoffe, durch natürliche Magnete ebenfalls für längere Zeit magnetisch machen (magnetisieren) lassen, konnte man Dauermagnete herstellen und in der Technik nutzen.
Die Anwendung einer frei drehbar aufgehängten Magnetnadel als Kompass dient trotz moderner Navigationsmethoden bis heute zur Anzeige der Nordrichtung.

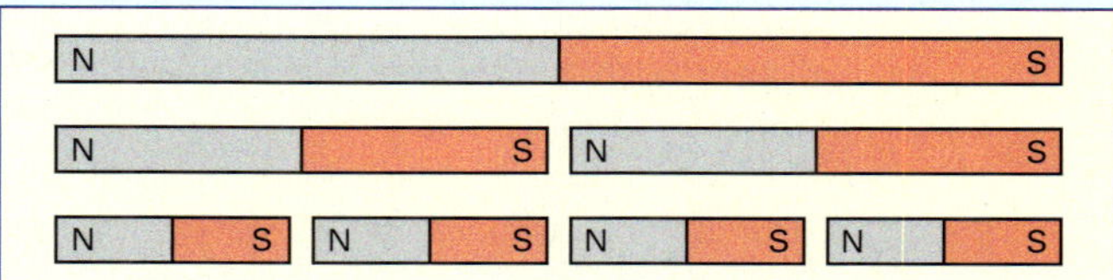

Abb. 3 Teilung eines Magneten: Es entstehen immer Dipole, es gibt keine magnetischen Einzelpole.

Dass ein stromdurchflossener Leiter von einem Magnetfeld umgeben ist, wurde erst 1820 von H. Ch. Oersted entdeckt. Heute lehrt uns die Elektrotechnik, dass der Magnetismus grundsätzlich von bewegten elektrischen Ladungen und damit vom elektrischen Strom verursacht wird, auch bei Dauermagneten (siehe unten). Die Beschreibung der magnetischen Grundgrößen können wir daher beispielhaft sowohl an Dauermagneten als auch an Elektromagneten durchführen.

Experimentelle Befunde

- Magnete sind stets Dipole (*di* = zwei). Sie haben immer einen Nord- und einen Südpol. Auch das beliebig weit betriebene Zerteilen eines Magneten liefert stets kleinere Teilmagnete mit wiederum Nord- und Südpol. Nach bisheriger Erfahrung kann man sagen: Es gibt keine magnetischen Einzelpole (Abb. 3 ⊳ 585).
- Gleichnamige Magnetpole stoßen sich ab, ungleichnamige Magnetpole ziehen sich an.
- Durch die Formgebung der Magnete lassen sich unterschiedliche Verteilungen des magnetischen Feldes im Raum erreichen: Stabmagnet, Hufeisenmagnet.
- Magnete üben Kräfte sowohl auf andere Magnete als auch auf solche Körper aus, die aus Eisen, Kobalt oder Nickel und weiteren speziellen Legierungen bestehen. Man nennt diese Stoffe ferromagnetisch (lat. *ferrum*, zu deutsch Eisen). Körper aus Kunststoff, Holz, auch stromlose Leiter aus Kupfer und viele andere Stoffe werden von Magneten nicht (oder fast nicht) angezogen oder abgestoßen.
- Die Kraftwirkungen, die in einem magnetischen Feld auf bestimmte Probekörper ausgeübt werden, machen deutlich, dass in einem magnetischen Feld Energie unsichtbar gespeichert ist.
- Zur besseren Vorstellung der unsichtbar im Feld gespeicherten Energie und ihrer Wirkung auf andere Körper stellen wir das magnetische Feld durch Feldlinien dar. Je stärker ein Feld ist, umso dichter zeichnen wir die Feldlinien in dem betreffenden Raumbereich.
- Für einen stromdurchflossenen Leiter gilt: Ein stromdurchflossener Leiter ist stets von einem Magnetfeld umgeben, das sich konzentrisch (in Kreisform, mit dem Leiter im Mittelpunkt) um den Leiter ausbreitet. Die Feldlinien sind daher auch Kreise um den Leiter. Je stärker der Strom I im Leiter, desto stärker das magnetische Feld um den Leiter. An der Oberfläche des Leiters ist das magnetische Feld am stärksten, radial nach außen nimmt seine Stärke ab (Abb. 1 ⊳ 551).

Merke:
Magnetische Feldlinien sind stets geschlossen. Sie haben keinen Anfang und kein Ende, und sie schneiden sich nicht. Feldlinien sind nur ein gedankliches Modell, es gibt sie nicht wirklich. In der Realität kann man magnetische Felder durch ihre Kraftwirkung auf bestimmte Probekörper nachweisen. Sehr kleine Probekörper (z. B. Eisenfeilspäne) können sich dann durch die Kraftwirkung zwischen den Magnetpolen so anordnen, dass man den Eindruck von Feldlinien im Raum bekommt.

Wickelt man einen Leiter zu einer Spule mit N Windungen, so tragen die Felder der einzelnen Wicklungen zum Gesamtfeld bei. Im Inneren der zylindrischen Spule ergibt sich ein homogenes Feld mit parallelen Feldlinien.

Im Außenraum der Spule schließen sich die Feldlinien. Das Feld ist aber weit im Raum verbreitet und inhomogen. Eine mittlere Feldlinienlänge l_m kann man schwer angeben. Stellt man statt der Zylinderspule eine Kreisringspule (Radius r_a und r_i) her, so verlaufen fast alle Feldlinien im Inneren der Spule, und man hat einen magnetischen Kreis mit leicht zu berechnender mittlerer Feldlinienlänge

$$l_m = 2\pi \cdot r_m, \text{ wobei } r_m = \frac{1}{2}\,(r_a + r_i) \text{ ist.}$$

Beschreibung magnetischer Felder durch ihre Grundgrößen

Magnetischer Fluss

Darunter versteht man bildlich die Summe aller Feldlinien, die vom Nordpol des Magneten ausgehen und beim Südpol wieder eintreten. Im Feldlinienmodell kann man eigentlich keine Zahl oder Summe angeben. Der magnetische Fluss Φ wird aber über das Induktionsgesetz genau festgelegt. Die Einheit des magnetischen Flusses ist 1 Voltsekunde: 1 Vs (dafür schreibt man auch 1 Wb = 1 Weber; benannt nach Wilhelm Eduard Weber, 1804–1891).

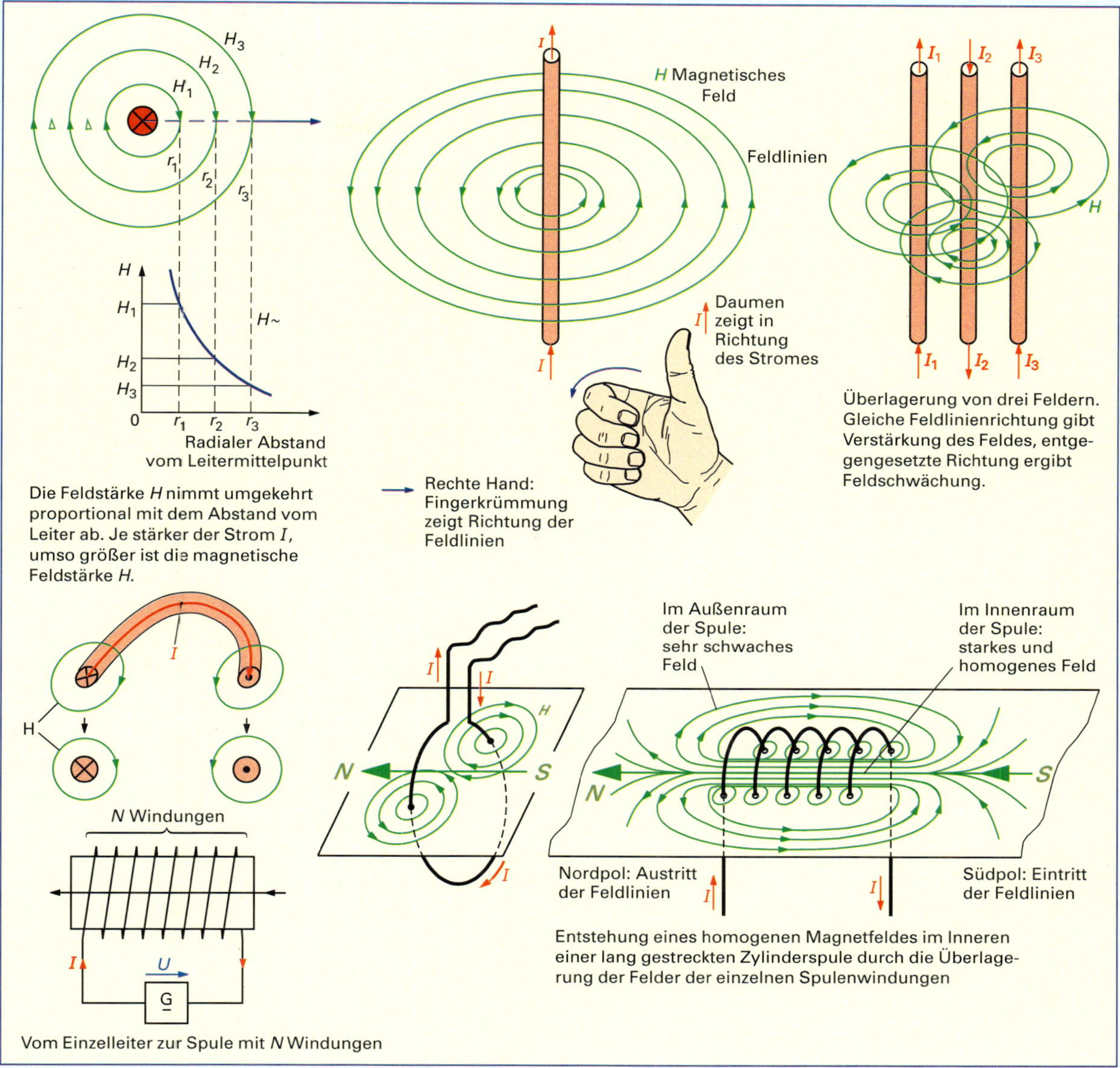

Abb. 1 Stromdurchflossene Leiter als Quellen von Magnetfeldern

Magnetische Flussdichte

Sie ist ein Maß für die Zahl der Feldlinien pro Flächeneinheit, stellt also die Dichte der Feldlinien dar. Die Kraftwirkung eines Feldes ist umso größer, je größer die Flussdichte B ist.

B ist definiert als $B = \frac{\Phi}{\text{A}}$.

Für die Einheit von B ergibt sich demzufolge

$$\frac{1\,\text{Vs}}{1\,\text{m}^2} = 1\,\text{T (1 Tesla)}.$$

Aus $B = \frac{\Phi}{\text{A}}$ folgt durch Umstellen $\Phi = B \cdot \text{A}$

Durchflutung

Biegt man einen stromdurchflossenen Leiter zu einer Spule, so kann derselbe Strom I mit jeder Windung N zum gesamten Magnetfeld beitragen. Die Durchflutung Θ ist also die Ursache des magnetischen Feldes und ergibt sich als Produkt aus dem Strom I und der Windungszahl N der Spule:

$$\Theta = I \cdot N$$

Die Einheit von Θ ist 1 Ampere, die Windungszahl N hat als reine Zahl keine Einheit.

Beschreibende Größen im magnetischen Kreis	Ursachengrößen	Wirkungsgrößen	Vermittelnde Größen	Zusammenhänge
$\mu = \mu_r \cdot \mu_0$ $\mu_0 = 1{,}256 \cdot 10^{-6} \frac{\text{Vs}}{\text{Am}}$ $\mu_r = 1$ für Luft $\mu_r > 500$ für Eisen	Durchflutung Θ [A] Feldstärke $H \left[\frac{\text{A}}{\text{m}}\right]$ $\Theta = I \cdot N$ $H = \frac{\Theta}{l_m}$	Magnetischer Fluss Φ [V_S] Flussdichte $B \left[\frac{V_S}{\text{m}^2}\right]$ $\Phi = \frac{\mu_0 \cdot \mu_r \cdot A}{l} \cdot \Theta$ $B = \frac{\Phi}{A}$	Magnetischer Leitwert Λ Magnetischer Widerstand R_m $\Theta = \frac{\mu \cdot A}{l} \left[\frac{V_S}{\text{A}}\right]$ $R_m = \frac{1}{\Lambda} = \frac{l}{\mu \cdot A}$	$\Phi = \Lambda \cdot \Theta$ $B = \mu_0 \cdot \mu_r \cdot H$ $\Phi = B \cdot A$ $\mu = R_m \cdot \Phi$

Wichtige Spulenarten	Zylindrische Luftspule	Kreisförmige Luftspule	Spule mit Eisenkern
l_m = mittlere Länge der Feldlinien r_m = mittlerer Radius N = Windungszahl			
Besonderheiten	Das magnetische Feld der Zylinderspule ist vergleichbar dem eines Stabmagneten. Homogenes Feld im Innern, ausgeprägte Pole an den Spulenenden. Im Außenraum um die Spule ist das Feld stark inhomogen und schwach. l_m ist schwer bestimmbar.	Das magnetische Feld wird im Inneren der Spule geführt. Der magnetische Fluss Φ verläuft in Kreisbahnen, es bildet sich also ein „magnetischer Kreis", in der die magnetische Energie konzentriert ist. $l_m = 2 \cdot \pi \cdot r_m$	Im Eisenkern werden durch das Feld der Stärke H die vielen Elementarmagnete (ausgedrückt durch die Permeabilitätszahl μ_r) ausgerichtet. Dadurch wird der magnetische Fluss im Eisen wesentlich verstärkt. Ein Eisenkern hat einen wesentlich kleineren magnetischen Widerstand als Luft.

Tabelle 1 Magnetische Kreise, Spulenarten, Berechnungszusammenhänge

Magnetische Feldstärke *H*

Sie gibt die Durchflutung bezogen auf die Feldlinienlänge an. Die Feldstärke ist bei einer langen Spule bei gleicher Durchflutung Θ kleiner als bei einer kurzen Spule. *H* ist definiert durch:

$$H = \frac{\Theta}{l_m}$$

Hierbei ist l_m die mittlere Feldlinienlänge in Metern. Die magnetische Feldstärke *H* hat nicht direkt etwas mit der Kraftwirkung des Magnetfeldes zu tun, sondern ist eher eine Rechengröße, um die Berechnung magnetischer Kreise zu vereinfachen.
Die Einheit von *H* ist $\frac{1\,A}{m}$. Die magnetische Feldstärke *H* ist bei Luftspulen schwer anzugeben, weil man die mittlere Feldlinienlänge l_m nur schätzen kann. Bei Spulen mit einem geschlossenen Eisenkern ist dies dagegen aus den Abmessungen des Kerns meist leicht möglich (Tabelle 1 ▷ 588).

Zusammenhang zwischen der Ursachengröße Θ und Wirkung Φ beim magnetischen Feld

Ähnlich wie beim elektrischen Stromkreis kann man auch beim magnetischen Kreis die Ursachengröße durch die Wirkungsgröße dividieren und erhält eine Größe, die man als magnetischen Widerstand R_m beschreiben kann.

$$R_m = \frac{\Theta}{\Phi} = \frac{l_m}{\mu \cdot A}$$

Dieser magnetische Widerstand ist ebenso aufgebaut wie im elektrischen Fall: Er steigt mit zunehmender Länge l_m, kleiner werdendem Querschnitt A und schlechterer (kleinerer) magnetischer Leitfähigkeit oder Permeabilität μ. Stellt man die Formel um, so folgt

$$\frac{\Theta}{A} = \mu \cdot \frac{\Theta}{l_m}$$

oder mit den obigen Grundgrößen *H* und *B*:

$$B = \mu \cdot H \text{ oder } B = \mu_0 \cdot \mu_r \cdot H$$

Merke:
Die magnetische Flussdichte B und die magnetische Feldstärke H sind über die magnetische Leitfähigkeit oder Permeabilität (Durchdringungsfähigkeit) μ miteinander verknüpft. Allgemein setzt sich die magnetische Leitfähigkeit oder Permeabilität als Produkt aus zwei Größen zusammen und wird geschrieben als $\mu = \mu_0\, \mu_r$.

- Der erste Faktor des Produktes ist die **magnetische Feldkonstante des leeren Raumes** (d. h. des Vakuums). Diese wichtige Naturkonstante μ_0 besteht aus einem Zahlenwert und einer Einheit: $\mu_0 = 1{,}25\, 10^{-6}$ Vs/Am. Man findet dafür auch die Bezeichnung „absolute Permeabilität".
- Der zweite Faktor ist eine Eigenschaft des Werkstoffes, eine reine Zahl, die **Permeabilitätszahl μ_r**. Die Permeabilitätszahl gibt an, um wie viel besser der Werkstoff das magnetische Feld leitet als Luft bzw. Vakuum. Für Vakuum (bzw. für Luft angenähert) ist $\mu_r = 1$.

Bei einer Luftspule wird die magnetische Flussdichte durch das Produkt aus magnetischer Feldkonstante μ_0 und der Feldstärke H bestimmt.

Merke:
- *Bei Luftspulen ist die erreichbare magnetische Flussdichte B direkt proportional zur magnetischen Feldstärke H (Tabelle 1 ▷ 588). Aufgrund des kleinen Wertes der magnetischen Feldkonstante μ_0 ist der Wirkungsgrad bei der Erzeugung magnetischer Felder in Luft oder im Vakuum sehr gering. Daher versucht man beim Aufbau von magnetischen Kreisen mit Eisenkern, Luftspalte zu vermeiden (z. B. beim Aufbau von Transformatorkernen).*
- *In technischen Anwendungen von magnetischen Feldern, wie z. B. bei Elektromotoren, lassen sich Luftstrecken für den magnetischen Fluss nicht immer vermeiden: Ein Anker muss sich im Magnetfeld des Stators drehen können, daher muss zwischen Stator und Anker ein kleiner Luftspalt bleiben.*

Magnetische Kreise mit Eisenkern – Materie im magnetischen Feld

Nur Ströme bzw. bewegte Ladungsträger rufen Magnetfelder hervor. Es ist daher erstaunlich, dass aus einem festen, neutralen Körper, z. B. einem Stück Eisen, ein Dauermagnet werden kann, obwohl der Körper nicht in einem Stromkreis eingebaut ist. Der Grund dafür liegt im Material bzw. im kristallinen Aufbau des Stoffes.

Einige Stoffe, man nennt sie ferromagnetische Stoffe, bilden bei der Kristallisation, also beim Aufbau des festen Körpers aus der Schmelze so genannte Atom-Magnete oder Elementar-Magnete (auch Weiß'sche Bezirke genannt). Man kann sich das so vorstellen, dass Elektronen, die nach unserem Atom-Modell um die einzelnen Atome kreisen, wie Ströme zu bewerten sind und so ein Magnetfeld mit Nord- und Südpol erzeugen (Abb. 1).

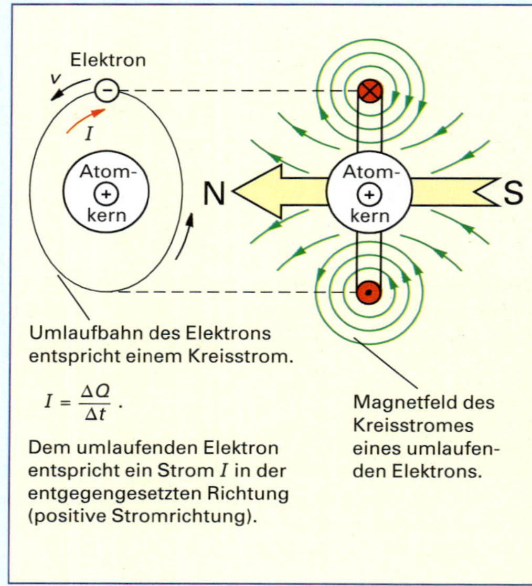

Abb. 1 Modell des atomaren Elementarmagneten

Normalerweise kompensieren sich diese vielen inneren Elementarmagnete nach außen hin, weil sich die verschieden gerichteten Felder im Mittel aufheben. Erst wenn ein äußeres Magnetfeld auf den ferromagnetischen Körper einwirkt, richten sich die inneren Elementarmagnete in die gleiche Richtung wie das äußere Feld aus und verstärken so das äußere Feld unter Umständen beträchtlich. Diese Eigenschaft eines Werkstoffes, ein äußeres magnetisches Feld durch die Ausrichtung innerer

Werkstoff	Permeabilitätszahl	
	minimal	maximal
Eisen (kohlenstoffarm)	250	6000
Reinstes Eisen	25000	250000
Gusseisen	70	600
Elektroblech	500	7000
Supermalloy (79 % Ni, 15 % Fe, 5 % Mo, Rest Mn)	100000	300000
Stahl (1% C)	40	7000
Alnico (12 % Al, 20 % Ni, 5 % Co, 63 % Fe)	4	7300

Tabelle 1 Permeabilitätszahl ausgewählter ferromagnetischer Werkstoffe

Elementarmagnete zu beeinflussen und damit die magnetische Leitfähigkeit zu verbessern, wird durch die oben definierte Permeabilitätszahl μ_r beschrieben. Ferromagnetische Stoffe haben μ_r-Werte, die sehr viel größer als 1 sind. In Tabelle 1 sind für einige technisch wichtige Materialien die Werte der Permeabilitätszahl μ_r dargestellt.

Merke:

Ein Eisenkern hat für das magnetische Feld eine vergleichbare Funktion wie der Kupferdraht für den elektrischen Strom. Man nutzt daher Eisenkerne für magnetische Kreise, um mit möglichst geringer Durchflutung Θ einen starken magnetischen Fluss Φ zu erzeugen. Ferromagnetische Stoffe ziehen gewissermaßen das magnetische Feld ihrer Umgebung in sich hinein und können dadurch auch Räume gegen magnetische Felder abschirmen (Abb. 1 ▷ 591).
Ferromagnetische Materialien sind gute „Leiter" für das magnetische Feld.

Will man für einen magnetischen Kreis mit Eisenkern den Zusammenhang zwischen der magnetischen Flussdichte und der magnetischen Feldstärke beschreiben, so gilt:

$$B = \mu \cdot H \text{ mit } \mu = \mu_r \cdot \mu_0$$

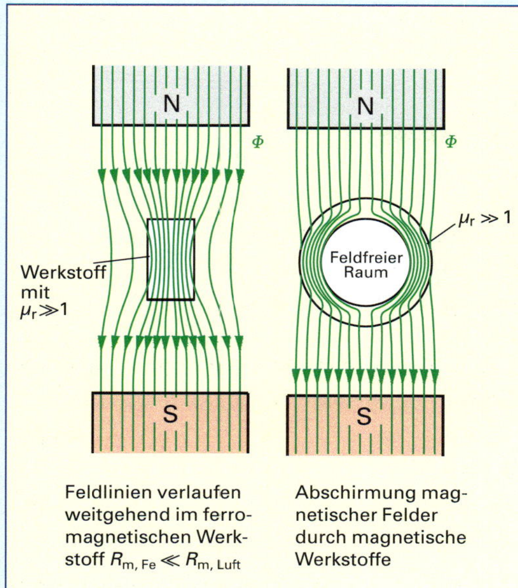

Abb. 1 Wirkung ferromagnetischer Materialien auf magnetische Feldlinien

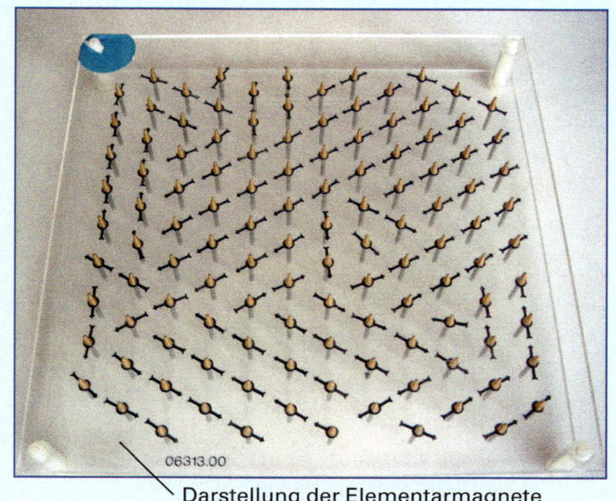

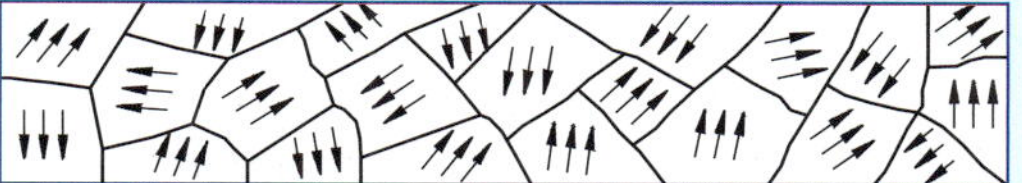

Abb. 2 Modell der unausgerichteten Elementarmagnete in einem Festkörper

Abb. 2 und Abb. 3 zeigen ein Festkörper-Modell mit vielen kleinen Magnetnadeln, die Elementar-Magnete darstellen sollen. In Abb. 2 sieht man die unterschiedlichen Richtungen der einzelnen Modell-Magnetnadeln ohne äußeres Feld sowie eine Prinzipdarstellung der Weiß'sche Bezirke im statistischen, ungeordneten Zustand. Abb. 3 zeigt die Modell-Magnetnadeln, die durch äußere Magnetfelder von Dauermagneten ausgerichtet werden. Im unteren Teil der Abb. sieht man wieder die nun geordneten Richtungen der Weiß'sche Bezirke.

Hysterese

Wird ein solches ferromagnetisches Material, also z. B. ein Eisenkern, durch eine stromdurchflossene Spule einem magnetischen Wechselfeld ausgesetzt, sollten sich die einzelnen Elementarmagnete im Eisen stets nach dem äußeren Feld ausrichten. Die Feldlinien in diesem magnetischen Kreis verlaufen praktisch vollständig im Eisenkern. Nach der Gleichung $B = \mu \cdot H$ müsste B daher wie bei einer Luftspule der Feldstärke H proportional sein.

In der Praxis ist das aber nicht der Fall, da sich die einzelnen kristallinen Bezirke, bzw. ihre Elementarmagnete im Werkstoff nicht so ideal wie unser Modell verhalten. Mit zunehmender magnetischer Feldstärke H drehen sich zwar mehr Elementarmagnete in die von außen vorgegebene Feldrichtung, aber der gemessene Zusammenhang ist nicht mehr linear.

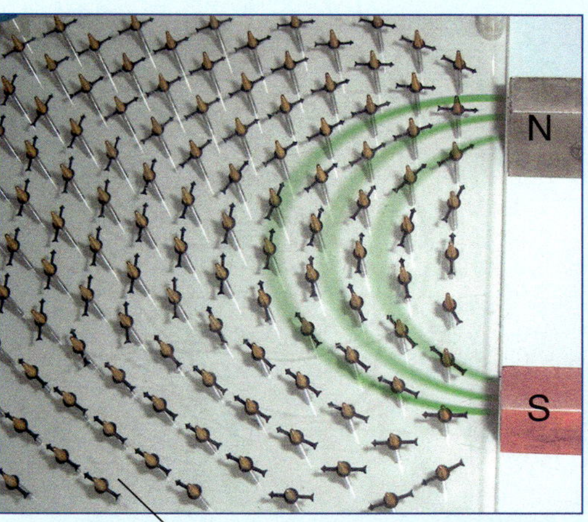

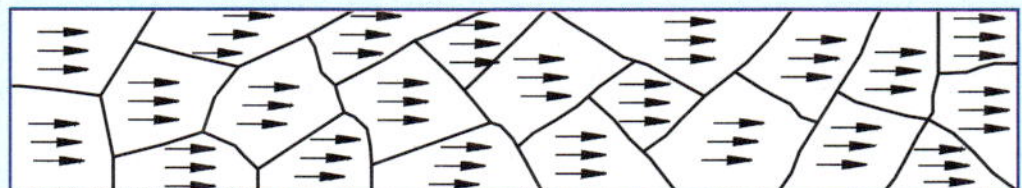

Abb. 3 Elementarmagnete des Festkörpers, durch ein äußeres Feld ausgerichtet

Bei Messungen der magnetischen Flussdichte B in einem elektrischen Wechselfeld der Stärke H ergibt sich außerdem eine sogenannte Hysteresekurve oder Hystereseschleife (Abb. 1 ⊳ 592).

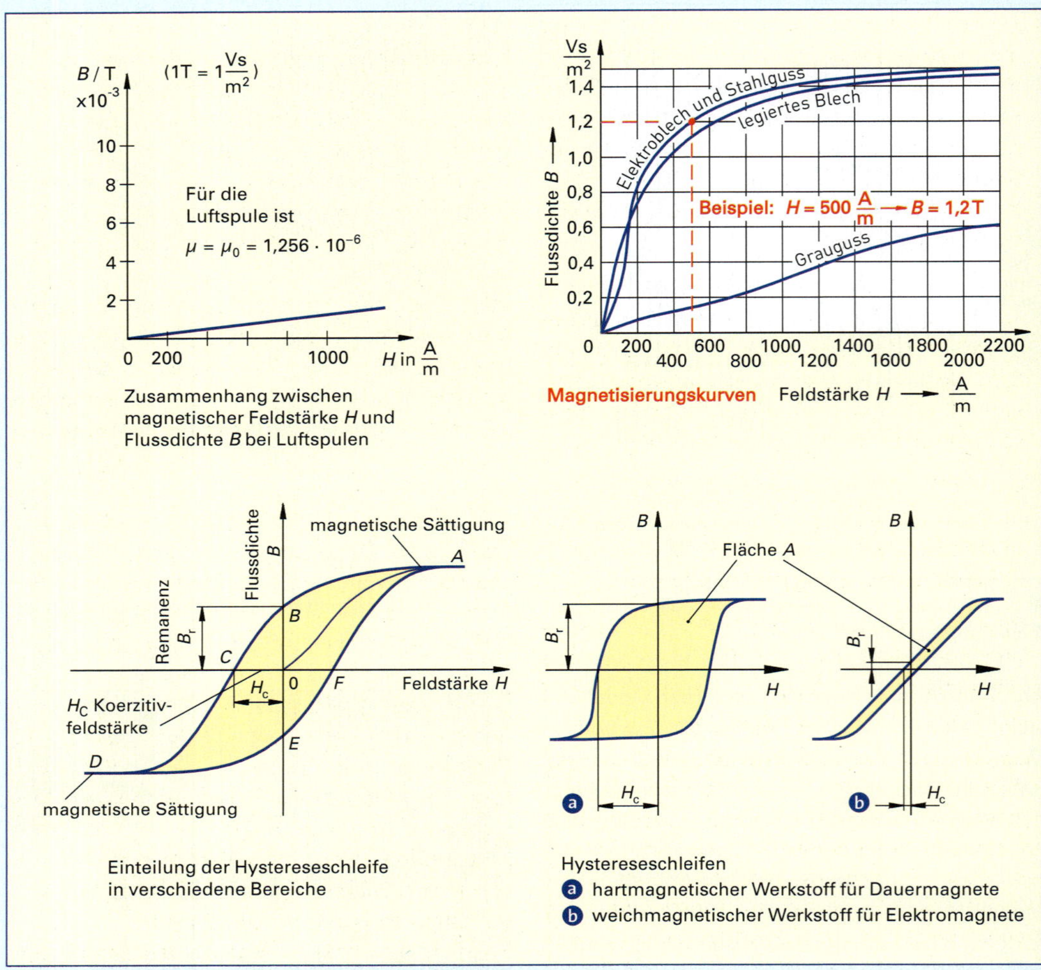

Abb. 1 Hystereseschleifen hart- und weichmagnetischer Werkstoffe

An der Kurve sind verschiedene Bereiche zu erkennen:

- **Bereich 0 – A:** Dieser Ast heißt Neukurve. Die Flussdichte *B* steigt mit zunehmender Feldstärke *H* relativ steil und näherungsweise linear an. In dieser Phase richten sich immer mehr Elementar-Magnete entsprechend dem äußeren Feld aus.
  Dann wird der Anstieg flacher, obwohl die Feldstärke weiter gesteigert wird. In diesem Bereich können sich nur noch wenige Elementar-Magnete ausrichten. Ab dem Punkt A wird die Sättigung erreicht, fast alle vorhandenen Elementar-Magnete sind ausgerichtet. Damit bringt auch eine weitere Erhöhung der magnetischen Feldstärke praktisch keinen Anstieg der Flussdichte *B* mehr und ist damit energetisch unwirksam.
- **Bereich A – B:** Wird die Feldstärke nun wieder verringert, verläuft die Magnetisierungskurve nicht mehr entlang der Neukurve zurück, sondern auf dem oberen Ast der Hystereseschleife. Wird die Feldstärke *H* zu Null, verbleibt eine gewisse Flussdichte B_r, die Remanenz, im Werkstoff zurück, d. h. der Werkstoff bleibt magnetisch, obwohl der Strom abgeschaltet ist.
- **Bereich B – C:** Um die Remanenz B_r zu beseitigen, muss die magnetische Feldstärke durch eine umgekehrte Stromrichtung in der Spule umgepolt werden. Im Punkt C, bei der sogenannten Koerzitivfeldstärke H_c haben alle Elementar-Magnete wieder ihre zufällige Lage im Kristall, nach außen kompensieren sich die Wirkungen aller Elementar-Magnete. Die Flussdichte *B* ist Null.

- **Bereich C – D:** Wird nun die Feldstärke *H* weiter (ins Negative) vergrößert, richten sich die Elementar-Magnete entsprechend dem äußeren Feld aus, jetzt aber entgegengesetzt zur Richtung im Bereich 0 – A. Bei D wird wieder die Sättigung erreicht, alle Elementar-Magnete sind ausgerichtet. Eine weitere Erhöhung der Feldstärke ist wirkungslos.
- **Bereich D – E:** Verringert man die Feldstärke *H* wieder, so verläuft die magnetische Flussdichte entlang dem unteren Kurvenast bis zum Punkt E, für den wieder *H* gleich Null ist. Man erhält einen Restmagnetismus $-B_r$, der entgegengesetzt gleich der Remanenz im Punkt B ist.
- **Bereich E – F:** Ein Umpolen der Stromrichtung und eine Steigerung der Stromstärke, bis die magnetische Feldstärke H_C erreicht wird, bringt die Remanenz wieder zum Verschwinden.
- **Bereich F – A:** Eine weitere Erhöhung des Stromes und damit der Feldstärke *H* steigert die magnetische Flussdichte *B* wieder bis zum Punkt A. Die Schleife ist geschlossen.

> **Merke:**
> *Wird eine Spule mit Eisenkern von Wechselstrom einer bestimmten Frequenz durchflossen, so wird der Eisenkern fortlaufend ummagnetisiert. Die Flussdichte B durchläuft dabei mit der gleichen Frequenz in Abhängigkeit von der magnetischen Feldstärke H eine Hystereseschleife.*

Das ständige Ummagnetisieren der Elementar-Magnete in dem Eisenkern ist mit Wärmeentwicklung, also mit Verlusten verbunden. Der Flächeninhalt der Hystereseschleife ist dabei der Energiebetrag, der bei jeder einzelnen Ummagnetisierung in dem Eisenkern als Verlustenergie entsteht.

Magnetwerkstoffe

In der Technik nutzt man vorwiegend zwei unterschiedliche magnetische Werkstofftypen, deren Hystereseschleifen sich grundlegend unterscheiden (Abb. 1 ▷ 592).

Hartmagnetische Werkstoffe mit einer breiten Hystereseschleife und entsprechend großer Hysteresefläche behalten die remanente Magnetisierung B_r über lange Zeit; selbst wenn das äußere magnetisierende Feld längst verschwunden ist. Sie speichern die magnetische Energie dadurch, dass die Elementar-Magnete im Festkörper ausgerichtet bleiben. Ein einmal magnetisierter hartmagnetischer Werkstoff darf sich nicht mehr so einfach entmagnetisieren lassen. Kennzeichen hierfür ist eine möglichst große magnetische Feldstärke *H*.

Mit Dauermagneten lassen sich heute sehr starke Magnetfelder erzeugen, ohne ständig elektrische Energie aus einer Spannungsquelle zuführen zu müssen. Man verwendet solche Dauermagnete z. B. in Messgeräten, in Gleichstrom-Motoren, in Lautsprechern, als Gummimagnetleiste oder auch um Türen geschlossen zu halten.

Weichmagnetische Stoffe haben eine möglichst schmale Hystereseschleife mit kleiner Fläche A. Diese Stoffe sollen ein äußeres Feld leiten und verstärken und sich bei Betrieb mit Wechselspannungen möglichst leicht und ohne große Verluste ummagnetisieren lassen. Sie sollen auch die Magnetisierung möglichst wieder vollständig verlieren, wenn das äußere Feld abgeschaltet wird. Diese Werkstoffe benötigt man z. B. für Transformatorenbleche, für Stator-Blechpakete von Elektromotoren oder als Eisenkern für Spulen in Schützen oder Relais. In vielen weiteren Anwendungen der Energie- und Nachrichtentechnik sind weichmagnetische Stoffe im Einsatz.

Für die Praxis benutzt man bei der Berechnung magnetischer Kreise mit Eisenkern Magnetisierungskurven, die praktisch der Neukurve entsprechen. Aus dieser Kurve für einen verwendeten Werkstoff kann man für eine bestimmte benötigte magnetische Flussdichte *B* die dafür nötige magnetische Feldstärke *H* ablesen (Abb. 1 ▷ 592).

Kraftwirkungen zwischen zwei stromdurchflossenen Leitern und zwischen Magnetfeld und stromdurchflossenem Leiter

Das Motorprinzip

Abb. 1 zeigt zwei parallele Leiter, die im Beispiel a gegensinnig und im Beispiel b gleichsinnig vom Strom durchflossen werden. Die Felder um die einzelnen Leiter überlagern und verstärken sich, wo sie gleiche Richtungen haben. Sie schwächen sich, wo sie entgegengesetzte Richtung haben. Betrachtet man gleichzeitig die Verformung in beiden Abbildungen, so stellt man fest, dass eine Kraftwirkung von den Bereichen der Feldverdichtung hin zu den Bereichen der Feldschwächung auftritt. Da die magnetischen Felder mit den stromdurchflossenen Leitern verkettet sind, wirken die Feldkräfte auf die Leiter zurück und führen zu Abstoßung (Abb. 1a) oder zu Anziehung (Abb. 1b).

Anziehung oder Abstoßung der Felder sind nicht von ihrer Erzeugung (Stromfluss oder Dauermagnet) abhängig. Sie treten auch bei der Überlagerung zweier Dauermagnetfelder auf. Das ist von großer Bedeutung bei der Herstellung von Gleichstrom-Motoren. So z. B. bei der Überlagerung des Feldes eines Dauermagneten mit dem Feld eines stromdurchflossenen Leiters (Abb. 1 ⊳ 595). Der stromdurchflossene Leiter wird im Beispiel nach links aus dem Feld herausgedrückt, die Kraft *F* wirkt vom Raumbereich mit Feldverstärkung in den Raumbereich mit Feldschwächung.

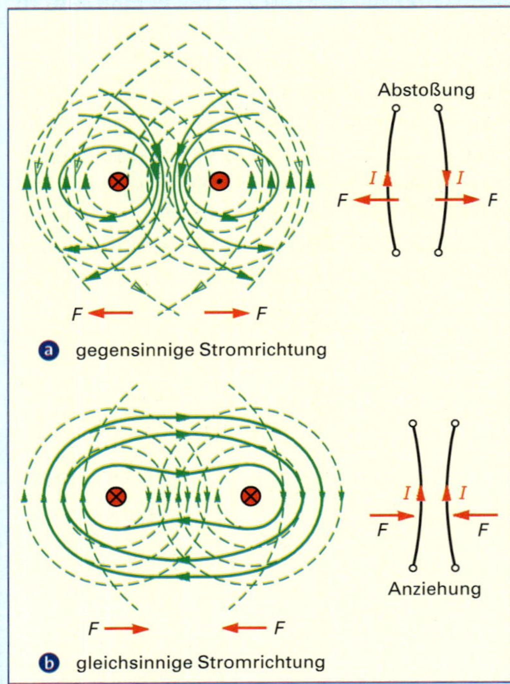

Abb. 1 Kraftwirkung zwischen stromdurchflossenen Leitern

Merke:

Über einen stromdurchflossenen Leiter, der sich beweglich oder drehbar gelagert in einem Dauermagnetfeld befindet, kann elektrische Energie in mechanische Energie umgewandelt werden. Für die Berechnung der Kraft F liefert die Theorie die Formel

$$F = I \cdot l \cdot B$$

I Stromstärke in A; l Leiterlänge im Magnetfeld in m; B magnetische Flussdichte in Vs/m²

Um die Richtung der Kraft auf den Leiter ohne das Zeichnen von Feldbildern festzustellen, kann man die „3-Finger-Regel" der rechten Hand benutzen (Abb. 1 ⊳ 595).

Biegt man den Leiter zu einer Leiterschleife und bringt diese drehbar in einem Magnetfeld eines Dauermagneten an, so kann man das Motorprinzip darin erkennen (Abb. 2 ⊳ 595). Die beiden von entgegengesetzten Stromrichtungen durchflossenen Leiter der Schleife werden jeweils mit dem Drehmoment $M = F \cdot r$ aus dem Feld herausgedreht, bis die Kraft *F* in der horizontalen Lage kein Drehmoment mehr entwickeln kann. Die Leiterschleife bleibt stehen. Polt man aber während der Drehung der Spule, beim Durchgang durch die Horizontallage die Stromrichtung durch die Schleife mit einer geeigneten Einrichtung um, so wirkt die Kraft weiter in Drehrichtung. Auf diese Weise kann man die Drehung der Leiterschleife aufrechterhalten, man erhält einen Elektromotor. Die Einrichtung zur Umpolung der Stromrichtung in der richtigen geometrischen Position während der Drehung der Leiterschleife nennt man in der Technik der Gleichstrommotoren Stromwender, Kommutator oder auch Kollektor. Damit trotz der Drehung der Leiterschleife der Strom zugeführt werden kann, benutzt man Kohleschleifbürsten, die federnd auf den Kommutator aufgesetzt werden (Abb. 3 ⊳ 595). Durch die Umpolung der Stromrichtung bei der Drehung der Ankerspulen wirkt die Kraft auf die stromdurchflossenen Leiter so, dass die Drehrichtung beibehalten wird.

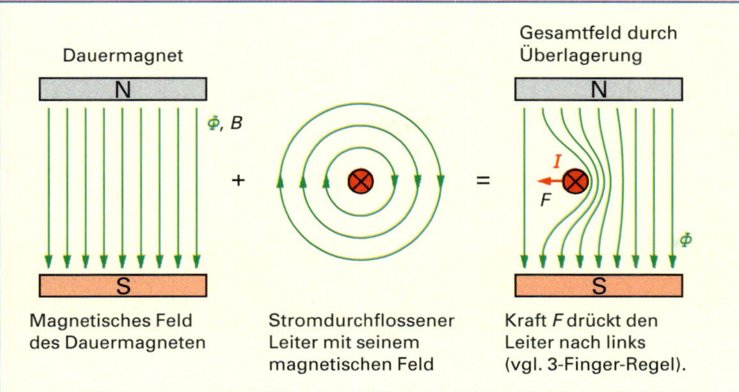

Abb. 1 Kraftwirkung auf einen stromdurchflossenen Leiter in einem Magnetfeld

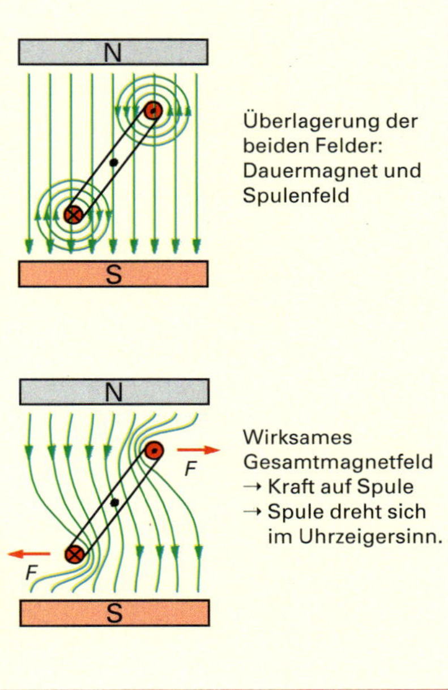

Abb. 2 Motorprinzip: Drehung einer stromdurchflossenen Leiterschleife in einem Magnetfeld

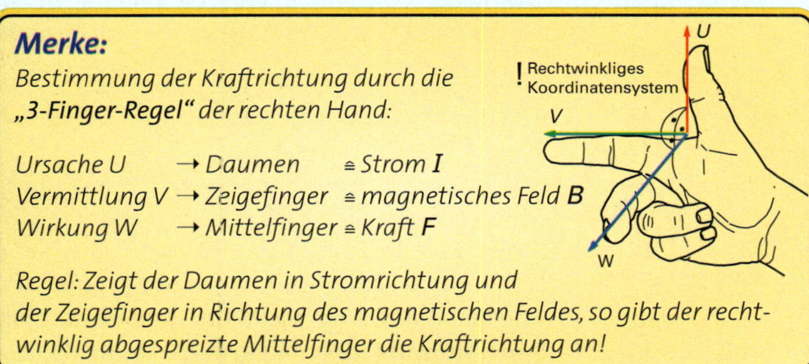

Merke:

Bestimmung der Kraftrichtung durch die „3-Finger-Regel" der rechten Hand:

*Ursache U → Daumen ≙ Strom **I***
*Vermittlung V → Zeigefinger ≙ magnetisches Feld **B***
*Wirkung W → Mittelfinger ≙ Kraft **F***

Regel: Zeigt der Daumen in Stromrichtung und der Zeigefinger in Richtung des magnetischen Feldes, so gibt der rechtwinklig abgespreizte Mittelfinger die Kraftrichtung an!

Induktionsgesetz

Ein Leiter der Länge l (oder auch eine Leiterschleife) befindet sich im Feld eines Dauermagneten. Legt man an den Leiter eine elektrische Spannung an, so fließt ein Strom. Auf diesen stromdurchflossenen Leiter wird eine Kraft F und damit ein Drehmoment M ausgeübt. Dieser Befund heißt Motorprinzip.

Geht man umgekehrt vor, dreht also die Leiterschleife (Spule) mechanisch mit einer Drehzahl n oder bewegt den Leiter mit einer Geschwindigkeit v in einem Magnetfeld der Flussdichte B, so kann man an den Enden der Spule oder des Leiters eine Spannung u_i messen. Dieser Sachverhalt heißt Generatorprinzip.

Aus ihm heraus hat Faraday im Jahre 1831 das Induktionsgesetz abgeleitet und mathematisch mit den folgenden Formeln für Spulen beziehungsweise gestreckte Leiter beschrieben:

Für die Spule: $u_i = N \cdot \frac{\Delta\Theta}{\Delta t}$

Für den Leiter: $u_i = B \cdot l \cdot v$

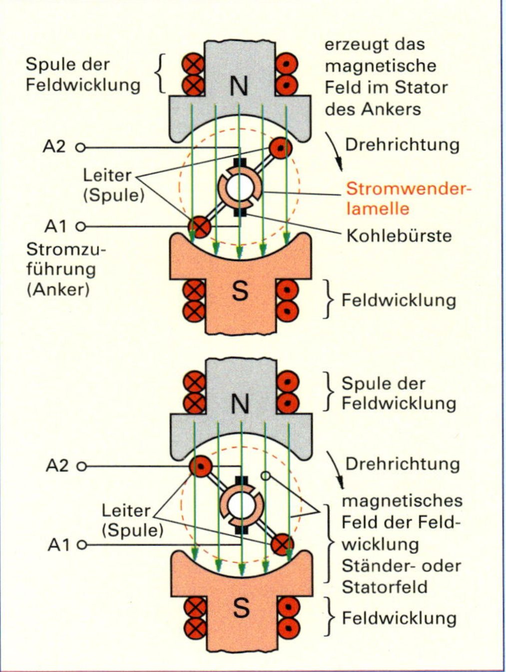

Abb. 3 Kommutator (Stromwender) eines Gleichstrommotors

Merke:

Eine Induktionsspannung u_i entsteht immer dann, wenn sich der von einer Spule umfasste magnetische Fluss Φ zeitlich ändert. Es spielt dabei keine Rolle, wie diese zeitliche Änderung $\Delta\Phi/\Delta t$ technisch durchgeführt wird. Mehrere Möglichkeiten werden heute technisch genutzt:

- *Das magnetische Feld und damit der magnetische Fluss Φ sind konstant. Eine Spule dreht sich im magnetischen Feld.*
- *Die Spule ruht und das magnetische Feld durch die Spulenfläche wird zeitlich verändert (z. B. durch eine Änderung des Stromes $\Delta\Phi/\Delta t$, eventuell durch Aus- oder Einschalten des Stromes).*
- *Ein gestreckter Leiter wird senkrecht zu den Feldlinien in ein konstantes magnetisches Feld hinein (oder heraus) bewegt.*

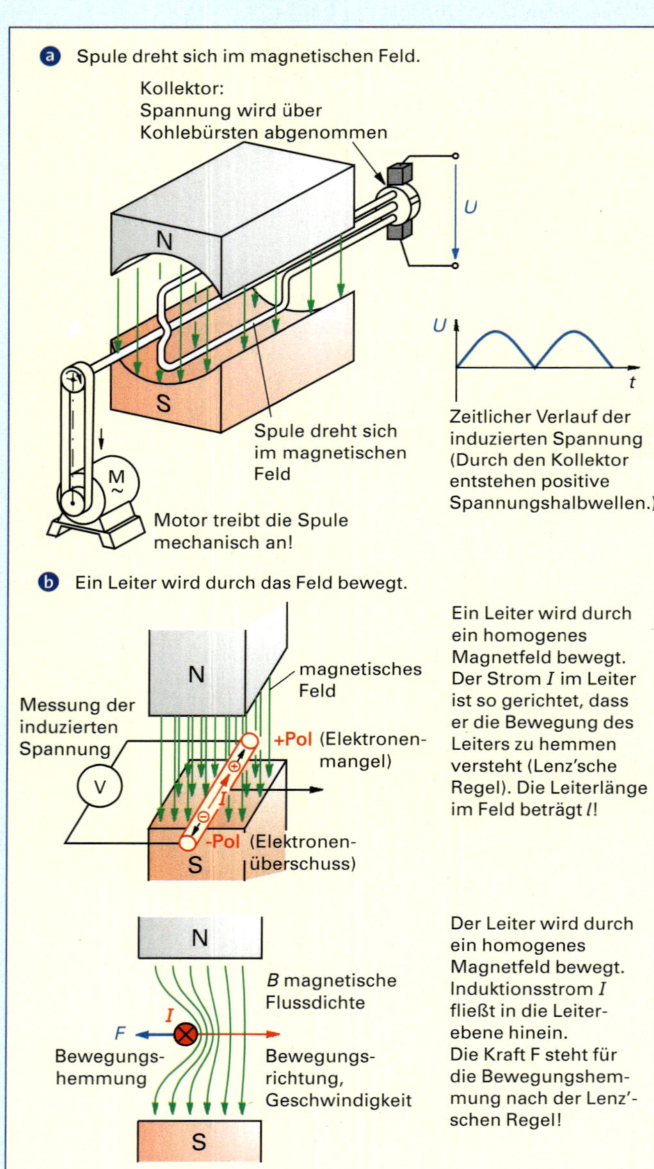

Abb. 1 Entstehung einer Induktionsspannung durch eine magnetische Flussänderung in einer Leiterschleife bzw. in einem Leiter

Abb. 1 zeigt, wie beide Möglichkeiten prinzipiell technisch ausgenutzt werden können.

Die moderne Technik ist ohne die vielfältigen Anwendungen des Induktionsgesetzes nicht mehr vorstellbar.

- Generatoren formen mechanische Energie in elektrische Energie um.
- Transformatoren ermöglichen die verlustarme Energieverteilung auch über weite Strecken.
- Elektromotoren formen elektrische Energie in mechanische Energie um. Die technischen Anwendungen sind vielfältig: Antriebstechnik, Elektrowerkzeuge, Haushaltsgeräte.
- Schütze und Relais werden in der Steuerungstechnik verwendet.
- Nachrichten- und Informationstechnik nutzen Übertrager (Transformatoren kleiner Bauart) und Bandfilter und nutzen elektromagnetische Wellen zur Sendung und zum Empfang von Programmen und Daten.

Selbstinduktion und Induktivität

Nach unserer bisherigen Kenntnis entsteht Induktion bzw. eine Induktionsspannung immer dann, wenn sich z. B. eine Spule in einem konstanten magnetischen Feld bewegt. Induktionserscheinungen treten auch dann auf, wenn die Spule durch Stromänderungen $\Delta I/\Delta t$ die zeitliche Änderung des magnetischen Flusses $\Delta\Phi/\Delta t$ in ihren Windungen selbst hervorruft.

Obwohl man also gar nicht die Absicht hat, eine Induktionsspannung zu erzeugen, tritt diese während der zeitlichen Änderung des magnetischen Flusses auf. Man spricht von Selbstinduktion. Für die Beschreibung der Selbstinduktion in einer Spule (oder allgemein auch an einer Leiteranordnung) ist eine Eigenschaft der Spule mit der Bezeichnung Induktivität L, sehr wichtig. Die Einheit der Induktivität L ist 1 Vs/A = 1 H (1 Henry, nach Joseph Henry, amerikanischer Physiker).

Die Induktivität L gibt das Verhältnis aus der zeitlichen magnetischen Flussänderung $\Delta\Phi/\Delta t$ und der sie hervorrufenden zeitlichen Stromänderung $\Delta I/\Delta t$ je Windung (bei dem betrachteten Bauteil, Spule oder Leiteranordnung) an. Hat man eine Spule mit mehreren Windungen, so muss diese Größe noch mit der Windungszahl N multipliziert werden.

$$L = \frac{(\Delta\Phi/\Delta t)}{(\Delta I/\Delta t)} = \frac{\Delta\Phi}{\Delta I} \text{ gilt für einen Leiter.}$$

Bei N Windungen einer Spule gilt erweitert

$$L = N \cdot \left(\frac{\Delta\Phi}{\Delta I}\right)$$

Ersetzt man in der obigen Formel für L die Flussänderung $\Delta\Phi$ als Wirkungsgröße durch die bei den magnetischen Grundgrößen oben schon angegebenen Zusammenhänge mit den Ursachengrößen.

$$\Delta\Phi = \Delta B \cdot A \rightarrow \text{Flussdichteänderung } \Delta B \text{ bei konstanter Fläche } A$$

$$\Delta B = \mu_0 \mu_r \Delta H$$

$$\Delta H = N \frac{\Delta I}{l_m}$$

so ergibt sich für die Induktivität einer Spule mit N Windungen:

$$L = \mu_0 \mu_r N^2 \frac{A}{l_m}$$

Mit der Induktivität L lässt sich das oben angegebene Induktionsgesetz auch noch weiter umschreiben zu:

$$u_i = N \frac{\Delta\Phi}{\Delta t} = L \frac{\Delta I}{\Delta t}$$

Merke:

Bei der zeitlichen Änderung des Stromes $\Delta I/\Delta t$ in einer Spule (oder einer anderen Leiteranordnung) mit der Induktivität L wird in der Spule eine Selbstinduktionsspannung u_i erzeugt. Der von dieser Selbstinduktionsspannung erzeugte Strom ist stets so gerichtet, dass er seiner Ursache, der Änderung des magnetischen Flusses entgegenwirkt (Lenz'sche Regel).

Ein- und Ausschalten einer Spule im Gleichstromkreis

Einschaltvorgang

Beim Schließen des Schalters S (Abb. 1) will der Strom durch den Widerstand R und die Spule ($R_{Spule} = 0\,\Omega$) mit der Induktivität L sofort vom Wert $I = 0$ A auf den maximalen Wert

$$I = I_{max} = \frac{U_0}{R} \text{ ansteigen.}$$

Diese zeitliche Änderung $\Delta I/\Delta t$ erzeugt eine Selbstinduktionsspannung u_i an der Spule, welche die Ursache, nämlich das Ansteigen des Stromes, zu verhindern sucht. Im ersten Moment nach dem Einschalten wird daher u_i ebenso groß wie die treibende Spannung U_0, sodass keine Potentialdifferenz zwischen Spannungsquelle und Spule besteht. Die wirksame Spannung, die den Strom durch die Schaltung treibt, ist dann

$$U_w = U_0 - u_i = 0.$$

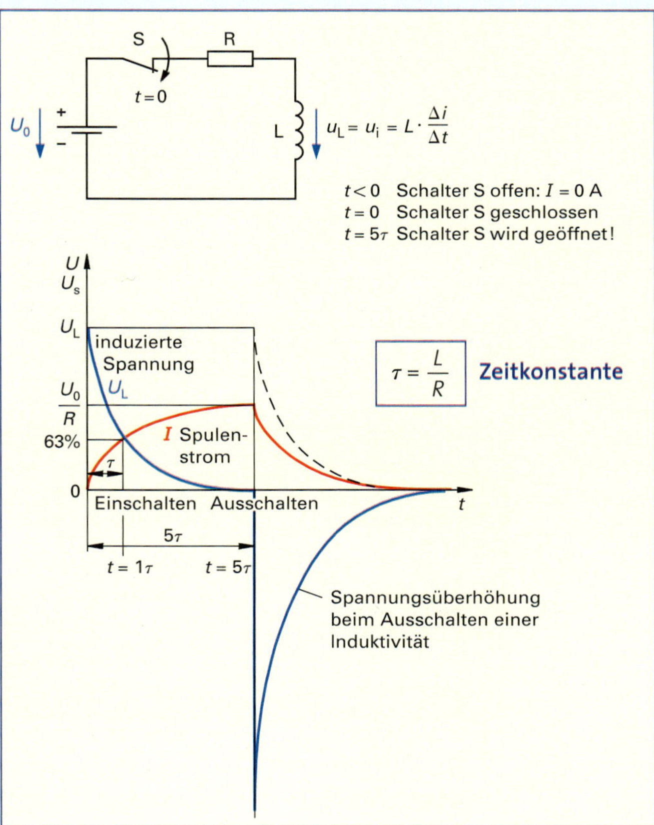

Abb. 1 Ein- und Ausschalten einer Spule im Gleichstromkreis, Bestimmung der Zeitkonstante τ

Im weiteren zeitlichen Verlauf wird der Stromanstieg $\Delta I/\Delta t$ langsamer. Damit wird die Selbstinduktionsspannung u_i geringer und die wirksame Spannung U_w als Potentialdifferenz $U_0 - u_i$ größer. Darum steigt jetzt der Strom durch den Widerstand und die Spule an. Je langsamer der Strom ansteigt, umso geringer wird die Selbstinduktionsspannung und umso größer wird die wirksame Spannung Uw. Nach einer Zeit $t = 5\ \tau$ (τ ist die Zeitkonstante) ist die wirksame Spannung $U_w = U_0$ und der Strom hat seinen stationären Wert $I_{max} = \frac{U_0}{R}$ angenommen.

Ausschaltvorgang

Auch das Unterbrechen des Stromkreises (I fällt von I_{max} auf 0) ruft als sehr schnelle zeitliche Stromänderung $\Delta I/\Delta t$ in der Spule eine hohe Selbstinduktionsspannung hervor. Da jetzt aber die Selbstinduktionsspannung $u_i = u_L$ so gerichtet ist, dass der vor dem Abschalten fließende Strom im ersten Moment weiter fließen soll, kann eine sehr hohe Spannung $u_L = i\,R$ entstehen. Besonders dann, wenn der Widerstand im Kreis plötzlich sehr hoch ist.

Bei offenen Schaltkontakten wird $R \to \infty$, sodass es bei extrem hohen Spannungen bis zum Funkenüberschlag an den Schalterkontakten kommen kann. In der Praxis schaltet man daher parallel zur Spule geeignete Bauelemente (z. B. Dioden), die nur während der Ausschaltphase der Induktivität den Strom weiter fließen lassen. Die magnetische Energie in der Spule kann so in Wärme umgesetzt werden, ohne dass eine zu hohe Spannung entsteht.

Merke:
Beim Abschalten einer Induktivität (Spule) mit Halbleitern (Transistoren) muss dafür gesorgt werden, dass die Energie der Spule über einen Ersatzweg abfließen kann. Über eine „Freilaufdiode" kann der Strom dann weiter fließen, ohne dass eine allzu hohe Selbstinduktionsspannung entsteht, die den Schalttransistor zerstören könnte.

Zeitkonstante einer RL- Schaltung

Der Einschaltvorgang bei einer RL-Schaltung (Abb. 1 ▷ 600) geht nicht beliebig schnell, sondern hängt von den Werten der Bauelemente R und L ab. Zur Darstellung und Einteilung des zeitlichen Ablaufes beim Stromanstieg in der Schaltung eignet sich die Zeitkonstante τ. Man definiert diese Zeitkonstante τ als Verhältnis von L und R

$$\tau = \frac{L}{R} \text{ mit der Einheit } \frac{\text{As/V}}{\text{V/A}} = \text{s}$$

Merke:
Die Zeitkonstante τ ist die Zeit, in der beim Einschalten der Strom in einer RL-Schaltung auf 63 % seines Maximalwertes angestiegen ist. Beim Abschalten des Stromes gilt: Nach einer Zeitkonstante τ ist der Strom auf 37 % seines Wertes vor dem Abschalten abgesunken. In der Praxis kann man mit genügender Genauigkeit sagen: Nach t = 5 τ hat der Strom seinen Maximalwert erreicht bzw. ist auf Null abgesunken.

Beispiele:

An einer Spule aus dem Elektrotechnik-Labor ist die Angabe zu finden:

$N = 1000$ Windungen
$R = 9{,}5\ \Omega$
$L = 36\ \text{mH}$

Mit $R = 9{,}5\ \Omega$ ist dabei der rein Ohm'sche Widerstand des Kupferwicklungsdrahtes gemeint. Betreibt man diese Spule (als Luftspule) an einer Gleichspannung, so wird der Einschaltvorgang durch die Selbstinduktivität der Spule, ausgedrückt über die Zeitkonstante

$$\tau = \frac{L}{R},$$

beeinflusst.

Mit den gegebenen Werten von R und L errechnet sich für die Zeitkonstante

$$\tau = \frac{L}{R} = \frac{36\ \text{mH}}{9{,}5\ \Omega} = \frac{3{,}79 \cdot 10^{-3}\ \text{Vs/A}}{\text{V/A}}$$

$$= 3{,}79 \cdot 10^{-3}\ \text{s}$$

Da der stationäre Zustand des Stromes durch die Spule nach 5 Zeitkonstanten erreicht ist, ergibt sich also:

$$t = 5\,\tau = 5 \cdot (3{,}79\ 10^{-3})\ \text{s} = 0{,}0189\ \text{s}$$

Ergebnis: Die Luftspule mit ihrer kleinen Induktivität verzögert den Stromanstieg nur ganz geringfügig.

Setzt man die Spule in einen geschlossenen Eisenkern (ein U-förmiger Eisenkern mit einem geraden Teil als Joch ergibt den geschlossenen Eisenkern), so ergibt sich eine Induktivität von $L = 2{,}1\,\text{H}$. Die gleichartige Rechnung für t ergibt nun:

$$\tau = \frac{L}{R} = \frac{2{,}1\,\text{H}}{9{,}5\,\Omega} = 0{,}22\,\text{s}$$

Für die Zeit $t = 5\,\tau$ bis zum stationären Zustand des Stromes ergibt sich:

$$t = 5 \cdot 0{,}22\,\text{s} = 1{,}1\,\text{s}$$

Ergebnis: Durch die hohe Induktivität der Spule mit Eisenkern ergibt sich im Gleichstromkreis eine sehr starke Verzögerung des Stromes beim Einschaltvorgang.

Spule im Wechselstromkreis

Scheinwiderstand einer Spule

Betreibt man eine Spule an Wechselspannung, so bewirkt die dauernde Umpolung des Stromes mit der sich daraus ergebenden Selbstinduktionsspannung in jeder Halbwelle, dass sich die Stromstärke gegenüber dem Betrieb bei Gleichspannung drastisch reduziert.

Beispiele:
Eine Spule mit $R = 9{,}5\,\Omega$, $N = 1000$ Windungen und $L = 44\,\text{mH}$ liefert folgende Werte für den Strom bei Betrieb an Wechselspannung mit $f = 50\,\text{Hz}$ (Abb. 1 und Abb. 2):

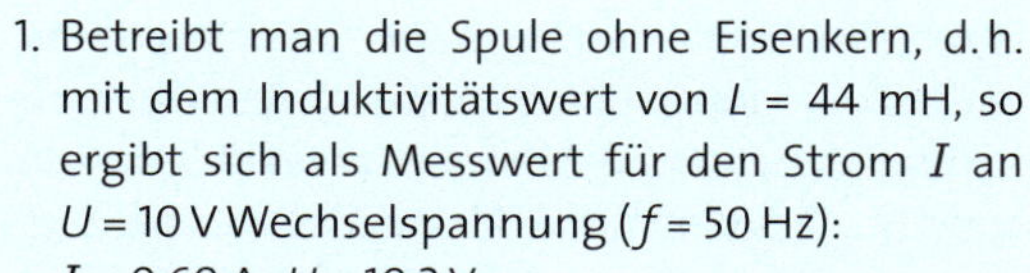

1. Betreibt man die Spule ohne Eisenkern, d.h. mit dem Induktivitätswert von $L = 44\,\text{mH}$, so ergibt sich als Messwert für den Strom I an $U = 10\,\text{V}$ Wechselspannung ($f = 50\,\text{Hz}$): $I = 0{,}69\,\text{A}$, $U = 10{,}2\,\text{V}$
Daraus berechnet sich für den Widerstand R
$$R = \frac{U}{I} = \frac{10{,}2\,\text{V}}{0{,}69\,\text{A}} = 14{,}7\,\Omega$$

2. Verwendet man einen geschlossenen Eisenkern, so erhöht sich die Induktivität der Spule mit Kern sehr stark. Beim Betrieb der Spule an Wechselspannung fällt auf, dass sich die Stromstärke i drastisch verringert hat. Dividiert man die Spannung u durch den gemessenen Strom i an der Spule, so erhält man einen Widerstandswert von
$$R = \frac{U}{I} = \frac{10{,}08\,\text{V}}{8{,}9\,\text{mA}} = 1{,}13\,\text{k}\Omega.$$

Der Gleichstromwiderstand mit 9,5 Ω ist dagegen vernachlässigbar gering!

Gleichspannung $U = 10\,\text{V}$	Wechselspannung $U = 10\,\text{V}$	Wechselspannung $U = 10\,\text{V}$
$I = \frac{10\,\text{V}}{9{,}5\,\Omega} = 1{,}05\,\text{A}$	Luftspule: $I = 0{,}69\,\text{A}$ $R = \frac{U}{I} = \frac{10{,}2\,\text{V}}{0{,}69\,\text{A}}$ $\underline{\underline{R = 14{,}7\,\Omega}}$ $L = 44\,\text{mH}$	Spule mit Eisenkern: $I = 8{,}9\,\text{mA}$ $R = \frac{U}{I} = \frac{10{,}08\,\text{V}}{8{,}9\,\text{mA}}$ $\underline{\underline{R = 1{,}132\,\text{k}\Omega}}$ $L = 3{,}5\,\text{H}$

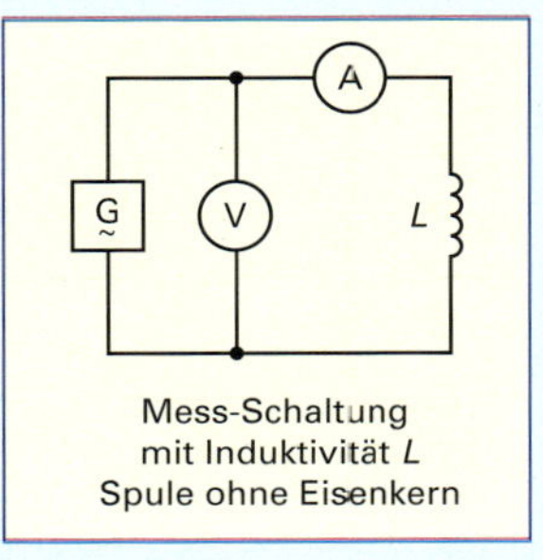

Abb. 1 Betrieb einer Spule ohne Eisenkern (Luftspule) mit $N = 1000$ Windungen an einer Wechselspannung $U = 10\,\text{V}$ und $f = 50\,\text{Hz}$. Der Strom wird mit dem linken Messgerät zu $I = 0{,}69\,\text{A}$ gemessen.

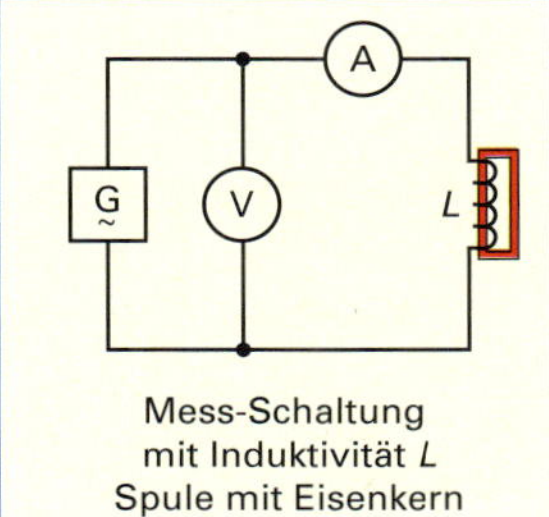

Abb. 2 Betrieb einer Spule mit geschlossenem Eisenkern, $N = 1000$ Windungen an einer Wechselspannung $U = 10\,\text{V}$ und $f = 50\,\text{Hz}$. Das linke Messgerät zeigt den Strom an. Messwert $I = 8{,}9\,\text{mA}$.

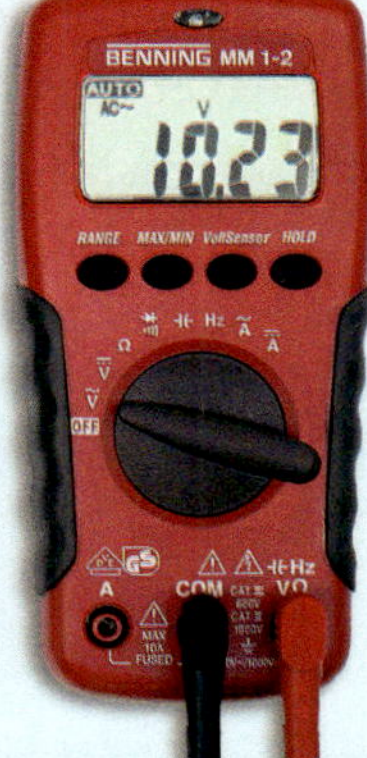

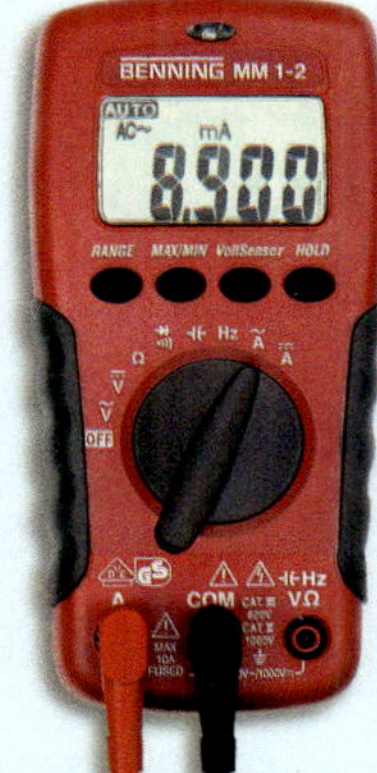

Ergebnis: Obwohl der Gleichstromwiderstand der Spule gleich geblieben ist, hat sich der Wechselstromwiderstand in beiden Fällen verändert. Man erkennt, dass der wirksame Wechselstromwiderstand der Spule offensichtlich von der Induktivität L abhängt. Je größer die Induktivität L, umso kleiner ist der Strom und umso größer ist der wirksame Widerstand. Diesen wirksamen Widerstand, der sowohl den Gleich- als auch den Wechselstromeinfluss vereint, nennt man den Scheinwiderstand Z der Spule. Der Scheinwiderstand Z setzt sich demnach zusammen

- aus dem frequenzunabhängigen Gleichstromwiderstand R und
- einem zweiten Widerstandsanteil, der von der Wechselspannung herrührt.

Dieser wechselspannungsbedingte Widerstandsanteil wird durch die Wirkung der Induktion hervorgerufen. Daher hat man ihn mit einem speziellen Namen belegt:

Der von der Induktivität hervorgerufene Widerstand bei Wechselspannungsbetrieb wird Blindwiderstand genannt und mit X_L bezeichnet. Der Blindwiderstand ist aber nicht nur von der Induktivität, sondern auch noch von der Frequenz f (bzw. der Kreisfrequenz ω) der Wechselspannung abhängig.

Für X_L liefert die Theorie folgende Formel:

$$X_L = 2\,\pi \cdot f \cdot L = \omega L$$

Merke:
Der Blindwiderstand X_L einer gegebenen Spule mit der Induktivität L steigt linear mit der Kreisfrequenz ω an.

Für die Berechnung des Scheinwiderstandes Z dürfen nun die beiden Anteile R und X_L nicht einfach addiert werden. Das liegt daran, dass die Induktivität der Spule im Stromkreis eine Phasenverschiebung zwischen Spannung und Strom hervorruft. Der Strom durch die Spule eilt im Idealfall der Spannung an der Spule um 90° nach (Abb. 1), weshalb sich für den Scheinwiderstand Z folgende Formel ergibt:

$$Z = \sqrt{R^2 + X_L{}^2}$$

In der Praxis ist der Blindwiderstand X_L von technisch genutzten Spulen (Induktivitäten) meist wesentlich größer als der Gleichstromwiderstand R, sodass man in guter Näherung statt dem Scheinwiderstand Z den Blindwiderstand X_L verwenden kann.

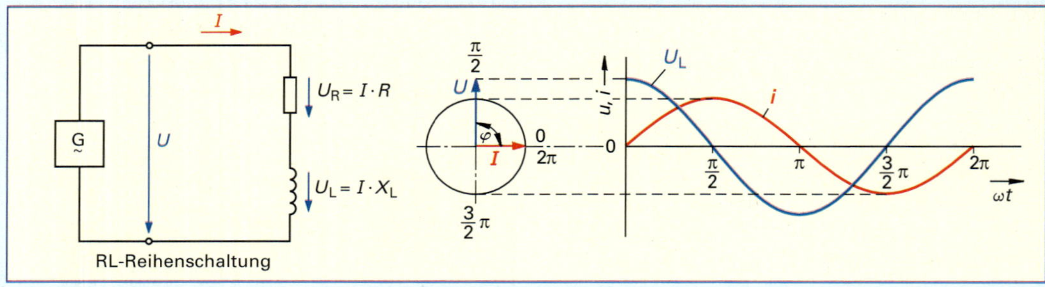

Abb. 1 RL-Schaltung sowie Zeiger und Liniendiagramm der idealen Spule: U_L eilt dem Strom i um 90° vor.

Prüfen Sie Ihr Wissen

1 Welche Prüfungen müssen Sie nach der Reparatur an einem Elektrogerät nach VDE 0701/0702 durchführen?

2 Warum darf ein Universalmotor nicht im Leerlauf betrieben werden?

3 Erläutern Sie den Einfluss der Selbstinduktion auf die Stromstärke beim Betrieb einer Spule an Wechselspannung.

4 Warum muss einer Spule mit der Induktivität L beim Betrieb an Wechselspannung ein Scheinwiderstand der Größe $X_L = 2\,\pi \cdot f \cdot L = \omega L$ zugeschrieben werden?

6.5 Wasch-, Trocken- und Geschirrspülautomaten

6.5.1 Waschautomaten

Kundenauftrag:

Der Monteur der Firma ElektroTeam erhält den Auftrag, die zeitweiligen Störungen an einer Waschmaschine zu beheben. Hier soll nach Aussage der Mieterin das Waschprogramm ab einer bestimmten Stellung des Waschprogrammdrehschalters nicht mehr weiterlaufen. Da es sich bei dem Gerätetyp um eine weniger geläufige Maschine eines Kleinherstellers handelt, besitzt der Monteur hierfür keine Erfahrungswerte und auch keine detaillierten Schaltungsunterlagen bzw. Servicehilfen. Zur systematischen Fehlersuche ist es daher erforderlich, das Funktionsprinzip der unterschiedlichen Betriebs- und Sicherheitseinrichtungen eines Waschautomaten und das Prinzipschaltbild zu kennen.

Vom Aufbau unterscheidet man Toplader- (von oben mit Wäsche zu befüllen) und Frontladergeräte (von vorne über Verschlussdeckel befüllbar, Abb. 1 und Abb. 1 ⊳ 602) in verschiedenen Größen und Ausstattung.

Diese verfügen jedoch über viele ähnliche Baugruppen:

- Heizung, welche die Lauge entsprechend der vorgewählten Temperatur erwärmt
- Trommel, die sich abwechselnd rechts- und links (Reversieren) dreht und den eigentlichen Waschvorgang durchführt
- Programmsteuergerät, welches aus einem Wahlschalter, einem Programmteil und dem Steuerteil besteht und über ein Programmschaltwerk bzw. eine Elektronik die Funktionen steuert
- Wasserstandsregler (Niveauwächter), die den Wasserstand je nach Waschprogramm regeln und den Trockenlaufschutz für die Heizung gewährleisten
- Ablaufpumpe, welche die verschmutzte Waschlauge abpumpt
- Wasserzulauf, dem das Waschmittel beigemischt wird
- Sicherheitsvorrichtungen

Folgende Sicherheitsvorrichtungen sind eingebaut, um Menschen zu schützen und um die Wäsche bzw. das Leitungssystem schonend zu behandeln:

- Türverriegelung, verhindert versehentliches Öffnen des Wäschefensters (Kindersicherung gegen Hineinfassen in laufende Trommel)
- Wassermangelsicherung, verhindert Trockenlaufen der Heizung und Wäscheschäden
- Wasserrücklaufverhinderung, verhindert Rücksaugen von Waschlaugen in das Trinkwassernetz
- Laugenabkühlung, verhindert Verbrühungsgefahr bzw. Schäden am Abwasserleitungssystem

Abb. 1 ⊳ 603 zeigt den Prinzipschaltplan eines Waschvollautomaten. Die Komponenten bzw. Bauelemente einer Waschmaschine werden im Ablauf eines Waschzyklus bei den verschiedenen Waschprogrammen in einer genau festgelegten Reihenfolge in Abhängigkeit von Sensoren und Schaltzuständen zu- und abgeschaltet (Abb. 2 ⊳ 603).

Eine häufige Ursache für Betriebsstörungen sind defekte Türschalter oder -verriegelungen, da diese mechanisch (durch das häufige Öffnen und Schließen) stark beansprucht werden und aus Sicherheitsgründen alle Funktionen des Waschautomaten stilllegen.

Abb. 1 Waschvollautomat und Wäschetrockner (Frontlader)

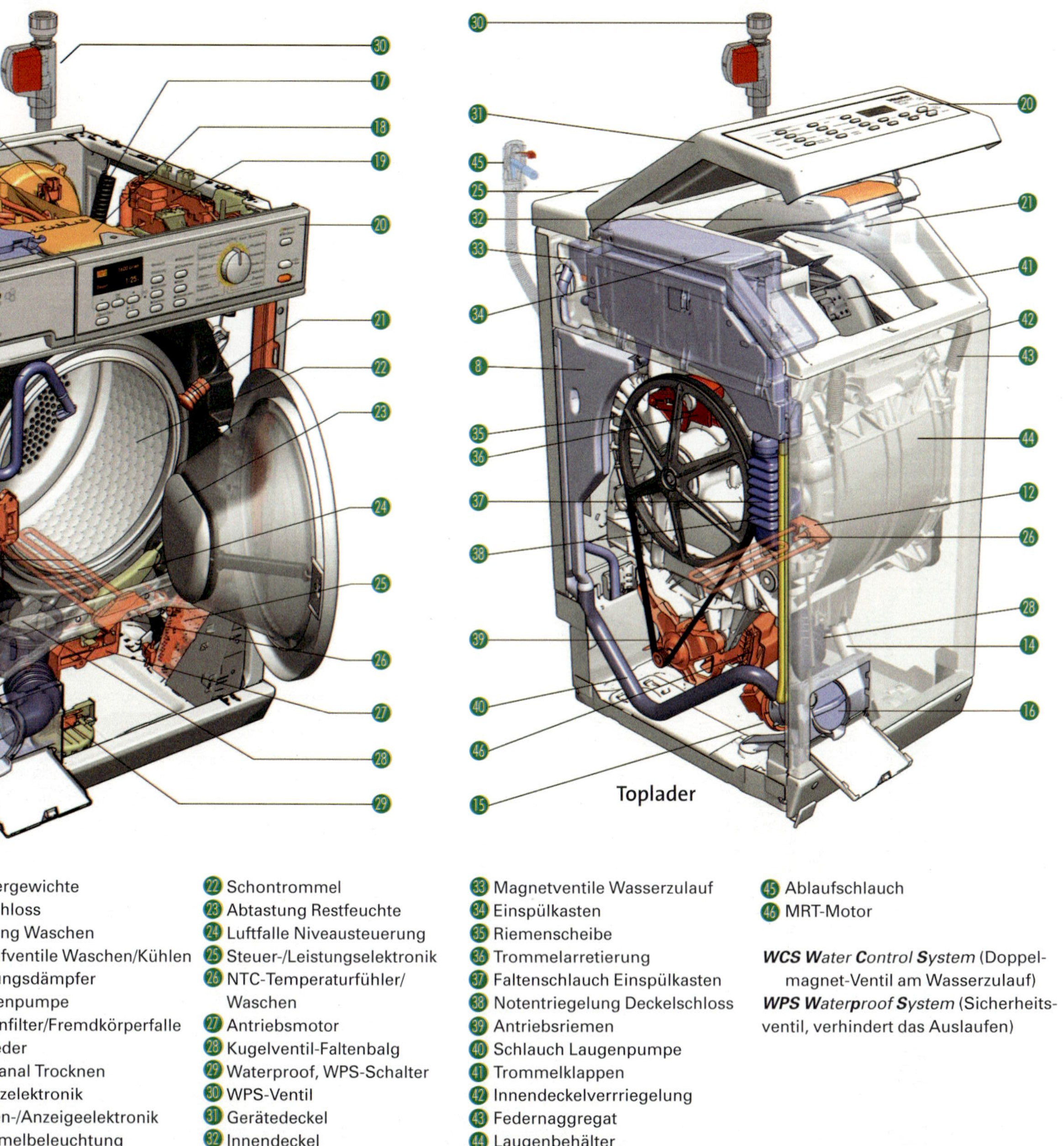

Abb. 1 Aufbau von Waschvollautomaten

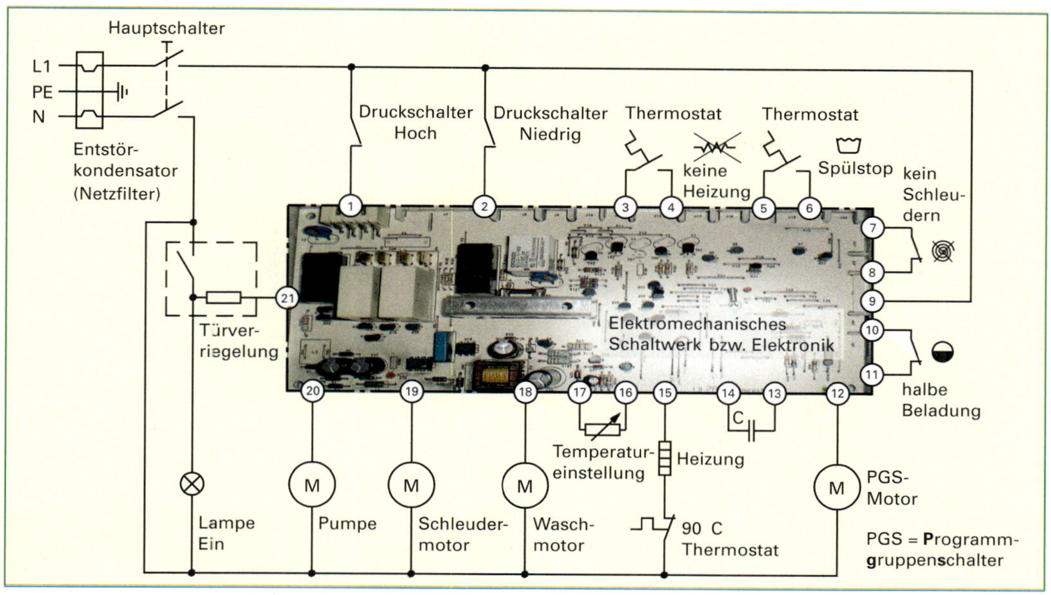

Abb. 1 Prinzipschaltplan eines Waschvollautomaten

Praxistipp:
Um Unwuchten und damit verbundene Folgefehler zu vermeiden, ist beim Aufstellen einer Waschmaschine auf einen lotrechten Stand zu achten. Der Anschluss sollte über einen eigenen Stromkreis mit einer Absicherung von 16 A erfolgen. Der Wasseranschluss ist über einen druckfesten Wasserzulaufschlauch, der an der Wasserleitung sowie an der Waschmaschine sicher angeschellt werden muss, vorzunehmen. Besondere Vorrichtungen mit Sicherheitsventilen (Aquastop) sollen zusätzlich Wasserschäden verhindern. Bei der Inbetriebnahme der Maschine und Übergabe an den Kunden sollte auf eine Hauptfehlerursache hingewiesen werden: Die Laugenpumpen verstopfen gerne durch Wäscheflusen, die dann den gesamten Programmablauf stören. Abhilfe schafft ein regelmäßiges Säubern des von außen zugänglichen Flusensiebs.

Bei der Fehlersuche hat der Monteur beobachtet, dass das Programmschaltwerk häufig zu Beginn des Schleudervorganges nicht weiterschaltet. Die Maschine zeigt bei den hohen Schleuderdrehzahlen (Schleuderdrehzahl etwa 1000 min^{-1}) eine leichte Unwucht, die sich auf die Kontakte der Türverriegelung übertragen und so das Ablaufprogramm zum Stoppen gebracht hatte. Ein Austausch des Türschalters konnte sofort Abhilfe schaffen.

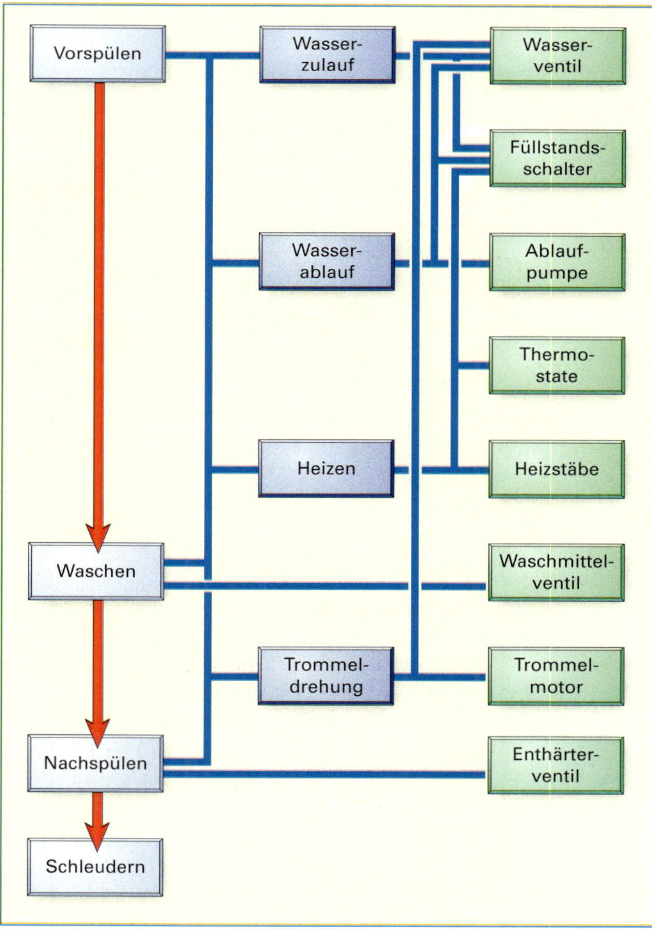

Abb. 2 Ablaufdiagramm eines Waschvorgangs

6.5.2 Wäschetrockner

Die Wäschestücke, die nach dem Waschvorgang aus den Wäscheautomaten entnommen werden, haben noch einen hohen Anteil an Restfeuchtigkeit, der mit einer Heizung und einem leistungsfähigen Gebläse der Wäsche entzogen wird. Um den Trocknungsvorgang zu beschleunigen, lockert eine reversierende Trommel die Wäsche auf. Einfache Trockner sind zeitgesteuert, bessere Geräte (Trockenautomaten) weisen eine feuchtigkeits- oder zeit- und temperaturabhängige Steuerung auf, die über eine Elektronik die Trocknung beeinflusst. Je nach Prinzip, wie das aus der Wäsche entzogene Wasser aus dem Trockner an die Umgebung abgegeben wird, unterscheidet man zwischen Abluft- und Kondensationstrocknern.

Ablufttrockner

Kundenauftrag:

Eine Kundin bemängelt bei ihrem Ablufttrockner, der mit Zeit- und Temperatursteuerung ausgestattet ist, dass die Wäsche nicht mehr trocken wird. Ein Probelauf des Servicetechnikers hat ergeben, dass der Trockner Raumluft ansaugt und durch die Wäsche in der sich drehenden Trommel hindurchbläst. Die Kundin gibt an, das Flusensieb regelmäßig zu säubern, diese Fehlerursache sei also auszuschließen.
Die Störung muss folglich an der Heizung, am Thermostat bzw. der Heizungssteuerung liegen. Nach dem Abbau der Rückwand ist unterhalb der Trommel das Heizregister zu erkennen, in dem mehrere Nägel stecken, welche die Heizspiralen unterbrochen haben. Nach dem erforderlichen Austausch ist das Gerät wieder betriebsbereit.
Abb. 1 zeigt die Funktionsweise eines Ablufttrockners, Abb. 2 dessen Rückansicht.

> ***Merke:***
> *Ablufttrockner benötigen für einen Trocknungsvorgang sehr lange und müssen die Feuchtigkeit z. B. über ein Rohr ins Freie leiten. Dem Raum wird dabei sehr viel Luft entzogen. Daher muss ausreichende Luftzufuhr vorhanden sein. Sonst könnte die feuchte Luft wieder vom Trockner angesaugt werden, was zu einer längeren Trocknungszeit führen würde. Feuchte Luft könnte Feuchteschäden (Schimmel) an Wänden usw. hervorrufen.*

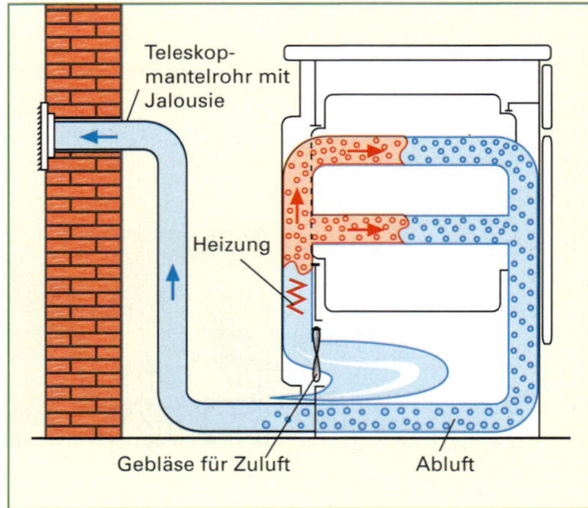

Abb. 1 Funktionsprinzip eines Ablufttrockners

Abb. 2 Rückansicht eines Kondensationstrockners mit ausgebautem Heizregister

Kondensationstrockner

Diese Gerätetypen eignen sich, wenn nur kleine, nicht belüftbare Räume zum Aufstellen eines Trockners zur Verfügung stehen bzw. die Fensterlüftung nicht ausreicht.
Die Trocknung erfolgt durch die Erwärmung des Trommelinhalts. Die reversierende Trommeldrehung verstärkt den Trocknungseffekt. Bei luftgekühlten Kondensationstrocknern wird dazu die Trocknungsluft mit einem Gebläse im Kreislauf bewegt. Anschließend wird die feuchte Luft durch einen Kondensator geleitet. Das Kondensat wird in einem Behälter gesammelt (Abb. 1 ▷ 605). Ein weiteres Gebläse kühlt den Kondensator. Abb. 2 ▷ 605 zeigt den Stromlaufplan eines Kondensationstrockners.

Heizung
Trock-
nungs-
luft
Gebläse für
Trocknungsluft
Kondensator
Gebläse für
Kondensator

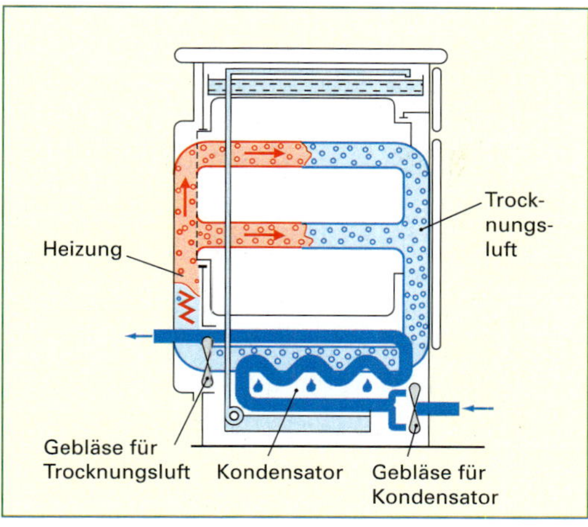

Abb. 1 Funktionsprinzip eines Kondensationstrockners

Neben den luftgekühlten Kondensationstrocknern bieten einige Hersteller für große Trockner wassergekühlte Systeme an. Hier wird mit einem zusätzlichen Frischwasserzu- und -ablauf das kondensierte Wasser aufgenommen. Nachteilig sind die aufwändigere Installation und ein höherer Energieverbrauch als bei luftgekühlten Systemen. Bei Wasch-Trockenkombinationen, die in Haushalten mit sehr geringen Platzverhältnissen, z. B. als Unterbaugeräte in Küchenzeilen, Verwendung finden, wird dieses Prinzip dennoch angewendet.

Aufgabe:

Der Mieter der Dachgeschosswohnung möchte sich einen Wäschetrockner zulegen. Im Keller sind für alle Parteien des Hauses Waschräume mit Waschmaschinenanschlüssen vorgesehen. Beraten Sie ihn, welchen Gerätetyp (Abluft-, Kondensationstrockner oder Wasch-Trockenkombination) für ihn am geeignetsten wäre.

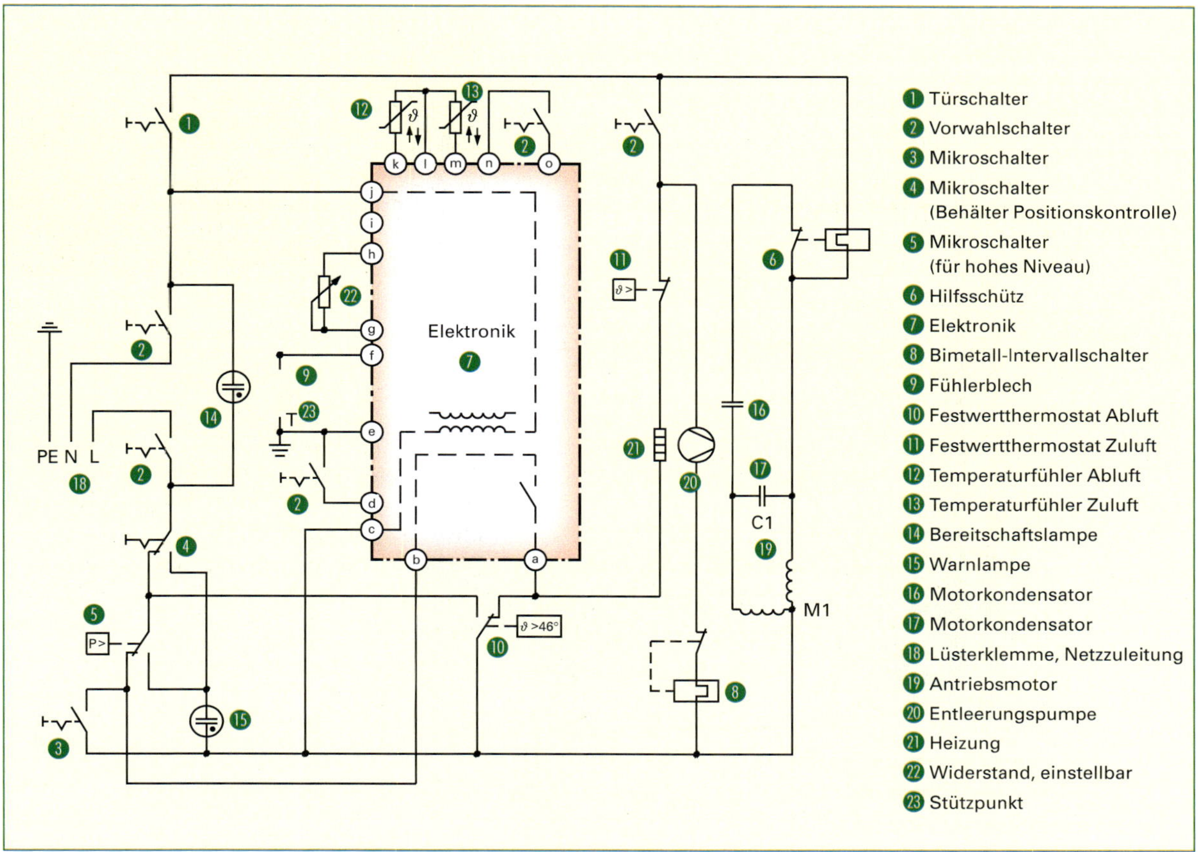

Elektronik
PE N L
M1
C1
P>
ϑ>
ϑ >46°
1 Türschalter
2 Vorwahlschalter
3 Mikroschalter
4 Mikroschalter (Behälter Positionskontrolle)
5 Mikroschalter (für hohes Niveau)
6 Hilfsschütz
7 Elektronik
8 Bimetall-Intervallschalter
9 Fühlerblech
10 Festwertthermostat Abluft
11 Festwertthermostat Zuluft
12 Temperaturfühler Abluft
13 Temperaturfühler Zuluft
14 Bereitschaftslampe
15 Warnlampe
16 Motorkondensator
17 Motorkondensator
18 Lüsterklemme, Netzzuleitung
19 Antriebsmotor
20 Entleerungspumpe
21 Heizung
22 Widerstand, einstellbar
23 Stützpunkt

Abb. 2 Schaltbild eines Kondensationstrockners

6.5.3 Geschirrspülautomaten

Ein Kunde reklamiert das schlechte Reinigungsverhalten seiner Unterbau-Geschirrspülmaschine. Nach Aussage des Kunden hat sich das Reinigungsverhalten in den letzten Tagen zunehmend verschlechtert. Bei der Besichtigung vor Ort zeigt sich, dass das Geschirr nach dem Spülvorgang immer noch ziemlich verschmutzt ist. Ein Probelauf des Servicetechnikers hat ferner ergeben, dass alle Funktionen des Spülvorganges durchlaufen werden, das Geschirr am Programmende aber immer noch Zimmertemperatur hat.

Kundenauftrag:

Führen Sie eine systematische Fehlersuche mit einem detaillierten Kostenvoranschlag durch, welcher die möglichen Fehlerquellen abdeckt.

Die Baugruppen einer Geschirrspülmaschine sind in Abb. 1 und Abb. 3 ⊳ 607 ersichtlich. Der DVGW (**D**eutsche **V**ereinigung des **G**as- und **W**asserfaches e.V.) hat das Ziel, die Grundlagen für eine zuverlässige, technisch einwandfreie und sichere Gas- und Wasserversorgung zu liefern.

Die Spülmaschine besteht aus folgenden Baugruppen:

- Magnetventile, welche die Wasserzufuhr steuern
- Ionenaustauscher (Enthärter), der Kalkflecken durch hartes Wasser vermeidet und den Reinigungseffekt der Spüllauge verstärkt (Klarspüler und Ionenaustauscher)
- Wasserstandsregler, welche den Wasserzu- und -ablauf steuern
- Umwälzpumpe, welche die Lauge aus dem Auffangbecken absaugt und durch die Sprüharme auf das Geschirr strahlt
- Sprüharme, die, sich durch Wasserdruck drehend, mit Wasserstrahlen das Geschirr gut reinigen (Abb. 1 ⊳ 607)
- Heizung, welche die Lauge während der Reinigungs- und Spülphase auf die notwendige Betriebstemperatur bringt
- Ablaufpumpe, die das Auffangbecken entleert und die Trockenphase einleitet

Abb. 2 ⊳ 607 zeigt den Ablauf eines Spülvorgangs. Die systematische Fehlersuche setzt unmittelbar am Heizvorgang an, da beim Probelauf festgestellt worden ist, dass das Geschirr nach Beendigung

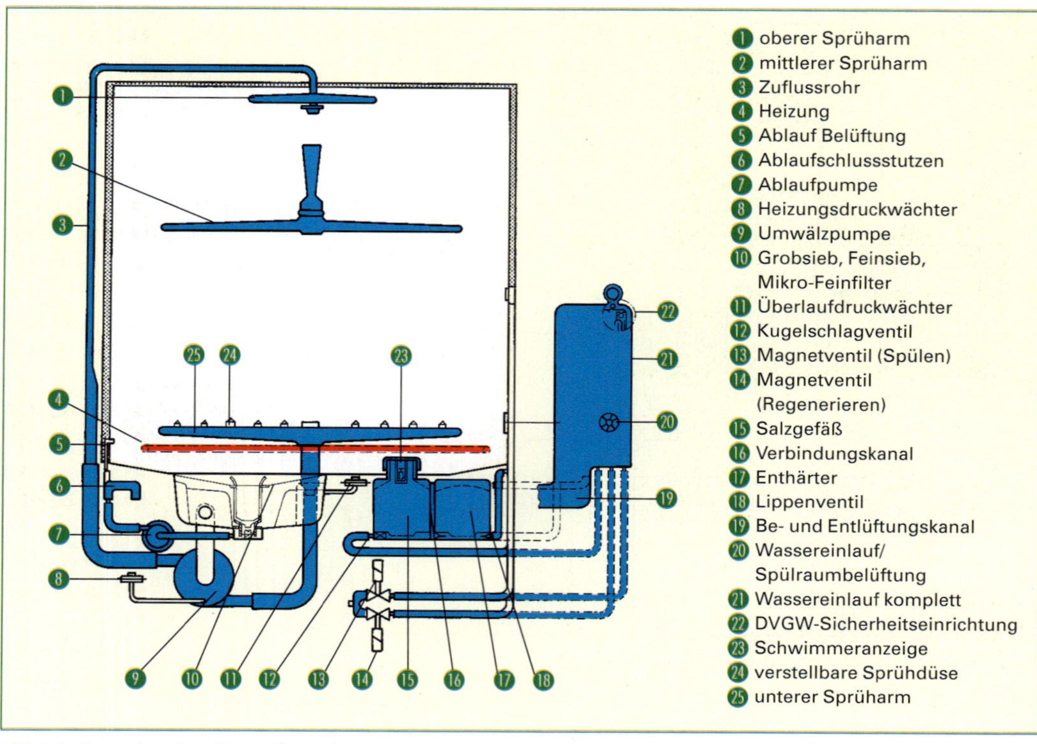

Abb. 1 Aufbau einer Geschirrspülmaschine

Abb. 1 Sprüharm in Aktion

des Spülvorgangs Zimmertemperatur aufweist. Die mangelhafte Heizleistung führt zu einer zunehmenden Restverschmutzung des Geschirrs.

Abb. 3 zeigt die Innenansicht einer Geschirrspülmaschine mit herausgenommenen Geschirrkörben. Deutlich zu sehen ist das Ablaufbecken mit dem Sieb, das häufiger gereinigt werden sollte, um den Ablaufvorgang nicht zu stören. Des Weiteren sind die Einfüllöffnungen für den Salzvorratsbehälter und die Kammern für das Reinigungsmittel bzw. den Klarspüler zu erkennen. Der Heizstab ist gut von außen zugänglich. Weist die-

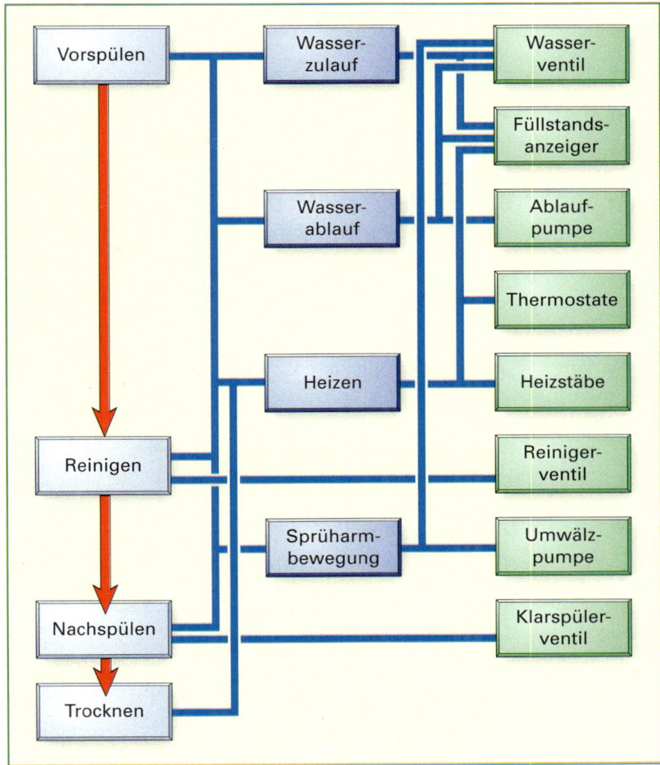

Abb. 2 Ablauf eines Geschirrspülvorgangs

1 Kammer Klarspüler
2 Optosensor® erkennt Kalkablagerungen
3 Dichtleiste
4 oberer Geschirrkorb
5 Sprüharm
6 Sprüharm mit Stütze
7 Salzvorratsbehälter
8 Heizung
9 Ablauf mit Sieb
10 Kammer für Reiniger

Abb. 3 Innenansicht einer Geschirrspülmaschine

ser deutliche Kalkablagerungen auf, muss er unbedingt ausgetauscht werden. Im vorliegenden Fall hat sich der Heizstab durch die Ablagerungen so stark erhitzt, dass die Heizdrähte im Innern zerstört wurden.

Der Stromlaufplan in Abb. 1 zeigt die Heizung 2 mit den vorgeschalteten Bauelementen 1 14. Für die Störung hätte auch der Sicherheitsthermostat 1 in Frage kommen können. Die Prüfung des Heizstabes erfolgt mit einem Widerstandsmesser, die intakte Heizwicklung hat einen Widerstandswert von etwa 50 Ohm. Im konkreten Arbeitsauftrag ist der Heizkörper in Folge der starken Verkalkung durchgebrannt und hochohmig geworden.

Nach dem Austausch des Heizkörpers und einer anschließenden Funktions- und Sicherheitsprüfung könnte das Gerät wieder an den Kunden übergeben werden.

Ein entsprechender Kostenvoranschlag (Abb. 1 ▷ 609) der Fa. ElektroTeam könnte demnach wie folgt aussehen:

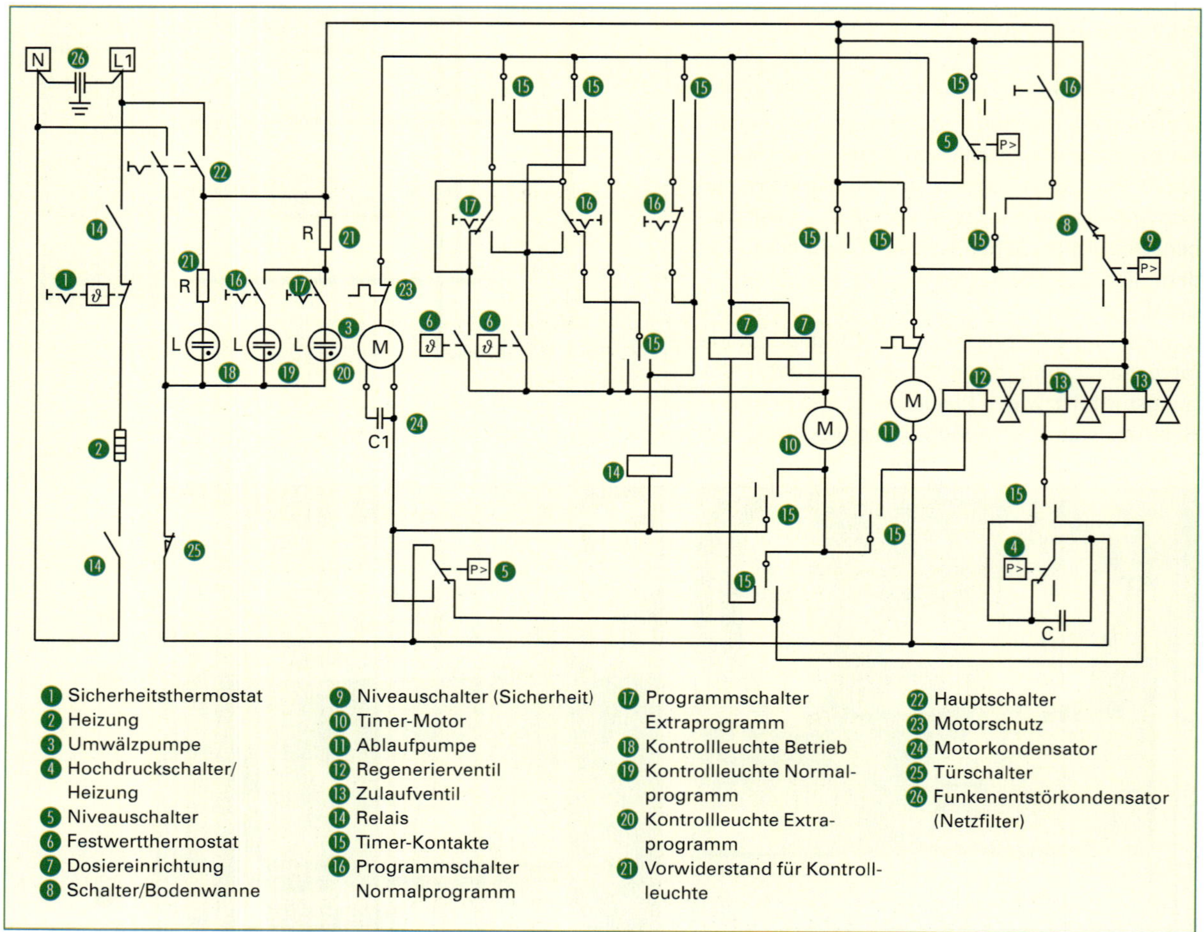

Abb. 1 Schaltbild einer Geschirrspülmaschine

Aufgabe:

Erstellen Sie eine Rechnung für einen möglichen ausgeführten Reparaturauftrag einer Geschirrspülmaschine, die mit der Fehlerangabe „Abpumpen funktioniert nicht" in Ihren Betrieb gebracht wurde. Für den Kunden sollen keine Kosten für die An- und Abfahrt entstehen. Begründen Sie Ihre Vorgehensweise bei der Fehlersuche und die Eingrenzung der möglichen Fehlerursachen.

Fachbetrieb für Elektrotechnik und Kommunikationstechnik

Musterstraße 11
12345 Musterstadt

Tel. (0 12 345) 567-800
Fax (0 12 345) 567-801

info@elektro-team.de
www.elektro-team.de

Herr
Hugo Meier
Sicherstraße 1
12345 Musterstadt

Angebot: 011 **Projekt:** KVA Reparatur Geschirrspülmaschine Saubermat 004 15.01.2017
Ser.-Nr.: ... / E.-Nr.: ...

Sehr geehrter Herr Meier,

wir bedanken uns für Ihre Anfrage und übersenden Ihnen einen Kostenvoranschlag für die Reparatur eines Geschirrspülers Saubermat 004 mit folgender Fehlerangabe:

„Geschirr ist nach dem Reinigungsvorgang immer noch verschmutzt."

Position 1:	Summe Arbeitszeit:		63,00 €
	Fehlersuche	3 AE	
	Austausch des Heizkörpers	2 AE	
	Ersatz von 2 Dichtleisten	1 AE	
	VDE-Prüfung	1 AE	
Position 2:	Summe Material:		57,50 €
	Heizkörper 2 kW, #0976767	35,50 €	
	Dichtleisten (links und rechts) #76866875	à 8,50 €	
	Kleinmaterial	5,00 €	
Position 3:	Anfahrtpauschale (Zone 2)		30,00 €
Position 4:	Verpackung/Entsorgung		0,00 €
		Nettopreis:	150,50 €
		Umsatzsteuer 19 %:	28,60 €
		Gesamtpreis:	**179,10 €**

Das Angebot ist 30 Tage gültig. Bei Auftragserteilung kann die Reparatur innerhalb von 3 Werktagen durchgeführt werden.Der Rechnungsbetrag ist innerhalb eines Monats nach Rechnungserhalt ohne Abzug auf unser Konto zu überweisen.

Mit freundlichen Grüßen

Strom

Meister Strom

Bankverbindung: Sparkasse Musterstadt · **BLZ:** 100 200 30 · **Konto:** 10 020 300
IBAN: DE15100200300000100020300 **BiC:** GENODE61W61
Geschäftsführer: Elektromeister Rudi Strom · **UST-IDNr.:** 08154711 · **StNr.:** 12345678

Abb. 1 Kostenvoranschlag für den Reparaturauftrag an einem Geschirrspüler

Praxistipp:
Beim Anschluss einer Geschirrspülmaschine sind wie bei Waschautomaten und Wäschetrocknern eigene Stromkreise vorzusehen, die mit 16 A abzusichern sind. Da für die Heizung der Spüllauge und des Trockenvorgangs große Leistungen notwendig sind, sollte, falls möglich, die Geschirrspülmaschine an das Warmwasser angeschlossen werden. Damit die Magnetventile einwandfrei funktionieren, ist ein Wasserdruck erforderlich, der mindestens 0,3 bar betragen muss. Der maximale Wasserdruck der Frischwasserzuleitung muss, falls erforderlich, durch einen Druckminderer auf etwa 10 bar begrenzt werden.

Prüfen Sie Ihr Wissen:

1 Aus welchen Baugruppen besteht ein Waschvollautomat?

2 Was versteht man unter einer Aquastop-Einrichtung? Wie wird diese realisiert?

3 Welche Vorteile haben Geräte mit hohen Schleuderdrehzahlen (z. B. 1600 min^{-1})?

4 Was muss bei der Aufstellung und beim Anschluss einer Waschmaschine beachtet werden?

5 Beschreiben Sie den prinzipiellen Unterschied zwischen einem Abluft- und einem Kondensationstrockner!

6 Weshalb muss bei einem Ablufttrockner der Abluftschlauch ins Freie geleitet werden und für eine ausreichende Luftzufuhr gesorgt werden?

7 Wo findet ein Wäschetrockner nach dem Kondensationsprinzip bevorzugt seine Anwendung?

8 Welche Aufgabe hat das Salz, das neben dem Reinigungsmittel und dem Klarspüler dem Gerät zugeführt werden muss?

9 Weshalb sollte eine Geschirrspülmaschine möglichst an das Warmwasser angeschlossen werden?

10 Welche Komponenten (Baugruppen) können bei der Konstruktion eines Wasch-/Trockenkombinationsgerätes eingespart werden?

11 Elektronische Haushaltszähler und „Smart Metering“ sind Entwicklungen, die aktuell im Gespräch sind und Auswirkungen auf die Technologien von energieintensiven Haushaltsgeräten wie Waschmaschinen, Trockner und Geschirrspülmaschinen haben werden.
a) Beschreiben Sie die Merkmale von elektronischen Haushaltszählern (EHZ).
b) Was versteht man unter „Smart Metering“?
c) Einige Hersteller bieten Haushaltsgeräte mit Schnittstellen zu „Smart Metering“ an und schalten sich zu bestimmten Zeiten automatisch ein. Welche Vorteile hat das für den Endverbraucher und den Energienetzbetreiber?

12 Welche Nachteile bringt ein zu geringes Fassungsvermögen einer Waschmaschine (z. B. 5 Kg statt 6 Kg) bei Überladung mit sich? Auswirkungen auf Waschleistung und Gerätelebensdauer!

6.6 Raumlufttechnische Anlagen in Wohn- und Geschäftsräumen

Kundenauftrag:

Der Eigentümer der Dachgeschosswohnung meldet sich telefonisch bei der Firma ElektroTeam und beanstandet den Ausfall seines mobilen Raumklimagerätes. Er hatte das Gerät vor einigen Jahren bei der Firma ElektroTeam gekauft und möchte wegen der heißen Wetterlage möglichst schnell Hilfe vor Ort. Der Kunde beschreibt seine eigene Fehlersuche so:

- Er habe den Kondenswasserbehälter überprüft und sicherheitshalber auch geleert.
- Weiterhin habe er durch verschiedene Schalterbetätigungen und Verstellen des Thermostaten versucht, das Gerät in Gang zu bekommen, aber ohne Erfolg.
- Auch die Kontrolle der Sicherung für den benutzten Stromkreis ergab keinen Fehler, die Steckdose funktionierte beim Anschluss eines anderen Gerätes einwandfrei.

Meister Strom versprach dem Kunden, noch am Vormittag entweder einen Mitarbeiter zu schicken oder selbst vorbeizuschauen, wenn er seine gerade laufende Arbeit beendet habe.

In dem kombinierten Wohn- und Arbeitszimmer trifft der Meister mit einem Auszubildenden auf ein mobiles Raumklimagerät, ein modernes und leistungsfähiges Gerät mit Zweischlauchbetrieb, wobei die Schläuche an eine entsprechende Wanddurchführung angeschlossen sind (Abb. 1).

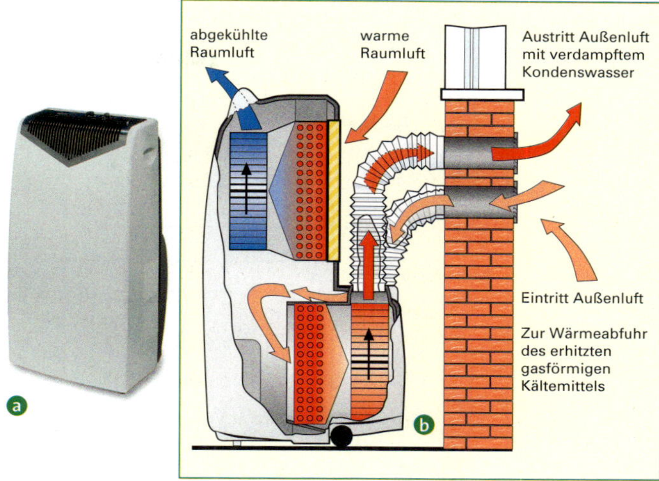

Abb. 1 Kompaktes Raumklimagerät ⓐ sowie Funktionsweise mit Zweischlauchtechnik ⓑ

Überprüfung und Reparatur

Die Mitarbeiter der Firma ElektroTeam versuchen zunächst, das Raumklimagerät über die Folientastatur an der Frontseite einzuschalten, und finden dabei das vom Kunden beschriebene Fehlverhalten bestätigt.

Sie trennen das Raumklimagerät vom Netz, überprüfen zunächst den Stromkreis auf Funktion und untersuchen es danach. Nach dem Entfernen des Kondenswasser-Auffangbehälters schaut sich der Meister den Mikroschalter-Kontakt an, der den Wasserstand des Kondenswasser-Behälters überwacht bzw. bei vollem Behälter abschalten muss. Die Betätigung der Schalteinrichtung von Hand führt zu dem charakteristischen Klicken des Mikroschalters, sodass eigentlich auf dessen richtige Funktion geschlossen werden kann. Dennoch wird vermutet, dass hier der Fehler zu suchen ist, denn üblicherweise haben diese mit Mikrocontrollern gesteuerten Geräte keine schwerwiegenden elektronischen Probleme. In der Praxis sind häufig Sensoren wie dieser Mikroschalter defekt. Glücklicherweise ist bei dem Gerät ein Übersichtsschaltbild zu finden welches die wichtigsten Baugruppen zeigt (Abb. 1 ▷ 612).

Aus der Abbildung geht hervor, dass am Anschluss High WP der Platine AP1 ein Mikroschalter NC2 angeschlossen ist, der den Wasserstand des Kondenswasser-Behälters überwacht (Abb. 2).

Eine Ohm'sche Messung des Mikroschalters bestätigt die Vermutung des erfahrenen Meisters: Mechanisch ist der Schalter zwar in Ordnung, er zeigt jedoch in beiden Schaltstellungen niederohmiges Verhalten, welches durch verklebte oder hängende Kontakte verursacht wird. Da es sich bei dem defekten Mikroschalter um ein Standardbauteil handelt, das die Monteure im Kundendienstkoffer hatten, konnte das Gerät nach dem Austausch, einem Funktionstest und einem obligatorischen Prüfprotokoll für instand gesetzte elektrische Geräte dem Kunden übergeben werden.

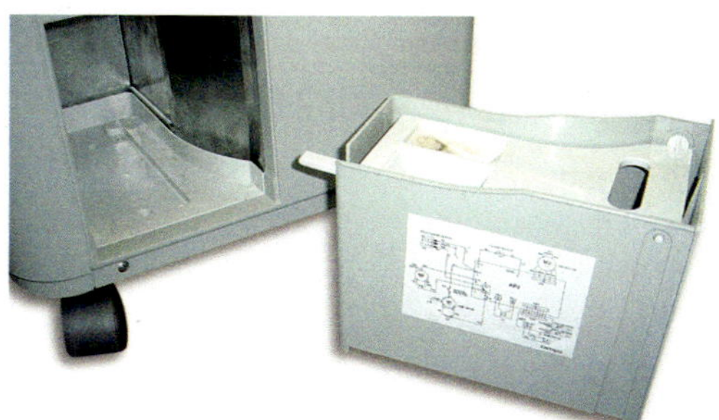

Abb. 2 Wasserbehälter mit Mikroschalter-Kontaktfahne zur Wasserstandsüberwachung

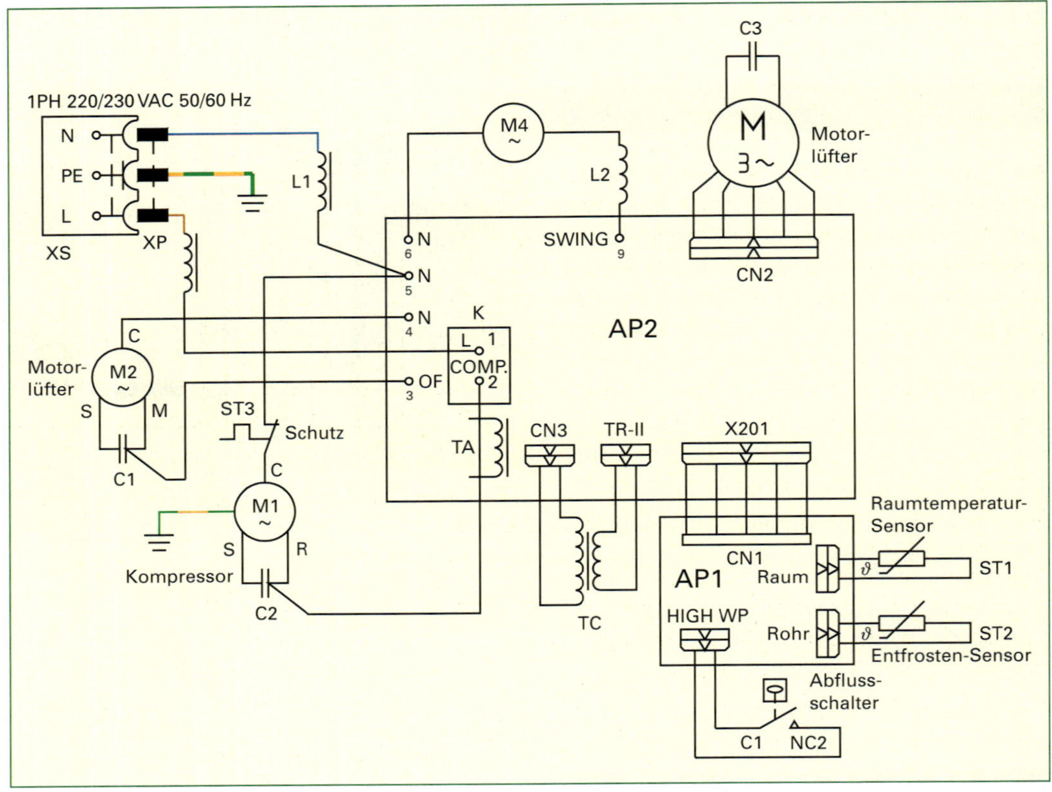

Abb. 1 Übersichtsschaltbild eines Kompaktklimagerätes

Praxistipp:
In der Praxis finden bei den Geräten firmenspezifische Bauelemente Verwendung, die stets nur durch Originalteile bzw. vom Hersteller freigegebene Ersatzteile ersetzt werden sollten.

Aufgaben:

1 Das Kompaktklimagerät aus dem obigen Auftrag kommt mit der Fehlerangabe „Kühlung und Heizung teilweise in Ordnung, aber Gebläse defekt" zur Reparatur in Ihr Ladengeschäft.
Wie gehen Sie bei Ihrer Fehlersuche unter Zuhilfenahme des Übersichtsschaltbildes (Abb. 1) systematisch vor?

2 Ein Kunde will von Ihnen eine Beratung vor der Anschaffung eines mobilen Klimagerätes.
Erfragen Sie die räumliche Situation und die weiteren persönlichen Wünsche und stellen Sie danach eine Empfehlung für einen Gerätetyp zusammen.

6.6.1 Raumklimageräte

Funktionsweise von Raumklimageräten

Raumklimageräte sind kältetechnische Anlagen, die einen geschlossenen thermischen Kreislauf besitzen. Im Prinzip entsprechen diese Geräte dem in Abschnitt 6.3 beschriebenen Kompressor-Kühlschrank, wobei der Innenraum des Kühlschrankes hier mit dem zu klimatisierenden Raum gleichzusetzen ist. In der technischen Ausführung gibt es diese Raumklimageräte als mobile Kompaktgeräte in Ein- oder in Zweischlauchtechnik sowie als festmontierte Wandgeräte in Splittechnik, bei denen die Gesamtfunktion aufgeteilt in einem Innen- und einem Außenteil abläuft. Neben den mechanischen Komponenten der Anlage ist das Kältemittel für die Funktionsweise entscheidend.

- Das Kältemittel, manchmal auch Arbeitsmedium genannt, verdampft schon bei relativ niedrigen Temperaturen, indem es aus der Umgebung über einen Wärmeaustauscher (oder Verdampfer) Wärme aufnimmt. Dabei geht es aus dem flüssigen in den gasförmigen Zustand über. Die dazu nötige Verdampfungswärme wird der Umgebung, z. B. der Raumluft, die über diesen Wärmetauscher geführt wird, entzogen. Als Folge dieses Wärmeentzuges kühlt sich die Raumluft ab.
- Das gasförmige Kältemittel wird jetzt innerhalb des geschlossenen Systems durch Zufuhr von elektrischer Energie über einen Kompressor

angesaugt und verdichtet. Dabei erhöht sich die Temperatur des Kältemittels.

- Nun wird das unter erhöhtem Druck stehende, erhitzte Kältemittel über einen weiteren Wärmeaustauscher geleitet. Dort gibt es die der Raumluft entzogene und die außerdem durch die Kompression (über die dem Wechselstromnetz entnommene elektrische Energie) aufgenommene Wärmeenergie an die Außenluft (also außerhalb des zu kühlenden Raumes) ab und geht gleichzeitig wieder in den flüssigen Zustand über.
- Der hohe Druck des Kältemittels wird über ein Kapillarrohr (Expansionsventil) abgebaut. Nun kann das entspannte und abgekühlte Kältemittel den Kreislauf erneut beginnen und im ersten Wärmeaustauscher der Raumluft wieder Wärme entziehen.
- Mit einem Thermostat wird die gewünschte Raumtemperatur eingestellt und geregelt. Das Klimagerät wird daher beim Überschreiten der eingestellten Temperatur automatisch ein- oder beim Erreichen (bzw. Unterschreiten) der gewünschten wieder ausgeschaltet.

Merke:
Die dem Raumklimagerät zugeführte elektrische Leistung dient zum Betrieb des Kompressors, der Verdichtung und dem Transport des Kältemittels zum äußeren Wärmetauscher sowie zum Betrieb der Lüfter. Die Kühlleistung des Klimagerätes ist aber wesentlich größer als die zugeführte elektrische Leistung, da ja die zur Verdampfung des Kältemittels erforderliche Energie der Raumluft entzogen und an die Außenluft abgegeben wird.

Raumklimageräte unterscheidet man nach der Art der Wärmeabgabe an die Außenluft: Mobile Kompakt-Raumklimaanlagen arbeiten als Kompaktgerät in einem Raum, wobei die vom Kältemittel abgegebene Wärme entweder über einen Abluftschlauch und einen Wandauslassstutzen oder auch über ein Fenster an die Außenluft abgeleitet wird. Einen höheren Wirkungsgrad haben Geräte mit Zweischlauchtechnik, bei denen kein Unterdruck im Raum entsteht (Abb. 2).
Wahlweise haben mobile Kompaktklimageräte auch noch eine elektrische Zusatzheizung, sodass der Raum auch beheizt werden kann. Diese Geräte sind in der Regel fahrbar und ohne Installation sofort einsetzbar (Abb. 2 ⊳ 614).

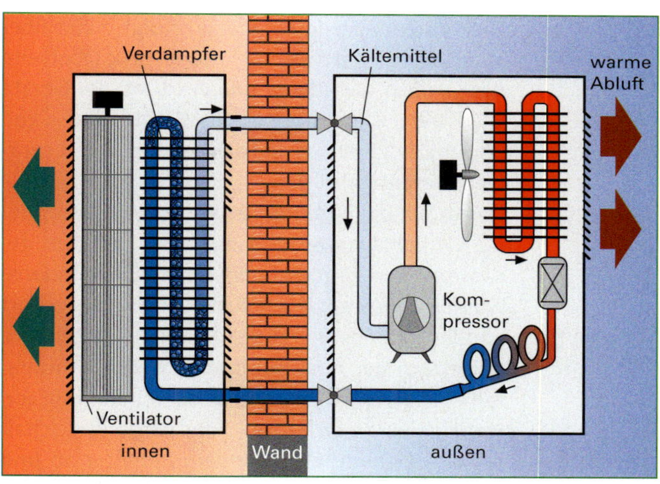

Abb. 1 Prinzipdarstellung der Komponenten eines Raumklimagerätes (Splitgerät)

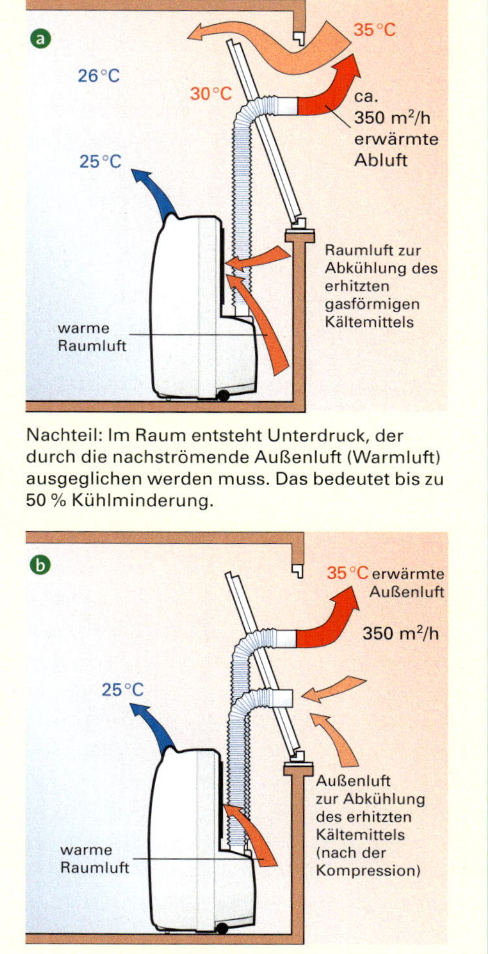

Abb. 2 Vergleich der Ein- a und Zweischlauchtechnik b von mobilen Raumklimageräten

Die Bedienung und Regelung erfolgt meist über eine Folientastatur auf der Front- bzw. Oberseite des Gerätes. Die Pflege und Wartung der Geräte ist einfach: Der Luftfilter des Gerätes muss von Zeit zu Zeit gereinigt und das Kondenswasser entleert werden (Abb. 1).

Das durch die Kühlung der Raumluft entstandene Kondenswasser wird in einem Behälter gesammelt und kann entweder über eine Kondenswasserpumpe mit der Abluft nach außen geführt werden, oder der herausnehmbare Behälter wird geleert. In der Ausführung mit herausnehmbarem Wasserbehälter muss dieser regelmäßig von Hand geleert werden. Wird das vergessen, schaltet das Klimagerät bei vollem Behälter ab und gibt über eine Leuchtdiode ein Warnsignal oder eine Störungsmeldung. Auch das richtige Einsetzen des Behälters wird über einen Sensor (Kontaktfahne mit Mikroschalter) überwacht (Abb. 1). Fehlt der Behälter, lässt sich das Gerät nicht einschalten.

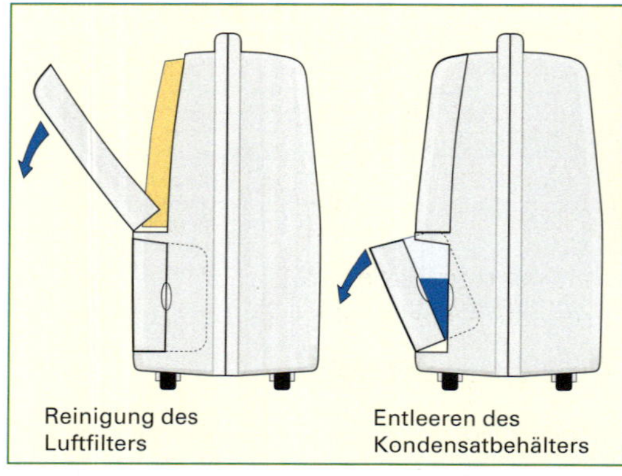

Abb. 1 Luftfilterreinigung und Entleeren des Kondenswasserbehälters bei mobilen Klimageräten

Abb. 2 Mobiles Einschlauch-Kompaktklimagerät

Mobile Split-Raumklimageräte (Abb. 3 und 4) sind zweiteilig ausgeführt. Sie bestehen aus einem Innengerät (Wärmeaustauscher für die Raumluft,

Abb. 3 Einsatz eines mobilen Split-Klimagerätes

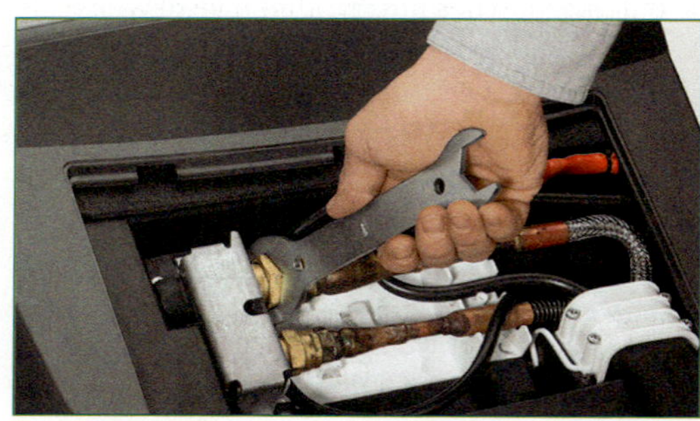

Abb. 4 Split-Klimageräte für mobilen Einsatz mit Schnellkupplungssystem für die Kältemittelleitungen (ohne Kältemittelverlust)

Kompressor, Elektronik zur Regelung der Anlage, Zusatzheizung) und einem Außengerät, das den Wärmeaustauscher für die Außenluft enthält und mit dem Innengerät über flexible Schläuche verbunden ist. Durch die Trennung in ein Innen- und ein Außengerät ist meist eine höhere Kühlleistung möglich als bei den mobilen Kompaktgeräten mit Abluftschlauch.

Festmontierte Wandsysteme gibt es ebenfalls in Kompaktbauweise oder als Split-Geräte. Kompaktgeräte werden über einem Durchbruch oder einer Öffnung der Außenwand eines Raumes, über einer Tür oder in ein Fenster eingebaut. Die Trennung in Innen- und Außenteil des Gerätes wird hier durch eine spezielle Wärmedämmung im Geräteinneren erreicht.

Split-Raumklimageräte in festmontierter Ausführung haben häufig den Kompressor zusammen mit dem Außenluft-Wärmeaustauscher im Außengerät. Im Innenteil ist dann nur noch das

Lüftergeräusch zu hören, sodass sich ein niedriger Geräuschpegel im klimatisierten Raum ergibt. Weiter ist vorteilhaft, dass es viele Möglichkeiten für die Aufstellung des Außengeräts gibt, z. B. an der Hausaußenwand, auf dem Dach, im Keller oder auf dem Dachboden. Da gekühlte Luft schwerer ist als die warme Raumluft, sollte das Innengerät in etwa ¾ der Raumhöhe an einer stabilen Raumwand montiert werden. Es ist über flexible Leitungen mit einem Außengerät verbunden. Hier gibt es Ausführungen mit gefüllten Druckleitungen und Spezialverschlüssen, sodass eine nachträgliche Kältemittelfüllung am Aufstellungsort entfällt.
Das Kondenswasser, das am Innengerät entsteht, wird über eine Kondenswasserleitung nach außen abgeführt. Das Innengerät hat in dieser Ausführung heute meist eine IR-Fernbedienung zur Steuerung des mehrstufigen Ventilators oder anderer Gerätefunktionen.
Eine weitere technische Variante der Splitgeräte stellen die Kassetten-Klimageräte dar, bei denen das Innenteil in die Decke eines Raumes eingelassen wird. Das Ein -und Ausschalten des Gerätes erfolgt auch hier über eine Infrarot-Fernbedienung.

Bei der Aufstellung des Außengerätes müssen einige Punkte beachtet werden:

- Keine Installation in Bereichen mit starker Staubentwicklung!
- Es sind Mindestabstände einzuhalten, um eine ausreichende Luftzirkulation zu gewährleisten.
- Die Luftausblasrichtung sollte mit der Hauptwindrichtung übereinstimmen.
- Störung von Nachbarn durch Geräuschentwicklung und Luftströmung ist zu vermeiden.

Energieverbrauchs-Kennzeichnung

Mit dem europaweit einheitlichen Energielabel lässt sich vor der Anschaffung eines Raumklima-Gerätes vergleichen, welcher jährliche Energieverbrauch in kWh bei 500 Stunden Betrieb aufzuwenden sind. Es zeigt darüber hinaus die technischen Daten, die Kühlleistung und die Energieeffizienz. Dazu dient eine Einteilung in sogenannte Energieeffizienzklassen, die auf dem Label farblich und durch Großbuchstaben gekennzeichnet sind. A steht dabei für besonders sparsame Geräte, D steht für hohen Energieverbrauch (Abb. 1).

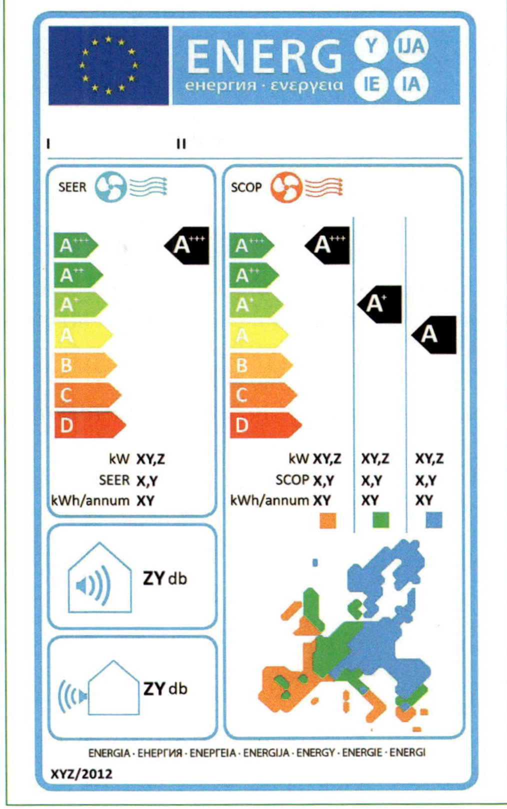

Abb. 1 Energieeffizienzklassen

Planung und Auslegung einer Raumklimaanlage

Kühllastberechnung

Raumklimageräte sollen die Raumtemperatur gegenüber der Außentemperatur abkühlen und eventuell auch aufheizen können. Für die meist häufigere Anwendung der Kühlung eines Raumes muss die Kühlleistung des Gerätes geplant und dann das entsprechend leistungsfähige Gerät ausgewählt werden.

Checkliste:

- Wie viele Räume sollen klimatisiert werden?
- Wie groß ist die erforderliche Kühlleistung? Kühllastberechnung durchführen.
- Welche Geräteausführung kommt in Frage? Mobile oder festmontierte Geräte?
- Tragfähigkeit der Installationsdecke bzw. der -wand prüfen.
- Wie ist der Elektroanschluss realisierbar?
- Bei Geräteanschlussleistungen >2 kW Genehmigung vom VNB einholen.

Planung der Geräte-Kühlleistung

Die Kühlleistung von Raumklimageräten ist abhängig von der Außentemperatur und von der gewünschten Raumtemperatur (Abb. 1 ▷ 618). Die Wärmequellen, deren abgegebene oder eingestrahlte Wärmeenergie die so genannte Kühllast liefern, die durch das Raumklimagerät abgeführt werden muss, sind:

- Sonneneinstrahlung durch Fenster
- Wärmeleitung von außen (hohe Außentemperatur) durch Wände, Böden und Decken, Fenster und Türen
- die von den im Raum befindlichen Personen abgegebene Wärme
- die von Geräten und Lichtquellen abgegebene Verlustwärme
- die Wärmeenergie von zugeführter Frischluft bei Lüftung des Raumes

Die Leistung eines ausgewählten Raumklimagerätes muss mindestens gleich, besser größer sein als die errechnete Kühllast. Die Kühllastberechnung erfolgt nach VDI 2078 (Abb. 1), sie kann aber häufig vereinfacht mit Kühllast-Berechnungsbogen oder PC-Berechnungsprogrammen der Gerätehersteller erfolgen. Einen schnellen Überblick geben auch Erfahrungswerte (Tabelle 1 und Tabelle 2):

Der Kühllastberechnungsbogen ermöglicht eine einfache und schnelle Berechnung der Kühllast eines Raumes. Die Berechnung der Kühllast erfolgt nach dem nebenstehenden Formblatt (Abb. 1 ▷ 617). Auslegungsbasis: Außentemperatur +32 °C bei einer Raumlufttemperatur +27 °C und Dauerbetrieb.

Beispiel:

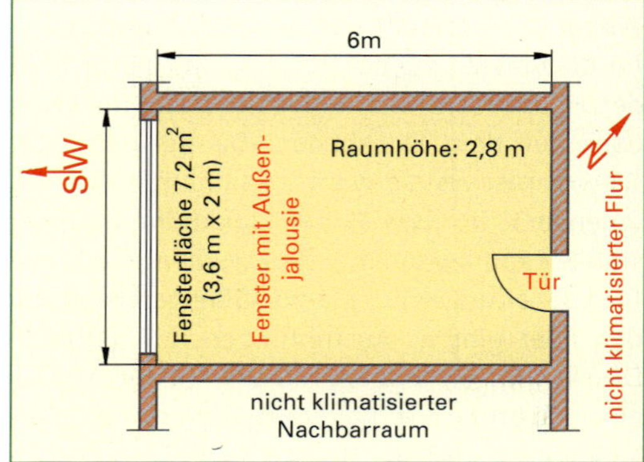

Abb. 1 Kühllastberechnung nach VDI 2078

Position 1: Die Fensterflächen sind nach den verschiedenen Himmelsrichtungen aufzuteilen und mit den entsprechenden Werten zu multiplizieren. In der Addition der Kühllastberechnung ist die Himmelsrichtung einzusetzen, die den höchsten Wert ergibt. Liegen Fenster nach zwei unmittelbar benachbarten Himmelsrichtungen, z. B. Südwest und West, ist die Summe dieser beiden Werte einzusetzen. Horizontale Oberlichter sind zusätzlich zu berücksichtigen (siehe Zeile Dachfenster). Bei Einrichtungen zum Sonnenschutz sind die angegebenen Minderungsfaktoren zu berücksichtigen.

Position 2: Für die Wände wurden Pauschalwerte nach VDI 2078 zugrundegelegt, da die Kühllast durch Wände nicht entscheidend beeinflusst wird.

Mobile Raumklimageräte für:	Kühlleistung 2,2 kW	Kühlleistung 3,3 kW
Private Wohnung	25 m²	35 m²
Büro	20 m²	30 m²
Verkaufsraum	15 m²	25 m²
Glasanbauten	10 m²	15 m²

Tabelle 1 Kühlleistung nach Raumfläche (Erfahrungswerte) bei einer mittleren Raumhöhe von 2,5 m

Raumklimageräte in Splitbauweise für:	Kühlleistung 3,5 kW
Private Wohnung	30 W/m³
Büro	40 W/m³
Verkaufsräume	50 W/m³
Glasanbauten	200 W/m³

Tabelle 2 Kühlleistung je Kubikmeter Raumvolumen (Erfahrungswerte)

Kühllastberechnung

Planung der Gerätekühlleistung über einen Berechnungsbogen (überschlägige Berechnung in Anlehnung an VDI 2078)

Projekt/Kunde

Adresse:	Raumart:				
Name:	Raumgröße:				
Straße	Länge	Breite	Höhe	Fläche	Volumen
Ort:	6 m	4 m	2,8 m	24 m	67,2 m

1. Sonneneinstrahlung durch Fenster und Außentüren	Fenster ungeschützt			Minderungsfaktor Sonnenschutz			Fensterfläche	Kühllast Fenster
	einfachverglast W/m²	doppelverglast W/m²	isolierverglast W/m²	Innenjalousie	Markise	Außenjalousie	m²	m²
Nord	65	60	35	× 0,7	× 0,3	× 0,15		
Nordost	80	70	40					
Ost	310	280	155					
Südost	270	240	135					
Süd	350	300	165					
Südwest	310	280	155				7,2	302,4
West	320	290	160					
Nordwest	250	240	135					
Dachfenster	500	380	220					↓
Bei verschiedenen Himmelsrichtungen nur den maximalen Wert einsetzen!								302,4

2. Wände abzüglich Fenster- und Türöffnungen	Kühllast W/m²	Wandfläche W/m²	Kühllast Wand Watt
Außenwände	10	3,2	32
Innenwände	10	44,8	448
Summe			480

3. Fußboden zu nicht klimatisiertem Raum	Kühllast W/m²	Fußbodenfläche W/m²	Kühllast Decke Watt
Summe	10	24	240

4. Decke abzüglich Dachfenster und Oberlichter, die bereits erfasst wurden	Steildach		Steildach		Decke zu n. klimat. Raum	Deckenfläche	Kühllast Decke
	nicht gedämmt W/m²	gedämmt W/m²	nicht gedämmt W/m²	gedämmt W/m²	m²	m²	m²
Summe	60	30	30	30	30	24	720

5. Elektrische Geräte, die zum Zeitpunkt der Kühlung in Betrieb sind	Anschlusswert Watt	Faktor	Kühllast Geräte Watt
Beleuchtung	480	× 0,75	360
Computer mit Monitor und Drucker	1000		750
Maschinen	200		150
Summe	1680		1260

6. Wärmeabgabe durch Personen von körperlich nicht tätig bis leichter Arbeit	Kühllast W/Pers.	Personen Anzahl	Kühllast Personen Watt
Summe	120	4	480

7. Außenluft für Klimageräte mit Außenluftanteil	Kühllast W/m²	Luftmenge m²	Kühllast Zuluft Watt
Summe	10		–

Gesamte Kühllast des Raumes in Watt	3482,4 W

Abb. 1 Beispiel einer Kühllastberechnung für ein Büro

Position 3: Der Fußboden unter nicht beheizten Kellern oder an das Erdreich grenzende Flächen wird nicht berücksichtigt.

Position 4: Die Deckenfläche abzüglich eventueller Oberlichter ist mit dem zutreffenden Wert zu mulipizieren.

Position 5: Die Wärmeabgabe von elektrischen Geräten und Beleuchtung wird nach dem elektrischen Anschlusswert berücksichtigt und mit dem Faktor 0,75 multipliziert. Die Geräte müssen nur berücksichtigt werden, wenn sie zum Zeitpunkt des Kühlbetriebes eingeschaltet sind.

Position 6: Die Personenzahl ist mit dem vorgegebenen Wert zu multipizieren. Nach VDI 2067 wurde bei der Wärmeabgabe von körperlich nicht tätig bis leichter Arbeit ausgegangen.

Position 7: Hier ist der Außenluftanteil des Gerätes nach den Herstellerangaben einzusetzen. Die Abkühlung des Außenluftanteils ist mit 5 K berücksichtigt.

Kühllast: Summe der einzelnen Kühllasten Position 1 bis 7.

Geräteauslegung: Zur Erzielung einer Innentemperatur von ca. 5 K unter der Außentemperatur muss die Gerätekühlleistung gleich oder größer sein als die errechnete Kühllast.

Grundlagen: Dieses Rechenverfahren berücksichtigt neben den aufgeführten Einflüssen auch die Speicherkapazität des Raumes. Grundlage sind die Zahlenwerte der VDI 2078.

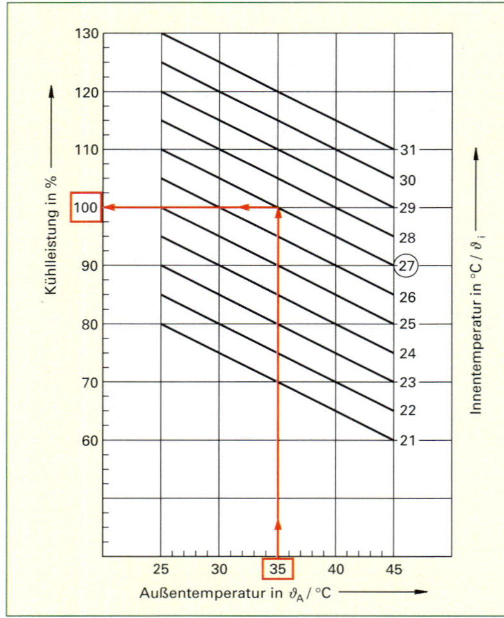

Abb. 1 Abhängigkeit der Kühlleistung eines Raumklimagerätes von der Außen- und Innentemperatur

Merke:

Nach ISO 5151 wird die Kühlleistung von Raumklimageräten bei 35 °C Außentemperatur und 27 °C Raumtemperatur angegeben. Abb. 1 zeigt in einem Diagramm die Abhängigkeit der Kühlleistung von verschiedenen Innen- und Außentemperaturen. Soll z. B. eine niedrigere Raumtemperatur bei einer höheren Außentemperatur erreicht werden, so liegt die tatsächliche Kühlleistung unter der Nennleistung! Darauf muss bei der Planung geachtet und, falls nötig, ein größeres Gerät gewählt werden.

6.6.2 Raumluftentfeuchter und Trocknungsgeräte

In Aufbau und Funktion den Raumklimageräten ganz ähnlich sind Raumluftentfeuchter. Im Prinzip enthalten sie die gleichen Komponenten, die nur für die andere Funktionsweise optimiert sind. Sie werden eingesetzt, um aus Wänden und Böden nach Wassereinbrüchen die Feuchtigkeit zu entfernen oder um in feuchten Wohn- und Kellerräumen Schimmelbildung zu vermeiden (Abb. 1 ▷ 619).

Die Raumluftentfeuchter sind mobile Geräte für das 230-V-Netz, die dem Raum, in dem sie aufgestellt werden, je nach Leistung zwischen 15 bis etwa 95 Liter Wasser täglich entziehen können. Im Unterschied zu den Raumklimageräten sollen Luftentfeuchter die Raumluft nicht abkühlen, sondern ihr nur durch Abkühlung die Feuchtigkeit entziehen, aber die Luft nach der Entfeuchtung wieder erwärmt in den Raum abgeben. Um die hohe Entfeuchtungsleistung zu erbringen, sind die Lüfter entsprechend leistungsfähig ausgelegt. So kann z. B. die Luftleistung eines Gerätes schon 1000 m^3/h betragen. Damit ist natürlich auch eine höhere Geräuschentwicklung verbunden, die aber normalerweise nicht besonders stört, da die zu entfeuchtenden Räume nicht für Wohn- oder Arbeitszwecke genutzt werden. Die Behälter für das der Raumluft entzogene Wasser müssen kontrolliert und geleert werden. Bei maximalem Wasserstand bzw. ohne eingelegten Wasserbehälter schaltet das Gerät ab bzw. lässt sich nicht einschalten.

Abb. 1 Raumluftentfeuchter

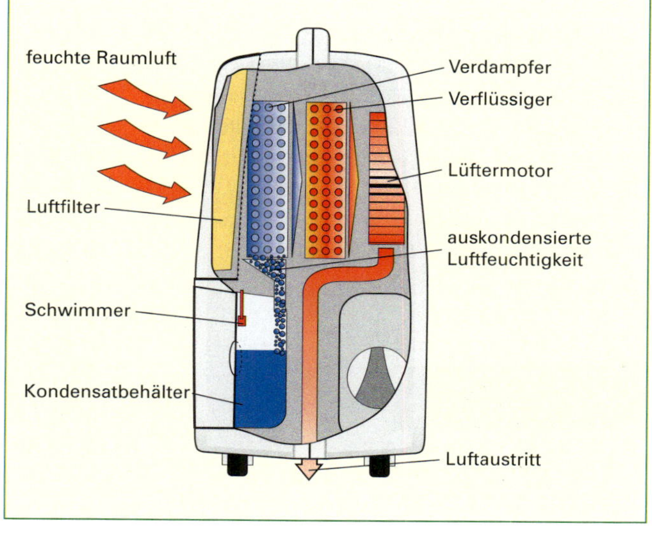

6.6.3 Raumlüfter

Abb. 2 Radiallüfter

Abb. 3 Axiallüfter

Abb. 4 Tangentiallüfter oder Walzenlüfter

Halten sich Personen in geschlossenen, nicht belüfteten Räumen auf, nimmt der Sauerstoffgehalt der Luft ständig ab und der CO_2-Gehalt zu. Wenn der CO_2-Gehalt von 0,03 % auf 0,1% oder höher steigt, muss die Luft gewechselt werden. Dies kann durch elektrische Lüfter bzw. Ventilatoren geschehen.

Zur Dimensionierung einer Lüftungsanlage gibt es verschiedene Methoden:

- Bestimmung nach dem stündlichen Luftwechsel (wird bei einfachen Anlagen und Vorhandensein von Erfahrungswerten häufig angewendet)
- Bestimmung nach der Luftrate (Lüftungsregeln nach VDI mit Frischluftraten, die als Minimalraten vorgeschrieben sind)
- Bestimmung nach der Luftverschlechterung (Anwendung, wenn Ursache, Art und Größe der Luftverschlechterung bekannt ist)

Nach ihrem technischen Aufbau und ihrer Wirkungsweise unterscheidet man Lüfter in

- Radiallüfter oder Fliehkraftlüfter (Abb. 2)
- Axiallüfter oder Schraubenlüfter (Abb. 3)
- Tangentiallüfter oder Walzenlüfter (Abb. 4)

In der Praxis liegen die Drehzahlen der einfachen und robusten Wechselstromkäfigläufer zwischen 1000 und 1500 min^{-1}. Die Luftförderung zwischen 5 und 50 m^3/min. Da bei den meisten Anwendungen der Geräuschpegel eine große Rolle spielt, werden fast ausschließlich Gleitlager mit Dauerschmierung verwendet. Diese sind sehr geräuscharm und zudem fast wartungsfrei.

Störungen sind weniger auf der elektrischen als vielmehr auf der mechanischen Seite zu erwarten (Lagerdefekte, Verschmutzungen, Geräuschentwicklungen usw.).

6.6.4 Heizgeräte

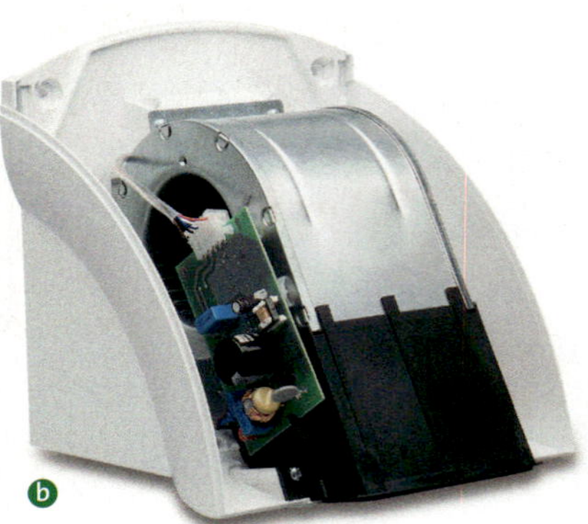

Abb. 1 Beispiele von Direktheizgeräten: Konvektorheizgeräte ⓐ und Warmluft-Händetrockner (geöffnet) ⓑ

Kundenauftrag:

Im Keller des Anwesens *Gelbes Haus* befindet sich ein Fitnessraum, der von den Anwohnern zu unterschiedlichen Zeiten und sehr unregelmäßig genutzt wird. Aus diesem Grund hat man auf eine fest installierte Heizung verzichtet und ein mobiles Konvektionsheizgerät mit Lüfter vorgesehen. Dieses Gerät zeigt seit einigen Tagen einen Totalausfall, der nun vom Auszubildenden in der Werkstatt unter Anleitung behoben werden soll.

Direktheizgeräte

Direktheizgeräte sollen schnell große Wärmemengen zur Verfügung stellen können. Sie zeichnen sich durch eine geringe Trägheit aus, da keine Flüssigkeit (Öl oder Wasser) erwärmt werden muss. Diese Vorteile kauft man sich mit hohen Arbeitspreisen für die elektrische Energie ein, da diese Geräte überwiegend zu Normaltarifen am Tag betrieben werden. Man unterscheidet:

- Heizstrahler (z. B. Infrarotstrahler)
- Konvektorheizgeräte (mit und ohne Axial-, Radial- oder Tangentiallüftern)
- Warmluft-Händetrockner
- Ölradiatorheizungen
- Decken- und Fußbodendirektheizungen

Nach Öffnung des Gehäuses des defekten Konvektorheizgerätes erkennt man den relativ einfachen elektrischen Aufbau (Abb. 2). Der Reparaturauftrag ist daher leicht durchzuführen, da die einzelnen Elemente des Konvektorheizgerätes einfach zugänglich und damit auch leicht zu prüfen sind.

Abb. 2 Innenansicht Konvektorheizgerät mit Lüfter

1 Vorderwand
2 Lufteintrittsgitter
3 Luftaustrittsgitter
4 Vermiculite-Wärmedämmplatte
5 Microtherm-Wärmedämmplatte
6 Luftmischklappe
7 Luftkanal
8 Kernsteine
9 Heizstäbe
10 Ventilator
11 Anschlussklemmen
12 Bedienfeld
13 Restwärmefühler
14 Zusatzheizung

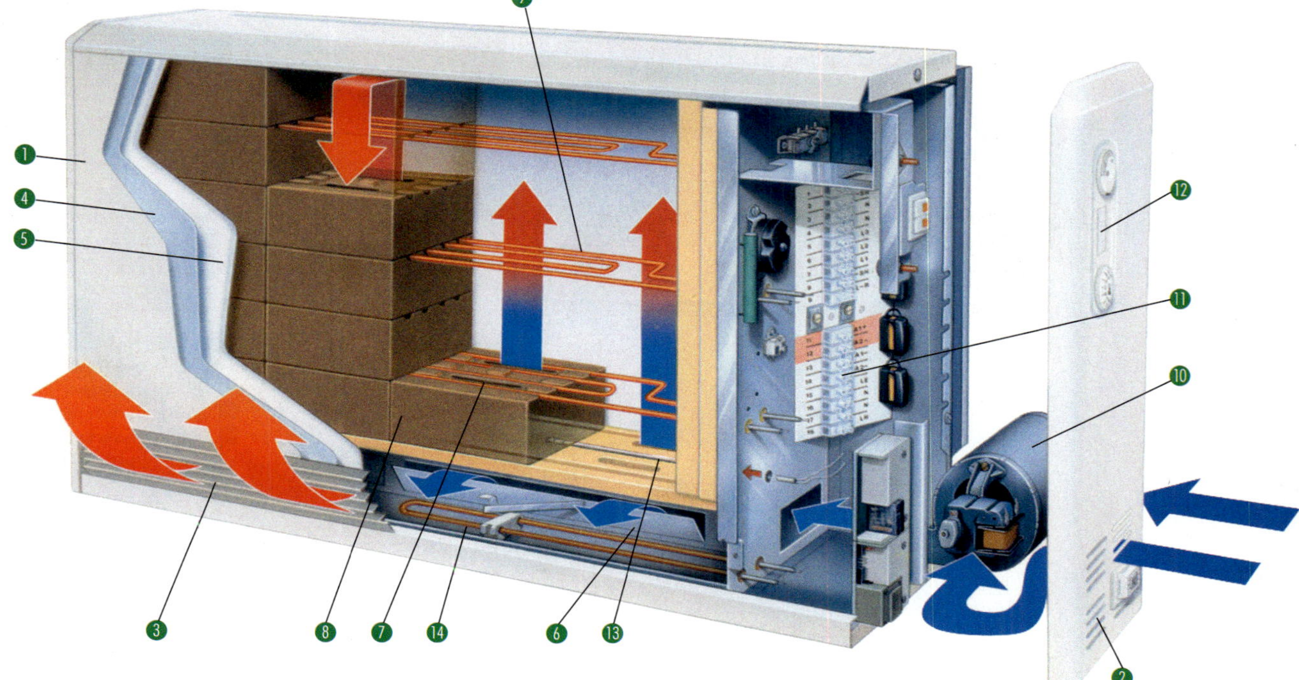

Abb. 1 Aufbau und Wirkungsweise eines Elektro-Speicherheizgerätes

In der Zuleitung befindet sich in Reihe zum Einschalter mit eingebautem Thermostat und Zeituhr eine Thermosicherung, die zum Schutz irreversibel auslöst. Diese Sicherung löst nur im Störungsfall aus, das Zuschalten der Heizwicklung und des Lüfters erfolgt durch den eingebauten Thermostaten. Nach dem Ersetzen der Thermosicherung durch ein Bauelement mit derselben Spezifikation (in verschiedenen Auslösetemperaturen erhältlich) ist das Heizgerät wieder funktionsfähig. Eine Rückfrage beim Kunden hat ergeben, dass der Fehler mit einer starken Staubansammlung im Innern des Konvektorheizgerätes einhergegangen ist. Der Kunde vermutet, dass dieser Staub durch den benachbarten Heizraum mit den darin aufgestellten Wäschetrocknern entstanden ist. Dadurch haben sich die Lüftungsschlitze zugesetzt, was zu einer unzulässigen Temperaturerhöhung im Geräteinnern geführt hat. Bei diesen Geräten ist ebenso wie bei Wäschetrocknern für regelmäßige Säuberung der Lüftungsschlitze bzw. der Heizregister zu sorgen.

Speicherheizungen

Bei Speicherheizungen wird zum günstigen Tarif, z. B. während der Nachtzeit zum Niedrigtarif (NT), ein Speichermedium (gesinterte Steine mit hohem Magnesitgehalt) erwärmt und die Wärme am Tag in den Raum abgestrahlt.

Nachtspeicherheizgeräte bestehen aus einem Speicherkern mit einer hohen Wärmekapazität, der sehr gut wärmeisoliert ist.

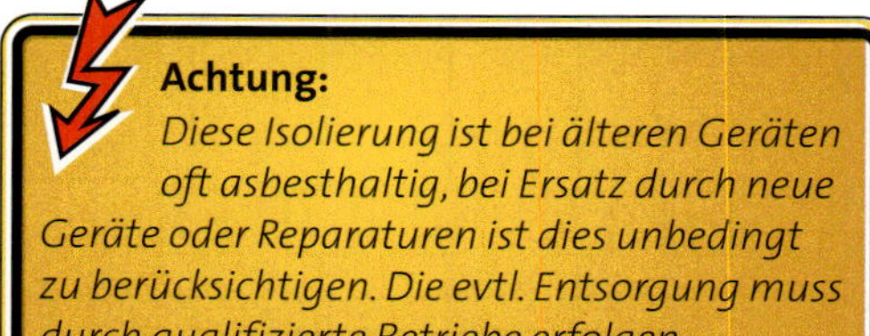

Achtung:
Diese Isolierung ist bei älteren Geräten oft asbesthaltig, bei Ersatz durch neue Geräte oder Reparaturen ist dies unbedingt zu berücksichtigen. Die evtl. Entsorgung muss durch qualifizierte Betriebe erfolgen.

Die Wärmeabgabe kann durch Mischen von Warmluft, erwärmt durch Speichersteine, und Kaltluft aus dem Raum fein dosiert werden. Ein

Raumthermostat, welches nicht in der Nähe der Speicheröfen angebracht werden darf, hält in Verbindung mit einem drehzahlsteuerbaren Tangentiallüfter die Raumtemperatur in engen Grenzen konstant (Abb. 1). Bei vielen Geräten sind zusätzlich Direktheizungen eingebaut, die z. B. an kühlen Sommerabenden in Badezimmern für eine schnelle Erwärmung sorgen.

Achtung:
Bei der Aufstellung ist auf die Belastbarkeit der Deckenkonstruktion zu achten (ein 6-kW-Heizkörper wiegt etwa 300 kg)!

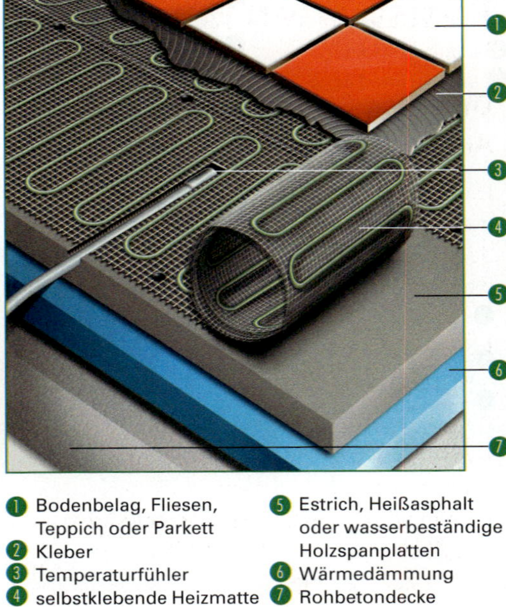

1. Bodenbelag, Fliesen, Teppich oder Parkett
2. Kleber
3. Temperaturfühler
4. selbstklebende Heizmatte
5. Estrich, Heißasphalt oder wasserbeständige Holzspanplatten
6. Wärmedämmung
7. Rohbetondecke

Abb. 2 Fußbodenspeicherheizung

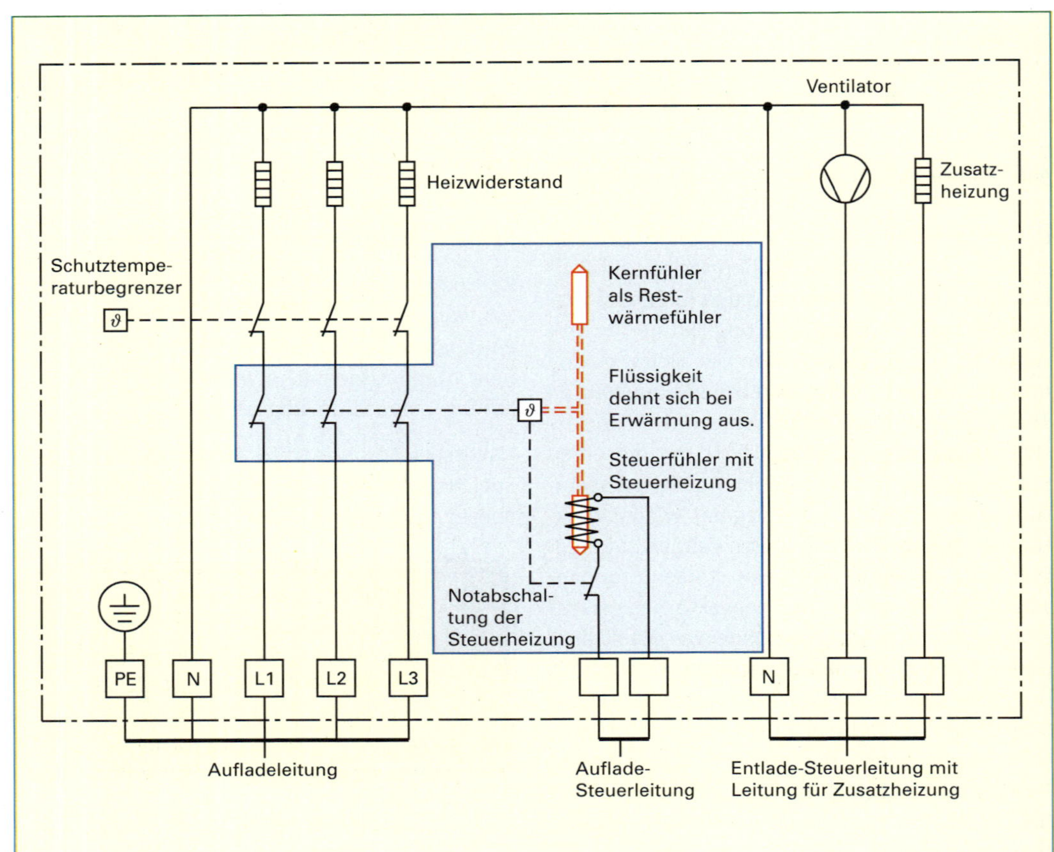

Abb. 1 Schaltbild eines Speichergerätes

Basiswissen Raumlufttechnik

Grundlagen raumlufttechnischer Anlagen

Die Raumlufttechnik ist ein Teilgebiet der allgemeineren Lufttechnik. Man kann sich an folgendem Schaubild orientieren, wie sich das Fachgebiet der Raumlufttechnik strukturieren lässt (Abb. 1).

Aufgaben und Anforderungen an die Lüftung nach DIN EN 13779:

- Sicherstellen des Luftsauerstoffes
- Abführen von Schadstoffen, Gerüchen, Staub, Wasserdampf
- Vermeidung von Geruchsausbreitung
- Luftkühlung mittels Außenluft
- Beheizungsanlagen
- Wärmerückgewinnung aus der fortgeleiteten Abluft
- Reinigung der Luft durch Filter (Pollenfilter, Staub)
- Erhöhung der Produktivität und Schaffung besserer Wohn- und Arbeitsbedingungen (Lebensqualität)

Anforderungen:

- ausreichender Zuluft-Volumenstrom
- gleichmäßige Luftverteilung im Raum (Raum soll komplett durchströmt werden)
- keine Zugluftbelästigung
- geringe Geräuschentwicklung (Nicht nur Ventilatorgeräusch, auch strömende Luft entwickelt Geräusche.)
- keine Übertragung von Luft- und Körperschall (durch Schwingungen und Vibrationen)
- wirtschaftliche Betriebsweise (Kosten für Strom, Filterwechsel, Wartung ...)

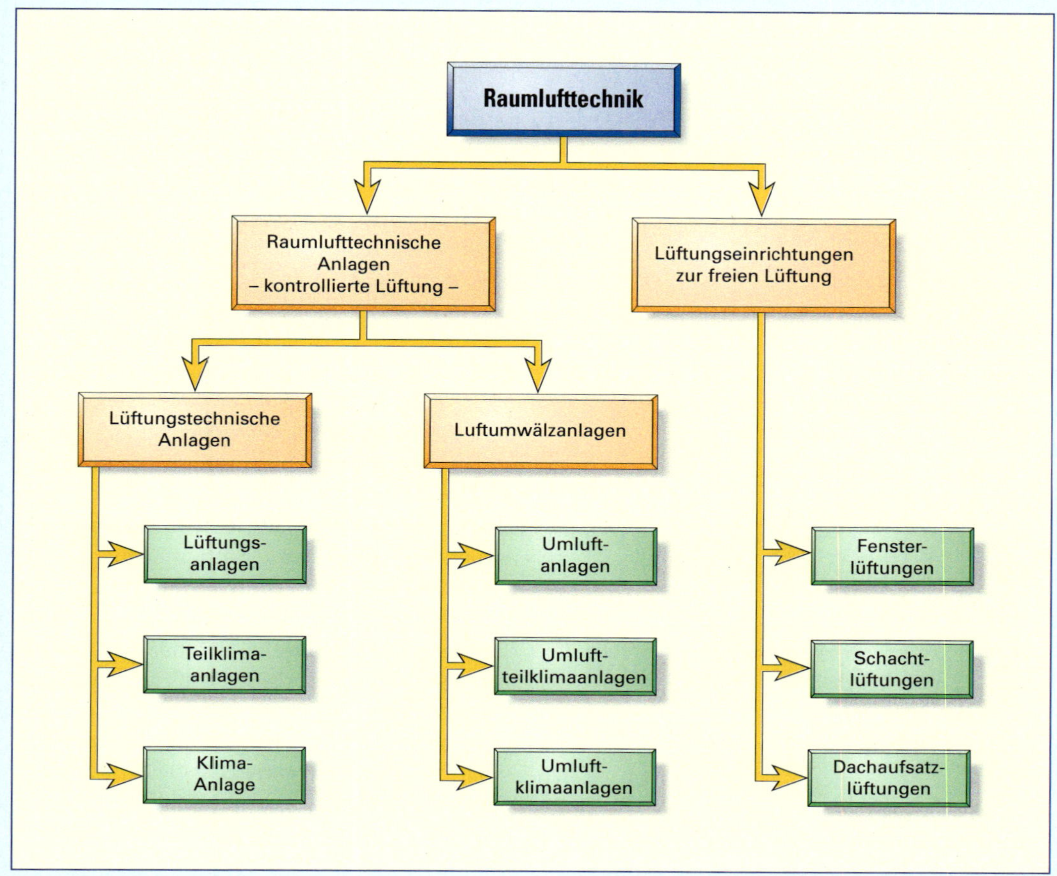

Abb. 1 Struktur des Fachgebietes Raumlufttechnik

Zusammenhang zwischen Raumklima und Behaglichkeit – Physiologische Grundlagen

Einflussgrößen auf das Behaglichkeitsgefühl

- thermische Größen: Raumtemperatur, Luftbewegung, Luftfeuchte, Wandtemperatur
- chemische Größen: Geruchsstoffe, Kohlendioxid, Staub und gasförmige Verunreinigungen
- optische Größen: Beleuchtung, Farben, Ausblick
- physikalische Größen: Geräuschbildung, (statische) Raumelektrizität
- sonstige Größen: Art der Beschäftigung, Gesundheit, Kleidung, Alter, Geschlecht

Der Mensch ist in der Lage, sich wechselnden äußeren klimatischen oder thermischen Bedingungen anzupassen. Diese Anpassung kann durch die herrschende Temperatur bzw. das Klima, der Arbeit oder der Tätigkeit angepasste Kleidung sowie durch die technische Ausstattung der Wohn- und Arbeitsräume mittels Heizung, Lüftung oder Kühlung erleichtert werden.
Trotz aller Hilfsmittel gibt es einen sogenannten Behaglichkeitsbereich, d.h. einen neben individuellen Größen, wie z.B. Stressfähigkeit, Lärmempfindlichkeit usw., vor allem vom Raumklima abhängigen Bereich, in dem sich der Mensch körperlich und psychisch am wohlsten fühlt. Auch die Leistung am Arbeitsplatz ist unter anderem vom herrschenden Raumklima abhängig. Das Raumklima wird insbesondere von folgenden Faktoren beeinflusst:

- Raumtemperatur
- Luftfeuchtigkeit
- Temperatur der Umgebungsflächen (Wände, Böden)
- Luftreinheit bzw. Luftbeschaffenheit oder Luftqualität
- Luftbewegung

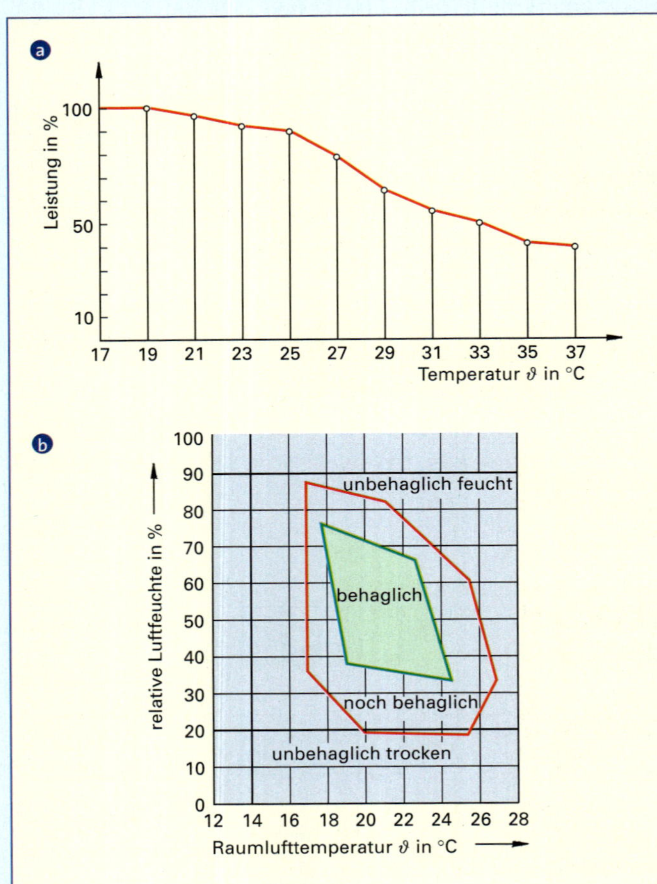

Abb. 1 Abhängigkeit der menschlichen Leistung von der Umgebungstemperatur ⓐ und Behaglichkeit in Abhängigkeit von Raumlufttemperatur und relativer Luftfeuchte ⓑ

Abb. 1 zeigt die Abhängigkeit der Leistung von der Umgebungstemperatur, und man erkennt aus dem Verlauf der Grafik den starken Leistungsabfall bei Temperaturen über 25 °C. Aber selbst in einem Raum, der mit 20 °C eine angenehme Temperatur besitzt, kann man sich unbehaglich fühlen, denn neben der Temperatur spielt auch die herrschende relative Luftfeuchtigkeit eine entscheidende Rolle.

Absolute und relative Luftfeuchte

Die Luft kann Wasser aufnehmen, d.h., das Wasser ist als Wasserdampf in der Luft vorhanden. Die maximale Feuchtigkeitsmenge, gemessen in Gramm, die ein Kubikmeter Luft als Wasserdampf aufnehmen kann, wird Sättigungsmenge genannt. Wird diese Sättigungsmenge erreicht oder überschritten, dann fällt Wasser aus, das eventuell als Wolken und Nebel sichtbar wird, oder es bilden sich Tröpfchen, die sich auf Flächen niederschlagen oder als Regen ausfallen. Die Sättigungsmenge von Luft ist allerdings temperaturabhängig, so kann warme Luft wesentlich mehr Wasser aufnehmen als kalte Luft. Abb. 1 ▷ 625 zeigt den Zusammenhang zwischen der Lufttemperatur in °C und der Sättigungsmenge in g/m³.

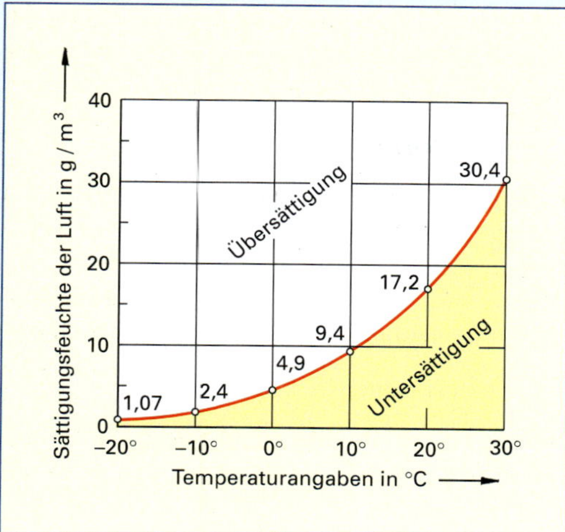

Abb. 1 Zusammenhang zwischen Lufttemperatur und Sättigungsmenge von Wasser

Beispiel:

Der Grafik lässt sich entnehmen, dass die Sättigungsmenge bei 20 °C gerade 17,2 g/m³ beträgt. Ist die tatsächliche Wassermenge der Luft in Wohnräumen bei 20 °C aber geringer als diese 17,2 g/m³, z. B. nur 10 g/m³ , so wird die Sättigungsmenge nicht erreicht und man hat keine direkte Beurteilungsmöglichkeit für diese Zahl. Um für alle gängigen Temperaturen anschauliche Werte zu erhalten, ist es günstiger, eine neue Größe einzuführen, die **relative Luftfeuchtigkeit** f:

$$f = \frac{(\text{absolute Luftfeuchtigkeit} \cdot 100\,\%)}{\text{Sättigungsmenge}}$$

Beispiel:

Enthält die Luft in einem Raum bei 20 °C 10 Gramm Wasser, so ist die relative Luftfeuchtigkeit f:

$$f = \left(\frac{10}{17{,}2}\right) \cdot 100\,\% = 58{,}1\,\%$$

Für die Behaglichkeit spielt die relative Luftfeuchtigkeit eine wichtige Rolle: Empfohlen wird eine relative Luftfeuchtigkeit von etwa 55 %. Nimmt die Luftfeuchtigkeit niedrige Werte an, z. B. unter 35 %, so empfindet man die Luft als trocken, bei Temperaturen um 25 °C und relativer Luftfeuchte von 60 bis 70 % empfindet man die Luft als schwül und drückend, bei niedrigen Temperaturen (kleiner 10 °C) dagegen als nasskalt.

Der menschliche Organismus arbeitet im gesunden Zustand so, dass er eine konstante Körpertemperatur von etwa 37 °C aufrechterhält. Die Wärmezufuhr durch Ernährung, Durchblutungssteigerung (Bewegung) und Heizung des Umfeldes muss durch eine Wärmeabgabe des Körpers im Gleichgewicht gehalten werden. Das schafft der Mensch mittels verschiedener Mechanismen der Wärmeabgabe (Abb. 2).

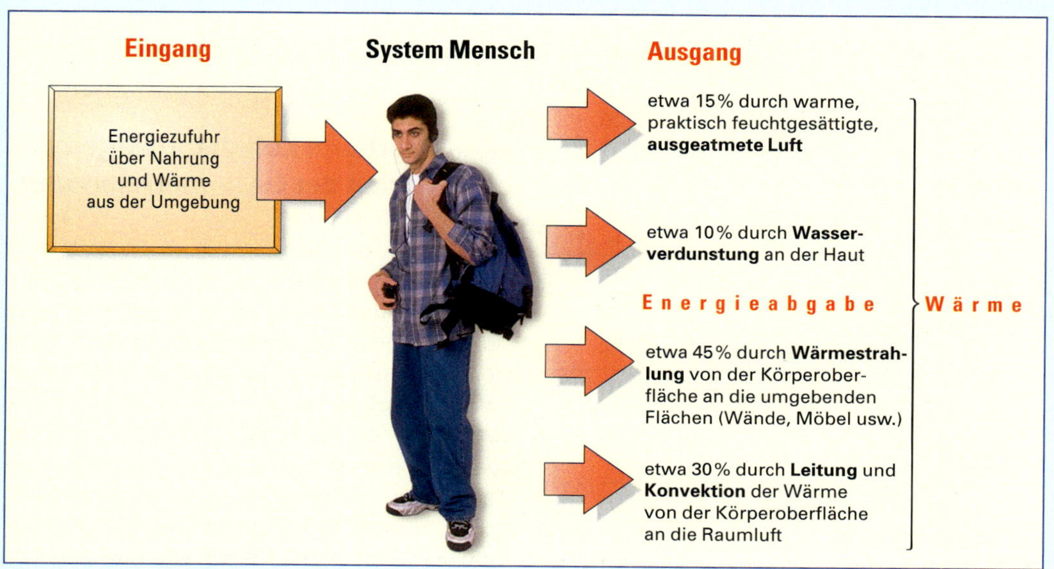

Abb. 2 Unterschiedliche Mechanismen der Wärmeabgabe beim Menschen zur Einstellung einer konstanten Körpertemperatur von 37 °C

Ist die Umgebungstemperatur zu niedrig, reagiert der Körper darauf mit einer Verengung der Blutgefäße, wodurch sich die Wärmeabgabe aufgrund der verringerten Hautoberfläche ebenfalls verringert. Umgekehrt wird bei einer hohen Umgebungstemperatur die Durchblutung in den Gefäßen gesteigert, wodurch sich die Haut stärker erwärmt. Daraus wiederum ergibt sich eine noch stärkere Energieabgabe mittels Verdunstung von Körperflüssigkeit, die aus den Poren austritt (Schweiß). Ist nun aber bei hoher Temperatur die relative Luftfeuchtigkeit zwischen 60 und 70 %, wird der Körper durch die erhöhte Verdampfung des Schweißes belastet, da die Wärmeabgabe durch natürliche Konvektion nicht mehr ausreicht. Zusätzlich behindert die hohe Luftfeuchtigkeit das Verdampfen des Schweißes. Dadurch ist letztlich auch der Leistungsabfall in der Grafik (Abb. 1 ▷ 624) zu erklären.

Stoff	Formel	MAK-Wert	
		ppm	mg/m³
Aceton	C_3H_6O	500	1200
Ammoniak	H_3N	20	14
Blei	Pb		0,1
Butan	C_4H_{10}	1000	2400
Chlor	Cl_2	0,5	1,5
Eisenoxid	FeO, Fe_2O_3		1,5
Essigsäure	$C_2H_4O_2$	10	25
Ethanol	C_2H_6O	500	960
Fluor	F_2	0,1	0,16
Fluorwasserstoff	HF	3	2,5
Formaldehyd	CH_2O	0,5	0,62
Iod	I_2	0,1	1,1
Kohlendioxid	CO_2	5000	9100
Kohlenmonoxid	CO	30	35
Kupfer	Cu		1
Methanol	C_4O	200	270
Nikotin	$C_{10}H_{14}N_2$	0,7	0,47
Polyvinylchlorid (PVC)	$(C_2H_3Cl)_n$	1,5	
Propan	C_3H_8	1000	1800
Quecksilber	Hg	0,012	0,1
Salpetersäure	HNO_3	2	5,2
Schwefeldioxid	SO_2	0,5	1,3
Schwefelsäure	H_2SO_4		1
Stickstoffoxid	N_2O_4	5	9,5
Terpentinöl		100	560

Tabelle 1 MAK-Werte für verschiedene Stoffe (Auswahl)

Luftverunreinigungen und Gerüche – Luftqualität

Die thermische Behaglichkeit und die Luftqualität in Räumen sind von folgenden Faktoren abhängig:

- von den **Personen im Raum**, speziell von der:
  - Tätigkeit (leichte oder schweißtreibende Arbeit)
  - Hygiene und Sauberkeit (tägliches Duschen)
  - Bekleidung (frische Wäsche)
  - Nahrung (Ausdünstung, Gerüche)
- von der **Beschaffung des Raumes**, speziell von:
  - der Temperatur der Flächen oder Wände und der Geräte
  - anderen Wärmequellen im Raum, Fenster und Sonneneinstrahlung
  - Schadstoffkonzentration (Farbe, Fußbodenbelag)
- von der **Lüftungstechnik bzw. der Klimatisierung (RLT-Anlage)**, speziell von:
  - der Lufttemperatur, der Luftfeuchte und der Luftgeschwindigkeit (Zugluft)
  - dem Luftaustausch (Sauerstoffgehalt)
  - der Sauberkeit der Luft (Dämpfe von Hilfsstoffen bei der Arbeit wie Flussmitteldampf beim Löten, Verdünnungsmittel, Sprays und Parfüms sowie sogenannte Luftverbesserer)

MAK-Wert und Kohlendioxidgehalt als Kriterien der Luftverunreinigung

MAK-Wert

Bei vielen handwerklichen oder industriellen Prozessen werden Schadstoffe freigesetzt. Um den Arbeitnehmer vor zu hohen Schadstoffkonzentrationen in der Raumluft zu schützen, sind für gewerbliche Arbeitsplätze sogenannte MAK-Werte (**M**aximale **A**rbeitsplatz**k**onzentration) in ppm (*p*arts *p*er *m*illion) oder in mg/m³ festgelegt worden. Da die während der Arbeit unvermeidbare Schadstoffentstehung bekannt ist, lässt sich aus den MAK-Werten berechnen, wie hoch die von außen in den Raum kontrolliert zugeführte Luft (Außenluftrate) sein muss (Tabelle 1).

Kohlendioxid (CO_2)-Gehalt

Versammlungsräume, Klassenzimmer, Büros usw., in denen sich Menschen aufhalten, werden durch das beim Ausatmen freigesetzte Kohlendioxid „verunreinigt“, der Sauerstoffgehalt der Luft nimmt ab und muss durch frische Außenluft nachgeliefert werden. Der CO_2-Gehalt wird zur Bestimmung der Außenluftrate herangezogen. Umgangssprachlich wird oft von „schlechter Luft“ gesprochen, wenn man einen vollbesetzten Saal oder ein Klassenzimmer betritt. Das liegt daran, dass neben den von den Personen verströmten Gerüchen und dem abgegebenen Wasserdampf der CO_2-Gehalt auf etwa 0,1 bis 0,15% angestiegen ist. Besonders bei unbelüfteten Klassenräumen steigt der CO_2-Gehalt nach einer Schulstunde durchaus bis auf 2,5% an, die Leistungsfähigkeit der Schüler nimmt dadurch ab. Daher: **Pausen einlegen und lüften!**

Der Zustrom frischer Außenluft ist auch abhängig davon, welche Tätigkeit die im Raum vorhandenen Personen verrichten. Bei körperlich anstrengender Arbeit wird mehr Wärme vom Körper abgegeben, mehr Wasser verdunstet (Schweiß) und es wird auch mehr CO_2 ausgeatmet. Die erforderliche Außenluftrate, die je Person zur Verringerung des CO_2-Gehaltes nötig ist, ist in Abb. 1 als Diagramm in Abhängigkeit von der verrichteten Arbeit als Parameter dargestellt.

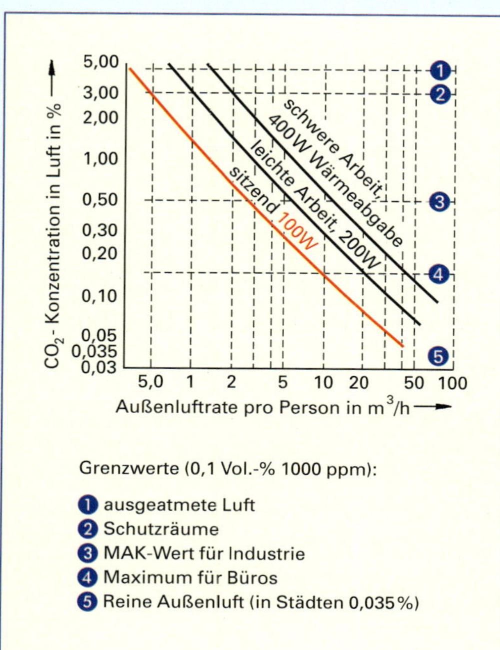

Abb. 1 Außenluftrate je Person zur Verringerung des CO_2-Gehaltes der Luft in Abhängigkeit von der verrichteten Tätigkeit

Gerüche

Die verbesserte Wärmedämmung von Häuserwänden und Dächern sowie dichtere, besser isolierende Fenster haben in den letzten Jahren zu beträchtlichen Energieeinsparungen in Gebäuden geführt. Als Folge davon hat aber die Außenluftrate ab- und die Schadstoffkonzentration in den Räumen zugenommen. Personen, die sich länger in solchen Räumen aufhalten, klagen zunehmend über Müdigkeitserscheinungen, Schleimhautaustrocknungen oder -reizungen und auch über Hals-, Nasen- und Augenkrankheiten .

Um sich in einem Raum mit anderen Menschen behaglich fühlen zu können, muss man eine Definition zur Luftverunreinigung durch Geruch, der von einem Menschen ausgeht, festlegen. Dazu hat man quasi einen „Normmenschen“ eingeführt: Er hat eine Hautfläche von 1,80 m², verrichtet sitzende Tätigkeit, duscht sich statistisch 0,7-mal je Tag, also in drei Tagen 2-mal und zieht jeden Tag frische Kleidung und Unterwäsche an.

Die Luftverunreinigung durch Geruch, die von einem solchen Normmenschen ausgeht, nennt man 1 olf (lat. *olfaction* = Geruch).

Andere Geruchsquellen in einem Raum, wie z. B. durch Raucher, schwer arbeitende Personen, die stark schwitzen, Kinder oder auch Gerüche aus Gegenständen wie Teppichen, Vorhängen, Bodenbelägen oder elektrischen Geräten, z. B. PC oder Staubsauger usw., werden auf das Bezugsmaß von 1 olf umgerechnet und auf 1 m² Fläche bezogen. Tabelle 1 zeigt einige olf-Werte als Durchschnittswerte von Räumen mit unterschiedlichen Personengruppen bzw. mit unterschiedlichen Materialien und Baustoffen.

1 Person	olf
sitzend	1
Kind 12 Jahre	2
Athlet	30
Raucher (dauernd)	25
Raucher (normal)	5

Baustoff	olf/m²
Teppich (Wolle)	0,2
Teppich (Kunstfaser)	0,4
PVC/Linoleum	0,2
Marmor	0,01
Gummidichtung (Fenster/Tür)	0,6

Tabelle 1 Auswahl von olf-Werten (Durchschnittswerte)

Planung von Raumlufttechnischen Anlagen

Die Auflistung der Werte für MAK, CO_2-Gehalt und Gerüche soll verdeutlichen, dass es nötig ist, bei der Planung und Auslegung einer Raumlufttechnischen Anlage (RLT-Anlage) unterschiedliche Kriterien zu berücksichtigen. Diese Aufgabe wird dadurch aufwändig, dass 2005 im Zuge der Harmonisierung der Normen in Europa die neue Norm **DIN EN 13779** „Lüftung von **Nichtwohngebäuden** – Allgemeine Grundlagen und Anforderungen an Lüftungs- und Klimaanlagen" gültig wurde und die bis dahin geltende VDI-Lüftungsregel **DIN 1946-2** „Raumlufttechnische Anlagen – Gesundheitstechnische Anforderungen" zurückgezogen wurde.

Eine wesentliche Neuerung bei der Planung und Auslegung einer RLT-Anlage von EN 13779 ist die Berücksichtigung der Außenluftqualität, insbesondere für die einzusetzende Filtertechnik. Für die Planung ist eine Beschreibung der Umwelt-/Umgebungseinflüsse zu beschaffen. Die gewünschten Ergebnisse, die zum Zeitpunkt der Übergabe und während des Normbetriebs der Anlage erforderlich sind, müssen vom ausführenden Fachmann und dem Auftraggeber vereinbart und schriftlich fixiert werden. Dazu gehört auch die Definition der Außenluftkategorie (Qualität der Außenluft). Man unterscheidet zwischen **ODA** („Outdoor Air") und **IDA** („Indoor Air") und legt drei Kategorien fest:

ODA 1	saubere Luft, die nur zeitweise staubbelastet sein darf
ODA 2	Außenluft mit hoher Konzentration an Staub oder Feinstaub und/oder gasförmigen Verunreinigungen
ODA 3	Außenluft mit sehr hoher Konzentration an Staub oder Feinstaub und/oder gasförmigen Verunreinigungen

Der IDA-Wert mit vier Kategorien betrifft die gewünschte Raumluftqualität:

IDA 1	Hohe Raumluftqualität
IDA 2	Mittlere Raumluftqualität
IDA 3	Mäßige Raumluftqualität
IDA 4	Niedrige Raumluftqualität

Diese knappe Charakterisierung der Planung und Auslegung einer RLT-Anlage nach der Norm DIN EN 13779 soll nur zeigen, dass die Bestimmung der Außenluftrate für Nichtwohngebäude eine aufwändige Arbeit ist. Eine genaue Kenntnis der Norm und die Beherrschung der komplexen Planungsstrukturen sind für einen Fachplaner zwingend erforderlich.

Die folgende Tabelle 1 zeigt einen auf wenige wesentliche Raumarten beschränkten Überblick über die Außenluftraten entsprechend den verschiedenen Regeln der Technik.

Für die Planung von RLT-Anlagen bei **Wohngebäuden** ist die DIN 1946-6, Raumlufttechnik-Teil 6 zuständig: Moderne, energieeffiziente Gebäude und modernisierte Bauten werden möglichst luftdicht ausgeführt. So kann die nötige Luftmenge, die dem Komfort, der Hygiene und der Abfuhr von Feuchtigkeit sowie Schadstoffen dient, nicht ohne zusätzlichen Aufwand in das Gebäude gefördert bzw. abgeführt werden. Die DIN 1946-6 „Lüftung von Wohnungen" liefert einen Rahmen zu Planung, Umsetzung und Nachweis eines geeigneten Lüftungskonzepts.

Raumart		**DIN 1946-2** zurückgezogen	**DIN EN 13779** Ausgabe Mai 2005	**E DIN EN 15251** Stand Nov. 2006
Großraumbüro	Nichtraucher	6,0	3,8	4,3
Einzelbüro	Nichtraucher	4,0	4,5	5,0
Restaurant	Raucher	13,3	60,0	38,2
	Nichtraucher	8,0	30,0	20,2
Kaufhaus		7,5	18,0	10,4
WC DIN 18017-3		18,8	10,8	–
Waschraum		–	10,8	–

Tabelle 1 Empfohlene Außenluftraten für Nichtwohngebäude nach Vorgaben verschiedner Regeln der Technik.

Das neue Energieeffizienzlabel für Raumklimageräte bis 12 kW

Um die Kaufentscheidung von Verbrauchern bei Anschaffung eines energieeffizienten Raumklimagerätes zu erleichtern, hat die EU eine neue Energieetikettierung geschaffen. Der Geräuschpegel stellt dabei einen wichtigen Aspekt dar und ist als Schallleistung Teil der Labelangaben. Diese standardisierten Angaben unterliegen neuen Messkriterien, die hohe Anforderungen an die Effizienz stellen, um dadurch langfristig 20 % weniger Primärenergie zu nutzen und in gleichem Maße die CO_2-Emissionen zu senken.

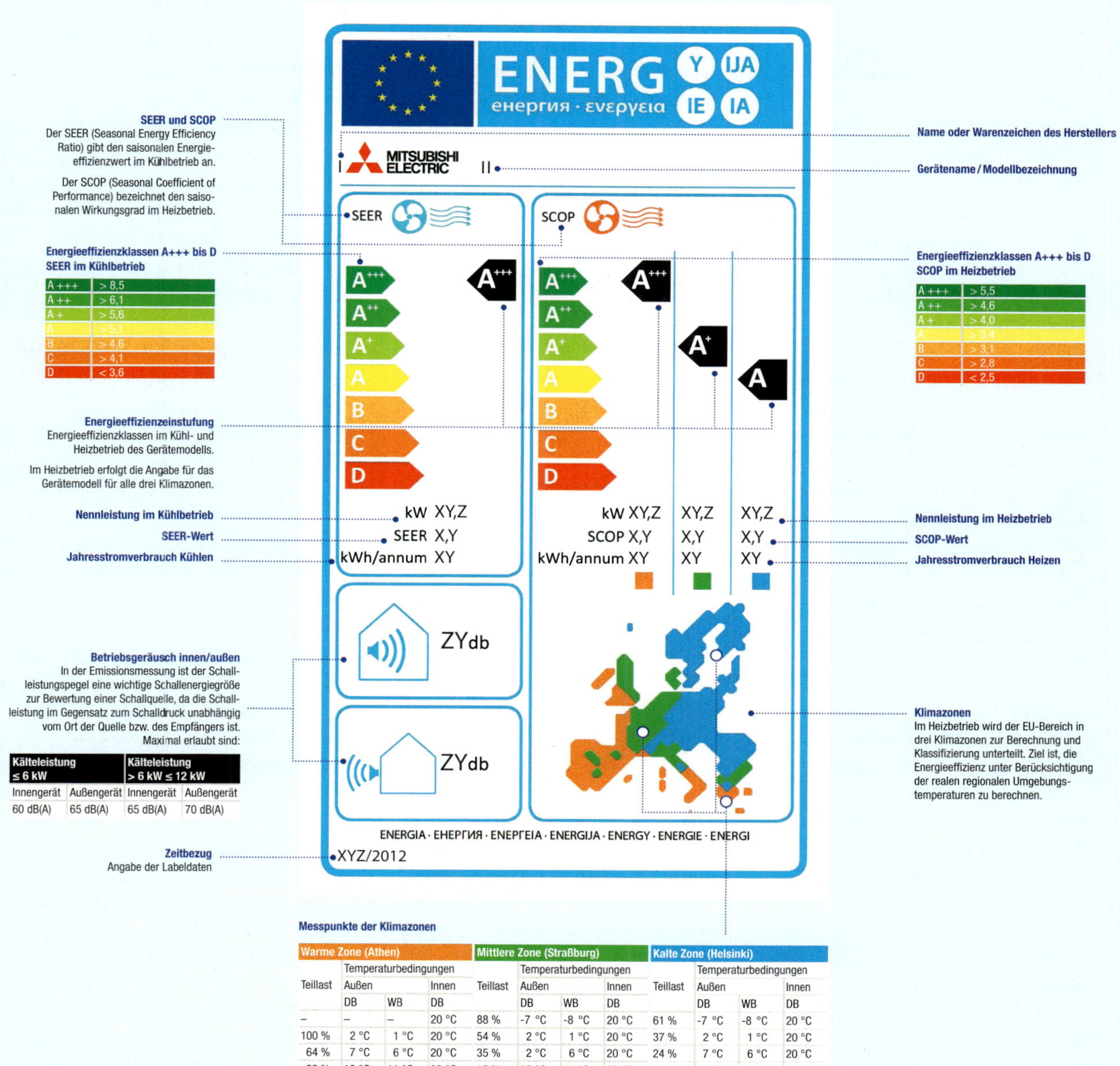

Klasse (SEER)	Wert
A+++	> 8,5
A++	> 6,1
A+	> 5,6
A	> 5,1
B	> 4,6
C	> 4,1
D	< 3,6

Klasse (SCOP)	Wert
A+++	> 5,5
A++	> 4,6
A+	> 4,0
A	> 3,4
B	> 3,1
C	> 2,8
D	< 2,5

Kälteleistung ≤ 6 kW		Kälteleistung > 6 kW ≤ 12 kW	
Innengerät	Außengerät	Innengerät	Außengerät
60 dB(A)	65 dB(A)	65 dB(A)	70 dB(A)

Messpunkte der Klimazonen

Warme Zone (Athen)				Mittlere Zone (Straßburg)				Kalte Zone (Helsinki)			
Teillast	Temperaturbedingungen			Teillast	Temperaturbedingungen			Teillast	Temperaturbedingungen		
	Außen		Innen		Außen		Innen		Außen		Innen
	DB	WB	DB		DB	WB	DB		DB	WB	DB
–	–	–	20 °C	88 %	-7 °C	-8 °C	20 °C	61 %	-7 °C	-8 °C	20 °C
100 %	2 °C	1 °C	20 °C	54 %	2 °C	1 °C	20 °C	37 %	2 °C	1 °C	20 °C
64 %	7 °C	6 °C	20 °C	35 %	2 °C	6 °C	20 °C	24 %	7 °C	6 °C	20 °C
29 %	12 °C	11 °C	20 °C	15 %	12 °C	11 °C	20 °C	11 %	12 °C	11 °C	20 °C

Sachwortverzeichnis

Layout und Satz: tiff.any GmbH, Berlin

Bildquellenverzeichnis

Autoren und Verlag bedanken sich bei folgenden Firmen und Institutionen für ihre Unterstützung, insbesondere für die Bereitstellung von Bildern.

ABB-Stotz-Kontakt GmbH, Heidelberg, www.abb.de
Aerowest GmbH, Dortmund, www.aerowest.de
AGFEO GmbH & Co. KG, Bielefeld, www.agfeo.de
Amprobe Europe GmbH, Mönchengladbach, www.amprobe.de
ASTRA GmbH, Eschborn, www.ses-astra.com
Atersa, Madrid (Spanien), www.atersa.com
Atlas Copco GmbH, Essen, www.atlascopco.com
AVM Computersysteme Vertriebs GmbH, Berlin, www.avm.de
Joh. Bähr Großhandelsgesellschaft für elektrotechnische Produkte mbH, Mannheim, www.baehr-elektro.de
Benning GmbH, Bocholt, www.benning.de
Berker GmbH & Co. KG, Schalksmühle, www.berker.de
BG BTEM Berufsgenossenschaft Energie Textil Elektro Medienerzeugnisse e. V., Köln, www.bgetem.de
Binatone Electronics International Ltd., Sheung Wan, Hong Kong, www.aegtelephones.eu
Robert Bosch GmbH, Stuttgart, www.bosch.de
BP Solar, Hamburg, www.bpsolar.de
Hugo Brennenstuhl GmbH & Co. KG, Tübingen, www.brennenstuhl.de
BSH Bosch und Siemens Hausgeräte GmbH, München, www.bsh-group.de

Buderus, Bosch Thermotechnik GmbH, Wetzlar, www.buderus.de
Bundesverband WärmePumpe (BWP) e. V., München, www.waermepumpe-bwp.de
Busch-Jaeger Elektro GmbH, Lüdenscheid, www.busch-jaeger.de
Chauvin Arnoux GmbH, Kehl (Rhein), www.chauvin-arnoux.de
CIMCO-Werkzeugfabrik Carl Jul. Müller GmbH & Co. KG, Remscheid, www.cimco.de
Conrad Electronic GmbH & Co KG, Wels, www.conrad.de
Dätwyler Kabel+Systeme GmbH, Neufahrn, www.daetwyler.net
Dehn + Söhne GmbH & Co. KG, Neumarkt, www.dehn.de
Dell GmbH, Frankfurt am Main, www.dell.de
DENIOS AG, Bad Oeynhausen, www.denios.de
Deutsche Energie-Agentur GmbH (dena), Berlin, www.dena.de
Deutscher Wetterdienst, Klima- und Umweltberatung, Hamburg, www.dwd.de
D-Link (Deutschland) GmbH, Eschborn, www.d-link.de
Eaton Industries GmbH, Bonn, www.moeller.net
E.G.O. Elektro-Gerätebau GmbH, Oberderdingen, www.egoproducts.com
EG-SAT GmbH, Freiburg i. Br., www.eg-sat.de
EHT Haustechnik GmbH, Markenvertrieb AEG Haustechnik, Nürnberg, www.aeg-haustechnik.de
Elektra Tailfingen Schaltgeräte GmbH & Co. KG, Albstadt, www.elektra-tailfingen.de
ELMAG Entwicklungs- und Handels-GmbH, Ried im Innkreis (Austria), www.elmag.at
Eltako GmbH Schaltgeräte, Fellbach, www.eltako.de
EnBW Energie Baden-Württemberg AG, Karlsruhe, www.enbw.de
Eutelsat Services und Beteiligungen GmbH, Köln, www.eutelsat.de
Fachverband Elektro- und Informationstechnik Baden-Württemberg, Stuttgart, www.fv-eit-bw.de
Amz FLOTT GmbH, Remscheid, www.flott.de
Fluke Deutschland GmbH, Kassel, www.fluke.de, www.flukenetworks.com
Fraunhofer-Institut für Solare Energiesysteme ISE, Freiburg, www.ise.fhg.de
FTE maximal, BCN Distribuciones, Ober-Mörlen, www.ftemaximal.com
Gessler GmbH, Rodgau, www.gessler.de
Geyer AG, Nürnberg, www.geyer.de
Gigahertz Solutions GmbH, Langenzenn, www.gigahertz-solutions.de
Glen Dimplex Deutschland GmbH, Kulmbach, www.dimplex.de
GMC-I Messtechnik GmbH, Nürnberg, www.gossen-metrawatt.com
Hager Electro GmbH, Blieskastel, www.hager.de
Hama GmbH & Co KG, Monheim, www.hama.de
HEA – Fachgemeinschaft für effiziente Energieanwendung e. V., Berlin, www.hea.de
Hekatron Vertriebs GmbH, Sulzburg, www.hekatron.de
HELUKABEL GmbH, Hemmingen, www.helukabel.de
Hilti Deutschland GmbH, Kaufering, www.hilti.de
IBC Solar AG, Bad Staffelstein, www.ibc-solar.de
ISOTRONIC Mezger KG, Horb am Neckar, www.isotronic-kg.de
Albrecht Jung GmbH & Co. KG, Schalksmühle, www.jung.de
JVC Deutschland, Friedberg (Hessen), http://jdl.jvc-europe.com
KATHREIN-Werke KG, Rosenheim, www.kathrein.de
K.E.R.T. S.r.l., Caerano di San Marco, Italien, www.kert.it
Heinrich Kopp GmbH, Kahl, www.kopp.eu
KOSTAL Industrie Elektrik GmbH, Hagen, www.kostal.de/industrie
KWS-Electronic GmbH, Tattenhausen, www.kws-electronic.de
Lafarge Roofing GmbH, Oberursel, www.lafarge.de
Wilhelm Layher GmbH & Co. KG, Güglingen-Eibensbach, www.layher.de
Merten GmbH & Co. KG, Wiehl, www.merten.de
Markus Berst GmbH, Waldshut, www.mb-elektrotechnik.com
Metabowerke GmbH, Nürtingen, www.metabo.de
Miele & Cie. KG, Gütersloh, www.miele.de
Mitsubishi Electric Europe B.V, Ratingen, www.mitsubishi-les.de
Müller + Baum GmbH & Co.KG, Baugerätefabrik, Sundern (Hachen), www.mueba.de
Jean Müller GmbH Elektrotechnische Fabrik, Eltville am Rhein, www.jeanmueller.de
NASA, Washington, USA, http://mars.jpl.nasa.gov
Norddeutscher Rundfunk, Hamburg, www.ueberallfernsehen.de
Nordex AG, Norderstedt, www.nordex.de
OBO Bettermann GmbH & Co. KG, Menden, www.obo.de
Osram GmbH, München, www.osram.de
OTIS GmbH & Co. OHG, Berlin, www.otis.com
Martin Perscheid, Bulls Pressedienst GmbH, Frankfurt am Main, www.martin-perscheid.de
Philips Deutschland GmbH, Hamburg, www.philips.de
Phoenix Contact GmbH & Co. KG, Blomberg, www.phoenixcontact.de
Piller RWE Solutions GmbH, Osterode, www.piller.com
Roth Werke GmbH, Dautphetal, www.roth-werke.de

Wilhelm Rutenbeck GmbH & Co. KG, Schalksmühle, www.rutenbeck.de
Samsung Electronics GmbH, Schwalbach/Ts., www.samsung.com
SCHOTT Solar AG, Mainz, www.schott.com
SEW-EURODRIVE GmbH & Co KG, Bruchsal, www.sew-eurodrive.de
RZB Rudolf Zimmermann Bamberg GmbH, Bamberg, www.rzb-leuchten.de
Schalk Steuerungstechnik GmbH, Westerheim, www.schalk.de
Christian Schwaiger GmbH & Co. KG, Langen-zenn, www.schwaiger.de
SeCa GmbH, Pfaffenweiler, www.secaonline.de
S. Siedle & Söhne, Telefon- und Telegrafenwerke OHG, Furtwangen, www.siedle.de
Siemens AG, München, www.siemens.de
SMA Solar Technology AG, Niestetal, www.sma.de
W.Söhngen GmbH, Taunusstein-Wehen, www.soehngen.de
SOLON AG für Solartechnik, Berlin, www.solonag.de
Sputnik Engineering AG, Biel/Bienne, Switzerland, www.solarmax.com
Stiebel-Eltron, Holzminden, www.stiebeleltron.de
STL Deutschland GmbH, Nettetal, www.lenco.eu/de
Sunset Energietechnik GmbH, Adelsdorf, www.sunset-solar.com
TerraTec Electronic GmbH, Nettetal, www.ter-ratec.de
ThyssenKrupp Bausysteme GmbH, Dinslaken, www.thyssen-solartec.com
TreeSoft GmbH & Co. KG, Lindlar, www.treesoft.de
TRILUX GmbH & Co. KG, Arnsberg, www.trilux.com/de
UVEX Arbeitsschutz GmbH, Fürth, www.uvex.de
Vaillant GmbH, Remscheid, www.vaillant.de
VARTA Consumer Batteries GmbH & Co. KGaA, Ellwangen, www.varta-consumer.de
VDE Prüf- und Zertifizierungsinstitut GmbH, D-63069 Offenbach, www.vde-institut.com
Wagner & Co. Solartechnik GmbH, Cölbe, www.wagner-solartechnik.de
wmf consumr electric GmbH, Jettingen-Scheppach, www.wmf.de
ZARGES GmbH & Co. KG, Weilheim, www.zarges.de
Zentralverband der Deutschen Elektro- und Informationstechnischen Handwerke ZVEH, Frankfurt am Main, www.zveh.de
Ziehl-Abegg AG, Künzelsau, www.ziehl-abegg.de
ZVEI Zentralverband Elektrotechnik- und Elektronikindustrie e. V., Frankfurt am Main, www.zvei.org

Abkürzungen und Begriffe

ACR .... *Attenuation To Cross Talk Ratio*
ADSL .... *Asymetric Digital Subscriber Line*, asymmetrische digitale Teilnehmeranschlussleitung, in Deutschland TDSL
AES .... *Advanced Encryption Standard*
AMS .... Automatischer Mehrfachschalter
AnlA .... Anlagenanschluss
APL .... Abschlusspunkt des Leitungsnetzes
ArbSchG .... Arbeitsschutzgesetz
ASK .... Amplitudentastung
ASP .... Anschlussplatine
AVR .... *Automatic Voltage Regulation*, automatische Spannungs(verstärkungs)regelung
AwaDo .... Automatischer Wechselschalter in der Anschlussdose
AWT .... Anwendungsschnittstelle
BA .... Basisanschluss
BER .... *Bit Error Rate*, Bit-Fehler-Raten
BGFE .... Berufgenossenschaft der Feinmechanik und Elektrotechnik
BGV .... Berufsgenossenschaftliche Vorschriften
B-Kanal .... Benutzerkanal
BK-Anlage .... Breitband-Kommunikationsanlage
BK-Anschluss .... Breitband-Kommunikationsanschluss
BVVU .... Bus-Video-Verteiler, unsymmetrisch
CE .... *Communauté Européenne*, Europäische Union
CIS-Zellen .... Kupfer-Indium-Selenid-Zellen
COP .... *Coefficient of Performance*, Leistungszahl
CSMA/CA .... *Carrier Sense Multiple Access/Collision Avoidance*, Buszugriffsverfahren ohne Datenkollisionen auf dem Bus
CSMA/CD .... *Carrier Sense Multiple Access/Collision Detection*, Buszugriffsverfahren mit Kollisionserkennung
DALI .... *Digital Adressable Lighting Interface*
D-ASM .... Drehstrom-Asynchronmotor
DC/DC-Wandler .... *Direct Current*, Gleichstrom-/Gleichstrom-Wandler
DECT .... *Digital Enhanced Cordless Telecommunications*
DiSEqC .... *Digital Satellite Equipment Control*, digitale Satelliten-Zubehörsteuerung
DKE .... Deutsche Elektrotechnische Kommission
DNS .... *Domain Name System*
DSL .... *Digital Subscriber Line*
D-System .... DIAZED-Sicherungssystem
DV .... Datenverteiler
DVB .... *Digital Video Broadcasting*

DVGW .... Deutsche Vereinigung des Gas- und Wasserfaches e. V.
EA-Anlage .... Einzel-Antennenanlage
EAP .... *Extensible Authentication Protocol*
ED .... Einschaltdauer
EDGE .... *Enhanced Data Rates for GSM Evolution*
EEPROM .... *Electricaly Erasable Programmable ROM*, wiederprogrammierbarer Festwertspeicher
EIA .... *Electronic Industries Association*
EIB .... Europäischer Installationsbus
EIBA .... *European Installation Bus Association*
EK .... Elektroinstallationskabel
EL .... Elevationswinkel
EMV .... Elektromagnetische Verträglichkeit
EnEV .... Energie-Einsparungsverordnung
ENS .... Einrichtung zur Netzüberwachung mit zugeordneten Schaltorganen
ER .... Elektroinstallationsrohr
ETS .... *Engineering-Tool-Software*
EVA-Prinzip ...... Eingabe-Verarbeitung-Ausgabe-Prinzip
EVG .... Elektronische Vorschaltgeräte
EVU .... Energieversorgungsunternehmen
FA .... Telefonanschluss/Fernsprechanschluss
FBD .... Funktions-Block-Darstellung
FCKW .... Fluor-Chlor-Kohlenwasserstoffe
FELV .... *Functional Extra Low Voltage*, Funktionskleinspannung
FI-Schalter .... Fehlerstromschutzschalter
FSK .... Frequenzumtastung
FTZ .... Funktechnisches Zentralamt
GA .... Gruppenadresse
GA-Anlage .... Gemeinschaftsantennenanlage
GGA-Anlage ..... Groß-Gemeinschaftsantennenanlage
GPRS .... *General Packet Radio Service*
GSG .... Gerätesicherheitsgesetz
GSM .... *Groupe Spéciale Mobile* (*Global System for Mobile Communication)*
HAK .... Hausanschlusskasten
HPI, MHN .... Hochdruck-Metallhalogendampflampe
HPL .... Hochdruck-Quecksilberdampflampe
HSCSD .... *High Speed Circuit Switching Data*
HSPDA .... *High Speed Downlink Packet Access*
HSPUA .... *High Speed Uplink Packet Access*
HT .... Hochtarif
IAE .... ISDN-Anschluss-Einheit
IP .... *International Protection*, internationaler Schutz
ICMP .... *Internet Control Message Protocol*
IGBT .... *Isolated Gate Bipolar Transistor*
IR .... infrarot
ISDN .... *Integrated Services Digital Network*, digitales Telefon-Netzwerk
IWV .... Impulswahlverfahren
JAZ .... Jahresarbeitszahl
KNX .... *Konnex*
KVP .... Kontinuierlicher Verbesserungsprozess
La .... Leitung a im Telefonnetz
LAD .... Ladder-Diagramm
Lb .... Leitung b im Telefonnetz
LAN .... *Local Area Network*, lokales Netzwerk
LAWF .... Lampenausfall-Wartungsfaktor
LED .... *Light Emitting Diode*
LMK .... Landeszentrale für Medien und Kommunikation
LNB .... *Low Noise Block*, Empfangsgerät mit geringer Störung
LNC .... *Low Noise Converter*, rauscharmer Umsetzer, Empfangseinheit
LTE .... *Long Term Evolution*
LVK .... Lichtstärkeverteilungskurve
LWF .... Leuchten-Wartungsfaktor
LWL .... Lichtwellenleiter
MAC .... *Media Access Control*, Zugriff auf das Medium
MAK .... Maximale Arbeitsplatzkonzentration
MER .... *Modulation Error Rate*, Modulationsfehlerraten
MFV/DTMV ...... Mehrfrequenzwahlverfahren
MGA .... Mehrgeräteanschluss
MIS .... *Metall Isolator Semiconductor*, Halbleiterherstellungsverfahren
ML .... Mischlichtlampe
MM .... Mikrowellenbewegungsmelder
MOS .... *Metall Oxid Semiconductor*, Halbleiterherstellungsverfahren
MPP .... *Maximum Power Point*
MSN .... Mehrfachsammelnummern
NAT .... *Network Address Translation*, Netzadressen-Übertragung
NEOZED .... Sicherungssystem, D0-System
NEXT .... *Near End Cross Talk*, Nah-Nebensprechdämpfung
NFA .... Nichtfernsprechanschluss
N-Leiter .... Neutralleiter
NT .... Niedrigtarif
NTA .... *Network Termination Analog*, analoger Netzabschluss
NTBA .... *Network Termination Basic Access*, Netzabschlussgerät für ISDN-Teilnehmer
NTC .... Negativer Tempertur-Koeffizient, Heißleiter
NTC-Widerstand . Widerstand mit negativem Temperatur-Koeffizient
NV-Lampen ...... Niedervoltlampen
OKFF .... Oberkante fertiger Fußboden
OSI .... *Open Systems Interconnection*, Verbindung über offene Systeme
PA .... Physikalische Adresse
PCM .... *Puls Code Modulation*
PE-Leiter .... Schutzleiter (gelb-grün)
PEN-Leiter .... Schutzleiter (gelb-grün) mit Neutralleiter
PE-Schiene .... Potentialausgleichsschiene

PFD .... *Power Flux Density*, Leistungsflussdichte
PGS-Motor .... Programmschalter-Schritt-Motor
PH .... Heizleistung
PIR-Melder .... Passiv-Infrarot-Melder
PMPX .... Primär-Multiplexanschluss
pn-Übergang .... Defektelektronenüberschuss trifft auf Elektronenüberschuss
ppm .... *parts per million*, Teileanzahl je Million
PR .... *Performance Ratio*, Leistungsverhältnis
PELV .... *Protective Extra Low Voltage*, Funktionskleinspannung mit sicherer Trennung
POTS .... *Plain Old Telephone System*, simples altes Telefon-System
PSK .... Phasenumtastung
PSNEXT .... *Power Sum NEXT*, leistungssummierte Nahnebensprechdämpfung
PtMP .... *Point to Multipoint*
PtP .... *Point to Point*
PV .... Photovoltaik
QAM .... Quadratur-Amplitudenmodulation
QPSK-Signale .... *Quadratur Phase Shift Keying*, Quadratur-Phasen-Modulierte Signale
RAM .... *Random Access Memory*, Schreib-Lese-Speicher
RCD .... Fehlerstromschutzeinrichtung
RIR .... *Regional Internet Registries*
RJU-Steckverbinder *Registered Jack Unit*, festprogrammierter Steckverbinder
RL .... *Return Loss*, Rückflussdämpfung
ROM .... *Random Only Memory*, Nur-Lese-Speicher
RS .... Vorrang Eingang R
RTP .... *Real Time Transport Protocol*
RWF .... Raum-Wartungsfaktor
SA .... Steuerausgänge
SELV .... *Safety Extra Low Voltage*
SELV-Spannung .. Sicherheitskleinspannung
SELV-Stromkreis . Stromkreis mit SELV-Spannung
Scheitelwert ..... Maximalwert
SHF .... *Super High Frequency*, Super-Hoch-Frequenz
SIIT .... *Stateless IP/ICMP Translation*
SIP .... *Session Imitation Protocol*
SM .... Schirmungsmaß
SMS .... *Short Message Service*
SOHO .... *Small Office Home Office*, Netzwerke in Kleinbüro und Heimbereich
SON .... Hochdruck-Natriumdampflampe
SOX .... Niederdruck-Natriumdampflampe
SPD .... *Surge Protective Device*
SPS .... Speicherprogrammierbare Steuerung
SR .... Vorrang Eingang S
S-Schalter .... Schutzschalter
SSID .... *Service Set Identifier*
STC .... *Standard Test Conditions*, Standard-Test-Bedingungen
Submission ...... erfolgte Abgabe von Angeboten mit Preisvergleich
TA .... Arbeitsplätze, informationstechnischer Anschluss
TAB .... Technische Anschlussbedingungen
TAE .... Telekommunikations-Anschluss-Einheit
TCP/IP .... *Transmission Control Protocol / Internet Protocol*
TIA .... *Telecommunications Industry Association*
TK-Anlage .... Telekommunikationsanlage
TKIP .... *Temporal Key Integrity Protocol*
TN-C-Netz .... Netzform im Energieversorgungsnetz
TN-C-S-Netz ..... Netzform im Energieversorgungsnetz
TN-Netz .... Netzform im Energieversorgungsnetz
TN-S-Netz .... Netzform im Energieversorgungsnetz
TOR .... *Top of Range*, oberer Grenzpunkt
TP-Kabel .... *Twisted Pair*, Paarweise verdrillte Kabel
TRIAC .... Thyristor für beide Stromrichtungen bei Wechselstrom
TSG-Feld .... Tarifschaltgeräte-Feld
TT-Netz .... Netzform im Energieversorgungsnetz
UAE .... Universal-Anschluss-Einheit
ÜG .... Überwachungsgerät
UM .... Ultraschallbewegungsmelder
UMTS .... *Universal Mobile Telecommunications System*
ÜP .... Übergabepunkt
UP-Dosen .... Unterputzdosen
URI .... *Uniform Resource Identifier*
URL .... *Uniform Resource Locator*
USB .... *Universal Serial Bus*
USV .... Unterbrechungsfreie Stromversorgung
UTP .... Unshielded Twisted Pair
UVV .... Unfallverhütungsvorschriften
Varistor .... durch Spannung veränderbarer Widerstand
VDE .... Verband der Elektrotechnik Elektronik Informationstechnik e. V.
VDEW .... Verband der Elektrizitätswirtschaft e. V.
VDR .... *Voltage Dependent Resistor*, spannungsabhängiger Widerstand
VDS .... Verband der Sachversicherer e. V.
VNB .... Verteilungsnetzbetreiber
VOB .... Verdingungsordnung für Bauleistungen
VoIP .... *Voice over IP*
WAN .... *Wide Area Network*, Weitverkehrsnetz
WP .... *Watt Peak*, Watt-Spitze, Spitzenleistung bei Solargeräten
WE .... Wohneinheit
WEG .... Wohnungseigentümergemeinschaft
WEP .... *Wired Equivalent Privacy*
WLAN .... *Wireless Local Area Network*
WPA .... *Wi-Fi Protected Access*
XOR .... Exklusiv-ODER
ZSV .... Zusätzliche Sicherheitsstromversorgung
ZVEH .... Zentralverband der Deutschen Elektro- und Informationstechnischen Handwerke

SI – Basisgrößen, Basiseinheiten, Formelzeichen, Einheitenzeichen

Definitionen der Basiseinheiten			
SI-Größe	**SI-Einheit**	**Definitionsgrundlage**	**Physikalische Definition (Jahr)**
Masse *m*	Kilogramm kg	willkürlich geschaffen Urkilogramm Paris	Das Massenormal aus Platin-Iridium, ein Zylinder mit Durchmesser 39 mm und Höhe 39 mm, wird als Masse 1 Kilogramm bezeichnet (1889).
Länge, Strecke *l*	Meter m	Lichtgeschwindigkeit $c_0 = 299.792.458 \frac{m}{s}$	1 Meter ist der 299.792.458-te Teil der Strecke, die das Licht in 1 Sekunde zurücklegt (1984).
Zeit *t*	Sekunde s	Strahlung eines Atoms	1 Sekunde entspricht der Zeit, in der das Atom Caesium 133 9.192.631.770 Perioden seiner Zentimeterwellenstrahlung aussendet (1967).
Elektrische Stromstärke *I*	Ampere A	Anziehungskraft zwischen zwei stromdurchflossenen elektrischen Leitern	Ein Strom von 1 Ampere erzeugt zwischen zwei von diesem stromdurchflossenen, parallelen Leitern in 1 m Abstand eine Anziehungskraft von 0,2 µN je Meter Leitungslänge (1948).
Temperatur T, ϑ	Kelvin K	Schmelztemperatur bzw. Verdampfungstemperatur eines Stoffes (Wasser)	1 Kelvin ist der 273,16-te Teil des Temperaturunterschiedes zwischen absolutem Nullpunkt und der Temperatur des schmelzenden Eises (Tripelpunkt des Wassers) (1967).
Lichtstärke *I*	Candela cd	Strahlung einer Lichtquelle genau festgelegter Wellenlänge	1 Candela Lichtstärke je Steradiant (Raumwinkel) wird bei einer Strahlung einer Lichtquelle mit Wellenlänge 555 nm (gelbgrün) und einer Leistung von $\frac{1}{683}$ Watt abgegeben (1979).
Stoffmenge *n*	Mol mol	Molekülanzahl	Stoffmenge mit ebenso vielen Molekülen wie 12 Gramm des Kohlenstoffisotops ^{12}C. Angabe des Molekulargewichts in Gramm (1971)

Technisch übliche Vorsätze vor SI-Einheiten

Vielfache				Teile			
Vorsatz	**Zeichen**	**Potenz**	**Beispiel**	**Vorsatz**	**Zeichen**	**Potenz**	**Beispiel**
Hekto-	h	10^2	Fässer bis 10 hl	Dezi-	d	10^{-1}	Radarwellen 1 dm
Kilo-	k	10^3	Hochspannung 20 kV	Zenti-	c	10^{-2}	Zentimeter cm
Mega-	M	10^6	Kraftwerk 500 MW	Milli-	m	10^{-3}	Verstärkerströme mA
Giga-	G	10^9	Sperrschicht 5 GΩ	Mikro-	µ	10^{-6}	Antennenspannung 200 µV
Tera-	T	10^{12}	Licht, gelb, 500 THz	Nano-	n	10^{-9}	Wellenlänge Licht 400 ... 700nm
Peta-	P	10^{15}	nahes UV 1 PHz	Piko-	p	10^{-12}	Schaltkapazität 5 pF
Exa-	E	10^{18}	Mondmasse $73 \cdot 10^2$ Eg	Femto-	f	10^{-15}	Lebensdauer π-Meson 0,1 fs
				Atto-	a	10^{-18}	Hämoglobinmasse 0,1 ag